全球变化与地球系统科学系列
Series in Global Change and Earth System Science

GCESS

大洋环流
风生与热盐过程

OCEAN CIRCULATION
Wind-Driven and Thermohaline Processes

黄瑞新　著
乐肯堂　史久新　译

DAYANG HUANLIU

高等教育出版社·北京

内容简介

大洋环流是地球上能量和物质输送的基本过程之一，大洋环流与气候变化之间的相互作用已经成为地球科学中最活跃的研究前沿领域之一。本书是关于大洋环流动力学和热力学的简明导引，其中包括：海水热力学和海洋环流能量学、风生环流理论、热盐环流（包含水团形成/销蚀、深层环流和水循环）以及风生环流与热盐环流的相互作用。

目前已经有多部关于风生大洋环流的著作问世，但涉及热盐环流及其能量学的著作甚为罕见。在关于大尺度海洋环流的论著中，本书是第一本涵盖这两个重要方面的专著。

本书提供了丰富的插图，可以帮助读者更加直观地理解书中所阐述的物理原理。本书适于大洋环流研究以及海-气相互作用研究的人员阅读使用，也可作为海洋学家和其他地球科学家学习参考。

图书在版编目(CIP)数据

大洋环流：风生与热盐过程/黄瑞新著；乐肯堂，史久新译.—北京：高等教育出版社，2012.10（2022.8重印）

ISBN 978-7-04-034656-5

Ⅰ.①大… Ⅱ.①黄…②乐…③史… Ⅲ.①大洋环流-研究生-教材 Ⅳ.①P731.27

中国版本图书馆CIP数据核字(2012)第088102号

策划编辑 柳丽丽　责任编辑 柳丽丽　封面设计 张 楠　版式设计 王艳红
插图绘制 尹 莉　责任校对 杨雪莲　责任印制 耿 轩

出版发行 高等教育出版社
社　　址 北京市西城区德外大街4号
邮政编码 100120
印　　刷 河北信瑞彩印刷有限公司
开　　本 787mm×1092mm 1/16
印　　张 39.75
字　　数 1000千字
插　　页 10
购书热线 010-58581118
咨询电话 400-810-0598
网　　址 http://www.hep.edu.cn
　　　　 http://www.hep.com.cn
网上订购 http://www.landraco.com
　　　　 http://www.landraco.com.cn
版　　次 2012年10月第1版
印　　次 2022年8月第2次印刷
定　　价 139.00元

物 料 号 34656-00

为黄瑞新博士《大洋环流》一书的中文版写几句话

黄瑞新博士和我是至交了，我们相识于20世纪70年代，那时我们都在中国科学院工作，但在不同的研究所从事不同的专业研究。在那个特殊的年代，闲暇时我们就讨论地球流体力学的问题，并合作写了两篇论文。后来他去了美国改学物理海洋专业，并在这一领域中一直工作至今。黄瑞新在中国科技大学读书时，学的不是地球物理专业也不是流体力学专业。初看起来这是弊，因改学物理海洋专业需要补修一些基础课，但这也是很大的利，至少受气象学和海洋学教育中很多传统框框的约束较少，因此他经常会对某些问题提出自己的见解，这个利反映在他后来从事物理海洋学研究中，也在这本书中得到了体现。

很高兴为黄瑞新这本《大洋环流》的中文版写几句话。由于我主要从事大气物理学的研究，不是物理海洋学的研究，因此有可能写了些外行话甚至错话，希望不会误导读者特别是年轻读者。

能量及能量的生成方式是大气和海洋运动的源及需要研究的基本问题。大气运动的驱动过程比较简单，在辐射和热量(包括水分)平衡下，它的基本气候态是下层温度高，上层温度低，它是一部典型热机，它的能量生成和转换方式至少在理论上是我们熟知的。海洋不同，一方面有来自海洋表面风应力的机械能，由此搅拌出混合层，由混合层的埃克曼泵吸驱动出海洋上层的风吹洋流，由于上层温度呈跃层分布，也可把上层的风吹洋流称为风生温跃层环流，另一方面还有深层的热盐环流。洋流的这种驱动方式造成与大气不同的气候态。它的温度分布是上层热，下层冷，它不是一部典型的热机，它的能量生成方式要复杂得多。

经典的Sandstrom定理指出，“定常的海洋环流只有在热源位于冷源之下才有可能”，因此除由风应力直接驱动的表层流外，在海洋内部(即使在上层)要形成洋流，也需对Sandstrom定理的约束条件做某些更改或补充。海洋学大师Stommel在20世纪40年代末就提出副热带西边界洋流强化理论，并在60年代初用两个盒子的概念性模型，讨论了温度和密度的多种交换方式是如何形成不同平衡态的温盐环流的。黄瑞新是十分重视物理的，他扩展了Stommel的盒子模型，提出热盐环流形成的新的约束条件，进而和王伟博士做了一个更接近实际的热源强迫实验。结果表明，在热源不同的分布下可引导出各种环流形态，这无疑是对Sandstrom定理的补充和发展，这是其他海洋环流书中没有的。黄瑞新在本书第3章中全面平衡地介绍和评论了其他各种补充方法和理论，对包括机械能在内的各种能量平衡进行了讨论，并对海洋环流模式的改进提出了积极的建议。

这一章(第3章)是迄今对海洋能量生成写得最为全面和清楚的。但在该书中黄瑞新把这一章放到书的第一部分，即导论部分，这一编排方法，表明作者把能量和能量生成放到海洋环流最基础的视角来考虑，这是独特的写法。

本书的核心部分并和书名匹配的是第二部分的第4章——风生环流(或称风驱动温跃层环流),实际上这一章也可独立成书。该章以早期风驱动下西边界洋流强化的Stommel边界层、Munk边界层湍流作用模式和Charney的惯性理论为基础,对20世纪80年代以来的分层模式的结构和结果做了详尽的介绍,并和同事们应用两层模式发展了Charney的匀质流体副热带西边界流的强化理论,分析了解的存在区域和条件。书中也对赤道潜流的惯性理论做了分析,因此,这一章对大洋环流理论的介绍和讨论在海域上也是全面的。

温跃层的存在是上层海洋特有的现象,在温度和密度连续分布条件下,它的控制方程早在1959年就由Welander建立了,由于是二阶非线性偏微分方程,且边界条件难以确定,故虽然有过一些诸如相似解等,但较为严谨的确解,则是在40年后由黄瑞新发现的。这不仅是对物理海洋学理论研究的一个贡献,它的重要性还在于解的结果与分层模式解十分接近,这意味着分层模式解的结果基本可信。在实际应用中,大洋环流模式是分层的,用于研究气候变化与大气模式耦合的海洋模式自然也是分层的,因此更广义地说,这个工作为地球模拟器的发展提供了理论基础。

大气中热带和副热带之间环流和信号的传输,分别藉哈德利环流和罗斯贝波的经向传播来实现,但后者有如何克服热带东风带阻碍的问题。在海洋学研究中,黄瑞新等提出内部信息窗的概念,这是值得气象学家借鉴的。

黄瑞新把本书定位在研究生的教科书,这个定位在我看来窄了些。因为它是近代物理海洋学理论研究的总结,对从事物理海洋学研究甚至动力气象学研究的学者都是一本难寻的参考书。

黄瑞新对科学问题常有自己的见解,容易引发争议,科学是在不断争鸣中发展的,连微积分的创始人都有两位。中国是文明古国,春秋时期就有被称为"诸子百家"的不同学术派别,"百家争鸣"也曾作为促进科学进步的方针,几十年前曾把百家争鸣定为科学发展的国策,它带来过科学发展的春天!

借这几句话,庆贺黄瑞新在物理海洋学理论研究中取得的成就,也盼望此书中文版的问世,能给中国物理海洋学的理论研究吹来更多春天的气息!

巢纪平

2012年2月9日

译 者 前 言

近 20 年来,气候和全球环境变化的成因、规律及其与地球系统的各个分支(特别是海洋分支)之间的关系问题已经受到世界各国相关科学家的高度重视。实际上,海洋过程对气候变化的响应与反馈是海-气耦合系统中不可或缺的两个环节。通过近 20 年的努力,气象学家们已越来越重视海洋环流在全球气候变化中的作用。这是因为热盐环流(尤其是西边界流)的稳定性、变异及其与之相联系的向极热量和淡水的输送可以对局地或全球气候变化产生明显影响。

大洋环流是地球上能量与物质输送的基本过程之一。近年来,大洋环流与气候变化之间的相互作用已经成为地球科学中最活跃的研究前沿领域之一。大洋环流及其所遵循的地球物理流体动力学原理是在地球科学的海洋科学和大气科学等学科中属于研究生阶段的基础课程。大洋环流可由多种因子来驱动和调节,其中包括它与大气的相互作用(海气界面上的风、热流和淡水流),潮汐耗散以及海洋要素(温度、盐度和随之而产生的密度)的区域差异。目前已经有多部关于风生大洋环流的著作问世,但鲜有从气候变化的视角来探讨大洋环流及其理论的书籍。

本书是一本关于大洋环流的理论著作,与 Pedlosky(1996)的 *Ocean Circulation Theory*(中译本:《大洋环流理论》,吴德星、陈学恩译)相比较,本书有如下特点:

(1) 本书从全球气候变化的高度较全面地考察了大洋环流及其变化(时间尺度从年际到千年际)发展的理论,因此在选材上,本书不是仅就大洋环流中的若干论题进行论述,而是尽可能概括了大洋环流理论的最新发展及其前沿领域。

(2) 本书系统地论述了大洋环流的动力学理论及其发展。不仅以约化重力模式为基点由简单到复杂建立起一套风生环流理论,而且首次详尽地阐述了大洋环流的热力学、能量学和热盐环流理论。

(3) 本书为读者提供了一个大洋环流的理论框架,书中着重强调物理概念及其图像的清晰性与连续性,因此,在本书中除了用尽可能简单的数学模式来论证基本原理外,还引用了大量的现场观测与实验数据和数值实验结果作为例子来说明所论述的基本原理。

(4) 尽管本书是在研究生课程基础上写成的,但由于作者注意收集许多历史资料,并且所引述的文献不仅包括了大量的经典文献,而且包含了 21 世纪最初十年发表的研究前沿的文献,故本书对于研究人员也是一本重要的参考书。

尽管本书主要论述大洋环流的动力学、热力学和能量学问题,但叙述风格侧重于对相关理论的发展及其前沿问题的思考,故本书不仅对于我国开展大洋环流及其与气候变化相互作用的研究是一本很好的参考书,而且对于边缘海与浅海环流的研究者也会有所裨益。

本书侧重于近 20 年来大洋环流理论发展的前沿问题,书中涉及不少需要拟定译名的新术语,其中有些术语即使在英语文献中也是新近才出现的,因此,这些术语的译名使译者颇费思量。感谢作者在这方面提供了许多建设性的建议,使译者在译文中得以避免不少理解上的偏差。

在中译本中，首先对英文版中已发现的错漏之处进行了较为全面的校订（所校订之处均已得到作者的首肯），从而使译本在质量上较英文原著有显著改进。其次，在中译本中还增加了注释。译者所加的注释除了指出校改之处外，主要是补充了一些背景材料，同时，也表达了译者对有关问题的观点。译者希望这些注释对于读者进一步理解本书的内容能有所助益。另外需要说明的是，本书中的物理量符号和数学符号非常多，为保证与英文版一致，译者在翻译时，尽量尊重英文原著的表达方式，只进行了少量调整。

此中译本能按合同要求顺利付梓出版，首先要感谢作者的具体支持，其次还要感谢乐茜和王红认真录入修改稿与英汉译名对照表，感谢孙永明和程瑶瑶协助处理插图和公式，此外，还要感谢我们的家人对本书翻译工作的全力支持。

本书由史久新译出初稿，乐肯堂对初稿进行校改并加上注释，形成修改稿，作者黄瑞新对修改稿提供了重要的修订意见和订正，最后由乐肯堂进行统筹修订、润色并定稿。尽管译者为提高译文质量做了诸多方面的努力，但疏漏及不妥之处仍在所难免，尚祈专家、读者不吝指正。

乐肯堂　史久新

2011 年 12 月于青岛

中文版前言

人类和海洋有着千丝万缕的联系,探索海洋的秘密一直是人类梦寐以求的目标之一。物理海洋学是海洋科学的先头部队。所有的海汇成一个统一的世界大洋,所以大洋环流是研究海洋、气候和全球环境变化的关键现象之一。

国际上适合海洋动力学教学和研究的书籍一向不多,在国内更少。感谢乐肯堂和史久新先生把本书译成中文以飨国内读者。他们经过近一年的努力对英文原版进行了仔细的推敲,并在中文版中加上详细的注解和勘误。

由于历史的原因,过去很长时期内国内对大洋的探索、研究和开发都远远跟不上世界海洋强国的步伐。我非常高兴地看到,这种情况正在改变,现在有许多学者和青年学生致力于大洋环流的研究。我希望本书的出版能为正在推进中国物理海洋事业发展的朋友们提供某种帮助,更希望国内学者能跻身于世界海洋研究与开发的前沿。

黄瑞新
2011 年 8 月于伍兹霍尔海洋研究所

英文版前言

随着科学和技术的巨大进展，人们对于包括大洋总环流在内的气候系统如何构建在我们的星球上，颇感兴趣。本书即是为那些希望了解大洋环流及其与地球环境和气候关系的广大读者而写的。

在为本书收集素材的过程中，我一直试图在大洋环流的基本物理概念、已建立的完善理论和该领域研究前沿的最新进展之间进行取舍，以求取得合理的平衡。正如书名所提示的，本书是一本关于大洋中的风生和热盐过程的著作。在过去的数十年间，尽管大洋总环流理论已经有了良好的发展，但是目前看来，我们对于总环流的理解，充其量只能说仅处于起步阶段。本书是作为研究生教材而撰写的，因此，我在书中着力于描述和解释环流的物理过程，而不是依靠复杂的数学推导。为便于读者理解，我加入了很多揭示物理过程的插图。

在本书的理论部分，我着重引入了关于大洋总环流能量学的新理论和新思想。尽管在任何动力系统中，能量学是其中的一个基本方面，但是在大洋总环流的研究中，能量学的重要性迄今仍未获得广泛关注。尽管现在我们认为机械能在调控海洋总环流中起着关键的作用，但实际上，在能量平衡中，特别是机械能平衡中的一些基本项，还没有得到可靠的估计。显然，在不久的将来，这一领域的许多知识将最有可能由现在的青年学生来充实，因为他们已经认识到，在大洋环流能量学的研究中，很多方面还是未知的或者仅得其皮毛。新理论的出现几乎是日新月异，这种情况颇像计算机工业，任何一款新产品的出现，等你买到手时就已经过时了。因此，在准备出版这样一本关于热盐环流及其能量学的书籍时，我可能遇到类似情况，收入本书中的理论可能很快就会过时，应该代之以不断产生的新理论。尽管如此，如果本书能够为正在探索大洋环流奥秘的青年学生提供学习基础，我将非常高兴。

本书阐述了我个人的许多观点。书中的许多地方，我已尽力拓宽思路；然而，就像此前已出版的多数书籍那样，在这一领域中本书所讨论的论题，在某种程度上属于个人观点。作为一本教材，我也收录了各方面的研究结果，其中有一些是非常基础的且为业内所熟知；然而，另一些内容对业内的大多数人而言可能有点新鲜。为稳妥和客观起见，我并没有把本书中的全部素材作为我个人的贡献。

为了展示大洋环流理论的发展过程，我不得不介绍这一领域里先辈提出的思想。其中的一些思想随着学科的发展进步已被证明是毫无价值的，甚至是错误的。介绍这些内容的目的是让青年读者了解先驱们所犯的错误，不致重蹈覆辙。

我本人的科学生涯漫长而曲折。年轻的时候，我享受单纯而快乐的学生生活，直到大学毕业。在求学期间，我从许多优秀的老师那里获益匪浅。他们教导我作为一个诚实的学生和未来的科学家，应该如何思考和如何工作。“文化大革命”使我损失了职业生涯中最为宝贵的10年时光。像许多年轻人那样，我在这段漫长的时间中忘掉了在学校中学会的一切，学术上一事无成。

在此之后，我的生活进入了一条完全不同的轨道。1978 年，我实现了一个从前我连做梦都不敢想的目标，那一年我进入了中国科学院研究生院。在我的英文教师 Mary Van de Water 女士无私而不断地鼓励下，我在 1980 年作为一名研究生来到了美国。28 年前，我进入了麻省理工学院和伍兹霍尔海洋研究所（MIT/WHOI），完成了海洋学联合教学计划的学业，并在毕业后开始了我的海洋学研究生涯。

当我作为一名初出茅庐的科学工作者回到伍兹霍尔海洋研究所时，我非常幸运地结识了 Hank Stommel 教授。科研阅历的天壤之别并没有妨碍我们成为挚友。五年多的时间里，我们每天都有交流，他个人对科学和生活的态度对我产生了深远的影响。最重要的是，我开始思考大洋环流的物理过程，而不再是数学和技术上的细节。遗憾的是他永远离开了我们，为表达我对 Hank 教授深深的怀念之情，谨以此书献给他。他对海洋学的影响以及他的个人魅力，我将铭记一生。

在学习期间和毕业后，我得到了 MIT/WHOI 许多老师的帮助。包括我的研究生导师 Glen Flierl、Mark Cane 和 Carl Wunsch。特别是，我以前的老师、现在的挚友 Joseph Pedlosky，他在过去的 20 年中给了我许多帮助和建议。

在本书的写作期间，我得到了许多好友和同事的大力协助，包括 Terry Joyce、Ray Schmidt、金相泽、王伟、刘秦玉、Ted Durland、甘子钧、管玉平、江华等。特别感谢 Joe Pedlosky 和贾复阅读了部分手稿并提出了建设性的意见；Bruce Warren 帮我绘制了深层水形成和深层环流部分的最新图件。我的许多学生读过我依照 MIT/WHOI 联合教学计划而开设的研究生课程“大洋环流理论”时所用的讲义，即本书的初稿。另外，在中国海洋大学、中国科学院南海海洋研究所以及其他一些中国的海洋研究所举办的讲习班上，这份讲义的许多内容我都讲授过，特别是中国海洋大学的学生陈儒和翟平通读了本书的最初手稿并指出了多处错误。在绘图方面，邹越滨给了我许多帮助。

最后，我要特别感谢我的第一任研究生导师巢纪平，他教会我作为一名科学家应该如何工作。我在美国读研究生的初期，还得到 Howard 和 Vivian Raskin 夫妇的鼓励。我的妻子邹绿苹不断督促我，没有她在精神上的支持，就不可能完成这本书的写作。

过去 20 年间，我的科学研究得到美国国家科学基金的大力支持。本书的写作得到范·阿兰·克拉克二世杰出海洋学讲座教授的资助。Barbara Gaffron 女士细心地审读了初稿并对文字加以润色。

黄瑞新

于伍兹霍尔海洋研究所

目　　录

第一部分　导　　论

第二部分 风生与热盐环流

第一部分　导　　论

第1章

世界大洋的描述

本书着重研究世界大洋中的大尺度环流。作为一个动力系统,世界大洋中的环流受到各种外强迫力的联合作用,其中包括风应力、通过海面和海底的热通量、表层淡水通量、引潮力和重力。此外,还应包括科氏力,这是因为我们所有的理论和模型都是建立在地球自转坐标系中的。在本章中,我们首先描述表层强迫力和海水物理特性的分布,然后讨论世界大洋中各种运动的分类,并简要评述大洋总环流理论的历史发展。

1.1 世界大洋的表层强迫力

在大洋的上表层中,驱动海洋的强迫力主要包括风应力、热通量和淡水通量。另外,引潮力作用于整个水体柱,地热通量和底摩擦力对于建立和调节海洋中的运动也有贡献。不过,表层强迫力才是海洋环流的基本作用力,这是本节讨论的核心。

1.1.1 表层的风强迫力

在作用于世界大洋上表层的强迫力中,风应力可能是最具决定性的。物理海洋学中通用的方法是把风的效应处理成作用于海洋上表层的一个表面应力。海面风应力通常是利用海面以上10 m高度处的地转风速(geostrophic wind)[①]通过块体公式(bulk formula)来计算的。然而,海-气界面实际上是大气边界层和海洋边界层之间的一个过渡带。最重要的是,海洋边界层是一个波动边界层,在这个边界层中,表面波和湍流在调节动量、热量、淡水和气体的垂向通量中起着非常重要的作用。因此,严格地说,所谓海面上的风应力应该是海洋上表层的波动边界层与该边界层之下海水之间的辐射应力[②]。施加在下层水体上的风应力应该取决于大气和海洋边界层中的诸多动力特性,比如大气边界层的稳定性和上层海洋表面波的波龄。然而,本书中的讨论仍将沿

---

① 此处原著有误,确切地说,应为经高度校正后的实测风(observed wind)。——译者注

② 事实上,在海-气界面处,风对海面的作用,不仅有法向的,还有切向的。因此风应力不仅限于因表面波动边界层的存在而出现的辐射应力,而且还应包括因边界摩擦的存在而施加于海面上的风的切向作用力。——译者注

用传统的方法,并且为简便起见,仍采用术语"风应力"。

此外,作用于上层海洋的风应力分布应该是大气 - 海洋耦合系统的最终产物,并且其间的相互作用包含了非常复杂的动力过程。这些过程属于海 - 气相互作用的研究内容,已经超出了本书的范围。因此,在本书中我们仅把风应力作为大洋总环流的一个外强迫力。

在海平面处的风应力是大气中的湍流运动在表层的表示,在空间和时间上都有相当宽的谱段。众所周知,风应力有各种不同的时间尺度(从数秒到年际再到百年的时间尺度)的变化。风应力中最重要的周期变化包括日变化和季节变化,除此之外还有从年际到年代际的更长时间尺度的变化。与此相似,风应力在空间尺度上的变化也有很宽的谱段。然而,对于大洋总环流理论而言,通常所指的风应力是指在一个大的空间尺度和长的时间尺度上平滑过的风应力数据。

构建全球风应力分布型式的主要因子是赤道 - 极地间的温度差。由于这种表层加热存在差异,故大气环流是以若干哈德利环流圈(Hadley cells)的形式构成的。表层风应力的基本特征是在南北半球的中纬度处存在着与大气急流①相伴随的强烈西风带。一个准定常环流的存在需要有一个表层摩擦扭矩与它取得近似平衡;因此,在低纬度处应该存在东风带。事实上,赤道太平洋和赤道大西洋都盛行东风(也称之为信风,如图 1.1 所示)。

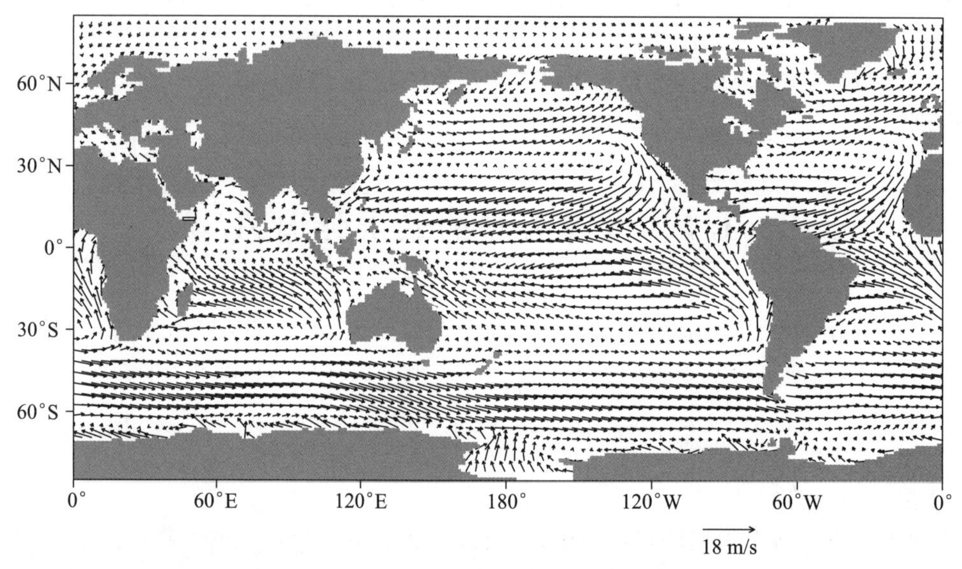

图 1.1 世界大洋上的年平均风矢量(单位:m/s),根据欧洲中期天气预报中心(European Centre for Medium - Range Weather Forecasts,ECMWF)数据集绘制(Uppala 等,2005)。

由于大尺度海陆分布存在差异,故海面上风应力的分布远非纬向②对称的。决定全球风应力分布型式的另一个重要因子是地球的自转。例如,在低纬度地区,哈德利环流圈中流回赤道的近海面分支向西转向,因而在北半球形成东北信风,在南半球形成东南信风。在若干诸如此类的动力学约束下,使得海面风应力型式出现了复杂的形式。事实上,在北太平洋海盆中,最显著的

① 急流(jet stream)是风场上的一个突出特征。在北半球和南半球,在高空与低空,在中高纬西风带和低纬东风带都可能出现急流。在正常情况下,急流长几千千米,宽几百千米,风速大于 30 m/s,风速垂向切变约每千米 5 ~ 10 m/s,水平切变约每百千米 5 m/s。——译者注

② 在本书中纬向(zonal)指纬线方向,经向(meridional)指经线方向。——译者注

特征是亚极带海盆中巨大的气旋型风应力分布型式,以及亚热带海盆中的反气旋型风应力分布型式。类似的特征也存在于大西洋海盆和南半球(包括南太平洋、南大西洋和南印度洋)中。

在世界大洋 1 000 m 以浅的上层中,强大环流是由风应力产生的。如图 1.2 所示,风生环流的最显著特征包括亚热带海盆中巨大的反气旋式流涡(gyre)和亚极带海盆中的气旋式流涡。另外,在南大洋存在一个强大的绕极流系统,这是世界大洋环流中最重要的流系之一。

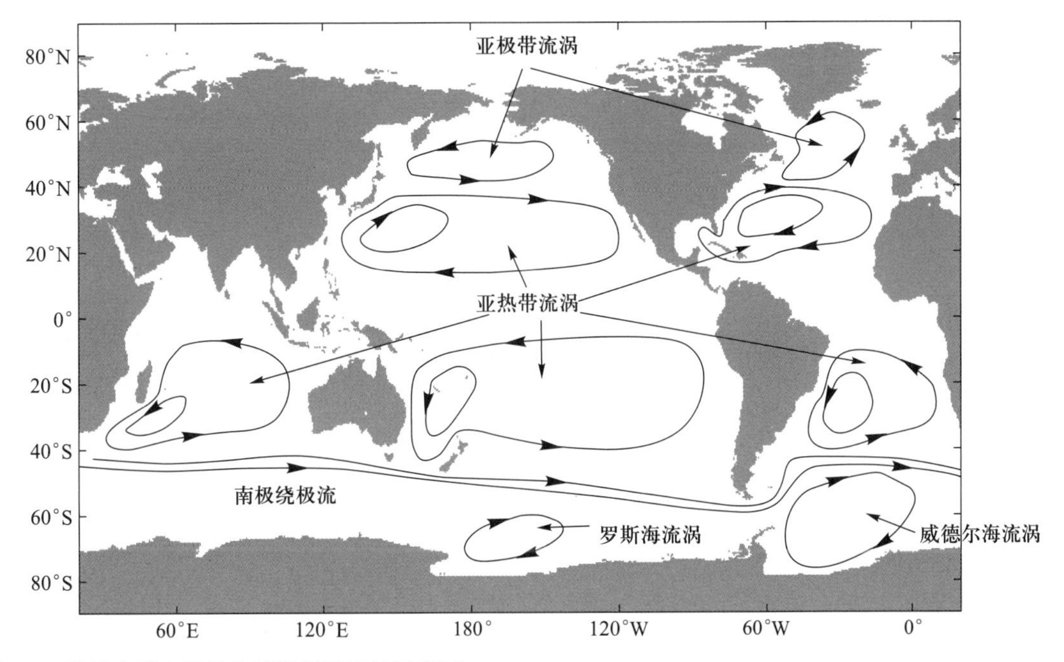

图 1.2 世界大洋主要风生流涡和海流的示意图。

风应力是大洋环流最重要的驱动力之一。正如在第 4 章中将会阐明的,中纬度处的西风带是形成向赤道的表层漂流,即所谓的"埃克曼漂流(Ekman drift)"的原因,而低纬度处的东风带则是形成向极的表层漂流的原因。亚热带海盆中的反气旋型风应力驱动了亚热带海盆中的反气旋型环流,亚极带海盆中的气旋型风应力驱动了那里的气旋型环流。南大洋上形成了一个环绕整个纬圈的强烈的连续西风带,且其风应力产生了强烈的北向埃克曼输送和上升流,因而它是南极绕极流(Antarctic Circumpolar Current,ACC)的直接驱动力。

尽管一个新手可以观测到在海面上吹刮的风所产生的表面波动,而一个老水手还可以识别观测到的表层风生漂流,但是风应力的动力学效应还包括了若干个数百或数千千米量级的巨大的空间尺度现象,这些现象是新手的肉眼所不能察觉的。要对海洋中的风生运动有全面的了解,只能通过系统的科学研究才能达到。实际上,风生环流理论不得不随着现场观测的进展而同步发展,而后者则是通过现代科学仪器的发展来实现的。

1.1.2 表层热盐强迫力

对于海洋中的温度和盐度分布而言,通过海 - 气界面的热通量和淡水通量是最具决定性的强迫力边界条件。此外,海洋也从海底得到地热;但是,在目前的地质条件下,来自海底的总热量比较小,大约只有通过海 - 气界面热量的千分之一。因此,除了接近海底的部分,地热对于大洋总环流的贡献是相当小的。

A. 表层热通量

我们首先讨论通过海－气界面的热通量。本节中的热通量图是根据 NCEP－NCAR（National Centers for Environmental Prediction－National Center for Atmospheric Research，美国环境预报中心－美国大气研究中心）再分析数据（Kistler 等，2001）绘制的。在这些图中，向下进入海洋的热通量取为正，向上离开海洋的热通量取为负。

对于地球上的气候系统而言，太阳辐射是最基本的强迫力，属于短波辐射。维持气候系统所需的大部分能量最终可以追溯到太阳辐射。由于对于太阳辐射而言，大气几乎是透明的，大部分太阳辐射能够穿过大气层而到达陆地和海洋上方的大气层下边界。到达海面的短波辐射总量主要随纬度而变①。此外，云量可能是调节太阳辐射总量到达海面的另一个主要因素。在海面上，部分入射短波辐射被反射；因此，海洋得到的是净短波辐射（图 1.3）。就全球范围来看，净短波辐射的极大值与赤道太平洋东部和大西洋中的冷水舌关系密切。

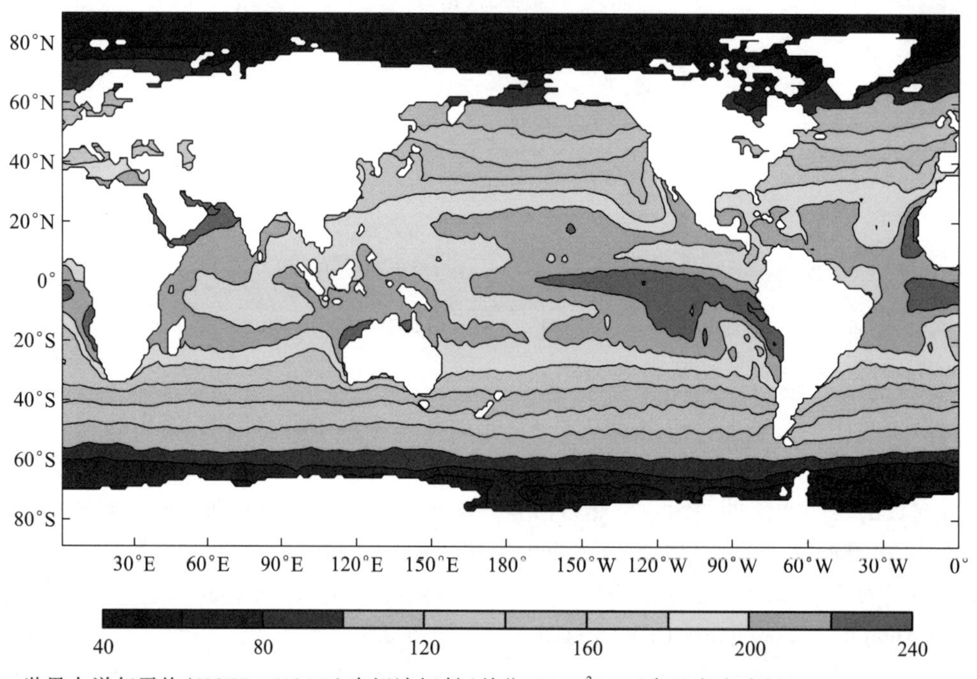

图 1.3 世界大洋年平均（NCEP－NCAR）净短波辐射（单位：W/m^2）。（参见书末彩插）

在海面上的每一个站位处，净短波辐射与海洋中通过平流和扩散所输送的热量，再加上穿过海－气界面的向上热通量相平衡。在由海洋向大气输送的热通量中，其主要部分就是与蒸发有关的潜热通量。水汽的潜热含量大约为 2 500 kJ/kg；因此，比较小的蒸发量也能够使大量的热量从海洋向大气传输。

全球有若干潜热极大值的地方（图 1.4）。首先，全球潜热损失的极大值位于西边界离岸区（outflow regimes）。在这些区域（如黑潮和湾流区），西边界流携带的暖水与来自大陆的干冷空气

① 大体上与纬度的余弦呈线性关系。——译者注

在这里相遇,造成了大量的潜热损失。稍后,我们将看到,这些区域是与高蒸发率密切联系在一起的。其次,大量潜热损失的中心位于南北半球的温带/亚热带。与赤道太平洋东部和大西洋中的表层冷水舌相对应的是低速率的潜热通量区域。在高纬度区,潜热损失一般很小,因为在那里,海面低温,不能维持大量的蒸发。

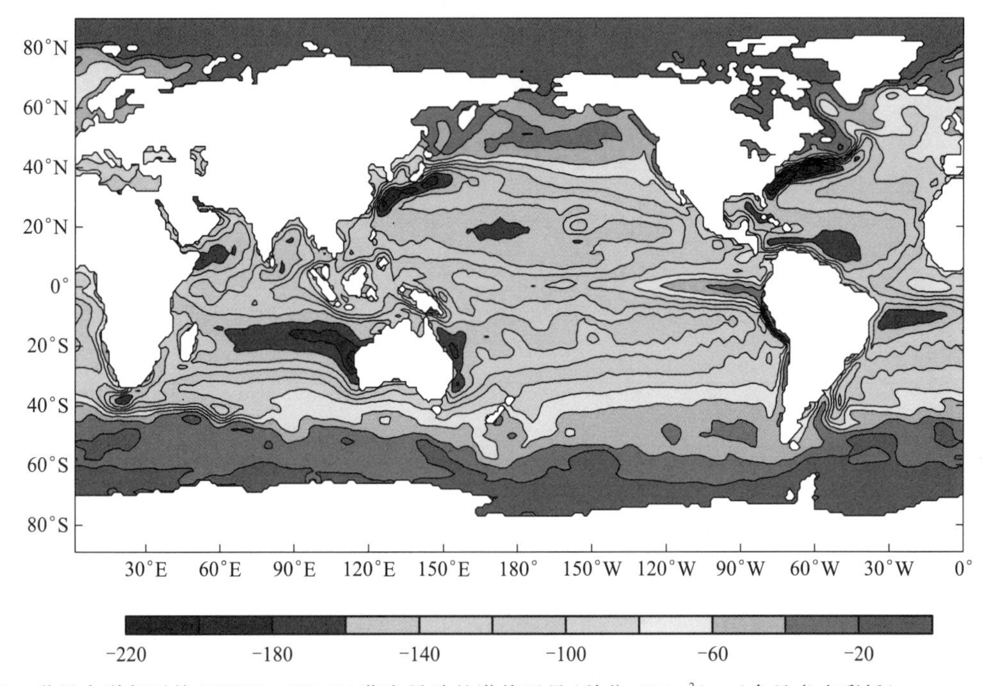

图 1.4 世界大洋年平均(NCEP - NCAR)蒸发导致的潜热通量(单位:W/m^2)。(参见书末彩插)

从海洋向大气和外太空的回辐射包括两部分:长波辐射和海面反射的短波辐射。由于地球的等效辐射温度相当低而产生了长波辐射,因此这一向外的辐射直接由海面温度和当地的大气条件来决定。计算长波辐射的块体公式为:

$$IR\uparrow\downarrow = IR\uparrow - IR\downarrow$$

亦即与长波辐射相应的热通量等于从海洋进入大气的向外长波辐射减去大气向海洋的长波回辐射。这两项分别与海面处的海洋和大气温度的 4 次方成正比。年平均长波辐射净热通量如图 1.5 所示。

由于这两个过程的博弈,向外长波辐射的型式比其他通量更为复杂。一般而言,它在南北半球亚热带海盆的西边界流系区附近比较高,尤其是在太平洋。相比之下,它在赤道带和高纬度区要低得多。

海洋向大气的感热通量之损失与海面温度与大气温度之差有密切关系。海洋向大气输送大量感热通量之最重要的区域是北大西洋的湾流区和北太平洋的黑潮区。显然,这些感热通量的强活动区(high regimes)与在湾流和黑潮中流入的暖水有明显的关系。需要注意的是,在高纬度地区,年平均感热通量实际上是从大气输送到海洋的。特别是,在南大洋的印度洋和大西洋扇形区(sector),感热通量从大气输送到海洋这一点提示,那里的海面温度低于大气温度(图 1.6)。如此低的海面温度与由强埃克曼上升流带上来的深层冷水有密切关系,而这支埃克曼上升流是在目前的海陆分布下由于南大洋的西风驱动而形成的。

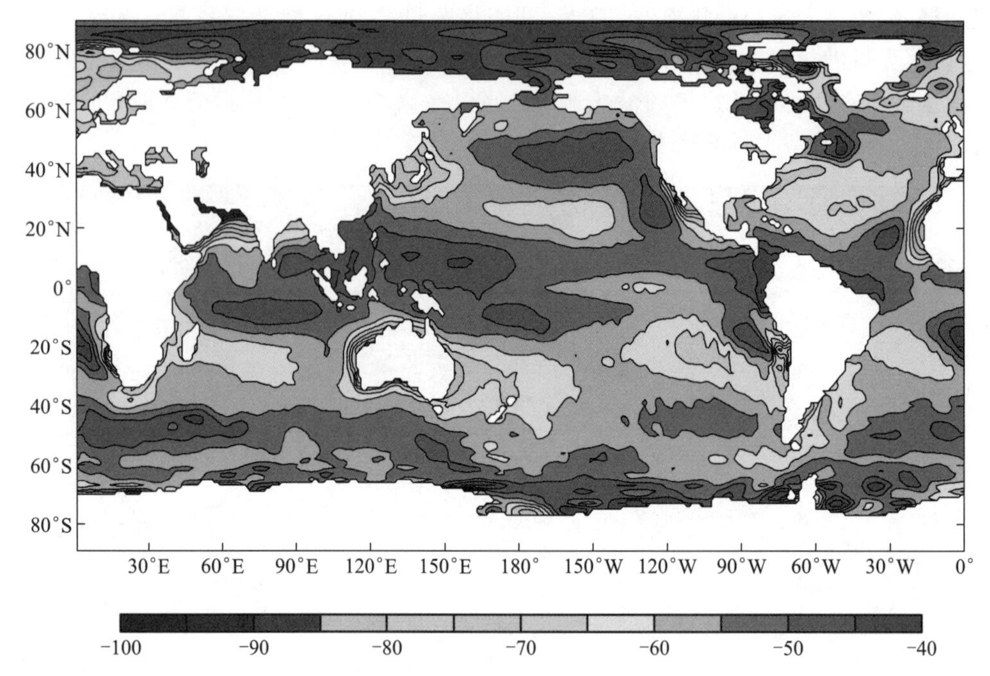

图 1.5 世界大洋年平均(NCEP - NCAR)净长波辐射(单位:W/m^2)。(参见书末彩插)

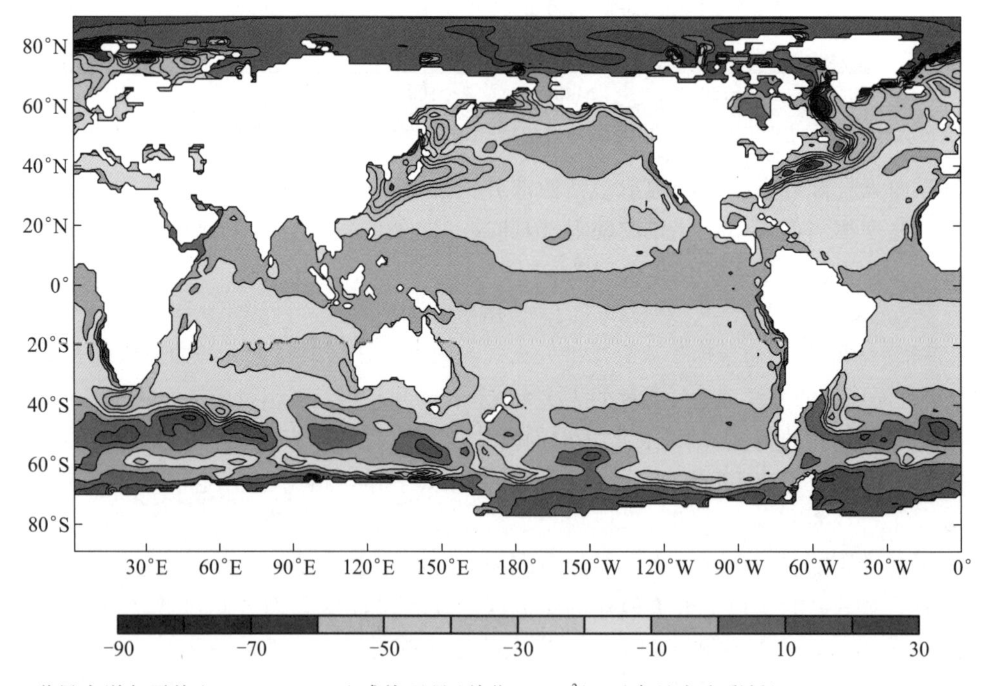

图 1.6 世界大洋年平均(NCEP - NCAR)感热通量(单位:W/m^2)。(参见书末彩插)

海 - 气净热通量是热平衡方程的前 4 项之和,如图 1.7 所示。不出所料,沿着赤道带有一个热量的高收入区,特别是在太平洋和大西洋中的冷舌(cold tongue)区。加之,南美洲和非洲的西部沿岸表现为强吸热区,而后者则是由于强烈的沿岸上升流使得那里出现了低温海面,而这是与向下的感热通量连在一起的。黑潮和湾流是世界大洋中主要的热量损失区域。大西洋高纬度区是世界大洋另一个重要的热量损失区域,这是与该海盆中目前存在强烈的经向翻转环流有关。

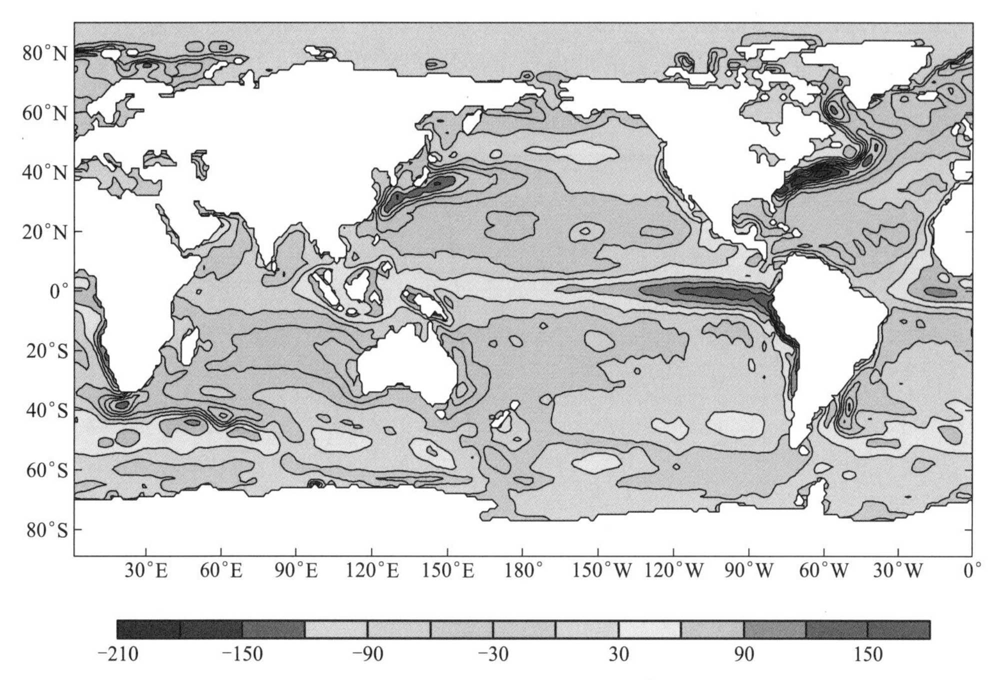

图 1.7 世界大洋年平均(NCEP - NCAR)海 - 气净热通量(单位:W/m²)。(参见书末彩插)

这幅图的另一个重要特征是,净热通量是关于赤道不对称的。既然北半球高纬度区是大量热量的净损失区,那么以此类推,在南半球也应该出现类似的情形。然而经仔细检查后会发现南半球属于另一种型式。事实上,在南大洋的印度洋扇形区和南大西洋扇形区,净热通量是向下的,亦即那里的海洋从大气得到热量,而不是损失热量。比较图 1.6 和图 1.7,很容易发现南大洋热量的净收入区域与向下感热通量密切相关,而这是由于这个纬度带上强烈的西风带驱动了冷水的涌升。

图 1.7 所示的海 - 气净热通量分布意味着海洋中存在着经向热输送,否则作为下垫面的海洋就会因为热通量的正或负的变化而会不断地变暖或变冷。为了说明经向热通量的存在,我们首先计算纬向积分的海 - 气净热通量,然后以南极点为起点再对它进行经向积分,即 $H_f = \int_{\theta_S}^{\theta} \dot{q} a d\theta$,这里 a 为地球半径,θ 为纬度,θ_S 为南极点的纬度,$\dot{q} = \dot{q}(\theta)$ 为通过对图 1.7 所示的通量进行纬向积分后得到的海 - 气净热通量之经向分布。因此,在图 1.8(a)中所示的该曲线的正斜率表明,在所关注的纬度处存在向下进入海洋的热通量,负斜率表明该纬度处存在向上的热通量。例如,赤道附近和 58°S ~ 42°S 之间的正斜率很大,表明那里海洋的吸热作用很强。

另外,正的 H_f 提示海洋存在正的北向热通量;这样,在整个北半球上,存在着向极热通量。事实上,在北半球中,向极热通量在大约 15°N 处达到几乎 2 PW(1 PW = 10^{15} W)的极大值。与此形成对照的是,在南半球,向极热通量要小得多,并且几次改变符号。事实上,利用该方法得到的这个结果指出,在 58°S ~ 20°S 之间的纬圈中为北向热通量;然而,正如我们将在 5.3.1 节会讨论的,利用其他较为综合的方法得到的向极热通量值却提示,南半球海洋的经向热通量多数是向南的。这两者的向极热通量有如此大的差异是由于基于实测的海 - 气热通量数据不是非常准确，尤其是在仅有稀少可靠现场观测数据的南大洋。

类似地，海洋中也存在强烈的纬向热通量。为了证实这一纬向热输送的存在，我们从南美洲南端经度出发，对海－气净热通量进行积分。如图1.8(b)所示，在太平洋海盆中存在向西的热通量，其峰值为1.4 PW。纬向热通量的经向分布反映了海洋热强迫力的纬向不对称性。纬向热通量与海流密切关联，这将在以后的几章中予以讨论。

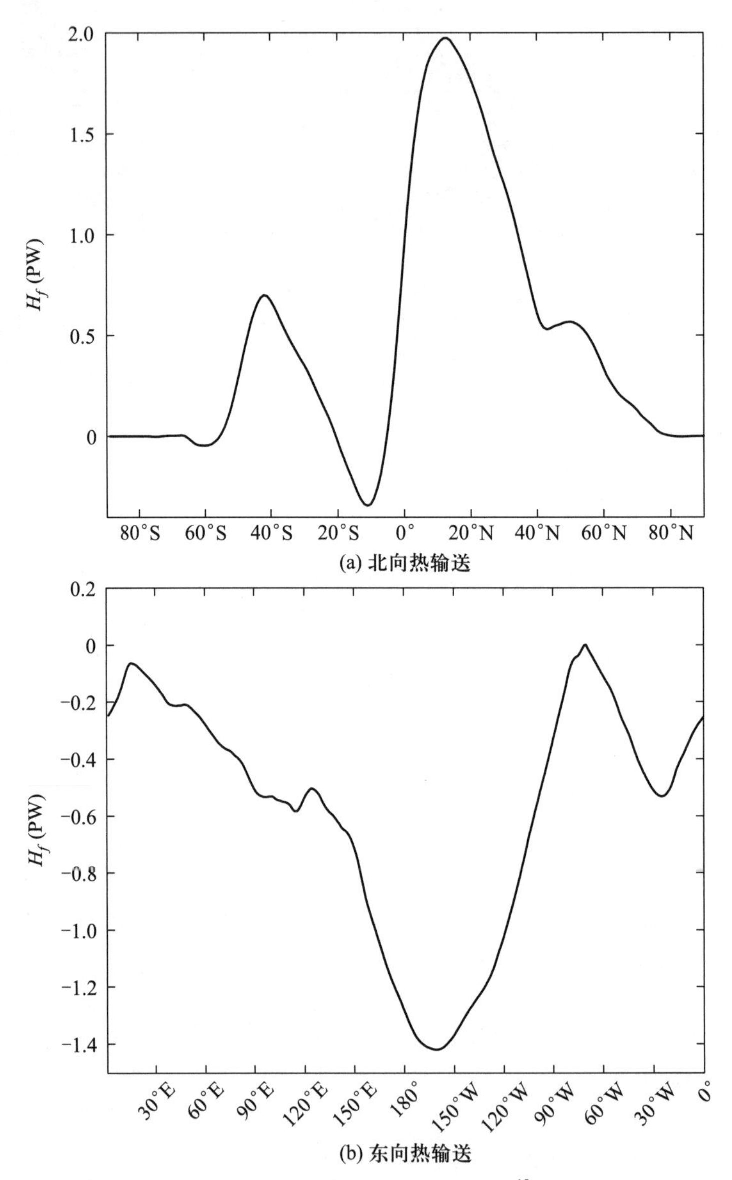

图1.8 世界大洋(a)北向和(b)东向热输送 H_f（单位：PW，1 PW = 10^{15} W）。

B. 表层淡水通量

海洋通过蒸发、降水以及河流的径流与大气进行淡水交换。河流的径流即是从海面蒸发的水汽在陆地上形成降水的结果。无论对海洋总环流还是对气候系统而言，它们与大气的淡水交换都是最重要的强迫力条件之一。蒸发是把低纬度海洋的热量输入大气的最具决定性的输运过程，而在大气中水汽被输运向两极。水汽携带了大量的潜热，这是气候系统中向极热输送的极其重要的机制之一。大气中的水汽最终凝结并释放潜热，然后通过降水回到海洋和陆地。

海－气界面的淡水通量①对调节海洋的水循环有极其重要的作用。尤其是，淡水通量是控制海洋盐度分布的关键因素。海水密度基本上由温度和盐度控制，与盐度分布直接连接的淡水通量成为调节热盐环流的一个关键因素，因而成为与热盐环流和气候相联系的最重要论题之一。在大气中，水汽的经向输送以及与之相伴的海洋中水的回流是气候系统中经向热输送的最重要机制之一。

蒸发与海洋的潜热损失密切相关，全球的蒸发分布（图 1.9）与海洋输向大气之潜热损失的分布（图 1.4）在型式上基本相同，换言之，强蒸发出现在南北半球的亚热带和西边界流区。尤其是，湾流和黑潮流系区都是全球海洋中蒸发率最高的区域。另外一个强蒸发区在南印度洋和澳大利亚的东西两侧。

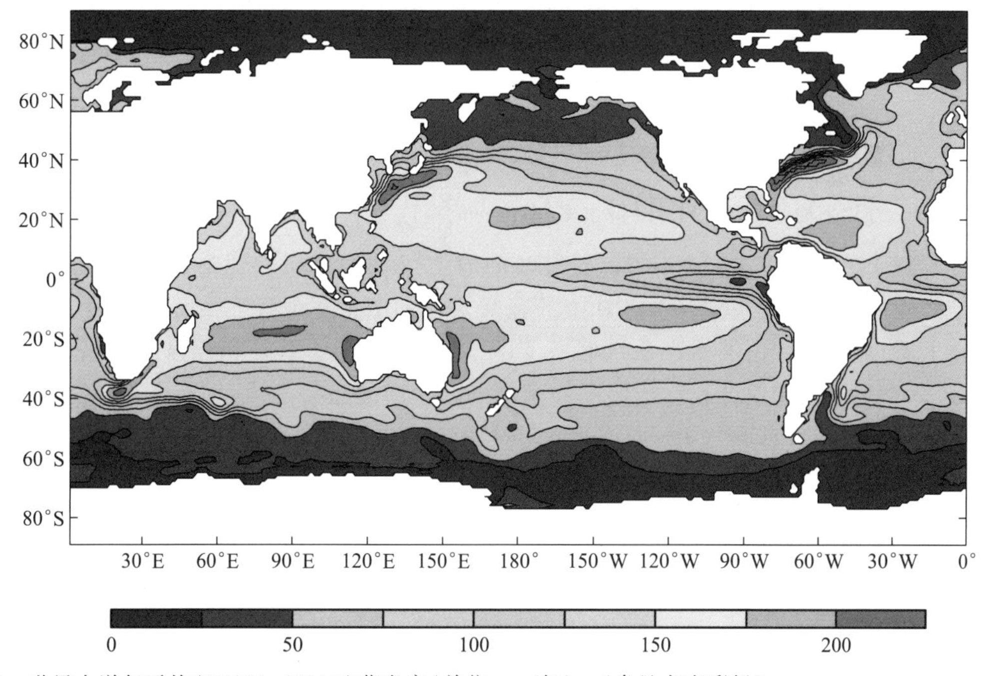

图 1.9 世界大洋年平均（NCEP－NCAR）蒸发率（单位：cm/年）。（参见书末彩插）

另外，在赤道太平洋东部和大西洋中的冷水舌区，蒸发率都非常低。在北太平洋的亚极带海盆和北大西洋的拉布拉多海，由于海面水温低，蒸发率也相当低。再者，在南大洋的广阔海域上，蒸发相当弱，这也是由于那里海面水温低之故，后者是由于南半球西风带使当地产生强烈的埃克曼上升流造成的。

海洋通过大气降水和河流径流回收水。强降水的主要活动区域包括赤道太平洋和在南太平洋中向东南扩展的南太平洋辐合带，其年平均降水率超过 4 m/年（图 1.10）。另外，在赤道印度洋和赤道大西洋都有强降水的大范围活动区。与此相对照，南北半球亚热带海盆的东部则是出现降水极小值的主要区域，其年平均的降水率仅为 0.5 m/年左右。

---

① 原著中为 freshwater flux，综观全书，其中（包括后文中的 mass flux）的 flux 的含义有广义和狭义两种，因此，当它表示广义时译为“通量”，当表示狭义时译为“流量”，下同。——译者注

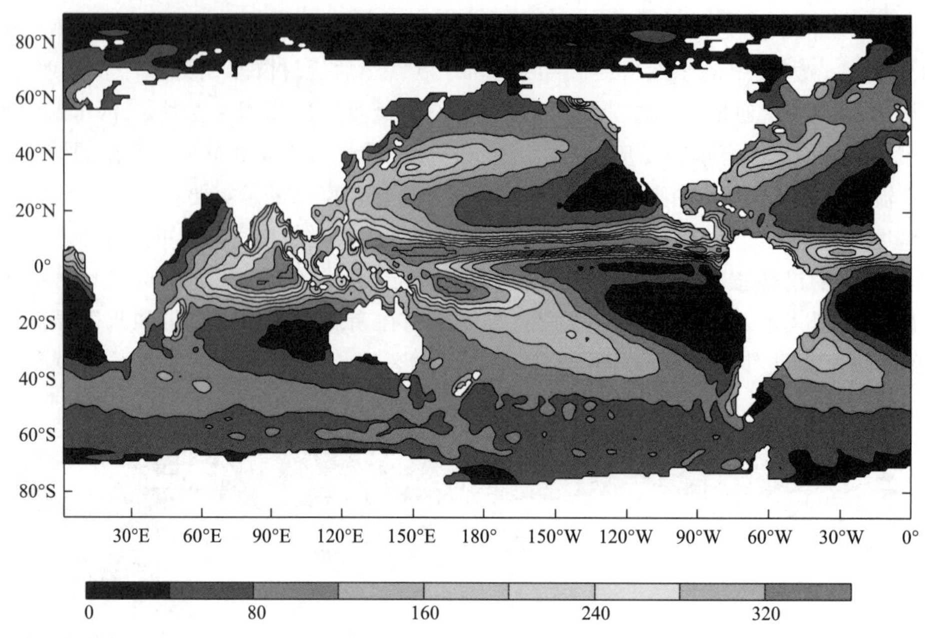

图 1.10 世界大洋年平均(NCEP - NCAR)降水率(单位:cm/年)。(参见书末彩插)

蒸发与降水之差是真正影响海洋盐致环流的因素(图 1.11)。跨过海 - 气界面淡水净通量之分布型式由两个因素来决定:图 1.10 中的强降水带和图 1.9 中强烈而又相对狭窄的强蒸发区。总体上看,赤道区域由淡水净收入区所支配,主要是由于这里有非常强的降水(图 1.10)。尤其是,进入赤道太平洋西部和赤道印度洋东部的淡水净通量特别大,约有 3 m/年。其位置与太平洋 - 印度洋暖池(Pacific - Indian Warm Pool)一致,并且全球海面温度的极大值也在那里。这里也是大气中沃克环流(Walker circulations)的主要上升分支。

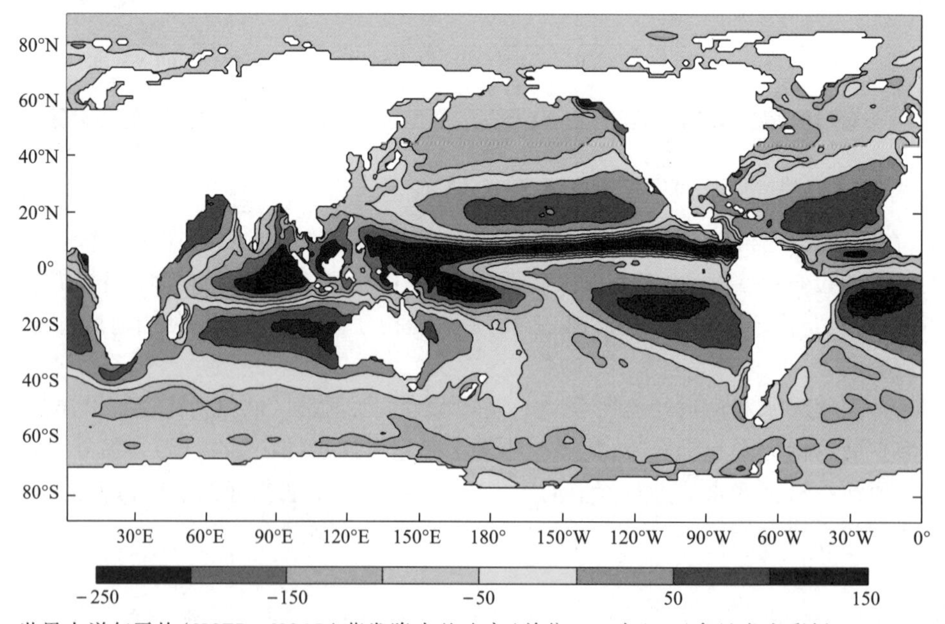

图 1.11 世界大洋年平均(NCEP - NCAR)蒸发降水差速率(单位:cm/年)。(参见书末彩插)

另一方面,南北半球5个亚热带海盆的东部似乎是海洋中的"沙漠区",在那里进入大气的年平均净淡水损失达1~1.5 m/年左右。正如在下一节中将要讨论的,在这些广大区域中,淡水的大量损失与海洋表层高盐度密切相关。

1.1.3 其他外部强迫力

潮流是海洋大尺度运动中的一个主要分量。在传统的观点中,潮汐(tides)并不属于大洋总环流的组成部分。在经典的理论框架中,大洋总环流主要是由表层强迫力驱动的。不过,现在已普遍认为潮汐耗散也是调节世界大洋热盐环流的关键因子之一。事实上,潮汐耗散主要贡献于深水大洋的跨密度面混合,因此,因潮汐耗散而产生的能量来源将与世界大洋的机械能平衡问题连起来进行讨论。

另外,地热通量对热力环流也有贡献,尽管人们相信其影响主要局限于深水大洋以及与海底"热斑(hot spot)"之上与热羽流相伴的若干地点。一般情况下,新生海底在大洋中脊的顶端连续形成,因此,那里相对较浅,并且伴随着非常活跃的地热释放。当新生成的海底从大洋中脊向外扩张时,它就离开了地幔中活跃的地质过程,因此从海底释放出来的地热会逐步减小。

由于测量世界大洋海底上的热通量存在技术上的困难,故目前尚没有可靠的全球地热通量数据库。不过,可以利用如下的经验公式(DeLaughter 等,2005)来估算地热通量对全球的影响,这个公式是对于 Stein 和 Stein(1992,1994)的早期研究结果之改进

$$\dot{q} = \begin{cases} 481t^{-1/2} & t < 44 \\ 48.8 + 97.5e^{-0.0323t} & t \geqslant 44 \end{cases} \tag{1.1}$$

其中,地热通量的单位是mW/m^2,t 是海底的年龄(10^6 年,即百万年)。海底的年龄可以用下面的经验公式来估算,它将海底的年龄与其深度 d(m)联系起来

$$t = \begin{cases} \sqrt{\dfrac{d - 2\,600}{349}} & 2\,600 \leqslant d < 3\,996 \\ -\dfrac{\ln[(5\,302 - d)/2\,190]}{0.032\,3} & d \geqslant 3\,996 \end{cases} \tag{1.2}$$

方程(1.1)和方程(1.2)中定义了海底深度、年龄与地热通量之间的关系(如图1.12所示)。

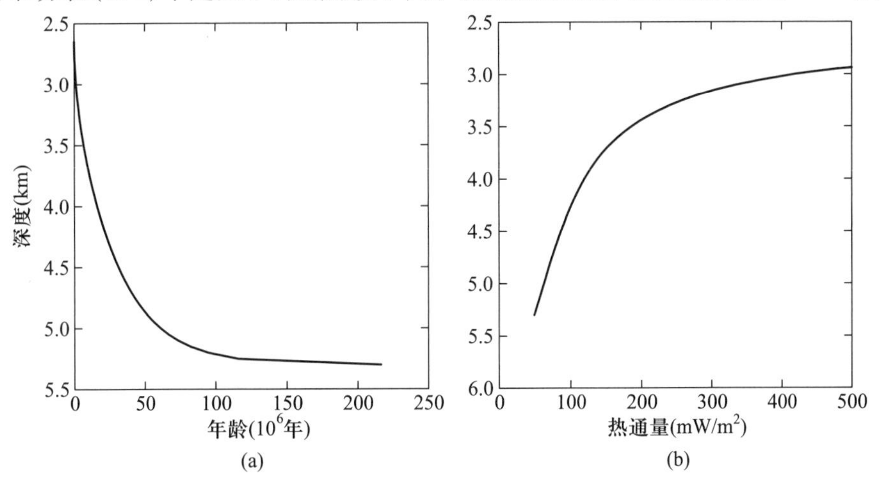

图1.12 海底深度与(a)海底年龄、(b)地热通量之间的经验关系。

利用方程(1.1)和(1.2)算得的世界大洋地热通量之水平分布如图1.13所示,并且总的地热通量估计为32 TW①。正如从这些公式中所预期的,地热通量在全球大洋中脊系统的比邻区中非常大。离开大洋中脊,地热通量逐步降低,并且对于老年的海底,平均地热通量约为50 mW/m^2。因此,一般而言,地热通量是相当弱的热源。尽管在大洋中脊附近释放出的强地热通量可能对驱动该海脊附近的热力环流起重要作用,但是一旦离开该海脊区,那么地热通量的贡献就主要局限于海洋深渊层中了。

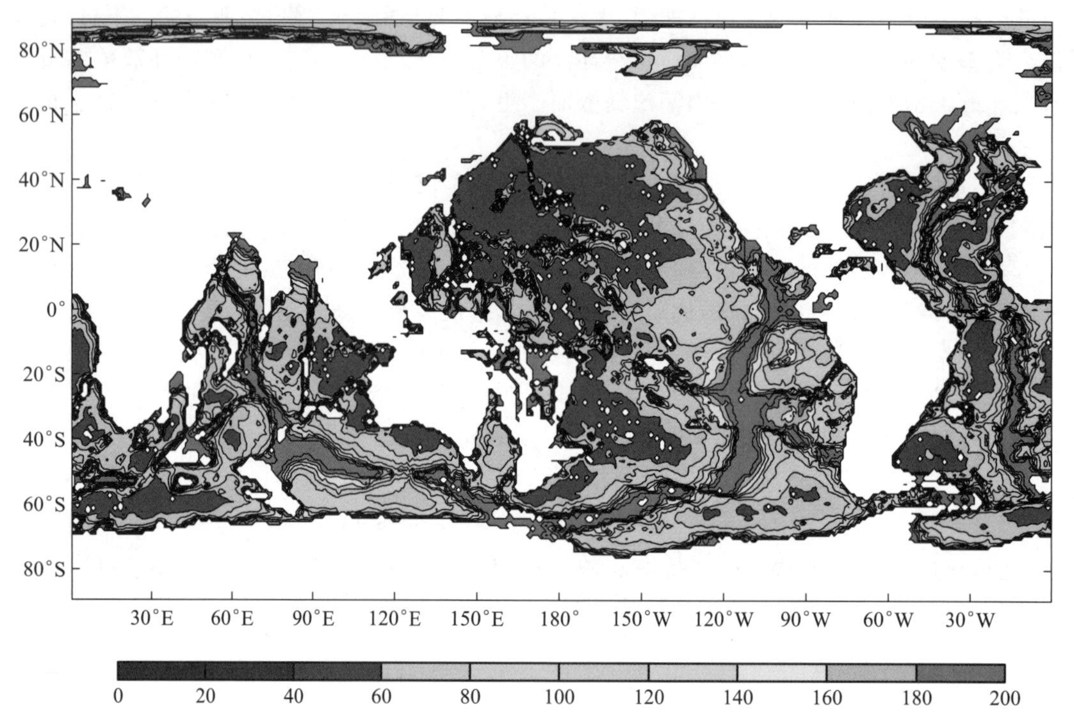

图1.13 利用半经验公式计算的地热通量,只包括深度大于2.6 km的海域(单位:mW/m^2)。(参见书末彩插)

1.2 世界大洋的温度、盐度和密度分布

研究大洋环流必须先要在头脑中建立起其海洋物理条件的清晰图像,因为世界大洋水体特性的分布是环流系统对在上一节中描述的表层强迫力之响应的结果。本节给出了关于大尺度海洋的描述性海洋学之简明导引。

1.2.1 表层温度、盐度和密度的分布

海面温度与上一节讨论过的海-气热通量密切相联。事实上,在海面温度和海-气热通量之

---

① 1 TW = 10^{12} W。——译者注

间存在着很强的负反馈，亦即海面温度的正距平(anomaly①)导致更多的蒸发、感热损失和长波辐射，而这些又会使温度的正距平趋于减小。另一方面，海面温度的负距平使蒸发、感热通量损失和向外长波辐射减小，并由此使海面温度回到正常的范围。除了海面热通量外，海洋内部的平流和扩散也参与建立温度场的分布。表层热力强迫、海面温度和海流之间的联系是热盐环流的主题。本节中的图件是根据世界大洋图集(World Ocean Atlas 2001，WOA01；Conkright 等，2002)给出的。

一般说来，海面温度在赤道带达到最高，并向两极递减(图 1.14)。尤其是，海面温度极大值位于赤道太平洋西部和赤道印度洋东部的暖池区。沿着赤道带存在着强烈的纬向温度梯度，而在赤道太平洋东部则为与所谓"冷舌"相联系的水温相对低的区域。赤道太平洋东部冷舌的存在则是由于在赤道带之上的东风驱动了冷水涌升；另外，由向赤道的信风驱动的秘鲁近岸强上升流对冷舌的形成也有贡献。

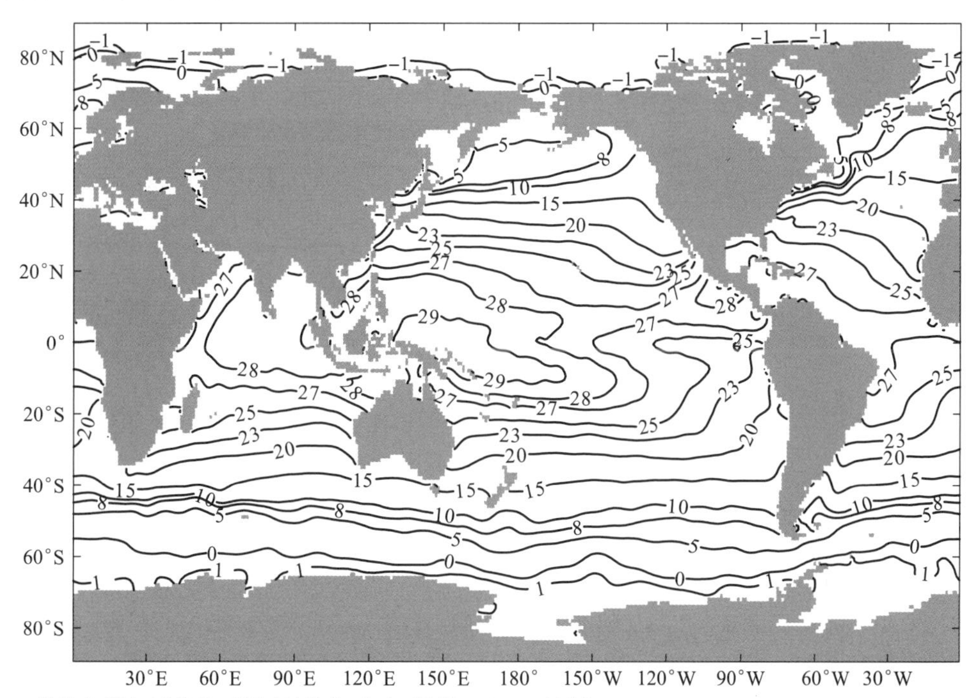

图 1.14 世界大洋年平均海面温度(单位：℃)，根据 WOA01 绘制。

在亚热带海盆，水温通常为西边界附近高而海盆东部低；这种型式与风生反气旋式流涡密切相联。在亚极带海盆中，纬向温度梯度则相反：高温出现在海盆东部，而低温出现在海盆西部。这个特征与那里的风生气旋式环流密切相联。

在南大洋，特别是在印度洋扇形区和大西洋扇形区的 40°S—50°S 区域，有一个非常强的热力锋面(冷锋)。这个冷锋是由南大洋西风带所驱动的强上升流造成的。如前所述，这个冷锋是感热通量向下穿过海-气界面的关键因子②。这个冷锋也与强烈的向东流系和强流速锋面紧密相连。稍后，我们还将对这个温度锋进行详细讨论。

① 综观全书，anomaly 用来表示两种情况，即它既可表示状态变量对其空间平均态的偏差，亦可表示对其时间平均态的偏差，在本书中前者译为"距平"，后者译为"异常"。——译者注

② 参见图 1.6 和图 1.7。——译者注

海面高盐区位于大西洋和太平洋的亚热带海盆中心,如图1.15所示。这些高盐区与五个海洋沙漠(如图1.9所示)中的高蒸发降水差($E-P$)速率密切相连。

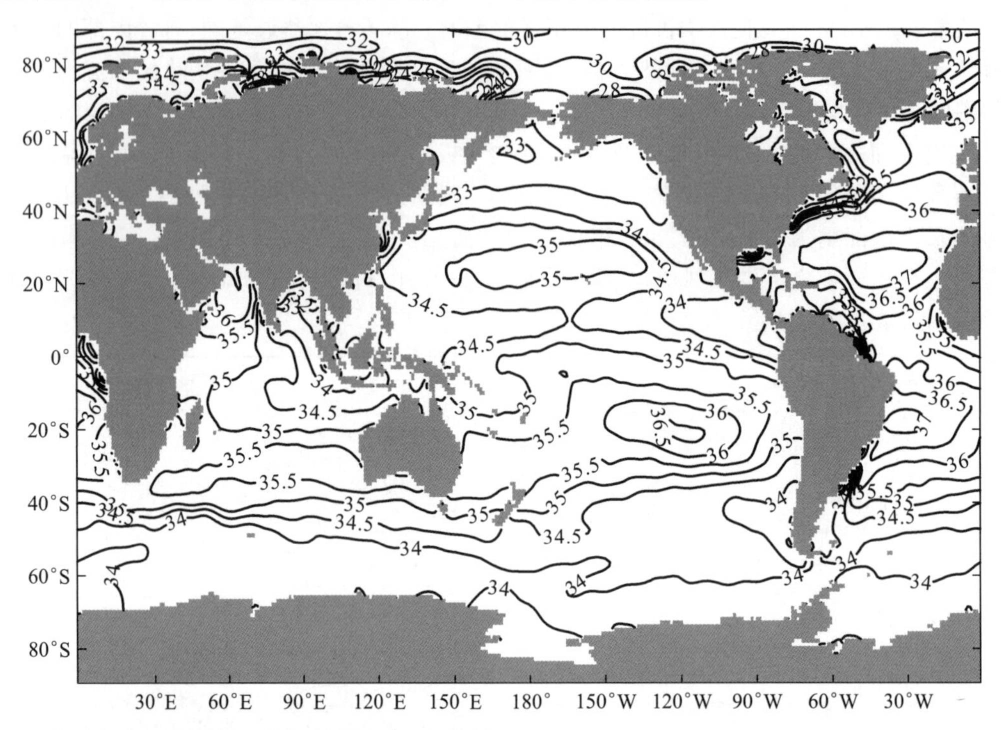

图1.15 世界大洋年平均海面盐度,根据WOA01绘制。

表层盐度与当地的蒸发降水差速率有密切的联系。假设海面盐度是由垂向平流和扩散的一维平衡来调节,那么蒸发降水差大就应该对应于海面上的高盐区。从散点图1.16中可以清楚地看出,海面盐度与跨过海-气界面的淡水净流量之间存在着相关关系。盐度小于32的低盐分支基本上代表了北冰洋的表层水,因为北冰洋属低温区并且又远离低纬度区,因此那里的蒸发和降水都受到限制。在图1.16的左上角,强降水的分支(负的$E-P$)基本上对应于赤道太平洋西部和赤道印度洋东部的暖池。

图1.16的上部分支提示,海面盐度与当地蒸发降水差速率存在着近乎线性的相关关系①,亦即当地蒸发超过降水对应于高盐,而当地降水超过蒸发则对应着低盐。相比于海面温度与海-气热通量之间的关系,海面盐度与海-气淡水通量之间的关系则颇为不同,因为它是单向的,即海-气淡水通量能直接影响当地海面盐度,然而海面盐度却不能直接影响局地的海-气淡水通量。局地海面盐度对降水与蒸发没有反馈作用,这是热盐环流的独特之处。例如,表层淡水通量与海面盐度之间的分离使得在高纬度表层淡水距平可以存活相当长的时间,从而导致了所谓的"盐跃层崩变(halocline catastrophe)",这将在第5章中讨论。

当然,海面盐度也受到其他动力过程的控制,其中包括次表层中的平流和扩散;尽管如此,在调节上层海洋盐度分布中,局地的海-气淡水通量仍是最重要的因子之一。

---

① 原著似有印刷疏漏,现已按上下文补上。——译者注

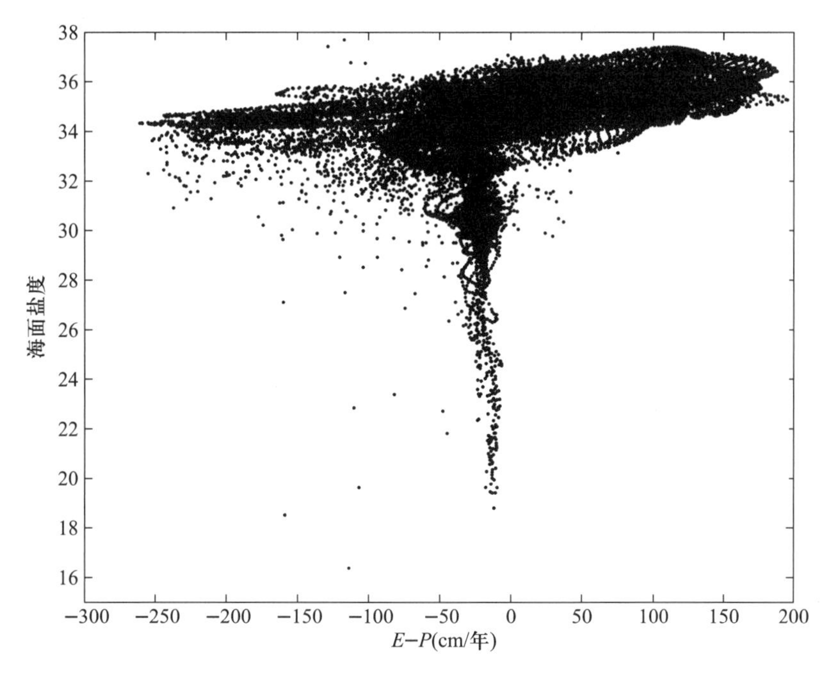

图 1.16 世界大洋蒸发降水差速率与海面盐度之间关系的散点图。

虽然温度和盐度都是控制环流的决定性的因子,但是在动力学上连接海流的则是水的密度。海面密度分布在型式上与海面温度的分布颇为类似,因为上层大洋的密度基本上由温度决定,只有高纬度海域是例外,因为那里的表面密度基本上由海面盐度决定(图 1.17)。海面的高温与低

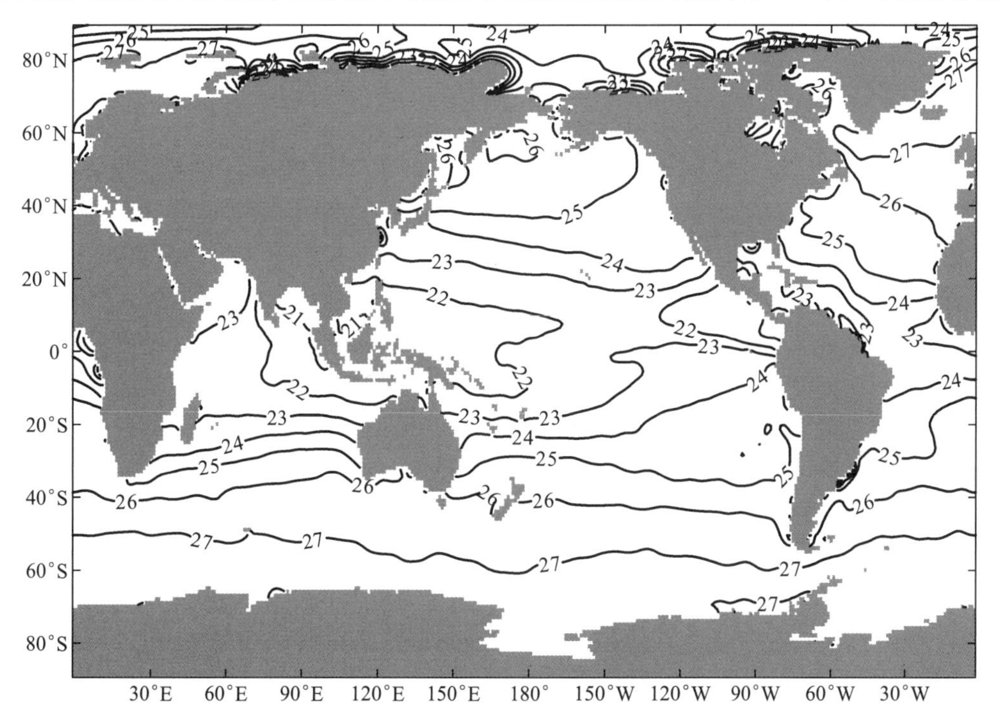

图 1.17 世界大洋年平均海面密度(σ,单位:kg/m^3),根据 WOA01 绘制。

盐相结合使孟加拉湾和暖池(warm pool)出现了最低的海面密度。在赤道太平洋的东边界,有一条低盐舌(图 1.15)延伸的低密度水。在亚热带海盆中,西部的密度比东部低,显然,这个特征与图 1.14 的表层温度分布型式相关。

世界大洋表层密度、温度和盐度分布的一个显著特征是,它们的纬向平均值在经向分布上表现为不对称性。事实上,南半球的表层水比北半球的冷而咸。结果,南半球的表层水比北半球的更重(图 1.18)。海面处水体特性的经向分布之不对称的性质反映出气候系统的许多物理特性。首先,大部分南半球是水半球,而大部分北半球则是陆半球。更重要的是,南极大陆及周边的绕极水通道构成了世界大洋中最冷且密度最大的表层水,然后该表层水下沉到世界大洋底部并支配着深渊层的环流。

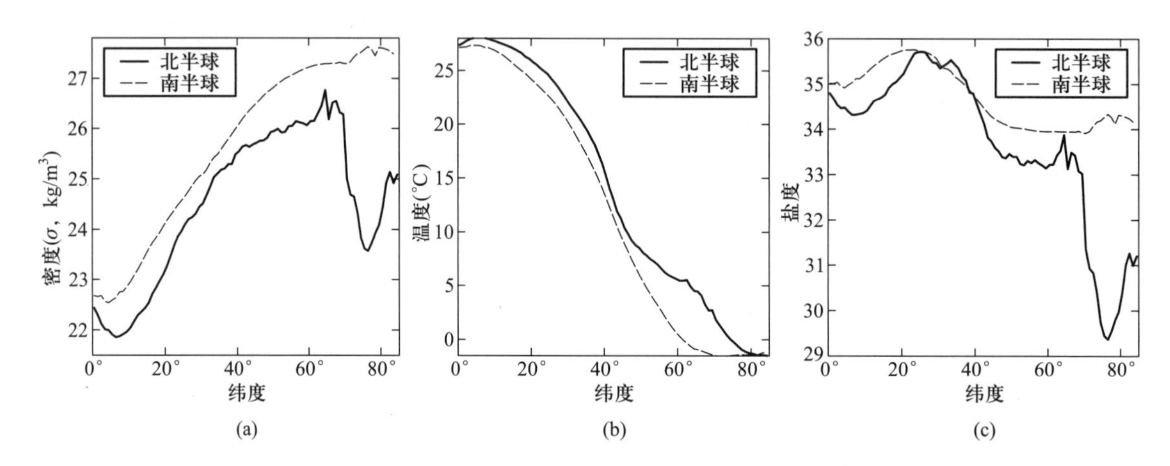

图 1.18 南(虚线)、北半球(实线)(a)表层密度(σ,单位:kg/m^3)、(b)温度(单位:℃)和(c)盐度的随纬度分布对比图。

为了更仔细考察表层温度和盐度的分布,我们减去其纬向平均值,把它们与其纬向平均值之偏差绘成图。从表层温度和盐度与其纬向平均值之偏差图中可以辨别出以下最有趣的特征:

首先,太平洋和大西洋海盆中的温度分布表现出明显的东西不对称(图 1.19)。这个特征与风应力驱动的环流密切相联。最直接的连接是顺岸风驱动的沿岸上升流。例如,在南北半球中纬度处,向赤道的风驱动了沿着东边界的沿岸上升流和西边界附近的沿岸下降流。秘鲁沿岸附近信风驱动的强上升流将富含营养盐的冷水从海洋深层带到上表层,形成了世界大洋中最大的渔场之一。在南北大西洋的东部海岸附近,也有类似的冷水上升流区。结果,在中纬度的太平洋和大西洋海盆中存在显著的东西温度差异。另一个主要因素是风生流涡。在亚热带海盆中的反气旋式流涡带来了中纬度较冷的水,它们对海盆东部的低温有贡献。

如图 1.2 所示,气旋式和反气旋式流涡是构建上层海洋水体特性的主要参与者。在亚极带海盆中,一方面,气旋式流涡将相对暖的水带到亚极带海盆的东部,由此维持了相对暖的表层温度。另一方面,气旋式流涡从北部带来的冷水形成了亚极带海盆西部的表层冷水区。另外,来自欧亚大陆的强烈的干冷空气必然对日本以北的表层低温也有贡献。类似地,围绕加拿大东部海岸和美国东北海岸则有一个狭窄的低温带。由此,在北太平洋和北大西洋的高纬度海域,东边界附近的海面温度比西边界附近的要明显偏高(图 1.19)。

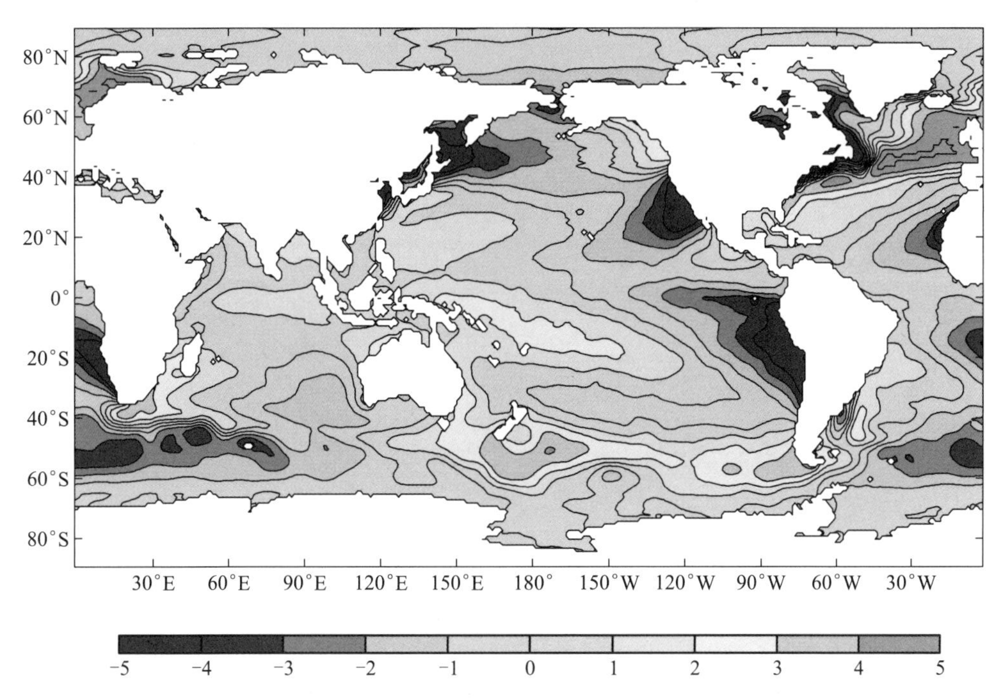

图 1.19　年平均海面温度距平(单位:℃),即相对于其纬向平均值的偏差。(参见书末彩插)

其次,大西洋与太平洋之间有明显差异。在北大西洋北部的东部和中部,海面温度比其纬向平均值高约 5℃。与此相比,沿着北太平洋北部的东边界之海面温度仅比其纬向平均值略高。这种令人注目的纬向海面温度分布差异是热盐环流对现代气候系统起到极其重要作用的主要迹象之一。事实上,在大西洋存在着强经向翻转环流(meridional overturning circulation,MOC),它表现为在其北部高纬度海域有深层水的形成和下沉;而在太平洋则不存在这样的环流。

在大西洋与太平洋之间,这种非常明显的反差,也在海面盐度与其纬向平均值的偏差中显示出来[图 1.20(a)]。事实上,大西洋(尤其是北大西洋)的海面盐度远高于太平洋。除了海面温度之间的差异外,大西洋和太平洋盐度之间的巨大差异也是调节全球热盐环流以至气候系统的最具决定性的因子之一。与这种盐度差异相关联的动力学问题很复杂,我们将会讨论与热盐环流相连的有关问题。

另外,孟加拉湾的海面盐度最低,这与那里的强降水和巨量的河水径流有关。由于强蒸发,阿拉伯海的盐度很高;然而,南印度洋的盐度在南半球的三个海盆中是最低的,这可能是孟加拉湾和暖池的低盐水之水平平流所致。

在 600 m 深度处,北大西洋和北太平洋之间的盐度差异甚至变得更大[图 1.20(b)]。然而,在南半球中,南印度洋的盐度却是最高的。这种情况是由于南极绕极流的强烈的平流作用,从而使得这个高盐区向东伸展。

温度和盐度的差异引起了海面密度的差异,这是调节世界大洋风生环流和热盐环流的极其重要的因素。尽管大西洋的高盐度效应部分地被表层高温所补偿,但是大西洋的表层密度仍远高于太平洋的。尤其是,在北大西洋北部 60°N—70°N 的纬圈中,表层密度要比北太平洋北部的高 2 kg/m^3(图 1.21)。这是调节北半球深层水形成的最具决定性的动力因子。

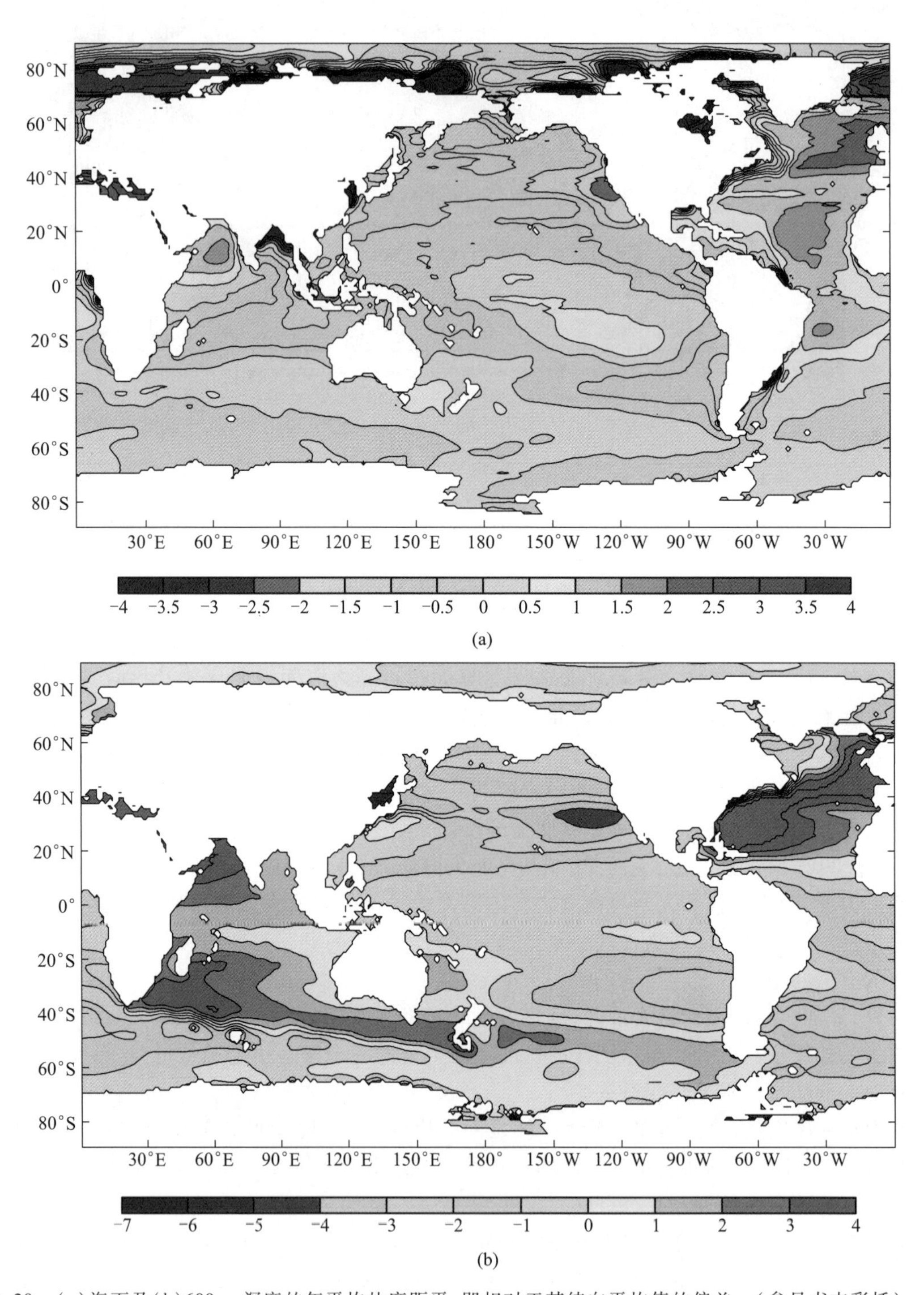

图 1.20 (a)海面及(b)600 m 深度的年平均盐度距平,即相对于其纬向平均值的偏差。(参见书末彩插)

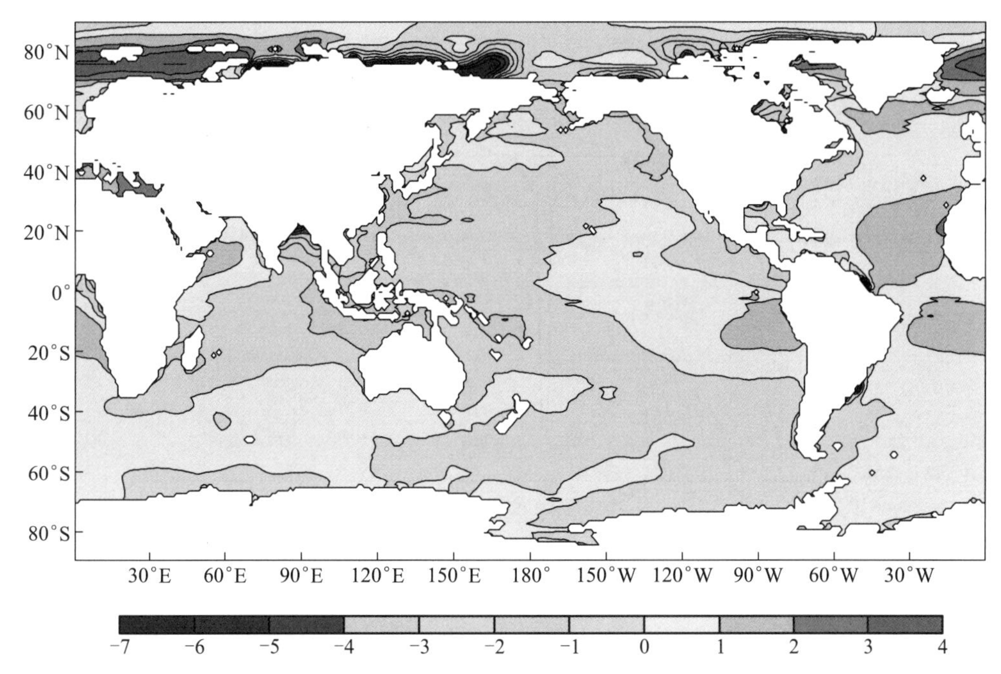

图 1.21 年平均海面密度距平(单位:kg/m^3),即相对于其纬向平均值的偏差。(参见书末彩插)

促使这两个大洋产生如此大差异的机制是热盐环流理论研究的主题。形成这些差异的根本原因是什么?水循环可能是造成这种巨大差异的主要作用力之一。水循环所造成的差异既复杂又广泛,并且包含了复杂的海-气相互作用,此外,它还与陆海分布的几何形态以及陆地上的地形密切相关。

大气中的水汽通量表明,在低纬度处的东风带将大约 0.36 Sv① 的淡水从大西洋海盆跨过中美洲的狭窄陆桥输送到太平洋海盆。尽管这个低纬度的水汽输送量可以部分地由在高纬处对应的输送量所补偿,但是那里仍然获得了大量的剩余淡水流量。如图 1.22 所示,太平洋得到的是淡水净流量,但是大西洋由于过量蒸发而损失淡水;这样,北大西洋中的水必然比北太平洋的咸。因此,这种差异是最本质的因素,它使深水(deepwater)可能形成于北大西洋而不是北太平洋。

假设在高纬度处这两个大洋的海面温度是相同的,那么它们的表层密度也会是不同的。因为北大西洋的海水更咸,因此它在受到冷却后,表层水会变得很稠密,因而它可以下沉到北大西洋北部的底层。另一方面,北太平洋的表层水盐度较低,因此当它受到冷却后,其相应的密度仍然较小而不能下沉到海底。由此,北太平洋的底部充满了来自南极的底层水和北大西洋的深层水(deep water)之混合水。

尽管大气-海洋耦合系统的其他部分会发生变化,但是在现代的海陆分布情况下,由于低纬度东风带的作用,故太平洋和大西洋的盐度差异仍然可以存在。因此,这个效应将是建立所有可能的全球环流型式的主要因子。

① 1 Sv = 1 Sverdrup = 10^6 m^3/s。作为流量的单位,Sverdrup 可以译为"斯韦"。——译者注

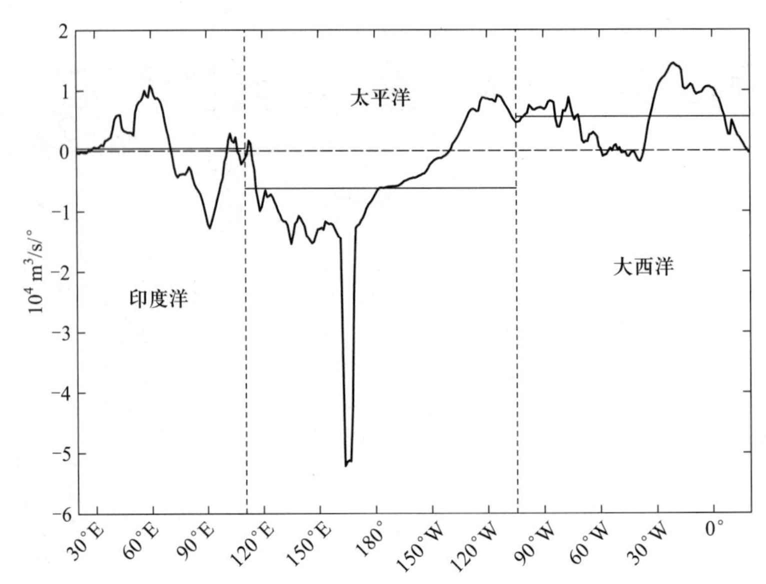

图 1.22　在经圈上的每一度,通过海－气界面的经向积分年平均净蒸发降水差。

1.2.2　温度、盐度和密度的经向分布

本节的焦点是通过分析世界大洋温度、盐度和密度的经向分布,来讨论水团特性的空间分布。由于海水有轻度的可压缩性,当海洋中的一个水块绝热地向下运动时,其现场温度(in situ temperature)会逐渐升高。因此为了扣除由于该压缩性所造成的升温效应,在大尺度海洋环流和水团特性研究中广泛采用了所谓的位势温度 Θ(potential temperature,以下简称为位温)。位温是指一个水块在没有与周围环境发生热量和盐量交换的条件下,绝热地上升到海面时所具有的温度。在第 2 章中将给出它的确切定义。

从某些意义上说,物理海洋学的目标就是要描述调节世界大洋中(Θ,S)(这里 S 为盐度)三维分布的动力学,并且预测在外强迫力改变的情况下,(Θ,S)特性的变化。尽管在 20 世纪中人们已做出了许多努力,但为了达到这个目标,我们仍有漫长的道路要走。

(Θ,S)分布与海流、气候和全球环境密切相关。因为世界大洋在全球气候变化中起到极其重要的作用,因此预测(Θ,S)的分布已成为最令人激动的科学前沿之一。从科学上讲,世界大洋温度和盐度的分布是由风生环流和热盐环流来调节的。最初,水团是在海面处通过海－气相互作用过程而形成的;此后,它们由世界大洋中的海流来输送,并且通过海洋内部的混合过程而改变性状。在这里,我们来讨论在当前气候条件下(Θ,S)的经向分布。

在我们开始考察经向和纬向断面的温度和盐度分布之前,重要的是读者应当记得,这些垂向断面图中某种特性的分布未必提示了基本的流动方向。有必要强调的是,海洋中的流动基本上是在准水平面上以几乎地转流和旋涡(*eddy*)的形式出现的,水块随着等密度面上下滑行的垂向速度要比水平地转速度小若干数量级。因此,在研究这些垂向断面时,读者务必要小心,不应该以为这些水体的特性就是沿着同一个垂向平面输运的。

A. 位温的经向分布

上层海洋中最显著的特征是在赤道以外南北纬 30°附近的亚热带海洋中,在海面以下数百米处的等温线呈碗状形态,如同我们在大西洋断面(图 1.23)、太平洋断面(图 1.24)和印度洋断

面(图 1.25)中都可以清晰地看到的那样。仔细观察显示,次表层垂向位温梯度的极大值就在它们邻近,这里称之为主温跃层,或者永久温跃层。主温跃层的形成和维持是温跃层理论研究的主题,它与上层海洋的风生环流直接相关。

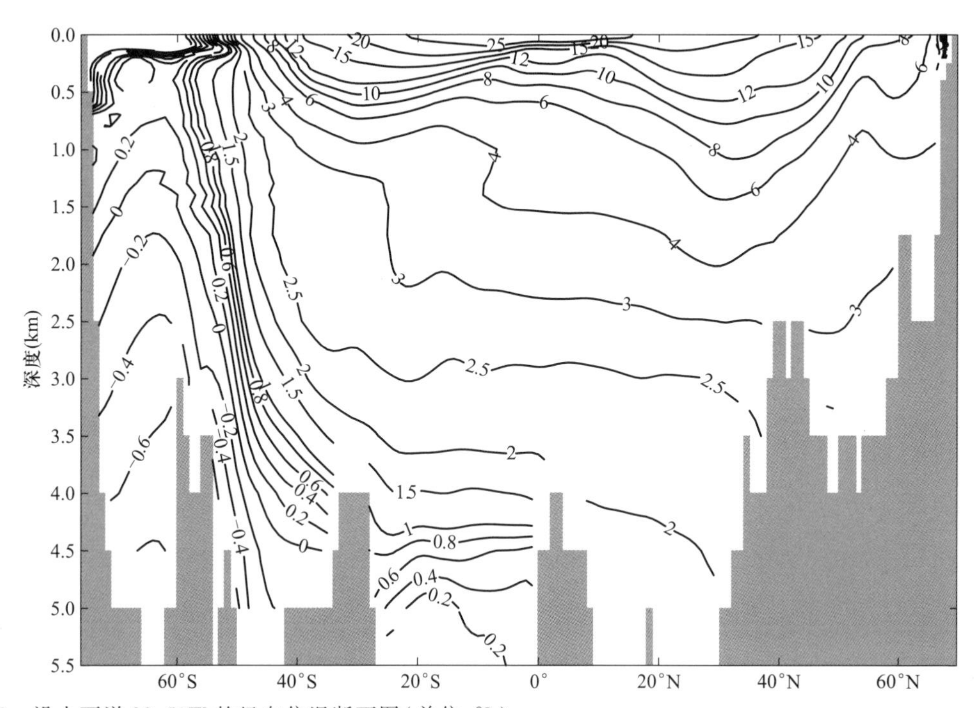

图 1.23 沿大西洋 30.5°W 的经向位温断面图(单位:℃)。

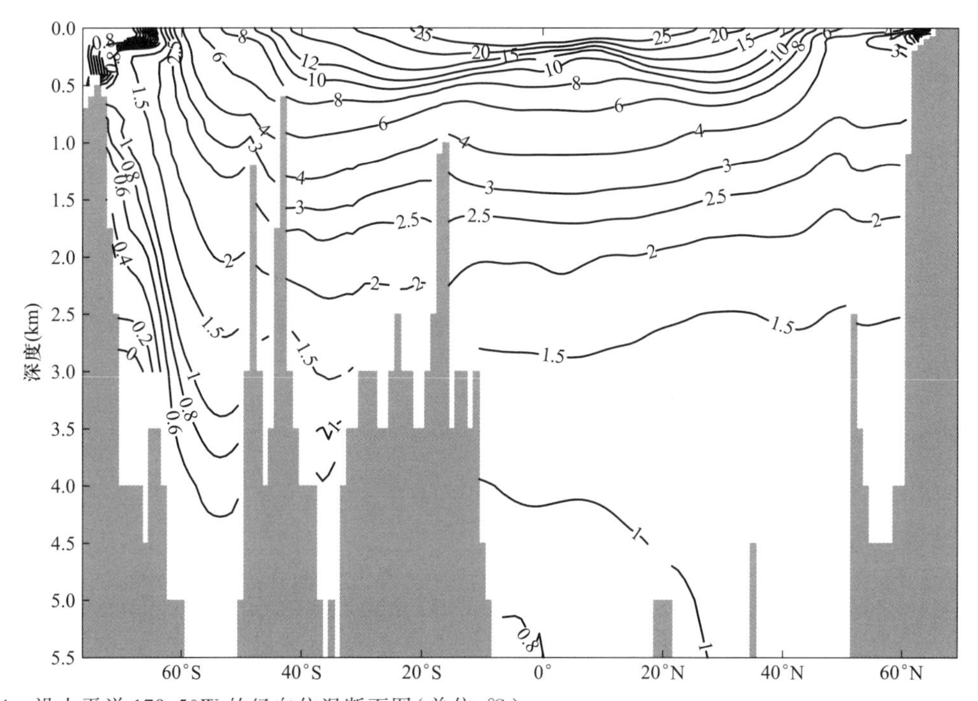

图 1.24 沿太平洋 179.5°W 的经向位温断面图(单位:℃)。

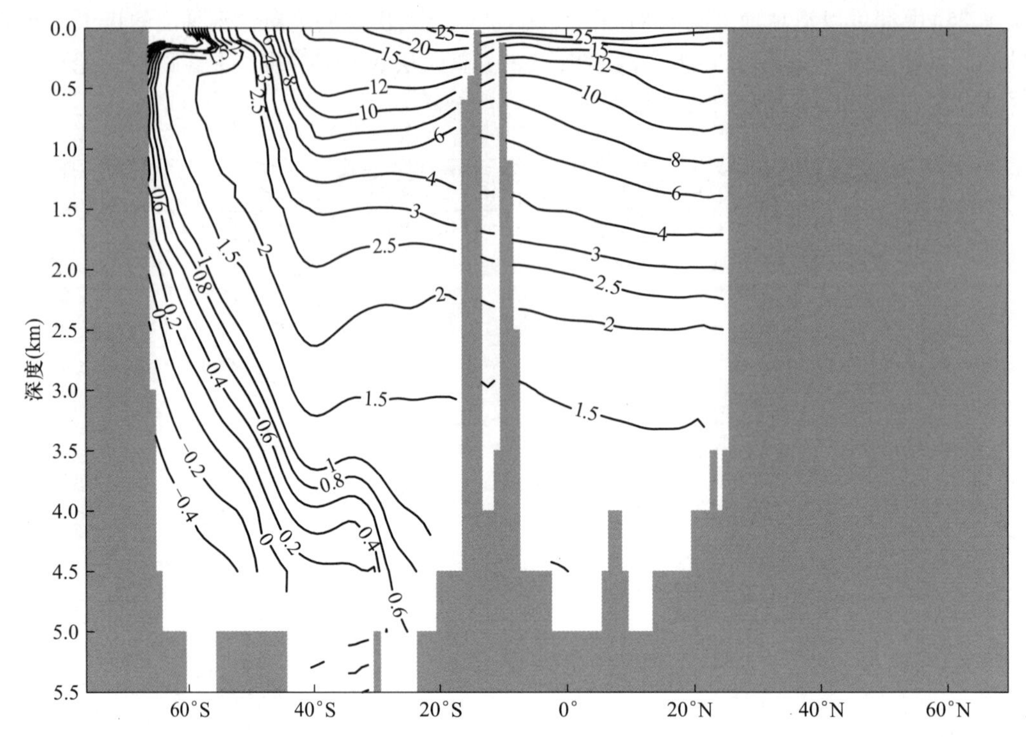

图 1.25 沿印度洋 60.5°E 的经向位温断面图(单位:℃)。

另一个重要特征是,在南大洋中,从海面到深层有一个强锋面。在大西洋断面中,该锋面极度强盛,出现于纬圈 50°S—60°S(图 1.23);在太平洋断面中,该锋面出现于纬圈 50°S—60°S(图 1.24);而在印度洋断面中,该锋面就有点散开(图 1.25)。在现代的海陆分布情况下,这个温度锋的特征在世界大洋中是独一无二的。因为在这个纬度带上,南大洋中没有经向的陆地屏障,而一支非常强绕极流的存在就作为一道屏障横隔在来自南极大陆的冷水与其北面的暖水之间。

在所有三个断面中可以看到源自南极的冷水,在大西洋断面中,其位温低至 0.8℃,在印度洋断面中低至 -0.4℃;不过,太平洋断面中的深层水则稍暖一些,其最低位温约为 0℃。在南极大陆边缘附近形成的冷水作为底层水向北扩展到世界大洋中;在大西洋断面中,可以清楚地看到,它一直扩展到赤道。当然,在这么长距离的输运过程中,底层水①逐渐增暖,并且在大西洋断面的赤道附近,底层的位温已略高于 0℃。

在北大西洋北部,50°N 以北的 3℃ 等温线向上倾斜,这提示那里为形成深层冷水的一个北部源地。与之相对比,北太平洋和北印度洋都没有深层水形成的迹象。南北半球高纬度区域深层冷水的形成与世界大洋热盐环流直接相关,与地球上气候及其变率有非常密切的关系。

B. 盐度的经向分布

盐度是与海洋总环流直接相关的另一个海水特性。在北大西洋,有一个舌状的高盐区,从上层海洋开始,向下延伸到 2 km 深度。在 2 km 深度处,这个高盐舌之核向南延伸,并跨过赤道(图

---

① 原著中为 deep water(深层水),似有误,故改;参见 Tomczak 和 Godfrey(1994)。——译者注

1.26)。这个高盐舌多半是高盐的地中海水之标记(signature)。由于它是次表层盐度的极大值,故它与这个断面上的表层盐度并没有直接相连。事实上,它是由大约1 km深度的高盐水向西运移而产生的。

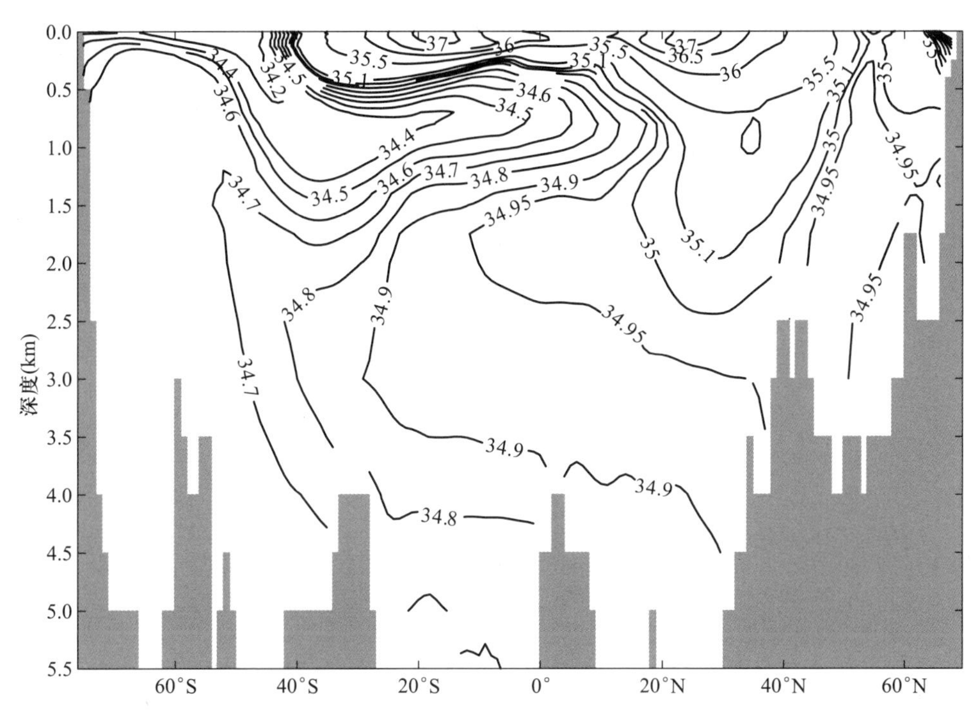

图1.26 沿大西洋30.5°W的经向盐度断面图。

南半球有一个显著的低盐舌。它从50°S的海面起,伸展到1 km深度。这个低盐是南极中层水(Antarctic Intermediate Water,AAIW)的主要指标。这个低盐舌一直伸展到赤道,其核仍近似地位于1 km深度处。

在2~4 km深度的层次中,高盐水源自北大西洋,而在深度4 km以深,相对的低盐水则是来自形成于南极大陆边缘附近的南极底层水(Antarctic Bottom Water,AABW)。

在物理海洋学发展的过程中,早期发表的一些经典论文曾将这些舌状特征作为海水运动的指南。然而,盐度和其他示踪物质的分布是许多复杂动力过程(包括平均流动和中尺度涡导致的平流/扩散过程)相互作用的结果。因此,这些舌状特征并不能用来解释平均流动的方向。

在太平洋179.5°W断面(图1.27)上,在亚热带400 m以浅的上层海洋中,较高的盐度是其盐度分布的主要特征;然而,在500 m到1.5 km之间,其盐度分布则表现为数个来自高纬度的低盐舌。与大西洋断面相比,来自南方的低盐舌则不那么显著。与大西洋断面相对照的是,在4 km以下的深水海洋中,这里的南极底层水似乎稍咸一点,且向北扩展。

与大西洋断面相似,在印度洋断面(图1.28)中,伴随南极中层水出现的低盐舌成为南半球最突出的特征。南半球2~4 km深度之间的层次被来自北方的相对高盐的水所侵占。南极底层水则表现为在海底之上从南极向北伸展的相对低盐的水层。在北印度洋的1 km深度处,可以清楚地看到来自红海的高盐水之影响。

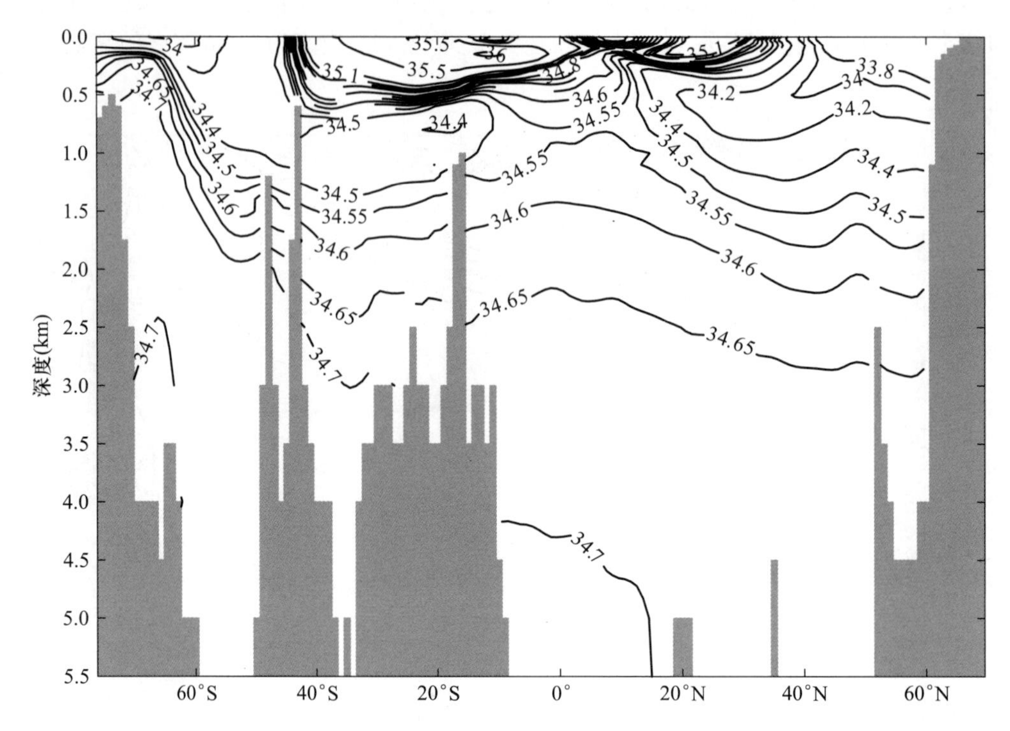

图 1.27　沿太平洋 179.5°W 的经向盐度断面图。

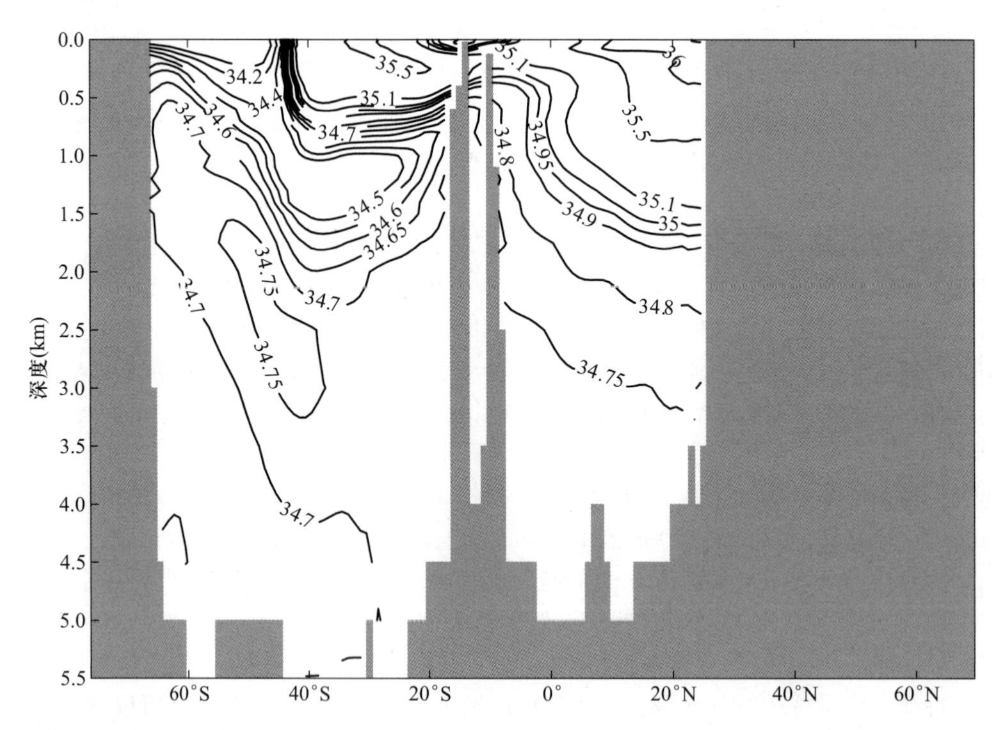

图 1.28　沿印度洋 60.5°E 的经向盐度断面图。

C. 密度的经向分布

对于海洋环流而言，尽管温度和盐度是最重要的海水特性量，但是只有海水的密度才是与压强梯度力因而与速度场直接连起来的海水特性量。由于海水有点可压缩性，故密度会随深度增加而增大。然而，在垂直方向上，虽因深度的增加使密度增加了，但在动力学上，其大部分增量是不起作用的，因此在动力海洋学中，另一个类似于位温的量，即位势密度(potential density，以下简称位密)，便得到了广泛的应用。位密是指在与周围环境没有发生热量和盐量交换的条件下，一个水块绝热地上升到海面时所具有的密度[①]。在第 2 章中将给出位密的确切定义。

在我们考察经向和纬向断面上的密度分布之前，最重要的一点，就是要再一次提醒读者，这些图中的等密度面并不是必然意味着基本流动的方向。事实上，水体特性运移的基本形式出现在近乎水平的轨道中，并且这样的运移轨道是由强水平地转流所规定；并且沿着等密度面有较小的垂向速度分量，此外甚至还有一个更小的分量，即所谓的跨密度面速度，该分量是穿过等密度面的法向速度。

海洋学中的密度或者位密，经常表示为与 1 000 kg/m^3 的距平。一般情况下，位密的范围为 20 ~ 28σ 单位[②](kg/m^3)。当温度接近冰点时，热膨胀系数接近零。由于盐收缩系数(saline contraction coefficient)几乎为常量，故在低温时，其密度基本上由盐度决定。然而，高温时的海水密度则主要由温度决定。

一般而言，位密随着深度的增加而增加，因此水柱是稳定的。不过在大西洋断面中，赤道附近 3 ~ 4 km 深度处的位密(图 1.29)，似乎有不稳定的现象。事实上，它的邻近水柱是相当稳定的，对于这个表观上的不稳定层化现象，我们将在第 2 章讨论海水热力学时再给出解释。

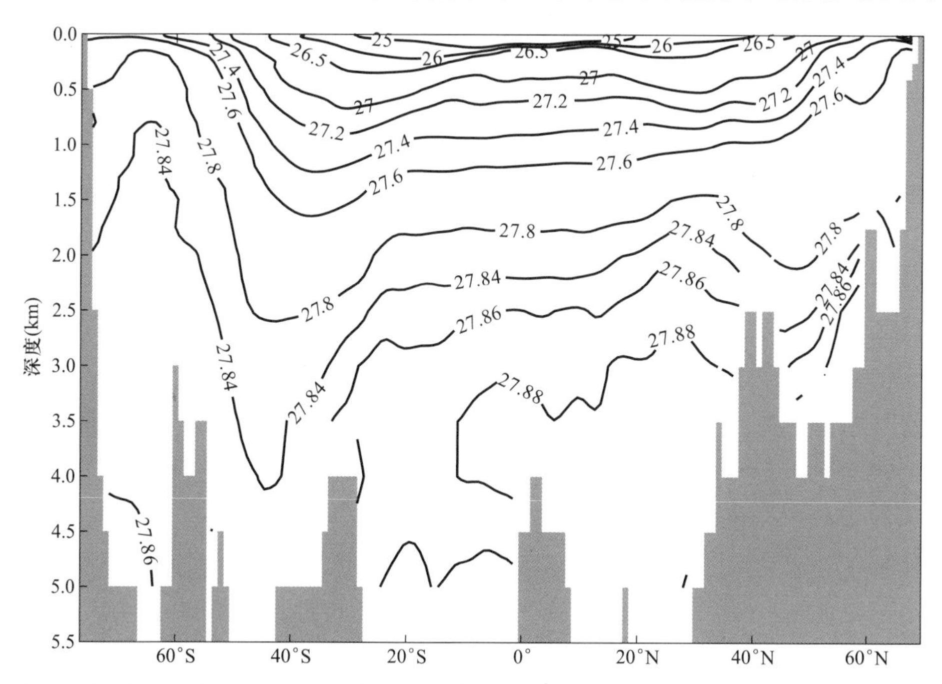

图 1.29 沿大西洋 30.5°W 的经向密度断面图(σ_0，单位：kg/m^3)。

① 这样定义的位密通常记为 σ_0。——译者注

② σ 单位 $=\rho-1\ 000$(kg/m^3)，这里 ρ 表示海水的密度。——译者注

在亚热带上层的海洋中,碗状的等密度面提示,那里有风生流涡,并且在该碗的南北边缘上,则有强烈的密度锋面,这提示,伴随这些风生流涡有强纬向流。在赤道区域,在 500 m ~2.5 km 深度之间,等密度面大部分是平坦的,这提示,在这个深度范围内的纬向流是较为缓慢的。

在南大洋有若干强烈的密度锋,特别是在大西洋断面 1.5 km 以浅的上层(图 1.29 的左边)。然而,在该层次以深,其密度锋的散开状况比图 1.23 中的温度锋的要弱。在中等深度处,密度锋的减弱是由于那里的密度部分地被盐度锋(图 1.26)补偿了。在这个断面上,其北端小区域的位密高达 $\sigma_0=27.88\ kg/m^3$,这提示,存在着形成于北欧诸海(Nordic Seas)深层水之溢流;而在南半球,洋底上的高位密则提示存在着源于南极洲的高密度底层水。

在太平洋断面中,南北半球的亚热带也有风生流涡存在的清晰标记,在流涡边缘处,倾斜的等密度面提示,在碗状流涡的两边都存在着强烈的纬向流(图 1.31)。

在太平洋断面的南大洋中,其密度锋面似乎远强于大西洋断面的(图 1.30)。产生这一差别的原因在于,这两个断面中的盐度型式是并不相同的。与大西洋断面形成反差的是,这里的盐度梯度对密度梯度的作用与温度梯度的作用具有相同的符号,因此,在这里,相当强的密度锋面一直下降到 3 km 以深。从地转性考虑,这一强密度锋面应该对应于在此深度处的纬向速度之强切变。

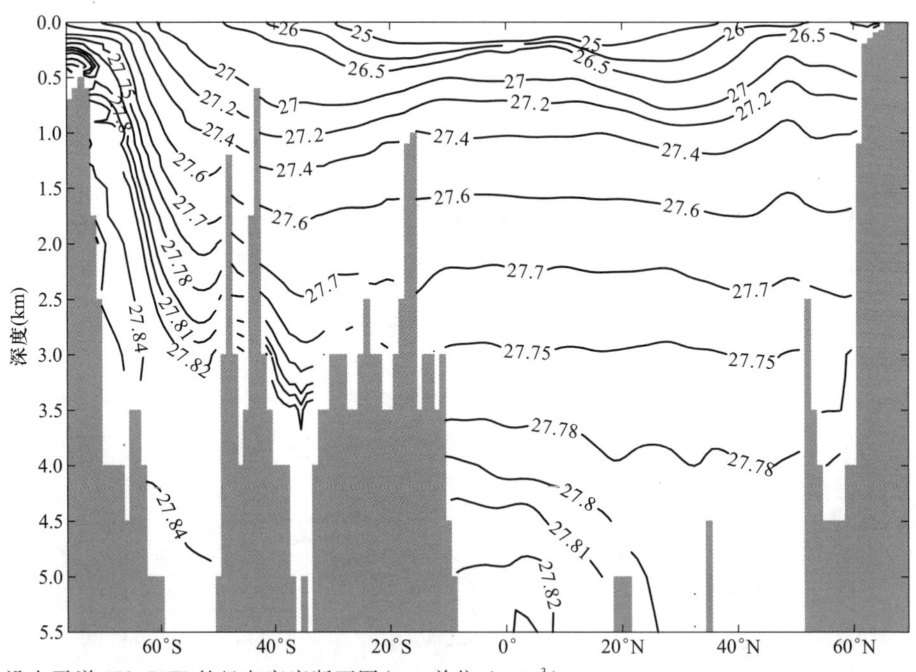

图 1.30 沿太平洋 179.5°W 的经向密度断面图(σ_0,单位:kg/m^3)。

南半球深水海洋中的高密度与南极底层水直接相关联。另外,赤道附近的高密度水则是受到来自南方的南极底层水影响的清晰标记。北半球高纬度区域没有高密度水,这提示在北太平洋中,没有形成深水①。

在印度洋断面上,南半球的亚热带中,也有一个风生流涡的清晰标记,在该流涡边缘处,倾斜的等密度面提示了在碗状流涡的两侧都存在着强烈的纬向流(图 1.31)。

① 注意,作为对照,深水形成于北大西洋。——译者注

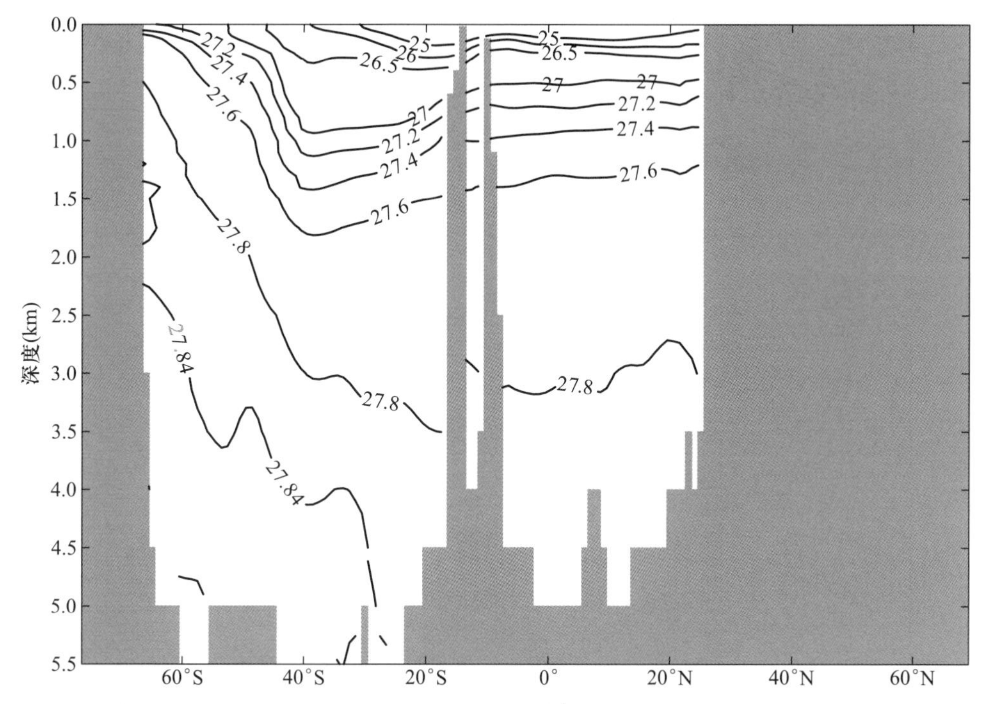

图 1.31 沿印度洋 60.5°E 的经向密度断面图(σ_0,单位:kg/m^3)。

在这个断面中,南大洋的密度锋面似乎比图 1.30 上的太平洋断面中的要散开一些。它与大西洋断面相似,但它们都与太平洋断面形成了反差,这里的盐度梯度对密度梯度的作用与温度梯度对它的作用在符号上是相反的;因此这里的密度锋面在 1.5 km 以深是相当弱的。从地转性考虑,这个弱的密度锋面应该对应于此深度范围内相对弱的纬向速度之切变。

1.2.3 南大洋的位温、盐度和密度的分布

南大洋的特征是存在一个绕极的海流系统,它将南部的冷水与北部的暖水隔离开来。作为一个例子,在下列的几张图中给出了沿着 58.5°S 纬向断面的水体特性分布。在大西洋扇形区,30°W—30°E 之间的低位温和低盐度表明了南极底层水的影响,其主要源头在威德尔海(30°W—60°W)(图 1.32 和图 1.33)。

在经度 60°E、180°E 和 90°W 附近的上层海洋中,相对暖的水意味着源自北大西洋深层水(North Atlantic Deep Water, NADW)的冷水涌升对太平洋和印度洋扇形区的影响相对小。

沿着这个断面,盐度分布主要受控于来自海面的淡水和源自南极大陆的相对淡的南极底层水(图 1.33)。如图 1.32 和图 1.33 所示,在 60°E、140°E、180°W 和 90°W 附近,其特征表现为相对暖而淡,这一点与南极绕极流的经向弯曲有关,而这些弯曲则是伴随南大洋中大型地形的起伏而出现的。

在大西洋扇区发现的高密度水又一次表明,它是源自威德尔海的高密度底层冷水的清晰标记(图 1.34)。在其纬向密度分布图中,令人最感兴趣的特征是伴随南大洋大型地形起伏而出现的若干强密度锋。由于大尺度大洋环流要满足地转约束,故这些经向密度锋面意味着,在南大洋中,这些经向的强流速锋面也是伴随着这些大型地形起伏而出现的。由于南大洋中没有经向的

陆地障碍,故在该纬圈中就不可能建立起纬向的压强差。因此,如果没有海底地形起伏,就不会有经向的地转流。但是,在南大洋中这种大型地形起伏的存在,产生了若干大型的、持久的、类似旋涡特征的运动,这些运动对该纬圈的环流起了重要的作用。

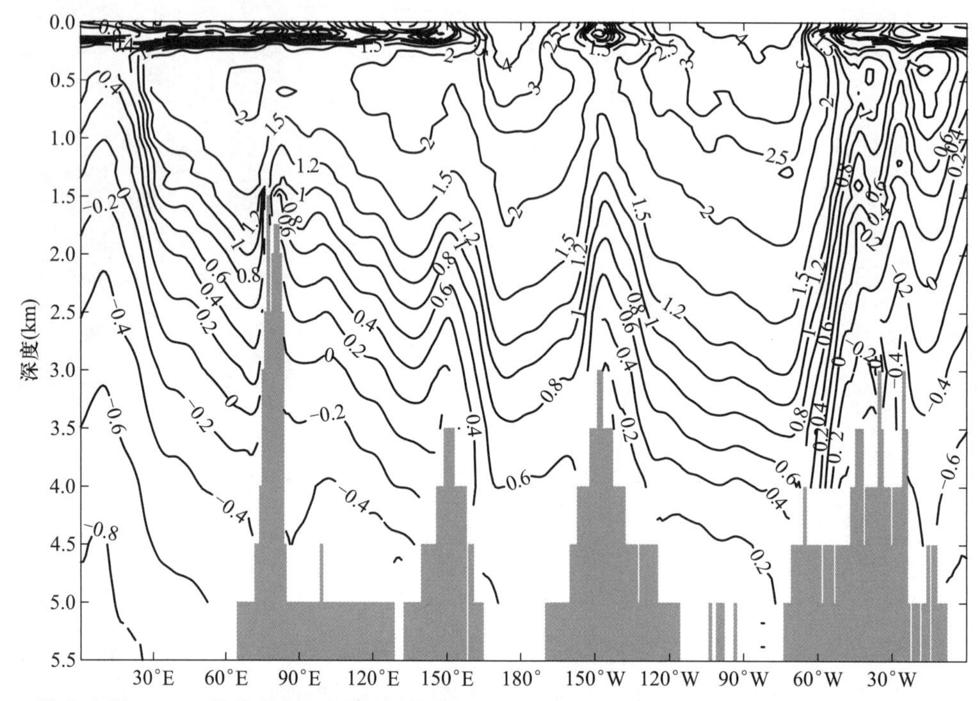

图 1.32　沿南大洋 58.5°S 的纬向位温断面图(单位:℃)。

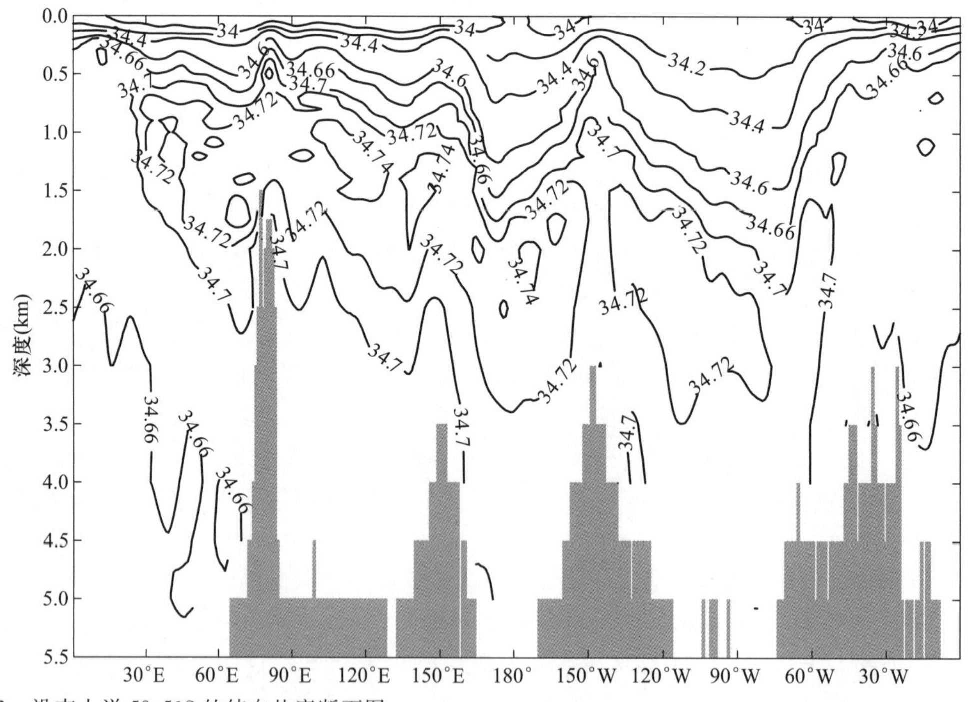

图 1.33　沿南大洋 58.5°S 的纬向盐度断面图。

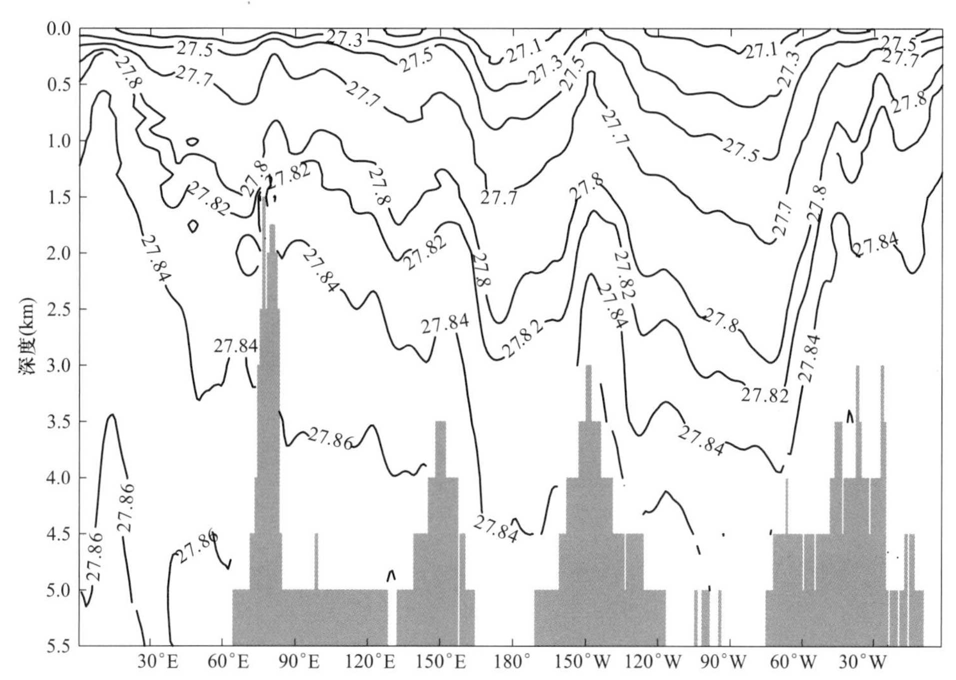

图 1.34　沿南大洋 58.5°S 的纬向位密断面图(σ_0,单位:kg/m^3)。

1.3　海洋运动的分类

1.3.1　引言

世界大洋中的运动涵盖了非常宽广的时间和空间尺度。这些运动可以分为湍流、波动和流动。

在小尺度(小到 mm 量级)与运动频谱的高频端,海洋中的运动可以分为湍流、表面波和内重力波。尽管这些运动也存在着与大尺度运动的相互作用,但在很多方面对它们的研究与大尺度运动的动力学并不相同,因此,这些运动不是本书的焦点。

在该频谱的另一端是大尺度(1 km 至 10 000 km 的量级)的波动和流动,如图 1.35 所示(尽管内波的水平尺度超过 1 km,但在本书的讨论中,我们不把内波包括在大尺度运动中)。我们把大尺度运动进一步分为如下 4 种类型。

A. 潮汐

潮汐研究可能是物理科学中最为人们所熟知的分支。人类在文明的初始阶段就开始观测潮汐。一般而言,潮汐运动[1]在空间尺度上覆盖了整个海盆。由于岸线和海底地形的复杂性,潮汐运动中也会包含比海盆尺度小得多的多种空间尺度。不过,这些较小尺度的运动是和外海的海盆尺度的潮汐运动相联系的。尽管大多数分潮的频率是"一天"的量级,但有些分潮也会有比它长得多的周期,如具有年周期和半年周期的太阳潮(solar tides)。

① 原著中为 tidal motions,在本书中它是潮汐和潮流的总称。——译者注

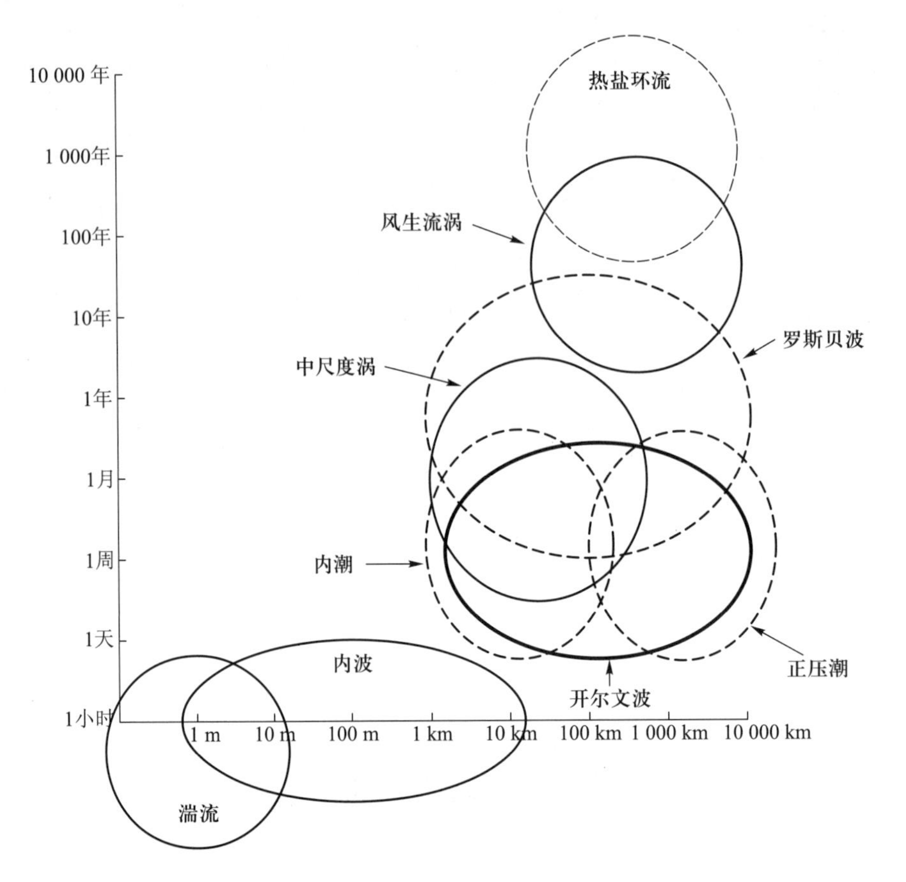

图 1.35 海洋中各种类型的运动。

潮汐运动理论是动力海洋学中最古老的分支。潮汐运动的现代理论始于牛顿(Newton,1687)的平衡潮理论的经典工作和拉普拉斯(Laplace,1775)对潮汐方程的公式化处理。由于潮汐运动基本上是由天体引潮力以及海岸和海底的形状所决定,可以认为在小于百年的时间尺度上,潮汐运动几乎是不随时间变化的。事实上,已出版的世界大洋的潮汐表已经推算到未来许多年的潮汐运动情况。

B. 大尺度低频波动

大尺度低频波动包括罗斯贝波(Rossby waves)和开尔文波(Kelvin waves)等①,它们在海洋环流的时间演变中具有决定性的作用。这些波动与常见的重力波之间的主要差别在于,它们的特征是以地球旋转为恢复力。通过卫星遥感或现场观测都可以探测到这些波动的存在。

C. 中尺度涡

中尺度涡是大洋环流中能量最充沛的分量;海洋总动能中的99%属于中尺度(或天气尺度)的旋涡,也称之为地转湍流(geostrophic turbulence)。中尺度涡在海洋能量级串(energy cascade)

---

① 实际上,海洋中的大尺度低频波动不仅包括罗斯贝波和开尔文波,而且还包括其他的基本波动,例如,以人名命名的波动就有斯韦尔德鲁普波(Sverdrup waves)、普劳德曼波(Proudman waves)和庞加莱波(Poincare waves)等。此外当然还有其他的波动,如赤道波动中的柳井波(Yanai waves)等。——译者注

中起着至关重要的作用。然而,由于没有足够的数据,我们对于中尺度涡的认识还很不完整。尽管卫星高度计已经提供了有关中尺度涡表层信息的丰富数据,但在广袤的海洋中对中尺度涡进行观测,在技术上仍然面临巨大的挑战。随着世界大洋中 Argo 浮标观测的发展,在不久的将来,我们有望看到更为完善的旋涡观测数据。

D. 准定常流系

这一类流系包括风生环流和热盐环流。海洋中的大尺度运动由若干环流系统构成,但它们受到各种外力的调节。这些环流系统在构建全球环境和气候中起了至关重要的作用,因而它们是本书研究的焦点。

认识到海洋环流是一个复杂的动力系统,这一点非常重要,因此,我们应该谨慎地处理上述划分的 4 种运动类型,因为这些不同类型之间的差异是很模糊的。事实上,所有这些分量之间存在着非常复杂的、非线性的相互作用。通常的做法是先对这个系统中的各个分量分别进行理论研究;然而,应该把这些理论结合在一起用以研究环流系统中不同分量之间的相互作用。

1.3.2 两种类型的环流

当我们将与波动和旋涡有关的运动分离出来后,海洋中的大尺度流动就可以分为 3 个分量:潮流、风生环流和热盐环流。很明显,这种分类方法有一点主观,因为这些流动分量之间必然会产生非线性相互作用。因为潮汐运动的理论,尤其是正压潮的理论已经很好地建立起来,故我们在这里只讨论其他两个分量。

例如,大西洋海盆中的环流可以分成三个主要部分:上层海洋的风生流涡、随着深层/底层水的形成和扩展而产生的经向翻转环流胞(meridional overturning cells)以及南极绕极流系统。在 30°S 以北,大西洋海盆中的运动还可以进一步划分为下述分量。在表层有风应力控制的埃克曼层(Ekman layer),它的下面是风生流涡。在风生流涡之下的深层,其运动即是典型的热盐环流(图 1.36)。当然,风生流涡和热盐环流的划分是人为的,不过这样的划分有助于我们简化问题,并因此使我们对在上述每一个分量中的物理过程获得清晰的图像。

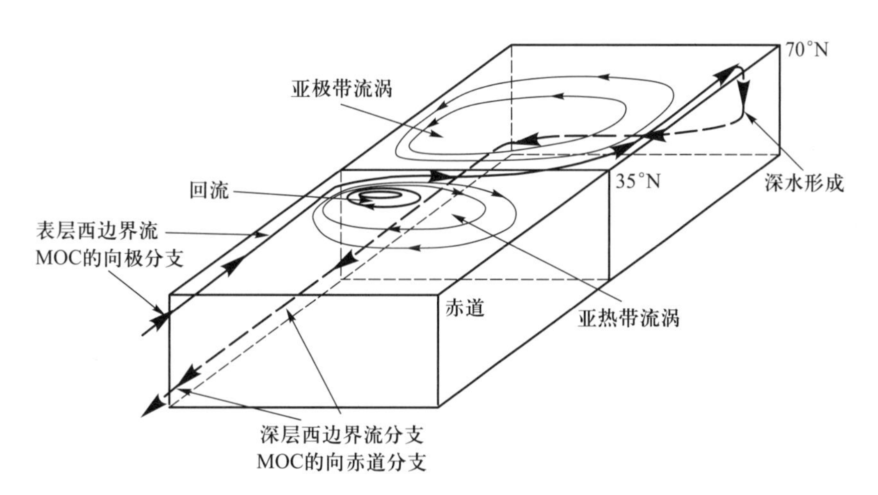

图 1.36 北大西洋中的环流示意图,包括亚热带风生流涡、亚极带风生流涡、回流以及与热盐环流相关联的经向翻转环流胞(MOC)。

南极绕极流是风生和热盐环流之复杂的联合系统。然而,它并不是作为一个水平的流涡而出现的[①],而是在现代的地形和气候条件下,世界大洋中唯一的环绕地球的海流系统。作为全球的大动脉,它发挥着独特的作用:它把底层水送往世界大洋,并且接收来自其他大洋中间层次的水。

本书着重于从理论上来研究世界大洋的风生环流和热盐环流。这两类运动虽然有一些相似性,但在许多基本点上它们并不相同。表 1.1 列出了这两类运动的一些最本质的特征。我们并不打算把这个简表作为对这几类环流的特征做出准确的描述,我们只是想给读者提供一个关于这几类运动的简明而又概念性的描述。

表 1.1　风生环流与热盐环流的比较

<table>
<tr><th colspan="2">环流类型</th><th>风生</th><th>热盐</th></tr>
<tr><td colspan="2">基本驱动力</td><td>海面上的风应力</td><td>风应力和潮汐耗散</td></tr>
<tr><td colspan="2">次级驱动力(环流的前提)</td><td>热盐环流(建立背景层化的前提)</td><td>表面热通量和淡水通量</td></tr>
<tr><td rowspan="3">基本运动</td><td>平面</td><td>水平</td><td>垂向</td></tr>
<tr><td>形式</td><td>水平流涡族</td><td>经向翻转环流胞</td></tr>
<tr><td>流量</td><td>50 ~ 100 Sv</td><td>~ 10 Sv</td></tr>
<tr><td rowspan="3">次级运动</td><td>平面</td><td>垂向</td><td>水平</td></tr>
<tr><td>驱动力</td><td>埃克曼泵压/吸</td><td>水团形成导致的源/汇</td></tr>
<tr><td>流量</td><td>~ 10 Sv</td><td>~ 10 Sv</td></tr>
<tr><td colspan="2">垂向</td><td>1 000 m 以浅</td><td>海洋的整个深度范围</td></tr>
<tr><td colspan="2">最低阶动力学</td><td>理想流体</td><td>由混合所驱动</td></tr>
<tr><td rowspan="2">水团的形成和销蚀</td><td>形成</td><td>亚热带流涡中的潜沉</td><td>高纬度区的深水形成</td></tr>
<tr><td>销蚀/变性</td><td>亚极带流涡中的潜涌</td><td>低纬度区和深渊层中的水团销蚀/变性</td></tr>
<tr><td rowspan="3">动力学</td><td>理论</td><td>斯韦尔德鲁普理论</td><td>有待发展</td></tr>
<tr><td>公式</td><td>$\beta hv = fw_e$</td><td>尺度分析规则</td></tr>
<tr><td>理论的不确定性</td><td>小</td><td>经向翻转环流的方向会发生反转</td></tr>
</table>

A. 风生环流

风生环流通常指的是上层海洋(~1 km)中基本上由风应力驱动的环流。

1) 均质海洋中的风生环流

风应力可以驱动均质海洋中的水平环流,因此,风生环流的存在不依赖于表层的热盐强迫力。假设该环流是稳定的,并且在底埃克曼层中的输送可以忽略不计,那么大洋内区的垂向积分流动应该满足斯韦尔德鲁普约束,后者将在第 2 章和第 4 章中更精确地定义。

2) 层化海洋中的风生环流

如果穿过主温跃层的跨密度面混合可以忽略不计,并且海洋深渊层几乎是无运动的,那么在

① 从南极高空看,它是一个有别于流涡的巨大旋涡型环流。——作者注

大洋内区的上层中，垂向积分的稳定水平环流应该满足斯韦尔德鲁普约束。在层化的海洋中，水平流速具有垂向切变，因而水平流速与上层海洋中的水平密度梯度密切相关。与密度结构和水平速度场相应的理论被称为通风温跃层理论（ventilated thermocline theory）。然而，在通风温跃层理论中，预先假定了存在着某种层化的背景，而推测起来，这种层化却要由风生环流之外的热盐环流来建立。从这个意义上说，所谓层化海洋中的风生环流实际上代表了风应力和热盐环流联合作用之结果。

3）变率①

风生流涡是通过罗斯贝波的西向传播建立起来的。由于在中纬度处第一斜压模态跨过亚热带海盆需要大约10～20年，因此，风生环流可能会在以年代计算的时间尺度上变化。

4）我们对风生环流已有多少了解呢？

人们对上层海洋环流的观测已有半个世纪之久。由于风生环流的存在是在以年代计算的时间尺度上变化的，因此，目前正在致力于建立一个可用于深入了解风生环流变率的大型数据库。

本书所讨论的风生环流理论是对以往数十年间该理论发展的汇集。这些理论大部分是基于理想流体模式，并且忽略了中尺度涡的作用。因此，这些理论只能为我们理解复杂的大洋环流系统提供概念性的框架。我们将强调20世纪80年代发展起来的通风温跃层理论，因为它为现代大洋风生环流理论的框架提供了理论基础。尤其是，多层和连续层化的模式为我们提供了清晰的风生流涡动力学的图像。此外，对于理解上层海洋风生环流的变率来说，理想流体温跃层理论也是一个方便的工具。

B. 热盐环流

热盐环流这一术语已经被广泛应用于海洋学和气候研究。通常把热盐环流指为因海洋中存在温度和盐度的差异而产生的环流，尽管对它的准确定义还存在争议。对此，我们做如下简单解释。

1）经典定义

虽然在许多著作和论文中已经讨论了有关于热盐环流的经典见解，但是其确切的定义仍然并不清晰。Wunsch（2002）写道：

“通过阅读气候和海洋方面的文献，至少可以得到对于‘热盐环流’这一术语的七种不同的定义：

a）质量、热量和盐量的环流，

b）深渊层（abyssal）环流，

c）质量的经向翻转环流，

d）全球输送带，即这是分散定义的海洋中总体特性之运动，而这种运动把热量与水分从低纬度携带到高纬度，

e）由表层浮力驱动的环流，

f）在深水大洋中，由密度和/或压强差驱动的环流，

g）北大西洋对某种化学物质，比如元素镤（element protactinium）的净输出。”

显而易见，这些定义中没有一个适合于描述大洋中的热盐环流。

---

① 原著中为variability，在这里系指气候的时间尺度变率，关于此词的译名，请参见4.9节的译者注，下同。——译者注

2）新的定义

热盐环流是由机械搅拌（mechanical stirring）驱动的环流，它在经向和纬向上输送质量、热量、淡水以及其他特性量，而这种机械搅拌由来自风应力和潮汐耗散的外部机械能源所维持。另外，表层热通量和淡水通量是建立环流的必要条件。有关热盐环流的更为精细的讨论将在后续章节中给出。

- 有纯粹的热盐环流吗？

尽管仅有表层热盐强迫力就可以驱动所谓纯粹的热盐环流，但是这样的环流极其微弱，以至于它与世界大洋中观测到的环流没有任何关系。这个论述的意义已经隐含在上面给出的热盐环流的新定义中，我们将把它与世界大洋的能量学和海洋中的热盐过程结合起来进行详细讨论。

- 热盐环流的变率

按常识推测，大洋环流不随时间而改变，然而，在长时间尺度上大洋环流确实会有很大变化。古环境替代指标[①]的证据表明，热盐环流以及与之相随的水团的形成/销蚀已经经历了年代、百年以至千年时间尺度上的巨大变化[②]。

- 我们对热盐环流有多少了解呢？

我们遇到的主要问题是，热盐环流是在百年乃至千年的时间尺度上变化的。大洋环流理论和数值模式都需要通过观测来证实。迄今我们对于不同于当今气候条件下的热盐环流之认识大多是基于不完整的信息源，其中包括古环境替代指标、理论和数值模拟。显然，建立在如此不完整基础上的理论只能是初步的。尽管在收集过去的环流数据方面，已经进行了长期的努力，但是我们仍然没有足够的数据来精确地描述不同于当今气候条件下的热盐环流。这种令人非常不满意的状况是由于热盐环流变化的时空尺度特别宽广所致。

C. 统一图像

以上讨论的两类环流在海洋中是合在一起的。例如，图1.36所示的北大西洋环流系统，既有风生的亚热带流涡和亚极带流涡，也有与之相随的表层西边界强流。另外，在亚热带流涡的西北角还有一个回流区。

叠加在这两个流涡系统之上的是经向翻转环流，并跟随着温暖的表层流穿过赤道加入到表层的西边界流中；在亚热带和亚极带流涡之间的边界上，流动是向东的，然后在海盆的东部转向北。在大西洋，这支流对应于北大西洋流。在海盆的东北角，这支流逐渐被冷却并下沉，成为深层水之源头。该深层水向西边界移动，并在那里作为深层西边界流流向赤道。

湾流是一个复杂的海流系统，包含了上层海洋中三大部分的贡献。第一部分是由于线性斯韦尔德鲁普动力学中的返回流（return flow），其流量约为25 Sv。第二部分与所谓回流（recirculation）有关。由于旋涡和海底压强扭矩（bottom pressure torque）的联合作用，回流的流量（volumetric flux）为100 Sv量级。第三部分来自于经向翻转环流胞之北向表层分支，可以贡献约15 Sv。

在北太平洋，经向翻转环流胞非常弱或者就不存在，这样一来，黑潮系统的输送中就没有包含来自经向热盐环流的重要贡献。

---

① 古环境替代指标（paleoproxies），指氧和其他同位素的浓度。——译者注

② 甚至有在千年际至万年的时间尺度上的变化，详见本书第5章。——译者注

1.4 大洋环流理论述评

1.4.1 引言

众所周知,大洋环流是由风应力、热通量和淡水通量(来自蒸发、降水和径流)所驱动。另外,潮汐耗散也有贡献。尽管人类在许多世纪之前就开始观测大洋环流,但是,大洋环流的现代动力学理论的发展却是相当新的。大气环流理论在20世纪已经发展到颇为完善的阶段,但与之相比,迄今我们对于大洋总环流的认识仍然是相当粗浅的。

Lorenz(1967)在其著名的大气环流专著中回顾了相关理论的发展史。在南半球和北半球中的哈德利环流圈和急流刻画了大气中的环流特征。统而言之,大气中的环流可以用轴对称的环流来描述。

然而,海洋中的环流要复杂得多。由于存在着若干经向的大陆边界,故海洋就被海岸线分割为若干海盆。这样一来,大洋总环流就呈现为在各个海盆中相互分隔的流涡和经向翻转环流胞。唯一的例外是,在现代海陆分布条件下,还存在着一支环绕地球运动的海流系统,即南极绕极流,只有它才类似于大气中的环流。

正如我们将要看到的,东、西边界的存在是大洋环流与大气环流的主要差异之一。每个海盆中的这些经向边界产生了东西向的压强梯度,使得每个海盆中都可以存在经向的地转流。作为一个例子,图1.37给出了大西洋海盆中环流(包括ACC)的示意图。关于世界大洋环流更为全面的评述可以阅读Schmitz(1996a,1996b)的出色的专题论著。

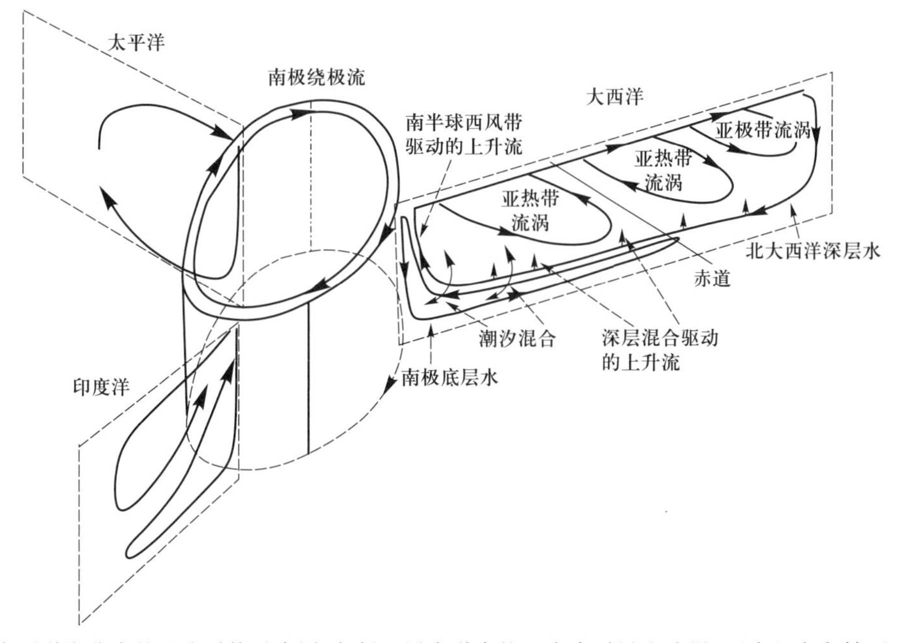

图1.37 大西洋海盆中的环流系统示意图,包括上层大洋中的三个水平风生流涡、两个经向翻转环流胞和南极绕极流;图中省略了太平洋和印度洋中对应环流的细节。

大西洋海盆中的环流系统是由经向环流胞(meridional cells)和水平流涡构成的。在上层海洋,有三个大型的流涡,即北大西洋中的亚热带流涡和亚极带流涡以及南大西洋的亚热带流涡。这些流涡之所以存在,主要归因于施加于海洋上的风应力。这些流涡的结构是风生环流理论研究的主要焦点。在赤道附近也有一些小的热带流涡,但是对它们并没有清晰地界定,因此我们在本书中将不做讨论。在大西洋有两个大型的经向翻转环流胞:一个是伴随北大西洋深层水而出现的主环流胞,另一个则是伴随南极底层水而出现的深层环流胞。传统的热盐环流理论认为,这两个环流胞分别由北大西洋深层水和南极底层水所驱动。然而,正如在后面将会解释的,深层水的形成并不能提供为维持环流的运行所需要的、用以克服摩擦和耗散的机械能。事实上,正如图1.37所示,由南半球西风带(Southern Westerlies)驱动的强上升流和由潮汐耗散所驱动的深层混合才是维持热盐环流的最重要机制。

最后,南极绕极流是风生环流和热盐环流联合在一起的环流系统,它是全球的大动脉,在全球海洋环流和气候中起了最具决定性的作用。南极绕极流的动力学结构及其维持机制颇为复杂。简言之,这个环流系统是风生环流和热盐环流之间相互作用的结果。

大洋总环流是一个具有极其宽广时空尺度的湍流系统(turbulent system),对于这样一个系统在观测上存在许多困难,因此我们关于大洋环流知识的进展相当迟缓。尽管我们对全球海洋结构的认识已取得了巨大进步,但就其全球的全景图像而言,我们对其中很多本质性的方面仍然是不清楚的,因此这一问题仍是最关键的和最令人兴奋的研究前沿领域之一。

我们关于大洋环流的早期知识大部分来自观测。Sverdrup、Johnson 和 Fleming(1942)合著的巨著 *The Oceans*[①] 是海洋学的经典著作之一。在 Henry Stommel(1957)所著的关于大洋环流的历史性论文中,总结了那个时代的大洋环流理论。在过去的50年里,在大洋总环流理论中取得了许多重要突破,下面我们对大尺度动力海洋学的现代理论进行简要的历史回顾。

1.4.2 上层海洋的热力结构和环流

主温跃层是世界大洋最显著的特征之一,我们可以很容易地从水文断面图中识别它。在本节中,我们利用 Levitus 等(1998)的世界大洋气候学资料集来诊断世界大洋中的热力结构。作为个例子,我们在图1.38中给出了沿158.5°E的上层海洋温度和密度结构。根据定义,温跃层就是垂向温度梯度达到局地极大值的薄层。有多种类型的温跃层,包括昼夜温跃层、季节温跃层、主温跃层和深渊温跃层。昼夜温跃层位于上层海洋的顶层,它与水温的日变化密切关联。季节温跃层位于海洋100 m以浅,与上层海洋的季节变化密切关联。主温跃层位于100~800 m深度。由于它远离海面并且不受季节变化中强迫力的直接影响,故也称为永久温跃层。深渊温跃层位于大洋深层,我们将在关于深层环流的第5.2节中进行讨论。

海洋中的运动本质上与密度有关,因此,密度跃层(pycnocline,以下简称密跃层)——它被定义为海面以下[②]垂向密度梯度之局地极大值的薄层——可以说,在动力学上它更为重要。然而,在大多数情况下,盐度对密度的贡献远远小于温度的贡献;因此,温跃层与密跃层是互相紧密联系在一起的。尽管用密跃层这一术语更为准确,但在许多研究中,人们仍然使用温跃层这个术

① 本书有中译本《海洋》(毛汉礼译,1957—1958年由科学出版社分三卷出版)。——译者注

② 原著中为"a subsurface layer(次表层)",疑有误,故改。——译者注

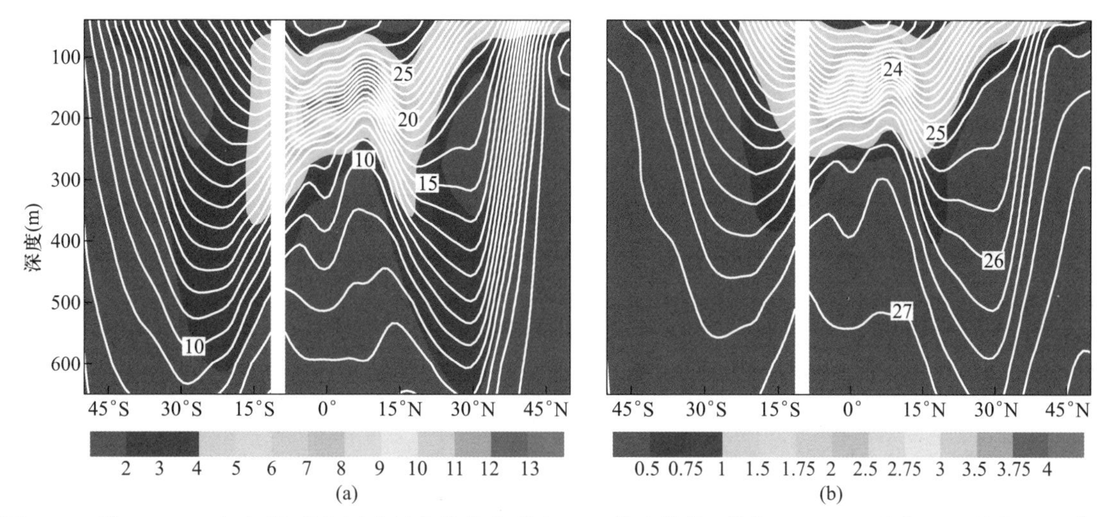

图 1.38 沿 158.5°E 经向断面图,图中的等值线分别为:(a) 热力结构(单位:℃),(b)层化(σ_0,单位:kg/m^3);彩色底图为其垂直梯度。(参见书末彩插)

语。然而温度(或者密度)的结构本质上与环流相关联,因此温跃层的理论也是一种上层海洋环流的理论。

必须注意,主温跃层和主密跃层都是在海盆尺度上定义的概念,这样,对于一个给定的站位或断面来说,这些层次的深度有可能不容易清晰地界定。从图 1.38 的左图中可以很容易地识别出 158.5°E 断面上的主温跃层,它在赤道海域是接近于 20℃ 的等温面,然后逐渐移位至中纬度处较低的温度 11 ~12℃。在赤道两侧,主温跃层显然是不对称的,这表明,对于风生环流而言,强迫力和边界条件对于赤道是不对称的。另外,在这个断面上,则不能清晰地界定主密跃层[见图 1.38(b)]。

主温跃层的深度随着地理位置的不同而有很大的变化(图 1.39)。赤道区域东边界附近的主温跃层相当浅,这是由于在低纬度区由东风带驱动的赤道上升流所致。沿着南半球的东边界,主温跃层也较浅,因为这是由在沿岸方向上的信风分量所驱动的强沿岸上升流所致。由此,在大洋的这些区域中,主温跃层较浅,并且它们都是伴随着当地风生上升流所导致的表层低温区而出现的,故这些区域称之为大洋中的冷舌。

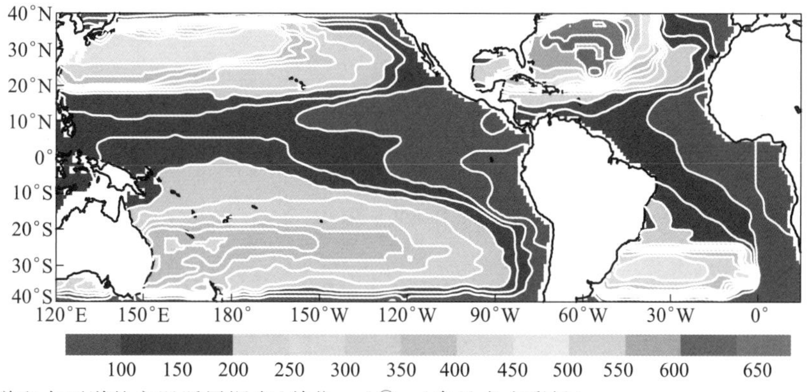

图 1.39 太平洋和大西洋的主温跃层深度(单位:m)①。(参见书末彩插)

① 原著中此图的色标刻度有误,现已更正。——译者注

赤道大洋西部的主温跃层比东部深，这是由于在赤道东风的作用下暖水向西部堆积所致。在太平洋，这一暖水体被称为暖池。无论暖池还是冷舌，在全球气候系统中都起着极其重要的作用，尤其是在厄尔尼诺－南方涛动（ENSO）的动力学中。

在中纬度区，温跃层要深得多，主要是由于在亚热带中，伴随负旋度的风应力所产生的向下推动作用所致。在北大西洋（北太平洋）亚热带流涡的西部，主温跃层可以达到800 m（500 m）深（图1.39）。在南半球中，温跃层相对较浅，在南大西洋（南太平洋）大约为500 m（450 m）。温跃层深度的差异反映了不同海洋中风应力的差异与层化的差异。在风生环流的讨论中，我们将会说明，温跃层深度的平方与层化成反比。由于强蒸发造成了北大西洋的高盐，故其层化相对弱。比较而言，在北太平洋中，表层因多于蒸发的超量降水而出现了低盐，因此层化较强。结果，北大西洋的主温跃层比其他大洋要深得多。

在北半球，代表主温跃层的等密度面沿着亚热带和亚极带之间的边界露出海面。因此，在亚极带海盆中就没有主温跃层。在南半球，主温跃层沿着南极绕极流的北部边缘露出海面。在以上两种情形下，主温跃层（主密跃层）表现为强烈的海洋锋面，并且伴随着以纬向为主的强海流系统而出现。

主温跃层的温度随着地点不同有显著变化。例如，赤道太平洋西部的主温跃层温度约为21℃，逐渐递减为赤道太平洋东部冷舌区的18℃（图1.40）。在中纬度区，主温跃层所对应的温度则低得多了，在北太平洋亚热带约为8～10℃，而在北大西洋亚热带约为10～12℃。

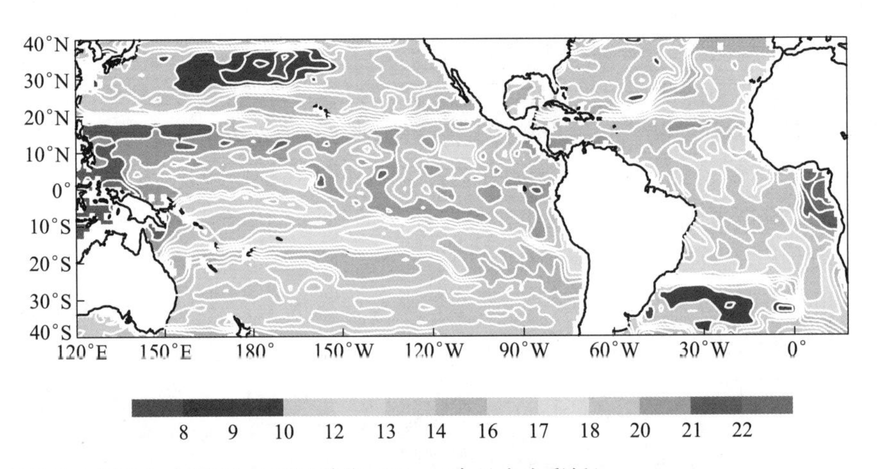

图1.40 太平洋和大西洋的主温跃层温度（单位：℃）。（参见书末彩插）

在世界大洋中，主温跃层的垂向温度梯度的变化也很大。在亚热带流涡区，该梯度的量级是2～4℃/100 m；然而，在赤道大洋中它的变化则大得多，从其西部的10℃/100 m变到东部的20℃/100 m（图1.41）。

1.4.3 风生环流的早期理论

A. 埃克曼理论

早期，我们对大洋总环流的知识大多来自观测。理论研究的第一个里程碑是Ekman（1905）的论文。在这篇论文中，他讨论了海面边界层中的风生环流结构。根据他的理论，在该边界层中

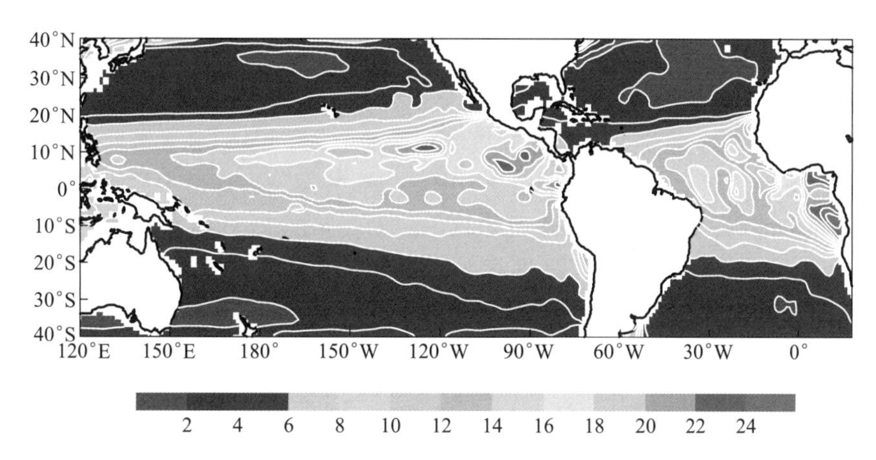

图 1.41 太平洋和大西洋的主温跃层温度梯度(单位:℃/100 m)。(参见书末彩插)

的速度应该是螺旋形的结构,垂向积分的体积输送量是 $\tau/f\rho_0$[①],并且其流向在风应力之右 90°的方向上(北半球)。现在把这个层称为埃克曼层,该层中的通量被称为埃克曼通量。这一理论是现代风生环流理论的理论基础。

大气边界层中的埃克曼层及其相伴随的螺旋形速度廓线可以很容易地观测到。实际上,放出一条系有多个气球的线绳,就可以演示出优美的埃克曼螺旋。但在海洋中证实埃克曼理论却等待了漫长的时间。海洋中验证的主要困难在于上层海洋存在很强的表面波。经过漫长时间后,上层海洋中的埃克曼螺旋终于通过现场测量得到证实(Price 等,1987)。在层化海洋中埃克曼层的结构要复杂得多。读者若要了解这方面的信息,可以参阅 Price 和 Sundermeyer(1999)的文章。

20 世纪 40 年代之前,我们对于大洋环流理论的认识还局限于基于无运动面的简单动力计算以及埃克曼层、波浪和潮汐等方面的知识。例如,Sverdrup、Johnson 和 Fleming(1942)所著的《海洋》是对 20 世纪 40 年代初期海洋学成就的卓越总结,令人称奇。在《海洋》出版的年代,对于大洋环流似乎已经了解甚多。因此,如同 Stommel(1984b)在其自传中所回忆的,该书确是海洋学上的令人景仰的集大成之作。

B. 斯韦尔德鲁普理论

在过去的 60 年中,对于大洋总环流的认识取得了许多突破性的进展。风生环流理论的第二个里程碑是斯韦尔德鲁普(Sverdrup,1947)的工作,他在风应力旋度和海盆内区环流之间建立起一个简单的关系式[②]。

在大气中,西风带和东风带都是大气环流的必要分量。中纬度的西风带和低纬度的东风带在亚热带中形成了负的风应力旋度,后者在大洋内区驱动了一支向赤道的流动。为了发现海盆中的环流,斯韦尔德鲁普从东边界纬向通量为零处开始向西对风应力进行积分。他的解没有包

① 对这里符号的解释详见第 2.9 节。——译者注

② 在 Sverdrup(1947)的工作中利用了垂向积分后的体积输送方程组。实际上,这一方程组是前苏联学者 Штокман(1946a,1946b)在研究风生大洋环流理论时首先提出的。因此,这一时期应始于 Штокман(1946a,1946b)的工作。——译者注

括西边界附近的流动。显然,那个时候还不清楚如何处理西边界,也不清楚为什么要从东边界开始积分。

C. 西向强化理论

几百年前,人们在往返欧美大陆间的频繁商贸活动中,已经认识到在海盆的西边界存在着像湾流这样的高速海流。然而,直到20世纪40年代末期,才第一次提出了对此类高速海流的动力学解释,当时Stommel(1948)研究了一个理想化的北大西洋模式,该模式包括了底摩擦力和科氏参量(Coriolis parameter)随纬度的变化(即现在称之为β效应)。事实上,斯托梅尔(Stommel)当时并不知道斯韦尔德鲁普理论,因为后者发表在一份海洋学者罕用的期刊(*Proc. Nat. Acad. Sci. U. S. A.*)上。

此后,随即出现了对于西边界流的其他动力学解释,包括Munk(1950)考虑侧向摩擦的西边界层理论以及Charney(1955)和Morgan(1956)的惯性西边界层理论。

D. 均质模式和约化重力模式

均质模式和约化重力模式的共同之处是将风生环流作为单个运动层来处理。由于海水密度几乎是恒定不变的,故模拟大洋环流的最简单方法就是假设海洋密度是均质的。这种假定使海洋没有垂向结构。Stommel(1948)的模式就是属于这一类。

另一种可能的方法是假设风生环流局限于海洋的上层,这样,海洋环流又可以用单个运动层模式来处理。例如,Sverdrup(1947)和Munk(1950)就是以这种方式来处理的。这种模式称之为约化重力模式。约化重力模式的精髓在于将海洋中的主温跃层(或者主密跃层)处理为密度的阶梯函数,这样上层的密度为常数ρ,而下层的密度为$\rho+\Delta\rho$。此外,假设下层为无穷深,这样下层的压强梯度无穷小,而且相应的体积输送可以忽略不计。作为一个颇佳的近似,我们还可以假设下层是无运动的;这样,实际上我们处理的还是单个运动层。上层的压强梯度由$\nabla p/\rho = g'\nabla h$给出,其中$h$是上层的深度,$g' = g\Delta\rho/\rho$,称为约化重力,其量级为0.01~0.02 m/s^2。

图1.42描述了水柱的结构,它展示了约化重力模式的基本思路。在表层附近可以清楚地看到季节温跃层(密跃层)。主温跃层和主密跃层则位于大致相同的深度(800 m),这是由于在这个位置和在许多其他位置处,盐度对密度层化的贡献相对的小。该密度结构现在由密度为常量的两个层来表示[如图1.42(b)中的虚线所示]。下层一直延伸到海底,由于这一层非常厚,故该层的水平压强梯度和速度都非常小,以至可以忽略不计。因此,可以利用约化重力模式确定环流的第一斜压模态和主温跃层的深度。

1.4.4 正压环流的理论框架

正压环流理论的支柱是正压位涡约束(barotropic potential vorticity constraint)。Hough(1897)在他的潮汐研究中以小部分精力致力于研究由蒸发和降水的纬向分布产生的海流,他没考虑摩擦力。他发现可能存在着一个东西向纯地转流的匀加速系统。他的模式有若干局限性:首先,模式中没有摩擦力,因而他既不能得到一个稳态解,也不能分辨出蒸发和降水的长期效应。其次,他的模式没有经向边界,而经向边界对于大洋环流而言是一个决定性的约束条件。在Hough所发表的结果中,他甚至没有给出一幅图来说明该解的结构。因此,在Stommel(1957)用一个漂亮的图示重新公布该解之前,一直没人注意到他的解。

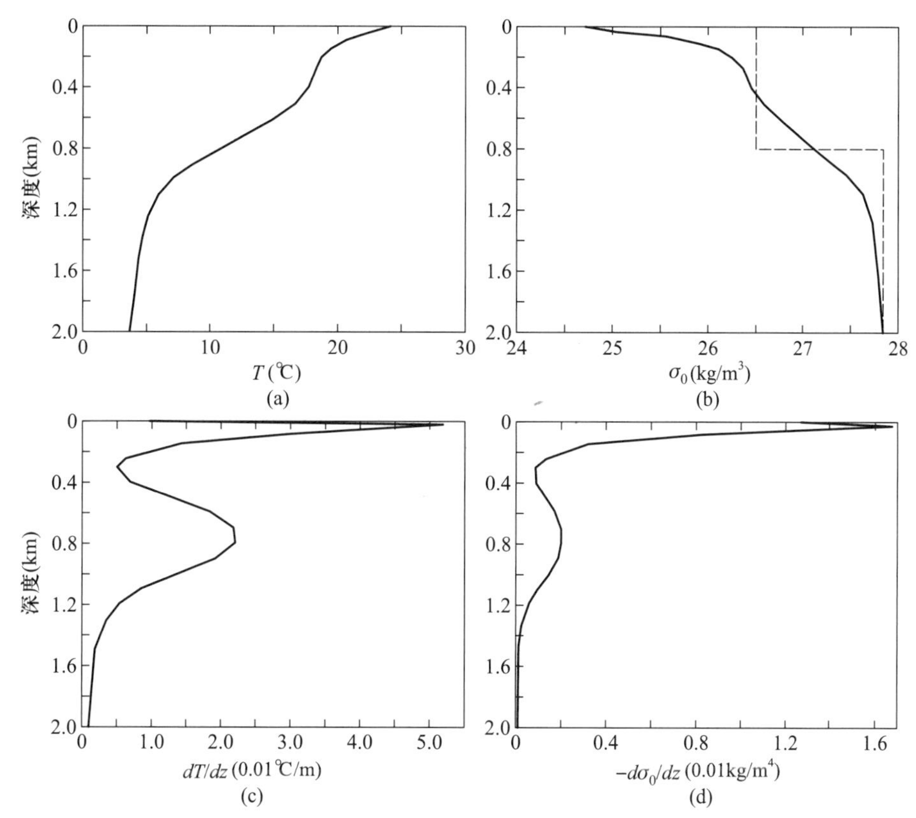

图 1.42 某站(70.5°W,30.5°N)的温度和层化,根据年平均气候态数据绘制。(a) 温度(T,单位:℃);(b) 层化(σ_0,单位:kg/m³),虚线表示约化重力模式所用的等效层化;(c) dT/dz(单位:0.01℃/m);(d) $-d\sigma_0/dz$(单位:0.01 kg/m⁴)。

Goldsbrough(1933)讨论了由蒸发和降水驱动的模型海洋。通过选取一个形式颇为特别的降水和蒸发之分布(即沿着每个纬度蒸发与降水所做的纬向积分之值为零),这样一来,即使他的模式中没有摩擦力,他也能够得到一个稳态解。由于 Goldsbrough 的解需要一个特殊的降水和蒸发分布,因此,他的模式是不切实际的。Goldsbrough 理论长期被忽视的主要原因是该理论预测的正压流偏小。Goldsbrough 理论另一个缺点是模式中没有考虑盐度,这一点,我们在后面还将进行讨论。因为如果把盐和混合加入该模式中,那么由淡水通量导致的斜压速度将比他的原来模式所预测的正压速度高 100 倍。

尽管如此,Hough 和 Goldsbrough 的理论都比他们首次提出时在理论上更有普遍性。在这里我们借助于两个基本机制,来较清晰地解释他们理论的普遍性质。

首先,埃克曼(1905)的理论表明,风的摩擦应力局限于上表层的一个薄层之内,因此在这薄层之下的运动可以作为无摩擦力来处理。这样,对于这个薄层之下的海洋而言,风应力的作用只是在上层海洋中产生了水平的埃克曼输送。埃克曼输送的水平辐聚引起了埃克曼泵压(Ekman pumping)[①],而后者则驱动了亚热带海盆中流向赤道的内部流动。

① 英语中的 Ekman pumping 在概念上并不清晰,因为它既可以产生上升流也可以产生下降流,为此在本书中,前者译为埃克曼泵吸,后者译为埃克曼泵压,通称为埃克曼泵。——译者注

首先，利用位涡动力学原理，可以获得如下的大洋内区最低阶的平衡：在大洋内区，相对涡度可以忽略，因此位涡简化为 f/h，其中 f 为科氏参量，h 为上层的厚度。为了平衡因风应力负旋度而出现的大尺度埃克曼泵压，并由此产生的水柱的压缩效应，该水体柱便向 f 较小的低纬度移动。类似地，降水所起的作用与埃克曼泵压相似，因为它也使大洋中的水柱压缩，因而使 h 减小。结果，降水驱动了大洋内区的向赤道流动，这与埃克曼泵压的效应非常相似。

其次，质量守恒需要一支经由西边界流实现的回流。摩擦或者惯性的西边界层提供了一个必不可少的动力学分量，该分量借助于质量、能量和位涡守恒使得环流实现闭合。因此内部流场与某种西部边界层连接起来了。例如，Stommel(1948)的底摩擦模式、Munk(1950)的侧向摩擦模式或者 Charney(1955)和 Morgan(1956)的惯性模式。这样，从传统流体动力学中发展起来的边界层理论在动力海洋学中找到了用武之地。用数学术语言之，这个问题可用摄动法来处理。在大洋内区，用低阶的动力学来描述流动，即流动在本质上是无黏且线性的。该低阶动力学不能满足在西部固体边界上的边界条件，因此在西边界层内，必须引入高阶项对它(比如摩擦项和惯性项)进行一些修正，以使内区解与西边界条件得以匹配。在这样的思路下，斯托梅尔提出用西边界流来闭合由低纬度区的蒸发和高纬度区的降水所驱动的环流。他提出的解克服了 Goldsbrough 原始模式中隐含的很大的局限性。于是，在一个封闭的海盆中，由任意的风应力分布所驱动的环流或者由蒸发降水差导致的跨过海－气界面的淡水通量所驱动的环流，都可以用该理论进行极佳的描述。

因此，实质上，这些看似毫不相关的大洋环流理论(如用位涡平衡理论来解释)是互相联系的(图 1.43)。我们将把约化重力模式动力学与风生环流理论连在一起进行详细讨论。此外，基于位涡动力学，我们也将沿用类似的方法对风生环流三维结构的进一步发展进行讨论。

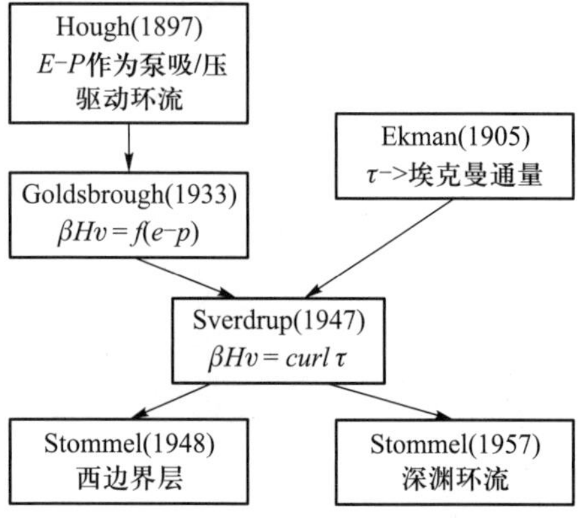

图 1.43 在大洋总环流理论发展早期，不同模式之间的联系图。

1.4.5 斜压风生环流理论

尽管单层模式在描述风生环流方面是非常有用的工具，但是建立在此类模式基础上的风生环流理论基本上仍是二维的，并且不能提供流涡的垂向结构。在 20 世纪 50 和 60 年代，人们进行了许多尝试，力图提出关于大洋环流垂向结构的理论。

如上所述，大洋中最显著的特征之一是存在主温跃层，它与上层海洋的流速结构密切相关。因此，风生环流的斜压理论也称为温跃层理论。Welander(1959)、Robinson 和 Stommel(1959)同时在 *Tellus* 上发表的两篇论文首次提出了温跃层理论①。为了找到温跃层方程之解，迄今已经进行了许多尝试；然而，其中的大部分解都是相似解，这些解不能满足某些必要的边界条件。这些

① 事实上，第一个提出温跃层理论的是前苏联学者利涅依金(Линейкин，1955)，当时他在《苏联科学院报告》上发表了温跃层的线性模式，并提出了海洋中斜压层厚度的定义；尔后，Stommel(1957)将这一深度定义为利涅依金深度。准确地说，Robinson、Stommel 和 Welander 首先提出了温跃层的非线性理论。详见 Линейкин 等(1982)的专著《Теория Океонического Термоклина》(本书有中译本：《海洋温跃层理论》，乐肯堂译，1989 年科学出版社出版，1－322 页)。——译者注

解的最严重的缺陷是不能满足斯韦尔德鲁普约束。因为不能满足这个条件,这些解便不能描述风生流涡的海盆尺度结构。

在20世纪60和70年代,由于对大洋环流的物理过程缺乏更进一步的了解,大洋环流理论的发展相对缓慢。虽然那时数值模式已经发展起来,但是由于没有从观测和理论研究的结果中揭示出物理内涵,因此,数值实验的结果就像海洋观测数据那样难以理解。大洋环流理论发展的第二阶段始于20世纪80年代,这个阶段的特征是实测、理论与数值模式相结合。

A. 风生环流的三维结构

随着对大洋环流认识的深入,人们认识到,把大洋描述为一个理想流体系统是一种极佳的近似。最近的现场观测提示,在大洋内的区次表层中跨过等密度面的扩散具有10^{-5} m^2/s的量级。在20世纪70年代,在理想流体的模式大洋中,理论上的最大困难是次表层如何才能运动起来。对于旋转流体,大尺度运动应该沿着地转等值线,即$f/\Delta h$(其中Δh为层的厚度)的等值线。由于假设界面间的摩擦力无限小,因此,简单的直觉提示,次表层中的地转等值线应该与纬圈平行。(然而,这样简单的直觉原来是不正确的,这一点将在下面讨论。)因为东部岸界处的零通量条件,故次表层中所有的地转等值线都被阻断了,这样次表层应该是静止不动的。

Rhines和Young(1982a,1982b)解决了这个难题。他们利用一个准地转模式证明,施加于表层的强大的强迫力可导致界面的严重形变,从而使地转等值线闭合。结果,这个问题可以有无限多个非静止解,而不是以往所认为的,只有无运动的解。进而,他们证明,在涡旋对平均流动作用的某种假定下,在这些封闭地转等值线内,位涡应该是均一的;这样,这个系统应该有唯一解,并且该解对于小扰动是稳定的。他们的理论为次表层中的运动提供了理论根据。

促使次表层水体运动的第二种途径是由Luyten、Pedlosky和Stommel(1983)提出的。在他们的模式中,等密度面露头有效地克服了东边界造成的地转等值线阻断。从某种意义上说,他们的模式是很久之前Iselin(1939)提出的等密度面露头的古典概念模式的漂亮推广。当然,这个推广包含了许多概念上的突破。例如,把该模式建立在一个可靠的动力学框架上,引入了通风区(ventilated zone)、流池(pool regime)和阴影区(shadow zone)等概念。

尽管Iselin提出了冬末通风的概念模式,但仍不清楚为什么通风只挑选冬末的海洋特性?为了解释这个现象,Stommel(1979)分析了其中所包含的物理过程后指出,在通风时,海洋中确实存在一些只选择冬末海洋特性的过程。现在把这个机制称为斯托梅尔精灵(Stommel demon)。因此,在研究气候平均的环流时,为了避开季节循环带来的复杂性,可以只选择冬末的海洋特性量(比如,冬末的混合层深度和密度)进行分析。迄今为止,斯托梅尔精灵仍是现代风生大洋环流理论的主要理论支柱。

温跃层理论的另一种古典处理方法是Welander(1959,1971a)提出的理想流体温跃层理论。该理论基本上是把风生环流处理为一个在层化背景之上的扰动,显然,这个层化背景是由外部热盐环流所建立的,尽管在他的模式中并没有出现热盐环流。Welander(1971a)指出,理想流体温跃层问题可以简化为求解一个二阶常微分方程。然而,他提出的解只能满足垂直方向上的两个边界条件,故很长时间以来,人们不清楚如何才能改进他的理论以满足物理上所需要的更多边界条件。

这些表面上不同的方法之间是有联系的,由此,Huang(1988a,1988b)提出了连续层化海洋中风生环流三维结构的理论。在他的理论中,上述这些看起来似乎不同的处理方法连接起来了,构成了统一的方程组。他的论证显示，这个问题可以简化为求解在密度坐标系中的二阶常微分方程之自由边界问题。稍后，该理论又获得了进一步推广，构成了包括海洋顶部混合层的模式（Huang，1990a；Williams，1991）。在描述大洋风生环流的三维结构的理论中，这一包含混合层的模式就能更加接近实际。

B. 惯性西边界流的斜压结构

尽管基于单运动层的西边界流理论是简洁、优美和成功的，但它所对应的多个运动层的理论却并非如此。Blandford（1965）首次讨论了多层惯性西边界流理论的难点。他的基本想法是想找出两个运动层的解，但是他却没有能找到任何连续的解。他反倒发现这些解在到达湾流离岸的纬度之前就中断了。Luyten 和 Stommel（1985）利用虚拟控制方法（virtual control）讨论了惯性西边界流不连续性的难点问题。

Huang（1990b）采用流函数坐标变换方法研究了这一问题。他指出，两个运动层的惯性西边界流的连续解确实是存在的，并且还可以把这些解与大洋内区的多层通风温跃层之解相匹配（Huang，1990c）。然而，惯性西边界流解之连续性对海洋内区的温跃层结构加上了某些动力学的约束条件。

1.4.6 热盐环流理论

A. 关于深层环流的斯托梅尔－阿朗斯理论

在早期的热盐环流理论中，环流的深层部分被理想化为由源－汇驱动的环流。在一系列创新性的论文中，斯托梅尔及其同事发展了深层环流模式的框架（例如，Stommel，1957；Stommel 和 Arons，1960a，1960b）。

他们模式的基本假定如下。假设世界大洋中的深层环流是稳定的，它由在平底海洋中给定的若干理想化点源所驱动，并且在整个海盆中深层水之源是由一个给定的匀速上升流来平衡。

这些假设所带来的最重要动力学推论如下。首先，大洋中指定的匀速上升流驱动了大洋内区深渊层中的向极流动。这一点与以上讨论的风生环流的情况类似，因此这可以基于线性位涡约束推断出来。其次，为了使深渊海洋中的质量和位涡获得平衡，需要有深层的西边界流。

实际上，从这个简单的理论得出的最具决定性的结论是，它预测了深层西边界流的存在。事实上，Stommel（1957）刚提出这一理论，Swallow 和 Worthington（1957）随即就在美国东部沿岸的外海发现了深层西边界流。这一理论和现场观测的结合，被公认为20世纪物理海洋学中最重要的发现之一。

B. 关于深渊环流的其他理论

斯托梅尔－阿朗斯（Stommel－Arons）的深渊环流理论非常简单和成功，因此他们的理论统治了深层环流领域长达20余年。然而，从根本上讲，他们的理论受限于所做的若干假定。尽管他们的理论非常成功地预测到了深层西边界流，但是他们关于深渊海洋中存在均匀向极流动的假设却没有得到证实。在20世纪80年代，人们认识到，为要精确地描述深层环流，他们理论中所做的一些简化必须要用更加符合实际的假定来代替。

舍弃定态（steady-state）假定后，Kawase（1987）研究了逆置约化重力模式（inverse reduced-gravity model）的启动（spin-up）过程（我们将在后面的章节中解释这一术语的含义）。在该模式中，他假定，界面处的上升流与该界面偏离其平均态位置的位移成正比。他的解清晰地显示，沿岸开尔文波在促成深层环流、特别是深层西边界流形成的过程中起了决定性作用。Rhines 和 MacCready(1989)注意到洋底并非是平坦的,大洋底部实际上是碗状的,更像是一个中国的炒菜锅。因此深层海洋之水平面面积是向上增大的,大洋内区的深层环流可以是顺时针方向的,而不是经典的斯托梅尔-阿朗斯理论推测的逆时针方向。

Stommel 和 Arons(1960a)假定,上升流速度在整个海盆中都是均匀的,这个假设只是使模式得到简化的方法,但并非符合实际。有许多观测证据提示,上升流并不是均匀的。Huang(1993a)采用了一个理想化的两层模式已能表明,沿着赤道和东边界上升流非常强。

Pedlosky 及其合作者在一系列的论文中用连续层化模式讨论了深渊环流的斜压结构(Pedlosky,1992;Christopher 和 Pedlosky,1995)。对于一个平底而又给定层化的模式来说,他们的研究表明,因为基本方程组所含的本征函数具有在垂向和水平方向振荡变化的特性,深渊层中的垂向和经向速度可以改变符号。

这些理论都是基于海底地形和混合的简单假定,然而,实际的海洋状况远为复杂得多。正如近期的现场实验所表明的,混合过程无论在空间还是时间上都是高度非均匀的。作为层化、起伏地形上的流动以及混合之间非线性相互作用的结果,深渊环流是非常复杂的,因此它是最活跃的研究前沿之一。

C. 热盐环流的概念模式

海洋和大气都受到强烈的热强迫力的作用,这种表面上相似的情形使许多人把海洋和大气的热力环流进行对比。自从发现了覆盖于世界大洋底部之上的是冷而稠密的海水后,海洋中热力驱动环流的概念就逐步建立起来。因为盐度也应该对密度分布有影响并因而对海洋总环流有贡献,故把海洋中与密度差异相关联的环流称为热盐环流。从大气科学对于热力驱动环流取得的知识,再加上我们在日常生活中从热机中取得的经验,可能成为形成早期热盐环流理论发展的主要推动力。

在早期热盐环流理论中有一个基本观点,即在高纬度处生成的冷而稠密的深层水是世界大洋热盐环流的驱动力。一个典型的例子就是 Wyrtki(1961)提出的二维概念性模式。在该模式中,高纬度处海水的冷却过程产生了下沉到海底的高密度水。该深层水[①]向赤道的扩展驱动了经向环流,其中包括返回流动中的向极分支。同样的观点也被用于 Stommel(1961)的经典盒子模型(box model)。在该模型中,他假设翻转速率与上层海洋密度的经向差成线性正比。

不过,施加于大气与海洋上的加热/冷却过程却有本质上的差别。事实上,在 20 世纪初期,Sandstrom(1908,1916)就推测,海洋中的热强迫力不能驱动任何强烈的环流。尽管他的推测也被 Defant(1961)的经典教科书《物理海洋学》所引用,但是,这个推测还是被多数人忽略了。自 1990 年代后期开始,热盐环流的能量学成为研究前沿。按照新的理论范式,热盐环流并非由表面加热/冷却所驱动,而是由外部机械能源所驱动,而这种机械能源则来自风应力和潮汐耗散,对此,下面将做简要的讨论。

D. 水循环与盐致环流

众所周知,盐度是控制热盐环流的一个关键因子。因此,跨过海-气界面的淡水通量应该是大洋环流的基本驱动力之一。尽管基于表层盐度松弛条件,在数值模式中已经模拟出了海洋中

① 这一水团也可理解为底层水,参见第 24 页的译者注。——译者注

的盐度分布,但在大多数早期的研究中,却完全没有探究淡水通量的动力学作用。

20 世纪 90 年代之前,只有极少数的论文讨论过淡水驱动的环流,例如 Hough(1897)、Goldsbrough(1933)和 Stommel(1957,1984a)的文章,但这些研究关注的是由淡水通量所驱动的正压环流。

放弃了传统的盐度边界条件后,Huang(1993b)指出,对于盐度平衡而言,适当的条件应该是取穿过海 - 气界面的淡水净通量。若假设存在强烈的跨密度面混合,那么,数值模拟表明,淡水通量就能够驱动一支盐致环流。尽管这支盐致环流的正压分量相对较弱,但其斜压分量的强度则与由热通量和风应力所驱动的环流相当。表层淡水通量在环流的维持和调整过程中起到了独特的作用,这也是一个与热盐环流相关的重要研究前沿,我们将在下面进行讨论。

E. 热盐环流的多平衡态与变率

在 Stommel(1961)的一篇开创性论文中,首次讨论了热盐环流的多平衡态。基于一个含两个盒子的模型,他预测,在所谓的热力模态(thermal mode)中应该有两个定常态(一个是稳定的,另一个是不稳定的),而在盐控模态(haline mode)中有一个稳定的定常态。与他的许多其他著作一样,人们认为他的这个模型过于简化,因此在二十年的时间里,人们并没有认识到它的物理意义。然而,这种情况到 20 世纪 80 年代发生了迅速的改变。由于人们非常强烈地需要了解气候系统,故开始考虑寻找气候可能存在的多种平衡状态,包括热盐环流的多种解。

这方面的主要贡献包括 Bryan(1986)关于大西洋模型的多态(multiple states)问题及随之而产生的向极热通量的改变。他引入的所谓混合边界条件(mixed boundary condition)也已经被数值模拟人员广泛接受。Manabe 和 Stouffer(1988)发现了海 - 气耦合总环流模式中的多态解,并且他们的解与斯托梅尔的盒子模型中预测的解有某些相似性。Marotzke(1990)发现了更多的热盐环流多态现象,其中包括与盐跃层崩变相随的所谓冲洗(flushing)现象。

在一些数值模式中,探讨了虚盐通量(virtual salt flux)(或者淡水通量)在控制热盐崩变及其在年代时间尺度上之变率的决定性作用。其中最有意义的论题之一是年代或更长时间尺度上的热盐变率(例如,Weaver 和 Sarachik,1991)。

许多研究(例如,Weaver 等,1991)表明,盐量平衡之通量条件似乎是热盐变异(thermohaline variability)的根本因素。实际上,仅淡水通量木身就可以引起年代尺度的盐振荡(例如,Huang 和 Chou,1994)。因此,由蒸发和降水造成的淡水通量可能是气候变异的根本因素。

1.4.7 大洋环流的混合与能量学

在开展大洋环流模拟的早期,人们就认识到选择次网格参数化的方案是相当主观的,而且会造成非常大的不确定性。为了评估海洋中的垂向扩散,芒克分析了世界大洋中示踪物的平衡;他的论文《深渊处方》(*Abyssal recipes*)(Munk,1966)仍然是经典之作。他利用一维模式得出了这样的结论:全球平均垂向扩散系数约为10^{-4} m^2/s。

A. 大洋中混合之非均匀性

然而,后来开展的很多现场观测却提示,海洋中的扩散系数的分布是非常不均匀的。特别是次表层海洋中的扩散非常弱(为 2×10^{-5} m^2/s 量级;Ledwell 等,1993),其扩散系数远远小于全球平均值10^{-4} m^2/s。为了弥合芒克的全球平均扩散系数和在次表层中实测的低扩散系数之间的差异,人们曾推测,海底和海洋侧边界附近强烈的扩散可以贡献于芒克给出的看起来较高的全球平均值。事实上,近期的现场观测表明,在靠近海底和接近大洋中脊处有非常强的跨密度面扩散(其量级为10^{-3} m^2/s;Ledwell 等,2000)。

在大洋深层中存在高度非均匀的混合,给经典的斯托梅尔 - 阿朗斯理论之准确性提出了许多严重问题。显然,在复杂的海底地形条件下,由这种非均匀混合所驱动的深渊环流可能与Stommel 和 Arons(1960a)的经典理论存在巨大差异。在倾斜边界上海底强化的混合所产生的流动已经得到广泛的研究。Phillips(1970)和 Wunsch(1970)指出,倾斜海底上的绝热边界条件要求等温线必须垂直于该点的地面。因此,在旋转流体中,底边界附近的这种密度梯度会导致在底边界层中产生一支沿坡高①的流动(初级环流)和一支爬坡(uphill)的流动(次级环流)。Phillips 等(1986)进一步指出,由于次级环流的辐聚和辐散,可能存在着垂直于底坡的三级流动。倾斜海底边界上的混合已被广泛研究过(Garrett 等,1993)。近期由海底强化的混合所导致的深渊环流之数值研究显示出相当复杂的流型(例如,Cummins 和 Forman,1998)。

B. 大洋环流的能量学

大洋环流需要有机械能的能源来克服摩擦和耗散。在很长一段时间内,人们都以为热强迫力能够提供维持热盐环流所需的机械能。然而,经仔细考察后发现大气环流和大洋环流之间有本质的差别:大气是从下面加热,在中层和上层冷却,因此大气可以像热机那样工作。然而,海洋却是在上表层(大体在同一个层次上)被加热和冷却的;现在把这种强迫作用称之为水平差异加热。大约在 100 年以前,Sandstrom(1908,1916)已经推测海洋中的热强迫力不能驱动强环流。因此,大洋环流不是热机而是热量和淡水的输送带,且该输送带是由外部机械能的能源所驱动的。

为了维持在海洋中观测到的层化,必须要使冷而稠密的深层水热起来,并使其返回到表层。这个过程必然包含了穿过等密度面的质量通量,因而这一过程称之为跨密度面混合。由于大洋中的等密度面近乎水平,因此,跨密度面混合经常被指为垂向混合。层化流体中的垂向混合将轻的水向下推,重的水向上推,结果是,混合作用使质心向上移动,因而增加了总重力势能。因此,混合需要有机械能的外部能源。外部机械能源及其在海洋中的分布对于大洋环流和气候而言是至关重要的。

第一个探讨维持大洋环流所需之机械能的是 Faller(1966),不过,外部机械能源与大洋环流之间的关系一直无人探讨。尽管研究小尺度混合的许多科学家知道层化流体中的混合需要机械能,但是从事大尺度海洋环流的多数数值模拟者和理论研究者完全忽视了跨密度面混合与维持混合所需的外部机械能之间的可能的关系。数值模式中的垂向扩散系数一直是作为模式中的可调参数,通过对它进行调节使经向翻转环流符合实测结果。例如,在《气候物理学》(*Physics of Climate*,Peixoto 和 Oort,1992)一书中,大洋环流的能量大部分局限于热能的平衡。

海洋中的热盐环流受到扩散的强烈影响;因此,基于理想流体假设的传统方法,比如示踪物质守恒或者位涡守恒,就不能提供完整的动力学图像。因此有必要从其他观点(例如,从机械能平衡观点)来研究热盐环流。只有到了 20 世纪 90 年代后期,大洋环流能量学研究才取得了突破性进展。

Toggweiler 和 Samuels(1993,1998)通过数值实验论证了南大洋风应力在提供机械能和维持

---

① 原著中为 along-slope,即沿着底坡的等高线。——译者注

热盐环流中的支配作用。关于输入到世界大洋地转流中的风能,Wunsch(1998)给出了第一个可靠的估计值。

一个概念上有点令人吃惊的突破性假说是由芒克提出来的。在对潮汐问题进行了几十年的研究之后,他终于提出了一个非常关键的看法,即潮汐耗散可以提供维持海洋跨密度面混合所需的机械能。因此潮汐耗散可以在调节大洋环流以至这个星球上的气候方面起到关键作用。Munk 和 Wunsch(1998)推测,潮汐耗散和风对表层地转流做功所产生的能量对于维持世界大洋跨密度面混合所需机械能是必不可少的能源。Huang(1998a)试图为大洋总环流构建不同类型能量之间的平衡。特别是,他考察了维持跨密度面混合所需的外部机械能源的重要性以及可用位能的平衡(例如,Huang,1998b,1999)。此后出现了许多关于大洋环流能量学的研究。在 Wunsch 和 Ferrari(2004)、Ferrari 和 Wunsch(2009)的评述文章中总结了在这个方向上取得的进展。我们将在第3、4、5章中讨论与大洋总环流能量学有关的某些基本问题。

第2章

动力学基础

2.1 动力学和热力学定律

由于大气和海洋环流都发生在地球表面一个相当薄的层中，大气和海洋中的大尺度运动可以很方便地用球面坐标来描述。因它们的基本方程组在许多标准教材中都有讨论，故我们假定读者对其已经熟知，因此，这里将以简明方式引入这些方程。Holton(2004)的《动力气象学导论》(*An Introduction to Dynamic Meteorology*)是最佳的参考书之一。

2.1.1 基本方程组

A. 运动方程

在一个旋转参考系中(图2.1)，用矢量表示的牛顿第二定律可以写为

$$\frac{D\vec{u}}{Dt} = -2\vec{\Omega} \times \vec{u} - \frac{\nabla p}{\rho} + \vec{g} + \vec{F} \tag{2.1}$$

其中，$\vec{u} = (u\vec{i}, v\vec{j}, w\vec{k})$ 为三维速度矢量，$D\vec{u}/Dt$ 是速度的全导数或“物质导数”，即对于一个跟随流体元运动的观察者而言，它是时间变化的速率；$\vec{\Omega} = \omega\vec{z}$($\vec{z}$ 是一个单位矢量)代表地球旋转的矢量，p 和 ρ 分别是压强和密度，$\vec{g}$ 是重力矢量，$\vec{F}$ 是摩擦力，例如海面风应力、海底拖曳力(bottom drag)和内摩擦力(internal friction)。

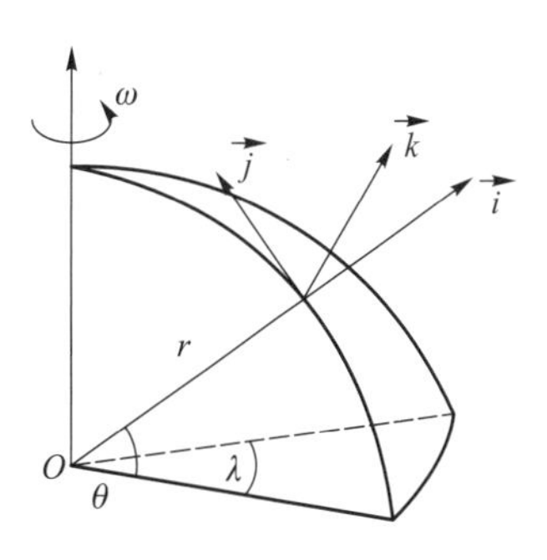

图2.1　旋转参考系中的球坐标示意图。

物理海洋学中常用的球面坐标系用(λ, θ, r)表示，其中 $0 \leqslant \lambda \leqslant 2\pi$ 为经度，$-\pi/2 \leqslant \theta \leqslant \pi/2$ 为纬度，r 为半径。在球面坐标系中，速度的全导数为

$$\frac{D\vec{u}}{Dt} = \left(\frac{du}{dt} - \frac{uv\tan\theta}{r} + \frac{wu}{r}\right)\vec{i} + \left(\frac{dv}{dt} + \frac{u^2\tan\theta}{r} + \frac{wv}{r}\right)\vec{j} + \left(\frac{dw}{dt} - \frac{u^2+v^2}{r}\right)\vec{k} \tag{2.2}$$

其中我们引入了一个新的算子

$$\frac{d}{dt}=\frac{\partial}{\partial t}+\frac{u}{\rho r\cos\theta}\frac{\partial}{\partial\lambda}+\frac{v}{\rho r}\frac{\partial}{\partial\theta}+w\frac{\partial}{\partial r}$$

在球面坐标系中,方程(2.1)右边第一项为

$$2\vec{\Omega}\times\vec{u}=(2\omega w\cos\theta-2\omega v\sin\theta)\vec{i}+2\omega u\sin\theta\vec{j}-2\omega u\cos\theta\vec{k}$$

因此,运动方程可用三个分量的形式写为

$$\frac{du}{dt}-\frac{uv\tan\theta}{r}+\frac{uw}{r}-2\omega v\sin\theta+2\omega w\cos\theta=-\frac{1}{\rho r\cos\theta}\frac{\partial p}{\partial\lambda}+F_{\lambda}\tag{2.3}$$

$$\frac{dv}{dt}+\frac{u^2\tan\theta}{r}+\frac{vw}{r}+2\omega u\sin\theta=-\frac{1}{\rho r}\frac{\partial p}{\partial\theta}+F_{\theta}\tag{2.4}$$

$$\frac{dw}{dt}-\frac{u^2+v^2}{r}-2\omega u\cos\theta=-\frac{1}{\rho}\frac{\partial p}{\partial r}-g+F_{r}\tag{2.5}$$

B. 连续方程

矢量形式的连续方程或质量守恒定律为

$$\frac{\partial\rho}{\partial t}+\nabla\cdot(\rho\vec{u})=0\tag{2.6}$$

在球面坐标系中,它变为

$$\frac{\partial\rho}{\partial t}+\frac{1}{r\cos\theta}\left[\frac{\partial}{\partial\lambda}(\rho u\cos\theta)+\frac{\partial}{\partial\theta}(\rho v\cos\theta)\right]+\frac{\partial\rho w}{\partial z}=0\tag{2.6'}$$

其中,我们采用了近似 $\delta r\simeq\delta z$,因为与地球半径相比,大洋环流层是非常薄的。在运动方程中,也将采用类似的近似(见 2.6 节和 2.7 节中的讨论)。

C. 热力学的能量方程

对于本节讨论的基本公式,仅考虑与温度有关的内能

$$c_v\frac{dT}{dt}+p\frac{d\alpha}{dt}=\dot{q}\tag{2.7}$$

在第 3 章中将提出对于能量的更为完整的处理方法。

D. 示踪物方程

与连续方程的形式类似,海洋中的许多示踪物遵循如下形式的守恒方程

$$\frac{\partial\rho X}{\partial t}+\nabla\cdot(\rho\vec{u}X)=\nabla\cdot(\kappa\nabla X)+Q(X)\tag{2.8}$$

其中,X 为示踪物,右边第一项是扩散的贡献,最后一项 $Q(X)$ 是示踪物的源/汇。例如,海洋中的盐度遵循方程(2.8),它在海洋内部没有源/汇;温度分布也遵循类似的方程,其中 $Q(X)$ 为来自不同的源之贡献。

2.1.2 整体特性

方程(2.1)、(2.6)、(2.7)和(2.8)构成了描述大洋总环流的基本方程组。这些微分方程是海洋中大尺度运动的完整动力学定律,因此其解是相当复杂的。在很多应用中,也要求用导自这些方程的积分形式来探究环流。这些积分关系包括许多守恒定律,比如质量、角动量、位涡和不同形式的能量之守恒。

A. 角动量守恒

由于在旋转坐标系中线性动量是不守恒的,故我们来考虑角动量守恒。将方程(2.3)乘以

$r\cos\theta$,并利用定义 $dr/dt=w$ 和 $rd\theta/dt=v$,则可以得到如下的守恒关系

$$\frac{d}{dt}[r\cos\theta(u+\omega r\cos\theta)] = r\cos\theta\left(-\frac{1}{\rho r\cos\theta}\frac{\partial p}{\partial\lambda}+F_{\lambda}\right) \tag{2.9}$$

在大洋总环流的研究中,有一个更方便的形式是纬向平均的角动量平衡,对方程(2.9)进行纬向积分可以得到

$$\frac{d\bar{M}^{\lambda}}{dt} = r\,\overline{\cos\theta F_{\lambda}}^{\lambda} \tag{2.10}$$

其中

$$\bar{M}^{\lambda} = \overline{r\cos\theta(u+\omega r\cos\theta)}^{\lambda} \tag{2.11}$$

即纬向积分角动量。方程(2.9)和(2.10)的物理意义是:大气/海洋总环流的总角动量必须是守恒的。

自大气环流存在以来,它既没有显著减速,也没有加速。因此,来自大气行星边界层的总摩擦扭矩(frictional torque)必须近似为0。以下是角动量守恒的直接应用。南北半球的中纬度都存在着强烈的西风带。为了维持稳定的大气环流,海面上的总摩擦扭矩必须为0,因此地球上必须要有东风带来补偿西风带引起的摩擦扭矩。事实上,在赤道和高纬度附近都存在着东风带。中纬度处的西风带与低、高纬度处的东风带互相共存对世界大洋的风生环流提出了基本的约束,这将在第4章中讨论。在动力海洋学中,角动量守恒原理的一个最重要的应用就是用于研究南极绕极流的基本结构。

B. 机械能守恒

应注意,本书中着力研究的是大洋中海水的大尺度运动,包括风生环流和热盐环流。风生环流研究的理论框架是基于用绝热运动来处理上层海洋的运动,这样就把力学方程与热力学方程分离开来了。因此,对于风生环流的研究而言,机械能守恒就成为最关键的动力学约束之一。

把方程(2.3)、(2.4)和(2.5)乘以(u,v,w)并相加,得到总机械能守恒

$$\frac{dE}{dt} = uF_{\lambda}+vF_{\theta}+wF_{r} \tag{2.12}$$

其中

$$E = \frac{1}{2}(u^2+v^2+w^2)+\frac{p}{\rho}+g(r-r_0) \tag{2.13}$$

是总机械能。我们在推导中忽略了$\partial p/\partial t$项,并且假定密度近似地为常量。方程(2.12)表明,总机械能的改变是由摩擦损耗所平衡的。

另一方面,热盐环流的研究与热力学有密切的关系,因此我们将利用热力学来配合动力学方程。然而,大洋中的机械能平衡在控制大洋总环流中也起着至关重要的作用,我们将在第3章中把它与热盐环流的基本理论联系在一起进行讨论,并以较为综合的处理方式来给出能量守恒的方案。

2.2 量纲分析和无量纲数

量纲分析是力学中的基本工具之一,已经广泛应用于各种力学问题,特别应用于那些存在多

种因素而且难以找到解析关系的复杂系统中。

量纲分析基本思路的原理是,不同物理量之间的函数关系之数学形式应该独立于这些物理量所用的单位。

在物理海洋学中,有四个基本的物理量,即长度、时间、质量和温度。我们之所以称它们为基本的物理量是因为如果不再引入另外的物理量的话,那么它们中的每一个量都不能表示为其他三个量的函数,而所有其他的物理量之量纲则都可以用这四个基本量来定义或表示。

我们可以用两种方法来定义温度。当我们把一个系统视为其微观的粒子之集合时,这个系统需要用统计物理学的方法来描述。相应地,物质的热状态可以利用分子运动的统计学方法来处理。由此,可以利用该物质分子动能的均方根来定义其温度;这样,温度的量纲应该具有统计物理学中能量的量纲。另一方面,如果把该系统处理为宏观物体,那么就可以把温度定义为基本量纲。由于我们研究的焦点是海洋中的宏观现象,故我们把温度作为基本量纲。

可以把任何可测量的或可观测的物理变量分为两类:有量纲的和无量纲的。如果该变量的量值取决于所度量的单位系统,那么该变量就称为有量纲的;另一方面,若该变量的量值与所度量的单位系统无关,那么该变量就称为无量纲的。典型的有量纲的量有:质量、长度、时间、能量和速度,等等。典型的无量纲的量有:角度、惯性力与黏性力之比,等等。尽管传统上角度可以用不同的单位来表示(比如度或者弧度),但若把它作为无量纲的量来处理就较为方便。

任何有量纲的物理量都用量纲的形式来定义:其单位用该量纲的单位来表示。例如,海盆的深度具有长度的量纲,就可以用米、厘米或者千米来表示。

过去,海洋学中曾采用过多种单位系统,我们将主要采用1985年正式通过的国际单位制(SI)。SI也称为MKS制(米-千克-秒制),因为它是以米-千克-秒-度为基础的。在科学研究中常用的另一种系统是CGS单位(厘米-克-秒制),它以厘米-克-秒-度为基础。

2.2.1 物理海洋学中常用变量的量纲

我们用$[x]$表示给定物理量x的量纲。例如,速度c可以定义为长度除以时间,则其量纲为$[c]=L/T$。

根据牛顿第二定律,力=质量×加速度;这样,力的量纲为$[ML/T^2]$。压强在海洋学中是最常用的变量之一,其量纲为$[p]=M/LT^2$。

表2.1和表2.2列出了最常用的物理变量之量纲,包括了四个基本量纲(表2.1)和四个次级量纲(表2.2)。

表2.1 基本量纲

变量	量纲	单位
质量	$[M]$	kg(千克)
长度	$[L]$	m(米)
时间	$[T]$	s(秒)
温度	$[\Theta]$	K

表 2.2 次级量纲

变量	量纲	单位
速度	$[L/T]$	m/s
加速度	$[L/T^2]$	m/s^2
力	$[ML/T^2]$	N(牛顿)
能量	$[ML^2/T^2]$	J(焦耳)

在物理海洋学中,使用最频繁的带量纲的变量列于表 2.3 中。

表 2.3 物理海洋学中最常用变量的量纲

变量	量纲	单位
温度	$[\Theta]$	K
盐度	无	‰*
压强和风应力	$[M/LT^2]$	Pa 或 bar
速度	$[L/T]$	m/s
混合系数	$[L^2/T]$	m^2/s

* 盐度是以质量之比定义的,或者表示为千分之几,因而是无量纲的。盐度的单位有时称为实用盐度单位(psu);然而更加妥当的是,在盐度值之后不加 psu①。

表 2.4 列出了物理海洋学中常用的量纲单位。应注意,常用的压强单位是 db(decibar,分巴),海洋中的水深每增加 1 m,现场压强约增加 1 db②。

2.2.2 量纲的齐次性

在任何一个描述物理关系的方程中,所有的项应该有相同的量纲,此即量纲的齐次性。在量纲分析中,量纲的齐次性可以作为强有力的工具来使用。例如,温跃层的深度 D 遵循如下三次方程③

$$D^3 - aD = b \tag{2.14}$$

由于 D 的量纲为 L,该方程量纲的齐次性要求 a 的量纲应该为 L^2,b 的量纲应该为 L^3。相应地,如果我们引入深度尺度 $d_w = \sqrt{a}$,$d_k = b^{1/3}$,那么上述方程可以写为

$$D^3 - d_w^2 D = d_k^3 \tag{2.15}$$

正如我们在下一节就会指出的,通过比较 d_w^2 和 d_k^3 的量级,并引入无量纲的深度,该方程可以进一步简化。

---

① 自从 Knudsen(1902)首次引入盐度定义以来,对它又有数次重新定义。按联合国教科文组织(UNESCO)2010 年颁布的海水热力学方程(TEOS-10),原来的盐度单位符号‰或 psu 已被新的单位 g/kg 替代。参见 2.4.1 节的译者注。——译者注

② 在 2008 版的 SI 中,db(分巴)已成为非 SI 法定单位,因此 db 应改为 SI 法定单位 kPa(千帕)。以下遇到类似的 SI 问题不再加注。——译者注

③ 关于方程(2.14)的导出过程,请见本书 5.5.1 节。——译者注

表 2.4 物理海洋学中常用的量纲单位

物理量	单位	等值量	
时间	d(日或天)	86 400 s	
	a(年)	31 558 000 s	
力	Dyn(达因)	1 g cm/s^2	10^{-5} N
	N(牛顿)	1 kg m/s^2	
压强、应力	dyn/cm^2	1 g/cm/s^2	0.1 N/m^2(Pa)
	Pa[帕(斯卡)]	1 kg/m/s^2	
	Bar(巴)	10^5 N/m^2	10^5 Pa
	db(分巴)	10^4 N/m^2	10^4 Pa
能量	erg(尔格)	10^{-7} J	
	cal(卡)	4.184 J	
体积通量	Sv*(斯韦)	10^6 m^3/s	
潜热	cal/g(卡/克)	4 184 J/kg	

* 尽管 Sv 常被用做流量的单位,但也可以把它用做质量流量的单位,参见 5.3.1 节的讨论。因为水的密度范围在 1 020 ~ 1 050 kg/m^3,当被用做质量流量的单位时,1 Sv≈10^9 kg/s。

在实际应用中,一个重要的步骤是,要检查方程中每一项的量纲,看它们是否满足量纲的齐次性。尽管所有项都有相同量纲的方程未必是一个正确的方程,但是在一个方程中,若某些项具有不同的量纲,那么该方程一定是错误的。

2.2.3 无量纲参数

在一个方程中各项的量纲应该是一致的,故把该方程除以它的量纲,就能把它简化成无量纲的形式。因此,描述该物理过程的任何方程都可以化简为一个普遍形式

$$f(\Pi_1,\Pi_2,\Pi_3,\cdots)=0 \tag{2.16}$$

其中,Π_i 是该动力系统的无量纲参数。

2.2.4 应用量纲分析的若干例子

A. 温跃层深度

作为第一个例子,我们来讨论温跃层深度。从一个简单的质量平衡,可以导出确定温跃层深度 D 的方程(2.15),其中的两个深度尺度定义如下

$$d_w=\left(-\frac{w_e f\rho_0 A}{cg\Delta\rho}\right)^{1/2},d_k=\left(\frac{\kappa f\rho_0 A}{cg\Delta\rho}\right)^{1/3} \tag{2.17}$$

它们分别是由风应力和混合所导致的温跃层之尺度深度(scaling depth),w_e 为埃克曼泵压/吸速率(Ekman pumping rate),f 为科氏参量,ρ_0 为平均参考密度(mean reference density),A 为海盆的

水平面积,c 为常系数,g 为重力加速度,$\Delta\rho$ 为主温跃层两侧的密度差,κ 为跨密度面混合系数(diapycnal mixing coefficient)。

在大多数情况下,跨密度面混合系数相当小,因此,温跃层主要是由风应力导致的埃克曼泵所控制的:因为 $d_k \ll d_w$,于是上述方程就可以简化为如下无量纲形式

$$d^3 - d = \varepsilon^3 \tag{2.18}$$

其中,$d = D/d_w$ 是无量纲厚度,$\varepsilon = d_k/d_w \ll 1$ 是一个无量纲小参数,可以把方程(2.18)的解展开为它的幂级数。这样就可以探讨温跃层深度的敏感度。因此,对动力学方程进行无量纲化常常可以帮助我们从复杂的方程组中识别出最关键的动力学平衡,因而可以更深入地理解动力学系统中复杂的物理过程。

B. 一个实例

在一个描述大西洋海盆经向翻转环流胞的数值模式中,其主温跃层深度 D 用如下方程来描述

$$\frac{cg'}{L_y^n}D^3 + \frac{A_I L_x}{L_y^s}D^2 - \frac{\tau L_x}{f\rho_0}D = \kappa A \tag{2.19}$$

其中,g'为约化重力,L_y^n 和 L_y^s 分别是北半球和南半球的分层深度锋面(layer depth fronts)的经向宽度,L_x 为海盆的纬向宽度,A 为海盆的水平面积,A_I 和 κ 分别是涡动混合系数和跨密度面混合系数,τ 为风应力。通过检查方程的齐次性可以发现:方程(2.19)左边第一项的量纲为$[cg'D^3/L_y^n] = L^3/T^2$,右边的量纲为$[\kappa A] = L^4/T$,左边第二项和第三项的量纲也是 L^4/T。因此,方程左边第一项的量纲明显是错误的。为了得到一个量纲正确的方程,应该对该项增加一个量纲为 TL 的因子。重新仔细检查该方程的推导过程,发现方程(2.19)第一项的分母应该有一个因子 β

$$\frac{cg'}{\beta L_y^n}D^3 + \frac{A_I L_x}{L_y^s}D^2 - \frac{\tau L_x}{f\rho_0}D = \kappa A \tag{2.20}$$

若引入无量纲变量,那么可以使这个实例变得更有意义。方程(2.19)可以改写为

$$D^3 + d_I D^2 - d_w^2 D - d_k^3 = 0 \tag{2.21}$$

其中,d_I、d_w 和 d_k 的量纲都是长度。通过采用其中一个长度尺度,并引入一个无量纲的深度,就能求解这个方程。我们将在 5.4.8 节中讨论相关的细节。

C. 原子弹爆炸

量纲分析可以提供非常有用的信息,尤其是对于具有简单几何形状的系统。点源爆炸所产生的强烈冲击波是证实量纲分析能力的经典实例。

在这个例子中,有如下三个关键物理量:释放的总能量$[E] = ML^2/T^2$,空气密度$[\rho] = M/L^3$,时间$[T] = T$。该系统有一个非常简单的几何形状。由于没有任何附加的内在长度尺度,因此,冲击波传播的距离只能依据能量、密度和时间这 3 个基本量的乘幂组合来确定,即 $d = E^\alpha \rho^\beta T^\gamma$。因 d 的量纲为 L,故其唯一可能的组合是 $\alpha = 1/5$,$\beta = -1/5$,$\gamma = 2/5$;这样,我们得到了如下冲击波的传播方程

$$d = (E/\rho)^{1/5} t^{2/5} \tag{2.22}$$

展示量纲分析能力的最漂亮的例子是由 G. I. Taylor 给出的。在第一次原子弹试验之后,他应邀观看记录那次原子弹试验过程的电影。尽管一切信息都因为机密而无法得到,但利用上述量纲分析,G. I. Taylor 通过他在电影中看到的激波波阵面(shock front)随时间的演变,能够推断出原

子弹爆炸释放出的总能量。对于 G. I. Taylor 的量纲分析及其轶事的详情有兴趣的读者，可以参阅 Sedov(1959)关于量纲分析的经典著作。

2.2.5 动力海洋学中若干重要的无量纲数

埃克曼数(Ekman number)：$E = \dfrac{\nu}{2\Omega L^2}$

其中，ν 为黏性系数，Ω 为地球自转角速度，L 为垂直或水平长度尺度[①]。埃克曼数是摩擦力与科氏力之比。这个无量纲数是在研究旋转坐标系中的摩擦边界层时引入的。在摩擦边界层内，摩擦力由科氏力所平衡；但是在该边界层之外，摩擦力与科氏力相比是可以忽略的。

弗劳德数(Froude number)：$Fr = \dfrac{U}{\sqrt{gh}}$

其中，U 为速度尺度，g 为重力加速度，h 为水深。弗劳德数是平流速度与表面重力波相速之比。当弗劳德数等于 1 时，平流速度与重力波的相速度相等，这样的流动称为临界的(critical)。当弗劳德数大于 1 时，扰动信号就不能逆流传播，这样的流动称为超临界的(supercritical)。

格拉斯霍夫数(Grasshof number)：$G_T = \dfrac{g\alpha\Delta Th^3}{\nu^2}, G_S = \dfrac{g\beta\Delta Sh^3}{\nu^2}$

其中，$\alpha\Delta T$ 和 $\beta\Delta S$ 分别是随温度差和盐度差变化的密度扰动，h 为容器的高度，ν 为黏性系数。格拉斯霍夫数是由温度差异或盐度差异造成的浮力与摩擦力之比。

佩克莱数(Peclet number)：$Pe = \dfrac{UL}{\kappa}$

其中，U 和 L 分别为速度尺度和长度尺度，κ 为温度扩散系数。佩克莱数定义为平流与扩散之比；因此，大佩克莱数表明平流比扩散更重要。

普朗特数(Prandtl number)：$Pr = \dfrac{\nu}{\kappa}$

其中，ν 为黏性系数，κ 为温度扩散系数。普朗特数用于描述动量耗散与示踪物混合之比。在分子耗散和混合的层面上，海水的普朗特数大约等于 8；然而，由于存在强烈的涡和湍流，对于大尺度地转湍流而言，它的等效普朗特数可以迥异于这个值。

瑞利数(Rayleigh number)：$Ra = \dfrac{g\alpha\Delta Th^3}{\kappa\nu} = G_T \cdot Pr$

其中，ΔT 是产生对流的温度差之尺度，h 为高度尺度。瑞利数是在研究热力环流时所使用的最关键的无量纲数之一。当瑞利数高于某个临界值时，对流的性质从一种流态(regime)转变到另一种流态。

雷诺数(Reynolds number)：$Re = \dfrac{UL}{\nu}$

其中，U 和 L 分别是运动的速度尺度和长度尺度，ν 为黏性系数。雷诺数是惯性力与黏性力之比。当 Re 较小时，摩擦力是重要的，即摩擦力与惯性力是相当的，此时的流动为层流(laminar)。当 Re 较大时，摩擦力变得不重要，即它远小于惯性力，因此摩擦效应被局限在流场的固体边界附

---

① 常见的埃克曼层是垂直方向上的边界层。——作者注

近的极薄边界层中。大雷诺数时的流动为湍流。

理查森数(Richardson number):$Ri = -\frac{gd\rho/dz}{\rho\,(du/dz)^2}$

理查森数是层化与垂向速度切变平方之比。强层化能抑制不稳定性,但强的速度切变则有利于不稳定性。因此,理查森数被广泛用做不稳定性的指标。不稳定性的必要条件是 $Ri < 1/4$。然而,这个条件并不意味着实际上将会发生不稳定。

罗斯贝数(Rossby number):$Ro = \frac{U}{2\Omega L}$

其中,U 为速度,Ω 为地球自转角速度,L 为流动的水平尺度。罗斯贝数是惯性力与科氏力之比。当 Ro 远小于 1 时,动量方程的惯性项可以忽略。最常用的地转近似是在若干假定之下得到的,包括 Ro 远小于 1 的假定。另一方面,Ro 接近 1 或大于 1 时,动量方程中的惯性项必须保留。

施密特数(Schmidt number):$Sc = \frac{\nu}{\kappa_S}$

其中,ν 为黏性系数,κ_S 为盐扩散系数①。施密特数是动量耗散与示踪物扩散速率之比,表示它们的相对重要性。

2.3 热力学基本概念

在大洋环流研究中,动力学和热力学都是非常有用的工具。在以下各节中,我们给出颇为简要的热力学总汇,因为热力学对于描述和理解海洋环流及其能量学是至关重要的。

热力学变量分为所谓的状态变量(state variable)和非状态变量(non-state variable)。状态变量是描述热力学系统状态的变量,包括:温度、压强、体积、密度、各种形式的能量、熵,等等。非状态变量包括与环境交换的热量和机械能通量。

2.3.1 温度

温度是科学中一个非常古老的概念。观测表明,长时间放在一起的两个物体会达到最终的热平衡状态。当达到这样的最终状态时,它们会有相同的温度。因此,我们得到:

热力学第零定律:如果两个系统与第三个系统处于热平衡状态,那么这两个系统也互相处于热平衡状态。

为了建立温标,必须定义一个固定的参考点。选择不同参考点并指定这些参考点的对应值,便产生了不同的温标。常用的温标有:

- **华氏温标**(℉):一个大气压下,纯水的冰点温度指定为 32 度,相应的沸点温度指定为 212 度。尽管该温标仍在美国等国家使用,但是在科学研究中不再使用。
- **摄氏温标**(℃):一个大气压下,纯水的冰点温度指定为 0 度,相应的沸点温度指定为100 度。

---

① 原著中为 salinity diffusivity(盐度扩散系数),因为在物理上只有盐分的扩散,故改。——译者注

- **开氏温标**(K):1854年,开尔文建议采用纯水的三相点(triple point,即共处于平衡状态的固态、液态和气态)作为更精确的参考点。此外,该温标的零点设在所谓绝对零度处,即最低可能温度,也就是说,在该温度处,实际上没有任何分子热运动。在开氏温标中,一个大气压下纯水的冰点温度约为273.16K。
- 对于海洋学的应用而言,采用的是**国际温标**(ITS-90),它与摄氏温标非常接近(仅有微小差异)。

2.3.2 能量

能量的概念首先是由牛顿引入的,他指出了两种类型的能量:动能和势能。能量是用于描述自然界的最重要的标量之一。在相对论中,依据爱因斯坦著名的方程式 $E=mc^2$,使能量与质量联系在一起。然而,当速度远小于光速时,对于几乎所有的实际应用而言,牛顿系统都是足够精确的。在与其周围环境没有发生净质量交换的牛顿系统中,系统的总质量是守恒的,亦即在该系统内部没有质量与能量的转化。

能量能以不同的形式(例如,机械能、热能、化学能、电能、原子能等)存在。在气候系统(包括大气、海洋和其他组成部分)中,大部分能源可以追溯到来自太阳的辐射热通量,另外还有潮汐和地热通量。能量可以从一种形式转化为另一种。然而,这取决于参与转化的能量形式。能量转化的程度可以是完全的,也可以是部分的。例如,机械能和化学能可以100%转化为热能,但热能只能部分地转化为机械能。因此,当我们讨论一个特定系统的能量及其转化时,就必须要小心。各种形式的能量通量(其中最常见的有机械功、热通量、动能和重力势能)都能用来传递与大尺度海洋环流有关的能量。

A. 功

功(或机械功)是两个系统之间交换能量的一种形式。由于功的概念最早是在机械系统(mechanical system)中引入的,故其确切定义也是建立在简单机械装置的基础之上的。如果对于每个系统外部的唯一效应可以简单地比拟为重物在垂直方向上位置的改变,那么功可以定义为两个系统之间的相互作用。尽管在这个定义中功要借助于重物来定义,但在实际过程中,并不一定要有重物参与,重物升举的比拟是定义功时在概念上所需要的。除非特别说明,习惯上,环境对系统所做的功定义为正功,系统对环境所做的功定义为负功。能量的量纲为力乘以长度。

设有一个外力 $\vec{F}$ 施加在一个物体之上,使该物体移动了一段距离 $\overrightarrow{dx}$,那么该外力所做的机械功为 $dW=\vec{F}\cdot\overrightarrow{dx}$。假设一个气块或水块的比容增加了 $dv>0$,那么外部压力 P 所做的功是负的,$dW=-Pdv<0$。对于图2.2中的情况(a),在从状态 A 到状态 B 的过程中有 $dv>0$,那么此外力所做的总功是负的,即

$$\Delta W=-\int_{v_A}^{v_B}Pdv<0$$

注意,从状态 A 到状态 B 所做的功取决于在此过程中压强变化的方式,因此功不是一个状态变量。例如,对于情况(b),当该系统从状态 B 沿着 BCA 的路径回到状态 A 时,在这个循环中,它所做的净功是负的,即它对环境做了功,原因是 $\Delta W=-\oint_{ABCA}Pdv<0$。另一方面,如果把过程的方向反过来[如情况(c)所示],那么净功是正的,即 $\Delta W=-\oint_{ACBA}Pdv>0$。

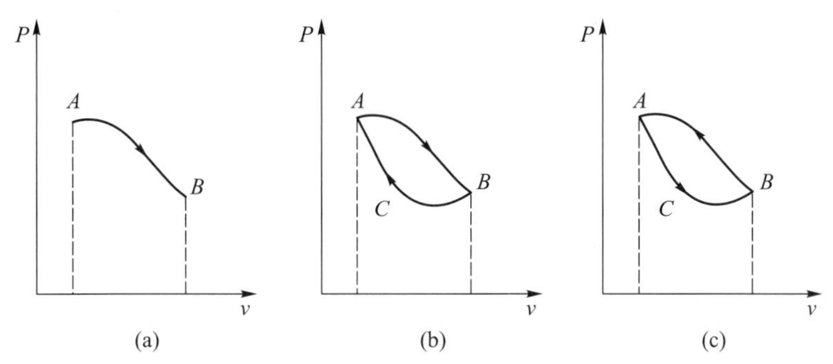

图 2.2 体积变化所做的功。

B. 热量

热量是不同温度的两个块体之间的能量转移，系统得到的热量为

$$dQ = mcdT$$

其中，m 为块体的质量，c 为比热，dT 为温度的变化。

C. 热力学第一定律

一个系统的总能量是守恒的。

这个定律可以用微分形式写为

$$dE = dQ + dW \tag{2.23}$$

即系统内能的改变 dE 等于该系统得到的热量加上对该系统所做的功。

2.3.3 熵

A. 可逆过程与不可逆过程

所谓可逆过程指的是，在所有时间内该系统都非常接近其平衡态，因此该过程可以逆向运行，并在其运行过程中该系统及其环境都不发生改变。在不可逆过程中，若系统离开了平衡态，那么该系统及其环境就不能返回到它们的初始状态。形容词"不可逆"并不意味着该系统不能回到其初始状态；它的全部含义是，如果该系统被带回到它的初始状态，那么某些不可逆的变化一定会在其环境中出现。

B. 熵之改变

对于一个系统而言，熵是一个至关重要的热力学变量，它是在不可逆过程的研究中引入的。一个系统的熵之改变(change of entropy)定义为

$$d\eta \geqslant dq/T \tag{2.24}$$

其中等号只是对于可逆过程才能成立，dq 为该系统所获得的热量。对于不可逆过程，如"大于号"所表示的，就有附加的熵增量。对于可逆过程，在经历一个完整的循环之后，该系统及其环境仍然保持不变，即

$$\oint d\eta = \oint dq/T \mid_{\text{可逆}} = 0 \tag{2.25}$$

尽管对于理想气体而言，熵的计算是相当容易的，但对于海水而言，过去由于没有简便而可靠的公式，其熵的计算就并非易事。然而，现在已经有了标准公式。因此，可以把熵定义为海水的一个热力学状态变量，对于给定的温度、盐度和压强，可以用标准公式来计算熵，这将在本节稍后进行讨论。

2.3.4 热力学第二定律

一个系统由于与环境进行热交换而导致的熵改变必须服从 $d\eta \geqslant dq/T$。

在上述关系式中,等号仅对于可逆过程成立。一般情况下,则取不等号,即由于不可逆过程,使该系统及其环境的总熵增加了。

克劳修斯不等式(Clausius inequality):一个孤立系统的总熵不可能减少,即 $\Delta\eta_{总} \geqslant 0$。根据定义,一个孤立系统包括这个系统及其环境。

A. 卡诺循环

为了从一个热源获得最大的功,对于1 kg 的理想气体,卡诺(Carnot)设计了一个称之为卡诺循环(Carnot cycle)的理想化循环(图2.3)。在温度为 T_1 的热源和温度为 $T_2 < T_1$ 的冷源之间,有一个假想的完美发动机在做功,1 kg 理想气体的状态方程为

$$Pv = RT, 且\ R = c_v(\gamma - 1) \tag{2.26}$$

其中 c_v 为定容比热①,γ 是对于绝热的可逆过程定义的幂指数。在一个绝热的可逆过程中,温度和比容服从于

$$Tv^{\gamma-1} = 常数 \tag{2.27}$$

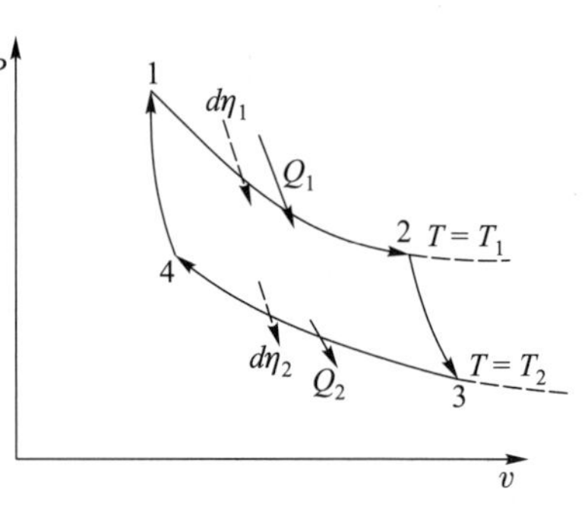

图2.3 理想的卡诺热机循环。

理想的卡诺循环由以下四个阶段组成,如图2.3所示:

1) **状态** 1→2。这是一个等温膨胀过程,在此过程中,内能保持不变,并且输出的功等于从热源 T_1 吸收的热量 Q_1

$$Q_1 = W_{1\to2} = \int_{v_1}^{v_2} P dv = RT_1 \int_{v_1}^{v_2} dv/v = RT_1 \ln(v_2/v_1) > 0 \tag{2.28}$$

在这里,由于我们的焦点是输出到环境中的功,故把系统输出的功规定为正。

2) **状态** 2→3。这是一个绝热膨胀过程,在此过程中,输出的功等于该系统内能的减少

$$W_{2\to3} = c_v(T_1 - T_2) > 0 \tag{2.29}$$

3) **状态** 3→4。这是一个等温压缩过程,在此过程中,输入的功等于从该系统到冷源 T_2 的热通量

$$-Q_2 = W_{3\to4} = RT_2 \ln(v_4/v_3) < 0 \tag{2.30}$$

其中,热通量 Q_2 前的负号表示该系统因向冷源 T_2 做功而损失的热通量。

4) **状态** 4→1。这是一个绝热压缩过程,在此过程中,输入的功等于系统内能的增加

$$W_{4\to1} = -c_v(T_1 - T_2) < 0 \tag{2.31}$$

因此,在整个循环过程中该系统输出的功是每一阶段功的总和

$$W = W_{1\to2} + W_{2\to3} + W_{3\to4} + W_{4\to1} = RT_1 \ln(v_2/v_1) + RT_2 \ln(v_4/v_3) \tag{2.32}$$

利用(2.27),这四个阶段中的体积满足

$$v_4/v_3 = v_1/v_2 \tag{2.33}$$

---

① 原著中为 specific heat under constant volume,这里的 c_v 是对于理想气体定义的,它不同于本书中其余部分对于海水定义的 c_v(第71-72页)。——译者注

因此，

$$W = R\ln(v_2/v_1)(T_1 - T_2) = Q_1(T_1 - T_2)/T_1 \tag{2.34}$$

如果我们定义热机的效率为 $\varepsilon = W/Q_1$，那么卡诺热机的效率即为

$$\varepsilon_{有效} = 1 - T_2/T_1 \tag{2.35}$$

因此，从理论上讲，提高热机效率的决定性的方法是升高热源温度和降低冷源温度。

B. 热力学第二定律的涵义

热力学第一定律是对能量守恒的陈述，即能量的各种形式都是相当的。而热力学第二定律则把能量区分为两类：热能和机械能（包括动能和重力势能）及其当量。可以把机械能100%地转化为热能，但却不能把热能100%地转化为机械能。这个转化率之理论上限由卡诺效率 $\varepsilon = 1 - T_2/T_1$ 给出，其中 T_1 和 T_2 是理想卡诺热机的热库和冷库的温度。在实践中不可能达到这一热效率之上限，并且为了提高热效率，需要各种工程上的设计或配置。自然界中并不存在此类设计或特殊配置，因此大气和海洋中的很多热力过程的效率都非常低，有时几乎为零。

在动力海洋学中，大洋热盐环流的研究是热力学第二定律的一个非常重要的应用。尽管海洋在海面处加热和冷却，但并没有有效的途径将这些热能转化为机械能。这样，如果没有外加的机械能用以克服因摩擦和耗散导致的机械能损失，那么，世界大洋中就不会有强劲的经向翻转环流胞。我们将把这个问题与热盐环流一起并同桑德斯特伦定理（Sandstrom theorem）联系起来进行解释。

在气候、大气和大洋总环流的研究中已经广泛采用了热机的概念。然而，在这些系统中所涉及的机制可能是非常复杂的，它与我们非常熟悉的汽车和飞机等日常生活中的热机有根本差别。

大气是一部热机。如果我们将卡诺公式应用于大气并选取海平面处的平均温度作为源区温度，并把热源取在赤道，那么，$T_1 = 300$ K，同时把高纬度处取为冷源，$T_2 = 200$ K。这样，我们就有 $\varepsilon = 1 - T_2/T_1 = 33\%$。然而，大气热机的实际效率比这个理论上限要低很多。因辐射的总热通量约为 $Q_1 = 238$ W/m^2，而大气热机产生的功率约为 2 W/m^2。这样，大气热机的效率仅有约0.8%。尽管在很多论文和著作中把海洋称为热机，就像我们稍后就要讨论到的，实际上海洋并不是一部热机。相反，它是一部输送热量的机器，而且要由风应力和潮汐耗散产生的外部机械能来驱动。

C. 卡诺热机中的熵平衡

由于一个系统的熵平衡对于理解该系统做的功是至关重要的，因此我们来考察一下该系统的熵流（entropy flux）。在公式（2.24）中，把可逆的热交换所具有的熵流定义为 $d\eta = dq/T$。问题是如何定义一个物体与其环境之间的机械能交换所具有的熵流。

我们从一个理想的卡诺热机之热量和熵的收支开始［如图2.3和图2.4(a)所示］。从状态1到状态2，输入的熵流为

$$d\eta_1 = Q_1/T_1 \tag{2.36}$$

从状态3到状态4，输出的熵流为

$$d\eta_2 = Q_2/T_2 \tag{2.37}$$

然而，对于这部理想热机，我们有

$$Q_2 = Q_1 - W = Q_1 T_2/T_1 \tag{2.38}$$

由此得到

$$d\eta_2 = d\eta_1 \tag{2.39}$$

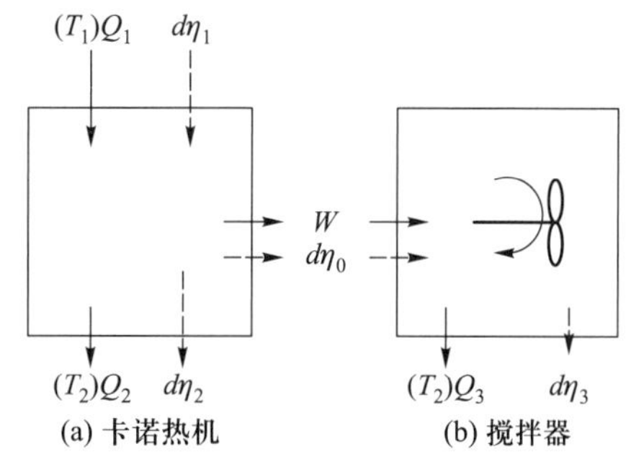

图2.4 （a）理想的卡诺热机和（b）搅拌器中的能量和熵平衡。

在一个理想的卡诺热机中,过程是完全可逆的。因此,应该没有产生熵。其结果是它与环境的机械能交换的熵为零,即 $d\eta_0=0$。

D. 一个搅拌器的熵平衡

为了阐明机械能的交换是零熵的思路,我们来考察一个搅拌器(blender)的熵平衡。该搅拌器接收了从卡诺热机输出的机械能,我们记输入的机械能为 W[图 2.4(b)]。假定,没有热通量输入到该搅拌器,并假定其内部的叶片把所有的机械能转化成热能,还假定伴随熵流的输出,该搅拌器有净的热通量输出

$$Q_3 = W, \quad d\eta_3 = W/T_2 \tag{2.40}$$

因此,在该搅拌器内部,叶片起了熵的内部源(等于 W/T_2)的作用。这样,又出现了上述的情况,对于搅拌器而言,熵平衡要求机械能的外部源应该是一个没有附加熵的实体。

E. 卡诺热机和非卡诺热机的熵平衡

在这些情况中,无论我们为卡诺热机的熵输出指定什么样的符号和量值,它应该与输入该搅拌器的熵源是一致的。因此,一个系统与其环境的机械能交换应该对该系统的熵流没有任何贡献。对上述论证可以做如下理解:如果我们把机械能作为热能的当量,那么该当量的温度将是无限的,这样我们有

$$d\eta_0 = W/T_{\text{等效}} = W/\infty = 0 \tag{2.41}$$

所有与环境进行交换的非热力形式的能量,包括电磁能或化学能,都能等效于机械能,并能用上述同样的方式来处理。

理想卡诺热机的熵平衡是一个理想的循环,如图 2.5 中实线箭头所示。在从状态 1 到状态 2 的等温过程中,热机处于高温,且热量与熵流一起进入该系统(如图 2.5 上部的实线箭头所示)。在从状态 2 到状态 3 的绝热过程中,该过程是可逆的并且没有热通量,因此该系统的熵保持不变。在从状态 3 到状态 4 的等温过程中,热量和熵从热机流向冷源。在理想循环的假设下,在这个阶段中,从热机流出的熵流与从状态 1 到状态 2 的过程中流入的熵流完全相同。在从状态 4 到状态 1 的绝热过程中,该系统的熵保持不变。因此,在整个循环中净熵没有改变。要注意:重要的是从状态 1 到状态 2 的转变所产生的熵增量精确地被从状态 3 到状态 4 的转变所平衡;因此,在该系统及其环境中没有产生净熵。

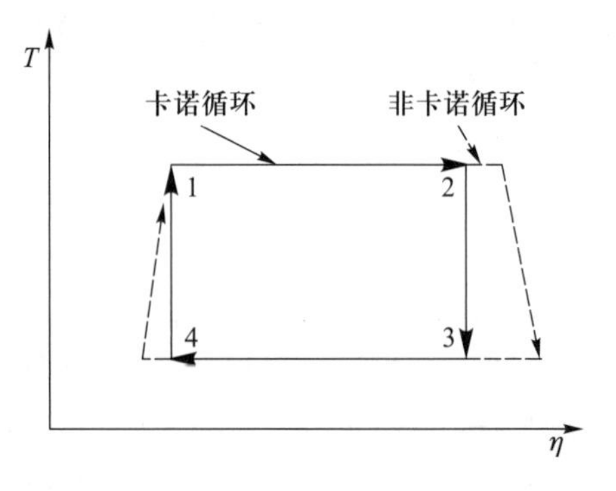

图 2.5 理想卡诺热机和非卡诺热机的熵平衡。

另一方面,如果该热机不是一部理想的热机,那么在循环过程中的每一步都将会随之产生额外的熵。如图 2.5 中虚线箭头所示,该热机的不可逆过程使熵循环不同于实线箭头所示的简单循环。为了使该系统能像理想的卡诺循环那样回到同样的初始状态 1,所产生的熵必须被移到环境中,与从状态 1 到 2 的转变相比,稍长的箭头指明了从状态 3 转变到状态 4 所增加的熵流。结果是,由于这些不可逆过程而使孤立系统(即热机及其环境)的总熵增加。

2.3.5 能量与熵

尽管在物理学中,能量与熵是两个很常见的量,但对它们做一些更细致的考察仍然是值得的。这两个热力学的量紧密相连。根据热力学第一定律,在不同温度下等量的热能之转化量被认为是相等的。然而,根据热力学第二定律,系统与其环境之间的热能交换可以有不同的能质(quality),因此不同温度下量值相等的热通量被认为对系统有不同的效应。实际上,高温的热输送被认为有高能质的能量通量;相反,低温的热输送被认为是低能质的。

能量的能质可以通过如下的假想实验来说明。假设两个理想的卡诺热机是由来自不同温度($T_2 > T_1$)的两个等量热通量的热库所驱动,并被温度为 T_0 的同一冷库所冷却。根据以上讨论,具有较高温度的热通量之热机应该比较低温度的热通量之热机有更高的效率。这两个热机之间的差别是由于它们收到的热通量具有不同的能质造成的。

下面举一个与我们日常生活有关的简单例子。把两盆向日葵放在同样条件下,比如同样的盆土、气温与相同数量的水和肥料,只有光照不同:一盆在阳光下,一盆在荧光灯下。阳光的辐射具有几千度量级的高等效温度。而荧光灯的等效温度则低很多。尽管这两个盆的光能在总量上保持在同一水平,但阳光下的向日葵应该比荧光灯下的向日葵长得好得多,因为它们的光能能质是不同的。

总而言之,可以把熵用做系统之间能量输送的能质指标。作为一个热力学系统,大洋环流应该服从热力学第一定律和第二定律,即能量和熵的平衡对于研究大洋总环流来说,都应该是至关重要的。

2.4 海水的热力学

海水是纯水与许多不同种化学组分的混合物,每一种组分的组分质量(mass fraction)记为 m_i。其他重要的热力学变量有温度、盐度和压强;这些状态变量在本书中记为(T,S,P);动力学分析中的压强将用小写字母 p 表示。

2.4.1 热力学的基本微分关系

可以通过多种方式来建立海水的热力学关系。例如,可以用熵或吉布斯(Gibbs)函数对它们进行定义。我们先从熵出发来引进热力学。然后,我们将利用吉布斯函数来建立海水热力学的统一系统。

A. 多组分系统的基本微分关系

多组分系统(multiple-component system)的热力学可以基于比熵 η 的定义来建立。这个系统另两个关键变量,即温度和比化学势的定义如下

$$\frac{1}{T} = \left(\frac{\partial \eta}{\partial e}\right)_{v,m_i}, \quad \mu_i = -T\left(\frac{\partial \eta}{\partial m_i}\right)_{e,v}, \quad i = 1,2,\cdots,n \tag{2.42}$$

其中,e 为比内能,v 为比容,m_i 和 μ_i 分别是第 i 种组分的海水组分质量和化学势。

在一个可逆的绝热过程中(这表明,这个过程既没有与环境的热交换,也没有熵的变化),比

内能的改变由压强做的功所平衡,即

$$de = -Pdv$$

其中,P 为压强;这个关系可以改写为

$$\left(\frac{\partial e}{\partial v}\right)_{\eta,m_i} = -P \tag{2.43}$$

导出某些热力学关系的方便途径是利用雅可比表达式(Jacobian expression)

$$\frac{\partial(f,g)}{\partial(x,y)} = \frac{\partial f}{\partial x}\frac{\partial g}{\partial y} - \frac{\partial g}{\partial x}\frac{\partial f}{\partial y}$$

例如,将(2.43)式和(2.42)式结合起来就得到

$$\left(\frac{\partial \eta}{\partial v}\right)_{e,m_i} = \frac{\partial(\eta,e)}{\partial(v,e)} = \frac{\partial(\eta,e)}{\partial(\eta,v)}\frac{\partial(\eta,v)}{\partial(v,e)} = -\left(\frac{\partial e}{\partial v}\right)_{\eta,m_i}\left(\frac{\partial \eta}{\partial e}\right)_{v,m_i} = \frac{P}{T} \tag{2.44}$$

利用(2.42)、(2.43)和(2.44)式,比熵满足如下**吉布斯关系**(Gibbs relation)

$$d\eta = \frac{1}{T}de + \frac{P}{T}dv - \sum_{i=1}^{n}\frac{\mu_i}{T}dm_i \tag{2.45}$$

另一个非常有用的热力学函数是**吉布斯函数**

$$g = e + Pv - T\eta \tag{2.46}$$

对(2.46)式微分得到

$$dg = -\eta dT + vdP + \sum_{i=1}^{n}\mu_i dm_i \tag{2.47}$$

由于 T 和 P 是强变量(intensive variable),他们在平衡系统中处处都是均匀的。g 是系统状态的广变量(extensive variable),它应该是组分质量的线性函数。

$$g(T,P,m_j) = \sum_{i=1}^{n}\frac{\partial g}{\partial m_i}dm_i$$ [①]

从(2.46)式,我们得到**欧拉关系**(Euler relation)

$$e + Pv - T\eta = \sum_{i=1}^{n}\mu_i m_i \tag{2.48}$$

对方程(2.48)取导数并把它与方程(2.47)相比较,我们得到了**吉布斯-杜安方程**(Gibbs-Duhem equation)

$$\eta dT - vdP + \sum_{i=1}^{n}m_i d\mu_i = 0 \tag{2.49}$$

B. 作为双组分系统的海水

一般来说,多组分系统的热力学是相当复杂的。不过,对于动力海洋学的研究来说,其中许多方面的复杂问题并非都是实质性的,因此,这就使得对海水的热力学进行简化有了希望。在动力海洋学中,常用的一种处理方法是假设世界大洋中不同化学组分之间的比例是相同的。这样,就可以把海水作为一个由盐和水[②]组成的等效的双组分系统。

---

① 此式的右边是所谓的爱因斯坦求和,此式的另一种写法为 $g(T,P,m_1,m_2,\cdots,m_n) = \sum_{i=1}^{n}\frac{\partial g}{\partial m_i}dm_i$。——译者注

② 这里指的是纯水,下同。——译者注

对于这样一个双组分系统,我们将用下列符号表示海水中盐和水的组分质量

$$m_s = s, m_w = 1 - s \text{ 且 } dm_w = -ds \tag{2.50}$$

常用的盐度表示方式是实用盐度(psu),它以千分率定标(按重量计),即 $S = 1\,000 \times s$;不过,考虑到符号的一致性,本节中我们仍用 s①。这样,(2.48)式和(2.45)式简化为

$$T\eta = e + Pv - (1 - s)\mu_w - s\mu_s \tag{2.51}$$

$$d\eta = \frac{1}{T}de + \frac{P}{T}dv - \frac{\mu_s - \mu_w}{T}ds = \frac{1}{T}de + \frac{P}{T}dv - \frac{\mu}{T}ds \tag{2.52}$$

其中,$\mu = \mu_s - \mu_w$ 是海水的比化学势,μ_s 和 μ_w 分别是海水中盐和水的分化学势(partial chemical potential)。

C. 能量的三种类型

除了内能,还有两个常用的热力学函数:比焓,它定义为

$$h = e + Pv \tag{2.53}$$

和在(2.46)式定义的比自由焓(吉布斯函数)

$$g = e + Pv - T\eta$$

利用(2.50)式,这个关系式简化为

$$g = s\mu_s + (1 - s)\mu_w \tag{2.46'}$$

因此,有三种类型的能量,即比内能 e、比焓 h 和比自由焓 g(吉布斯函数)是常用的。这些能量形式之间的关系及其涵义将在本节末进行讨论。

通过上述方式,我们建立了以比熵为基础的海水热力学。建立海水热力学的另一种方法是从吉布斯函数开始。例如,比熵和比化学势可以利用吉布斯函数定义为

$$\eta = -\left(\frac{\partial g}{\partial T}\right)_{s,P}, \quad \mu = \left(\frac{\partial g}{\partial s}\right)_{T,P} \tag{2.54}$$

按照定义,纯水的比化学势为负无穷大,因此处理起来很繁琐。不过,如同下面将看到的,与动力海洋学问题切实有关的项是海水中对于水的分化学势 μ_w。

假定二阶导数是连续的且偏微分的次序可以交换,那么对(2.54)式交叉微分后就得到如下关系

$$\left(\frac{\partial \mu}{\partial T}\right)_{s,P} = -\left(\frac{\partial \eta}{\partial s}\right)_{T,P}$$

把比熵、比容和盐的组分质量作为自变量,那么从关系式(2.51)、(2.52)和(2.53)就得到如下的微分关系

$$de = Td\eta - Pdv + \mu ds \tag{2.55}$$

$$dh = Td\eta + vdP + \mu ds \tag{2.56}$$

$$dg = -\eta dT + vdP + \mu ds \tag{2.57}$$

① 根据 IOC(政府间海洋学委员会,2009 年 6 月,法国巴黎)和 IAPSO(国际海洋物理科学协会,2009 年 7 月,加拿大蒙特利尔)通过的"The Thermodynamic Equation of Seawater - 2010(TEOS - 10)"的规定,以实用盐标(PSS - 78)定标的实用盐度将由绝对盐度 S_A(Absolute Salinity)替代。S_A 的单位是 g/kg。——译者注

基于以上讨论，我们得到如下**麦克斯韦关系**(Maxwell relations)

$$\eta = -\left(\frac{\partial g}{\partial T}\right)_{P,s}, \quad v = \left(\frac{\partial g}{\partial P}\right)_{T,s}, \quad \mu = \left(\frac{\partial g}{\partial s}\right)_{T,P}, \quad c_p = \left(\frac{\partial h}{\partial T}\right)_{P,s} = T\left(\frac{\partial \eta}{\partial T}\right)_{P,s} \tag{2.58}$$

其中，c_p 为比热容。假定二阶导数是连续的，且偏微分次序可以交换，那么我们得到如下关系

$$\frac{\partial^2 g}{\partial T \partial T} = -\frac{\partial \eta}{\partial T} = -\frac{c_p}{T} \tag{2.59a}$$

$$\frac{\partial^2 g}{\partial T \partial P} = \frac{\partial v}{\partial T} = -\frac{\partial \eta}{\partial P} \tag{2.59b}$$

$$\frac{\partial^2 g}{\partial T \partial s} = -\frac{\partial \eta}{\partial s} = \frac{\partial \mu}{\partial T} \tag{2.59c}$$

$$\frac{\partial^2 g}{\partial P \partial s} = \frac{\partial \mu}{\partial P} = \frac{\partial v}{\partial s} \tag{2.59d}$$

2.4.2 海水热力学函数间的基本关系

A. 比内能

对于双组分系统，比能量由两部分组成，其中每一部分均与其组分质量成正比

$$e = se_s + (1-s)e_w = T\eta - Pv + s\mu_s + (1-s)\mu_w \tag{2.60}$$

海水中盐和纯水的分内能定义为

$$e_s = e + (1-s)\frac{\partial e}{\partial s}, \quad e_w = e - s\frac{\partial e}{\partial s} \tag{2.61}$$

将 T, P, s 作为自变量，我们得到微分形式

$$d\eta = \frac{\partial \eta}{\partial T}dT + \frac{\partial \eta}{\partial P}dP + \frac{\partial \eta}{\partial s}ds \tag{2.62}$$

$$dv = \frac{\partial v}{\partial T}dT + \frac{\partial v}{\partial P}dP + \frac{\partial v}{\partial s}ds \tag{2.63}$$

将这些关系式代入(2.55)式并利用(2.59a)和(2.59c)式得到

$$de = \left(c_p - P\frac{\partial v}{\partial T}\right)dT + \left(T\frac{\partial \eta}{\partial P} - P\frac{\partial v}{\partial P}\right)dP + \left(\mu - T\frac{\partial \mu}{\partial T} - P\frac{\partial v}{\partial s}\right)ds \tag{2.64}$$

B. 比焓

对于一个双组分系统，比焓也包括两部分，其中每一部分正比于各自的组分质量。利用(2.60)式，我们得到如下关系

$$h = sh_s + (1-s)h_w = T\eta + s\mu_s + (1-s)\mu_w \tag{2.65}$$

海水中盐和纯水的比焓定义为

$$h_s = h + (1-s)\frac{\partial h}{\partial s}, \quad h_w = h - s\frac{\partial h}{\partial s}, \quad h_s - h_w = \frac{\partial h}{\partial s} \tag{2.66}$$

微分关系(2.56)式可以改写为

$$dh = T\frac{\partial \eta}{\partial T}dT + \left(v + T\frac{\partial \eta}{\partial P}\right)dP + \left(\mu + T\frac{\partial \eta}{\partial s}\right)ds$$

$$= c_p dT + \left(v - T\frac{\partial v}{\partial T}\right)dP + \left(\mu - T\frac{\partial \mu}{\partial T}\right)ds \tag{2.67}$$

C. 比自由焓(吉布斯函数)

类似地,对于双组分系统,比自由焓方程也包括两部分

$$g = sg_s + (1 - s)g_w = s\mu_s + (1 - s)\mu_w \tag{2.68}$$

海水中盐和纯水的分自由焓定义为

$$g_s = g + (1 - s)\frac{\partial g}{\partial s} = \mu_s \tag{2.69}$$

$$g_w = g - s\frac{\partial g}{\partial s} = \mu_w \tag{2.70}$$

其中分化学势满足如下关系

$$\mu_s - \mu_w = \mu = \frac{\partial g}{\partial s} \tag{2.71}$$

2.4.3 密度、热膨胀系数和盐收缩系数

海水的密度是状态变量的非线性函数

$$\rho = \rho(S,T,P) \tag{2.72}$$

它可以通过通用的标准程序进行计算①。在动力海洋学中,密度经常取为相对于 1 000 kg/m^{3}的偏差,有时称为 σ 单位(kg/m^3)。

暖淡水的密度低,而冷咸水的密度高。在正常的温度范围(-2~30℃)和盐度范围(30~37)内,表层密度的范围为 20~30 kg/m^3[图 2.6(a)]。由于冷水只出现在高纬度地区,那里的盐度一般较低(大多数情况下,低于 35),故表层密度不超过 28 kg/m^3。

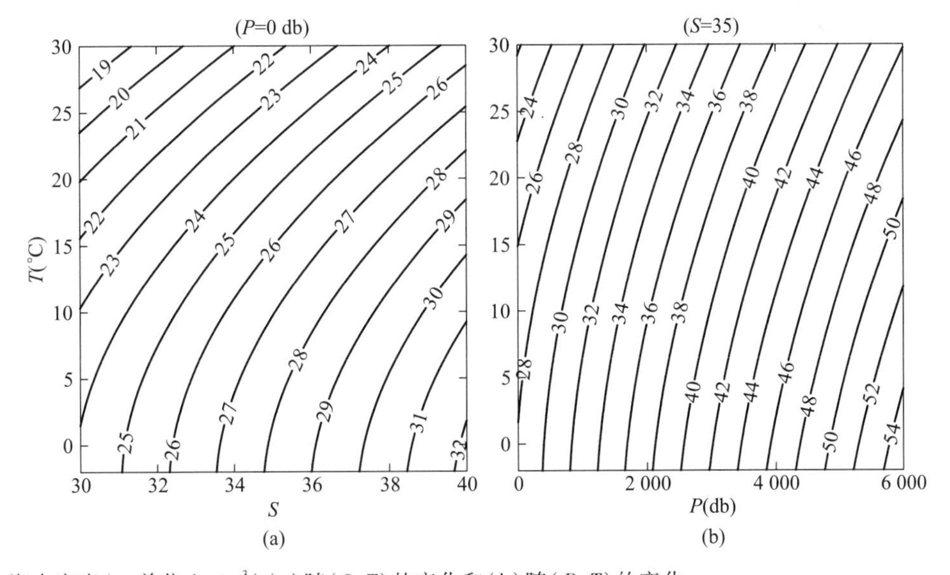

图 2.6 海水密度(ρ,单位 kg/m^3)(a)随(S,T)的变化和(b)随(P,T)的变化。

① "TEOS-10"的标准程序可从下列网站下载:http://www.marine.csiro.au/~jackett/TEOS-10/——译者注

由于水的压缩性,密度随深度而增加。在很深处,密度可以达到很高的值。例如,在6 000 db深处,0℃时的密度约为54 kg/m^3[图2.6(b)]①。不过,在世界大洋中,随深度增加的大部分密度增量在动力学上是惰性的。因此,海洋学中引入了所谓位密,其定义稍后讨论。

密度的变化可以用热膨胀系数和盐收缩系数来描述

$$\alpha = -\frac{1}{\rho}\left(\frac{\partial \rho}{\partial T}\right)_{P,s} \tag{2.73}$$

$$\beta = \frac{1}{\rho}\left(\frac{\partial \rho}{\partial S}\right)_{T,P} \tag{2.74}$$

热膨胀系数随温度和盐度几乎是线性增加的[图2.7(a)]。由于海洋中盐度在一个相当窄的范围(30~37)内变化,故因盐度的改变而导致的热膨胀系数的变化很小。众所周知,淡水在接近冰点时的热膨胀系数非常小,而且可以是负的。热膨胀系数也随着现场压强的增加而增加[图2.7(b)]。这与稍后要讨论的温压效应(thermobaric effect)有关联。

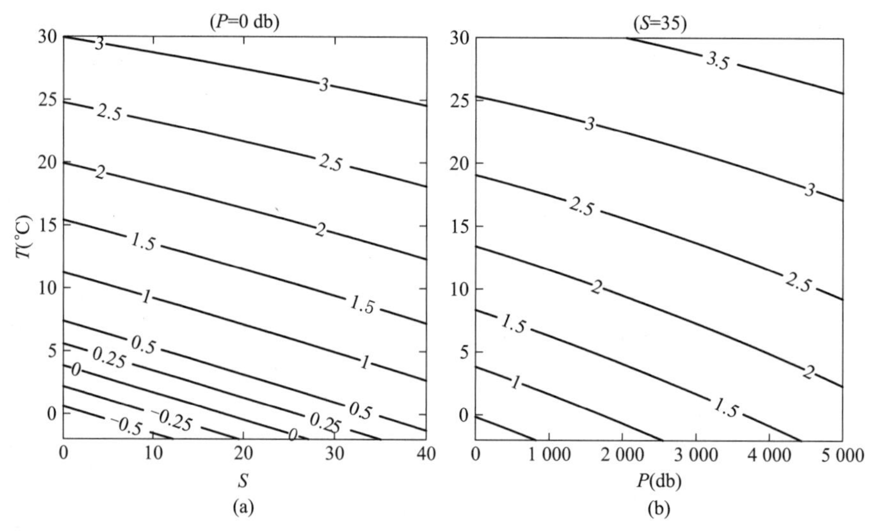

图2.7 热膨胀系数(α,单位:10^{-4}/℃)(a)随(S,T)的变化和(b)随(P,T)的变化。

盐收缩系数随温度、盐度和压强的增加而略有减小(图2.8)。因此,在理论研究中,盐收缩系数可以近似地处理为常量。

2.4.4 比热容

比热容分为两种不同的情况。首先,如果加热/冷却是在定常的压强情况下发生的,那么我们有

$$c_p = \left(\frac{\partial h}{\partial T}\right)_{P,s} = T\left(\frac{\partial \eta}{\partial T}\right)_{P,s} \tag{2.75}$$

这是定压比热容(specific heat capacity under constant pressure)。

其次,如果加热/冷却是在定常的体积情况下发生的,那么我们有

$$c_v = \left(\frac{\partial e}{\partial T}\right)_{v,s} = T\left(\frac{\partial \eta}{\partial T}\right)_{v,s} \tag{2.76}$$

---

① 原著阙如,现补上。——译者注

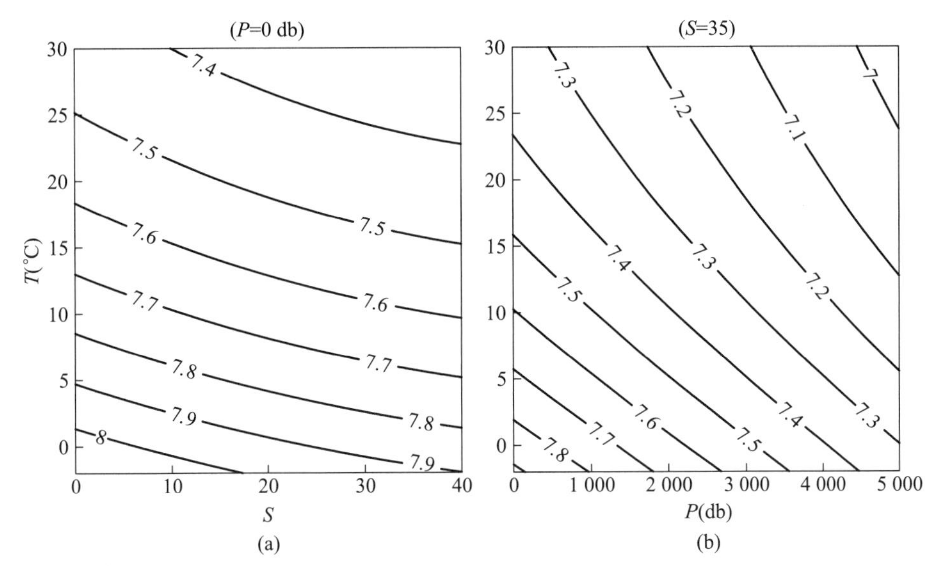

图 2.8 盐收缩系数(β,单位:10^{-4}/psu)(a)随(S,T)的变化和(b)随(P,T)的变化。

这是定容比热容(specific heat capacity with constant volume)。

这两种比热通过如下关系式相关联

$$c_p = c_v + \frac{T\alpha^2}{\rho K_T} \tag{2.77}$$

其中

$$K_T = \frac{1}{\rho}\left(\frac{\partial\rho}{\partial P}\right)_{T,s} \tag{2.78}$$

是流体的等温压缩系数。尽管海水是几乎不可压缩的,然而其密度却是可变的。因此如设比容为常量,就不是一个良好的假定。因此,定压比热容是最常用的。

2.4.5 压缩性与绝热温度梯度

可以用两种方式来定义流体的压缩性(compressibility)。第一种,假定温度在压缩过程中保持不变,于是我们得到了等温压缩系数(compressibility)K_T。第二种,假定流体的熵保持不变,亦即假定该过程是绝热的和可逆的,于是我们得到了等熵压缩系数 K_η。因此

$$K_T = \frac{1}{\rho}\left(\frac{\partial\rho}{\partial P}\right)_{T,s},\text{①}\quad K_\eta = \frac{1}{\rho}\left(\frac{\partial\rho}{\partial P}\right)_{\eta,s} \tag{2.79}$$

压缩性与声波的波速 $c=\sqrt{(\partial P/\partial\rho)_\eta}$ 有密切关系,即

$$\left(\frac{\partial v}{\partial P}\right)_\eta = \frac{\partial(v,\eta)}{\partial(P,\eta)} = \frac{\partial(v,\eta)}{\partial(T,P)}\frac{1}{\partial(P,\eta)/\partial(T,P)} = -\left(\frac{\partial v}{\partial T}\frac{\partial\eta}{\partial P} - \frac{\partial\eta}{\partial T}\frac{\partial v}{\partial P}\right)\frac{1}{\partial\eta/\partial T}$$

或者

$$\left(\frac{\partial v}{\partial P}\right)_\eta = \left[\left(\frac{\partial v}{\partial T}\right)^2 + \frac{c_p}{T}\left(\frac{\partial v}{\partial P}\right)_T\right]\frac{T}{c_p} \tag{2.80}$$

---

① 原著中此式有排印错误,现已改正。—— 译者注

利用(2.77)式,得到这两个压缩性系数之间的一个简单关系式

$$K_{\eta} = \frac{c_v}{c_p} K_T \tag{2.81}$$

由于状态方程的非线性性质,故压缩系数随状态变量而变化。特别是,对于较冷的水,压缩系数较大(图2.9)。因此,在高纬度区形成的冷水可以下沉到海洋底部,因为它比低纬度区形成的暖而咸的水(如地中海的溢流)更加可压缩。海水的这种非线性有非常重要的内涵,这将在5.1.3节中讨论。

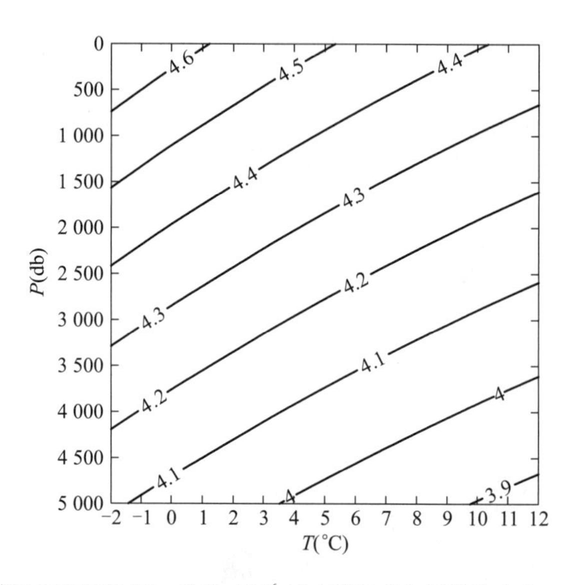

图2.9 $S=35$ 时,海水的等温压缩系数(K_T,单位:10^{-6}/db)随温度和压强的变化。

2.4.6 绝热直减率

绝热的垂向温度梯度 Γ 定义为在可逆的绝热过程中因单位压强改变而产生的温度改变量。根据热力学关系式,Γ 可以利用如下函数进行计算

$$\Gamma = \left(\frac{\partial T}{\partial P}\right)_{\eta} = \frac{\partial(T,\eta)}{\partial(P,\eta)} = \frac{\partial(T,\eta)}{\partial(T,P)} \frac{1}{\partial(P,\eta)/\partial(T,P)} = \frac{T}{c_p}\frac{\partial v}{\partial T} = \frac{\alpha T}{\rho c_p} \tag{2.82}$$

这个量将用于导出位温和位密。对于海水而言,由于这个表达式中的三个变量(T,ρ,c_p)的变化不超过10%,而热膨胀系数 α 可能在大得多的区间内变化,故 Γ 主要由 α 所控制。这里有两种有意义的情况。第一种,如图2.7(a)所示,α 随温度近乎线性地增加,Γ 也随温度的增加而增加[图2.10(a)]。结果,如果两个盐度相同但温度不同的水块绝热地下沉,而且下沉过程中它们与环境没有盐量交换,那么暖水块的升温将比冷水块快得多,这将在稍后进一步讨论。

第二种,对淡水而言,水温接近冰点时 α 为负数。因此,如图2.10(a)所示,相应的绝热递减率(adiabatic lapse rate)为负;这意味着,如果一个接近冰点温度的淡水块在不与环境进行热盐交换的情况下下沉,那么其温度将下降,这与前面讨论过的咸水变暖的情况正相反。

大洋深水处的绝热递减率大于海面处。因为 α 随压强增加而增大,故如图2.7(b)所示,Γ 随压强的增加也略有增大[图2.10(b)]。

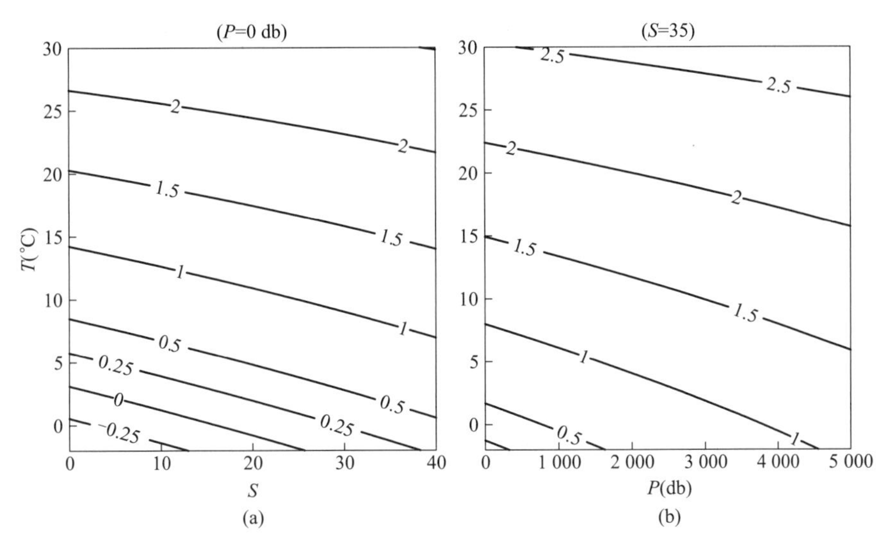

图 2.10 绝热递减率(Γ,单位:10^{-4}℃/db)(a)随(S,T)的变化($P=0$ db)和(b)随(P,T)的变化($S=35$)。

2.4.7 位温

现在让我们来考察下述情况。在盐度不变的情况下,当一个水块在水柱中绝热下移,则由于压缩性而使其温度升高。从方程(2.62)得

$$\delta T = -\frac{\partial\eta/\partial P}{\partial\eta/\partial T}\delta p = \Gamma\delta P \tag{2.83}$$

例如,设 $T=283$ K,$\alpha=1.77\times10^{-4}$/℃,$\delta p=5\ 500$ db,$c_p\simeq4\ 200$ J/kg/K,则 $\delta T\simeq0.64$℃。因此,如果一水块从海面移到 5.5 km 深度(对应的压强变化略大于 5 500 db),其温度约增加 0.64℃。这个温度增量是由可压缩性与接收来自环境的机械能而产生的。因此,对在海洋中绝热移动的水块而言,其现场温度并不是保守量。然而,对于大洋环流研究而言,最理想的是,用某些保守量来标记水块,即其特性应该是不涉及能量交换的。因此,为此目的,引入了位温的概念。

位温已经在物理海洋学中得到广泛应用,它表示一个海水块在垂向运动期间在不包括压缩效应和盐量交换效应的情况下所具有的温度。方程(2.83)可以用于粗略地估计因可压缩性而产生的温度之改变。为了计算精确的温度改变量,应该用精确的状态方程。例如,当海面处盐度为 35、温度为 0℃(10℃)的水块下沉到 5 500 db 深度处(略浅于海平面以下 5.5 km 处)[①],其温度变为 0.461℃(10.821℃)。因此,在水块向下运动的过程中,其温度的增量取决于该水块的温度。事实上,就像这个例子所表明的,冷水的升温小于暖水的升温,这是由于绝热递减率与热膨胀系数之间有这样一种关系(这在前一小节中已经讨论过了)。

位温是由 Helland-Hansen(1912)首先引入和定义的。现在的定义已对原始定义略有修改,即前者明确指定了参考压强。这样,位温 $\Theta(S,T,P,P_r)$ 定义为在盐度不变的情况下把海水水块从初始压强 P 绝热地移动到参考压强 P_r 处的温度

$$\Theta(S_0,T_0,P_0,P_r) = T_0 + \int_{P_0}^{P_r}\Gamma[S_0,\Theta(S_0,T_0,P_0,P),P]dP \tag{2.84}$$

对于海面处盐度 $S=34.85$ 的水块,若 $T=0$℃,则有 $\Gamma=0.035\ 5$℃/1 000 m;如果 $T=20$℃,

① 原著中此句有误,现已更正。——作者注

则 $\Gamma=0.1841$℃/1 000 db；在5 000 db深度处，若 $T=0$℃，那么 $\Gamma=0.118$℃/1 000 db。如同上节中讨论过的，Γ 随着压强的增加而增加，这主要是由于热膨胀系数随着压强的增加而增加。从海面到4 km深度处，典型的绝热温度变化范围约为0.6℃；然而，现场温度的变化范围约为20℃。在4 km以深，绝热温度递减率的振幅与现场温度的垂向梯度是相当的。

为什么 Γ 与真实温度的垂向梯度有如此大的差别？这个差别主要是由于在动力学上不允许出现大尺度的垂向运动造成的；这样，在海洋深层中的水团并不是通过局地的垂向运动得以形成，而是在高纬度区形成并且沿着等密度面向下移动。因此，在中、低纬度区观测到的较大垂向温度梯度是在全球尺度上横向运动的结果。

2.4.8 位密

海水几乎是不可压缩的，尽管如此，其密度仍然可以因压强的改变而有轻微的变化。实际上，一般说来，海洋中的密度随着深度的增加而增加。然而，垂向密度梯度的主要部分是仅由于压强的增加而产生的。在动力海洋学研究中，经常需要识别出其他物理因子（如温度和盐度）的变化所产生的密度变化。这样，就引入了位密的概念，并得到了广泛应用。

位密定义为一个海水块在盐度不变的情况下绝热地从初始压强 P 移动到参考压强 P_r 时的密度。其定义可以写为

$$\sigma(S,T,P,P_r)=\rho[S,\Theta(S,T,P,P_r),P]=\rho(S,\Theta,P) \tag{2.85}$$

已经有广为接受的计算位温和位密的FORTRAN和Matlab程序[①]，因此在实际应用时很容易进行此类计算。图2.11(c)给出了一个简单的例子，图中粗实线表示在常位温情况下所对应的位密廓线；同时，虚线表示在现场温度为常数情况下所对应的位密廓线。

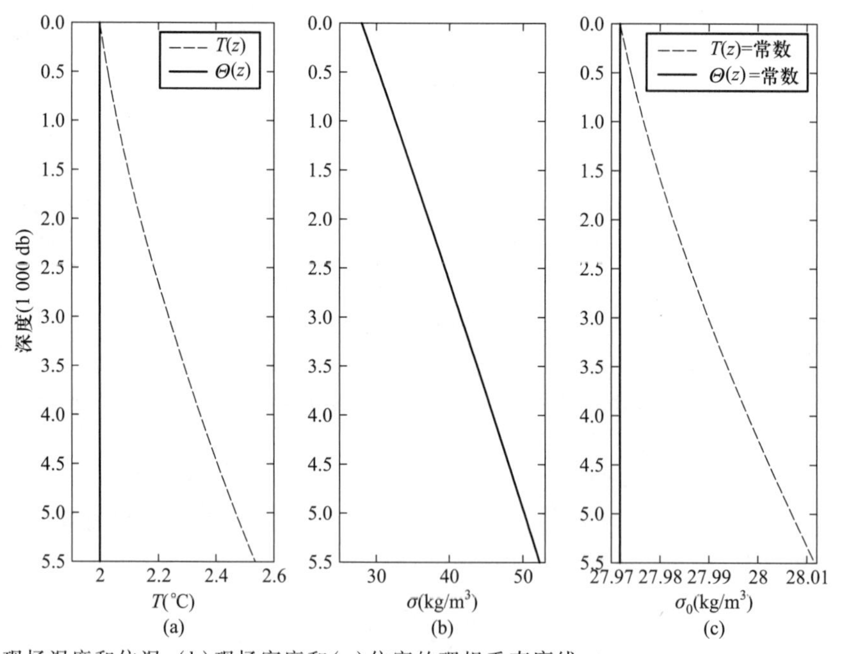

图2.11 (a)现场温度和位温、(b)现场密度和(c)位密的理想垂直廓线。

① 见2.4.3节的译者注。——译者注

位密已经被广泛用于研究水柱的稳定性及其相关问题,例如罗斯贝变形半径(Rossby deformation radius)的定义。最常用的位密以海面为参考面。然而由于海水状态方程是非线性的,故利用这种方式定义的位密(记为 σ_0)所得到的层化,在大西洋可能是不稳定的。例如,沿大西洋 30.5°W 断面的位密 σ_0 的分布(图 2.12)显示,σ_0 在垂向并不是单调变化的。这样一个看似不稳定的层化是虚假的。如果状态方程是线性的,就不会有这类虚假问题出现了。

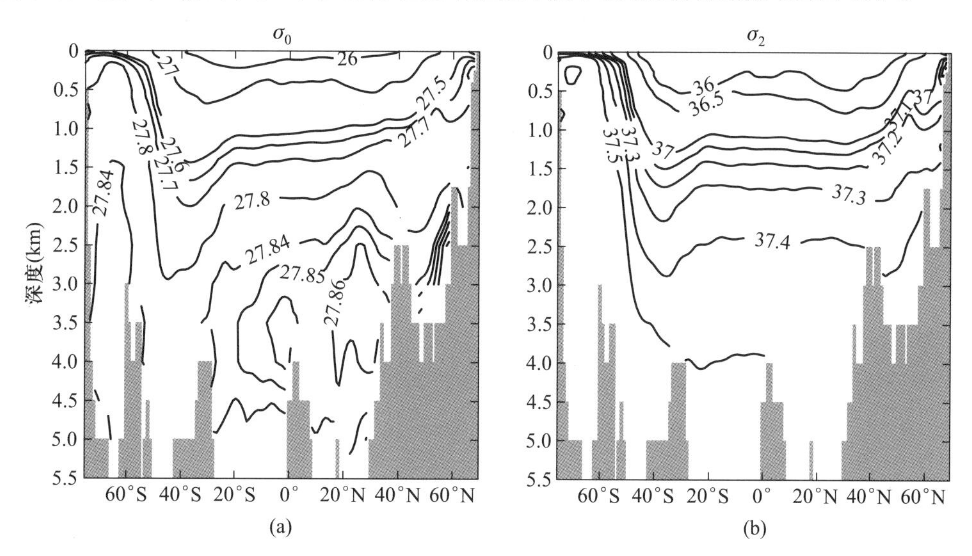

图 2.12　沿 30.5°W 经向断面的位密分布(单位:kg/m³,采用两个不同的参考压力)。

显然,σ_0 的垂向梯度在约 4 km 深度处改变了符号。这样,在此深度范围的水柱看来是重力不稳定的。在 4 ~4.5 km 深度范围内的这段水柱如果被绝热地带到海面将会是不稳定的。因为在绝热的假定下,在海面处,来自 4 km 深处的原始水会变得比在 4.5 km 深处的原始水更重。然而,对于小的扰动而言,在 4 ~4.5 km 深度的这段水柱实际上是相当稳定的。这个看似不稳定状况的唯一问题就是在大洋中不会发生巨大的扰动。事实上,4.5 km 以深的水属于在南极附近形成的大西洋底层水;在 4 km 深处的水属于在格陵兰海/挪威海附近形成的大西洋深层水。

实际上,对于该垂向断面上的小扰动而言,在 4 ~4.5 km 深度范围的水柱是稳定的,而从 σ_0 的垂向梯度推断出来的貌似不稳定的现象,只是由于状态方程的非线性所造成的假象。为了克服这个困难,我们经常采用不同深度处定义的位密。例如,σ_0(或 σ_Θ)用于上层海洋;σ_2(用 2 000 db 作为参考压强,它所对应的现场压强略浅于 2 km 深处的)用于中等深度的环流(mid - depth circulation);σ_4(用 4 000 db 作为参考压强)用于分析深层环流。如果我们要研究发生在一个大的深度区间内的过程,可以利用下一小节中将要讨论的中性面(neutral surface)。

请注意,利用 σ_2 后改进了上述情况,但是在海底附近还会引起一些小问题;因此,对于深渊环流,用 σ_4 会更好。依靠选择单一参考压强的简单方式似乎无法适用于海洋的整个深度区间,这是基于密度坐标系的海洋总环流模式必须解决的技术难题。为了避免这种虚假不稳定性带来的潜在问题,常用的 MICOM(Miami Isopycnal Coordinate Ocean Model)模式选择了 σ_2 作为一种折中方案。

利用位温,我们可以对因压强和位温的改变所产生的密度变化进行比较。正如我们前面已经看到的,在 4 km 以浅的上层中,绝热温度的变化区间约为 0.6℃,由此造成的相应的密度之改变量约为 0.10 kg/m^3。对于相同的深度变化区间，密度从 27 kg/m^3 增加到 45 kg/m^3，即增加了 18 kg/m^3。因此，海洋中大部分的垂向密度变化是由于压强的改变。这部分的密度变化在动力学上是惰性的，它仅维持了水柱的稳定。这是位密之所以在海洋环流研究中得到广泛应用的一个重要原因。

作为一个例子，我们来考察海面处 2℃ 水温的水块。如果在这个水块向下移动的过程中，它与环境没有热量和盐量的交换，那么其位温保持常数。然而，其现场温度则随压强的增加而升高，如图 2.11(a) 中的虚线所示。现场密度也增加了[图 2.11(b)]；就像前面已解释过的，这一密度的增加是由于海水的可压缩性造成的。因此，正如图 2.11(c) 的实线所示，相应的位密并没变。然而，如果现场温度在垂直方向上为常量，$T \equiv 2℃$，那么相应的位密将随深度的增加而增大[如图 2.11(c) 中的虚线所示]。

2.4.9 温压效应

为了把由温度和压强所产生的密度改变之效应分离出来，在本小节中，我们把水的密度定义为位温、盐度和压强的函数。因为仅有压强的变化就可以使密度改变，这样，在讨论温压效应时，用位温代替温度就更方便了。相应地，常用的热膨胀系数定义为 $\alpha = -\frac{1}{\rho}(\partial\rho/\partial\Theta)_{P,S}$①。在一阶近似下，海水密度与 Θ, S, P 的变化成正比；利用泰勒展开，我们有

$$\frac{\rho}{\rho_0} - 1 = -\alpha\delta\Theta + \beta\delta S + \gamma\delta P + \frac{\partial^2\rho}{\partial\Theta\partial P}\delta\Theta\delta P + \cdots \tag{2.86}$$

其中，$\gamma = K_\eta$。右边的二阶项就是所谓的**温压效应**，即由于温度和压强的共同作用而导致的密度改变。由于(2.86)式中二阶项的贡献，故压强增大时 α 增大。这个问题将在下面讨论。

作为一个例子，图 2.13 给出了在绝热压缩的条件下两个水块之比容的改变和比内能的改变。容易看出冷水的可压性更大，因此，与暖水块相比，冷水块的内能随压强的增加也更快地增加。

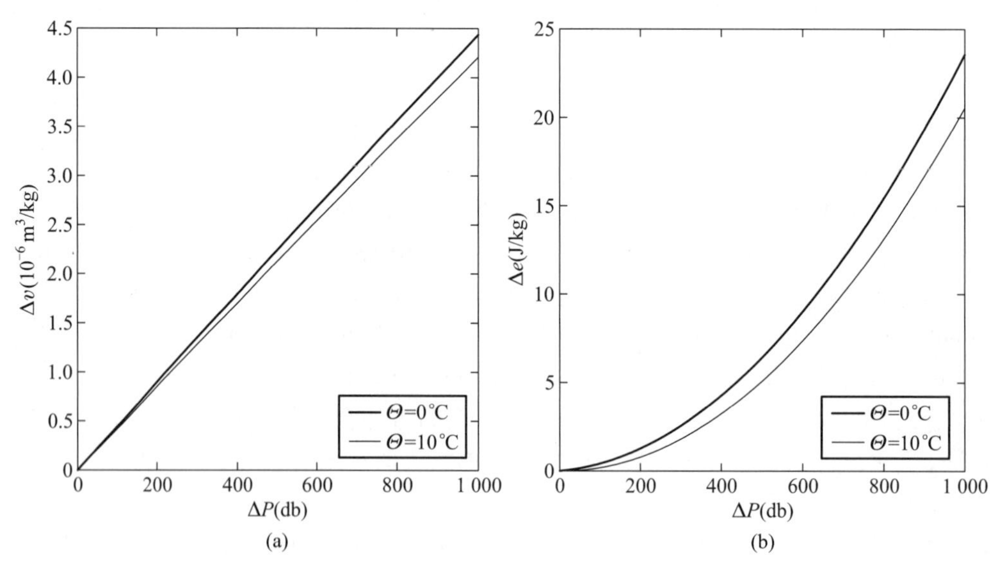

图 2.13 (a)比容和(b)内能随位温和压强的改变。

① 原著有误，现已更正。——作者注

通过图 2.14 给出的两个例子,可以对压缩率 γ 和热膨胀系数 α 的不同特性做出极佳的说明。从定义

$$\gamma = \frac{\partial(\ln\rho)}{\partial P}, \quad \alpha = -\frac{\partial(\ln\rho)}{\partial \Theta}$$

我们得到

$$\frac{\partial\gamma}{\partial\Theta} = -\frac{\partial\alpha}{\partial P} \tag{2.87}$$

众所周知,α 在低温时非常小。例如,在 $\Theta = 0℃$ 且 $S = 35$ 时,$\alpha \simeq 0.5 \times 10^{-4}/℃$。随着 T 的增加,α 几乎线性地增加(图 2.14)。事实上,当水温接近冰点温度时,热膨胀系数非常小;对于高纬度区的海洋学来说,这个事实有着至关重要的动力学内涵。由于盐收缩系数 β 几乎为常量,因此,非常小的 α 意味着,盐度是调节高纬度区海洋层化和流动的支配因子。

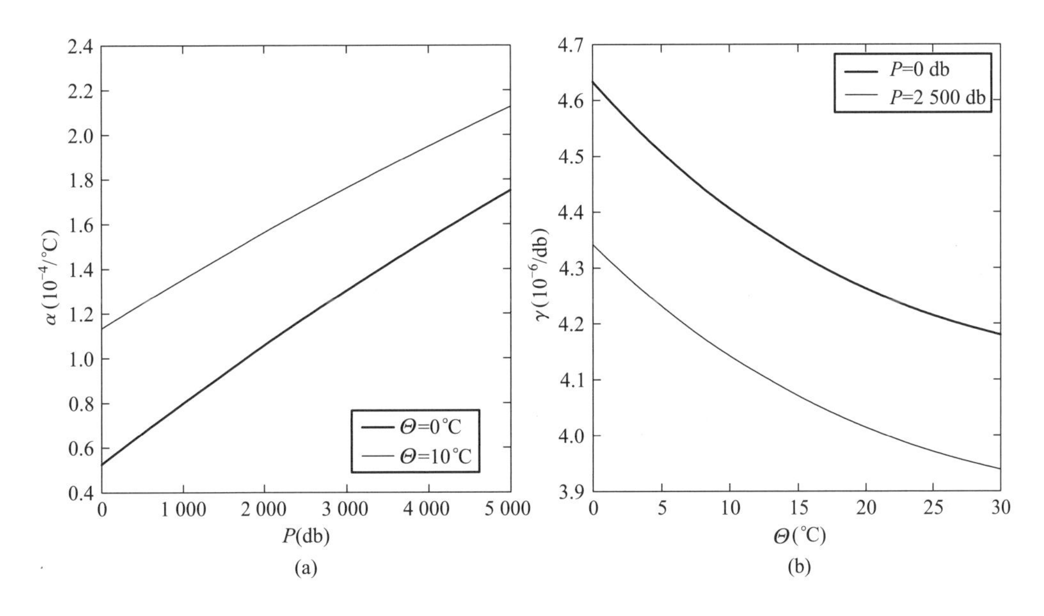

图 2.14 $S = 35$ 的两个水块的(a)热膨胀系数(α,单位:$10^{-4}/℃$)随压强的变化和(b)压缩系数(γ,单位:$10^{-6}/\text{db}$)随温度的变化。

另一个关键事实是,α 随着压强的增加而增加,即 $\partial\alpha/\partial P > 0$[图 2.14(a)和图 2.15(a)]。根据(2.87)式,这与 $\partial\gamma/\partial\Theta < 0$ 的事实是一致的[图 2.14(b)]。此外,导数 $\partial\alpha/\partial\Theta$ 随压强和温度的增加而减小[图 2.15(b)]。这样,冷水比暖水更可压,即所谓的温压效应。尽管在大部分的世界大洋中,海面温度是相对暖的,但次表层和深层大洋的水还是相当冷的。实际上,世界大洋大部分区域的水温都在 5℃ 以下;因此,在图 2.15 中,只有这部分曲线与中层和深层的环流密切相关。这是海水的一个非常重要的物理特性,我们将在后面把它与深层水的形成和环流结合起来进行详细讨论。

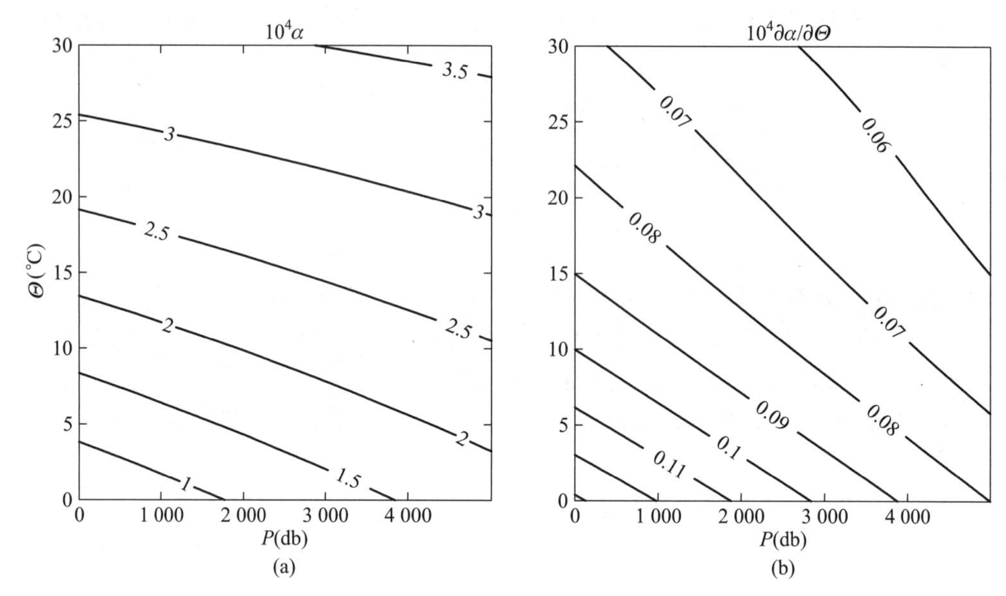

图 2.15 $S=35$ 时,热膨胀系数(a)及其导数(b)随位温和压强的变化。

2.4.10 混合增密

当两个质量相同但温度和盐度不同的水块混合在一起时,新生成的水块密度可以大于两个原始水块的平均密度①。结果,新生成的水块就会下沉。在海洋学中,这个过程称为混合增密(cabbeling),它是海水状态方程的非线性造成的,特别是因热膨胀系数随温度的升高而增大造成的。

作为实例,假设两个体积和密度($\sigma_0=26\ \mathrm{kg/m^3}$)都相同的水块 A 和 B 发生混合,那么新生水块的温度和盐度应该为两个原始水块的平均值。这样,在 $T-S$ 图(图 2.16)上用点 C 表示。

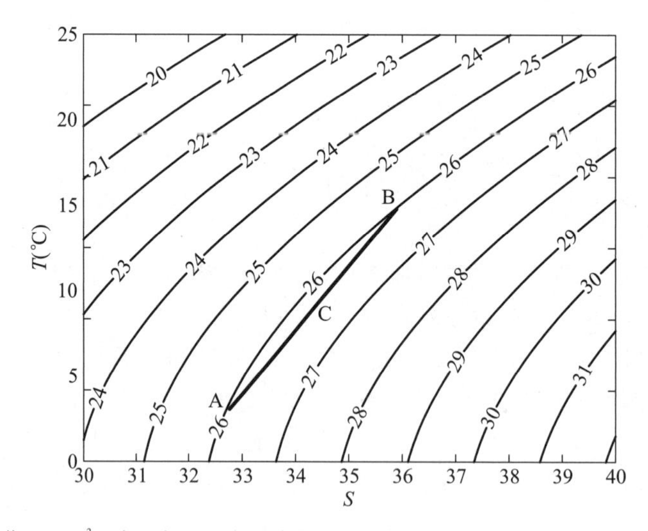

图 2.16 海面密度(单位:$\mathrm{kg/m^3}$)随温度和盐度的变化。

① 以下删除了原文中不必要的重复句子。——译者注

显然,水块 C 比水块 A 和水块 B 更重,所以它会下沉到该密度层以下的海洋中。混合增密对于下沉到大洋深层的高密度水之形成起到了重要作用,并且它与北大西洋深层水(NADW)和南极底层水(AABW)的形成密切相关。

2.4.11 中性面和中性密度

为了解决位密带来的上述问题,我们可以用局地压强作为参考压强来定义位密 σ_r,其中下标 r 表示局地参考压强 r。因此,把所谓的中性面之法线方向定义在 $-\alpha\nabla\Theta+\beta\nabla S$ 的方向上,其中 α 和 β 分别是热膨胀系数和盐收缩系数。如果我们能够构造出一种面,其切线方向在世界大洋中处处都垂直于 $-\alpha\nabla\Theta+\beta\nabla S$,那么这种面就是所谓的中性面。不幸的是,这样的一种面却是一个螺旋形面;这意味着从单个站位(x,y)的深度 z 处出发并环绕海盆移动的轨迹,即使到达了同一个站位(x,y),也不可能回到同一深度。一般而言,起点深度和终点深度之间的差异很小,只有几米的量级。尽管如此,这种螺旋性(helicity)使得海洋中精确定义中性面便成为不可能的了。

为了解决这个问题,Jackett 和 McDougall(1997)发展了一个算法。对于世界大洋中任何给定的位置,只要有现场观测的温度、盐度和压强,该算法就给出了对应的中性密度变量 γ^n。用这个方法定义的面是近似中性的,它与大洋中任一处的理想中性面的差异在几十米以内[①]。

2.4.12 涩性

海水的热力学状态可由三个变量(即温度或位温、盐度和压强)来决定,因此在等密度面上绘制位温与盐度的分布曲线就变得多余了。实际上,等密度面上的位温与盐度并不是互相独立的。这样,为了更简明地表示等密度面上的热力学特性,需要有另一个"垂直于(perpendicular)"或"正交于(orthogonal)"密度的热力学函数。这个热力学变量被称为"涩性(spiciness)"(Munk,1981)。由于在海洋学中引入了涩性这个概念,现已把它用于研究双扩散和海洋中其他过程。

迄今已有许多不同的方法来定义这样一个热力学函数。定义涩性时,可以施加一个尺度不变的约束(scale-invariant constraint),它要求在(Θ,S)空间的任一点处,等密度面的斜度与涩性的等值线相等且符号相反(图 2.17)。涩性可以用如下多项式(Flament,2002)

$$\pi(\Theta,S)=\sum_{i=0}^{5}\sum_{j=0}^{4}b_{ij}\Theta^{i}(S-35)^{j} \tag{2.88}$$

---

① 所谓中性密度面,其浮力实际上应该是中性的,同时,在中性密度面上,运动水块的现场密度也应该永远与其原先位于海面时的现场密度相同,但这两点没有得到严格的证明。此外,如果我们来考察沿着侧向混合发生的方向和强度,那么,就可以使用局地位密面的切面。实际上,该面与所谓的中性密度面相同。同时,按照所谓的中性密度面的基本定义,"沿着中性密度面位移的水块与其周围的水有相同的密度"(Nycander,2011)。然而,深入分析表明,沿着这种中性密度面运动的水块与其周围的海水是完全混合的,这是水块混合的一种极端情况。另一种极端情况是,假定水块的运动是绝热的、等熵的,且其盐度没有任何变化,那么当水块沿着这种绝热密度面运动时,它与周围海水就没有任何混合。这种面可称之为绝热密度面。事实上,在海洋中,运动水块/水团的混合则介于两者之间,因此严格说来,所谓中性面并不存在。——译者注

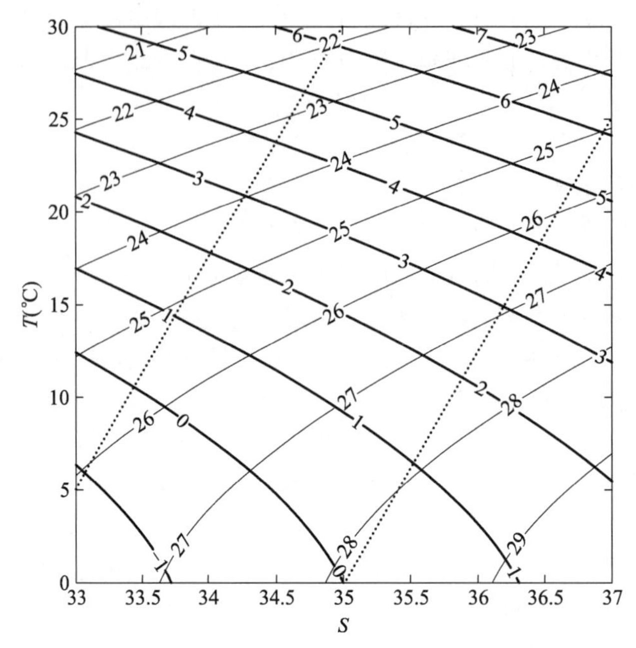

图 2.17 海面上的等密度线(细线)和涩性等值线(粗线);点线表示最小二乘拟合的最小误差区间[单位:kg/m^3,根据 Flament(2002)重绘]。

来定义,其中 b_{ij}是通过对上述约束进行最小二乘拟合得到的系数①。

2.4.13 静力稳定性与布伦特-维萨拉频率

假定位于 z 处的一水块被移动到了略高一些的 $z+\zeta$ 处。其密度可能与新环境的不同。这样一个初始扰动是否稳定取决于海水特性的垂向分布。我们假定,过程是绝热的、可逆的,则在新位置上该水块的新密度将为

$$\rho' = \rho + (\partial\rho/\partial z)_{\eta,S}\zeta \tag{2.89}$$

其中,$(\partial\rho/\partial z)_{\eta,S}$表示在熵和盐度为常量的假定下,密度的垂向梯度。

新环境的密度为 $\rho_{环境} = \rho + d\rho/dz \cdot \zeta$。因此,作用于水块上的浮力为

$$(g/\rho)(\rho_{环境} - \rho') = (g/\rho)[d\rho/dz - (\partial\rho/\partial z)_{\eta,S}] \cdot \zeta \tag{2.90}$$

其中,g 为重力。

如果水块重于其环境,那么浮力是负的,这样,该水块在浮力作用下被推回到它的初始位置。由于惯性,水块可能会超过其初始位置。这样,小的扰动可能以稳定振荡的形式存在。在大多数的情况下,海洋中观测到的水柱是稳定层化的。对应的振荡频率称为浮性频率(buoyancy

① 事实上,涩性(spiciness)的这种定义还需要另外两个参量。第一个是参考压强面(reference pressure level),一般把 $P=0$ 选为基准面。第二个是涩性算式中的任意常量。Flament(2002)在(Θ,S)图解中,选取 $\Theta=0°$ 和 $S=35$ 作为涩性的零点。但用这种方式选取涩性的参考值,却很不方便,因为当水团的水温略高于零度时,涩性为正值。然而在海面处,这种水根本不暖和。为此,本书作者提出了新的热力学变量,即涩度(spicity)。涩度定义在(T,S)空间中,它满足两个条件:第一,涩度的等值线与密度的等值线正交;第二;在垂直方向上,用等压面把大洋分成许多层,并且在每一个给定的参考等压面上,对应于该层的平均盐度和平均温度的涩度为零。因此,如果水块的涩度是正的(负的),那就表明该水块相对于参考水块是暖而咸(冷而淡)的(详见:Huang,R. X. ,2011,Defining the spicity. *J. Mar. Res.* ,69(4-6):545-559)。——译者注

frequency)或布伦特－维萨拉频率(Brunt－Väisälä frequency)

$$N^2 = -(g/\rho)[d\rho/dz - (\partial\rho/\partial z)_{\eta,S}] \tag{2.91}$$

由于

$$(\partial\rho/\partial z)_{\eta,S} = (\partial\rho/\partial P)_{\eta,S} \cdot \partial P/\partial z \tag{2.92}$$

其中,$(\partial\rho/\partial P)_{\eta,S} = 1/c^2$($c$ 为声速);静力学平衡给出$\partial P/\partial z = -\rho g$。因此,浮性频率简化为

$$N^2 = -\frac{g}{\rho}\frac{d\rho}{dz} - \frac{g^2}{c^2} \tag{2.93}$$

2.4.14 基于吉布斯函数的海水热力学

由于海水的非线性特性,许多海水热力学的量不得不通过实验测量才能确定,另一些量则需要通过不同的热力学关系式引入。由于采用的测量方法和公式不同,因此,用不同方式计算出来的热力学量就会产生某些不一致。为了解决这一问题,Fofonoff(1962)建议利用吉布斯函数来规定一组统一的公式,因而所有其他的热力学变量就能通过吉布斯函数及其导数的组合来定义。大约三十年之后,他的这个想法由 Feistel(1993,2003)以及 Feistel 和 Hagen(1995)实现了。他们通过最小二乘方法,对已有的所有海水热力学特性变量进行拟合,把吉布斯函数表示为含有 100 个双精度系数的(T,S,P)之幂级数。由于所有热力学函数都是从同一组多项式导出的,故在其误差范围内,计算出来的热力学变量都是自洽的。这个算法现在有了 FORTRAN 和 Matlab 程序①(Feistel,2005);这样,通过采用标准函数,就可以计算所有的热力学特性量,例如密度、比热、比焓、比熵。表 2.5 列出了通过吉布斯函数来定义的一些最常用的热力学函数。其中 s 表示盐的组分质量,因为它是为引入热力学函数所采用的记号。

2.4.15 海水的熵

尽管熵是海水的基本热力学变量之一,但它在物理海洋学的描述和理论研究中却没能得到广泛的应用。这是由于过去没有可靠的公式用来计算海水熵,因此,过去有关熵的研究可以说是凤毛麟角。由于 Feistel 及其同事的近期工作(例如,Feistel,1993,2003),这个情况已经有了相当大的改变。采用基于吉布斯函数的标准子程序,现在所有的热力学函数(特别是熵)都可以计算了。

根据这些公式②,熵与温度几乎呈线性关系,且它随盐度的增加而略有增加[图 2.18(a)]。实际上,线性方程 $\eta = c_1 T + c_2$ 与标准子程序的精确计算相比,误差在 1.5% 之内[如图 2.18(b)中的细线所示]。再进一步,方程 $\eta = d_1 \ln T + d_2$ 与精确值的误差小于 0.1%[如图 2.18(b)中的粗线所示]。因此,等熵分析非常接近于在位温面上的分析,并且在海洋学中采用等熵坐标非常接近于把位温作为垂向坐标。目前已有人用等熵分析进行了一些初步研究,例如 Gan 等(2007)。

---

① 即 2.4.3 节中的"TEOS－10"标准程序。——译者注

② 即表 2.5 中的公式。——译者注

表 2.5 利用吉布斯函数定义的热力学函数/变量

热力学函数	基于吉布斯函数的公式
比焓(热含量)	$h = g - T\frac{\partial g}{\partial T}$
比自由能(赫尔姆霍茨自由能,可用的功)	$f = g - P\frac{\partial g}{\partial P}$
比内能	$e = g - T\frac{\partial g}{\partial T} - P\frac{\partial g}{\partial P}$
比化学势	$\mu = \frac{\partial g}{\partial s}$
海水中纯水的比化学势	$\mu_w = g - \mu \cdot s$
海水中盐的比化学势	$\mu_s = \mu - \mu_w$
比熵	$\eta = -\frac{\partial g}{\partial T}$
比容	$v = \frac{\partial g}{\partial P}$
比热容(定压)	$c_p = \left(\frac{\partial h}{\partial T}\right)_{p,s} = -T\frac{\partial^2 g}{\partial T^2}$
盐收缩系数	$\beta = \frac{1}{\rho}\left(\frac{\partial \rho}{\partial s}\right)_{P,T} = -\frac{1}{v}\frac{\partial^2 g}{\partial s \partial P}$
热膨胀系数	$\alpha = -\frac{1}{\rho}\left(\frac{\partial \rho}{\partial T}\right)_{P,s} = \frac{1}{v}\frac{\partial^2 g}{\partial T \partial P}$
等温压缩系数	$K_T = \frac{1}{\rho}\left(\frac{\partial \rho}{\partial P}\right)_{T,s} = -\frac{1}{v}\frac{\partial^2 g}{\partial P^2}$
声速①	$c^2 = v^2 \frac{\partial^2 g}{\partial T^2}\left(\frac{\partial^2 g}{\partial T \partial P} - \frac{\partial^2 g}{\partial T^2}\frac{\partial^2 g}{\partial P^2}\right)^{-1}$
绝热递减率②	$\Gamma = -\frac{\partial^2 g}{\partial T \partial P} \Big/ \frac{\partial^2 g}{\partial T^2}$
垂向稳定性(布伦特-维萨拉频率)③	

①② 原著中公式有误,现已更正。——作者注

③ 原著有误。垂向稳定性不能定义为单个点上吉布斯函数的函数。——作者注

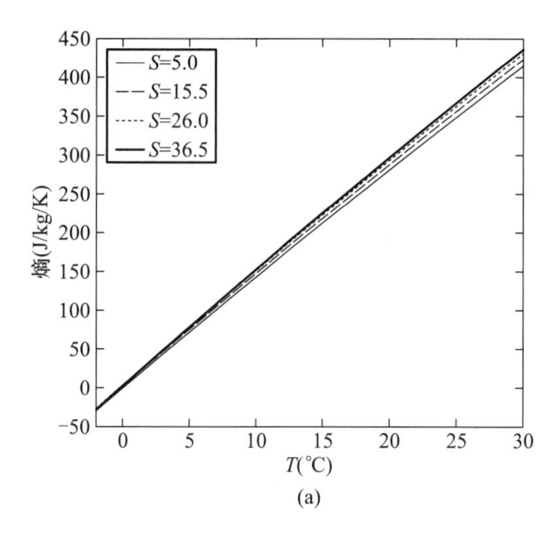

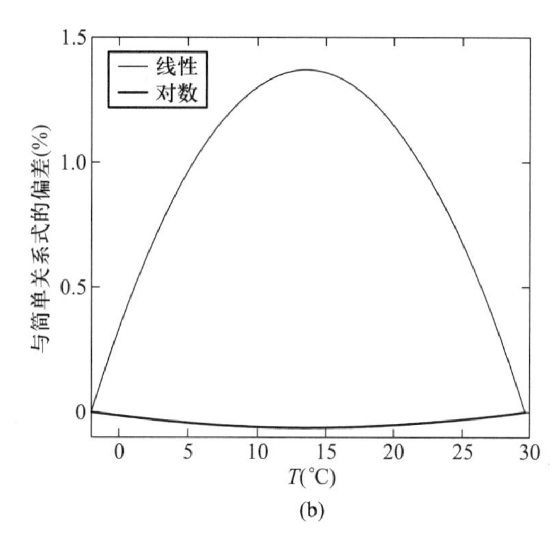

图 2.18 (a)在一个标准大气压下的熵作为温度(T)和盐度(S)的函数;(b)熵与简单线性函数和对数函数的偏差[定义为在此范围内它所占最大熵值(425 J/kg/K)的百分数]。

2.4.16 内能、焓与自由焓的关系

对于物理海洋学研究而言,有三种形式的能量可以用于探索不同条件下环流的物理学:

A. 比内能 e

这种形式的能量可以用于定容系统,因此,压强做的功与环境没有交换。

B. 比焓 h

这种形式的能量在流体运动的研究中起到极其重要的作用,因为在这里它把压强通过体积改变所做的功作为系统与环境之间能量转移的一部分而包括在内。

C. 比自由焓(吉布斯函数)g

正如该名称所提示的,该函数表示系统中的部分焓是自由的或可用的。另一个函数为比自由能,定义为 $f=g-Pv$;不过,对于包含水体运动的问题,比自由焓是最适合于描述海洋环流热力学的函数。

广义言之,自由焓直接与可转变为机械能的总能量相关联。例如,如果一个系统的焓增加了,这并不意味着该系统能够产生更多的机械功。实际上,如果一个系统的焓和熵都增加了,那么该系统的自由焓可以因熵的大量增加而下降。结果,使该系统产生机械能的能力减小了。

焓与内能的差异在于 Pv 项,一般说来它是相当小的。在海平面处,因为海面气压等于一个大气压,故该项是非常小的,即 $Pv \simeq 100$ J/kg。结果,内能和焓实质上是相等的。我们已经知道,内能和焓都随温度的增加几乎线性地增加的(图 2.19)。前面已讨论过,随着温度的增加,熵也几乎线性地增加。另一方面,自由焓则随温度的增加而减少。这个事实表明,内能或者焓的增加并不一定意味着该系统有更多可用的或“自由的”能量。自由焓随温度的增加而减少是由于熵的迅速增加。在压强对焓有相当大贡献的深渊层,焓远大于内能[图 2.19(b)]。

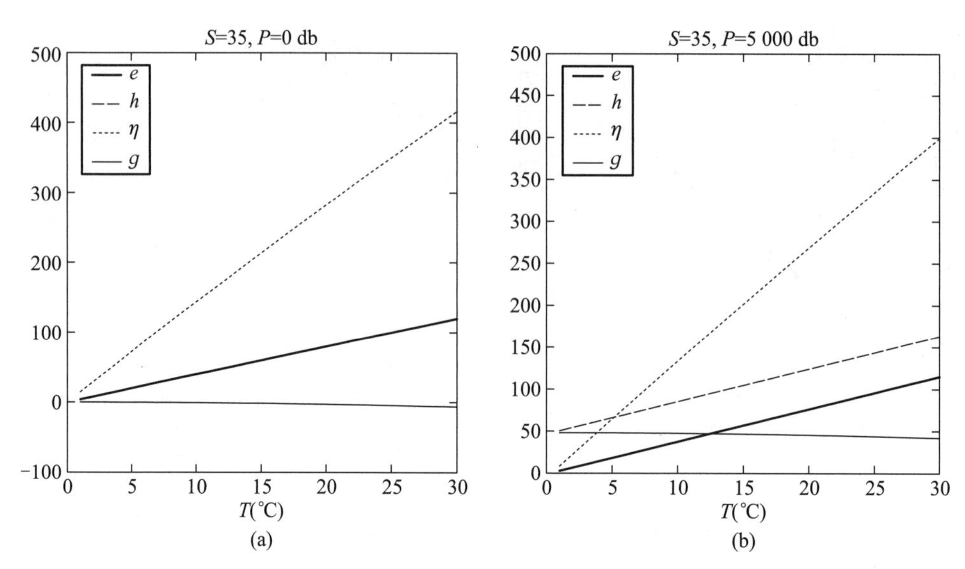

图 2.19 内能(e)、焓(h)、自由焓(g)(它们的单位均为 kJ/kg)和熵(η,单位:J/kg/K)随温度的变化。

海洋中不同形式能量的量值对盐度的变化也很敏感(图 2.20)。从图 2.20(a)不难看出,内能、焓和熵是盐度的凸函数,亦即$\partial^2 e/\partial S^2<0$、$\partial^2 h/\partial S^2<0$ 且$\partial^2 \eta/\partial S^2<0$。另一方面,自由焓是盐度的凹函数,即$\partial^2 g/\partial S^2>0$。这些热力学特征一般说来是正确的;然而,在较高温时这些特征就不显著了[图 2.20(b)]。正如后面会看到的,这些热力学函数的特点对于混合有重要的意义。

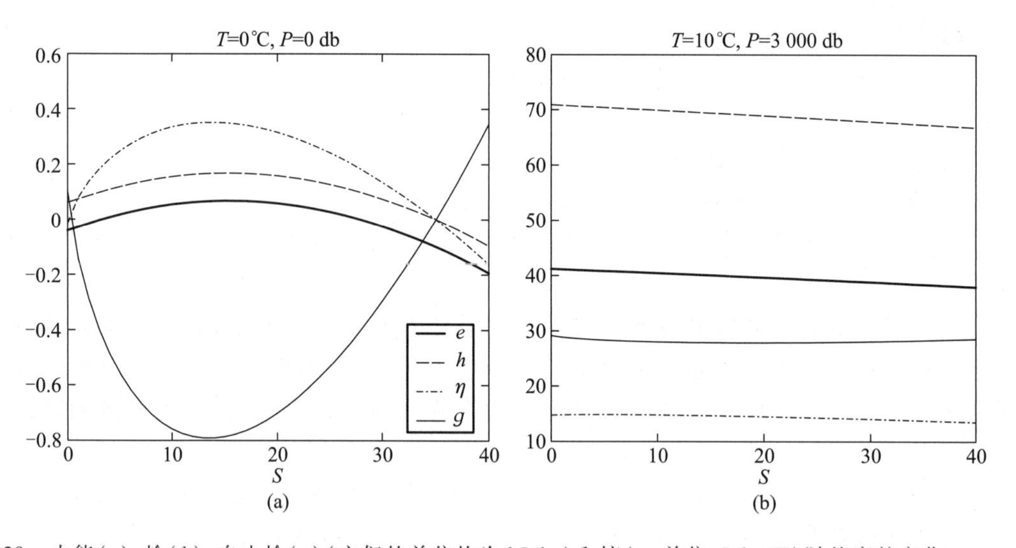

图 2.20 内能(e)、焓(h)、自由焓(g)(它们的单位均为 kJ/kg)和熵(η,单位:J/kg/K)随盐度的变化。

尽管在海面处内能与焓的差异是可以忽略的,但这种差异会随深度的增加而增大。事实上,在温度为常量时,Pv 项的值从海面处的 100 J/kg 左右增大到3 000 db 层的 30 000 J/kg 左右[图 2.20(b)]。由于低温时熵的贡献很小,故焓和自由焓都随压强的增加而增大。另一方面,在温度较高时,由于熵的高值带来的负贡献,自由焓要远小于焓(图 2.21)。

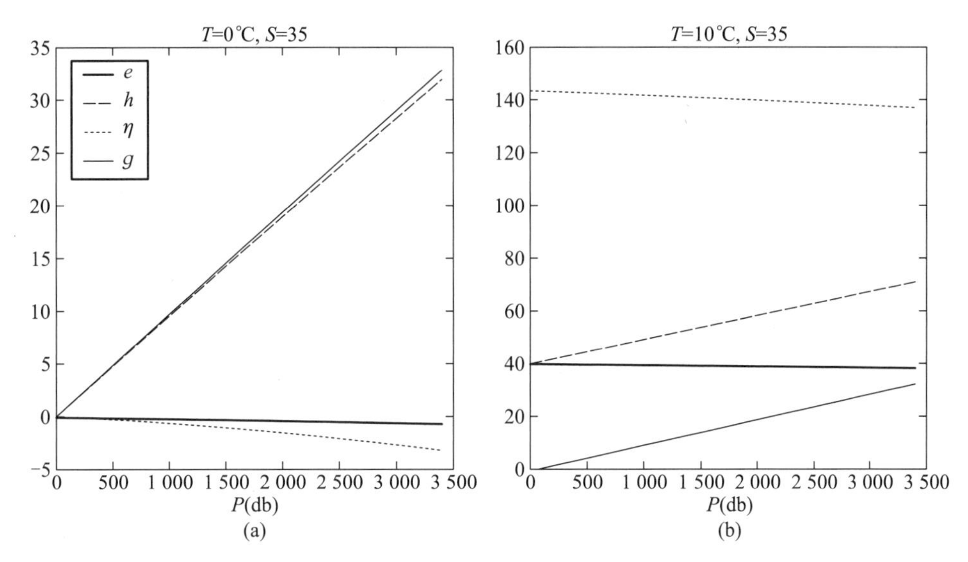

图 2.21 内能(e)、焓(h)、自由焓(g)(它们的单位均为 kJ/kg)和熵(η,单位:J/kg/K)随压强的变化。

再给一个例子,我们来考察两个海水块由于混合而带来的各种形式能量的改变。假设我们有两个温度(10℃)与压强都相同(海平面压强)的水块,其中每一个均含有 1 kg 海水,其盐度分别是 25 和 35。现在令这两个水块在固定温度(10℃)与压强(海平面压强)的条件下混合。最后的产品是一个盐度为 30 的 2 kg 水块。对于盐度为 25、30 和 35 的海水,其特性量列于表 2.6 中。

表 2.6 混合之后海水热力学特性量的改变

	水块特性			Δ
水块	1	2	3	
S	25	30	35	
e(J/kg)	40 487	40 141	39 781	15.044 2
h(J/kg)	40 586	40 240	39 879	15.041 9
η(J/kg/K)	147.889 6	145.772 6	143.387 9	0.267 8
g(J/kg)	−1 288.8	−1 035.4	−7 211	−60.781 4
v(10^{-3} m³/kg)	0.981 2	0.977 5	0.973 8	−0.000 022 87

注:最终状态与初始状态之差定义为 $\Delta = 2f_2 - f_1 - f_3$,其中 f 为根据 Feistel(2003)公式计算的海水热力学特性量。

如前所述,内能、焓和熵是盐度的凸函数。因此,混合后内能、焓和熵的最终值要大于它们的初始值之平均值。另一方面,自由焓是盐度的凹函数。结果,混合后自由焓的总值小于其初始值之和。自由焓的这个特征提示,尽管混合后系统的内能和焓都增加了,但该系统却几乎没有可用的能量。这是由于混合后熵的增加超过了焓的增加,由此导致自由焓减少。

在这种情况下,由于体积的减小,该系统实际上从环境中得到了机械功。混合后内能和焓均增加的事实表明,该系统也必须从环境中吸收热能。然而,实际上自由焓的总量减少了,这是一个强烈的信号,表明来自该系统的可用总能量减少了。在 3.7 节之末我们将提出一个对于大洋总环流可用能量的更为严谨的定义。

2.5 海水状态方程

2.5.1 引言

众所周知,在大气环流的理论研究中理想气体定律起到极其重要的作用。所以,我们也非常希望能够找到一个类似的海水状态方程,以便促进海洋总环流的理论研究。以往已经提出并使用了许多简化版的状态方程。不过,不幸的是,在大多数情况下,这些状态方程并没有与海水的其他热力学特性(比如,焓、熵和化学势)联系起来,因此,采用这种简化的状态方程可能会导致海水的动力学与热力学之间出现某些不一致。因此,最好有一个简化的状态方程以及一组与该状态方程内涵一致的热力学函数。不过,实现这个目标的途径似乎并不清楚。

解决这个问题的一种方法是采用吉布斯函数。吉布斯函数有这样一个优点,即一旦利用 T、S、P 对它做出定义,那么所有的热力学特性量都可以从该函数导出来。Fofonoff(1962)首先提出了构建这样一个统一的海水热力学方案的建议。作为一个例子,我们在以下小节中首先讨论一个简单的方案,以便仔细考察从这样一个吉布斯函数中导出的热力学特性量是否能够用作近似的海水状态方程。这就意味着,从吉布斯函数导出的所有重要的热力学特性量应该与业内所接受的更精确的表达式相当,其误差很小,可以接受。

2.5.2 简化的状态方程

有可能的最简单方案是该状态方程的热膨胀系数随着温度和压强做线性变化。我们从以下关系式开始

$$\alpha = -\frac{1}{\rho}\frac{\partial \rho}{\partial T} = \alpha_0 + \alpha_1 T + \gamma_1 P \tag{2.94}$$

$$\beta = \frac{1}{\rho}\frac{\partial \rho}{\partial S} \tag{2.95}$$

$$\gamma = \frac{1}{\rho}\frac{\partial \rho}{\partial P} = \gamma_0 - \gamma_1 T \tag{2.96}$$

满足这些约束的状态方程为

$$\rho = \rho_0 e^{-(\alpha_0 + 0.5\alpha_1 T + \gamma_1 P)T + \beta S + \gamma_0 P} \tag{2.97}$$

最决定性的步骤是引入吉布斯函数,以便使所有的热力学变量都可以从同一个吉布斯函数中连贯地推导出来。如同在2.4节中已讨论过的,比容与吉布斯函数通过以下方式相关联

$$v = \frac{\partial g}{\partial P}$$

因此,通过求解如下微分方程可得到所需的吉布斯函数

$$\frac{\partial g}{\partial P} = \frac{1}{\rho_0} e^{(\alpha_0 + 0.5\alpha_1 T + \gamma_1 p)T - \beta S - \gamma_0 P} \tag{2.98}$$

其解为

$$g = \frac{e^{(\alpha_0+0.5\alpha_1 T+\gamma_1 P)T-\beta S-\gamma_0 P}}{\rho_0(\gamma_1 T-\gamma_0)} + C(T,S) \tag{2.99}$$

其中,常数 α_0、α_1、γ_0、γ_1 和 β 可以通过与 UNESCO(联合国教科文组织)的状态方程进行最佳拟合而得到,而 $C(T,S)$ 为任意函数。该状态方程代表了热膨胀系数随温度和压强增大的情况。同样,系数 γ_1 也反映了海水的特殊热力学特性,即所谓的温压效应:冷水比暖水更可压。另外,对海水而言,取盐收缩系数为常数,就是一个良好的近似。

$$\frac{\partial g}{\partial T} = \frac{(\gamma_1 T-\gamma_0)(\alpha_0+\alpha_1 T+\gamma_1 p)-\gamma_1}{\rho_0(\gamma_1 T-\gamma_0)^2} e^{(\alpha_0+0.5\alpha_1 T+\gamma_1 P)T-\beta S-\gamma_0 P} + \frac{\partial C(T,S)}{\partial T} \tag{2.100}$$

$$\frac{\partial g}{\partial s} = \frac{-\beta}{\rho_0(\gamma_1 T-\gamma_0)} e^{(\alpha_0+0.5\alpha_1 T+\gamma_1 P)T-\beta S-\gamma_0 P} + \frac{\partial C(T,S)}{\partial s} \tag{2.101}$$

从该状态方程可以推导出所有的海水热力学特性量(Feistel 和 Hagen,1995; Feistel,2003);因此,利用这些热力学函数可以在同一个热力学的框架中研究海水热力学。

焓(热含量)

$$h = g - T\frac{\partial g}{\partial T} = \frac{2\gamma_1 T-\gamma_0-(\gamma_1 T-\gamma_0)(\alpha_0+\alpha_1 T+\gamma_1 P)T}{\rho_0(\gamma_1 T-\gamma_0)^2} e^{(\alpha_0+0.5\alpha_1 T+\gamma_1 P)T-\beta S-\gamma_0 P} + C(T,S) - \frac{\partial C(T,S)}{\partial T} \tag{2.102}$$

自由能(赫尔姆霍茨自由能,可用的功)

$$f = g - P\frac{\partial g}{\partial P} = \frac{1-P(\gamma_1 T-\gamma_0)}{\rho_0(\gamma_1 T-\gamma_0)} e^{(\alpha_0+0.5\alpha_1 T+\gamma_1 P)T-\beta S-\gamma_0 P} + C(T,S) \tag{2.103}$$

内能

$$\begin{aligned} e &= g - T\frac{\partial g}{\partial T} - P\frac{\partial g}{\partial P} \\ &= \frac{2\gamma_1 T-\gamma_0-(\gamma_1 T-\gamma_0)(\alpha_0+\alpha_1 T+\gamma_1 P)T-P(\gamma_1 T-\gamma_0)^2}{\rho_0(\gamma_1 T-\gamma_0)^2} e^{(\alpha_0+0.5\alpha_1 T+\gamma_1 P)T-\beta S-\gamma_0 P} \\ &\quad + C(T,S) - \frac{\partial C(T,S)}{\partial T} \end{aligned} \tag{2.104}$$

化学势

$$\mu = \frac{\partial g}{\partial s} = \frac{-\beta}{\rho_0(\gamma_1 T-\gamma_0)} e^{(\alpha_0+0.5\alpha_1 T+\gamma_1 P)T-\beta S-\gamma_0 P} + \frac{\partial C(T,S)}{\partial S} \tag{2.105}$$

熵

$$\eta = -\frac{\partial g}{\partial T} = -\frac{(\gamma_1 T-\gamma_0)(\alpha_0+\alpha_1 T+\gamma_1 P)-\gamma_1}{\rho_0(\gamma_1 T-\gamma_0)^2} e^{(\alpha_0+0.5\alpha_1 T+\gamma_1 P)T-\beta S-\gamma_0 P} - \frac{\partial C(T,S)}{\partial T} \tag{2.106}$$

用类似方式可以得到其他热力学函数。

为简单计,我们列出在状态方程为温度、盐度和压强的简单线性函数情况下的热力学函数。忽略(2.99)式中的任意函数 $C(T,S)$,吉布斯函数有如下形式

$$g = -\frac{e^{\alpha T-\beta S-\gamma P}}{\rho_0 \gamma} \tag{2.107}$$

其中,α,β,γ 和 ρ_0 为常数。我们可以从吉布斯函数导出如下互洽的热力学变量

$$\frac{\partial g}{\partial T} = -\frac{\alpha}{\rho_0\gamma}e^{\alpha T-\beta S-\gamma P}, \quad \frac{\partial g}{\partial s} = \frac{\beta}{\rho_0\gamma}e^{\alpha T-\beta S-\gamma P} \tag{2.108}$$

$$h = g - T\frac{\partial g}{\partial T} = \frac{-1+\alpha T}{\rho_0\gamma}e^{\alpha T-\beta S-\gamma P} \tag{2.109}$$

$$f = g - P\frac{\partial g}{\partial P} = -\frac{1+\gamma P}{\rho_0\gamma}e^{\alpha T-\beta S-\gamma P} \tag{2.110}$$

$$e = g - T\frac{\partial g}{\partial T} - P\frac{\partial g}{\partial P} = \frac{-1+\alpha T-\gamma P}{\rho_0\gamma}e^{\alpha T-\beta S-\gamma P} \tag{2.111}$$

$$\mu = \frac{\partial g}{\partial s} = \frac{\beta}{\rho_0\gamma}e^{\alpha T-\beta S-\gamma P} \tag{2.112}$$

$$\eta = -\frac{\partial g}{\partial T} = \frac{\alpha}{\rho_0\gamma}e^{\alpha T-\beta S-\gamma P} \tag{2.113}$$

注意在线性状态方程的假定下，所有的基本热力学函数都是温度、盐度和压强的指数函数。特别是，熵随温度以指数函数的方式增加。结果，尽管内能和焓都随着温度增加，但吉布斯函数(自由焓)却随温度的升高而下降。

2.6 尺度分析与各种近似

描述海洋运动的偏微分方程是一个非常复杂的方程系统。这些方程可以描述成千上万种现象，其时间尺度从秒到几千年，且其长度尺度从毫米到数千千米。因此，想要找到这样一个系统的“完整解”或“通解”是不现实的。为了用这样一个方程系来了解现实世界中的海洋运动，我们不得不把自己限制在某些尺度上，以此来简化这个宽泛的方程系统。

尺度分析的基本原则是，把我们的研究集中在有一定的时间和空间尺度上的某些特定现象。这样，我们可以利用这些尺度来估计和比较方程中所有项的量值之大小。我们仅仅留下“重要的项”，舍去小项，这里假定了这些小项对于我们要研究的真正感兴趣的现象并不那么重要。关键一点是，我们强调指出，尺度分析方法不仅使方程得到简化，而且有助于我们专注于对研究而言重要的物理过程；然而，在尺度分析的基本假设下，其结果已隐含其中。在某种程度上，不同的尺度将导出描述不同动力过程的颇不相同的方程组。

应当注意，尺度分析是处理复杂系统的一门艺术，并不是一个万无一失的方法。实际上在很多情况下，某些比其他项小很多的项，却可能在涡度和能量的总平衡中起着至关重要的作用，因而不能舍弃。例如，与小尺度湍流/混合有关的项通常比其他项的量值小得多；然而，大尺度与小尺度之间的相互作用却是最终调节全球尺度的风生环流和热盐环流的主要过程之一。由于我们将在局地笛卡尔坐标中推导方程，故在本节中采用下列记号：$dx = r\cos\theta d\lambda$，$dy = rd\theta$，$dz = dr$。

2.6.1 流体静压近似

A. 垂向动量方程的尺度分析

对于海洋中海盆尺度的运动，垂向动量方程中各项的量值可以估计如下

$$\begin{array}{lccccc} & \dfrac{dw}{dt} & -2\omega u\cos\theta & -\dfrac{u^2+v^2}{a} & =-\dfrac{1}{\rho}\dfrac{\partial p}{\partial z} & -g \\ \text{尺度} & \dfrac{UW}{L} & f_0U & U^2/a & P_0/\rho_0H & g \\ \text{大小} & 10^{-13} & 10^{-5} & 10^{-8} & 10 & 10 \end{array} \tag{2.114}$$

我们假设,运动的水平和垂向尺度分别与海盆的宽度和深度具有相同的量级,即 $L\simeq10^6$ m,$H\simeq5\times10^3$ m;而水平和垂直方向的速度尺度分别为 $U\simeq0.1$ m/s,$W\simeq10^{-6}$ m/s;并且把水平平流的时间尺度 U/L 取为时间尺度;取 $\rho_0=10^3$ kg/m^3 为平均参考密度,$a=6\ 370$ km 为地球半径,$P_0\simeq5\times10^7$ N/m^2,$f_0\simeq10^{-4}$/s。这样,在极佳的精度上,可以用所谓的**流体静压近似**来代替垂直方向的动量方程

$$\frac{\partial p}{\partial z}=-\rho g \tag{2.115}$$

B. 进一步简化

因为在水平方向上,压强的变化与密度场的变化同处于流体静压平衡,故可以对方程(2.115)进一步简化。设标准的平均密度 $\bar{\rho}(z)$ 廓线和平均压强廓线 $\bar{p}(z)$ 均满足

$$\frac{1}{\bar{\rho}}\frac{d\bar{p}}{dz}=-g \tag{2.116}$$

那么可把压强和密度分为两部分,即平均量与扰动量

$$p(x,y,z,t)=\bar{p}(z)+p'(x,y,z,t)$$
$$\rho(x,y,z,t)=\bar{\rho}(z)+\rho'(x,y,z,t)$$

其中,我们假设

$$p'\ll\bar{p},\quad \rho'\ll\bar{\rho}$$

将其代入(2.115)式并且把分母展开为泰勒级数,我们得到

$$\begin{aligned}-\frac{1}{\rho}\frac{\partial p}{\partial z}-g&=-\frac{1}{\bar{\rho}(1+\rho'/\bar{\rho})}\frac{\partial(\bar{p}+p')}{\partial z}-g\\&=-\frac{1}{\bar{\rho}}\left[\frac{d\bar{p}}{dz}+\frac{\partial p'}{\partial z}-\frac{\rho'}{\bar{\rho}}\frac{d\bar{p}}{dz}-\frac{\rho'}{\bar{\rho}}\frac{\partial p'}{\partial z}\right]-g\end{aligned}$$

在上式中,右边括号中第一项被重力项所抵消;括号中第四项则是两个小项的乘积,很小,可以忽略。这样,流体静压近似关系式(2.115)简化为如下方程

$$\frac{\partial p'}{\partial z}+\rho'g=0 \tag{2.117}$$

要注意,在(2.117)式中,替代压强和密度的是它们的扰动量。在海洋中,我们有估值:$|\rho'/\bar{\rho}|\leqslant0.01$,因此这两项的量值为

$$\frac{\Delta p}{\rho_0H}\simeq\frac{\rho'g}{\rho_0}\simeq10^{-1}\ \text{m/s}^2$$

这样,采用同样简单的(2.117)式,我们已经把流体静压关系的精度提高了100倍。

引入流体静压关系使垂向动量方程得到了实质上的简化。现在用一个简单的积分就不难把压强计算出来。重要的是,应该记住:流体静压关系是在大尺度运动的假定下导出的;因此,如果运动的尺度非常小,那么就不能忽略垂向加速度项。

为了找出流体静压近似不再成立的条件,我们来检验垂向动量方程。该方程包括时间变化项,这样利用前面导出的(2.117)式中的简化项,我们有

$$\frac{dw}{dt} = -\frac{1}{\rho_0}\frac{\partial p'}{\partial z} - g\frac{\rho'}{\rho_0} \tag{2.118}$$

假定用水平平流来设置时间尺度,即,$T \simeq U/L$,由此导出了适用于流体静压近似的如下条件

$$w \ll \frac{gL\rho'}{U\rho_0} \tag{2.119}$$

连续方程可以简化为如下形式

$$\frac{d\rho'}{dt} + \frac{\rho_0}{g}N^2 w = 0 \tag{2.120}$$

其中,$N^2 = -\frac{g}{\rho_0}\frac{\partial \bar{\rho}}{\partial z}$为浮性频率。从方程(2.120)可以导出对 w 的估计

$$w \simeq \frac{gU}{L\rho_0 N^2}\rho' \tag{2.121}$$

这样,把(2.119)式与(2.121)式相结合,就得到了流体静压近似成立的判别式

$$\gamma^2/R_i \ll 1 \tag{2.122}$$

其中,$\gamma = H/L$ 是 纵横比(aspect ratio),$R_i = N^2H^2/U^2$ 为理查森数①,H 为垂向尺度。

很明显,如果层化很强并且流动较弱(R_i 大),即使 γ 不小,流体静压近似也成立。但是,在水平的小尺度(~ 1 km)和弱层化条件下,流体静压近似也可能不成立。例如,对于大洋的对流尺度运动,流体静压近似就不适用,在这种情况下,就应该用垂向动量方程(2.114)来预测垂向速度的时间演变。

2.6.2 传统近似

让我们先注意这样的事实:当采用流体静压近似时,为了不违反科氏力不做功的物理学约束,人们不得不舍弃纬向动量方程(2.3)中的 $w\omega\cos\theta$ 项。(科氏力是旋转坐标系中引入的一个虚拟力。因此,用非旋转坐标系时,它就不存在了。虚拟力不做功。)实际上,在中纬度地区,我们有如下估计

$$\frac{v\sin\theta}{w\cos\theta} = \delta^{-1}\tan\theta \gg 1 \tag{2.123}$$

因此,$w\omega\cos\theta$ 可以忽略。

如果不采用流体静压平衡的假设,也可以得到同样的近似,如 Phillips(1966)。用 $1/a$ 来对纬向动量方程中的测地项(metric terms)进行简化,我们有

$$\frac{du}{dt} = -\frac{1}{\rho}p_x + F_x + \left(2\omega + \frac{u}{a\cos\theta}\right)(v\sin\theta - w\cos\theta) \tag{2.124}$$

然后,为了使角动量守恒,我们必须舍弃 $\omega\cos\theta$ 项,这样角动量守恒为

$$\frac{d}{dt}[a\cos\theta(u + \omega a\cos\theta)] = a\cos\theta\left(F_x - \frac{1}{\rho}p_x\right) \tag{2.125}$$

---

① 原著有误,现已更正。——作者注

现在,为了使能量守恒,z 方程中的科氏力项必须舍弃。简化后的方程组为

$$\frac{du}{dt}-\frac{uv\tan\theta}{a}+\frac{uw}{a}=-\frac{1}{\rho_0}\frac{\partial p'}{\partial x}+2\omega v\sin\theta+F_x \tag{2.126}$$

$$\frac{dv}{dt}+\frac{u^2\tan\theta}{a}+\frac{vw}{a}=-\frac{1}{\rho_0}\frac{\partial p'}{\partial y}-2\omega u\sin\theta+F_y \tag{2.127}$$

$$\frac{dw}{dt}-\frac{u^2+v^2}{a}=-\frac{1}{\rho_0}\frac{\partial p'}{\partial z}-g\frac{\rho'}{\rho_0}+F_z \tag{2.128}$$

2.6.3 水平动量方程的尺度分析

我们把海洋中大尺度运动之尺度列于表 2.7 中。在该表中,水平压强差之尺度是根据海面升高之差为 1 m 给出的。采用这些基本尺度,我们可以对水平动量方程进行如下尺度分析[①]

$$\frac{du}{dt}\quad -2\omega v\sin\theta\quad +2\omega w\cos\theta\quad +\frac{uw}{a}\quad -\frac{uv\tan\theta}{a}\quad =-\frac{1}{\rho_0}\frac{\partial p}{\partial x}\quad +F_x$$

	$\frac{du}{dt}$	$-2\omega v\sin\theta$	$+2\omega w\cos\theta$	$+\frac{uw}{a}$	$-\frac{uv\tan\theta}{a}$	$=-\frac{1}{\rho_0}\frac{\partial p}{\partial x}$
尺度	U^2/L	f_0U	f_0W	UW/a	U^2/a	$\Delta P/\rho_0L$
流涡	10^{-8}	10^{-5}	10^{-10}	10^{-14}	10^{-9}	10^{-5}
湾流	10^{-5}	10^{-4}	10^{-10}	10^{-13}	10^{-7}	10^{-4}

(2.129)

表 2.7 大洋环流的基本尺度

	大洋流涡	湾流
U(m/s)	0.1	1
W(m/s)	10^{-6}	10^{-6}
L(m)	10^6	10^5
D(m)	10^4	10^3
L/U(s)	10^7	10^5
$\Delta p/\rho$($\mathrm{m^2/s^2}$)	10	10

对于大气和海洋中的大尺度运动而言,具有 $1/a$ 因子的球面曲率项与垂向速度的科氏力项都是可以忽略的。因此,水平动量方程简化为如下形式

$$\frac{du}{dt}-2\omega v\sin\theta=-\frac{1}{\rho_0}\frac{\partial p}{\partial x}+F_x \tag{2.130}$$

$$\frac{dv}{dt}+2\omega u\sin\theta=-\frac{1}{\rho_0}\frac{\partial p}{\partial y}+F_y \tag{2.131}$$

A. $\boldsymbol{\beta}$ 平面近似

对于动力海洋学中所研究的很多实际问题,其经向尺度远小于地球半径。对于此类问题,地球的球形几何面就可以用一组水平面与局地球面相切的局地笛卡尔坐标系来近似地表示。在这一坐标系中,科氏参量以该局地笛卡尔坐标原点附近的泰勒展开式来近似

① 原著中方程(2.129)有误,现已更正。——作者注

$$f = 2\omega\sin\theta \simeq 2\omega\sin\theta_0 + 2\omega\cos\theta_0(y-y_0)/a$$

或

$$f = f_0 + \beta(y-y_0)\text{，当}|y-y_0| \ll a \tag{2.132}$$

其中

$$\beta = 2\omega\cos\theta_0/a$$

是对行星涡度经向梯度的近似表达式。采用局地笛卡尔坐标(图2.22)，我们有

$$f = f_0 + \beta y \tag{2.132'}$$

这样，在β平面近似下，相应的动量方程简化为

$$\frac{du}{dt} - fv = -\frac{1}{\rho_0}\frac{\partial p}{\partial x} + F_x \tag{2.133}$$

$$\frac{dv}{dt} + fu = -\frac{1}{\rho_0}\frac{\partial p}{\partial y} + F_y \tag{2.134}$$

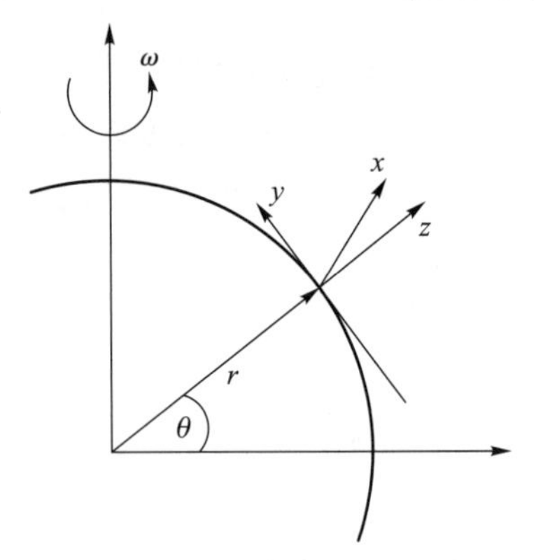

图2.22 球坐标与局地β平面示意图。

注意：科氏参量是y的线性函数；这样，f的经向梯度就等于β。引入β平面极大地简化了球面几何的复杂性及其带来的动力学问题，使得很多解析研究成为简单可行。另外，β平面是在(2.132)式的约束下才成立的近似；这样，对于其水平尺度不满足条件(2.132)的问题，就必须要用球面坐标系中的原始方程。

B. f平面近似

对于更小尺度的运动，可以完全忽略科氏参量的变化；这样，基本方程(2.133)和(2.134)进一步简化为

$$\frac{du}{dt} - f_0 v = -\frac{1}{\rho_0}\frac{\partial p}{\partial x} + F_x \tag{2.135}$$

$$\frac{dv}{dt} + f_0 u = -\frac{1}{\rho_0}\frac{\partial p}{\partial y} + F_y \tag{2.136}$$

引入β平面和f平面为研究大气和海洋提供了非常简单、有用的工具，而免除了陷于球面几何中代数运算的复杂性。然而，重要的是要记住，在不同的坐标系中，这些问题的若干重要因子是以稍微不同的形式出现的(表2.8)。利用局地笛卡尔坐标简化了方程，但是也可以使动力学图像产生微小的变形。

表2.8 三种坐标的比较

	球面坐标	β平面	f平面
f	$2\omega\sin\theta$	$f=f_0+\beta y$	f_0
$\beta=df/dy$	$2\omega\cos\theta/a$	$\beta=\beta_0$(常数)	0
dx	$a\cos\theta d\lambda$	dx	dx

2.6.4 地转性与热成风关系式

对于海盆尺度的环流，通常时间变化项远小于科氏力项，下面将对此进行论证。我们导入罗

斯贝数,它定义为时间变化项与科氏力项之比

$$Ro = \frac{U^2/L}{fU} = \frac{U}{fL} \tag{2.137}$$

如方程(2.129)所示,对于流涡尺度的环流,$Ro \simeq 0.001$;而对于湾流,$Ro \simeq 0.1$。因此,对于海盆尺度的环流,罗斯贝数远小于1,所以在水平动量方程中忽略时间变化项或惯性项,是很保险的。进而,对于海盆尺度次表层中的运动,水平摩擦项也是可以忽略的。作为这些近似的一个结果,对于海洋中的大尺度运动而言,就可以应用地转关系

$$-fv = -\frac{1}{\rho_0}\frac{\partial p}{\partial x} \tag{2.138}$$

$$fu = -\frac{1}{\rho_0}\frac{\partial p}{\partial y} \tag{2.139}$$

对于流涡尺度的运动,地转关系是一个上佳的近似。因此,在海洋中,大尺度运动是沿着等压强线的,它与我们日常经验中更为熟悉的顺着压强梯度的运动截然相反。把上两式对 z 取偏导数并利用流体静压近似,就得到热成风关系式

$$f\frac{\partial v}{\partial z} = -\frac{g}{\rho_0}\frac{\partial \rho}{\partial x} \tag{2.140}$$

$$f\frac{\partial u}{\partial z} = \frac{g}{\rho_0}\frac{\partial \rho}{\partial y} \tag{2.141}$$

热成风关系式将水平速度的垂向切变与密度的水平梯度联系起来了。这个关系提示,在有水平密度梯度的地方,就会有水平速度的垂向切变。

2.7 布西涅斯克近似与浮力通量

在经典的流体力学中,关于均质流体的综合性理论业已成熟。由于流体的密度为常量,动量方程组与热力学方程组完全分隔开。大气和海洋中的密度并不是完全均匀的。实际上,由于密度的微小偏差形成的浮力是驱动环流的主要强迫力之一。因为密度出现在压强梯度力项的分母上,不难看出,密度场与速度场不能分开。

海水的密度从热带表层的1 020 kg/m^{3}到最深海沟中的1 070 kg/m^3。因此,如果密度仅以乘数的形式出现,我们可以采用平均密度,其误差不超过4%。然而,如果密度出现在浮力项中,这样的替代就会把强迫力项抛弃,并且完全改变了它的动力学。为了采用一致的方式来简化动力学方程组,布西涅斯克(Boussinesq)近似应运而生。实际上,在布西涅斯克近似下,大气和海洋都可以像不可压缩流体一样进行处理,而由于微小的密度偏差产生的浮力项则仍然保留下来了。

2.7.1 布西涅斯克近似

A. 连续方程中的近似

对于大尺度运动来说,密度场可以分解为平均参考密度和扰动密度

$$\rho = \rho_0\left(1 + \frac{fUL}{gH}\rho'\right) = \rho_0(1 + RoF\rho') \tag{2.142}$$

其中，ρ_0 为固定值的平均参考密度，f 为科氏参量，U 为水平速度，L 和 H 为水平和垂向长度尺度，ρ' 为无量纲密度，$Ro=U/fL$ 为罗斯贝数，$F=f^2L^2/gH$。连续方程(2.6)可以简化为如下无量纲形式

$$RoF\frac{D\rho'}{Dt'}+(1+RoF\rho')\nabla'\cdot\vec{u}'=0 \tag{2.143}$$

其中，$t'=tU/L$，$\nabla'=L\nabla$，并且 $\vec{u}'=\vec{u}/U$ 为无量纲速度矢量。当 RoF 极小或者等于零时，那么体积守恒的假设就是一个良好的近似；这样，无量纲形式的连续方程之近似形式为

$$\nabla\cdot\vec{u}=0 \tag{2.144}$$

在球面坐标系中，对应的方程为

$$\frac{1}{r\cos\theta}\left[\frac{\partial}{\partial\lambda}(u\cos\theta)+\frac{\partial}{\partial\theta}(v\cos\theta)\right]+\frac{\partial w}{\partial z}=0 \tag{2.145}$$

在局地笛卡尔坐标系中，它简化为

$$\frac{\partial u}{\partial x}+\frac{\partial v}{\partial y}+\frac{\partial w}{\partial z}=0 \tag{2.146}$$

对于全球尺度的运动，$L=a=6\ 400$ km 为地球半径，$f=2\omega$，水平速度尺度为 $U=0.1$ m/s，运动的深度尺度为 $H=800$ m，对应的无量纲数为 $Ro\simeq10^{-4}$，$F\simeq100$。这样，对于全球尺度的运动而言，用体积守恒代替质量守恒产生的误差，约为1%。

另一方面，如果 RoF 并不是小量，那么引入体积守恒近似所带来的误差就不能完全被忽略。由于 $RoF=fUL/gH$，我们预计，对于上层大洋薄层的大尺度加热/冷却而言，忽略密度变化项所带来的误差可能相对较大。

非常重要的是要强调指出，体积守恒只是对连续方程的一种近似；并且这并不意味着流体的密度是不变的。实际上，在表层强迫力和扩散的作用下，水块的温度和盐度都会随时间而变。在动力海洋学中，通用的方法是，在确定了一个给定水块的温度和盐度之后，就利用状态方程来计算海水的密度。因此，采用下列方程组

$$\frac{dT}{dt}=\frac{\partial T}{\partial t}+\nabla\cdot(\vec{u}T)=Q_T \tag{2.147a}$$

$$\frac{dS}{dt}=\frac{\partial S}{\partial t}+\nabla\cdot(\vec{u}S)=Q_S \tag{2.147b}$$

$$\rho=\rho(T,S,p) \tag{2.147c}$$

其中，Q_T 和 Q_S 是由于扩散和表层通量所导致的源项。

B. 动量方程中的近似

由于密度近似为常量，我们将忽略水平动量方程组中的密度变化，仅在垂向动量方程中保留由于密度变化带来的浮力贡献，于是得到[①]

$$\frac{d\vec{u}}{dt}+2\vec{\Omega}\times\vec{u}=-\frac{1}{\rho_0}\nabla p'-\vec{k}g\frac{\rho'}{\rho_0} \tag{2.148}$$

其中，$p'=p-\bar{p}(z)$，$\rho'=\rho-\bar{\rho}(z)$，$\bar{\rho}(z)$ 和 $\bar{p}(z)$ 分别为平均密度和平均压强的廓线，并且 ρ_0 为平均参考密度（对于世界大洋，$\rho_0\simeq1\ 035$ kg/m^3）。

---

① 原著方程(2.148)排印有误，现已改正。——译者注

将方程(2.148)的右边用泰勒级数展开①

$$R.H.S. \simeq \frac{1}{\bar{\rho}}\nabla p' - \vec{k}g\left[\frac{1}{\bar{\rho}}\left(\frac{\partial\rho}{\partial\Theta}\right)_{p,S}\Theta' + \frac{1}{\bar{\rho}}\left(\frac{\partial\rho}{\partial S}\right)_{p,\Theta}S' + \frac{1}{\bar{\rho}}\left(\frac{\partial\rho}{\partial p}\right)_{\Theta,S}p'\right] \tag{2.149}$$

其中,Θ 为位温。注意到$\left(\frac{\partial\rho}{\partial p}\right)_{\Theta,S} = \frac{1}{c^2} \simeq (2\times10^3)^{-2}$;因此,在垂向动量方程中,对于垂向压强梯度与压强扰动(减去标准压强之后!)带来的浮力贡献之间的比值,我们有如下的估计

$$\frac{\frac{1}{\rho_0}\frac{\partial p'}{\partial z}}{\frac{g}{\rho_0}\left(\frac{\partial\rho}{\partial p}\right)_{\Theta,S}p'} = \frac{c^2}{Hg} \simeq \frac{4\times10^6}{5\times10^3\times10} = 80 \gg 1 \tag{2.150}$$

其中,我们假设 $H = 5\ 000$ m。这样,方程(2.149)右边最后一项可以忽略。从物理上讲,当应用布西涅斯克近似时,把流体当做不可压缩的且声速无限大,因此,上述处理是自洽的。

C. 布西涅斯克近似

结合上述分析,海洋环流问题的解可以分成两部分:无运动并绝热的基态(basic state)和对于基态的动力扰动。因此,海洋环流的动力学结构可以求解如下。

1)绝热的基态

在基态中,密度和压强处于流体静压平衡

$$\nabla\bar{p} = -\vec{g}\bar{\rho}$$
$$\bar{\rho} = \bar{\rho}(T,\bar{p},S_0),\quad S_0 = \text{常数} \tag{2.151}$$

2)扰动态

$$\frac{d\vec{u}}{dt} + 2\vec{\Omega}\times\vec{u} = -\frac{1}{\rho_0}\nabla p' - \vec{g}\frac{\rho'_\Theta}{\rho_0} \tag{2.152}$$

其中

$$\frac{\rho'_\Theta}{\rho_0} = -\alpha\Theta' + \beta S' \tag{2.153}$$

且 $\alpha = -\frac{1}{\bar{\rho}}\left(\frac{\partial\rho}{\partial\Theta}\right)_{p,S}$ 和 $\beta = \frac{1}{\bar{\rho}}\left(\frac{\partial\rho}{\partial S}\right)_{p,\Theta}$ 都假定为常量。

方程(2.152)和(2.153)与方程(2.144)和(2.147)组成了所谓的布西涅斯克近似下的动力系统之完整基本方程组,即假定了如下的简化:

- 用体积守恒代替质量守恒。
- 保留微小的密度偏差带来的浮力项。
- 在示踪物(温度和盐度)预报方程中采用体积守恒。

2.7.2 布西涅斯克近似带来的潜在问题

布西涅斯克近似已经被广泛用于大气和海洋环流的研究。特别是,采用体积守恒代替连续方

---

① 原著方程(2.149)排印有误,现已改正。注意,在此式中用 $\bar{\rho}$ 更合适,在本书的其他地方,作者采用了近似 $\frac{1}{\bar{\rho}} \sim \frac{1}{\rho_0}$($\rho_0 \sim 1\ 035$,$\bar{\rho} \sim 1\ 026 \sim 1\ 056$)。—— 译者注

程滤掉了声波并使动力学大大简化。这样,动量方程得到了线性化,并且因此而变得更容易处理。

然而,这些近似也会带来一些值得引起警惕的问题。

- 事实上,无论 α 还是 β 都不是常数,而是随温度和压强做非线性变化。
- 破坏了质量守恒。这样,由于在模式中存在了一个人为的重力势能源/汇,重力势能并不守恒。
- 这样的模式不能正确地模拟由于表层加热/冷却和淡水通量导致的海面升高和海底压强。
- 温度和盐度的精确计算都应该基于质量守恒[如(2.8)式所示]。因此,在平流项[如方程(2.147a)和(2.147b)所示]中采用体积守恒近似就可能带来百分之几量级的误差。

2.7.3 浮力通量

由于布西涅斯克近似已经在海洋学中得到广泛应用,因此,表层热通量和淡水通量的动力学效应就用相应的两种通量(即密度通量和浮力通量[①])来模拟。密度通量定义为

$$F_\rho = -\rho_0(\alpha F_T - \beta F_S),\quad \alpha = -\frac{1}{\rho_0}\frac{\partial \rho}{\partial T}\bigg|_{p,S},\beta = \frac{1}{\rho_0}\frac{\partial \rho}{\partial S}\bigg|_{p,T} \tag{2.154}$$

其中,$F_T = Q/\rho_0 c_p$,Q 为进入海洋的净热通量,c_p 为水的热容;$F_S = (E-P)S/(1-S)$,$E-P$ 为蒸发降水之差。

浮力定义为 $b = -g\Delta\rho/\rho_0$。因此,轻的水有更大的浮力。所以,浮力通量是利用有关的海-气通量来定义的

$$F_b = g(\alpha F_T - \beta F_S) \tag{2.155}$$

其单位为 m^2/s^3。

尽管密度通量和浮力通量在描述表层热盐强迫力的动力学效应上非常有用,但是,这些通量却是人为的或概念上的,并且只应用于布西涅斯克模式。我们要对可能出现的问题保持清醒头脑。

首先,由表层热力作用带来的密度通量是布西涅斯克近似带来的人为结果。当水冷却下来时,其密度就增加,所以水块应该收缩,但是总质量应该和以前相同。但在布西涅斯克模式中,密度却是增加了;故而,由于采用了体积守恒近似,故增加的密度会给海洋带来更多质量,这样就产生了从大气到海洋的人为密度通量。

其次,蒸发和降水通过海面时所带来的密度通量也是不准确的。在海洋中,降水和蒸发所增加的质量通量为

$$F_{\rho,\text{真实}} = \rho_{\text{淡水}}(P-E) \tag{2.156}$$

由于降水,表层盐度趋于降低并且对应的密度就减小。布西涅斯克模式中,因为假定了总体积不变,故降水造成的密度降低就带来了质量损失;这样,就把降水解释为通过海面的负密度通量。根据方程(2.154),把降水的动力学效应解释为如下的等效密度通量

$$F_{\rho,\text{布西涅斯克}} = \rho_0\beta\frac{E-P}{1-S}S \simeq \rho_0(E-P)\beta S \tag{2.157}$$

由于 $\beta S \simeq 0.02$,布西涅斯克模式中的等效密度通量是真实密度通量的1/50,并且符号与真实的密度通量相反。

---

① 严格说来,"密度通量"和"浮力通量"的提法都是不确切的,作者在这里和下文中提出"密度通量"和"浮力通量",可能是考虑到便于解释布西涅斯克模式中出现的问题。——译者注

2.7.4 用浮力通量诊断大洋环流能量之误区

如果状态方程是温度、盐度和压强的线性函数,那么浮力就与密度线性地成正比,因此浮力、温度、密度或重力势能之平衡(或输送)是互相等效的。然而,如果状态方程是非线性的,那么这种简单关系就不再成立了。

由于假设了海洋的侧面和海底都是绝热的,故在定常状态下,通过海面的总热通量必须平衡;然而,一般说来,通过上表面的浮力通量却是不平衡的。为了说明这一问题,我们来讨论在定常状态下,在经向的海洋带上的浮力通量平衡(图 2.23)。

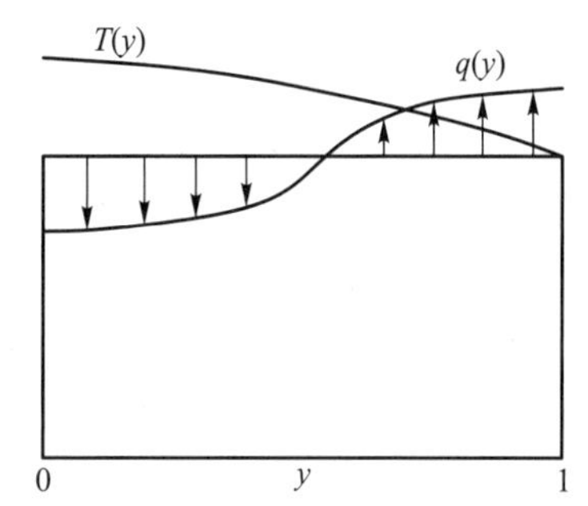

图 2.23 服从于海-气热通量 $q(y)$ 条件且海面温度廓线为 $T(y)$ 的模型海盆(采用无量纲长度)的示意图。

在以下分析中,我们把进入海洋的热通量定义为正。假设进入海洋的热通量为 q(单位:$\mathrm{W/m^2}$),对应的浮力通量为 $F_b = \alpha g q/\rho_0 c_p$,其中 α 为热膨胀系数,c_p 为定压比热。尽管对于定常状态有 $\overline{\iint q dx dy} = 0$,但是 $\overline{\iint F_b dx dy} \neq 0$,因为 $\alpha = \alpha(T)$ 是温度的函数。为了简单起见,我们假设海面温度为 y 的线性函数,即 $T = T_0(1-y)$,且热膨胀系数是温度的线性函数,即 $\alpha = \alpha_0 T = \alpha_0 T_0(1-y)$。那么,我们就得到了总浮力的增益和损失

$$B^+ = \frac{g}{\rho_0 c_p}\int_0^{1/2} \alpha q dy, \quad B^- = \frac{g}{\rho_0 c_p}\int_{1/2}^{1} \alpha q dy \tag{2.158}$$

很明显,即使在定常状态下,虽然其热通量是平衡的,但浮力通量却是不平衡的。类似地,如果我们以一维模式来处理单站的海-气通量,那么,即使在定常状态下,年平均热通量等于零,但年平均浮力通量却不为零。重要的是,尤其应注意,尽管浮力在诊断热力环流的结构及其能量学方面已经得到广泛应用,但其成功的应用则局限于状态方程为线性的情况。对于非线性状态方程的情况,浮力不是一个守恒量,并且当把浮力输送作为诊断海洋环流的工具时,会带来一些人为因素,因此应该谨慎使用这一方法。

2.7.5 含非线性状态方程的模式之浮力平衡

为了把浮力作为诊断工具所隐含的潜在问题显现出来,我们来考察诸模式中浮力的不平衡性。表 2.9 列出了对于图 2.23 中的简单模式和世界大洋的浮力不平衡率,其中模式中的不平衡率(imbalance)定义为

$$\text{不平衡率} = (1 - |\text{损失}/\text{增益}|) \times 100\% \tag{2.159}$$

对于简单的一维模式,给出了三种不同经向廓线的一维浮力通量。对于第一种情况,热通量廓线为海维塞德函数(Heaviside function),浮力通量的不平衡率为 80%。对于第二种情况,假设热通量为线性廓线,不平衡率为 66%。对于第三种情况,假设热通量为余弦曲线[①]廓线,不平衡率也是非常大的。

① 原著中为 Sinusoidal(正弦曲线),但在表 2.9 中为余弦曲线 $\cos(y)$,故改。——译者注

表 2.9 三个理想化模型大洋与世界大洋中的浮力通量收支

浮力	一维模型(图 2.23)			世界大洋	
单位	无量纲			$10^8\ m^4/s^3$	
浮力廓线	$q=\begin{cases}1, & y<0.5\\ -1, & y>0.5\end{cases}$	$q=0.5-y$	$q=\cos(\pi y)$	年平均	月平均
增益	5/48	3/8	$\frac{1}{2\pi}+\frac{1}{\pi^2}$	2.16	6.15
损失	-1/48	-1/8	$-\frac{1}{2\pi}$	-2.37	-5.82
不平衡率	80%	66%	$\frac{2}{\pi+2}=39\%$	-10%	5%

对于世界大洋,我们来讨论仅由热通量导致的表层浮力通量,它定义为 $F_b=-g\delta\dot{\rho}/\rho_0=g\alpha q/\rho_0 c_p$,其中 q 为表层热通量,单位为 W/m^2。计算用的数据是气候平均的温度和盐度,并且热通量是基于 1948 年至 2001 年平均的 NCEP 数据。为保证通过海-气界面的净热通量准确为零,并为使热通量平衡,以满足定常状态的假设,我们对热通量场进行了修正。基于 NCEP 数据,世界大洋向下的总浮力通量约为 $6.15\times10^8\ m^4/s^3$,向外的浮力通量约为 $-5.82\times10^8\ m^4/s^3$,不平衡率约为 5%。这样,在海面处,向下浮力的净通量近似为 $3.3\times10^7\ m^4/s^3$,从海面向下,它必须逐步减小。然而,如果以年平均热通量来计算浮力通量,那么,向下浮力通量比向上浮力通量小 10%。

这两个计算过程之间的主要差别是平均热膨胀系数。因为热膨胀系数 $\alpha=-\partial\rho/\rho\partial T$ 对平均温度非常敏感,因此,年平均的浮力通量可以与月平均浮力通量有相当大的差异。因此,我们可以看到,尽管可以用观测数据良好地确定平均海-气热通量,但由于状态方程的非线性性质,平均海-气浮力通量却不能唯一地确定。

2.8 各种垂向坐标

在气象学和海洋学的理论研究和数值模式中采用了各种坐标系。经典的参考文献是 Kasahara(1974)。尽管在不同坐标系中物理问题是相同的,但数学公式的形式可能有差异。因此,采用特定的坐标系可以帮助我们简化公式,使得有关物理学的表述更加容易而清楚。

2.8.1 垂向坐标变换

设 $\zeta=\zeta(x,y,z,t)$ 为 z 的单值单调函数。对于任意因变量,我们有如下关系式 $A(x,y,z,t)=A[x,y,z(x,y,\zeta,t),t]$。应注意:有些选择可能会违反单值单调函数的要求。例如,如果我们选择位密 σ_0 为垂向坐标(如 2.4 节讨论过的),那么这个变换在大西洋就不是单调的。

A. 偏导数关系

对于垂向导数以外的偏导数,我们有

$$\left(\frac{\partial A}{\partial s}\right)_\zeta=\left(\frac{\partial A}{\partial s}\right)_z+\frac{\partial A}{\partial z}\left(\frac{\partial z}{\partial s}\right)_\zeta,\quad 其中\ s=x,y,t \tag{2.160}$$

B. 垂向导数的关系式

我们有如下关系式

$$\frac{\partial A}{\partial \zeta}=\frac{\partial A}{\partial z}\frac{\partial z}{\partial \zeta},\quad \text{或} \quad \frac{\partial A}{\partial z}=\frac{\partial A}{\partial \zeta}\frac{\partial \zeta}{\partial z} \tag{2.161}$$

将(2.161)式代入(2.160)式,给出

$$\left(\frac{\partial A}{\partial s}\right)_{\zeta}=\left(\frac{\partial A}{\partial s}\right)_{z}+\frac{\partial A}{\partial \zeta}\frac{\partial \zeta}{\partial z}\left(\frac{\partial z}{\partial s}\right)_{\zeta} \tag{2.162}$$

C. 二维算子

为方便起见,我们引入如下水平梯度算子

$$\nabla_z=\left(\vec{i}\frac{\partial}{\partial x}+\vec{j}\frac{\partial}{\partial y}\right)_z,\nabla_\zeta=\left(\vec{i}\frac{\partial}{\partial x}+\vec{j}\frac{\partial}{\partial y}\right)_\zeta$$

因此,我们有

$$\nabla_\zeta A=\nabla_z A+\frac{\partial A}{\partial \zeta}\frac{\partial \zeta}{\partial z}\nabla_\zeta z \tag{2.163}$$

$$\nabla_\zeta\cdot\vec{B}=\nabla_z\cdot\vec{B}+\frac{\partial\vec{B}}{\partial \zeta}\frac{\partial \zeta}{\partial z}\cdot\nabla_\zeta z \tag{2.164}$$

D. 全导数

在新的坐标系中,全导数,或所谓的物质导数,定义为

$$\frac{dA}{dt}=\left(\frac{\partial A}{\partial t}\right)_\zeta+\vec{v}\cdot\nabla_\zeta A+\dot{\zeta}\frac{\partial A}{\partial \zeta} \tag{2.165}$$

其中,$\dot{\zeta}=\frac{d\zeta}{dt}$为 ζ 坐标系中的"垂向速度"。应注意,这个量的量纲可以不是 LT^{-1}。

E. 水平压力

利用(2.163)式,我们得到

$$-\frac{1}{\rho}\nabla_z p=-v\nabla_\zeta p+v\frac{\partial p}{\partial z}\nabla_\zeta z=-v\nabla_\zeta p-\nabla_\zeta\phi \tag{2.166}$$

其中,$v=1/\rho$ 为比容,$\phi=gz$ 为重力势(geopotential)。

2.8.2 海洋学中常用的垂向坐标

在海洋学中已经应用了很多不同的垂向坐标。在这些坐标中,水平压强梯度项有不同的表达式。对于数值模式或数据分析来说,最好能把压强项简化为在坐标面上定义的流函数之梯度。另一方面,如果把压强项表示为两个大项之小差,那么可能会把数字的大误差引入到数值分析中。

A. z 坐标:$\zeta=z$

这是常用的垂向坐标,习惯上在平均海面处取 $z=0$,且 $z>0$ 向上为正。在这个坐标系中,方程(2.166)的最后一项消失了;这样,对于水平质量输送 $\rho f\vec{u}$ 而言,p 为流函数。

B. 压强坐标:$\zeta=p$

在这个坐标中,方程(2.166)右边的第一项消失。这样,重力势 $\phi=gz$ 是流函数。然而,由于(海面)自由升高(free elevation)[1]并不确定,故对于压强面而言,绝对重力势是未知的。这个

[1] 参见第135页的译者注。——译者注

问题可以采用相对于某一参考面的重力势来解决，方法如下。如果 p_0 为某一深处的参考压强面，即在压强面 p_0 处地转运动可以忽略，那么，流体静压近似给出

$$\phi - \phi_0 = -\int_{p_0}^{p} dp/\rho \tag{2.167}$$

引入比体积偏差（specific volume anomaly，即比容偏差）

$$\delta = v(S,T,p) - v(35,0,p) = v - \tilde{v} \tag{2.168}$$

由于 $\tilde{v}$ 在 $p=[p_0,p]$ 之间的积分只是 p 和 p_0 的函数，故它与 x,y 无关，这样对地转速度没有贡献。结果，动力高度 $-\int_{p_0}^{p}\delta dp$ 为水平体积输送 $f\vec{u}$ 的流函数。

采用压强坐标的主要优点如下。首先，采用压强来定义海水状态方程，使得基于压强坐标的密度计算简便易行。其次，在压强坐标中便于构建质量守恒模式。

在海洋研究中通常用 z 坐标，这是一种历史传统。然而，众所周知，在开阔海洋中收集到的大部分数据都是基于现场压强，而不是重力势高度（geopotential height，或称为地势高度）。另一方面，很多数据集和大多数数值模式是基于 z 坐标的。由于状态方程采用压强而不是重力势高度来定义，故这些数据和模式的应用就涉及这两种垂向坐标的转换。如果模式是基于压强坐标的，那么就不需要坐标转换了；然而，这并不是海洋学中通用的做法。

C. 比容偏差坐标

把海水密度减去压强效应，即

$$\delta_p = v - f(p) \tag{2.169}$$

便成了经过压强订正的比容偏差族中的一员，其中 $f(p)$ 仅为压强的函数。例如，比容偏差（steric anomaly）的传统定义为

$$\delta = v(S,T,p) - v(35,0,p) \tag{2.170}$$

也可以选用其他的 $f(p)$。利用（2.167）式，方程（2.166）的右边简化为

$$-v\nabla_{\delta_p}p + \nabla_{\delta_p}\int_{p_0}^{p} vdp = p\nabla_{\delta_p}v - \nabla_{\delta_p}(v_0p_0) - \nabla_{\delta_p}\int_{v_0}^{v} pdv \tag{2.171}$$

经过运算，它进一步简化为

$$-\nabla_{\delta_p}\pi = -\nabla_{\delta_p}\left(\delta_0p_0 + \int_{\delta_0}^{\delta} pd\delta_p\right) \tag{2.172}$$

其中，$\delta_0=\delta_0(S,T,p_0)$ 在压强面 p_0 上变化。因此，“加速度势（acceleration potential）”π［由 Montgomery（1937）首先引入］是体积输送 $f\vec{u}$ 的流函数。

D. 密度坐标

采用现场密度作为垂向坐标，方程（2.166）中的对应项简化为

$$-\nabla_\rho(p/\rho) + \nabla_\rho\int_{p_0}^{p} dp/\rho \tag{2.173}$$

因此，相应的流函数为

$$p/\rho - \int_{p_0}^{p} dp/\rho \tag{2.174}$$

类似地，一个完整的密度坐标族，称之为原压密度(orthobaric density)，可以定义为

$$\rho_p(S,T,p) = \rho(S,T,p) - f(\rho,p) \tag{2.175}$$

其中，$f(\rho,p)$仅是密度和压强的函数。容易看出，对于这样的密度坐标，存在一个准确的流函数。例如，如设$f(\rho,p)=f(p)$，那么经过一些运算后，方程(2.166)就简化为

$$\begin{aligned} -v\nabla_z p &= -v\nabla_{\rho_p}p + \nabla_{\rho_p}\int_{p_0}^{p} v dp \\ &= -\nabla_{\rho_p}(p_0 v_0) + p\nabla_{\rho_p}v - \nabla_{\rho_p}\int_{p_0}^{p} p dv \\ &= -\nabla_{\rho_p}\left\{\frac{p_0}{\rho_{p,0}+f(p_0)} - \int_{\rho_{p,0}}^{\rho_p}\frac{p d\sigma}{[\sigma+f(p)]^2}\right\} \end{aligned} \tag{2.176}$$

其中，$\rho_{p,0}=\rho_0-f(p_0)$为参考值。

E. 全球压强订正密度坐标

通过选取全球平均的绝热压缩率作为订正量，可以定义一种特殊的原压密度

$$\sigma_g(S,\Theta,p) = \rho(S,\Theta,p) - f(p) \tag{2.177}$$

$$f(p) = \int_{p_0}^{p} \overline{\rho K_\eta}^{\lambda,\Theta} dp \tag{2.178}$$

其中，K_η为海水的绝热且等盐的压缩率。应注意，在这一定义中采用了位温，因为它是一个上佳的守恒量。σ_g可以用做垂向坐标，并且它为诊断由全球尺度环流带来的水团特性提供了一种相对简易的工具。尤其是，如前所论证的，对于在σ_g面上的流动存在着一个准确的流函数；这样，在海洋总环流的数值模式中可以采用σ_g作为垂向坐标。

F. 位密坐标

如果我们选择$\zeta=\sigma$，即用位密作为垂向坐标，那么方程(2.166)就简化为

$$-v\nabla_z p = -v\nabla_\sigma p + \nabla_\sigma\int_{p_0}^{p} v dp \tag{2.179}$$

由于$v=\delta+v_0(p)$，且

$$\nabla_\sigma[pv_0(p)] - \nabla_\sigma\int_{p_0}^{p} v_0(p)dp - p\nabla_\sigma[v_0(p)] = 0 \tag{2.180}$$

那么方程(2.166)就简化为

$$-v\nabla_z p = -\left[\nabla_\sigma(\delta p - \int_{p_0}^{p}\delta dp) - p\nabla_\sigma\delta\right] \tag{2.181}$$

结果表明，(2.179)式右边的最后一项与前面两项具有相同的量级，因此该项不能忽略；这样，对于位密坐标，没有准确的流函数。

G. 其他的垂向坐标

有许多其他热力学变量也可以用做垂向坐标，比如位温、中性密度、熵，等等。然而，在此类的大多数垂向坐标中，水平压强梯度力项不能用流函数来表示。

2.9 埃克曼层

在上层海洋，海面之下存在一个薄边界层，在该层中，风应力与由垂向切变导致的湍流所引

起的摩擦力和压力所平衡。对该层的最早研究可以追溯到 Ekman(1905)的经典工作。然而,海洋中埃克曼层(Ekman layer)的结构却复杂得多,因为在埃克曼层中还存在着表面波、波破碎、湍流和其他的动力过程,比如斯托克斯漂流(Stokes drift)和兰米尔流胞(Langmuir cell)。

自从 100 多年前埃克曼提出了这个海洋摩擦层的理论以来,埃克曼层已成为海洋总环流架构(machinery)的基本要素之一。尽管埃克曼层在海洋动力学中占据着中枢的位置,而且为了观测到海洋中的埃克曼层,人们已做出了许多努力,但是,直到 20 世纪 80 年代中期才用测量设备观测到了上层海洋中埃克曼层的清晰图像(Price 等,1987)。甚至到了今天,关于海洋埃克曼层之结构的许多问题仍然没有弄清楚。本节中,我们仅局限于讨论埃克曼层的最基本理论,而把很多细节问题,留给读者通过阅读新近出版的文献来得到解答。

2.9.1 自由海面下埃克曼层的经典理论

对于海洋总环流的研究而言,埃克曼理论的最重要应用就是海洋对于施加于自由海面的风应力之响应。本节中,我们先从对垂向扩散系数做简单假定的模式开始,然后再进行更加全面的分析。在下面的分析中,我们假定海水密度是均匀的,且海洋处于准定常状态。

A. 模式方程的建立

模式方程是对于一个相对薄的(几十米厚)表层建立的,在该层中,湍流的垂向切变力在动力平衡中是一个支配因素。对于远离海岸和赤道的大洋内区之大尺度运动来说,水平动量方程组为

$$-fv = -\frac{1}{\rho_0}\frac{\partial p}{\partial x} + \frac{\partial}{\partial z}\left(A\frac{\partial u}{\partial z}\right) \tag{2.182a}$$

$$fu = -\frac{1}{\rho_0}\frac{\partial p}{\partial y} + \frac{\partial}{\partial z}\left(A\frac{\partial v}{\partial z}\right) \tag{2.182b}$$

其中,ρ_0 为参考密度,取常量。边界条件为:在海面之下很大深度处,速度为零,作用于海面的垂向应力应该与施加于海洋上的风应力相匹配,即

$$\text{当 } z \to -\infty \text{时,} \quad (u, v) \to 0 \tag{2.183}$$

$$\text{在 } z = 0 \text{ 处,} \quad A\frac{\partial u}{\partial z} = \tau^x/\rho_0, \quad A\frac{\partial v}{\partial z} = \tau^y/\rho_0 \tag{2.184}$$

其中,A 为涡动黏性系数。

通过把速度分解成如下两部分后,方程(2.182a)和(2.182b)简化成

$$u = U_g + u_e = -\frac{1}{\rho_0}\frac{\partial p}{\partial y} + u_e \tag{2.185a}$$

$$v = V_g + v_e = -\frac{1}{\rho_0}\frac{\partial p}{\partial x} + v_e \tag{2.185b}$$

其中,U_g 和 V_g 为速度的地转流速分量,它与压强梯度相平衡。我们假定埃克曼层的垂向尺度非常小(30 m 的量级),这样就可以忽略地转流速的垂向切变。这个速度分解方法给出了对于非地转流速的简化方程组

$$-fv_e = \frac{\partial}{\partial z}\left(A\frac{\partial u_e}{\partial z}\right) \tag{2.186a}$$

$$fu_e = \frac{\partial}{\partial z}\left(A\frac{\partial v_e}{\partial z}\right) \tag{2.186b}$$

该方程系很容易求解；然而，即使不解该方程组也可以导出若干简单的特性。实际上，对方程(2.186a)积分，并利用边界条件(2.183)和(2.184)，我们就得到

$$-f\int_{-\infty}^{0} v_e dz = A\frac{\partial u_e}{\partial z}\Big|_{z=0} = \tau^x/\rho_0 \tag{2.187}$$

类似地，我们可以得到第二个对于 u_e 的关系式；这样，对于埃克曼层积分的流量，我们有

$$-fV_e = \tau^x/\rho_0,\quad fU_e = \tau^y/\rho_0 \tag{2.188}$$

把这两个关系式结合在一起并用矢量形式写为

$$\vec{U}_e = -\vec{z}\times\vec{\tau}/f\rho_0 \tag{2.189}$$

其中，$\vec{U}_e$ 是在该海面边界层的整个深度上积分的总流量。因此，作用在上层海洋的风应力驱动了流量，即所谓的埃克曼输送(Ekman transport)，它在风应力方向之右 90°(在北半球)。流量线性地与风应力成正比且与科氏参量成反比。最有意义的是，埃克曼输送 $\vec{U}_e$ 并不依赖于 A(即使当 A 不是常量时)。

设 $\tau = 0.1\ \mathrm{N/m^2}$，$f = 10^{-4}/\mathrm{s}$，就有 $V_e = \tau/f\rho \simeq 1\ \mathrm{m^2/s}$。如果风生摩擦层有 20 m 厚，则水平速度为 $v_e \simeq 0.05\ \mathrm{m/s}$。因北大西洋海盆约为 6 000 km 宽，则由中纬度西风带驱动的向赤道流量为 $V_eL = 6\times10^6\ \mathrm{m^3/s} = 6\ \mathrm{Sv}$。

B. 埃克曼螺旋

为了探寻该边界层内部流速的垂向结构，我们需要对涡动扩散系数 A 有更多的了解。结果发现，这是一个非常复杂的问题。由于上层海洋中的波动和湍流运动，使得等效的涡动扩散系数难以测量，而且它不会是常量。然而，为了便于分析，我们仍假定涡动黏性系数为常量。

求解该方程系的方法恰似在二维不可压缩流体力学理论中所用的方法，即引入一个复数速度

$$M = u_e + iv_e \tag{2.190}$$

因此就把对应于两个未知变量(u_e,v_e)的方程简化成为单一未知变量 M 的方程

$$\frac{d^2M}{dz^2} - i\frac{f}{A}M = 0 \tag{2.191}$$

方程(2.191)的通解为

$$M = c_1e^{\lambda z} + c_2e^{-\lambda z},\quad \lambda = \frac{\sqrt{2}}{2}(1+i)\sqrt{\frac{f}{A}} \tag{2.192}$$

应用下边界条件，即当 $z\to-\infty$ 时，$M\to0$，得到 $c_2 = 0$。

在海面处，对应的边界条件为

$$\frac{dM}{dz}\Big|_{z=0} = \lambda c_1 = \frac{1}{\rho_0A}(\tau^x + i\tau^y) \tag{2.193}$$

这样，$c_1 = \dfrac{1-i}{\sqrt{2fA}\rho_0}(\tau^x + i\tau^y)$，最终的解为

$$u_e + iv_e = \frac{1-i}{\sqrt{2fA}\rho_0}(\tau^x + i\tau^y)Exp\left[\frac{\sqrt{2}}{2}(1+i)\sqrt{\frac{f}{A}}z\right] \tag{2.194}$$

这个解的形式是一个螺旋，称为埃克曼螺旋（Ekman spiral）。在北半球，海面速度矢量位于风应力方向之右45°，并且它随着深度的增加而做顺时针旋转（如图2.24所示）。

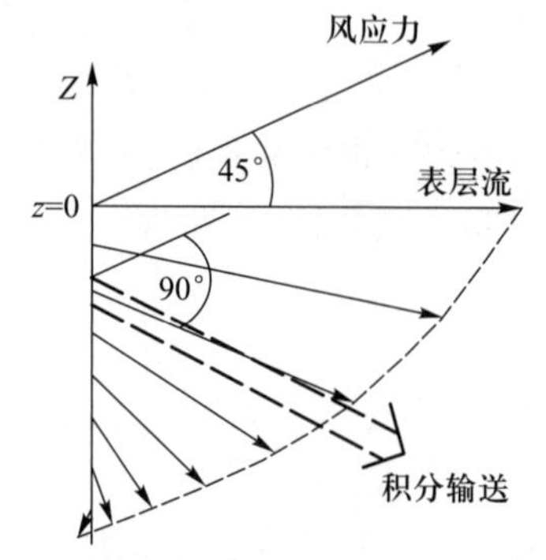

图2.24 北半球埃克曼螺旋的示意图。

作为一个例子，在图2.25中给出了根据(2.194)式算出的经典埃克曼螺旋，其水平速度在图中用实线表示。该图中的另外两条曲线是垂直涡动扩散系数为各向异性(anisotropic)时的情况，稍后再讨论。

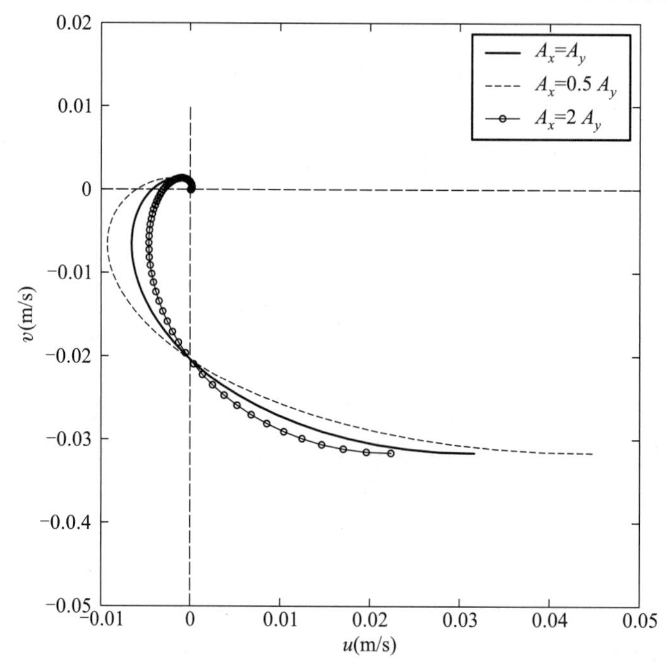

图2.25 埃克曼螺旋的典型廓线图。实线表示垂直扩散系数为各向同性的情况；带圆圈的线表示顺风的扩散系数两倍于侧风的情况；虚线表示侧风的扩散系数两倍于顺风的情况。①

C. 埃克曼泵

由于τ和f都有空间变化，故埃克曼输送具有水平辐散/辐聚，即所谓的埃克曼泵吸（上升流）/泵压（下降流）。埃克曼泵吸/压速率可根据连续方程来计算

$$u_x + v_y + w_z = 0 \tag{2.195}$$

利用海面边界条件，在$z=0$处，$w=0$，在埃克曼层之底部的垂向速度为

$$w_e = \int_{-H}^{0}(u_x + v_y)dz = \frac{\partial}{\partial x}\int_{-H}^{0}u_e dz + \frac{\partial}{\partial y}\int_{-H}^{0}v_e dz \tag{2.196}$$

其中，我们已假定了背景地转流速在空间上是均匀的，且H为常数。泵吸/压速度与风应力有如下关系

① 原著中此图的图例有误，现已更正。——作者注

$$w_e = \frac{\partial}{\partial x}\left(\frac{\tau^y}{f\rho_0}\right) - \frac{\partial}{\partial y}\left(\frac{\tau^x}{f\rho_0}\right) = \frac{1}{f\rho_0}\left[\frac{\partial \tau^y}{\partial x} - \frac{\partial \tau^x}{\partial y}\right] + \frac{\beta \tau^x}{f^2 \rho_0} \tag{2.197}$$

因此,埃克曼泵吸/压速率由两部分组成:第一部分来自风应力旋度,第二部分来自 β 效应。设风应力的尺度为 $\tau \simeq 0.1\ \mathrm{N/m^2}$,长度尺度为 1 000 km,则泵吸速度估算为 $w_e \simeq -10^{-6}$ m/s。在世界大洋之上,中纬度盛行西风而低纬度则为东风带。由中纬度西风带所驱动的向赤道埃克曼输送与由低纬度东风带驱动的向极埃克曼输送在亚热带海盆中辐合,结果使得在亚热带海盆上部普遍存在埃克曼泵压①(图 2.26)。类似地,中纬度区的强西风带与高纬度区的弱西风带或东风带,导致了亚极带海盆中的埃克曼上升流。这样,世界大洋的风应力旋度导致了海盆尺度的埃克曼泵吸/上升流。埃克曼泵吸/压是上层大洋环流的首位驱动力,这一点将与风生环流理论联系起来讨论。

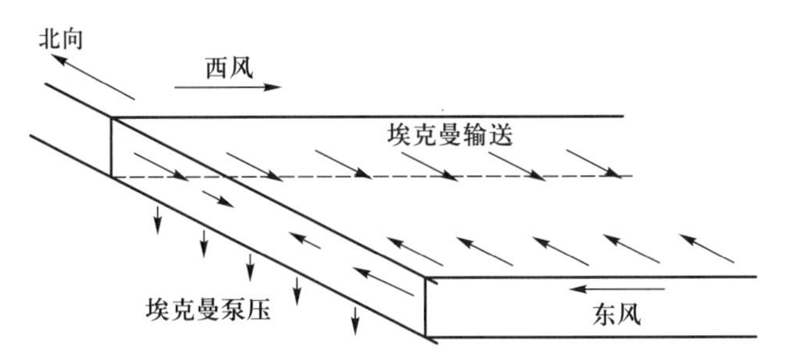

图 2.26 亚热带海盆中埃克曼泵压的示意图。

其他机制也能导致上升流/下降流。如(2.197)式的最后一项所表明的,科氏参量的变化,即所谓 β 效应,能够导致埃克曼上升流/下降流。此外,强烈的顺岸风也可以在沿岸海域驱动强劲的上升流/下降流。例如,在加利福尼亚沿岸附近,强烈的向赤道信风驱动了上层海洋中强劲的离岸埃克曼输送②。由于没有质量通量穿过海岸线,故海岸附近的海水必须从深层抽上来,以维持强劲的离岸埃克曼通量。沿岸海域的上升流/下降流是世界大洋水团循环(water mass cycle)的一个至关重要的分量。

2.9.2 非均匀垂向扩散系数下的埃克曼螺旋

尽管埃克曼理论已经被普遍视为现代动力海洋学的支柱,但由经典理论所预测的埃克曼螺旋却在很长时间内一直没有得到海洋观测的证实。根据该理论,对于定常的风应力,理论上,海面流速矢量位于风应力之右 45°(北半球),该速度矢量在垂直方向上以螺旋形式旋转。然而,实测表明,海面处风应力与表层漂流速度矢量之间的夹角却在 5° 到 20°之间(Cushman-Roisin, 1994)。新近的观测还显示,海面流速位于风之右超过预测的 45°的方向上。更重要的是,实测流幅减小的速率快于其向右旋转的速率,亦即在埃克曼层中实测的速度廓线看起来是"扁平"的(Chereskin 和 Price,2001)。

尽管为了找到能够符合观测结果的解已经做了很多努力,但在经典层流理论[扩散系数在空间上是各向同性的(isotropic)且不随时间变化]的框架内,大多数模式都没能产生实测到的

① 即下降流(downwelling)。——译者注

② 在我国闽浙沿岸附近,强烈的向极信风驱动了上层海洋中强劲的离岸埃克曼输送。——译者注

“扁平”螺旋。看起来，为了解释实测到的埃克曼层结构，在模式中必须加入其他的重要动力学过程，如通过海-气界面的浮力通量、层化、日循环或者甚至斯托克斯漂流（Price 和 Sundermeyer，1999）。

由于在上层海洋中有许多复杂的动力学过程，故对上层海洋的湍流耗散进行参量化仍是一个巨大的挑战。观测表明，正是在邻接海面之下的薄表层中，波动和湍流活动相当强，因此，耗散率（dissipation rate）接近常量或者随深度略微增加。然而，在该浅层之下，耗散率却随深度下降。在加利福尼亚流中的直接观测表明，湍流扩散系数在 20 m 以深呈指数下降（Chereskin，1995）。Terray 等（1996）进行了现场观测并发现在近表层中的耗散率值更大，且粗估为常量，但在该层之下则以 $|z|^{-2}$ 的速率减小。稍后 Terray 等（1999）进一步把它改进为 -2.3 次方。

用一个粗略的两层模式就可以把此种复杂性情况考虑在内，在这个模式中，每层都把垂向扩散系数取为幂函数。此外，对于垂向扩散系数随深度以指数形式变化的情况，可以用同样的方法来求解。在这两种情况下，解都以贝塞尔函数形式出现。在以往的研究中曾用过简单的线性廓线 $A=\alpha|z|$，例如 Madsen（1977）。这样一个廓线是值得怀疑的，因为在海面处这种廓线的湍流扩散系数为零，这是不可思议的（Huang，1979）。因此，在表层选取线性廓线似乎更为合理，即取 $n_1=1$，且扩散系数从海面处的有限值开始。对于第二层，取负幂次廓线，即 $n_2=-0.7$，对 Chereskin（1995）诊断的扩散系数来说，它是最佳拟合。对于两层模式的应用情况，请参考 Wang 和 Huang（2004a）的研究。

为缩小观测与经典埃克曼螺旋之间的差距，另一途径是放弃垂向扩散系数的各向同性假定。尽管在以往的例子中，把垂向扩散系数均假定为各向同性的，但是，由于表面波动和其他过程的存在，湍流扩散系数有可能是各向异性的（non-isotropic）。如假定埃克曼层中的湍流运动是各向异性的，那么埃克曼螺旋的结构可以通过以下方式很容易推导出来。为了简化起见，我们假定垂向扩散系数是各向异性的，但在垂直方向上仍为常量，即 $A_x=$常数，$A_y=$常数，但是 $A_x\neq A_y$。相应的非地转流速分量之动量方程组为

$$-fv_e = \frac{\partial}{\partial z}\left(A_x\frac{\partial u_e}{\partial z}\right) \tag{2.198a}$$

$$fu_e = \frac{\partial}{\partial z}\left(A_y\frac{\partial v_e}{\partial z}\right) \tag{2.198b}$$

对方程（2.198a）积分并应用边界条件，我们得到

$$-f\int_{-\infty}^{0} v_e dz = A_x\frac{\partial u_e}{\partial z}\Big|_{z=0} = \tau^x/\rho_0 \tag{2.199}$$

引入坐标变换

$$z = z'\sqrt{A/f} \tag{2.200}$$

其中，$A=\sqrt{A_xA_y}$ 为垂向扩散系数的几何平均。沿用以前的方法，我们可以引入复数速度

$$M = Ru_e + iv_e,\quad R = \sqrt{A_x/A_y} \tag{2.201}$$

于是，方程组（2.198a，2.198b）简化为

$$\frac{d^2M}{dz'^2} - M = 0 \tag{2.202}$$

满足当 $z\to-\infty$ 时无流动之解为

$$M = Ru_e + iv_e = c \cdot Exp\left[(1+i)\sqrt{\frac{f}{2A}}z\right] \tag{2.203}$$

应用海面处的应力边界条件,得到

$$c = \frac{1-i}{\rho_0}\sqrt{\frac{1}{2fA}}(\tau^x + iR\tau^y) \tag{2.204}$$

在各向异性垂向扩散系数的假定下的埃克曼螺旋结构如图 2.25① 所示。显然,如果扩散系数在空间上的分布是各向异性的,那么埃克曼螺旋的结构与经典的结构就有显著区别。

2.10 斯韦尔德鲁普关系、环岛规则和 β 螺旋

正如很多关于动力海洋学的导论性教科书中所述的,海洋风生环流基本结构的诸多方面已经在许多经典理论阐述过。本节中,我们对若干动力学定律做简要介绍。如同下面会提到的,这些定律本质上就是上层海洋位涡平衡的各种表达形式。

2.10.1 斯韦尔德鲁普关系

对于大洋内区的大尺度定常风生环流,非线性平流项是可以忽略的,所以 方程(2.133)和(2.134)中的时间变化项可以省掉。因此,在 β 平面上,可以用深度积分的方程组来描述

$$-fV = -P_x/\rho_0 + \tau^x/\rho_0 + F_x \tag{2.205}$$

$$fU = -P_y/\rho_0 + \tau^y/\rho_0 + F_y \tag{2.206}$$

$$U_x + V_y = 0 \tag{2.207}$$

其中,(U,V) 为深度积分的流量,(τ^x,τ^y) 为风应力分量,(F_x,F_y) 为底部和侧向的摩擦力并假设它们在狭窄的西边界之外都是可以忽略的,(P_x,P_y) 为压强梯度项,并可以根据密度结构进行计算。正如 2.6 节中讨论过的那样,流体静压关系可以简化为压强扰动与密度扰动之间的关系。

假设底摩擦和侧向摩擦都是可以忽略不计的,那么对方程(2.205)和(2.206)交叉微分并相减得到

$$\beta V = -(\partial\tau^x/\partial y - \partial\tau^y/\partial x)/\rho_0 \tag{2.208}$$

其中,$\beta = df/dy$ 为行星涡度的梯度。上式称为**斯韦尔德鲁普关系**(Sverdrup relation)。这个关系式代表了风生环流的基本涡度平衡,即在大洋内区含有经向平流的行星涡度梯度项为风应力旋度所平衡。这个关系式仅在大洋内区成立,因为在该区内其他各项,例如非线性平流项,底摩擦项或侧向摩擦项都远小于行星涡度项和风应力扭矩(wind-stress torque)项,因而在大洋内区的最低阶动力学平衡中可以省去。例如,在亚热带海盆,中纬度的西风带和低纬度的东风带产生了负的风应力扭矩。在此负涡度的驱动下,水块向赤道移动并因此形成了世界大洋中的反气旋型流涡。在第 4 章将讨论斯韦尔德鲁普关系的应用。

---

① 原著中误印为图 2.24,故改。——译者注

2.10.2 环岛规则

上述斯韦尔德鲁普关系是属于开阔大洋环流的。同样的方程组可以应用于围绕大洋中部大型岛屿(例如澳大利亚)的环流(Godfrey,1989).

对动量方程沿着图2.27中的*CBA*线积分,我们得到

$$P_C - P_A = \int_{ABC} \tau^l dl + \rho_0 f_B T_0 \tag{2.209}$$

其中,右边的积分是对风应力分量τ^l沿着路径的积分,T_0是通过这个断面的总体积通量(包括内区流动和西边界流)。推导这个关系式时,我们利用了如下的假定,即在大洋内区摩擦可以忽略,并且西边界流是半地转的①。由于西边界的宽度远小于海盆尺度,可以把上述公式应用于任何横断面,而不必特意提到包含了西边界流的区段。

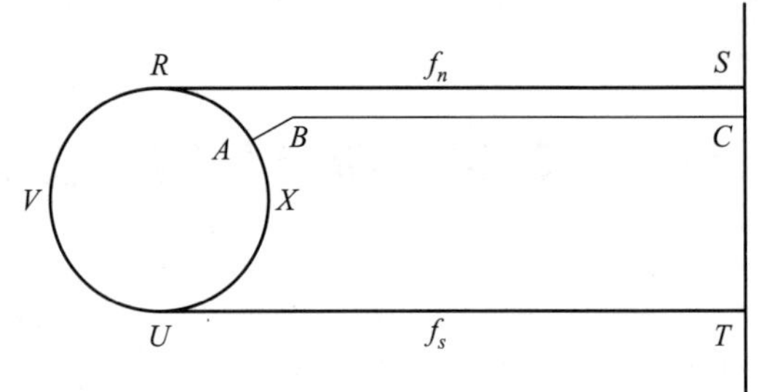

图2.27 环岛规则示意图。

由于没有质量通量跨过东边界,故沿着东边界*ST*段的类似积分给出

$$P_S - P_T = \int_{TS} \tau^l dl \tag{2.210}$$

将以上论证应用于*RSTU*段,我们有

$$P_R - P_U = \int_{UTSR} \tau^l dl + \rho_0 (f_s - f_n) T_0 \tag{2.211}$$

其中,f_n和f_s为北部和南部线段上的科氏参量(图2.27)。对于该岛西岸我们可以得到类似于(2.209)的方程;这样,环绕该岛的流量之最终表达式为

$$T_0 = \frac{1}{\rho_0 (f_n - f_s)} \oint_{RSTUV} \tau^l dl \tag{2.212}$$

其中的积分号表示沿着*RSTUVR*的完整回路进行积分。

注意,$f_R - f_U = \beta \Delta y$且$\oint \tau^l dl = curl\tau \cdot \Delta x \Delta y$,因此这个关系式可以简化为经典的斯韦尔德鲁普关系,即

$$T_0 = \frac{curl\tau}{\rho_0 \beta} \Delta x \tag{2.213}$$

应用环岛规则的最成功实例之一是预测了印度尼西亚贯通流的流量。根据直觉判断,人们可能认为贯通流的流量主要由当地外力(例如风应力和潮汐)所控制。然而,环岛规则在大尺度风应力与通过相对狭窄海峡的流量之间建立了可靠联系。

令人感到惊奇的是,甚至对于流动随时间变化且存在摩擦的情况,环岛法则也与观测符合良好。世界大洋中有许多大型岛屿,因此,环岛规则对理解那里的环流是一个非常强有力的工具。

---

① 在第4章中,将对半地转(semi-geostrophy)的概念进行详细讨论。——译者注

2.10.3 水平速度场的垂向结构

大尺度运动主要发生在水平方向上,水平速度场的垂向结构通过热成风关系由密度的水平结构决定。

A. 泰勒 - 普劳德曼定理

对于大洋内区的大尺度定常环流,时间变化项、摩擦项和惯性项都是可以忽略的;这样,动力学由地转关系和流体静压关系来调节

$$fv = p_x/\rho_0 \tag{2.214}$$

$$fu = -p_y/\rho_0 \tag{2.215}$$

$$0 = p_z + \rho g \tag{2.216}$$

从这些关系,我们可以导出热成风关系

$$fu_z = g\rho_y/\rho_0 \tag{2.217}$$

$$fv_z = -g\rho_x/\rho_0 \tag{2.218}$$

同时,泰勒 - 普劳德曼定理(Taylor - Proudman theorem)可以在不同的假定下得到。

(1) 对于均质流体,ρ = 常数

在这种情况中,水平密度梯度消失,故

$$u_z = v_z = 0 \tag{2.219}$$

这样,流体柱就像刚体一样运动,这一现象可以通过实验室实验演示出来。

(2) 对于在f平面近似下的层化流体,即f = 常数

这种情况下,我们增加了连续方程和密度守恒方程

$$u_x + v_y + w_z = 0 \tag{2.220}$$

$$u\rho_x + v\rho_y + w\rho_z = 0 \tag{2.221}$$

对动量方程交叉微分并利用连续方程得到

$$w_z = 0 \tag{2.222}$$

由于在海面处垂向速度为零

$$\text{在 } z = 0 \text{ 处}, \quad w = 0 \tag{2.223}$$

故方程(2.222)导致在水柱的所有深度上都有$w \equiv 0$。在海底处,非穿透条件为

$$\text{在 } z = -h \text{ 处}, \quad w = -\vec{v} \cdot \nabla h \tag{2.224}$$

因此,零垂向速度等效于

$$\text{在 } z = -h \text{ 处}, \quad \vec{u} \cdot \nabla h = 0 \tag{2.225}$$

即流动必须沿着等深线。由于$w = 0$,利用密度守恒和热成风关系(2.217)和(2.218),我们最终得到

$$-uv_z + vu_z = 0, \quad \text{即 } \vec{k} \cdot \vec{u} \times \vec{u}_z = 0 \tag{2.226}$$

这个关系式意味着在水柱的所有深度上流动的方向都是相同的。

这实质上是经典的"平行螺线管定律(law of parallel solenoids)"(Neumann 和 Pierson,1966)所得出的结论,并且,正是该定律在从1920年至1970年间的长时间内统治了物理海洋学的理论框架。正如该书第190页所言,"对于非加速、无摩擦的海流,流动必然永远地不仅平行于等压面,而且还平行于等密度面。如果不满足这个条件,质量分布将由流体运动所改变。由此还可得出,如果密度层化是连续的、而且上述假定成立,那么一个层次上的等压面和等密度面必须平行

于另一个层次的等压面和等密度面。”

尽管这个“平行螺线管定律”明显与观测相矛盾，但在很长一段时间内，却难以找到能够摆脱这样一种挺有说服力的理论的出路。对于这个关于平行螺旋管流动之貌似可靠的理论论证而言，真正的突破归功于 Stommel 和 Schott(1977)的先驱性工作，这将在下一节中讨论。

在讨论 β 螺旋之前，值得探寻一下这个貌似可靠论证的谬误之处。我们从下列基于现场密度的动量方程组开始

$$-fv = -p_x/\rho \tag{2.227}$$

$$fu = -p_y/\rho \tag{2.228}$$

对方程(2.227)式和(2.228)交叉微分，并利用连续方程(2.220)，我们得到

$$\beta v = fw_z + \frac{p_y\rho_x - p_x\rho_y}{\rho^2} \tag{2.229}$$

利用方程(2.227)、(2.228)和(2.221)，上式简化为

$$\beta v = fw_z + fw\rho_z/\rho \tag{2.230}$$

对这个方程中的每一项的量值可以做如下估算。假设有以下尺度：$f \simeq 10^{-4}/\mathrm{s}$，$w \simeq \Delta w \simeq 10^{-6}\ \mathrm{m/s}$，$\Delta\rho/\rho \simeq 10^{-3}$；这样，每一项的尺度为：$10^{-13}$、$10^{-13}$ 和10^{-16}(s^{-2})。上述尺度分析表明，垂向速度的辐聚主要是由于行星 β 效应。此外，动量方程中因密度变化而带来的贡献确实可以忽略。

通过仔细检查以上的分析，我们发现，(2.222)式是最有疑问的一步，并且对于层化的流动(stratified flow)的情况，f 平面的假定似乎是“平行涡线管定律”之问题的核心。

B. β 螺旋

在现代测量设备得到广泛应用之前，船基测量主要限于水文数据，比如温度、盐度和压强。尽管可以用热成风关系来计算地转速度的垂向切变，但是它不能给出总的速度。为了计算绝对速度，必须将斜压的速度场与某一深度上的已知绝对速度结合起来。在基于多普勒效应发展测流技术之前，要确定这样一个参考速度是非常困难的。常用的处理方法是选择一个相当深的所谓参考面。假定在这样一个参考面上的流动非常缓慢以致可以忽略，于是可以对从热成风关系推断的斜压速度从该参考面起进行垂向积分，从而得到绝对速度，这个参考面也称为无运动面。该方法已经得到广泛应用；然而，参考面的选择仍是有些人为性，因此寻找这样一个无运动面便成为大尺度海洋学的一个严峻问题。通过这样的寻找，出现了一项重要发现，即 β 螺旋。

本节中，我们将指出，如果 ρ 不是常数，那么水平速度矢量将随着深度旋转。我们从在定常状态之下的普遍形式的密度平衡开始

$$u\rho_x + v\rho_y + w\rho_z = A_H \nabla^2\rho + A_v\rho_{zz} - \alpha\dot{q}/c_p \tag{2.231}$$

其中，右边各项贡献依次为扩散系数为 A_H 的水平混合、扩散系数为 A_v 的垂向混合以及局地加热/冷却 $\dot{q}$。若定义水平速度矢量的角度 $\theta = \tan^{-1}(v/u)$，那么从方程(2.217)、(2.218)和(2.220)可导出一个旋转速率随深度变化的表达式

$$\frac{d\theta}{dz} = \frac{\gamma}{u^2 + v^2}(w\rho_z + \alpha\dot{q}/c_p + A_H\zeta_z/\gamma - A_v\rho_{zz}), \quad \gamma = \frac{g}{f\rho_0} \tag{2.232}$$

假定在大洋内区，混合与热力强迫是可以忽略的，那么这个方程就简化为

$$\frac{d\theta}{dz} = \frac{\gamma}{u^2 + v^2} w\rho_z \tag{2.233}$$

利用密度坐标，这个表达式简化为如下关系式

$$\frac{d\theta}{d\rho} = \frac{\gamma w}{u^2 + v^2} \tag{2.234}$$

上式意味着，如果垂向速度为零，那么，水平速度应该指向一个方向，亦即它在垂直方向上没有变化。相应地，对于一个水柱而言，不同深度处的密度面也应该向同一方向倾斜，这实质上就是“平行螺线管定律”的结论。

然而，在由风驱动的亚热带流涡中，埃克曼流量①的散度不为零，因而推动了亚热带海盆中的向下的运动，因此，w 不为零，而且是负的。由于背景层化满足 $d\rho/dz<0$，因此 $d\theta/dz$ 为正，这就意味着在北半球有一个右手（顺时针）螺旋；而在亚极带海盆，风应力旋度为正，故 w 为正；这样，$d\theta/dz$ 为负，这意味着左手（逆时针）螺旋。结果，在水柱不同深度处的密度面之倾斜方向在垂向上是旋转的。

β 螺旋意味着，u 和 v 必定在某个深度处跨过零点；这样，对于每一个水平速度分量来说都会存在“无运动面”。因此，就可以计算绝对速度了。Stommel 和 Schott（1977）首先根据实测密度场利用 β 螺旋计算了绝对速度。

假定海水为理想流体且运动是地转的，那么热成风关系（2.217，2.218）可以改写为

$$u_z = -\gamma h_y\rho_z; v_z = \gamma h_x\rho_z; \gamma = g/f\rho_0 \tag{2.235}$$

其中，h 为给定密度面的高度，h_x，h_y 分别为 x 和 y 方向的密度面之斜度。加之，我们有涡度方程

$$\beta v = fw_z \tag{2.236}$$

对于平底大洋，海底处的垂向速度为零。如果没有 β 效应，那么整个水体中的垂向速度都为零，而且根据（2.222）式，水平速度也不存在螺旋。因此，就把海洋中的这类速度螺旋称为 β 螺旋。

在等密度面坐标系中，垂向速度满足

$$w = uh_x + vh_y \tag{2.237}$$

将（2.237）式对 z 微分并利用（2.235，2.236）式，导出

$$uh_{xz} + v(h_y - \beta z/f)_z = 0 \tag{2.238}$$

因此，根据气候态的密度分布，可以计算 h_{xz} 和 h_{yz}。在某些深度处，系数 h_{xz} 或 $(h_y-\beta z/f)_z$ 可能消失，因而 u 或 v 分量会在这些深度上消失。结合热成风关系，可以把这些零速度面用于计算大洋中绝对速度的参考面。图 2.28 和图 2.29 给出了 β 螺旋的例子②。

从理想流体温跃层的简单解析模式中也可以计算 β 螺旋（图 2.30）。从这个解析模式（Huang，2001；将在 4.2 节讨论）中计算了 15°N 至 45°N 以及 0°N 至 60°N 亚热带流涡中的速度廓线；图 2.30 给出了对于矩形海盆 $[x,y]=[0:1,0:1]$ 中用无量纲坐标标出的四个站之结果。从中容易可以看出，水平速度以右手螺旋的形式旋转。

① 原著中为 flux，即 volume flux（流量），参见式（2.189）。——译者注

② 原著中，图 2.29 的流速单位有误，现已更正。——译者注

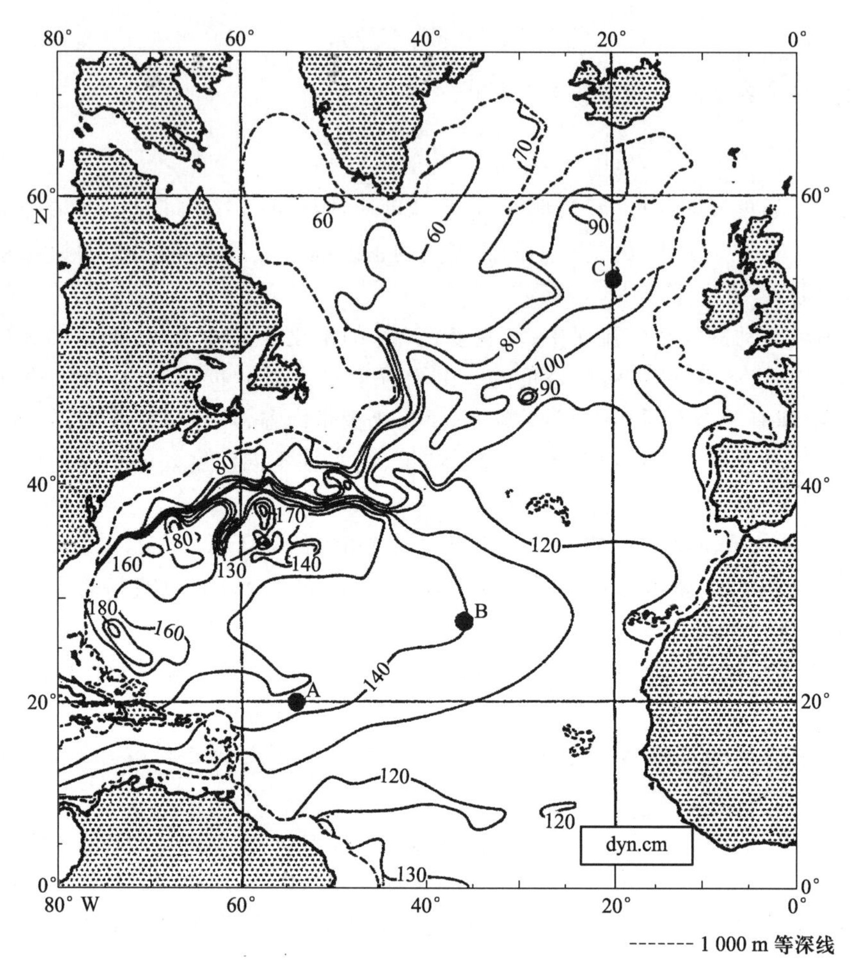

图 2.28 A、B 和 C 站的站位图(单位:动力厘米)。β 螺旋是在北大西洋相对于 1 500 db 的 100 db 层动力地形图上计算的(Schott 和 Stommel,1978)。

C. 冷却螺旋

在西边界附近或在亚极带海盆中,冷却过程可以成为一个支配因子。因此,冷却($\dot{q}<0$)在向下的方向上产生了一个逆时针旋转的螺旋。垂向平流项[①] $w\rho_z$ 与冷却项 $\alpha\dot{q}/c_p$ 之比为 $R = w\rho_z/(\alpha\dot{q}/c_p)$。在湾流的回流区内,我们有如下尺度:$w \sim 3\times10^{-7}$ m/s,$\rho_z \sim 3\times10^{-3}$ kg/m^4,$\alpha \sim 2\times10^{-3}$/K,$c_p = 4\ 200$ J/kg/K。假设 500 m 厚的层之冷却速率为 100 W/m^2,那么我们估算出:$\dot{q} \sim 0.2$ W/m^3,故对应的比值为 $R\approx0.009 \ll 1$。因此,在回流区内,向大气的热量损失抑制了层化的贡献,故形成了以逆时针方向旋转的一个冷却螺旋,它与亚热带流涡内部的顺时针 β 螺旋的旋转方向相反(Spall,1992)。

D. 从水文数据推断速度

大洋内区的大尺度运动由地转方程、流体静压方程、连续方程和密度守恒方程来描述

① 垂向平流项(vertical advection term),也称为对流项。——译者注

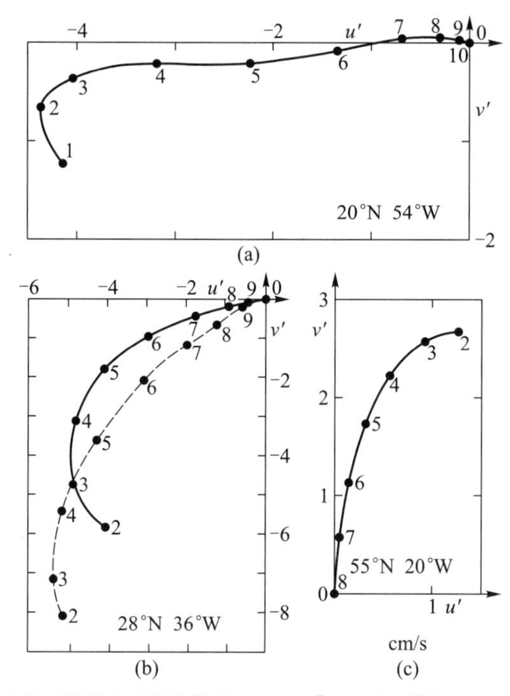

图 2.29 根据图 2.28 三个站位上的实测数据(深度单位:100 m)①,诊断计算给出的 β 螺旋(Schott 和 Stommel,1978)。

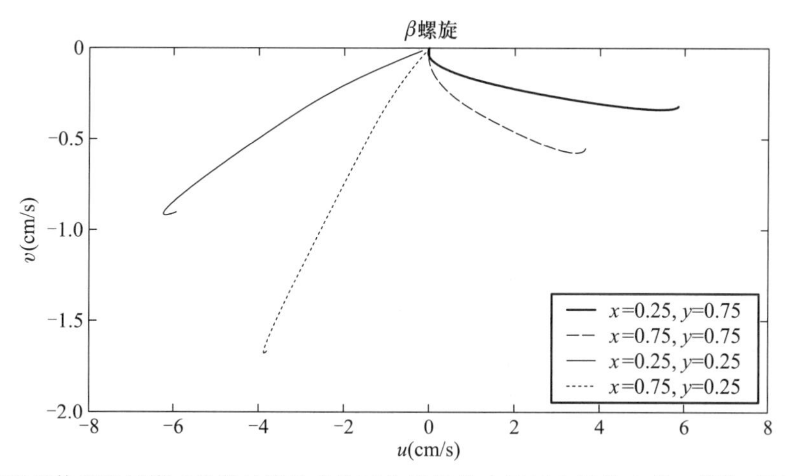

图 2.30 根据理想流体温跃层模式诊断计算给出的亚热带海盆内区四个站位上的 β 螺旋;粗(细)线表示在亚热带流涡北部,纬向速度为正(负)。

$$\vec{f} \times \rho_0 \vec{u} = -\nabla p - g\rho \vec{k} \tag{2.239}$$

$$\nabla \cdot (\rho \vec{u}) = 0 \tag{2.240}$$

$$\vec{u} \cdot \nabla \rho = 0 \tag{2.241}$$

从这些方程中,我们可以导出伯努利方程 $B = p + \rho g z$ 以及沿流线

① 原著中此图的流速单位有误,现已改正。——译者注

$$\vec{u}\cdot\nabla B=\vec{u}\cdot\nabla Q=0 \tag{2.242}$$

的位涡 $Q=f\rho_z$。因此，流线一定沿着 B 面与 Q 面的交界线，即速度应该具有如下形式

$$\vec{u}=A(x,y,z)\vec{P},\quad \vec{P}=\frac{\nabla\rho\times\nabla Q}{|\nabla\rho\times\nabla Q|} \tag{2.243}$$

于是，利用水文数据就可以计算 $\vec{P}$。把(2.243)式应用于相邻两个层次并利用热成风关系就可以计算常数 $A(x,y,z)$。取两个不同深度 z_k 和 z_m，我们可写出这样两组方程

$$A^{(k)}P_x^{(k)}-A^{(m)}P_x^{(m)}=\Delta u_{km} \tag{2.244}$$

$$A^{(k)}P_y^{(k)}-A^{(m)}P_y^{(m)}=\Delta v_{km} \tag{2.245}$$

其中

$$\Delta u_{km}=\frac{g}{f\rho_0}\int_{z_m}^{z_k}\frac{\partial\rho}{\partial y}dz' \tag{2.246}$$

$$\Delta v_{km}=-\frac{g}{f\rho_0}\int_{z_m}^{z_k}\frac{\partial\rho}{\partial x}dz' \tag{2.247}$$

为由热成风关系式得到的速度切变。如果(2.244,2.245)式的系数行列式是非零的，那么就可以确定这两个层的系数 $A^{(k)}$ 和 $A^{(m)}$，故可以确定这两个层次的水平速度。这个方法称为P矢量方法(Chu,1995)。把此方法应用于北大西洋，就得到了不同层次的水平速度场分布图(图2.31)。

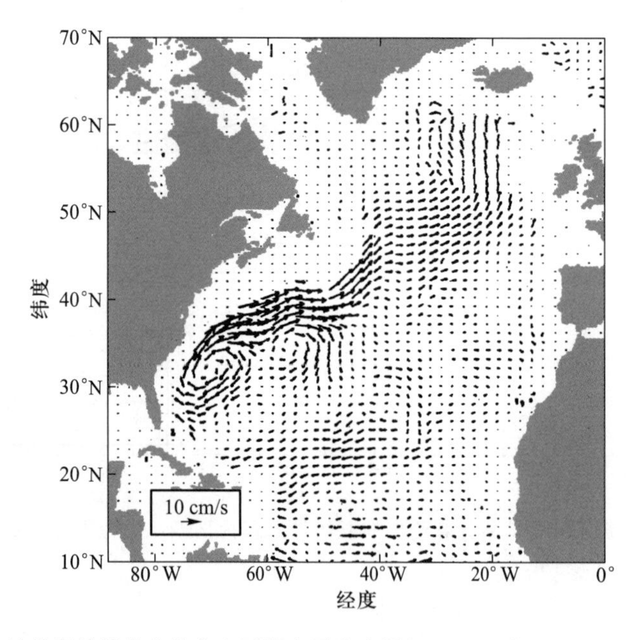

图2.31 根据P矢量方法诊断计算给出的北大西洋水平流速图(Chu,1995)。

P矢量方法与 β 螺旋方法在若干重要假定上都相当相似，其中包括地转性和位涡守恒。为了确定系数 A，我们不得不计算(2.232,2.233)式的系数行列式(determinant)；这样，计算中就包括了对密度场的二阶导数。

应用 β 螺旋方法和P矢量方法的一个主要实质困难在于计算中涉及等密度面斜度的二阶

导数。由于海洋中存在内波和中尺度涡，因此在水文数据集中包含了颇高能级的噪音。因此，利用β螺旋方法或利用引申出来的其他类似方法，从水文数据中来推断绝对速度，迄今还不是很成功[①]。随着现代仪器的快速发展，已经有更精确的方法可从观测中直接得到绝对速度。

① 长期以来，利用水文数据来推断海洋中绝对流速是物理海洋学家们孜孜以求的目标之一。对大洋内区来说，尽管β螺旋方法和P矢量方法与以往的解决方案相比有显著的优越性，但是，应用这两种方法，都需要从一个参考面算起，不同之处是β螺旋方法的参考面是零速面，而P矢量方法的参考面不一定是零速面。但在解决参考面的位置及其流速问题上，由于这两种方法在计算中均涉及等密度面斜度的二阶导数，而现有的大洋水文数据的精度尚不能满足这类计算的要求，故这一类计算方法还不是很成功。从根本上说，海洋中并不存在绝对零速面，但在一定的时空尺度上，如有能满足这类计算的精度要求的大洋水文数据，那么，对大洋内区的绝对速度计算来说，这两种方法是有实用意义的。——译者注

第3章

海洋环流的能量学

3.1 引　　言

能量学是气候系统的基本研究方向之一。在过去的几十年里,已经进行了许多针对海洋环流的能量学研究。尽管从更普遍的定义上,大洋总环流可以包括风生环流、热盐环流和潮流,但是其通用的定义只限于风生环流和热盐环流。

风生环流是风应力作用于海面的直接结果;因此,风生环流的能量学应该与风应力能量的输入紧密相联。然而,热盐环流的起因似乎很复杂,而且仍然是争论的热点。正如我们稍后就会说明,热盐环流的性质可以取决于研究者对所研究的问题之视角。因此,人们经常把海洋环流的能量学问题归结于研究热盐环流的起因。

3.1.1　能量学视角下的海洋

以往大多数关于热盐环流的能量学之研究集中在关于热能的平衡上,尤其是关于海-气热通量和热能的经向输送问题。《气候的物理学》(*Physics of Climate*)一书(Pcixoto 和 Oort,1992)便是一个典型的例子。在该书中,作者非常详细地讨论了热能的平衡和转变问题。

长期以来,在热盐环流研究中,人们并没有认识到机械能平衡的重要性,尤其是没有认识到来自风应力和引潮力的机械能源之重要性。不过,关于机械能的来源及其在维持海洋总环流中的潜在作用,以往已经有过一些讨论。事实上,早在1966年,Faller就在《第五届美国应用力学研究会议论文集》中发表了《大洋环流的能量来源和混合层理论》的初步报告。遗憾的是,一直到20世纪90年代末,这个重要问题几乎仍然没有受到关注。但从那时以来,机械能的平衡问题已成了科学家之间的一个热点议题。与大洋总环流能量分析的传统观点不同,我们专注于研究机械能的平衡及其在维持大洋总环流中的作用。

3.1.2　大洋环流的不同理论观点

人们从不同观点来研究热盐环流;因此,目前已有不少关于控制热盐环流基本机制的理论。然而,我们对于这个问题的理解还是不完全的,而且任何特定的规律或理论只能解释该问题的某些方面，而其余方面仍然没有解决。

A. 表层浮力理论

浮力理论认为，热盐环流是由于经向密度差所导致的压强梯度力驱动的，而这一密度差则是由经向表层浮力差建立的。

尽管地球的旋转使得水体的运动变得更为复杂，但热盐环流在本质上还是与经向压强差连在一起的。因此，表层热盐强迫力的改变应该会使热盐环流发生改变。特别是，在经向上浮力的巨大差异应该会导致强劲的经向翻转和向极的热通量。

B. 机械能理论

机械能理论认为，热盐环流是由风应力和潮汐耗散提供的外部机械能源所驱动的。

作为一个机械运动系统，环流需要机械能的能源来克服摩擦和耗散。然而，表层热盐驱动力不能有效地提供这种机械能；因此，需要外部机械能源以维持环流。所以，外部机械能源之强度与分布的改变应该会对热盐环流产生影响。在这个理论中，把表层热盐强迫力处理为形成热盐环流所需要的前提条件。

C. 熵理论

熵理论认为，海洋中的热盐环流是一个处于非热力学平衡状态的有序耗散系统。作为一个耗散系统，由于内部的耗散（包括动量耗散、热量传输和淡水混合），海洋内持续地产生熵。为了使该环流得以维持准定常状态，必须把该系统内产生的熵作为所谓的负熵流而从系统中消除。

事实上，太阳日射（solar insolation）向海洋输入了大量的低熵热能。这个低熵的能量通量用于驱动海洋（尤其是海－气界面附近的上层海洋）中许多极其重要的过程。例如，低熵通量随着光进入了上层海洋并且变成了维持海洋中光合作用过程的关键能源，而后者则代表了地球上生态系统的主要分量之一。总的来说，从海洋向大气输入的热通量具有低得多的温度，因此它是一个高熵通量。穿过海－气界面输入的低熵通量和输出的高熵通量之差产生了巨大的负熵流，它是维持海洋中的有序耗散系统（包括水的环流以及化学、生物和生态的循环）的驱动力。因此，很清楚，研究海洋中的熵平衡是揭示海洋环流结构的关键途径。

大多数已出版的论文和书籍中所讨论的并被普遍接受的热盐环流理论属于表层浮力类型的理论，这种理论认为，热盐环流是由表层热盐强迫力所驱动的。就能量学而言，对于一个准定常状态而言，总能量通量是接近平衡的，即满足热力学第一定律。

但是，能量的不同形式有不同的能质：根据热力学第二定律，热能与机械能并不是对等的。因此，出现了热盐环流的一种新范式。这种新理论断言，热盐环流是由外部的机械能驱动的，而不是由表层热强迫力作用带来的热能所驱动的。虽然总的能量通量是平衡的，但是输入的机械能具有高能质并且通过海洋内部的耗散转变成了低能质的热能。

熵理论是以熵的准确平衡为基础的，包括输入的熵源、内部生成的熵和输出的熵汇。目前，熵理论并没有得到足够的关注；但是，随着更深入地认识大洋总环流的复杂架构，这种状况在不久的将来或许会改变。本章着重阐述大洋总环流的能量学，尤其是世界大洋中机械能的平衡问题。

3.2 桑德斯特伦定理

3.2.1 作为热力学循环的海洋环流

A. 海洋是一部热机吗?

假如我们忽略潮汐能量对海洋环流的贡献,那么大气和海洋结合在一起就是一部热机。大气本身也可以看做一部热机,它通过下层加热、中层和顶层冷却来驱动,其效率为0.8%(其对应的卡诺循环的效率约为33%)。尽管海洋也受到热强迫力的作用,但是加热和冷却均施于海面处,即几乎是处于同一位势高度上。其实,海洋根本就不是一部热机。实际上,加热的差异只是热盐环流的一个前提,并不是环流的驱动力。海洋环流的驱动力是风应力和潮汐,它们提供了克服摩擦和耗散以维持海洋中准定常环流所需的机械能。因此,海洋是一个由外部机械能驱动的机械传送带,它输送着热能、水、二氧化碳和其他示踪物质。

很久以前,人们便认识到海面热强迫力并不能驱动海洋环流。桑德斯特伦(Sandstrom)在100年前就讨论过这个基本问题;在文献中他提出的假说被称为"桑德斯特伦定理"。

B. 桑德斯特伦定理

Sandstrom(1908,1916)考虑了海洋中稳定环流的机械能平衡问题。他的原始论文是用德语写的且难以理解,但是在Defant(1961)的书中可以找到关于他的思路的简明叙述。

假设环流是定常的,那么沿着一条闭合流线的环流应该不随时间而改变。对于运动的坐标系或绝对坐标系中的环流而言,这一论断都是成立的,亦即地球的旋转没有对环流做出贡献。因此,忽略(2.1)式中的旋转项,并且沿着一条闭合的流线对它进行积分,便得到

$$0 = \frac{dC}{dt} = \frac{d}{dt}\oint_s \vec{u}\cdot d\vec{x} = -\oint_s v\,dp + \oint_s \vec{F}\cdot d\vec{x} + \oint_s \vec{g}\cdot d\vec{x} \tag{3.1}$$

由于重力是重力势的梯度,所以最后一项为零。因为摩擦力总是使机械能损失,故该方程简化为

$$-\oint_s v\,dp = \oint_s p\,dv = -\oint_s \vec{F}\cdot d\vec{x} > 0 \tag{3.2}$$

其中,v和p分别为比容和压强;且积分是沿着闭合流线s进行的。因此,桑德斯特伦提出,在闭合流线所界定的每一个循环中,该系统应该能够产生出足以克服摩擦的净机械能。

遵循2.3节中讨论过的用于理想化的卡诺循环的方法,桑德斯特伦把海洋环流加以简化,对热机循环中的四个理想阶段采用如下假定(图3.1):

(1) 加热膨胀是在定常压强的条件下产生的(1→2);

(2) 从热源到冷源的转变是绝热的(2→3);

(3) 冷却压缩是在定常压强的条件下产生的(3→4);

(4) 从冷源到热源的转变是绝热的(4→1)。

我们规定压强坐标轴向下为正,即与图2.2中的方向正相反。此外,在下面的讨论中,如果系统对环境做功,则定义为正功。当系统经过一个如图3.1(a)[对应于图2.2(c)]所示的顺时针循环时,系统所做的功为

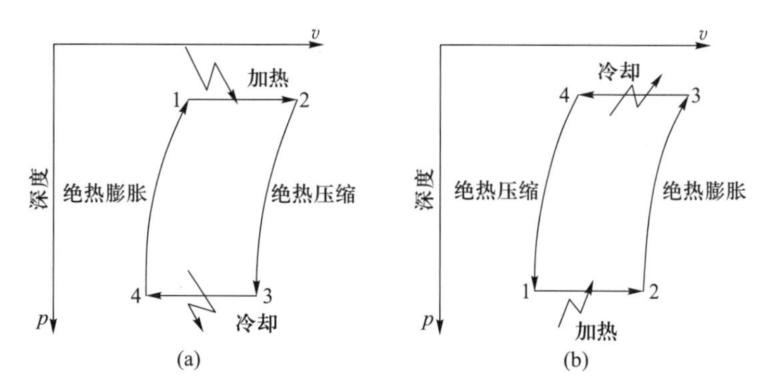

图 3.1 Sandstrom (1916)提出的关于海洋热盐环流的两类理想化卡诺循环。

$$-\oint_s vdp = -\int_{p_2}^{p_3}(v_{23} - v_{41})dp < 0 \tag{3.3}$$

因此,系统不能产生机械能来维持环流。

如图 3.1(b)[对应于图 2.2(b)]所示,如果系统经过一个逆时针的循环,即热源在高压一侧,冷源在低压一侧,那么系统所做的功为

$$-\oint_s vdp = -\int_{p_2}^{p_3}(v_{41} - v_{23})dp > 0 \tag{3.4}$$

亦即系统是能够产生机械能来维持环流的。因此,桑德斯特伦得出结论,只有当热源的位置低于冷源时,海洋中才能维持一个闭合的定常环流。

为了证明他的论断,桑德斯特伦也进行了实验室实验。在第一个实验中,热源放在低于冷源的位置处。他观测到,在加热层和冷却层之间出现了强大的环流。在第二个实验中,加热源放在高于冷却源的位置处。他报告称,环流没有出现,并在加热源和冷却源所在的层次之间观测到了稳定的层化。

桑德斯特伦定理可以简述如下:

只有当热源所在的位置低于冷源的位置时,才能维持海洋中闭合的定常环流(Defant,1961,p491)。

桑德斯特伦的理论受到了杰弗里斯(Jeffreys,1925)的质疑,他指出,任何水平密度(温度)梯度必定会引起环流。通过在密度平衡方程中加入扩散项,杰弗里斯得出结论,即使把加热源放在高于冷却源的位置处,也应该能产生环流。

在将桑德斯特伦定理应用于海洋环流时,就会出现一个严峻的难题。海洋的加热和冷却大多数来自其上层表面。由于热膨胀,受到加热的低纬度区的海平面要比受到冷却的高纬度区的海平面高约 1 m。根据桑德斯特伦定理,不应该有任何对流驱动的环流。但实际海洋中却存在着强劲的翻转环流,这看起来与桑德斯特伦定理相悖。

由于加热和冷却都施加于海面,它们实际上处于相同的高度上,如果系统没有额外的机械能来支撑环流,那么该环流将会极其微弱。然而,由于潮汐和风混合的作用使加热的有效深度下移,因此,世界大洋中观测到的环流是非常强劲的。

可以看出,把加热/冷却施加于海面处的无限薄层中并不会产生大量重力势能。另一方面,冷却则导致了不稳定的层化,随之而产生了对流翻转,由此导致了重力势能损失。

尽管以往人们认识到,在桑德斯特伦定理与海洋实情之间存在差异已有多年,但这个问题却在很长时间内没有得到解决。一些研究者试图找到一个能使加热穿透的深度远深于冷却到达的

深度之机制，但却没有得到令人满意的结果，因为高纬度处冷却产生的对流可以很容易地到达海面以下 1 km 或更深，而迄今还没有人能找到使加热效应达到更深的机制。

桑德斯特伦定理的困难可能来源于他的论证完全建立在热力学的基础上，却没有更严密的流体动力学分析。他的模式含有高度理想化的环流物理学，尤其是该模式完全排除了扩散、内摩擦和风应力。海洋中跨过等密度面的扩散系数要比分子扩散系数强 1 000 倍。在模式中包含扩散效应就能实质上改变模式的性能（behavior），特别是在环流能量学方面。

然而，层化流体中的垂向混合需要机械能以便在混合过程中使轻（重）的流体向下（向上）；因此，维持层化需要机械能。所以，热盐环流研究的关键问题之一就是混合的能源及其空间分布和时间演变。

C. 管道模型中由混合产生的环流

对于极端简单的情况，可以用一个管道模型（tube model）来研究海洋中的热力环流。该模型由在垂向平面上闭合的矩形环道构成（图 3.2）。假设这个环形管道之横断面大小相同且同为单位面积，并且假定跨过每一个横断面上的温度和速度均相同。假定冷源距原点（图中管道下臂之中点）的距离为 D，而热源位于管道上臂与冷源反向的位置处，那么当 $D>B$ 时，冷源位于管道右臂垂向高度 $D-B$ 处。当 $D>B+H$ 时，冷源位于管道上臂。冷源和热源的温度维持不变。流体满足布西涅斯克近似；换言之，加热和冷却并不改变该流体之体积。

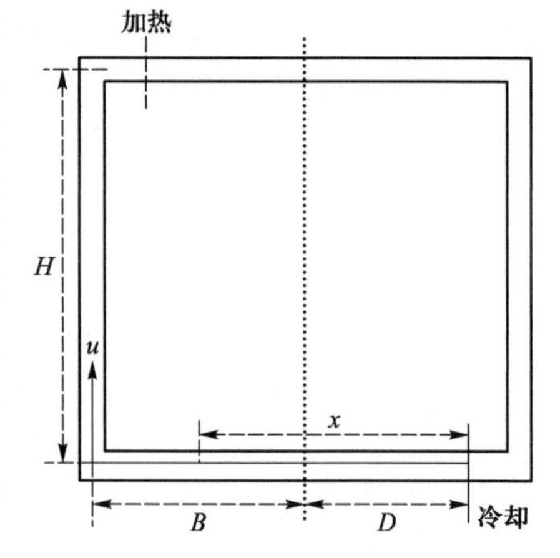

图 3.2 关于海洋的一个理想化管道模型（Huang，1999）。

定常状态下的密度分布由对流与扩散相平衡的下列一维方程所控制

$$u\rho_x = \kappa\rho_{xx} \tag{3.5}$$

其中，x 是沿着管道的坐标，κ 是混合系数。我们引入以下无量纲数：$s=\frac{x}{L}, b=\frac{B}{L}, d=\frac{D}{L}, h=\frac{H}{L}$，其中 $L=2B+H$。对冷源左（右）侧的解用上标"左（右）"表示

$$\rho^{左} = \rho_2 - \Delta\rho R_1(e^{\alpha s}-1), \rho^{右} = \rho_2 - \Delta\rho R_2(e^{-\alpha s}-1) \tag{3.6}$$

其中，ρ_2 为冷源处的密度，ρ_1 为热源处的密度，$\Delta\rho=\rho_1-\rho_2$ 是密度差。

$$R_1 = (e^{\alpha}-1)^{-1}, R_2 = (e^{-\alpha}-1), \alpha = \frac{uL}{\kappa} \tag{3.7}$$

若把上述解应用于海洋，可选择如下模型参数：$L=1$ km，$b=0.25$，$h=0.5$。在定常状态下，压强扭矩（pressure torque）由摩擦来平衡

$$\oint_s \rho\vec{g}\cdot d\vec{s} = r\rho_0 u \tag{3.8}$$

其中，$\vec{g}$ 为重力加速度矢量，r 是摩擦参数。

这个解表明，环流的强度主要取决于冷源的位置（图 3.3）。对于 $d<0.5$（热源位置高于冷源）的解在左图中给出。由于在正常情况下海洋中的扩散系数小于10^{-4} m^2/s，因此我们只关注

这幅图的左侧部分。对于任何一个给定的 d,环流几乎与混合系数 κ 成线性正比,但是它与摩擦参数 r 关系却不显著。因此,环流是由混合所控制的,而且在某种程度上它与热盐环流类似。

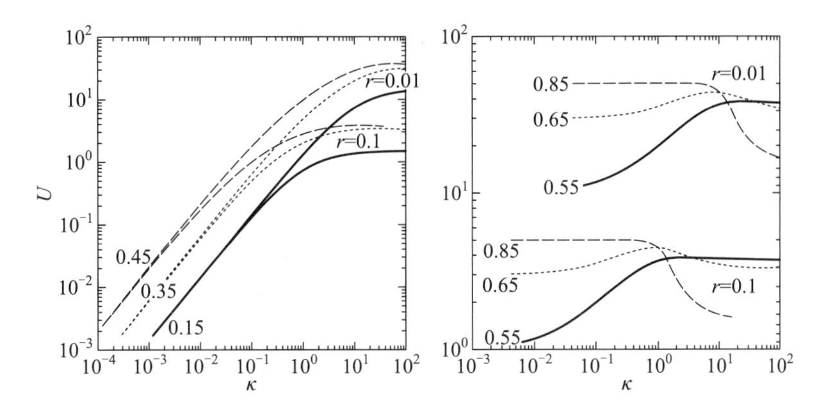

图 3.3 管道模型的效率:环流速率(U,单位:10^{-7} m/s)随混合系数(κ,单位:10^{-4} m^2/s)的变化。每幅图中左边的数字表示热源/冷源的相对位置 d(无量纲);图中右边的数值表示无量纲摩擦参数 r(Huang,1999)。①

为了得到10^{-7} m/s 量级的环流,我们需要量级为10^{-4} m^2/s 的混合系数。当混合很弱(其量仅为10^{-7} m^2/s,即分子扩散)时,无量纲速度的量级约为10^{-3}(带量纲的速度为10^{-10} m/s 或 3 mm/年),这样的速度是非常难以观测的。因此,我们可以说,尽管按照他们自己设定的条件,桑德斯特伦定理和杰弗里斯的论证都是正确的,但是在某种程度上,他们的论述既不完整也不准确。

图 3.3 中右图所示的 $d>0.5$ 的情况(冷源位置高于热源)表明,环流对于扩散系数的变化并不敏感。在这里,我们的讨论仍然集中于海洋中实际范围的扩散系数,即 $\kappa \leqslant 10^{-4}$ m^2/s。当 κ 的值变化 1 000 倍时,对应的环流速率只有微小的改变。然而,环流速率对摩擦参数 r 却十分敏感。例如,r 增大一个量级,将会使环流产生相同量级的变化。因此,我们可以说,当冷源位置高于热源时,环流是由摩擦控制的。

3.2.2 桑德斯特伦定理成立之条件

A. 纯粹热力驱动的环流

更细致的检验表明,可以把仅由热力强迫驱动的环流分为以下三种类型:

类型 1:热源所处位置的压强高于冷源的。众所周知,在这种情况下,会出现强劲的环流。在很多教科书中讨论的瑞利-伯纳德(Rayleigh-Benard)热力对流即属于这一类。

类型 2:热源所处位置的压强低于冷源的。Jeffreys(1925)认为,只要有水平密度差的地方,就应该出现环流;但是他没有指明这种环流有多快。虽然类型 2 的环流可能非常弱,但还是可以探测到的,这一点稍后将会进行讨论。

类型 3:热源和冷源处于同一压强位置。这种情况也被指为水平方向的非均匀加热或水平对流。这种类型的加热/冷却与海洋中的情形类似,因为如果忽略太阳辐射和地热加热的穿透作用,那么海洋中的加热/冷却就主要发生在上表层。如同下面很快就会看到的,这种类型的热盐

① 原著中此图的标注有误,现已更正。——译者注

环流非常弱。

B. 帕帕罗拉-杨定理(Paparella - Young theorem)

Paparella 和 Young(2002)讨论了布西涅斯克近似下,矩形海洋模式中的水平对流。他们的方法可以推广到由包括质量、动量和热能守恒的二维非布西涅斯克方程组与状态方程所控制的流动中(Wang 和 Huang,2005)。其基本方程组(连续方程、动量方程、热能方程和状态方程)为

$$\frac{\partial \rho}{\partial t} + \nabla \cdot (\rho \vec{u}) = 0 \tag{3.9}$$

$$\rho \frac{D\vec{u}}{Dt} = -\nabla p + \rho \vec{g} + \mu \nabla^2 \vec{u} \tag{3.10}$$

$$\rho c_p \frac{DT}{Dt} = \kappa \rho c_p \nabla^2 T - p \nabla \cdot \vec{u} + \Phi \tag{3.11}$$

$$\rho = \rho_0 [1 - \alpha (T - T_0)] \tag{3.12}$$

其中,$\rho(\rho_0)$为流体的密度(平均密度),g 为重力加速度,T 为温度,T_0 为常量的参考温度,p 为压强,c_p 为比热,α 为热膨胀系数,Φ 为耗散函数。

$$\Phi = \mu \left[2\left(\frac{\partial u}{\partial x}\right)^2 + 2\left(\frac{\partial w}{\partial z}\right)^2 + \left(\frac{\partial w}{\partial x} + \frac{\partial u}{\partial z}\right)^2 \right] + \lambda \left(\frac{\partial u}{\partial x} + \frac{\partial w}{\partial z}\right)^2 \tag{3.13}$$

其中,$\lambda = -2\mu/3$,是大多数流体通用的参量。

用速度矢量点乘(3.10)式得到机械能守恒方程

$$\frac{\partial}{\partial t}[\rho E_k + \rho g z] + \nabla \cdot [(\rho E_k + \rho g z + p)\vec{u}] = -p \nabla \cdot \vec{u} + \mu \nabla^2 E_k + \mu \|\nabla \vec{u}\|^2 \tag{3.14}$$

其中,$E_k = \frac{1}{2}\vec{u} \cdot \vec{u}$ 为单位质量流体的动能,$\|\nabla \vec{u}\|^2 \equiv \nabla u \cdot \nabla u + \nabla w \cdot \nabla w$ 为速度的变形。

在定常状态下,没有机械能通过边界进入/离开系统;因此,对(3.14)式求体积平均得到压强做功与耗散之间的简单平衡

$$\langle p \nabla \cdot \vec{u} \rangle - \mu \langle \|\nabla \vec{u}\|^2 \rangle = 0 \tag{3.15}$$

其中,$\langle \rangle$代表系综平均(ensemble average)。

假设 α 为常数,$p = p_0 + p'$,$p_0 = -\rho_0 g z$。作为上佳近似,(3.9)式可以简化为如下关系式

$$\nabla \cdot \vec{u} = -\frac{1}{\rho_0}\frac{D\rho}{Dt} = \alpha \frac{DT}{Dt} = \alpha \kappa \nabla^2 T \tag{3.16}$$

因此,

$$\langle p \nabla \cdot \vec{u} \rangle = -\rho_0 g \alpha \kappa \langle z \nabla^2 T \rangle \tag{3.17}$$

利用格林公式,$\langle z \nabla^2 T \rangle$简化为

$$\langle z \nabla^2 T \rangle = \frac{1}{HL}\iint z\left(\frac{\partial^2 T}{\partial x^2} + \frac{\partial^2 T}{\partial z^2}\right) dx dz = -\frac{\overline{T}_{顶部} - \overline{T}_{底部}}{H} \tag{3.18}$$

其中,H 和 L 为模式海洋中的深度和宽度,$\overline{T}_{顶部}$ 和 $\overline{T}_{底部}$ 分别为顶部和底部边界处的平均温度。对于来自具有线性变化参考温度的加热/冷却情况,上层边界处的平均温度为 $\overline{T}_{顶部} = (T_h + T_c)/2$,其中 T_h 和 T_c 分别为热端和冷端的温度;加之,底部温度不能低于 T_c,即 $\overline{T}_{底部} \geqslant T_c$;这样,方程(3.18)简化为

$$\langle z\nabla^2 T\rangle \geqslant -\frac{\Delta T}{2H} \tag{3.19}$$

其中，$\Delta T = T_h - T_c$，所以机械能的平均生成率为

$$\frac{1}{\rho_0}\langle p\nabla\cdot\vec{u}\rangle \leqslant \frac{\kappa\alpha g\Delta T}{2H} = \frac{\kappa g'}{2H} \tag{3.20}$$

这个关系式给出了热能转变为机械能的上限：$\langle p\nabla\cdot\vec{u}\rangle HL/\rho_0 \leqslant \kappa g' L/2$，它与水深无关。由方程(3.15)式可得，模式海洋内的平均耗散率应为

$$\nu\langle \|\nabla\vec{u}\|^2\rangle \leqslant \frac{\kappa g'}{2H} \tag{3.21}$$

其中，$\nu = \mu/\rho_0$。

利用帕帕罗拉－杨定理，可以直接给出世界大洋中表层热强迫力转变为机械能的上限。假设赤道－极地间的温度差为 $\Delta T \approx 30$℃，世界大洋平均水深为 $\bar{H} \approx 3.73$ km，$\alpha \approx 2\times10^{-4}/°\mathrm{C}$，$\kappa \approx 1.5\times10^{-7}$ m²/s，因而能量转变率为$\langle p\nabla\cdot\vec{u}\rangle \sim \rho_0 g\alpha\kappa\Delta T/2\bar{H} \simeq 1.2\times10^{-9}$ W/m³。海洋的总体积为 1.3×10^{18} m³，因此估计总的转变率要小于 1.5×10^{9} W。这只有潮汐耗散率的千分之一。由于进入海洋的总热通量约为 2×10^{15} W，因此，海洋作为热机的效率估计小于 7×10^{-7}，这个值是极其低的！如果我们利用进入上层海洋的太阳短波辐射的总热通量进行计算，那么海洋热机的等效效率只有上述的 1/20。

C. 帕帕罗拉－杨定理的延伸

帕帕罗拉－杨定理中的某些关键假定值得进行进一步探究。

- 假定在上/下边界附近的混合为分子混合。通常这可能是不对的。例如，如果海洋从下面加热并从上面冷却，那么众所周知，当雷诺数大于临界值时，海底之上的热力边界层可能呈湍流状态。另外，海表混合层实际上是一个由强烈的表面波和湍流控制的边界层。因而，即使海洋从上表层中加热和冷却，那么由于海洋的水平尺度极大且分子黏性极低，使得实际海洋中雷诺数的量级达到10^{10}或者以上，故由这种热力边界条件所驱动的环流可以处于湍流状态。因此，在不存在风强迫力或者潮汐作用的情况下，这种概念性海洋的环流仍然是理论上的一个挑战。
- 假定热膨胀系数为常量。实际上，它不是一个常量，并且由于状态方程中的非线性，迄今为止，我们仍然不知道如何对它作出修正。
- 流体静力近似假定。在热源(冷源)上(下)方的上升(下降)羽状流中，这个假定也许不成立，但对此，目前仍然不清楚如何对此假设进行订正。

3.2.3 检验桑德斯特伦定理的实验室实验

A. 以往实验室实验和数值实验的结果

从以往实验室实验和数值实验得到的大多数结果提示，由水平方向非均匀加热(horizontal differential heating)产生的环流占据了整个水槽深度；这种型式的环流称为完全穿透流(fully penetrating flow；Rossby，1965，1998)。

B. 新的实验结果

最近，桑德斯特伦定理的基本思想已经通过了实验室实验的检验，并且在实验中，利用充满盐水的双壁 Plexiglas 牌有机玻璃水槽($20\times15\times2.5$ cm³)仔细检测了由水平非均匀加热驱动的

环流(Wang 和 Huang,2005)。两个玻璃壁之间的真空提供了最佳的绝热条件。与以往涉及由上下边界加热/冷却所产生流动的多数实验室实验和/或数值模拟的结果相比,这个实验的新发现显示,环流表现为一个邻接热强迫力边界的浅层流胞,而不是贯穿整个水槽深度的流胞。

对下列四组实验的典型准定常平均流场进行了测量,如图 3.4 所示:

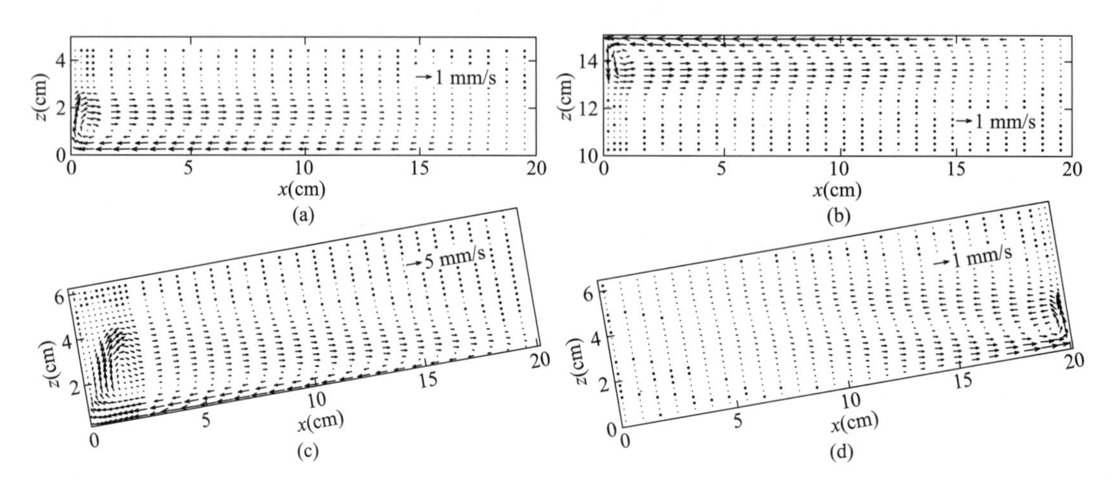

图 3.4　实验室实验得到的由纯粹热力强迫驱动的时间平均环流(Wang 和 Huang,2005)。

- 实验 1[图 3.4(a)]:在下壁处加热/冷却,并在左侧加热;
- 实验 2[图 3.4(b)]:在上壁处加热/冷却,并在右侧加热;
- 实验 3[图 3.4(c)]:在倾斜底壁处加热/冷却,并在左侧加热,且加热位置低于冷源;
- 实验 4[图 3.4(d)]:在倾斜底壁处加热/冷却,并在右侧加热,且加热位置高于冷源。

在这些实验中,热源的温差保持不变,即 $\Delta T = 18.5℃$。可以看出,顶部加热/冷却生成的流型是底部加热/冷却生成的流动之镜像。图 3.4(c)、(d)的流型与 3.4(a)、(b)的流型之间的差别相当大。一般来说,实验 3 的环流要比实验 1 强得多;环流流胞在加热端附近的高度相当高,但在冷却端附近则是浅而强。实验 4 与其他实验的差别则相当大[图 3.4(d)]。在这种实验中,环流流胞局限于水槽的右半部,而水槽的其余部分则未受扰动。此外,除了加热端附近外,环流与底边界是分离的。最值得注意的是,该环流的强度显著地减弱了。尽管如此,在所有这四组实验中,毫无疑问,这些环流都可以用肉眼识别。

上述结果表明,在流体的浅层中始终存在着一个相对稳定的定常环流,或者所谓的局部流胞环流。至此我们看到,尽管在该系统中没有输入任何外部机械能,但是在实验条件下,水平对流驱动的环流确实存在。因此,虽然由水平对流驱动的环流相当弱,但是,桑德斯特伦定理是不精确的。如果能把实验室实验的结果推广并应用于海洋中,那么我们可以得出如下结论,仅有表层热力强迫就能够驱动环流,但这样的环流却很微弱,以至于不能贯穿到深层大洋。当然,需要谨慎考虑的是:实验室实验和实际海洋存在许多主要差异,比如瑞利数、雷诺数和旋转效应都存在巨大的差异。

对于具有水平非均匀的热强迫力(实验 1 和实验 2)而言,其实验结果符合 Rossby(1965)提出的经典尺度分析之 1/5 幂次定律,即无量纲的流函数极大值遵循 $\Psi \sim Ra_L^{1/5}$,其中水平方向的瑞利数定义为 $Ra_L = g'L^3/\nu\kappa$,其中 $g' = g\alpha\Delta T$,κ 和 ν 分别为流体的分子扩散系数和黏性

系数。无量纲流函数极大值定义为 $\Psi=\tilde{\Psi}/\kappa$,其中 $\tilde{\Psi}$ 为带量纲的流函数极大值,定义为 $\tilde{\Psi}=\max\left|\int_0^\delta \bar{u}(z)\,dz\right|$。另一种选择是,也可以用垂向瑞利数 $Ra_\delta=g'\delta^3/\nu\kappa$,其中 δ 为邻接加热/冷却表面的速度边界层之厚度。不过,对于倾斜底的情况,环流似乎遵循不同的幂次定律(图 3.5)。所有这些结果表明,非均匀加热驱动的环流可能是非常复杂的,它对所施予的加热/冷却的边界斜度很敏感。

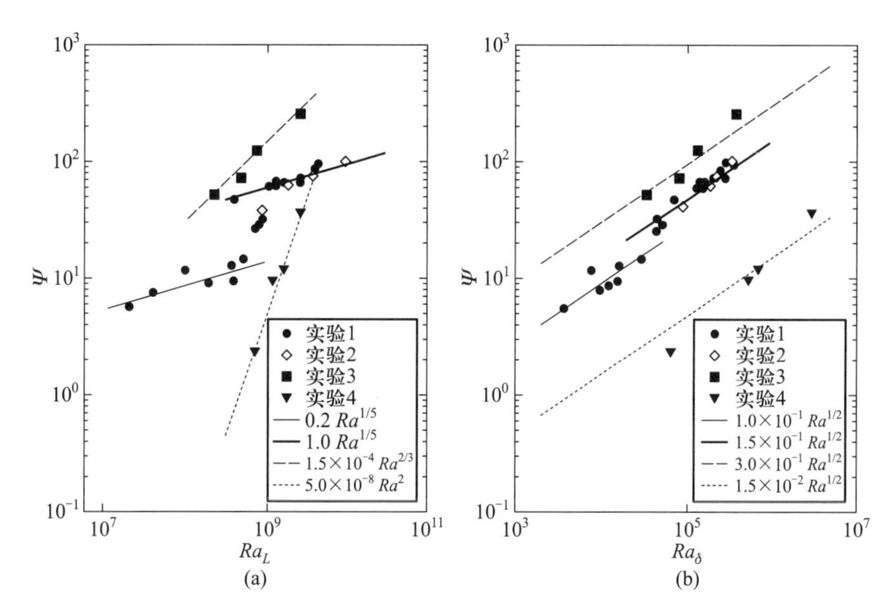

图 3.5 无量纲流函数极大值 Ψ 与瑞利数之间的关系:(a) 水平瑞利数(Ra_L);(b) 垂向瑞利数(Ra_δ)(Wang 和 Huang,2005)①。

C. 实验室实验提出的挑战

实验室实验经常会带来令人兴奋的问题。上述实验的结果与以往的结果差别很大,并且引出了很多问题:

- 为什么会出现与以往结果不一致的部分贯穿环流?在什么条件下,环流会完全贯穿?
- 对于具有倾斜底边界的情况,其尺度分析定律是什么?
- 实验室实验的尺度效应是什么?也就是说,如果加大水槽的尺寸(亦即使瑞利数大大增加),那么这些结果会发生质的改变吗?

D. 桑德斯特伦定理的主要局限性

桑德斯特伦定理的一个严重的局限性是忽略了风应力。风能是世界大洋中机械能平衡的最主要贡献者。风应力驱动了世界大洋的强大环流,其中包括上层海洋的埃克曼输送和南极绕极流。任何不含风应力贡献的大洋总环流的模式或理论都是不完整的,因此在阐述它们的涵义时要谨慎。

① 原著中此图的图例有误,现已更正。——译者注

3.3 作为双组分混合物的海水

海水含有许多种不同的化学组分,但是在动力海洋学研究中,如能对这个系统进行简化,那是非常理想的。通常的做法是把海水的热力学作为双组分系统来处理。这样假定的涵义是:海水中不同化学组分的比例是固定的[①],那么就可以把这些不同组分的动力学效应组合在一起,并作为单一组分(即海水中盐分的浓度)来处理。当把海水作为一个双组分的混合物处理时,每一组分,即盐分和纯水遵循相应的连续方程

$$\frac{\partial\rho_s}{\partial t}+\nabla\cdot(\rho_s\vec{u}_s)=0 \tag{3.22}$$

$$\frac{\partial\rho_w}{\partial t}+\nabla\cdot(\rho_w\vec{u}_w)=0 \tag{3.23}$$

其中,$\rho_s=\rho s,\rho_w=\rho(1-s)$,分别为海水中盐分和纯水的密度,且 s 为海水中盐的组分质量,它与通用盐度 S 的关系式为 $s=S/1\,000$;$\vec{u}_s$和 $\vec{u}_w$ 分别为海水中盐和纯水的速度[②]。注意:表达式中的速度分别对应于宏观水块的盐分和纯水之速度。用这种方式定义的速度包括了在给定时间和位置处小尺度湍流运动之贡献,因此它与很多研究中所用的系综平均速度是不同的。

3.3.1 随着质心运动的坐标系

为了更清晰地阐明系统,我们引入随质心运动的坐标系。质心的速度为

$$\vec{u}=\frac{\rho_w\vec{u}_w+\rho_s\vec{u}_s}{\rho_w+\rho_s} \tag{3.24}$$

把(3.22)与(3.23)相加便得到了以 $\vec{u}$ 和 $\rho=\rho_w+\rho_s$ 表示的连续方程

$$\frac{\partial\rho}{\partial t}+\nabla\cdot(\rho\vec{u})=0 \tag{3.25}$$

盐分和纯水的连续方程可以改写为

$$\frac{\partial\rho_s}{\partial t}+\nabla\cdot(\rho_s\vec{u}+\vec{J}_s)=0 \tag{3.26}$$

$$\frac{\partial\rho_w}{\partial t}+\nabla\cdot(\rho_w\vec{u}+\vec{J}_w)=0 \tag{3.27}$$

其中,$\rho_s\vec{u}$和 $\rho_w\vec{u}$ 分别是随着质心运动的盐分和纯水的平流输送,且

$$\vec{J}_s=\rho_s(\vec{u}_s-\vec{u}),\vec{J}_w=\rho_w(\vec{u}_w-\vec{u}) \tag{3.28}$$

是相对于质心的扩散通量。应注意,对于盐分和纯水的扩散通量而言,其量值相等、符号相反,即

$$\vec{J}_s+\vec{J}_w=0 \tag{3.29}$$

---

① 在历史上,曾认为海水中主要无机盐的组分之比为常量(Marcet,1819)。严格说来,尽管这一比例不是常量,但若假定它为常量,那么可以认为这是一个上佳的近似。——译者注

② 此处原著有疏漏,现已更正。——译者注

利用定义 $\rho_s = \rho s$ 及连续方程(3.25),可以将方程(3.26)改写为如下形式

$$\rho \frac{ds}{dt} = -\nabla\cdot \vec{J}_s \tag{3.30}$$

3.3.2 盐度平衡的自然边界条件

在以往很多研究中,海洋中盐度平衡采用的是松弛条件或虚盐通量条件。尽管这些边界条件便于使用,并且在这些边界条件下模式之解看起来挺不错,但这些边界条件却没有任何物理意义。在本节中,我们给出真正合适的海面盐度边界条件。在5.3.2节中将详细讨论不同类型盐度平衡的海面边界条件。

假定海面方程为

$$F(\vec{x}_s, t) = 0 \tag{3.31}$$

对上式取时间导数,得到

$$\frac{\partial F}{\partial t} + \vec{u}_F \cdot \nabla F = 0, \quad \vec{u}_F = \frac{d\vec{x}_s}{dt} \tag{3.32}$$

海面处的物理边界条件如下:离开海洋的淡水速率等于蒸发(减去降水)的速率 ω,且盐分没有离开海洋。尽管可能有非常少量的盐分被海面风吹离海洋,但这个量非常小,在动力海洋学的研究中可以忽略。因此,上部边界条件为

$$\rho_w(\vec{u}_w - \vec{u}_F)\cdot\vec{n} = \rho_w\omega \tag{3.33a}$$

$$\rho_s(\vec{u}_s - \vec{u}_F)\cdot\vec{n} = 0 \tag{3.33b}$$

其中, $\vec{n} = \nabla F/|\nabla F|$ 表示海面的外法线矢量。

当海面无运动时,$\vec{u}_F\cdot\vec{n} = 0$,且(3.33b)式表明,在海面处,$\vec{u}_s = 0$。这个条件应该解释为:在海面处,盐分湍流速度的垂向分量必须为零。在海面附近,我们可以用垂向上的一维模式来处理该过程。由于在上层表面处,$\vec{u}_s = 0$,故即使在该面之下,$\vec{u}_s \equiv 0$ 仍然成立。从概念上讲,可以把盐分处理成在空间上静止不动的,即盐分就像空间上的一个固定网格,而淡水则穿过这个盐分的网格。我们可以把降水和蒸发产生的淡水运动想象为水渗透到这个盐分网格中,恰如咖啡壶中的热水渗透过咖啡颗粒层那样。把(3.33)式中的两个方程相加,得到

$$(\vec{u} - \vec{u}_F)\cdot\vec{n} = \omega\rho_w/\rho \tag{3.34}$$

利用(3.32)式,上式化简为

$$\frac{\partial F}{\partial t} + \vec{u}\cdot\nabla F = \frac{\rho_w}{\rho}\omega|\nabla F| \tag{3.35}$$

方程(3.33b)可以改写为

$$(\vec{u}_s - \vec{u})\cdot\vec{n} = -(\vec{u} - \vec{u}_F)\cdot\vec{n} \tag{3.36}$$

利用(3.34)式、(3.36)式以及 $\vec{J}_s$ 的定义,得到了海面处盐分通量的扩散公式

$$\vec{J}_s\cdot\nabla F = -\omega\rho_w s|\nabla F| \tag{3.37}$$

不过,值得注意的是,这个表达式仅在海面之下成立。在海面之上,没有盐分且盐分通量恒等于零。

我们这里的讨论没有包括水-海冰之间的界面。由于海冰的生成和融化包含了纯水和盐分

通过水－冰界面的运动，因此，对应的边界条件就更加复杂。关于应用于水－冰界面的边界条件之详细讨论参见 Huang 和 Jin(2007)。

3.3.3 含蒸发过程的一维模式

为了更好地理解盐度边界条件，我们来考察一个一维模式(图 3.6)。为了对基本的思路做最佳的阐述，我们在模式顶部加上了一个想象的、无限薄的、盐度 $S=0$ 的淡水层。

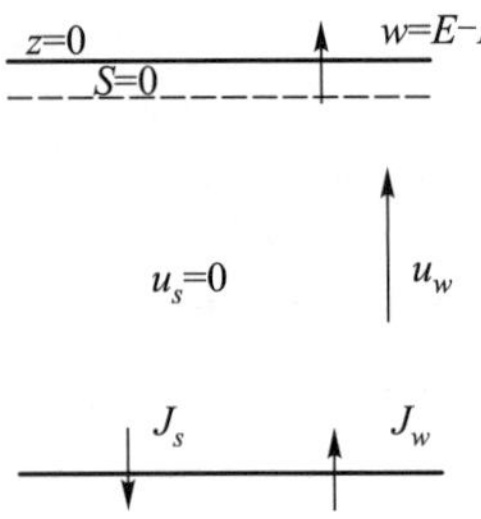

设大洋的蒸发速率为 ω。在这个一维模式中，质量守恒要求纯水平衡，即水的垂向通量应该是连续的。这样，在水柱的整个深度上，密度为 $\rho_w=\rho(1-s)$ 的淡水必须以同样的垂向速度 $u_w=\omega$ 向上运动；然而，另一个组分，盐分(其密度 $\rho_s=\rho s$)是不动的，即 $u_s=0$(图 3.6)。其质心的速度为

$$u=\frac{\rho_w u_w+\rho_s u_s}{\rho_w+\rho_s}=\frac{\rho_w}{\rho}u_w=(1-s)\omega \tag{3.38}$$

它相对于质心的对应的质量扩散通量为

$$J_w=\rho_w(u_w-u)=\rho_w s\omega=\rho s(1-s)\omega>0 \tag{3.39}$$

$$J_s=-J_w=-\rho s(1-s)\omega<0 \tag{3.40}$$

图 3.6 上层海洋中输送的一维平衡，在顶部含有一个想象的无限薄纯水层。所有通量都是在随质心运动的坐标系中定义的。

要注意，质心以速度 $u=(1-s)\omega$ 向上运动，它慢于蒸发速率，这是因为作为组分的盐分是不动的；这里定义的盐扩散通量是相对于质心的扩散通量。伴随质心的盐平流通量为 $u\rho_s=J_w$，其速度与盐扩散通量之速率相等，但符号相反。亦即 $J_w=-J_s$①。因此，盐平流通量恰为盐扩散通量所抵消。在表 3.1 中给出了该模式的水通量和盐通量之平衡。

表 3.1 一维定常模式中的水通量和盐通量之收支

	相对于质心的扩散通量	平流通量	总和
盐	$-\rho s(1-s)\omega$	$\rho s(1-s)\omega$	0
水	$\rho s(1-s)\omega$	$\rho(1-s)^2\omega$	$\rho(1-s)\omega$
总和	0	$\rho(1-s)\omega$	$\rho(1-s)\omega$

在固定的标准欧拉坐标系中，盐量平衡为

$$I_{s,平流}=\omega\rho_s \tag{3.41}$$

由于盐量处于准确的平衡状态，所以存在一个与盐平流通量相反的盐通量

$$I_{s,扩散}=-\omega\rho_s \tag{3.42}$$

因此，在随质心运动的坐标系中定义的盐扩散通量[见方程(3.40)]略微(约 3.5%)小于在固定欧拉坐标系中定义的盐扩散通量[见方程(3.42)]。这个差异是由于质心的速度 $(1-s)\omega$ 小于蒸发速率 ω 之故。

我们把以上的讨论应用于在一个纯水薄层之下的活动区。由于在纯水薄层内没有盐分，故其质心的速度准确地等于纯水的速度。结果，相对于质心的盐通量和水通量恒等于零。所以，在

① 原著中此式排印有误，现已更正。——译者注

大洋的顶部引入一个假想的淡水薄层,有助于我们搞清蒸发与降水带来的动力学过程;在本章最后,在分析世界大洋熵平衡时,我们将详细讨论这种过程。

3.4 质量、能量和熵平衡

作为一个动力学系统,大洋环流必须满足多个平衡定律,这些定律也是大洋动力学研究中所用的最重要的理论工具。在多数情况下,这些定律也称之为守恒定律;不过,熵是一个例外,因为它是一个特殊的非守恒的热力学变量,而且对于任何孤立的宏观热力学系统,熵从来不减小①。因此,我们采用“平衡定律”这个术语。

动力学和热力学的基本守恒/平衡定律已在各种教科书中有过广泛的讨论。我们将以最适合于风生环流和热盐环流研究的形式简洁地导出这些定律。本节将采用标准的张量记号,尤其是使用张量求和的表示方法,如用$\partial u_j/\partial x_j$表示

$$\sum_{i=1}^{3} \partial u_i/\partial x_i = \partial u_1/\partial x_1 + \partial u_2/\partial x_2 + \partial u_3/\partial x_3$$

3.4.1 质量守恒

$$\frac{\partial \rho}{\partial t} + \frac{\partial \rho u_j}{\partial x_j} = 0 \tag{3.43}$$

其中,$\{x_j\} = (x_1, x_2, x_3)$为坐标变量,$\rho$ 为密度,并且$\{u_j\} = (u_1, u_2, u_3)$为速度。

3.4.2 动量守恒

$$\frac{\partial \rho u_i}{\partial t} + \frac{\partial \rho u_i u_j}{\partial x_j} = -2\varepsilon_{i,j,k}\Omega_j u_k - \frac{\partial p}{\partial x_i} - \rho\frac{\partial \phi_0}{\partial x_i} + \frac{\partial \tau_{ij}}{\partial x_j} - \rho\frac{\partial \phi_T}{\partial x_i}, \quad i = 1,2,3 \tag{3.44}$$

其中,$\varepsilon_{i,j,k}$是三维排列(three-dimensional permutation)符号;重力势分为两部分

$$\phi = \phi_0 + \phi_T = gz + \phi_T \tag{3.45}$$

其中,ϕ_T 是引潮势,并且$\partial\phi_T/\partial x_i = [0,\ 0,\ g_T(x,y,t)\vec{k}]$是引潮力,它是一个预先给定的彻体力,在进行系综平均后,其量值仍不变。所有的力都作为动量改变的源泉。在流体动力学中,应力张量定义为

$$\sigma_{ij} = \tau_{ij} + \delta_{ij}p \tag{3.46a}$$

其中,第一项称为黏性应力张量,并且对于各向同性黏性流体,该项具有 Landau 和 Lifshitz (1959,p48)②导出的形式

① 原著中的表述并不准确,故有所改动。通常的陈述是,在任何孤立的宏观热力学系统内,在可逆过程的循环中,该系统的熵不减小。在一封闭系统中,过程是向着熵增加的方向进行的;如果在该系统中一切过程都是可逆的,那么在这种特殊情况下,熵保持不变。当在一个孤立的系统内进行不可逆过程时,该系统的熵增加。——译者注

② 本书是一本名著,俄文原版“Механика сплошных сред”(Л. Д. Ландау 与 Е. М. Лифщиц 合著)由苏联ГОСТИХИЗДАТ出版于1954年;英文首版于1959年出版;第一个中文版译自俄文原版,书名为《连续介质力学》(朗道等著,彭旭麟译),由人民教育出版社于1958年8月出版;第二个中文版根据Pergamon Press的1975年英文版“*Fluid Mechanics*(流体力学)”重新翻译(孔祥言、徐燕侯、庄礼贤译,童秉纲校),并由高等教育出版社在1983年出版。本书的最新俄文版分为《ГИДРОДИНАМИКА(流体力学)》和《ТЕОРИЯ УПРУГОСТИ(弹性理论)》两卷出版,后者的中文版已于2011年出版(朗道,栗弗席兹著.武际可,刘寄星译),前者的中文版将于2012年出版,均根据最新俄文版翻译。——译者注

$$\tau_{ij} = \mu\left[\left(\frac{\partial u_i}{\partial x_j} + \frac{\partial u_j}{\partial x_i}\right) - \frac{2}{3}\delta_{ij}\frac{\partial u_k}{\partial x_k}\right] + \mu'\delta_{ij}\frac{\partial u_k}{\partial x_k} \tag{3.46b}$$

在很多海洋学研究中，把海水处理为布西涅斯克流体；这样，散度项便消失了，并且对应的黏性应力简化为如下形式

$$\tau_{ij} = \mu\left(\frac{\partial u_i}{\partial x_j} + \frac{\partial u_j}{\partial x_i}\right) \tag{3.46b'}$$

3.4.3 重力势能守恒

把连续方程(3.4.1)乘以 $\phi = gz + \phi_T$，得到重力势能(GPE)守恒方程

$$\frac{\partial \rho\phi}{\partial t} + \frac{\partial \rho u_j \phi}{\partial x_j} = \rho u_j \frac{\partial \phi}{\partial x_j} + \rho \frac{\partial \phi_T}{\partial t} \tag{3.47}$$

3.4.4 动能守恒

我们可以通过速度点乘动量方程得到动能平衡方程。由于动量方程的各项可以用各种力来解释，故做功的速率为力与速度的标量积

$$\frac{\partial \rho K}{\partial t} + \frac{\partial \rho u_j K}{\partial x_j} = -u_j\frac{\partial p}{\partial x_j} - \rho u_j \frac{\partial \phi_0}{\partial x_j} + u_i\frac{\partial \tau_{ij}}{\partial x_j} - \rho u_j\frac{\partial \phi_T}{\partial x_j} \tag{3.48}$$

其中，$K = u_i u_i/2$ 为单位质量的动能。注意，科氏力项对能量没有贡献。

3.4.5 内能守恒

第二个能量守恒方程可以从热力学的能量守恒得到。对于一个体积为 V 、侧边界为 S 的水块来说，内能和动能之和的时间变化率必须等于各个力做功之和加上内部能源，即

$$\begin{aligned}\frac{\partial}{\partial t}\int_V \rho(e+K)dV = &-\int_S \rho(e+K)u_j n_j dA - \int_S p u_j n_j dA + \int_S u_i\tau_{ij}n_j dA - \int_S F_j n_j dA \\ &- \int_V \rho u_j\frac{\partial \phi_0}{\partial x_j}dV - \int_V \rho u_j \frac{\partial \phi_T}{\partial x_j}dV\end{aligned} \tag{3.49}$$

其中，$\int_S \rho(e+K)u_j n_j dA$ 为由通过边界的质量交换所产生的能量通量；$\int_S p u_j n_j dA$ 为压强在边界上做的功；$\int_S u_i\tau_{ij}n_j dA$ 为摩擦应力在边界上做的功；$\int_V \rho u_j \frac{\partial \phi_0}{\partial x_j}dV$ 为重力对整个水块做的功；$\int_V \rho u_j \frac{\partial \phi_T}{\partial x_j}dV$ 为潮汐输入到整个水块的能量；$\int_S F_j n_j dA$ 是因热量和质量通过边界扩散所产生的能量通量，通量 F_i 包括热通量与因跨过边界的盐水和淡水混合所产生的焓通量。

利用方程(3.29)和(2.66)，该通量可以改写为

$$F_i = q_i + h_s J_{s,i} + h_w J_{w,i} = q_i + (h_s - h_w)J_{s,i} = q_i + \frac{\partial h}{\partial s}J_{s,i} \tag{3.50}$$

其中，h_s 和 h_w 分别是盐分和纯水的比焓，q_i 和 $J_{s,i}$ 分别是界面热通量和盐通量的第 i 个分量。

因为方程(3.49)对于任意无限小体积都成立，故我们得到动能和内能守恒的微分方程

$$\frac{\partial\rho(e+K)}{\partial t}+\frac{\partial\rho u_j(e+K)}{\partial x_j}=-\frac{\partial pu_j}{\partial x_j}-\rho u_j\frac{\partial\phi_0}{\partial x_j}-\rho u_j\frac{\partial\phi_T}{\partial x_j}+\frac{\partial u_i\tau_{ij}}{\partial x_j}-\frac{\partial F_j}{\partial x_j} \tag{3.51}$$

从(3.51)式减去(3.48)式，得到内能守恒方程

$$\frac{\partial\rho e}{\partial t}+\frac{\partial\rho u_j e}{\partial x_j}=-p\frac{\partial u_j}{\partial x_j}+\rho\varepsilon-\frac{\partial F_j}{\partial x_j} \tag{3.52}$$

其中，

$$\rho\varepsilon=\tau_{ij}\frac{\partial u_j}{\partial x_i}=\frac{1}{2}\tau_{ij}\left(\frac{\partial u_i}{\partial x_j}+\frac{\partial u_j}{\partial x_i}\right) \tag{3.53}$$

为单位体积的耗散率。动能守恒定律可以改写为

$$\frac{\partial\rho K}{\partial t}+\frac{\partial\rho u_j K}{\partial x_j}=\frac{\partial\tau_{ij}u_i}{\partial x_j}-u_j\frac{\partial p}{\partial x_j}-\rho u_j\frac{\partial(\phi_0+\phi_T)}{\partial x_j}-\rho\varepsilon \tag{3.54}$$

利用连续方程，相应的内能方程(3.52)简化为

$$\rho\frac{de}{dt}=-p\frac{\partial u_j}{\partial x_j}+\rho\varepsilon-\frac{\partial F_j}{\partial x_j} \tag{3.55}$$

综上所述，现在我们得到了动能、内能和重力势能守恒的微分方程

$$\frac{\partial\rho K}{\partial t}+\frac{\partial\rho u_j K}{\partial x_j}-\frac{\partial\tau_{ij}u_i}{\partial x_j}+\frac{\partial pu_j}{\partial x_j}=p\frac{\partial u_j}{\partial x_j}-\rho u_j\frac{\partial(\phi_0+\phi_T)}{\partial x_j}-\rho\varepsilon \tag{3.56}$$

$$\frac{\partial\rho e}{\partial t}+\frac{\partial\rho u_j e}{\partial x_j}+\frac{\partial}{\partial x_j}\left(q_j+\frac{\partial h}{\partial s}J_{s,j}\right)=-p\frac{\partial u_j}{\partial x_j}+\rho\varepsilon \tag{3.57}$$

$$\frac{\partial\rho\phi}{\partial t}+\frac{\partial\rho u_j\phi}{\partial x_j}=\rho u_j\frac{\partial\phi}{\partial x_j}+\rho\frac{\partial\phi_T}{\partial t} \tag{3.58}$$

3.4.6 熵平衡

根据热力学，熵的微分关系为方程(2.52)，即

$$d\eta=\frac{1}{T}de+\frac{p}{T}dv-\frac{\mu}{T}ds$$

由连续方程(3.43)，得到

$$\rho\frac{dv}{dt}=\frac{\partial u_j}{\partial x_j}$$

利用方程(3.55)以及盐扩散通量与盐变化速率之间的关系式(3.30)，我们得到熵的平衡方程

$$\rho\frac{d\eta}{dt}=\frac{1}{T}\left(\rho\varepsilon-\frac{\partial F_j}{\partial x_j}\right)+\frac{\mu}{T}\frac{\partial J_{s,j}}{\partial x_j} \tag{3.59}$$

利用连续方程，以上方程可以改写为

$$\frac{\partial\rho\eta}{\partial t}+\frac{\partial\rho u_j\eta}{\partial x_j}+\frac{\partial}{\partial x_j}\frac{q_j}{T}+\frac{\partial}{\partial x_j}\frac{\partial h/\partial s-\mu}{T}J_{s,j}=\frac{\rho\varepsilon}{T}+q_j\frac{\partial}{\partial x_j}\frac{1}{T}+J_{s,j}\left(\frac{\partial h}{\partial s}\frac{\partial}{\partial x_j}\frac{1}{T}-\frac{\partial}{\partial x_j}\frac{\mu}{T}\right) \tag{3.60}$$

值得注意的一个重要问题是，跨过界面的机械能交换是无熵的(entropy-free)，这正是2.3.3小节所讨论过的。由3.3节可知，在海－气界面处的盐通量为零，因此方程(3.60)左边最后一项对全球海洋的贡献为零。这样，熵的变化有三个原因：与环境的热通量交换、因内部耗散所产生的熵以

及由于热量混合和淡水混合产生的熵。我们将在3.8节中对每一种熵的产生进行详细的分析。

3.5 世界大洋的能量方程

3.5.1 海洋中特性量积分的三类时间导数

对于给定的函数 $F(\vec{x},t)$ 和控制体积 V,$F(\vec{x},t)$ 的体积积分有三种不同类型的时间导数。

A. 偏导数

$$\partial_t I_{V_0} = \frac{d}{dt}\iiint_{V=V_0} F(\vec{x},t)\,dv = \lim_{\delta t\to 0}\frac{1}{\delta t}\left[\iiint_{V_0} F(\vec{x},t+\delta t)\,dv - \iiint_{V_0} F(\vec{x},t)\,dv\right] \tag{3.61}$$

这是在欧拉坐标系中固定的控制体积 $V=V_0$ 上的时间微分。由于在欧拉坐标系中,空间变量和时间变量是分开的,故微分和积分可以互相交换,即

$$\partial_t I_{V_0} = \frac{d}{dt}\iiint_{V=V_0} F(\vec{x},t)\,dv = \iiint_{V=V_0} \frac{\partial}{\partial t}F(\vec{x},t)\,dv \tag{3.62}$$

B. 物质导数

$$\partial_t I_{V(m_0)} = \frac{D}{Dt}\iiint_{V(m_0)} F(\vec{x},t)\,dv = \lim_{\delta t\to 0}\frac{1}{\delta t}\left[\iiint_{V(m_0)} F(\vec{x},t+\delta t)\,dv - \iiint_{V(m_0)} F(\vec{x},t)\,dv\right] \tag{3.63}$$

其中,$V(m_0)$ 表示在同一物质体积 $V(m)=V(m_0)$ 上进行积分。这是在随流体块运动的控制体积上取时间的导数。应注意:

- 尽管控制体积在欧拉坐标系中可以随时间而改变,但它总是由同样的质量要素组成的;这样,控制体积在拉格朗日坐标空间中是固定不变的。
- 微分和积分的次序是**不可交换的**。这在很多经典的教科书中[如 Kundu(1990)第77页]已讨论过了,事实上,存在如下关系

$$\frac{D}{Dt}\iiint_V F\,dv = \iiint_V\left(\frac{dF}{dt} + F\,\nabla\cdot\vec{u}\right)dv = \iiint_V \frac{\partial F}{\partial t}dv + \oint_S F\vec{u}\cdot\vec{n}\,ds \tag{3.64}$$

- 由于存在盐分扩散,物质导数对于海水而言是没有意义的。因为有了盐分扩散,故上述讨论中所用的物质面就难以界定。由于包含了扩散效应,故对于所有多组分的流体而言,都会有此类因物质微分和物质面的不精确而带来的问题。

C. 控制导数

$$\partial_t I_c = \frac{\delta}{\delta t}\iiint_{V(t)} F(\vec{x},t)\,dv = \lim_{\Delta t\to 0}\frac{1}{\Delta t}\left[\iiint_{V(t)} F(\vec{x},t+\Delta t)\,dv - \iiint_{V(t)} F(\vec{x},t)\,dv\right] \tag{3.65}$$

这是对于流体特性量在控制体积 $V(t)$ 上积分后的时间微分,它可以随时间变化且可以与环境进行质量交换。容易看出,控制导数取决于所指定的 $V(t)$。与海洋学中关系最紧密的例子就是,在整个世界大洋上积分后的海水特性量,定义为自由海面之下的水团。应注意:

- 由于存在蒸发、降水、径流和海冰的生成/消融,这个控制体积与大气/陆地/冰之间存在质量交换,其中包括水特性量的交换,例如由蒸发/降水、径流以及海冰生成/消融带来的纯水和盐的交换。这样,海洋的自由海面在欧拉和拉格朗日坐标系中都是一个运动面,因此对应的控制体积有空间上的变化。

- 微分和积分次序是**不可交换的**。
- 用这种方式定义的时间变率是与世界大洋中的海洋特性量(包括质量、动能、重力势能、内能和熵)平衡的速率之关系最为密切。

D. 例子

作为一个示例,让我们来考察单位水平面积的一桶水之质量平衡,其初始体积为 V_0、密度为 ρ_0。把控制体积 $V(t)$定义为自由表面下的总体积。我们将讨论两种类型的强迫力:加热和降水。

1) 加热

在 $t=t_0$ 时,总质量为 $m_0=V_0\rho_0$。当只有加热时,水温升高,但总质量保持不变 $m_1=m_0$。在 $t_0+\delta t$ 时刻,温度增加了 δT、总体积膨胀,且密度为 $\rho=\rho_0(1-\alpha\delta T)$。设 $F(\vec{x},t)=\rho$,于是对于这三类时间导数,我们有

$$\partial_t\iiint_{V_0}\rho dv<0,\quad \partial_t\iiint_{V(m_0)}\rho dv=0,\quad \partial_t\iiint_{V(t)}\rho dv=0 \tag{3.66}$$

由于热膨胀使密度减小,则第一个时间导数是负数,因此在原始体积中的质量就减小了。所以,对于这个特殊情况,控制导数和物质导数是相等的,因为与环境没有质量交换,因此在原则上,物质面已被清晰地界定。

2) 降水

首先,假定没有盐,$\rho=\rho_0$。在 $t=t_0$ 时,总质量为 $m_0=V_0\rho_0$①。在 $t_0+\delta t$ 时刻,$m_1=(V_0+\omega\delta t)\rho_0$,其中 $\omega=p$ 为(常量的)降水速率。选取 $F=\rho_0$,这样,对于这三类时间微分,我们有

$$\partial_t\iiint_{V_0}\rho_0 dv=0,\quad \partial_t\iiint_{V(m_0)}\rho_0 dv=0,\quad \partial_t\iiint_{V(t)}\rho_0 dv=\omega\rho_0>0 \tag{3.67}$$

其次,假定水中有盐,且初始盐度等于 S_0。设密度为盐度的线性函数 S,$\rho=\rho_0(1+\beta S)$。这样,降水的密度为 $\rho=\rho_0$。总质量为

$$\begin{aligned}&\text{当 } t=t_0 \text{ 时},m_0=V_0\rho_0(1+\beta S_0)\\&\text{当 } t=t_0+\delta t^{②} \text{ 时},m_1=m_0+\delta m=\rho_0[V_0(1+\beta S_0)+\omega\delta t]\end{aligned} \tag{3.68}$$

这样,$\dfrac{\delta m}{m_0}=\dfrac{\omega\delta t}{V_0(1+\beta S_0)}$,新的盐度为 $S=\dfrac{m_0S_0}{m_0+\delta m}\approx\left(1-\dfrac{\delta m}{m_0}\right)S_0$;密度的变化为 $\delta\rho=-\rho_0\beta\dfrac{\delta m}{m_0}S_0<0$。

通过选取 $F(\vec{x},t)=\rho$,我们有

$$\partial_t\iiint_{V_0}\rho dv=-\rho_0\frac{\beta S_0}{1+\beta S_0}\omega\delta t<0 \tag{3.69}$$

由于水的冲淡作用,上述导数之值为负的。在这个情况中,物质导数为

$$\partial_t\iiint_{V(m_0)}\rho dv=?? \tag{3.70}$$

即该项是无意义的,这是因为控制体积与降落下的淡水之间的物质交换(与水中盐的混合)使 $V(m_0)$已经失去其意义。这个简单的例子清楚地显示出了有关多组分扩散流体的物质导数之潜在问题。因为降水使得自由表面之下的总体积增加,故对应的控制导数是正的

①② 原著中此式排印有误,现已更正。——译者注

$$\partial_t \iiint_{V(t)} \rho dv = \omega \rho_0 > 0 \tag{3.71}$$

3.5.2 广义莱布尼兹定理和广义雷诺输送定理

为了理解各种海洋特性量的平衡关系，现在我们要建立一个广义输送定理。首先，我们回忆一下微积分中一个非常基本的定理——莱布尼兹定理：对于一维的情况，我们有

$$\frac{d}{dt}\int_{a(t)}^{b(t)} \phi(x,t)\,dx = \int_{a(t)}^{b(t)} \frac{\partial}{\partial t}\phi(x,t)\,dx + \phi[b(t),t]\frac{db}{dt} - \phi[a(t),t]\frac{da}{dt} \tag{3.72}$$

在三维情况下，相应的广义莱布尼兹定理（Kundu，1990，p75）为

$$\frac{\delta}{\delta t}\iiint_{V(t)} \phi(\vec{x},t)\,dv = \iiint_{V(t)} \frac{\partial}{\partial t}\phi(\vec{x},t)\,dv + \oiint_S \phi(\vec{x},t)\,\vec{u}_s \cdot \vec{n}\,dS \tag{3.73}$$

其中，时间导数由（3.65）式所定义，$\vec{u}_s$ 为控制体积 $V(t)$ 的运动边界之速度，随时间而变化；$\vec{n}$ 为边界 S 的外法线矢量（图 3.7）。

假定特性量 q 满足如下方程

$$\frac{\partial \phi}{\partial t} + \nabla\cdot(\vec{u}F) = q \tag{3.74}$$

其中，F（F 可以不同于 ϕ）为由该速度输送的某种特性量，q 为源的空间分布。（3.74）式的体积积分为如下关系式

$$\iiint_{V(t)} \frac{\partial \phi}{\partial t}dv + \oiint_S F\vec{u}\cdot\vec{n}\,ds = \iiint_V q\,dv \tag{3.75}$$

利用广义莱布尼兹定理（3.73）式，可把（3.75）式简化为广义雷诺输送定理

$$\frac{\delta}{\delta t}\iiint_{V(t)} \phi\,dv = \oiint_S (\phi\vec{u}_s - F\vec{u})\cdot\vec{n}\,ds + \iiint_V q\,dv \tag{3.76}$$

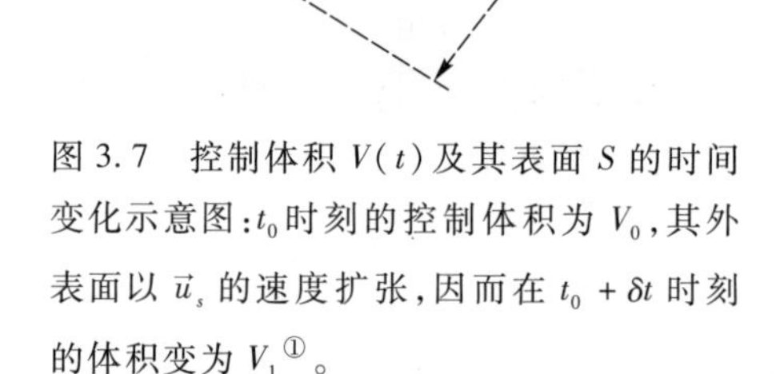

图 3.7 控制体积 $V(t)$ 及其表面 S 的时间变化示意图：t_0 时刻的控制体积为 V_0，其外表面以 $\vec{u}_s$ 的速度扩张，因而在 $t_0+\delta t$ 时刻的体积变为 V_1[①]。

因此，在随时间变化的控制体积中，其特性量的积分之总的时间变率由两项组成：右边的第一项为通过运动表面的净输送，第二项为分布在内部的源所做的贡献；通过运动表面的净输送是由运动边界引起的输送减去流体速度带来的输送。广义雷诺输送定理可以用于运动着的控制体积的情况，这种情况包括了与环境的可能质量交换。

3.5.3 正压潮的能量学

潮汐耗散是维持大洋总环流的机械能之源泉，稍后将讨论它的贡献。在讨论三维潮汐运动的耗散之前，先讨论正压潮是有益的。我们从拉普拉斯的潮汐方程开始

$$\partial_t u - fv = -g\partial_x(\zeta - \Gamma_T/g) + F_r^x/\rho_0 H \tag{3.77}$$

$$\partial_t v + fu = -g\partial_y(\zeta - \Gamma_T/g) + F_r^y/\rho_0 H \tag{3.78}$$

$$\partial_t \zeta + \partial_x(uH) + \partial_y(vH) = 0 \tag{3.79}$$

① 原著中该图有误，现已更正。——译者注

其中，ζ 为自由表面升高①，$\Gamma_T=\Gamma_T(x,y,t)$ 为正压引潮势（对应的引潮力为 $\vec{F}_T=-\nabla\cdot\Gamma_T$），$(F_r^x,F_r^y)=\vec{F}_r$ 为潮汐摩擦，ρ_0 为海水密度（对于正压潮，假定为常量），$H=h+\zeta$ 为水体总厚度，h 为海洋深度（为了简单起见，假定为常量）。

把(3.77)和(3.78)式分别乘以 $\rho_0 Hu$ 和 $\rho_0 Hv$ 后两式相加，便导出

$$\frac{1}{2}\rho_0 D\partial_t(u^2+v^2)=-\rho_0 gH(u\partial_x\zeta+v\partial_y\zeta)+\rho_0 H(u\partial_x\Gamma_T+v\partial_y\Gamma_T)+uF_r^x+vF_r^y \quad (3.80)$$

把(3.79)式乘以 $\rho_0 g\zeta$，我们得到

$$\rho_0 g\partial_t(\zeta^2/2)=-\rho_0 g\zeta[\partial_x(uH)+\partial_y(vH)] \quad (3.81)$$

把(3.80)式与(3.81)式相加，我们有

$$\frac{\rho_0}{2}\partial_t[H(u^2+v^2)+g\zeta^2]=\rho_0\left(\frac{u^2+v^2}{2}\right)\partial_t\zeta-\rho_0 g\nabla_h\cdot(\vec{u}D\zeta)+\rho_0 H\vec{u}\cdot\nabla_h\Gamma_T+\vec{u}\cdot\vec{F}_r \quad (3.82)$$

其中，$\nabla_h=\left(\vec{i}\frac{\partial}{\partial x}+\vec{j}\frac{\partial}{\partial y}\right)$ 为二维梯度算子。要注意，由于在侧向边界上的无法向速度条件或者周期边界条件，当在整个世界大洋上对(3.82)式积分时，含有水平速度的散度项就消失了。在一个潮周期上对(3.82)式取平均，便导出

$$0=\rho_0\overline{\left(\frac{u^2+v^2}{2}\right)\partial_t\zeta}+\rho_0\overline{H\vec{u}\cdot\nabla_h\Gamma_T}+\overline{\vec{u}\cdot\vec{F}_r} \quad (3.83)$$

应注意 $\overline{\vec{u}\cdot\vec{F}_r}<0$，因为摩擦力的方向与速度方向相反；因此，这是机械能的汇。上式右边的第一项和第二项表示引潮力产生的能量。利用连续方程(3.79)，可把(3.83)式中的能源项改写为

$$\rho_0\overline{\left(\frac{u^2+v^2}{2}\right)\partial_t\zeta}+\rho_0\overline{H\vec{u}\cdot\nabla_h\Gamma_T}=\rho_0\overline{(K+\Gamma_T)\partial_t\zeta}$$

其中，$K=(u^2+v^2)/2$ 为动能。这样，(3.83)式简化为

$$\rho_0\overline{(K+\Gamma_T)\partial_t\zeta}=-\overline{\vec{u}\cdot\vec{F}_r}>0 \quad (3.84)$$

由于潮汐耗散是机械能的一个汇，故(3.84)式左边的源项应该是正的，即垂向速度应该与潮汐的总机械能（引潮势和潮汐动能）正相关。

总机械能（引潮势与动能之和）与垂向速度之间的位相关系就像荡秋千。当孩子想使秋千荡得越来越高时，他/她要在秋千向上运动时站起来，在秋千落下时斜靠着坐下。

应注意，在上述讨论中，假设了引潮势和潮汐运动为时间的完整周期函数。实际上，引潮势、潮汐速度和潮汐振幅在漫长的地球地质时间上是缓慢下降的。尽管在上述讨论中省略了这种缓慢的下降，但是当我们从其他角度考察海洋总环流时，它们就不可以忽略了。例如，如果我们把潮汐运动与非潮汐运动（传统上称为大洋总环流）的重力势作为一个量来处理时，即使我们讨论

---

① 关于海面高度有多种提法和定义。这里的原文为 free surface height，在本书中的定义为该自由海面偏离当地某种平均海平面的距离；此外，在本书中还有 sea surface height、sea surface elevation 和 free surface elevation 等多种提法。其中，sea surface height（SSH，海面高度）这种提法常常出现在数值模式中，其定义则由数值模式规定（在计算时，其初始场往往设定为0），有时它可从卫星高度计资料（注意：从高度计得到的 SSH 资料是以地球理论椭球 GEOID 为基准面计算的，在应用上一般结合多年平均海平面来使用）中得到，有时它与后两种提法的含义相同。至于后两种提法在本书中的多数情况下实际上指的是同一种高度，即它们都定义为从当地海底起算到达自由海面的高度。至于本书中这些提法以及其他一些提法（如 surface elevation 等）的译名，我们将根据其上下文来确定，对此将不再一一加注。——译者注

几天到几个月时间尺度上的运动，我们也不能再忽略引潮势的下降。这将在下一节中给出解释。

3.5.4 海洋的能量方程

对于固定的流体块而言，其基本平衡方程(3.56)、(3.57)和(3.58)可以改写为如下形式

$$\frac{\partial}{\partial t}(\rho K) + \nabla\cdot[(p+\rho K)\vec{u} - \mu\vec{u}\Pi] = -\rho\vec{u}\cdot\nabla\phi + p\nabla\cdot\vec{u} - \rho\varepsilon \tag{3.85}$$

$$\frac{\partial(\rho e)}{\partial t} + \nabla\cdot\left[\rho e\vec{u} + \vec{q} + \frac{\partial h}{\partial s}\vec{J}_s\right] = -p\nabla\cdot\vec{u} + \rho\varepsilon \tag{3.86}$$

$$\frac{\partial(\rho\phi)}{\partial t} + \nabla\cdot(\rho\phi\vec{u}) = \rho\vec{u}\cdot\nabla\phi + \rho\frac{\partial\phi_T}{\partial t} \tag{3.87}$$

其中，$\vec{u}\Pi$ 为速度矢量与应力张量 $\Pi=\pi_{ij}$ 之积，因此 $(\vec{u}\Pi)_i = u_j\pi_{ij}$；$\vec{q}$ 为通过该流体块边界的热通量，它既包括上层海洋中来自入射的太阳辐射之辐射热通量，也包括由涡和湍流产生的热通量；$\vec{J}_s$ 为相对于质心扩散的盐通量(这个扩散盐通量在前面的章节中已讨论过)，它与基于固定欧拉坐标的数值模式中所定义的传统扩散盐通量略有不同)。我们把重力势分成两部分

$$\phi = \phi_0(z) + \phi_T(x,y,z,t) \tag{3.88}$$

其中，第一部分为不随时间变化的重力势；第二部分是由引潮力引起的，而引潮力是定义在时间和三维空间坐标中的函数，因此它与前面章节中讨论过的正压引潮势略有差别。

利用广义雷诺输送定理(3.76)式，这些方程可以改写为

$$\frac{\delta}{\delta t}\iiint_V \rho K dv = \oint\!\!\oint_S \rho K(\vec{u}_s - \vec{u})\cdot\vec{n}ds + \oint\!\!\oint_S(-p\vec{u} + \mu\vec{u}\Pi)\cdot\vec{n}ds - P + C - D \tag{3.89}$$

$$\frac{\delta}{\delta t}\iiint_V \rho e dv = \oint\!\!\oint_S \rho e(\vec{u}_s - \vec{u})\cdot\vec{n}ds - \oint\!\!\oint_S\left(\vec{q} + \frac{\partial h}{\partial S}\vec{J}_s\right)\cdot\vec{n}ds - C + D \tag{3.90}$$

$$\frac{\delta}{\delta t}\iiint_V \rho\phi dv = \oint\!\!\oint_S \rho\phi(\vec{u}_s - \vec{u})\cdot\vec{n}ds + \iiint_V \rho\frac{\partial\phi_T}{\partial t}dv + P \tag{3.91}$$

其中

$$P = \iiint_V \rho\vec{u}\cdot\nabla\phi dv \tag{3.92}$$

为重力势能与动能之间的交换速率

$$C = \iiint_V p\nabla\cdot\vec{u}dv \tag{3.93}$$

为内能与动能之间的交换速率，而

$$D = \iiint_V \rho\varepsilon dv \tag{3.94}$$

为耗散速率，即从动能转变而来的内能。由于蒸发和降水，边界处的流体速度与边界速度可能略有不同

$$(\vec{u}_s - \vec{u})\cdot\vec{n} = \text{降水} - \text{蒸发} \tag{3.95}$$

因此，从方程(3.89)、(3.90)和(3.91)右边的第一项可以看出，全球水循环能够对世界大洋的能量做出贡献。

把这些方程加起来，我们发现所有能量的转变项，即 P、C 和 D 项正好互相抵消。由此得出

这样的结论:潮汐的能量贡献来自重力势能平衡方程(3.91)中的 $\iiint_V \rho \frac{\partial \phi_T}{\partial t} dv$ 项。若忽略海水的密度变化,人们可以说,对引潮势的时间微分之体积积分为零,并由此得到下述结论:潮汐的能量贡献非常小并且是可以忽略的。

然而,更细致的考察发现,在上述论证中可能有概念性错误。让我们将密度分为两部分,$\rho = \rho_0 + \rho'$,其中,ρ_0 为平均参考密度。那么,潮汐贡献项可以改写为

$$\iiint_{V(t)} \rho \partial_t \phi_T dv = \rho_0 \iiint_{V(t)} \partial_t \phi_T dv + \iiint_{V(t)} \rho' \partial_t \phi_T dv \tag{3.96}$$

要注意,引潮势基本上是水平位置的函数,而在垂直方向上只有百分之几的变化,因此引潮势的时间导数之体积积分等于

$$\rho_0 \iiint_{V(t)} \partial_t \phi_T dv \simeq \rho_0 \iint_A h \partial_t \phi_T dxdy + \rho_0 \iint_A \zeta \partial_t \phi_T dxdy \tag{3.97}$$

在一个潮周期上对(3.97)式积分时,右边第一项因海洋深度(h)不随时间变化而消失,因此只留下了自由海面升高项。利用分部积分法积分后,得到了对应的在一个潮周期上平均的潮汐贡献为 $-\rho_0 \overline{\partial_t \zeta \phi_T}$。如同前面讨论过的,为了维持潮汐环流①,引潮势与垂向速度应该是正相关的,因此这一项是负的。结果,从这一公式的推导中,我们发现,潮汐贡献原来是负的。

这样一来,这个公式的推导并没能对潮汐能量在全球环流中的作用提供清晰的解释。这一点并不奇怪:更细致的检验揭示了该公式在推导中存在的问题。在方程(3.91)中,把引潮势作为大洋环流系统总能量的一部分而包括其中。众所周知,潮汐的总能量会由于潮汐耗散而降低,因此在(3.91)式右边,负的汇项反映了引潮势在更长时间尺度上是减小的。引潮势能量的准确公式之推导涉及重力场和太阳系轨道运动的复杂动力学,这已经超出了我们的讨论范围。

令人感兴趣的是我们注意到,在上述推导中,(3.83)式右边第一项没有清晰地出现在能量平衡方程右边。为了寻找这一项,我们重新来推导公式。首先,我们注意到在以往的公式推导中,重力势能包括了引潮势和非潮汐运动的贡献。众所周知,潮汐耗散与地球-月球-太阳系统中的重力势能的损耗相关联。在下面的分析中,我们将把重力势能和动能都分解成两部分。

重力势能中不随时间变化的部分 ϕ_0 及其潮汐部分 ϕ_T 分别满足如下方程

$$\frac{\partial(\rho\phi_0)}{\partial t} + \nabla \cdot (\rho\phi_0 \vec{u}) = \rho\vec{u} \cdot \nabla\phi_0 \tag{3.98}$$

$$\frac{\partial(\rho\phi_T)}{\partial t} + \nabla \cdot (\rho\phi_T \vec{u}) = \rho\vec{u} \cdot \nabla\phi_T + \rho\phi_{T,t} \tag{3.98'}$$

因此,总重力势能之变化可以改写为

$$\frac{\delta}{\delta t}\iiint_V \rho\phi dv = \frac{\delta}{\delta t}\iiint_V \rho\phi_0 dv + \frac{\delta}{\delta t}\iiint_V \rho\phi_T(t) dv = \frac{\delta}{\delta t}\Phi_0 + \frac{\delta}{\delta t}\Phi_T \tag{3.99}$$

应注意,上式中的第二项即引潮势 Φ_T 项应该随时间减小。如果把(3.99)式的引潮势项从右边移到左边,我们可以看到,在非潮汐运动重力势能的平衡方程中,潮汐耗散应该是作为非潮汐运动之能源出现的。

---

① 这里所谓的潮汐环流(tidal circulation)与在潮汐潮流分析中由"潮余流"所产生的环流不同,它是一种理论上的概念,应该指的是在全球尺度上由天体引潮力直接产生的海洋环流。——译者注

类似地，我们假定潮汐速度[①]与非潮汐速度之间没有相关关系，那么我们有

$$\frac{\delta}{\delta t}\iiint_V \rho K dv = \frac{\delta}{\delta t}\iiint_V \rho K_0 dv + \frac{\delta}{\delta t}\iiint_V \rho K_{潮汐} dv \tag{3.100}$$

值得注意的是，潮汐与非潮汐运动之间完全不相关这一假定仅仅是概念上的，并不是很严谨。实际上，大洋总环流能量理论的最重要的议题之一就是，潮汐耗散可以通过它所维持的混合而影响非潮汐运动。

尽管如此，把潮汐运动和非潮汐运动分开来的方法有助于我们理解潮汐耗散对非潮汐运动的贡献；因此，在下面的讨论中，我们将采用这一假定。

对应的非潮汐运动的能量方程为

$$\begin{aligned}\frac{\delta}{\delta t}\iiint_V \rho K_0 dv = &\oint_S \rho K(u_s - \vec{u}) \cdot \vec{n} ds + \oint_S (-pu + \mu \vec{u}\,\Pi) \cdot \vec{n} ds - P_0 + C - D \\ &- \frac{\delta}{\delta t}\iiint_V \rho K_{潮汐} dv - \iiint_V \rho \vec{u} \cdot \nabla \phi_T dv\end{aligned} \tag{3.101}$$

$$\frac{\delta}{\delta t}\iiint_V \rho e dv = \oint_S \rho e(\vec{u}_s - \vec{u}) \cdot \vec{n} ds - \oint_S \left(\vec{q} + \frac{\partial h}{\partial S}\vec{J}_s\right) \cdot \vec{n} ds - C + D \tag{3.102}$$

$$\frac{\delta}{\delta t}\iiint_V \rho \phi_0 dv = \oint_S \rho \phi_0 (\vec{u}_s - \vec{u}) \cdot \vec{n} ds + P_0 \tag{3.103}$$

其中

$$P_0 = \iiint_V \rho \vec{u} \cdot \nabla \phi_0 dv = g\iiint_V \rho w dv \tag{3.104}$$

如果把方程(3.101)、(3.102)和(3.103)加在一起，所有的交换项，例如 P_0、C 和 D 正好互相抵消。因此，非潮汐运动的潮汐强迫力项是方程(3.101)的最后两项，最后一项可以改写为

$$-\iiint_V \rho \vec{u} \cdot \nabla \phi_T dv = -\iiint_V \rho \vec{u}_{非潮汐} \cdot \nabla \phi_T dv - \iiint_V \rho \vec{u}_{潮汐} \cdot \nabla \phi_T dv \tag{3.105}$$

(3.105)式右边第一项的符号不确定；不过，潮流是由引潮力驱动的，所以(3.105)式的最后一项为正。因此，(3.101)式的最后两项代表了对非潮汐运动的正贡献，并且它们对应于3.5.3节中论过的与正压潮有关的项。

3.5.5 能量积分方程的解读

A. 动能之风能源

除了以上讨论过的潮汐贡献外，海洋运动的动能主要来自海面强迫力。取长期平均后，(3.89)式的面积分简化为

$$\overline{\iint (-p\vec{u} + \mu \vec{u}\,\Pi) \cdot \vec{n} ds} \approx \overline{\iint [-pw + (u\tau^x + v\tau^y)]_{z=-H}^{z=\zeta} dx dy} \tag{3.106}$$

这样，面积分由来自海面的动能源和来自海底的动能汇组成。

海面上的动能源进一步分成两类：大空间尺度、低频的动能源和小空间尺度、高频的动能源。

大尺度低频气压扰动产生的能量贡献是所谓的大气加力(atmospheric loading)所做的功。该

① 原著中为 tidal velocity，它与在潮汐潮流分析中所指的潮余流流速、潮流流速不同，它是一种理论上的概念，应该指的是在全球尺度上由天体引潮力直接产生的海洋环流之流速。——译者注

项的全球总和是小量;Wang 等(2006)给出的估值为 0.04 TW。可以把输入到表层流中的风能分为:a)风应力对表层地转流做的功,估计为 0.88 TW(Wunsch,1998);b)风应力对表层非地转流(埃克曼层)做的功,估计为 3 TW(Wang 和 Huang,2004a)。

同时,小尺度、高频气压扰动与风应力所做的贡献是输入到表层波动中的能量,估计为 60 TW(Wang 和 Huang,2004b)。

来自海底边界之动能汇代表了海底摩擦和形状阻力(form drag)产生的能量耗散,而其量值仍不确定。

B. 内能之源

在内能平衡方程中,方程(3.90)或(3.102)右边的第一项是仅由蒸发和降水产生的次要的内能源。内能的主要源/汇是来自与其上大气的交换以及来自海底的地热,它用面积分 $-\oiint_S\left(\vec{q}+\frac{\partial h}{\partial S}\vec{J}_s\right)\cdot\vec{n}ds$ 来表示,其中的通量可以参数化为

$$\vec{q}+\frac{\partial h}{\partial S}\vec{J}_s=\vec{F}_{rad}-\rho c_p\kappa_T\nabla T-\frac{\partial h}{\partial S}\rho\kappa_S\nabla S \tag{3.107}$$

其中,右边第一项为太阳辐射,第二项为湍流热通量,通常被参量化为逆温度梯度的通量(a downward temperature gradient flux)。类似地,可以将扩散盐通量参量化为逆盐度梯度(a downward salinity gradient)的盐通量。严格地说,在该公式中所用的扩散盐通量应该是在随质心运动的坐标系中定义的,其形式与数值模式中所用的传统盐通量之定义略有不同。另外,盐度(温度)梯度会引起温度(盐度)扩散①。然而,在当前所用数值模式中,扩散的参量化非常粗糙,并没有包括此类物理过程。

虽然在大洋内部,盐扩散可以对每一个单独的网格单元的内能做贡献,但是并没有跨过海-气界面的盐通量。因此,假定通过海-气界面的淡水通量是平衡的,且有相同的温度,那么在海面处对应的通量项为零。在这里,没有考虑跨过海-气界面的盐通量。

值得注意的事实是,尽管系统达到了准定常状态,但是通过整个系统的内能通量之总和却并不是自身平衡的。如果把这些方程相加,那么方程(3.101)、(3.102)和(3.103)中的交换项正好相互抵消。因此,对于准定常状态而言,能量平衡是由输入的能源建立起来的,其中包括了从海面和海底输入的内能,以及输入的风能和潮能。正如热力学第一定律所要求的,能量应该是守恒的,即输入的总能量应该等于输出的总能量。海洋丧失能量的唯一途径是向大气散热;因而,向大气散热而损失的总热能是以下各项之和:海洋吸收的热量、来自地热的热通量(32 TW)和海洋接收的净机械能,后者包括风(64 TW)和潮汐耗散(3.5 TW)引起的机械能源。向大气散热的热量净损失(即支出热通量与收入热通量之差)估计为 99.5 TW。

C. 重力势能平衡

重力势能在大洋机械能平衡中起了重要作用。从重力势能平衡方程(3.103)看出,唯一的直接源项是通过海-气界面的质量交换,也就是说,来自降水和蒸发;然而,正如后面将要指出的,原来,这一项极小且可以忽略。风应力的贡献出现在转变项 P_0 中,P_0 表示势能与动能之间的

① 因为在一般情况下,海水中的热、盐扩散是由化学势的梯度所驱动,故会出现所谓的交叉扩散现象,由此给出这一论断。——译者注

转移。海洋通过两条途径接收重力势能：

1）**海面风应力。**输入到表层地转流中的风应力能量通过埃克曼泵压/吸转变为在世界大洋中的重力势能。这将在3.6.1.A节中详细阐述。这是大洋中重力势能的主要能源。然而，由纬向强流（如南极绕极流）带来的强烈斜压不稳定性却是重力势能的主要汇。

2）**表层热盐强迫力。**要把它转变为重力势能必须要经历一个曲折的过程。首先，它被转变为水块的内能；然后通过膨胀/压缩转变为动能，最后才可以通过P_0项转变为重力势能。

对于定常态，在一个潮周期上取平均的垂向总质量输送在任一固定层次上都应该为零。因此$\overline{P}_0$消失了，即动能与重力势能之间没有净的交换。然而，对于有季节循环的大洋而言，重力势能平衡也经历了一个类似的循环，即冬末冷却所产生的对流作为主要的重力势能汇出现，而跨密度面混合及其他的动力过程则组成了重力势能源。作为一个例子，在3.7.3节中将详细讨论正常季节循环情况下的重力势能平衡。

如果我们忽略由于蒸发和降水产生的贡献，那么，对(3.103)式积分后就得到$0=0$的结果。这样，似乎把人们引导到得出这样一个结论：重力势能平衡是一个细枝末节的问题，并且对大尺度环流而言，研究重力势能既无意义，也无用。

然而，这样一个貌似细枝末节的关系式可能是大洋能量学研究之最重要的方程之一。$\overline{P}_0$项综合反映了不少物理过程。对它在一个潮周期上取平均后，该项可以改写为

$$g\,\overline{\rho w} = g\bar{\rho}\,\bar{w} + g\,\overline{\rho' w'} \tag{3.108}$$

至少可以从以下两种可能的方式对该方程进行解释。

第一种，把上画线解释为在每一点处对密度和垂向速度乘积的系综平均(ensemble mean)，撇号表示由于湍流和内波作用所产生的对于系综平均值之偏差。接着，(3.108)式右边的第一项为平均状态下重力势能与动能之间的能量转变；而第二项则是湍流和内波所产生的。当对第二项进行更细致考察时，我们发现可以分成两种情况。在稳定层化的深水大洋内区，垂向混合将重的(轻的①)水向上(向下)推，所以ρ'与w'都是正的(负的)，因此该项为正。这意味着，在稳定层化大洋中，由湍流和内波产生的混合使平均状态的重力势能增加。另一方面，在对流翻转区内，在发生对流翻转之前，瞬时层化是不稳定的。在对流调整期间，稠密的重水块($\rho'>0$)向下运动($w'<0$)；这样，ρ'与w'符号相反，故对流混合使平均状态的重力势能减小。

第二种，把上画线解释为时间的和水平方向的平均，撇号代表相对于这类平均值的偏差。在3.7.3节中，我们将表明，扰动项可以解释为平流带来的重力势能之经向输送。

在以上的论证中，我们没有考虑重力随时间变化的分量。事实上，采用稍微不同的公式推导方法，我们就可以把随时间变化的重力分量包括进来，这样，对应于方程(3.108)的关系式为②

$$\overline{g\rho w} = g_0\overline{\rho w} + g_0\,\overline{\rho' w'} + \overline{g_T\rho w} \tag{3.109}$$

最后一项是由引潮力产生的附加项，并且在这里它是作为一个净的能量转变源而出现的。

3.5.6 世界大洋的能量图解

世界大洋环流涵盖了广阔的时间和空间尺度。由于开阔大洋的广袤区域和极端条件，使收

---

① 原著阙如，现补上。——译者注

② 原著中方程(3.109)排印有误，现已改正。——译者注

集数据/资料成为技术上的严峻挑战,因此关于大洋环流能量学的很多基本要素仍是不清楚的。

可以把海洋中的能量大致分为四类:重力势能、动能、内能和化学势(图 3.8)。在大洋总环流的研究中,我们进一步把重力势能和动能分为两部分:其平均状态的能量和中尺度涡、湍流与内波的能量。

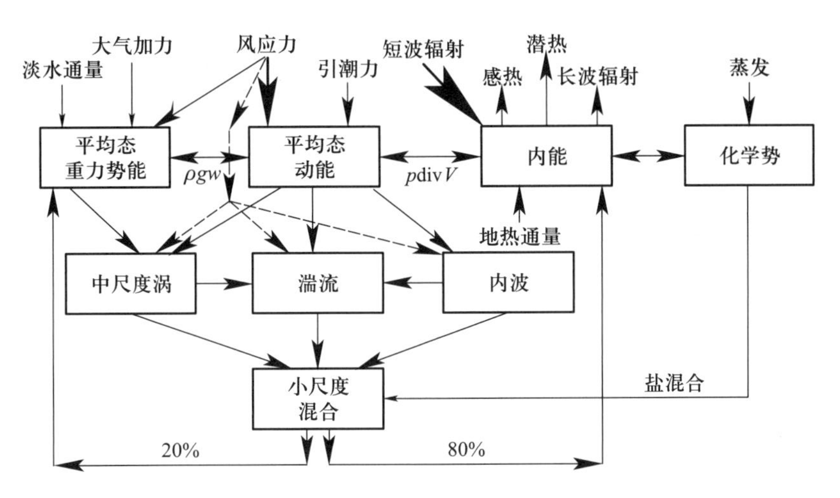

图 3.8 世界大洋的能量图解。

海洋通过太阳日射接收了巨量的热能,并以短波辐射、潜热通量、感热通量和长波辐射的形式与大气交换热量。海洋的总内能达到了天量,估计为 20 YJ(2×10^{25} J)。内能可以通过膨胀/压缩($p\,\nabla\cdot\vec{v}$),转变为动能。然而,海洋将内能转变为动能的能力非常有限,这在前面的章节中已经讨论过了;因此,我们在本书中不再讨论内能的平衡。对这个问题有兴趣的读者可以在 Peixoto 和 Oort(1992)的《气候物理学》(*Physics of Climate*)中找到许多有用的信息。

除了机械能和内能,我们把化学势也作为能量的一种形式。然而,海洋中的化学势却与太阳辐射引起的蒸发直接相关。海洋中有化学势是因为海水是多组分的混合体。正是海水中存在着盐浓度的差异才产生了化学势。海洋中化学势的总量估计为 3.6×10^{24} J。然而,我们应该知道这样的事实,即只有不同水块之间化学势中的差异才在动力学上起所用。以蒸发和降水的形式所形成的全球水循环导致了大洋中的盐度分布差异。事实上,蒸发从海水中抽取纯水,而降水把纯水输入到海水中,由此蒸发降水是化学势的源。由盐度差引起的化学势差是分子尺度上盐混合之驱动力。不过,事实上海洋中的盐混合主要是由湍流和内波调节的,它们远比分子混合强烈。

动能和势能是海洋环流最重要的能量形式。平均状态的动能源包括引潮力和风应力。不过,在大多数情况下,风应力通过表面波动和上层海洋中的其他动力过程,也直接对中尺度涡、湍流和内波做贡献。

我们注意到海洋环流发生在重力场环境中,并且重力是调节层化和环流的主要作用力之一。重力势能的总量是天量,然而只有其中非常小的一部分能量在动力学上是活跃的。对此,我们将在本章末再进行讨论。重力势能与动能通过垂向运动可以互相转变,故可以表示为 ρgw。

海洋中主要部分的机械能是在中尺度涡、湍流和内波中。实际上,据估计,中尺度涡的总能量要比平均流的能量高两个数量级。遗憾的是,对于海洋中这些运动形式所含有的能量还没有可靠的估计。

在最小的时间和空间尺度上，混合对维持温度和盐度的层化起到了极其重要的作用。层化流体的主要特征之一是：层化海洋中的垂向混合把轻的水向下推，而将重的水向上推，因而导致平均状态的重力势能增加。这样，海洋中湍流混合（由内波破碎和小尺度湍流引起的）并没有将所有机械能转变为所谓的耗散热；其实，在全球的尺度上有一小部分（估计约为 20%）湍流动能反馈给了平均状态。可以想象，由于环境条件不同，混合效率变化很大；不过对其动力学进行详细阐释仍属于研究的前沿问题。在图 3.8 中底部的箭头表示的就是这个能量转变。

3.6 海洋中的机械能平衡

3.6.1 世界大洋中机械能的源/汇

上一节表明，机械能的源和汇在维持/调节大洋环流中起着极其重要的作用；在本节中，我们着重研讨世界大洋中的机械能平衡。图 3.9 为海洋中机械能分布的示意图，它表明，风应力和潮汐耗散是驱动大洋总环流的最重要的机械能之源。

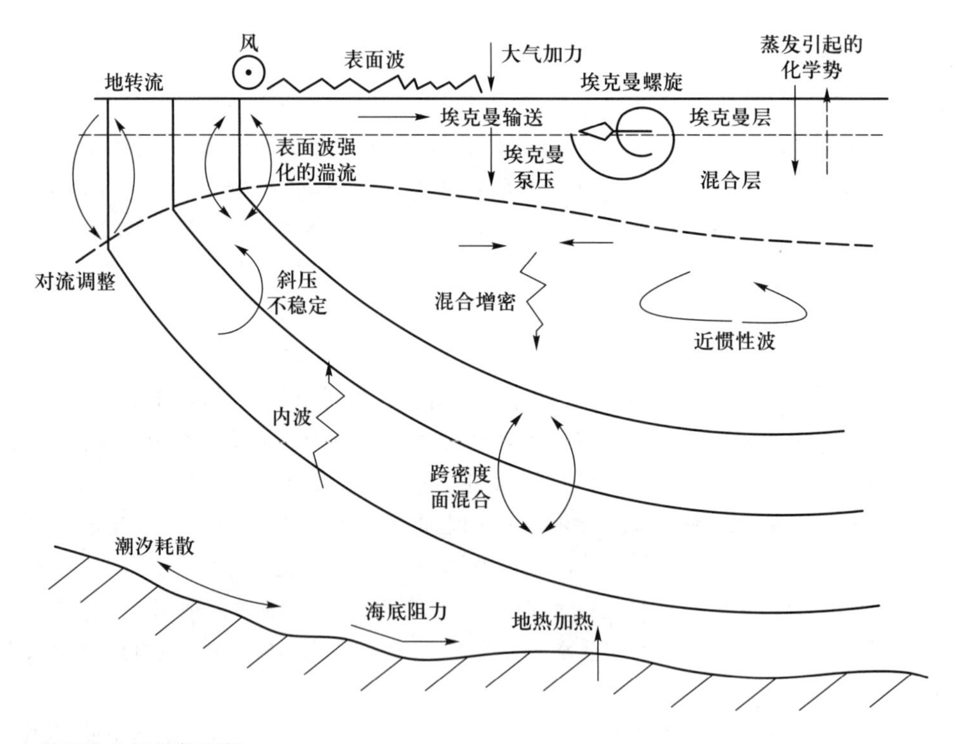

图 3.9 大洋环流的机械能图解。

A. 风能输入

作用于海面的风应力驱动了表层流和表面波。输入海洋的风之机械能定义为 $W_{风} = \overline{(\sigma_{ij} \cdot \vec{u}) \cdot \vec{n}}$，其中的应力张量包括黏性应力张量和压强：$\sigma_{ij} = \pi_{ij} + \delta_{ij} p$。这样，风输入的能量包括了风应力和压强的贡献。尽管在关于大尺度环流问题中，经常讨论的是风应力，但海面大气压强及其扰动也会影响大尺度环流。

由于风应力与海平面气压是紧密联系在一起的,故很难把风应力从海面大气压强中分离出来;不过,风应力的能量输入可以粗略地分成以下几个分量

$$W_{风} = \overline{(\sigma_{ij}\cdot\vec{u})\cdot\vec{n}} = \vec{\tau}\cdot(\vec{u}_{0,g}+\vec{u}_{0,ag}) + \overline{\vec{\tau}'\cdot\vec{u}_0'} + \overline{p'w_0'} + \overline{p}\overline{w_0} \tag{3.110}$$

其中,上画线表示空间上和时间上的平均;扰动是在表面波的空间和时间尺度上定义的;$\vec{\tau}$、$\vec{u}_{0,g}$、$\vec{u}_{0,ag}$分别为在该空间和时间上平均的切应力、表层地转流速和非地转流速;$\vec{\tau}'$和$\vec{u}_0'$为扰动;p'和w_0'分别为海面扰动压强和海面扰动速度的法向分量;$\overline{p}$和$\overline{w}_0$为在远长于该波动之典型周期的时间尺度上平均的海面压强和垂向速度。

(3.110)式右边第一项和第二项为风应力对表层准定常流做的功,而这里所谓的准定常就是利用表面波的典型时间尺度来定义的。第三项是风应力对表面波做的功,最后两项是大气压强做的功。下面分别讨论这些项对能量所做的贡献。

1)通过表层地转流输入的功

通过表层地转流输入的风应力能量为

$$W_{风,地转流} = \vec{\tau}\cdot\vec{u}_{0,g} \tag{3.111}$$

其中,在赤道附近以外的海域,表层地转流可以根据$\vec{u}_{0,g}=g\vec{k}\times\nabla\eta/f$来计算(其中,$\eta$为从卫星高度计数据或数值模式中推算得到的海面高度)。输入的总能量估计为0.88 TW(Wunsch,1998)。尽管40°N周边的风能输入也为正,但大部分风能则是通过南大洋和赤道带输入的(图3.10)。另外,北赤道逆流(NECC)位于能量的汇区,因为这支流是逆着那里的东风带向东流动的。

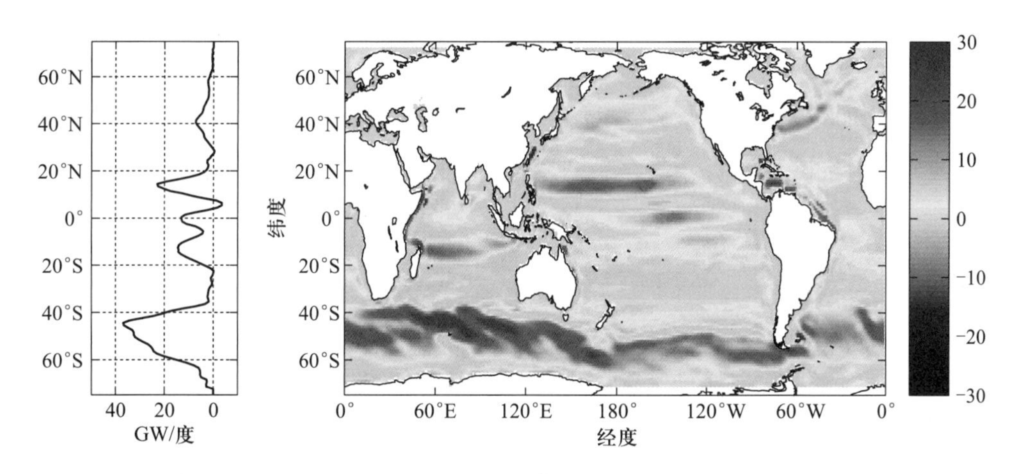

图3.10 通过表层流输入的风能分布(右图,单位:mW/m²)及其随纬度的变化(左图)(Huang等,2006)。(参见书末彩插)

利用数值模拟可以计算输入到表层流中的能量,结果是,在1993—2003年期间,其能量输入估计为1.16 TW(Huang等,2006)。在狭窄的赤道带(赤道的±3°之内)以外,可以把表层流稳妥地分解为地转分量和非地转分量。数值模式计算表明,在这一时期中输入到地转流中的风能为0.87 TW,并且这一值几乎与从卫星数据推算出的值相同。

通过表层地转流输入的能量可以直接供给大尺度流动,因此通过垂向速度转换项可以有效地把它转变为重力势能。

2）通过表层非地转流输入的功

表层非地转流可以用埃克曼理论来描述。含时间变化项和地转流的水平动量方程为

$$u_t - fv = -p_{s,x}/\rho_0 + (Au_z)_z, v_t + fu = -p_{s,y}/\rho_0 + (Av_z)_z \quad (3.112)$$

其中，$u = u_g + u_e, v = v_g + v_e$ 为埃克曼层中地转流速和非地转流速之和，ρ_0 为参考密度，$p_s = p_s(x,y)$ 为与大尺度环流有关的海面压强。地转流速满足 $\vec{u}_g = \vec{k} \times \nabla p_s / f\rho_0$。相应的边界条件为

$$Au_{e,z}\big|_{z=0} = \tau^x/\rho_0, Av_{e,z}\big|_{z=0} = \tau^y/\rho_0, \text{在 } z \to -\infty \text{处}, (u_e, v_e) \to 0 \quad (3.113)$$

其中，下边界应理解为埃克曼层之底，且在埃克曼层内地转流速的垂向切变是可以忽略的。把这两个方程分别乘以 u 和 v，并把它们在埃克曼层的深度上积分，我们得到

$$E_t = S - P - D \quad (3.114)$$

其中

$$E = \rho_0 \int_{-\infty}^{0} 0.5(u^2 + v^2)dz \quad (3.115)$$

$$S = S_g + S_e, \quad S_g = \tau^x u_g + \tau^y v_g, \quad S_e = \tau^x u_e(0) + \tau^y v_e(0) \quad (3.116)$$

$$P = \vec{U}_e \cdot \nabla p_s / \rho_0, \quad D = \rho_0 \int_{-\infty}^{0} A(u_{e,z}^2 + v_{e,z}^2)dz \quad (3.117)$$

其中，E 为埃克曼层的总动能，S 为风能量输入的速率，P 为在埃克曼层上积分后的海流对压强做功之速率，D 为在埃克曼层上积分后的耗散速率。注意到 $\vec{U}_e = \rho_0 \int_{-\infty}^{0} \vec{u}_e dz = -\vec{k} \times \vec{\tau}/f$，因此

$$P = \vec{U}_e \cdot \nabla p_s / \rho_0 = \vec{\tau} \cdot \vec{u}_g = S_g \quad (3.118)$$

亦即埃克曼输送对压强所做的功与风应力对表层地转流所做的功正相等。埃克曼输送对压强所做的功也与埃克曼泵压/吸产生的重力势能有关，即①

$$\iint_A P dA = \iint_A \vec{U}_e \cdot \nabla p_s / \rho_0 dA = -\iint_A w_e p_s / \rho_0 dA + \oint p_s / \rho_0 \vec{U}_e \cdot \vec{n} dl \quad (3.119)$$

其中，A 为该海洋的面积。这样，可把(3.114)式进一步简化为

$$E_t = S_e - D \quad (3.120)$$

因此，我们得出结论：输入到表层地转流中的风应力能量等于世界大洋中通过埃克曼泵吸/压（其中包括沿岸上升流/下降流）产生的重力势能之增量。另一方面，输入到海面非地转流中的风应力能量通过埃克曼层中的垂向湍流耗散而用于维持埃克曼螺旋。

周期大于两天的②风应力通过埃克曼螺旋所输入的总能量估计为 2.4 TW（Wang 和 Huang，2004a）。同时，其能源的空间分布非常类似于输入到表面波中的能源分布，这将在下一小节中详述。另外，有大量的能量是通过近惯性波动输入的，这是因为在频率 $\omega = -f$ 处发生了共振。Alford(2003)利用一个平板模式得到的估计值为 0.47 TW。然而，Plueddemann 和 Farrar(2006)的论证表明，平板模式可能会使近惯性波动输入的能量比更加精确的混合层模式的结果增大一倍。因此，0.23 TW 的估值可能更符合实际。

以上的估值是在平滑后的风应力数据基础上给出的，因而排除了强非线性事件（如飓风和台风）的贡献。利用 1984—2003 年的热带气旋数据，Liu 等(2008)的估计表明，飓风/台风对表

① 原著中(3.119)式排印有误，现已改正。——作者注

② 原著有误，现已改正。——译者注

层流提供了额外的 0.1 TW 的贡献，其中包括 0.03 TW 对近惯性波动的贡献。

埃克曼通量之辐聚在埃克曼层底处产生了泵压速度 w_e，它把暖水注入次表层大洋并由此形成了亚热带大洋中的主温跃层。埃克曼泵压在世界大洋中构建了风生环流和与之相伴的碗状主温跃层。在这个过程中，重力势能获得了增加，这确实是使动能转变为重力势能的一个有效途径。

3）通过表面波输入的功

另一条主要途径是，风和海平面大气压通过表面波把能量输入到海洋。风应力驱动海洋中的表面波；通过这种方式输入的能量可以利用大气边界层的形状阻力的方法来处理。输入到表面波中的风能可以估计为

$$W_{波} = \tau \bar{c} = \rho_a u_{*a}^2 \bar{c} \approx \rho_w u_{*w}^2 \bar{c} \tag{3.121}$$

其中，$\bar{c}$ 为有效相速度，$u_{*a} = \sqrt{\tau/\rho_a}$，且 $u_{*w} = \sqrt{\tau/\rho_w}$，这里 ρ_a 和 ρ_w 分别为空气和水的密度，τ 为海－气界面处的应力。对应的 $\bar{c}$ 值可以通过现场实验来确定。由实测数据拟合给出的公式为 $W_{波} = 3.5\rho_a u_{*a}^3$。

由于 u_{*a}取决于风和海况，因此 u_{*a}中隐含了表面波对 $W_{波}$的效应。为了获得对于实测数据的最佳拟合，提出了如下的经验公式

$$W_{波} = A\rho_a u_{*a}^3 \tag{3.122}$$

其中，A 为代表能量通量因子 $\bar{c}/u_{*a}$的经验系数

$$A = \begin{cases} 0.5c_{p*}, & 若\ c_{p*} \leqslant 11 \\ 12c_{p*}^{-1/3}, & 若\ c_{p*} > 11 \end{cases} \tag{3.123}$$

其中，$c_{p*} = c_p/u_{*a}$为波龄，c_p 为波峰频率处的相速度①。

利用平滑后的 NCEP 风应力数据，风对全球海洋的总贡献估算为 60 TW（Wang 和 Huang，2004b；图 3.11）。不过，这样巨大的能量在海洋中是如何分配和耗散的，目前仍不清楚。据粗略估计，有 36 TW 的能量通过在上层海洋中产生的海浪破碎、湍流和内波而被随地耗散；大约 20 TW 以长波的形式传到了遥远的海域，其能量逐步耗散。最后，在浅海/边缘海中以及沿着大洋的海滨处这些长波发生破碎并耗尽了余下的能量。

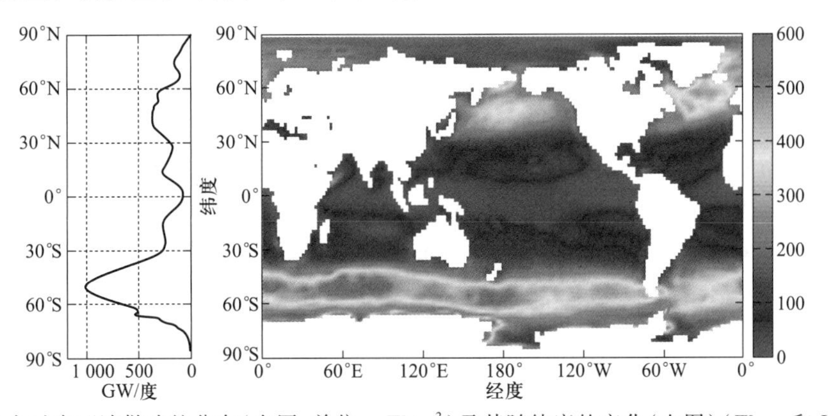

图 3.11 风应力对表面波做功的分布（右图，单位：mW/m²）及其随纬度的变化（左图）（Wang 和 Huang，2004b）。（参见书末彩插）

① 原著中为 the velocity at the wind sea peak frequency（在风浪峰频率处的速度），疑有误，故改。——译者注

在低分辨率的风应力数据集中,已经把大气中的强非线性事件平滑掉了。副热带气旋、飓风和台风对表面波的总贡献估计为 1.6 TW(Liu 等,2008)。由于上述的总量 60 TW 是据略小于 60 TW 之值补成的整数,故我们暂时用 60 TW 作为输入到表面波中的总能量,其中包括了飓风/台风的贡献。

4) 大气加力所做之功

当海平面大气压随时间变化时,海面以垂向运动作为响应。因此,海平面大气压的变化可以把机械能输送到海洋中。这个过程称为大气加力。在处理卫星高度计数据时,一个通用的做法是,假定大洋对海平面气压变化之响应是瞬间发生的,并且可通过所谓逆气压计效应(inverse barometer effect)把对应的海面高度变化从原始卫星数据中扣除(Wunsch 和 Stammer,1997)。

事实上,海平面的响应并不是瞬间发生的,并且海平面大气压的变化会引起海面的垂向运动;这样,机械能就从大气输送到了海洋中。但是,对于世界大洋环流而言,这个能源所贡献的总能量仍不清楚。基于卫星海面高度数据和大气压强数据,初步估计,大气加力对世界大洋所做之功约为 0.04 TW(Wang 等,2006)。

5) 数值模式的涵义

以上关于风能输入的结果是基于目前可用的风应力数据集给出的,而这种数据的空间分辨率却相当低。因为在这样的数据集中,含 1°或更小尺度的旋涡和湍流之效应都被平滑掉了。特别是,强非线性事件(如热带气旋、飓风和台风)的能量贡献都被排除在外。我们有理由期待,如果应用空间和时间分辨率更高的风应力数据的话,那么所得到的风应力能量输入之估值可能会有重要变化。

更重要的是要记住,海面风应力是海面上大气运动的体现,其时间和空间尺度宽广。显然,输入到海洋中的风能[如同(3.110)式所表示的]难以通过指定一个作用于海面的风应力予以简单的描述。特别是,对于输入到上层海洋湍流运动中的大量机械能,需要进行参量化,其形式应该不同于在当前数值模式中所用的低分辨率风应力数据所采用的形式。

B. 潮汐耗散

支持深层混合的机械能之主要能源很可能来自于深层大洋的潮汐耗散。由于潮汐耗散,与地球和月球轨道有关的参数就会连续地变化。实际上,在漫长的地质史中,地球和月球之间的距离逐渐增大。潮汐耗散可以从月球轨道的变化中推断出来;而月球轨道的变化则可以通过激光跟踪非常精确地测量出来。在世界大洋中,潮汐耗散的总量为 3.5 TW(图 3.12)。然而,潮汐能量耗散的空间分布却仍然不能精确地获得。

通过对卫星高度计资料进行同化处理,对正压潮的模拟给出了如下的潮能耗散之估值:在世界大洋中,2.6 TW 耗散于浅海,而其余 0.9 TW 的耗散则分布于深海之中(图 3.9 和图 3.12;Munk 和 Wunsch,1998)。深层大洋的潮汐耗散最可能发生在高低不平的海底之上,在那些地方正压潮的能量转化成内潮与内波之能量,以维持强劲的海底强化的跨密度面混合,其量级为 $10^{-3}\ m^2/s$。动能通过内波和湍流转变为重力势能的效率相当低,其代表性之值约为 20%(Osborn,1980),这一值有时就称为混合效率①;这样,在开阔大洋中,潮汐耗散产生的总重力势能约为 0.18 TW 左右。

① 原著中为 mixing coefficient(混合系数),疑有误,故改。——译者注

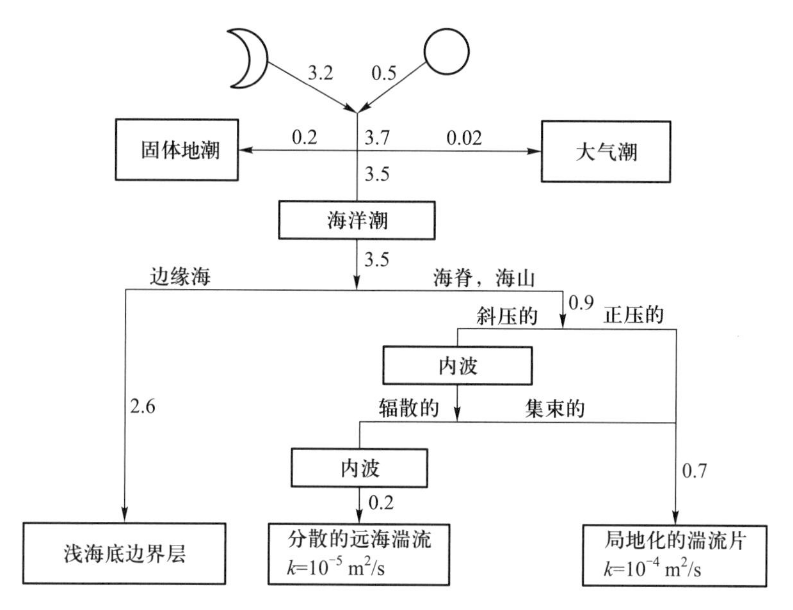

图 3.12 潮汐耗散图解（单位：TW）［根据 Munk 和 Wunsch（1998）的图改绘］①。

在以上的讨论中，我们主要关注深水大洋中的混合，而排除了在浅海或边缘海中潮汐耗散的潜在作用（约为 2.6 TW）。实际上，在边缘海（如南海或日本海）中，潮汐耗散确实可以在调节局地环流和水团变性中起着非常重要的作用。进而，这些边缘海可以与开阔大洋进行水团交换，而对太平洋的水团形成和平衡做出贡献。然而，边缘海与开阔大洋之间如何连接仍然不清楚。

C. 在海－气界面处由热盐强迫力产生的重力势能之源/汇

在海－气界面处，通常把热盐强迫力处理成浮力通量。然而，我们应当认识到一个事实，即采用浮力通量的概念可能会使我们忽略一个重要的物理事实，即还有其他物理量（如质量、焓和熵）之通量随着淡水通量通过海－气界面。

下面，我们将把由海面热通量和淡水通量所产生的重力势能之源/汇分成两部分：（a）使表层密度改变的通量，这样，它会导致该水柱的总重力势能发生改变，因此按照质量守恒模式就可以计算其重力势能；（b）海面淡水通量对应的质量通量，它是能量总收支中的一项。

1）海面热盐通量导致的重力势能之源/汇

海面加热和冷却产生的重力势能之源/汇总量为

$$\frac{d\chi}{dt}=\frac{g}{2c_p}\iint_S \dot{q}(\alpha_{加热}h_{加热}-\alpha_{冷却}h_{冷却})dxdy \tag{3.124}$$

其中，$\dot{q}$ 为局地热通量速率，$h_{加热}$（$h_{冷却}$）为加热（冷却）达到的深度，$\alpha_{加热}$（$\alpha_{冷却}$）为加热（冷却）期间的热膨胀系数。在本章后的附录中给出了（3.124）式的推导过程。假定加热/冷却到达的深度非常小，那么 方程（3.124）提示，海面上的加热/冷却根本不会对重力势能产生多大贡献。上述论证也可应用于表层浮力通量。

这个问题的物理过程需要细致地加以考虑。首先，太阳辐射可以穿过海面到达 10～20 m 水

① 图中“辐散的”原文为 radiate；“远海”原文为 pelagic，是指离开岸界和海底的海域。原著中此图 k 值的标注有误，现已更正。——译者注

层,并且该穿透深度取决于辐射频率和海况(包括浮游植物的丰度)(Morel 和 Antoine,1994)。在任何情况下,有效穿透深度 $h_{加热}$ 是有限的。太阳辐射产生的重力势能之源会受到许多物理过程的影响,其中包括大气条件、海况和上层海洋的生物活动。全球海面热盐通量的贡献估计为 0.01 TW 的量级(Huang 和 Wang,2003),因此对于海洋环流的理论研究来说,这是可以忽略的。然而,太阳辐射可能是海洋生态系统的关键控制因素之一。

在表面波和湍流的作用下,加热达到的有效深度就是混合层深度。我们强调指出,通过这种方式产生的重力势能不是来自热通量的直接贡献,而是从表面波和湍流的动能转化而来的。

在混合层中,另一个极其重要的过程是冷却和盐度升高(salinification)引起的对流调整。在冷却过程中,海水密度增加而使海平面降低且质心下移[图 3.13(a)]。另外,出现了海洋表层的密度大于下层的密度;这样,所出现的层化是重力不稳定的。由于这种不稳定的层化,就发生了快速的对流调整,并且使该水柱上部的密度变得近乎均匀[图 3.13(b)]。在这个过程中,重力势能转变为湍流和内波的动能。在这两个阶段中,平均状态的重力势能都下降了。

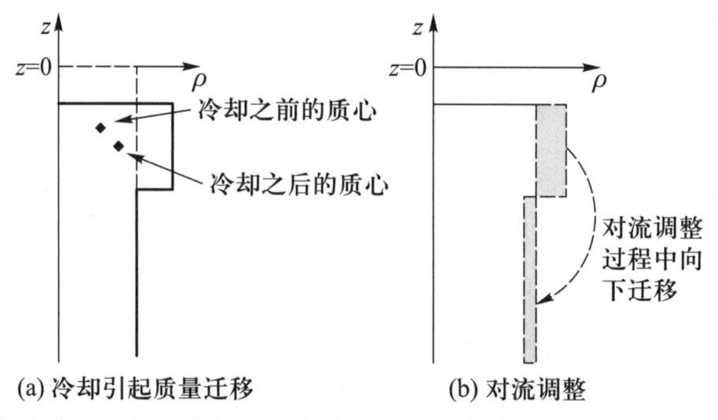

图 3.13 (a)冷却引起质量迁移以及(b)对流调整造成的重力势能损失。

因此,冷却的实际中心并不在海面,而是下降到充分混合的水层深度之半的位置上。由于这种冷却/盐度升高过程造成的不对称性,使表层浮力作用产生了重力势能的汇。尽管通过这个过程所损失的总能量之量值仍不清楚,但基于月平均气候态资料的初步估计,这个汇项约为 0.24 TW(图 3.14)。由于这一估计是基于月平均气候态作出的,故若在估计中包含昼夜变化,那么其值可能会超过这个估值。

浮力增量所对应的重力势能的增量估计为 0.13 TW(Huang 和 Wang,2003)。应注意,这种重力势能的增加是由表面波和湍流的动能转变来的,因此不应该作为一个单独能源重复计入世界大洋的机械能中。

2) 海面质量通量导致的重力势能之源/汇

通过海-气界面的淡水通量,实际上是一个质量通量。正如在 3.5 节中已讨论过的,世界大洋重力势能的平衡关系为[①]

$$\frac{\delta}{\delta t}\iiint_V \rho\phi dv = \oint_S \rho\phi(\vec{u}_s - \vec{u})\cdot\vec{n}ds + \iiint_V \rho\frac{\partial\phi_T}{\partial t}dv + P \tag{3.125}$$

上式右边第一项为由全球水循环带来的海面质量交换而导致的重力势能之源/汇项。该项在全

① 原著中(3.125)式排印有误,现已改正。——译者注

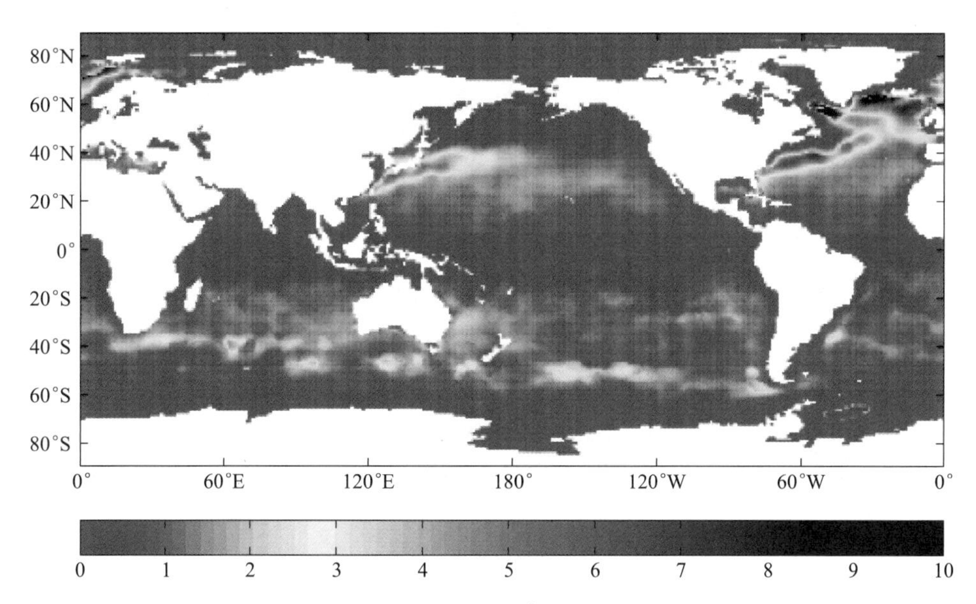

图 3.14 对流调整造成的年平均 GPE 损失值(单位:mW/m^2)(Huang 和 Wang,2003)。(参见书末彩插)

球的总量很小,估计为 -0.007 TW(Huang,1998a)。负号是因为:淡水是从高海平面的低纬度区输送到大气中,而在低海平面的高纬度区域回到海洋中。

另外,降水中的水滴也携带着动能,其总贡献估计为 0.4 TW(Faller,1966);不过,其大部分能量都被海面皮层[①]中的湍流运动耗散掉了,因此,对于世界大洋大尺度环流的机械能平衡而言,它是可以忽略的。

D. 由斜压不稳定性导致的重力势能之损耗

1) 海洋中的中尺度涡

中尺度涡是海洋中最突出的特征之一。据估计,中尺度涡的总动能比时间平均流动的动能大 100 倍左右。尽管人们在现场观测和数值模拟上都做出了巨大的努力,但对世界大洋的中尺度涡的总动能,仍然没有可靠的估值。不过,卫星观测数据已经给出了全球海面上平均动能和旋涡动能之分布。对这两种动能形式的数据做分析后给出,它们的估值比之量级为 100,这与 4.1.3节中基于尺度分析得到理论推算结果一致。

2) 从平均态到旋涡的重力势能之转变

由于斜压不稳定性,海洋中陡峭的等密度面(例如沿着风生流涡之经向边缘的等密度面)是不稳定的。斜压不稳定性是重力势能从平均态转变为旋涡的最重要机制之一,并且自 20 世纪 90 年代以来,对旋涡进行参量化,已经成为一个重要的研究焦点。斜压不稳定性导致了等密度面的斜度减小。如图 3.15 所示,等密度面变平就相当于把楔形的高密度水从左向右移动,因此质心下移并且使平均态中的重力势能得以释放。从平均态中释放出来的重力势能转变为中尺度涡的动能和势能。由于世界大洋中的斜压不稳定性,故平均态中大量的重力势能可以转变为旋涡的动能/势能。

① 关于皮层(skin layer),参见 5.4 节的译者注。——译者注

Gent 和 McWilliams(1990)提出的参量化方案已被广泛接受并已比较成功地应用于非旋涡分辨率的数值模拟中。这个方案的基本思想是用密度面层之厚度扩散对斜压不稳定性进行参量化,这样利用能量转变概念就能较好地来解释列出的方程。相应地,平均重力势能向旋涡重力势能的转变率由以下方程控制

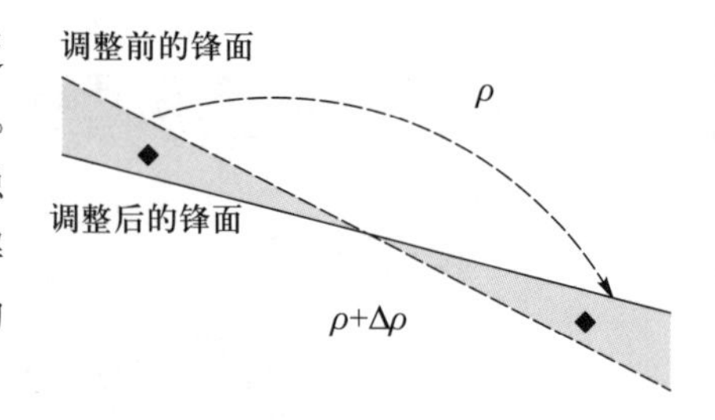

图 3.15 斜压不稳定性造成的密度锋面调整。

$$\frac{D^*}{Dt}(g\rho z) = \nabla\cdot(g\rho\kappa_{th}L) + g\rho w + g\kappa_{th}\frac{\nabla\rho\cdot\nabla\rho}{\rho_z} \tag{3.126}$$

其中,D^*/Dt 为实质导数,其中的平流项采用有效输送速度(包括欧拉平均速度和旋涡输送速度);κ_{th} 为厚度扩散系数;$L = -\nabla\rho/\rho_z$,ρ 为位密。右边第一项的积分为零,因而它没有贡献。第二项表示从动能向重力势能的转变。第三项是一个汇,因为 ρ_z 是负的,它与旋涡相关联。因此,通过对该项在总体积上进行积分,可以计算出世界大洋中重力势能的总转变率(total conversion rate)

$$\dot{P}_{e,bi} = g\iiint\kappa_{th}\frac{\nabla\rho\cdot\nabla\rho}{\rho_z}dxdydz \tag{3.127}$$

在计算位密梯度时,把每层的中心取为位密的参考层,并且在空间上采用中心差分格式。

采用 Gent 等(1995)的建议,取 $\kappa_{th} = 1\ 000\ m^2/s$,这样密度场就可用气候态的温度和盐度数据来计算。对于等密度面斜度相对小的情况,这个计算格式是一个良好的近似。通常的做法是给等密度面斜度设置限度。对于满足等密度面斜度 $|\nabla\rho/\rho_z|\leqslant 0.01$ 的情况,重力势能总转变率估计为 0.9 TW。在图 3.16 中给出了重力势能转变率的水平分布。该图清楚地表明,大部分能量转变发生在南极绕极流、湾流和黑潮中,但黑潮中的转变率要小得多。

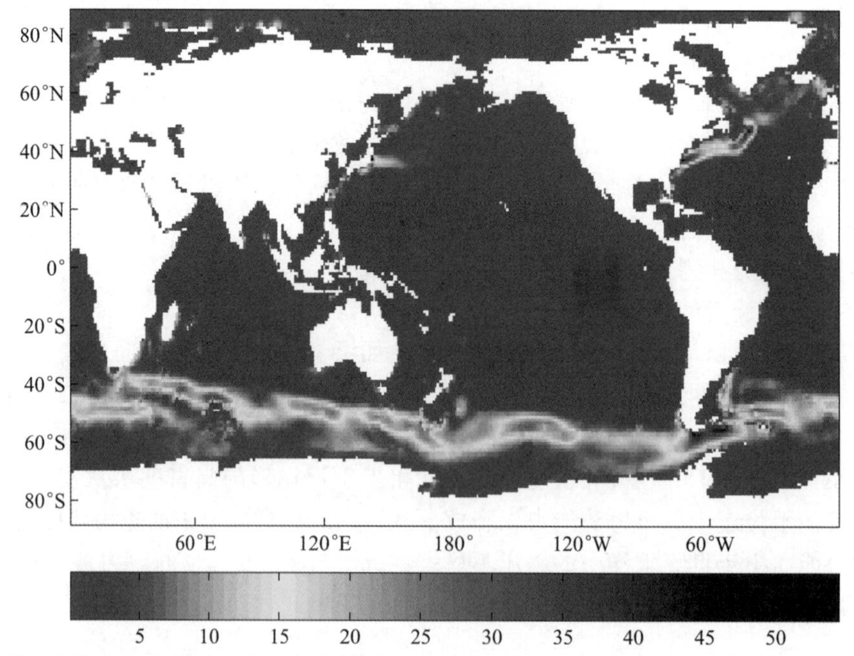

图 3.16 平均重力势能通过斜压不稳定性向旋涡重力势能的转变率(单位:mW/m^2),按 Gent 和 McWilliams(1990)的旋涡参量化经验公式计算(Huang 和 Wang,2003)。(参见书末彩插)

然而,具有涡分辨率的数值模拟显示,这样的涡参量化格式并不很精确。因此,基于这个参量化的所有结果都应该作为近似的估值,并且更精确的值可能需要用下一代更高分辨率的数值模式来计算。目前最新的估计值是在 0.3 ~0.8 TW 之间(Ferrari 和 Wunsch,2009)。

E. 跨密度面和沿密度面的混合

在海洋中,示踪物(包括温度和盐度)的混合是由于内波破碎和湍流作用的结果。混合可以分为跨密度面混合与沿密度面混合。由于沿密度面混合涉及的重力势能最小,因此,沿密度面混合是大尺度混合最主要的形式。

在稳定的层化流体中,任何垂向混合都会增加重力势能,因为这种混合把轻流体向下压,而把重流体向上推。分子扩散也能产生混合,但在大洋中,与其他混合机制相比,这种混合所占的比率可以忽略不计;因此,这种混合不是大洋中大尺度环流混合的主要形式。

支持大洋跨密度面混合的能源包括:

- 通过海面输入的**风应力**和**潮汐耗散**,这在上一节中已经讨论过了。
- 高速流动带来的**湍流混合**,特别是越过海山和/或沿着底坡而下的流动所带来的湍流混合,可以提供支持混合的强大能源。大量观测证据表明,这类混合的混合系数具有10^{-3} ~ 10^{-1} m^2/s的量级。例如,在罗曼什断裂带[①]中,向下流动中的水在 100 km 距离之内下降超过 500 m,这里的扩散系数可以达到 0.1 m^2/s(Polzin 等,1996)。
- 越过地形的流动(如南极绕极流)形成的**内背风波**(internal lee waves),可能是最重要的贡献者之一。

在世界大洋中支持跨密度面混合的总能量尚不清楚,因为混合在空间分布上是高度不均匀的,并且还可能随时间变化。按照热盐环流的能量学理论,经向翻转速率直接受控于外部机械能的强度和分布,而这种外部机械能则是可用于支持海洋混合(包括混合层中的混合和次表层中的混合)的。因此,理解混合的时空分布之物理本质是物理海洋学最重要的研究前沿之一。

在大洋内部,跨密度面混合与湍流动能的耗散有密切关系。为了讨论混合的能量学与湍流和内波的耗散之间的联系,我们把流动分解成两个分量,平均分量和扰动分量。当然,我们要记住,这样的划分只是概念上的,是为了理解伴随混合过程而产生的动力学,故实际上不可能对它们进行清晰划分。这样,速度、密度和压强可以分解成平均与扰动两个部分

$$u_i = \bar{u}_i + u_i', \quad \rho = \bar{\rho} + \rho', \quad p = \bar{p} + p' \tag{3.128}$$

此外,我们假定,布西涅斯克近似成立,且省略引潮力。把方程(3.44)乘以 u_i' 并取平均,就得到湍流动能方程

$$\frac{\partial}{\partial t}K' + \bar{u}_j \frac{\partial}{\partial x_j}K' = \overline{u_j'\alpha'}\frac{\partial \bar{p}}{\partial x_j} - \overline{(\bar{\alpha} + \alpha')u_j'\frac{\partial p'}{\partial x_j}} + v\frac{\partial}{\partial x_j}(u_i'\sigma_{ij}') - \varepsilon - \overline{(u_i'u_j')}\frac{\partial \bar{u}_i}{\partial x_j} \tag{3.129}$$

其中

$$\sigma_{ij}' = \frac{\partial u_i'}{\partial x_j} + \frac{\partial u_j'}{\partial x_i}, \varepsilon = v\sigma_{ij}'\sigma_{ji}' \tag{3.130}$$

---

① 罗曼什断裂带(Romanche fracture zone),位于赤道大西洋(约 1°S),是中大西洋海脊的主要裂口,宽约 10 ~40 km,长约 800 km。该深水通道允许从巴西海盆到塞拉利昂海盆和几内亚深海平原的向东的南极底层水通过,而跨过该断裂带的主要海槛则位于 4 350 m 处。——译者注

尺度分析表明，对于定常状态的流动，基本平衡是由湍流产生、耗散和浮力做功构成的(Turner，1973；Osborn，1980)

$$\overline{u_i'u_j'}\frac{\partial \bar{u}_i}{\partial x_j} = -\varepsilon - \frac{\overline{u_3'\rho' g}}{\bar{\rho}} \tag{3.131}$$

我们把通量理查森数(flux Richard number)定义为浮力通量与湍流产生量之比

$$R_f = \frac{\overline{u_3'\rho' g}}{\bar{\rho}} \Big/ \left[-\overline{u_i'u_j'}\frac{\partial \bar{u}_i}{\partial x_j}\right] \tag{3.132}$$

密度的涡动扩散系数定义为

$$\kappa_\rho = g\,\overline{u_3'\rho'} \big/ \bar{\rho} N^2 \tag{3.133}$$

那么，(3.131)式中湍流耗散平衡简化为

$$\kappa_\rho = \frac{R_f \varepsilon}{(1 - R_f)N^2} \tag{3.134}$$

如果 $R_f \leqslant R_{f,临界} = 0.15$，则我们有

$$\kappa_\rho \leqslant 0.2\frac{\varepsilon}{N^2} \tag{3.135}$$

因此，在海洋的湍动能耗散中，有一小部分可能转化为大尺度平均流动的重力势能。这是在层化湍流中一个非常奇特且重要的逆向尺度的能量级串(upscale energy cascade)。这意味着湍流动能并没有全部耗散而变成热量，实际上，其中有一小部分耗散反馈给了大尺度流动。

然而，这个反馈包含许多复杂的过程，不应把混合效率简单地取为常数。事实上，混合的效率有显著的变化。Peltier 和 Caulfield(2003)给出了对于层化的切变流中混合效率的最新述评。

现场观测表明，在上层海洋中，混合层之下的跨密度面扩散系数具有10^{-5} m^2/s 的量级，它远大于分子扩散系数。在大洋的其他区域，扩散系数可以远高于这一背景值(图 3.17)。海洋中强烈的跨密度面(或者垂向)混合是由强烈的内波破碎和湍流驱动的。

应注意的是，尽管有大量的外部机械能，特别是从风应力输入到表面波和表层流中的机械能，但是对于这些输入内波和湍流以支持跨密度面混合的能源，目前尚不清楚其进入途径。尽管经过了几十年的研究，我们对在热盐环流中混合作用的了解仍然是初步的，公正地说，不存在任何简单的解决方案。与这些途径有关的研究已经超出了本书的范围，读者可以在 Thorpe(2005)的著作《湍海洋》(*The Turbulent Ocean*)和 Ferrari 和 Wunsch(2009)的评述论文中找到最新的信息。

F. 地热加热

除了上述能源外，地热和热羽状流(hot plumes)为海洋提供了总计 32 TW 的热量。尽管它比通过海－气界面的热通量小三个量级，但它可能是驱动深渊环流的一个重要分量。由于地热加热发生在很深处而对应的冷却则发生在海面，因此地热可以更加有效地转变为重力势能。地热导致的重力势能源可以用本章后附录中的方程(3.A8)来计算。这种转变的全球贡献量约为 0.05 TW(Huang，1999)，与其他的大项相比，这是一个很小的项；尽管如此，这一项也是不可忽略的，特别是对于深渊环流和在深渊层中的温度分布而言。

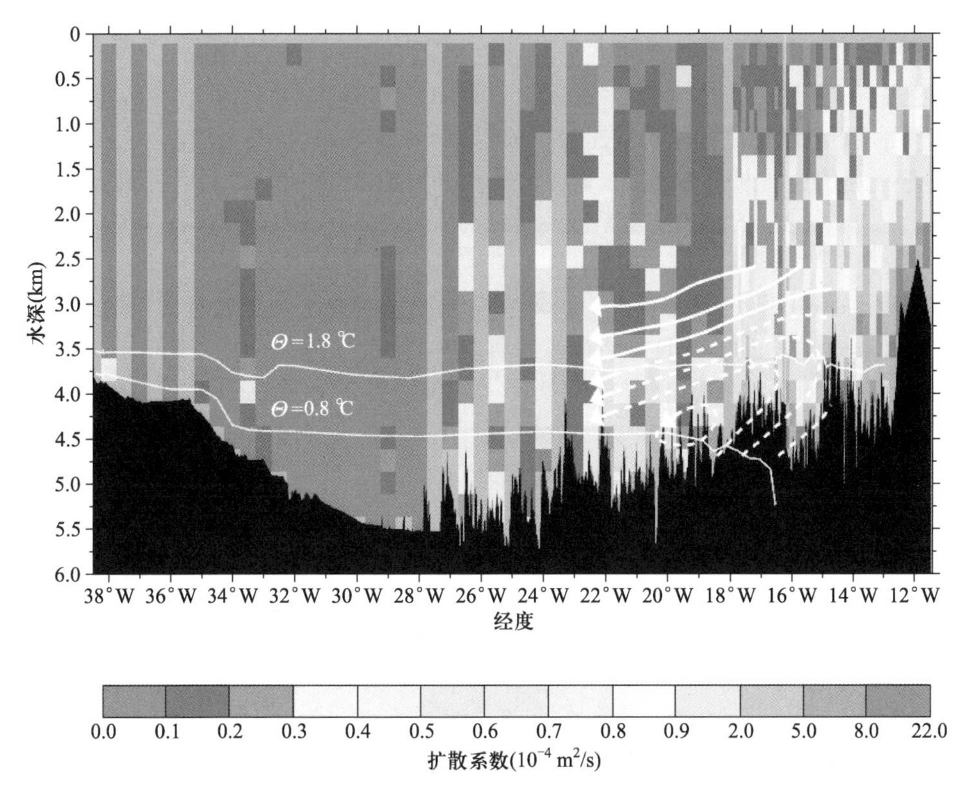

图 3.17 巴西海盆跨密度面扩散系数 K_v 的深度 - 经度断面图，由速度微结构观测数据(Polzin 等，1997)及其后续航次的补充数据(Ledwell 等，2000)推断。白色细线表示 0.8℃和 1.8℃等温线的实测深度；带箭头的白色粗线代表根据逆解算法估算的流函数(St. Lauren 等，2001)[取自 Mauritzen 等(2002)]。(参见书末彩插)

G. 海底阻力

如图 3.9 所示，在粗糙海底地形上运动的海流必须克服海底阻力或形状阻力。对于世界大洋环流而言，通过海底阻力耗散的总机械能仍不清楚。对开阔大洋而言，初步估计，其值约为 0.4 TW(Wunsch 和 Ferrari，2004)。新近，Sen 等(2008)对此值的估计为 0.2 ~ 0.8 TW。显然，海底阻力仍是海洋环流理论的主要未知量之一。由于没有关于海底阻力的可靠的实测数据，因此，大多数数值模式都不能精确地分辨深层环流。

H. 双扩散

海水含有盐分，所以它是一个双组分的化学混合物。在分子混合的层次上，热扩散速率是盐扩散的 100 倍；但是，在湍流环境中，盐扩散速率与热扩散速率是相当的。层流流体与湍流流体在热扩散和盐扩散上的差异构成了大洋中热盐环流的一个最重要因素。

海洋中的双扩散基本上表现为两种形式：盐指(salt fingers)和扩散对流(diffusive convection)。当咸的暖水叠置在淡的冷水之上时，就出现了盐指。盐指的维持机制是：盐指向下运动使重力势能释放而造成了不稳定。我们可以设想，用一条垂向的管道把水柱下部冷的淡水与水柱上部暖的咸水相连通。其管壁非常薄，因此热通量就相当容易进入管道，这样就能使冷水暖起来。与此同时，盐的低扩散系数使上升水块保持其淡水的状态。这样，浮力差异驱动了管道内的水向上运动,并在海洋中建立起一个自推进的喷泉(self-propelled fountain)。

亚热带流涡的内区是适合盐指形成的区域,在那里强烈的太阳日射和过度蒸发在主温跃层之上形成了暖而咸的水。在这个强盐指区域,暖而咸的盐指向下运动,同时冷而淡的羽状流向上运动。由于在盐指和环境之间热扩散比盐扩散容易100倍,故盐指失去了浮力并继续向下运动。因此,重力势能通过这种方式释放出来而驱动混合。根据在亚热带北大西洋温跃层上部新的现场观测资料,温度(盐度)的湍流扩散系数的量级为 4×10^{-5} m^2/s(8×10^{-5} m^2/s),并且其等效的密度扩散系数为负值(Schmitt 等,2005)。

另一个可能的双扩散过程是扩散对流。它是当冷而淡的水叠置在暖而咸的水之上时发生的。这个系统是相对稳定的,并且可能存在振动式的不稳定。

基于世界大洋的温度和盐度的气候态数据,利用盐指参量化的双扩散通量(Zhang 等,1998),可以计算由盐指引发的重力势能释放过程(图3.18)。全球重力势能的总释放量很小,其量级为26.8 GW。由于盐指产生的热扩散使重力势能增加,并且其全球的总量为18.8 GW,故其净增量约为8 GW。这个估值的详细情况将在5.3.4节中讨论。

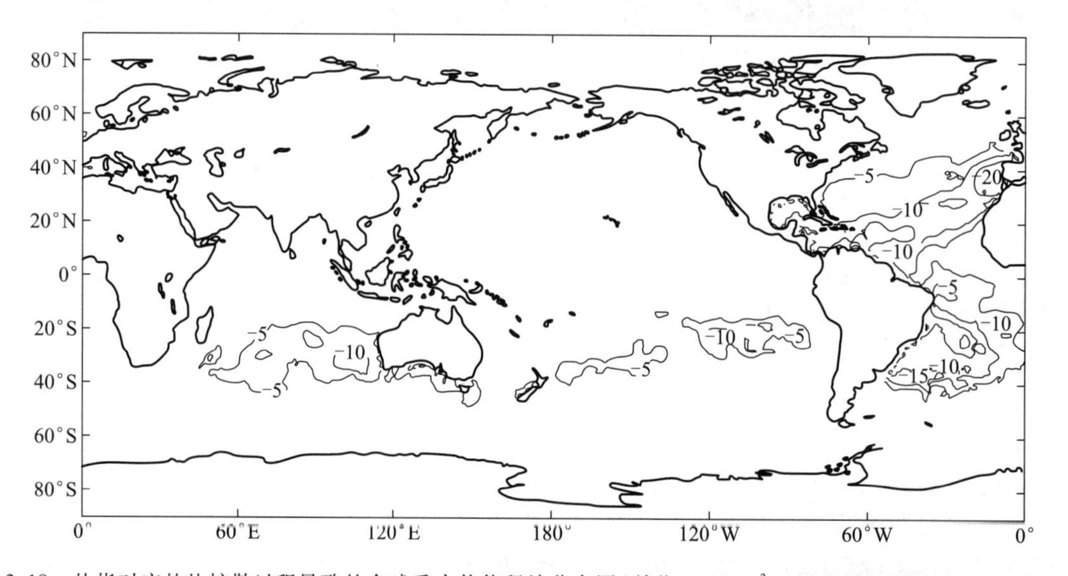

图3.18 盐指对应的盐扩散过程导致的全球重力势能释放分布图(单位: mW/m^2)(设背景扩散系数为 $K^{\infty}=0$)。

应注意的是:① 不应该把这个能量作为外部输入的机械能,因为盐指只能来自大尺度环流中层化释放的重力势能,而大尺度环流本身则是由外部机械能驱动的; ② 尽管盐指释放的重力势能与其他能源相比好像是很小的,但在世界大洋的某些区域(例如北大西洋亚热带区),它可以起极其重要的作用。

I. 生物混合导致的机械能输入

尽管海洋中的生物活动往往被处理为它对海洋环境的被动响应,但海洋中的生物活动还是有可能对大尺度环流做出贡献的。世界海洋中由生物活动产生的化学功率(chemical power)的总量,通常称为初级生产率(primary production rate),估计为62.7 TW。这么巨大功率中约有1%可以通过各种途径对海洋环流做出贡献;因此,输入大尺度环流的生物能源之全球总机械能估计为0.6 TW(Dewar 等,2006)。显而易见,更精确的估计还有待于未来。

J. 混合增密

由于状态方程的非线性,故在跨密度面混合与沿密度面混合的过程中两者都会使密度增加,并且新形成的较高密度水就会下沉,这一过程称之混合增密过程(cabbeling)(如图3.9所示)。结果,重力势能转变成了内波和湍流的能量,但在大洋中,目前尚不知道混合增密所损失的总重力势能。

3.6.2 化学势能之源

海水含盐分,因此存在着一定数量的化学势的能量。化学势不同于通常意义上的机械能;不过,它也不同于内能或所谓的热能。其实,通过渗透泵(osmotic pump)或者利用海洋中的盐分浓度之差所产生的电力,可以把海洋中的化学势转变为等效的机械能。

维持大洋的水循环和盐度分布需要大量的熵,而这些熵则是由盐与纯水混合而产生并必须通过海-气界面抽取,这在3.8节中将要详细讨论。从机械能平衡的视角看来,把纯水从海水中分离出来,需要巨量的等效功。对于单位质量的蒸发来说,等效机械能的量值等于$\mu(0)-\mu(S)$,而对于全球海洋来说,其总量估计为32 TW。这意味着,为满足世界大洋中化学势的平衡,需要有一个能源。应注意,这是巨大的能量,比潮汐耗散的能量大得多。因此,维持水循环是全球热盐环流的一个非常重要的部分;不过,在很大程度上,这个问题仍有待研究。

可以做如下的推理,一旦降水中的水与海水混合,那么这个能量中的一大部分就在表层被耗散掉了,而余下的部分可以用于驱动大洋内部盐与纯水的混合;然而,关于化学势能量的平衡问题,迄今仍然没有明确的答案。

3.6.3 海洋中机械能平衡的一个暂定示意图

图3.19给出了一个尝试性的、包括动能和重力势能的机械能平衡。在上一节中已讨论过,我们把对化学势的贡献也包括在内,因为它是维持海洋中水循环和盐层化的能量。

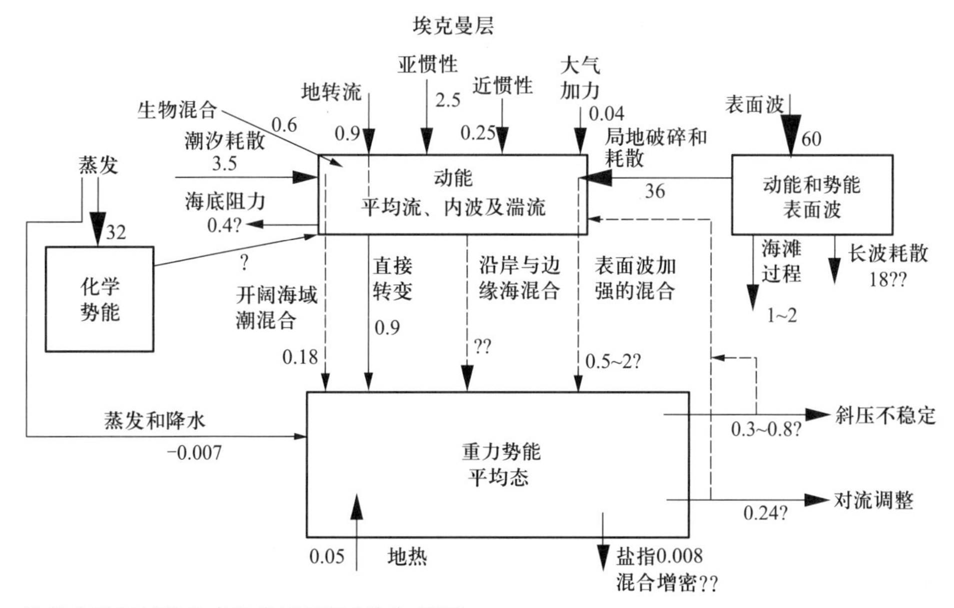

图3.19 世界大洋机械能收支的尝试图解(单位:TW)。

看来很清楚,当前我们还不了解机械能是如何平衡的,哪怕是在最低阶的准度上。我们知道有大量的动能持续地输入海洋,但是不清楚这些动能在海洋中是如何分布和最终耗散掉的。类似地,尽管我们确实知道有两个主要重力势能之汇,但是不清楚能量是如何输送并供给这两个汇的。客观地讲,图3.19列出了大多数能量通量,其量值精确到两倍至五成之间。在某些情况下,不确定性甚至会更大。对能量途径做更确切的描述并给出更佳的估值,则有待于进一步研究。

3.6.4 世界大洋能量学中剩余的挑战性问题

A. 风是大洋环流和气候变化的主要驱动力

在过去的十几年中,许多研究已经考虑到潮汐耗散在驱动开阔大洋混合中的作用。与之相对照,风应力在维持混合与热盐环流中的作用却尚未得到应有的重视。研究潮混合的热潮可能部分地是由于潮汐问题已经有完好的公式化表达,并且较易于进行现场测量。比较而言,对研究表面波与湍流来说,无论是理论/数值研究,还是现场观测,在处理上都远为困难。然而实情却是:对于热盐环流和气候变化而言,风应力实际上是最重要的驱动力,原因如下:

- 在当前的气候条件下,风应力能量输入是控制大西洋经向翻转环流的支配因子。这已经被基于大洋总环流模式的数值模拟所证实(如Toggweiler和Samuel,1998)。
- 风应力能量输入的时间变化尺度很宽广,从年际、年代际、百年际,直到更长的时间尺度。事实上,数据分析表明,在过去的20年间输入到地转流(图3.20)和表面波与埃克曼层(图3.21)中的风能已经增加了约15%~20%。与此同时,潮汐耗散在短于百年的时间尺度上则可以认为近于恒定。
- 风应力能量输入直接影响上层海洋,使之成为不同应用领域中最重要的动力区域,其中包括天气、渔业、运输和环境等领域。

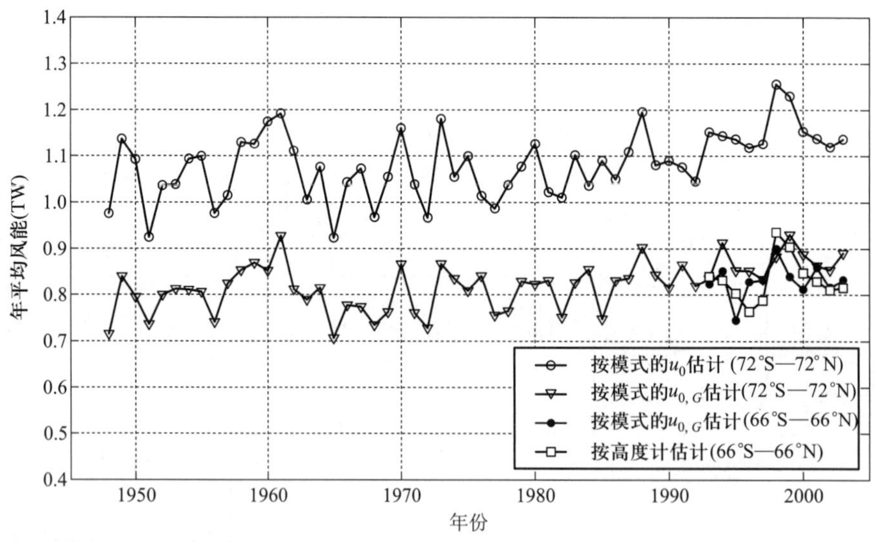

图3.20 根据数值模式诊断的输入到地转流中的年平均风能以及根据高度计数据给出的结果(单位:TW)(Huang等,2006)[①]。

① 原著中该图纵坐标阙如,现补上。

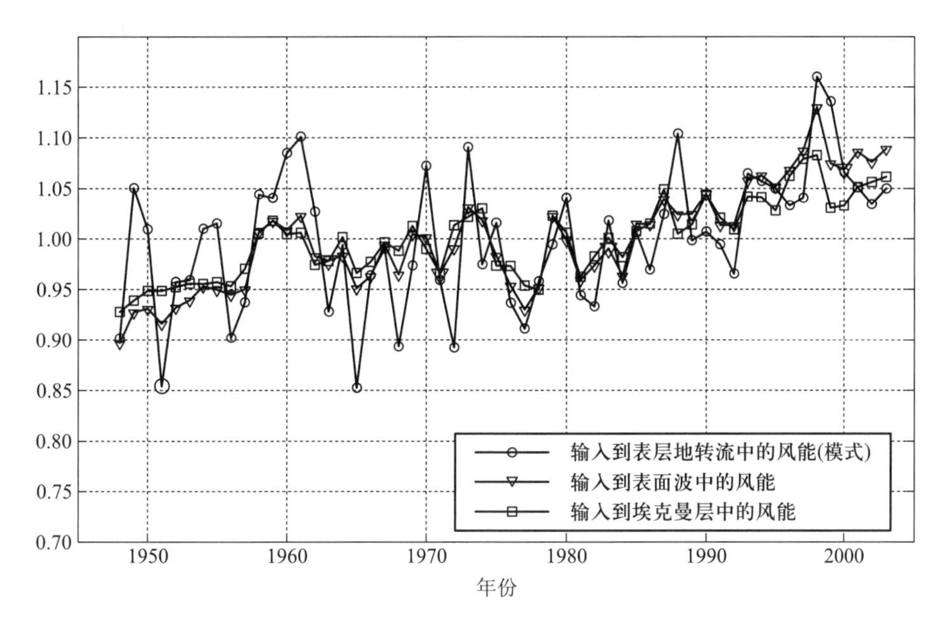

图 3.21 通过地转流、表面波和埃克曼层输入的风能(归一化)随时间演变图(Huang 等,2006)。

B. 风应力能量输入的变化

也许,最值得严重关注的重要问题是:输入到表层地转流中的风应力能量每年都有很大变化,并且在过去的 50 年间持续增加(如图 3.20 所示)。

与此同时,在过去几十年间输入到表面波和埃克曼层中的风能也显著增加(图 3.21)。输入到海洋中的风能变化来自不同的本源。首先,由于全球变暖,风和其他非线性动力学过程可能有更多的能量。第二,主要出现在南极点附近的臭氧洞便能使南极极涡①强化。通过大气中的波-波相互作用,强化了的极涡向下传播并且表现为南半球西风带(South Westerly)的加强,最终加强了南大洋之上的海面西风(例如,Yang 等,2007)。

正如图 3.20 和图 3.21 所示,由于自 20 世纪 80 年代以来有了可靠的测量数据(包括卫星数据),我们看到,通过地转流、非地转流和表面波输入到海洋中的能量都保持稳定增加。因此,作为对这些能量输入变化的响应,大洋总环流自然应该进行调整。

C. 潮汐耗散的改变

用做边界条件的许多因子都能调节潮汐耗散,其中包括海盆的形状、水深和海平面等,而它们变化的时间尺度则很宽。

1)大陆漂移导致在全球尺度上的海陆分布发生变化

这种变化的时间尺度为千年或更长时间。由于诸海盆的大小和形状都发生变化,故在地质史上潮汐耗散发生了很大变化;因此,支持跨密度面混合的能量也发生了变化(图 3.22)。应注意,这个结果是基于一个平底的数值模式。众所周知,海底地形在控制正压潮流动和耗散中起了

① 原著中为 Southern polar vortex;极涡是气旋型的大尺度大气环流,位于对流层的中部到平流层;它们环绕在极地高压的周围并且是极锋的一部分;南极极涡是在南半球高纬地区以南极大低压带为中心,表现为从对流层中部到平流层的强烈西风带,西风在冬季尤为强劲且从秋到春随高度增加逐渐变强。——译者注

极其重要的作用;然而,重建古地形是一项极具挑战性的工作。因此,这里引用了一个简单潮汐模式的结果,为的是证实一个基本思路,即在地质史上潮汐耗散可以有非常显著的变化。

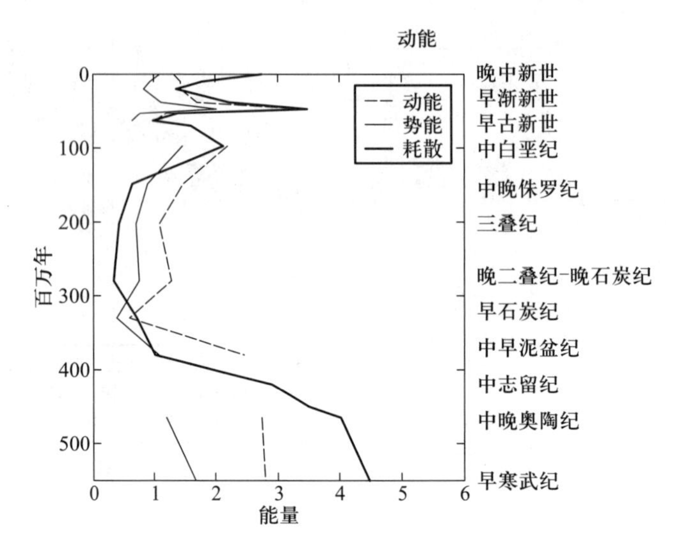

图 3.22 在过去5.5亿年间,M_2潮汐耗散(单位:10^{12} W)、动能(单位:10^{17} J)和势能(单位:10^{17} J)的变化[根据Kagan 和 Sundermann(1996)的数据绘制]。

如果我们进一步回到地质历史时期中,那么也就不得不考虑地球-月球系统重力场的变化和地球旋转速率的变化。古地质记录提示,在过去的9亿年间,地球的旋转变慢了;这应该已经影响到了潮流和耗散率。

由于地幔的运动,在地质史上大陆已经发生了巨大漂移。对应地,世界大洋的形状也大为改变。要在地图上标出古海洋的位置、水深以及相应的潮流,这是一项巨大的挑战。

2) 全球海平面变化

在短于万①年的时间尺度上,冰期-间冰期的循环可以导致世界大洋平均海平面的变化。例如,在末次盛冰期(LGM)②就发生过巨大的变化,因而导致潮汐耗散和热盐环流发生了实质性改变,其中包括:

• 海平面曾比现在低100多米。浅海中的潮汐耗散曾经小得多,结果,深层大洋中的潮流曾经快得多。因此,在末次盛冰期间,全球潮汐耗散比现在高50%(Egbert 等,2003)。

• 当时,大气中的经向温差更大,因而当时的风比现在强得多;这样,输入海洋的风能比现在大得多。

因此,如果用新的、随气候变化的跨密度面混合的参量化方案来模拟末次盛冰期间的海洋环流和气候的话,那么这将会是一个优秀的研究课题。

① 原著中为 millennial(千年的),考虑到冰期-间冰期的循环,可以认为万年的时间尺度为更合理,故改。——译者注

② 末次盛冰期(last glacial maximum),或称威斯康星(Wisconsin)冰期;根据古气候记录,有一种观点认为,第四纪(约200万年以来)的气候是盛冰期与间冰期的交替出现期,其周期约为4万年,而末次盛冰期则是地球气候史上距今最近的一个冰期(在距今2.65万年与1.9万—2.0万年之间),而当时地球上的冰盖区域达到最大。——译者注

3.7 重力势能和可用势能

3.7.1 重力势能

重力势能是大洋总环流能量平衡中最重要的分量之一。为了充分利用质量守恒定律,利用 $\rho dv = dm$ 可以很方便地把重力势能的定义改写到质量坐标中,因此

$$\Phi = g\iiint \rho z dv = g\iiint z dm \tag{3.136}$$

重力势能密度的定义为

$$\chi = g\iiint \rho z dv \Big/ \iiint dv \tag{3.137}$$

应注意,重力势能的量值取决于参考面的选取。例如,若利用海面作为参考面,则得到的重力势能就为负值。若利用洋底的平均深度,$\bar{D} = -3\ 750$ m,作为参考面,那么世界大洋的总重力势能估计为 2.1×10^{25} J($\chi \simeq 1.4 \times 10^{7}$ J/m^3)。

海水的密度仅有些微变化。因此,海洋中大部分重力势能在动力学上是惰性的,而其中只有很小一部分由密度偏差(density deviation)[①]所产生的能量在动力学上是活跃的。有多种方法来区分重力势能中动力学上活跃分量和不活跃分量,例如,关于层化重力势能(stratified GPE,SGPE)与可用势能的概念,这些将在以下几节中讨论。

因为海水密度几乎是常量,故在常用的布西涅斯克近似中,质量守恒由体积守恒来代替。然而,用体积守恒代替质量守恒可能在模式中导致人为的质量与重力势能的源/汇。为了避免这个问题,在研究重力势能的平衡时,应该采用基于质量守恒的模式。

A. 层化重力势能的定义

层化重力势能概念的基本思路是把重力势能分成两部分:海盆平均密度引起的部分与密度距平(density anomaly)引起的部分。我们把全球平均的深度、密度和参考压强定义为

$$\bar{z} = \iiint z dv/V, \quad \bar{\rho} = \iiint \rho dv/V, \quad \overline{p_r} = \iiint p dv/V, \quad V = \iiint dv \tag{3.138}$$

对于世界大洋,$\bar{z} = -2\ 365$ m,$\bar{\rho} = 1\ 038.43$ kg/m^3,$\overline{p_r} = 2\ 455$ db。因此,重力势能(3.136)式中的被积函数可以分成两部分 $\overline{\rho z} = \bar{\rho}\,\bar{z} + \overline{\rho' z'}$,这是因为其余两项,$\bar{\rho} z'$ 和 $\rho' \bar{z}$,对全球积分没有贡献。因此,总的重力势能可以分成两部分

$$\Phi = \Phi^0 + \Phi' \tag{3.139}$$

其中

$$\Phi^0 = g\bar{\rho}\,\bar{z}V, \quad \Phi' = g\iiint \rho' z' dv \tag{3.140}$$

分别是平均密度产生的重力势能和层化产生的层化重力势能。Φ^0 是参考面的函数,而 Φ' 则不是,对于世界大洋,其密度估计为 $\chi' = \Phi'/V \simeq -1.0 \times 10^5$ J/m^3。因为 ρ' 和 z' 负相关,所以 χ' 是负的。显然,

① 即密度相对于它的平均值之偏差值(the density deviation from the mean value)。——译者注

层化重力势能反映了垂向层化所具有的能量;然而,该能量的大部分却不能转变为动能,因此它不是驱动海洋环流的有效可用能源。根据定义,如果水的密度是均匀的,那么层化重力势能应该为零。

为了考察压强、温度和盐度对层化重力势能的贡献,我们做下列分解

$$\rho' z' = [(\rho - \sigma_m) + (\sigma_{m0} - \overline{\sigma_m}) + (\overline{\sigma_m} - \overline{\rho}) + (\sigma_m - \sigma_{m0})](z - \overline{z}) \qquad (3.141)$$

其中,ρ 为现场密度,$\sigma_m = \sigma_m(T, S, p, \overline{p_r})$ 为位密,这里取 $\overline{p_r} = 2\ 455$ db 为参考压强;$\sigma_{m0} = \sigma_m(T, \overline{S}, p, \overline{p_r})$;$\overline{S} = 34.718$ 为平均盐度;$\overline{\sigma_m} = \iiint_V \sigma_m dv / V = 1\ 038.70\ \mathrm{kg/m^3}$,因此 $\overline{\rho}$ 与 $\overline{\sigma_m}$ 之差很小。

根据 $\overline{z}$ 的定义,(3.141)式中第三项的全球积分为零,即 $\iiint_v (\overline{\sigma_m} - \overline{\rho})(z - \overline{z}) dv = 0$。因此,层化重力势能可以分成三个分量

$$\Phi' = \iiint_v \rho' z' dv = \Phi_p + \Phi_T + \Phi_S \qquad (3.142)$$

现在,让我们更仔细地察看这些项。第一项 $\Phi_p = \iiint_v (\rho - \sigma_m)(z - \overline{z}) dv$,是由压强差产生的密度偏差造成的。由于海水的压缩率(compressibility)大致为常量,故 $\rho - \sigma_m$ 接近于 z 的线性函数,因而它在参考面处为零,因此,对于整个水柱,$(\rho - \sigma_m)(z - \overline{z}) \leqslant 0$。因为海水的压缩率随盐度和温度的变化只有些微的改变,故该项与各地水深的平方大致成正比(图 3.23)。

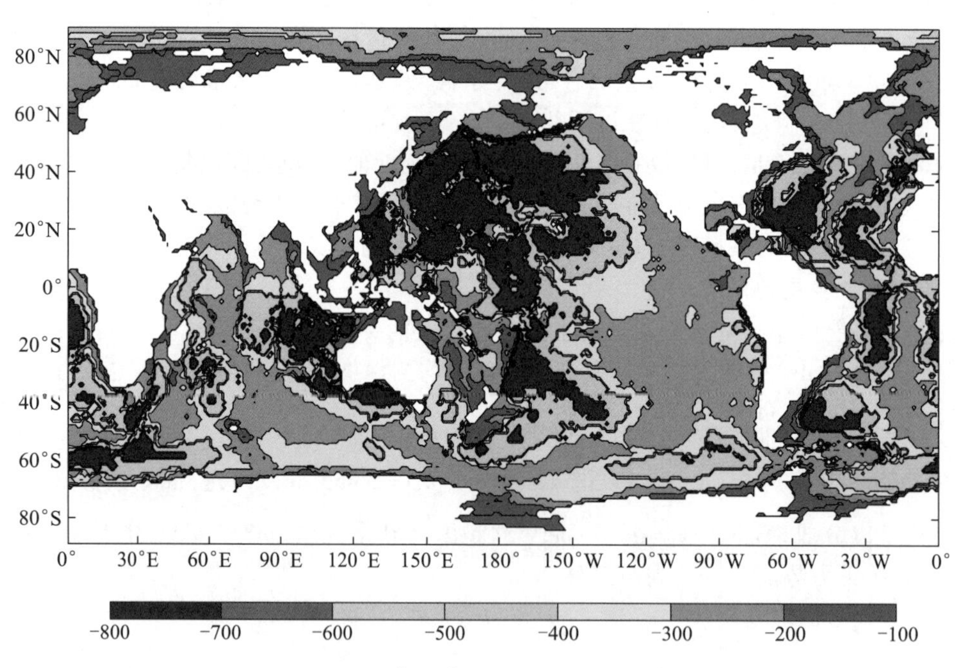

图 3.23 压强对层化重力势能的贡献(单位:$10^6\ \mathrm{J/m^2}$)。(参见书末彩插)

(3.142)式的第二项,$\Phi_T = \iiint_v (\sigma_{m0} - \overline{\sigma_m})(z - \overline{z}) dv$,反映了海洋中温度引起的密度差。在亚热带,上层海洋中的暖水引起了大密度差,即 $\sigma_{m0} - \overline{\sigma_m} \leqslant 0$。在大西洋扇形区,只有在以南极底层水为主的小部分区域中,其密度距平是正的[图 3.24(a)]。在太平洋扇形区,除了南极附近和北冰洋中的若干小区域外,温度对它的贡献到处都是负的,而在暖池中则是负的大值[图 3.24(b)]。

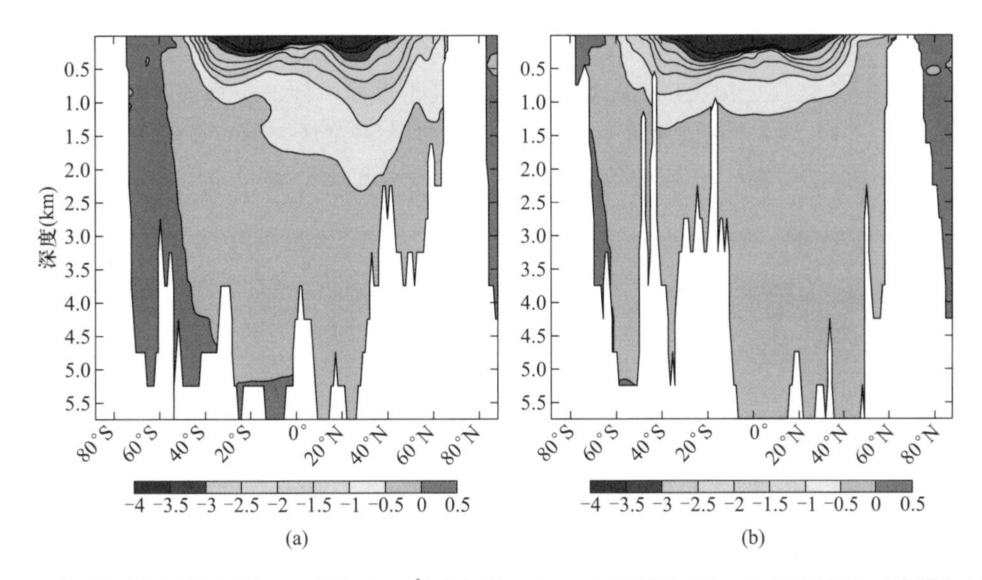

图 3.24 温度对密度距平的贡献($d\sigma_m$,单位:kg/m^3)分布图:(a) 30.5°W 断面;(b) 179.5°W 断面。(参见书末彩插)

从密度的经向断面图上可以清楚地看出温度的贡献(图 3.25)。在亚热带,上层海洋的暖水造成了大的密度差 $\sigma_{m0}-\overline{\sigma_m}\leqslant 0$,而在大洋深渊层中,低温的冷水导致了正的大值,$\sigma_{m0}-\overline{\sigma_m}\geqslant 0$。因此,除了极地高纬度区之外,该项的贡献都是负的。在高纬度区,上层海洋的低温使 $\sigma_{m0}-\overline{\sigma_m}$ 之绝对值非常小,但有时在该区的上层海洋中它是正的。因此,在高纬度区该项是可正可负的小值(图 3.25)。

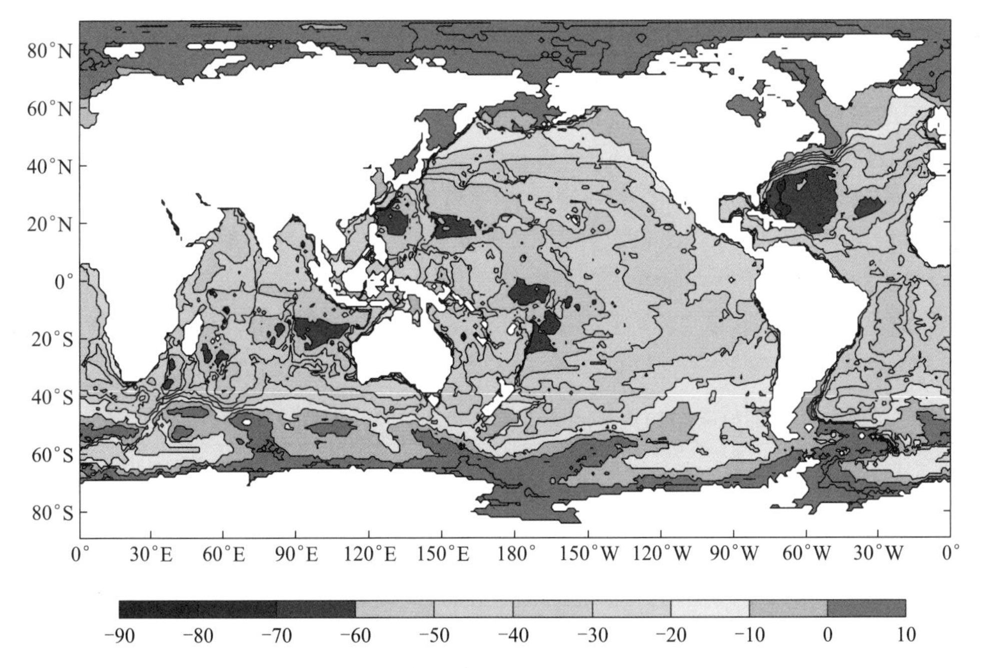

图 3.25 温度对层化重力势能的贡献(单位:10^6 J/m^2)。(参见书末彩插)

(3.142)式的第三项，$\Phi_S = \iiint_v (\sigma_m - \sigma_{m0})(z - \bar{z})\,dv$，代表了盐度对层化重力势能贡献的累计量。在北大西洋，尤其是在亚热带海盆，盐度远远高于世界大洋的平均值，因此对于大西洋断面，大多满足 $\sigma_m - \sigma_{m0} \geq 0$。这造成了上层大洋中相对的高密度区。另一方面，在南大洋，南极中层水(AAIW)和南极深层水(AADW)的低盐造成了负的密度距平[图 3.26(a)]。

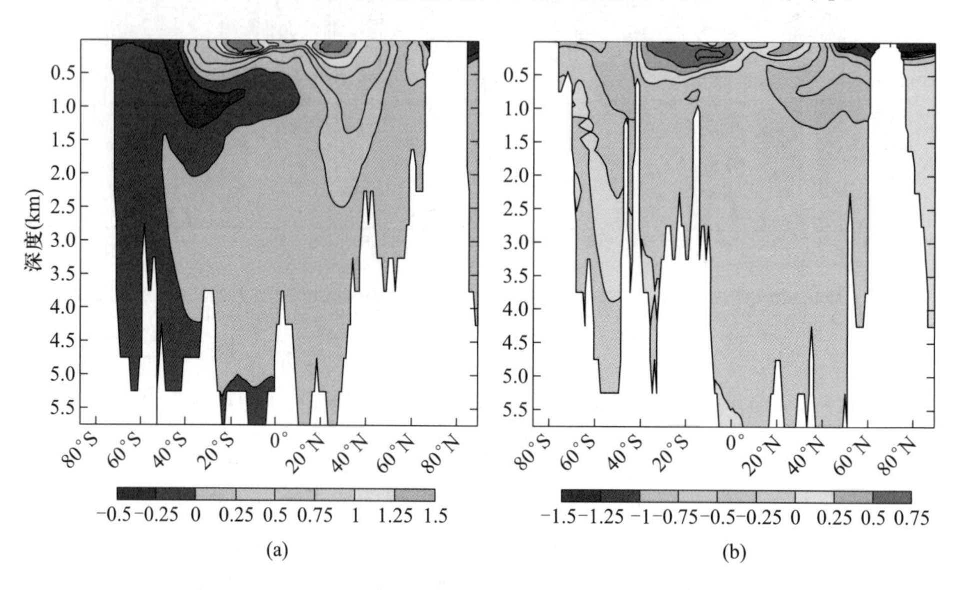

图 3.26 盐度效应引起的密度差(单位：kg/m³)分布图：(a) 大西洋 30.5 °W 断面；(b) 太平洋 179.5 °W 断面。(参见书末彩插)

北太平洋的情况则相反。由于该海盆的盐度相对低，在两个小区域中密度距平是正的：一个是南太平洋亚热带流涡的浅层，而另一个则是南极绕极水核心中的相对高盐带；而在其他区域中，盐度引起的密度距平都是负的。

在北大西洋，尤其是在亚热带海盆中，其盐度则比世界大洋的平均值要高得多，因此在该大洋的上层，$\sigma_m - \sigma_{m0} \geq 0$，这就造成了该海盆中相对高的能量密度。阿拉伯海则是另一个高密度区，这也是由于那里是高盐区。比较而言，北太平洋、南大洋和北冰洋的盐度较低；因此，在那些区域，盐度对层化重力势能的贡献是负的(图 3.27)。

这些项的全球总值列于表 3.2。显然，压强项起着支配性的作用，温度项是其 1/10，而盐度项只是其 1/1 000。

表 3.2 各项对层化重力势能(SGPE)的贡献(全球能量密度单位：10^3 J/m³)

项	压强(ϕ_p)	温度(ϕ_T)	盐度(ϕ_S)	总计
平均能量密度	−93.17	−7.27	−0.086	−100.5

根据定义，对于环流中的热力分量和盐致分量而言，温度和盐度的层化重力势能之值是对他们的强度之整体度量。若这些分量发生改变，那么，其对应的层化重力势能分量就发生改变。例如，如果水循环大幅度减小，那么盐致的层化重力势能也应该降低。在大洋总环流的经典理论中，大多数的讨论忽略了海水压缩性的动力学作用。另一方面，如前所述，海水压缩性是产生层

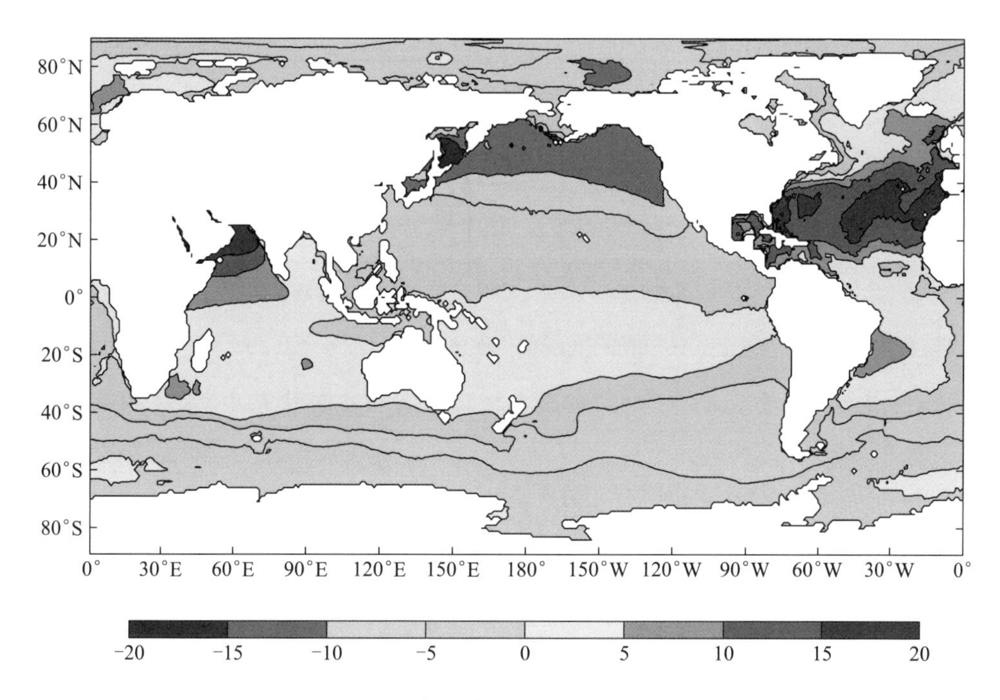

图 3.27 盐度对层化重力势能的贡献(单位:10^6 J/m^2)。(参见书末彩插)

化重力势能的支配因子。但目前,这些项的含义仍然不清楚,有待于将来研究。

3.7.2 可用势能

另一种把重力势能分为活跃和不活跃两部分的方法是通过诊断与水平密度差关联的重力势能,而水平密度差又与翻转环流直接关联。这种想法首先由 Margules(1905)提出,即要找到一个重力势能极小的参考状态,并把物理状态与参考状态之间的重力势能之差定义为物理状态的可用势能(APE)。不过,可用势能在大气动力学中的应用主要是在 Lorentz(1955)提出了一个可用势能的近似定义之后。

A. 一个简单的例子

在海洋学中,可用势能的普通定义包括了重力势能和内能两部分的贡献。首先,可用重力势能定义为

$$\chi = g\int(z - Z)\,dm \tag{3.143}$$

其中,g 为重力,$z(Z)$ 为一个质量单元(mass element)在物理(参考)状态中的位势高度。参考状态定义为具有极小重力势能的状态,并且这种状态可以通过绝热调整和质量再分配来达到。

作为一个例子,我们来考察二维空间中两层模式的可用重力势能,并假定其第三维是单位长度。在图 3.28(a)中,实线表示温跃层,它把密度为 $\rho + \Delta\rho$ 的水与密度为 ρ 的水分开来。图 3.28(b)表示参考状态,其中 $\bar{h} = \int_0^L h dx/L$ 。

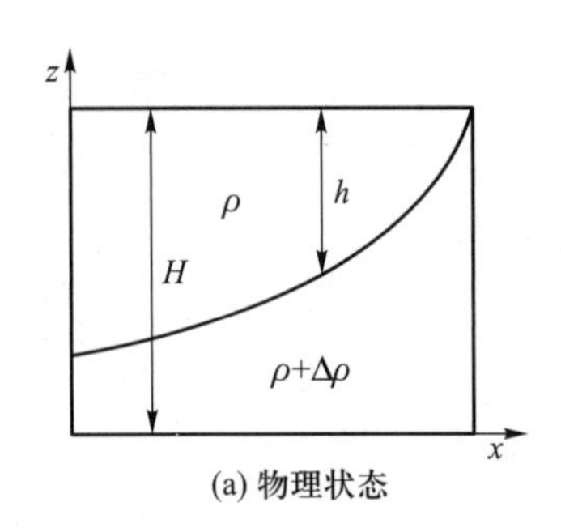

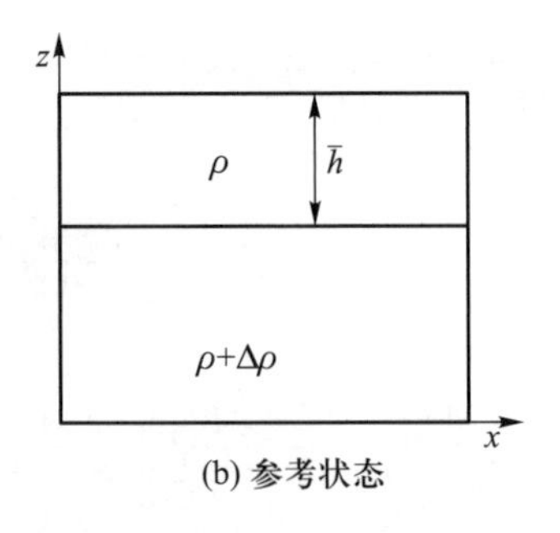

图 3.28 两层模式中可用重力势能(AGPE)的定义:(a) 物理状态;(b) 参考状态。

若取 $z=-H$ 为重力势能的参考面,那么在物理状态和参考状态中,水柱的总重力势能分别为

$$\chi^0 = \frac{g(H-h)^2}{2}\Delta\rho + \frac{gH^2}{2}\rho,\quad \chi^r = \frac{g(H-\bar{h})^2}{2}\Delta\rho + \frac{gH^2}{2}\rho$$

该系统的可用重力势能为

$$\prod^a = \int_0^L \chi^0 dx - \int_0^L \chi^r dx = \frac{g\Delta\rho}{2}\int_0^L [(H-h)^2 - (H-\bar{h})^2] dx$$

若取线性廓线 $h=H(1-x/L)$,那么可用重力势能为 $\prod^a = g\Delta\rho H^2 L/24$。

以太平洋中的暖池为例,$H=100$ m,$L=10\ 000$ km,$\Delta\rho=30$ kg/m^3,暖池的经向宽度近似为 200 km,因此可用重力势能的总量估计为 $\prod^a_{wwp} \simeq 2.5\times10^{17}$ J。可用重力势能密度为 125 J/m^3;它远大于暖池中海流的动能。如果该能量全部转变为动能,那么可以把一支正压流的流速从零加速到 0.5 m/s。

B. 中尺度可用势能

由于海水状态方程的非线性与海底地形的复杂性,故难以确定海洋中最小重力势能的状态。有几条途径可以克服这个困难。首先,海水几乎是不可压缩的,因此可以忽略海水的可压缩性。在这样的近似下,可以通过一个简单的排序程序来寻找最小重力势能的参考状态(Huang, 1998b)。第二,作为一个折中方案,可用水平平均的密度廓线作为参考状态。这个方法克服了利用非线性状态方程寻找参考状态的困难。事实上,在大多数海盆尺度的大洋环流研究中,可用势能是依据 Oort 等(1989,1994)和 Reid 等(1981)提出的公式

$$\prod^a_{MS} = -g\iiint_V \frac{[\rho - \bar{\rho}(z)]^2}{2\,\bar{\rho}^h_{\Theta,z}}dv \tag{3.144}$$

来计算的,其中,参考状态 $\bar{\rho}(z)$ 由水平平均的现场密度来定义,而 $\bar{\rho}^h_{\Theta,z}$ 是水平平均的位密之垂向梯度。这个定义已被广泛应用于海盆尺度(或全球尺度)环流问题中可用重力势能的诊断计算。由于它源自中尺度动力学(Pedlosky,1987a),故我们将其归于中尺度可用重力势能(meso-scale AGPE,MS AGPE)。我们很快就会看到,这个定义将被进一步细化,这要取决于参考状态的水平尺度。

这个定义简单易用,但是也存在一些问题。第一,尽管对于研究中尺度涡和斜压不稳定性而言,它是一个合理的近似,但对于热盐环流的研究来说却是不精确的。我们发现,应用可用重力

势能的这个传统定义及其能源可能导致相当大误差,因为在不可压缩大洋中已经出现了这种情况(Huang,1998b)。第二,这个定义没有清晰地给出内能的贡献。第三,在从物理状态到这种参考状态的调整过程中,密度场的水平混合是不可避免的;因此,这个定义并不是真正建立在绝热过程的基础上的。

下面的例子指出了中尺度可用重力势能存在的缺陷。让我们来考虑一个简单分层的例子[图 3.29(a)]

$$\rho = \frac{\rho^*}{\rho_0} = 1 - ax - bz,\text{其中 } 0 \leqslant x = \frac{x^*}{L} \leqslant 1,\text{且 } 0 \leqslant z = \frac{z^*}{H} \leqslant 1 \tag{3.145}$$

其中,上标 * 表示带量纲的变量。根据定义,在中尺度可用重力势能中所用的参考状态之层化是水平平均密度 $\bar{\rho} = \bar{\rho}^x(z)$[由图 3.29(b)中的虚线所示],而确切定义的参考状态中的层化则由图中实线表示。

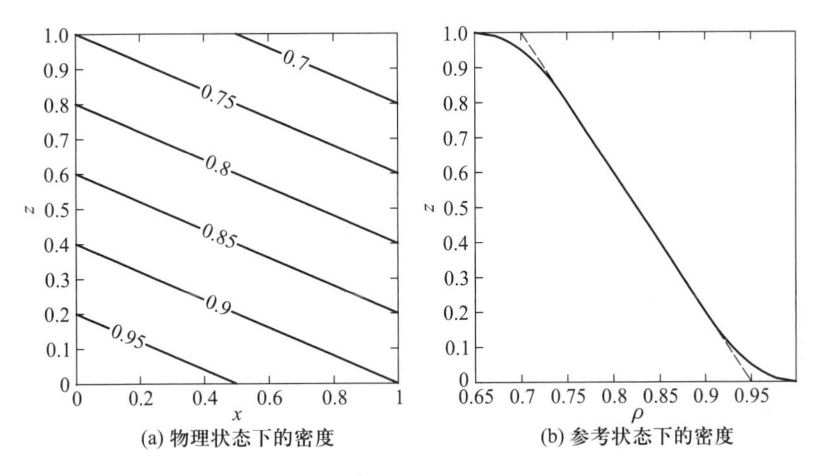

图 3.29 在 $a=0.1$,$b=0.25$ 情况下的层化:(a) 物理状态;(b) 参考状态。图(b)中的实线(虚线)表示在确切(中尺度)定义下参考状态中的层化(Huang,2005a)。

显然,在中尺度可用重力势能中所定义的参考状态中,不存在密度小于 0.7 和大于 0.95 的水。因此,从物理状态过渡到参考状态必然会发生水平混合,即不可能通过绝热过程达到在中尺度可用重力势能中所定义的参考状态。

利用中尺度重力势能,容易看出

$$\chi_0 = g\iint \rho z dx dz = g\int \bar{\rho}^x dz = \chi_{ref} \tag{3.146}$$

也就是说,基于中尺度可用势能的定义,物理状态和参考状态的总重力势能是完全相同的。实际上,在中尺度可用势能定义中隐含的调整过程只是水团的水平迁移和混合,因此总重力势能不应改变。然而,若利用中尺度可用势能定义的公式,那么这个系统中的可用重力势能等于

$$\prod_{MS} = \frac{a^2}{24b} g\rho_0 H^2 L \tag{3.147}$$

另一方面,可以对确切定义的可用重力势能量值进行解析计算。对于 $a=0.1$ 和 $b=0.25$ 的情况,$\prod^a_{MS} = 0.001\ 67 g\rho_0 H^2 L$,且 $\prod^a_{\text{真实}} = 0.001\ 53 g\rho_0 H^2 L$;因此,依照中尺度定义的可用重力势能要比确切定义的可用重力势能约大 10%。

C. 可压缩海洋中的可用势能

1）可用势能的确切定义

利用上述普适定义，可用势能$\prod^a$可以定义为

$$\prod^a = g\int(z - Z)dm + \int(e - e^r)dm + p_s(V - V^r) \tag{3.148}$$

其中，$z(Z)$为物理（参考）状态中的垂向位置，且把$z=0$设定为海底的最深处；e为第2.4.1节中讨论过的用吉布斯函数来计算的内能，上标r指参考状态，$dm=\rho dv$为质量单元，$V(V^r)$为物理（参考）状态中的海洋体积。由于在质量坐标中进行计算，故重力势能参考面的选取已无关紧要。在从物理状态到参考状态的调整过程中，我们假定了水块质量是守恒的。在计算中，我们忽略了海－气界面间的质量、热量和淡水通量的交换；不过，保留了大气压力，并假定它为常量。

这样，可用势能由三部分组成：可用重力势能（AGPE）、可用内能（AIE）和压强做功（PW）。尽管重力势能的总量取决于参考面的选取，但是可用重力势能并不取决于它。

2）寻找参考状态

利用迭代计算程序，人们能够找出一种参考状态，它是稳定层化的，而其重力势能又是全球最小的，虽然我们不能保证这样的状态也是全球总势能为最小值的状态。

主要的过程是一个迭代搜索程序。有两个内循环，它们都是根据每个网格单元的位密进行排序的。第一个内循环从最深处的点向上移动。由于气候态数据的最大深度为5 750 m，故我们将以5 880 db作为最大压强来开始迭代过程。所有网格单元中按密度排序，把最重的水块摆在海底上。在迭代过程中，把海底地形加入到每个层厚度的计算中：每层的厚度是$dz = dm_{ijk}/\rho_{ijk}/S(z)$，其中，$dm_{ijk}$和$\rho_{ijk}$为网格单元$ijk$的质量和密度，$S(z)$为$z$层上的水平面积。为了提高所有深度上的水柱稳定性，按照下面的方法重复进行排序过程。用一个更小的参考压强5 750 db对位于压强5 800 db之上的水块重新排序。这样就形成了一个新的密度序列，该序列中包括用参考压强（5 750 db）计算出的新密度和用前一个参考压强（5 880 db）计算出的旧密度。相应地，对这个新的密度序列再一次进行排序。以此类推，取用100 db的压强间隔，即取用5 650 db、5 550 db等作为参考压强重新进行排序，这样在任一给定深度处，就保证了整个水柱的稳定性。

第二个内部循环采用类似的压强增量从海面向下移动。这个循环用于对现场压强和密度进行订正。可以编写一个简单的计算机程序对任意给定数量的参考压强面按层化进行排序。这样，对于任何合理要求的精度，都可以构建出在任意给定层次上都是稳定层化的参考状态。

3）世界大洋中的可用势能

我们把上述搜索程序应用于年平均气候态的温度和盐度，所用的数据取自Levitus 1998数据集，其中附有“实际”地形（Levitus等，1998）。为了简单起见，我们忽略了由海底地形和海盆划分所导致的不同层次上的阻隔。这样，把世界大洋处理成一个海盆，其水平面积等于世界大洋在相应层次上的面积。

基于（3.148）式，分别计算了世界大洋及其三个主要海盆中的可用重力势能。取参考压强的增量为1 db，获得的结果有5 800个参考层次。

如果撤掉系统的所有强迫力，那么计算给出的可用重力势能就代表了理论上可以转变为动能的能量上限。在这样一个理想化的情况下，密度大的水块就下沉到海底，并把相对轻的水块向上推。这个过程可用通过绝热调整后重力势能的潜在贡献图（图3.30和图3.31）来说明。容易

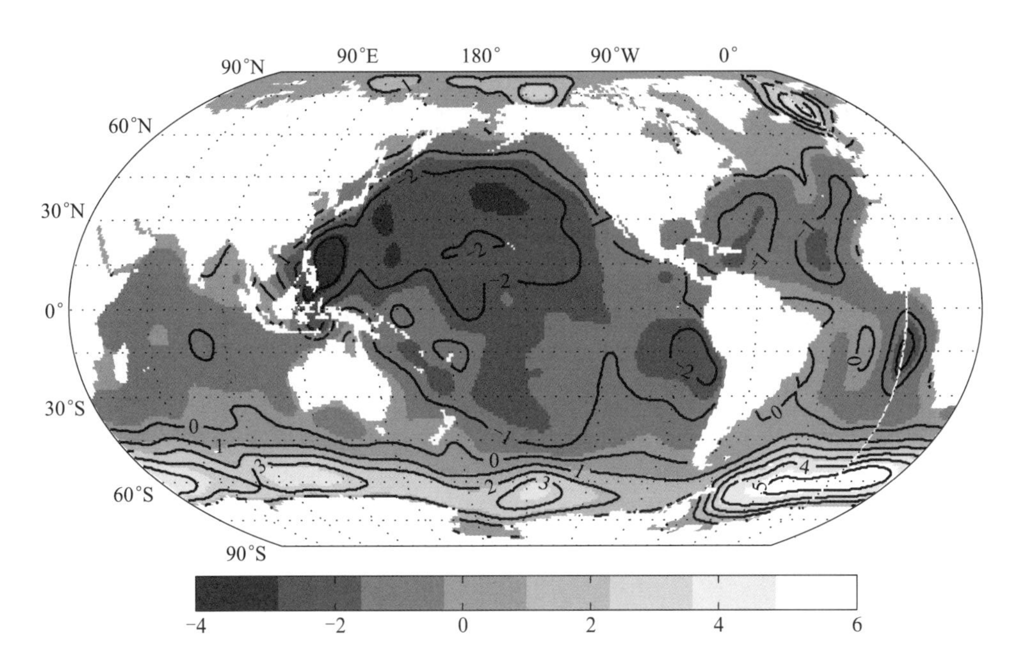

图 3.30 通过绝热调整对全球可用重力势能的贡献(单位：10^{11} J/m^2)(Huang,2005a)。

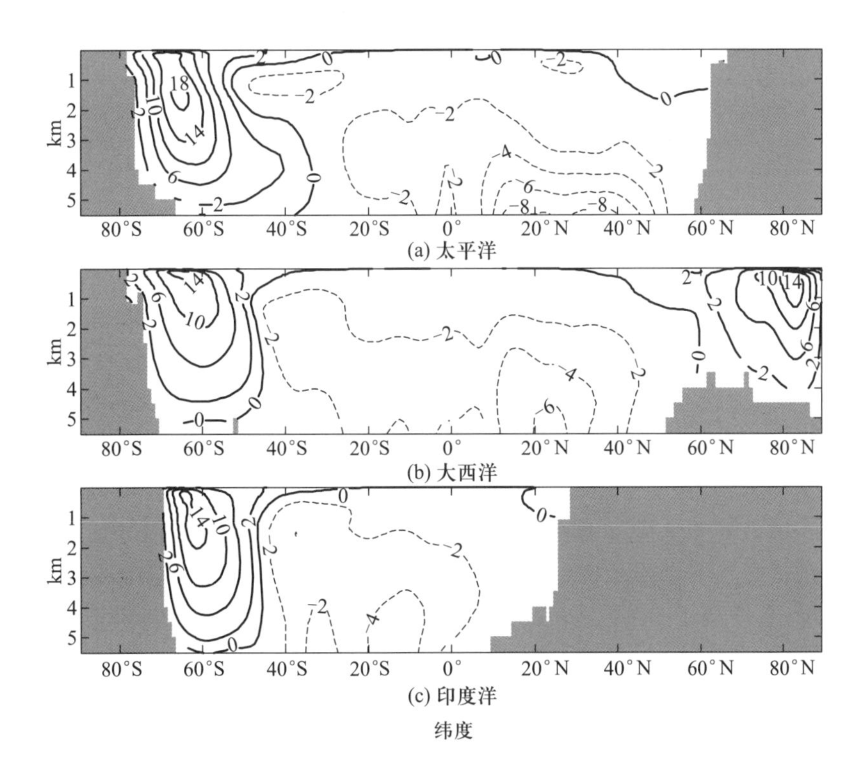

图 3.31 通过绝热调整后对可用重力势能的贡献(单位:10^{13} J/m^2):(a) 太平洋;(b) 大西洋;(c) 印度洋(Huang,2005a)。

看出,对可用重力势能做出首要贡献的是南大洋的高密度水,因为它具有由强烈风强迫力所维持的陡峭等密度面。

在调整过程中,来自高纬度的高密度水下沉并作为水平层蔓延到世界大洋的底部;而低纬度的相对轻的深层水被向上推。因此,高纬度的深层水对可用重力势能的贡献是正的,而低纬度的深层水对可用重力势能的贡献是负的。

计算各个海盆的可用势能时,大西洋与印度洋之间的分界线取为20°E,印度洋与太平洋之间的分界线取为156°E,大西洋与太平洋之间的分界线取为70°W。北冰洋与北太平洋沿着北极圈分开,这样就把北冰洋和大西洋合在一起来计算可用重力势能。表3.3汇总了计算结果,其中分为含或不含地中海两种情况。调整之后,海平面下降了4.2 cm;因此,海平面气压把1.43×10^{16} J的功输入到海洋中,这意味着该能源为0.01 J/m^3,故它与其他项相比是可以忽略的。比较而言,大西洋中的可用重力势能密度是最高的,而太平洋中的则是最低的。

表3.3 世界大洋及其海盆的可用势能(单位: J/m^3)

海盆		可用重力势能(AGPE)	可用内能(AIE)	可用势能(APE)
大西洋	包括地中海	2 316.4	-1 608.4	708.0
	不包括地中海	2 338.1	-1 699.3	638.8
太平洋		970.7	-489.0	481.7
印度洋		1 235.4	-762.7	472.7
世界大洋	包括地中海	1 463.8	-799.4	664.4
	不包括地中海	1 474.5	-850.3	624.2

海水状态方程的非线性效应对可用重力势能的计算有极其重要的影响;为举例说明这一点,我们利用不同的状态方程来处理同样的气候态数据集。海水的线性状态方程可写为$\rho=\rho_0[1-\alpha(T-T_0)+\beta(S-S_0)+\gamma P]$,其中,$\rho_0=1\,036.9$ kg/m^3,$\alpha=0.152\,3\times10^{-3}$/℃,$\beta=0.780\,8\times10^{-3}$,$\gamma=4.462\times10^{-6}$/db①。很有意思的是,若把状态方程取为压强的线性函数可以对可用重力势能的计算有实质上的改进。

上述计算是基于质量坐标系,因此每个网格单元的质量在调整过程中是守恒的。因为传统的布西涅斯克模式并不是质量守恒的,因此从这种模式中推出的可用势能在物理意义上是有疑问的。例如,虽然基于布西涅斯克近似可以计算可用势能,但其结果则明显小于真正的可压缩模式的结果(表3.4)。(因为在这样的计算中,即使其密度已被调整到新的压强,但在调整后,水块的体积仍保持不变。)可以推测,较小的可用重力势能会影响过渡状态中模式的性状。

① 海水状态方程中非线性效应对可用重力势能的重要影响可以从表3.4中第一项和第三项的比较中看出。——译者注

表 3.4 不同状态方程下的可用重力势能(单位:J/m³)

状态方程	UNESCO①	T,S 的线性函数	T,S,P 的线性函数	布西涅斯克近似
可用重力势能	1 474.5	793.4	1 316.0	904.6

一个令人感兴趣且非常重要的潜在问题是,世界大洋的可用内能是负值。对于可逆的绝热和等盐过程来说,内能的变化遵循 $de = -pdv$。由于冷水比暖水更可压缩,故在水块的交换过程中,冷水块内能的增加便大于暖水块内能的降低(图 2.13)。这样,调整到参考状态的内能便是负值。与此相对,暖空气比冷空气更可压缩;因此,大气中对应的可用内能是正的。

4) 可用重力势能的释放

尽管已经用一个特殊的项(可用重力势能)来表示物理状态与参考状态之间的重力势能之差,但由于海洋中存在着地转约束,这个能量也许不会全部释放。我们来考虑一个二维、两层的模型海洋,其密度为 ρ 和 $\rho+\Delta\rho$(图 3.32)。其界面的斜率为 $\boldsymbol{S}$,界面的高度为 $b = \boldsymbol{S}x + H/2 - \boldsymbol{S}L/2$。物理状态的总重力势能为

$$\chi_0 = \frac{g\rho}{2}H^2L + \frac{g\Delta\rho}{24}(3H^2L + \boldsymbol{S}^2L^3) \tag{3.149}$$

该系统的可用重力势能为

$$\prod = \frac{g\Delta\rho}{24}L^3\boldsymbol{S}^2 \tag{3.150}$$

调整期间,界面斜率下降到一个新值 $\boldsymbol{S}_n$,且可用重力势能转变成了动能。在地转和下层停滞的条件下,速度和总动能为

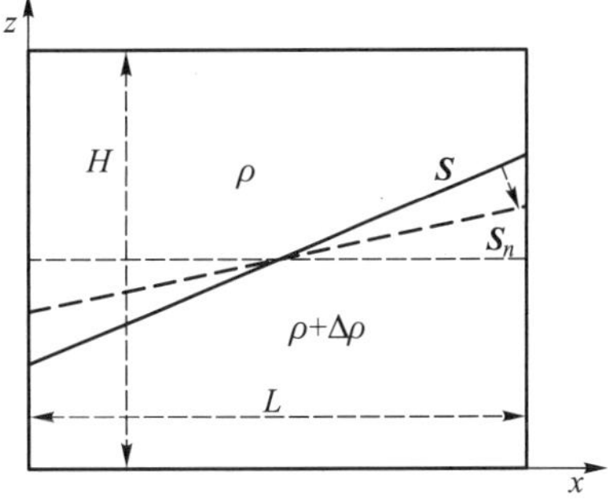

图 3.32 两层海洋中锋面调整的示意图。

$$u = \frac{g'\boldsymbol{S}_n}{f}, \quad E_k = \frac{HL}{4}\rho u^2 \tag{3.151}$$

其中,$g' = g\Delta\rho/\rho$ 为约化重力,f 为科氏参量。

该系统总重力势能的减量为

$$\Delta\chi = \frac{g\Delta\rho}{24}L^3(\boldsymbol{S}_l^2 - \boldsymbol{S}_n^2) \tag{3.152}$$

假定该过程是可逆与绝热的,因此总能量守恒

$$E_k = \Delta\chi \tag{3.153}$$

根据(3.151)、(3.152)和(3.153)式,我们得到

$$\frac{\boldsymbol{S}_n^2}{\boldsymbol{S}_l^2 - \boldsymbol{S}_n^2} = \frac{1}{6}\left(\frac{L}{\lambda}\right)^2 = r^2, \text{或 } \boldsymbol{S}_n^2 = \frac{r^2}{1+r^2}\boldsymbol{S}^2 \tag{3.154}$$

其中 $\lambda = \sqrt{g'H}/f$ 为变形半径。转变为动能的那部分可用势能为

① 此处的 UNESCO(联合国教科文组织)指的是它在 1980 年颁布的状态方程,而不是 2.4.1 节译者注中提到的 2010 年颁布的(TEOS-10)中的状态方程。——译者注

$$\eta = \frac{S^2 - S_n^2}{S^2} = \frac{1}{1 + r^2} \tag{3.155}$$

对于一个环绕全球的海流系统，取 $L = 1\,000$ km，$H = 1\,000$ m，且 $g' \simeq 0.01$ m/s^2，在中纬度处取 $f \simeq 10^{-4}$/s，$r^2 \simeq 167$，$\eta \simeq 1/168 \simeq 0.006$；而对于赤道通道(equatorical channel)，取 $f \simeq 10^{-5}$，$r^2 \simeq 10/6$，$\eta \simeq 3/8$。因此，这样一个系统的可用势能可以非常有效地转变为动能。然而，对于中纬度和高纬度通道，其转变率则小得多。这个结果与风生流涡的尺度分析结果相一致。我们将在4.1.3节中指出，平均流动能、旋涡动能与平均状态的可用势能三者之间之比为 $K_{平均} : K_{旋涡} : \Pi = 1:100:1\,000$。因此，由于地转约束，仅有一小部分可用势能才能转变为动能。这里我们也应当说，速度场对应着巨量的可用势能。

D. 中尺度可用重力势能的重新定义

尽管把中尺度可用重力势能应用于研究海盆尺度动力学时确实出现了一些问题，但这个概念对于研究中尺度动力学仍是一个强有力的工具，特别是对于理解斜压不稳定性问题的本质而言。众所周知，平均状态的重力势能释放出来后转变成中尺度涡的动能和势能；因此，最好能够找到一条途径以便能够继续使用这个已被广泛接受的可用重力势能的概念。一条途径是将其用途限制在水平尺度相当于变形半径的问题上。在下面的讨论中，将方程(3.144)应用于不同水平分辨率网格的世界大洋。

第一(例子 A)，我们把方程(3.144)应用于世界大洋的每一个 1°×1°的网格单元，即每一个 1°×1°网格单元的四个角上的平均密度用做方程(3.144)中的参考密度和层化。假定这个网格单元内部的密度分布是局地坐标的双线性函数，那么，方程(3.144)就简化为简单的有限差分形式。把这个计算结果记为中尺度_1(简称为 MS_1)可用重力势能。

第二(例子 B)，把方程(3.144)用于分辨率为 2°×2°的世界大洋，并且采用类似于 MS_1可用重力势能的差分格式。把这个结果命名为中尺度_2(简称为 MS_2)可用重力势能。

第三(例子 C)，把方程(3.144)应用于整个世界大洋：我们将看到密度廓线 $\bar{\rho}(z)$ 是通过对全球海洋进行水平平均得到的，并把对应的全球平均垂向位密梯度用 $\bar{\rho}^{h}_{\Theta,z}$ 表示。这样得到的结果记为中尺度(简称为 MS)可用重力势能。

在这三个例子中，可用重力势能的总量及其水平分布是不同的(表 3.5)。最引人注目的是，我们看到，可用重力势能的总量随着用于计算参考密度 $\bar{\rho}$ 的水平尺度的增加而急剧增加。在这三种情况下，计算得到的可用重力势能总量的巨大差异可以很容易地由方程(3.144)得到解释。假定密度廓线在空间上为线性函数，那么由方程(3.144)算得的可用重力势能线性地正比于网格大小的平方。因此，当取平均密度的水平尺度从 1°增大到 2°、再到海盆尺度或全球尺度时，可用重力势能的总量增大了 1 000 倍(表 3.5)。

表 3.5 各种情况下的全球可用重力势能之和(单位：EJ $=10^{18}$ J)。最后一列中的量为可用重力势能总和与净可用势能，后者是根据确切定义的可用势能计算的。

情况	A(MS_1)	B(MS_2)	C(MS)	确切值
可用重力势能(AGPE)	1.07	8.22	1 277	1 880(810)

MS_1 可用重力势能给出的全球总和为 1.07 EJ,大约是 Zang 和 Wunsch(2001)估算的世界大洋中尺度能量总和 13 EJ 的十分之一。由于中尺度涡的能量主要是从可用重力势能得到的,故这里估算的可用重力势能总量(1.07 EJ)也许不足以支持中尺度运动。

当网格大小加倍时,全球积分的 MS_2 可用重力势能为 8.22 EJ,与中尺度涡的总动能 13 EJ 是相当的。在世界大洋中,大多数的主要密度锋面位于中纬度,在那里,第一斜压变形半径约为 40 km。中尺度涡的典型波长估计为罗斯贝变形半径的 2π 倍,即在中纬度处大约为 200 km;因此,2°×2°的网格是通过斜压不稳定性来捕获可用重力势能的最佳尺度。

应注意,这个计算中所用的参考状态是,密度场在每个网格单元中为分段常量。这样的一个参考状态对于世界大洋而言并非是极小重力势能的状态,因为密度场有可能再做调整而且重力势能还可以更低。尽管如此,MS_1 可用重力势能或 MS_2 可用重力势能的水平分布在变形半径的尺度上仍为支持斜压不稳定性的势能源提供了重要信息。

在世界大洋的 MS_1 可用重力势能分布(图 3.33)中,最为引人注目的特征是强密度锋面所具有的高密度的 MS_1 可用重力势能,包括西边界流(例如 20°N 与 40°N 之间的黑潮和湾流)和南极绕极流。

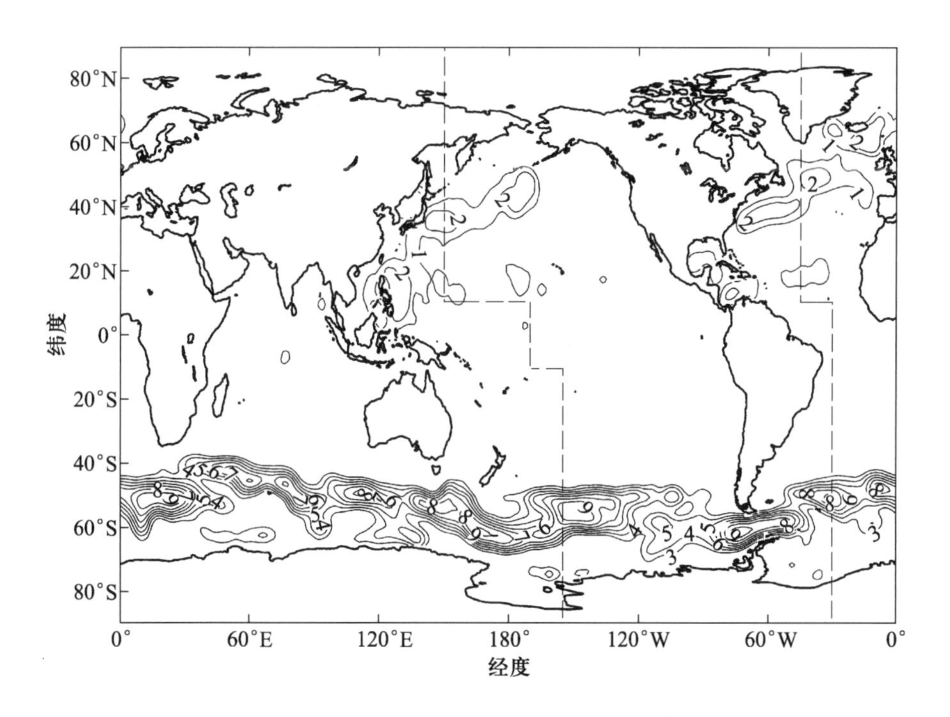

图 3.33 世界大洋中垂向积分 MS_1 可用重力势能的水平分布图(单位:10^3 J/m^2)(Feng 等,2006)。

E. 可用重力势能的经向分布

对应于拼合成的经向断面(即图 3.33 中的虚线所指断面),在图 3.34 中绘出了 MS_1 可用重力势能分布。从该图可以清楚地识别出上层大洋中所有大型的海流和锋面结构,其中包括出现在 50°S 处的南极绕极流的流核、在 40°N 纬度附近的湾流。赤道流系可以准确无误地与 500 m 以浅的锋面结构连接起来。

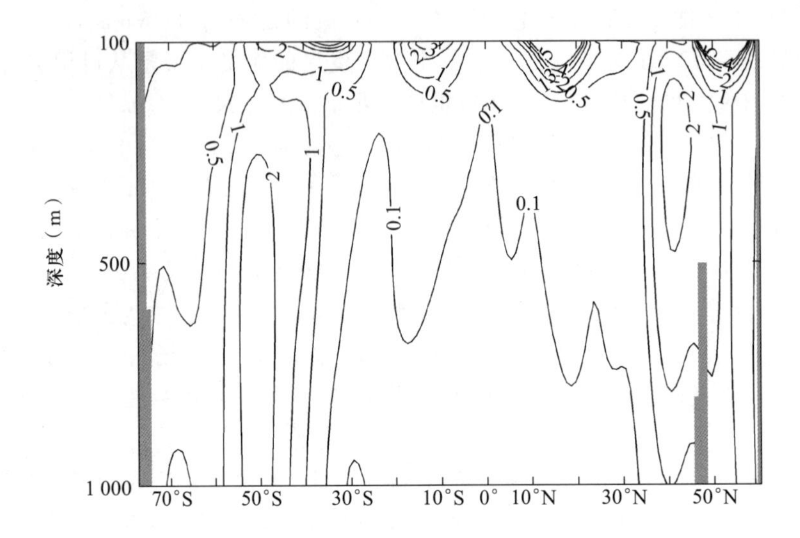

图 3.34 大西洋 MS_1 可用重力势能密度分布的经向断面图（单位:J/m^3）(Feng 等,2006)。

因此,存在着两个定义明显不同的可用重力势能,而且都可以把它们用做海洋环流研究的诊断工具。MS_1[①] 可用重力势能可以用于诊断该系统中具有强密度锋面和海流的可用重力势能。MS_1 是用于中尺度过程活动(例如斜压不稳定)的可用重力势能。实际上,MS_1 可用重力势能与重力势能从平均状态向旋涡转变的速率直接相关,这个转变速率通常采用 Gent 等(1995)的格式或其他类似的变化进行参量化。

另一方面,在诊断海盆尺度环流的能量学中可以把可用重力势能的确切定义作为一个强有力的工具来使用。例如,利用可用重力势能的确切定义,可以考察十年或百年时间尺度的海盆尺度环流之能量学。

F. 各种形式的重力势能之间的关系

以上讨论了各种形式的重力势能,现将它们之间的关系总结在表 3.6 中。重力势能取决于大洋中水的总质量和海底的几何形状。在漫长的地质时期尺度上,由于冰期 - 间冰期的循环,世界大洋中海盆的形状改变了,海平面也改变了。然而,在有关动力海洋学的时间尺度上,大部分重力势能在动力学上是惰性的。

层化重力势能代表了偏离其全球平均值的密度偏差的那部分重力势能。层化重力势能的改变与层化的变化有关,而层化在非常长的时间尺度上的变化,则是它对于平均温度和盐度的偏离造成的。

与其关系更密切的项是可用势能。可用势能的定义取决于参考状态的选择。现在,我们把通用的可用势能重新定义为典型长度尺度为 100 km 量级的 MS_1 可用势能,并把它应用于海洋中的中尺度问题。该项可以用于研究海洋中的中尺度运动能量学。

因热盐环流的长度尺度等于海盆尺度,故在这个尺度上就不能应用传统的可用势能。因此,就要利用原始定义的可用势能。对于世纪时间尺度的问题,把可用势能与 MS_1 可用势能结合起来应用,可能是有益的。

① 或者 MS_2,下同。——译者注

表 3.6 各种形式的重力势能

能量形式	全球总计	长度尺度	运动类型	过程	时间尺度
重力势能	2.1×10^{25} J	全球尺度	热盐环流	海底变化	>百万年
				海平面变化	千年至百万年
层化重力势能	-1.4×10^{23} J	海盆尺度	热盐环流	平均 T 和 S 变化引起的层化改变	千年至百万年
可用势能	810 EJ	海盆尺度	热盐/风生环流	风应力、潮汐和热盐强迫力	年代至千年
MS_1 可用重力势能	1 ~ 8 EJ	100 km	风生环流、中尺度涡	风应力和热盐强迫力	季节至年代

G. 与动能的比较

对世界大洋动能的总量,仍是知之甚少。一般认为,大部分动能是由中尺度涡带来的;不过,迄今仍没有可靠的估计,这是因为对大洋中尺度涡做高分辨率的流速测量,在技术上仍存在困难。而且,数值模式的模拟还远远没有达到具有能够分辨出海洋中所有能量充沛的旋涡之能力。因此,在这里我们的讨论只是基于若干粗略的估计。目前已有的估计是:旋涡的总能量为 13 EJ,其中总动能为 2.6 EJ(Ferrari 和 Wunsch,2009)。

利用 SODA①(Carton 和 Giese,2008)数据进行的诊断计算给出了类似的值。SODA 数据的水平分辨率属中等,为 0.5°×0.5°,垂向上分为 40 层。例如,在 1958—2001 年间的平均动能约为 1.46 EJ。从这个数据集中诊断出的总动能经历了大幅度的年际振荡(图 3.35)。一般来说,这

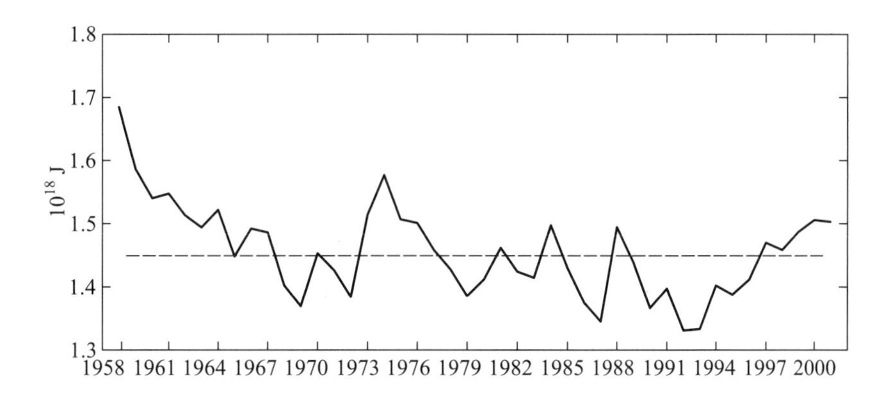

图 3.35 世界大洋年平均动能,根据 SODA(Carton 和 Giese,2008)数据计算。虚线表示平均值(1.46 EJ)。

① SODA 系 Simple Ocean Data Assimilation(简单海洋数据同化)之简写。——译者注

一值与 Ferrari 和 Wunsch(2009)提出的值 2.6 EJ 是相当的。可以推测,如果有时空分辨率高得多的模式数据,那么世界大洋的总动能甚至可能会比目前用 SODA 数据的诊断值更大。

如图 3.36 所示,总动能表现出显著的年循环。值得注意的是,总动能中的 2/3(1.05 EJ)来自于纬向速度,特别是赤道射流和南极绕极流所具有的高速纬向流动(如图 3.37 所示)。此外,如果用年平均速度进行计算,那么总动能减少到 0.91 EJ(如图 3.36 中的点画线所示)。

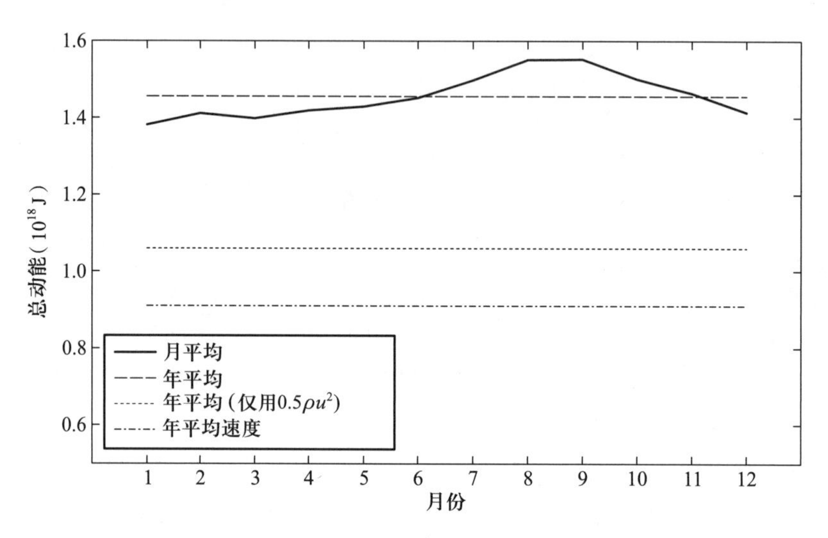

图 3.36 世界大洋总动能在一年中的变化,根据 SODA(Carton 和 Giese,2008)数据计算。

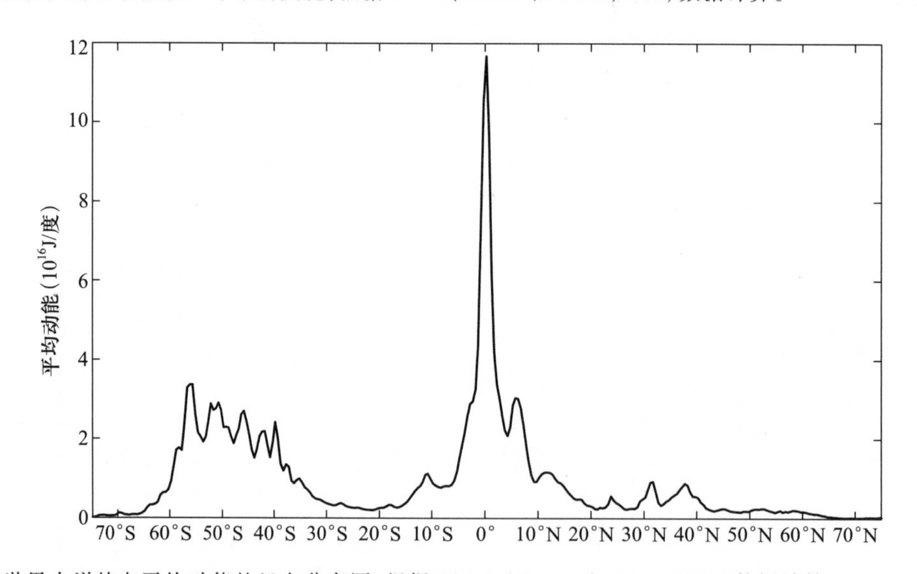

图 3.37 世界大洋纬向平均动能的经向分布图,根据 SODA (Carton 和 Giese,2008)数据计算。

3.7.3 模型大洋中重力势能的平衡

很多传统的大洋环流模式都基于布西涅斯克近似,因此在这些模式中,就不可避免地引入了人为的能量源和汇。进而言之,由于用体积守恒取代了质量守恒,故在这些模式中重力势能是不守恒的;因此对重力势能平衡进行诊断计算即使不是不可能的,也是很困难的。为了解决此类问题，Huang 等(2001)发展了一个质量守恒的大洋总环流模式，即 PCOM(pressure coordinates ocean model，压强坐标海洋模式)。

浮力做功已经作为研究热盐环流能量学的工具。在线性状态方程的情况下，浮力做功与根据质量守恒模式诊断计算的重力势能平衡非常接近。然而，在非线性状态方程的情况下，浮力不再是一个守恒量，因此，基于浮力做功进行的能量分析也许并不反映真正的物理状况。

理论上，我们可以寻求建立海洋总能量守恒理论的方案，其中包含一个小参量，其最低阶为零散度的布西涅斯克近似，其一阶的总能量(含重力势能)应该是守恒的[①]。无论如何，采用质量守恒模式可以提供更为清晰的海洋重力势能平衡的图景。

这里将要讨论的数值模式是一个压强 $-\eta$ 坐标模式，它是对 Huang 等(2001)的压强 $-\sigma$ 坐标模式做了微小的修正。η - 坐标定义为 $\eta=(p-p_t)/r_p$，$r_p=(p_b-p_t)/p_B$，其中，p_b 为海底压强，p_t 为海平面气压，$p_B=p_B(x,y)$ 是不随时间变化的海底参考压强。压强 $-\eta$ 坐标与通用的 z 坐标相当接近。在下面的讨论中，我们将设 $p_t=0$，p_B 等于初始状态静止的海底压强 p_b。

模型大洋是一个 60°×60°、5 km 深的海盆。模型大洋的南边界为赤道，北边界在 60°N。模式的水平分辨率为 2°×2°，分为 30 层，顶部为 30 m 的薄层，向下逐步增加，到达海底之上的 300 m。实际的层厚以压强为单位。模式从无运动且均一温度 10℃ 的初始状态开始，这样，海洋上层 30 m 所对应的压强增量为 30.8 db。在压强 $-\eta$ 坐标系中，用压强表示的层厚度或以位势高度为单位的等效厚度都随时间有微小的演变。不过，大多数结果将用几何高度来表示。

该模式中采用的状态方程有两个版本：

(1) 线性状态方程的情况

$$\rho = \rho_0(1-\alpha T) \tag{3.156}$$

其中，$\alpha=0.000\,152\,3/℃$ 是一个常量的热膨胀系数。

(2) 非线性状态方程的情况，即利用温度的三次多项式

$$\rho = 1\,028.106+0.794\,8(S-35.0)-0.059\,68T-0.006\,3T^2+3.731\,5\times10^{-5}T^3 \tag{3.157}$$

若取 $S=35$，那么该方程给出的密度与温度的关系非常接近于海水的情况。

该模型大洋服从于表层温度的热力松弛边界条件：北边界处的参考温度为 0℃，沿着经向线性地增加到南边界处 25℃。除此之外，模式中没有风应力和盐致强迫力。

对于所考虑的全部情况，采用常量的垂向扩散系数 0.3×10^{-4} m²/s 和水平扩散系数 10^3 m²/s。对于底摩擦的参量化，采用无量纲底摩擦参量 $c_0=2.6\times10^{-3}$。为了突出模型大洋中重力势能平衡的物理本质，模式中既不包括混合张量旋转也不包括涡输送。

这里将讨论四种情况：

- **情况 A**：在海面，对低纬度处加热且高纬度处冷却的情况，采用线性状态方程；
- **情况 B**：除了采用非线性状态方程外，其他与情况 A 相同；
- **情况 C**：在海底，对高纬度处加热且低纬度处冷却的情况，采用线性状态方程；

① 目前，这样的理论还未公布于世。——译者注

- **情况 D**:除了采用非线性状态方程外,其他与情况 C 相同。

在情况 C 和 D 中,把加热设置在高纬度处的原因如下。如果沿着赤道对模型大洋从下面加热,那么那里将发展出很强的对流。由于科氏参量沿赤道为零,那么将会出现的高纬度处的环流结构就迥异于在情况 A 和 B 中那样的环流结构。通过在高纬度海底处加热,环流型式几乎是沿赤道海面加热情况的镜像。此外,垂向的层厚度分布的次序也被颠倒过来了,这样在靠近海底处,垂向的高分辨率适合于分辨情况 C 和 D 中薄而冷的海底边界层所对应的强层化。

A. 重力势能平衡

在质量坐标中,重力势能定义为$\chi = \iiint \phi r_p / g d\eta dx dy$,其中,位势 $\phi = gz$ 是一个诊断变量,$\phi = gz_b + r_p \int_{\eta}^{p_B} 1/\rho d\eta$。对定常的环流,时间变化项为零,于是得到的重力势能平衡有五项,即

$$ADV + HM + VM + SF + CA = 0 \tag{3.158}$$

其中,ADV 为平流,HM 和 VM 是水平和垂向混合,SF 是海面强迫力,CA 为对流调整。应注意,这里把冷却的效应分为两部分:SF 和 CA。这样,就把对流调整造成的重力势能损失单独作为一项来计算。

1)情况 A 的重力势能平衡

对于情况 A,从上面加热且采用线性状态方程,基本的重力势能平衡介于垂向混合产生的源(19.8 GW)与对流调整产生的损失(17.1 GW)之间[图 3.38(a)]。其中有小部分重力势能(2.7 GW)转变为动能。由于该模式仅受热力的作用,故从重力势能到动能的转变是克服摩擦维持环流的唯一能源。

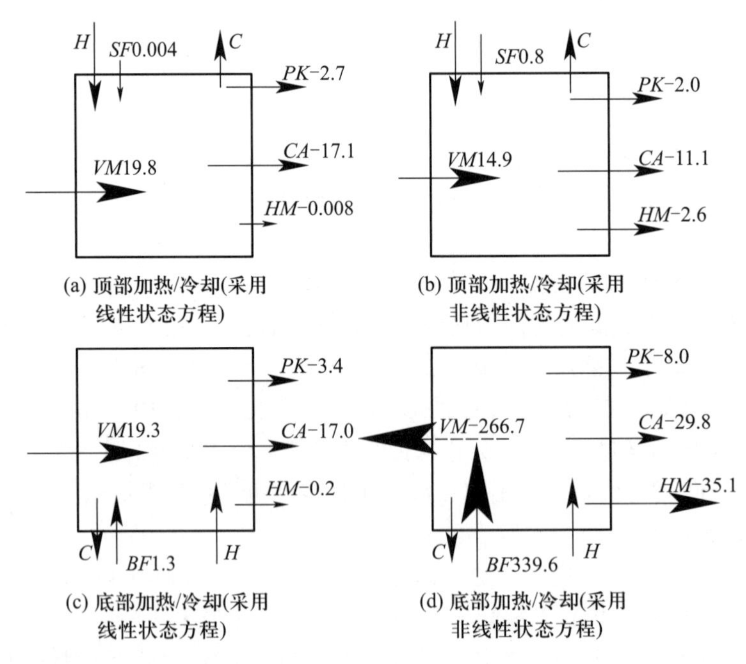

图 3.38 重力势能的收支(单位:GW):CA 为对流调整引起的重力势能汇,VM(HM)为垂向(水平)混合引起的重力势能源,PK 为重力势能转变为动能引起的汇,SF 为海面热力强迫引起的重力势能源,BF 为海底热力强迫引起的重力势能源(Huang 和 Jin,2006)。

海面热强迫力也产生了一个微小的重力势能源。这个源项之所以为小项是由于下述事实，即对于定常状态来说，加热和冷却是准确平衡的，因此它对重力势能的贡献几乎被抵消了（详见本章后附录）。如果表层厚度进一步减小，那么这个源项就会随之进一步减小。由于大部分太阳辐射只能透射到小于 10 m 的深度，故对于世界大洋而言，海面加热/冷却所产生的重力势能源是可以忽略的。[在 3.6 节已解释过，据粗略估计，世界大洋中太阳辐射穿透力（solar radiation penetration）所生成的重力势能的量级为 0.01 TW]。加之，它所引发的对流调整导致了大量的重力势能损失，故它是这种情况下重力势能平衡中的主要项。

应该注意，水平混合是作为一个微小的重力势能汇出现的。由于状态方程是线性的，故没有混合增密。然而，温度的水平混合可以影响水柱的位势高度并因此改变模型海洋的总重力势能。

2）情况 B 的重力势能平衡

对于情况 B，在海面上加热/冷却并采用非线性状态方程[图 3.38(b)]，其垂向混合与对流调整所具有的重力势能之源/汇就小于采用线性状态方程的情况。另一方面，混合增密的最显著贡献是模式中的水平混合造成的重力势能之损失(2.6 GW)。因为现在的状态方程是非线性的，故发生了混合增密，由此既减少了由于垂向混合生成的重力势能，也减少了对流调整造成的重力势能之损失。

3）情况 C 的重力势能平衡

对于情况 C，从海底加热/冷却且采用线性状态方程，其重力势能的平衡颇似情况 A（从上表面加热/冷却）。主要的差别是现在海面的热强迫力是作为重力势能之源，其值为 1.3 GW。它比情况 A 的值要大得多。这关系到下述事实，即现在被加热的水必须推动其上的水柱，并由此将大量的内能转变为重力势能。

4）情况 D 的重力势能平衡

现在我们转到情况 D，亦即在海底上加热/冷却并采用非线性状态方程的情况。在这种情况下，加热/冷却则是重力势能的一个大源。另外，垂向混合则变成了重力势能之大汇，而不是源。这个事实是由于模型海洋底部之上出现了强烈的混合增密效应，这就使得由垂向混合产生的重力势能之源变成了汇。值得注意的是，在这种情况下，重力势能平衡中的每一项都大为增强；因此，环流似乎具有更多的能量。这些模拟结果的涵义仍待探索。

B. 纯热力环流中重力势能的源/汇分布

重力势能之源/汇在经向上的分布是不均匀的[图 3.39(a)]。由图 3.39(a)可知，对流调整基本局限于高纬度区，而垂向混合则向层化更强的低纬度区线性地增加。在低纬度区，海面热力作用产生了少量的重力势能；不过，在低纬度区由加热导致的重力势能的增加被在高纬度区由冷却导致的重力势能的损失所抵消，并且来自中低纬度垂向混合的贡献是模型海盆中产生重力势能的主要源泉。

在定常状态中，每一个局地单元的重力势能都得到平衡。在低纬度区，对于重力势能来说，其基本平衡是由垂向混合产生的源与平流引发的重力势能辐散通量构成的。在高纬度区，平衡主要处于重力势能输送的辐散与对流调整产生的汇之间[图 3.39(a)]。如图 3.39(b)所示，存在着向极的重力势能输送，其结构将在稍后讨论。

由垂向混合产生的与由对流调整产生的重力势能源/汇之分布很不相同。垂向混合产生的重力势能主要是在低纬度区的大洋上层，因为那里是强层化区[图 3.40(a)]。另一方面，对流调

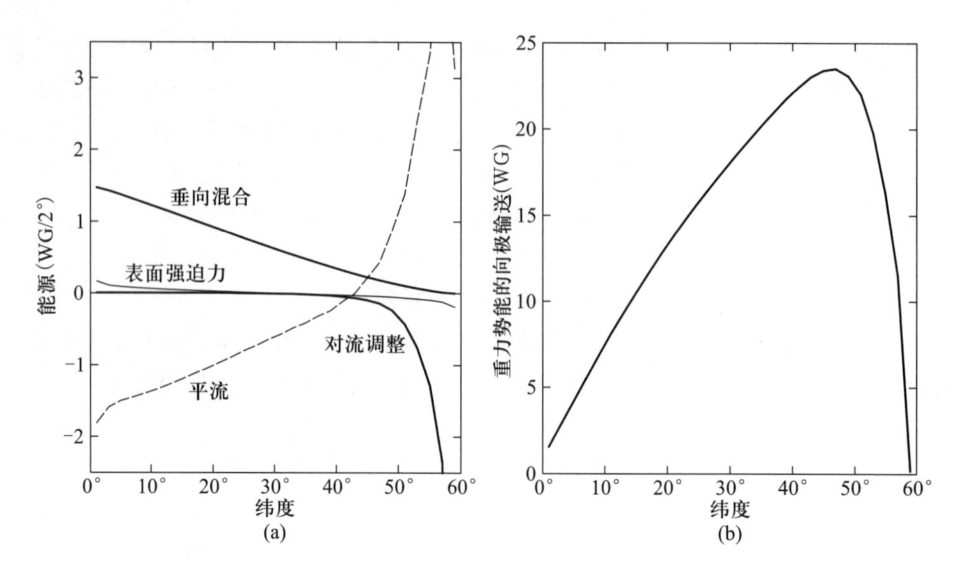

图 3.39 情况 A 的重力势能源/汇及其平衡:(a) 垂向混合、表面强迫力、对流调整和平流引起的重力势能源/汇之经向分布;(b) 重力势能的向极输送(Huang 和 Jin,2006)。

整主要是在高纬度区消耗重力势能。在这种情况下,对流调整在北边界附近直达海底[图 3.40(b)]。

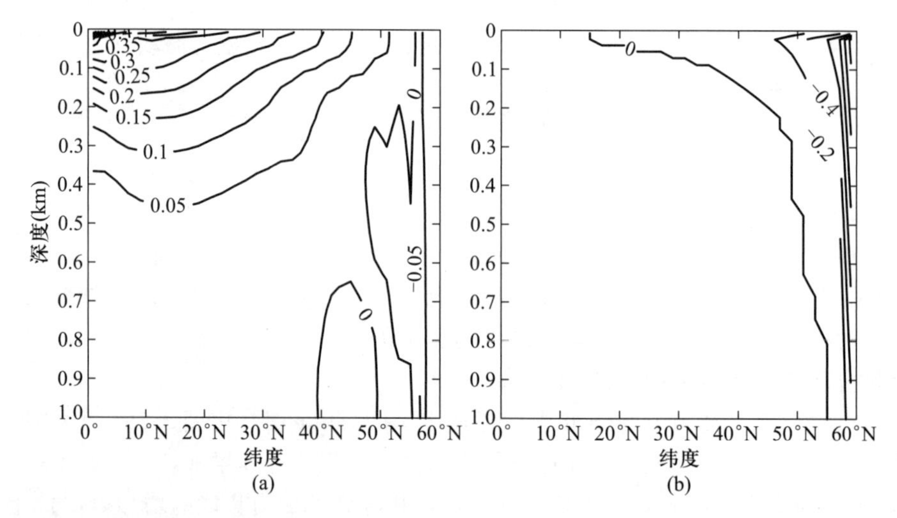

图 3.40 (a) 垂向混合引起的纬向积分重力势能源($\kappa = 0.3\times10^{-4}\ m^2/s$);(b) 对流调整引起的纬向积分重力势能汇(单位:GW/100 m,在每 2° 纬度上)。

重力势能源/汇的垂向廓线如图 3.41 所示。在 500 m 以浅,存在一个强重力势能源,它主要由于在主温跃层中的跨密度面混合产生的。而对流调整则是模型大洋中的一个主要的重力势能汇;不过,对流调整发生在全部深度范围内,而在 600 m 以深则是重力势能大汇。

显然,在上层大洋中,垂向混合产生的重力势能超过了对流调整造成的重力势能损失。另一方面,在大洋深层,对流混合造成的重力势能损失则超过了垂向混合产生的重力势能(图 3.41)。

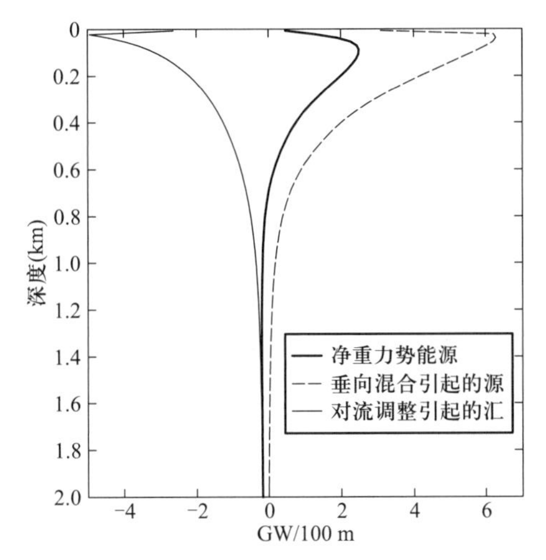

图 3.41 重力势能的垂向廓线(单位：GW/100 m)，分别为垂向混合引起的源(虚线)、对流调整引起的汇(细线)和净重力势能源(粗线)。

由于该模式没有风应力作用，故克服摩擦维持环流所需的能量必须来自于向动能转变的重力势能。从方程(3.108)，动能向重力势能的转变率为

$$g\ \overline{\rho w} = g\ \overline{\rho}\overline{w} + g\ \overline{\rho' w'}$$

如果我们把上画线解释为海盆平均，则可以把扰动解释为

$$\rho' = \overline{\rho}^{x,z} - \overline{\rho}^{x,y,z}$$

$$w' = \overline{w}^{x,z} - \overline{w}^{x,y,z}$$

在大多数地方，垂向的扰动速度是正的，但在北边界附近，它是大值且为负，它对应于经向环流的下降分支。在南部海盆中，密度扰动为负，但在北部海盆中为正[图 3.42(a)]。

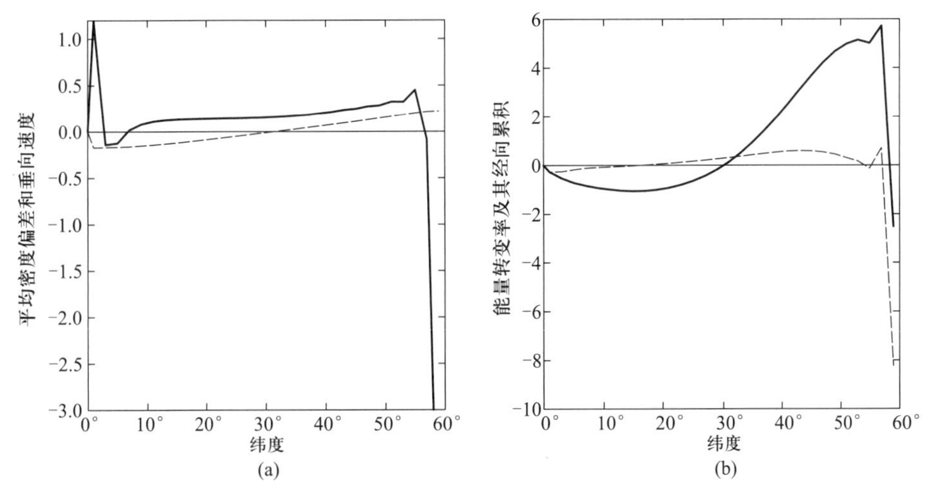

图 3.42 情况 A 的重力势能源/汇及其平衡：(a) 纬向和垂向平均密度(与海盆平均值的偏差，虚线，单位：kg/m^3)的经向分布与垂向速度(粗线，单位：10^{-6} m/s)；(b) 动能向重力势能转变率[$c(y)$，虚线，单位：GW，在每 2 个纬度上]和经向累积的势能转变率[$C(y)$，粗线，单位：GW]。

这里我们也可以把上画线解释为不同垂向层次上的水平平均；这样，动能向重力势能的转变项为

$$C(y)=\int_{y_S}^{y}c(y)dy,\ c(y)=g\iint[\rho-\overline{\rho(k)}^{x,y}][w-\overline{w(k)}^{x,y}]dxdz \tag{3.159}$$

其中,$c(y)$为在每一经向带上动能向重力势能的转变率,$C(y)$为对应于从赤道开始的经向积累率。在图3.42(b)中给出了$c(y)$和$C(y)$。容易看到,在南北边界附近,$c(y)$是负的,它表示从重力势能向动能的转变;而在中纬度,它是正的,表示动能转变回到重力势能。从重力势能到动能的总转变率为2.6 GW,如北边界上所示的值−2.6。

由于对流调整是重力势能的一个大汇,故重力势能的平衡要求模型大洋中有大量向极输送的重力势能[图3.40(b)]。这个经向输送的重力势能是由重力势能之源的经向积分产生的,而这样的重力势能源则是通过垂向混合、海面强迫力和对流调整造成的汇产生的[如图3.39(a)所示]。另外,动能向重力势能的转变由图3.42(b)中的虚线表示。这些重力势能的源和汇在经向上之积累形成了图3.39(b)中的经向输送廓线。

总之,在这个模型大洋中,重力势能的平衡如下:重力势能主要通过在低纬度区的垂向混合生成,并由经向翻转环流携带到高纬度区,用于支持那里的对流调整,在其向北迁移的过程中,在重力势能与动能之间存在着连续的转变。应该记住的是,这个转变并不是单向的[如图3.42(b)所示]。

C. 季节循环

在随时间变化的问题中,重力势能随时间而变;不过,在每一个时间步长上,重力势能的改变都需要通过其源/汇来平衡。(在一些数值格式中,例如在这个模式中所用的蛙跳格式,对于随时间变化的问题而言,重力势能并没有准确守恒。不过,它所含的误差很小,因而还是值得对重力势能进行分析,以便揭示其中的物理过程。)

作为一个例子,我们来考察同一模式中的重力势能通量的年循环,但是它服从于取简单正弦变化的温度松弛边界条件

$$T^{*}=25\left(1-\frac{\theta}{\theta_N}\right)+5\frac{\theta}{\theta_N}(1-\sin 2\pi t) \tag{3.160}$$

其中,$\theta_N=60°$。这种情况下,只有在冬季,对流调整是活跃的(图3.43)。

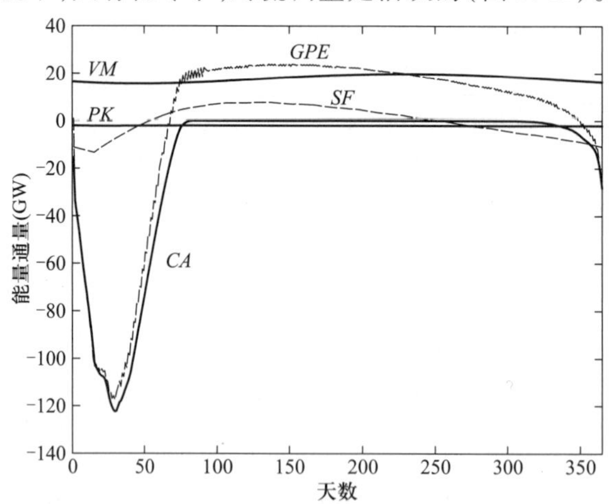

图3.43 能量通量的年循环:*CA*为对流调整引起的重力势能汇,*VM*为垂向混合引起的重力势能源,*PK*为势能转变为动能引起的汇,*SF*为海面热力强迫引起的重力势能源,*GPE*为模型海洋的总重力势能(Huang和Jin,2006)①。

① 原著中该图有误,现已更正。——译者注

类似地，在冷却的季节，海面强迫力是重力势能之汇，而在加热的季节则成为重力势能之源。另外，在全年中，垂向混合产生的重力势能源和向动能转变产生的重力势能汇仍几乎保持为常数。结果，重力势能有显著的季节循环，如图3.43中的点线所示。在春、夏、秋三季中，重力势能的积累主要是通过垂向混合，而海面加热对它的贡献是次要的。在冬季，这样积累起来的重力势能很快因对流调整而丧失。这个季节循环的例子进一步支持了这样的基本想法：海面上的冷却并没有产生机械能，它只能将重力势能转变为动能。

3.7.4 环流调整中重力势能/可用重力势能的平衡

重力势能及其平衡是大洋环流理论的最重要的方面之一。前面几节讨论的焦点是在定常环流中重力势能的平衡与可用重力势能的空间分布。在较小的时间尺度上，大洋环流（其中包括重力势能和可用重力势能）可以随时间而变。特别是，总机械能可以随时间而变，亦即在任意时刻，源和汇没有处于准确平衡状态。在某些方面，这很像在短跑过程中经历的缺氧一样。因为你跑得太快，所消耗的大量氧气大大超过了你通过呼吸吸入的氧气。结果，在短跑期间，你体内的氧是不平衡的。

类似地，就大洋环流而言，在短时间尺度（如年际或年代的时间尺度）上，高纬度区的强冷却，能够释放大量重力势能并将其转变为动能，由此在相对短的时间尺度上引起强环流。值得注意的是，平均状态的总重力势能在如此短的时间尺度上是不守恒的，因为冷却既不产生重力势能，也不产生动能；相反，冷却只能释放原来储存在系统中的重力势能并将其转变为动能。这样，在十年或更短的时间尺度上，强环流可以由强冷却产生，而这种强环流与大洋环流能量学的理论并不矛盾。

在本节中，我们将讨论环流演变过程中的重力势能和可用重力势能的平衡。这也是一个迄今为止远未得到重视的领域。作为一个例子，我们来考察在纯粹由热力作用（即没有风应力和淡水通量）驱动的环流中，重力势能和可用重力势能的平衡。

本模式与3.7.3节中所用的相同，并采用常量的垂向混合系数 $\kappa=0.3\times10^{-4}\ \mathrm{m^2/s}$。本模式服从于一个海面松弛条件，这是一个线性的松弛温度廓线，从赤道处的25℃线性地减小到北边界（60°N）的0℃。

本模式从均匀温度10℃的初始状态开始，运行了5 000年，以便保证使它达到准平衡状态。当该启动过程结束时，平均海平面位于初始海平面 $z=0$ 之下1.7 m。在模式中，平均海平面的下降是由于冷却使体积减小造成的。此后，在 $t=0$ 时刻，模式从准平衡状态重新开始，在如下两个稍有差别的松弛温度廓线的边界条件下，运行了2 000年：

（1）冷却情况：海面松弛温度在赤道为25℃，并线性地下降到北边界（60°N）的-2℃。

（2）增暖情况：海面松弛温度在赤道为25℃，并线性地下降到北边界（60°N）的2℃。

在冷却情况下，模式的海盆平均温度迅速下降，模型大洋的平均自由海面从-1.7 m下降到-3.0 m。随着温度和自由海面高度的下降，经向翻转速率迅速上升，达到了56 Sv以上的极大值；之后，逐步减小（图3.44中的粗线）。

在增暖情况下，模式中海盆平均温度升高，模型大洋的平均自由海面从-1.7 m上升到-0.9 m。随着温度和自由海面高度的升高，经向翻转速率迅速下降，达到了略高于3 Sv的极小值；之后，逐步恢复（图3.44中的细线）。

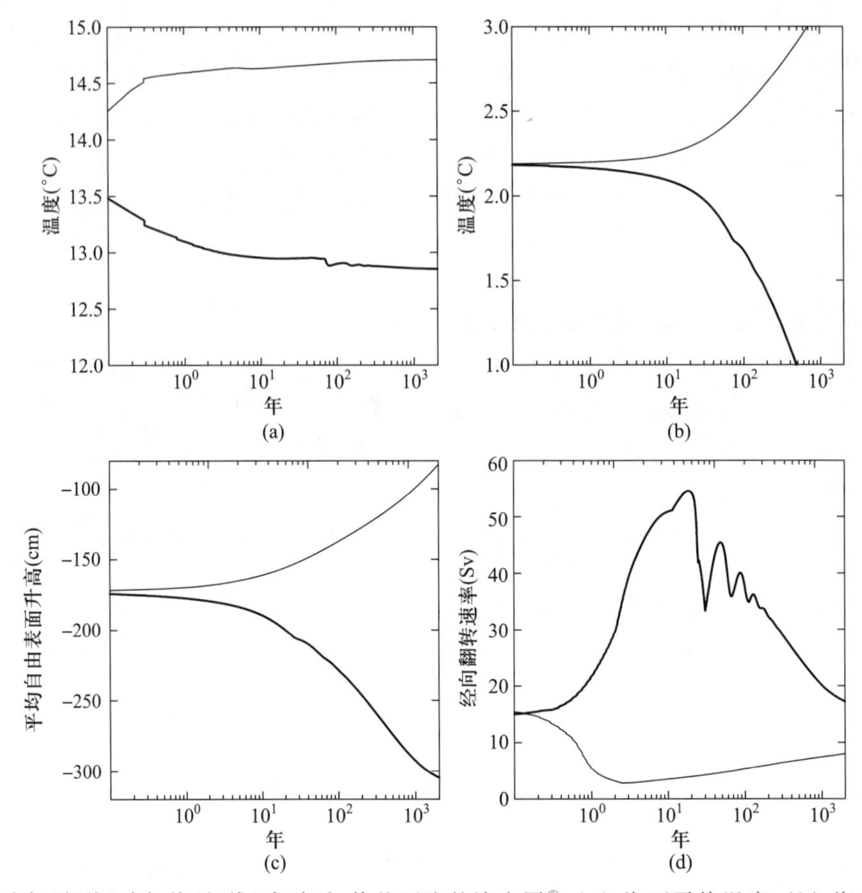

图 3.44 在冷却(粗线)或加热(细线)启动后,热盐环流的演变图①:(a) 海面平均温度;(b) 海盆平均温度;(c) 平均自由表面升高(单位:cm);(d) 经向翻转速率(单位:Sv)。

环流的改变与系统中重力势能的改变紧密相关。在冷却情况下,模型大洋的重力势能迅速下降(图 3.45),而在增暖情况下重力势能却增加了。重力势能的变化趋势则与可用重力势能的变化趋势相反:在冷却情况下,可用重力势能迅速增加,这提示现在有更多的重力势能是可用的,并可能得到释放而转变成动能,这样会产生强环流。

我们强调指出,在冷却情况下出现的强环流是由于原来储存在该大洋中的重力势能释放的结果。尽管该大洋的突然冷却可以在年代到世纪的时间尺度上引起强劲的经向环流,但由于没有得到外部机械能的持续供应,这种强劲的环流就不能维持。

事实上,强冷却并没有产生机械能;相反,冷却只能将原来储存在海洋中的重力势能转变为动能。如图 3.46 所示,对于冷却情况(粗线),在冷却突然发生时,重力势能就有巨大损失[图 3.46(a)],并且这种重力势能的损失基本上是由对流调整造成的[图 3.46(b)]。在这种情况下,海面冷却是作为重力势能的一个弱汇,而不是源而出现的[图 3.46(c)]。

应注意,尽管通过对流调整损失了大量的重力势能,但是只有少量的重力势能可能转变为动能。比较图 3.45(b)和 3.45(d),容易看出,转变为动能的重力势能远小于通过对流调整损失的重力势能。

① 原著中该图有误,现已更正。——译者注

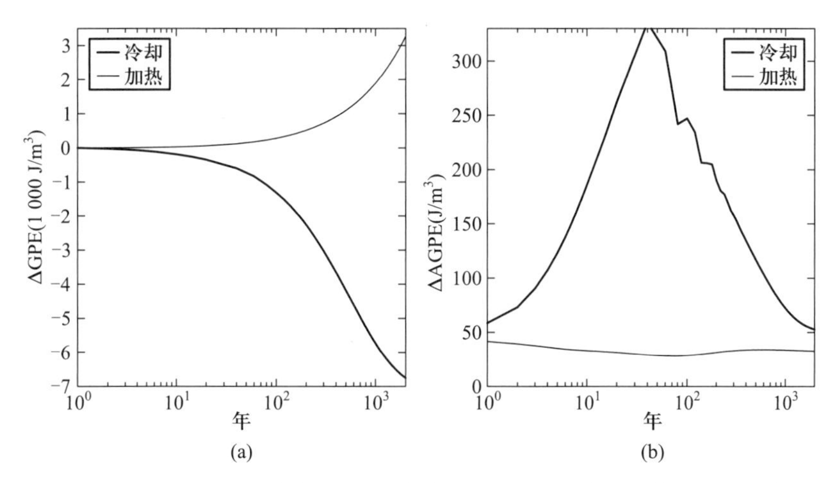

图 3.45 根据冷却情况和加热情况诊断给出的(a)重力势能和(b)可用重力势能的时间演变图。

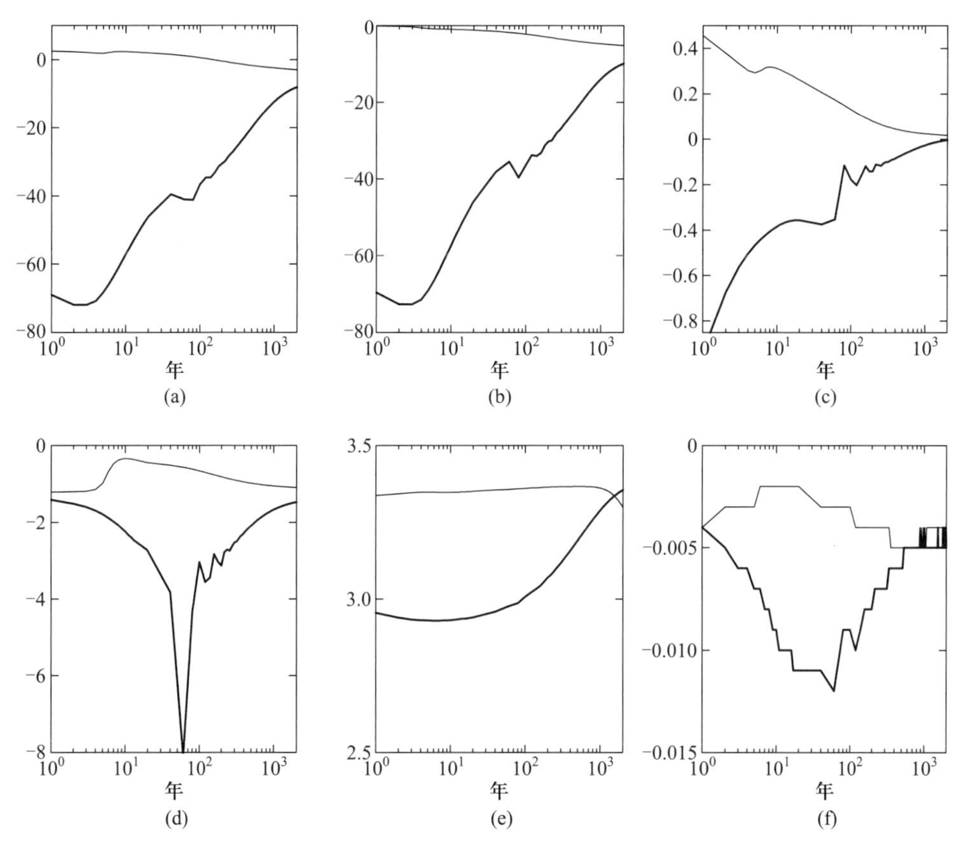

图 3.46 (a) 重力势能随时间演变图;以及由(b) 对流调整、(c) 海面热强迫、(d) 平流、(e) 垂向混合、(f) 水平混合引起的重力势能源/汇随时间演变图。粗线为冷却情况,细线为加热情况(单位:GW)[①]。

因为该模式尚未达到准平衡状态,故在这个快速变化期间,由垂向混合产生的重力势能源就远小于定常状态下的值[图 3.46(e)]。

① 原著中该图有误,现已更正。——译者注

比较而言，在增暖情况下（细线），重力势能非常缓慢地增加。重力势能的缓慢增加反映了在这种情况下的层化是相对稳定的；因此，热量向下穿透以及随之而来的模型大洋中体积和重力势能的增加都是非常缓慢的过程。在实验开始时，对流调整几乎被中断[图 3.46(b)中的细线]。而在启动阶段，海面加热是作为重力势能的一个弱源在起作用。总之，势能向动能的转变相对的小，因为对流中耗损的重力势能比以前小得多。

尽管这里的讨论仅局限于一个只有海面热强迫力的简单模式，并且对于其他重要的强迫力条件，我们暂且不碰，但从这个诊断计算中得到的结果却包含了广泛得多的涵义。沿着大洋中重力势能平衡这条思路做进一步研究，应该是很有前途的。特别应当提到的是，一个包含风应力的模式可能会提供关于大洋中重力势能平衡的极其重要的信息，并且这种知识将拓宽我们关于大洋总环流物理学的视野。

3.8 海洋中的熵平衡

熵平衡是控制宇宙最基本的热力学定律之一。从熵平衡的观点来考察热盐环流可以带来若干新的理解，但是除了若干个例，这个方法还鲜有应用。为了简化问题，我们这里的讨论不包括海冰的潜在贡献。

3.8.1 淡水混合产生的熵

A. 海水的混合热

在定常压强下，当两个温度相同但盐度不同的水块进行绝热混合时，混合物的最终温度可以与原始温度不同，而其损失/获得的热量被称为混合热(dilution heat)。混合热是温度、盐度和压强等参量的函数，它既可以是正的也可以是负的。假定每个水块有 1 kg 的海水，那么，利用泰勒展开，盐度稍有不同的两个水团/块的焓为

$$h_1 + h_2 = h(T,S+\Delta S,p) + h(T,S-\Delta S,P) = 2h(T,S,P) + \Delta S^2 \partial_{SS} h$$

对于海水，在相当大的参量值区间内，二阶导数是负的，即 $\partial_{SS}h<0$，这样我们有 $h_1+h_2<2h_0$。由于海水几乎是不可压缩的，所以如果温度保持不变，那么，焓的改变近似等于从环境中获得的热量，这种热量被称为混合热。然而，如果混合是绝热的，那么不同盐度的水块混合后通常会降温。

B. 与海水混合有关的焓和熵

为了探究海洋中淡水的混合和输送过程，我们来建立在定常温度 15℃ 和海平面压强下的虚拟实验。设在标号为 $N(N=1,2,\cdots,37)$ 的系列盒子中充满了海水，且第 N 个盒子中海水的盐度为 $S=N-1$。在最左边的盒子($N=1$)中没有盐；该盒子得到了 1 kg 的纯水并把它输出到右边，与来自 3 号盒子、盐度为 2 的 1 kg 咸水混合。混合后的最终结果是盐度为 1 的 2 kg 水[图 3.47(a)]。类似地，第 $N(2<N<35)$个盒子中的质量平衡由图 3.47(b)表示。对于每一个盒子，质量、水和盐的总通量是平衡的。通过两个盒子之间的边界，净水流量输到了右边，但是盒子之间没有净盐通量。这可以用如下方式表示。在盐度为 $S=N$ 和 $S=N+1$ 的两个盒子之间[图 3.47(b)]，纯水的质量平衡为

$$(N+1)\cdot(1-0.001\cdot N) - N\cdot[1-0.001\cdot(N+1)] = 1$$

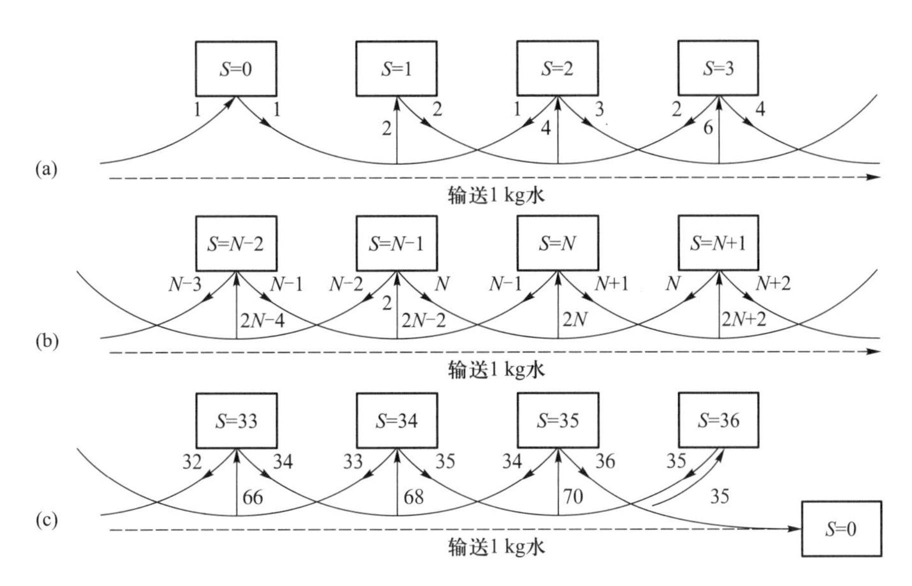

图 3.47 盒子系列(所有质量通量的单位为 kg):(a) 首部;(b) 中部;(c) 尾部。在尾部,纯水从盐度为 35 的海水中分离出来。

即有 1 kg 的水通过盒子之间的界面向右输送。

在每个盒子中,在恒定的温度和压强条件下,来自上游和下游盒子中的水混合后所产生的焓和熵的平衡为

$$h(0)+h(2)-1.84=2\cdot h(1)(\mathrm{J}) \tag{3.161a}$$

$$\eta(0)+\eta(2)+0.339-0.006=2\cdot \eta(1)(\mathrm{J/K}) \tag{3.161b}$$

…

$$10\cdot h(9)+10\cdot h(11)+2.54=20\cdot h(10)(\mathrm{J}) \tag{3.161c}$$

$$10\cdot \eta(9)+10\cdot \eta(11)+0.241+0.009=20\cdot \eta(10)(\mathrm{J/K}) \tag{3.161d}$$

…

$$35\cdot h(34)+35\cdot h(36)+18.28=70\cdot h(35)(\mathrm{J}) \tag{3.161e}$$

$$35\cdot \eta(34)+35\cdot \eta(36)+0.263+0.063=70\cdot \eta(35)(\mathrm{J/K}) \tag{3.161f}$$

其中,$h(S)$ 是盐度为 S 的海水比焓,$\eta(S)$ 为海水的比熵,焓和熵前面的数字是参与混合的每个分量之质量。

焓平衡式左边最后一项是总吸热量;负号表示放热。对于熵平衡,左边第三个数表示混合导致的不可逆熵增量,第四个数表示来自环境的热输送之(可逆)熵增量;负值表示失热造成的熵减量。

例如,1 kg 淡水与盐度为 2 的 1 kg 海水混合,释放了 1.84 J 的热能。在此过程中,不可逆混合过程产生了 0.339 J/K 的熵增量,而放热导致的熵减量为 −0.006 J/K。

靠近这个盒子队列模型的尾部,在盐度为 35 的 36 号盒子中发生了两个过程。首先,盐度为 34 的 35 kg 海水与盐度为 36 的 35 kg 海水相混合。其产品是盐度为 35 的 70 kg 海水,并吸收了 18.28 J 的热量[图 3.48(a)]。类似地,混合产生了熵,其中有不可逆熵增量(0.263 J/K)和由于吸热产生的可逆熵增量(0.063 J/K) [图 3.49(a)]。

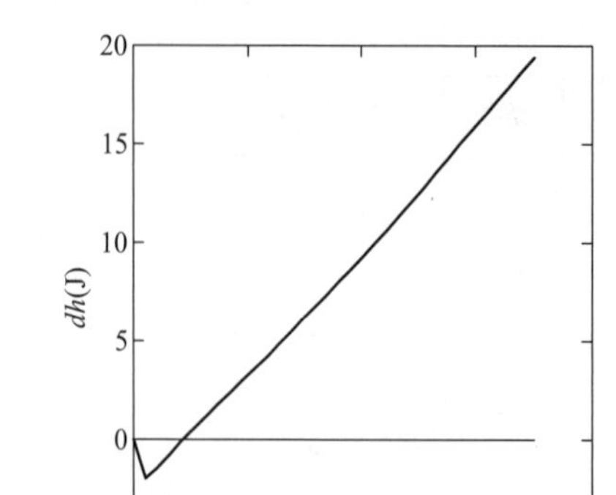

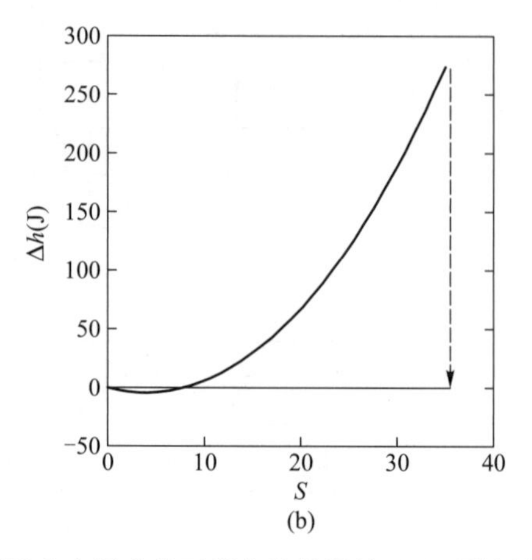

图 3.48 1 kg 纯水通过盒子系列时的焓变化:(a) 在恒温和定压条件下混合的焓增量;(b) 累计的焓改变量;虚线箭头表示在盒子系列尾部所需的焓减量。

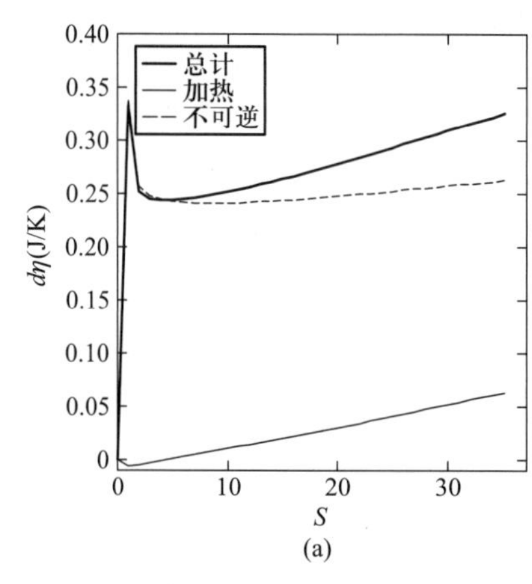

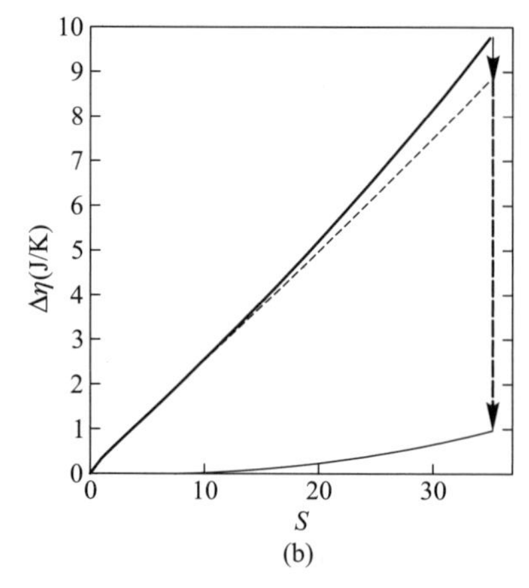

图 3.49 1 kg 纯水通过盒子系列时的熵变化:(a) 在恒温度和定压条件下混合的熵增量;(b) 累计的熵改变量;实线箭头表示在分离期间随着焓的减小其对应熵的减少量(可以看做可逆过程),虚线箭头表示在盒子系列尾部需要减少的熵[1]。

其次,在盐度为 35 的 70 kg 海水中,34 kg 用于与盐度为 33 的 34 kg 海水相混合;这样,余下的盐度为 35 的 36 kg 海水是要分离(unmixing)的,而这部分被分离海水的最终产品是盐度为 36 的 35 kg 海水和 1 kg 纯水[图 3.47(c)]。

$$36 \cdot h(35) - 273.14 = 35 \cdot h(36) + h(0)(\mathrm{J}) \qquad (3.162a)$$

$$36 \cdot \eta(35) - (8.81 + 0.95) = 35 \cdot \eta(36) + \eta(0)(\mathrm{J/K}) \qquad (3.162b)$$

在这个盒子序列中,混合产生的焓的总增量为 273.14 J,并且在盒子序列的尾部,这个总热量被释放而回到环境中[图 3.48(b)]。这个过程发生在浅表层内,在那里吸收了太阳辐射并向外放出了其他热通量。另外,由于在我们的讨论中,假定了恒定的温度和压强,因此,也许很难把这种放热与其他通过海 - 气界面的高得多的各种通量清楚地区分开来。

图 3.49(b)中的实线箭头提示,这种放热的总量与 0.95 J/K 的熵减量有关。假定通过一个

---

[1] 原著中该图坐标有误,现已更正。——译者注

可逆过程实现了放热，那么可以认为，这个熵增量是可逆的熵增量。然而，为了把系统带回原始状态，必须清除混合导致的 8.81 J/K 净熵增量[图 3.49(b)中的虚线箭头]。由于这部分熵增是通过一个混合过程而产生的，因此把它计为不可逆的熵增量。

一般而言，为了维持系统，需要消除由于混合而产生的熵；这项工作可以通过两种方式来完成，或者通过外部机械能的输入，或者通过与大气的净负熵流(net negative entropy flux)交换，后者是通过联合两种过程来消除海洋中产生的高熵：进入上层大洋的太阳短波辐射带来了低熵的收入并从海洋返回大气的长波辐射带走了海洋中产生的高熵。这样通过内部的混合和表层附近的蒸发的分离过程完成了淡水输送的全部过程。

C. 焓和熵变化的理论上限

当盒子的数目进一步增加时，上面讨论的有限差分计算不能给出总焓和总熵的精确变化；不过，可以通过以下的推导得到这些值的理论上限。当盒子的数目变得非常大时，盒子序列右端第二个盒子的盐度应该为 $S=35$（大洋的平均盐度）。序列最后一个盒子的对应盐度为 $S(1+1/x)$，其中 $x=(M-2)\to\infty$，M 是序列中的盒子数目。实现盐离析所需要的质量流量为 $(1+x)$；这样，盐离析的焓平衡为

$$(1+x)h(S)=x\cdot h(S+S/x)+h(0)+\Delta h$$

或

$$\Delta h=(1+x)h(S)-x\cdot h(S+S/x)-h(0) \tag{3.163}$$

当 $x\to\infty$时，导出以下关系式

$$\Delta h=h_a(S)-h_a(0) \tag{3.164}$$

其中

$$h_a(S)=h(S)-S\left[\frac{\partial h(S)}{\partial S}\right]_{T,P} \tag{3.165}$$

这个量称为海水的表观比焓(apparent specific enthalpy)。Δh 为在这个离析或分离过程中释放的焓。应注意，它不同于相对表观比焓(relative apparent specific enthalpy)(Lewis 和 Randall, 1961; Bromley, 1968; Millero 和 Leung, 1976; Feistel 和 Hagen, 1995)

$$\Phi_L(S)=[h(S)-h(0)-S\partial h(0)/\partial S]/S \tag{3.166}$$

他们关于相对表观比焓的定义是针对两个不同盐度的水块互相混合的情况；而上述定义所针对的情况是连续输送的纯水通过盐度场后使其盐度从 0 增加到 $S>0$。若不考虑 $1/S$，那么他们的定义就关系到在 $S=0$(纯水)处的一阶导数$\partial h/\partial S$；而上述新的定义则包含了 $S>0$ 的$\partial h/\partial S$。因为 h 的一阶导数随 S 的增加而变化(图 2.20)，故容易看出它们之间的差别。

类似地，我们可以引入表观比熵(apparent specific entropy)，其定义为

$$\eta_a=\eta(S)-S\left[\frac{\partial \eta(S)}{\partial S}\right]_{T,P} \tag{3.167}$$

这样，在这个盒子模型中，混合所产生的熵变化的理论上限为

$$\Delta\eta=\eta_a(S)-\eta_a(0) \tag{3.168}$$

因此，在淡水($S=0$)从进入海洋并输送到 $S=35$ 处，且经过蒸发而产生了离析的过程中，表观比焓和表观比熵定义为，在此过程中，离析每千克纯水所需要的焓释放量和熵减少量。熵变化与参量的函数关系由图 3.50 给出。

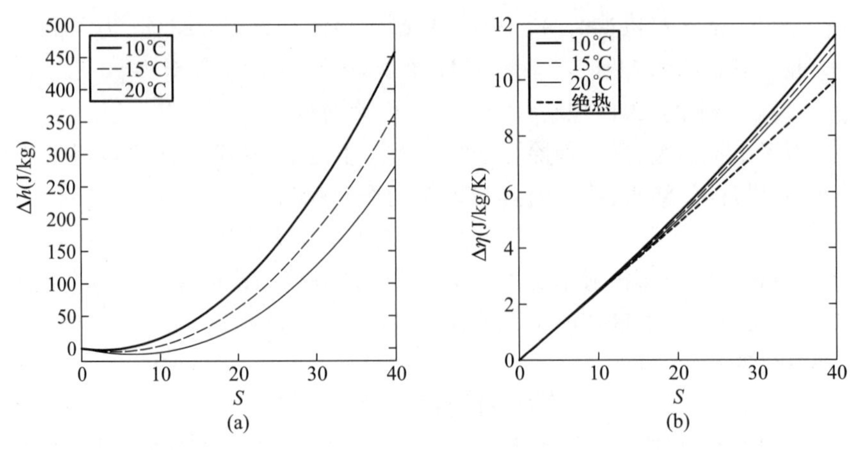

图 3.50 理论极限值:(a) 混合比焓;(b) 混合比熵。图(b)中的粗虚线表示在绝热混合假设下的熵增量[①]。

要注意的是,在定常温度下的混合过程中,一小部分熵增量可以作为可逆过程来处理,而熵的不可逆增量为

$$\delta\eta = \Delta\eta - \frac{\Delta h}{T} = -\frac{1}{T}[g(S) - g(0) - S\partial_S g(S)] \tag{3.169}$$

利用第 2 章中的方程(2.70),可得如下简单关系式

$$\delta\eta = -\frac{\Delta\mu_w}{T} \tag{3.170}$$

其中

$$\Delta\mu_w = \mu_w(S) - \mu_w(0) \tag{3.171}$$

称为相对化学势(relative chemical potential),而 $\mu_w(S)$ 为海水中水的化学势。相对化学势随盐度增大而减小(更大的负值),随温度升高而略微增大(较小的负值)(图 3.51)。

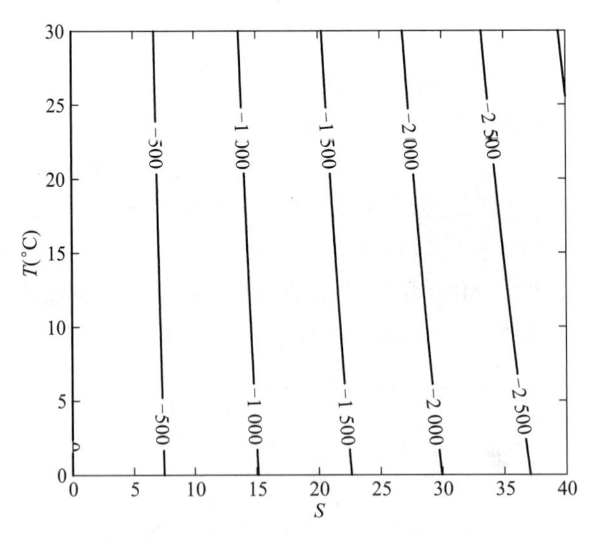

图 3.51 海水的相对化学势(单位:J/kg)。

① 原著中该图纵坐标有误,现已更正。——译者注

在蒸发过程中，水从盐－水混合物中离析出来，即化学势必须从对应于盐度 S 的值增加到对应于淡水的值；因此，所需要的等效外部机械能等于

$$E_{机械} = \rho_{淡水}\omega_{ev}[\mu_w(0) - \mu_w(S)] > 0 \tag{3.172}$$

其中，ω_{ev} 是蒸发速率。

把同样的分析应用于自由焓，我们得到在分离过程中自由焓释放的关系式

$$\Delta g = g_a(S) - g_a(0), g_a(S) = g(S) - S\left(\frac{\partial g}{\partial S}\right)_{T,P} \tag{3.173}$$

根据方程(3.169)，这将导致

$$\Delta g = \Delta\mu_w < 0 \tag{3.174}$$

因此，在蒸发过程中吉布斯函数（自由焓）的变化等于化学势的变化，故在该混合过程中不可逆的熵增量和自由焓减量服从以下关系

$$\delta\eta = -\Delta g/T \tag{3.175}$$

D. 除熵所需的等效机械能

把纯水从海水中离析出来需要消除的熵相当于利用机械能做功使纯水通过半透膜以克服渗透压。在图 3.52 中解释了渗透压的概念。在该图中用一个半透膜把一个容器分为两部分。

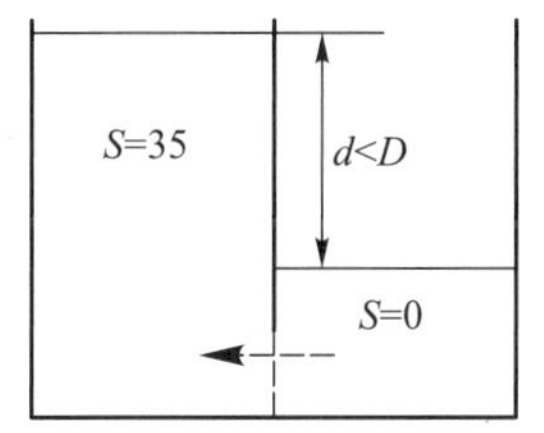

(a) $d<D$，淡水向海水移动

(b) $d=D$，平衡状态，无运动

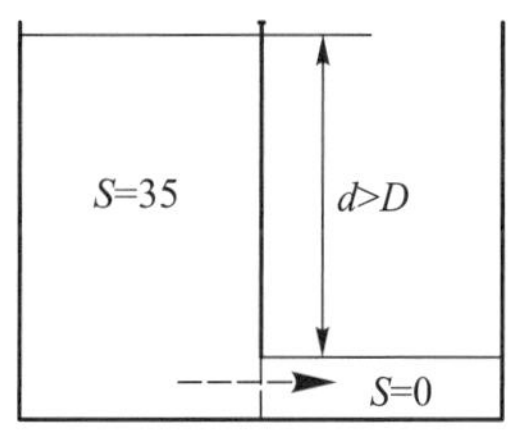

(c) $d>D$，淡水从海水中分离

图 3.52　渗透压的示意图解。

假定有一个盐度为 35、温度为 20℃ 的海水柱，那么在海面与 250 db 压强之间，其海水的平均密度近似为 1 025.3 kg/m^3。在海面压强下，渗透压近似等于 $p_{osm}=24.8$ 个大气压，这相当于在深度 $D=247$ m 处的压强。

这样，如果纯水表面的高度恰在海平面之下 247 m 处，那么海水与纯水之间就处于平衡的状态[图 3.52(b)]。如果纯水表面的高度高于 －247 m，那么淡水应该通过半渗透膜迁移到容器的左半部分。从理论上讲，可以利用这种现象设计一种河口发电的装置，但这需要在河口附近修建一个如此巨大高度差的深层淡水库。当然，由于它对沿海环境会产生潜在的巨大影响，故这种发电方式是不切实际的。

另外，如果纯水表面的高度比海面之下 247 m 更深，那么纯水应该通过半透膜移迁到容器的右边，故可以利用这种现象从海水中提取淡水。

根据定义，渗透压 $\pi(S,T,P)$ 满足如下平衡条件，即膜两边水的化学势应该相等

$$\mu_w(0,T,P) = \mu_w(S,T,P+\pi) \tag{3.176}$$

根据方程(2.70)的定义，$\mu_w = g - Sg_S$。利用(2.58)和(2.59d)式，

$$\frac{\partial\mu_w}{\partial P} = \frac{\partial g}{\partial P} - S\frac{\partial^2 g}{\partial P\partial S} = v(1+\beta S)$$

把方程(3.176)的右边展开成 π 的幂级数并只保留 π 的线性项,便得到以下线性关系

$$g(0) = g(S) - S\mu(S) + \pi v(1 + \beta S) \tag{3.177}$$

或

$$\pi v = -[g(S) - S\partial_S g(S) - g(0)]/(1 + \beta S) \simeq -[g(S) - S\partial_S g(S) - g(0)] \tag{3.178}$$

利用(3.174),得到

$$\pi v = -\Delta\mu_w \tag{3.179}$$

由于机械能的输入,水得以分离,或者说是等价于消除了系统中的熵,因而系统的熵减少了

$$\delta\eta = -\pi v/T = \Delta\mu_w/T < 0 \tag{3.180}$$

因此,通过这两种方式导出的熵增量与线性近似给出的相同。

3.8.2 世界大洋中的熵平衡

我们已经讨论了世界大洋中的机械能平衡,现在我们把注意力转移到熵平衡。这是一个难得多的论题,因为熵增量与环流系统中的某些尚不了解的细节有关。因此,在本节中,我们的讨论仅限于对熵增量的一些初步估计。尤其是,我们将设法给出海洋、大气和太空之间的熵流。此外,我们也将估计通过海-气界面间的淡水通量和热通量所产生的熵增量之下限。海面之下的熵增量涵盖了很多复杂的动力学和热力学过程;但这样的论题已经超出了本书的范围,只能留待进一步研究。

A. 熵平衡的定位

一个水块的熵平衡方程(3.60)可以改写为

$$\frac{\partial\rho\eta}{\partial t} + \nabla\cdot\left(\rho\eta\vec{u} + \frac{\partial h/\partial s - \mu}{T}\vec{J}_s\right) = \frac{\rho\varepsilon}{T} - \frac{\nabla\cdot\vec{q}}{T} + \vec{J}\cdot\left(\frac{\partial h}{\partial s}\nabla\frac{1}{T} - \nabla\frac{\mu}{T}\right) \tag{3.181}$$

遵循3.5节[①]中所采用的方法,并利用广义输送定理,可对该方程做变换。对应的世界大洋总熵的时间变率为

$$\frac{\delta}{\delta t}\iiint_V \rho\eta dv = \oint_S \rho\eta(\vec{u}_s - \vec{u})\cdot\vec{n}ds + H_{\text{热力}} + H_{\text{淡水混合}} + H_{\text{耗散}} \tag{3.182}$$

其中,海-气之间的机械能通量的贡献为零,因为它是无熵的;对应的海-气之间的盐通量项也为零,因为盐通量为零。我们将用从咸的海水中离析出淡水的方式来讨论蒸发与降水的熵增量。方程(3.182)右边的第一项 $\oint_S \rho\eta(\vec{u}_s - \vec{u})\cdot\vec{n}ds$ 是通过海-气界面的质量交换导致的熵流。假定对于准定常状态,蒸发与降水是平衡的,并且离开海面和进入海面的水具有同样的温度,那么该项就为零。

$$H_{\text{淡水混合}} = \iiint_V J_s\cdot\left(\frac{\partial h}{\partial s}\nabla\frac{1}{T} - \nabla\frac{\mu}{T}\right)dv \tag{3.183a}$$

是由于淡水混合导致的熵增量,

$$H_{\text{耗散}} = \iiint_V \frac{\rho\varepsilon}{T}dv \tag{3.183b}$$

是由于内部耗散导致的熵增量。

---

① 原著中为3.4节,似误印,故改。——译者注

$$H_{热力} = -\iiint_V \frac{\nabla\cdot\vec{q}}{T}dv \qquad (3.183c)$$

是热输送导致的熵流和熵产生量，其中包括通过海－气界面的熵通量和通过热力混合而产生的内部熵产生量。为了分析这一项，我们把海洋分成两层：上层（约 10～15 m，记为 V_1）和下层（记为 V_2）（图 3.53）。

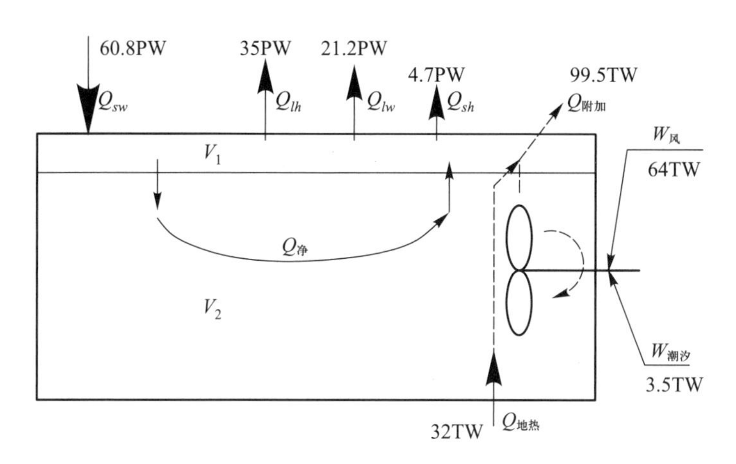

图 3.53 世界大洋的能量收支。

在海面上，有五类热通量：净短波辐射 q_{sw}，净长波辐射 q_{lw}，潜热 q_{lh}，感热 q_{sh}，以及附加的热通量 $q_{附加} = q_{地热} + q_{耗散}$（地热 $q_{地热}$ 加上外部机械能带来的耗散热量 $q_{耗散}$）①。如果忽略上层内的水平热通量，那么跨过上下层之间界面的热通量有两类：$|\vec{q}_{净}| = q_{净} = q_{sw} + q_{lw} + q_{lh} + q_{sh}$ 与 $|\vec{q}_{附加}| = q_{附加}$。这样，方程（3.183c）简化为

$$H_{热力} = -\oint_S \frac{\vec{q}}{T}\cdot\vec{n}ds + \oint_{S_2}\frac{\vec{q}_{净}}{T}\cdot\vec{n}ds + H_{V_1} + H_{V_2} + \iiint_{V_2}\frac{\nabla\vec{q}_{净}}{T}dv \qquad (3.184)$$

其中，$H_{V_1} = \iiint_{V_1}\vec{q}\cdot\nabla\frac{1}{T}dv$ 为上层内的熵增量，在这里，短波辐射被吸收并转变为水的内能。随着等效温度从 $T_{太阳} \simeq 5\ 777$ K 下降到 $\overline{T}_s = 291.3$ K，使得在这个薄层中获得了巨量的熵。因为这种熵增量与大洋总环流没有直接的关系，因此，把通过海－气界面的对应的负熵流称为非活化的（non-active）熵流。目前关于该层的详情仍不清楚。

$H_{V_2} = \iiint_{V_2}\vec{q}_{附加}\cdot\nabla\frac{1}{T}dv$ 是大洋中附加热通量带来的熵增量。对该项的计算需要详尽的环流信息，因此留待进一步研究。方程（3.184）的最后一项代表了内部热输送和混合所导致的熵增量，这一项也是不清楚的，因为它的值取决于目前观测中还没有提供的关于$\nabla\cdot\vec{q}_{净}$的详细信息。

我们将专注于方程（3.184）中的前两项。由于不知道地热通量的贡献，故将忽略这一小项。由于周期性条件，故没有侧向通量项。因此，表层热通量项简化为海面（SS）上的通量 $H_{表层,热} = -\iint_{SS}(\vec{q}/T)\cdot\vec{n}ds$ 和大洋内部通过热输送产生的熵增量

① 文中小写形式的 q 表示单位面积的热通量；而图 3.53 中大写形式的 Q 则表示总的热通量。——译者注

$$H_{热混合} = \oiint_{S_2} (\vec{q}_{净} / T) \cdot \vec{n} ds \simeq - \iint_{SS} q_{净} / T_s ds。$$

B. 通过海-气界面的熵流

全球的海-气热通量之和包括以下四项：Q_{sw}（净短波辐射），Q_{lw}（净长波辐射），Q_{lh}（潜热），Q_{sh}（感热）。在这里，海洋收到的热量定义为正的。辐射带来的熵流与通用的热通量不同。根据普朗克和斯捷潘-波尔兹曼定律（Kittel 和 Knoemer, 1980; Yan 等, 2004），与绝对黑体辐射有关的能量和熵流遵循

$$Q_r = \frac{\pi^2}{15} \frac{T^4}{(\hbar c)^3}, \quad \eta_r = \frac{4\pi^2}{45} \frac{T^3}{(\hbar c)^3}, \quad \eta_r = \frac{4}{3} \frac{Q_r}{T} \tag{3.185}$$

其中，$\hbar$ 为普朗克常数，c 为光速。这个公式应该视为近似公式，因为来自太阳的辐射不是真正的绝对黑体辐射。

这样，海-气热通量所具有的熵流为

$$H_{表层,热} = \frac{4}{3}\left(\frac{Q_{sw}}{T_{太阳}} + \frac{Q_{lw}}{\overline{T}_s}\right) + \left(\frac{Q_{lh}}{\overline{T}_s} + \frac{Q_{sh}}{\overline{T}_s}\right) \tag{3.186}$$

其中，$\overline{T}_s = 291.3$ K 为在整个世界大洋上平均的年平均海面温度。来自大洋的净长波辐射作为绝对黑体辐射来处理，因此采用水平平均温度。

海洋吸收入射能量，其中包括太阳辐射、地热通量和来自风与潮汐耗散的机械能；但是向外的能量却只是热通量。在气候平衡态中，向外的总热通量应该包括地热的贡献和来自风与潮汐的机械能输入。由于技术原因，通过测量得到的海-气之间的热通量并不精确，也不是准确平衡的。因此，我们要稍微调整一下海-气热通量以获得准确平衡的海-气热通量。对应的结果列于表3.7中。巨量的负熵是与维持世界大洋中有序的环流相关的。向外的热通量（或熵流）、风应力能量和潮汐耗散导致的熵流将作为独立的项目在下节中分别讨论。

表3.7 世界大洋的熵收支（Yan 等, 2004）

源/汇	短波辐射	长波辐射	潜热	感热	合计
E（TW）	60.8	-21.2	-35.0	-4.7	0
e（W/m^2）	163.34	-56.90	-93.96	-12.48	
$\dot{H}$（TW/K）	14.0	-97.0	-120.1	-16.0	-219.1
$\dot{\eta}$（$mW/K/m^2$）	37.7	-260.4	-322.6	-42.9	-588.2

C. 热混合导致的熵增量

从高温区域输向低温区域的热量是内部熵增量的重要来源之一。海-气之间净热通量的水平分布表明，经向和纬向热输送的量级为 1.5～2 PW［图1.8(a)，(b)］①。大洋热输送导致的熵增量估计为

$$H_{热混合} = \iint_A \frac{-q_{净}}{T_s(\lambda, \theta)} r^2 \cos\theta d\lambda d\theta = 0.68 \times 10^{12} (W/K) \tag{3.187}$$

① 原著图号有误，现已更正。——作者注

或者相当于 1.84 mW/K/m²。重要的是要注意到,以上计算出的熵增量只能作为世界大洋中由海洋混合产生的熵增量之理论下限。

D. 淡水混合导致的熵增量

方程(3.183a)用起来颇为不便,因为它涉及盐通量和其他变量的分布。采用 3.8.1 节中讨论的分析方法,可以更直接地估计淡水混合导致的熵增量。因此,海洋中淡水混合导致的熵增量之速率为

$$H_{淡水混合} = \iint_{SS} \frac{\rho\omega_{ev}}{T}[\mu_w(0) - \mu_w(S)]dxdy = 0.11 \times 10^{12}(\mathrm{W/K}) \tag{3.188}$$

或者相当于 0.30 mW/K/m²,其中,ω_{ev} 为蒸发速率,ρ、S 和 T 分别为海面的海水密度、盐度和温度(图 3.54)。这个估值可以用做世界大洋中水循环过程中产生的熵增量之理论下限。

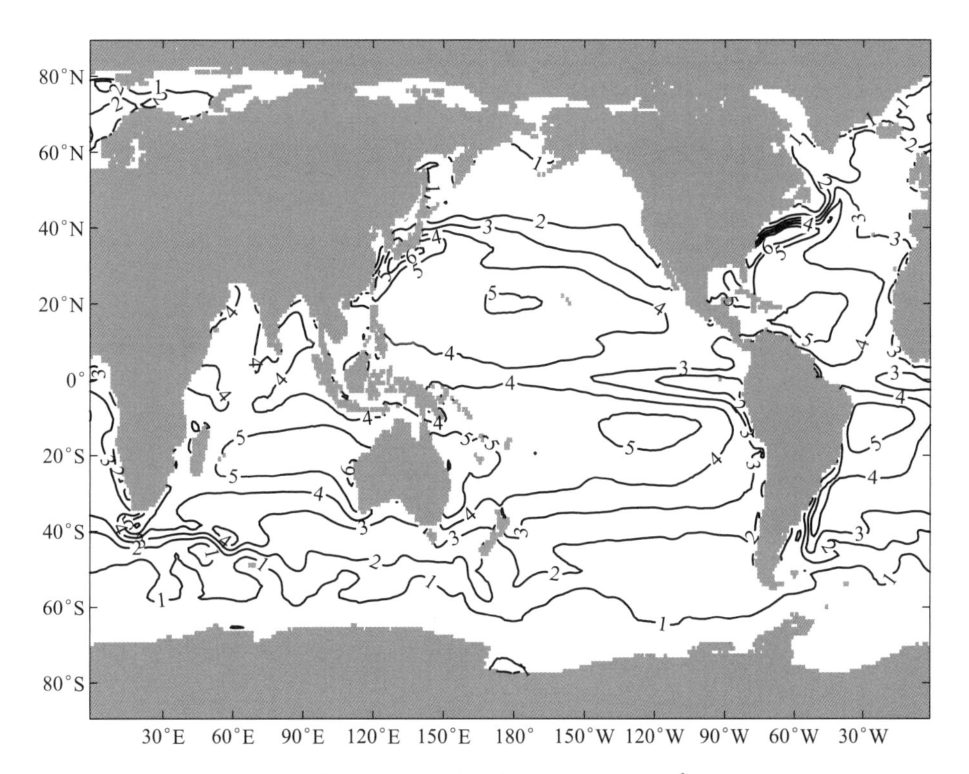

图 3.54 世界大洋淡水混合引起的年平均熵产生速率(单位:0.1 mW/K/m²)。

除熵过程(removal of entropy)是海 - 气热交换中的部分隐过程,包括获得的低熵短波辐射和释放的热通量中含有的高熵流。因此,对于克服大洋盐扩散过程中所积累的熵以维持大洋环流来说,这个净的熵流在其中起到至关重要的作用。

E. 机械能耗散导致的熵增量

如果海洋是一部热机,机械能可以从海面热盐强迫力所导致的内能中产生。然而,热盐环流的新范式主张,热盐环流中涉及的所有机械能均来自风和潮汐的外部能源。这样,总机械能的耗散率就等于来自外部机械能源输入的速率,并且从内能转变成的机械能是可以忽略的。结果,世界大洋中由于动量耗散所产生的熵的总增量为

$$H_{耗散} = \iiint_V \frac{\rho\varepsilon}{T} dv \simeq \frac{W}{\bar{T}_s} \tag{3.189}$$

其中,$W = 67.5$ TW 为来自风能输入和潮汐耗散的总机械能。

F. 世界大洋的熵平衡

在图 3.55 中给出了熵平衡中最重要的项目。收入的熵包括两项,即来自太阳入射的短波辐射所产生的熵与地热入射产生的熵。短波辐射有一个非常高的辐射温度,因此它是高能质的能量,其熵的产生速率非常低,$H_{sw} = 14$TW/K。地热通量则有相对高的温度。有时地热羽流的温度可以达到几百度的量级;不过,在一般情况下,其温度则要低得多。由于地热通量所产生的熵要比海-气之间热通量所产生的熵小得多,因此在图 3.55 中就省略了。

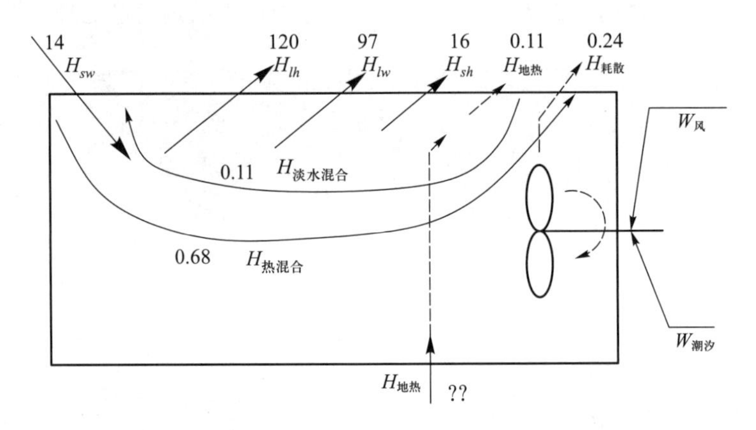

图 3.55 世界大洋的熵收支(单位:10^{12} W/K)。

向外释放的熵流包括下列贡献:$H_{lh} = 120$ TW/K,$H_{lw} = 97$ TW/K 和 $H_{sh} = 16$ TW/K。风和潮汐产生的全部机械能输入最终都被耗散并且以耗散热的形式输出,$H_{耗散} = 0.24$ TW/K。另外,热输送和淡水混合对应的内部熵源分别为 0.68 TW/K 和 0.11 TW/K。通过海面的地热通量为 $H_{地热} = 0.11$ TW/K。为了维持世界大洋中的有序环流和耗散,必须从系统中消除这些能源产生的熵。尽管这些熵流应该包含在前面讨论过的热通量中有关向外放出的熵流之中,但我们还是把它们作为小项目单独列出来了。

G. 活化的和非活化的负熵流

如前所述,大部分通过海-气界面的负熵流也许不会对环流有任何直接的影响。例如,如果太阳辐射被岩石吸收,那么这一能量会以长波辐射的形式传回到大气中。在定常的状态下,应该产生大量的负熵流;然而,这样的熵流在岩石中根本就没有产生任何有序运动。事实上,这块岩石处于热力平衡状态中,而其内部没有耗散,并且太阳辐射对该岩石的唯一效应就是维持了相对高的热力平衡状态,而这种状态使岩石中的分子随机热运动变得更有活力。

因此,为了探寻负熵流的动力学作用,我们需要区分两种负熵:**活化的负熵流**与**非活化的负熵流**。活化负熵流是与环流有直接关系的那部分负熵流,其余的部分被称为非活化负熵流。

由于通过海-气界面的总熵流近似为 588 mW/K/m^2,活化熵流与总熵流之比为 0.36%(表 3.8);因此,大部分的负熵流是非活化的。更重要的是,从能量的视角看,大洋总环流并不是由海面热盐强迫力所驱动的;而是(正如本章上节中所讨论过的)由外部的机械能源所驱动。

表 3.8 活化熵流的分配(单位:$mW/K/m^2$)

总熵流	活化熵流				
	驱动作用的机械能	所引起的活化熵流			总计
		热力混合	淡水混合	总计	
-588.2	-0.6	-1.84	-0.30	-2.14(0.36%)	-2.74(0.47%)

全部的机械能输入最终都被耗散掉,这就意味着,一个熵增量项作为部分负熵流而输出。系统产生的熵不得不全部以负熵流的形式输出到环境中。不过,这并不是一个简单的耗散过程,因为任何强加的外部机械能都会引起大洋总环流和有关的淡水混合与热量混合。这样一来,大洋总环流引起了额外的熵流。按照我们的定义,这种熵流是活化的。这种额外的活化熵流的存在意味着机械能输入所产生的熵被放大了,其放大因子为:2.14/0.6=3.57。

H. 蒸发/降水理想化为一部化学热机

在定常的状态下,盐度场是不随时间变化的,因为盐平流完全与盐扩散相平衡。这样,从概念上讲,我们可以把盐分当做一个固定在空间中的静止的网格,而来自降水的纯水就在这些网格之间流动。当降下的水块流入海洋时,其盐度和熵因混合而逐渐增加。最终,这一水块回到了海面,而在海面,该水块通过蒸发过程除去了附加的焓和熵,从海洋中提取/分离出纯水。

为了分析蒸发过程,我们在海洋之顶加了一个假想的纯水薄层,并把蒸发过程分为两步。第一步,从这个薄层之下的海水中提取纯水,并除去因混合而产生的熵。这个除熵过程可以通过太阳的日射来实现,或者设想在这个假想界面处放置一半渗透膜并设法使淡水穿过这个膜等效地达到除熵的目的。第二步,这个薄层中的纯水被转化为水汽而由风吹入大气中。

在亚热带大洋的海面处,低熵的太阳辐射和返回到大气中的高熵热通量,在消除海洋中淡水混合所产生的熵的过程中起到传送带的作用,并且这个除熵量(entropy removal)相当于从海水中提取纯水所需要的比机械能。盐度为35、温度为20℃的海水渗透压等于 $p_{osm}=248$ db。全球蒸发量近似等于 $\iint_S \omega_{ev} dS = 4.0\times10^{14}\ \mathrm{m^3/y}$。维持水分循环所需要的能量为 $p_{osm}\iint_S \omega_{ev}\, dS = 31.6$ TW。等效功为 $W=H_{淡水混合}\cdot\bar{T}_s \simeq 32.3$ TW,它比从渗透压公式中计算所得的结果约大2%。这个误差或许是海水特性量的计算程序中的误差。

在本章的第一部分中,我们说过海洋不是一部热机。不过,在那个阶段的讨论中还没有考虑化学势的可能贡献。正如上面所讨论的,为了维持世界海洋中的水分循环,实际上必须有相当于32 TW的可用机械能。但是,迄今为止,如此巨大的能量却被人们忽视了。容易看到,至少在以下的概念模式中,这样的一种能源是可以被利用的,并可以把它转变为机械能。

在这个概念模式中,把大洋中的降水收集起来沿水平方向输送到深井中,并使淡水的水位保持在海平面之下246 m左右(图3.56)。在海面与该水位之间的位势差的机械能可以以电能的形式提取。深井中的淡水可以穿过只允许淡水通过的半渗透膜。如上所述,输出总能量为32 TW。假定太阳日射所输入的总热能近似等于65 PW,那么,这部化学热机[①]的效率约为

① 原著中为 thermo-chemical energy(化学热能),疑为 thermo-chemical engine(化学热机)之误,故改。——译者注

0.05%，这个效率确实是非常低的。无论如何，与前面关于海洋不是热机的主张相反，海洋是一部维持水分循环的化学热机。从原理上看，这样一部化学热机可以在由外部机械能所建立的强热盐环流的大洋中运行。如果没有外部机械能源，尚不清楚这个系统能否或者如何运行。

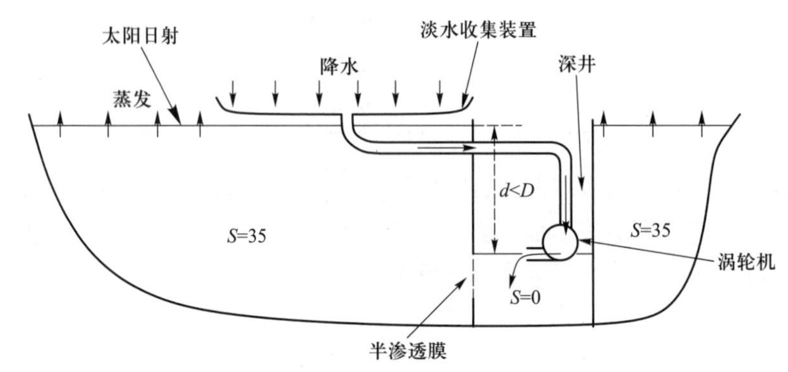

图 3.56　一个假想的热力－化学热机，它由世界大洋的太阳日射引起的水循环（蒸发和降水）所驱动。一个贮存淡水的深井收集来自降水的淡水，其水位大致位于海平面之下的 $D=246$ m 处。

附录：加热/冷却导致的重力势能的源/汇

海洋中，热强迫力既施加于海面，也施加于海底；因此，这个强迫力造成的重力势能之改变是能量学中一个重要的组成部分。本附录讨论关于这个强迫力产生的重力势能之速率。

情况 1：对于上表层中的水柱

从海面到水深 h 处的单位面积水柱之重力势能为

$$\chi_0 = mgh_{cen} \tag{3.A1}$$

其中，g 为重力，h_{cen} 为相对于重力势能的参考层之质心的距离①，$m=\int_{-h}^{0}\rho_0(z)dz \simeq \bar{\rho}h$ 是水柱的总质量，$\rho_0(z)$ 是水柱中的密度廓线，$\bar{\rho}$ 是平均参考密度。当这个水柱收到热量 Q 时，其温度升高为

$$\delta T = Q/\bar{\rho}c_p h \tag{3.A2}$$

且水柱增加的高度 $\delta h \simeq \alpha Q/\bar{\rho}c_p$，其中，$\alpha$ 为热膨胀系数，c_p 为定压比热。这样，加热后，质心上移 $\delta h/2$，且这个水柱的总重力势能为

$$\chi_1 = mg(h_{cen} + \delta h/2) \tag{3.A3}$$

重力势能的净变化为

$$\Delta\chi = \frac{g\alpha Q}{2c_p}\frac{\int_{-h}^{0}\rho_0(z)dz}{\bar{\rho}} \simeq \frac{g\alpha hQ}{2c_p} \tag{3.A4}$$

假定加热的速率与冷却的速率相平衡，则表面加热/冷却所产生的总重力势能之源/汇为

$$\frac{d\chi}{dt} = \frac{g}{2c_p}\iint_S \dot{q}(\alpha_{加热}h_{加热} - \alpha_{冷却}h_{冷却})dxdy \tag{3.A5}$$

① 原著有疏漏，现已补上，下同。——译者注

其中,$\dot{q}$ 为局地热通量速率,且积分是对全球海面进行的。

很容易把方程(3. A5)推广到含浮力通量的普遍情况

$$\frac{d\chi}{dt} = \frac{g}{2}\iint_S [(\dot{bh})_{浮力获得} - (\dot{bh})_{浮力损失}]dxdy \tag{3. A6}$$

其中,$\dot{b} = \frac{\alpha \dot{q}}{c_p} + \beta(P - E)$是海面浮力通量,$P - E$ 是降水与蒸发之差的速率①。由于采用质量坐标,故其结果并不取决于重力势能参考层的选取。

情况 2:对于海面下方的水块

考虑位于海面下方水深 h 处的水块,其初始厚度为 Δh,那么该水柱的单位面积重力势能也为 $\chi_0 = mgh_{cen}$,其中 h_{cen}为相对于重力势能参考层质心的距离,$m = \int_{-h}^{0}\rho_0(z)dz = \bar{\rho}h$ 是水柱的总质量,$\rho_0(z)$为水柱中的密度廓线。假定水柱收到了热量 Q。加热之后,温度升高了 $\delta T = Q/\bar{\rho}c_p\Delta h$,则水柱高度增加了 $\delta h \simeq \alpha Q/\bar{\rho}c_p$。结果,整个水柱被向上推了一段距离 δh,水柱的总重力势能为

$$\chi_1 = mg(h_{cen} + \delta h) \tag{3. A7}$$

这样,对水块加热之后,其水柱重力势能的净变化为

$$\Delta\chi = \frac{g\alpha Q}{c_p}\frac{\int_{-h}^{0}\rho_0(z)dz}{\bar{\rho}} \simeq \frac{g\alpha hQ}{c_p} \tag{3. A8}$$

应注意,这里假定了该水块的厚度 Δh 远小于 h,并忽略了该水块重力势能的变化。

从这个公式中可以明显地看出,要成为高效的能源,需要在深层加热。地热就是这种加热的一个例子。

还应注意,在定常状态下,加热和冷却的总热量应该是平衡的。若设比热为常量,则热强迫力所产生的重力势能应该为

$$\Delta\chi = \frac{gQ}{c_p}(\alpha_h h_h - \alpha_c h_c) \tag{3. A9}$$

其中,$\alpha_h(\alpha_c)$和 $h_h(h_c)$分别是热膨胀系数和热(冷)源的几何高度。

告诫

- 在以上所有关于重力势能的讨论中,我们都采用了质量守恒坐标系统。如果代之以布西涅斯克模式,即用体积守恒代替质量守恒,那么结果便不正确了。一般而言,基于布西涅斯克近似的模式或许就有质量和重力势能之人为的源/汇。
- 在以上分析中,假设了加热的能量完全转变成了内能,即 $\delta T = Q/\rho_0 c_p h$[见方程(3. A2)]。实际上,只有部分的输入内能会转变为重力势能;这样,对应的温度变化就应该包括一个修正量 $\delta T - \varepsilon\delta T$。不过,可以表明,这个修正项是远小于第一项的,即 $|\varepsilon\delta T| \ll |\delta T|$,因此它是可以忽略的,并且即使对于来自海底的加热和冷却情况,也是如此。

---

① 公式(3. A6)适用于全球海面降水和蒸发处于平衡的情况,否则应加上因降水和蒸发带来的质量所引起的重力势能之变化。——作者注

第二部分　风生与热盐环流

第4章

风 生 环 流

4.1 简单分层模式

4.1.1 分层模式中的压强梯度和连续方程

A. 分层模式的概念

模拟大洋环流最简单的方法是假设海洋的密度是均匀的,故这样的模式没有垂向结构。正如1.4节中所述,大洋中存在着显著的主温跃层/密跃层。我们可以把在次表层中垂向密度梯度的极大值理想化为阶梯函数,因此,模拟大洋环流的常用方法就是把大洋看做以主温跃层为分界面的两层流体。下层位于主温跃层之下;这一层很厚,其中水的运动比主温跃层之上的运动要慢得多。把下层流体假定为近乎静止不动是一个上佳的近似。这样的模式只有一个活动层,称之为约化重力模式。约化重力模式的优点是能够捕捉到环流的第一斜压模态和主温跃层的深度。在标准的约化重力模式之上再加一层,就得到两层半$\left(2\frac{1}{2}\text{层}\right)$模式,这在本章中也会讨论。在图4.1中,对这些模式进行了比较。

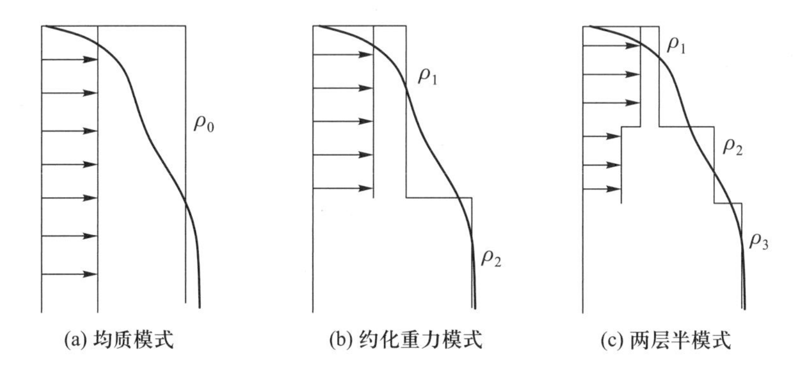

图4.1 密度坐标中简单模式的示意图,图中包括水平速度的垂向结构。

从某种意义上讲,约化重力模式只相当于利用密度坐标中的两个网格。类似地,多层模式就是对密度坐标的截断。在大尺度大洋环流研究中,已有的大多数的理论模式是分层模式(layered model)。分层模式优于水平层模式(level model),其原因来源于沿着等密度面混合的概念。

严格说来,混合主要是沿中性面进行的。然而,对全球海洋来说,却不能对中性面下定义[①]。实际上,中性面是在最小二乘的意义上近似地下定义的(Jackett 和 McDougall,1997;Eden 和 Willebrand,1999)。与中性密度面/中性面相比较,等密度面的概念简单而易于处理,因而仍被广泛采用。

海洋中,混合主要是沿着等密度面进行的,这是因为沿着等密度面混合所需要的功最少。事实上,混合并不总是沿着等密度面进行的,例如,斜压不稳定引起了跨密度面的混合,而后者是伴随着大尺度重力势能向天气尺度的重力势能和动能的转变而出现的。结果,斜压不稳定成为大尺度重力势能的汇,而且需要外来的机械能来支持。

标准的命名法则如下。如果模式有两层且这两层都在运动,就称为两层模式。如果只有上层是运动的,就称为约化重力模式,或一层半$\left(1\frac{1}{2}\right)$模式。对于多层模式来说,如果第一层和第二层都是运动的,而它们之下的层次却是静止的,那么就称为两层半$\left(2\frac{1}{2}\right)$模式,以此类推。另外,常用的分层模式都有一些共同的特征:

在大多数分层模式中,都假定了每层中的水是不能掺混的(immiscible)[②]。但有些模式也允许各层之间有质量交换。容易看出,界面间的质量交换可以驱动次表层运动,而且并不需要界面间的摩擦力。实际上,在分层模式中引入界面间质量通量是多层模式模拟热盐环流的一种方法。

大多数分层模式都假定了层的厚度恒为非零。某些模式允许上层的厚度为零,即允许露头。露头是一种与海面锋面相连的强非线性现象。处理露头现象需要特别小心。在解析模式中,露头线既是流线,也是零深度等值线。处理露头线的技巧将在4.1.4节中介绍。在数值模式中,处理露头线需要一种特殊的数值格式以保证层厚度永远不会变为负的;这种格式称为正定格式(Zalesak,1979;Smolarkiewicz,2006)[③]。

B. 多层模式中的压强梯度

分层模式的方便之处在于,水平运动方程中的压强梯度项直接与层的厚度连起来。因此,在很多情况下,可以得到简单而精彩的解,这些解将在本章中进行讨论。

1) 采用刚盖近似

刚盖近似的本质是把上边界条件线性化,即把模型海洋中的上边界从自由表面 $z=\zeta$ 变为平面 $z=0$,这样就把原来的动边界问题简化为固定边界问题。由于在平面 $z=0$ 处存在着非零的海面升高 $\zeta\neq0$,因此等效的流体静压强 $p=p_a$ 不再是常量。利用流体静压关系,可以计算其下各层的压强。从在 $z=0$ 处的 $p=p_a$ 开始,向下对流体静压关系进行积分,就得到上层中的流体静压压强[图4.2(a)]

$$p_1=p_a-\rho_1 gz \tag{4.1}$$

应注意,在 $z=0$ 处,p_a 是一个不为常量的未知压强。实际上,p_a 等同于 $p_{a,0}+\rho g\zeta$,其中,$p_{a,0}$ 为海平面气压,ζ 是未知的自由海面升高。在上层之底部,压强为 $p_2=p_1=p_a+\rho_1 gh_1$。在界面之下,第二层和第三层的压强分别为

---

① 关于中性面的定义的评述,参见2.4.11节的译者注。——译者注

② 此处似有误,更确切地说,应为“层与层之间的水是不能混合的”。——译者注

③ Марчук(1974)对正定格式做了研究,关于其定义,可参见 Саркисян(1977)的专著“Численный Анализ и Прогноз Марских Течений”(本书有中译本《海流数值分析与预报》,乐肯堂译,1980年科学出版社出版,p.169-170)。——译者注

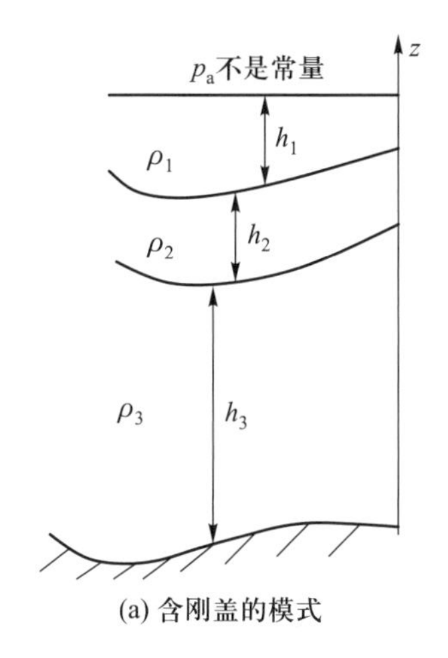

(a) 含刚盖的模式

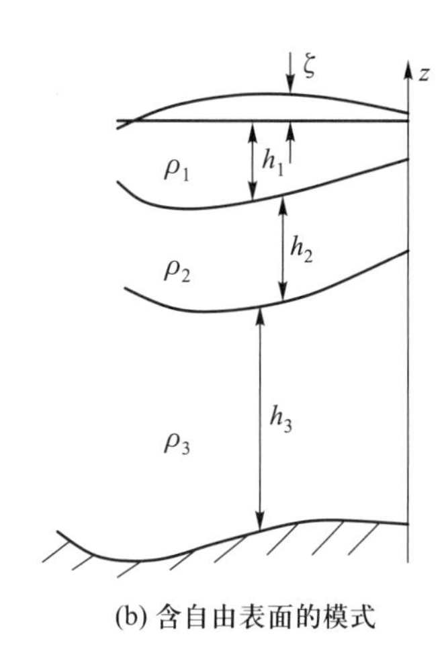

(b) 含自由表面的模式

图 4.2 多层模式:(a) 含刚盖,(b) 含自由表面。

$$p_2 = p_a + \rho_1 g h_1 - \rho_2 g (z + h_1) \tag{4.2a}$$

$$p_3 = p_a + \rho_1 g h_1 + \rho_2 g h_2 - \rho_3 g (z + h_1 + h_2) \tag{4.2b}$$

把水平梯度算子∇_h应用于(4.2b)式,得到[①]

$$\nabla_h p_3 = \nabla_h p_a + \rho_1 g \nabla_h h_1 + \rho_2 g \nabla_h h_2 - \rho_3 g \nabla_h (h_1 + h_2) \tag{4.3}$$

假定第三层非常厚且无运动,那么$\nabla_h p_3 = 0$,于是我们得到

$$\nabla_h p_a = (\rho_3 - \rho_1) g \nabla_h h_1 + (\rho_3 - \rho_2) g \nabla_h h_2 \tag{4.4}$$

对(4.1)式和(4.2a)式取水平梯度,并利用方程(4.4),得到了第一层和第二层中的压强梯度项

$$\nabla_h p_1 = (\rho_3 - \rho_1) g \nabla_h h_1 + (\rho_3 - \rho_2) g \nabla_h h_2 \tag{4.5a}$$

$$\nabla_h p_2 = (\rho_3 - \rho_2) g \nabla_h h_1 + (\rho_3 - \rho_2) g \nabla_h h_2 \tag{4.5b}$$

经过简单运算后,压强梯度可以改写为

$$\frac{1}{\rho_1} \nabla_h p_1 \simeq (g'_1 + g'_2) \nabla_h h_1 + g'_2 \nabla_h h_2 \tag{4.6a}$$

$$\frac{1}{\rho_2} \nabla_h p_2 \simeq g'_2 \nabla_h h_1 + g'_2 \nabla_h h_2 \tag{4.6b}$$

其中,对于右边的分母,我们采用近似式$\rho_1 \simeq \rho_2 \simeq \rho_0$,并且$g'_1 = g(\rho_2 - \rho_1)/\rho_0$, $g'_2 = g(\rho_3 - \rho_2)/\rho_0$为约化重力,其量级为$10^{-2}\ \mathrm{m/s^2}$。对于一层半$\left(1\frac{1}{2}层\right)$模式,我们有

$$\nabla_h p_2 = 0, \frac{1}{\rho_1} \nabla_h p_1 = g'_1 \nabla_h h_1 \tag{4.7}$$

在以上推导中,做了一步重要的假定,即假定深层没有运动,这样,代表气压和自由海面升高的未知压强p_a就可以消去。如果不做这个无运动层的假定,那么刚盖压强p_a将仍然作为压强表达式中的一部分而保留下来。在这种情况下,人们就不得不采用其他方法来消去p_a。例如,在基于刚盖近似的数值模式中,可以通过对水平运动方程进行交叉微分而消去p_a,因而问题就

① 原著式(4.3)排印有误,现已更正。——译者注

简化为求解正压流函数的椭圆方程。

2）含自由海面升高

对于显含自由海面的模式[图4.2(b)]，也可以导出同样的表达式。我们从海面 $z=\zeta$ 开始，向下积分流体静压关系得到

$$p_1 = p_{a,0} - \rho_1 g(z-\zeta)$$
$$p_2 = p_{a,0} + \rho_1 g(\zeta + h_1) - \rho_2 g(z+h_1)$$
$$p_3 = p_{a,0} + \rho_1 g(\zeta + h_1) + \rho_2 g h_2 - \rho_3 g(z+h_1+h_2)$$

其中，$p_{a,0}$ 为海平面大气压。假定 $p_{a,0}$ 为常量，那么每一层中的压强梯度可以改写为

$$\nabla_h p_1 = \rho_1 g\, \nabla_h \zeta$$
$$\nabla_h p_2 = \rho_1 g\, \nabla_h \zeta - (\rho_2 - \rho_1) g\, \nabla_h h_1$$
$$\nabla_h p_3 = \rho_1 g\, \nabla_h \zeta - (\rho_3 - \rho_1) g\, \nabla_h h_1 - (\rho_3 - \rho_2) g\, \nabla_h h_2$$

把以上各式除以 ρ_i 并利用约化重力记号，我们得到

$$\frac{1}{\rho_1}\nabla_h p_1 = g\,\nabla_h \zeta \tag{4.8a}$$

$$\frac{1}{\rho_2}\nabla_h p_2 \simeq g\,\nabla_h \zeta - g_1'\nabla_h h_1 \tag{4.8b}$$

$$\frac{1}{\rho_3}\nabla_h p_3 \simeq g\,\nabla_h \zeta - (g_1' + g_2')\,\nabla_h h_1 - g_2'\nabla_h h_2 \tag{4.8c}$$

这些表达式中含有自由海面的梯度，它可以是未知的。不过，这可以通过假定最下层非常厚而消去，因而在最下层中，压强梯度是可以忽略的。如果我们假定 $\nabla_h p_3 = 0$，那么 $\nabla_h \zeta$ 可以用 $\nabla_h h_1$ 和 $\nabla_h h_2$ 来表示，因此在上面两层中，压强梯度为

$$\frac{1}{\rho_1}\nabla_h p_1 \simeq g\,\nabla_h \zeta = (g_1' + g_2')\,\nabla_h h_1 + g_2'\nabla_h h_2 \tag{4.9a}$$

$$\frac{1}{\rho_2}\nabla_h p_2 \simeq g_2'\nabla_h h_1 + g_2'\nabla_h h_2 \tag{4.9b}$$

这些表达式与我们在上面导出的表达式相同。因此，“刚盖近似”是对海面边界条件的线性化。刚盖近似用 $z=0$ 处的固定边界代替自由海面，不过，由于自由海面的升高不是常量，故其压强效应通过非常量的等效压强 p_a 保留下来。

C. 连续方程

对于第 i 层，不可压缩流体的质量守恒为

$$u_{ix} + v_{iy} + w_{iz} = 0 \tag{4.10}$$

假定每一层中的 u_i 和 v_i 都与 z 无关，那么对每一层积分，便得到

$$h_i(u_{ix} + v_{iy}) + w_i^{顶} - w_i^{底} = 0 \tag{4.11}$$

其中，$w_i^{顶}$ 和 $w_i^{底}$ 是第 i 层上、下界面处的垂向速度（图4.3）。

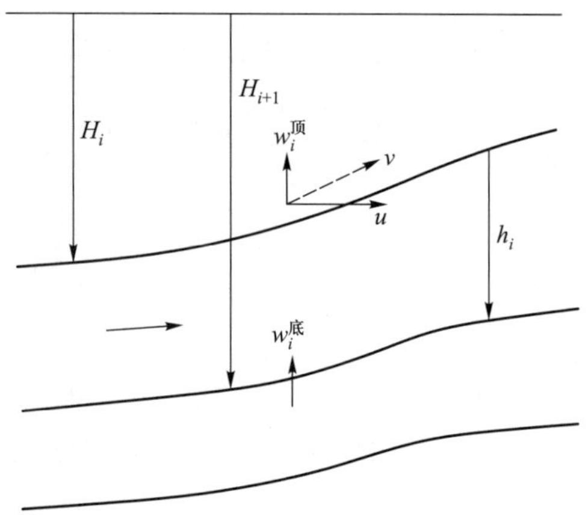

图4.3 分层模式示意图。

假设没有界面间的质量交换，即跨密度面的速度为零，$w^*=0$，故速度矢量应该与界面平行，如图4.3中的上界面处所示。记界面为 $H_i(t,x,y,)$，这

个界面上的垂向速度为

$$w_i^{\text{顶}} = -\left(\frac{\partial H_i}{\partial t} + u_i \frac{\partial H_i}{\partial x} + v_i \frac{\partial H_i}{\partial y}\right) \tag{4.12}$$

在界面 $H_{i+1}(t,x,y)$ 处，垂向速度也有类似的表达式，在该层之顶、底界面处的垂向速度之差为

$$w_i^{\text{顶}} - w_i^{\text{底}} = \frac{\partial}{\partial t}h_i + u_i \frac{\partial}{\partial x}h_i + v_i \frac{\partial}{\partial y}h_i, h_i = H_{i+1} - H_i \tag{4.13}$$

因此，每层连续方程的最终表达式为

$$\frac{\partial}{\partial t}h_i + \frac{\partial}{\partial x}(h_i u_i) + \frac{\partial}{\partial y}(h_i v_i) = 0 \tag{4.14}$$

应注意，最上层的厚度 h_1 包括了自由海面的升高。

4.1.2 约化重力模式

很多教科书曾用从浅水方程导出的准地转模式来描述风生环流。在世界大洋中，中纬度的风生流涡之水平尺度有数千千米的量级，它远远大于地转近似所假定的天气尺度（synoptic scale）。例如，在南北方向上，等密度面的垂向位移与上层的深度有相同的量级。结果，传统准地转近似中的基本假定之一，即对于平均层化的偏离是小量的假设，就不再成立。尽管准地转理论仍是描述环流的一个有用工具，但如采用简单的约化重力模式，那就可以用更为精确的方法来处理由于层化的经向变化所产生的强非线性。

约化重力模式可能是模拟大洋环流的最有用的工具之一。例如，可以用约化重力模式来模拟在实际风应力作用下的自由海面高度及其随时间的演变。另外，约化重力模式可以提供在实际条件下主温跃层的深度，但如用准地转模式，就不可能获得。本节着重研讨基于单个运动层的约化重力模式之定常的风生环流理论。

A. 构建约化重力模式

构建约化重力模式的实质是把主温跃层（或主密度跃层）处理为密度的阶梯函数，因而上层的密度等于常量 ρ_0，下层的密度为 $\rho_0 + \Delta\rho$；此外，假定下层为无限深，因而如同在上节中讨论过的，下层的压强梯度为无限小，且上层的压强梯度项具有简单的形式。

假定流体为不可压缩的。利用水平动量方程中的侧向摩擦和“底摩擦”的形式对中尺度涡和湍流的动力学效应进行参量化。由于模式有两层，故所谓的底摩擦实际是界面间的摩擦。

为了给出形式简明的解析解，在本节中，约化重力模式建立在 β 平面上。其对应的球面坐标中的模式也很容易地推导出来，这留给读者作为练习。

在这些假定下，约化重力模式的动量方程和连续方程为

$$hu_t + h(uu_x + vu_y) - fhv = -g'hh_x + \tau^x/\rho_0 + A_h \nabla_h^2(hu) - Ru \tag{4.15a}$$

$$hv_t + h(uv_x + vv_y) + fhu = -g'hh_y + \tau^y/\rho_0 + A_h \nabla_h^2(hv) - Rv \tag{4.15b}$$

$$h_t + (hu)_x + (hv)_y = 0 \tag{4.15c}$$

其中，h 为层的厚度（以下简称为层厚），(u,v) 为水平速度，f 为科氏参量，$g' = g\Delta\rho/\rho_0$ 为约化重力，其量级为 10^{-2} m/s^2，(τ^x,τ^y) 为风应力，A_h 为侧向摩擦系数，R 为界面摩擦系数。应注意这里把风应力处理为对于整个层的彻体力（body force），这个概念首先是由 Charney 提出的。

在准地转模式中，假定了层厚的变化远小于平均层厚；与此相对照，约化重力模式的实质就是允许层厚 h 有大幅度的变化，甚至可以为零。与基于准地转近似的模式相比，约化重力模式的最重要优势之一就是具有处理有限幅度的扰动层厚的能力。

大洋内区的风生环流可以用科氏力、压强梯度力和风应力之间的平衡来描述。然而，这样的一个内区解并不能满足封闭海盆中的全部边界条件。为了描述海盆中的闭合环流，必须加上其他高阶项，比如非线性平流项、侧向摩擦项以及界面摩擦项。实际上，西边界流系区内的位涡平衡不同于大洋内区。例如，若假设摩擦取界面摩擦的形式，那么就形成了行星涡度平流与界面摩擦扭矩之间的位涡平衡。这就是经典的斯托梅尔边界层（Stommel boundary layer）情况。类似地，若假设涡度平衡是在行星涡度平流与侧向摩擦或相对涡度之间实现，那么就形成了芒克边界层（Munk boundary layer）或惯性边界层。

为了简单起见，本节中的分析仅限于定常状态的情况，因此在后续的分析中就省略了动量方程和连续方程中的时间变化项。

B. 守恒定律

1）能量平衡

把（4.15a）式乘以 u，（4.15b）式乘以 v，相加后得到

$$h\vec{u}\cdot\nabla_h\left(\frac{u^2+v^2}{2}+g'h\right)=W \tag{4.16}$$

其中

$$W=\frac{1}{\rho_0}(u\tau^x+v\tau^y)-R(u^2+v^2)+A_h[u\nabla_h^2(hu)+v\nabla_h^2(hv)] \tag{4.17}$$

右边第一项是风应力做的功，第二项是界面摩擦引起的耗散，第三项是侧向摩擦引起的耗散。

在目前的情况下，总能量是动能与重力势能之和。方程（4.16）说明，总能量沿着流线的变化由风做功导致的源与界面/侧向摩擦导致的汇来平衡。由于科氏力是虚力并且总是垂直于速度，故它对水块不做功。另外，内能没有出现在能量平衡中，因为在这样一个简单的约化重力模式中，热力学和动力学是分离的。

2）位涡平衡

把（4.15a）式和（4.15b）式除以 h，然后交叉微分并相减，得到

$$\vec{u}\cdot\nabla_h q+q(u_x+v_y)=C \tag{4.18}$$

其中

$$q=f+v_x-u_y \tag{4.19}$$

为行星涡度与相对涡度之和，并且

$$C=\left(\frac{\tau^y}{\rho_0 h}-\frac{Rv}{h}+\frac{A_h}{h}\nabla_h^2(hv)\right)_x-\left(\frac{\tau^x}{\rho_0 h}-\frac{Ru}{h}+\frac{A_h}{h}\nabla_h^2(hu)\right)_y \tag{4.20}$$

它包括了风应力旋度产生的位涡源和界面摩擦与侧向摩擦导致的涡度汇。

利用连续方程（4.15c），我们得到简洁形式的位涡方程

$$h\vec{u}\cdot\nabla_h\frac{f+v_x-u_y}{h}=C \tag{4.21}$$

其中，$Q=(f+v_x-u_y)/h$ 是约化重力模式的位涡。更精确的位涡定义则是在定义中包含了密度

增量 $\Delta\rho$，即 $Q' = (f+v_x-u_y)\Delta\rho/\rho_0 h$。当层厚显著减小时，密度增量也减小，即当 $h\to 0$ 时，$\Delta\rho\to 0$。因此，在无限小层厚的极限情况下，对应的位涡简化为

$$Q' = -\rho_0^{-1}(f+v_x-u_y)\partial\rho/\partial z \tag{4.22}$$

方程(4.21)表明，位涡平流由位涡的源和汇所平衡。它们是由风应力、界面摩擦和侧向摩擦引起的。我们也把该方程应用于多层模式中的单个层次。相对涡度 v_x-u_y 则广泛应用于非旋转均质流体的研究；然而，在层化旋转流体中，也用位涡，因为位涡已把相对涡度与旋转和层化的动力学效应结合在一起。

3）不考虑强迫力和耗散的解

忽略方程(4.16)和(4.21)中的强迫力项和耗散项，便得到了能量和涡度的简单守恒定律

$$B = \frac{u^2+v^2}{2} + g'h = F(\psi) \tag{4.23}$$

$$Q = \frac{f+v_x-u_y}{h} = G(\psi) \tag{4.24}$$

其中，ψ 是对于定常流动的流函数，其定义如下

$$\psi_x = hv, \quad \psi_y = -hu \tag{4.25}$$

方程(4.23)和(4.24)表明，能量(伯努利函数)和位涡沿着流线守恒。正如下面就要讨论的，在远离西边界流系区的大洋次表层中，当该层没有受到强迫力的直接作用时，位涡沿着流线是守恒的，因为在这种情况下，混合与耗散沿着流线是可以忽略的。

由下述可知，函数 F 和 G 并不独立，对方程(4.23)取梯度得到

$$\nabla B = \frac{dF}{d\psi}\nabla\psi \tag{4.26}$$

利用方程(4.23)和(4.15a)并舍弃其中的时间变化项、风应力和摩擦项，就得到了方程 F 与 G 之间的微分关系

$$\frac{dF}{d\psi} = G(\psi)\text{，或 } Q\nabla\psi = \nabla B \tag{4.27}$$

4）西边界流的动力学作用

从能量方程和位涡方程可以看出，纯粹的惯性西边界流不能满足封闭海盆中的能量和位涡的平衡。不管摩擦力有多么小，因摩擦力会消耗风应力所输入的位涡和能量，故它在封闭海盆的能量和位涡的平衡中起了非常重要的作用。这一点极端重要，我们将会详细讨论。

C. 内区解

1）构建基于风应力的公式

在大洋内区，可以忽略摩擦项和惯性项。为了简单起见，我们假定风应力取简单的形式：$\tau^x=\tau^x(y)$，$\tau^y=0$；这样，动量方程简化为

$$-fhv = -g'hh_x + \tau^x/\rho_0 \tag{4.28a}$$

$$fhu = -g'hh_y \tag{4.28b}$$

另外，模式满足连续方程

$$(hu)_x + (hv)_y = 0 \tag{4.28c}$$

对方程(4.28a)和(4.28b)交叉微分并相减，得到了涡度方程

$$\beta h v = -\tau_y^x/\rho_0 \tag{4.29}$$

这是方程(4.21)的一个简化形式。这个方程称为斯韦尔德鲁普关系。把方程(4.29)代入方程(4.28a)就得到了一阶常微分方程

$$h h_x = -\frac{f^2}{g'\rho_0\beta}\left(\frac{\tau^x}{f}\right)_y \tag{4.30}$$

对此方程积分,便得到内区解。但是,应该用哪一个边界条件作为积分的起点呢?尽管既可以选择东边界,也可以选择西边界,但海盆中涡度平衡的需要确定了东边界是积分起点的唯一选择,这将在下一节中叙述。纬向积分给出了对层厚的解

$$h^2 = h_e^2 + \frac{2f^2}{g'\rho_0\beta}\left(\frac{\tau^x}{f}\right)_y (x_e - x) \tag{4.31}$$

利用方程(4.25),斯韦尔德鲁普关系(4.29)式可以改写为

$$\beta\psi_x = -\tau_y^x/\rho_0$$

东边界的流函数 $\psi=0$;因此,流函数解为

$$\psi = \frac{1}{\rho_0\beta}\tau_y^x(x_e - x) \tag{4.32}$$

这个体积输送称为斯韦尔德鲁普输送(Sverdrup transport)。由方程(4.31)和(4.32)所描述的风生流涡结构和有关的边界层结构将在后面用图示说明。

应注意,在低纬度区盛行东风,而在中纬度区则盛行西风,即 τ^x 在赤道附近为负的,而在沿着流涡之间的边界处则达到正的极大值;因此,风应力旋度满足 $curl\tau = -\tau_y^x < 0$。根据方程(4.29),这个负的风应力旋度在大洋内区驱动了一支向赤道的流动。方程(4.31)表明,主温跃层的深度向西增加。

在赤道处,科氏力消失,因而上述的论证不再适用。不过,东风带也能使水向西推进,并且风与压强梯度力之间的平衡使得赤道大洋西部的海平面较高,例如太平洋中的暖池。

在推导上述公式过程中,把埃克曼层及其下层的流动考虑为一个层。但在低纬度区,这两个层则向相反方向运动:东风导致的埃克曼流量是向极的,但是由埃克曼泵压所驱动的地转流则是向赤道的(下面还将讨论)。尽管看起来这是这种公式推导的劣势,但这也是这种公式推导的一个优势,这是因为在赤道附近斯韦尔德鲁普输送 ψ 仍是有限的。否则,在赤道附近,无论埃克曼流量还是埃克曼层之下的地转流都趋于无限的,故难以确定它们的代数和。

由于埃克曼流量为 $\tau^x/f\rho_0$,故温跃层深度由埃克曼泵压所控制,即由埃克曼流量 $(\tau^x/f\rho_0)_y$ 的水平辐聚所控制,而流函数则由风应力旋度[方程(4.32)]所控制。然而,在亚热带与亚极带流涡之间的边界附近,情况则与其他地方略有不同。由于在流涡之间的边界附近,故埃克曼辐聚为 $\left(\frac{\tau^x}{f}\right)_y = \frac{\tau_y^x}{f} - \frac{\beta\tau^x}{f^2}$,而此式右边的第二项则可以起支配作用,并且可以改变埃克曼泵压所做贡献之符号。实际上,在流涡之间的边界附近,层厚可以是向西减小的。当风应力足够强时,根据方程(4.31)计算出的层厚可以不为正。在这种情况下,界面会露出海面,为了符合这种露出现象(outcroping phenomenon,称为露头),不得不对以上所用的模式进行改进,这将在4.1.4节中讨论。

2）构建基于埃克曼泵压的公式

在上述讨论中，把风应力当做对于整个上层的彻体力。还有一种方法是，利用埃克曼流量辐聚导致的埃克曼泵压来探究风应力的动力作用。这样，就把埃克曼层及其层内的水平质量流量与埃克曼层之下的地转流分开来了。对应的动量方程简化为

$$-fhv = -g'hh_x \tag{4.33a}$$

$$fhu = -g'hh_y \tag{4.33b}$$

且连续方程为

$$(hu)_x + (hv)_y = -w_e \tag{4.33c}$$

其中，埃克曼泵压速率与风应力有关

$$w_e = -(\tau^x/f\rho_0)_y \tag{4.34}$$

对方程(4.33a)和(4.33b)交叉微分，并利用连续方程(4.33c)，得到了涡度方程

$$\beta hv = fw_e = -f\left(\frac{\tau^x}{f\rho_0}\right)_y \tag{4.35}$$

把(4.35)代入(4.33a)，并进行纬向积分，我们再次得到了方程(4.31)。

由于存在一个来自上方的水源，故在运动层中，水平流场不能仅用流函数来描述。尽管我们仍可以从东边界开始对经向速度进行积分，但我们得到的应该称之为经向流量速率，或所谓的斯韦尔德鲁普函数(Sverdrup function)

$$m = \frac{f}{\rho_0\beta}\left(\frac{\tau^x}{f}\right)_y(x_e - x) \tag{4.36}$$

在导出这个公式时，层厚的表达式与之前基于风应力的相同；但是它与被积分的经向流量是不同的，其差等于埃克曼流量，这是因为在导出地转方程过程中没有包括埃克曼层的流量。这一差异形成了在这两种方程推导的过程中流涡之间边界的差别。

可以把任何二维矢量场分解成两部分

$$hu = \varphi_x - \psi_y, \quad hv = \varphi_y + \psi_x \tag{4.37}$$

不过，这样的分解并不是唯一的。例如，这个解可以有一个附加的分量 φ'，只要它满足 $\nabla^2\varphi' = 0$。此外，φ 和 ψ 的边界条件也不是唯一的。我们即使构建了这样一个流函数，但它也并不能精确地代表流线，因为速度还有另一个分量——$\nabla\varphi$。

作为一个折中方案，我们可以利用压强场或层厚场来画流线。由于压强或层厚的量纲与流量不同，故我们可以采用一个修正量，把它称之为虚拟流函数(virtual streamfunction)，定义为

$$\psi^* = \frac{g'}{2f_0}(h^2 - h_e^2) = \frac{f^2}{f_0\rho_0\beta}\left(\frac{\tau^x}{f}\right)_y(x_e - x) \tag{4.38}$$

其中，f_0 为该参考纬度处的科氏参量[①]，在参考纬度处，ψ^* 的值等于该纬度处的经向流量之值；离开该参考纬度，ψ^* 的值就不同于该参考纬度处的经向流量之值。ψ^* 和 m 之间的差异是由于大洋内区的埃克曼泵压导致的。m 的计算将在 4.7 节中关于亚热带与热带海洋之间的桥接(communication)问题中讨论。

① 原著中为 the reference latitude(参考纬度)，应为 the Coriolis parameter at the reference latitude，故改。——译者注

对于理解多层模式或连续层化模式中的温跃层结构来说,约化重力模式的一些基本特征是非常重要的:

- 层化参量必须提前给定,例如沿着东边界的层厚 h_e 和跨界面的密度增量 $\Delta\rho$。这些参量是由外部过程——热盐环流所控制的。因此,约化重力模式本质上是一个摄动方法,即把风生环流处理为密度坐标中给定层化廓线上的扰动。
- 层深度的平方与密度增量成反比。结果,强层化导致了浅温跃层,反之亦然。

D. 西边界层的共同特征

在西边界流中,尺度分析表明,在极佳的近似下,横跨流动的压强梯度与顺流速度所引起的科氏力相平衡

$$fhv = g'hh_x \tag{4.39}$$

然而,顺流的动量并非处于地转平衡,即顺流的动量平衡必须包括顺流的压强、横向流速(cross stream velocity)引起的科氏力以及摩擦或惯性等其他项。因此就可以说,边界层中流动处于半地转平衡。在西边界流系中,对方程(4.39)进行纬向积分,便得到了流函数与层厚之间的一个简单关系式

$$\psi = \psi_I + \frac{g'}{2f}(h^2 - h_I^2) \tag{4.40}$$

其中,下标 I 表示在西边界流外缘的内区解

$$h_I^2 = h_e^2 + \frac{2f^2}{g'\rho_0\beta}\left(\frac{\tau^x}{f}\right)_y (x_e - x_w) \tag{4.41}$$

$$\psi_I = \frac{1}{\rho_0\beta}\tau_y^x (x_e - x_w) \tag{4.42}$$

像东边界一样,西边界也应该是一条流线,即在西边的岸壁处,$\psi = 0$,沿着西边岸壁的层厚为

$$h_w^2 = h_I^2 - \frac{2f}{g'}\psi_I = h_e^2 - \frac{2}{g'\rho_0}\tau^x (x_e - x_w) \tag{4.43}$$

这个解有两个重要的特征:第一,因为在亚热带流涡中,$\psi_I > 0$,故在西边界层内,层厚向岸壁减小。层厚的陡斜率出现在靠近西边界处,即 $h_I^2 - h_w^2 = 2f\psi_I/g'$,它是由强烈的西边界流引起的,而西边界流则是为平衡模式的质量、涡度和能量之需。

第二,把方程(4.43)对 y 微分得到

$$\frac{\partial h_w^2}{\partial y} = -\frac{2}{g'\rho_0}(x_e - x_w)\frac{\partial \tau^x}{\partial y} < 0 \tag{4.44}$$

因此,层厚沿着西部岸线向北减小。

应注意,约化重力模式中的层厚既可以解释为压强,也可以解释为自由海面高度。因此,在亚热带流涡的环流中隐含了两个重要的动力学效应。

首先,在西边界外缘的经向压强是低—高—低,它是由内区的风生反气旋流涡建立起来的。这从图 4.4(b)中在西部边缘处的解结构中可以清楚地看到。

其次,如方程(4.44)所描述的,在整个西边界处,沿着岸壁的经向压强梯度力(pressure force)都是北向的。作为一个例子,从斯托梅尔边界层(将在下节中讨论)得到的层厚就显示出这种特征[图 4.4(a)]。这个经向压强梯度是横跨西边界层的地转约束之结果,因而,不需要顾及边界层中特定的动力学平衡,这个特征对所有类型的西边界层都成立,即它对斯托梅尔边界层、芒克边界层和惯性边界层都是有效的。

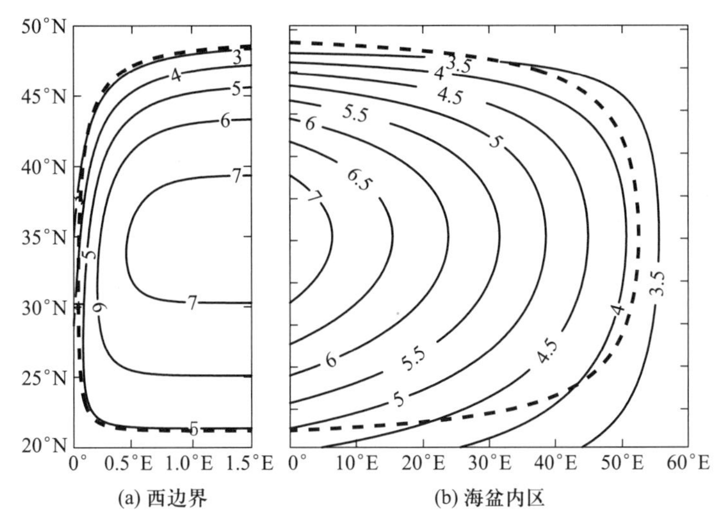

图 4.4 在含斯托梅尔边界层的模式中,温跃层深度(单位:100 m)和一条典型的流线(粗虚线)。

这样一个北向的压强梯度力是沿岸环流(其在海岸横向的尺度则小得多)的一个重要的远岸背景场。一方面,在亚热带海盆,这个经向压强梯度力可以推动一支沿着亚热带海盆西边界的向极沿岸流。另一方面,在亚极地海盆,对应的压强梯度是向赤道的,因而它在建立沿着亚极带海盆西边界的向赤道流动中发挥了关键的作用。此外,由于在整个海盆上气候条件的变化,这样一个大尺度的压强场应该在年代的时间尺度上发生变化,由此而带来沿岸环流的变化。

E. 斯托梅尔边界层

Stommel(1948)假定,界面间摩擦[①]具有线性拖曳定律的形式。这样,在西边界层中,顺流方向的动量方程处于非地转平衡状态

$$fhu = -g'hh_y - Rv \tag{4.45}$$

对于只有纬向风的模式,位涡方程简化为

$$\beta hv = -\frac{\tau_y^x}{\rho_0} + R(u_y - v_x) \tag{4.46}$$

在西边界层内,风应力旋度的贡献与界面间摩擦扭矩和行星涡度梯度的贡献相比是可以忽略的,因而位涡方程进一步简化为

$$\beta hv = -Rv_x \tag{4.46'}$$

对此方程取横跨西边界流的积分,我们得到[②]

$$\beta(\psi - \psi_I) + Rg'h_x/f = 0$$

利用(4.40)式,我们得到

$$h_x + \frac{\beta}{2R}(h^2 - h_I^2) = 0 \tag{4.47}$$

它服从以下边界条件

$$h(0) = h_w \tag{4.48}$$

① 在 Stommel(1948)的一层模式中,这里所指的界面摩擦称之为底摩擦力。——译者注

② 在原著中下式有误,现已更正。——译者注

其相应的解为

$$h = h_I \frac{1 - Be^{-\eta}}{1 + Be^{-\eta}}, \quad B = \frac{h_I - h_w}{h_I + h_w} \tag{4.49}$$

其中

$$\eta = \frac{h_I \beta}{R} x \tag{4.50}$$

是边界层的伸缩坐标(stretched coordinate)。在图4.4中给出了内区解和西边界层之结构。此边界层的尺度宽度为

$$\delta_S = \frac{R}{h_I \beta} \tag{4.51}$$

从方程(4.40)和(4.49)得到,边界层内的流函数为[图4.5(a)]

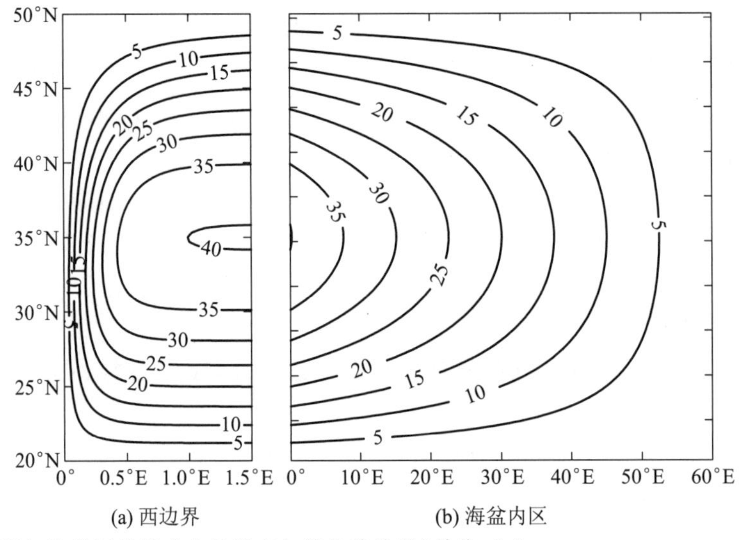

图4.5 在含斯托梅尔边界层的模式中的斯韦尔德鲁普输送(单位:Sv)。

$$\psi = \psi_I - \frac{2g' Be^{-\eta}}{f(1 + Be^{-\eta})^2} h_I^2 \tag{4.52}$$

边界层解的整体结构取决于该模式所选取的参量,尤其是 R 的选取。根据观测,湾流的宽度约为50 km,这样我们选 $\delta_s \simeq 25$ km。假定 $\beta \simeq 2 \times 10^{-11}$/m/s,$h_I \simeq 400$ m,那么选取 $R \simeq \beta h_I \delta_s = 2 \times 10^{-4}$ m/s^{2}较合适①。

作为一个例子,我们来模拟北大西洋,取该模式的参量为:$h_e = 300$ m②,$g' = 0.015$ m/s^2,施加的风应力为

$$\tau^x = -0.15\cos\left(\frac{y - y_s}{y_n - y_s}\pi\right) \quad (\text{单位}:\text{N/m}^2) \tag{4.53}$$

① 消衰过程的时间尺度可用线性底摩擦来估算,这样从方程(4.15)可得,中尺度涡衰亡的时间尺度为 $T \approx H/R$。假定 $H = 400$ m,$R = 2 \times 10^{-4}$ m/s,则 T 约为23天。实际观测表明,中尺度涡的寿命为数个月,所以对应的 R 和边界层的宽度应当小得多。——作者注

② 原著中遗漏单位m,现已补上。——译者注

尽管从准地转模式中可以得到类似的斯韦尔德鲁普函数分布图,但是温跃层深度的分布图却只能从约化重力模式中得到。这是约化重力模式最重要的优点之一。

利用沿着闭合流线的位涡变化图,就可对环流的动力平衡做最佳说明。由于相对涡度非常小,故位涡可以用$(\Delta\rho/\rho_0)(f/h)$来近似。在海盆内区,风应力旋度是位涡之汇;因此,位涡在顺流方向上是减小的[图4.6(b)]。在西边界,界面间摩擦扭矩是正位涡之源;因此,水块的位涡沿着其路径是增加的[图4.6(a)]。

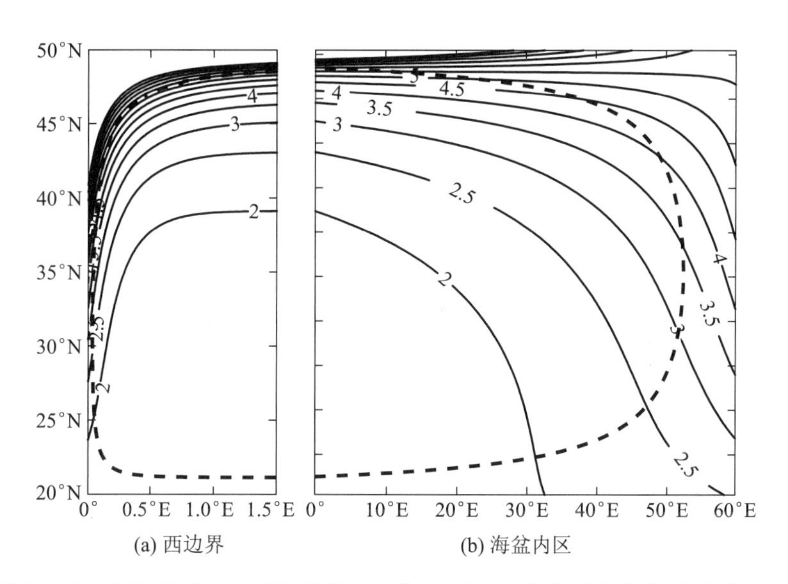

图4.6 在含斯托梅尔边界层的模式中,位涡(单位:10^{-10}/s/m)和一条典型的流线(粗虚线)。

在海盆北部,位涡及其经向梯度非常大,但在其他区域则相当小。如果在这个顶层之下加入一个活动的第二层,那么在这个流区中,第二层中对应的位涡之经向梯度就被逆转;这样,在海盆北部的斜压不稳定性就是最活跃的(Pedlosky,1987a)。在海盆的东南部,非纬向流动的位涡梯度相当弱,因此那里的斜压不稳定性应该是相当弱的。

利用方程(4.21),可以诊断海盆中的位涡平衡。在海盆内区,界面摩擦扭矩是可以忽略的,而且风应力旋度则是位涡之汇[图4.7(b)]。在西边界层内,风应力的扭矩是可以忽略的,而经向速度的摩擦扭矩则产生了一个强大的正位涡源[图4.7(a)]。要注意,图4.7(b)中右图的距离单位是左图的100倍,因为海盆内区的面积大约是西边界流系区面积的100倍;强大的位涡源乘以很小的面积,使整个海盆中位涡得以准确地平衡。

类似地,沿着流线的能量平衡也分为两个阶段:首先,在海盆内区,风应力主要在南北边界附近给环流注入了机械能,因为那里的纬向速度和风应力都很大[图4.8(b)]。这个外部机械能输入是由界面摩擦引起的能量汇来平衡的。在模式中,沿着西边界的强劲经向流所引起的界面强摩擦起到了机械能汇的作用[图4.8(a)]。

当$\eta\to\infty$时,边界层解与内区解相匹配。然而,在离开岸壁的有限距离上,它们并不是正好相匹配的,这从图中内区解与西边界层解之间的流线不相匹配上可以清楚地看出。一个稍微精巧一点的边界层解就可以与内区解逐步相衔接,但这已经超出了这里的讨论范围。

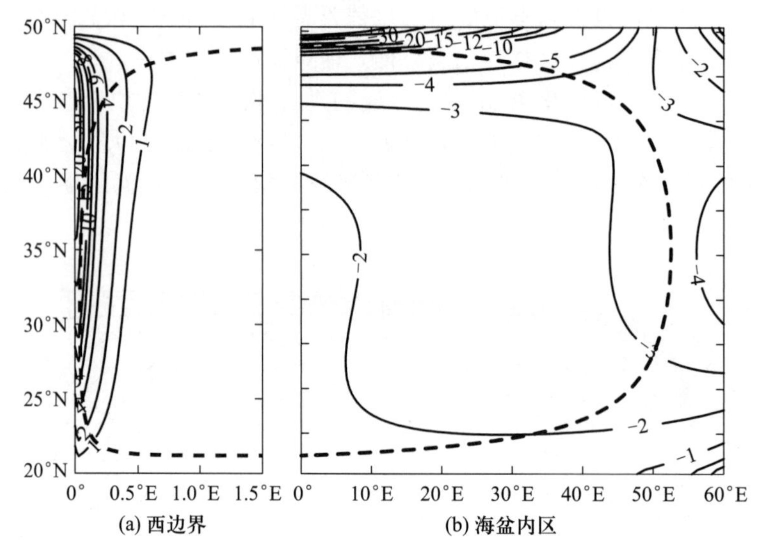

图 4.7 风应力和界面摩擦所产生的位涡之源和汇，粗虚线表示一条典型的流线：(a) 西边界层内(单位：$10^{-11}/s^3$)；(b) 海盆内区(单位：$10^{-13}/s^3$)。

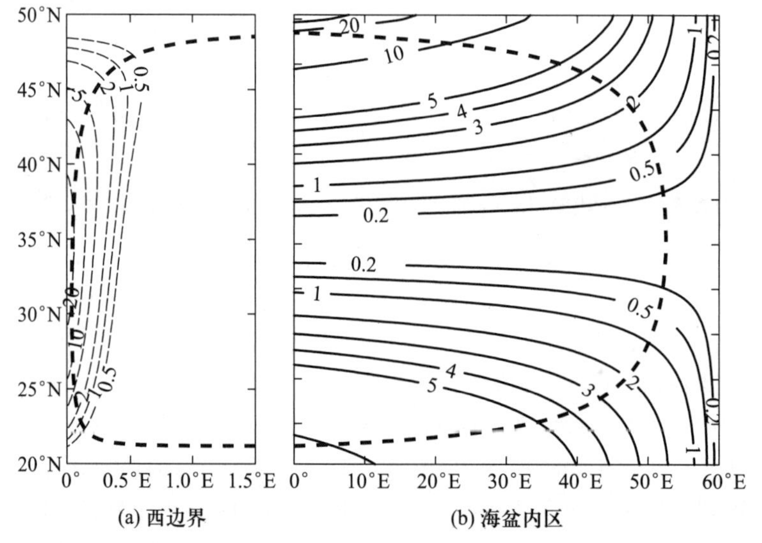

图 4.8 风应力和界面摩擦做功所产生的机械能之源和汇，粗虚线表示一条典型的流线：(a) 西边界层内(单位：$10^{-4}\ m^3/s^4$)；(b) 海盆内区(单位：$10^{-6}\ m^3/s^4$)。

F. 芒克边界层

Munk(1950)提出，把侧向摩擦作为主要的耗散机制，在约化重力模式中，用$\nabla_h^2(h\vec{u})$对侧向摩擦参量化，其中$\nabla_h^2=\frac{\partial^2}{\partial x^2}+\frac{\partial^2}{\partial y^2}$是水平拉普拉斯算子。因此，基本的动量方程如下

$$-fhv=-g'hh_x+A_h\nabla_h^2(hu)+\tau^x/\rho_0 \tag{4.54a}$$

$$fhu=-g'hh_y+A_h\nabla_h^2(hv) \tag{4.54b}$$

根据尺度分析，在西边界层内，动量方程简化为如下形式

$$-fhv = -g'hh_x \tag{4.55a}$$

$$fhu = -g'hh_y + A_h \nabla_h^2(hv) \tag{4.55b}$$

通过交叉微分并相减,我们得到涡度方程

$$\beta\psi_x = A_h \nabla_h^2 \psi_{xx} \tag{4.56}$$

其中,ψ 为流函数。因为经向导数远小于纬向导数,故这个方程可以进一步简化为

$$\beta\psi_{B,x} = A_h \psi_{B,xxxx} \tag{4.57}$$

其中,ψ_B 为边界层解。西边界层的尺度宽度为

$$\delta_M = (A_h/\beta)^{1/3} \tag{4.58}$$

引入伸缩坐标

$$\eta = x/\delta_M \tag{4.59}$$

涡度方程简化为

$$\psi_{B,\eta\eta\eta\eta} - \psi_{B,\eta} = 0 \tag{4.60}$$

这个方程服从如下的边界条件。首先,边界层解应该是有限的,而且它应该在“无限”(边界层的外缘)处与内区解相衔接。

$$\text{当 } \eta \to \infty, \psi_B \to \psi_I \tag{4.61}$$

其次,西边界是一条流线

$$\text{在 } \eta = 0 \text{ 处}, \psi_B = 0 \tag{4.62}$$

另外,还可以应用下列两种类型的边界条件:

a) 无滑动条件:在 $\eta = 0$ 处,$\psi_{B,\eta} = 0$ (4.63)

b) 滑动条件:在 $\eta = 0$ 处,$\psi_{B,\eta\eta} = 0$ (4.64)

方程(4.60)的通解为

$$\psi_B = c_1 + c_2 e^{\eta} + c_3 e^{-\frac{\eta}{2}} \cos\left(\frac{\sqrt{3}}{2}\eta\right) + c_4 e^{-\frac{\eta}{2}} \sin\left(\frac{\sqrt{3}}{2}\eta\right)$$

a) 应用无限处的条件,得 $c_1 = \psi_I, c_2 = 0$。

b) 在岸壁处,应用边界条件 $\psi = 0$,得 $c_3 = -\psi_I$。

c) 如果应用无滑动边界条件,在 $\eta = 0$ 处,$\psi_{B,\eta} = 0, \eta = 0$;这样,$c_4 = c_3/\sqrt{3}$。

最终的解为

$$\psi_B = \psi_I\left\{1 - e^{-\frac{\eta}{2}}\left[\cos\left(\frac{\sqrt{3}}{2}\eta\right) + \frac{1}{\sqrt{3}}\sin\left(\frac{\sqrt{3}}{2}\eta\right)\right]\right\} \tag{4.65}$$

d) 如果应用滑动边界条件

$$\text{在 } \eta = 0 \text{ 处}, \psi_{B,\eta\eta} = 0; \text{这样}, c_4 = -c_3/\sqrt{3}$$

最终的解为

$$\psi_B = \psi_I\left\{1 - e^{-\frac{\eta}{2}}\left[\cos\left(\frac{\sqrt{3}}{2}\eta\right) - \frac{1}{\sqrt{3}}\sin\left(\frac{\sqrt{3}}{2}\eta\right)\right]\right\} \tag{4.66}$$

e) 西边界流的结构

可以从半地转关系得到边界流的层厚

$$h^2 = 2f\psi_I + h_w^2, h_w^2 = h_I^2 - 2f\psi_I/g' \tag{4.67}$$

因此,对应的速度场可以按 $v=\dfrac{\psi_x}{h}=\dfrac{\psi_{B,\eta}}{\delta_M h}$ 来计算。

G. 惯性西边界层

Stommel(1954)首先提出了惯性西边界流的存在。他的基本思路是,在西边界中,伴随水平平流的惯性项与行星涡度项相平衡。这样,就可以避免在含界面摩擦或侧向摩擦的模式中所使用的摩擦参量的不确定性。对这个问题的精确建模是由 Charney(1955)和 Morgan(1956)首先提出的。

1) 通解

在这种情况下,基本方程包括了非线性平流项,但是忽略了界面摩擦和侧向摩擦

$$h(uu_x+vu_y)-fhv=-g'hh_x+\tau^x/\rho_0 \tag{4.68}$$

$$h(uv_x+vv_y)+fhu=-g'hh_y \tag{4.69}$$

$$(hu)_x+(hv)_y=0 \tag{4.70}$$

通过尺度分析,可得到较简单的方程组。特别是可把 x 方向的动量方程简化为横向流的地转平衡

$$fhv=g'hh_x \tag{4.71}$$

把方程(4.71)、(4.69)与(4.70)相结合,得到

$$B=\frac{1}{2}v^2+g'h=F(\psi)\,(\textbf{能量守恒}) \tag{4.72}$$

$$Q=\frac{f+v_x}{h}=G(\psi)\,(\textbf{位涡守恒}) \tag{4.73}$$

其中,函数 $F(\psi)$ 和 $G(\psi)$ 完全由在西边界流外缘的内区解来确定

$$F(\psi_I)=g'h_I(Y) \tag{4.74}$$

$$G(\psi_I)=\frac{f(Y)}{h_I(Y)} \tag{4.75}$$

其中,Y 是在西边界层外缘处的经向坐标。根据方程(4.42)

$$\psi_I=\frac{x_e}{\rho_0\beta}\tau^x_y(Y) \tag{4.76}$$

假设这个函数是可逆的,于是我们可写

$$Y=Y(\psi_I) \tag{4.77}$$

这样,F 和 G 都完全由内区解来确定。

在 $\psi_I(Y)$ 达到极大值的纬度处,对方程(4.76)进行的一对一反演出现中断;这是纯粹惯性边界层之北部界限。在此以北,为了维持定常的边界流,就需要有其他的机制。

从半地转关系导出了流函数与层深度之间的关系,它与具有界面摩擦情况中的方程(4.40)相同,即

$$\psi=\psi_I+\frac{g'}{2f}(h^2-h_I^2)$$

或

$$h^2=h_I^2+\frac{2f}{g'}(\psi-\psi_I) \tag{4.40$'$}$$

经向速度可以利用伯努利定律来计算

$$v = \sqrt{2[F(\psi) - g'h]} \tag{4.78}$$

在这种方法中,层厚与经向速度都是在流函数坐标中确定的。要得到物理坐标中的解,可以通过坐标变换

$$x = \int_0^{\psi} \frac{d\psi}{hv} \tag{4.79}$$

其中,hv 为 ψ 的函数,它由方程(4.40′)和(4.78)来定义。从物理坐标 x 到流函数坐标的变换是流体力学中熟知的 vonMises(1927)变换。这个坐标变换首先由 Charney(1955)用于求解惯性西边界流。

如果内区解采用此前斯托梅尔边界层模式(图 4.6)所用的参量,从惯性模式就可得到解的结构(见图 4.9 和图 4.10),其中包括了在西边界南半部的惯性西边界流。

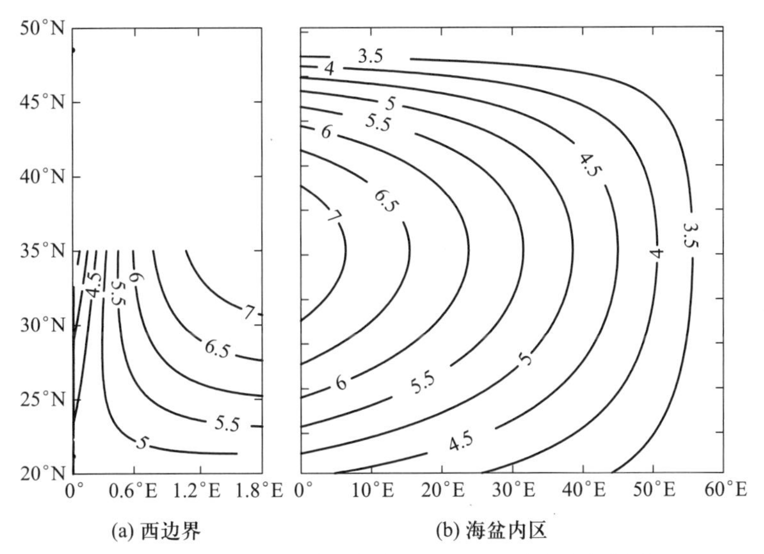

图 4.9 在含惯性西边界流的模式中的温跃层深度(单位:100 m),等值线的间隔为 50 m。

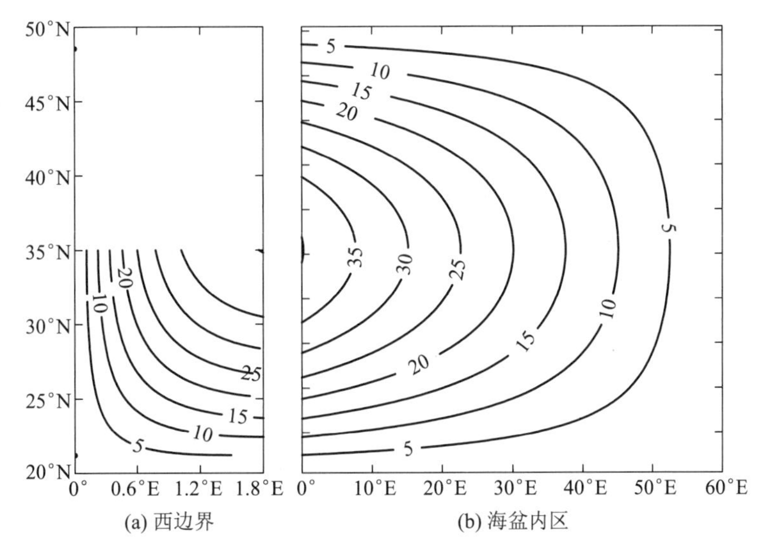

图 4.10 在含惯性西边界流的模式中的流函数(单位:Sv)。

惯性西边界流之特征非常不同于摩擦边界层之海流特征。首先,纯粹的惯性西边界流只允许存在于西边界的南半部区,而在海盆的北半部区,纯粹惯性西边界流的解是不正确的。

其次,边界流的宽度可能依赖于模式所用的参量。通常,如采用适用于模拟大洋的参量,那么惯性西边界流的宽度要比摩擦边界层宽。利用纯粹的惯性边界流或纯粹的界面摩擦边界层来模拟西边界流只是一种理想化的方案。事实上,惯性项、界面摩擦项和侧向摩擦项都应该对西边界流的动力平衡有贡献。由于惯性边界层比摩擦边界层宽,故西边界层可以分成有不同动力过程支配的不同流区。边界层的外部是由惯性项支配的,而摩擦效应主要局限于岸壁附近相对狭窄的次层中(Pedlosky,1987a)。

2) $G(\psi)$为常量的特殊情况

当位涡为常量时,即 $G(\psi_I)=f/h_I=$常数时,惯性西边界流具有简单的解析形式。在这种情况下,涡度方程简化为

$$v_x+f=\frac{f_\infty h}{h_\infty} \tag{4.80}$$

利用半地转条件,得到

$$h_{xx}-\frac{ff_\infty}{g'h_\infty}h=-\frac{f^2}{g'} \tag{4.81}$$

此方程的通解为

$$h=a\cdot e^{-x/\lambda}+b\cdot e^{x/\lambda}+h_I$$

其中

$$\lambda=\sqrt{g'h_\infty/ff_\infty} \tag{4.82}$$

是变形半径。假设 $h_\infty\simeq 400$ m,且 $g'\simeq 0.015$ m/s^2,我们有 $\delta_I\simeq\lambda\simeq 25$ km①;因此,惯性西边界的尺度宽度比前小节讨论过的摩擦边界层宽。在条件

$$h(0)=h_w,h(\infty)=h_I \tag{4.83}$$

下,其解为

$$h=(h_w-h_I)e^{-x/\lambda}+h_I \tag{4.84}$$

其中,h_w 是根据方程(4.40′)计算的。

H. 约化重力模式的局限性与延伸

1) 约化重力模式的局限性

在分层的约化重力模式中,其主要假定是存在一个无运动的下层。这个假定的主要优点如下。首先,这些模式滤掉了相速度为$\sqrt{gH}$的外重力波模(gravity mode),其中,H 为海洋的深度。不过,这些模式却保留了相速度为$\sqrt{g'h}$的内重力波,其中,h 是上层的厚度。由于上层的典型厚度为几百米,故 $h\ll H$。另外,$g'/g\simeq 0.001$,所以在约化重力模式中可以用大时间步长。其次,约化重力模式可以避免由于海底地形之上的流动而给计算带来的复杂性。

约化重力模式的基本假定是,主温跃层之下的流动是非常缓慢而且可以忽略的。这些模式是研究上层大洋环流的良好工具。然而,它们却不能很精确地刻画含深渊大洋流动的复杂的三

① 原著中此数有误,现已更正,请参见第212页作者注。——作者注

维环流。例如,在热盐环流或沿岸流的研究中,底层中的流动是整个环流系统的一个重要分量。因此,忽略底部环流的模式是不适合的。

对于时间尺度小于特定纬度处的第一斜压罗斯贝波跨过海盆所需的时间尺度问题,约化重力模式之公式所含的误差或许不能完全忽略。尽管如此,已经把约化重力模式用来模拟季节循环,例如用来模拟亚热带海盆的自由海面高度和其他特性量。此外,约化重力模式已经被广泛用于研究季节和年际时间尺度上的赤道环流。为了更准确地描述海面的时间演变,可以用两层模式。在这种模式中,因下层处于运动中,所以计算中可以包括快速罗斯贝波(fast-moving Rossby waves)的贡献(Qiu,2002b)。

2) 层露头和 Parsons 模式

上述的约化重力模式与以往很多研究中所用的线性分层模式的一个主要区别是,该模式允许层厚的变化可以很大。当强迫力很强时,界面可能露头。含露头的模式在解析上和数值上都要求进行仔细处理。Parsons(1969)讨论了这种模式,并使湾流与亚热带海盆中主温跃层露头之间相连接。在许多文章中讨论了把含有等密度面露头的模式应用于世界大洋,例如 Veronis(1973)、Huang 和 Flierl(1987)。我们将在 4.1.4 节讨论 Parsons 模式。

4.1.3 风生环流的物理过程

上一节对风生环流的讨论是基于详尽的动力学分析,但在某些情况下,这种分析可能使问题变得挺复杂。为了更好地理解环流,更有启迪意义的是,要构建一个不涉及数学细节的环流物理图像。因此,在本节中,我们试图从基本的物理过程出发来解释环流的基本结构。

A. 内区解

1) 由埃克曼泵驱动的经向流

大洋内区中的风生环流可以用图 4.11 来说明。为了保持地球旋转的相对稳定,施加在固体地球和海洋上的大气摩擦扭矩之全球积分应该为零;因此,西风带和东风带都是大气环流的必要分量,即中纬度盛行的西风带与低纬度和极区的东风带是共存的。

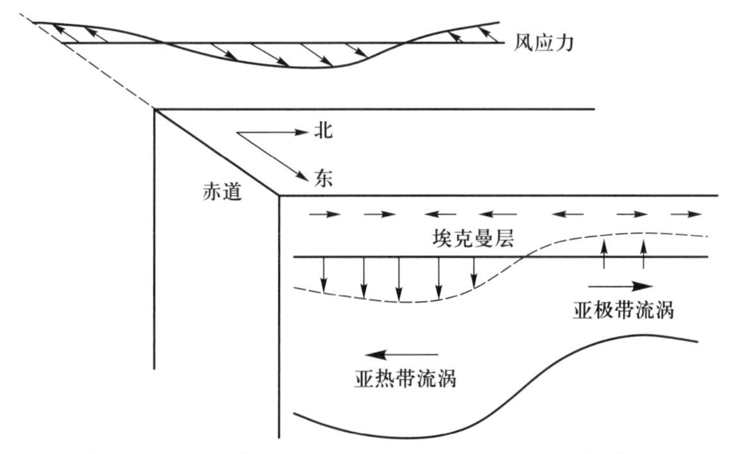

图 4.11 风生环流的示意图。在埃克曼泵的作用下,水向赤道(向极)移动以保持位涡 f/h 守恒。

这种风应力分布同时驱动了低纬度区和高纬度区中向极的埃克曼流,但是在中纬度区则驱动了向赤道的埃克曼流。结果,上层大洋中埃克曼流量的经向辐聚引起了埃克曼层之下的埃克曼泵压(下降流,在亚热带海盆)和埃克曼泵吸(上升流,在亚极带海盆)[①]。在亚热带海盆,向下的埃克曼泵压造成了水柱的压缩。在海盆内区,相对涡度是可以忽略的,因而水柱的位涡等于 f/h。在埃克曼层之底,埃克曼泵压使水柱高度 h 压缩。为了使位涡 f/h 保持守恒,水柱便向科氏参量 f 更小的赤道运动。因此,在亚热带海盆,埃克曼泵压驱动了海洋内区的向赤道流动。类似地,在亚极带海盆,埃克曼上升流驱动了海洋内区的向极流动。

2）东/西边界层使环流闭合

上述论证只能应用于海洋内区的经向流动,但我们仍不知道如何使环流闭合。显然,为了使亚热带海盆中有一支定常的环流,我们必须找到一条路径使水团向极区输送。由于我们的模式是二维的,质量守恒需要一支向极区的流动(或者取东边界流,或者取西边界流)。不过,下面将会看到,只有西边界流可以起到使封闭海盆中的涡度达到平衡的作用。

B. 对于定常环流的积分位涡约束

在关于内区解的讨论中,我们对摩擦所起的可能作用并没有给予很多关注,这是因为在海盆内区摩擦力是可以忽略的。然而,对于封闭海盆中的环流,摩擦力可能起了非常重要的作用;通过在整个海盆上积分的位涡平衡可以清楚地看出这一点。

我们在由闭合流线 C_ψ 定义的面积 A_ψ 上对位涡方程(4.21)进行积分(图 4.12)。利用连续方程 $\nabla_h \cdot (h\vec{u}) = 0$,左边的积分给出

$$I = \iint_{A_\psi} h\vec{u} \cdot \nabla_h \frac{f + v_x - u_y}{h} dxdy = \iint_{A_\psi} \nabla_h \cdot [\vec{u}(f + v_x - u_y)] dxdy \tag{4.85}$$

由于侧边界是一条流线,即 $\vec{u} \cdot \vec{n} = 0$,散度定理(divergence theorem)给出

$$I = \oint_{C_\psi} u_n (f + v_x - u_y) ds = 0 \tag{4.86}$$

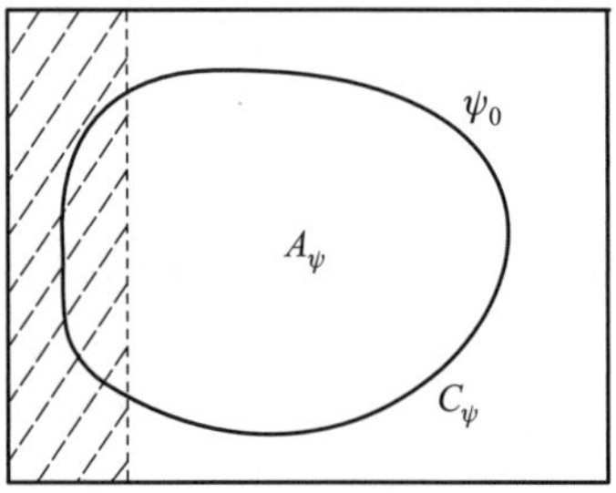

图 4.12 通过模型海盆的内区和西边界流区的一个线积分。

因此,最后的平衡为[②]

$$\oint_{C_\psi} \frac{\vec{\tau}}{\rho_0 h} \cdot d\vec{s} = R \oint_{C_\psi} \frac{\vec{u}}{h} \cdot d\vec{s} - A_h \oint_{C_\psi} \frac{\nabla_h^2 (h\vec{u})}{h} \cdot d\vec{s} \tag{4.87}$$

对于一条闭合流线(或整个海盆),位涡是在摩擦扭矩(大多数产生于沿着摩擦不可忽略的海盆边缘)与输入到海盆中的风应力扭矩之间取得平衡的。因此,无论摩擦力有多么小,它对于维持海盆尺度上风应力输入与摩擦力输出之间的涡度平衡是必不可少的。此外,纯粹的惯性模式在物理上是不可能的,因为来自风应力的涡度输入就不会与摩擦取得平衡。

C. 边界层的涡度动力学

在 4.1.2 节中,内区解是从东边界开始进行积分得到的,但是为什么不是从西边界开始呢?下面将会看到,由于不存在东边界流,故内区解直到东岸都是成立的;因此,内区解可以通过从东边界开始积分来获得。另外,因为存在着西边界层,故我们从西边界开始积分就不能得到内

---

① 在原著中,本句中的 Ekman pumping 含义不甚清晰,经与作者商议,改成用现在的叙述方式。——译者注

② 原著中式(4.87)有误,现已更正。——译者注

区解。

1）封闭海盆中的涡度平衡

让我们专门来讨论亚热带海盆。海水不断地从上层边界得到负涡度。大洋内区的环流非常缓慢，而且相对涡度是可以忽略的。因此，水块便向南运动到行星涡度较小的地方。为了使环流闭合，低涡度的水块不得不沿着东/西边界向北运动并且最终重新加入到内区的流动中，而在那里，水块的涡度应该较高。这就是说，为了维持一支定常的环流，水块必须在某处放弃负涡度。

在西边界流区，在南北两个纬向断面间取一个通过西边界的控制体积。在控制体积的南部，有一个来自海洋内区的低位涡输入（influx）；在控制体积的北部，有一个高位涡的输出（outflow）进入了海洋内区。为了使位涡取得平衡，海水必须得到正涡度，它或者来自侧向边界，或者来自下边界。因此，我们无论采用何种模式，应该总会有一个地方产生正涡度（或者通过界面摩擦或者通过侧向摩擦）以抵消来自内区的风应力旋度的涡度输入。

2）斯托梅尔边界层中的涡度平衡

我们很快就会看到，为了平衡施加于海盆内区的负风应力扭矩，需要有摩擦扭矩，它是沿着流速最强的西边界产生的。强烈的边界流在岸壁附近产生了最强的摩擦，因此那里是正的位涡之源［图4.13（a）］。另外，如果在东岸附近存在一支边界流，那么岸壁附近对应的强流将会产生一个负的位涡。因此，东边界流不能使一个封闭海盆中位涡达到平衡。

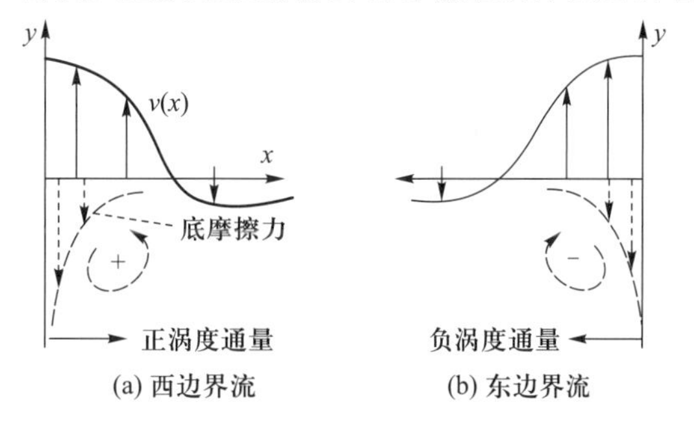

图4.13　含界面摩擦的经向边界流所产生的涡度通量：（a）含西边界流的模式；（b）含东边界流的模式。

3）作为部分闭合手段的惯性边界层

在单个运动层的模式中，为了平衡内区中南向流动的质量，需要一支北向的边界流。假定在边界层中，风应力和摩擦力对位涡的贡献都是可以忽略的，那么，位涡必须沿着流线守恒，即$(f+v_x)/h=G(\psi)$。由于f向北增加，因此边界层内部的位涡平衡需要一个不断增大的负的相对涡度。这可以通过在西边界流区南部的水平辐聚来实现。

与摩擦边界流的情况相似，只有一支惯性西边界流可以产生所需的负的相对涡度。这样，涡度平衡再一次排除了以一支惯性东边界流使风生流涡的环流实现闭合的可能性。

在西边界的北部，流动必须离开边界，因为它是辐散的。结果，相对涡度沿着流线降低，故在海盆北部，一支纯粹的惯性西边界流不能补偿行星涡度f的进一步增加。因此，纯粹的惯性西边界流在西边界北部就不适用。于是，就必须把某些其他机制加到该模式中，例如时间变化项。实际上，在这个流区中，中尺度涡是极其重要的，但我们上述所讨论的简单模式却把它排除在外。西边界层结构的示意图由图4.14给出。

此外，纯粹惯性边界层的模式不能平衡整个海盆中的位涡。这是因为在纯粹惯性边界流的框架内，在海流和固体边界（比如海底和侧向的岸壁）之间不存在涡度的交换，所以该模式不能消除海盆内区中施予的负涡度。因此，必须有一些地方存在着输出负涡度的其他机制，以便建立起整个海盆的涡度平衡。

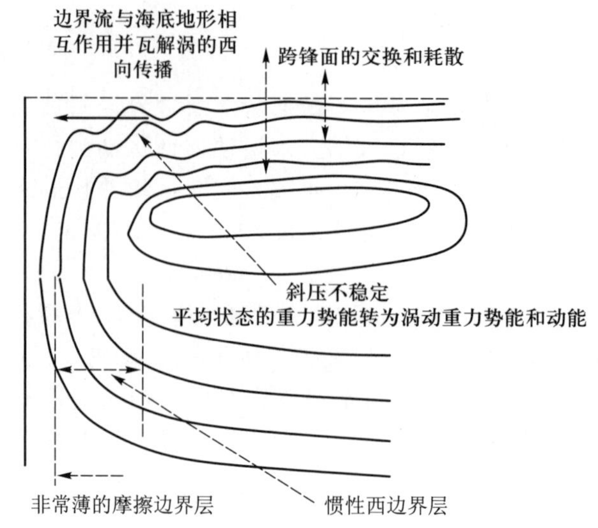

图 4.14 西边界流区中的不同动力区。

D. 风生环流的能量学

1）约化重力模式中的重力势能

对于简单的约化重力模式，自由海面升高 ζ 与层厚 h 连接：$\zeta = h\Delta\rho/\rho$（图 4.15）。因此，质心位于深度$(h/2 - \delta h)$处，其中，$\delta h = \zeta/2 = h\Delta\rho/2\rho$。重力势能之值取决于参考高度的选取。对于目前的情况，我们选取 $z = -h/2$ 作为参考高度，并且温跃层之上的暖水之重力势能为

$$E_p = \delta h \cdot \rho g h = \rho g' h^2/2 \tag{4.88}$$

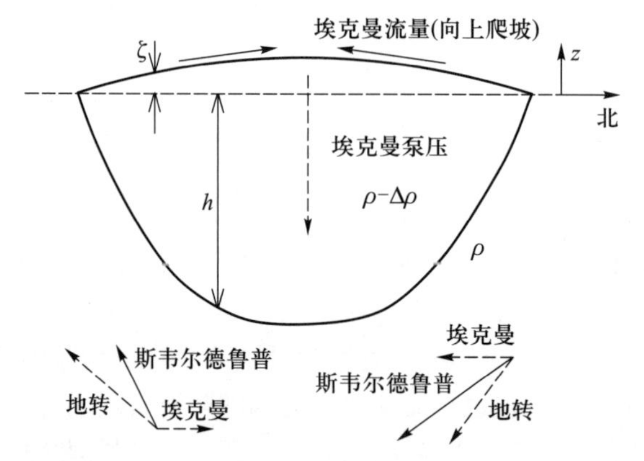

图 4.15 在约化重力模式中，亚热带流涡内区的速度场和水块运动示意图，上图为亚热带流涡的经向视图，下图为速度矢量的水平视图。注意，地转流并不完全沿着 h 等值线（参看图 4.4）①。

其中，我们已经利用了关系式 $\rho h = (\rho - \Delta\rho)(h + \zeta)$，这说明温跃层之下的压强梯度为零。作为对比，如果密度处处都等于 ρ，那么对应的自由海面升高为零且重力势能为零。

因此，在约化重力模式中，h 的增加提示了自由海面升高 ζ 的增加，这意味着重力势能就增加。如同在 3.5 节中讨论过的，表层地转流从风应力得到的总机械能等于埃克曼流量的流动向

① 原著有误，现已更正。——作者注

上爬坡所需的总能量(图 4.15)。这个来自风生流涡南、北边界向上爬坡流动的流量把水推向具有更高自由海面升高的流涡中心;在流涡中心,这个流量的辐聚把暖水向下推入亚热带海盆中的暖温跃层水的池中。ζ 和 h 的增加使得储存于该暖水池中的重力势能的增加了。

2)风生流涡中的重力势能平衡

根据上面讨论过的斯托梅尔模式,机械能平衡方程(4.16)简化为

$$\vec{u} \cdot \nabla_h (g'h) = \vec{u} \cdot \vec{\tau}/\rho - R(u^2 + v^2) \tag{4.89}$$

a)内区解

在海盆内区,风应力确实对地转流速做功,即 $\vec{u} \cdot \vec{\tau} > 0$,因此,$\vec{u} \cdot \nabla_h h > 0$,$h$ 和重力势能顺流(即依反气旋的方向)增加。换句话说,风应力输入了能量并且把水推向高重力势能流区(regime of high GPE,见图 4.15 中海面顶部上的箭头)。

这个图也可以帮我们明白为什么亚热带海盆中不可能有气旋式流涡。对于这种海盆尺度的风应力型式(即西风带在中纬度且东风带在较低纬度)来说,在气旋式流涡内区,风应力所做之功是负的;因此,风应力不能驱动气旋式环流。

应注意,在亚热带流涡南半部分,流动方向小有差别,如图 4.15 所示。图 4.4 所示的流线是斯韦尔德鲁普流函数,因而它包括了埃克曼流量与埃克曼层之下的地转流。尽管这两个分量的流向在亚热带流涡的北半区是相似的,但在亚热带流涡的向赤道半区,其方向却是相反的。如图 4.15 的下部所表示的,埃克曼流量流向极地,而次表层地转流流向赤道。表层速度则是这两个分量之矢量和,并且它接收来自风应力的能量。当埃克曼泵压把暖而轻的水向下推进碗状的主温跃层时,便把输入到埃克曼层中的能量储存在亚热带海盆中,如图 4.15 中向下的箭头所示。

b)在西边界中

在这里,风应力做功项可以忽略,所以这里是行星涡度平流与负的摩擦项之间的平衡。因此,在水块向北运动期间,它们的重力势能必然会损失,即水块必须向海面高度较低和浅温跃层的流区运动,如图 4.4(a)中的粗实线所示。

3)风生流涡能量的分配

上层大洋的风生流涡是世界大洋环流中能量最强的分量。尽管利用上述理论已能良好地描述这些流涡在海盆尺度上的结构,但是在我们的讨论中却排除了旋涡的贡献。为了理解旋涡在动力学总体框架中的重要性,我们至少需要对全部有关的能量分配有个粗略的估计,其中包括对平均流动的和中尺度涡的势能和动能之分配。尺度分析可以向我们提供下列粗略估计(Gill 等,1974)。

一方面,平均流的总动能密度为

$$e_{k,平均} = \frac{1}{2}\overline{\rho h(u^2 + v^2)} = \frac{1}{2}\rho g'^2\,\overline{h(h_x^2 + h_y^2)/f^2} \approx \frac{1}{2}\rho g'^2 \bar{h}\,\overline{h'^2}/L_y^2 f^2 \tag{4.90}$$

其中,上画线表示在整个流涡上的水平平均,h'为扰动厚度,$L_y \sim 1\,000$ km 为风生流涡的南北向长度尺度。在这个估计中,东西向梯度的贡献很小,因而被略去,亦即在这个估计中忽略了经向速度的动能。

平均流动的可用重力势能密度之定义为

$$e_{p,平均} = \frac{1}{2}\rho g'(\overline{h^2} - \bar{h}^2) \approx \frac{1}{2}\rho g'\,\overline{h'^2} \tag{4.91}$$

因此,这两种类型的能量之比为

$$\frac{E_{p,平均}}{E_{k,平均}} = \frac{e_{p,平均}}{e_{k,平均}} = \frac{L_y^2}{\lambda^2} \approx 1\,000 \tag{4.92}$$

其中,$\lambda=\sqrt{g'\bar{h}}/f\approx 30$ km 为变形半径。因此,在风生流涡中,平均流的动能对应着巨量的可用势能。

另一方面,可以对中尺度涡的势能和动能做如下估计。如果全部可用势能可以转变为旋涡的能量,那么中尺度涡的总能量应该近似等于可用势能,即

$$E_{涡旋}\simeq E_{p,平均} \tag{4.93}$$

其中,假定中尺度涡的典型尺度为 k^{-1}。通常,旋涡尺度大于变形比(deformation ratio)$k^{-1}>\lambda$,并且多数旋涡能量取势能的形式。类似于对平均流动能所做的估计,可以把旋涡动能密度估计为①

$$e_{k,旋涡}\approx\frac{1}{2}\rho g'^2\bar{h}\,\overline{h'^2}k^2/f^2 \tag{4.94}$$

因此,旋涡势能与旋涡动能之比为

$$E_{p,旋涡}/E_{k,旋涡}=1/(k\lambda)^2\approx 10 \tag{4.95}$$

旋涡动能与平均流动能之比为

$$E_{k,旋涡}/E_{k,平均}\simeq(kL_y)^2\approx 100 \tag{4.96}$$

因此,旋涡动能是平均流动能的100倍。

E. 界面摩擦的物理解释

尽管有时斯托梅尔模式被称为"底"摩擦的模式,但是约化重力模式中所用的摩擦实际上是界面摩擦。我们假定这种界面摩擦与上层速度线性地成正比。但由于在约化重力模式中,假定了下层是无运动的,故实际上这是一种粗略的参量化,即假定界面摩擦与横跨界面的速度切变线性地成正比。因此,斯托梅尔模式中的这种参量化就是斜压不稳定性的一种粗略的参量化。

因此,损失于斯托梅尔模式中的所谓界面摩擦的重力势能可以解释为在西边界中损失在斜压不稳定性中了。显然,最重要的是,通过所谓界面摩擦所损失的机械能并没有转变为内能,但却转变为支持中尺度涡的重力势能和动能。然而,在大洋中,沿海盆西边界的斜压不稳定性似乎并没有起重要的作用。事实上,它主要发生在离岸的流区(outflow regime)中,例如湾流延续体(Gulf Stream Extension)或者回流区(Recirculation);因此,对这种参量化的物理意义仍存在争议。

4.1.4 Parsons 模式

A. 引言

在大多数风生环流模式中,沿着东边界的层化是预先给定的,并在这种假定下求出了大洋的内区解。这个问题也可以从另一个角度来研究,即不指定沿着东边界的层厚,而是指定大洋中暖水的总量,并找到符合斯韦尔德鲁普关系的温跃层结构。事实上,大多数风生环流的数值模式中所采用的恰是这种方法——给定每一种密度层的水量并运用模式去寻找与其他动力学约束相洽之解。

B. Parsons 模式

Parsons(1969)构建了一个非常精巧的模式用以尝试解释湾流从岸界离开。他的模式包含了摩擦项和非地转项,它非常清楚描述了亚热带海盆环流之图像。因此,像斯托梅尔模式和芒克模式那样,这也是一个用于封闭海盆的解析模式。

尽管 Parsons 模式在许多研究中已经进一步发展了,但所采用的基本假定是相同的:

① 在原著中,(4.94)式、(4.95)式和(4.96)式有排印错误,现已改正。——作者注

- 定常环流；
- 不相混合的两层，且上层水量固定；
- 下层无限深且无运动；
- 界面摩擦与上层速度成正比。

模式建立在 β 平面上，对应的基本动量方程和连续方程为①

$$h(\vec{u}\cdot\nabla_h)\vec{u}+h\vec{f}\times\vec{u}=-g'h\nabla_h h+\frac{\vec{\tau}}{\rho_0}-R\vec{u} \tag{4.97}$$

$$\nabla_h\cdot(h\vec{u})=0 \tag{4.98}$$

其中，$\vec{u}=(u,v)$ 为水平速度，∇_h 是一个二维算子，且

$$f=f_0+\beta y,\quad f_0=2\omega\sin\theta \tag{4.99}$$

为科氏参量。引入无量纲变量

$$(x,y)=L(x',y'),\quad h=Hh',\quad \vec{\tau}=W\vec{\tau}',\vec{u}=\frac{g'H}{L^2\beta}\vec{u}'$$

$$f=L\beta f',\quad f'=f_0+y',\quad f_0=\frac{a}{L}\tan\theta_0-0.5 \tag{4.100}$$

其中，L 和 H 是模型海洋的水平和垂向尺度，W 为风应力的尺度，a 为地球半径；θ_0 为模型海洋的中心纬度。省去撇号后，无量纲方程为

$$R_o h(\vec{u}\cdot\nabla_h)\vec{u}+f\vec{k}\times h\vec{u}=-h\nabla_h h+\mu\vec{\tau}-\varepsilon\vec{u} \tag{4.101}$$

$$\nabla_h\cdot(h\vec{u})=0 \tag{4.102}$$

其中

$$R_o=\frac{g'H}{L^4\beta^2}\ll 1,\quad \varepsilon=\frac{R}{\beta LH}\ll 1,\quad \mu=\frac{LW}{g'\rho_0 H^2} \tag{4.103}$$

是模式的无量纲参量。在这个模式中，μ 是一个关键的无量纲强迫力参量。因为没有源和汇，故可以引入一个流函数

$$hu=-\psi_y,\quad hv=\psi_x \tag{4.104}$$

ψ 的边界条件为

$$\text{在刚性边界处},\psi=0 \tag{4.105a}$$

$$\text{在 } h(x,y)=0\text{(露头线)处},\psi=0 \tag{4.105b}$$

这个模式的特点是存在一条露头线，它既是流线也是零深度线。仔细地处理沿着露头线的边界条件对于准确描述露头现象是非常重要的。

连续方程可以解释为一个积分约束 $\frac{\partial}{\partial t}\iint h dxdy=0$，即上层的总水量是固定不变的。此约束的无量纲形式为

$$\iint h(x,y)dxdy=1 \tag{4.106}$$

为了简便起见，我们采用下列附加的假定

① 在原著中，方程(4.97)有误，现已更正。——作者注

- 风应力只有纬向分量：$\vec{\tau} = [\tau^x(y), 0]$。
- 对于内区的流动，惯性项可忽略不计，即 $R_O \to 0$。

然而，我们必须保留 ε 项，因为没有摩擦，海盆中的环流就无法闭合。

1）没有露头现象的解

这上述假定下，水平动量方程为

$$-f\psi_x = -hh_x + \frac{\varepsilon}{h}\psi_y + \mu\tau^x \tag{4.107}$$

$$-f\psi_y = -hh_y - \frac{\varepsilon}{h}\psi_x \tag{4.108}$$

a）内区解

忽略摩擦项，动量方程简化为

$$-f\psi_x = -hh_x + \mu\tau^x \tag{4.109}$$

$$-f\psi_y = -hh_y \tag{4.110}$$

对这两个方程交叉微分并相减，得到涡度方程

$$-\psi_x = \mu\tau_y^x \tag{4.111}$$

利用涡度方程，并从东边界开始积分，得到内区解

$$\psi_I = \mu(1-x)\tau_y^x \tag{4.112}$$

$$h_I^2 = h_e^2 + 2\lambda(1-x)f^2(\tau^x/f)_y \tag{4.113}$$

其中，h_e 为常量，是东边界处的无量纲的层深度。

b）西边界层

我们引入边界层伸缩坐标 $\eta = x/\varepsilon$。动量方程变为

$$-f\psi_\eta = -hh_\eta + \frac{\varepsilon^2}{h}\psi_y + \varepsilon\mu\tau^x \tag{4.114}$$

$$-f\psi_y = -hh_y - \frac{1}{h}\psi_\eta \tag{4.115}$$

方程(4.114)的最后两项与其他项相比可以忽略；这样，在横跨海流的方向上为地转平衡；而方程(4.115)表明，在顺流方向上的动量平衡一定是非地转的。在这种情况下，系统处于半地转平衡。半地转关系使我们能得到有用的强劲边界流区内的解析解。对应的边界条件为

$$\text{在 } \eta = 0 \text{ 处，} \quad \psi = 0$$
$$\text{当 } \eta \to \infty \text{ 时，} \quad \psi \to \psi_I(0, y) \tag{4.116}$$

其中，下标 I 表示上面讨论过的内区解。略去方程(4.114)中的小项，从西边界开始积分，得到

$$\psi = \frac{h^2 - h_w^2}{2f} \tag{4.117}$$

其中，h_w 为西边界岸壁处的层厚。令 $\eta \to \infty$，利用边界条件(4.116)，我们得到

$$h_w^2 = h_I^2 - 2f\psi_I(0, y) \Rightarrow h_w^2 = h_e^2 - 2\mu\tau^x(0) \tag{4.118}$$

交叉微分方程(4.114)和(4.115)，得到

$$\psi_\eta + \left(\frac{1}{h}\psi_\eta\right)_\eta = 0$$

再积分一次，给出

$$\psi + \frac{1}{h}\psi_\eta = \text{常数}$$

利用边界条件 $\eta\to\infty$，$\psi_\eta=0$，我们得到

$$h^2 + 2h_\eta = h_I^2$$

因此，最终的解为

$$h = h_I\frac{1 - Be^{-h_I\eta}}{1 + Be^{-h_I\eta}}, \quad B = \frac{h_I - h_w}{h_I + h_w} \tag{4.119}$$

2）边界层分离

a）露头线

当风应力足够强时，上层就脱离了西边界。例如，若假设有一个简单的余弦风应力[1]，$\tau^x = -\tau_0\cos(\pi y)$，那么层厚的极小值便位于海盆的西北角，并且从方程(4.118)算出的这个极小值可以是负的

$$\min(h_w^2) = h_e^2 - 2\mu\pi\tau_0 < 0 \tag{4.120}$$

可以把从内区解中得到的 $h=0$ 的线确定为露头线；不过，细致的考察表明，这条线并不是一条流线。为了满足约束方程(4.105)，对露头线进行如下仔细处理。

由于露头线不是直线，故我们引入局地坐标(r,s)，其中 $\vec{s}$ 沿着露头线的方向，$\vec{r}$ 指向 $\vec{s}$ 的右边。我们还假设曲率半径远大于边界层宽度，这样曲率项可以忽略。引入边界层伸缩坐标 $\eta = r/\varepsilon$，那么在新坐标中，动量方程为

$$-f\psi_\eta = -hh_\eta + \frac{\varepsilon^2\psi_s}{h} + \varepsilon\mu\tau^r \tag{4.121}$$

$$-f\psi_s = -hh_s - \frac{\psi_\eta}{h} + \mu\tau^s \tag{4.122}$$

它们服从于相应的边界条件

$$\text{在 } \eta = 0 \text{ 处}, h = 0, \quad \psi = 0 \tag{4.123}$$

$$\text{当 } \eta\to\infty \text{ 时}, h\to h_I(s), \quad \psi\to\psi_I(s) \tag{4.124}$$

利用边界条件并忽略小项 $O(\varepsilon)$ 和更高阶的 $o(\varepsilon)$ 项，从方程(4.121)得到

$$\psi = \frac{h^2}{2f} \tag{4.125}$$

上面找到的内区解满足条件

$$\text{在 } x = X(y) \text{ 处}, \quad \psi_I = \frac{h_I^2}{2f} \tag{4.126}$$

利用这个内区解，我们有

$$\lambda(1-x)\tau_y^x = \frac{h_e^2}{2f} + \mu(1-x)f\left(\frac{\tau^x}{f}\right)_y \tag{4.127}$$

因此

$$X(y) = 1 - \frac{h_e^2(\mu)}{2\mu\tau^x} \tag{4.128}$$

---

[1] 原著中为 sinusoidal wind stress（正弦风应力），系误印，故改。——译者注

是露头线所满足的方程。

为了计算露头线,我们利用积分约束

$$\iint_{\Omega} h_I(x,y,\mu)\,dxdy = 1 \tag{4.129}$$

把上面发现的解代入,得

$$1 = \iint_{\Omega} \sqrt{h_e^2 + 2\mu(1-x)f^2\left(\frac{\tau^x}{f}\right)_y}\,dxdy \tag{4.130}$$

其中,积分区域 Ω 是由海盆的边界与方程(4.128)定义的露头线 $X(y)$ 围成的(图 4.16)。在这个计算中,内区解一直适用到露头线;因此,这个解包含了量级为 $O(\varepsilon)$ 的小误差。

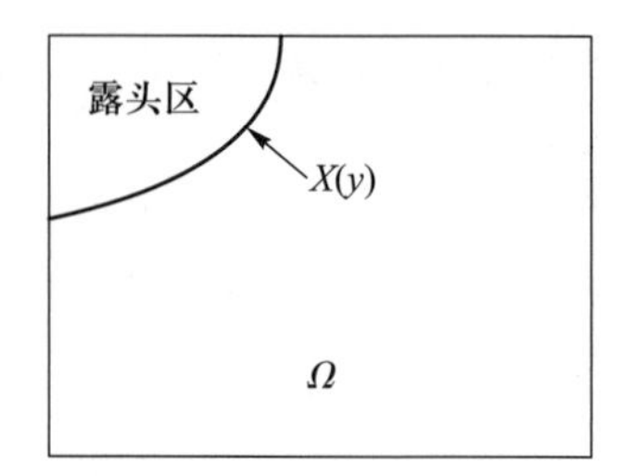

图 4.16 含露头区的亚热带海盆。

b) 内边界层结构

方程(4.121)和(4.122)非常类似于方程(4.114)和(4.115),因而可以按照类似的方法来发现内区边界层的结构,即导出涡度方程后,把该方程对 η 积分一次,再应用匹配的边界条件。这样,所得之解为

$$h = h_I\frac{1-e^{-f'h_I\eta}}{1+e^{-f'h_I\eta}} \tag{4.131}$$

其中,$f'=\frac{\partial f}{\partial s}$。在图 4.17 中给出了解的结构,它包括了内区解、内边界层解和西边界层解。从这个模式得到的内边界层解类似于离开海岸之后的湾流。事实上,湾流有着非常强的密度锋面;因此,上述简单的约化重力模式可以为湾流的分离现象以及其他有关的现象提供清晰的物理意义。

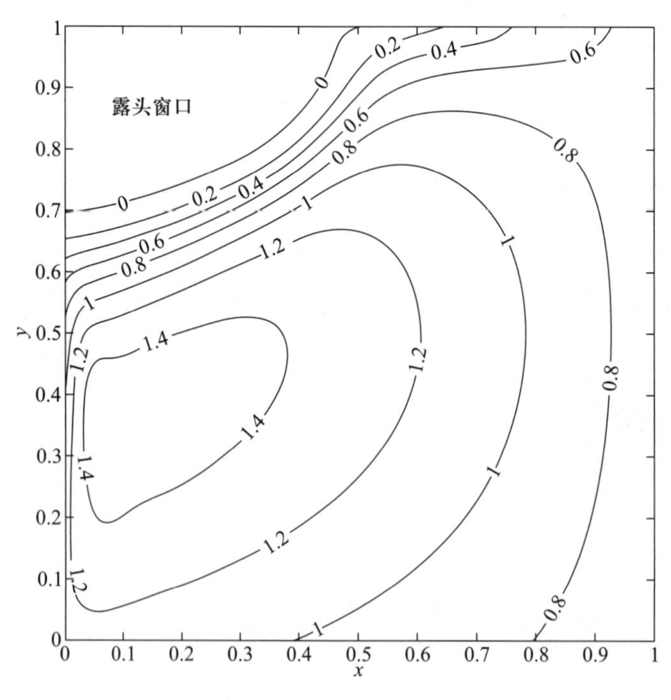

图 4.17 参数 $\varepsilon=0.03,\mu=0.1$ 时的上层无量纲厚度。

C. 双流涡海盆中的露头和边界层分离

在一个有双流涡的海盆中，上述的露头现象更为显著。其动力学详情已经由 Veronis (1973)、Huang 和 Flierl(1987)讨论过了。亚极带海盆中强劲的埃克曼上升流所引起的等密度面露头更为显著。这个解的整体结构由图 4.18 给出，它包括亚热带－亚极带海盆中的不同的边界流结构，例如，孤立的北边界流和孤立的西边界流。这些边界流的结构可以在 Huang 和 Flierl (1987)的论文中找到。

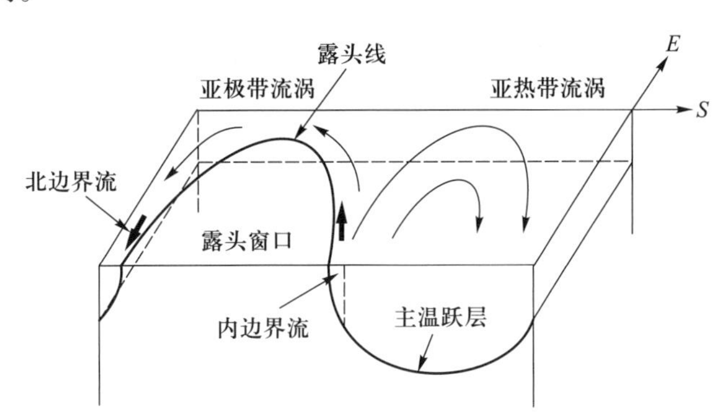

图 4.18 双流涡海盆环流的侧视图(包括强劲的内边界流和北边界流)。

4.1.5 关于次表层运动的困惑

在早期研究中，大多数风生环流理论都局限于模拟均质大洋或采用约化重力模式。尽管从约化重力模式得到的解可以解释为第一斜压模态，但是这些模式不能提供环流的垂向结构；因此，尽管为了发展斜压环流理论，此前已经做了很多努力，但是过去几十年来的进展却非常缓慢。为了真正理解自 20 世纪 80 年代以来发展的新理论，我们将对 20 世纪 70 年代末期取得的关于大洋环流的认知进行评述。通过学习科学历史，我们希望当再次面对新的挑战时能变得更聪明一些。有时理解一个已经被证明的理论似乎很容易，但发现和证明一个新理论却总是困难得多。

A. 分层模式中的风生环流

1) 均质模式和约化重力模式

在海盆中，风生环流的内区流动可以用 Sverdrup(1947)动力学来描述。这就是著名的斯韦尔德鲁普关系，它是一个涡度平衡。要注意，在斯韦尔德鲁普关系中，并没有出现约化重力；其实，无论是用 Sverdrup(1947)所用的均质模式，还是在 4.1.2 节中所讨论过的约化重力模式，都无关紧要。在亚热带流涡内部，风应力旋度是负的，因而内区流动必须向南运动，因为那里的行星涡度更低。

内区流动必须通过某种边界层来闭合。我们有著名的西边界流理论，包括 Stommel(1948)边界层和 Munk(1950)边界层。

2) 东边界能阻断次表层地转流吗？

东边界处的非贯通①边界条件是使次表层运动起来的一个难以克服的障碍。Rooth 等(1978)根据应用于次表层的位涡约束，提出了一个看似可信的论证。事实上，他们的论证是受到 Suginohara (1973)提出的令人好奇的结果之启发，而该结果则是基于下述三层模式之数值模拟得到的。

这个数值模式的实质可以用一个两层半模式来解释，该模式的基本方程组为

---

① 原著中为 no-through flow(非贯通流)，即边界处法向流速为零。——译者注

$$-fh_1v_1 = -g'h_1(\gamma h_{1x} + h_{2x}) + \tau^x \tag{4.132a}$$

$$fh_1u_1 = -g'h_1(\gamma h_{1y} + h_{2y}) \tag{4.132b}$$

$$(h_1u_1)_x + (h_1v_1)_y = 0 \tag{4.133}$$

$$-fh_2v_2 = -g'h_2(h_{1x} + h_{2x}) \tag{4.134a}$$

$$fh_2u_2 = -g'h_2(h_{1y} + h_{2y}) \tag{4.134b}$$

$$(h_2u_2)_x + (h_2v_2)_y = 0 \tag{4.135}$$

其中，h_1 和 h_2 为层厚，$g' = g(\rho_3 - \rho_2)/\bar{\rho}$ 为约化重力，$\gamma = (\rho_3 - \rho_1)/(\rho_2 - \rho_1)$。稍后就会解释，这个系统有首次积分，即正压解 $h_1\vec{u}_1 + h_2\vec{u}_2$，这个解可以从涡度平衡中找到。然而，为了确定解的斜压结构，我们还需要另一个约束条件。

Suginohara 试图把这个问题化简为以 x 为自变量的两个常微分方程并进行数值求解。交叉微分动量方程(4.132a)和(4.132b)以及方程(4.134a)和(4.134b)，我们得到了涡度方程，然后经过进一步运算，就得到了两个常微分方程

$$g'\left(\gamma h_1 + \frac{f}{\beta}h_{2y}\right)h_{1x} + g'\left(h_1 - \frac{f}{\beta}h_{1y}\right)h_{2x} = \tau^x - \frac{f}{\beta}\tau^x_y \tag{4.136}$$

$$g'\left(h_2 - \frac{f}{\beta}h_{2y}\right)h_{1x} + g'\left(h_2 + \frac{f}{\beta}h_{1y}\right)h_{2x} = 0 \tag{4.137}$$

假定沿着东边界给定边界条件，即沿着东边界取 h_1 和 h_2 为常量，那么这两个方程就可以改写为有限差分的形式。从东边界开始向西推进，可以找到仅有风应力施加于上层就能给出下层处于运动状态的解。通过这种方式的数值实验，可以找到次表层有运动的解。

一个次表层运动的模型海洋是令人非常好奇的，并且这个结果激发了 Rooth 和他的同事们去进一步探索在理想流体模式中次表层能否运动。Rooth 等(1978)从一个基于位涡方程的理论论证出发。很容易得到两层的位涡方程

$$\vec{u}_1 \cdot \nabla_h\left(\frac{f}{h_1}\right) = -\frac{1}{h_1}\left(\frac{\tau^x}{h_1}\right)_y \tag{4.138}$$

$$\vec{u}_2 \cdot \nabla_h\left(\frac{f}{h_2}\right) = 0 \tag{4.139}$$

这样，由于埃克曼泵压的直接作用，上层中的位涡沿着流线就发生变化；然而，第二层则不受埃克曼泵压的直接作用。结果，第二层中的位涡沿着地转流线守恒，即流线必须跟随着地转等值线。

然而，东边界的存在阻断了次表层的所有地转等值线。第二层的所有可能流动必须沿着等位涡线，但是东边界阻断了地转等值线，这意味着，次表层中的所有可能流动也被阻断了。

就次表层是否存在运动而言，以上讨论的两种方式是截然相反的。现在我们可以看到，第一个方法存在一些缺陷。在东边界附近，第二层是不动的。如果第二层在离东边界的某处有运动，则会有一个使这两个区域隔开的边界。这样，无条件的向西推进可能违背物理学定律，因为它跨过了始于东边界的地转等值线和始于其他区域的地转等值线之间的边界。用数学术语来表述，这个问题是双曲型的，因而较好的方法是采用在特征坐标中的有限差分格式；否则，数值格式可能给出错误的解，因为该格式违反了控制双曲型方程的信号法则(signal law)。

东边界阻断了地转等值线，这仿佛是一个简单而且非常吸引人的论证。根据这一强有力的论证，可以得到一个结论，在第二层中不会有运动，因为所有这些地转等值线都被东边界阻断了，

因此在所有这些次表层中将不会有运动。

3）均质大洋模式的惯性失控解

有关均质大洋模式还有一个难题。在过去的几十年里，人们一直研究均质大洋模式的数值解，并且发现，当解进入强非线性流区时，该解看起来与实际很不相符。例如，Ierley 和 Sheremet (1995)研究了如下的情形。均质大洋模式的正压涡度方程为

$$\nabla_h^2\psi_t + \delta_I^2 J(\psi, \nabla_h^2\psi) + \psi_x = \delta_M^3 \nabla_h^4\psi + curl\tau \tag{4.140}$$

其中，$J(\psi,\zeta) = \psi_x\zeta_y - \psi_y\zeta_x$，$\zeta = \nabla_h^2\psi$，$u = -\psi_y$，$v = \psi_x$，而 $\delta_I = \sqrt{U/\beta}/L$ 为惯性边界层宽度之参量，$\delta_M = (A_L/\beta)^{1/3}/L$ 为黏性边界层宽度之参量。雷诺数定义为 $R = \delta_I^3/\delta_M^3$。

随着 R 的增加，其解从看似在真实大洋中会有的解（对于 $R = 0 \sim 1$）经过逐步过渡而达到的解却不能代表我们在海洋中迄今已观测到的任何现象（对于 $R = 3.55 \sim \infty$）（图 4.19）。这种情况称为均质大洋模式中的失控问题（run-away problem）。这就提示，该模式的建模方案没能合理地代表实际海洋，那么该模式到底错在什么地方？

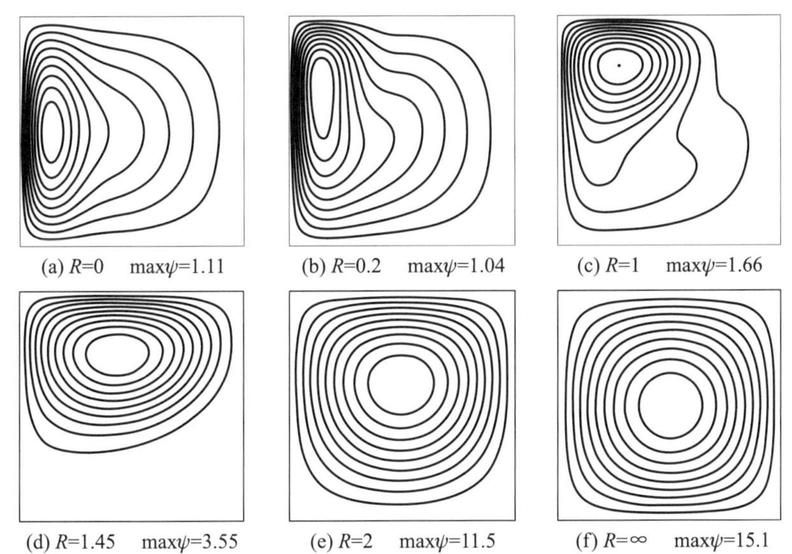

图 4.19 流函数图序列，表示从线性的芒克解（$R = 0$）单调地过渡到高度非线性的流涡解（$R = \infty$），其中黏性系数为固定值，且 $\delta_M = 0.06$，而雷诺数 R 则是递增的（Ierley 和 Sheremet，1995）。

B. 线性准地转模型海洋的启动

在层化大洋中，风生环流的启动与海盆中罗斯贝波的传播密切关联。这个问题首先由 Anderson 和 Gill（1975）利用准地转框架讨论过。利用同样的公式化方案，Young（1981）讨论了一个看似古怪的难题，这是一个没有西边界的连续层化大洋的启动问题。在准地转理论的范围内，与总环流有关的问题包含了求解一个线性启动问题

$$[\nabla_h^2\psi + \beta y + (F\psi_z)_z]_t + \beta\psi_x = 0 \tag{4.141}$$

其边界条件为

$$\psi|_{t=0} = 0; \quad \psi|_{x=a} = 0$$

$$w|_{z=0} = w_e(y)\theta(t); \quad w|_{z=-H} = 0$$

其中，$F = F(z)$ 为无量纲的层化函数，$w = -F\psi_{zt}/f_0$，$w_e(y)$ 为施加于模型大洋上的表层埃克曼泵

压。$\theta(t)$为时间的阶梯函数,当 $t<0$ 时,$\theta(t)=0$;当 $t>0$ 时,$\theta(t)=1$。

这个问题可以通过对下列本征函数的展开进行求解

$$(FC_z)_z = -\lambda^2 C \tag{4.142}$$

$$\text{在 } z=0,\ -H \text{ 处},\quad C_z=0$$

即存在着无限个本征值和本征函数[$\lambda_n>0, C_n(z), n=0,1,2,\cdots$]。因此,流函数 ψ 可以在形式上展开为 $\psi=\sum_0^\infty \phi_n(x,y,t)C_n(z)$,于是这个问题可以通过伽辽金(Галёркин)方法[①]来求解。模式方程为[②]

$$\nabla_h^2\phi_{nt}-\lambda_n^2\phi_{nt}+\beta\phi_{nx}=\frac{f_0}{H}C_n(0)w_e(y)\theta(t),n=0,1,2,\cdots \tag{4.143}$$

利用拉普拉斯变换,得到下列解

$$\phi_n=\begin{cases}\dfrac{f_0}{H}C_n(0)w_e\theta(t)\dfrac{x-a}{\beta}, & \text{如果 } t>\dfrac{\lambda_n^2}{\beta}(a-x)\\ \dfrac{f_0}{H}C_n(0)w_e\theta(t)\left(-\dfrac{t}{\lambda_n^2}\right), & \text{如果 } t<\dfrac{\lambda_n^2}{\beta}(a-x)\end{cases} \tag{4.144}$$

解(4.144)是一个从东边界出发的罗斯贝波,以 λ_n^{-2} 的波速向西传播,其中临界时间 $\lambda_n^2(a-x)/\beta$ 是罗斯贝波的信号到达 x 点的时间。由于 $H\delta(z)=\sum_0^\infty C_n(0)C_n(z)$,故这些波的总和为 $\lim_{t\to\infty}\psi=f_0w_e\dfrac{x-a}{\beta}\delta(z)$。因此,风生流动是 $z=0$ 处的一个 δ 函数,即它会以表层集束射流(surface-trapped jet)的形式出现在上表层附近,在表层之下将没有流动(图 4.20)。因此,一个在埃克曼泵压作用下的多层准地转模式中,次表层不会有流动。

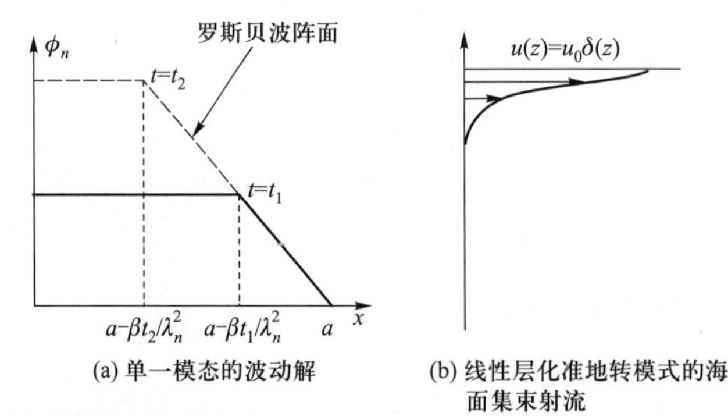

图 4.20 在连续层化的准地转模式中启动过程的示意图:图(a)是单一模态的时间变化;图(b)表示所有垂向模态叠加后变为在海面附近集束(类似 δ 函数)的射流[根据 Young(1981)改绘]。

C. 评论

当我们今天回顾过去时,20 世纪 80 年代的前进脚步与攻克这些貌似艰难的问题有着密切的关系。我们强调,和其他的科学发现相同,我们在理解温跃层结构中每前进一步都是通过对物理过程的细致研究。尽管这些新理论看起来是如此简单,它们却是非常努力工作的结果。现在,

---

① 原著中为 Galerkin method。——译者注

② 在原著的方程(4.143)和方程(4.144)中,误印了不同字体的 ϕ,现已统一。——译者注

当我们回顾这些问题的时候,可以发现那些非常简单的陷阱。

1）表层集束射流和失控问题

对于准地转模式,表层集束射流是斜压不稳定的,并且不稳定性还会发展,所以它会驱使次表层水运动。此外,在最初的图像中,惯性项和西边界的动力作用被完全忽略了。加上这些重要的分量后肯定会改变动力学。

均质大洋模式的失控问题也与这个问题有关。由于巨大的强迫力,等密度面上移,并最终露头,这些将在稍后讨论。当各层变得越来越薄、或者最终露头时,将会产生非常强的速度切变。结果,斜压不稳定性就发展,与此同时它把动量输送到其下各层。因此,均质模式中的失控问题可以是由于人为假定的单一运动层造成的。对于大洋环流的各种理论而言,失控问题仍是一种挑战。这个问题也可以与数值模式中摩擦的参量化有关。例如,Fox-Kemper 和 Pedlosky(2004)探讨了正压模式中失控问题与由旋涡来消除涡度之间的联系。

2）无解与无限多的解

进一步考察显示,当作用力足够强时,分层模式中的分界面会严重变形,以至会使次表层中的等地转线 f/h_i 闭合,这种情况在海盆的西北角区很典型。如果存在闭合的等地转线,那么海流就可以自由地沿着这些等地转线流动。因此,我们面对的不是无运动的情况,而是要在无限多的解中,确定哪一种流动型式在物理上是合理的。

3）露头是最重要的非线性

在大洋中存在等密度面露头,所以数值模式应该能够包含露头的锋面。事实上,露头现象提示,在层厚(连续)方程中含有一阶的强非线性,它要比动量方程中惯性项所具有的非线性强得多。我们从一个分层模式的连续方程开始

$$h_t + (hu)_x + (hv)_y = 0 \tag{4.145}$$

引入无量纲变量

$$h = H(1 + dh'), \quad (u,v) = U(u',v'), \quad t = t'H/U \tag{4.146}$$

其中,H 和 U 是平均的层深度和速度,$d = \Delta H/H$ 为无量纲参量,它表示因层深度的变化而产生的非线性。其无量纲方程为

$$h'_{t'} + (u'_x + v'_y) + d(u'h'_x + v'h'_y) = 0 \tag{4.147}$$

由于海盆中层的深度变化幅度很大,故 ΔH 与 H 是同阶的。对于层露头的情况,$\Delta H = -H$,即 $d = -1$。与之相比,对于大尺度环流问题而言,动量方程中惯性项的罗斯贝数很少超过 0.3。这样,对于大尺度动力学而言,分层或层厚的改变所具有的非线性是最重要的非线性。这也就是为什么准地转模式并不真正适合于研究海盆尺度总环流的原因;在本书中,在多数情况下我们都采用原始方程。

实际上,在海洋中等密度面露头的现象是常见的。上述貌似无解的难题之主要问题是没有正确处理密度平流的非线性。在某种程度上,所有这些模式都把参量空间限制在线性区域。假如包括了非线性,其图像就会非常不同。当我们回顾 20 年前取得的进展时,令人困惑的是,为什么这么一个简单的问题没有很快地得到解决。很多学生认为所有容易问题的解都已经找到了,所以他们已没有什么问题需要解决的了。但事实并不是这样。就像你们能够看到的,有许多挑战性的问题等待我们去解决。你们必须非常小心地寻找并选出自己要解决的问题。

用不含露头的模式来处理海洋的老路子似乎已不合适;在构造分层模式的公式时,明智的做法是考虑最后一层的层厚变化。层的露头带来一些新的技术挑战,它也带来了新的、令人兴奋的

物理现象，这一点后面将会讨论。

为了用图示来说明基本概念，让我们更细致地考察 β 平面上的约化重力模式。我们将假定在垂向有许多层。我们假定，开始时只有第一层是运动的。从4.1.2节的方程(4.31)中，我们可以发现，层厚满足

$$h_l^2 = H_1^2 + \frac{2f^2}{g'\rho_0\beta}\left(\frac{\tau}{f}\right)_y(x_e - x) \tag{4.148}$$

其中，H_1 是沿着东边界的上层厚度。该模式由风应力 $\tau^x = -\cos(\pi y/L_y)$ 来驱动。假设 $\beta = 2\times10^{-11}$ m/s，$L_x = 6\ 000$ km，$L_y = 3\ 000$ km，$g' = 0.015$ m/s^2，$H_1 = 400$ m，那么上层厚度的分布如图4.21(a)所示。第二层的等地转线 $q_2 = \dfrac{f}{h_2} = \dfrac{f}{H_1 + H_2 - h_1}$ 取决于第二层的平均厚度 H_2。如果第二层相当厚，那么就不会有闭合的地转等值线，所以该约化模式是自洽的。不过，如果第二层没有这么厚，那么第一层与第二层之间界面的强烈变形就产生了闭合的地转等值线，如图4.21所示。当第二层出现闭合地转等值线时，水可以沿着这些等值线自由运动，所以约化重力模式的基本假定就不再正确。稍后我们将讨论如何找到在动力学上自洽的解。

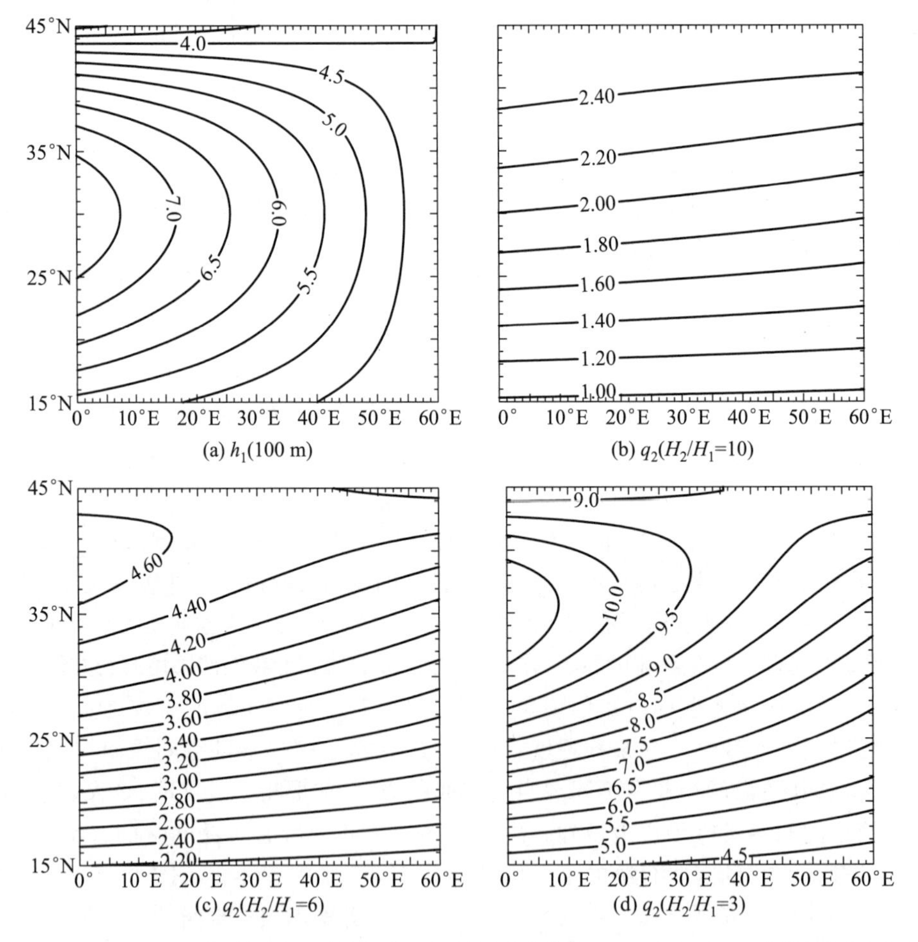

图4.21 从 $h_{1e} = 400$ m 的 $1\frac{1}{2}$ 层模式得到结果：第一层的厚度(单位：100 m)和对于不同层厚比(定义为该层与沿东边界的未扰动层厚之比)的第二层的位涡 $q_2 = f/h_2$(单位：10^{-8}/m/s)。

4.1.6 位涡均一化理论

前几节的讨论表明，最具挑战性的问题是，在层化而又弱耗散的大洋中，如何使次表层动起来。这个历史性的难题由 Rhines 和 Young(1982a,b)通过一系列高度原创性的工作得以解决。

他们的基本思路如下。假设大洋可以分成很多层。我们假设，开始时所有次表层都是无运动的。作用在最上层的强风应力使其下的界面发生了大变形；这样，在表层之下出现了闭合的地转等值线。在理想流体框架内，地转流沿着这些闭合地转等值线可以自由流动。因此，存在着无限多个可能的解，但这与最初关于次表层无运动的假设有矛盾。

我们想找到一个在动力学上自洽的含次表层运动的解。然而，最低阶的动力学平衡，即地转平衡，却不能提供唯一的解。对于两层都运动的情况，斯韦尔德鲁普约束只能提供一个约束，故为了找到两层模式之解，我们需要另一个约束。下面将要指出，在第二层中，位涡向着沿该模式北部边界的行星涡度值均一化(homogenization)。因此，在闭合的地转等值线之内，位涡是一个给定的常量。把这个涡度约束与对于垂向积分的经向流量之斯韦尔德鲁普约束相结合，给出了两层模式大洋之解，在动力学上，这个解与所有的动力学约束是一致的。

A. 两层模式

在 β 平面上，可以用准地转两层模式的位涡方程来描述定常的环流(Rhines 和 Young，1982a,b)

$$J(\psi_1,q_1) = w_0 - \nabla_h\cdot\boldsymbol{\Phi}_1 \tag{4.149a}$$

$$J(\psi_2,q_2) = -\nabla_h\cdot\boldsymbol{\Phi}_2 - D\,\nabla_h^2\psi_2 \tag{4.149b}$$

其中，$J(g,h)=g_xh_y-g_yh_x$ 为非线性雅可比项，q_1 和 q_2 分别是上、下层的位涡

$$q_1 = \beta y + F(\psi_2-\psi_1) \tag{4.150a}$$

$$q_2 = \beta y + F(\psi_1-\psi_2) \tag{4.150b}$$

$$w_0 = \frac{\nabla\times\vec{\tau}\cdot\hat{z}}{\rho_0 f_0} \tag{4.151}$$

为埃克曼泵压速率

$$F = \frac{f_0^2}{g'H} = \lambda_r^{-2} \tag{4.152}$$

其中，g'为约化重力，H 为未扰动层厚，λ_r 为罗斯贝变形半径。我们在这些方程中忽略了相对涡度，因为对于海盆尺度的运动来说，它是可以忽略不计的。$F(\psi_i-\psi_{i-1})$项是界面变形的贡献，也称为伸缩项(stretching term)，应注意，界面高度与流函数之差成正比。$D\,\nabla_h^2\psi_2$ 项是底摩擦，D 是小参量。

我们用 $\boldsymbol{\Phi}_i$ 项对界面摩擦进行参量化。作为模仿斜压不稳定性的一个粗略方法，假定界面摩擦与速度切变线性地成正比

$$\boldsymbol{\Phi}_1 = R\,\nabla_h(\psi_1-\psi_2) \tag{4.153a}$$

$$\boldsymbol{\Phi}_2 = R\,\nabla_h(\psi_2-\psi_1) \tag{4.153b}$$

其中，R 是一个小参量。

1) 无摩擦的定常流动

假定 R 与 D 为同量级的小量，那么方程(4.149)简化为

$$J(\psi_1, \beta y + F\psi_2) = w_0 + O(R) \tag{4.154a}$$

$$J(\psi_2, \beta y + F\psi_1) = O(R) \tag{4.154b}$$

其中,$O(R)$表示与 R 同量级的小项。从这两个方程,我们得到正压解

$$\psi_B = \psi_1 + \psi_2 = -\frac{1}{\beta}\int_x^{x_e} w_0 dx' \tag{4.155}$$

其中,$x_e = x_e(y)$为模式的东边界。这个解称之为正压解。为简单起见,我们将假定,图 4.22 中虚线圆之外的埃克曼泵压速度恒为零,并且假定无限远处的流体是不动的;这样,可以把该圆的东半部分取为模式的有效东边界。对于一个给定的埃克曼泵压速率分布 w_0,就可以计算对应的正压流函数。我们注意到雅可比项有一个非常有用的性质

$$J(\psi_1, \psi_1) = J(\psi_2, \psi_2) = 0$$

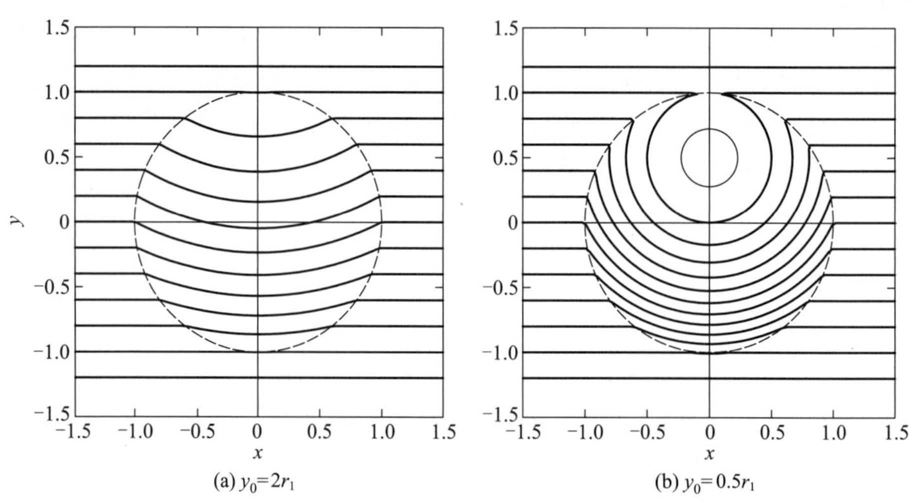

图 4.22 $\hat{q}_2$ 的等值线图。虚线圆圈为 $r = r_1$,即正压流函数等值线的边界:(a) 当强迫力很弱时,$\hat{q}_2$ 由行星涡度项 βy 支配且所有的等值线都不闭合;(b) 对于较强的强迫力,出现了一个闭合等值线区域。该区域内的流动则避开了始自"东"边界(强迫力作用区域的右边界,即 $\psi_B = 0$ 处)的地转等值线之阻断。

这样,利用正压流函数 ψ_B,非线性方程组(4.154)可以改写为

$$J(\psi_1, \beta y + F\psi_B) = w_0 + O(R) \tag{4.156a}$$

$$J(\psi_2, \beta y + F\psi_B) = O(R) \tag{4.156b}$$

因为 ψ_B 是一个由方程组(4.155)给定的函数,故这些方程就变为线性的。这些方程是一阶偏微分方程的特征形式,该方程的性态类似于把"正压位涡"$\hat{q}_2 = \beta y + F\psi_B$ 作为特征线。在摩擦为无限小的假定下,第二层中的位涡沿着流线守恒。根据方程(4.156b),第二层中的等位涡线与"正压位涡"的等值线相同。

为了研究强作用力对次表层地转等值线的效应,Rhines 和 Young 选取了一个非常理想化的埃克曼泵压函数

$$\text{对于 } r < r_1, w_0 = -\alpha x; \quad \text{对于 } r > r_1, w_0 = 0 \tag{4.157}$$

其中,$r = \sqrt{x^2 + y^2}$。因此,正压流函数为

$$\psi_B = \begin{cases} \dfrac{\alpha}{2\beta}(r_1^2 - x^2 - y^2), & \text{对于 } r < r_1 \\ 0, & \text{对于 } r \geqslant r_1 \end{cases} \tag{4.158}$$

如果 $r \leqslant r_1$，那么，$\hat{q}_2$ 等值线就是圆或圆弧(图 4.22)；在非零的埃克曼泵压圆之外，它们只是纬向的直线。

$$\hat{q}_2 = \begin{cases} \dfrac{\alpha F}{2\beta}[r_1^2 + y_0^2 - x^2 - (y - y_0)^2], & \text{如果 } r < r_1 \\ \beta y, & \text{如果 } r \geqslant r_1 \end{cases} \tag{4.159}$$

其中，$y_0 = \dfrac{\beta^2}{\alpha F}$。

容易看出，如果强迫力很弱，正压位涡由行星项 βy 控制，因而涡度等值线接近于直线且没有闭合的涡度等值线。对于这种情况，正如 Rooth 等(1978)所指出的，东边界阻断了第二层中所有可能的流动。然而，如果强迫力足够强，那么，第二项 $F\psi_B$ 对 $\hat{q}_2$ 的值就起支配作用，于是，就可能存在闭合的涡度等值线(图 4.22)。

对于这个给定类型的埃克曼泵压速率分布，如果

$$r_1 > y_0，\text{或者等效地}，\alpha r_1 > \beta^2/F \tag{4.160}$$

那么就会出现闭合等值线。一般说来，闭合等值线将出现在强迫力场的北边界附近，因为在那里，正压流函数的经向负梯度就可以抵消行星涡度的经向正梯度。

他们模式所用的一个关键技术是，假定了一个特定的埃克曼泵压分布以满足

$$\int_{-\infty}^{+\infty} w_0(x')\,dx' = 0 \tag{4.161}$$

通过采用这个分布，他们能够避免由西边界层带来的复杂性，并且找出动力学上的自洽解。请注意，这种技术首先是 Goldsbrough 研究蒸发－降水所驱动的环流时采用的。稍后我们要指出，想要加上西边界流则并不容易。事实上，由于西边界层内的强烈耗散，在次表层中位涡就不能被均一化(Ierley 和 Young，1983)。

对于理想流体而言，当第二层出现闭合地转等值线时，那么，可能解的数量是无限的；这些解的形式为

$$\psi_2 = A_2(\hat{q}_2) \tag{4.162}$$

其中，A_2 是一个任意函数。为了找到有物理意义的解，就必须包括高阶项。典型的做法是，通过处理高阶项的某些积分，可以找到最低阶的动力学约束，最终便可以得到单一解。正如 Rhines 和 Young(1982a)所证明的，这个解的最重要属性是，它对于小扰动是稳定的。

从这个例子得到一个有意思的推理，即由强行星涡度所支配的位涡场与东边界结合在一起，阻断了大洋内区次表层中理想流体的位势流(potential ideal-fluid flow)；然而，在大洋内区，强烈的埃克曼泵压形成了闭合的地转等值线，从而克服了这种阻断，并使自由解得以存在。

2）在闭合地转等值线内部流动的确定

为方便计，我们假定 $D = R$。在闭合等值线所围成的区域①，对方程(4.149b)进行积分，便得到

$$R\oint(2\vec{u}_2 - \vec{u}_1) \cdot d\vec{s} = 0 \tag{4.163}$$

其中，$\vec{u}_1 = \vec{k} \times \nabla\psi_1$ 和 $\vec{u}_2 = \vec{k} \times \nabla\psi_2$ 分别是上、下层的水平速度，$\vec{k}$ 是垂直方向上的单位矢量。应注意，雅可比项恒为零！方程(4.163)可以改写为

① 原著此处有疏漏，现已补正。——译者注

$$\oint \vec{u}_2 \cdot d\vec{s} = \frac{1}{3}\oint \vec{u}_B \cdot d\vec{s} \tag{4.164}$$

其中，$\vec{u}_B = \vec{k} \times \nabla\psi_B = \vec{u}_1 + \vec{u}_2$ 是正压速度。利用方程(4.162)，方程(4.164)左边的项可以改写为①

$$\oint \vec{u}_2 \cdot d\vec{s} = \oint A'_2(\hat{q}_2)(\vec{k} \times \nabla_h \hat{q}_2) \cdot d\vec{s} = A'_2(\hat{q}_2)\oint (F\vec{u}_B - \beta\vec{x}) \cdot d\vec{s} \tag{4.165}$$

其中，$A_2' = dA_2/d\hat{q}_2$。这样，从方程(4.164)和(4.165)，我们最终得到了一个关系式

$$A_2' = 1/3F \tag{4.166}$$

利用方程(4.162)，最终的解为

$$\psi_2 = \frac{1}{3F}\hat{q}_2 + \text{常数} = \frac{1}{3}\psi_B + \frac{1}{3}\frac{\beta y}{F} + \text{常数} \tag{4.167a}$$

$$\psi_1 = \psi_B - \psi_2 \tag{4.167b}$$

对于上述情况，$w_0 = -\alpha x, r \leqslant r_1$，因此下层的流为

$$\psi_2 = \begin{cases} -\dfrac{\alpha}{6\beta}(x^2 + (y - y_0)^2) + \text{常数}, & \text{对于闭合的 } \hat{q}_2 \\ 0, & \text{其他地方} \end{cases} \tag{4.168}$$

这个解在图4.23中给出。在下层中，流动限制在最外圈的闭合地转等值线之内。在这个边界以外的区域中，下层是不动的，所以该区的运动仅限于上层。由于在闭合地转等值线内下层是运动的，故使那里的上层流动减小了，因为对于这两个运动层的总流量施加了斯韦尔德鲁普约束。

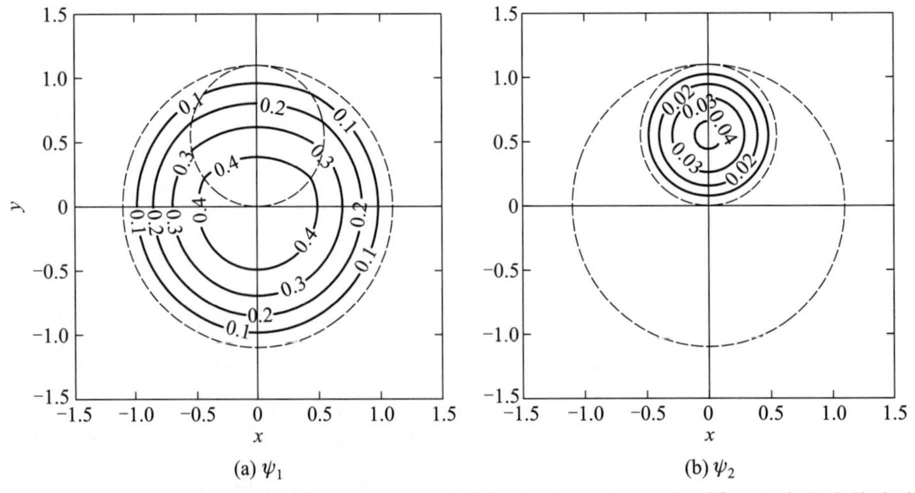

图4.23 $y_0 = 0.5r_1$ 时，(a)上层和(b)下层的流函数图[其参数与图4.22(b)相同]。图中的虚线内小圆圈为位涡均一化区的最外边等值线。

当 $D \neq R$ 时，对应的解为 $q_2 = (D/2R + D)\hat{q}_2 +$ 常数；这样，在 $D \ll R$ 的范围内，第二层中的位涡在闭合流线内变成均一化了。这是 Rhines 和 Young(1982a,b)讨论过的广义位涡均一化理论的一个例子。这个例子满足了两层模式的约束条件：$D \ll R$，并表明，只有在次表层不受强烈的强迫力和耗散作用的条件下，才能实现该层的位涡均一化。因此，为了证实位涡均一化的思路，一个自然的选择就是采用三层模式，因为在这样的模式中，第二层就会受到海面强迫力和底

① 原著中(4.165)式排印有误，现已更正。——译者注

摩擦力的作用。

B. 三层模式

对于含三个运动层的模式，通过进行类似的分析证实，在第二层中，在闭合地转等值线内部的位涡向着沿流涡北边界处之值均一化。由于大圆外的位涡仅受行星涡度控制，故其等值线是沿着纬向的；这样，大圆内的位涡均一化就意味着，位涡等值线被推向了大圆的边缘。结果，邻接闭合地转等值线的最外圈，有一个显著的位涡锋面，如图 4.24 所示。

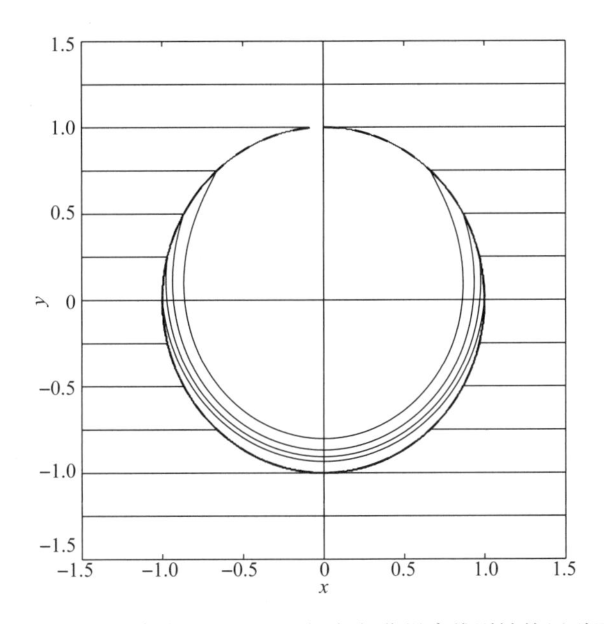

图 4.24 位涡图，表示位涡均一化以及当埃克曼泵压不为零时，位涡廓线则被挤压到了边缘。

另一个重要的现象是，在三个运动层模式的每一层中，风生流涡的中心从最顶层到深层，逐层向北移动(图 4.25)。这称之为亚热带流涡的北向强化(northern intensification)，这个现象可以通过水文数据或连续层化模式来辨别，这将在稍后讨论。应注意，在运动的下层区域之上，其上层的流量减少了。

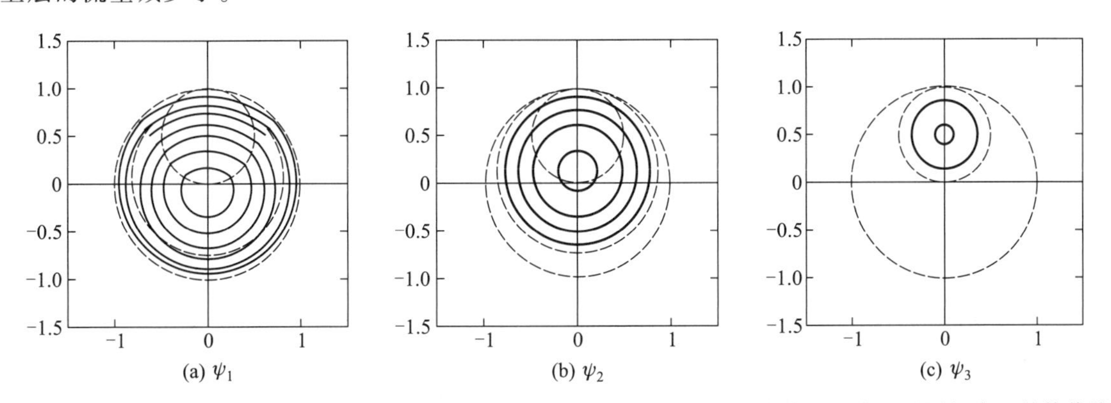

图 4.25 在 $y_0 = r_1/8$ 情况下，三层模式的流函数图。在中间的图中，最小的虚线圆圈表示下层闭合地转等值线的最外缘；中等大小的虚线圆圈表示中层闭合地转等值线的最外缘；最外面的虚线圆圈表示埃克曼泵压不为零的区域。

在大洋风生流涡垂向结构的研究中，提出了很多重要的动力学概念，本节讨论的位涡均一化理论把这些重要概念漂亮地组合在一起：

- 强海面强迫力可以引起次表层的地转等值线闭合。
- 会有无限多个可能解；不过，可以找到相对于小扰动稳定的唯一解。
- 当把耗散参量化为侧向位涡扩散时，闭合地转等值线内的位涡是均匀的。
- 位涡向着其沿着北边界的值而均一化。

在多层模式或连续层化模式的情况下，当我们想找到风生环流的解时，这些都是非常有用的。

4.1.7 通风温跃层

A. 引言

世界大洋中有一个垂向温度梯度显著陡峭的层，即所谓的主温跃层，其结构已经在1.4节中讨论过。由于密度与温度密切相关，故温跃层的结构与上层大洋的海流密切相关。水平速度场的垂向切变通过热成风关系与水平密度梯度有关；这样一来，解决了密度结构，就相当于找到了风生环流的结构。由于历史原因，有关理论称之为温跃层理论；不过，从某种程度上说，它相当于上层大洋的风生环流理论。

温跃层理论之核心的基本问题如下。

- 首先，存在性问题：大洋中为什么存在主温跃层？
- 其次，温跃层本身的问题：若给定海面强迫力条件（包括风应力、热通量和淡水通量），那么层化或者位涡是如何在次表层海洋中建立起来的？

从该理论最早期的发展开始，就出现了处理这一问题的两种方法。1959年，两篇论文一起发表在*Tellus*上。在Robinson和Stommel(1959)提出的温跃层理论中，垂向扩散起到至关重要作用；Welander(1959)则提出了一个理想流体的温跃层理论。

按照Robinson和Stommel(1959)的理论，把主温跃层看成一个内部的密度锋面或内部的热力边界层；这样，在动力学描述中，垂向扩散项应该作为一个必不可少的分量。Salmon(1990a,b)叙述了沿着这条思路发展的最新进展。在这种方法中，最具挑战性的困难是，对于其非线性方程组，没有人知道怎样去构建与之对应的边界值问题，更无人知道如何去寻找此问题之解。为了克服这个困难，有人探索过相似解。Veronis(1969)在其综合性的述评中总结了在这条研究思路上的早期进展。

可以利用一种系统性的方法来寻找满足给定微分方程的相似解。这种方法是基于在无穷小群变换[即李群(Lie group)变换]下的群不变解。Fillippov(1968)把李群理论应用于温跃层方程组并讨论了群不变解。在Oliver(1986)、Rogers和Ames(1989)的书中可以找到更新的数学工具。Salmon和Hollerbach(1991)、Hood和Williams(1996)讨论了大洋温跃层的相似解；Edwards(1996)讨论了随时间变化的相似解。

相似解的主要缺点如下。尽管它们确实满足温跃层方程组，但它们却并不满足某些实质性的边界条件，例如斯韦尔德鲁普约束。如果一个解不满足斯韦尔德鲁普约束，那么，这个解就不能准确地描述风生环流的整体结构。更重要的是，在温跃层中，位涡的函数关系是预先给定的；这样，这种类型的解就不能够清楚地回答温跃层本身的问题：对于给定的海面强迫力条件，温跃层中的位涡是如何建立起来的?

在 *Tellus* 的另一篇论文中,Welander(1959)提出了一个完全不同的方法,他提出,主温跃层可以用理想流体理论来研究。因此,不用垂向和水平扩散项就可以解释主温跃层的结构。

这两种方法对相同的动力学方程组进行了不同的简化。初看起来,温跃层的基本方程是如此之简单,以致很多人相信对它们求解是很容易的,因而除了 Welander 本人外,大多数人不想在看起来似乎是不完整的理想流体温跃层理论上花费更多时间,而 Welander(1971a)则又发表了另一篇关于理想流体温跃层的非常有影响的论文。

在理想流体温跃层理论中,最关键的一点是,在上层大洋的混合层之下,垂向扩散系数很小。最近的现场观测证实,在主温跃层以上,跨密度面扩散系数确实是非常小,其量级为$10^{-5}\,m^2/s$(例如,Ledwell 等,1993)。这样,可以把与主温跃层有关的流动当做理想流体来处理。在 5.4.5 节中,我们将会解释,在构建主温跃层公式时,垂向扩散项不是最重要的组成部分。事实上,在亚热带大洋中,负风应力旋度引起了埃克曼泵压,而主温跃层则主要是由于它向下挤压的结果。

研究理想流体温跃层有一条方便途径,即在构建问题的公式时,采用密度坐标和伯努利函数$B = p + \rho g z$,其中,p 为压强,ρ 为密度,g 为重力,z 为垂向坐标。假定位涡 $Q = f\rho_z$ 为密度和伯努利函数的线性函数,那么,Welander(1971a)就找到了关于温跃层的第一个解析解。

尽管这是关于理想流体温跃层的第一个精巧解,而且已经为许多教科书所引用,但它有几大缺陷:这个解既不能满足斯韦尔德鲁普约束,也不能满足东边界条件,而且把下边界设在 $z = -\infty$ 处。由于斯韦尔德鲁普约束是最重要的约束,因此,如不满足斯韦尔德鲁普关系,那么该温跃层解在动力学上就没有多大意义。

在 20 世纪 60 年代,相似解曾经是温跃层研究的主流[①]。然而,即使在当时,相似方法的局限性就已很明显了。但从 20 世纪 80 年代初开始,在风生流涡的动力学结构的理论研究中,取得了几大突破,其中包括 Rhines 和 Young(1982a)的位涡均一化理论和 Luyten 等(1983)的通风温跃层。Pedlosky(2006)生动地描述了导致发现新温跃层理论的历史性事件。

按照这些新理论,风生流涡包含了若干动力学上显著不同的区域:在海面处设定位涡的通风温跃层;使位涡均一化的非通风温跃层(unventilated thermocline);东边界附近的阴影区(shadow zone);西边界附近的池区(pool regime)。Huang(1988a,b)把这些新的理论结合起来并加以发展,形成了连续层化大洋中风生流涡理论。早期理论所忽略的混合层的动力作用,已经成为温跃层理论的一部分(例如,Huang,1990a;Pedlosky 和 Robbins,1991;Williams,1989,1991)。Huang(1991a)与 Pedlosky(1996)对这期间的进展进行了评述。

温跃层理论的一个主要不足之处是,缺少西边界层和回流区。显而易见,为了解释风生环流的结构,垂向/水平混合、西边界层和回流区的动力学效应必须显式地包括在所用的数值模式中。从物理学观点看,在建立全球温跃层结构的过程中,混合必须起关键作用;这样,就可把大洋分成不同动力学的流区。特别是,Welander(1971b)指出:“温跃层或许不是一个扩散边界层,而是嵌在扩散流区之间的理想流体区。”

---

① 在 П. С. Линйи и В. С. Мадери(1982)的专著“Теория Океони ческие Термоклина”(本书有中译本《海洋温跃层理论》,乐肯堂译,1989 年,科学出版社出版)中,较全面地总结了 20 世纪 80 年代以前的海洋温跃层理论,其中包括各种相似解。——译者注

近来，以数值模拟为基础的研究给出了动力学上更为完整的图景。例如，Samelson 和 Vallis(1997)研究了封闭海盆中的温跃层结构并指出，通过在海洋内区采用小的跨密度面混合率(diapycnal mixing rate)，温跃层确实出现了两个动力学流区：一是使水从亚热带海盆的表层进入了通风温跃层，这是由埃克曼泵压引起的；一是对应于亚极带海盆之密度范围的扩散温跃层。Vallis(2000)基于原始方程的模式进行了一系列精心设计的数值实验，他指出，通风温跃层之下的层化是全球动力学之结果，其中包含了风应力效应、世界大洋的几何形状和扩散。特别是，他的研究表明，在构建世界大洋中等深度层化的过程中，南极绕极流(ACC)形态的几何变化起到了微妙而重要的作用。

B. 通风温跃层的物理基础

现代通风温跃层理论建立在两块基石之上，即 Iselin(1939)指出的通风和"斯托梅尔精灵"。在我们引入构建分层通风温跃层(layered ventilated thermocline)的公式之前，在这里先讨论这两个概念。

1) Iselin 的概念模式

从概念上说，使次表层运动起来的一个主要的困难在于，次表层与大气强迫力没有直接接触。使这些次表层运动起来的一条途径是，通过作用在表层上的强大作用力产生闭合的地转等值线。还有另一条途径，称之为通风(ventilation)，即由于通风也可以使次表层运动起来。在大洋的向极区，有很多等密度面露出海面。当一个层露出海面时，就会直接暴露在大气强迫力之下。这样，在风应力的作用下，该露出海面之层就会动起来，而且会继续运动下去，即使它被潜沉(subduct)到其他层之下。

Iselin(1939)把垂向断面上发现的 T－S 关系与更高纬度区的冬季混合层连起来。图 4.26 为他给出的通风过程示意图。他所猜测的运动用箭头表示在图上。Iselin 的模式是关于大洋中水团形成的第一个原型；然而，令人惊奇的是，在随后的几十年中，却没有人跟踪这个简单而又重要的动力学思路发展下去。

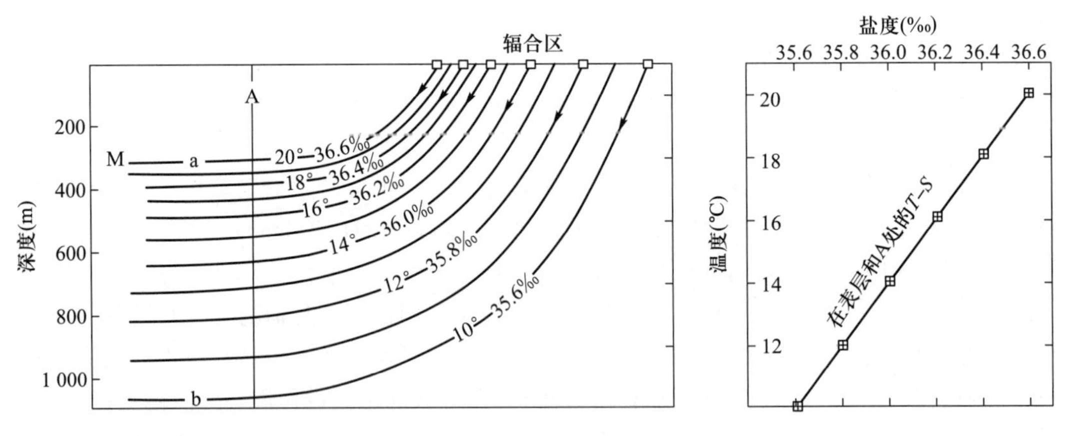

图 4.26 水沿着等密面下沉而引起的水团形成过程示意图(Iselin，1939)①。

用现代的术语来说，其基本思路是，在亚热带流涡内，表层海水由于埃克曼泵压而被向下推入温跃层，随后，当它在斯韦尔德鲁普动力学的引导下向南运动时，就沿着等密度面下降。在穿

① 在原著中，此图的盐度单位有误，现复原成原来的盐度单位。——译者注

过混合层底之后,这些水质点就被局限于相应的等密度面之内,这是因为在混合层底与粗糙海底地形之间,水的混合是相当弱的。在混合层以下的上层大洋中,混合较弱[①],这一点已经为观测所证实(例如新近的示踪物释放实验)。由 Iselin 描述的过程现在称之为“埃克曼泵压导致的通风”。因此,露头就是为次表层之水打开了通风的窗口,从而避开了东边界的阻断。

还有其他类型的通风。例如,水团可以通过模态水(mode water)或深层水的形成而通风,在这里,冷却或海冰生成所导致的盐析(salt rejection)引起了对流翻转,使得通风到达很大的深度,相当于几百米或者深达海底。通过西边界流或东边界流也可以使水团通风。

2) 斯托梅尔精灵

在构建年平均风生环流模式时,遇到了一个概念上的困难,即海面上的风应力、热通量和淡水通量都有强烈的季节循环。结果,使得混合层中的特性量在季节循环中有巨大变化;尤其是在冬末,它们的变化非常迅速(如图 4.27 所示)。看起来很明显,海面条件的季节变异以波动形式或以随时间变化的海流形式可以对风生环流产生影响;因此,如何构建一个简单的解析模式来描述如此复杂的现象是一个巨大的挑战。

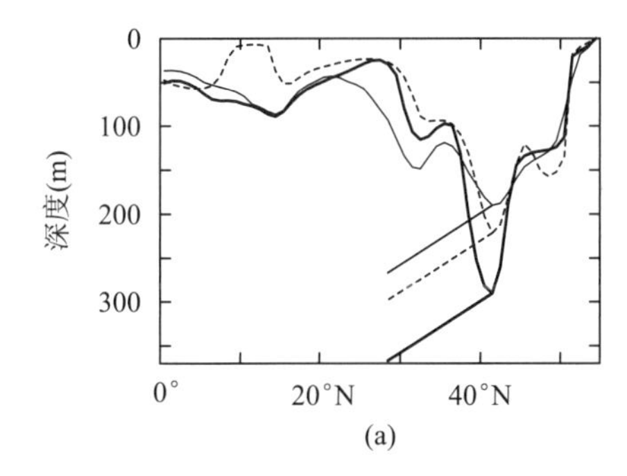

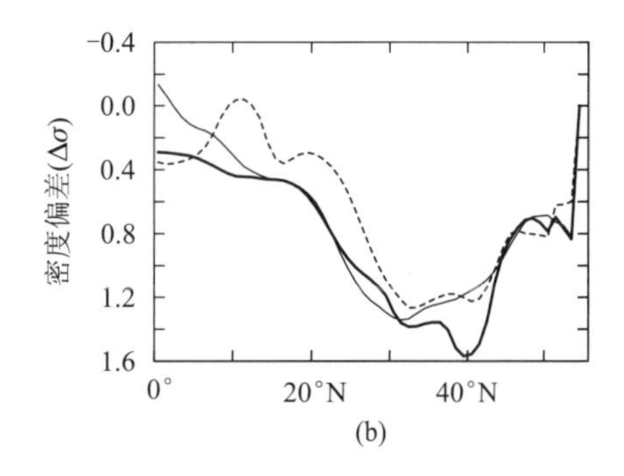

图 4.27 北太平洋 160.5°E 断面上的混合层特性:(a) 混合层深度和水质点轨迹(直线);(b) 相对于年平均值的表层密度偏差。粗线表示 3 月份,细线为 2 月份,虚线为 4 月份。

在一篇有高度创新性的论文中,Stommel(1979)假定有一个精灵在作怪,使得冬末的特性量被选上了,即实际上进入永久温跃层的水是在混合层最深且密度最大时生成的水。这确实是一个对发生在上层大洋中复杂过程的高度理想化的处理方法。这是一个如此大胆的假定,以至于亨利·斯托梅尔本人在发表论文后都不太肯定。(他告诉我,他毁掉了所有的抽印本,因为他觉得这篇论文是错误的。)但是从此以后,斯托梅尔选取冬末的特性量作为冬季水团形成的这一思路,一直是风生环流理论,包括通风、潜沉(subduction)和潜涌(obduction)的中流砥柱。

因此,如果我们要模拟年平均的风生环流,我们应该选取冬末海面处的温跃层边界条件(包括混合层密度和深度);但是,风应力或者埃克曼泵压速率应该是年平均的,因为我们关心的是温跃层中水质点的年平均运动。

例如,如果我们采用海面处年平均的温度和盐度条件,那么模式将不能产生正确类型的深层水或模态水(其含义将在第 5 章中解释),因为在这种条件下,其年平均海面密度就远远低于冬季(例如 3 月下旬)的海面密度,因此该模式中所产生的深层水就太轻了。

① 原著似有排印错误,现根据上下文改正。——译者注

斯托梅尔的思路可以用图示说明如下。假定,每个月初在混合层底部释放出一块水块,其向赤道的定常速度为 10^{-2} m/s,而垂向速度为 $w = -0.5 \times 10^{-6}$ m/s,于是就可以计算出这些水块之轨迹(图 4.27)。如图 4.27 所示,在 40°N,2 月份所释放出的水块在向南运动的途中,到 3 月份就会碰上混合层。然而,在 3 月份和 4 月份所释放出的水块就能进入永久温跃层,因此可以把它们计入有效卷出(effective detrainment)而贡献于年平均的潜沉和水团的形成。

20 世纪 90 年代进行的示踪物释放实验为理想流体温跃层理论提供了强有力的支持,因为实验发现,主温跃层中跨密度面的扩散系数非常小,其量级为 10^{-5} m^2/s。这样,在极佳的近似下,可以用理想流体模式来处理温跃层和风生环流的结构。非常重要的是,应当注意到,风应力是支持大洋内区混合的一个关键能源,因此,尽管跨密度面的混合非常小,但也不是无限小。因此,运行一个混合系数极小但非零的数值模式或许不能得到与海洋实测可比较的结果。

C. 通风温跃层的分层模式

Rhines 和 Young(1982a,b)用他们的位涡均一化理论取得了很大突破。受到他们研究的启发,Luyten、Pedlosky 和 Stommel 试图解决次表层运动的经典难题。

在一篇最有创新性且引人注目的论文中,Luyten、Pedlosky 和 Stommel(1983)构建了一个通风温跃层的多层模式(以下记为 LPS 模式),并将其应用于北大西洋。这个模式是针对海洋内区建立的,但不包括西边界区和埃克曼层。上层海洋分成了密度为常量、在不同纬度露头的几层(图 4.28)。要记住,该分层模式是建立在密度坐标上的,虽然它们在大多数情况下都是高度截断的。最上层直接由埃克曼泵压所驱动。潜沉之后,水质点保持其位涡并且继续向南运动。该模式预测,沿着东边界,在次表层中运动的水为保持其位涡就不得不离开岸壁。

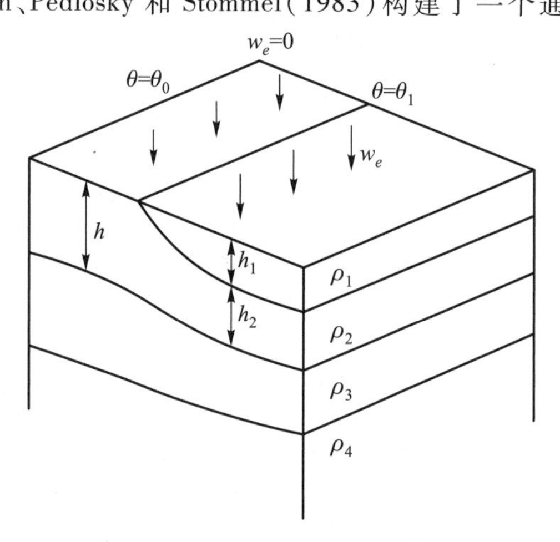

图 4.28 亚热带海盆温跃层多层模式的示意图。埃克曼泵压在 $\theta = \theta_0$ 处为零,在 $\theta < \theta_0$ 是向下的;h 为第二层之底的深度。

尽管通风温跃层模式可以在 β 平面上构建,但我们这里的讨论将基于球面坐标,因为球面坐标系可提供更精确的解。另外,我们将采用有量纲的变量,所以给出的数字也是有量纲单位的,这将使读者能清楚地观察到模式计算所得到的环流并与海洋中的环流进行比较。

1)通风带

在大洋内区,基本方程组为:地转的水平动量方程、垂直方向的流体静压近似和质量守恒。本节中,我们将假定第二层之下的水是不动的。这样,θ_1 以北,只有第二层是运动的,且其动量方程为

$$2\omega\sin\theta v_2 = g'\frac{\partial h}{a\cos\theta\partial\lambda} \tag{4.169}$$

$$2\omega\sin\theta u_2 = -g'\frac{\partial h}{a\partial\theta} \tag{4.170}$$

其中，$g' = g\Delta\rho/\rho_0$①，$\Delta\rho = \rho_3 - \rho_2$，在 $\theta > \theta_1$ 处，$h = h_2$。质量守恒方程为

$$\frac{1}{a\cos\theta}\left[\frac{\partial}{\partial\theta}(h_2 v_2 \cos\theta) + \frac{\partial}{\partial\lambda}(h_2 u_2)\right] + w_e = 0 \tag{4.171}$$

将方程(4.169)和(4.170)代入(4.171)得到涡度方程

$$\cos\theta h_2 v_2 = a\sin\theta w_e \tag{4.172}$$

此方程对应于 β 平面上所构建的方程(4.35)，可以把它改写为

$$h_2 \vec{u}_2 \cdot \nabla_h (f/h_2) = f w_e / h_2 \tag{4.173}$$

方程(4.169)和(4.170)表明，等 h 线为流线，方程(4.173)表明，由于埃克曼泵压，位涡沿着流线变化。

把此关系式代入(4.169)并在纬向积分，得到

$$h_2^2 = h_{2e}^2 + D_0^2 \tag{4.174}$$

其中，h_{2e}是沿着东边界不变的层厚，且

$$D_0^2 = -\frac{4\omega a^2 \sin^2\theta}{g'}\int_{\lambda}^{\lambda_e} w_e(\lambda', \theta)\, d\lambda' \tag{4.175}$$

是与东边界上的层厚(平方)之偏差。要注意，为了满足没有地转流跨过边界的边界条件，在沿着模型海盆的东边界处，每层的厚度必须是常量。在理想流体温跃层的理论框架内，我们不能确定 h_{2e}。事实上，h_{2e}是通风温跃层模式的一个外部参量，并且不同的 h_{2e}会给出不同的解。理想流体温跃层的基本原理是假定 h_{2e}由某些外部过程(比如热盐环流等)来确定，而不是利用模式直接进行模拟得到的。当 h_2 已知时，u_2 和 v_2 可由地转关系确定。

当水向南运动通过纬度 θ_1 时，在第一层之下的第二层向南流。在露头线以南，两层都在运动，第二层的动量方程与方程(4.169)和(4.170)的形式相同，尽管现在 $h = h_1 + h_2$，这样，我们有

$$2\omega\sin\theta v_2 = g'\frac{\partial(h_1 + h_2)}{a\cos\theta\partial\lambda} \tag{4.176}$$

$$2\omega\sin\theta u_2 = -g'\frac{\partial(h_1 + h_2)}{a\partial\theta} \tag{4.177}$$

$$\frac{1}{a\cos\theta}\left[\frac{\partial}{\partial\theta}(h_2 v_2 \cos\theta) + \frac{\partial}{\partial\lambda}(h_2 u_2)\right] = 0 \tag{4.178}$$

交叉微分(4.176)和(4.177)后相减，并利用连续方程(4.178)，得到了第二层潜沉后的位涡方程

$$h_2 \vec{u}_2 \cdot \nabla_h (f/h_2) = 0 \tag{4.179}$$

此方程用于潜沉之后，是因为现在第二层已不受埃克曼泵压的作用；这样，水块的位涡沿着流线保持不变。它不同于潜沉之前的情况，那时第二层直接受到埃克曼泵压的作用，所以如方程(4.173)表明的，其位涡是不守恒的。根据方程(4.176)和(4.177)，第二层是沿着 h 为常量的线流动的，即 h 等值线就是流线。利用位涡守恒定律，即方程(4.179)，我们得出结论：h 等值线也是位涡等值线。

应注意，第二层中的位涡 $\sin\theta/h_2$，应该只是 h 的函数，我们记为 $G(h)$，即 $\sin\theta/h_2 = G(h)$。沿着 $\theta = \theta_1$ 线(第一层的露头线，也是第二层的潜沉线)的函数 $G(h)$ 为

$$G(h) = \left.\frac{\sin\theta}{h}\right|_{\theta=\theta_1} = \frac{\sin\theta_1}{h|_{\theta=\theta_1}} = \frac{\sin\theta_1}{h} \tag{4.180}$$

① 原著中此式排印有疏漏，现已补上。——译者注

上式中最后一个等号是基于这样的事实,即潜沉之后 h 沿着第二层中的轨迹线为常量。因此,位涡守恒定律给出,沿着从露头线出发的每一条流线,有如下的关系式

$$\frac{\sin\theta}{h_2} = G(h) = \frac{\sin\theta_1}{h} \tag{4.181}$$

这样,对于这两个运动层,其层厚遵循

$$h_2 = \frac{\sin\theta}{\sin\theta_1}h = \frac{f}{f_1}h \tag{4.182}$$

$$h_1 = \left(1 - \frac{\sin\theta}{\sin\theta_1}\right)h = \left(1 - \frac{f}{f_1}\right)h \tag{4.183}$$

应注意,层厚之比完全由行星涡度决定。这个简单的关系带来了通风温跃层的一个简单解析解。假如露头线不是纬向的,那么解的形式就会复杂得多。所以,这正是 Luyten 等(1983)通风温跃层模式的优美之处。

为了确定在通风带中仍然未知的总层深度(total layer depth)h,我们可以把斯韦尔德鲁普关系应用于正压质量通量。第一层的动量方程为

$$2\omega\sin\theta v_1 = g'\frac{\partial}{a\cos\theta\partial\lambda}(\gamma h_1 + h_2) \tag{4.184}$$

$$2\omega\sin\theta u_1 = -g'\frac{\partial}{a\partial\theta}(\gamma h_1 + h_2) \tag{4.185}$$

其中,$\gamma = \dfrac{\rho_3 - \rho_1}{\rho_3 - \rho_2}$。质量守恒方程为

$$\frac{1}{a\cos\theta}\left[\frac{\partial}{\partial\theta}(h_1 v_1\cos\theta) + \frac{\partial h_1 u_1}{\partial\lambda}\right] + w_e = 0 \tag{4.186}$$

沿用与导出涡度方程(4.172)时相同的方法,把方程(4.176)和(4.177)代入(4.178),并把方程(4.184)和(4.185)代入方程(4.186),就得到两个关系式,然后把这两个关系式相加,便得到了对于正压流量的斯韦尔德鲁普关系式

$$\cos\theta(h_1 v_1 + h_2 v_2) = a\sin\theta w_e \tag{4.187}$$

把方程(4.176)和(4.184)代入方程(4.187)并积分,得到了关于层厚的方程

$$(\gamma - 1)h_1^2 + h^2 = D_0^2 + (\gamma - 1)h_{1e}^2 + h_e^2 \tag{4.188}$$

沿着东边界,纬向流速为零的条件要求 h_1 和 h_2 为常量。由于在 θ_1 以北有 $h_1 = 0$,故沿着整个东边界,h_1 必须恒为零。类似地,沿着整个东边界,$h_2 = h_{2e}$ 也为常量。应注意,这是通风温跃层理论的主要难点之一,将在后面讨论。

利用方程(4.183),我们得到层厚之和

$$h^2 = \frac{D_0^2 + h_{2e}^2}{1 + (\gamma - 1)(1 - f/f_1)^2}, \quad 对于\ \theta \leqslant \theta_1 \tag{4.189}$$

2) 阴影区

无纬向流量条件要求,沿着东边界次表层的厚度为常量。层厚为常量意味着位涡 f/h_i 沿着东边界不是常量,因为 f 沿着经向岸壁是变化的。由于在次表层中位涡沿着流线应该守恒,因此这些层中的东边界不可能是一条流线。这样,对于次表层而言,靠近东边界的区域应该是一个静止流体的阴影区,并且运动应该局限于直接受到埃克曼泵压的最顶层。因为这一层直接受

到强迫力的作用,故位涡沿着流线不守恒。对于这个模式,沿着东边界上层的厚度为零,因此使所有的运动都限制在海面与东边界的连接处这一条奇异直线上。这是原始通风温跃层模式的一个弱点,但是,通过在上层海洋中加入混合层,就可以对它加以改进[正如 Pedlosky 和 Robbins(1991)所指出的]。不过若利用连续层化的温跃层模式,就可以解决这个问题,这将在 4.2.2 节中讨论。

在东边界附近存在的这种阴影区是与实测结果一致的,因为实测表明,在亚热带海盆靠近东边界的 600~800 m 深度范围内,其含氧量在整个海盆中是最低的(图 4.29)。水块中的氧源来自它与大气的新近接触(通过混合层),或者来自海洋 100 m 上层中的光合作用。当离开这些氧源之后,由于生物活动的消耗,氧的浓度逐渐降低。因此,低氧浓度说明该海水已到老龄,在东边界附近 700 m 深度区间中,氧浓度的极小值提示,那里的水几乎不通风。

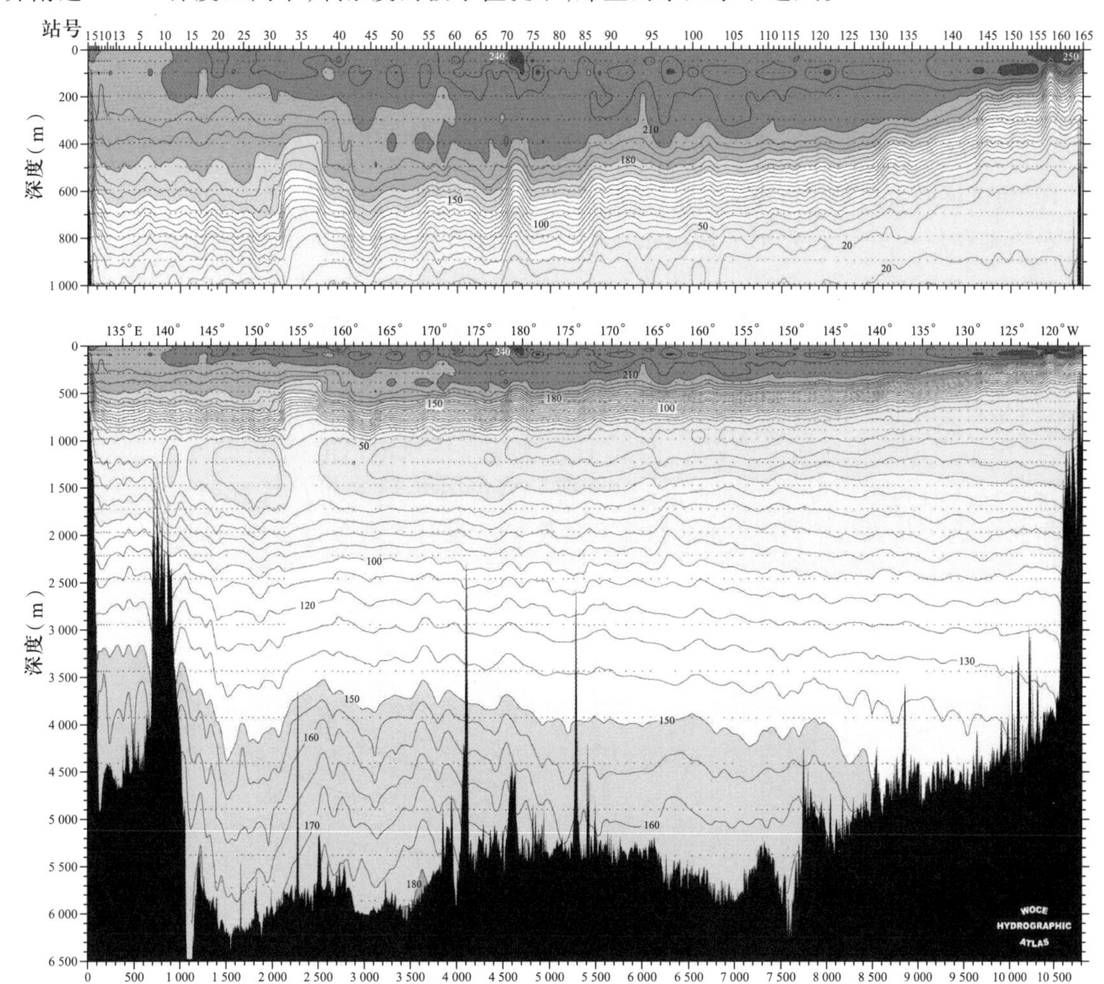

图 4.29 北太平洋亚热带海盆中心的 30°N 纬向断面氧含量分布图(单位:μmol/kg),上图的横轴表示 P02 断面的站号(Talley,2007)。(参见书末彩插)

为了确定通风温跃层与阴影区之间的边界,我们注意到总深度 h 沿着第二层中的流线应该是常量。因此,可以利用方程(4.189)作为参量形式来描述这个边界

$$\frac{D_0^2 + h_{2e}^2}{1 + (\gamma - 1)(1 - f/f_1)^2} = \text{常数} \tag{4.190}$$

由于阴影区和通风温跃层之间的边界通过了边界点(λ_e, θ_1)，其中，$f = f_1$，且$D_0^2 = 0$，故这个边界线$\lambda = \Lambda(\theta)$由下式确定

$$D_0^2(\Lambda, \theta) = h_{2e}^2(\gamma - 1)(1 - f/f_1)^2 \tag{4.191}$$

在数值计算中，可以用下述方式来识别这个边界。注意到h在阴影区中是平的，因此，在阴影区中，$h = h_{2e}$直到其西边界都成立。因此，根据方程(4.189)就算出了这两个运动层的总深度h，并找出了h等于第二层沿着东边界的厚度h_{2e}的位置，这样就可以把该位置识别为阴影区的西边界。

容易看出，跨过这条线的层厚是连续的；然而，切向速度则是不连续的。在阴影区内，第二层是不动的，并且斯韦尔德鲁普输送集中于第一层。这样，经向速度可以描述为

$$\cos\theta h_1 v_1 = a\sin\theta w_e \tag{4.192}$$

层厚为

$$h_1 = \left(\frac{\rho_3 - \rho_2}{\rho_2 - \rho_1}\right)^{1/2} D_0(\lambda, \theta) \tag{4.193}$$

D. 通风温跃层的基本结构

通风温跃层模式解的典型结构由图4.30给出。该模式由一个简单的正弦埃克曼泵压$w_e = -w_0\sin[\pi(y - y_s)/(y_n - y_s)]$①所驱动，其中，$w_0 = 10^{-6}$ m/s，$g' = 0.01$ m/s^2，且$\rho_3 - \rho_2 = \rho_2 - \rho_1$(因而$\gamma = 2$)；沿着东边界，下层厚度为500 m，而上层则沿着44°N露头。注意到在露头线以南的西边界附近，有水从西边界流(其位涡则不能仅由内区的模式来确定)中流出来，我们把这些水所占据的区域称为池区。严格地说，我们并不真正知道池区内的解。在图4.30中给出的解是在如下的假定下得到的，即在露头线以南的池区中，第二层的位涡函数与池区以东有相同的形式。事实上，如果把模型海盆扩展到超过现有的西边界，并且把部分解用于这个扩大后的海盆，那么这部分解便属于现有模型海盆边界内的一个解。

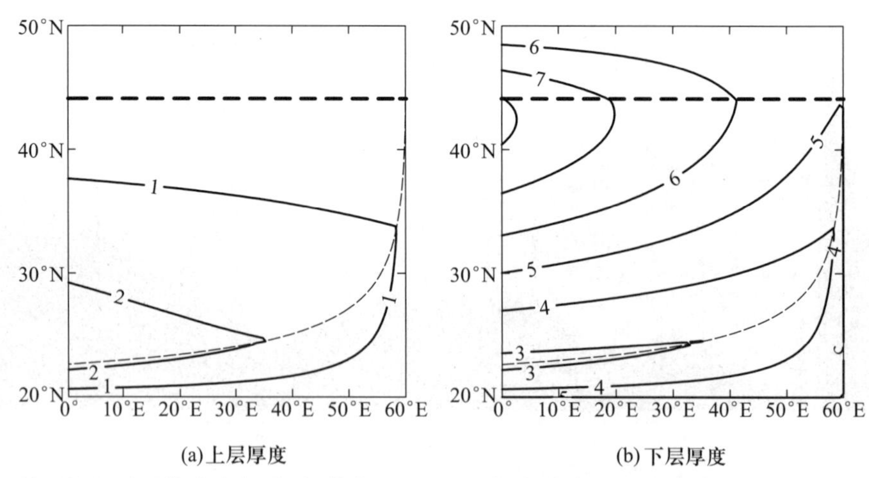

图4.30 两层通风温跃层模式中的层厚(单位：100 m)。粗虚线表示上层露头处(在44°N)，细虚线表示海盆东南部的阴影区。

① 原著中此式排印有误，现已更正。——译者注

因此,按照该模式,在第二层中存在着不同的动力学区域:在露头线以北的区域,第二层中的水直接受到埃克曼泵压的驱动;露头线以南,第二层有3个区域:池区,其水来自于西边界区;通风区,其水从露头线(在这里,第二层直接受到埃克曼泵压的驱动)以北之敞开窗口开始,继续向南运动;东部区,即在运动的顶层之下的阴影区。

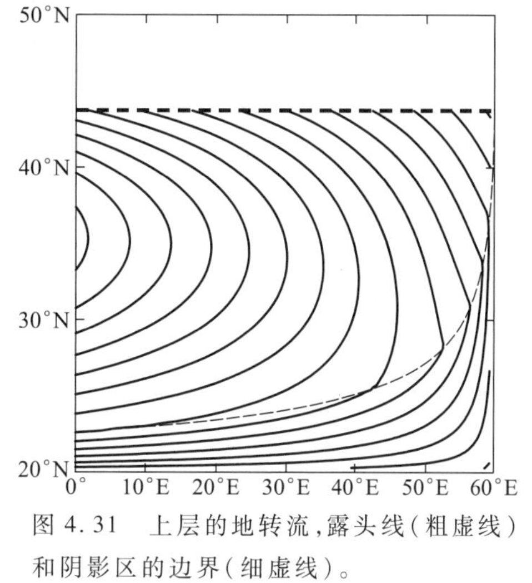

图4.31 上层的地转流,露头线(粗虚线)和阴影区的边界(细虚线)。

应注意,尽管在这两层中等厚度线都是连续的,但它们的斜度在穿过阴影区的边界线时却是不连续的,如图4.30所示;不过,上层中的流线在穿过该线时是连续的[在图4.31中,该线由$2h_1+h_2$(因为现在$\gamma=2$)等值线来表示],但是穿过该线的速度却是不连续的。在横跨阴影区的边界处,层的斜度和速度的不连续性表明,跨过该边界的动力学发生了改变。

该解的垂向结构由图4.32给出,从该图中可以清楚地看出,阴影区位于海盆的东南区,而在那里,下层的界面是平的。

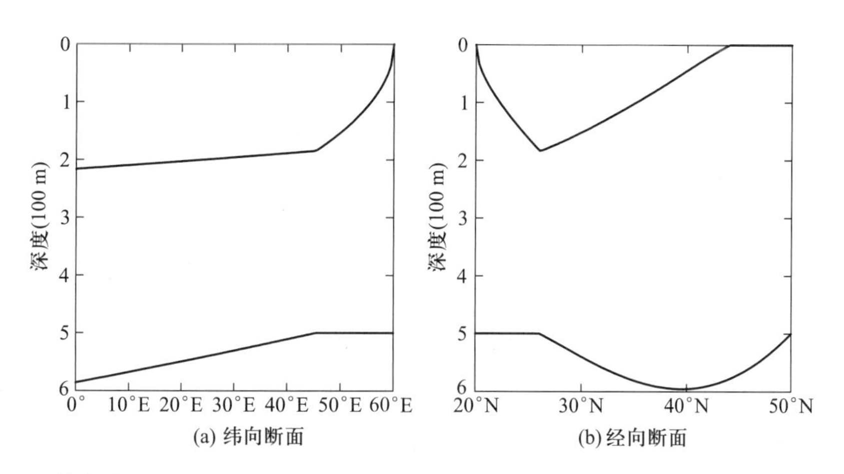

图4.32 两层通风模式中的层厚:(a) 26°N纬向断面;(b) 45°E经向断面。下层的平直界面表示纬向断面图左边和经向断面图南边的阴影区。

E. 非通风层的位涡图

在以上的分析中,我们已经假定第三层是不动的。尽管第三层无运动的假定是一个自洽的假定,但存在另一种可能性,即假定第三层是运动的,并且它又不违背所有的动力学约束。过去的分层模式都集中于研究如下情况,即界面变形小并且可以用小扰动来处理。因此,次表层的位涡等值线由行星涡度(即β项)来决定。在温跃层理论中,我们的处理方法是以层的厚度有大变化为特征的;因此,界面变形不再是可以忽略的。

让我们采用同样的埃克曼泵压场,并假定沿着东边界的第二层和第三层之厚度都等于500 m。如果我们假定,第三层仍是无运动的并据此来计算第三层中的位涡等值线(图4.33),那么

$$\Pi_3 = \frac{\sin\theta}{h_{2e} + h_{3e} - \sqrt{D_0^2 + h_{2e}^2}} \tag{4.194}$$

靠近东边界,$D_0^2 \to 0$,所以,位涡是由行星涡度 $\sin\theta/h_{3e}$ 来控制的。结果,一些位涡等值线从东边界开始出现,而沿着东边界是不允许有地转运动的。然而,也有始自西边界的等值线。为简单起见,我们假定,在西边界这些等值线是闭合的,且不受摩擦的影响。根据理想流体理论,水可以沿着这些等值线自由流动。

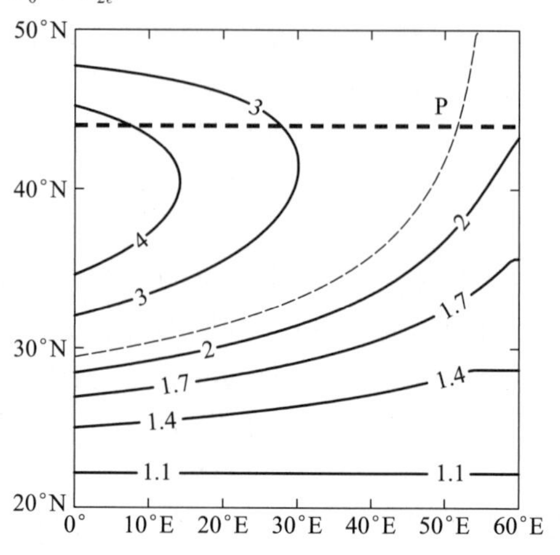

图 4.33 底层中位涡等值线,其中粗虚线表示上层的露头线。尽管在细虚线以东的位涡等值线被东边界所阻断,但在细虚线以西与东边界断开的位涡等值线通过西边界得以闭合。

这个涡度图的本质特征是,在这两条虚线交叉点 P 的两边,经向涡度梯度有不同的符号,P 的位置由

$$\text{在 } \theta = \theta_0 \text{ 处,} \quad \frac{d\Pi_3}{d\theta} = 0 \tag{4.195}$$

确定。注意到靠近流涡之间的边界,$\sqrt{D_0^2 + h_{2e}^2} \approx h_{2e}$。经过一些代数运算后,我们得到

$$\lambda_e - \lambda_p = \frac{\cos\theta_0 g' h_{2e} h_{3e}}{4\omega a^2 \sin^3\theta_0 \left(\dfrac{\partial w_e}{\partial\theta}\right)_{\theta=\theta_0}} \tag{4.196}$$

P 点有时称为罗斯贝排斥子(Rossby repellor),来自东边界的与来自西边界的特征线在这里相遇;它是温跃层理论中的一个非常重要的奇点。从 P 点出发的特性线把海盆分为两个区域:东区是始自东边界的涡度等值线区,地转运动是不许可的;西区是始自西边界的涡度等值线区,且流体可以沿着这些等值线自由运动。在这里假定了西边界流中没有摩擦——在理想流体温跃层理论中,这是构建大洋内区解时广泛使用的一个理想化假定。

应注意,西区存在的条件是 h_{2e} 与 h_{3e} 很小,而且有强劲的强迫力 w_e。如果该层太厚而且强迫力不强,那么 P 点会落在西边界以西,因此将不会有闭合的地转等值线。这是以前曾探讨过很多次的情况。我们注意到,很有意义的是,对于给定的强迫力 w_e 和 h_{2e},我们总能选取一个足够小的 h_{3e},使得罗斯贝排斥子落到海盆内区。因此,如果在模式中适当地选取层厚,那么总会存在闭合的位涡等值线。

F. 流池和非通风层的位涡均一化

1) 流池

通风层的池区定义为从西边界的外缘出发的流线的流区(而不是露头线)。因此,不能使用沿着流线向后追踪到露头线的方法来确定流池中的位涡。更为精确的方法就应该包含西边界流区的复杂动力过程。在 Luyten 等(1983)的原始的通风温跃层模式中,没有触及流池的动力学。不过,容易看出,随着露头线向着流涡间的边界移动,流池所占的面积也会迅速增大(如图 4.34 所示)。对于 $\theta_1 = 48.2°$的情况,流池占据了海盆的大部分,我们不能忽略如此广大的区域。为了获得对于整个海盆动力学的自洽解,因此最好要包含流池的动力理论。

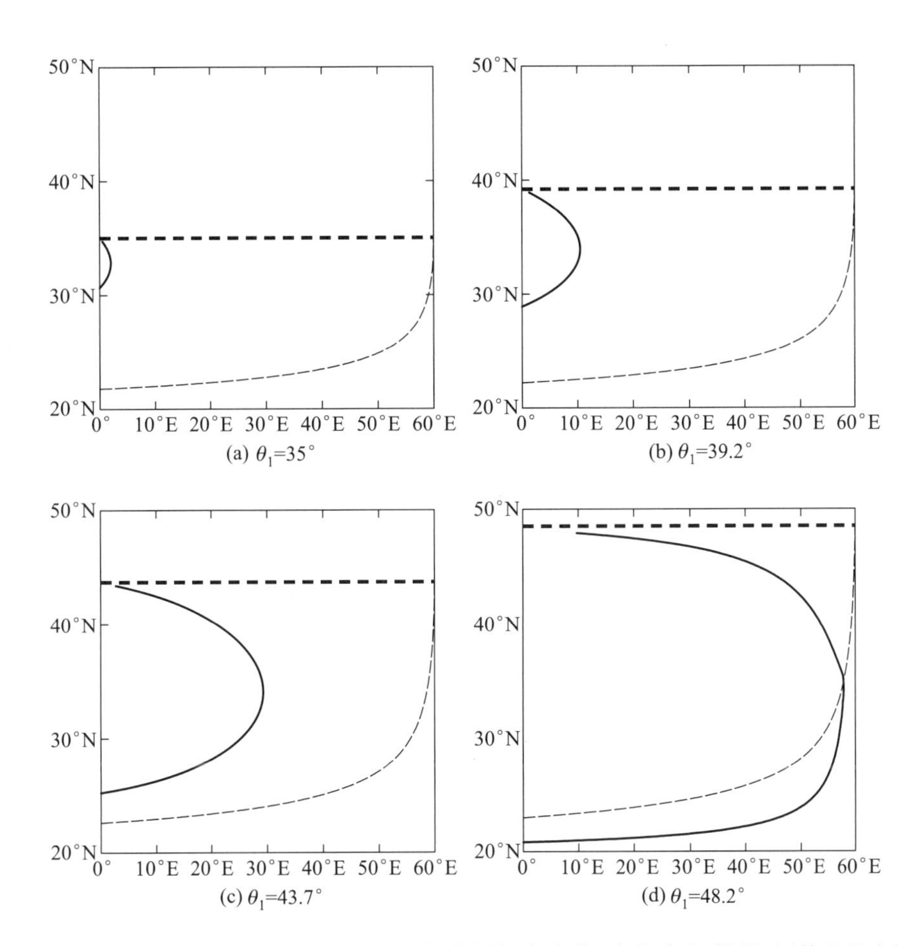

图 4.34 在有两个运动层的通风温跃层模式中,随着露头线(粗虚线)向北移动,阴影区(其边界为细虚线)和池区(实线以西)的扩展过程。模式的北边界设在 50°N,但是第一条露头线 θ_1 逐渐向北边界移动。

2)位涡均一化

通风层的流池与在非通风层闭合地转等值线内流区的共同特征是,这些流区内的流线并不是从露头线出发的。在第二种情况下,流线是自我闭合的,因而我们就可以推广 Rhines 和 Young(1982a,b)提出的位涡均一化理论。在第一种情况下,流线实际上是从西边界的外缘出发的。对这样的问题难于进行综合性处理。作为一个折中的方案,可以假定流池内的位涡遵守某些定律。最常用的两个假定如下:首先,可以暂不确定流池中的解;其次,可以假定流池中的位涡也被均一化了,这非常像非通风温跃层中的情况。

另外,海盆西部的流池也可以作为一个通风池来处理,即该池中所有的水都来自与海面强迫力直接接触的顶层通风水(例如 Dewar,1968;Dewar 等,2005)。这些方法中没有一个是完美的,但是对于如此困难的问题,没有任何简单的替代办法。

下面提出的位涡均一化理论遵循了 Pedlosky(1996)给出的方法。对于如图 4.28 所示的有三个运动层的模式,第三层的位涡平衡可以写为

$$\nabla_h \cdot (\vec{u}_3 h_3 \Pi_3) = D_3 \tag{4.197}$$

其中,D_3 是涡度耗散项。在一个封闭区域上对方程(4.197)积分,由于平流项的积分为零,则

$$\iint_{A_3} D_3 r\cos\theta d\lambda d\theta = 0 \tag{4.198}$$

我们也假定涡度耗散有一个特殊形式

$$D_3 = \nabla_h \cdot F_3,\text{且 } F_3 = -\kappa \nabla_h \Pi_3 \tag{4.199}$$

这样,方程(4.198)的积分简化为

$$\oint_{C_3} \frac{\partial \Pi_3}{\partial n} dl = 0 \tag{4.200}$$

由于假定耗散非常弱,故位涡[1]沿着流线近似守恒。因此,$\Pi_3 = \Pi_3(p_3)$[2],且方程(4.200)进一步简化为

$$\frac{\partial \Pi_3}{\partial p_3} \oint_{C_3} \kappa \vec{u}_{3H} \cdot d\vec{l} = 0 \tag{4.201}$$

其中,$\vec{u}_{3H} \cdot d\vec{l}$ 表示投影到等值线 C_3 的单位切向矢量上的水平速度。如果流体是运动的,那么该积分不为零,因此

$$\frac{\partial \Pi_3}{\partial p_3} = 0,\text{在 } C_3 \text{ 上} \tag{4.202}$$

通过对于所有闭合等值线的反复论证,人们得出结论:在由最外一条封闭等位涡线界定的区域内,位涡是均一的。最后,我们注意到,如果水不运动,那么位涡[3]就不是均一化的。

应注意,位涡均一化是基于在梯度方向上耗散很小的假定。对于位涡均一化来说,用下述方法可以很容易地找到其非通风层之解。记第三层中阴影区的西边界为 Λ_p。在 Λ_p 以东,第三层是无运动的,因而那里只有一个运动层。在 Λ_p 以西,位涡在第三层中是均一化的。由于位涡沿着从 P 点出发的线应该为常量,故这个常量等于沿着北边界的位涡。因此,第三层的厚度为

$$h_3 = \frac{f}{f_0} h_{3e} \tag{4.203}$$

第二和第三层的纬向动量方程为

$$2\omega\sin\theta v_2 = g_3' \frac{\partial}{a\cos\theta\partial\lambda}(\gamma_3 h_2 + h_3) \tag{4.204}$$

$$2\omega\sin\theta v_3 = g_3' \frac{\partial}{a\cos\theta\partial\lambda}(h_2 + h_3) \tag{4.205}$$

其中

$$g_3' = g\frac{\rho_4 - \rho_3}{\rho_0},\quad \gamma_3 = \frac{\rho_4 - \rho_2}{\rho_4 - \rho_3} \tag{4.206}$$

这两层的斯韦尔德鲁普关系为

$$\cos\theta(h_2 v_2 + h_3 v_3) = a\sin\theta w_e \tag{4.207}$$

把这三个方程联立,可以得到层厚的积分关系

---

①③ 原著中为 vorticity(涡度),疑为刊误,故改。——译者注

② 原著中此式和方程(4.201)有刊误,现已更正。——译者注

$$(\gamma_3-1)h_2^2+(h_2+h_3)^2=D_0^2+(\gamma_3-1)h_{2e}^2+(h_{2e}+h_{3e})^2 \qquad (4.208)$$

它与(4.203)联立,可以计算出层厚 h_2 和 h_3,并可以用地转场关系来计算速度场。

为了简化这个问题,我们来讨论在模型海盆的南边界以南第一层露头的情况;这样,在我们的模型海区内,实际上不存在第一层。在以下的讨论中,我们将把现在覆盖整个模型海盆的第二层称为上层,而把第三层称为下层。沿着东边界,这两层的厚度均设为 500 m。密度层化和埃克曼泵压场均与以前的讨论保持一致。

在图 4.35 中给出了解的结构。容易看出,解由两个动力学区间组成,其分界线是下层中的位涡均一化区之东边界,而在该区中,下层厚度则不随经度[1]而变[图 4.35(b)的西北部]。求解过程如下。利用方程(4.203)和(4.208),可以计算下层中位涡均一化区内之解。利用这个方法,从形式上可以计算出该层的总厚度 $h=h_2+h_3$ 之分布,并且位涡均一化区之东边界就是这条 $h=h_{2e}+h_{3e}$线,因为在这条线以东,下层是不运动的,故下层的界面应该是平的。

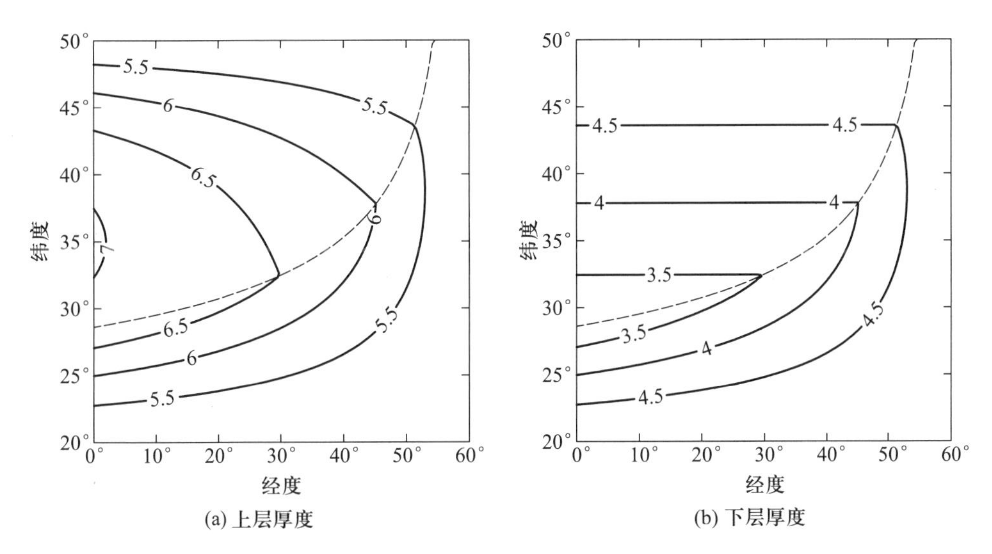

图 4.35 2½层通风温跃层模式的层厚(单位:100 m):(a)上层;(b)下层。

当第三层运动时,现在有一部分斯韦尔德鲁普流量进入了第三层。因此,在第三层的位涡均一化带之上,第二层中的流量减少了,并且界面的变形也减小了。例如,在现在的情况下,第二层的层厚在 46°N 靠近西边界处约为 460 m[图 4.35(b)][2];但是,在第三层中没有封闭等值线的情况下,对应的层厚略大于 700 m[图 4.30(b)]。在下层的闭合地转等值线以东,这两个层的厚度是准确互补的,这表明在第二层之下的界面是平的。

G. 通风温跃层的基本特征与前瞻

通风温跃层理论与位涡均一化理论共同为中纬度大洋的风生环流提供了一个缜密的理论架构。它们已成为现代风生大洋环流理论之理论基石。现把这个理论的最重要特征及其超越原始形式的发展总结如下。

---

① 原著中为 latitude(纬度),疑有误,故改。——译者注

② 原著中为图 4.35(a),疑刊误,现已改。——译者注

1）通风温跃层的基本结构

大洋 1 km 上层中的风生环流包括了下列主要分量：

• 大洋顶部的**埃克曼层**直接与大气强迫力（包括风应力、热通量和淡水通量）接触。该层所起的作用是：生成具有适当密度的水块并把它们向下泵压到其下的地转流区。

• 在埃克曼层之下的**地转流区**由动力学上显著不同的几个流区组成：

• **通风温跃层**，在冬末，在每一等密度面的露头窗口内，这里的水块直接面对大气强迫力。在露头线以南，通风层中的水块潜沉到次表层大洋，并在斯韦尔德鲁普动力学的支配下继续运动。尤其是，该层中单个水块的位涡沿着其轨迹守恒。

• **阴影区**，在通风温跃层的理论框架内，该区中的水是不运动的。当然，作为世界大洋热盐环流的一部分，可以把这里的水设为运动的，但是这已经超出了通风温跃层理论的范围。

• **流池**，或者位涡均一化的流区，这里的位涡是由其他过程来建立的，而不是由埃克曼泵压产生的通风过程来建立的。

2）关于简单通风温跃层的前瞻

• 用其冬末值预先给定海面密度 ρ_s。**评注**：这种模式没有季节变化。这是一个基于斯托梅尔精灵的假定，即该模式受到了冬末的混合层特性量的强迫作用。另一种方案是，把通风温跃层模式与有季节循环的混合层模式相耦合，这样就可把 ρ_s 作为解的组成部分而同时确定（例如，Marshall 和 Nurser，1991；Liu 和 Pedlosky，1994）。然而，某些复杂的非线性过程（例如冬末的对流调整），很难用一个解析模式来处理，因此这仍是最具挑战性的难题之一。

• 把埃克曼泵压指定为上层边界条件，这样就把埃克曼输送当做风生环流的一个单独的分量。**评注**：我们可以指定风应力为上层边界条件。在这种情况下，就把埃克曼输送当做上层流动的一部分，因而其解看起来不同于从前面的公式中所得到的结果。

• 把流体假定为理想流体。因此，潜沉之后，密度、位涡和伯努利函数沿着轨迹守恒。**评注**：基于水文观测资料的分析已经表明，海洋中跨流线的混合使密度、位涡和伯努利函数都不守恒。不过，若是基于理想流体的模式，那么，其结果可以提供有用的洞察力，以利于探索调节环流的物理机制。

• 在原始形式的模式中不允许存在界面间的质量通量。**评注**：可以把界面间的质量通量包括进来，而且它是研究风生环流与热盐环流相互作用的一个简单途径。然而，这个问题与维持层化海洋中垂向层化所需要的机械能有密切关系，但它涉及复杂的动力学过程，这将在后面几节中讨论。

• 在原始形式的模式中不包括混合层。事实上，这是把埃克曼层假定为无限薄，并且把通风温跃层模式的上层表面设在 $z=0$ 处。**评注**：这是原始形式模式的一个严重缺陷，因为这就迫使全部通风层沿着东边界露头，并且使在那里的层厚为零。结果，东边界成为模式中的一条奇异线。另外，混合层厚度为零的假定实质上扭曲了风生流涡的结构。不过，如果对它加上有限厚度的混合层并预先把它指定为上层边界条件，那么就可以克服这一缺陷。这将在连续层化模式中进行讨论。

• 必须指定沿着东边界的层化。**评注**：这是理想流体温跃层理论的基本假定之一。对于单个运动层的约化重力模式，需要指定层厚作为一个外部参量；这样，可以想象，一个有 n 个运动层的模式应该要求沿着东边界指定 n 个层厚。

- 靠近东边界的阴影区是通风温跃层模式的独有的特征。阴影区的边界是一条由于露头线与东边界相交而形成的流体之特征线。每当一条特征线遇到一条新的露头线时,就会分裂成两条特征线,而流动就分成了不同位涡函数的区域。此外,每当一条特征线遇到一条新的露头线时,不同动力学区(用位涡函数来表示)的数目就会倍增。因此,随着通风层数目的增加,通风温跃层的复杂性就呈指数式增加。
- 在海洋中该模式适用的区域限于大洋内区,它远离西边界和回流区域。该模式的根本性局限是,它是基于线性的斯韦尔德鲁普动力学,因而不包括摩擦效应与非线性平流项。
- 该模式不能用于西边界流区,因为那里应该包括其他的高阶动力学过程。**评注:**简单的摩擦边界层不能与通风温跃层模式相匹配而在海盆中产生闭合环流,因为该模式中省略了在混合层中发生的复杂的动力学和热力学过程;因此,来自西边界外缘的流线与在大洋中部露头且远离西边界的流线是不相连的。
- 该模式在回流区不成立,因为那里的非线性平流项已成为最重要的项。**评注:**在回流区内,基于线性的斯韦尔德鲁普动力学的所有模式都不适用。回流区的动力学对于动力海洋学而言仍是主要挑战之一。

4.1.8 多层惯性西边界流

A. 两个运动层的惯性西边界流

在成功地解决了单层的惯性西边界流之后,人们就试图找到有两个运动层的惯性西边界流之解;然而,在这个方向上的努力却颇费周折。Blandford(1965)找到了在两个运动层中位涡都为常量的解析解;不过,与单个运动层模式的解相比,他的解在低得多的纬度处就出现了意想不到的分离。

从根本上说,他发现,两个运动层的惯性西边界流之方程系是病态的(有时称为刚性方程系统)。所谓病态方程之困难在于,当位涡为常量时,惯性西边界层的通解具有 x 坐标的指数函数形式,比如 $\exp(\pm\lambda_i x)$。由于边界层解必须通过它与无限远处的内区解相匹配而求出,故当 λ_i 很大时,该指数解可能很快增长,而且在数值计算上难以处理。尽管他采用了当时最好的数值计算程序包,但他仍不能找到一个平滑解,使流动在单个运动层模式中给出的纬度附近离开西边界。这个难题在20多年里仍然没有得到解决。

Luyten 和 Stommel(1985)利用 Woods(1968)在一维水力学问题中首次发现的虚拟控制解释了这种佯谬。Luyten-Stommel 模式是基于不真实的零位涡假定。内区解的相对涡度是可以忽略的,故位涡就化简为 f/h 的形式;这样,求取零位涡之解就可以向上游追溯到 $f=0$(赤道)或者 $h=\infty$(无限层深)的位置处。不过,在本节中我们要说明,对于非零位涡的普遍情况,惯性西边界层的困难是能够解决的。事实上,利用流函数坐标变换把病态微分方程系化简为良性系统,就容易求解了。

1) 构建模型公式

模型公式类似于单个运动层的惯性西边界流,一个两层半($2\frac{1}{2}$)模式的基本方程组包括对于两个层的横跨流动方向的地转动量方程、顺流方向的非地转动量方程与连续方程。在 β 平面上,这些方程为

$$-fv_1 = -g'(\gamma h_{1x} + h_{2x}) \tag{4.209}$$

$$u_1 v_{1x} + v_1 v_{1y} + f u_1 = -g'(\gamma h_{1y} + h_{2y}) \tag{4.210}$$

$$(h_1 u_1)_x + (h_1 v_1)_y = 0 \tag{4.211}$$

$$-f v_2 = -g'(h_{1x} + h_{2x}) \tag{4.212}$$

$$u_2 v_{2x} + v_2 v_{2y} + f u_2 = -g'(h_{1y} + h_{2y}) \tag{4.213}$$

$$(h_2 u_2)_x + (h_2 v_2)_y = 0 \tag{4.214}$$

其中,$g' = g(\rho_3 - \rho_2)/\bar{\rho}$,且 $\gamma = (\rho_3 - \rho_1)/(\rho_3 - \rho_2)$;$\rho_1$、$\rho_2$ 和 ρ_3 分别为第一层(在顶部)、第二层和最下层的密度,并假定,最下层非常厚且无运动。

这个系统是半地转的,因为顺流方向的速度与该流的横向压强梯度成地转平衡,但是横向流速遵循非地转约束。通过交叉微分并减去对应的动量方程,可以导出两层中的位涡方程

$$Q_1 = (v_{1x} + f)/h_1 = F_1(\psi_1) \tag{4.215}$$

$$Q_2 = (v_{2x} + f)/h_2 = F_2(\psi_2) \tag{4.216}$$

类似地,每层中的伯努利函数也守恒

$$B_1 = v_1^2/2 + g'(\gamma h_1 + h_2) = G_1(\psi_1) \tag{4.217}$$

$$B_2 = v_2^2/2 + g'(h_1 + h_2) = G_2(\psi_2) \tag{4.218}$$

其中,ψ_1 和 ψ_2 是根据连续方程定义的流函数

$$\psi_{ix} = h_i v_i;\psi_{iy} = -h_i u_i, i = 1,2 \tag{4.219}$$

此外,把方程(4.209)与(4.212)相加并沿纬向积分得到了层中正压流函数与层厚相连接的一个简单积分约束

$$(\psi_{1\infty} + \psi_{2\infty}) - (\psi_1 + \psi_2) = \frac{g'}{f}\left[\frac{\gamma(h_{1\infty}^2 - h_1^2)}{2} + h_{1\infty} h_{2\infty} - h_1 h_2 + \frac{h_{2\infty}^2 - h_2^2}{2}\right] \tag{4.220}$$

其中,下标∞表示内区解。利用位涡关系式,顺流方向的动量方程可以改写为关于层厚 h_1 和 h_2 的一对二阶常微分方程组

$$\gamma h_{1xx} + h_{2xx} - \frac{f}{g'} F_1(\psi_1) h_1 = -\frac{f^2}{g'} \tag{4.221}$$

$$h_{1xx} + h_{2xx} - \frac{f}{g'} F_2(\psi_2) h_2 = -\frac{f^2}{g'} \text{①} \tag{4.222}$$

这两个方程组构成了高阶常微分方程系。不幸的是,这是一个半无限区间[0,∞]的刚性方程系统。例如,当 F_1 和 F_2 为常数时,方程(4.221)和(4.222)具有形式为 $\exp(\pm\lambda_i x)$,$i=1,2$,之解,其中$\{\lambda_i\}$是该系统的本征值。当$\{\lambda_i\}$为大值时,该系统难以求数值解,故被称为刚性(或病态)方程系统。

Blandford 采用了这个方程系和一些专为刚性方程组设计的软件包;不过,他发现大多数解出乎意料地离开了西边界,他也找不到连续的解。我们注意到,对这样的一个刚性系统进行数值积分是相当困难的,这可能就是为什么 Blandford 没有找到平滑解的原因。

2) 流函数坐标变换

Balandford 没有找到多层惯性西边界流的连续解,其部分原因可能与他采用的数值计算技术有关。从数学上看,某些刚性方程组在特定的坐标转换下可能变得非常容易求解。目前,在处理

① 原著中此式有误,现已更正。—— 译者注

惯性西边界流时,经常引用 Charney(1955)的论文;不过,Charney 所用的技术很少用于其他研究。事实上,Charney 所用的是在流体动力学经典教科书中著名的流函数坐标转换方法,它可以追溯到 von Mises(1927)的论文。在单个运动层的模式中,对于普遍的位涡廓线,流函数变换给出闭合的解析形式解。对于两个运动层的情况,我们引入以下变换

$$d\psi_1 = h_1 v_1 dx \tag{4.223}$$

在新的流函数坐标 ψ_1 中,方程(4.215)和(4.219)简化为两个一阶常微分方程加上三个代数关系式(全部为无量纲形式)的方程组①

$$\frac{dv_1^2}{d\psi_1} = 2\left[F_1(\psi_1) - \frac{f}{h_1}\right] \tag{4.224}$$

$$\frac{d\psi_2}{d\psi_1} = h_r \frac{h_2 v_2}{h_1 v_1} \tag{4.225}$$

$$\frac{\gamma}{2}h_1^2 + h_r h_2 h_2 + \frac{h_r^2}{2}h_2^2 = \frac{\gamma}{2} + h_r + \frac{h_r^2}{2} - (\psi_{1\infty} + \psi_{2\infty} - \psi_1 - \psi_2) \tag{4.226}$$

$$v_1^2/2 + \gamma h_1 + h_r h_2 = G_1(\psi_1) \tag{4.227}$$

$$v_2^2/2 + h_1 + h_r h_2 = G_2(\psi_2) \tag{4.228}$$

它们服从如下的边界条件

$$h_1(\psi_{1\infty}) = h_2(\psi_{2\infty}) = 1 \tag{4.229}$$

$$v_1(\psi_{1\infty}) = v_2(\psi_{2\infty}) = 0 \tag{4.230}$$

$$\psi_2(0) = 0, \quad \psi_2(\psi_{1\infty}) = \psi_{2\infty} \tag{4.231}$$

其中,$h_r = h_{2\infty}/h_{1\infty}$ 为带量纲的内区解的层厚之比。这个系统是一个良性的系统,而且容易求解,并且也能找到连续解。例如,在图 4.36 中给出了一个连续解的两个断面。在物理坐标 x 中,指数形式的解与内区解在西边界的外缘处相匹配。另外,在流函数坐标中,这个匹配条件则是以离开西边界有限距离处的线性函数形式出现的。由于惯性西边界的解必须通过打靶法(shooting method)求得,故采用流函数坐标在数值计算上具有很大的优越性。

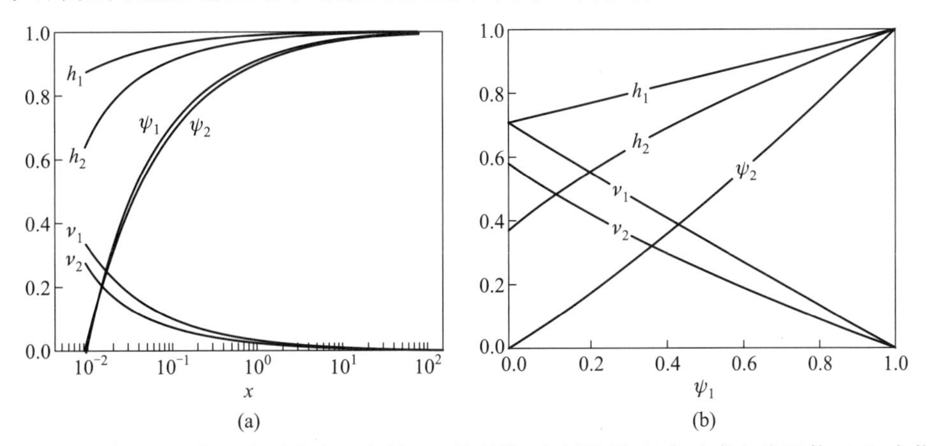

图 4.36　有两个运动层的惯性西边界流在两个断面上的结构,包括层厚、经向速度和流函数:(a) 在物理坐标 x 中 $y = 0.25$ 的解;(b) 流函数坐标中 $y = 0.55$ 的解(Huang,1990b)。

① 原著中,方程(4.226)有误,现已更正。——译者注

B. 惯性西边界流与大洋中区温跃层的匹配

1）研究动机

我们已经讨论了大洋内区的温跃层结构和有两个运动层的惯性西边界流。我们已经论证，在西边界流区的南部，混合/耗散是可以忽略的，这样，我们就想把大洋内区的温跃层解与某种西边界流相匹配。这就向着构建闭合海盆中环流的统一图景又迈进了一步。

2）构建模型公式

模型海洋（图4.37）由密度为常量的三个层组成，最下层非常厚而且假定为无运动的。亚热带流涡内区分成三个动力学上稍微不同的区域。

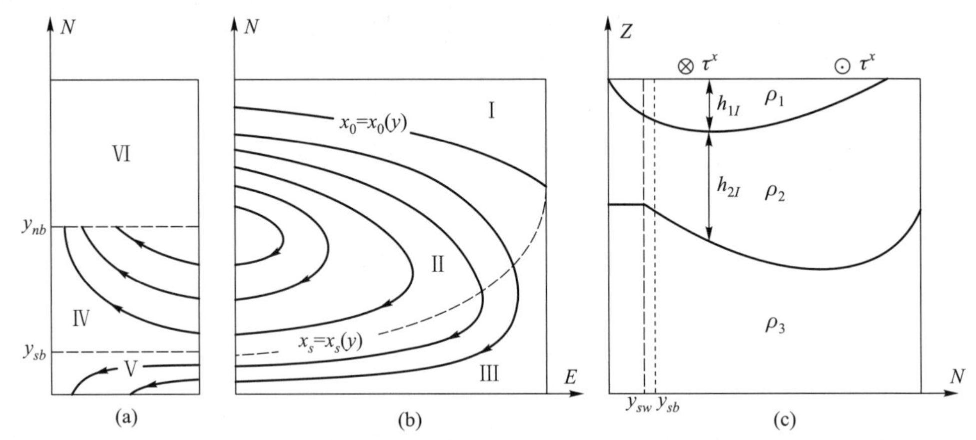

图4.37 亚热带流涡模型海洋的示意图：(a) 惯性西边界流；(b) 有两个运动层的内区海洋，其中 $x_0(y)$ 为上层的露头线，$x_s(y)$ 为第二层的阴影区边界；(c) 三层模型海洋的经向断面图①（Huang, 1990c）。

模型的动力学与Luyten等（1983）的经典通风温跃层基本相同。不过，我们将假定，对于所有潜沉水而言，第二层中的位涡是均匀的。这与实际观测到的湾流深处位涡均一化之结果是一致的。最上层的位涡并不是均匀的，因为它直接面对海面强迫力。利用我们的假定，就为露头线、阴影区的西边界和层厚带来了一个相当优美的解。

a) Ⅰ区

在露头线 $x_0=x_0(y)$ 以北，第一层消失，因此只有第二层是运动的。我们把风应力作为对于上层的彻体力来处理，其基本方程为

$$-fh_2v_2 = -\gamma_2h_2h_{2x} + \tau^x/\rho_0 \tag{4.232}$$

$$fh_2u_2 = -\gamma_2h_2h_{2y} \tag{4.233}$$

$$(h_2u_2)_x + (h_2v_2)_y = 0 \tag{4.234}$$

其中，$\gamma_2=g(\rho_3-\rho_2)/\rho_0$。交叉微分给出斯韦尔德鲁普关系

$$\beta h_2v_2 = -\tau^x_y/\rho_0 \tag{4.235}$$

并且层厚满足

$$h_2^2 = h_e^2 + \frac{2f^2}{\rho_0\beta\gamma_2}\left(\frac{\tau^x}{f}\right)_y(x_e-x) \tag{4.236}$$

① 在原著中，图4.37(c)上方的风应力处漏标其方向，为此补上，其中⊗和⊙分别表示东风和西风。——译者注

其中,h_e 是沿着海盆东边界恒定的层厚。

由于位涡沿着露头线为常量,沿着 $x_0(y)$ 有

$$f/h_2 = f_0/h_e \tag{4.237}$$

因此,露头线满足

$$x_e - x_0(y) = \rho_0\beta\gamma_2 \frac{(f/f_0)^2 - 1}{2f^2 (\tau^x/f)_y} h_e^2 \tag{4.238}$$

b) Ⅱ区

在 $x_0(y)$ 以南和 $x_s(y)$ 以北,两层都处于运动状态,因此基本方程为

$$-fh_1v_1 = -h_1[(\gamma_1 + \gamma_2)h_{1x} + \gamma_2 h_{2x}] + \tau^x/\rho_0 \tag{4.239}$$

$$fh_1u_1 = -h_1[(\gamma_1 + \gamma_2)h_{1y} + \gamma_2 h_{2y}] \tag{4.240}$$

$$(h_1u_1)_x + (h_1v_1)_y = 0 \tag{4.241}$$

$$-fh_2v_2 = -h_2(\gamma_2 h_{1x} + \gamma_2 h_{2x}) \tag{4.242}$$

$$fh_2u_2 = -h_2(\gamma_2 h_{1y} + \gamma_2 h_{2y}) \tag{4.243}$$

$$(h_2u_2)_x + (h_2v_2)_y = 0 \tag{4.244}$$

其中,$\gamma_1 = g(\rho_2 - \rho_1)/\rho_0$。经过一些运算之后,得到层厚所满足的关系

$$\gamma_2 (h_1 + h_2)^2 + \gamma_1 h_1^2 = \gamma_2 h_e^2 + \frac{2f^2}{\rho_0\beta}\left(\frac{\tau^x}{f}\right)_y (x_e - x) \tag{4.245}$$

我们进一步假定,露头线 $x_o(y)$ 取某种特殊的形状,使得第二层在潜沉之后的位涡为常量。这个假定获得了实测的支持,因为实测表明,湾流中的位涡接近常量(Iselin,1940;Huang 和 Stommel,1990)。因此,层厚为

$$h_1 = \frac{h_e}{\gamma_1 + \gamma_2}\left(-\gamma_2\frac{f}{f_0} + \Delta^{1/2}\right) \tag{4.246}$$

其中

$$\Delta = \left(\gamma_2\frac{f}{f_0}\right)^2 - (\gamma_1 + \gamma_2)\left\{\gamma_2[(f/f_0)^2 - 1] - \frac{2f^2}{\rho_0\beta h_e^2}\left(\frac{\tau^x}{f}\right)_y (x_e - x)\right\} \tag{4.247}$$

c) Ⅲ区

在 $x_s(y)$ 线以南,第二层是不流动的,所以只有第一层是运动的。上层的厚度满足

$$h_1^2 = \frac{2f^2}{\rho_0\beta\gamma_1}\left(\frac{\tau^x}{f}\right)_y (x_e - x) \tag{4.248}$$

由于第二层不动,故其厚度沿着这个区域的西部边缘满足 $h_2 = h_e - h_1$;因此,这个边界由以下方程确定

$$x_e - x_s(y) = \rho_0\beta\gamma_1 h_e^2 \left(1 - \frac{f}{f_0}\right)^2 \left[2f^2\left(\frac{\tau^x}{f}\right)_y\right]^{-1} \tag{4.249}$$

d) Ⅳ区

这是西边界流区的南部,其中存在两个运动层的惯性边界流,它可以利用上节中讨论过的流函数坐标变换来计算。

3) 西边界层与内区流动之间的相互作用

与上节讨论的情况相仿,只有当内区解满足了某些隐性约束时,西边界层才能连续。该模型

由以下风应力来驱动

$$\tau^x = -\tau_0 \frac{f}{f_0}\cos(\pi y/L_y) \tag{4.250}$$

其中，$\tau_0=0.075\ \mathrm{N/m^2}$。该模型海盆的水平尺度为 $L_x=6\ 000\ \mathrm{km}$，$L_y=3\ 000\ \mathrm{km}$，层化参量为 $\gamma_1=\gamma_2=0.015\ \mathrm{m/s^2}$，$h_e=500\ \mathrm{m}$。具有连续西边界层的解在图4.38和图4.39中给出。

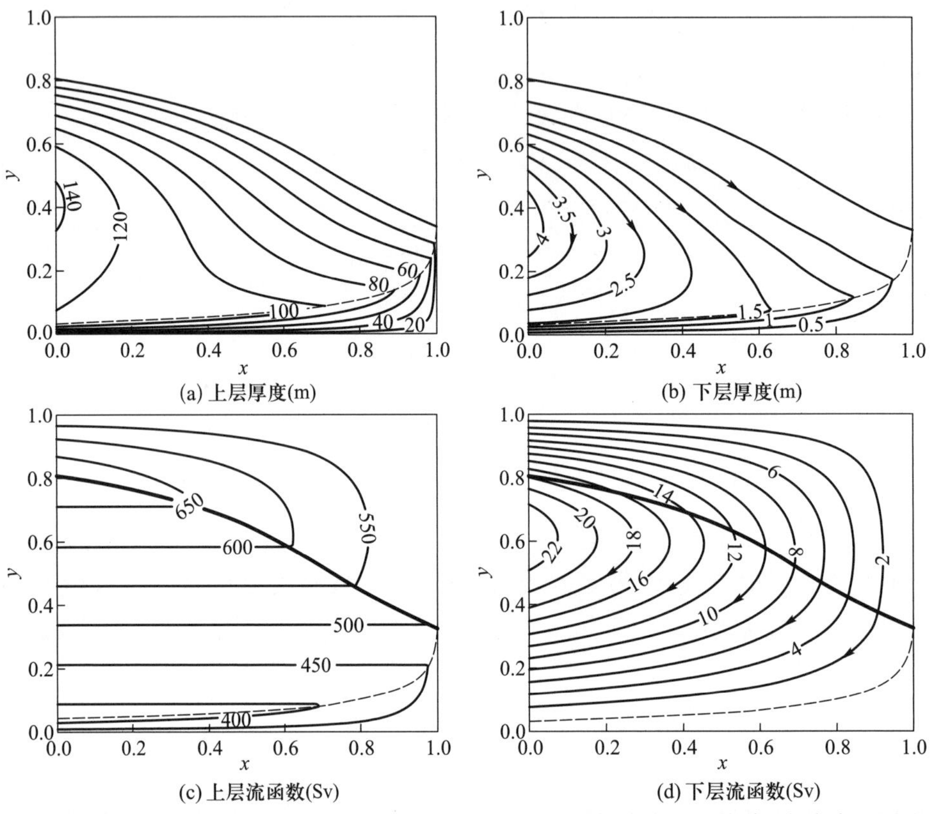

图4.38 内区解结构（外部参量为 $h_e=500$ m 和 $y_0=0.334\ 925$）。粗线表示露头线，虚线表示阴影区的边界（Huang，1990c）。

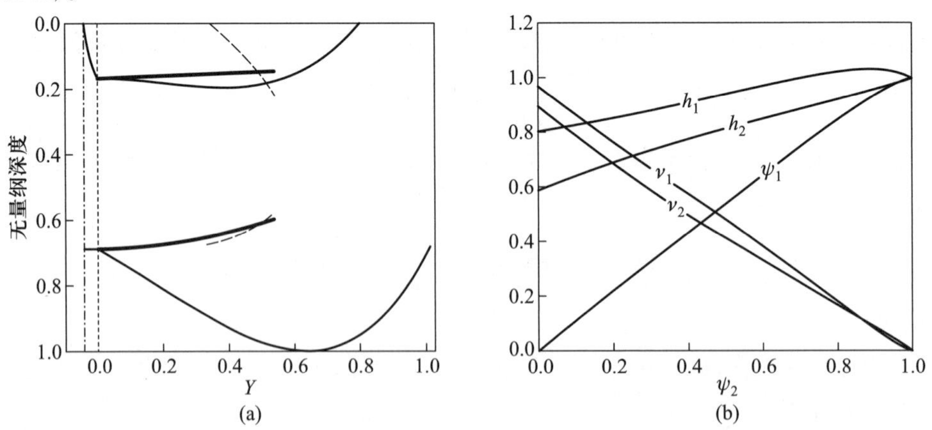

图4.39 西边界流的结构：(a) 惯性西边界流的经向断面图。Y 为无量纲经向坐标，细线表示西边界外缘的层之间界面，粗线表示西部岸壁处的界面，虚线表示没有物理意义的解；(b) 流函数坐标中的边界层结构（Huang，1990c）。

然而,如果外部参量(例如,露头线与东边界相交的位置、沿着东边界的下层厚度、层化参量 γ_1 或者风应力)发生改变,那么西边界层就会中断,并且系统的性状就能用相空间中的鞍点来描述(图 4.40)。

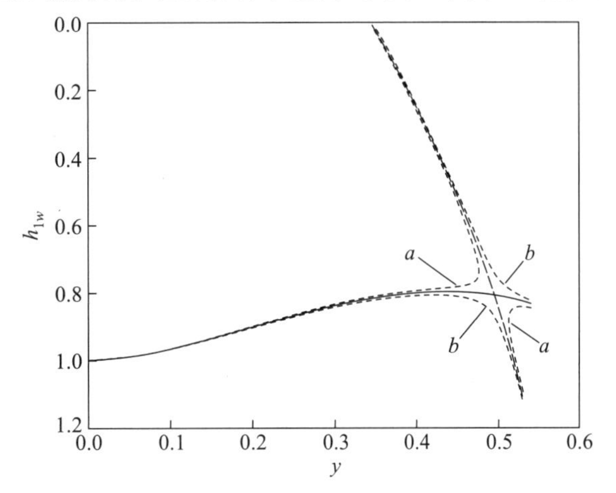

图 4.40 边界层结构随东部岸壁处下层厚度的变化。实线表示连续解,长虚线为伪解,短虚线表示解的分支(Huang,1990c)。

在单个运动层的经典风生环流理论中,把西边界层假定为一个被动的角色——它使质量流量闭合,并将多余的涡度耗散掉。内区的解由风应力旋度唯一地确定。对于一个层化模式,如同前面几节中已经讨论过的,其解还取决于层化和表层密度的分布。

对于一个有两个运动层的惯性西边界层模式,Blandford(1965)没有找到连续性的解,这在当时是令人惊奇的。我们已经指明,西边界层的连续性对大洋中区的温跃层施加了一个约束。尽管内区温跃层有很多自由度,但每当我们给环流加上了一个新的约束,那么该系统就会失去一些自由度;当加上了越来越多的约束后,剩下来的解几乎就没有几个了。这些约束则反映了内区流动与其他部分环流之间的相互作用。

C. 关于用西边界流来闭合通风温跃层的评述

自从首次提出通风温跃层理论以来,自然就产生了一个疑问:这个漂亮的解能否沿着西边界闭合起来?然而,很明显,没有任何理想流体模式能够完成这项任务,因为要使环流闭合,我们就需要加上摩擦/耗散,这样对于任意闭合流线而言,位涡和能量的收支才能平衡。把多个运动层与一个惯性西边界流相匹配,就表示从理论上对这个问题所做的努力已到尽头。从不含混合/耗散的理想流体模式中得到的环流是不能闭合的。因为在数值模式中可以包含微小跨密度面混合的动力学效应,故用数值模式研究封闭海盆中的环流就更方便。Samelson 和 Vallis(1997)用边界层把大洋内区近乎理想流体的温跃层与海盆尺度环流的其他部分连接起来,并给出了清晰的图像。然而,含有混合/耗散将使求解析解变得相当困难,并且很难得到漂亮的解析解。

4.1.9 应用于世界大洋的温跃层理论

A. 各大洋的位涡图

Talley(1985)将 LPS 模式应用于北太平洋的亚热带并成功地解释了实测的浅层中的盐度极小值。通过不同的等密度面上的位涡图,就可以清楚地看出太平洋的环流(图 4.41)。在许多其他的特征中,上层的位涡 $\rho^{-1}f\Delta\rho/\Delta z$ 是非均一化的,很明显,这是由于在这些较浅层次中存在强烈的位涡源/汇;然而,在更深的等密度面 $\sigma_\theta = 26.0\ \mathrm{kg/m^3}$ 和 $26.2\ \mathrm{kg/m^3}$ 上,可以清楚地看出,位涡有平原区[①]。这些位涡平原区似乎与位涡均一化理论并不矛盾。不过,世界大洋中存在这些位涡平原区可能是由完全不同的动力学过程造成的。

① 原著中为 plateau(高原),按其意义,译为位涡平原区。——译者注

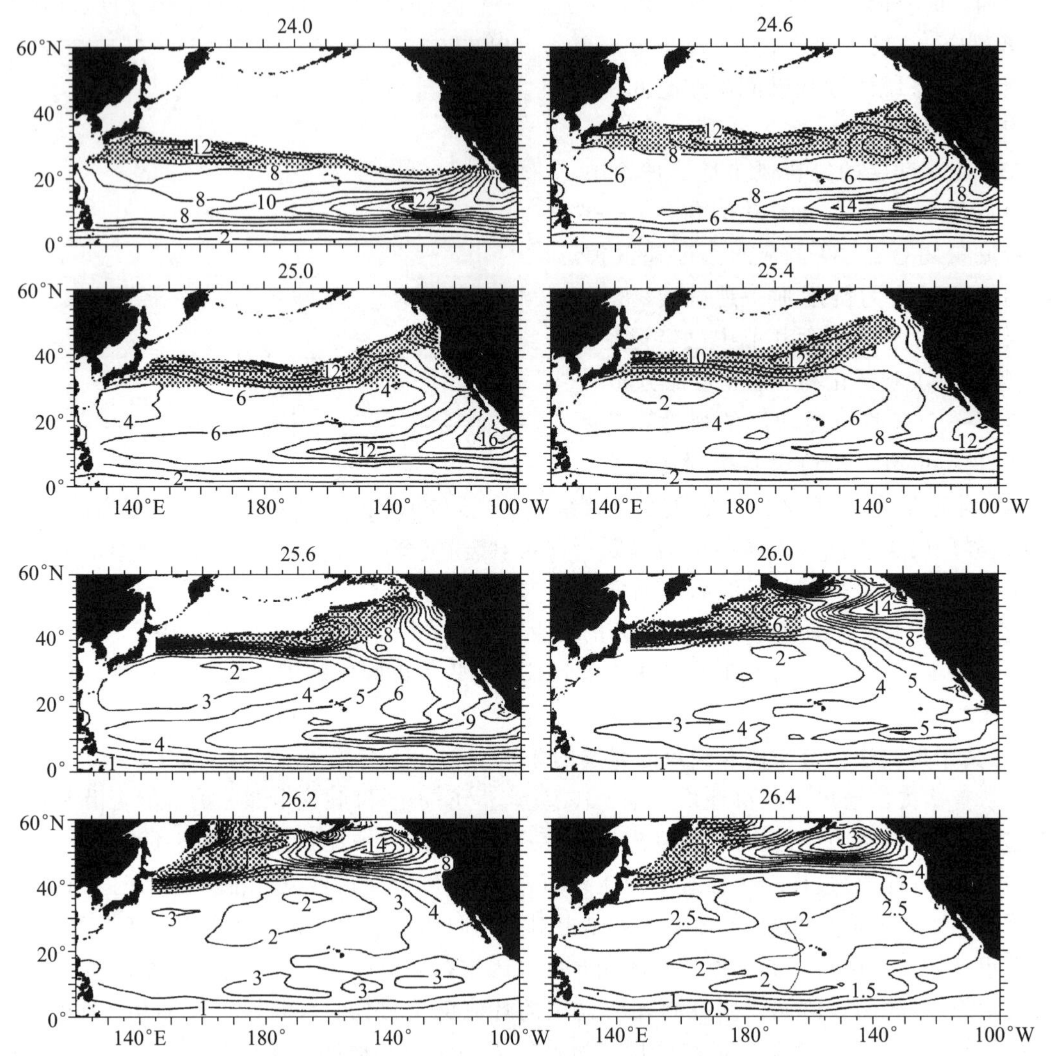

图 4.41 北太平洋特定等密度面(密度值标于图上方,单位 kg/m^3)上的位涡分布图(单位:10^{-10}/m/s)。阴影区有季节变化;其南部边缘为冬季海面露头线(Talley,1988)。

B. 数值模式诊断出的位涡均一化之结果

迄今,已经开展了利用原始方程组的数值实验,用于模拟由通风和非通风温跃层理论预测的环流动力学。在图 4.42 中给出了美国地球物理流体力学实验室(GFDL)利用原始方程模式得到的位涡图。图中虚线为伯努利函数等值线,如果假定耗散相对微弱,那么就可以把它们用做各个等密度面上的流线。在大部分亚热带流涡的内区中,位涡接近于均一化。

从图 4.41 和图 4.42 上,可以识别出 Rhines 和 Young(1982b)与 Luyten 等(1983)提出的全部动力学区域,比如流池、通风区和阴影区。我们注意到,理论与数值实验与实测之间存在一些重要差异。这两种理论的一个共同缺点是,它们都忽略了强涡动混合的动力学效应。例如,由图 4.42 可见,在顺流方向上,位涡以低/高位涡之舌状形式平流而下,这与 LPS 模式所用的位涡守恒相一致。然而,位涡并不是按照 LPS 的通风温跃层理论中所假定的严格守恒。事实上,由于

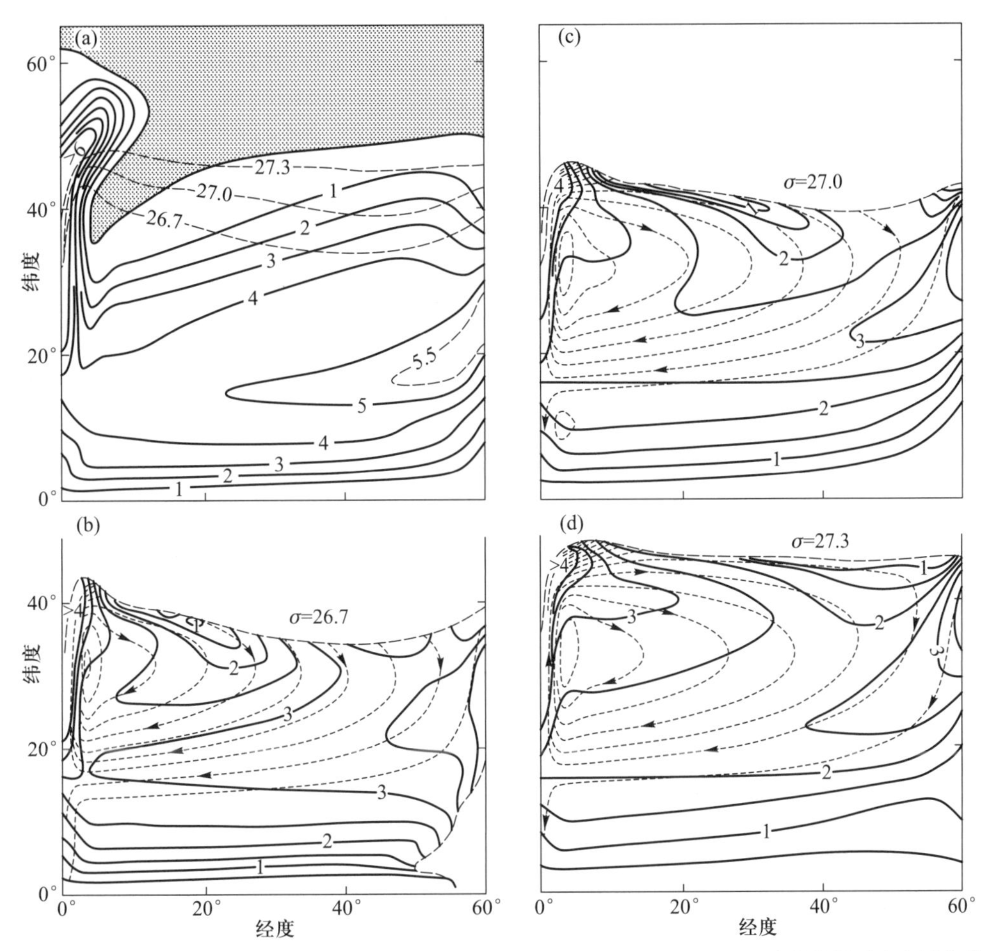

图 4.42 在(a) $z=-95$ m;(b) $\sigma=26.7$;(c) $\sigma=27.0(-f\sigma_z)$;(d) $\sigma=27.3$ 处的位涡分布图(实线,单位:10^{-10}/m/s;σ 的单位:kg/m^3)。在(b)、(c)和(d)图中带箭头的短虚线表示伯努利函数等值线,间隔为 4 cm(等效垂向位移)。长虚线表示 σ 面与 $z=-95$ m 面之间的交线(Cox 和 Bryan,1984)。

存在横流方向的涡动混合,低/高位涡之舌状会逐渐消失,如从图 4.41 和图 4.42 中看到的那样。在图 4.41 和图 4.42 中都有位涡近乎均匀的流池;不过,导致位涡均匀的原因似乎与 Rhines 和 Young(1982b)的原本的理论大不相同。

首先,与环流的时间尺度相比较,在温跃层底部处的等密度面上,涡度梯度弥散的时间尺度较小。事实上,位涡梯度引起了斜压不稳定性,这使在亚热带流涡区的那部分轨迹内,其等密度面上的位涡趋于均一化。

在理想化地形和强迫力的条件下,用涡分辨率的原始方程模式对位涡均一化过程进行了模拟(Cox,1985)(图 4.43)。非涡分辨率模式与涡分辨率模式给出了相同的基本流动型式。[这些模式较称为“不允许旋涡(non-eddy-permitted)”和“允许旋涡(eddy-permitted)”的模式更为精确,因为 1/3°的分辨率的模式实际上不能分辨海洋中更高阶斜压波模的涡。]不过,对于这两种情况,它们的混合过程相当不同。在亚热带流涡的西向流动区中,涡产生的混合对于位涡的均一化非常有效。而上述理论的预测则仅局限于在回流的流涡区内长时间尺度上的位涡均一化,但在涡分辨率模式中，均一化发生在跨过回流/通风的流动边界处，其时间尺度就短得多。事实上，通风的流动驱使异常位涡从等密度面露头处平流进入温跃层，正是这种异常位涡引起了局地位涡经向梯度符号的改变，因此引起了斜压不稳定性。

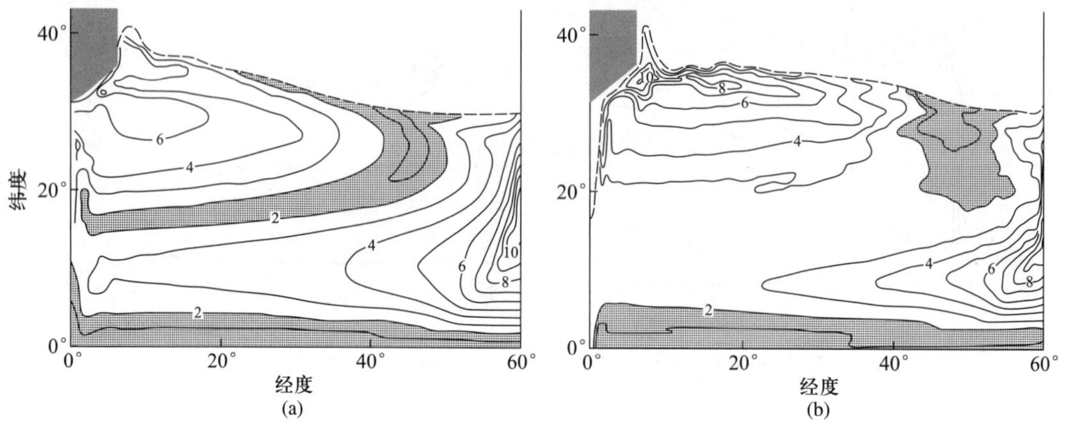

图4.43 从数值模式得到的 $\sigma=26.0(kg/m^3)$ 面上的位涡分布图(单位:$10^{-10}/m/s$):(a) 分辨率为1°的情况;(b) 分辨率为1/3°的情况(Cox,1985)。

其次，大气冷却在形成有着近乎均一化的位涡及其他特性量之模态水中起着至关重要的作用(McCartney,1982)。在图1.7中，我们早就指出，在北大西洋和北太平洋的回流区附近，有大量的热量散失到大气中。这个强烈的冷却与模态水之形成是密切相关的，这种情况主要发生在湾流系统以南。在冬末，局地混合层深度之极大值是模态水形成的一个关键指标。

冬末的冷却形成了一个深混合层、一个垂向位涡及其近乎均一化的其他特性量之深厚水柱，这就是将在5.1.5节中详细讨论的模态水之形成。在春季，上层海洋增暖使混合层迅速变浅，并使新形成的模态水被封闭起来。结果，在湾流和黑潮以南的回流区形成了大量有着非常低位涡的模态水。作为一个例子，在北大西洋65°W断面的位涡图上，可以清楚地看到上层海洋中形成的模态水(图4.44)。

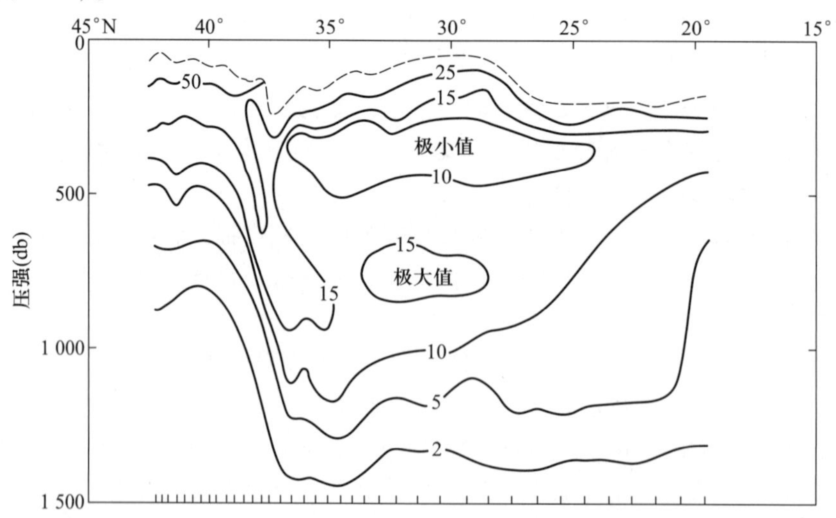

图4.44 在国际地球物理年的65°W断面(单位:$10^{-11}/m/s$)上的位涡经向分布图。较宽的浅层极小值($q<10$)为18℃水，是由表层的对流冷却形成继而被季节密跃层隔离开来。800 m处的 q 极大值为永久密跃层(McDowell等,1982)。

同样的思路可以通过数值模式来证实(Huang 和 Bryan,1987)。他们的数值实验表明,在西边界流之流出区的外缘,冷却产生了一个从暖而轻的上层水到冷而重的下层水的大质量流量。在一个四层模式中,在对应于湾流离开西边界的纬度处,存在着从第二层进入第三层的大质量流量(图 4.45)。

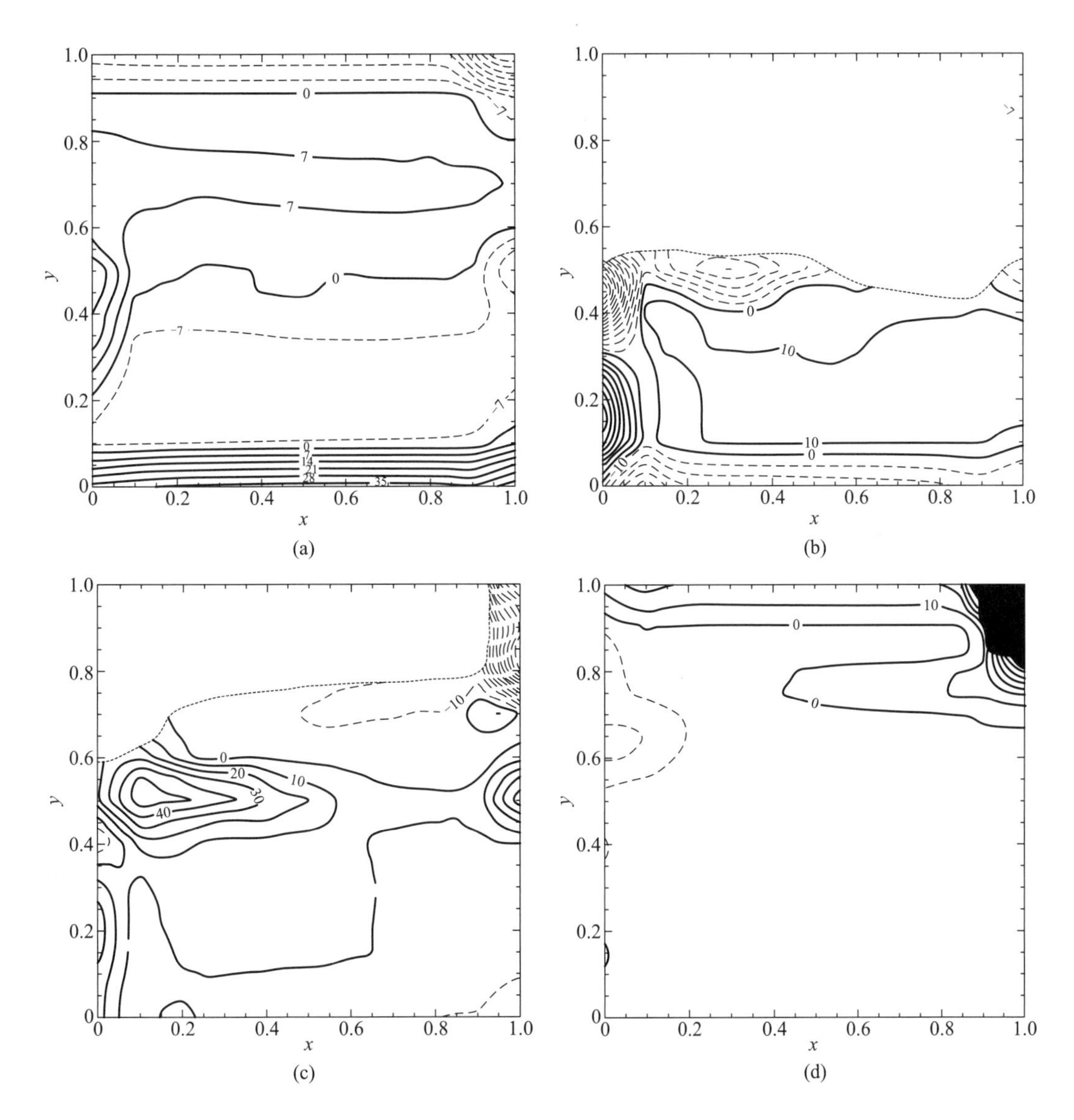

图 4.45 含四个运动层的模式给出的水源,实的(虚的)等值线(单位:10^{-7} m/s)表示源(汇)。(a) 混合层;(b) 第二层;(c) 第三层;(d) 第四层。在(b)和(c)中的点线为露头线(Huang 和 Bryan,1987)。

但海水离开西边界时,它携带着高位涡;然而,这个高位涡之舌通过对流翻转迅速转变成准均一的、低位涡水(图 4.46)。这样,混合层和上层海洋的热力学过程就可能成为控制这些具有准均一化位涡之水团的主要机制。

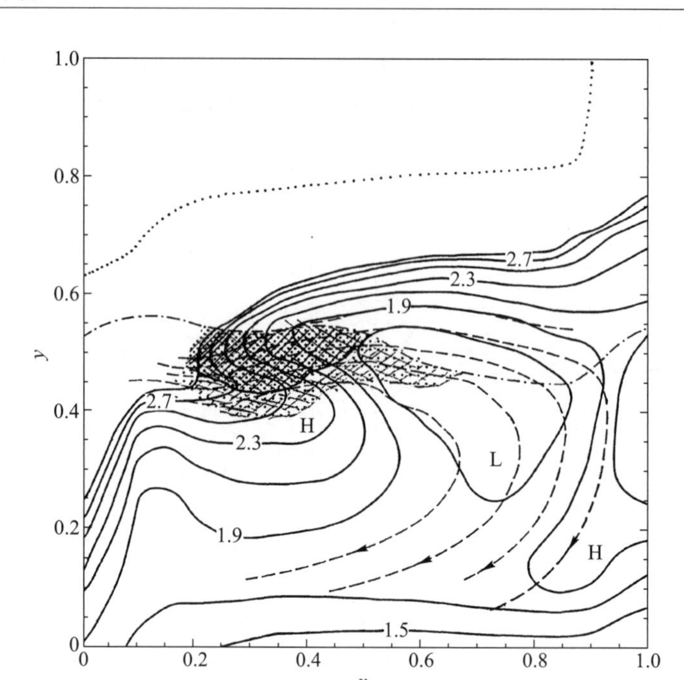

图 4.46 在多层模式中第三层的位涡(实线)和流函数(虚线)。细(粗)交叉线和点画成的阴影区域为强度小于(大于)2×10^{-6} m/s 的源区(Huang 和 Bryan, 1987)。

4.2 连续层化温跃层模式

4.2.1 含扩散过程的温跃层与理想流体温跃层

A. 含扩散过程的温跃层

即使在风生环流的多层模式还不是很成功的时候,人们已经在努力攻克连续层化的模式了。下面的方程组看起来是如此之简单,以至于人们简直经受不住诱惑而去求其解

$$-fv = -p_x/\rho_0 \tag{4.251}$$

$$fu = -p_y/\rho_0 \tag{4.252}$$

$$0 = -p_z - \rho g \tag{4.253}$$

$$\nabla \cdot \vec{u} = 0 \tag{4.254}$$

$$\vec{u} \cdot \nabla\rho = \kappa\rho_{zz} \tag{4.255}$$

这个方程组看起来确实很简单,因为除了密度方程(4.255)之外,其他所有方程都是线性的。然而,这个看似简单的方程组,却是难以求解析解的。由于这些方程是非常复杂的非线性偏微分方程组,所以,当时并不清楚如何建立合适的边值问题与如何去求解。长时间以来,人们求解这些方程的唯一途径就是通过相似解①。

① 对相似解感兴趣的读者,可参阅《海洋温跃层理论》一书(见 4.1.7 节的译者注)。——译者注

例如,Needler(1967)提出了如下形式的试解

$$p=m(x,y)e^{\kappa(x,y)z} \tag{4.256}$$

把(4.256)式代入原始方程,得到了一个压强为垂向坐标的指数函数之解 $p=\frac{\rho_s}{\kappa}e^{\kappa z}$,且其他动力学变量也有类似的特征。

尽管相似解给出一些外表很好看的解,但是,它们是基于原始方程中的某些关于平衡关系的特殊假定,而这些假定在物理上并不总是正确的。后来,大多数人终于放弃了寻找相似解的工作,并且现在人们对于能满足实质性边界条件的非相似性的解更感兴趣。不过,在黑暗中看到光明之前,我们还有很多困难要克服。在本引言之后的连续几节中,我们将描述其中的几个历史谜团。

B. 理想流体温跃层

1) 基本方程

所谓理想流体温跃层方程组看起来非常简单,它们由水平方向的地转方程、垂直方向的流体静压近似方程、不可压缩流体的连续方程和密度守恒方程组成

$$-fv=-p_x/\rho_0 \tag{4.257}$$

$$fu=-p_y/\rho_0 \tag{4.258}$$

$$0=p_z+\rho g \tag{4.259}$$

$$\nabla\cdot\vec{u}=0 \tag{4.260}$$

$$u\rho_x+v\rho_y+w\rho_z=0 \tag{4.261}$$

除了密度守恒方程外,其余所有方程都是线性的;不过,平流项所带来的非线性则是非常强的。自从 Welander 在 1959 年构建了这个方程系统以来,为这个方程系统构建合适的边界值问题,并对其求解就成为一个巨大的挑战。

2) 守恒量

通过对方程(4.257)和(4.258)交叉微分并相减,然后应用方程(4.260),便得到了涡度方程

$$\beta v=fw_z \tag{4.262}$$

把方程(4.261)对 z 求导,得到

$$\vec{u}_z\cdot\nabla\rho+\vec{u}\cdot\nabla\rho_z=0 \tag{4.263}$$

因为热成风关系,水平速度的垂向切变垂直于水平密度梯度,因此左边第一项简化为

$$\vec{u}_z\cdot\nabla\rho=w_z\rho_z=\frac{\beta}{f}v\rho_z \tag{4.264}$$

这样,方程(4.263)可以改写为

$$\vec{u}\cdot\nabla(f\rho_z)=0 \tag{4.265}$$

这是沿着流线的位涡守恒定律。

把动量方程分别乘以 v 和 u 后相加,注意到科氏力不做功,故我们得到机械能平衡方程

$$0=up_x+vp_y=\vec{u}\cdot\nabla p-wp_z=\vec{u}\cdot\nabla p+w\rho g \tag{4.266}$$

由于 $w=\vec{u}\cdot\nabla z$,我们得到伯努利守恒定律

$$\vec{u}\cdot\nabla(p+\rho gz)=0 \tag{4.267}$$

这样,密度、位涡和伯努利函数都是沿着流线守恒的。在海洋中,这些量不是严格守恒的;不过,它们与这些守恒定律的偏差足够小,因此,理想流体温跃层的理论已经是相当成功的了。

C. 简单解

1）简化为单个常微分方程

Welander(1971a)对理想流体温跃层理论所做的另一个重要贡献是把涡度守恒和伯努利守恒定律应用于温跃层问题。他构建的原始公式是基于 z 坐标。不过,更方便的方法是在密度坐标中构建此问题的公式,并利用伯努利函数

$$B = p + \rho g z \tag{4.268}$$

作为密度坐标中的因变量。伯努利函数对密度的一阶和二阶导数为

$$B_\rho = gz \tag{4.269}$$

$$B_{\rho\rho} = g z_\rho = \frac{fg}{q(B,\rho)} \tag{4.270}$$

其中

$$q = f\rho_z \tag{4.271}$$

为位涡。如前所述,伯努利函数 B 和位涡 q 沿着流线是守恒的。

Welander 迈出了至关重要的一步,他发现,如果给定 $q(B,\rho)$ 的函数形式,那么,对这个方程既可以求解析解,也可以求数值解。特别是,他讨论了如下几种情况。

a）如果位涡只是密度的函数

此方程很容易求解(Welander,1959)。事实上,积分两次就得到了一个解析解

$$B = B_0 + B_{\rho,0} - \iint d\rho' \frac{fg}{q(\rho')} \tag{4.272}$$

b）假设一个线性函数 $q(B,\rho) = f\rho_z = a\rho + bB + c$

这个方程很容易积分。将这个线性函数对 z 求导,并利用流体静压关系,得到

$$f\rho_{zz} = (a + bgz)\rho_z \tag{4.273}$$

对方程(4.273)积分两次,得到

$$\rho_z = C_1(\lambda,\theta) e^{\frac{az + 0.5bgz^2}{f}} \tag{4.274}$$

$$\rho = \rho_0(\lambda,\theta) + C(\lambda,\theta)\int_0^z e^{-\frac{(z'+z_0)^2}{D^2 f}} dz' \tag{4.275}$$

其中

$$C = C_1 e^{-\frac{a^2}{bg}}, \quad z_0 = \frac{a}{bg}, \quad D = \left(-\frac{2}{bg}\right)^{1/2}$$

Welander 加上了以下的边界条件:海面处密度应该与实测的年平均海面密度 $\rho_s(\lambda,\theta)$ 相匹配,且在很深处密度应趋于同一个值 $\rho_{-\infty}$。

Welander 也讨论了更为一般的情况,即取 q 为 B 和 ρ 的线性组合的函数,$q(B,\rho) = F(a\rho + bB + c)$。尽管 Welander 奠定了求解温跃层方程的基础,但仍有非常具有挑战性的困难需要克服。

最大的困难是关于边界条件的概念性难题。Welander 给出的公式是把温跃层问题简化为密度坐标中的二阶常微分方程。一个二阶常微分方程通常只能满足两个边界条件;然而,海盆中温跃层结构的解则需要满足多个边界条件。例如,埃克曼泵压条件要求该解拟合一个二维数组。在 Welander 最初提出的方法中,这个条件看起来几乎是不可能满足的。问题的关键是要满足埃克曼泵压条件,不过,可以对该模式进行修订,以便包含这样一个约束。此外,指定整个水柱的位涡原来是不必要的。正如以下几节中将会讨论的,新的理论指出,这个问题是超定的,因此,它不

能满足动力学上重要的其他边界条件。

今天,当我们回顾过去十年中取得的进展时,我们认识到,在求解温跃层方程上的进展是随着我们对温跃层结构的认识的深化而逐步取得的。Welander 的两项贡献最先来自物理上的洞察:忽略扩散并引入伯努利函数守恒和位涡守恒。而要对这个解进一步改进,就需要从物理的洞察力上下工夫。而只有在 Rhines 和 Young 关于位涡均一化和 Luyten、Pedlosky 和 Stommel 关于通风温跃层的开创性的研究之后,我们对温跃层的物理过程才有更深入的理解。后面将会讨论,类似于多层的温跃层模式,我们不得不把位涡作为解的一部分进行计算;我们只能对非通风温跃层指定位涡。因此,Welander 关于为所有的运动层指定位涡函数的建议,需要太多的信息,因而,实际上产生了一个超定系统。结果,这个解就不能满足两个以上的边界条件。

2) 理想流体温跃层的一个解析解

我们采用略微不同于 Welande 的假定,就可以得到理想流体温跃层的一个解析解。作为代替位涡线性函数的假定,我们假定

a) 在通风温跃层中,位势厚度(potential thickness,即位涡之倒数)是伯努利函数的线性函数,即 $D=-z_\rho/f=\alpha^2 B$,其中,α 是一个给定参量。这样,通风温跃层的基本方程为

$$B_{\rho\rho}+(\sqrt{fg}\alpha)^2 B=0 \tag{4.276}$$

b) 在非通风的温跃层中,位势厚度为常量。

方程(4.276)的解具有 $B=a\cos b(\rho-\rho_s)$ 的形式,其中,$b=\sqrt{fg}\alpha$ 和 $a=a(x,y)$ 可以通过包括斯韦尔德鲁普约束在内的边界条件来确定。经过简单的运算,斯韦尔德鲁普约束简化为一个超越方程(Huang,2001)。图 4.47 给出了一个模仿北大西洋、覆盖(0°E—60°E,15°N—45°N)的模型海盆的例子。这个解包括了通风温跃层、非通风温跃层和阴影区(如南部和东部边界附近的平直等密度面所提示的)。最重要的是,这个解满足了斯韦尔德鲁普约束,故它为温跃层及其有关的三维风生流涡提供了一个颇为完整的动力学图像。

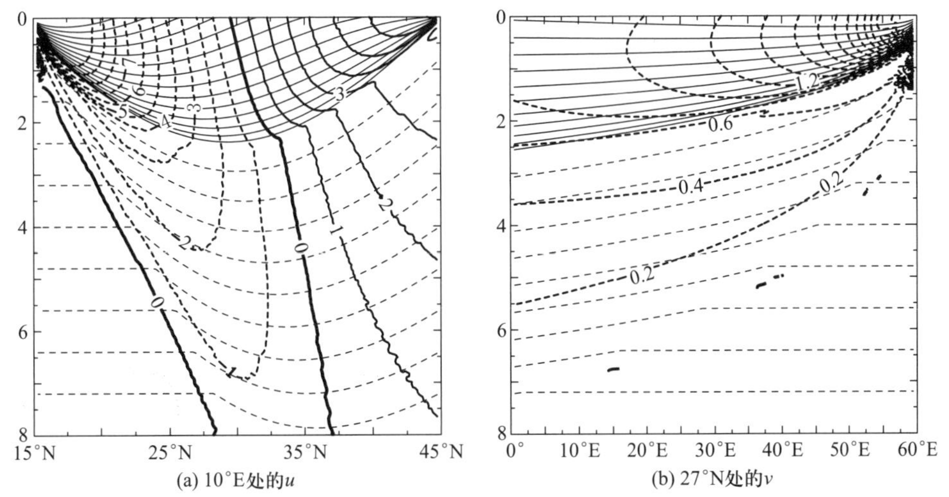

图 4.47 理想流体温跃层解析解的结构。实线为通风温跃层,虚线为非通风温跃层,粗线为速度等值线(单位:10^{-2} m/s)[①]。

① 原著中图(b)的标题误写为 U,现已更正。——作者注

很明显,这个解类似于大洋中实测的亚热带流涡。在以前的某些研究中,曾经推测,主温跃层可能以密度不连续性的形式出现在一个真正连续层化的模式中。然而,这样的一个密度锋面并不是必需的。事实上,在三维空间中,图4.47所示的简单解具有真正连续的结构,它包括了位涡的弱不连续性。从某种意义上说,这个解也是一个相似解,因为位涡函数要事先给定。不过,这个解与前面研究过的相似解在两个方面很不相同。首先,这个解满足了全部实质性的边界条件,特别是斯韦尔德鲁普关系。其次,这个解包括了位涡的弱不连续性,但它的密度结构是连续的。

在这个模式所属的一类解中,通风温跃层中的位涡是预先给定的常量,而把与该解相匹配的海面密度分布则作为解的一部分而被求解。在大洋中,通风温跃层的位涡是由海盆尺度的环流建立的,其中包括上层边界条件(例如,埃克曼泵压速率、表层密度和混合层深度)。在本例中,我们把混合层深度假设为零;不过,很容易对这里的方程组进行改进以包括非零深度的混合层。

4.2.2 连续层化的模式

A. 通风温跃层模式之改进

Luyten等(1983)的通风温跃层理论奠定了理想流体温跃层之基础。原则上,他们的理论可以推广到有多个运动层的模式。因此,这种模式能够提供有关连续层化大洋中温跃层结构的有用信息。

然而,当层数增加时,这种多层模式就遇到了某些困难。例如,根据Luyten等(1983)的工作,随着层数的增加,有着不同动力学的阴影区之数目就呈指数增加。另外,当层数非常多时,推导和计算解析解是一个相当单调乏味的工作。因此,最好根据通风温跃层的精髓来构建连续层化模式之公式。

1)模式的奇异性

早期通风温跃层模式中最致命的一个问题是缺乏混合层。事实上,在这些模式中把上层表面都设在$z=0$处。显然,这样的设置使模式得到了简化。但是,这种上层边界条件却带来若干问题。

首先,混合层是大气与永久温跃层之间的主要缓冲器。混合层深度在冬末达到一年中的极大值,其量级为200~400 m。混合层中的流量构成了风生环流中总流量的基本分量。由于混合层中的密度近乎垂向均匀,故其动力学与大洋内区的动力学很不相同。因此,含混合层的模式是迈向更实际的风生环流的关键性一步。

其次,这种上边界条件迫使所有等密度面在同一深度$z=0$处露头。结果,沿着东、北和南边界,所有这些模式都有奇异性。

最后,这种边界条件排除了混合层深度梯度对潜沉速率的贡献。在5.1.5节中将指出,在水平方向上,混合层深度的变化所引起的潜沉速率明显大于埃克曼泵压速率。因此,含混合层使温跃层模式在接近真实性上迈出了实质性的一步。

本节将指出,在模式中包含混合层实际上并不是非常困难的,并且它从实质上改进了温跃层模式。例如,与混合层耦合有助于克服温跃层模式的一个主要问题,即沿着东、北和南边界的奇异性问题。

2)东边界条件

迄今,人们尚未给予东边界足够的重视。在早期,在只有单个运动层的风生环流理论模式中,东边界只是一个开始积分的地方。对于层化模式来说,LPS(Luyten-Pedlosky-Stommel)模式首次提出,合适的东边界条件很重要。该模式的一个主要特征是,沿着东边界所有通风层的厚度都为零。但显然，这并不符合下述观测事实：沿着东边界，所有层次的层厚都是有限的。此外，由于计算必须从东边界开始，看来，很清楚的是，如果沿着东边界的通风层厚度不为零，那么整个解或许就会改变。

在 Killworth(1983b)的令人感兴趣的论证中，发现了东边界条件的特殊性质。假定可以用理想流体温跃层方程来描述流动，那么在东边界处合适的运动学条件为

$$在\ x=0\ 处, u=0 \tag{4.277}$$

因此 $u_z \equiv 0$。地转方程(4.257)和(4.258)意味着

$$在\ x=0\ 处, p_y=0, 或\ p=p(z), \rho=\rho(y) \tag{4.278}$$

这样，沿着东边界，密度守恒方程(4.261)简化为

$$在\ x=0\ 处, w\rho_z=0 \tag{4.279}$$

现在，如果在岸壁处，$\rho_z \neq 0$，亦即流体是层化的，则

$$在\ x=0\ 处, w=0 \tag{4.280}$$

根据斯韦尔德鲁普关系，$\beta v=fw_z$，我们得到

$$在\ x=0\ 处, v=0 \tag{4.281}$$

根据热成风关系，可以推出①

$$在\ x=0\ 处, \rho_x=0 \tag{4.282}$$

对密度守恒方程和斯韦尔德鲁普关系多次微分，我们可以得到，在东边界处，变量 $u, v, w, \rho_x, \rho_y, \rho_z$，对于 x 的一阶、二阶以及所有高阶导数都为零。

如果温跃层之解能以泰勒级数从东边界展开，那么在海盆中该解应该处处为零。尽管东边界附近的水是静止的，并且因而具有均质的特性，但在海盆内区，水的特性可能很不相同。上节中，我们在讨论通风温跃层时提到过，从海盆内区潜沉下来的水之动力学特性可能具有完全不同于邻接东边界的静止水。事实上，系统是双曲型的；因此，如果按不同动力学特性对水进行分区，那么沿着分区的界面，这些特性量或许是不可微分的，并且它们的泰勒级数展开就无效了。

为了探寻层化模式之合适的东边界条件，Pedlosky(1983)研究了一个有两个运动层的模式。它采用了新的东边界条件，该条件只要求垂向积分的纬向流量为零，并且允许沿着东部岸壁有非零的通风层厚度。由于该模式仅有两个运动层，故沿着东部岸壁的层化就要特别指定，并由此能够计算内区解。这个东边界条件产生了东边界的通风温跃层并且改变了流涡环流的全球结构。

Huang(1989a)把这个广义东边界条件推广到连续层化的模式中，他说明，沿着东边界的层化不再需要特别指定；而应该作为统一的流涡尺度环流的一部分参与计算。这样，东边界条件就与流涡尺度环流紧密联系在一起，而不能任意指定。

使用广义东边界条件时遇到了一些难点。首先，模式需要一个未知的、可以使水做垂向运移的东边界层。其次，沿着东边界的层化意味着该系统获得了某种额外的自由度，因此系统变成了高度欠定的。于是，问题变成了如何找到一个有物理意义的解。

对于连续层化模式来说，寻找东部岸壁处合适的边界条件是个常见的问题，为了回答此问题，Young 和 Ierley(1986)研究了一个含垂向扩散的温跃层环流模式。为探索适合理想流体温跃层的东边界条件之物理意义，他们利用了一族相似解。通过考察垂向扩散趋近零时得到的解，他

① 在原著中，式(4.282)排印有误，现已更正。——译者注

们得出结论,理想流体温跃层方程有弱解,即密度不连续性的解,他们把该层解释为温跃层。然而,Huang(1988a,2001)指出,该方程组确实存在真正连续层化的解,尽管在跨过运动水的底部处,位涡会不连续,而且沿着海盆的各边界会存在某种奇异性。因此,在大洋内区构建有着平滑密度场的解是有可能的,尽管东边界总是具有某种奇异性。

在一个密度与深度有水平变化的混合层模式中,Huang(1990a)仍然采用了老的东边界条件,即混合层之下纬向速度为零的条件。这个模式有一个隐含的假定:季节性温跃层中的向岸地转流动与南向沿岸风应力产生的离岸埃克曼输送正好互相平衡。这个新的公式成功地克服了以往很多理论模式中存在的人为奇异性。由于混合层的深度有限,故经向速度处处有限。应用这个东边界条件后,就消除了以往模式中在东、北和南边界上位涡之奇异性,并产生了通风温跃层中的阴影区。

公平地讲,关于东边界条件问题,还没有完全解决。由于局地的离岸埃克曼输送或许并不总是能与季节温跃层中的向岸流量正好平衡,故还会有某种奇异性需要进一步研究。事实上,在沿岸海洋学与海盆尺度的海洋学之间有一道鸿沟。在沿岸海洋学中,假定了大洋内区中的层化是给定的,并且在大多数情况下,把这种层化取为与纬度无关;而对于海盆尺度的海洋学来说,则假定了沿着东边界的层化是给定的,它或许是由某些沿岸环流过程所决定。通过封闭海盆中的总环流模式应该能把这个两部分联系起来。

B. 与可变深度混合层的耦合

在发展的早期阶段,为了简单起见,在大多数理想流体温跃层模式中都忽略了混合层,并且在这些模式中,都把 $z=0$ 处的上边界条件设为指定的 w_e 和 ρ_s。忽略了混合层后,给模式带来很多问题。此前的模式人为地把上表面设置在海面处,但是进一步的考察表明,把这种模式推广到含混合层的模式是相当容易的。

1) 混合层

我们关心的主要问题是混合层之下的主温跃层动力学。再者,为把混合层的热力学结合进主温跃层的动力学中而构建一个简单的解析模式,则非常困难。针对这个目标所面对的重大挑战是,如何处理混合层中季节循环问题,因这其中就包括了罗斯贝波之间的相互作用以及它们与平均流之间的相互作用。因此,我们将不去考虑混合层的热力学,而是预先指定混合层的热力学参量;不过,混合层中的流速则作为解的组成部分而需要求解。另外,根据 Stommel(1979)的建议,我们选择冬末的混合层特性作为强迫力。

在我们的理想化方案中,把埃克曼层处理为大洋表面的无限薄层,在该层的水平方向上,通过埃克曼漂流使水聚集起来,并由于埃克曼泵压的作用,水就在这里下沉。由于在整个混合层中,假定密度在垂直方向上是均一化的,故伯努利函数

$$B = p + \rho g z \tag{4.283}$$

在混合层的垂直方向上为常量。在海面处,伯努利函数与压强相同,因而在混合层中,水平压强梯度为

$$\nabla_h p = \nabla_h B^s - gz\,\nabla_h \rho^s \tag{4.284}$$

其中,上标 s 表示海面。右边第一项为正压项;第二项为由于混合层的水平密度梯度所引起的斜压项。

水平压强梯度产生了混合层中的地转流

$$u^g = -\frac{p_y}{f\rho_0}, v^g = \frac{p_x}{f\rho_0} \tag{4.285}$$

其中,$f=2\Omega\sin\theta$ 为科氏参量,ρ_0 为参考密度,下标 x 和 y 表示在球面坐标中的偏导数

$$\frac{\partial}{\partial x} = \frac{\partial}{a\cos\theta\partial\lambda}, \frac{\partial}{\partial y} = \frac{\partial}{a\partial\theta} \tag{4.286}$$

在混合层中,垂向积分的流量为

$$\int_{-h}^{0} u dz = -\frac{1}{f\rho_0}\left(B_y^s h + \frac{1}{2}g\rho_y^s h^2\right) \tag{4.287}$$

$$\int_{-h}^{0} v dz = \frac{1}{f\rho_0}\left(B_x^s h + \frac{1}{2}g\rho_x^s h^2\right) \tag{4.288}$$

沿着模型海盆的东边界,方程(4.287)右边第一项提示,有一支东向流进入了东边界,第二项则提示由于南北密度梯度而产生的西向流量。我们将假定,沿着东边界,在混合层底之下的所有温跃层都是不运动的(图4.48)。事实上,沿着东边界,混合层之下的水是处于运动之中的,并且正如 Pedlosky(1983)和 Huang(1989a)已讨论过的,这种包含东边界的通风温跃层之解可以利用多层模式或连续层化模式得到。这些研究表明,虽然在通风温跃层中引入了东边界使解得到了改进,特别是在海盆的东南部,但是它对海盆其余区域的改变却相对小。此外,含东边界的通风温跃层之解并不是唯一确定的。因此,为了易于分析,在混合层之下,我们将采用简单的无流动边界条件,并且忽略东边界通风温跃层。

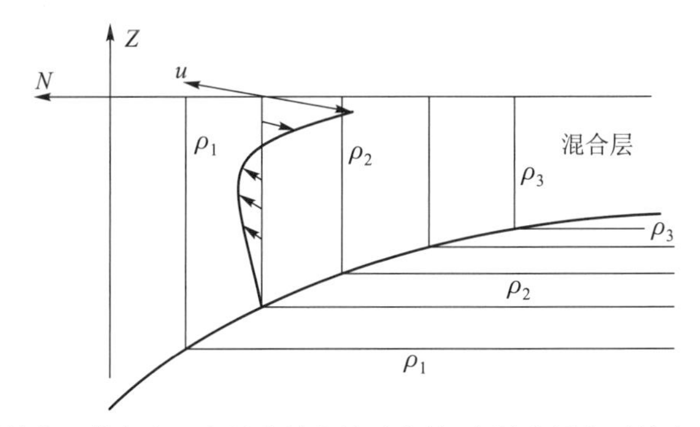

图4.48 东边界的动力学结构。等密度面在混合层中是垂直的,在混合层之下是水平的,意味着在混合层之下没有运动。

因此,在我们的模式中,东边界条件为,对于温跃层之水,纬向流速恒等于零

$$\text{在 } x = x_e \text{ 处}, \quad u \equiv 0 \tag{4.289}$$

这意味着

$$\text{对于 } z \leqslant -h, \quad p_y = 0 \tag{4.290}$$

因此,进入东边界的流量为

$$M^g = \int \frac{gh^2}{2f\rho_0}\rho_y^s dy \tag{4.291}$$

假设 $h=100$ m, $f=10^{-4}$/s,$\Delta\rho=2$ kg/m^3,我们得到 $M^g \simeq 1$ Sv。这个向岸的流量为沿着东边界的上升流提供了补给。沿着东边界的上升流与沿该边界附近的流系相连接,其详情不在我们这里讨论的范围之内。

该模式的实际东边界有点倾斜，因此东边界条件为

$$\text{沿着东边界}, \vec{u} \cdot \vec{n} = 0$$

在潜沉的形成阶段，混合层起了极其重要的作用。在定常环流中，年潜沉速率（潜沉速率的确切定义将在5.1.5节中讨论）定义为

$$S = -(w_m + \vec{u} \cdot \nabla_h h) \tag{4.292}$$

其中，下标 m 表示混合层底部；右边第一项是由混合层底部处的垂向泵压产生的。由于混合层中存在经向地转流量，故在混合层的底部处，垂向泵压小于埃克曼泵压①

$$w_m = w_e - \frac{\beta}{f}\int_{-h}^{0} v dz = w_e - \frac{\beta}{f^2 \rho_0}\left(B_x^s h + \frac{1}{2} g \rho_x^s h^2\right) \tag{4.293}$$

方程(4.292)右边的第二项是由侧向输水效应(lateral induction)产生的。因为混合层底部是倾斜的，故水平流动产生了进入主温跃层的流量。事实上，侧向输水是潜沉进入主温跃层的主要贡献者。这从以下非常简单的估算中可以看出：

a) 垂向泵压：$\int dx \int w_m \simeq 6 \times 10^8 \times 10^{-4} \times 3 \times 10^8 \simeq 18\ \mathrm{Sv}$

b) 水平输水：$\int dx \int v dh \simeq 6 \times 10^8 \times 3 \times 10^4 \simeq 18\ \mathrm{Sv}$

因此，这两项的贡献是相当的。我们的三维模式计算结果将会进一步确认这一估值。

容易看出，计算潜沉速率需要若干变量，其中包括混合层的几何形状（深度）及其密度与伯努利函数。利用这些变量可以计算出混合层的水平速度。尽管混合层的热力学变量，如 ρ^s 和 h，是指定的，但其动力学变量，例如 B^s 和 $\vec{u}$，则是未知的，它们都是我们正在寻找的解的组成部分。

应注意，在本节中，所有的偏导数都是在 z 坐标中定义的。因为密度是垂向均匀的，故在混合层内，密度坐标毫无意义。不过，在下面几节中我们的分析则是基于密度坐标，因此我们需要把方程(4.293)转换到密度坐标中。把 z 坐标转换成密度坐标，我们有

$$\nabla_z B = \nabla_\rho B + B_\rho \rho_x \Big|_z$$

因此，在混合层底部处

$$B_x^s \Big|_{\rho^s} = B_x^s \Big|_z + g h \rho_x^s$$

要注意，右边两项是在 z 坐标中计算的，因为这些项是在密度坐标中不起作用的混合层内定义的。因此，在密度坐标中，混合层底部的垂向速度为

$$w_m = w_e - \frac{\beta h}{f^2 \rho_0}\left(B_x^s \Big|_\rho + \frac{1}{2} B_\rho \frac{d\rho^s}{dx}\right) \tag{4.293'}$$

其中，我们已经利用了关系式 $B_\rho = -gh$。

2) 理想流体温跃层的自由边值问题

尽管 Luyten 等(1983)的通风温跃层模式为风生流涡提供了一个简单而优美的解，但是它仅限于有限几个运动层的若干情况。我们非常希望能把它扩展到连续层化海洋中。为了找到这样的解，需要构建适当的模式。Huang(1988a,b)提出了构建理想流体温跃层边值问题之基本方程组。为把水平方向可变的混合层之密度和深度包括在模式中，Huang(1990a)改进了公式的构

① 在原著中，式(4.293)排印有误，现已更正。——作者注

成。该公式方案是建立在(位)密度坐标 ρ 上的。值得注意的是,从概念上讲,Luyten 等(1983)的通风温跃层理论是一个建立在密度坐标上的高度截断模式。随着层数大大增加,他们的模式应该收敛到一个连续层化的模式。

在密度坐标中,水平动量方程简化为

$$f\rho_0 v = B_x, \quad f\rho_0 u = -B_y \tag{4.294}$$

且垂向动量方程简化为流体静压关系

$$B_\rho = gz \tag{4.295}$$

其中,下标 ρ 表示对密度 ρ 的偏导数。线性涡度方程,或者等效的斯韦尔德鲁普关系,取如下形式

$$\beta v z_\rho = f w_\rho \tag{4.296}$$

利用方程(4.294)和(4.295)消去 v 和 z,得出

$$B_{\rho\rho} B_x = \frac{g\rho_0 f^2}{\beta} w_\rho \tag{4.297}$$

在区间$[\rho^s,\rho^b]$上对方程积分(其中,ρ^s 为给定的混合层密度分布,ρ^b 为把运动的水与不运动的深渊水分开的未知自由边界),给出

$$\int_{\rho^s}^{\rho^b} B_{\rho\rho} B_x d\rho = -\frac{g\rho_0 f^2}{\beta} w_m \tag{4.298}$$

利用方程(4.293′)及其在混合层底部处 $B_\rho = -gh$ 的边界条件,方程(4.298)的右边可以改写为

$$-\frac{g\rho_0 f^2}{\beta} w_m = -\frac{g\rho_0 f^2}{\beta} w_e - B_\rho B_x^s - \frac{1}{2} B_\rho^2 \frac{d\rho^s}{dx} \tag{4.299}$$

通过分部积分,方程(4.298)的左边可以改写为

$$\int_{\rho^s}^{\rho^b} B_{\rho\rho} B_x d\rho = B_\rho B_x \Big|_{\rho^b} - B_\rho B_x \Big|_{\rho^s} - \int_{\rho^s}^{\rho^b} B_\rho B_{\rho x} d\rho \tag{4.300}$$

其中,由于为与在风生流涡之底部处水平速度消失的边界条件相匹配,方程右边的第一项为零。右边最后一项的积分可以转化为另一种形式

$$\frac{d}{dx}\int_{\rho^s}^{\rho^b} B_\rho^2 d\rho = B_\rho^2 \frac{d\rho^b}{dx}\Big|_{\rho^b} - B_\rho^2 \frac{d\rho^s}{dx}\Big|_{\rho^s} + 2\int_{\rho^s}^{\rho^b} B_\rho B_{x\rho} d\rho \tag{4.301}$$

把方程(4.298)、(4.299)、(4.300)与(4.301)相结合,我们得到

$$\frac{d}{dx}\int_{\rho^s}^{\rho^b} B_\rho^2 d\rho - B_\rho^2 \rho_x^b = \frac{2g\rho_0 f^2}{\beta} w_e \tag{4.302}$$

对方程(4.302)在区间$[x,x_e]$上积分,得到

$$-\int_{\rho^s}^{\rho^b} B_\rho^2 d\rho + \int_{\rho^s}^{\rho^b} B_\rho^{e2} d\rho + \int_{\rho^s}^{\rho^b} B_\rho^{a2} d\rho = \frac{2g\rho_0 f^2}{\beta}\int_x^{x_e} w_e dx \tag{4.303}$$

其中,B^e 为沿着东边界指定的伯努利函数,它是一个由沿着东边界的层化导出的给定函数;B^a 是在深渊层中指定的层化,代表背景层化。

该方程是常用于约化重力模式中的斯韦尔德鲁普关系之推广。因为我们要利用一个附加的假定,即沿着东边界的运动水层之底与混合层之底相重合,故左边的第二项消失。Huang(1990a)以及 Huang 和 Russell(1994)证实,对理想流体温跃层的计算,可简化为反复地求解密度坐标中的如下自由边值问题

$$B_{\rho\rho} = \frac{fg}{Q(B,\rho)} \tag{4.304}$$

其约束条件为

$$\text{在}\ \rho=\rho^{s}\ \text{处},\quad B_{\rho}=-gh(x,y) \tag{4.305}$$

$$\text{在}\ \rho=\rho^{b}\ \text{处}(\rho^{b}\ \text{是未知数}),B=B^{a},B_{\rho}=B_{\rho}^{a} \tag{4.306}$$

$$-\int_{\rho^{s}}^{\rho^{b}}B_{\rho}^{2}d\rho+\int_{\rho^{be}}^{\rho^{b}}B_{\rho}^{a2}d\rho=\frac{2g\rho_{0}f^{2}}{\beta}\int_{x}^{x_{e}}w_{e}dx \tag{4.307}$$

尽管这个方法看似只是 Welander(1971a)早期工作的一个简单的延续,但在公式构建上,新方法与 Welander 的老方法之间存在微妙的差异。在 Welander 的公式推导中,曾假定方程(4.304)中的位涡 $Q(B,\rho)$ 是 B 和 ρ 的给定函数,并且该方程要服从其上下边界处指定的边界条件。特别是,Welander 没有考虑混合层的潜在作用,其实,他隐含了 $h(x,y)=0$ 的假定。此外,他还假设下边界固定在 $\rho=\rho_{-\infty}$ 处。由于含有给定函数 $Q(B,\rho)$ 的常微分方程(4.304)只能满足两个边界条件,故当时还不清楚如何找到满足追加的边界条件[例如,追加的斯韦尔德鲁普约束方程(4.307),它对于描述大洋中的风生环流是根本性的约束]之解。

上面讨论过,在 Welander 的原始公式推导中,假定了位涡对于整个温跃层都是一个给定的函数。在经过很长时间,并做出了许多努力之后,人们才认识到,温跃层是由受到不同动力学调节的若干区域组成的,其中包括通风区、非通风温跃层、阴影区和流池。已经发现,非通风温跃层中的位涡是相当均一化的(Rhines 和 Young,1982a;McDowell 等,1983)。由于强大的风强迫力,一般说来,通风区的位涡并没有被均一化。因此,关于通风区中位涡函数的形式,任何先验的假定都是人为的。在 20 世纪 80 年代早期所取得的一个最重要的进展就是认识到以往的方法中存在这种根本的局限性,并且创造了一个新的方法,即允许我们把通风区中的位涡作为解的一部分进行计算,这一点已为 Luyten 等(1983)所证实。

在新方法中,运动水层之底不再是一个密度为常量的面,而是风生流涡的运动部分与其下的静止水体之间的一个自由边界,它也是作为解的一部分参与计算。现在,在连续层化模式中,具有连续层化的静止水之流区替代了邻接东边界层的阴影区,后者则是在 LPS 原模式中讨论过的多层通风温跃层中出现的。因此,在连续层化的模式中,可以很容易地避免处理由于不同阴影区的数目呈指数增长所带来的技术难题。

根据这些新的发现,Welander 的早期模式可以归类于某种相似解。在连续层化模式中已经加入了这些新的特性。它与 Welander 模式的一个主要区别是,方程(4.304)中的 Q,对于非通风温跃层是一个给定的函数,而对于通风温跃层而言则是未知的。边界值的特殊性质[包括下边界为自由边界与 $Q(B,\rho)$ 不是完全给定的]带来了一个独特的问题,即一个二阶常微分方程服从于四个约束条件。

对于这个自由边界值问题,可以利用打靶法求解,求解的方法是先对位于底部的运动水体 ρ^{b}①猜测第一个值。然后向上(即向较低的密度)积分到混合层之底,于是我们就能够把最上面的通风层的位涡确定为 $q=f\Delta\rho/\Delta h$,其中,$\Delta\rho$ 为密度增量,Δh 为最上层的厚度。然后,用广义的斯韦尔德鲁普关系来检验。如果不满足,则调整运动水层底部处的 ρ^{b},直到符合积分约束条件。

连续层化模式的总体结构由图 4.49 给出。对于亚热带风生流涡,模式从北部的流涡之间(在亚极带与亚热带的流涡之间)的边界开始积分。在垂直方向上有四个动力学流区。顶层是在垂直方向上密度为常量的混合层。混合层的密度和深度都是根据其冬末的特性来指定的。在

① 原著中此处排印有误,现已更正。——作者注

混合层之下是通风温跃层,其位涡是未知的并且作为解的一部分参与计算。每一个通风层在其下一条露头线处被潜沉。在这条新的露头线以南,新潜沉的层在其下继续向南运动,并保持着在潜沉过程中所形成的位涡。在通风温跃层之下,存在着指定位涡的非通风温跃层。尽管能够采用任意合理选取的位涡形式,但较方便的方法是假定,非通风温跃层中的位涡向着沿模式北边界处的行星涡度均一化。模式最下面的部分为深渊中的静止水层,其层化是指定的。由于那里的水是不运动的,因此每一层中的层化参量为常量,这就意味着,那里的位涡是纬度的函数,尽管对于静止的水体而言,位涡的概念并没有很多动力学上的意义。

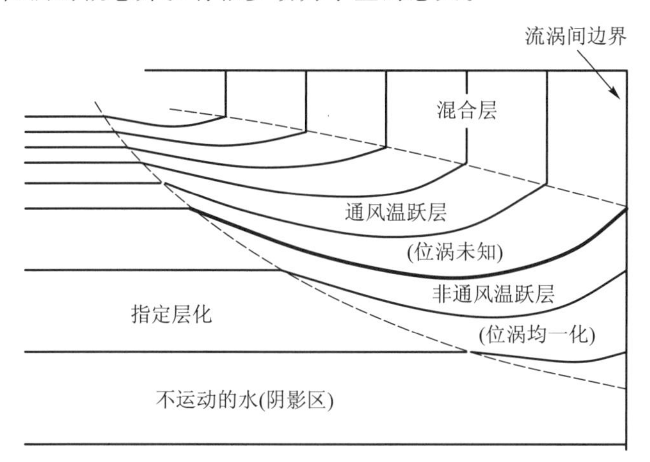

图 4.49 亚热带海盆中理想流体温跃层示意图。

3) 应用于北太平洋

此模式曾应用于北大西洋和北太平洋,其中,h 和 ρ^s 指定为地理位置的函数,并取用气候态平均的密度和深度数据集。把模型大洋划分为 $m \times n$ 个网格,亚热带风生流涡三维结构的计算简化为在沿着各条露头线上对每一个站位反复求解该二阶常微分方程。在图 4.50 中给出了在冬末的北太平洋中,典型的等密度面露头线。

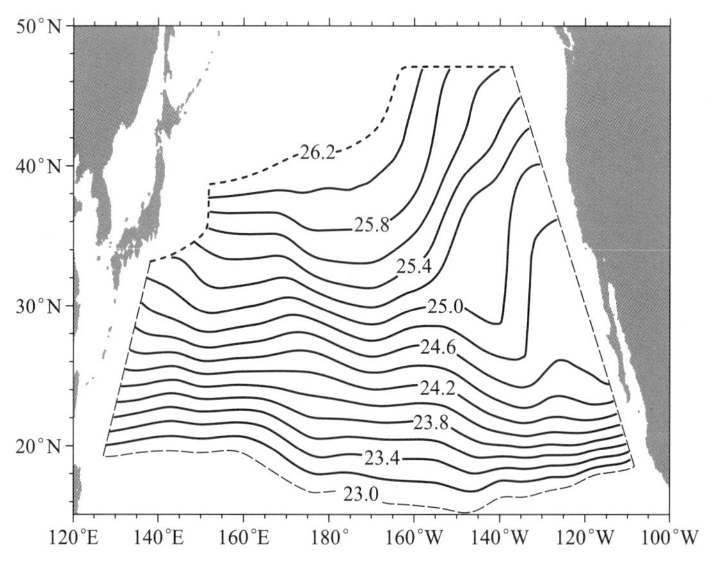

图 4.50 北太平洋中冬末混合层密度分布图(σ 单位:kg/m^3)(Huang 和 Russell,1994)。

沿着最北边的露头线，从靠近东边界（或北边界）的第一个站位开始，我们对每一个站位求解自由边值问题。我们假设，对于非通风温跃层，位涡是给定密度的函数，这样，对于每个站位之解，就给出了这个站位处运动水层的底部深度与海面处的伯努利函数 B_s。在完成了沿着这条露头线的计算之后，对于这个密度 ρ_1，我们得到了位涡与伯努利函数之间的函数关系，这个关系以数组的形式储存于计算机中。对于向南的露头线，我们可以利用这个储存于计算机内存的数据之函数关系，用以求解沿着下一条密度小于 ρ_1 的露头线的自由边值问题，继续这个过程，直到到达模型海盆的南边界。

通过这个过程，得到了在每一个等密度面上的伯努利函数之水平分布，再应用地转条件，就得到了每一个等密度面上的水平流速。例如，图 4.51 给出了北太平洋亚热带流涡中四个等密度面上的流线。靠近东边界，画有阴影的区域表示每个等密度面上的静止水体，它对应于多层通风温跃层模式中的阴影区。该模式的计算结果表明，北太平洋中的大多数风生环流是通风的。

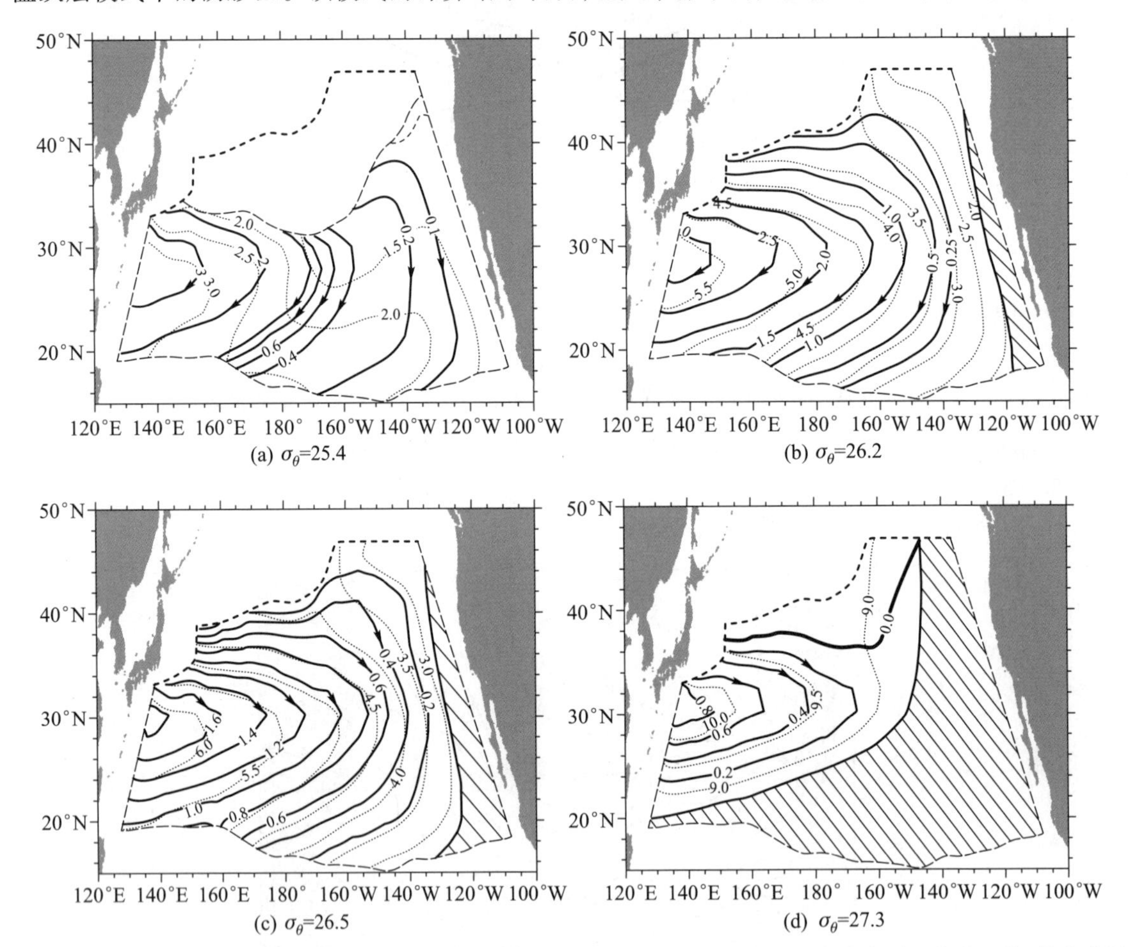

图 4.51　在北太平洋风生亚热带流涡中四个不同等密度面上的环流。带箭头的实线为层积分流函数，数字为层积分流量（单位：Sv），点线为深度（单位：百米）①，画有阴影的区域表示各个等密度面上的静止水体（Huang 和 Russell，1994）。

① 此处原著中有误，现已更正。此外，此处的深度是指等密度面的深度。——译者注

在该模式中,最突出的特征是,加入了深度有限而在水平方向有变化的混合层,因而带来了强通风。冬末的混合层深度在南部变浅产生了强烈的侧向输水率和潜沉速率[图 4.52(c),(d)]。

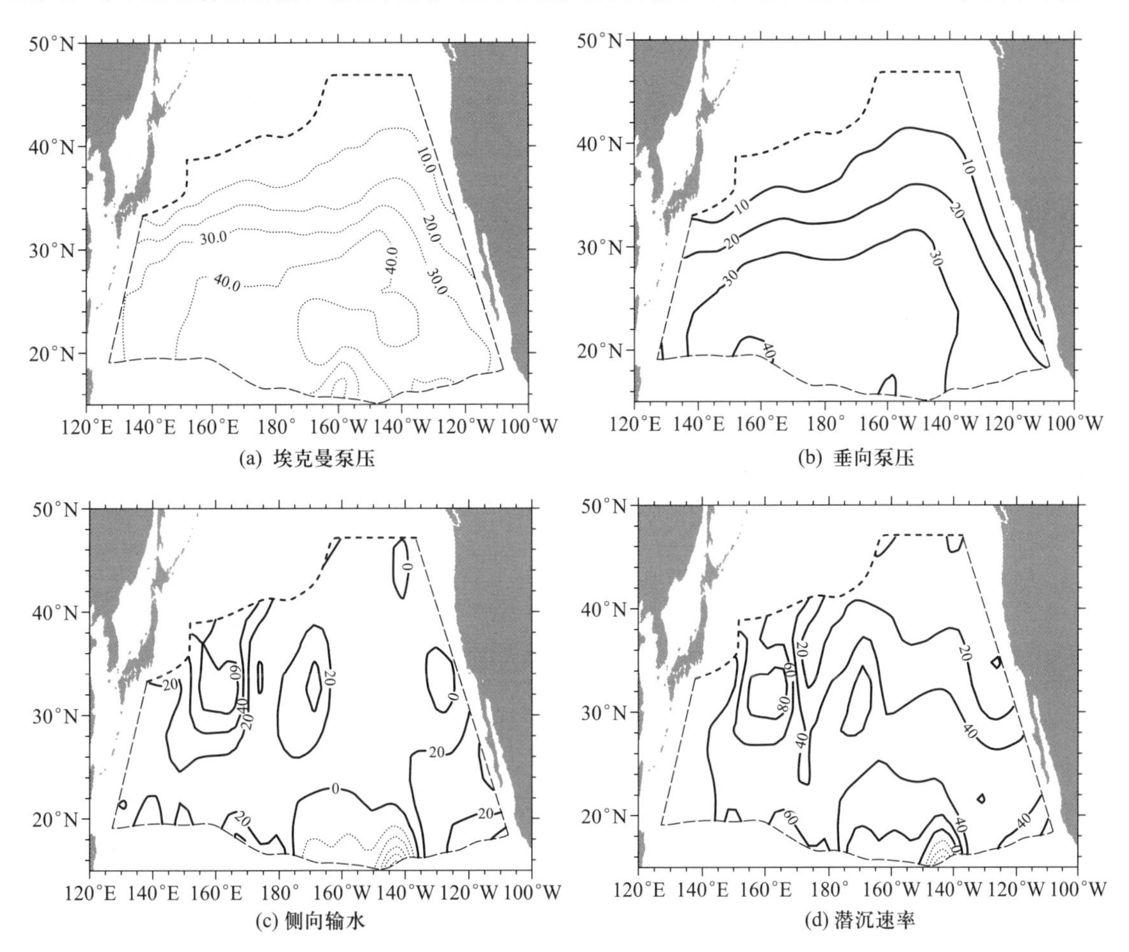

图 4.52 理想流体温跃层模式给出的北太平洋的垂向泵压和潜沉速率(单位:m/年)(Huang 和 Russell,1994)。

对通风温跃层的流量做出贡献的因子有三个:来自埃克曼层辐聚的垂向泵压[图 4.52(a),(b)],侧向输水率[图 4.52(c)]以及因东北—西南走向的零埃克曼泵压线而导致的海水在流涡边界间流入/流出①(图 4.53)。事实上,这三者的贡献是相同的。混合层南部变浅及其所导致的从混合层进入主温跃层的侧向输水对风生环流和气候有非常重要的影响;在 5.1.5 节中我们将专门研究潜沉过程对水团形成的贡献,故这些问题到那时再讨论。这些流量都可从连续层化模式[图 4.53(a)]和历史水文数据的诊断计算[图 4.53(b)]中计算出来。在图 4.53 中,每一幅图的左边外缘处的数字表示,它们与西边界或流涡间边界的质量交换。由于流涡间边界的经向距离很长,故实际上,来自西边界的大部分流入通量都来自于流涡间的边界。因此,如图 4.53 所示,流涡间的质量通量是在每个等密度层上通量的主要贡献者。

① 原著有疏漏,现已补上。——译者注

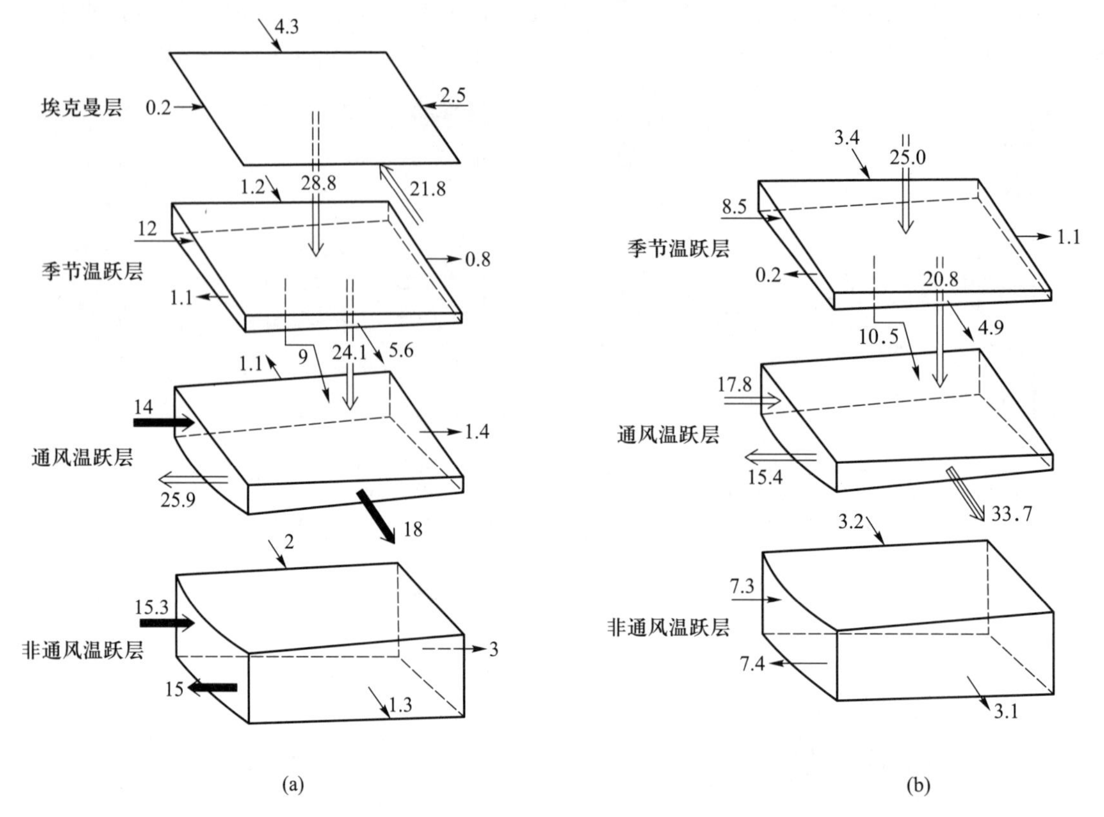

图 4.53 北太平洋风生环流的结构(数字表示流量,单位:Sv):(a) 动力计算结果(Huang 和 Qiu,1994);(b) 理想流体温跃层模式结果(Huang 和 Russell,1994)。

4.3 亚极带流涡中的环流结构

4.3.1 引言

在上层大洋海流系统中,风生环流是其中最重要的一个分量。最简单的模式是广为采用的约化重力模式。在这样的模式中,为亚极带流涡与为亚热带流涡所指定的边界条件就非常相似;因此,在 4.1.2 节中用于亚热带流涡的单个运动层的约化重力模式,也能用于描述亚极带流涡,其唯一的差别是,亚极带海盆中的埃克曼泵吸是正的。结果是,在由正风应力旋度产生的埃克曼抽吸力(Ekman suction)的作用下,亚极带流涡内区之地转流是流向极地的,并且其等密度面是穹顶形的。亚极带海盆中对应的西边界流是流向赤道的。与亚热带海盆中的斯托梅尔层、芒克层和惯性西边界层的理论相对应,这些理论都可用在亚极带海盆中,其处理的方式是类似的。

然而,在亚极带海盆与亚热带海盆中的风生环流在以下几方面并不相同。首先,在亚极带海盆中,埃克曼泵吸是向上的。尽管对于只有单个运动层的模式来说,这似乎没有太大的问题,但是对于多层模式和连续层化模式而言,它改变了这些模式的动力学和结构。理想流体温跃层模式在数学上属于所谓双曲系统。对于一个双曲系统,通常是在上游边界给定边界条件,而不是在下游边界。在亚热带海盆中,在模式的上边界处给定边界条件,例如混合层密度和深度;然而,在亚极带海盆,海面是“下游边界”,因此混合层密度和深度不能指为边界条件,这将在本节中详细讨论。

其次,与亚热带海盆相比较,在亚极带海盆中,层化就弱得多;这样,对于同样强度的风应力旋度,亚极带海盆的风生流涡所达到的深度就深多了。因此,风生流涡与海底地形相互作用的可能性就比亚热带海盆中大得多。不过,为了简单起见,在本节中,我们的讨论仅限于不考虑它与海底地形相互作用的情况。有关的动力学问题曾经由 Luyten、Stommel 和 Wunsch(1985)讨论过。

本节致力于研究亚极带流涡的结构,其中包括一个简单的 $2\frac{1}{2}$层模式,一个常位涡的通风温跃层模式,以及一个关于非通风温跃层的非均匀位涡的模式。另外,我们还讨论亚极带海盆中的水团形成和销蚀。读者应该在熟悉了 5.1.5 节中关于水团形成的概念之后再来阅读这些材料。不过,为了保持风生环流理论框架的完整性,所以把这些关于亚极带海盆的材料包括在本章中。

4.3.2 两层半模式

我们采用一个 $2\frac{1}{2}$层模式来考察亚极带海盆的环流。在亚极带海盆与亚热带海盆中,其环流的主要区别是亚极带流涡中所有运动层都是非通风的,即这些层中的流线不能回溯到混合层。事实上,混合层位于上层海洋流线之下游端。因此亚极带海盆中所有运动层之位涡都是设定在西边界的流出区,而在我们的简单模式中,它就必须预先给定;一个简单假设是,这些层中的位涡是均一化的。类似于 Rhines 和 Young(1982a)的工作,我们假定,所有非通风层中的位涡向着其在流涡间边界上的值均一化,并且假定,这个边界是沿着纬线的。

在其关于通风温跃层的先驱性工作中,Luyten、Pedlosky 和 Stommel(1983)简要地讨论了亚极带海盆中的环流。事实上,很容易就能把通风的精髓延伸到亚极带海盆,其中的一个小区别是,现在所有的次表层都是非通风的。类似于对亚热带海盆中沿着东部岸壁边界条件的讨论,可以看到,在亚极带海盆,沿着东边界的所有次表层都存在一个阴影区。

阴影区的西部边缘则由第二层中的运动水体之位涡守恒来确定,即

$$h_2 = \frac{f}{f_0} h_{2e} \tag{4.308}$$

其中,f_0 为在亚极带海盆南边界处的科氏参量,h_{2e} 是在东边界和流涡间边界处第二层的厚度。根据这个关系式,层厚沿着流线增加,这是因为科氏参量大于其在流涡间边界处的值。应注意,这里我们忽略了 Pedlosky(1984)讨论过的流涡之间可能的桥接。这一假定使模式的公式变得简单得多了,因为沿着流涡间边界和沿着东边界,它们的层化是相同的。

我们来总结一下简单约化重力模式的基本方程组

$$-2\omega\sin\theta hv = -\frac{g'}{a\cos\theta} hh_\lambda + \frac{\tau^\lambda}{\rho_0} \tag{4.309}$$

$$2\omega\sin\theta hu = -\frac{g'}{a} hh_\theta + \frac{\tau^\theta}{\rho_0} \tag{4.310}$$

$$(hu)_\lambda + (hv\cos\theta)_\theta = 0 \tag{4.311}$$

其中,g'为约化重力。根据这些方程,层厚满足

$$h^2 = h_e^2 + \frac{2a}{g'}\int_\lambda^{\lambda_e}[\tan\theta(\tau_\lambda^\theta - \tau_\theta^\lambda\cos\theta) - \tau^\lambda/\cos\theta]dx \tag{4.312}$$

这样,整个海盆的上层厚度可以用下式来计算

$$h^2 = h_e^2 + \frac{2a}{g'}\int_\lambda^{\lambda_e}P_r d\lambda \tag{4.313}$$

其中

$$P_r = -2a\omega\sin^2\theta w_e, \quad w_e = \frac{1}{2\omega\rho_0 a\sin\theta}\left(\frac{1}{\cos\theta}\tau_\lambda^\theta - \tau_\theta^\lambda + \frac{\tau^\lambda}{\sin\theta\cos\theta}\right) \tag{4.314}$$

为泵吸速率(pumping rate)。

亚极带海盆 $2\frac{1}{2}$模式的风生环流可以分为三个区域(图4.54)。

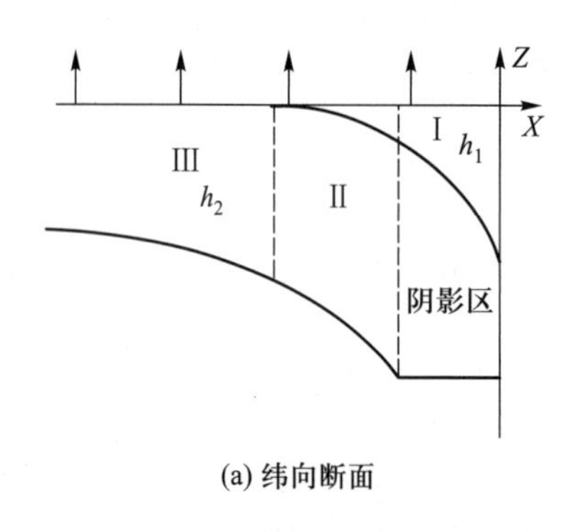

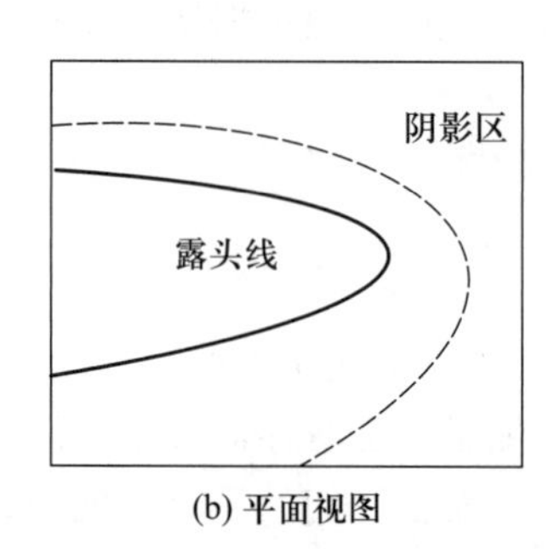

图4.54 在$2\frac{1}{2}$层理想流体模式中,亚极带流涡区的风生环流示意图。虚线表示第二层中阴影区的西部边缘,实线为上界面的露头线。

1）**区域Ⅰ**,第二层是静止的,即它是第二层的阴影区。由于上层是唯一的活动层,故该区之解为

$$h_1^2 = h_{1e}^2 + \frac{2a}{g'}\int_\lambda^{\lambda_e}P_r d\lambda \tag{4.315a}$$

$$h_2 = h_{1e} + h_{2e} - h_1 \tag{4.315b}$$

利用方程(4.308),可以规定,该区域西部边缘的位置满足如下约束

$$h_1 = h_{1e} + \left(1 - \frac{f}{f_0}\right)h_{2e} \tag{4.316}$$

这个约束是基于上层厚度大于零的假定,即我们假定阴影区的西边界位于露头线以东。如果沿东边界的上层厚度太小,那么在海盆的某一部分内,上层的露头线就会与阴影区的西部边缘黏合。因为在露头区中第二层将直接受到海面强迫力的作用,故露头线出现在阴影区边界以东,但这不符合动力学的要求。

2）**区域Ⅱ**,第一和第二层都是运动的,该区之解为

$$2h_1^2 + 2h_1h_2 + h_2^2 = 2h_{1e}^2 + 2h_{1e}h_{2e} + h_{2e}^2 + \frac{a}{g'}\int_\lambda^{\lambda_e}P_r d\lambda \tag{4.317a}$$

$$h_2 = \frac{f}{f_0} h_{2e} \tag{4.317b}$$

该区域西部边缘的位置由上层的露头线确定，即

$$h_1 = 0 \tag{4.318}$$

3）**区域Ⅲ**，第一层消失且第二层是唯一的活动层，故解为

$$h_2^2 = 2h_{1e}^2 + 2h_{1e}h_{2e} + h_{2e}^2 + \frac{2a}{g'}\int_{\lambda}^{\lambda_e} P_r d\lambda \tag{4.319}$$

下面将讨论，从一个连续层化模式所得到的亚极带流涡，就会清晰地显示出这些动力流区的形状。特别是，我们将指出，在风生流涡之下是马蹄形的阴影区或无运动水层。

4.3.3 连续层化模式

对于连续层化模式，亚极带海盆中风生流涡的三维结构可以用伯努利函数

$$B = p + \rho g z \tag{4.320}$$

来描述。

与亚热带海盆类似，基本方程的导出过程如下。对于大尺度环流来说，地转关系是一个良好的近似，因此水平动量方程简化为

$$f\rho_0 v = B_x, \quad f\rho_0 u = -B_y \tag{4.321}$$

且垂向动量方程退化为流体静压关系

$$B_\rho = gz \tag{4.322}$$

其中，下标 ρ 表示偏导数。线性涡度方程为

$$\beta v z_\rho = f w_\rho \tag{4.323}$$

利用方程(4.321)、(4.322)和(4.323)消去 v 和 z，导出

$$B_{\rho\rho} B_x = \frac{g\rho_0 f^2}{\beta} w_\rho \tag{4.324}$$

在$[\rho^s, \rho^b]$（其中 ρ^s 为混合层密度，ρ^b 为把运动的水层与不运动的深渊水层分开的未知自由边界处的密度[①]）区间上积分给出

$$\int_{\rho^s}^{\rho^b} B_\rho^2 d\rho + \int_{\rho^{se}}^{\rho^{be}} B_\rho^{e2} d\rho + \int_{\rho^{be}}^{\rho^b} B_\rho^{a^2} d\rho = \frac{2g\rho_0 f^2}{\beta}\int_x^{x_e} w_e dx \tag{4.325}$$

根据这些方程，亚极带海盆中风生流涡的计算简化为在密度坐标中求解以下的自由边值问题

$$B_{\rho\rho} = \frac{fg}{Q(B,\rho)} \tag{4.326}$$

其约束条件为

$$\text{在 } \rho = \rho^s \text{ 处（} \rho^s \text{ 为未知数），} \quad B_\rho = -gh(x,y) \tag{4.327}$$

$$\text{在 } \rho = \rho^b \text{ 处（} \rho^b \text{ 为未知数），} \quad B = B^a, \quad B_\rho = B_\rho^a(\rho) \tag{4.328}$$

$$-\int_{\rho_s}^{\rho_b} B_\rho^2 d\rho + \int_{\rho_s}^{\rho_b} B_\rho^{a2} d\rho = \frac{2g\rho_0 f^2}{\beta}\int_x^{x_e} w_e dx \tag{4.329}$$

① 原著中有疏漏，现已补上。——译者注

亚热带流涡与亚极带流涡之间的主要区别是:一方面,在亚热带流涡中,上边界 ρ^s 是固定的,但在亚极带海盆中,它是自由边界。另一方面,对于亚热带流涡,位涡函数 $Q(B,\rho)$ 不是完全给定的;然而,对于亚极带流涡,它是完全指定的,因为亚极带流涡中的所有运动层都是不通风的。

结果,ρ^s 与 ρ^b 之间存在一个简单的关系。在东边界(或流涡间边界)处,等密度面 ρ^b 的深度为 $h_0^b = h(\rho^b)$。注意,在 $f = f_s$ 处,h_0^b 也是等密度面 ρ^s 与 ρ^b 之间的层厚。由于在非通风密度层中的位涡为常量,故如果我们返回到流涡间的边界上,那么 ρ^s 与 ρ^b 之间的水柱高度应为

$$\Delta h_0 = h_0^b - h_0^s = h_0^b \frac{f_0}{f_s} \tag{4.330}$$

其中,h_0^s 为在流涡间边界 $f = f_0$ 处的等密度面 ρ^s 的深度。因此

$$h_0^s = h_0^b \frac{f_s - f_0}{f_s} \tag{4.331}$$

利用密度与深度之间的函数关系,我们得到 ρ^b 与 ρ^s 之间的隐函数关系

$$\rho^s = F(\rho^b) \tag{4.332}$$

因此,有两个自由边界的问题简化成了只有一个自由边界的问题,故我们就能用打靶法来求解这个问题。

1) 非通风温跃层中位涡为常量的情况

在这种情况下,解具有闭合的解析形式。假定,深渊水中的层化为定常的 ρ_z^a,那么风生流涡深度可定义为

$$H = -\frac{\Delta\rho}{\rho_z^a}, \quad \Delta\rho = \rho^b - \rho^e \tag{4.333}$$

其中,ρ^b 为风生流涡底部处的密度,ρ^e 为东边界处的密度。在流涡的内区,位涡为常量,等于 $-f_0\rho_z^a$;因此,风生流涡底部与表面之间的密度差为

$$\rho^b - \rho^s = \frac{f_0}{f}\Delta\rho \tag{4.334}$$

等密度面 ρ 的深度为

$$h(\rho) = -\frac{f}{f_0\rho_z^a}(\rho - \rho^s) = \frac{f}{f_0\rho_z^a}\left(\rho - \rho^e - \frac{f - f_0}{f}\Delta\rho\right) \tag{4.335}$$

因此,方程(4.329)中的第一项积分为

$$-\int_{\rho_s}^{\rho_b} B_\rho^2 d\rho = -\int_{\rho_s}^{\rho_b} (gh(\rho))^2 d\rho = -\frac{f_0}{3f}\left(\frac{g}{\rho_z^a}\right)^2 \Delta\rho^3 \tag{4.336}$$

类似地,方程(4.329)中的第二项积分为[①]

$$\int_{\rho_s}^{\rho_b} B_\rho^{a2} d\rho = \frac{f_0}{f}\left(\frac{g}{\rho_z^a}\right)^2 \Delta\rho^3 \tag{4.337}$$

这样,斯韦尔德鲁普关系就简化为一个关于 $\Delta\rho$ 的简单代数方程[②]

$$\left(\frac{g}{\rho_z^a}\right)^2 \left(\frac{2f_0}{f}\right)\Delta\rho^3 = \frac{6g\rho_0 f^2}{\beta} w_e \Delta x \tag{4.338}$$

---

①② 原著中,方程(4.337)和方程(4.338)有误,现已更正。——作者注

该方程可用于估算亚极带海盆中的风生流涡的深度。利用定义 $H = -\Delta\rho/\rho_z^a$，我们得到如下估计①

$$H^3 = -\frac{1}{g\rho_z^a}\frac{3\rho_0 f^3}{f_0\beta}w_e\Delta x \tag{4.339}$$

设 $g = 9.8\ \mathrm{m/s^2}$，$\rho_z^a = -0.133\times10^{-3}\ \mathrm{kg/m^4}$，$\beta = 10^{-11}/\mathrm{s/m}$，$f = 1.2\times10^{-4}/\mathrm{s}$，$f_0 = 1.0\times10^{-4}/\mathrm{s}$，$w_e = 10^{-6}\ \mathrm{m/s}$，$\Delta x = 5\ 000\ \mathrm{km}$，那么风生流涡的深度约为 3 km；因此，亚极带海盆中的风生流涡是非常深的。比较而言，由于亚热带的层化相当强，故亚热带海盆中的大多数风生流涡的深度之量级为 2 km。

2）非通风温跃层中位涡不为常量的情况

作为一个例子，我们来讨论一种特定情况的亚极带环流结构，即在非通风温跃层中位涡为密度的函数的情况。其解可从一个简单的数值模式中得到，求解的方法是基于求解非线性方程的打靶法。把亚极带海盆（不包括西边界区）划分为 $m\times n$ 个站。通过逐站地求解以上的自由边值问题[即方程(4.327)、(4.328)和(4.329)]，把解计算出来。

模型海洋是一个60°×20°(0°E—60°E，45°N—65°N)的矩形海盆，用以比拟北大西洋的北部。计算中需要输入的数据包括埃克曼泵吸速率和背景层化（或者所有运动水体的位涡）。埃克曼泵吸用以下的简单形式来表示

$$w_e = 1.0\times10^{-6}\sin\left(\frac{\theta-\theta_s}{\Delta\theta}\pi\right)\mathrm{m/s} \tag{4.340}$$

其中，θ_s 为模型海盆的南边界，$\Delta\theta = 20°$为模型海盆的经向范围[图 4.55(b)]。

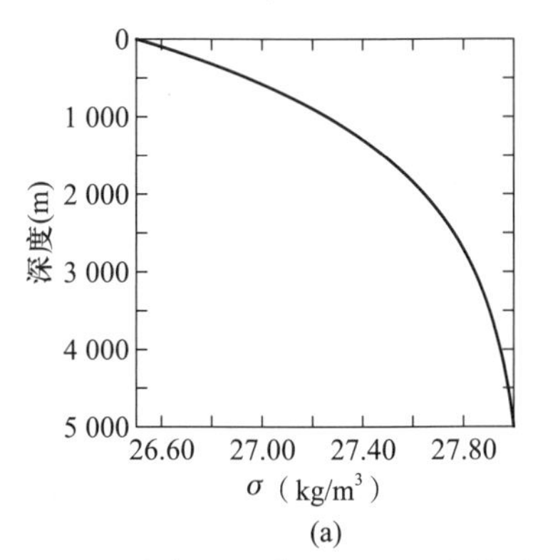

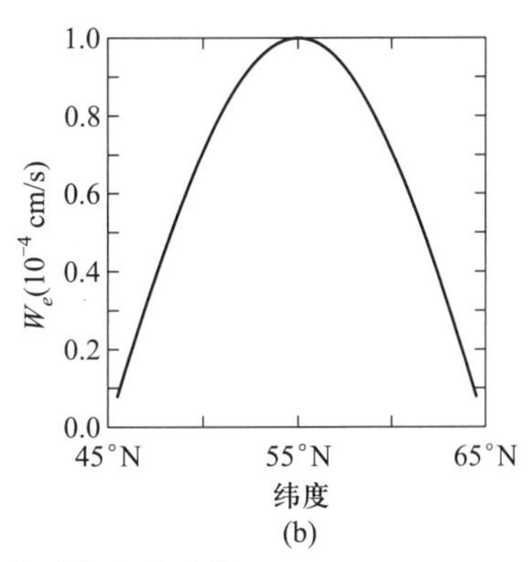

图 4.55 (a)背景层化（单位：kg/m³）和(b)埃克曼泵吸速度随纬度的变化。

如上所述，亚热带流涡和亚极带流涡之间的主要区别是，亚极带流涡中的等密度面都是非通风的，因为这些等密度面都来自海洋的更深层次，并在气旋式流涡中向上运动。结果，对于亚热带流涡和亚极带流涡，其理想流体温跃层模式之结构是不同的。在亚极带流涡中，我们不能指定混合层的密度和深度，但是能指定所有等密度面的位涡。

在海面处，冬季的冷却是亚极带海盆中环流最本质的外因之一。为了考虑冷却效应，在 Huang(1988b)提出的模式中，先利用没有冷却过程的模式建立热力结构，然后对其用弱对流调整的方式来处理冷却。这一方法提供了关于在亚极带海盆中环流的动力结构的有益信息，同时

① 原著中，方程(4.339)及其下各参数中有多处错误，现已更正。——作者注

冷却的型式则服从于某些动力学约束。结果表明,对于一个给定的冷却型式,或许是无解的。

在本节中,我们将采用一种不同的方法。首先,在不对海面施加任何密度条件的情况下,对在亚极带海盆中的风生环流,我们来寻找一个混合层深度为零的定常解。然后,我们将利用对流活动事件(convection events)来处理冬季的冷却,即在一个给定的站,我们把密度结构作为一维过程来计算。在每个站发生了对流活动之后,海盆中的水平速度和压强梯度将不再处于地转平衡。因此随后就会出现地转调整。不过,这里不讨论这个地转调整的细节。对于地转调整问题有兴趣的读者,可以参考其他的研究,例如 Dewar 和 Killworth(1990)。本节的目标将限于讨论以下问题:在亚极带海盆中,气候条件是如何控制深层水的形成及其特性的?

假定有一个简单的平流-扩散平衡

$$w\rho_z = \kappa\rho_{zz} \tag{4.341}$$

其中,$w = 1.0 \times 10^{-7}$ m/s 为上升流速度,把它设为等于在海面处指定的埃克曼泵/抽吸速率,垂向扩散系数 κ 在 $0.01 \times 10^{-4} \sim 3 \times 10^{-4}$ m²/s 之间变化,据此式计算,我们给出了本节所用的背景层化。$H = \kappa/w$ 为层化的尺度高度。本节的例子是在 $\kappa = 1.5 \times 10^{-4}$ m²/s(对应于1.5 km的尺度高度)的情况下得到的。此方程给出了指数变化的密度廓线。采用密度边界条件:在 $z = 0$ 处,$\rho = 1\ 023$ kg/m³;在 $z = -5$ km 的海底处,$\rho = 1\ 028$ kg/m³。据此可以计算出相应的密度廓线[图 4.55(a)]。此外,我们也把此廓线用来定出所有各层东边界的静止深度(resting level)。

利用这些强迫条件,我们得到了亚极带海盆的一个气旋式流涡,其形状为穹顶形。图 4.56 给出了贯通流涡中部和西部的典型密度断面和流速分布。显然,在亚极带海盆中,风生环流可以到达很大深度处。由于风生环流如此之深,以至于要把那里的风生环流与热盐环流区分开来似乎颇为困难。因此,本节所讨论的纯风生环流只是一种理想化的情况,故当把它应用于大洋时,应格外小心。

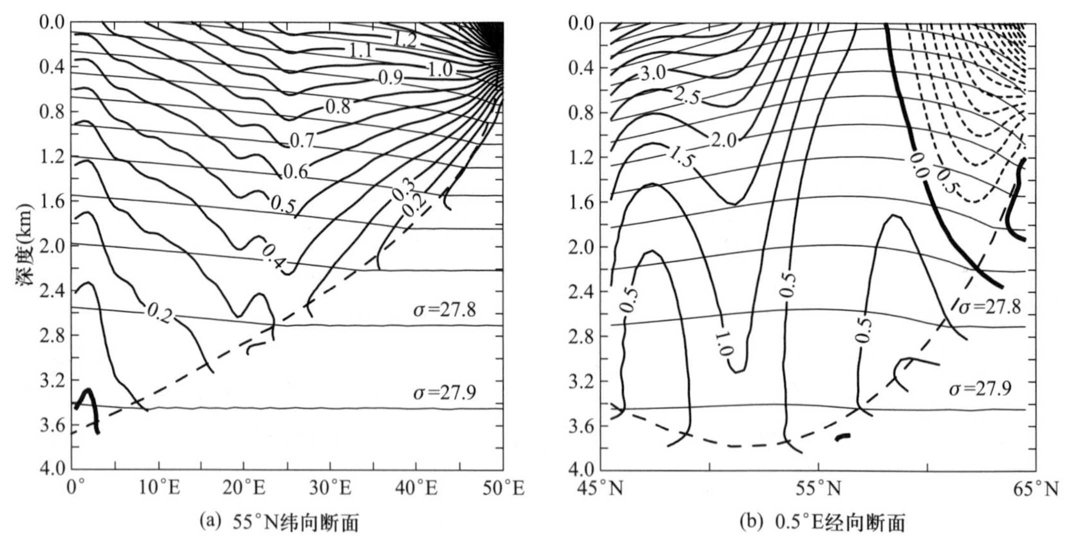

图 4.56 在两个断面上的密度层化(细线)和水平速度(粗线,单位:10^{-2}/m/s);粗虚线表示风生流涡中运动水体的底部及其下的静止水体①:(a) 沿 55°N 的纬向断面;(b) 沿西边界外缘的经向断面。

① 原著中似有重复,此处已删去重复部分。——译者注

注意到在46°N的纬度处,本节中的风生流涡底部可以达到最大深度,这样,最深部分的水体不是来自于亚极带海盆的南边界,而是来自纬度高于45°N的西边界。因此,这部分温跃层的位涡或许不会向亚极带海盆南边界处的值均一化。作为一种工作上的假定,我们假定,这种等密度面上的位涡是向着西边界外缘处的行星涡度均一化的;因此,它不是 $-f_0\rho_z^a$,而是 $-f_b\rho_z^a$,其中,f_b 为这个特定水团从西边界进入风生流涡的科氏参量。

在海面高度图中,清楚地显示出了这种气旋式流涡,在西边界中部,其海平面的最大下降值达到了45 cm[图4.57(a)]。海面密度图则清楚地显示出等密度面的露头现象,最大密度面在西边界中部露头[图4.57(b)]。$\sigma=27\ \mathrm{kg/m^3}$ 面为穹顶形,并且由于沿着东部边缘的阴影区太狭窄,故在图中它没能显示出来[图4.57(c)]。

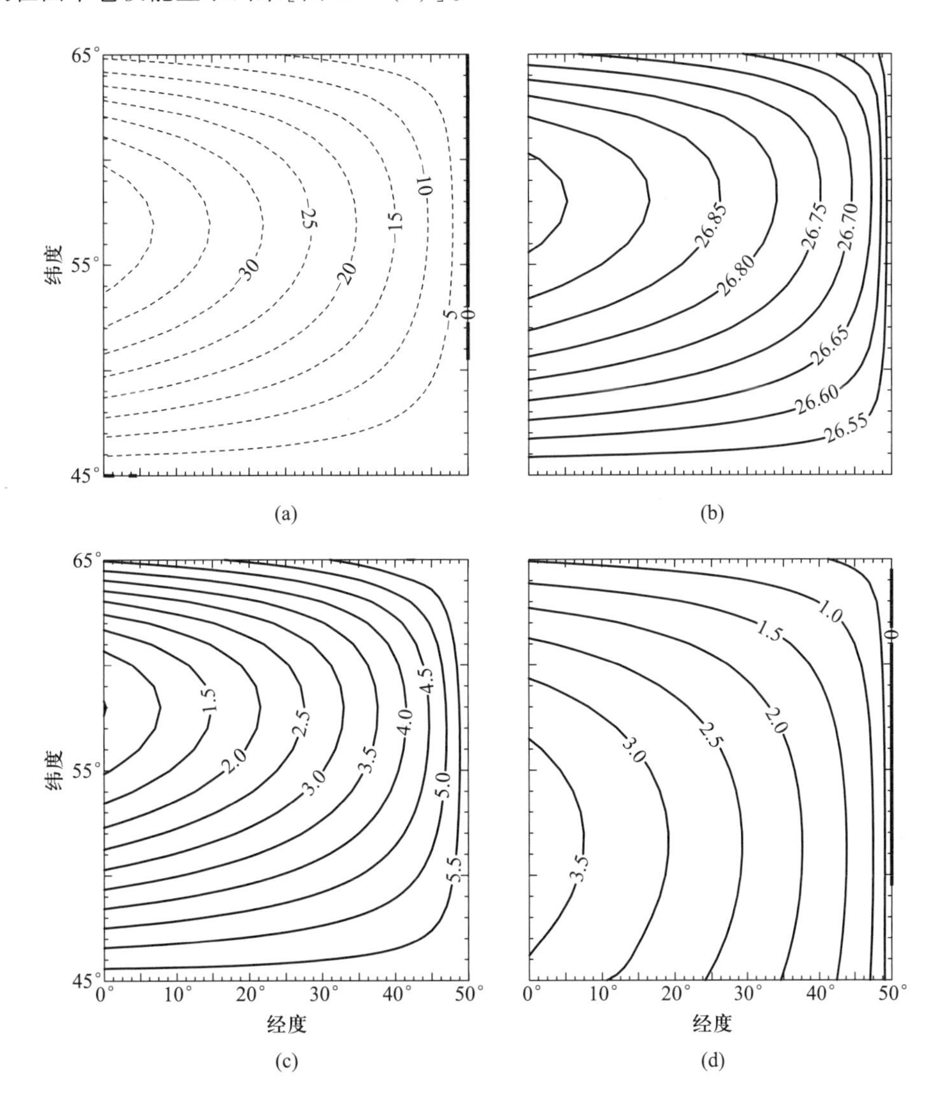

图4.57 亚极带海盆内区风生环流的基本结构:(a) 海面升高(单位:cm);(b) 海面密度(σ,单位:$\mathrm{kg/m^3}$);(c) $\sigma=27.0$ 等密度面的深度(单位:100 m);(d) 风生流涡的深度(单位:km)。

最大风生流涡位于西边界区的南部，其深度超过 3.5 km[图 4.57(d)]。一方面，由于在高纬度，大多数的海洋并不很深，故海底地形可能会与风生流涡相互作用；这样，或许需要对于纯粹风生环流所建立的简单斯韦尔德鲁普关系进行某些修订。另一方面，2 km 以深的海流则相当微弱，所以，仍然可以从模式得到的解给出关于亚极带流涡结构的有用信息。

3）水团形成和销蚀

亚极带流涡受控于埃克曼上升流及随之而来的从温跃层到混合层之水团变性。水团转化速率(transformation rate)可以用潜涌速率(obduction rate)来定义(图 4.58)，这将在 5.1.5 节中详细讨论。由于在本模式中混合层深度设为零，故潜涌速率等于埃克曼泵吸速率。海盆积分的收支给出了它在密度坐标中的分布，且其峰值在 $\sigma=26.8\ \mathrm{kg/m^3}$ 处。从温跃层流入表层的总水量等于埃克曼上升流量(Ekmen upwelling rate)之总量，5.90 Sv。

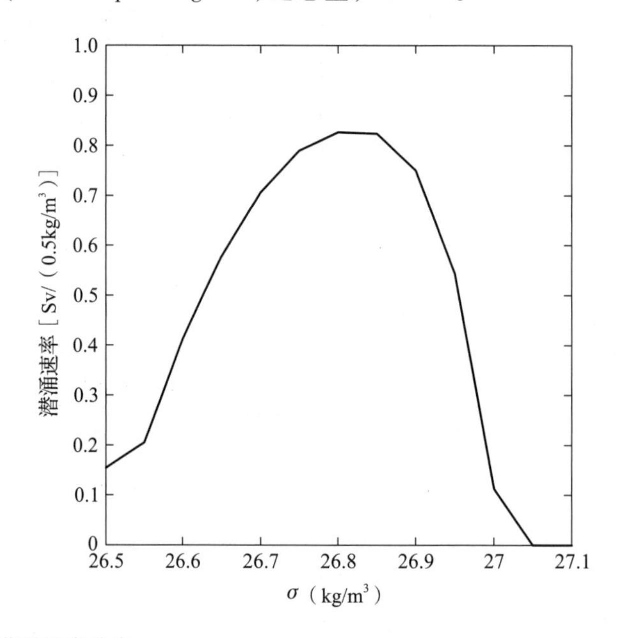

图 4.58　密度坐标中的潜涌速率分布。

在亚极带海盆中，存在着另一个与潜涌相反的过程，即亚极带模态水的形成，它发生在冬末的冷却期，此时，强烈的海面冷却引起的深层对流能够超过 2 km。为了了解支配亚极带模态水形成的动力学因子，我们进行了几个实验，在实验中，在西边界附近的一小块区域(patch)内，海洋的冷却具有高斯分布的形式

$$Q=Q_0\exp\left[\frac{(\theta-\theta_0)^2+(\lambda-\lambda_0)^2}{\Delta\lambda^2}\right] \tag{4.342}$$

其中，$Q_0=5\times10^9\ \mathrm{J/m^2}$，它等效于海面以 600 W/m² 的速率冷却了 100 天。应注意，这是向大气散热所导致的强失热，而在拉布拉多海，实测到的实际冷却速率约为 300 W/m²。

由于冷却而产生了对流调整；这可当做一维过程来处理。在某个深度之上的整个水柱就有相同的温度和密度。若设冷却的热量损失等于整个对流水柱所储存的总热量，那么就可以计算出对流深度。图 4.59 给出了对流区的结构。应注意，这种对流可以达到 2 km 的深度。

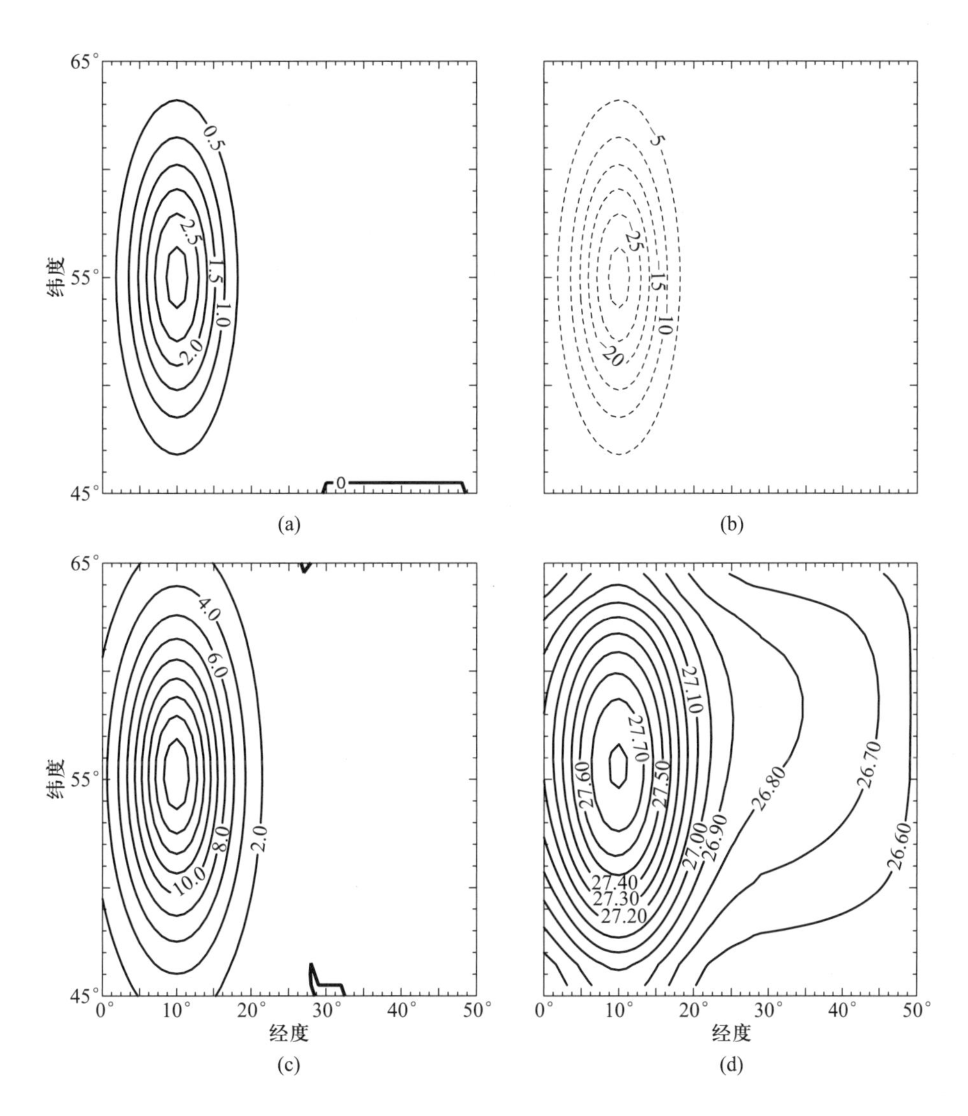

图 4.59 对流翻转区的结构:(a) 海面冷却(单位:10^8 J/m^2);(b) 冷却所引起的海面下降(单位:cm);(c) 对流深度(单位:100 m);(d) 冷却之后的海面密度(单位:kg/m^3)。

在由这种对流过程所导致的亚极带模态水形成期间,所形成的模态水总量和特性取决于若干动力学上的强迫力因素。最重要的是,形成的模态水总量大致与冷却的强度成正比(图 4.60)。此外,它也取决于埃克曼泵吸的强度。埃克曼泵吸起到了预先设置海盆内区的穹顶形温跃层的作用。由于深层海洋的层化弱于浅密度层上的层化,故强劲的埃克曼泵吸可以使中层形成了较弱的穹顶形层化。结果,相同的冷却量生成了更多的模态水;然而,在此过程中埃克曼泵吸却不是主要的。相反,冷却的强度是亚极带模态水形成的决定性因素。

4) 气候变率产生的扰动

利用这个模式,我们还可以研究异常强迫力(anomalous forcing)所引起的环流变率。在理想流体温跃层的框架内,亚热带流涡与亚极带流涡的主要区别是,在通风温跃层中,位涡随着上边

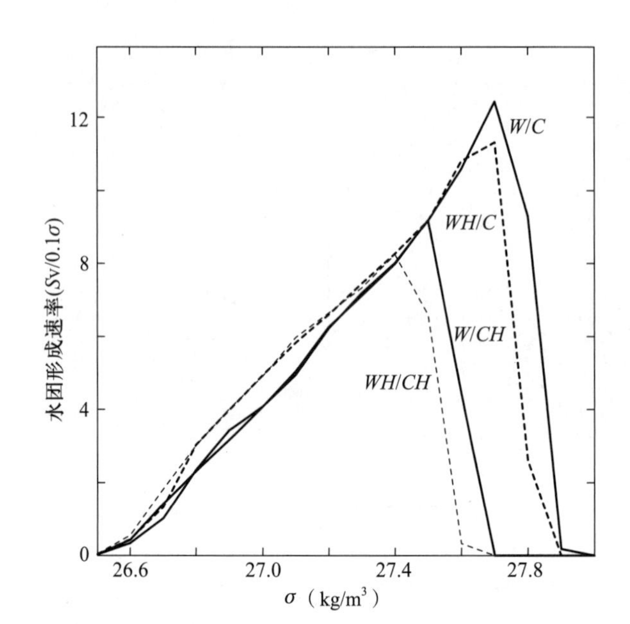

图 4.60 密度坐标中的亚极带模态水形成速率的分布[单位：$Sv/(0.1\ kg/m^3)$]。标有 W/C 的粗实线表示完全的埃克曼泵吸和冷却；标有 WH/C 的粗虚线表示一半的埃克曼泵吸和完全的冷却；标有 W/CH 的细实线表示完全的埃克曼泵吸和一半的冷却；标有 WH/CH 的细虚线表示一半的埃克曼泵吸和冷却。

界条件的改变而改变，但是非通风温跃层中的位涡则是预先指定的。结果，亚极带海盆中的位涡函数就不会随着上边界的强迫力条件而改变。

例如，在亚热带海盆，当露头线不是纬向时，异常的埃克曼泵吸会以第二斜压模态的形式产生扰动，并沿着特征线传播。这种扰动的存在是通风温跃层中位涡函数的改变所造成的。然而，在这种理想流体温跃层模式中，亚极带海盆温跃层的位涡都是预先指定的，这样，异常的埃克曼泵吸只能改变扰动源以西的流场。

为了证实这一点，我们给出一个实验结果。在此实验中，亚极带流涡由相同的埃克曼泵吸速度(Ekman pumping velocity)再加上一个小扰动来驱动，即总的埃克曼泵吸采取如下形式

$$w_e = 10^{-6}\cos\left(\frac{\theta-\theta_0}{\Delta\theta}\pi\right) + 0.5\times10^{-6}\cdot \exp\left[\frac{(\theta-\theta_0)^2+(\lambda-\lambda_0)^2}{\Delta\lambda^2}\right] \tag{4.343}$$

其中，$\theta_0=55°$，$\lambda_0=40°$，$\Delta\lambda=\Delta\theta=5°$(图 4.61)。

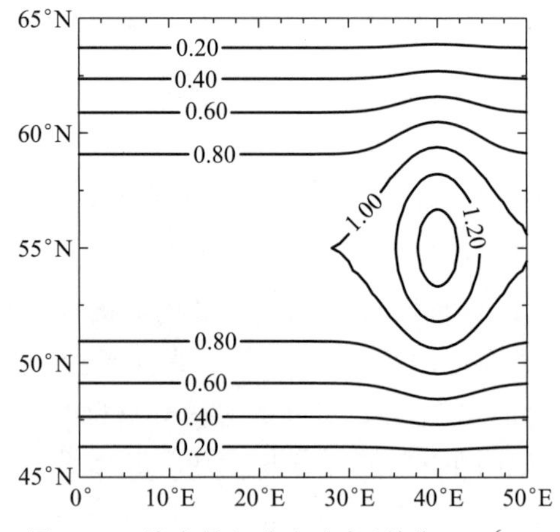

图 4.61 埃克曼上升流速度(单位：10^{-6} m/s)，图中含有海盆中部的一个强上升流区。[①]

在这种异常的埃克曼泵吸速度下，扰动从埃克曼泵吸异常(Ekman pumping anomaly)的源地开

① 原著中此图排印有误，现已更正。——译者注

始向西传播(图 4.62)。埃克曼泵吸异常引起的扰动为正压模态,因而没有斜压结构。这就与将要在 4.9 节中讨论的亚热带海盆中的情况大相径庭,后者是由海面强迫力条件引起的,故有丰富的斜压结构。

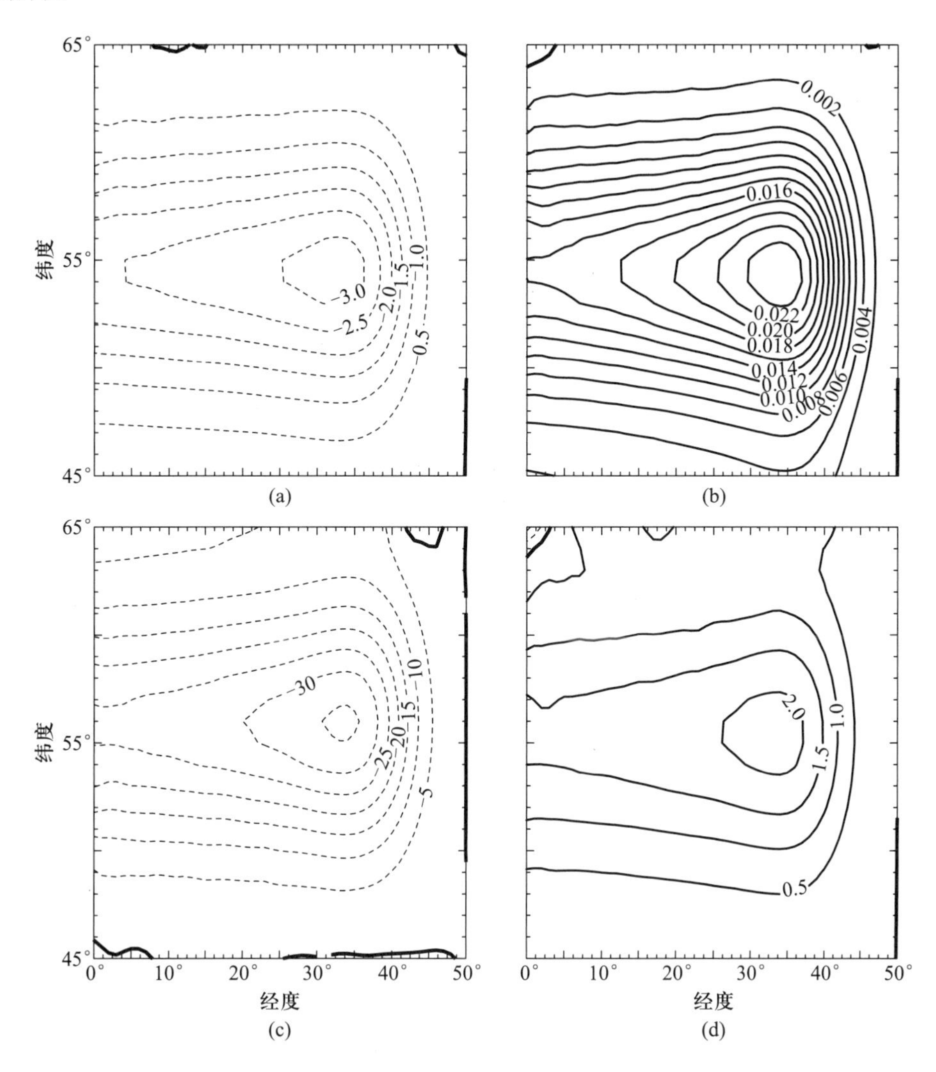

图 4.62 由图 4.61 所示埃克曼泵吸异常引起的扰动:(a) 海面升高(单位:cm);(b) 海面密度(σ,单位:kg/m^3);(c) $\sigma = 27.0$kg/m^3 面的深度(单位:m);(d) 风生流涡的深度(单位:100 m)。

4.4 回 流 区

4.4.1 研究动机

在这里,我们的讨论限于这样的模式:在内区为斯韦尔德鲁普动力学,而西边界流则在西边界上与内区解相匹配,其中包括了对于西边界区南半部的惯性西边界流与内区解相匹配。在这个理论框架内,最大的流函数完全由始自海盆东边界的埃克曼泵压速度之纬向积分来确定。然而,实测结果表明,湾流的最大流量约为 150 Sv,比由斯韦尔德鲁普关系算出来的值大好几倍(图 4.63)。

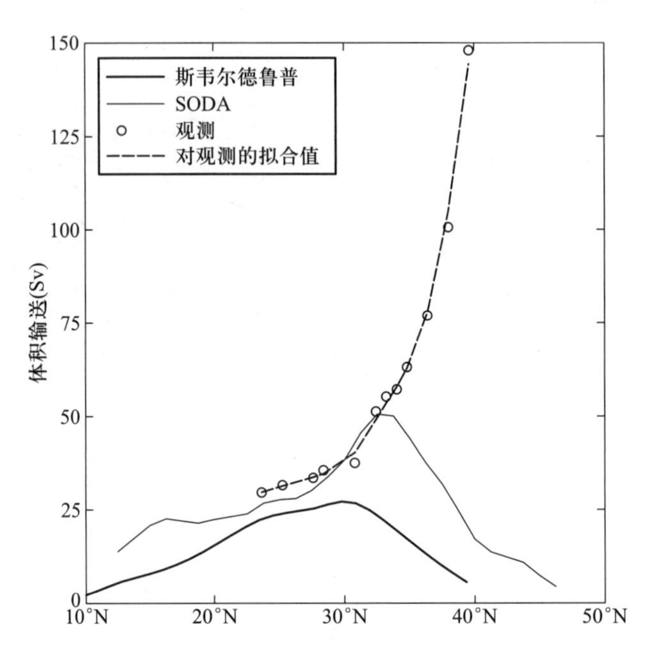

图 4.63 湾流流量值之比较:观测值(圆圈)、对观测的拟合值(粗虚线)、由低分辨率模式(SODA)得到的值(细实线)和根据风应力计算的斯韦尔德鲁普输送(粗实线)。

线性斯韦尔德鲁普动力学提示,流涡的流量应该在佛罗里达海峡所在的纬度处达到极大值,然后向高纬度区逐渐降低。另外,实测的流量则远大于从斯韦尔德鲁普动力学中算出来的值。即使在佛罗里达海峡所在的纬度处,实测的输送也大于从斯韦尔德鲁普动力学得到的值。在 40°N 附近,实测的输送达到了极大值 150 Sv(Gill,1971),但是斯韦尔德鲁普动力学给出的值却接近零,因为那里接近于零风应力旋度的纬度。在北太平洋中也有类似的现象,对那里的黑潮延续体(Kuroshio extention)及其动力学与变率已经有广泛的研究[见 Qiu(2002a)的综合性评述]。

线性理论与实测结果相矛盾是由两个因素导致的。首先,为了简化分析,在通用的线性理论中,忽略了水平动量方程中的惯性项。如前所述,在强边界流(如湾流、黑潮和南极绕极流)中,惯性项是至关重要的。在北(南)半球亚热带流涡的西北(西南)角中存在回流区(recirculation region),那里的环流是强非线性的。其次,层化流动与海底地形之间存在强相互作用,称为底压扭矩(bottom pressure torque),或称为底斜效应(JEBAR)①,这将在第 4.4.5 小节"底压扭矩的作用"中对它进行详细讨论。从 1°×1°的低分辨率模式(SODA)的诊断计算得到的西边界流输送中,可以清楚地看出底斜效应项之贡献。这个模式不能模拟旋涡的效应。尽管如此,在 34°N 附

① 全称为 joint effect of baroclinicity and bottom relief,即斜压与海底的联合效应(JEBAR)。——译者注

近反气旋式流涡的输送还是超过了 50 Sv。

我们将在本节中讨论有关回流的初步理论。在有关中尺度涡在回流中的作用问题上，大多数已发表的理论工作都是基于准地转理论的。此外，不用引入涡，我们就可以解释底压扭矩的作用；因此，我们将利用从简单的非涡分辨率模式得到的结果来解释底压扭矩的意义。本节的最后将评注这种模式的潜在弱点。

4.4.2 Fofonoff 解

对于单个运动层的模式，准地转涡度方程为

$$J(\psi, \nabla_h{}^2\psi + \beta y) = \frac{f_0 w_e}{H} - R\nabla_h^2\psi \tag{4.344}$$

其中，$R \ll O(1)$ 为摩擦参量。Fofonoff(1954) 建议，寻找在没有外力与摩擦力情况下的解。因此，我们设埃克曼泵压和摩擦力均为零($R=0$)；由于位涡守恒，故这样的解应该满足涡度守恒定律

$$\nabla_h^2\psi + \beta y = F(\psi) \tag{4.345}$$

其中，$F(\psi)$ 是 ψ 的任意函数。

正如最初 Fofonoff(1954) 讨论过的，存在着许多不同的解。不过，这些解中有很多与海洋内区的环流没有联系，因此，需要找到满足方程(4.344)的解，这样的解才是对于整个海盆都能成立的解。

把方程(4.344)对由闭合流线围成的区域 A_ψ 积分，得到了一个积分约束①

$$\iint_{A_\psi} \frac{f_0 w_e(x,y)}{H} = R\oint_{C_\psi} \vec{u} \cdot d\vec{l} \tag{4.346}$$

可以利用这个约束来求问题的解；不过，这并非易事。有一种求解方法是，假设函数 $F(\psi)$ 有某种简单形式，这样就可以得到满足上述约束之解(Niiler, 1966)。例如，我们假定该函数的形式为

$$\nabla_h^2\psi + \beta y = \beta(\psi + y_0)\text{，在 } \beta \gg 1 \text{ 处} \tag{4.347}$$

A. 内区解

在大洋内区，惯性项，即相对涡度，可以忽略；因此，方程(4.347)的解为

$$\psi_I = y - y_0 \tag{4.348}$$

它代表了一支匀速的西向流。为方便计，我们把南边界选在 $y_0 = 0$ 处，这样沿着模型海盆的南边界就不存在边界层了。

B. 模型海盆的其他边界之边界层

显然，沿着海盆的其他边界，根据内区解计算出的流函数不为零，$\psi_I \neq 0$。为了满足流函数为零的边界条件，在这些边界上必须要有若干边界层。

在西边界 $x=0$ 处，我们把流函数分成两部分

$$\psi = \psi_I + \psi_W \tag{4.349}$$

将(4.348)和(4.349)式代入方程(4.347)，我们有

$$\nabla_h{}^2\psi_W - \beta\psi_W = 0 \tag{4.350}$$

---

① 原著中，式(4.346)排印有误，现已更正。——译者注

在西边界内，带 y 导数的项远小于带 x 导数的项，因此该方程简化为对 x 的常微分方程

$$\frac{d^2}{dx^2}\psi_W - \beta\psi_W = 0 \tag{4.351}$$

边界条件为

$$\psi_W(0) = -\psi_I，\text{且当 } x\to\infty\text{时，} \quad \psi_W\to 0 \tag{4.352}$$

其解为

$$\psi_W = -ye^{-\sqrt{\beta}x} \tag{4.353}$$

沿着边界 $x=1$ 和 $y=1$，边界层的解有类似的结构；因此，完整的解为①

$$\psi = y[1-e^{-\sqrt{\beta}x} - e^{-\sqrt{\beta}(1-x)}] - e^{-\sqrt{\beta}(1-y)} \tag{4.354}$$

图 4.64 给出了这两个解。

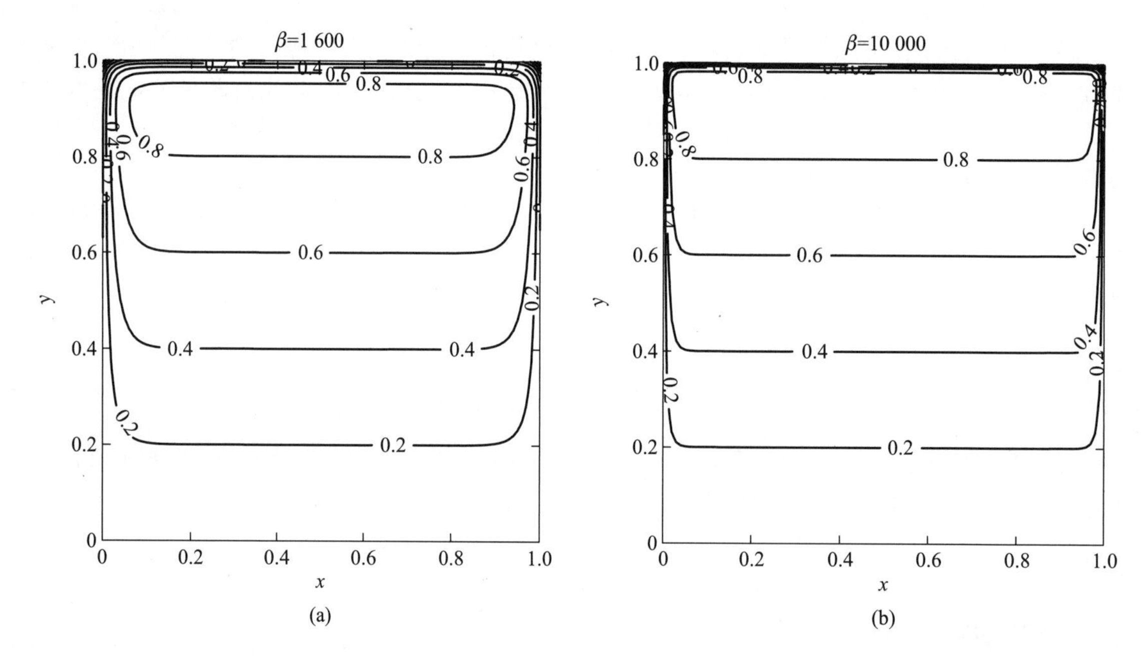

图 4.64 在两个不同 β 值下模型海盆的内区解。

4.4.3 Veronis 模式

Veronis(1966)指出，可以通过基于浅水方程的模式来研究非线性平流项的动力学效应。他研究了风应力强迫和线性底摩擦作用下的单层海洋，并构建了模式方程组。完整的动量方程还包括了时间变化项和非线性平流项

$$\frac{\partial}{\partial t}\vec{u} + \vec{u}\,\nabla_h\cdot\vec{u} + \vec{f}\times\vec{u} = -\frac{\nabla_h p}{\rho} - R\vec{u} + \frac{\vec{\tau}}{H} \tag{4.355}$$

其中，H 为层厚，设为常量。在这个模式中所隐含的另一个关键假定是，层厚的扰动量远小于未受扰动的层厚。结果，连续方程为

$$u_x + v_y = 0$$

① 在原著中(4.354)式有排印错误，现已改正。——译者注

我们引入流函数

$$u = -\psi_y, \quad v = \psi_x \tag{4.356}$$[①]

对应的涡度方程为

$$\zeta_t + \vec{u} \cdot \nabla_h \zeta + \beta v = -R\zeta + \frac{\tau_x^y - \tau_y^x}{H} \tag{4.357}$$

其中

$$\zeta = v_x - u_y \tag{4.358}$$

为相对涡度。边界条件为在海盆边界上 $\psi = 0$。

为了找到解析形式的解,假定特殊形式的风应力为

$$\tau^x = -\frac{W}{2}\sin\frac{x}{L}\cos\frac{y}{L}, \quad \tau^y = \frac{W}{2}\cos\frac{x}{L}\sin\frac{y}{L} \tag{4.359}$$

因此,在整个层上的平均风应力旋度为

$$\frac{\tau_x^y - \tau_y^x}{H} = -\frac{W}{HL}\sin\frac{x}{L}\sin\frac{y}{L} \tag{4.360}$$

引入下列无量纲变量

$$(x, y) = L(x', y'), \quad t = t'/\beta L, \quad \psi = \frac{W}{H\beta}\psi' \tag{4.361}$$

省略撇号后,无量纲的涡度方程为

$$\zeta_t + RoJ(\psi, \zeta) + \psi_x = -\varepsilon\zeta - \sin x \sin y \tag{4.362}$$

其中引入了以下两个小参量

$$Ro = \frac{W}{H\beta^2 L^3} \ll 1, \quad \varepsilon = \frac{R}{\beta L} \ll 1 \tag{4.363}$$

A. 大洋内区的定常线性解

在这种情况下,我们略去时间变化项和非线性平流项,涡度方程就简化为

$$\varepsilon \nabla_h^2 \psi + \psi_x = -\sin x \sin y \tag{4.364}$$

对应的解为

$$\psi = \frac{1}{1+4\varepsilon^2}\left\{2\varepsilon\sin x + \cos x + \frac{1}{e^{\pi D_1} - e^{\pi D_2}}\left[(1+e^{\pi D_2})e^{D_1 x} - (1+e^{\pi D_1})e^{D_2 x}\right]\right\}\sin y$$

其中

$$D_1 = \frac{-1 - \sqrt{1+4\varepsilon^2}}{2\varepsilon}, \quad D_2 = \frac{-1 + \sqrt{1+4\varepsilon^2}}{2\varepsilon} \tag{4.365}$$

B. 数值解

当 Ro 很小时,可以用摄动法得到非线性解。通过把它展开为 Ro 的泰勒级数,我们就能找到 $Ro = 0$ 的最低阶的解析解。然而,通解及更精确的解必须通过数值积分才能得到。

当惯性项变得更重要时,环流在西北角发展成一个回流区。不过,对于非线性非常强烈的情况,环流就变成了东西向对称的,因而不再有西向强化,这就是在 4.1.5 节中讨论过的惯性失控问题。如前所述,若把浅水模式置于极强的强迫力且极弱的耗散之极限情况下,而不考虑其他极

---

① 原著中此式有误,现已改正。——译者注

其重要的动力学效应(例如,露头现象和次表层中闭合地转等值线的形成),或许不是模拟海洋环流的一个好办法。

4.4.4 应用于回流区的位涡均一化

A. 数值实验

把两层准地转模式用于求解风生环流,我们能够得到在模型海盆的西北角存在强回流特征之解。图4.65给出了一个实例。

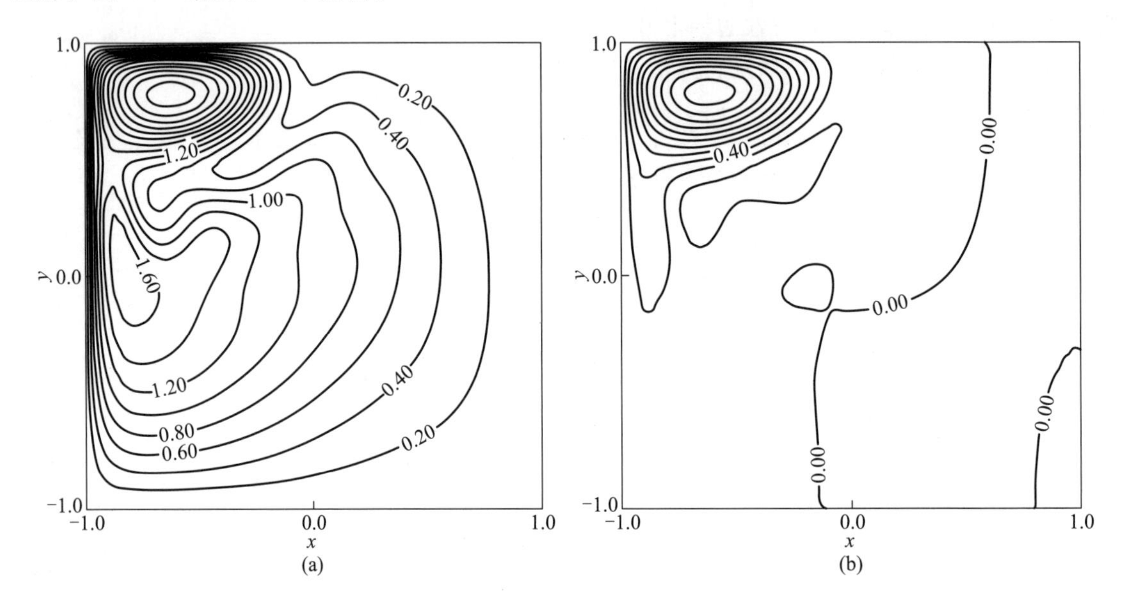

图4.65 两层准地转模式给出的定常风生环流(流函数):(a) 上层;(b) 下层(Cessi等,1987)。

B. 在β平面方框区中的正压模式

为了考察回流的动力学,我们专注于模型海盆($-L/\alpha < x < L/\alpha$, $-L < y < L$)西北角的一个方框区(box),其中,α为模型海盆的纵横比。准地转涡度方程为平流与耗散之间的平衡

$$J(\psi, q) = R\,\nabla_h^2 q \tag{4.366}$$

对应的边界条件为:沿着海盆的边界,$\psi = 0$,且$q = q_B(s)$,其中,s为沿边界的弧长。关键之点是,这里研究的模型海洋的环流是由预先给定的位涡源$q_B(s)$所驱动的,它不同于背景行星涡度βy。在这里,我们将不直接讨论建立这样一个位涡强迫力的物理过程,尽管这些过程可能与源自更低纬度的位涡之平流、旋涡活动或冷却/加热有关。这个问题可以用牛顿方法来求解。

例如,我们可以选择以下形式的位涡边界条件

$$q_B = (Q_n - Q_s)\frac{y - L}{2L} + Q_n \tag{4.367}$$

尽管只需要确定沿边界的q_B,但在这里把这一界定扩展到了内区,即用(4.367)式来确定$q_B = q_B(x, y)$。数值解表明,除了沿着该框形区边缘非常厚的边界层之外,位涡在内区是均一化的。图4.66给出了一个例子,其中,$Q_n = -\beta L/3$,$Q_s = -\beta L$,$L = 300$ km,$\beta = 2\times10^{-11}$/s/m,$\alpha = 0.3$,$\kappa = 2.43\times10^2$ m^2/s。

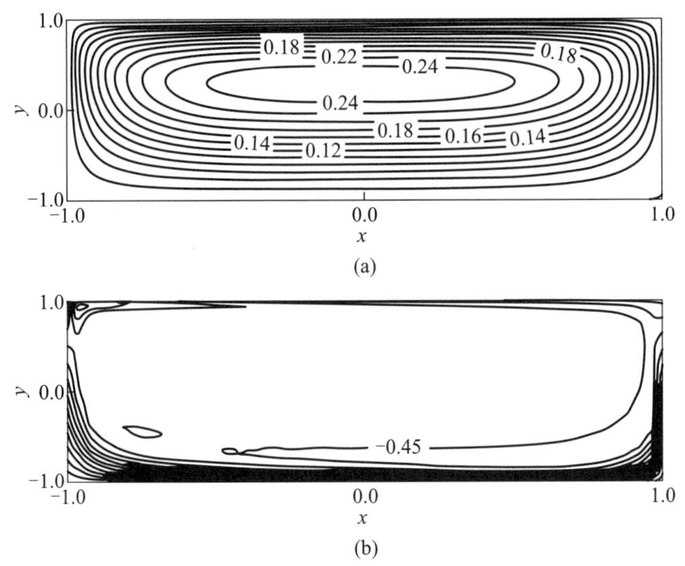

图 4.66 定常解的(a)流函数($\beta L^3=5.4\times10^5\ \mathrm{m^2/s}$)和(b)位涡(Cessi 等,1987)。

C. 位涡均一化的应用

方程(4.366)乘以 ψ 并在整个框形区中积分,给出①

$$\iint q\ \nabla_h^2\psi dxdy = \oint q_B\vec{u}\cdot d\vec{l} \tag{4.368}$$

由于位涡在该框形区内实际上是均一化的,故我们有

$$\iint q\ \nabla_h^2\psi dxdy \simeq \overline{q}\iint \nabla_h^2\psi dxdy = \overline{q}\oint\vec{u}\cdot d\vec{l} \tag{4.369}$$

因此,该框形区中的位涡为常量

$$\overline{q}\simeq\frac{\oint q_B\vec{u}\cdot d\vec{l}}{\oint\vec{u}\cdot d\vec{l}} \tag{4.370}$$

有意义的是,我们注意到位涡是沿边界的涡度源以速度加权的平均值,因为哪里速度更快哪里的流线就更密,所以横跨流线的扩散就更有效,结果就给那里的平均涡度带来更大的权重。这种以速度加权的平均位涡与我们的直觉是相反的,因为流体花费时间最多的地方对 $\overline{q}$ 的贡献最小。

为了求解方程(4.370),我们可以引入一个新的函数 g,定义为

$$\text{在内区},\nabla_h^2 g=0;\text{在边界上},\quad g=q_B \tag{4.371}$$

要注意,$g=q_B$ 是可能选取的函数。利用格林定理(Green theorem),我们有

$$\oint q_B\times\nabla_h\psi\cdot\vec{n}dl = \iint g\ \nabla_h^2\psi dxdy \tag{4.372}$$

这样,方程(4.370)就简化为

$$\overline{q}=\frac{\iint q_B(\overline{q}-\beta y)dxdy}{\iint(\overline{q}-\beta y)dxdy} \tag{4.373}$$

① 原著中,式(4.368)—式(4.370)排印有误,现已更正。——译者注

把 q_B 代入，方程的解为

$$\bar{q}=\frac{Q_n+Q_s}{4}\pm\left[\frac{(Q_n+Q_s)^2}{16}-\frac{\beta L(Q_n-Q_s)}{6}\right]^{1/2} \tag{4.374}$$

Cessi(1988)曾把这种方法推广到两层模式，得到了类似的特征。

Jayne 等(1996)探索了一个类似的思路。他们提出，一支东向的强射流可能是不稳定的。如果射流很窄并且横跨该射流的位涡梯度改变了符号，那么就发生正压不稳定性。通过这种不稳定性所生成的涡就可以产生位涡均一化区并且在该射流南北两侧产生回流。

4.4.5 底压扭矩的作用

海底地形扭矩对于加强风生环流(特别是回流)的作用，可以解释如下。在这里，我们遵循 Greatbatch 等(1991)的工作来讨论。对于海盆尺度的运动，利用球坐标就能更精确，基本方程组包括水平动量方程、流体静压关系和体积守恒

$$-fv=-\frac{1}{a\rho_0\cos\theta}\frac{\partial p}{\partial\lambda}+\frac{\partial\tau_{\lambda z}}{\rho_0\partial z} \tag{4.375}$$

$$fu=-\frac{1}{a\rho_0}\frac{\partial p}{\partial\theta}+\frac{\partial\tau_{\theta z}}{\rho_0\partial z} \tag{4.376}$$

其中，$\tau_{\lambda z}$ 和 $\tau_{\theta z}$ 为湍应力

$$\text{当 } b=g\frac{\rho-\rho_0}{\rho_0}\text{时，}\quad \frac{\partial p}{\partial z}=-\rho_0 b \tag{4.377}$$

$$\frac{1}{a\cos\theta}\left[\frac{\partial u}{\partial\lambda}+\frac{\partial}{\partial\theta}(v\cos\theta)\right]+\frac{\partial w}{\partial z}=0 \tag{4.378}$$

对连续方程进行垂向积分，得到

$$\frac{1}{a\cos\theta}\left[\frac{\partial U}{\partial\lambda}+\frac{\partial}{\partial\theta}(V\cos\theta)\right]=0 \tag{4.379}$$

其中，$(U,V)=\left(\int_{-H}^{0}u\mathrm{d}z,\int_{-H}^{0}v\mathrm{d}z\right)$ 为垂向积分的流量。根据该方程，可以引入对该层进行积分的流函数

$$aU=-\Psi_\theta,\quad aV\cos\theta=\Psi_\lambda \tag{4.380}$$

对水平动量方程积分，得到

$$-\frac{fV}{H}=-\frac{1}{a\rho_0 H\cos\theta}\int_{-H}^{0}\frac{\partial p}{\partial\lambda}\mathrm{d}z+\frac{\tau^\lambda}{\rho_0 H} \tag{4.381}$$

$$\frac{fU}{H}=-\frac{1}{a\rho_0 H}\int_{-H}^{0}\frac{\partial p}{\partial\theta}\mathrm{d}z+\frac{\tau^\theta}{\rho_0 H} \tag{4.382}$$

其中，τ^λ 和 τ^θ 为海面风应力，并忽略了底摩擦，$H(\lambda,\theta)$ 为海洋深度。利用流体静压关系和分部积分，对压强的积分便简化为

$$\int_{-H}^{0}p\mathrm{d}z=pz\big|_{-H}^{0}-\int_{p_B}^{0}z\mathrm{d}p=p_BH+\rho_0\Phi \tag{4.383}$$

其中

$$\Phi=\int_{-H}^{0}bz\mathrm{d}z \tag{4.384}$$

为水柱的重力势能。如果没有层化,该项为零。从该能量项中已减去了常量的密度值,因为我们真正关心的是水平梯度项,而不是总的重力势能本身。利用该方程,方程(4.381)和(4.382)中的压强梯度项可以转变为如下形式

$$\frac{1}{H}\int_{-H}^{0} p_\lambda dz = \frac{1}{H}\left(\frac{\partial}{\partial\lambda}\int_{-H}^{0} p dz - H_\lambda p_B\right) = p_{B,\lambda} + \frac{\rho_0}{H}\Phi_\lambda \tag{4.385}$$

$$\frac{1}{H}\int_{-H}^{0} p_\theta dz = \frac{1}{H}\left(\frac{\partial}{\partial\theta}\int_{-H}^{0} p dz - H_\theta p_B\right) = p_{B,\theta} + \frac{\rho_0}{H}\Phi_\theta \tag{4.386}$$

对方程(4.381)和(4.382)交叉微分并相减,得到

$$J\left(\Psi,\frac{f}{H}\right) = J\left(\Phi,\frac{1}{H}\right) + \frac{a}{\rho_0}\left[\frac{\partial}{\partial\lambda}\left(\frac{\tau^\theta}{H}\right) - \frac{\partial}{\partial\theta}\left(\frac{\cos\theta\tau^\lambda}{H}\right)\right] \tag{4.387}$$

右边的第一项 $J(\Phi,1/H)$ 称为底斜效应项,右边第二项是风应力旋度的贡献。Huthnance(1984)对底斜效应项进行了较为全面的讨论。方程(4.387)[①]表明,沿着 f/H 等值线的正压流函数之改变是由这两项引起的。对于给定的风应力和水文数据,把 f/H 等值线作为特征线坐标(characteristic coordinate),可以求解这个方程。在闭合等值线 f/H 的区域内,可以用一个特殊的数值方法来求解该方程(Greatbatch 等,1991)。

底斜效应项与底压扭矩有关[②],它是层化与海底地形相互作用的结果。容易看出,对于平底的情况,该项就消失了。

Greatbatch 等(1991)利用一个 1°×1°分辨率的模式加上气候态的风应力和水文数据,分析了北大西洋的环流。在计算过程中,计入了风应力旋度与底斜效应项之贡献,因为在方程(4.387)中,它们的贡献是被线性地分开了。容易看出,风应力旋度的贡献在佛罗里达海峡附近达到极大值 20 Sv,在海峡以北逐渐减小。在格陵兰岛以南(图 4.67),风应力的贡献仅为 12 Sv。

另外,在亚热带流涡中,底斜效应项的贡献可达将近 50 Sv,在亚极带流涡中为 20 Sv;这样,在该纬度处,它对湾流的总贡献约为 70 Sv。我们记得,湾流总流量的量级为 150 Sv; 它由三部分组成:线性斯韦尔德鲁普输送约为 10 Sv,底压扭矩的贡献约 70 Sv,其余为涡的贡献。因此,对回流区中最大流量做出最为至关重要贡献的是底斜效应项。然而,底斜效应项之量值的增加与海洋环流密切相关。特别是,我们可以将它看做海流(包括旋涡)与地形相互作用的结果[③]。无论如何,底斜效应可以用做诊断环流的工具。

4.4.6 评述

尽管这些理论提供了可以洞察回流得以维持的若干物理机制,但我们对于回流的理解仍是很初步的。事实上,在世界各大洋的亚热带流涡之角区中,回流与强大的南极绕极流有许多相似的特征。南极绕极流的动力学性质非常复杂,其中包含了许多强迫力因子和动力学/热力学过程,例如风应力、风应力旋度、海面热通量和淡水通量,与海底地形的相互作用,尤其是中尺度涡

① 原著中为(4.386),似为笔误,故改。——译者注

② 从第 292 页可知,这两种提法同属一种概念,但“底斜效应”的提法更严谨,故有此句。——译者注

③ 本句似有排印错误,译文根据上下文做了改动。——译者注

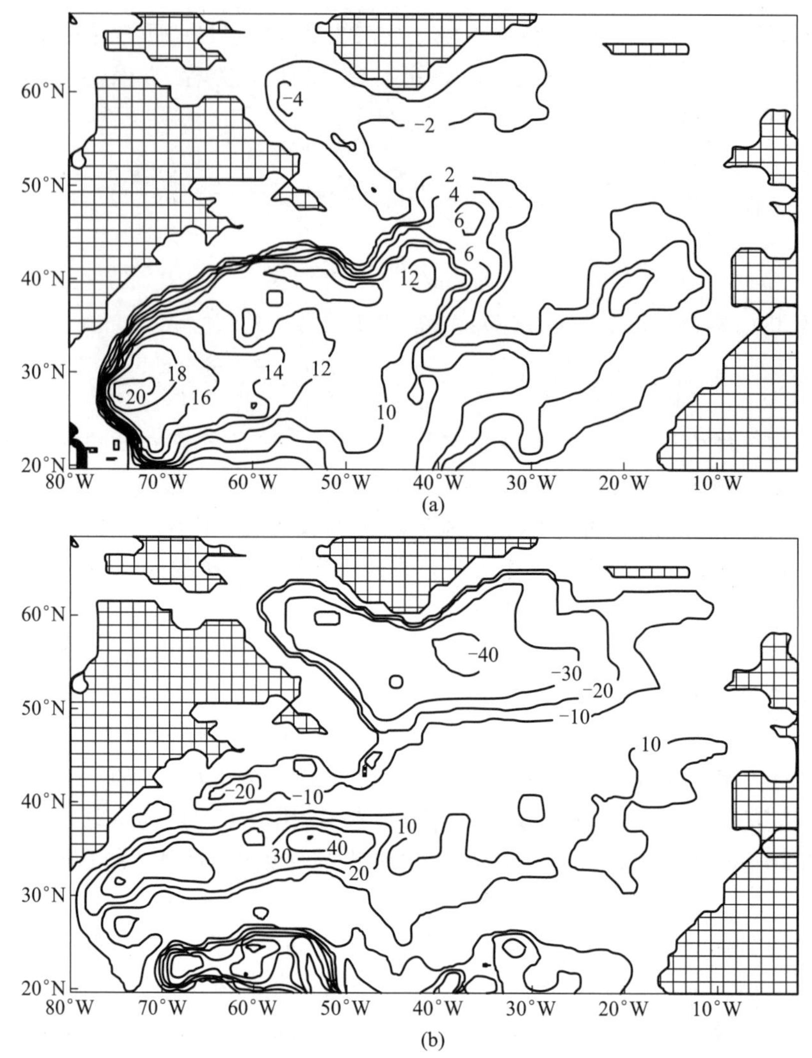

图4.67 数值实验给出的北大西洋正压流函数图①,用以识别每一强迫力项的作用:(a) 只有风应力项;(b) 只有底斜效应项(Greatbatch 等,1991)。

的复杂作用。从某种意义上说,亚热带流涡中的回流或许甚至更加难以阐明,因为经向边界的存在消除了问题的纬向对称性,使其更加难以理解。

由于本节所讨论的回流理论之局限性,因此,有些关键的动力学问题仍未得到解决并需要进一步研究。

- 第一,在以上讨论的准地转模式中,假定了在横跨海流方向上等密度面的形变很小;不过,海洋中的实测提示,极端强的密度锋面是随着回流区的强流而出现的。由于这个重要的物理因素在准地转理论中是不加考虑的,所以使准地转理论在回流区的用途非常有限。
- 第二,对应于强烈的密度锋面(例如湾流、黑潮或者南极绕极流的密度锋面)之海气相互作用所带来的强热通量,并没有包含在这类模式的动力学公式中。如上所述,回流区内的位涡平衡

① 原图错版,现已更换。——作者注

是利用某些绝热过程来处理的。另外，已被普遍接受的关于亚热带模态水形成的理论则把海面冷却作为调节位涡平衡的一个关键因子。

• 第三，现场测量和卫星高度计都观测到了存在强旋涡，而要利用以上讨论的简单理论模式来对这些旋涡进行模拟则并不容易。近来的数值实验表明，从容许旋涡模式得到的结果或许对模式的分辨率很敏感(Hallberg 和 Gnanadesikan，2001)。

因此，尽管在回流的研究上已付出了巨大的努力，但关于回流的基本结构问题仍是一个极具挑战性的难题，关于回流的综合理论，可能需要建立在密度坐标上的新模式，以便对这些问题进行更加精确的处理。

4.5 把温跃层和热盐环流耦合起来的分层模式

4.5.1 引言

以上讨论的模式大多数是为风生环流而构建的；然而，浮力通量对于大尺度环流也是至关重要的。把浮力通量辐散加入到分层模式中的困难在于，在涡度方程中含界面深度的雅可比项(或扭转项)是非线性的(稍后讨论)。Luyten 和 Stommel(1986)对方程进行了非常细致的分析。他们的贡献如下：首先，他们认识到，描述该问题的方程可以化为特征方程的形式；其次，他们引入了罗斯贝排斥子的概念，并把海盆分为由不同动力学支配的东西两个区域。

4.5.2 两层半模式

本模式包括了两个运动层和其下的一个无运动层(图 4.68)(Luyten 和 Stommel，1986)。运

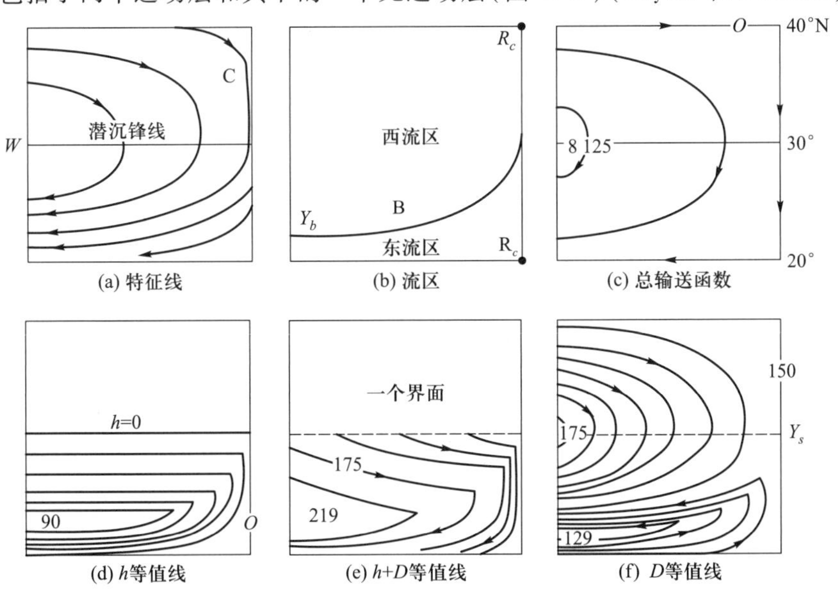

图 4.68 亚热带海盆中的典型解：(a) 特征线；(b) 两个流区；(c) 斯韦尔德鲁普输送函数 h^2+D^2(单位：m^2)，其等值线的间隔为 5 m^2；(d)、(e)和(f)分别为 h、$h+D$ 和 D 的等值线，其间隔分别为 15、5 和 4 m(Luyten 和 Stommel，1986)。

动层的连续方程为

$$(hu_1)_x + (hv_1)_y = w_s - w_e \tag{4.388a}$$

$$[(D-h)u_2]_x + [(D-h)v_2]_y = -w_s \tag{4.388b}$$

其中,h 和 D 是上、下界面的深度,w_e为作用于上表面的埃克曼泵压速率,w_s为界面间的流量,与界面垂直。多层模式的一个重要概念是所谓的跨密度面速度(diapycnal velocity)。跨密度面速度表示两个层之间的净流量①,因而它与界面处的垂向速度是不同的。对于无扩散的理想流体,跨密度面速度应该为零。即使没有跨过密度界面的扩散,界面处的垂向速度也可以不为零。界面处非零的垂向速度是由于水平速度在倾斜界面上的投影产生的。

每层的水平速度满足地转条件

$$u_2 = -g'D_y/f, \quad v_2 = g'D_x/f \tag{4.389a}$$

$$u_1 = -g'(h_y + D_y)/f, \quad v_1 = g'(h_x + D_x)/f \tag{4.389b}$$

将(4.389)式代入连续方程(4.388a,4.388b),便得到了对于这个两层的位涡方程

$$\frac{g'}{f}(-h_xD_y + h_yD_x) - \frac{\beta g'}{f^2}h(D_x + h_x) = w_s - w_e \tag{4.390a}$$

$$-\frac{g'}{f}(-h_xD_y + h_yD_x) - \frac{\beta g'}{f^2}(D-h)D_x = -w_s \tag{4.390b}$$

左边第一项称为"扭转项"或雅可比项,第二项为 β 项。把这两个方程相加,消去扭转项,我们得到正压方程

$$\frac{\beta g'}{f^2}(hh_x + DD_x) = w_e \tag{4.391}$$

假定 w_e 与 x 无关,该方程可以改写为

$$\frac{1}{2}(h^2 + D^2) = \frac{1}{2}(h_e^2 + D_e^2) + W_e x \tag{4.392}$$

其中,$W_e = \dfrac{f^2 w_e}{\beta g'}$,$h_e$ 和 D_e 是对应于东边界 $x = x_e$ 处的值。

把方程(4.392)对 x 和 y 微分,得到了两个方程

$$hh_x + DD_x = W_e \tag{4.393a}$$

$$hh_y + DD_y = W_{e,y}x \tag{4.393b}$$

将这些关系代入方程(4.390b),我们得到

$$\left(\frac{g'W_e}{fD}\right)D_y + \left[-\frac{g'xW_{e,y}}{fD} - \frac{\beta g'h(D-h)}{f^2D}\right]D_x = -h\frac{w_s}{D} \tag{4.394}$$

该方程具有特征方程的形式,可以沿着特征线用标准方法求数值解。认识到该方程的数学特性是非常重要的,因为它蕴涵了许多关键性的物理意义。实际上,建立在非特征线坐标上的数值格式,可能会违背其内禀特性,并且会导致没有任何物理意义的解。我们很快就会看到,Luyten 和 Stommel 在求解这个问题上的成功就是基于对这种特性的认识,他们分析了该问题的特殊物理性质。

特征线速度的两个分量为

---

① 原著中为 next(下一个),疑为 net 之误,故改。——译者注

$$\frac{dx}{ds}=u_c=-\frac{g'W_{e,y}x}{fD}-\frac{\beta g'h(D-h)}{f^2D} \tag{4.395a}$$

$$\frac{dy}{ds}=v_c=\frac{g'W_e}{fD} \tag{4.395b}$$

在特征线坐标中,方程(4.394)可以改写为全微分的形式

$$\frac{dD}{ds}=-\frac{h}{D}w_s \tag{4.396}$$

特征线速度与水质点的速度是不同的。事实上,这两个分量可以改写为

$$v_c=\frac{hv_1+(D-h)v_2}{D} \tag{4.397a}$$

$$u_c=\frac{hu_1+(D-h)u_2}{D}-\frac{\beta g'h(D-h)}{f^2D} \tag{4.397b}$$

Luyten 和 Stommel 把该模式应用于亚热带海盆和亚极带海盆中;在亚热带海盆中,上层的露头线沿着中间的纬度 30°N(图 4.68)。对这种情况,采用的参量为:$w_e=0.03$ m/日,$w_s=-0.03$ m/日,$x_w=-2\ 000$ km,中间纬度 = 30°N,$h_0=0$ m,$D_0=150$ m,$g'=0.01$ m/s^2。为了使模式自洽,在 $h=0$ 处的界面间流量设为零。

应注意,临界特征线 C 把海盆分为东西两个区域。在西部流区,所有的特征线都来自西边界。在东部流区,所有特征线都是从东边界开始的。一个有意义的特征是,在第二层的东南角有气旋式的次级流涡,因为如果没有界面间的流量,这里本来应该出现的是阴影区。

应注意,这个方法可以推广到有两个以上运动层的情况;不过,在这种情况下就很难消去雅可比项。Pedlosky(1986)讨论过有三个运动层的情况;不过,他的解是基于对层厚的一个特殊的假设(或者某种等效的处理)。因此,对于含多个运动层的普遍情况,仍然是一个挑战性的问题。

在这个模式中,一个关键的假定是指定了界面间的质量流量。实际上,这应该作为解的一部分而进行参量化,即界面间的上升流应该由内部的动力平衡来确定。Huang(1993a)讨论了这种模式并证实,在海盆尺度上,上升流并不是均匀分布的,尤其在沿着南部和东部的边界处很强。

此外,罗斯贝排斥子提示,该信号的纬向传播受阻于这种排斥子;不过,尽管在定常状态中,存在这样一种排斥子,但是对于含时间变化的问题而言,一阶斜压罗斯贝波可以向西传播。

4.6 赤道温跃层

4.6.1 引言

前面几节的讨论集中于亚热带和亚极带海盆中的环流,其中包括西边界层的动力学。现在,我们转向赤道,赤道的最独特之处就是科氏参量为零。图 4.69 给出了赤道海流系统的基本结构及其对应的温盐结构。

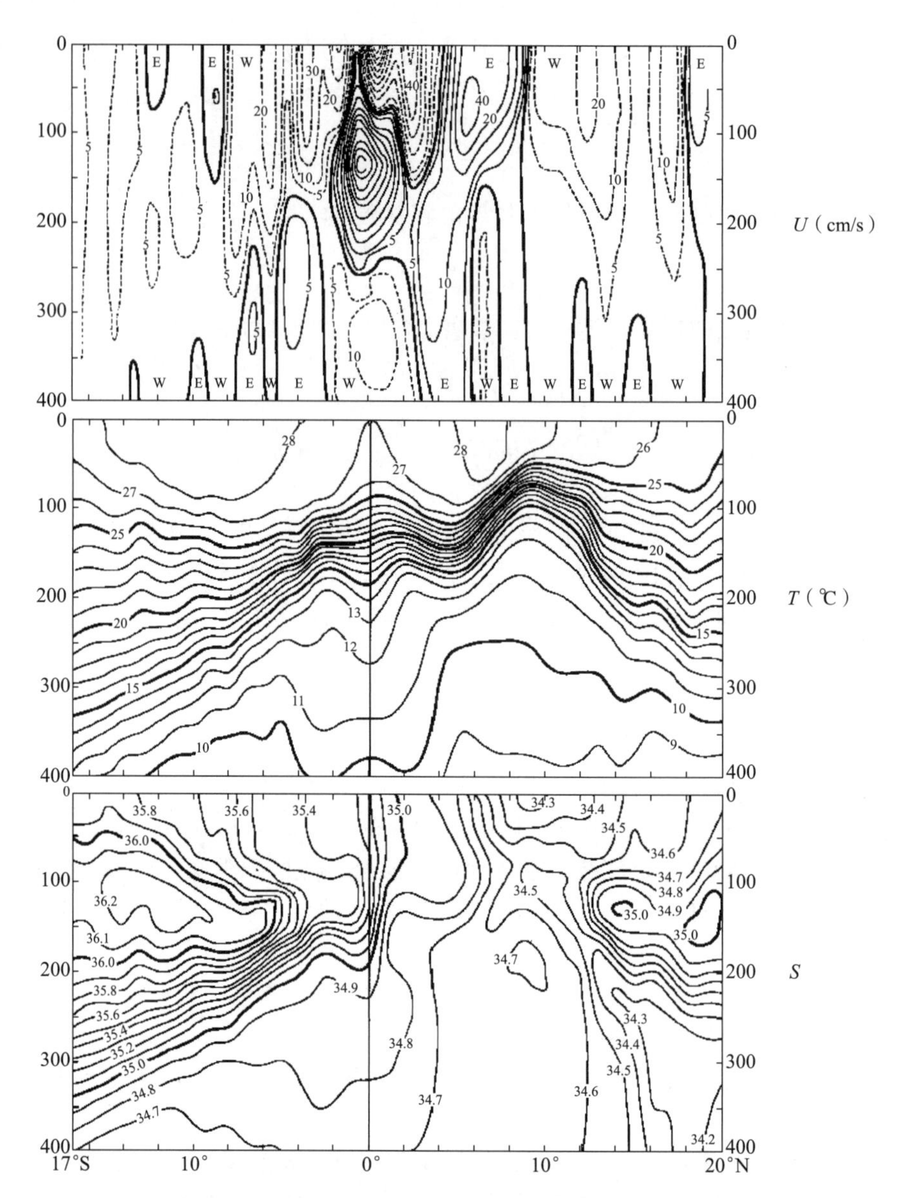

图 4.69 赤道温跃层和环流的结构（Wyrtki 和 Kilonsky，1984）。

赤道流系的动力学远比中纬度处的复杂。其最显著的特征是存在赤道潜流（equatorial undercurrent，EUC），它位于赤道附近 2° 的纬度带中。在垂直方向上，赤道潜流位于海面之下 100 ~ 250 m 的深度处，并且在东向的潜流核之上有一支强烈的西向表层流。此外，在东向的潜流之下还有一支西向海流。在赤道附近还有许多其他的复杂的海流；不过，在本节中，我们的讨论将限于赤道潜流及其对应的赤道温跃层。它的另一个主要特征是，赤道温跃层和在 10°N 附近的温跃层脊（thermocline ridge），它对应于热带辐合带（inter-tropical convergence zone，ITCZ）附近风应力旋度的特殊分布①，在下一节中讨论亚热带与热带之间的桥接时将给予解释。

① 原著中为 special feature（特殊特征），疑有所省略，故改。——译者注

正如前几节中讨论通风温跃层时提到过的,暖水在亚热带流涡内区潜沉。这些水团在亚热带流涡内区向赤道运动;一部分潜沉水通过西边界流向极回流,但是其中有部分水则通过下列两种方式向赤道运动;或者通过低纬度的西边界或者通过内桥接窗口(interior communication window)。(内桥接窗口是一个连接亚热带和热带但不经过东、西边界的次表层渠道,我们将在4.7节中进行详细的讨论。)迄今为止,通过对许多实测资料的研究,已经辨认出了它们之间的连接。例如,Wyrtki 和 Kilonsky(1984)利用夏威夷至塔西提的现场穿梭实验(Hawaii to Tahiti Shuttle Experiment)资料,辨认出了赤道海流系统中水团之本源; Gouriou 和 Toole(1993)研究了赤道西太平洋上层的平均环流。这些研究表明,赤道流系中的水团来自亚热带。特别是,Gouriou 和 Toole(1993)指出,潜流起点处的水团主要来自南半球。

赤道温跃层的纬向视图表明,它在太平洋和大西洋都有明显的倾斜(图 4.70),这与这两个大洋中盛行的东风带密切相关。其结果是使得在这两个大洋东部的主温跃层露头处有明显的冷舌。但印度洋的情况则截然不同,因为那里的盛行风为西风。结果,印度洋的赤道温跃层的结构就完全不同于太平洋和大西洋。

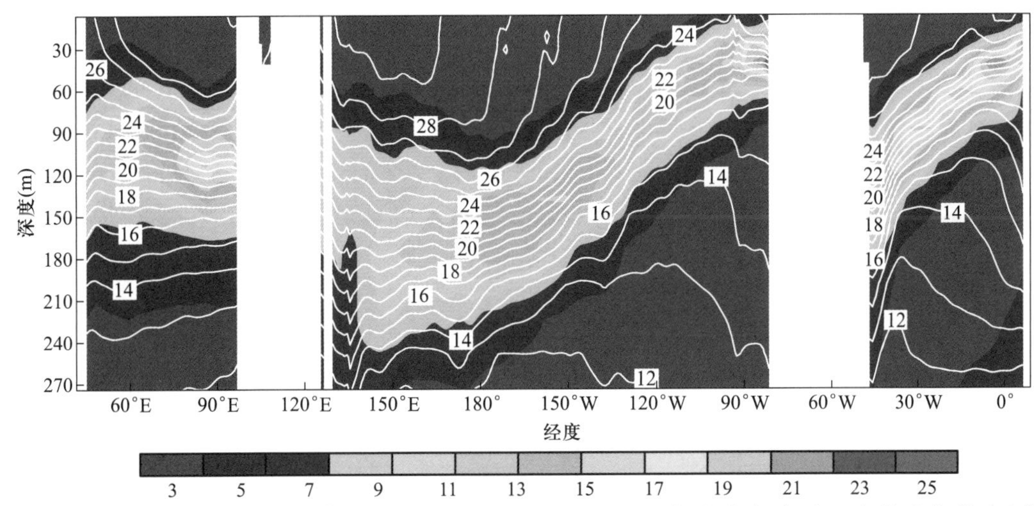

图 4.70 赤道温跃层的热力结构①。等值线为温度(单位:℃),叠加的彩色表示温度的垂向梯度(单位:℃/100 m)。(参见书末彩插)

由于科氏参量在赤道附近趋于零,故地转关系失效;因此,在模式中就一定要包含高阶动力学,例如惯性项和摩擦。在一系列富有洞察力的研究中,Pedlosky(1987b,1996)已经发展了一种关于亚热带温跃层与赤道潜流之间的动力学衔接(dynamical connection)的理论,在以下的讨论中,我们将遵循他的理论。该理论的本质是,在最低阶上,赤道潜流可以用理想流体模式来处理。为了使位涡得以守恒,在赤道附近保留了惯性项。

首先,在赤道附近的狭小纬度带中,地转不成立。为了替代地转关系,我们来寻找惯性项与其他项之间的一种新的平衡。可以把这个特殊区的边界设定在科氏项与惯性项相等的纬度上。通用的罗斯贝数定义为

$$Ro = U/fL \tag{4.398}$$

① 原图无坐标名称及其单位,现补上。——译者注

赤道附近，科氏参量近似为

$$f = \beta y \tag{4.399}$$

当趋近赤道时，f 下降，因此，罗斯贝数 $Ro = U/\beta y^2$ 增加。这样，在

$$d_f = \sqrt{U/\beta} \tag{4.400}$$

的距离内，平流项或者相对涡度在动力学上就非常重要。根据观测，在那里，$U \approx 1\text{m/s}$，$\beta = 2.28 \times 10^{-11}/\text{s/m}$；这样，$d_f \approx 208\ \text{km}$。因此，在赤道两侧 2°之内，我们预期动量方程中的惯性项是不可忽略的。

在本节中，我们将在惯性流的框架内研究赤道温跃层和海流，即我们的研究将注重于惯性项的动力学效应，以及作为惯性流的赤道潜流与赤道流区以外的海流之间的连接。在下一节中关于亚热带与热带之间桥接的研究将是对本节的补充。由于赤道潜流与中纬度的通风温跃层相连，故我们先叙述赤道外侧流区中的通风温跃层。

4.6.2 赤道区外之解

赤道温跃层是作为对 Luyten 等（1983）通风温跃层的拓展来研究的。用赤道 β 平面上的 $2\frac{1}{2}$层模式来模拟海洋（图 4.71）。如图 4.70 所示，主温跃层在太平洋和大西洋的东部露头，因此我们把沿东边界上的层厚设为零。

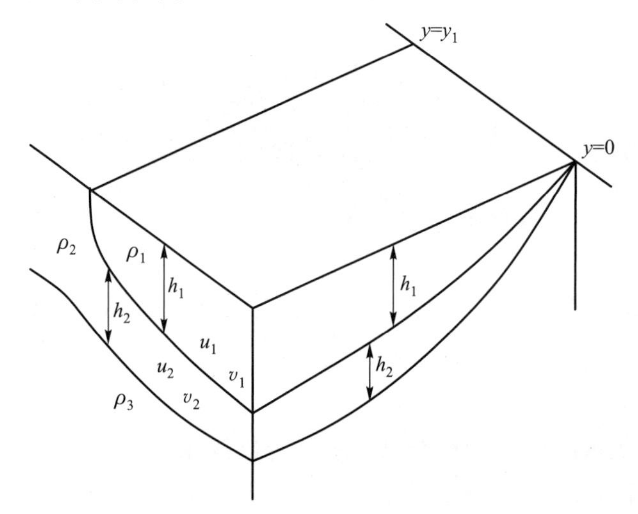

图 4.71 赤道海洋 $2\frac{1}{2}$层通风温跃层模式的示意图。

赤道之外的解由 4.1.7 节讨论过的通风温跃层模式给出

$$h^2 = \frac{D_0^2}{1 + \gamma\,(1 - f/f_1)^2} \tag{4.401}$$

$$h_2 = \frac{f}{f_1}h;\quad h_1 = \left(1 - \frac{f}{f_1}\right)h \tag{4.402}$$

其中，$\gamma = g'_1/g'_2$，$g'_1 = g(\rho_2 - \rho_1)/\rho_0$ 和 $g'_2 = g(\rho_3 - \rho_2)/\rho_0$ 分别为第一层和第二层中的约化重力，f_1 为 $y = y_1$ 处的科氏参量，函数 D_0^2 为强迫力，在纬向风的情况下，它简化为如下形式

$$D_0^2 = -\frac{2(x_e - x)}{\rho_0 g_2'}\left(-\tau + \frac{f}{\beta}\frac{\partial \tau}{\partial y}\right) \tag{4.403}$$

在赤道 β 平面上，我们有 $f=\beta y$。在 $l \ll L$ 的假定下，我们把内区解与 $y=1$ 处的赤道区解相匹配。由于风应力在行星尺度上的改变，故(4.403)式最后两项之比为 $O(l/L)$，并且最后一项在赤道附近可以忽略不计。注意到在赤道附近半地转关系成立，因而纬向速度由经向压强梯度所平衡，或者 $g_2'H/l \approx \beta lU$。这样，特征速度与层厚通过下式连接起来

$$H = U\beta l^2 / g'_2 \tag{4.404}$$

引入无量纲变量

$$h' = h/H, \quad (x', y') = (x/L, y/L) \tag{4.405}$$

方程(4.401)化简为①

$$h^2 = \frac{g'_2 \tau_0 L}{\rho_0 \beta^2 l^4 U^2}\frac{2(x'_e - x)(-\tau)}{1+\gamma(1-y/y_1)^2} \tag{4.406}$$

此方程应该有 $O(1)$ 阶平衡，因而我们有尺度

$$l = \left(\frac{g_2' \tau_0 L}{\rho_0 \beta^4}\right)^{1/8}, \quad H = \left(\frac{\tau_0 L}{g_2' \rho_0}\right)^{1/2}, \quad U = \left(\frac{g_2' \tau_0 L}{\rho_0}\right)^{1/4} \tag{4.407}$$

它们所对应的流函数尺度为 $\Psi = HUl$。对于大西洋，$\tau_0 = 0.1\ \mathrm{N/m^2}$，$g_2' = 0.01\ \mathrm{m/s^2}$，$\beta = 2 \times 10^{-11}/\mathrm{m/s}$，$L = 3\,000$ km，因此，$l = 280$ km，$H = 125$ m，$U = 1.57$ m/s，$\Psi = 58$ Sv。对于太平洋，$L = 14\,000$ km，因此，$l = 339$ km，$H = 265$ m，$U = 2.3$ m/s，$\Psi = 225$ Sv。注意到潜流厚度的量级为 $0.1H$，故来自每个半球的流量对潜流的贡献，在大西洋为 5 Sv，在太平洋为 20 Sv。这些尺度与海洋中实测的赤道潜流非常接近。

假设 $x_e = L$，赤道区解的匹配条件为：在赤道边界层的外缘，解应该趋近于

$$h = \sqrt{\frac{-2(1-x)\tau}{1+\gamma(1-y/y_1)^2}} \tag{4.408}$$

为了找到解，我们可以利用位涡守恒和伯努利守恒定律。在远离赤道的区域，位涡守恒和伯努利守恒给出

$$\frac{y}{h_2} = Q_2(B_2) = Q_2(h) \tag{4.409}$$

这是因为 $h=$ 常量或 $B_2=$ 常量的线是第二层中的流线。追溯到露头线的纬度，我们有②

$$\frac{y}{h_2} = \frac{y_1}{h} \tag{4.420}$$

因此

$$Q_2(h) = \frac{y_1}{h} \tag{4.421}$$

因而

$$Q_2(B_2) = \frac{y_1}{B_2} \tag{4.422}$$

应注意，当解趋近于赤道时，h 仍是有限的；然而，在赤道附近地转关系必定失效，因为科氏

① 在原著中，式(4.406)排印有误，现已更正。——作者注

② 在原著中，编号(4.410)到(4.419)阙如，不再改动。——译者注

参量在赤道为零。因此,内区解在赤道附近不成立,并且必须把赤道区作为边界层来处理。

4.6.3 作为惯性边界流的赤道潜流

赤道附近,边界流处于半地转平衡

$$u_2 \frac{\partial u_2}{\partial x} + v_2 \frac{\partial u_2}{\partial y} - y v_2 = -\frac{\partial h}{\partial x} \tag{4.423}$$

$$y u_2 = -\frac{\partial h}{\partial y} \tag{4.424}$$

从这两个方程我们可以推导出守恒定律,即位涡和伯努利函数

$$Q_2 = \frac{y - \partial u_2 / \partial y}{h_2}, \quad B_2 = h + \frac{u_2^2}{2} \tag{4.425}$$

沿着流线守恒。注意到在相对涡度中,经向速度之纬向梯度的贡献可以忽略不计。因此,可以通过求解以下两个方程得到赤道边界层之解

$$\frac{\partial u_2}{\partial y} = y - y_1 \frac{h - h_1}{h + u_2^2/2} \tag{4.426}$$

$$\frac{\partial h}{\partial y} = -y u_2 \tag{4.427}$$

在 $y = [0, y_1]$ 的区间上对这两个方程求解,有以下三个关键点。第一,求出的解应该与赤道边界层外缘的内区解相匹配。注意到沿着匹配纬度(matching latitude)的层厚为

$$H_0^2 = \frac{2(1 - x)}{1 + (1 - y_n/y_1)^2} \tag{4.428}$$

这样对应的上、下层的厚度为

$$h_1 = H_0 (1 - y_n/y_1), \quad h_2 = H_0 y_n / y_1 \tag{4.429}$$

特别是,上层的厚度必须与在匹配纬度处的内区解相匹配,因而

$$\text{当 } y \to y_1, h \to h_{\text{内区}}(y_1)$$

第二,在赤道处,有一个附加的边界条件。我们假定赤道是一条流线,那么,$B_2 = B_{20}$ 为常量,因此就把它设为在某一指定纬度处西边界层外缘的伯努利函数。

第三,上层厚度 h_1 是未知的。为了简单起见,可以选取 $h_1 = h_{1,y_n}$①,其中,y_n 为边界层解与内区解相匹配处的纬度。可以用 Pedlosky(1996)所描述的打靶法求出解。此模式可以在若干方面加以改进;不过,这已超出了本节讨论的范围。

4.6.4 太平洋中赤道潜流的非对称性质

在南、北半球的大洋中都存在着西边界流,它们都为赤道潜流提供水源;因此,它们之间存在着竞争。在对称性强迫力的情况下,其解简化为以上讨论过的解。对于非对称性强迫力的情况,来自具有较强强迫力的半球之西边界流就越过了两支西边界流汇合处的赤道,形成了一支对于赤道非对称的潜流。跨过匹配流线(matching streamline)的层厚是连续的,但纬向速度则可以不连续。

许多学者对跨赤道的流动进行了研究(如 Anderson 和 Moore,1979; Killworth,1991;Edwards

---

① 原著中此式排印有误,现已更正。——译者注

和 Pedlosky,1998)。由于科氏参量跨过赤道就改变了符号,因此,对于跨赤道流动而言,赤道起了位涡屏障的作用。Killworth(1991)指出,跨赤道流动局限在几个赤道变形半径的范围内。为了使它的运动能超出这个范围,就需要摩擦力来改变该水块的位涡。有许多学者研究了有摩擦的跨赤道流动问题(如 Edwards 和 Pedlosky,1998)。

西边界流分叉所带来的问题更为复杂。在低纬度区,向西流动的海流在遇到西边界时发生分叉,由此形成了向极的与向赤道的两支西边界流。最佳的例子是,北太平洋中向北的黑潮和向赤道的棉兰老流。西边界流的分叉包含了三维空间中的复杂动力学,其中包括旋涡和越过复杂地形的流动。然而,一个正压模式就可以提供用于粗略估计的简单解。

A. 构建模式公式

我们始终采用如下假定,即环流是定常的且能够用理想流体模式进行处理;因而位涡与伯努利函数都沿着流线守恒

$$\vec{u}_n \cdot \nabla_h q_n = 0, \quad \vec{u}_n \cdot \nabla_h B_n = 0 \tag{4.430}$$

其中,下标 n 表示层次。我们对温跃层和赤道潜流(EUC)做出这样的假定是基于零垂向混合的假说。也就是说,我们试图要搞清楚,如果用理想流体理论来解释中纬度处与赤道处的温跃层结构,就应该能够解释到什么程度。这当然不是唯一合理的观点。由于数值计算的原因,数值实验(例如,Blanke 和 Raynaud,1997;Lu 等,1998)需要有混合,这也使人们联想到混合对于动力学之可能的重要性。

应注意,上层的厚度是另一个未知量。为了进行边界层计算,我们还需要对于上层厚度指定一个附加的约束条件。Pedlosky(1987b)首先假定在赤道边界层内,h_1 与纬度无关,他发现了一些有意思的解。另一种选择是,可以假定在赤道区内对上层的厚度进行补偿(Pedlosky,1996)。这个选择是基于以下的思路:上层中的地转流速远小于第二层中的地转流速;因此,在最低阶的近似上,上层的经向压强梯度与第二层中相比是可以忽略的。这个近似意味着,在赤道附近,上层中的海流由局地风应力起支配作用。

当然,上层的深度是完全任意指定的。在 Pedlosky(1996)的原始理论中,指定了两种极端的上层厚度:或者它与 y 无关且跨过界面没有垂向切变,或者对它进行完全补偿,这两种情况对于潜流或者赤道温跃层的深度几乎没有影响。为了使我们的模式尽可能地简单且易于理解,我们保留了该理论中这种任意的、公认有缺陷的要素。因此,我们将采用以下对于上层厚度的附加约束

$$h_1(x,y) = h_1(x,y_m) + h(x,y_m) - h(x,y) \tag{4.431}$$

其中,y_m 为赤道温跃层解与内区温跃层解相匹配处的纬度。这是补偿解。类似于上节中讨论过的解,只要指定了 B_0[正如 Huang 和 Pedlosky(2000a)描述过的],就可以用打靶法求出解。

在以上讨论的模式中,一个主要的隐含假定是,该解是关于赤道对称的。确切地说,在世界大洋中,这个隐含的假定并不成立。由于大气总环流的不对称性质,使得赤道附近的风应力是不对称的。容易看出,直接应用这个模式会造成赤道温跃层解的不连续。

一个合乎自然的要求是,解在跨过赤道时应该连续。因此,最低的要求是上层和下层的厚度在跨过赤道时应该是连续的。由于在两个半球中对应的西边界流所具有的伯努利函数并不相同,故这两支边界流就不一定是沿着赤道匹配的。换句话说,在每一个经向断面的匹配纬度处,应该有一个由内区动力学确定的自由边界。

因此,对于源自北半球支流的那个分支,适合的边值问题是

$$在\ y = y_m\ 处, \quad h^n = H_0^n \tag{4.432}$$

沿着赤道附近的匹配线，伯努利函数应该为常量

$$在\ y = y_{分离}\ 处, h^n + u^2/2 = B_0^n \tag{4.433}$$

其中，B_0^n 为在北半球分叉纬度处西边界流的伯努利函数，它由亚热带海盆内区的正压环流来确定。此外，我们将采用如下的关于上层厚度的附加约束

$$h_1^n(x,y) = h_1^n(x,y_m) + h^n(x,y_m) + \Delta h^{ns}\frac{y_m - y}{2y_m} - h^n(x,y) \tag{4.434}$$

其中

$$\Delta h^{ns} = h_1^s(x,-y_m) + h^n(x,-y_m) - [h_1^n(x,y_m) + h^n(x,y_m)]$$

对于源自南半球支流的那个分支，适合的边值问题为

$$在\ y = -y_m\ 处, \quad h^s = H_0^s \tag{4.435}$$

此外，沿着赤道附近的匹配线，伯努利函数应该为常量

$$在\ y = y_{分离}处, \quad h^s + u^2/2 = B_0^s \tag{4.436}$$

且

$$h_1^s(x,y) = h_1^s(x,-y_m) + h^s(x,-y_m) + \Delta h^{ns}\frac{y + y_m}{2y_m} - h^s(x,y) \tag{4.437}$$

注意到对于对称强迫力的情况，我们的公式简化为 Pedlosky(1996)讨论过的解，它把赤道作为这两个分支的分离线，即 $y_{分离} = 0$。

由于伯努利函数所起的作用类似于动压头(pressure head)，故可以预期，具有更大伯努利函数值的西边界流应该越过赤道进入另一个半球，如示意图 4.72 所示。此外，在两个半球的匹配纬度处，它们的内区解可能有微小的差异，这样，由于 $\Delta h^{ns} \neq 0$，使上层中出现了一个微小的压强梯度；不过，它对于解的贡献或许很小，因此在下面的分析中，我们将假定 $\Delta h^{ns} = 0$。

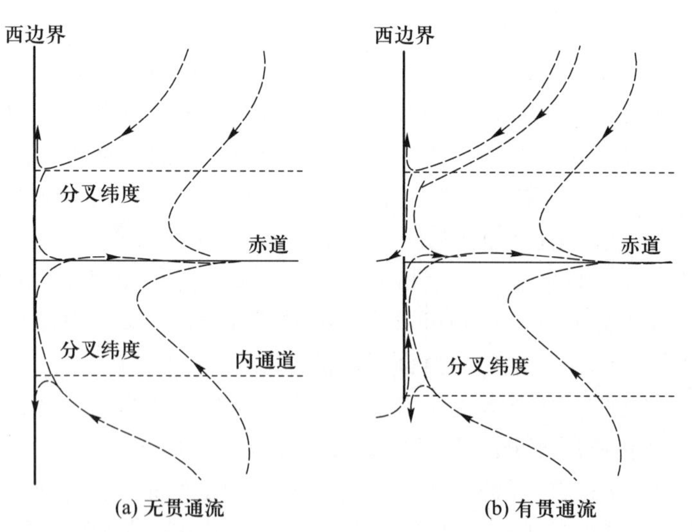

图 4.72 两个半球海盆中的赤道潜流示意图。

对应的边值问题由两个常微分方程组组成。每一个方程组都要服从匹配纬度 y_m 处的匹配边界条件；这两个解在自由边界 $y_{分离}$ 上相匹配，$y_{分离}$ 也是解的一部分。按要求，当跨过该匹配边

界时,上、下层厚度是连续的。不过,其纬向速度可以是不连续的,因为来自南、北半球的伯努利函数可能是不同的。当取 $B_0^s = 1.25B_0^n$ 时,其解分别由图 4.73 和图 4.74 给出。

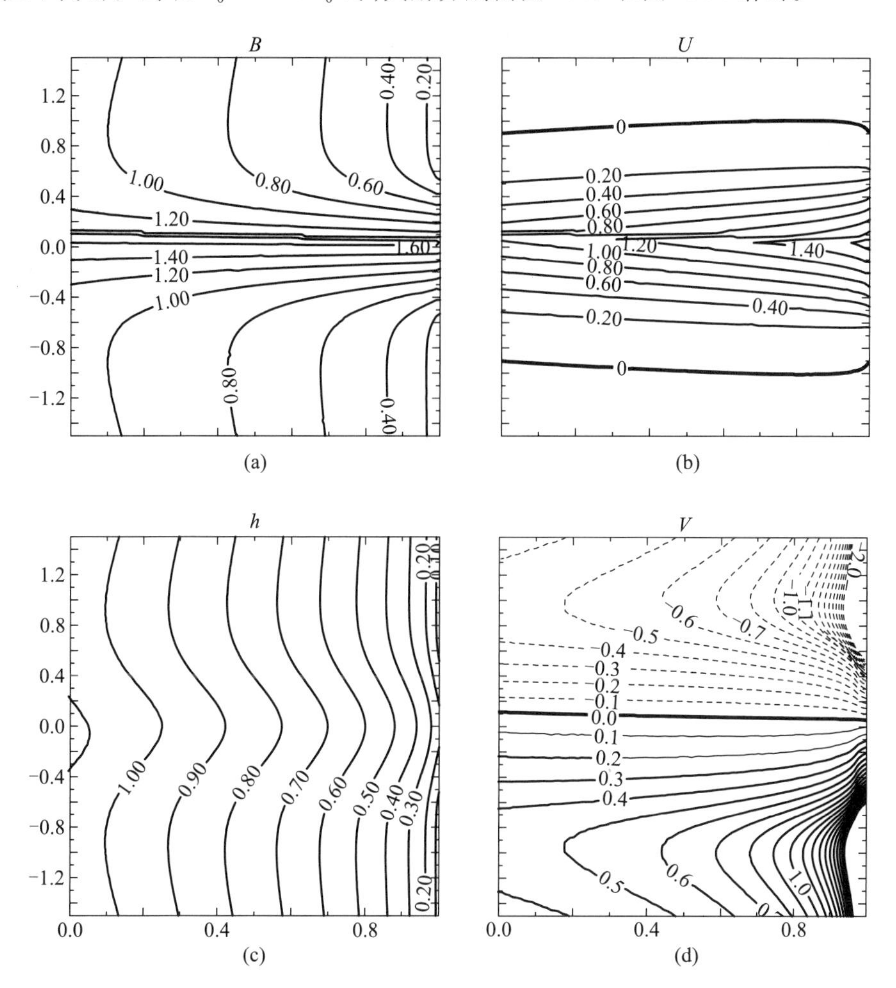

图 4.73 在不对称的强迫力 $B_0^s = 1.25B_0^n$ 下,两个半球海洋中的赤道潜流结构(无量纲单位):(a) 伯努利函数;(b) 纬向速度;(c) 温跃层深度;(d) 经向速度(Huang 和 Jin,2003)。

该解非常类似于对称性强迫力的情况,并且它对于赤道略微有些不对称(图 4.73)。赤道流区的温跃层深度明显呈哑铃形,它类似于在海洋中实测到的赤道温跃层的粗结构。该解的最突出的特征是,纬向速度跨过分离流线是不连续的,这种不连续性可以从经向断面图 4.74 中清楚地看到。

来自两个半球的西边界流在赤道附近相遇,形成了向东运动的赤道潜流。由于两者的伯努利压头(Bernoulli head)差的存在,故跨过分离流线的纬向速度是不连续的[如图 4.74(a)所示]。随着潜流向东运动,纬向流速之核变得更强,同时分离流线则略微移向赤道[如图 4.74(a)下部标记 $y_{分离}$ 曲线所示]。

潜流的经向结构可以用沿着西边界的经向断面来代表[如图 4.74(b)、(c)、(d)所示]。正如匹配边界条件所要求的,温跃层的深度是连续的[图 4.74(d)]。不过,跨过分离线的纬向速度和伯努利函数则是不连续的[图 4.74(b)、(c)]。

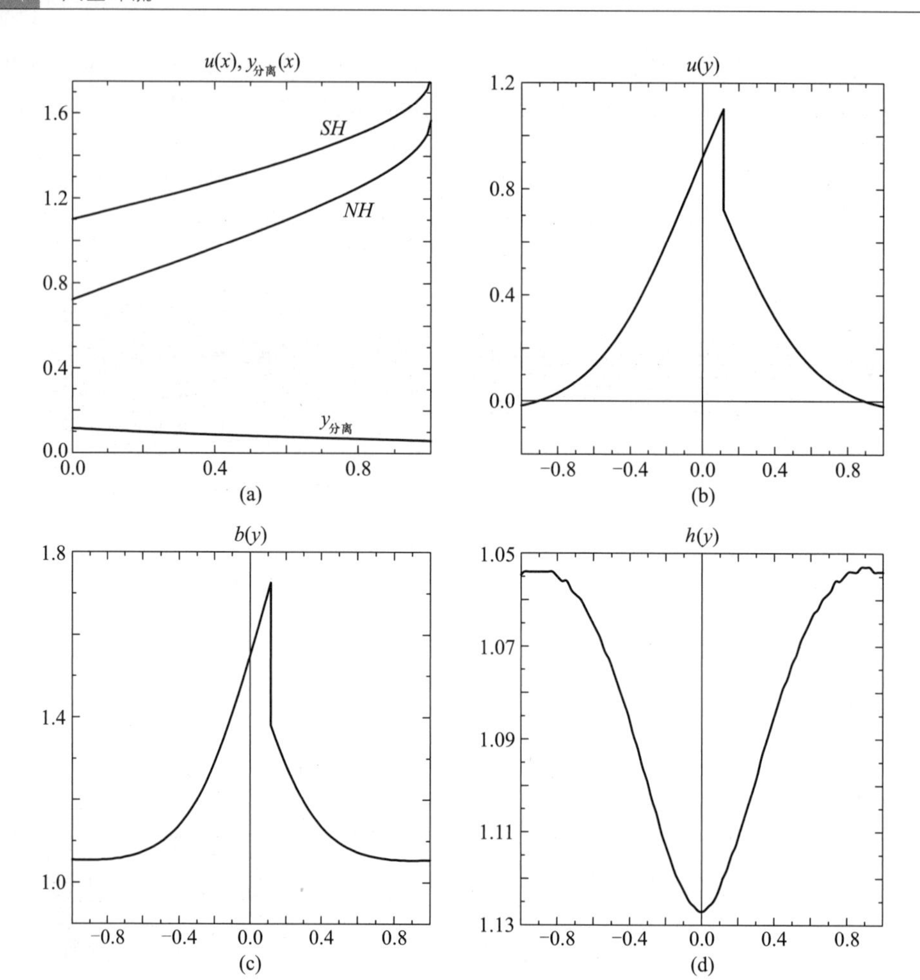

图 4.74 赤道潜流的纬向和经向结构(无量纲单位):(a) 沿匹配流线的纬向速度之纬向变化,SH(NH)表示源自南(北)半球的水质点,$y_{分离}$表示分离点的纬向变化;(b) 西边界处的纬向速度;(c) 西边界处的伯努利函数;(d) 沿西边界的温跃层深度(Huang 和 Jin,2003)。

重要的是应注意,这个理想流体之解或许不是非常稳定的。事实上,该解表现为由赤道以北的一条相当狭窄的带,在这里一小块源自南半球的负位涡区与北半球的正位涡相邻接[图 4.75(a)]。符号相反的位涡得以共存,这一点提示我们,对称不稳定性可能出现了,并且由此会使该解发生改变。

再进一步,容易看出,纬向速度廓线满足了正压不稳定性的必要条件。正压不稳定性有可能平滑了赤道附近的速度峰值。甚至对于 Pedlosky(1987b)首先得到的对称的半球之解,也是如此,容易看出,该解的纬向廓线满足了正压不稳定性的必要条件。

半球不对称之解可以引起对称不稳定性的事实或许不是一个严重的缺陷。在某种程度上,这可能是一种真实的特性。近来,Hua 等(1997)建议,实测的赤道平均环流可以勉强满足对称不稳定性的条件。他们利用数值模式进一步证实,对于具有这类基态不稳定性的流动而言,赤道大洋环流的非线性平衡态则表现出某些次级流动,这类似于在赤道潜流之下实测到的多支赤道射流。

B. 应用于太平洋

1) 赤道潜流之核向赤道区外位移的证据

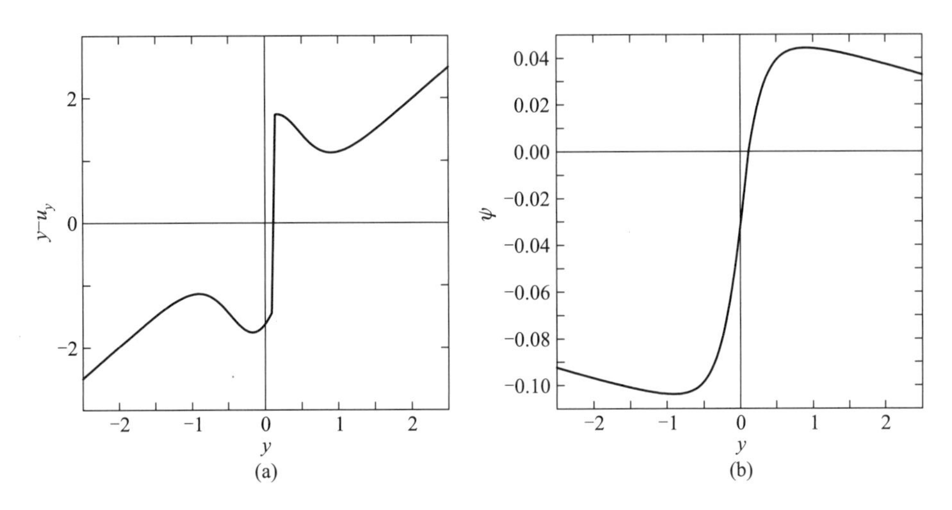

图 4.75 在西边界处的(a)总涡度和(b)流函数之经向廓线图(Huang 和 Jin,2003)。

现场的直接测量也表明,赤道潜流的纬向速度廓线具有非对称的性质。Hayes(1982)研究了赤道太平洋东部两个断面上的纬向地转速度廓线。根据水文数据计算的地转速度与从自由落体声学跟踪速度计(TOPS)①测得的一致。赤道以南(在 0.5°S 和 1°S)的地转速度明显比赤道以北的大。Wyrtki 和 Kilonsky(1984)根据夏威夷 - 大溪地穿梭实验期间收集到的数据计算了纬向地转速度。他们的结果表明,赤道潜流的中心位于 0.5°S 处。

不过,在赤道太平洋的西部,潜流之核则位于赤道以北。Tsuchiya 等(1989)仔细分析了"赤道西太平洋环流研究(WEPOCS)②"期间收集到的水团特性量。他们的分析清楚地表明,在巴布亚新几内亚以北的赤道潜流起始处,该潜流水的主要部分来自于其南面的一支狭窄西边界潜流(新几内亚沿岸潜流)。事实上,赤道以北的水团可以追溯到其在南半球之源。

Gouriou 和 Toole(1993)分析了赤道太平洋西部的平均环流。正如他们的图 8B 所示,在赤道以北,有一块负位涡区,它与周边的正位涡区相邻接。因此,这样一块负位涡区之水必须来自南半球。

Joyce(1988)论证,施加于赤道大洋的风应力能够驱动上层海洋中一支横跨赤道的流动。他把广义的斯韦尔德鲁普关系应用于赤道大洋,并推断,在赤道太平洋东部有一支南向的跨赤道流,而在赤道太平洋西部则有一支北向的跨赤道流。然而,他的计算既没有包括相对涡度项的贡献,也没有考虑与西边界流相连接。

在潜流的起源处,通过西边界的总流量可以从流函数廓线图 4.75(b)中估算出来。例如,来自南、北半球的流量在无量纲的单位中分别约为 0.1 和 0.05。对于太平洋,流函数的尺度约为 206 Sv;这样,来自西边界流的流量之贡献分别约为 20 Sv 和 10 Sv。跨赤道流量 ψ_0 约为 0.03 无量纲单位,在有量纲的单位中,其对应值约为 6 Sv。Tsuchiya 等(1989)估计有 5 Sv 的流量供给了 3°S 与赤道之间的东向内区环流。如果没有印度尼西亚贯通流(Indonesian throughflow),那么这个流量就会进入潜流。这个输送速率③与前面的 6 Sv 相当接近。

① 原著中为 free-fall acoustically tracked velocimeter(TOPS)。——译者注

② 原著中为 Western Equatorial Pacific Ocean Circulation Study(WEPOCS)。——译者注

③ 原著中为 flux rate,其定义参见 4.1.2 节中经向流量速率的定义。——译者注

2）潜流源区跨赤道流动的确定

控制分离流线位置的动力学因子是西边界分叉纬度处的伯努利函数之强度。实际上，西边界的分叉是一个复杂的三维现象，由许多动力学因子确定，比如大尺度强迫力场及其产生的压强场、岸线的形状、海底地形和旋涡。不过，正压分叉纬度可以为解决这个复杂问题迈出简单而有用的第一步。

跨过纬向断面的向极总埃克曼输送为

$$M_E = -\int_0^L \frac{\tau^x}{f\rho_0}dx \tag{4.438}$$

向赤道的地转输送为

$$M_G = \int_0^L \frac{fw_e}{\beta}dx \tag{4.439}$$

其中，w_e为根据风应力计算的埃克曼泵压速度。跨过海盆内区纬向断面的风生流涡之总经向流量为这两个输送之和，即 $M_{Sv} = M_E + M_G$。进入西边界的回流为 M_{Sv}。西边界流的分叉是一个非线性现象；不过，这里我们假定，西边界流的分叉纬度就是 M_{Sv} 消失的纬度；它可以根据海盆中的风应力分布来确定。对应于气候态平均的风应力，由此得到的分离纬度在北太平洋中为14.5°N，在南太平洋中为 15°S，它们接近于用数值模式（如 Huang 和 Liu，1999）估算出的分叉点位置。

对于给定的风应力，利用一个简单的约化重力模式就可以计算出主温跃层的深度。对应的伯努利函数可以根据定义 $B = g'H$ 来计算，其中，g' 为约化重力（对于太平洋，取 $g' = 2\ \mathrm{cm/s^2}$），H 为主温跃层的深度。

然而，这种简单的方法并不令人满意，因为风应力在北半球略强且对应的伯努利压头在北半球比在南半球大。结果，用这种简单的方法就会给出这样一个结论，即来自北半球西边界流区的海水将会侵入南半球。然而，如上所述，实测却表明，形成赤道潜流的大部分海水确实来自南半球。这样，为了使来自南半球的海水越过赤道，就需要另一种机制。一个强有力的竞争者就是印度尼西亚贯通流。由于有了贯通流，西边界流系就发生了改变，并且潜流之源也相应改变，如图 4.73(b)所示。

澳大利亚可以作为一个大岛来处理，因而正如在第 2 章中讨论过的，可以应用简单的环岛规则并且得到了一个环绕澳大利亚的环流，而且它只是风应力的简单函数。在很多论文中讨论了环岛规则，Godfrey（1989，1993）曾透彻地讨论了环岛规则所具有的最本质的物理机制。

尽管根据环岛规则推算出的该贯通流的流量可以很大，相当于 17 Sv，而其他的物理过程则使这个流量减小到约 10 Sv。在我们简单的纯惯性模式中，如果位涡不改变符号，那么来自南半球的海水就不能进入北半球，也不能输水给贯通流。于是，来自南半球的西边界流就不得不先经过潜流。沿着向东的轨迹，其流量涌升而进入埃克曼层，然后以埃克曼输送的形式向极运动。因此，来自南半球的流量就成为北半球大洋内区斯韦尔德鲁普流量的一部分。在我们构建模式的原始理想流体公式中，唯一的选项是，假定贯通流是由来自北半球的西边界流提供的；所以，我们将简单地假定，确实有 10 Sv 的水离开了海盆并形成了印度尼西亚贯通流。

这样，在北半球中，该贯通流并不会影响分离纬度；在分离纬度处西边界流的流量为零。然而，供给潜流的有效西边界流（effective western boundary current）实际上来自大洋内区。为了找到这个西边界层的伯努利压头，必须从分离纬度处的西边界开始向东搜寻来找到这样一个位置，而在该位置处从东边界开始积分的向赤道的流量满足

$$\psi^{北}_{有效wbc} = {}'\psi_{wbc} + \Delta\psi \tag{4.440}$$

其中，$\psi_{wbc} = -M_{Sv}$为在西边界外缘处的斯韦尔德鲁普流量；$\Delta\psi = 10$ Sv 为风生环流对这支贯通流的流量①所做的贡献。

在南半球，现在确定分离纬度所需要的约束是西边界层中的总流量

$$\psi^{南}_{有效wbc} = -M_{Sv} + \Delta\psi \tag{4.441}$$

消失。若不考虑该贯通流，那么南半球的分离纬度在15°S附近；然而，若考虑该贯通流，则分离纬度向南推进到17°S。

4.7 亚热带和热带间的桥接窗口

4.7.1 引言

A. 亚热带和热带的环流胞

亚热带与热带的连接构成了全球海洋环流的一个主要分量。亚热带－赤道海洋中的环流包含了复杂的动力学过程和路径。为了简化系统的图像，该系统可以用两个环流胞的形式来描述(McCreary 和 Lu，1994)。两个环流胞的划分只是概念上的，因为环流实质上是三维的。在这两个环流胞之间没有清楚的边界，但是我们将采用稍后定义的所谓扼流纬度(choking latitude)作为分隔这两个环流胞的边界[图4.76(a)②]。

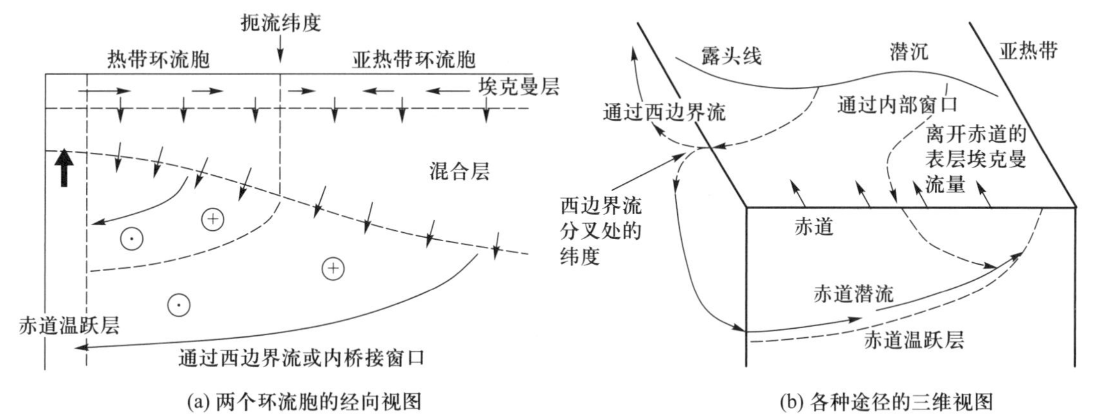

图4.76 (a) 热带和亚热带环流胞的经向视图；(b) 从亚热带到热带的各种途径示意图。

热带和亚热带的环流胞与以下过程密切相关。

1) 在亚热带海盆内区，埃克曼输送之水平辐聚产生了驱动亚热带海盆中反气旋型流涡的埃克曼泵压，并引起了亚热带水团的潜沉。这些水团通过亚热带温跃层向赤道地转流输送，这里有三种途径。

第一，在亚热带海盆中潜沉的水团可以通过内区的桥接窗口及其后的等密度面上的向赤道流动到达热带。Gu 和 Philander (1997) 提出，这种连接方式在年代时间尺度上的气候变率中起

① 原著中为 volumetric contribution，即 volumetric flux contribution，故改。——译者注

② 在此示意图中，扼流纬度的位置表示这两个环流胞之间的边界，大致位于正的埃克曼泵吸(驱动气旋型流涡)的平均纬度(通常在东风盛行的北、南纬10°附近)处，因此，在桥接窗口中心处的埃克曼泵吸使流动向北。此外，此图中的⊙表示东向的赤道潜流，而⊕表示亚热带风生流涡之向西流动的部分。——译者注

着极其重要的作用[图 4.76(b)]。

第二,在亚热带海盆中潜沉的水团可以通过如下方式到达热带。这些水团向西运动,到达西边界后流动出现分叉,其中部分水团以向赤道的西边界流之形式到达热带,并最终成为向东的赤道潜流。

第三,在西边界的分叉点处,另一部分潜沉水通过向极的西边界流回到中纬度。我们不把这部分潜沉水视为亚热带环流胞;反过来说,通过第一条和第二条路径的水团组成了亚热带环流胞。

2) *在赤道带*,次表层水团加入到向东的赤道潜流中,并且通过由赤道东风带所驱动的赤道上升流,它最终被抬升到表层。重要的是要强调指出,在这期间,上升运动基本上是绝热的,因为跨密度面混合很微弱(Bryden 和 Brady,1985)。正如上一节中讨论过的,潜流可以描述为理想流体模式中的惯性边界流。

3) *离赤道埃克曼输送*将水送回中纬度。在赤道以外,埃克曼输送之局地辐聚引起了埃克曼泵压,将水向下推入温跃层,这样便组成了完整的回路。

下面将要讨论,并非所有被泵压向下并通过混合层底部的亚热带水都能到达赤道。在扼流纬度处,存在着一个亚热带与热带之间的内部桥接窗口;只有部分潜沉到亚热带温跃层的亚热带水才能够通过这个窗口并进而贡献于亚热带环流胞。其余的潜沉亚热带水则转向西行并到达海流分叉的西边界。只有这个西边界流的向赤道分支才能够贡献于亚热带环流胞;但它的向极分支却不能到达赤道区,因而它对亚热带环流胞没有贡献。

在扼流纬度处的向赤道一侧,由局地埃克曼泵压所导致的向赤道地转流使得向赤道的输送继续增加。这个额外的水输送也通过了与亚热带环流胞相似的两种路径,最终以离赤道的埃克曼输送的形式回到了向极的方向,这样就完成了这个环流胞。因此,这个额外的输送应该归类于赤道环流胞的部分,如图 4.76(a)所示。

可以把上述的机制应用于太平洋和大西洋海盆,那里的赤道带是东风带盛行区;然而,在印度洋海盆的赤道带则盛行西风带,故那里的赤道环流动力学就不同于本节中所讨论的。

B. 用赤道太平洋氚数据来识别桥接窗口

根据示踪物的分布可以识别出亚热带与热带海洋之间的连接方式。事实上,通过对示踪物的研究,首次发现了这种连接方式。对示踪物的观测表明,在上层,北赤道流中的氚自 1974 年起就开始减少,而在北赤道流以南,氚从 1965 年到 1979 年是逐渐增加的。因此,在中纬度与赤道海域之间起桥接作用的亚热带环流胞中,其流动是大约以年代时间尺度为特征的。由于氚的半衰期为 12.4 年,因而它可以作为年代时间尺度上气候变化的一个良好的示踪物。

在 20 世纪 70 年代和 80 年代,通过示踪物研究识别出了内桥接窗口。Fine 和她的同事(Fine 等,1981,1987; McPhaden 和 Fine,1988)分析了氚的数据,发现在赤道上 140°W 附近有一个氚的局地极大值(图 4.77 和图 4.78),他们恰当地将其归因于亚热带水通过潜沉过程而通风。由于这个氚的局地极大值与赤道带西部中任何高浓度氚都没有连接,因此,容易看出,对于氚的这种局地极大值,不能归因于赤道潜流。

在本节中,我们将利用一个基于风应力资料的简单指数,来讨论通过内桥接窗口的流量。可以用这个指数来说明热带与亚热带内桥接之间的非对称性质。此外,这个指数还可以用来推断内桥接的年代变率。

C. 热带辐合带和亚热带与热带海洋之间的桥接

赤道附近风应力的一个主要特征是北半球中存在热带辐合带(ITCZ)。经向断面中的脊状特征提

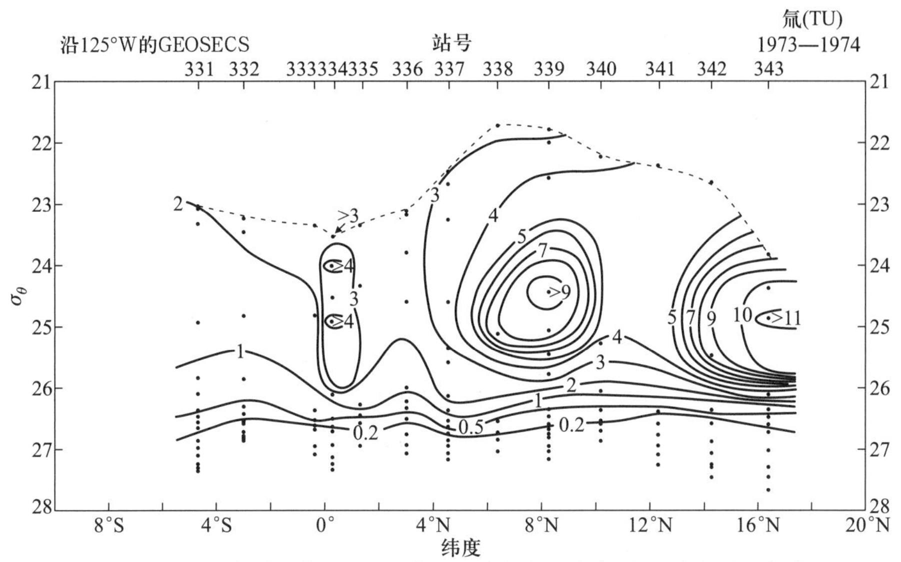

图 4.77 沿着125°W 的 GEOSECS 航线上氚(TU)的南—北垂向断面分布图,图中的纵坐标为 σ_θ(Fine 等, 1987)。

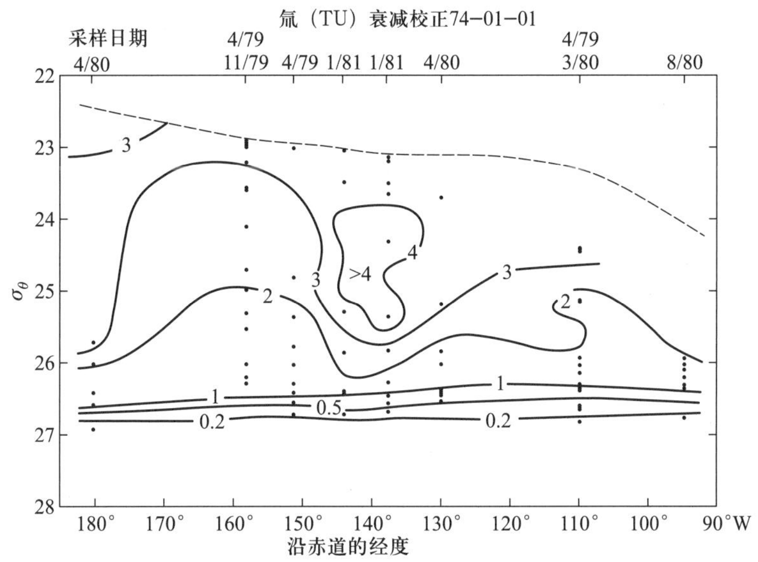

图 4.78 沿着赤道的氚(TU)的东—西垂向断面分布图,图中的纵坐标为 σ_θ(Fine 等, 1987)。

示,热带辐合带附近的埃克曼泵吸速率是正的。密度断面中的这种脊可以解释为挡在亚热带与热带之间局地桥接的位涡屏障。从海洋的热力结构中可以清楚地看到热带辐合带的位置(图 4.69)。热带辐合带所处的纬度带与下面要讨论的扼流纬度和桥接窗口紧密相连。事实上,已经有人用海盆东部中的高位涡之脊来解释桥接的路径和屏障(如 Lu 和 McCreary,1995; Johnson 和 McPhaden,1999)。

4.7.2 亚热带与热带之间的内桥接窗口

A. 从数据和数值模式中推断出的桥接窗口

可以利用解析模式和数值模式来探究亚热带 - 热带环流的内桥接(例如 Liu,1994;McCreary 和 Lu ,1994)。从示踪物和水文数据的分析中,已给出了对于桥接速率(communication rate)的较佳估计(例如, Wijffels,1993;Johnson 和 McPhaden,1999)。根据估算,该桥接速率,在北太平洋约为5 Sv,在南太平洋约为16 Sv。据 Fratantoni 等(2000)的估算,在北大西洋的桥接速率为1.8 Sv,在南大西洋则为2.1 Sv 。通过对海洋数值模式结果的分析,可以清楚证实桥接窗口的存在;图4.79 中给出了从一个数值模式中得到的太平洋中的桥接路径。

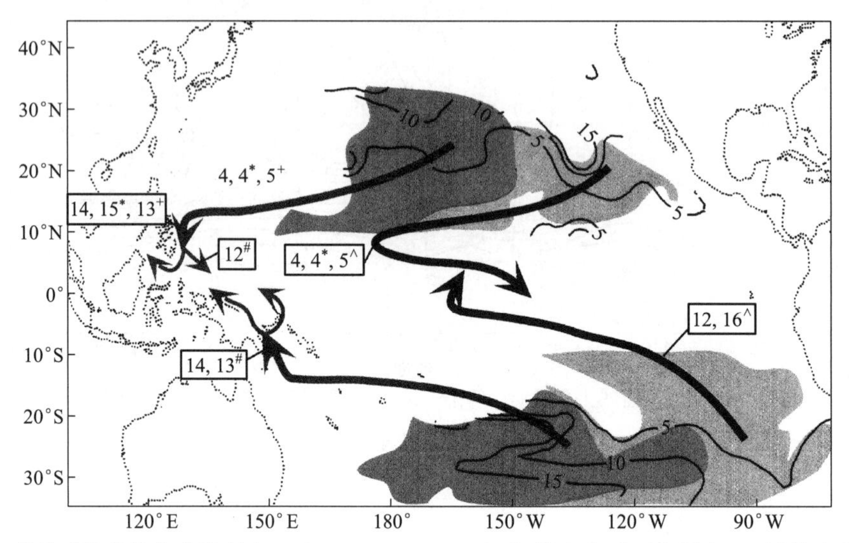

图 4.79 从亚热带到热带的各种路径(Liu 和 Philander, 2001);细箭头表示西边界窗口,粗箭头表示内桥接窗口,这些路径是通过追踪 NCEP 模式数据中在 50 m 深度处潜沉的水质点识别出来的(Huang 和 Liu, 1999);方框中的数字为水质点到达纬度为5°处所需的年数①。

B. 桥接窗口的示意图

亚热带-热带海洋中的一个显著特征是在热带辐合带(或南太平洋中的南太平洋辐合带)中存在着正的埃克曼泵吸区。正的埃克曼泵吸速率的存在使赤道大洋中产生了一个气旋式小流涡,该流涡在东边界附近相当强。此外,在西边界附近或许还有第二个气旋式流涡,如图 4.80 中的粗虚线所示。

尽管含有气旋式流涡的环流看起来有些复杂,但用海洋模式处理起来却很简便,该模式只要在负的埃克曼泵压区中有一小块正的埃克曼上升流区即可。如果赤道附近的东风带减弱,那么埃克曼泵压速率将减小②,并且东部气旋式流涡之西边界将进一步向西扩展;这样,桥接窗口将变得更狭窄。如果东部气旋式流涡的西边界与西部气旋式流涡的东边界连接起来,那么内桥接窗口将会关闭。利用风应力数据集和海洋数据同化系统给出的数据可以探寻这种可能性。

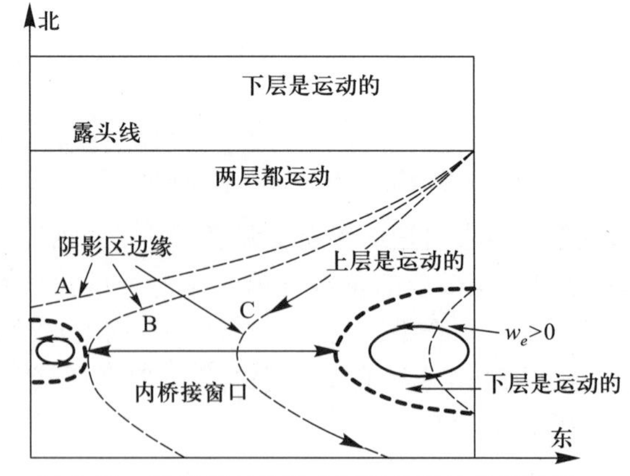

图 4.80 亚热带与热带之间桥接窗口的示意图。

可以用一个有两个运动层的通风温跃层

① 原图纵坐标有误,现已更正。图中数字上角的记号 *, +, #, ^ 表示不同来源的数据。——译者注

② 原著有误,现已更正。——作者注

模式对上述情况做图解(图 4.80)。在亚热带中,下层露出海面,上层则覆盖了热带的上层海洋,而在那里的阴影区中,下层[①]是不动的。(在气旋式流涡中,下层是运动的,因为它直接与埃克曼上升流相接。)然而,在阴影区以西,下层却是运动的。在这个两层模式中,桥接窗口由东部气旋式流涡与西部气旋式流涡(由图 4.80 中粗虚线的半椭圆表示)之间的下层中的势流来代表。

阴影区所占据的面积取决于由东边界处所选取的层厚。我们稍后将会指出,当下层很厚时,阴影区变得如此之大,以至于其西边界会到达西部气旋式流涡以北的西边界(如图 4.80 中的曲线 A 所示)。对于这种情况,在亚热带与热带之间没有内桥接。

随着下层厚度的减小,阴影区的边界向赤道移动。曲线 B 表示了阴影区边界与西部气旋式流涡的边缘相切的临界情况。当下层的厚度更小时,阴影区的边界在西部气旋式流涡以东[②]。如曲线 C 所示,在曲线 C 与西部气旋式流涡之间开放了一个桥接窗口。桥接窗口的最大宽度局限于在东部和西部气旋式流涡之间的沟壑。

C. 理想化大洋的 $2\frac{1}{2}$ 层模式

利用一个通风温跃层模式,可以清楚地看到亚热带与热带之间存在桥接。构建模式的关键是,通过在东边界附近加入一个正埃克曼泵吸的小区来模拟热带辐合带之效应。我们记底层(无运动的)为第 0 层,最下面的运动层为第一层,其上各层的编号依次递增。第 i 层的厚度和深度记为 h_i 和 H_i。最北面的露头线标为 f_1。

对于有 n 层的模式,其斯韦尔德鲁普关系为

$$\sum_{i=1}^{n} g_{i1} H_i^2 = D_0^2 + H_0^2 \tag{4.442}$$

其中,$g_{i1}=g_i'/g_1'$,g_i' 为跨过第 i 个界面的约化重力。利用这个关系式,斯韦尔德鲁普函数可以定义为

$$\psi = -\int_x^{x_e} hv dx = -\frac{f}{\beta}\int_x^{x_e} w_e dx \tag{4.443}$$

其中,$w_e(x,y) = -(\tau/f)_y$ 为埃克曼泵吸速率。在露头线 f_1 以北,仅有一个运动层,其解为

$$H_1 = \sqrt{D_0^2 + H_0^2} \tag{4.444}$$

在露头线 f_1 以南,有两个运动层,其解为

$$H_1 = \left(\frac{D_0^2 + H_0^2}{G^2}\right)^{1/2}, \quad G^2 = 1 + g_{21}\left(1 - \frac{f}{f_1}\right)^2 \tag{4.445}$$

$$h_1 = \frac{f}{f_1} H_1, \quad h_2 = \left(1 - \frac{f}{f_1}\right) H_1 \tag{4.446}$$

不过,在 f_1 以南,下层中还有一个阴影区。在阴影区中,下层是静止的,下界面的深度不变,且等于在东边界上设置的下界面之未受扰动深度 H_0。阴影区的西边界 S_B 可以从露头纬度处的东边界开始沿着下层的流线来计算。不过,更方便的是,把这个边界取为下界面深度 H_1[由(4.445)式算出]等于 H_0 的那条线。

在阴影区边界 S_B 以东,可能存在两个动力学区:一个阴影区 S 和一个气旋式流涡 CG。阴影

① 原著中指 upper layer(上层),有误,作者改正为 lower layer(下层)。——译者注

② 原著中为 west(西),疑有误,故改。——译者注

区 S 与气旋式流涡 CG 之间的边界由正压零流线 $\psi_0=0$ 来确定。在阴影区 S 内,只有上层是运动的。假定跨过上、下界面的约化重力是相同的,那么阴影区中的解为

$$h_2=\sqrt{D_0^2+H_0^2},\quad h_1=H_0-h_2 \tag{4.447}$$

在气旋式流涡 CG 内,第二层(上层)①消失,因而第一层是唯一的运动层,这里的解为

$$h_1=H_1=\sqrt{D_0^2+H_0^2}$$

我们把 $2\frac{1}{2}$层模式应用于研究亚热带-热带海洋中的环流。沿东边界下层的厚度为 150 m。模式由一个简单廓线的风应力[图 4.81(a)]作为强迫力,对应的埃克曼泵吸速率由图 4.81(b)给出。

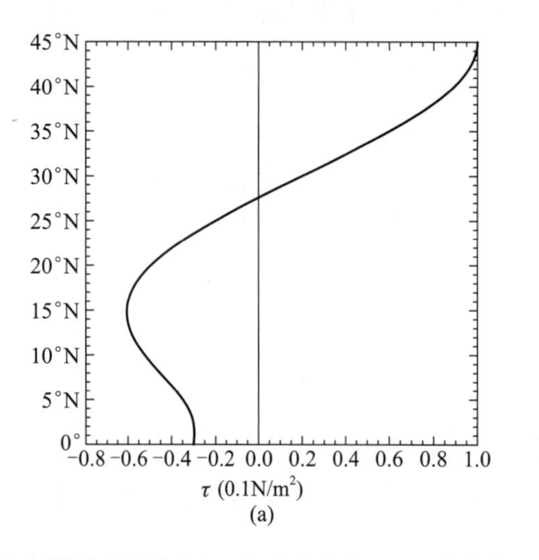

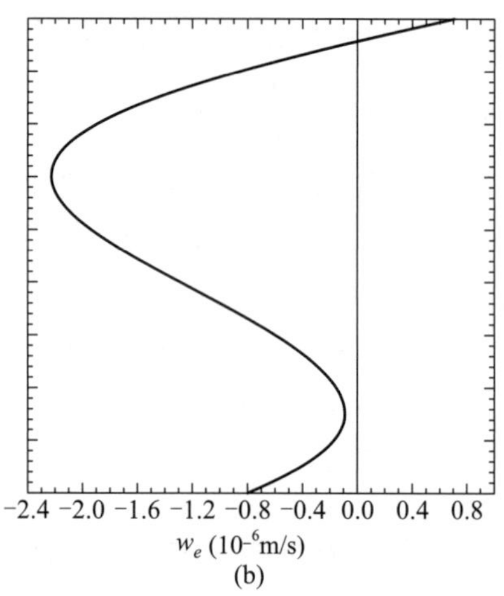

图 4.81 解析模式所用的(a)理想化风应力和(b)埃克曼泵吸廓线。

抛弃通常采用的与经度坐标②无关的简单风应力型式,我们在模型海盆的东边界附近加进一小块正的埃克曼上升流区[图 4.82(b)]。

如图 4.82 所示,在强迫力场的东边界附近有一小块正的埃克曼上升流区,并在其附近产生了一个气旋式的小流涡,这是亚热带-热带环流的一个重要分量。

D. 北太平洋的 $2\frac{1}{2}$层模式

为了使我们的讨论更加接近实际,我们把这个 $2\frac{1}{2}$层模式应用于北太平洋,并根据 Hellerman 和 Rosenstein (1983)风应力数据计算出的埃克曼泵压场作为强迫力。多层模式的一个弱点是其解对露头线、跨界面的约化重力以及沿东边界的下层厚度之选取相当敏感。本节中,我们将简单地假设,上层沿18°N 线露头并且上、下界面的约化重力为 0.02 m/s^2。本节中的唯一自由参量是沿东边界的下层厚度 h_{1e}。

---

① 这里指的是 $2\frac{1}{2}$层模式,而不是(4.442)的 n 层模式。——译者注

② 原著中为 zonal coordinate(纬向坐标),此处如按原文直译易被误解,故改译。——译者注

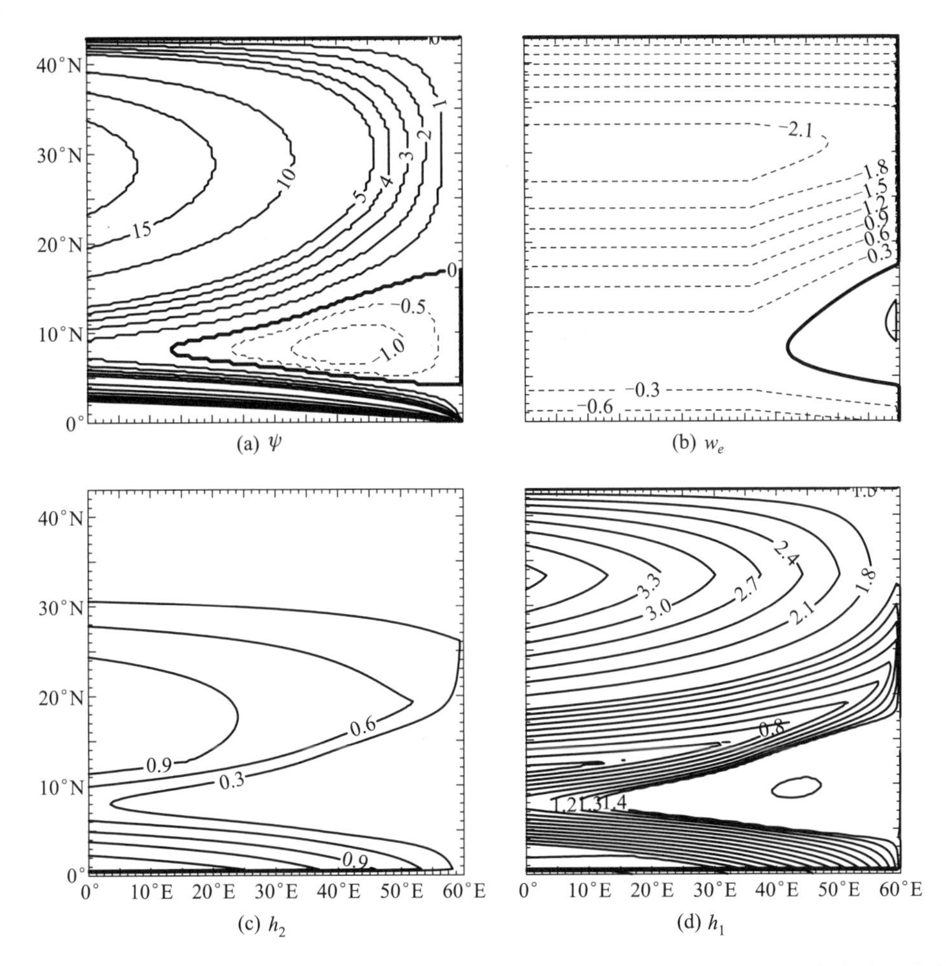

图 4.82　由略有修改的埃克曼泵吸/压场(在模型海洋的东边界附近加入了一小块正的埃克曼上升流速率区)所驱动的环流:(a) 正压斯韦尔德鲁普输送(单位:Sv);(b) 埃克曼泵吸/压速率(单位:10^{-4} m/s);(c) 上层的厚度(单位:100 m);(d) 下层的厚度(单位:100 m)。

对于 $h_{1e}=H_0=150$ m 的情况,解由图 4.83 给出。上层占据的区域位于露头线以南且在零流线界定的气旋式流涡以西[图 4.83(a)]。在气旋式流涡内只有下层,并且其厚度向着气旋式流涡中心减小[图 4.83(b)]。下界面的深度清楚地显示出碗形的亚热带反气旋式流涡结构与东边界附近穹顶形的气旋式流涡[图 4.83(c)]。在上层中,通过扼流纬度(9.5°N,系斯韦尔德鲁普函数所要求)的向赤道总流量超过 3 Sv[图 4.83(d)]。

下层中的经向流量取决于其在东边界上的层厚(图 4.84)。应注意,在露头线以南,下层就与埃克曼泵压隔开了,因而经向流量函数也是流函数,但在气旋式流涡内,下层则直接受到埃克曼泵吸的作用。在露头线以南存在三个环流区:上层和下层都运动的通风区,下层不运动的阴影区;上层消失、下层运动的气旋式流涡(由虚线等值线表示)。阴影区位于图中由粗线表示的两条零流线之间。例如,在 $H_0=100$ m 的情况下,没有阴影区,但是阴影区在图 4.84(c)和图 4.84(d)中则很显著。随着东边界处下层厚度的增加,阴影区向西扩展,并且下层中通过扼流纬度的流量则从 2 Sv ($H_0=100$ m) 下降到 0.5 Sv ($H_0=200$ m),最后在 $H_0=250$ m 的情况下变为零。

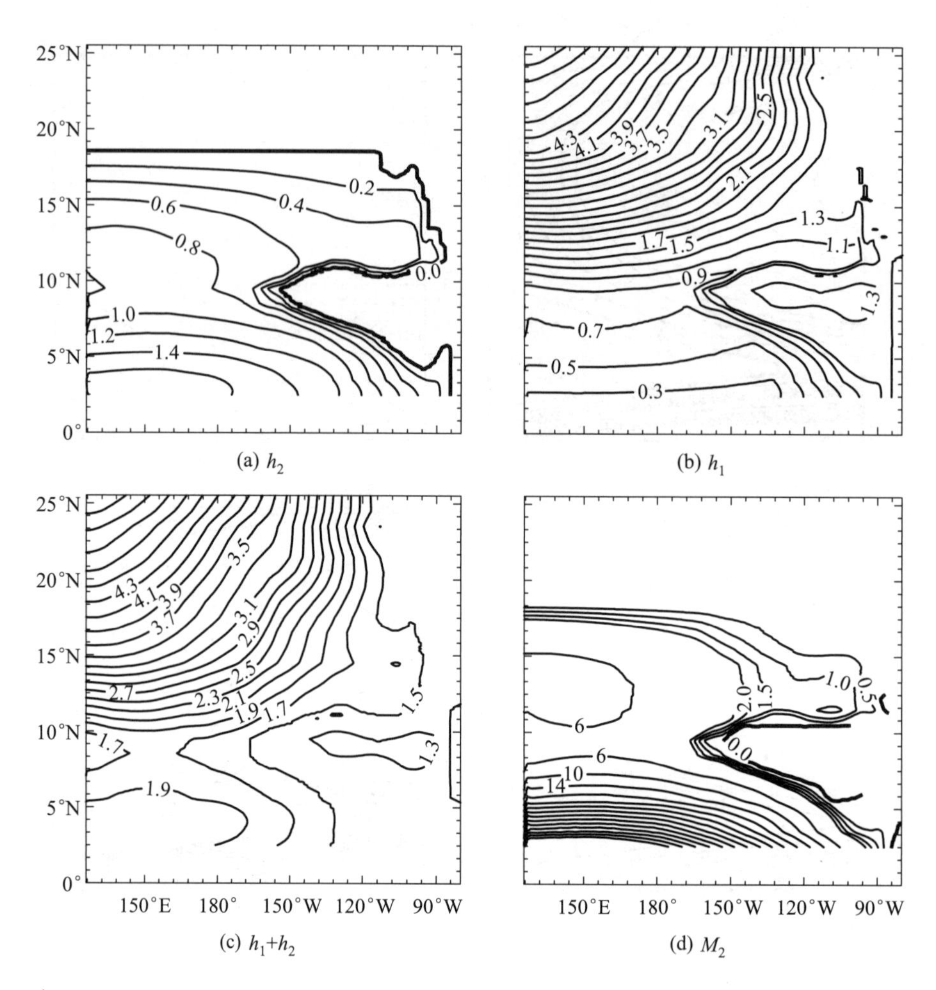

图 4.83　$2\frac{1}{2}$层模型给出的海洋环流（为模仿北太平洋，采用了实际的埃克曼泵压）；沿东边界的下层厚度为 $h_{1e}=H_0=150$ m，露头线位于18°N。图（a）、（b）和（c）为层厚（单位：100 m）；图（d）为上层的经向流量（单位：Sv）。

由于这个 $2\frac{1}{2}$层模式完全满足了斯韦尔德鲁普约束，故上层的净流量是斯韦尔德鲁普流量与下层的流量之差。

因此，通过扼流纬度的流量对东边界处下层厚度的选取很敏感，如图 4.85 所示。当 h_{1e}大于 240 m 时，下层中的桥接路径（communication pathway）就完全被阻断了。

4.7.3　世界大洋的桥接窗口

利用简单的两层模式来决定亚热带与热带下层之间是否存在内桥接，是相当主观的。显然，这个问题最好是通过计算内桥接速率来确定，并且这样的计算与东边界处层厚的选取无关。

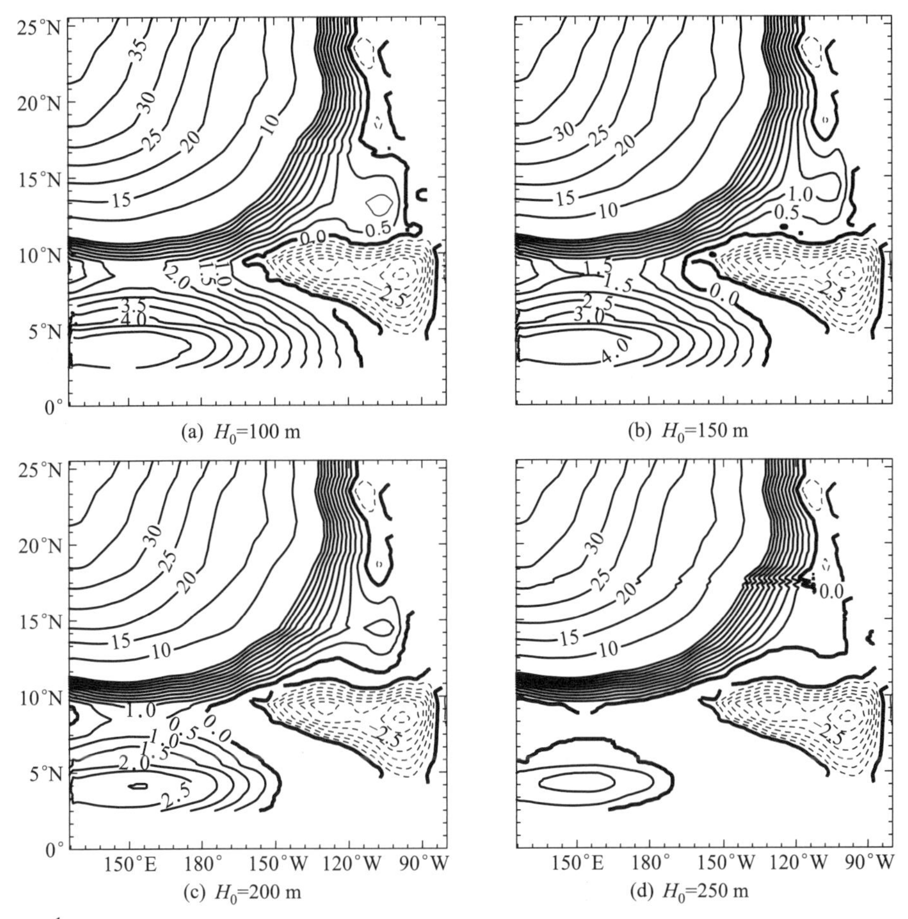

图 4.84 由 $2\frac{1}{2}$ 层的模型海洋给出的下层环流(对应于东边界的四种不同下层厚度),为模仿北太平洋,采用了实际的埃克曼泵吸来驱动。

A. 世界大洋中的经向输送

我们先从年平均埃克曼泵压速率所驱动的世界大洋中的正压流动开始,该泵压速率是根据 Hellerman 和 Rosenstein (1983)的年平均风应力数据得到的。球坐标中的埃克曼泵压速率由下式计算

$$w_e = \frac{1}{a\rho_0 2\omega\sin\theta}\left(\frac{1}{\cos\theta}\frac{\partial\tau^\theta}{\partial\lambda} - \frac{\partial\tau^\lambda}{\partial\theta} + \frac{\tau^\lambda}{\sin\theta\cos\theta}\right) \tag{4.448}$$

其中,a 为地球半径,ω 为地球旋转的角速度,θ 为纬度,λ 为经度,τ^θ 和 τ^λ 分别为风应力的经向和纬向分量。经向输送函数(或者斯韦尔德鲁普函数)定义为风生流涡内经向流量之纬向积分

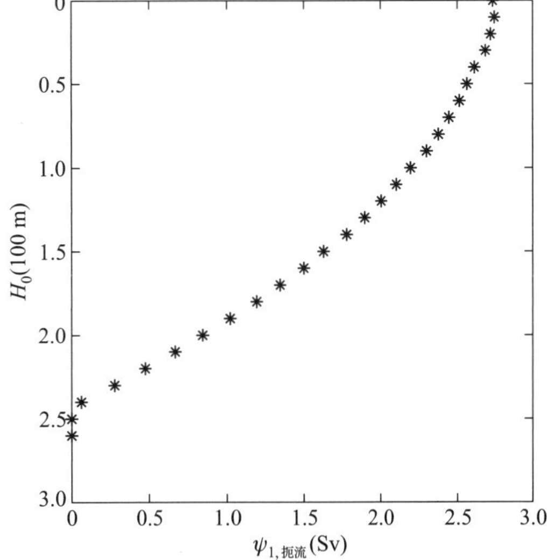

图 4.85 扼流纬度处的下层流函数随东边界处指定层厚的变化。

$$M = -\int_{\lambda}^{\lambda_e} hva\cos\theta d\lambda = -\frac{f}{\beta}\int_{\lambda}^{\lambda_e} w_e a\cos\theta d\lambda \tag{4.449}$$

其中，$f=2\omega\sin\theta$ 为科氏参量，且 $\beta=2\omega\cos\theta/a$。应注意，在定常状态中，无论对于平底的均质海洋模式还是对于约化重力模式，其流量是相同的。因为在亚热带海盆中，正压流动包括了作为源的埃克曼泵压，故斯韦尔德鲁普函数不是流函数。不过，可以从压强场中识别出正压流线。由此，我们引入“虚拟流函数”

$$\psi^* = \frac{f}{f_0}M = -\frac{f^2}{f_0\beta}\int_{\lambda}^{\lambda_e} w_e a\cos\theta d\lambda \tag{4.450}$$

其中，f_0 为参考纬度，在该纬度处经向流量 M 等于 ψ^*。应注意，ψ^* 实质上是对压强场的整层积分，且它与流函数的量纲相同。若采用这个虚拟流函数，那么流线就是 ψ^* 为常量的等值线。两条流线之间的流量满足 $\Delta M=f_0\Delta\psi^*/f$，因而在远离参考纬度的地方，$\Delta M$ 与 $\Delta\psi^*$ 之值大相径庭。在 $f=f_0$ 以南的纬度上，ΔM 大于 $\Delta\psi^*$。这个差值是由于向下的埃克曼泵压产生的，因而它就使得两条流线之间的质量连续增加；因此，这两条流线间的总流量 ΔM 就大于参考纬度处两条流线间的总流量 $\Delta\psi^*$。

这里的流量定义为埃克曼层之下的地转流量①，因而我们把用这种方式计算出的流涡称为次表层流涡，因为这些流涡中没有包括表埃克曼层中的埃克曼输送。在风生环流的一些经典论文中，总流量中包括了埃克曼输送（例如 Munk，1950）。在低纬度区，埃克曼层中的流动是离赤道的②；不过，如果埃克曼泵吸速率是负的，那么次表层中的流动就可以是向赤道的。因此，基于总流量的正压经向输送函数并不正确表示次表层的经向流动。即使埃克曼泵吸是正的，但基于总流量的正压输送流函数则势必会在热带产生一个气旋型的流涡，其向极流量比由次表层地转流计算出的要大。

B. 一个简单的内部桥接速率指数

如上所述，在热带辐合带所处纬度处，气旋式流涡是由次表层的地转流量确定的，它不包括表层的向极埃克曼输送；因此，它们要比根据总流量（包括埃克曼输送）计算的气旋式流涡要弱很多。最重要的是，基于总流量模式得到的气旋式流涡可以完全阻断亚热带和热带之间的内部通道，但是次表层的气旋式流涡并没有完全阻断亚热带流涡与热带之间的内桥接，如图 4.86 所示。

对于年平均的流场，在中部或西部海盆有一个窗口，它允许亚热带与热带之间进行内桥接。我们注意到在热带辐合带所在的纬度处有两个气旋式小流涡；它们在太平洋 9°N 附近，一个靠近东边界，一个靠近西边界，如图 4.86 所示。简单地取西边界处斯韦尔德鲁普函数的经向极小值可能会遗漏海盆内部的桥接窗口。因此，对于北半球，可以用以下参量作为内桥接速率（interior communication rate，ICR）

$$I_c = \max[0, \min_y(\max_x M)] \tag{4.451a}$$

① 原著中为 geostrophic flow（地转流），疑刊误，故改。——译者注

② 原著中为 volume flux（流量），疑有误，故改。——译者注

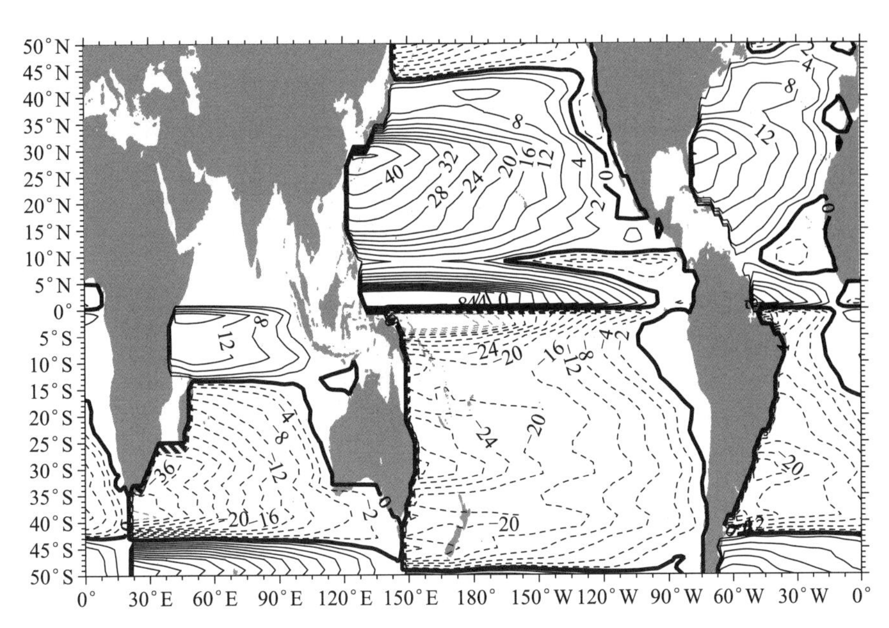

图 4.86 埃克曼层之下年平均正压经向流量(单位:Sv),根据 Hellerman 和 Rosenstein 的风应力数据计算(Huang 和 Wang, 2001)。

首先,每个纬度上的 M 极大值给出了该纬度处向赤道的流量之极大值;其次,取该极大值(通常在离赤道 5°到20°之间寻找该极大值)的经向极小值,给出该流量极小值之扼流纬度。用这种方式定义的内桥接速率是非负的。类似地在南半球大洋中,相应的内桥接速率定义为

$$I_c = -\min[0,\max_y(\min_x M)] \tag{4.451b}$$

由于斯韦尔德鲁普函数是用埃克曼泵压速率来定义的,故这个指数直接与亚热带海盆的潜沉相关。因此,以上定义的内桥接速率是一个大尺度的、与风应力相关的指数,它是对于亚热带流涡内部的潜沉及其后续的向赤道流动所产生的向赤道的流量指数。

C. 气候型平均环流

两个半球的风生环流结构大相径庭。事实上,靠近南美洲西部沿海的气旋式热带流涡非常弱,它对于海盆尺度环流的效应几乎可以忽略不计;因此,南太平洋的内桥接完全是没有障碍的。南大西洋的气旋式热带流涡也很弱,因此内桥接是相当畅通的。

另外,南印度洋的气旋式流涡一直扩展到海盆的西边界,因而在亚热带与热带之间没有内桥接。因此,南印度洋的赤道流与亚热带流涡内部没有任何直接的连接。

由 Hellerman 和 Rosenstein 的风应力资料可得到内桥接速率,在北(南)太平洋,其值为 4.56 Sv (19.16 Sv),而从水文数据推断出的北(南)太平洋之值则为 5 ± 2 Sv (16 ± 2 Sv),这两组值是相当的 (Johnson 和 McPhaden,1999)。

如上所述,斯韦尔德鲁普函数并不是次表层地转流的流函数,并且从正压流的流线应该能推断出桥接窗口的确切形状。利用上面引入的虚拟流函数,可以清楚地识别出内桥接窗口(图 4.87)。在北太平洋和北大西洋,桥接窗口是环绕在气旋式流涡西部边缘和东边界周边的一条狭窄通道。在北太平洋,该桥接窗口的中心在 9°N 的170°E 附近。特别是,这

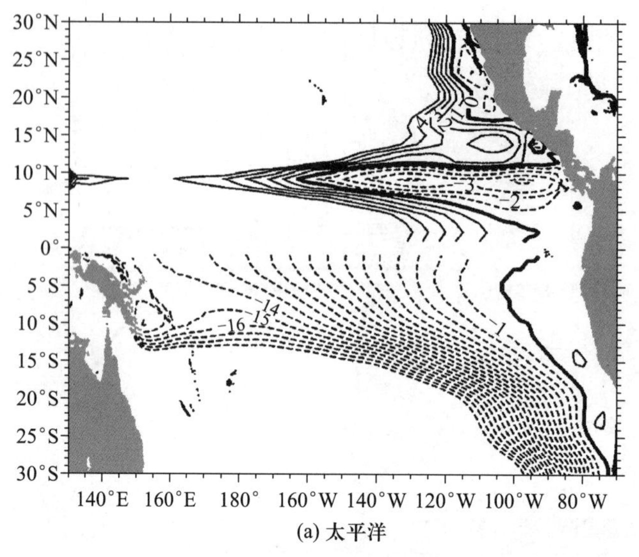

(a) 太平洋

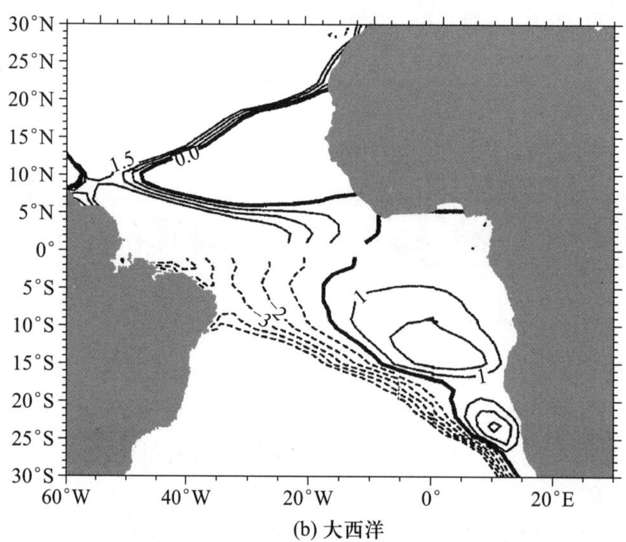

(b) 大西洋

图 4.87 根据虚拟流函数①识别出的内桥接窗口(单位:Sv):(a) 太平洋;(b) 大西洋(Huang 和 Wang, 2001)。

些路径在扼流纬度以南向东运动。当然,在赤道区域,必须要考虑其他的动力过程,例如惯性和混合。

北大西洋中的桥接窗口相当狭窄,如图 4.87(b)所示。这样,亚热带与热带之间的内部连接是相对弱的,并且能穿过扼流纬度并向赤道传播的年代/年代际②气候信号也是相对微弱的。

南半球的桥接路径有不同的结构,参见图 4.87(a),(b)的下部。在南太平洋和南大西洋,

① 原著中为 potential streamfunction(位流函数),疑有误,故改。——译者注

② 原著中为 decadal(年代的),但"年代/年代际"似更确切,以下遇到类似情况不再加注。——译者注

桥接路径向北移动,而在海盆东部的气旋式流涡附近则没有太多的缠绕。在两个半球中,这些路径的不同特征显然与它们的风应力型式之不对称性有关。与北太平洋和北大西洋的热带辐合带相对照,在南半球,对应的亚热带－热带大气环流结构就非常不同。例如,在南太平洋,南太平洋辐合带是倾斜的。

如上所述,在北太平洋和北大西洋中,内桥接窗口表现为围绕在东边界附近气旋式流涡之西边缘的狭窄走廊,并沿着海盆的东边界向极地延伸。因此,北半球海盆中的内部路径对赤道温跃层的东部有影响,但是对赤道温跃层的西部却没有任何一点实质性的影响。另外,南太平洋和南大西洋的内桥接窗口在整个海盆宽度上都是开放的,能把温带中的变化输向赤道并影响那里的温跃层。内桥接窗口的这种不对称性对赤道温跃层的结构产生了重要的动力学效应。

我们记得,虚拟流函数的等值线仅表明流线,并且该路径中的流量可以用 $\Delta M = f_0 \Delta\psi^* / f$ 来计算,在图 4.88 中,粗线表示太平洋和大西洋中的情形,而在对应纬度上的最大经向流量

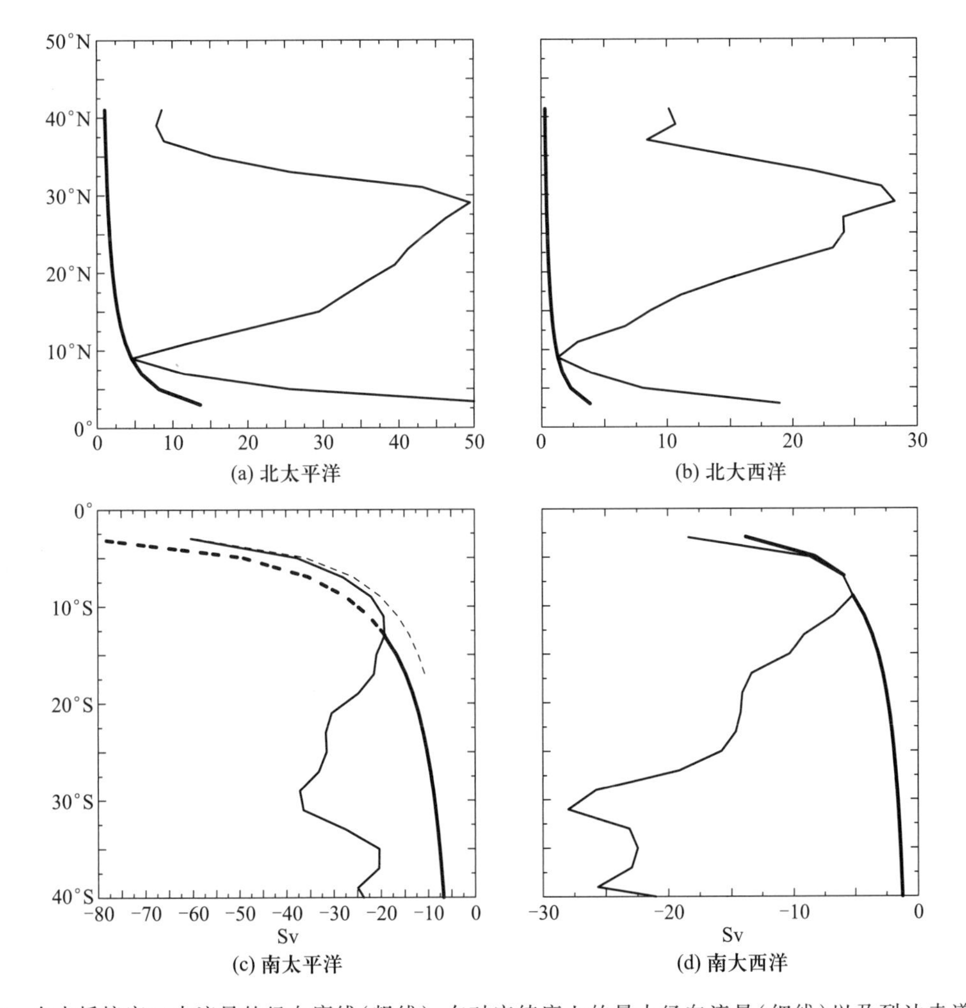

图 4.88 在内桥接窗口中流量的经向廓线(粗线),在对应纬度上的最大经向流量(细线)以及到达赤道的实际流量(细虚线)(单位:Sv)(Huang 和 Wang, 2001)。

则用细线表示。(在北半球,桥接窗口位于经向流量极小值之纬度处)。从扼流纬度开始,桥接窗口中的总流量向极减小,但是向赤道增加。该流量的经向变化是由埃克曼泵压的贡献造成的。例如,在北太平洋,桥接路径中的总流量从扼流纬度处(9°N)的 4.56 Sv 增加到 3°N 处的 13.6 Sv;在南太平洋,桥接路径中的总流量从扼流纬度处(13°S) 的 19.16 Sv 增加到 3°S 处的 82.37 Sv。这种流量的增量来自于局地埃克曼泵压,它构成了热带环流胞中的向赤道分支。

4.7.4 不同等密度面上的桥接和路径

如上所述,一个简单的正压指数就能用于描述内桥接速率,而用虚拟流函则能清楚地绘出桥接路径。斜压环流的情况就更为复杂,不过可以引入类似的工具。

对于大洋内区摩擦微弱的定常流来说,不管是否有跨密度面的通量,位涡守恒都简化为

$$\nabla\cdot[\vec{u}_n h_n q_n]=0 \quad \text{或} \quad \nabla\cdot[\vec{u}_n f]=0 \tag{4.452}$$

其中,$\vec{u}_n$ 为第 n 层的水平速度(Pedlosky, 1996)。方程(4.452)可以看做是在等密度面上地转平衡的直接结果,它允许我们为第 n 个等密度面层的流动引入一个虚拟流函数 ψ_n

$$u_n\sin\theta=-\frac{\partial\psi_n}{a\partial\theta} \tag{4.453a}$$

$$v_n\sin\theta=\frac{\partial\psi_n}{a\cos\theta\partial\lambda} \tag{4.453b}$$

对方程 (4.453b)纬向积分,得到

$$\psi_n(\lambda,\theta)-\psi_n(\lambda_0,\theta)=\int_{\lambda_0}^{\lambda}v_n a\sin\theta\cos\theta d\lambda \tag{4.454}$$

如果 $\lambda(\theta)$ 和 $\lambda_0(\theta)$ 是流线,那么方程 (4.454)右边的积分应该是常量。特别是,如果我们把该路径的东、西边界的流线选为:$\lambda(\theta)=\lambda_{Wn}(\theta)$ 和 $\lambda_0(\theta)=\lambda_{En}(\theta)$,那么从方程(4.454)导出

$$\psi_n(\lambda_{En},\theta)-\psi_n(\lambda_{Wn},\theta)=\int_{\lambda_{Wn}(\theta)}^{\lambda_{En}(\theta)}v_n(\lambda,\theta)\sin\theta a\cos\theta d\lambda=\text{常数} \tag{4.455}$$

因此,单位厚度的内部路径输送(IPT)和单位厚度的西边界路径输送(WBPT)[①]都满足

$$\int_{\lambda_{Wn}(\theta)}^{\lambda_{En}(\theta)}v_n(\lambda,\theta)a\cos\theta d\lambda=\frac{\text{常数}}{\sin\theta} \tag{4.456}$$

因此,单位厚度上的内部/西边界路径输送应该有 $F_n(\theta)=\dfrac{\text{常数}\ n}{\sin\theta}$的函数形式。由于从诸模式中得到的或者从各实测数据推断的速度场没有完全满足方程(4.452),故单位厚度内部/西边界路径输送近似地满足了方程 (4.456)。

从图 4.89 容易看出,在远离赤道、西边界和潜沉区域,单位厚度上的内部路径输送 (西边界路径输送) 有近似的函数关系 $F_n(\theta)$。这样,在大洋中部,单位厚度的内部路径输送 (西边界路径输送)与 $\sin\theta$ 的乘积,近似为常量。

利用虚拟流函数或者跟踪层积分的流线,可以从数值模式生成的数据中识别出从亚热带到热带的路径。例如,图 4.90 给出了从 SODA 数据中识别出的四个等密度面上的内部路径和西边

---

① 原著中为 interior pathway transport(IPT)和 western boundary pathway transport(WBPT)。——译者注

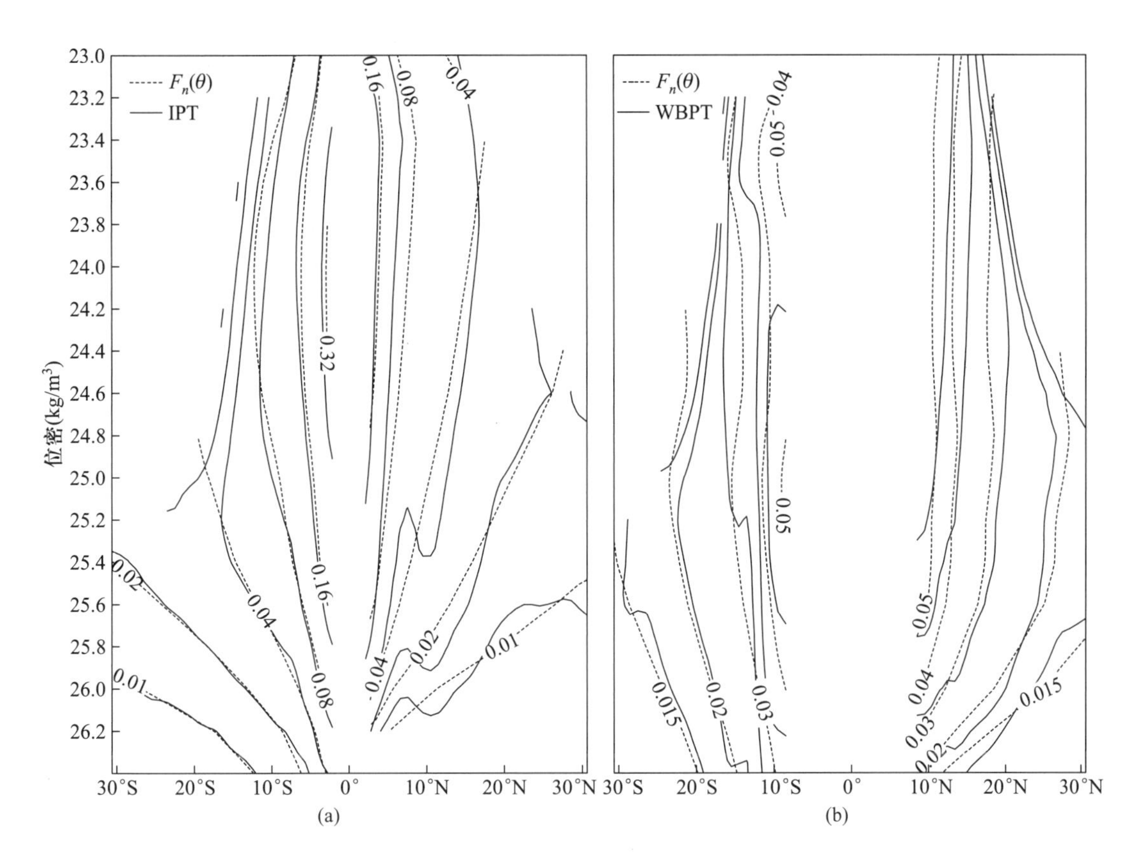

图 4.89 (a)单位厚度上气候态平均的内路径输送(IPT)和(b)西边界路径输送(WBPT)(实线,单位:Sv);虚线表示 $F_n(\theta)=\frac{\text{常数}(n)}{\sin\theta}$ (Wang 和 Huang, 2005)。

界路径。显然,对于深水中的等密度面,信号到达赤道带的时间就长得多。南太平洋的内部路径比对应的北太平洋的要宽得多,这与正压路径的关系是一致的。

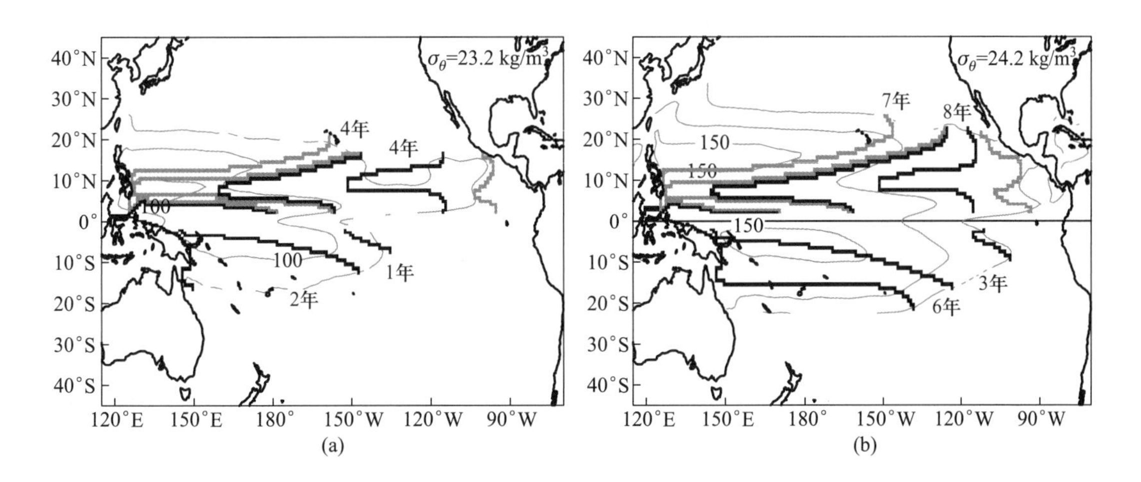

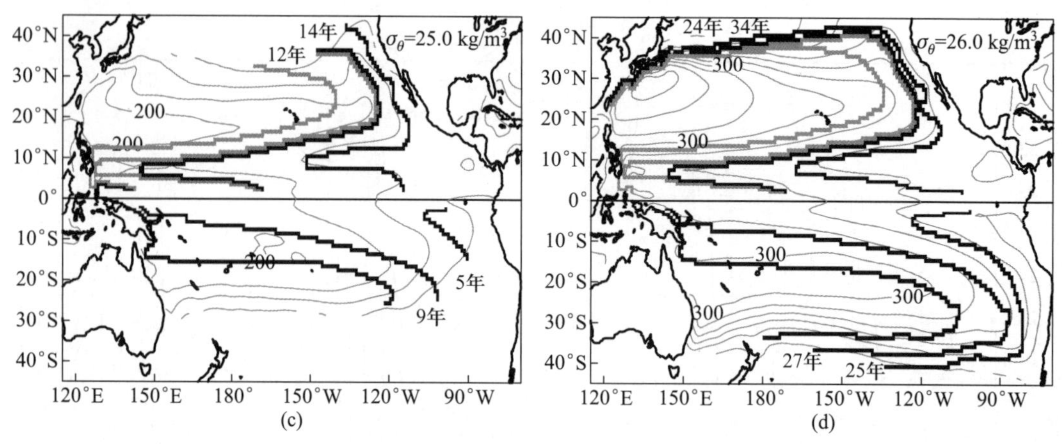

图 4.90 在四个等密度面上的气候态平均环流：(a) $\sigma_\theta=23.2\ \mathrm{kg/m^3}$；(b) $\sigma_\theta=24.2\ \mathrm{kg/m^3}$；(c) $\sigma_\theta=25.0\ \mathrm{kg/m^3}$；(d) $\sigma_\theta=26.0\ \mathrm{kg/m^3}$。灰线表示深度(单位:m)；黑线和灰粗线表示路径。路径的通风时间由一对数字表示(单位:年)，左边为西边界路径，右边为内路径。在图(a)和(b)中，东边界附近的灰色粗线表示从亚热带到赤道流区有一条局地的狭窄捷径（Wang and Huang, 2005）。

4.8 温跃层和海盆尺度环流的调整

4.8.1 地转调整

大气和海洋中的大尺度运动几乎是地转的，即速度场与压强场近似地满足地转条件。然而，地转运动是退化解，因而不能随时间演变。实际上，地转偏差，即环流中的非地转分量，驱使系统发生演变。地转调整①是研究系统从非地转平衡的初始状态向最终的地转平衡状态演变的过程。现在已有很多漂亮的例子。

Rossby (1938) 首先构建了地转调整的原型模式。他的模式如下：在一个初始无运动且均质的带形海洋中，突然加入一支初始速度向东的射流（图 4.91）。

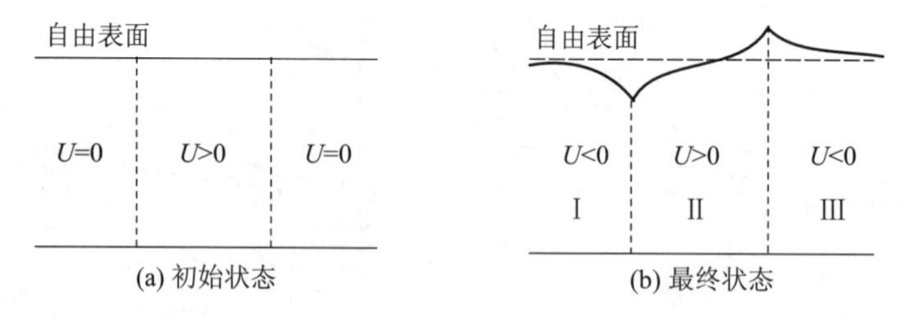

图 4.91 含初始射流速度的均质海洋的罗斯贝问题(向东看)：(a) 初始状态；(b) 最终状态。

由于初始时刻没有压强梯度，故科氏力就驱使射流中的水向南运动。因此，射流以南的水便出现了堆积并形成了一个高压中心。类似地，科氏力引起的运动使其北侧形成了一个低压中心。

① 原著中为 geostrophic adjustment，在大气科学中称为“地转适应”。——译者注

射流中海水的南向运动又产生了向西的速度。结果,初始时刻施加的向东速度减小了,故总动能也减小了。Cahn (1945)分析了这个模式并指出,这种调整是通过内重力波的频散(dispersion)而进行的。

地转调整的基本要素是科氏力,科氏力产生了圆周运动,而地转偏差产生了波动。旋转使得能量在涡旋(vortex)运动与波动之间的传输成为可能。稍后我们就会看到,罗斯贝变形半径是地转调整问题的内禀长度。

如果把一块石头投进无限大的、非旋转的静止海洋中,那么重力振荡将会把所有能量辐射到无限远,而且最终使海洋归于平静。然而,如果把石头投入无限大的旋转海洋,那么放射状的运动将引起圆周运动;这样,部分初始能量将以涡旋运动的形式保留下来。

A. 罗斯贝调整问题

为了阐明地转调整的基本思路,我们来讨论经典的罗斯贝调整(Rossby,1938)。下面将要证明,调整的最终状态可以由位涡守恒决定,而不必求解波动过程的时间演变问题。这里我们沿用Mihaljan (1963)的方法来讨论。我们来考虑深度为常量 H 的均质海洋。在 $t=0$ 时刻,有一支匀速 $U_0>0$ 的向东运动的海流。该流的宽度为 $2b$。假定,它在 x 方向上没有变化。采用以下符号:初始解用大写字母表示 (Y,U)。由于水块的某些特性量(如位涡)在调整中是守恒的,故拉格朗日坐标就很有用;我们将采用新的坐标来表示调整后的解,解用小写字母,比如(y,u) 来表示。因为 x 方向没有压强梯度,故 x 方向的动量方程为

$$du/dt = fv \tag{4.457}$$

积分后得到

$$u - U = f(y - Y) \tag{4.458}$$

连续性条件要求,在新旧坐标系中每个水块的体积应该相同,故有

$$h = HdY/dy \tag{4.459}$$

最终的状态就是地转平衡,因此

$$u = -\frac{g}{f}\frac{dh}{dy} \tag{4.460}$$

根据这些方程,我们能够导出关于 Y 的单一方程

$$\frac{d^2Y}{dy^2} - \frac{Y}{\lambda^2} = -\frac{y}{\lambda^2} - \frac{U}{f\lambda^2} \tag{4.461}$$

其中,$\lambda=\sqrt{gH}/f$ 为罗斯贝变形半径。这是一个以拉格朗日坐标 Y 表示的位涡方程。由于该层每段的深度与速度切变是常量①,故位涡为分段常量,所以我们可得解析解。

因为各层可能露头而且相对涡度是不可忽略的,故在普遍情况下,动量方程和连续方程中的非线性是解析研究中难于处理的问题。本方法的优点在于对应的方程(4.461)是线性的。通过在两个位置上对三部分的解进行匹配之后,就得到了解(见图4.91)。由于在无限远处解必须是有限的,故该解的合适形式为

$$Y^{II} - y = Ae^{y/\lambda} + Be^{-y/\lambda} + U_0/f \tag{4.462a}$$

$$Y^{I} - y = Ce^{y/\lambda} \tag{4.462b}$$

① 此句原著似有排印错误,故改。——译者注

$$Y^{III} - y = De^{-y/\lambda} \tag{4.462c}$$

为简便起见,取Ⅰ区的中心为坐标原点,因这三个分支必须在 $y = \pm b$ 处相匹配,故匹配条件为:在 $y = \pm b$ 处,Y 和 h 都应连续。最终的解为

$$\begin{aligned} Y^{II} &= U_0[1 - e^{-b/\lambda}\cosh(y/\lambda)]/f + y \\ Y^{I} &= U_0 e^{y/\lambda}\sinh(b/\lambda)/f + y \\ Y^{III} &= U_0 e^{-y/\lambda}\sinh(b/\lambda)/f + y \end{aligned} \tag{4.463}$$

利用 (4.459,4.460), 对应的速度为

$$\begin{aligned} u^{II} &= U_0 e^{-b/\lambda}\cosh(y/\lambda) \\ u^{I} &= -U_0 e^{y/\lambda}\sinh(b/\lambda) \\ u^{III} &= -U_0 e^{-y/\lambda}\sinh(b/\lambda) \end{aligned} \tag{4.464}$$

对应于两种渐近的情况,解简化为如下简单形式:

a) 如果 $b/\lambda \ll 1$

那么我们有近似解

$$u^{II} = U_0\left[1 - \frac{b}{\lambda} + \frac{b^2}{2\lambda^2}\left(1 + \frac{y^2}{b^2}\right)\right] + o\left(\frac{b}{\lambda}\right)^2 \approx U_0 \tag{4.465}$$

这样,如果射流的初始宽度远小于变形半径,则速度基本上是不变的。

b) 如果 $b/\lambda \gg 1$

那么近似解有以下形式

$$u(0) = U_0 e^{-b/\lambda} \approx 0 \tag{4.466a}$$

$$u(-b^-) = u(b^+) = -U_0/2 \tag{4.466b}$$

$$u(b^-) = u(-b^+) = U_0/2 \tag{4.466c}$$

这样,如果具有初始速度的射流比变形半径宽很多,那么速度场就完全被破坏了。稍后我们将会指出,地转调整后的最终状态取决于初始扰动之水平尺度。

这种方法已经被推广到多层模式中,例如在有密度锋面和海流情况下的地转调整。在这些情况中,就有了正压模态和斜压模态,每一种模态有其自己的相速度,并且在地转调整中,它们起着不同的作用。

B. 应用于有限阶梯形的自由海面

这种技术的一个很有意思的应用,是在一个初始时刻静止的海洋中存在海面升高的情况(图 4.92)。由于初速度为零,故方程(4.461)简化为

$$\frac{d^2 Y_{II}}{dy^2} - \frac{Y_{II}}{\lambda_{II}^2} = -\frac{y}{\lambda_{II}^2} \tag{4.467}$$

其中,$\lambda_{II} = \sqrt{gH}/f$ 为Ⅱ区的变形半径。这样在 $y\to\infty$处,解是有限的,即

$$Y_{II} = y + Ae^{-y/\lambda_{II}} \tag{4.468}$$

类似地,Ⅰ区的解为

$$Y_I = y + Be^{y/\lambda_I} \tag{4.469}$$

其中,$\lambda_I = \sqrt{g(H+\Delta H)}/f$ 为Ⅰ区的变形半径。

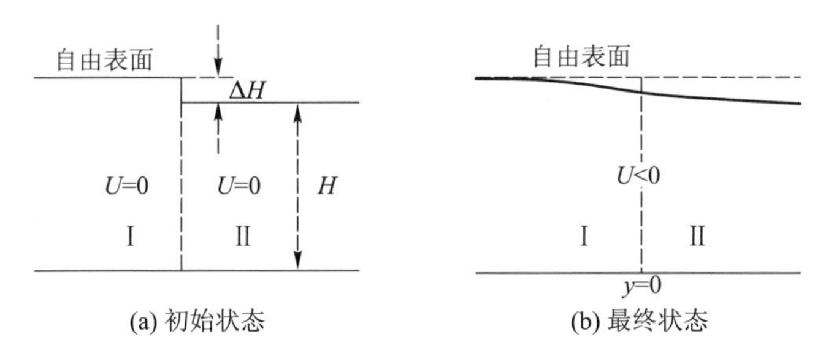

图 4.92 由初始阶梯形海面升高引起的地转调整:(a) 初始状态;(b) 最终状态。

有两个匹配条件:在 $y=0$ 处 Y 与 h 都是连续的

$$\text{在 } y = 0 \text{ 处}, Y_I = Y_{II}, \ (H + \Delta H) dY_I/dy = HdY_{II}/dy \tag{4.470}$$

从第一个匹配条件导出 $A=B$,而从第二个匹配条件则导出

$$\frac{H + \Delta H}{H}\left(1 + \frac{B}{\lambda_I}\right) = 1 - \frac{A}{\lambda_{II}} \tag{4.471}$$

根据这两个关系式,我们得到

$$\frac{\Delta H}{H} = -B\left(\frac{1}{\lambda_{II}} + \frac{H + \Delta H}{H}\frac{1}{\lambda_I}\right) = -B\frac{f}{\sqrt{g}}\left(\frac{1}{\sqrt{H}} + \frac{\sqrt{H + \Delta H}}{H}\right) \tag{4.472}$$

这样,其中的常数为

$$B \approx -\frac{\sqrt{gH}}{f}\frac{\Delta H}{2H}\left(1 - \frac{\Delta H}{4H}\right) \tag{4.473}$$

令 $\Delta H = 2\zeta_0$,则 II 区的自由海面扰动为

$$\zeta_+ = H\frac{dY_{II}}{dy} - \left(H + \frac{\Delta H}{2}\right) = H\left(1 - \frac{A}{\lambda_{II}}e^{-y/\lambda_{II}}\right) - \left(H + \frac{\Delta H}{2}\right) = \zeta_0\left[-1 + \zeta_0\left(1 - \frac{\Delta H}{4H}\right)e^{-y/\lambda_{II}}\right] \tag{4.474}$$

对于 I 区,则有

$$\begin{aligned}\zeta_- &= (H + \Delta H)\frac{dY_I}{dy} - \left(H + \frac{\Delta H}{2}\right) = (H + \Delta H)\left(1 + \frac{B}{\lambda_I}e^{y/\lambda_I}\right) - \left(H + \frac{\Delta H}{2}\right) \\ &= \zeta_0 - \zeta_0\sqrt{1 + \Delta H/H}\left(1 - \frac{\Delta H}{4H}\right)e^{y/\lambda_I} \approx \zeta_0\left[1 - \left(1 + \frac{\Delta H}{4H}\right)e^{y/\lambda_I}\right]\end{aligned} \tag{4.475}$$

这个例子指明了罗斯贝变形半径在动力学上的意义。如(4.474)和(4.475)式所示,最终状态的自由海面扰动仅局限于罗斯贝变形半径的量级之内。

C. 正压调整

在上节中,我们的讨论仅局限于有两个锋面的一维模式。在本节中,我们来讨论在二维 f 平面上正压调整的时间演变问题。

1) 基本方程组

我们采用 f 平面的线性化方程组

$$\frac{\partial u}{\partial t} - fv = -\frac{\partial \chi}{\partial x} \tag{4.476a}$$

$$\frac{\partial v}{\partial t}+fu=-\frac{\partial \chi}{\partial y} \tag{4.476b}$$

$$\frac{\partial \chi}{\partial t}+c_0^2\left(\frac{\partial u}{\partial x}+\frac{\partial v}{\partial y}\right)=0 \tag{4.476c}$$

其中,$\chi=gh'$ 为位势扰动,$c_0=\sqrt{gH}$。对于大气,$H=\frac{RT_0}{g}=\frac{P_0}{\rho g}$为尺度高度。从方程组(4.476),我们就能导出关于涡度和散度的方程组

$$\frac{\partial \zeta}{\partial t}+fD=0 \tag{4.477a}$$

$$\frac{\partial D}{\partial t}-f\zeta+\nabla_h^2\chi=0 \tag{4.477b}$$

$$\frac{\partial \chi}{\partial t}+c_0^2 D=0 \tag{4.477c}$$

其中,D 为速度的散度,且 $\nabla_h{}^2=\frac{\partial^2}{\partial x^2}+\frac{\partial^2}{\partial y^2}$。通过引入速度势 ϕ 和流函数 ψ,可以把水平速度分解为两个分量

$$u=-\psi_y+\phi_x,\quad v=\psi_x+\phi_y \tag{4.478}$$

因此

$$\zeta=\nabla_h^2\psi,D=\nabla_h^2\phi \tag{4.479}$$

方程组(4.477)简化为

$$\nabla_h^2\left(\frac{\partial \psi}{\partial t}+f\phi\right)=0 \tag{4.480a}$$

$$\nabla_h^2\left(\frac{\partial \phi}{\partial t}-f\psi+c_0^2\pi\right)=0 \tag{4.480b}$$

$$\frac{\partial \pi}{\partial t}+\nabla_h^2\phi=0 \tag{4.480c}$$

其中

$$\pi=\chi/c_0^2=h'/H \tag{4.481}$$

是无量纲的压强场。从方程(4.480a) 和 (4.480c)中消去 ϕ 得到

$$\frac{\partial}{\partial t}(\nabla_h{}^2\psi-f\pi)=0 \tag{4.482}$$

这表明,位涡是守恒的,即

$$\nabla_h{}^2\psi-f\pi=q(x,y)=\nabla_h{}^2\psi_0-f\pi_0 \tag{4.483}$$

方程(4.480a)和 (4.480b)是拉普拉斯方程。若在无限远处解为有限,那么在此边界条件下,唯一有可能的解为

$$\frac{\partial \psi}{\partial t}+f\phi=0 \tag{4.484a}$$

$$\frac{\partial \phi}{\partial t}-f\psi+c_0^2=0 \tag{4.484b}$$

消去 ψ 和 π,我们就能找到关于 ϕ 的方程,这样我们就得到了一个关于正压线性调整过程系统

之方程组

$$\frac{\partial}{\partial t}(\nabla_h^2\psi - f\pi) = 0 \tag{4.485a}$$

$$\frac{\partial^2\phi}{\partial t^2} = c_0^2\left(\frac{\partial^2\phi}{\partial x^2} + \frac{\partial^2\phi}{\partial y^2}\right) - f^2\phi \tag{4.485b}$$

$$\frac{\partial\pi}{\partial t} + \nabla_h^2\phi = 0 \tag{4.485c}$$

其中,第二个方程是仅含 ϕ 的波动方程,因此 $\phi(x,y,t)$ 就能求解。重要的是要记住,速度场已经分解成了两部分:$\psi(x,y,t)$ 和 $\phi(x,y,t)$。一旦确定了 $\phi(x,y,t)$,就可以利用方程(4.484)来计算 $\psi(x,y,t)$ 和 $\pi(x,y,t)$。

2) 最终的地转状态

根据位涡方程(4.483),即使不去求解时间演变过程,我们也能找出最终状态。因此

$$\nabla_h^2\psi_\infty - f\pi_\infty = q(x,y) \tag{4.486}$$

其中,$q(x,y)$ 为根据初始状态计算出的位涡分布。由于最终的状态是地转的,故我们也就有

$$\phi_\infty = 0,\ f\psi_\infty = c_0^2\pi_\infty \tag{4.487}$$

根据这些方程,我们得到 ψ_∞ 的单个方程

$$\nabla_h^2\psi_\infty - \lambda^{-2}\psi_\infty = q(x,y) \tag{4.488}$$

其中,$\lambda = c_0/f$ 为变形半径。这是一个赫尔姆霍茨(Helmholtz)方程,其格林函数是修正的贝塞尔函数 K_0,因此

$$\psi_\infty(x,y) = -\frac{1}{2\pi}\iint_{-\infty}^{\infty} q(x,y)K_0(\rho/\lambda)\,dxd\eta \tag{4.489}$$

其中,$\rho = \sqrt{(\xi - x)^2 + (\eta - y)^2}$。利用极坐标,可以改写为

$$\begin{aligned}\psi_\infty(x,y) &= -\frac{1}{2\pi}\int_0^{2\pi}\int_0^{\infty} q(x\rho\cos\theta, y\rho\sin\theta)K_0\left(\frac{\rho}{\lambda}\right)\rho d\rho d\theta \\ &= -\frac{1}{2\pi}\int_0^{2\pi}\int_0^{\infty}(\nabla_h{}^2\psi_0 - f\pi_0)K_0\left(\frac{\rho}{\lambda}\right)\rho d\rho d\theta \\ &= -\frac{1}{2\pi}\int_0^{2\pi}\int_0^{\infty}(\nabla_h{}^2\psi_0 - \lambda^{-2}\psi_0)K_0\left(\frac{\rho}{\lambda}\right)\rho d\rho d\theta \\ &\quad -\frac{1}{2\pi}\int_0^{2\pi}\int_0^{\infty}(\lambda^{-2}\psi_0 - f\pi_0)K_0\left(\frac{\rho}{\lambda}\right)\rho d\rho d\theta\end{aligned} \tag{4.490}$$

注意到第一项即是 ψ_0,这样

$$\psi_\infty(x,y) = \psi_0 - \frac{1}{2\pi}\int_0^{2\pi}\int_0^{\infty}(\lambda^{-2}\psi_0 - f\pi_0)K_0\left(\frac{\rho}{\lambda}\right)\rho d\rho d\theta \tag{4.491}$$

3) 初始扰动的各种长度尺度之间的关系

为了简单起见,我们假定初始扰动局限于 $R = L$ 的圆内,ψ_0 和 π_0 都近似为常量。这样,在原点 (0,0)处,我们有

$$\psi_\infty = \psi_0 - (\lambda^{-2}\psi_0 - f\pi_0)\int_0^L K_0(\rho/\lambda)\rho d\rho \tag{4.492}$$

利用关系式 $d[xK_1(x)]/dx = -xK_0(x)$,我们得到

$$\begin{aligned}\psi_{\infty} &= \psi_0 - (\lambda^{-2}\psi_0 - f\pi_0)\lambda^2[-\rho/L_0 \cdot K_1(\rho/L_0)]\big|_{\rho=0}^{\rho=L} \\ &= \psi_0 - (\psi_0 - c_0^2\pi_0/f)[-\mu \cdot K_1(\mu)]\end{aligned} \tag{4.493}$$

其中,$\mu = L/\lambda$。

当 $\mu = L/\lambda \ll 1$ 时, $\mu K_1(\mu) \approx 1$,我们有

$$\psi_{\infty} \approx \psi_0,\ \pi_{\infty} \approx f\psi_0/c_0^2 \tag{4.494}$$

在这种情况下,流函数基本不变,因而速度场保持基本不变;不过,压强场则向着由初始速度场建立的状态进行调整。

当 $\mu = L/\lambda \gg 1$ 时, $\mu K_1(\mu) \approx 0$,我们有

$$\psi_{\infty} \approx c_0^2\pi_0/f,\ \pi_{\infty} \approx \pi_0 \tag{4.495}$$

在这种情况下,压强场近乎保持不变;然而,流函数随速度场向着由初始压强场建立的状态进行调整。

在 Rossby (1938)的开创性论文中,他的结论是,压强场向速度场调整。然而,进一步的研究表明,速度和压强场都会调整,这取决于扰动的初始水平尺度。例如,Yeh (1957)研究了地转调整的解析解并指出,地转调整的方向依赖于初始的水平尺度与变形半径之比。

如果初始扰动的水平尺度很小,那么波动过程会在时间尺度短于 $1/f$ 的时间内将能量消散殆尽。而在如此短的时间内,涡度场(或者速度场)则仍能基本保持不变;然而,压强场则会发生改变以使其与速度场处于地转平衡之中。

如果初始水平尺度很大,那么调整过程的时间就要长得多,这样,新的速度场就建立起来,并且该场与压强梯度场取得了平衡,于是压强场的变化就停止了。结果,大部分初始压强扰动就能保持不变。

一个有意思的应用是把地转调整应用于由于海面加热和降水所引起的自由海面高度与海底压强之调整(Huang 和 Jin, 2002b)。海面加热产生了海面高度异常,后者又引起了上层海洋的压强扰动。这个扰动本质上是斜压的。由于海面加热的水平尺度(数百千米以上的量级)远大于第一个变形半径,因此,由于海面加热而使海面上升的有关信号就能够保留下来。

另一方面,降水引起的海面升高和海底压强的异常是正压扰动。降水具有数百千米量级的水平尺度,远小于正压变形半径(2 000 km);因此,在地转调整的过程中,海面升高与海底压强中的初始扰动就不能维持下去。结果,在地转调整之后几乎没有信号遗留下来。事实上,从卫星高度计数据中不能鉴别出有关降水的信号。

D. 一个涡旋的例子

Obukhov (1949)讨论了轴对称的初始速度场但没有压强梯度的情况

$$\pi_0 = 0,\quad \phi_0 = 0 \tag{4.496}$$

$$\psi_0 = \psi_0(r) = -A(2 + \mu^2 - \xi^2)e^{-\xi^2/2} \tag{4.497}$$

其中,$\mu = R/L_0$, $\xi = r/L$, $r = \sqrt{x^2 + y^2}$。方程 (4.491)的解为

$$\psi_{\infty}(r) = -A(2 - \xi^2)e^{-\xi^2/2},\ \pi_{\infty}(r) = -\frac{A}{fL_0^2}(2 - \xi^2)e^{-\xi^2/2} \tag{4.498}$$

调整前后的顺流方向的速度(azimuthal velocity)为

$$v_0 = \frac{A}{R}\xi(4 + \mu^2 - \xi^2)e^{-\xi^2/2},\ v_{\infty} = \frac{A}{R}\xi(4 - \xi^2)e^{-\xi^2/2} \tag{4.499}$$

这样，它们的速度之比为

$$\Gamma = \frac{v_\infty}{v_0} = \frac{4 - \xi^2}{4 + \mu^2 - \xi^2} \tag{4.500}$$

容易看出，对于小尺度扰动（$\mu = R/L_0 \ll 1$），有 $\Gamma \approx 1$；因此，速度场是几乎不变的；而对于大尺度扰动（$\mu \gg 1$），有 $\Gamma \ll 1$；因此速度场必须有重大改变。

我们选取如下诸值，$A = 2.5\times10^6\ \mathrm{m^2/s}$，$R = 5\times10^5\ \mathrm{m}$，且 $L_0 = 2.2\times10^6\ \mathrm{m}$，其结果在图 4.93 中给出。在当前的情况下，速度保持基本不变，但是出现了一个与速度场达成地转平衡的、新的压强场，这个场是在调整过程中建立起来的。

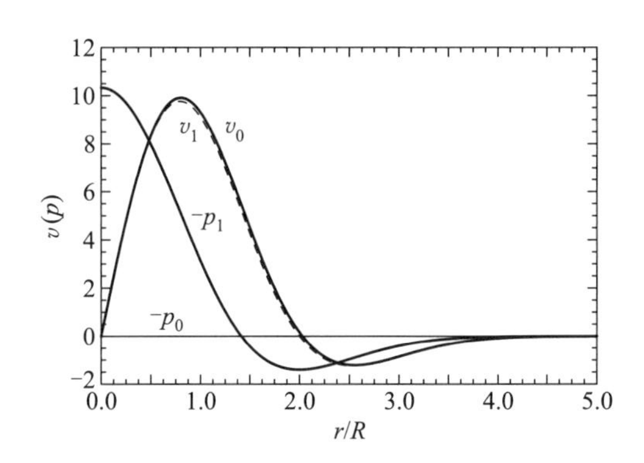

图 4.93 地转调整前（下标为 0）后（下标为 1）的速度和压强廓线。

4.8.2 海盆尺度的调整

封闭海盆中温跃层的时间演变过程，无论是风生环流的启动过程，还是对已有环流的扰动，都包含了几个关键过程：

- 在海盆内区，由异常强迫力（如风应力旋度和加热/冷却）所引起的扰动以罗斯贝波的形式向西传播。
- 罗斯贝波在西边界的反射和频散。其结果形成了沿岸开尔文波。
- 沿岸开尔文波向赤道传播并且转变成赤道开尔文波，后者沿着赤道波导（wave guide）向东传播。
- 在东边界处，赤道开尔文波经过反射和频散，形成了沿着封闭海盆的东边界向极运动的开尔文波。向极开尔文波在其向极的路径途中不断发出向西的罗斯贝波。这些罗斯贝波在大洋内区向西运动，完成调整过程的一个循环，不过完全的调整过程可能需要许多循环才能完成。此外，其他的过程，例如摩擦和耗散，在海盆尺度的调整中也是很重要的。

这些动力学过程非常复杂，由于本书篇幅所限，我们在以下各节中仅就一些关键过程给出简要描述。

A. 罗斯贝波的向西传播

海盆中风生环流的启动过程是海盆尺度调整的一个好例子，且与罗斯贝长波的向西传播密切相关。Anderson 和 Gill（1975）发表了这方面的经典工作。对于静止海洋基态的小扰动问题，可以用各个正规模态（normal mode）来描述其垂向结构，其中每一个模态都是独立的。对于一个给定的模态，控制扰动的方程为

$$u_t - fv = -\frac{1}{a\cos\theta}p_\lambda + \tau^x/H \tag{4.501}$$

$$v_t + fu = -\frac{1}{a}p_\theta + \tau^y/H \tag{4.502}$$

$$p_t + \frac{c^2}{a\cos\theta}[u_\lambda + (v\cos\theta)_\theta] = 0 \tag{4.503}$$

其中,a 为地球半径,p 是被密度除过的扰动压强,H 和 c(长内波的波速)均取决于所研究的模态。作为一个例子,一个两层模式的海洋有两个模态。对于正压模态,我们有①

$$u = \frac{H_1u_1 + H_2u_2}{H_1 + H_2};\quad p = g\zeta,\quad H = H_1 + H_2;\quad c^2 = gH \tag{4.506}$$

其中,ζ 为自由海面升高。对于斜压模态,则有

$$u = u_1 - u_2;\quad p = g'h;\quad H = \frac{H_1H_2}{H_1 + H_2};\quad c^2 = g'H \tag{4.507}$$

其中,$g' = (\rho_2 - \rho_1)g/\rho_2$ 且 h 为界面的升高。典型的正压波速为 $c = 200$ m/s,而对于斜压模态,则为 $c = 2$ m/s。

利用准地转位涡方程,我们就能够考察启动过程,以下的讨论采用 Hendershott (1987) 的记号。把风应力展为傅里叶正弦级数,则对于风应力旋度的第 n 个分量,准地转位涡方程为

$$\nabla_h^2\psi_t - \psi_t/R^2 + \beta\psi_x = -\frac{n\pi}{\rho_0D_0b}\sin\left(\frac{n\pi y}{b}\right)G_n(x) \tag{4.508}$$

其中,$R = c/f$ 为对应的罗斯贝变形半径。初始条件为,处处都有 $\psi = 0$;边界条件为,在边界 $x = (-L, L)$ 和 $y = 0$, b 上,有 $\psi = 0$。

这个问题的解有以下形式

$$\psi = \frac{n\pi}{\rho_0D_0b}\sin\left(\frac{n\pi y}{b}\right)\phi_n(x,t) \tag{4.509}$$

其中,待定函数满足

$$\phi_{n,xxt} - \left(\frac{n^2\pi^2}{b^2} + \frac{1}{R^2}\right)\phi_{n,t} + \beta\phi_{n,x} = -G_n(x) \tag{4.510}$$

其中,第一项代表短波的贡献。所谓的短波之确切定义是根据这些波动是正压波还是斜压波而定的。不过,如果我们忽略第一项,那么方程就简化为一个一阶偏微分方程,其解是**定常**(stationary,S)**部分**与**瞬变**(transient,T)**部分**之和

$$\phi_n(x,t) = \phi_n^S(x) + \phi_n^T(x,t) \tag{4.511}$$

对于初始条件为静止的海洋,这就需要

$$\phi_n^T(x,0) = -\phi_n^S(x) \tag{4.512}$$

这样,定常部分的解就是著名的斯韦尔德鲁普解

$$\phi_n^S = -\frac{1}{\beta}\int_L^x G_n(x')dx' \tag{4.513}$$

而瞬变部分则遵循

① 原著中,编号(4.504)和(4.505)阙如,不再改动。——译者注

$$\phi_{n,t}^{T}+c_{n}\phi_{n}^{T}=0,c_{n}=-\beta\left(\frac{n^{2}\pi^{2}}{b^{2}}+\frac{1}{R^{2}}\right)^{-1}<0 \tag{4.514}$$

其中,c_n 为长波的相速(长波是在 x 方向上定义的,短波将在下面与西边界联系起来进行讨论)。如果我们假定风应力旋度与 x 无关,即 $G_n(x)=\Gamma_n$,那么由方程(4.511)所定义且满足初始条件(4.512)的瞬变解为

$$\phi_{n}(x,t)=-\frac{\Gamma_{n}}{\beta}[(x-L)-H(L+c_{n}t-x)(x-c_{n}t-L)] \tag{4.515}$$

$$v=\psi_{x}=-\frac{n\pi}{\rho_{0}D_{0}b}\sin\left(\frac{n\pi y}{b}\right)\frac{\Gamma_{n}}{\beta}[1-H(L+c_{n}t-x)] \tag{4.516}$$

其中,$H(x)$ 为海维赛德函数(或阶梯函数):即 $H(x<0)=0$ 且 $H(x>0)=1$。这个现象可以从图 4.94 中看到。

对于任何给定的位置 x 处,当在$(x-L)/c_n$ 时,斯韦尔德鲁普流动就建立起来了。在此时刻之前,即如果 $L+c_nt-x>0$,则流动仍处于发展过程中,即

$$\phi_{n}(x,t)=-\frac{\Gamma_{n}}{\beta}c_{n}t \tag{4.517a}$$

$$v=\psi_{x}=0 \tag{4.517b}$$

$$u=-\psi_{y}=\frac{n^{2}\pi^{2}}{\rho_{0}D_{0}b^{2}}\cos\left(\frac{n\pi y}{b}\right)\frac{\Gamma_{n}}{\beta}c_{n}t \tag{4.517c}$$

即在斯韦尔德鲁普流动建立起来之前,风应力主要是使纬向流加速。由于 $c_n<0$,故其解对应于一支低纬度的西向流与一支中纬度的东向流。

为了满足沿西边界的无流动条件,我们需要采用完整的方程,包括位涡方程中的三阶导数项。这与西边界上的短波反射有关。如果忽略强迫力并假定长波在 y 方向上,就得如下方程

$$\phi_{n,xxt}^{R}-\phi_{n,t}^{R}/R^{2}+\beta\phi_{n,x}^{R}=0 \tag{4.518}$$

如果它服从于

$$\phi_{n}^{R}(-L,t)=-\phi_{n}^{S}(-L)-\phi_{n}^{T}(-L,t) \tag{4.519}$$

的边界条件,那么就能够找到此问题的近似解。利用变换方法(Anderson 和 Gill,1975;Hendershott,1987),得到的解为

$$\phi_{n}^{R}(x,t)=\frac{\Gamma_{n}c_{n}}{\beta^{2}}\left(\frac{\beta t}{x+L}\right)^{1/2}J_{1}\left[2\sqrt{\left(\beta t-\frac{x+L}{R^{2}}\right)(x+L)}\right] \tag{4.520}$$

因此,启动过程问题之解是以下三个分量之和

$$\phi_{n}=\phi_{n}^{S}+\phi_{n}^{T}+\phi_{n}^{R} \tag{4.521}$$

引入无量纲长度和时间尺度

$$x=Lx',\ t=t'/\beta L$$

去掉撇号并对方程再一次进行尺度分析以使其右边的强迫力项成为一个单位,由此,方程(4.510)就简化为

$$\phi_{xxt}-\Lambda\phi_{t}+\phi_{x}=1 \tag{4.522}$$

其中,$\Lambda=\left(\frac{n\pi L}{b}\right)^{2}+\left(\frac{L}{R}\right)^{2}\gg 1$ 是方程中的唯一参量。如把模型海盆比做北大西洋,我们可取

$L=2\ 500$ km, $b=3\ 000$ km。在海洋中正压与斜压模态之间的差别非常之大,所以很难用图示来对这两种模态进行比较。因此,与 Anderson 和 Gill (1975)相类似,为了用图解说明这些波动的基本结构,我们设置了以下的参量。对于正压情况,我们取 $R=102$ km,则 $\Lambda=600$。忽略高阶的频散项和强迫力项之后,方程 (4.522)的自由波解具有 $\phi(t-\Lambda x)$形式。自由波从东边界 $x=1$ 传播到西边界 $x=-1$ 处,其跨越海盆的时间为 2Λ;因此,在无量纲时间单位上,对应的时间分别为 40(对于正压波动)和 1 200(斜压波动)。

如图 4.94 所示,该波动从东边界开始向西传播,在该波阵面(wave front)经过关注的位置之后建立了斯韦尔德鲁普解。随着时间的演进,所建立的斯韦尔德鲁普流动区则向西扩展。如方程 (4.520)所描述的,从西边界反射的罗斯贝波则向东传播[①]。

通过求解方程(4.522),我们发现了调整过程所涉及的全部物理过程。其解析解和数值解由图 4.95 和图 4.96 给出。容易看出,这两种方法所得到的解十分相似,但有两个显著差异。

首先,数值解更平滑。特别是,图 4.94 所示的波阵面较为陡峭,这是由于方程中的频散项被平滑掉了。其次,从这两幅图中都可以清楚地看出,该解析解并不满足东边界处的无流动条件。当罗斯贝波从西边界到达东边界时,东边界的无纬向流条件需要形成从东边界发出的新的西传罗斯贝波[②]。因此,以上讨论的未经东边界订正的解析解将不再成立,东边界附近的非零值说明该解析解是不完整的。

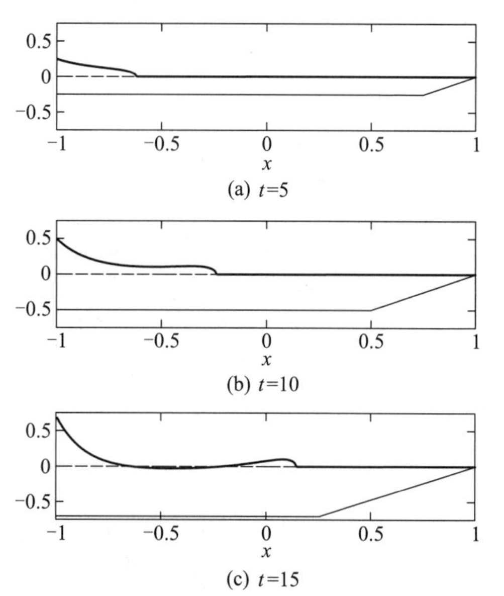

图 4.94 对于最初几个时间步的正压波解析解(无量纲时间单位):(a) $t=5$;(b) $t=10$;(c) $t=15$。粗实线为从西边界反射的罗斯贝波,细实线为由方程(4.511)定义的瞬变部分与定常部分之和。

应注意到这里讨论的是关于罗斯贝波的向西传播。随着这些波动到达西边界时,温跃层的结构几乎就建立起来了;不过,要完成风生环流还需要包括返回东边界的信号传输以及以罗斯贝波和沿岸/赤道开尔文波的组合形式循环往复通过该路径。当罗斯贝波到达西边界时,就产生了开尔文波,于是它们就沿着西边界向赤道运动,然后以赤道开尔文波的形式向东运动。在赤道上的东边界处,赤道开尔文波出现分叉而形成两个向极运动的沿岸开尔文波,而在向极运动的途中,它们又分离出向西运动的罗斯贝波。在下一节中,我们将利用边界压强扰动的方法来讨论这些过程。

① 注意,前已说明,这里讨论的是罗斯贝短波。也就是说,这里的论证指出,自由波从东边界开始向西传播,在其离开东边界向西传播的过程中演变成罗斯贝长波,当它到达西边界后反射成为向东传播的罗斯贝短波。因此,尽管罗斯贝波的位相永远向西传播,但罗斯贝短波的群速是可以向东传播的。——译者注

② 原著中为 western-bound Rossby waves,这里所谓的西传罗斯贝波系指罗斯贝长波。——译者注

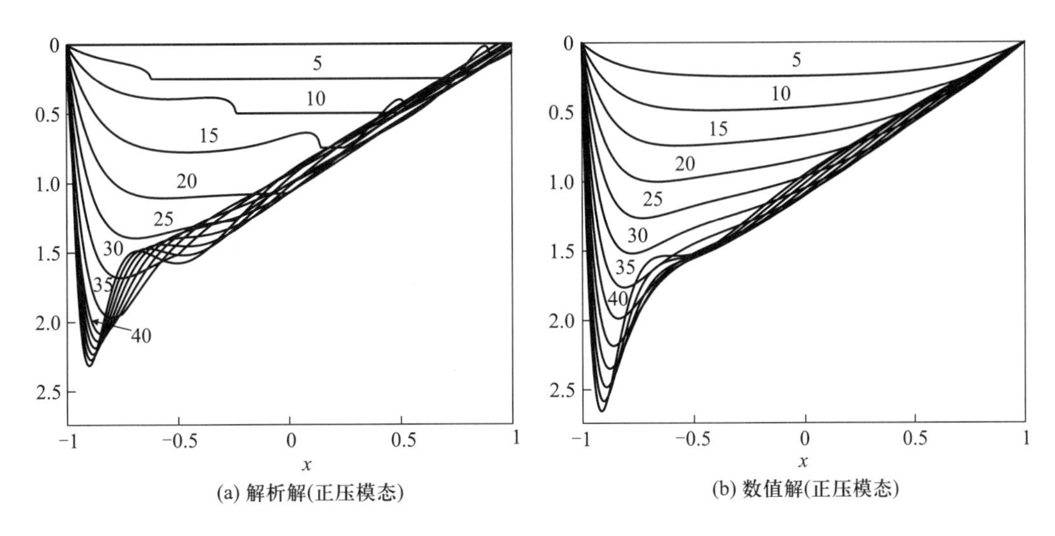

图 4.95　从(a)解析解和(b)数值解得到的正压模态之时间演变图(图中从上至下的曲线为在相等时段上的快照),图中的数字表示无量纲的时间;第 8 条线对应于向西传播的波动到达西边界的时刻。

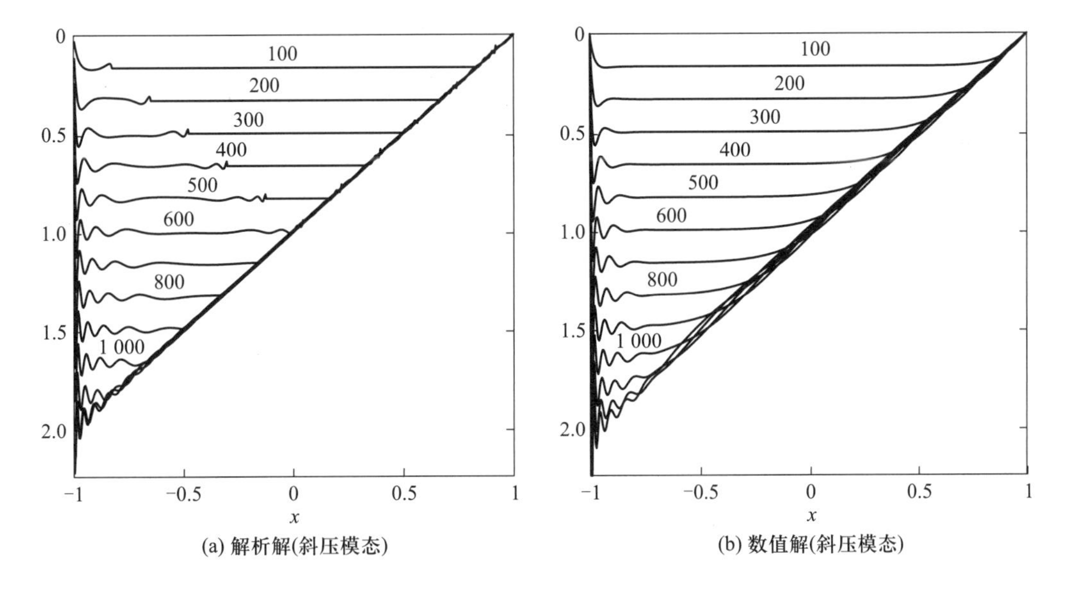

图 4.96　从(a)解析解和(b)数值解得到的第一斜压模态的时间演变图(图中从上至下的曲线为在相等时段上的快照),图中的数字表示无量纲的时间;第 12 条线对应于向西传播的波动到达西边界的时刻。

B. 封闭海盆中边界压强的演变

当罗斯贝长波撞击西边界时,就生成了罗斯贝短波和沿岸俘能开尔文波(coastal trapped Kelvin wave)[①]。可用原始浅水方程来显示在矩形海盆中的边界压强之演变。在图 4.97 的左上部给出了初始的单极涡旋(monopole vortex;Milliff 和 McWilliams,1994)。

① 所谓"沿岸俘能波(coastal trapped wave)"指的是在沿岸处聚集能量的长周期波。对此有兴趣的读者可参阅 Leblond 和 Mysak 的专著 *Waves in the Ocean*(1978)。——译者注

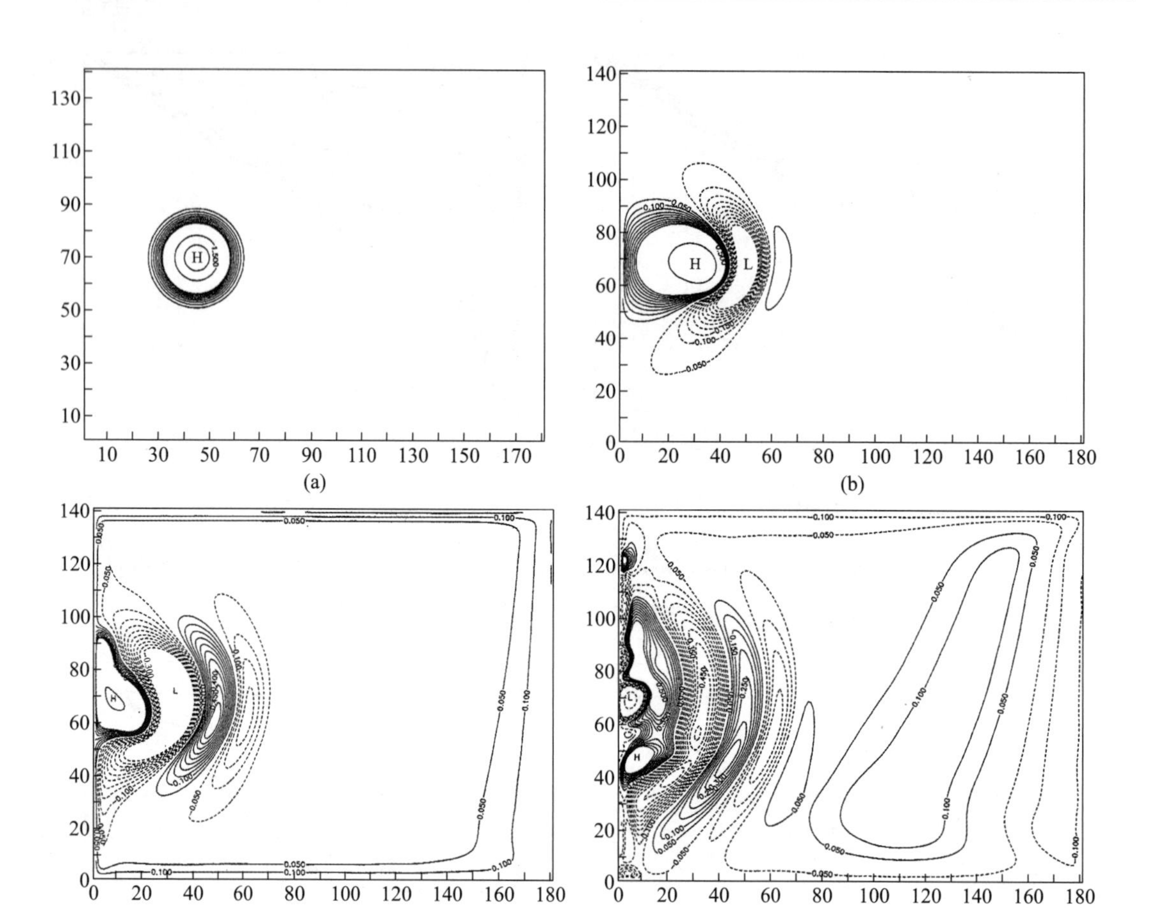

图 4.97 在浅水方程解中的动力压强：(a) 第 0 天；(b) 第 40 天；(c) 第 80 天；(d) 第 160 天(Milliff 和 McWilliams, 1994)。

沿岸开尔文波的波速为 $c=\sqrt{g'h}$。对于 $h=1\ 000$ m，且 $g'=0.081$ m/s^2 的模型海洋，$c=9$ m/s；因此，这些波动非常快，用 16 天就可以环绕模型海盆一圈。时间演变的第一部分很复杂，但对于理解此后的演变却并不重要，因而我们将关注单极涡旋前沿在第 40 天到达西边界之后的时间演变(图 4.97 的左上部)。此时在涡旋中心以东，罗斯贝波的尾迹已经形成了一个负的波瓣(lobe)。再向东，我们也能识别出一个新的正波瓣。

在第 80 天，单极涡旋与西边界相互作用，在模型海盆的整个边界上都可以识别出正的信号；这些是开尔文波的传播信号。应注意，沿北边界信号之尺度宽度略窄于在南边界上的宽度，这是由于局地变形半径 $r(y)=\sqrt{g'h}/f(y)$ 之差造成的。沿着东边界，信号似乎以近似等于 $c_l(y)=\beta r_l^2(y)$ 的相速度向西边界传播；因此，在东边界的南端，信号向西运动就快得多了。

在东边界上产生罗斯贝波是由于以下因素：在变形半径的范围内，开尔文波是对在离岸阈[①]与沿岸地转速度之间平衡之响应。当该波动信号在 β 平面上沿着东边界向北运动时，变形半径

① 原著中为 offshore confinement，即离岸距离之限度。——译者注

逐渐减小,因此该波动的振幅沿着岸线必须增大。波包的调整通过不断地排出异常的质量[①]而完成。为要详细描述开尔文波在东边界的频散关系,就要讨论所要求解的波动方程及其服从于整个海盆的边界条件;对此,这里不再予以讨论,读者可以参考 Miles (1972)以及 McCalphin (1995)的工作。

在第 160 天,在东边界生成的新的罗斯贝波波包传播到了海盆内区,至此,调整过程的第一个循环近乎完成。

4.9 由温跃层模式推断的气候变异[②]

我们对多层模式中温跃层的稳态解采用摄动方法,可用以考察年代时间尺度上的气候变率。在冷却源东西两端的流线所构成的特征锥中,由海面冷却距平(cooling anomaly)引起的扰动向顺流方向传播。对冷却距平之响应的垂向结构依赖于它所在的温跃层之环流结构。

我们尤其要指出,由局地化的冷却所产生的冷却距平激发出了扇形的特征线序列,它随着扰动向南运动而变宽。这样的干扰源(disturbance)产生了位涡距平的连锁反应,由于 β 螺旋,后者使单个干扰源的影响区不断地扩展。在本节中,我们将采用有多个运动层的模式来考察气候变异。

4.9.1 构建多层模式之公式

本节所用的符号与 4.1.7 节略有不同。我们记底部的无运动层为第 0 层,最下面的运动层为第一层,其上各层的编号向上依次增加(图 4.98)。

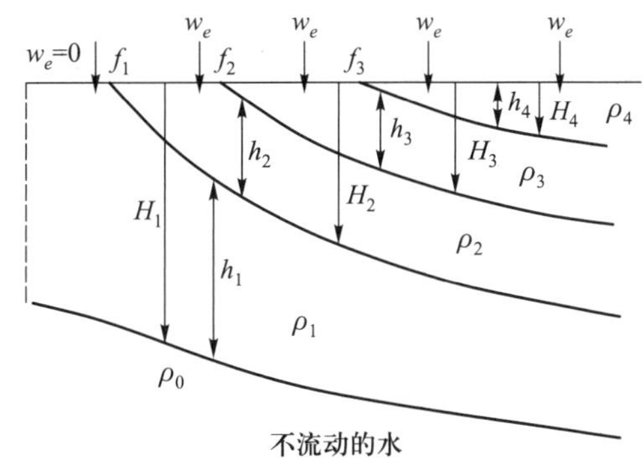

图 4.98 多层模式的示意图。

第 i 层的厚度和深度分别记为 h_i 和 H_i;这样,对于顶层 n,$H_n = h_n$。最北面的露头线标记为 f_1,露头线的编号向南依次增加。当我们用需要任何层数的模式时,这样的编号就更方便了。

A. 多层模式的压强梯度

我们来导出两个相邻层压强梯度之间的关系。利用流体静压关系,两个相邻层中的压强梯度满足

$$\frac{\nabla_h p_i}{\rho_i} = \frac{\nabla_h p_{i-1}}{\rho_i} + \gamma_i \nabla_h H_i \qquad (4.523)$$

其中,$\gamma_i = g(\rho_{i-1} - \rho_i)/\rho_i$ 为跨过界面的约化重力。这个关系式适用于任意两个相邻层。此外,我们假定,下标为 0 的最下层非常深,因而该层的压强梯度近似为零。这样,第 m 层($m \leqslant n$)的压强梯度为

① 向极运动的开尔文波可携带质量的(正或负)异常。在其向极运动的过程中,罗斯贝变形半径不断减小。为满足半地转性,波包所携带的质量异常之幅度(正或负)会不断减小,这种质量异常是以离岸西传的罗斯贝波的形式释放,这就是所谓的"异常的质量(可正可负)"。——译者注

② 原著中为 climate variability,综观本书,其中的 variability 含义有广义和狭义两种,故我们分别译之为"变异"和"变率"(下同)。注意,在 4.9.1 节中,气候变异定义为非摄动解与摄动解之差,因此它是有结构的。——译者注

$$\frac{\nabla_h p_m}{\rho_0} = \sum_{i=1}^{m} \gamma_i H_i \tag{4.524}$$

B. 斯韦尔德鲁普关系

对每一个层中的动量方程取旋度,就得到涡度平衡。把它们乘以层厚,并将所有的运动层相加后,在$[x,x_e]$上积分,就得到了多层的约化重力模式之斯韦尔德鲁普关系

$$\sum_{i=1}^{n} \gamma_{i1} H_i^2 = D_0^2 + H_0^2 \tag{4.525}$$

其中

$$D_0^2 = -\frac{4\omega a^2 \sin^2\theta}{\gamma_1}\int_{\lambda}^{\lambda_e} w_e(\lambda',\theta)\,d\lambda' \tag{4.526}$$

$$\gamma_{i1} = \frac{\gamma_i}{\gamma_1}; \quad H_0^2 = \sum_{i=1}^{n} \gamma_{i1} H_{ie}^2$$

用摄动方法处理斯韦尔德鲁普关系,其最低阶的关系式为

$$\sum_{i=1}^{n} \gamma_{i1} H_i \delta h_i = \frac{1}{2}\delta D_0^2 \tag{4.527}$$

这里,我们假定 γ_{i1}($i=1,\cdots,n$) 保持不变,并将海面浮力参量化为露头线的经向移位(shifting)。由于浮力的异常变化对方程 (4.527)的右边没有贡献,故海面温度(或淡水通量)的扰动所造成的气候变异必须以内模态(internal mode)的形式出现,而且以深度加权的平均值必须为零。我们把这类满足方程(4.527)的齐次形式之模态称之为温跃层动力模态 (DTM)①,因为该模态的结构必然是有侧向变化的背景温跃层之函数。这些模态具有三维结构;尽管这些模态令人联想到经典的准地转理论(Pedlosky,1987a)中所讨论的静止海洋中一维的标准地转正规垂向模态②,但它们是截然不同的。

另外,异常的风应力可以导致第一斜压模态(或称"正压"模态,因为本节中讨论的所有扰动都限定于上层大洋的风生环流。)。

C. 区域Ⅱ

我们的讨论从描述在区域$f_2<f<f_1$(图 4.99 中的区域Ⅱ)的第一层和第二层中产生的异常开始。在第一条露头线 y_1 以南,第一层的位涡沿着流线是守恒的, 即 $h_1=H_1=$常数

$$Q_1(H_1) = f/h_1 = \text{常数} \tag{4.528}$$

在$f=f_1$ 处,$h_1=H_1$;这样,其函数形式为 $Q_1(x)=f_1/x$,第一层的厚度为

$$h_1 = fH_1/f_1 \tag{4.529}$$

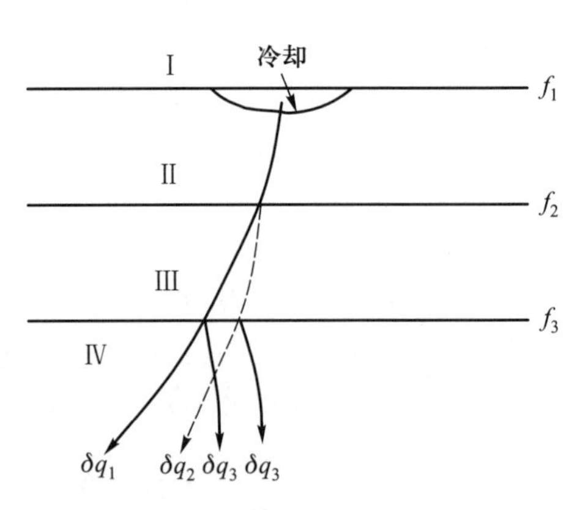

图 4.99 用于追踪原始露头线的位涡距平和流线。δq_1 为露头线f_1 处的冷却产生的距平;δq_2为 δq_1 跨过露头线 f_2 时产生的距平,并出现了分叉。类似地,δq_3 是 δq_1(δq_2)跨过露头线f_3 时产生的距平。

① 原著中为 dynamical thermocline mode(DTM)。——译者注

② 原著中为 standard geostrophic one-dimensional vertical normal mode。——译者注

将(4.529)式代入斯韦尔德鲁普关系(4.525),得到了区域Ⅱ之解

$$H_1 = \left(\frac{D_0^2 + H_0^2}{G_2}\right)^{1/2} \tag{4.530}$$

其中

$$G_2 = 1 + \gamma_{21}\left(1 - \frac{f}{f_1}\right)^2 \tag{4.531}$$

我们引入相对层厚(fractional layer thickness)F,其定义为层厚除以通风层的总深度;这样,对于区域Ⅱ,我们有

$$F_1^{\mathrm{II}} = \frac{h_1}{H_1} = \frac{f}{f_1} \tag{4.532}$$

$$F_2^{\mathrm{II}} = \frac{h_2}{H_1} = 1 - \frac{f}{f_1} \tag{4.533}$$

其中,上标Ⅱ表示有两个运动层的区域Ⅱ,下标表示某个层。

重要的是要注意到,在这些关系式中,f_1 不一定为常量。事实上,我们可以将其写为 $f_1(H_1)$,这表明,如果沿着流线"H_1 = 常数"向后追踪,那么 f_1 就取决于露头线的纬度。因此,在此后的讨论中,我们采用另一种写法:$f_1 \Rightarrow f_1 + \delta f_1$,其中,我们设想 δf_1 表示由加热和冷却的距平所引起的露头线之扰动。如果 $\delta f_1 < 0$,这就意味着露头线(代表一个冷却距平)从其恒定值 f_1 向赤道移动。

由于沿着第一条露头线有

$$H_1^2 = -\frac{4\omega a^2 \sin^2\theta}{\gamma_1}\int_{\lambda}^{\lambda_e} w_e(\lambda', \theta)\, d\lambda' + H_e^2 \tag{4.534}$$

容易看出

$$H_1^2(x) = H_{10}^2(x) + O(\delta f_1)$$

其中,$H_{10}(x)$ 为沿未受扰动的露头线之总层厚。因此,在最低阶的近似上,H_1 与 x 的函数关系仍保持不变。为了完成必要的反演以便在最低阶上确定 $f_1(H_1)$,那么对于给定的 h_1,我们可以利用这个关系式来计算 x 和 $\delta f_1(x)$。因此,对于区域Ⅱ之解,既可以通过求解非线性方程组(4.530)和(4.531)来得到,也可以利用其线性化的形式来得到。

1) 海面冷却引发的气候变异

可以用第一条露头线的向赤道扰动来代表冷却,即

$$\delta f_1 < 0 \tag{4.535}$$

$$\delta F_1^{\mathrm{II}} = -\frac{f}{f_1^2}\delta f_1 > 0 \tag{4.536}$$

$$\delta F_2^{\mathrm{II}} = -\delta F_1^{\mathrm{II}} < 0 \tag{4.537}$$

$$\delta G_2 = 2\gamma_{21}(1 - F_1^{\mathrm{II}})\frac{f}{f_1^2}\delta f_1 < 0 \tag{4.538}$$

因此,冷却引起的层厚之改变量为

$$\delta H_1 = -\frac{H_1}{2G_2}\delta G_2 > 0 \tag{4.539}$$

$$\delta h_1 = F_1^{\mathrm{II}} \delta H_1 + H_1 \delta F_1^{\mathrm{II}} = \frac{H_1}{G_2}[1 + \gamma_{21}(1 - F_1^{\mathrm{II}})]\delta F_1^{\mathrm{II}} > 0 \tag{4.540}$$

$$\delta h_2 = \delta H_1 - \delta h_1 = -\frac{H_1}{G_2}\delta F_1^{\mathrm{II}} < 0 \tag{4.541}$$

例如,我们假定有一个局地冷却使露头线略微南移,那么作为该冷却之结果,上层就变薄,下层就变厚。再者,下层厚度之增量超出了对上层变薄的补偿;因此,风生环流的底部就向下移(图4.100)。

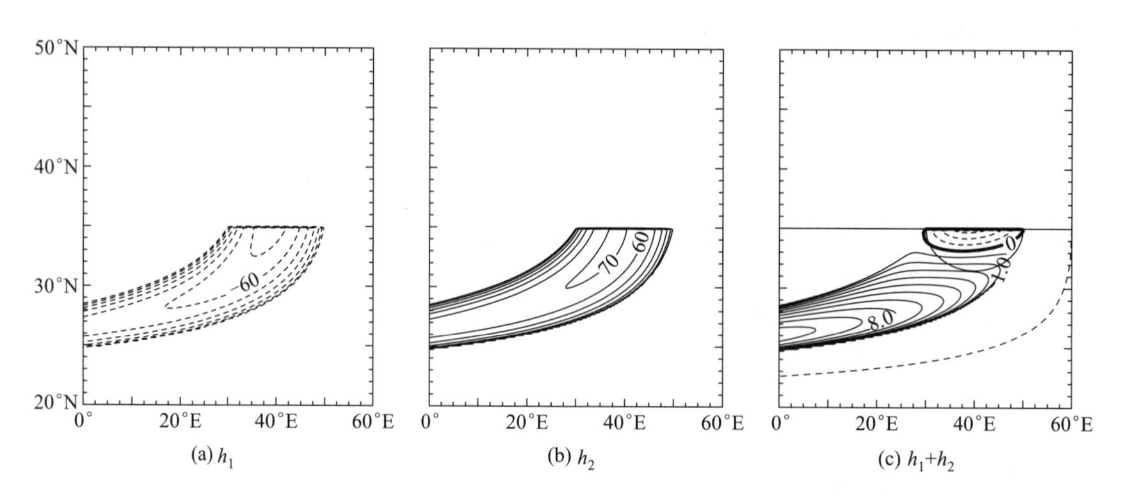

图 4.100 由于局地冷却(由向赤道露头线的偏移角 $\Delta\theta = -3.5$ 来表示)引起的层厚扰动(单位:m),在图(c)中它由细半圆所表示的露头线南移来代表(Huang 和 Pedlosky, 1999)。

最有意思的现象是,扰动以所谓的第二斜压模态的形式出现,即出现了上界面上移(表明上层变冷),但下界面下移(表明下层变暖)。海面冷却能使温跃层下部变暖——这一点有违背直觉之嫌。不过,如用约化重力模式进行简单分析,就能对这种现象给出解释。如 4.1.2 节所述,在 β 平面的简单约化重力模式中,层的深度遵循

$$h^2 = h_e^2 + \frac{2f^2}{g'\rho_0\beta}\left(\frac{\tau^x}{f}\right)_y (x_e - x) \tag{4.542}$$

假定风应力和东边界上的层厚都不变化,那么,对该方程取变分后就得到

$$h\delta h = -\frac{f^2}{g'^2\rho_0\beta}\left(\frac{\tau^x}{f}\right)_y (x_e - x)\delta g' \tag{4.543}$$

这样,上层海洋的冷却就等效于约化重力的减小,即 $\delta g' < 0$;因此,$\delta h > 0$,即风生流涡(温跃层)的深度就会相应增加。这个模态称为温跃层第二动力模态。由于这个模态具有三维结构,因此它不同于根据准地转理论导出的经典(一维)的第二斜压模态。

冷却使最下层产生了位势厚度之扰动信号,该信号沿着该层中的流线传播,而流线是理想流体温跃层中的特征线。冷却也使上一层产生了厚度距平;不过上层直接受到埃克曼泵压,因而上层的位势厚度在该流区内是不守恒的。

在 f_2 以南,第二层潜沉下去,因而该层的位势厚度距平沿着该层的流线是守恒的。因此,在 f_2 以南,有两组特征线,初级特征线和次级特征线,它们携带着各自的信号在不同的方向上传播,

如图 4.99 所示。更有意义的是,当它们与第三条露头线 f_3 相交时,这两组特征线将再次分叉,总计形成了四条特征线。

2)混合层深度改变引起的气候变异

如果混合层深度有一个小扰动 $\delta d<0$,那么,温跃层将出现扰动,使得上层变薄且下层变厚,即混合层厚度减小所产生的扰动与冷却产生扰动的情况相似。

3)埃克曼泵压速率改变引起的气候变异

容易证明,如果露头线是纬向的,在限定位置上的埃克曼泵压速率之改变就能产生以第一斜压模态形式向西传播的扰动。在埃克曼泵压距平的纬度带以南,则没有扰动。如果露头线是非纬向的,那么给定位置上埃克曼泵压速率的小扰动就能产生以温跃层第二动力模态形式向埃克曼泵压距平西南传播的扰动(图 4.101)。对于这种现象的分析,可以从 Huang 和 Pedlosky (1999)的工作中找到。

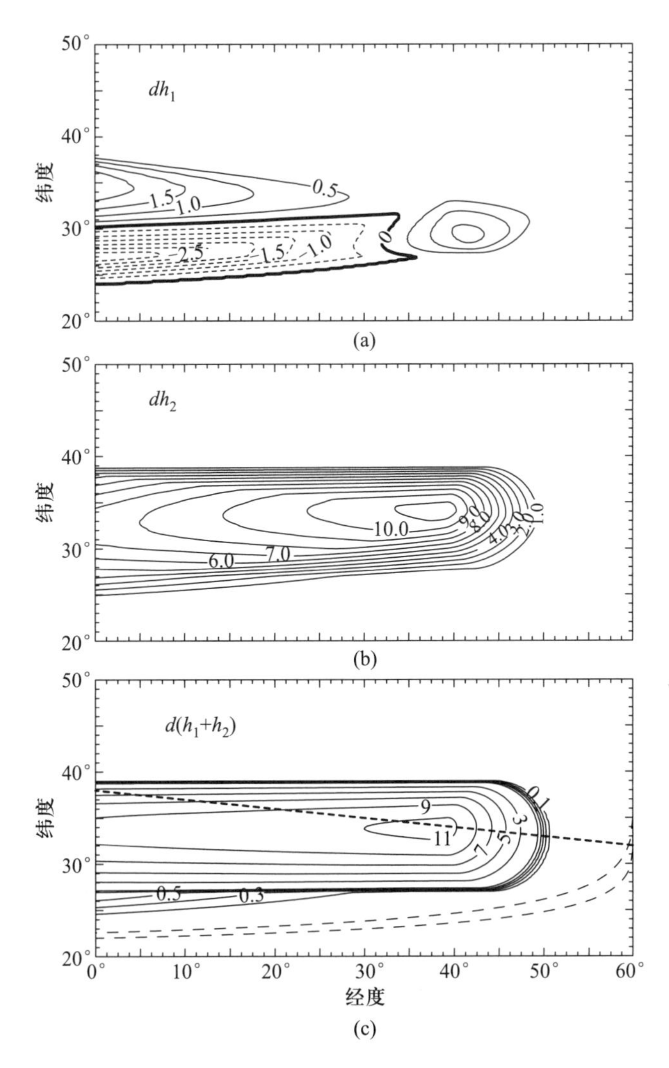

图 4.101 由于埃克曼泵压的增加而产生的层厚扰动(单位:m),并且如图(c)中的粗虚线所示,露头线的斜率为负(Huang 和 Pedlosky, 1999)。

D. 区域Ⅲ

在f_2以南有两个次表层,其中的流线为“H_1 = 常数”和“$H_1 + \gamma_{21}H_2$ = 常数”。在这些流线上,位涡是守恒的。应注意,当第一层流线所携带的位涡距平线(在图4.99中记为δq_1)与第二露头线f_2相交时,产生了一条新的特征线,在f_2以南,第二层的位涡距平(在图4.99中记为δq_2)沿着第二层的流线传播。这样,受到冷却影响的区域,即所谓的影响区(region of influence)则随着流体向南运动而呈扇形展开。

E. 区域Ⅳ

区域Ⅳ的解要复杂得多,因为当携带着初级和次级位涡距平的轨迹线穿过f_3时,产生了两条新特征线,其中每一条都携带着第三层的位涡距平(图4.99)。因此,有四条位涡距平的轨迹线(包括初级、次级和三级)。Huang 和 Pedlosky (2000b)讨论过该区域之解。

一般说来,如果有n条露头线,就会有2^{n-1}条特征线,每一条特征线都携带着不同位势厚度距平的信号。

F. 气候变异

我们首先着重讨论沿露头线所施予的异常浮力所引起的气候变异。模型海盆是一个60°宽、覆盖20°N至50°N区域的矩形海盆,有三条露头线分别位于$\theta_1 = 45.5°$N、$\theta_2 = 41°$N和$\theta_3 = 35°$N。沿着东边界的第一层厚度设为300 m,这样,完整解就包括了一个阴影区。为简便起见,我们将仔细选取强迫力以使其影响区限制在通风带中。埃克曼泵压速率为$w_e = -10^{-6}\sin\{[(\theta - \theta_s)/\Delta\theta]\pi\}$ (m/s),其中,$\theta_s = 20°$,且$\Delta\theta = 30°$。

这里讨论的是冷却施加于f_1的情况;冷却/加热施加于其他露头线的情况可以用类似的方法来处理。对于施加在一个小区域内的冷却距平,我们采用以下露头线向南移位的方式

$$\delta\theta_1 = \begin{cases} \left[1 - \left(\dfrac{\lambda - \lambda_0}{\Delta\lambda}\right)^2\right]^{1/2}, & \text{如果 } \lambda_0 - \Delta\lambda \leqslant \lambda \leqslant \lambda_0 + \Delta\lambda \\ 0, & \text{其他情况} \end{cases} \tag{4.544}$$

其中,$\lambda_0 = 20°$。我们选择一个小扰动来演示由浮力点源引起的变异之基本结构,因而第一个实验取$d\theta_1 = -0.01°$,$\Delta\lambda = 4°$。当然,由于摄动解是线性的,故异常加热的情况就直接对应于所有摄动变量符号之改变。

气候变异定义为非摄动解与摄动解之差。沿f_1的海面冷却导致了在海面冷却区中h_1增加。在第一条露头线以南,该初级位涡距平沿着ψ_1传播并引起了区域Ⅱ中h_2减小,如图4.102(a)和(b)所示。这样,就在第二层中产生了一个位涡距平。

在f_2以南,第二层是潜沉的,因而在第二层中位涡距平保持下来并沿着ψ_2传播。这样,在区域Ⅲ中,我们就有两个特征锥,它们由位涡距平的轨迹线构成——沿着ψ_1传播的初级位涡距平δq_1与沿着ψ_2传播的次级位涡距平δq_2,如图4.102(a)、(b)和(c)所示。

在f_3以南,第三层是潜沉的,因而产生了第三级位涡距平,它是由在第一层的初级位涡距平和第二层的次级位涡距平引发的。这样,在区域Ⅳ中有了两个新的特征锥。

通过上述论证我们得出,每当携带扰动信息的特征锥穿过一条新的露头线时,其数量就会倍增。特征锥数量以指数方式增长是处理多层模式遇到的主要难题。

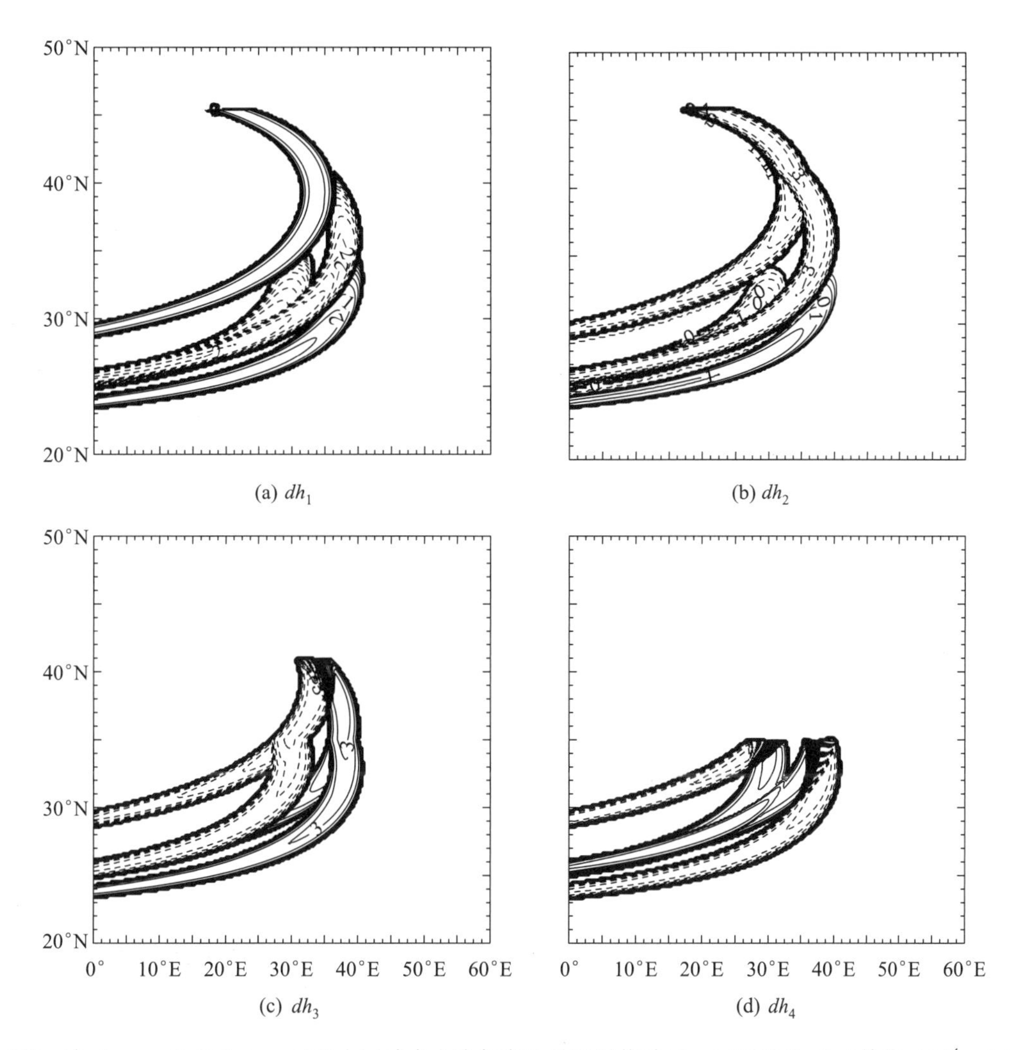

(a) dh_1 (b) dh_2 (c) dh_3 (d) dh_4

图 4.102 在 $dy_1 = -0.01°$, $\Delta x = 4°$的小区域内由冷却产生的层厚扰动图。层厚距平 dh（单位:10^{-4} m）的定义如下:对于正距平,$x = \max[\log(dh), 0]$,对于负距平,$x = \min[-\log(-dh), 0]$（Huang 和 Pedlosky, 2000b）。

在这些特征锥中,扰动层厚振幅之变化幅度达到两个数量级。扰动层厚的水平分布在图 4.102 中给出。即使只有三条露头线,扰动的分布也是相当复杂的,显然在水平面上扰动层厚的符号是交替变化的。

随着运动层数量的增多,扰动的垂向结构变得愈来愈复杂。如方程 (4.527)所示,浮力引起的变率必须以内模态(DTM)的形式出现。在区域Ⅱ中,以第二斜压内模态 M_2^1 出现,其中下标 2 表示运动层的数量,上标 1 表示位涡驱动源所在的层次。

在区域Ⅲ中,在两个分支中解的垂向结构以不同的形式出现,在 P 分支(初级位涡距平)中,扰动取 M_3^1 模态的形式。该模态是由一个正的大 dh_1 引起的。在 S 分支(次级位涡距平)中,扰动取 M_3^2 模态的形式,它是由一个负的 dh_2 引起的(图 4.103)。应注意,$|dh_2| < |dh_1|$,因为前者为次级扰动。

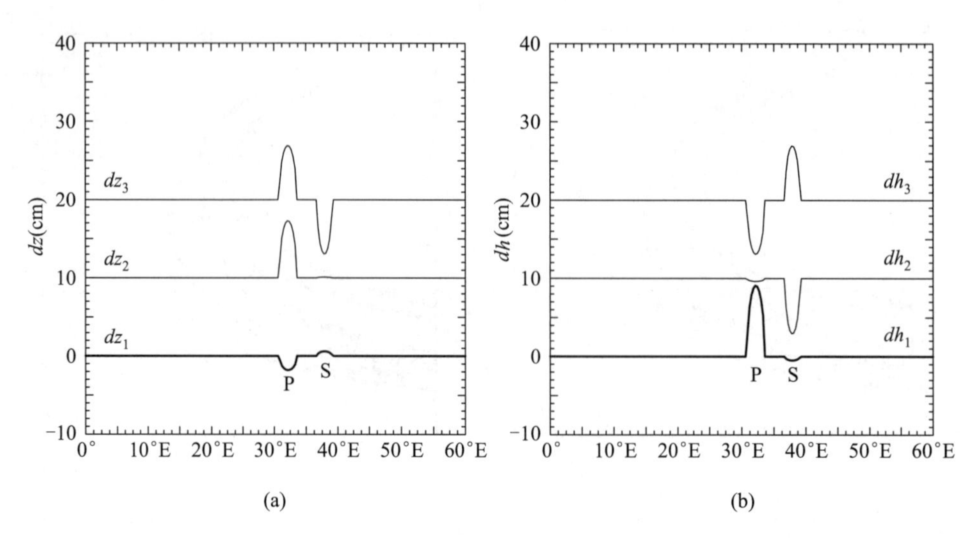

图 4.103 在36.5°N 断面上，在 $dy_1 = -0.01°$，$\Delta x = 2°$的小区域内由冷却产生的(a)界面深度与(b)层厚之扰动(Huang 和 Pedlosky, 2000b)。

应注意在 S 分支中，第一层内有小的位涡(或层厚)扰动。这种扰动与第一层在露头线处的海面强迫力无关；其实，它们是由第二层中的次级位涡距平通过以下方式引起的。第二层中的位涡距平引起了第一层中流线的微小位移，由此改变了那里的位涡。类似地，P 分支中的第二层中也有小的位涡扰动。

M_3^1 和 M_3^2 的垂向结构截然不同，因为它们分别代表了温跃层对施加在第一层和第二层上的位涡扰动之响应。另外，我们注意到第二个界面的深度之扰动值是一个很微小的负值①——这是第二层和第三层对扰动厚度的近乎完美的补偿。如果有多条露头线，所有的扰动都会局限于所谓的特征锥中。特征锥的西部边缘由在原始冷却源所在的等密度面上的流线来界定。特征锥的东部边缘就更复杂了。每当一条特征线穿过一条新的露头线时，就会产生一条新的特征线。由于 β 螺旋，上层的速度矢量总是在次表层速度矢量的右边。因此，扰动的东部边缘由最上层的流线所代表。因此，在极限条件下，特征锥的东部边缘由最上层流线的包络所界定。这样，在连续层化模式中，特征锥的东部边缘应该由源于冷却点源的海面流线来决定(图 4.104)。

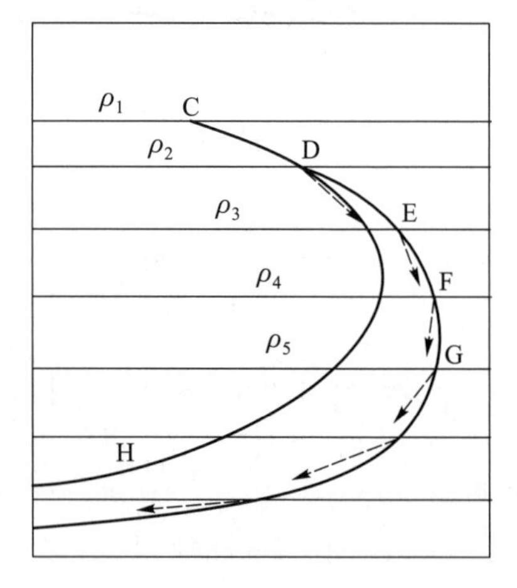

图 4.104 特征锥边缘的定义。

4.9.2 连续层化模式

本模式的背景层化是由一维对流－扩散平衡 $w\rho_z = \kappa\rho_{zz}$来确定的，其中，$w = 10^{-7}$ m/s 为定常上升流的速度，$\kappa = 1\times10^{-6} \sim 60\times10^{-6}$ m²/s 为垂向扩散系数。利用下列密度边界条件：在 $z = 0$

① 在图 4.103 左边的界面深度图上，该处的扰动非常微小，所以很难分辨出来。——译者注

处，$\rho=1\ 023\ \mathrm{kg/m^3}$；在海底 $z=-5\ \mathrm{km}$ 处，$\rho=1\ 028\ \mathrm{kg/m^3}$，就可以计算出密度廓线。海面密度是纬度的线性函数：$\sigma=25+2(\theta-\theta_s)/(\theta_n-\theta_s)\ \mathrm{kg/m^3}$。假定密度在混合层内是垂向均匀的，那么该密度的水平分布也就给出了每个位置处的混合层深度。模式受控于一个简单的正弦函数形式的埃克曼泵压：$w_e=-10^{-6}\sin[\pi(\theta-\theta_s)/(\theta_n-\theta_s)]\mathrm{m/s}$。

A. 与扩散系数 κ 的关系

图 4.105 中给出的例子是在不同垂向混合速率下温跃层结构之变化。显然，当 $\kappa\approx1\times10^{-5}\sim3\times10^{-5}\ \mathrm{m^2/s}$ 时①，理想流体模式给出的温跃层结构类似于大洋中的主温跃层。最重要的是，这些例子表明，理想流体温跃层模式能够模拟出主温跃层所具有的阶梯函数状的强密度锋面；尽管在现在气候条件下，这种极限情况在海洋环流中是不能实现的。

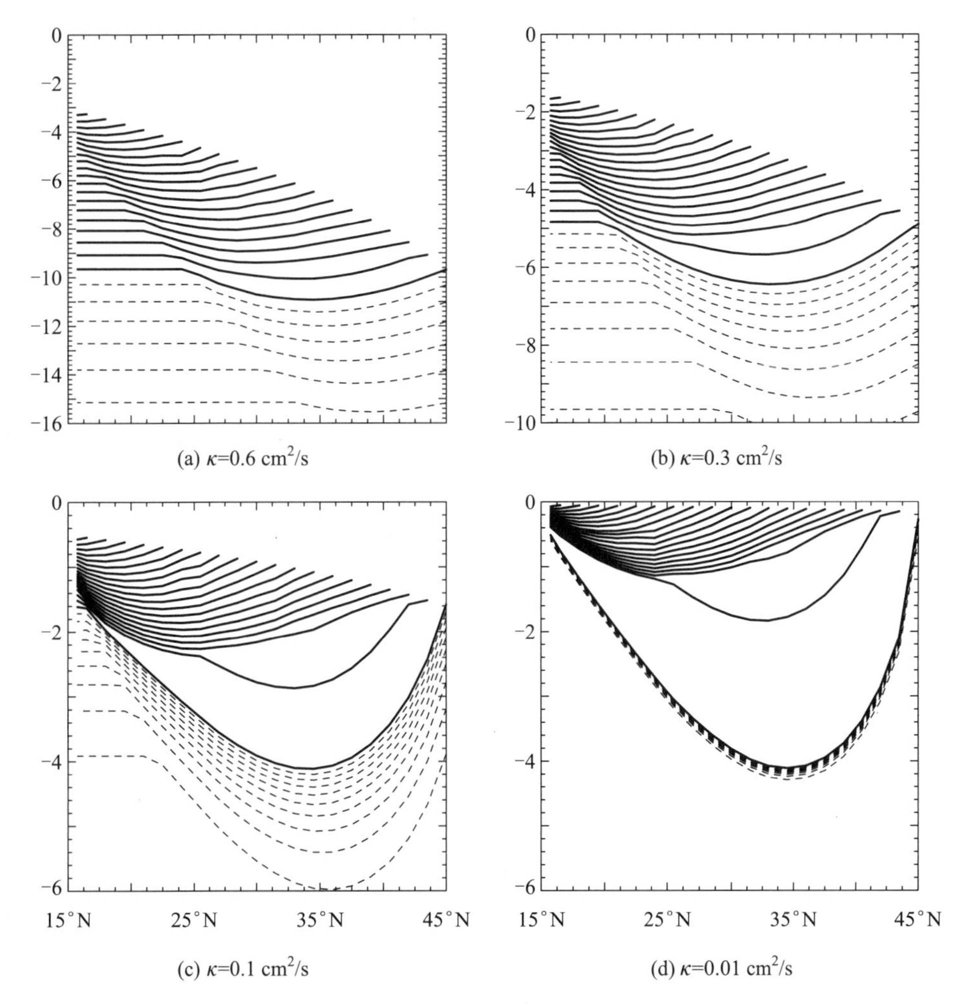

图 4.105 沿着西边界的外缘（距离岸壁 5°）的等密度面断面图，实线表示通风温跃层，虚线表示非通风温跃层，等值线间距 $\Delta\sigma=0.1\ \mathrm{kg/m^3}$。上层海洋中的空白区表示密度垂向均匀的混合层（Huang，2000a）。

① 注意，在图 4.105 中的单位是 $\mathrm{cm^2/s}$，$1\ \mathrm{cm^2/s}=10^{-4}\ \mathrm{m^2/s}$。——译者注

这些解中,最显著的特征之一是,在亚热带流涡的北部边缘附近形成的低位涡水。这是模态水形成的一个基本问题——为什么模态水的位涡如此之低?尽管已经做了很多研究,但对于这个问题,迄今仍然悬而未决。

B. 大气条件的变迁

在年代或更长的时间尺度上,湾流的位置能在经向上移动,并且海面密度能增加或减小。在这种不同的强迫力的边界条件下,其温跃层的变异由图 4.106 给出。其最显著的特征之一是由海面冷却距平所生成的模态水之位涡非常低[图 4.106(d) 和(b)]。

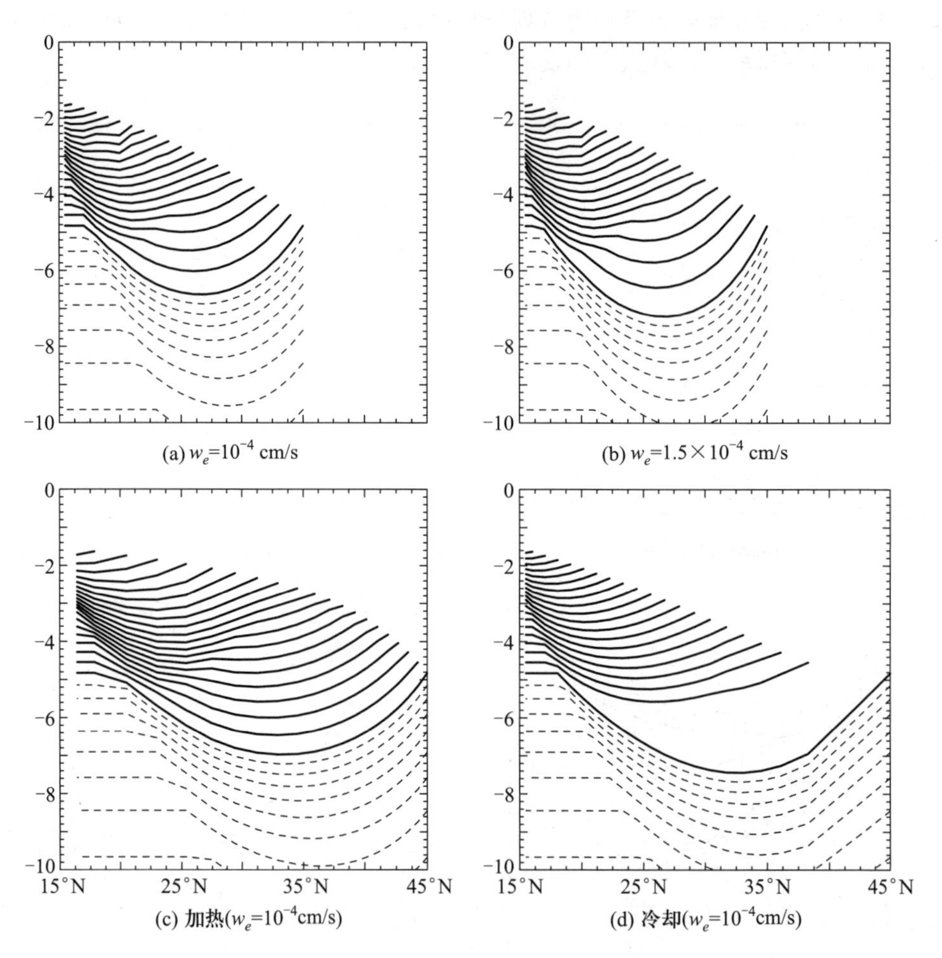

图 4.106 沿着西边界的外缘(距离岸壁 5°)的等密度面断面图:(a) 流涡间的边界移至35°N,但埃克曼泵压速率的极大值不变;(b) 流涡间的边界移至35°N,但埃克曼泵压速率的极大值增加 50% 以保持埃克曼泵压的总量不变;(c) 表面加热;(d) 表面冷却(Huang, 2000b)①。

从一个站 (26°N,5°E)上的分层及其位涡廓线中,可以清楚地看出这些示例中的差异。该站位于靠近西边界、对应于大西洋百慕大(Bermuda)站。最有意思的是,所有的扰动都是以温跃层第二动力模态特征出现的[图 4.107(a)]。

① 原图的(c)和(d)中,单位阙如,现补上。——译者注

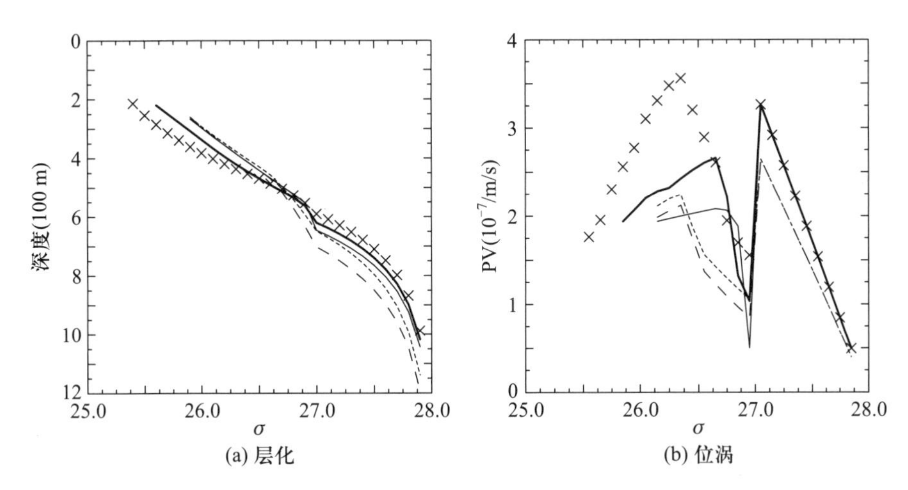

图 4.107 在一个西边界附近的站上，密度(a)和位涡(b)的廓线图。实线为标准情况；叉线(×)为表面加热的情况；细实线为表面冷却的情况；细点线为流涡间边界移至35°N 且采用标准埃克曼泵压速率的情况；长虚线表示流涡间边界移至35°N 且埃克曼泵压速率增加 50% 的情况(Huang, 2000b)。

C. 局地的冷却

可以通过数值实验发现局地冷却之效应，其冷却区在 40°E，y_0 = 30°N 附近。该冷却引起了海面高度的下降[图 4.108(a)]，并使 $\sigma = 26.3\ \mathrm{kg/m^3}$ 的等密度面变浅达 30 米左右；然而，不仅等密度面 $\sigma = 27\ \mathrm{kg/m^3}$ 的深度下移了 30 米而且风生流涡的底部也下移了 70 多米。这又是以温跃层第二动力模态形式出现的扰动例子。从扰动中心处的垂向廓线中，我们就能看到该扰动之垂向结构(图 4.109)。

D. 点源冷却

当冷却距平逐步收缩成一个类似于 δ 函数的点源时，将会发生什么？这是一个非常有意思的问题。在水平分辨率较粗的情况下，我们用此模式进行了若干数值实验，不过采用的点源是冷却距平或混合层深度距平。由一个冷却点源引起的扰动具有波列状的特征(图 4.110)。该图像提示，扰动是低阶模态和高阶模态的结合，并且以低阶模态为主导。这种复杂的空间结构与图 4.102 中所示的符号的交替变化并不矛盾。

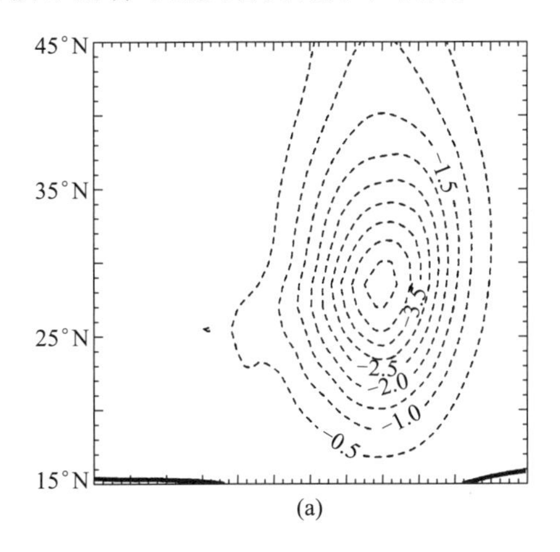

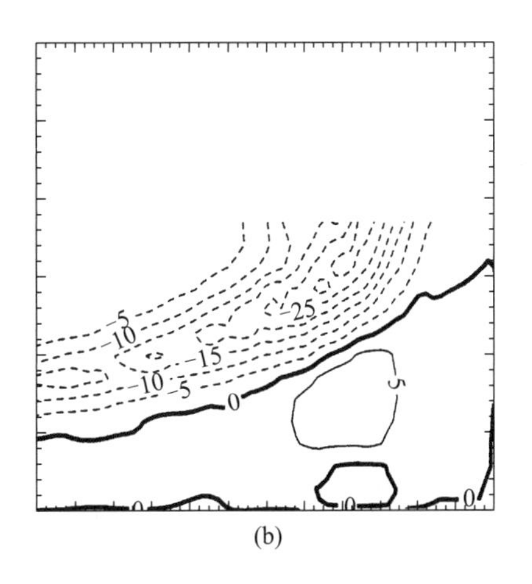

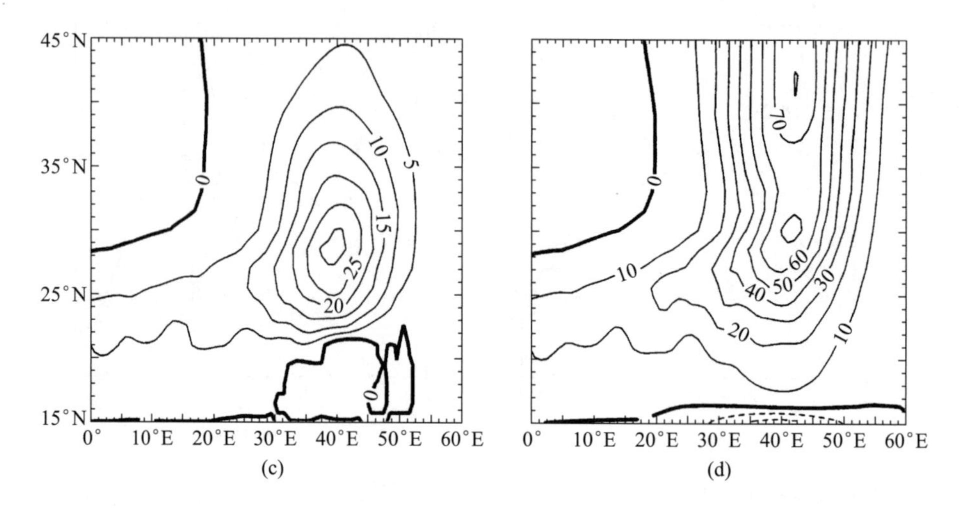

图 4.108 局地冷却引起的扰动:(a) 海面升高(单位:cm);(b) $\sigma=26.3$ kg/m^3 等密度面的深度(单位:m);(c) $\sigma=27$ kg/m^3 等密度面的深度(单位:m);(d) 风生流涡的深度(单位:m)(Huang, 2000b)。

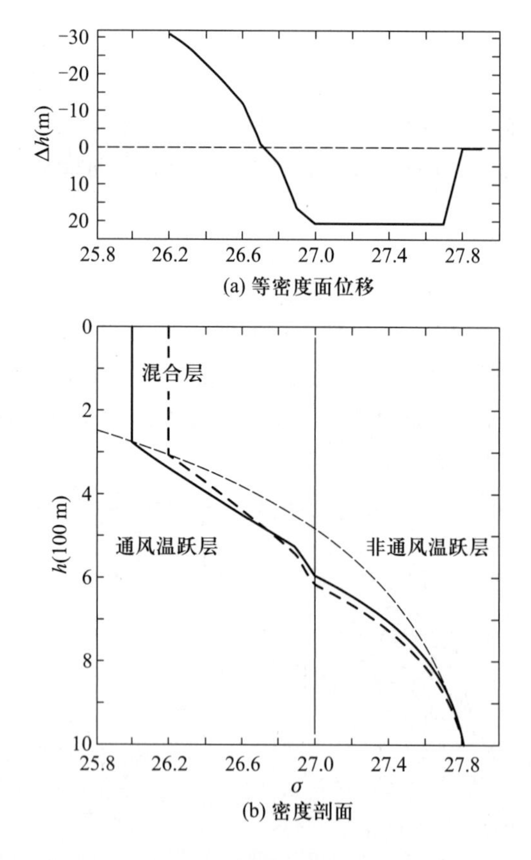

图 4.109 在30°N, 40°E 处的密度廓线图:(a) 冷却引起的等密度面垂向位移;(b) 密度廓线,图中实线为标准情况,粗虚线为冷却情况,细虚线表示背景层化(Huang, 2000b)。

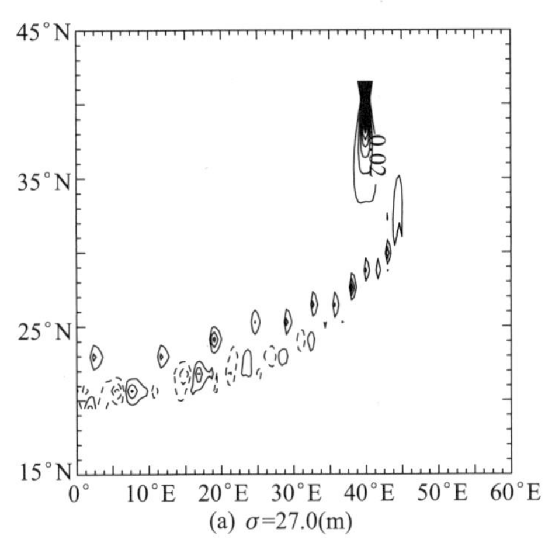

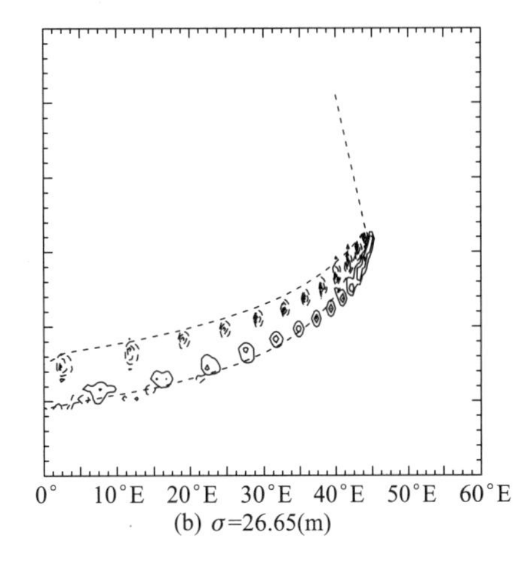

图 4.110 在沿单根露头线的局地冷却($\delta y = -0.05°$,宽为 $\delta x = 0.2°$)的情况下,由 181×21 网格点的模式给出的平均场之扰动①。扰动区的西部边缘由在以冷却为初级特征的等密度面上的流线来界定;扰动区的东部边缘由海面上流线的包络线界定(Huang, 2000b)。

E. 亚极带模态水形成过程中的变化

亚极带模态水之形成速率存在着年际到千年际的②时间尺度之变化。结果是,背景层化或者非通风水的位涡也发生了相应的改变。我们利用上述模式来探索这个问题,除了改变非通风温跃层的位势厚度之外,采用了相同的强迫力,如图 4.111 右边的细实线③所示。

由于非通风温跃层位势厚度的这种变化,所有的通风与非通风的等密度面都相应地下移。我们模式的结果与 Joyce 等(1999)基于历史资料的分析结果非常一致。

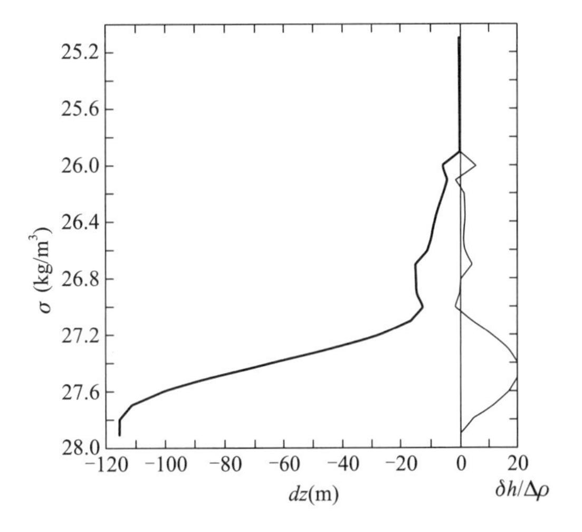

图 4.111 在模型海洋的(28.5°N, 10°E)站位上的密度扰动。实线表示每一等密度面的垂向位移,细线表示每一等密度面层中的厚度扰动($\Delta\rho = 0.1\ \mathrm{kg/m^3}$)(Huang, 2000b)。

4.9.3 从资料和数值模式诊断得出的气候之年代变率

A. 资料诊断得到的气候变率

我们可以把沿着这条思路的早期研究归功于 Deser 等(1996)。通过分析气候资料,他们已能指出温度距平是如何穿透到次表层的(图 4.112)。容易看出,在年代的时间尺度上,温度距平基本上沿着等密度面移动(图 4.113)。

---

① 其中图(a)和(b)分别表示 $\sigma = 27.0\ \mathrm{kg/m^3}$ 和 $\sigma = 26.65\ \mathrm{kg/m^3}$ 的等密度面之扰动;在图题中,括号内的 m 则是该等密度面扰动深度之振幅的单位,故图(a)中的 0.02 表示其扰动深度振幅为 2 cm。——译者注

② 原著中为 millennial(千年的),确切地说,应为千年际的,故改。——译者注

③ 原著中 thick solid line(粗实线)有误,故改。——译者注

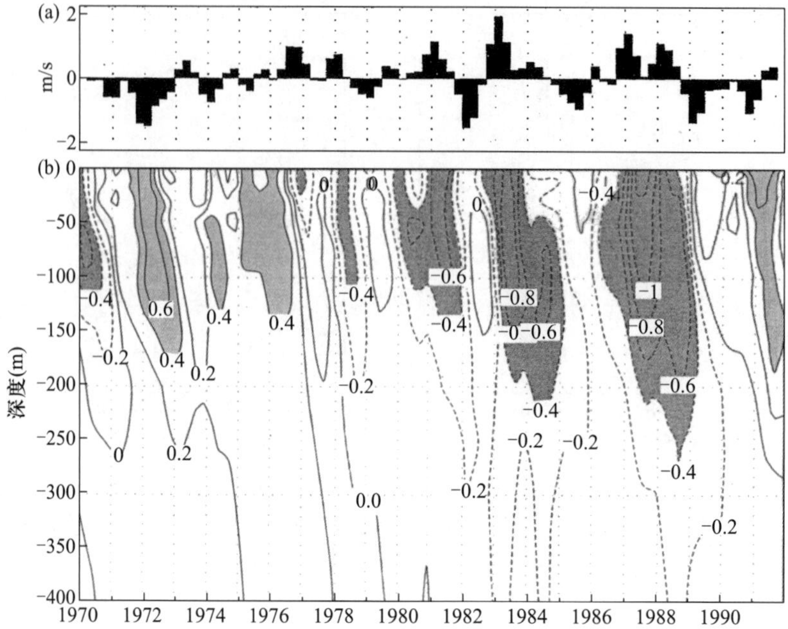

图 4.112 北太平洋中央区温度距平的演变①(Deser 等, 1996)。

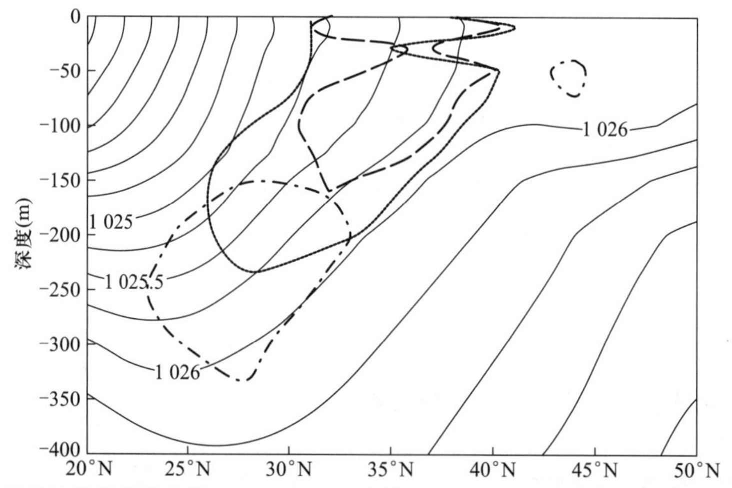

图 4.113 -0.3℃距平的等温线分布图:1977—1981 (虚线),1982—1986 (点线),1987—1991 (实线),并叠加于冬末平均的等密度面上(标有数字的细实线,单位: kg/m³) (Deser 等, 1996)。

从图 4.112 看出,在 1977—1989 年期间,温度距平下移了大约 260 m,因而其垂向速度略大于 20 m/年,这与该海域垂向速度的量级相同,而由埃克曼泵压速率推断所得的量级则为 30 m/年。自从 Deser 的工作以来,沿着这条思路发表了许多论文,他们都给出了相似的结构。

B. 上层海洋温度距平的再现

从图 4.112 可以看出一个有意思的现象,即当初发生的一个强冷却事件经若干年之后,上层海洋中又出现了温度距平。基于通风温跃层理论的思路,我们可以定义一个年潜沉深度

① 其中图(a)为纬向风速异常直方图,表示该区逐季纬向平均风速与其气候平均值之差。——译者注

$$D_s = S_{年} T$$

其中,$S_{年}$为年平均潜沉速率,而把 $T=1$ 年定义为年平均潜沉速率的时间长度。潜沉深度比定义为

$$R_s = D_s / h_{max}$$

图 4.114 给出了该深度比在北太平洋的分布,它是从一个连续层化理想流体温跃层模式中推断出来的。该比率的倒数与在上层海洋中该海面温度距平的存在时间(以年为单位)密切相关,这只要把该图与由 Frankignoul 和 Reynolds (1983)提供的图进行比较,就可以看出这一点。

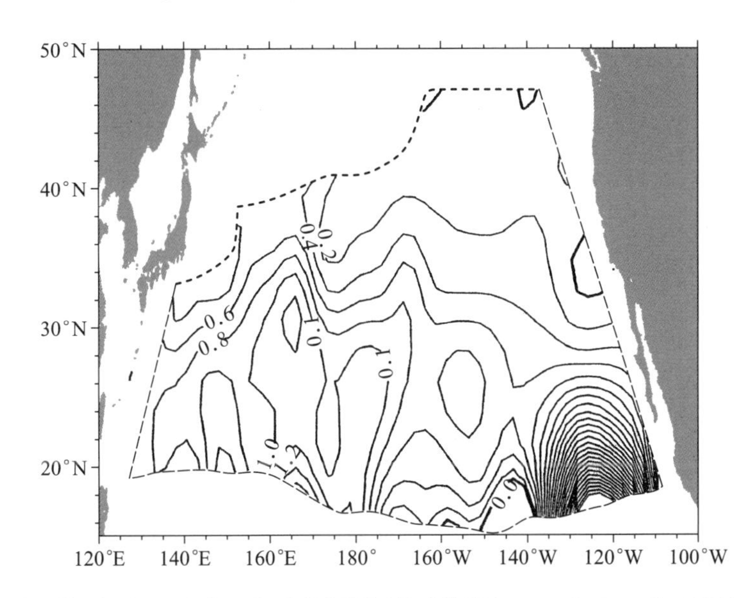

图 4.114 北太平洋的潜沉深度比,根据理想流体温跃层模式推断(Huang 和 Russell, 1994)。

利用一个简单的一维模式来分析上层海洋的热含量平衡,就容易看出,混合层中的水特性更新之时间约为 $1/R_s$ 年。另外,很清楚,形成距平的最优季节是冬末(3 月 1 日),那时,混合层最冷且密度最大。而且,只有冷距平才能够存活,因为暖距平不能到达足够的深度,所以在下一个常年的冬末,当混合层密度变大加深时就会被消除殆尽。

4.10 区域性气候变异产生的流涡之间的桥接

4.10.1 引言

在前几节中我们已经讨论了风生环流。不过,在大多数情况下,我们的讨论只是集中于单个流涡中的定常环流。对于气候研究来说,人们的兴趣在于探索在不同强迫力作用下环流的气候变率。

海洋中气候的年代、年代际变化[①]的一个关键要素是流涡之间桥接的可能性。例如,Gu 和 Philander (1997)提出亚热带流涡与赤道流涡之间存在交换,这种交换是通过亚热带海盆中埃克

① 原著中为 decadal changes,似有疏漏,故补上。——译者注

曼泵压所驱动的潜沉实现的。已有许多研究者继续追踪这种连接方式。

在本节中,我们将讨论一个简单的机制,它可以促成流涡之间在年代际①时间尺度上的桥接。众所周知,风应力旋度的改变就能导致一个给定流涡内温跃层的改变。不过,对于由这种改变造成的流涡间可能的桥接,可以研究如下。

对于一个简单的约化重力模式,上层覆盖了整个海面,因而下层与海气间的相互作用是隔绝的。下层的总体积受控于一些相当慢的过程(例如,深层水的形成和跨密度面的混合)。我们将进一步假设,在几十年内,这些过程将不受风应力分布改变的影响。因此,下层水的总量将在相对短的年代时间尺度上保持不变。因为海洋的总体积是不变的,故上层水的总体积应该仍保持不变。为了使水团的体积得以守恒,因而全球的整体温跃层结构就会相应地改变。在本节中,我们将采用一个简单的、定常状态的约化重力模式,来显示由于强迫力(例如,单个海盆中的风应力和加热/冷却)的改变所引起的流涡之间的桥接。

4.10.2 构建模式的公式

我们在4.3节中讨论了球面坐标中的约化重力模式之基本方程组,并且上层的厚度遵循如下方程

$$h^2 = h_e^2 + \frac{2a}{g'}\int_{\lambda}^{\lambda_e} P_r d\lambda \tag{4.313}$$

其中

$$P_r = -2a\omega\sin^2\theta w_e,\ w_e = \frac{1}{2\omega\rho_0 a\sin\theta}\left(\frac{1}{\cos\theta}\tau_\lambda^\theta - \tau_\theta^\lambda + \frac{\tau^\lambda}{\sin\theta\cos\theta}\right) \tag{4.314}$$

为泵压/吸速率,它与通用的埃克曼泵压/吸速率略有不同。尽管风应力的经向分量是风应力旋度的重要组成部分,但我们仍将假定风应力是纯纬向的、与经度无关。由经向风应力变化所产生的效应也可以很容易地推断出来。

尽管地转关系在赤道上并不成立,但是在靠近赤道的地方,除了赤道两侧100 km的内狭长带外,地转近似仍是一个极佳的近似。再者,如果假定赤道上的风应力旋度是有限的,那么由方程(4.313)得到的层厚在趋近赤道时仍然是有限的。由于上层的总水量在年代际时间尺度上应该保持不变,故本模式应服从于如下约束

$$\iint_A dA\left(h_e^2 + \frac{2a}{g'}\int_{\lambda}^{\lambda_e} P_r d\lambda\right)^{1/2} = V_0 \tag{4.545}$$

其中,A是单个半球上的整个海盆区域(图4.115),它包括亚极带流涡、亚热带流涡和赤道流涡。如果亚热带海盆中的埃克曼泵压速率降低,那么,那里的碗形温跃层就缩小(图4.115② 的中部)。

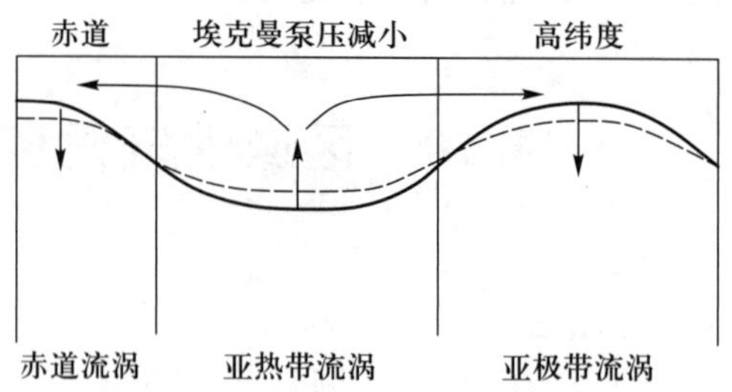

图4.115 亚热带海盆中埃克曼泵压减弱引起的层厚调整。

亚热带海盆中温跃层的上移就把主温跃层之上的暖水推入到亚极带/赤道海盆中。如果在东边

① 原著有疏漏,故改。——译者注

② 原著为图4.114,疑有误,故改。——译者注

界上冷水的水位保持不变,那么亚极带/赤道海盆中的暖水体积就仍与此前的相同。当然,这与亚热带海盆中的向上运动是不一致的。为了补偿亚热带海盆中的向上运动,亚极带/赤道海盆中的冷水水位必须下降。这样,就要调整东边界上冷水水位,以使整个海盆中暖水的总量仍然保持不变。对于一个给定的风应力扰动,在东边界上层厚的最终高度 $h_e+\delta h_e$ 可以通过求解以下非线性方程得到

$$\iint_A dA\left[(h_e+\delta h_e)^2+\frac{2a}{g'}\int_{\lambda}^{\lambda_e}(P_r+P_r')d\lambda\right]^{1/2}=V_0 \tag{4.546}$$

$$P_r'=-2a\omega\sin^2\theta w_e',\ w_e'=\frac{1}{2\omega\rho_0 a\sin\theta}\left(-\tau_\theta^{\lambda'}+\frac{\tau^{\lambda'}}{\sin\theta\cos\theta}\right) \tag{4.547}$$

其中,$\tau^{\lambda'}$为纬向风应力扰动。我们假设它为小扰动,就得到

$$h_e\delta h_e\iint_A\frac{dA}{h(\lambda,\theta)}=-\frac{a}{g'}\iint_A\frac{\int_{\lambda}^{\lambda_e}P_r'd\lambda}{h(\lambda,\theta)}dA \tag{4.548}$$

其中

$$h(\lambda,\theta)=\left(h_e^2+\frac{2a}{g'}\int_{\lambda}^{\lambda_e}P_r d\lambda\right)^{1/2}$$

因此,在东边界上层厚之变化与海盆积分的泵压速率之变化成负相关。例如,亚极带海盆中上升流速率的减小应该导致 h_e减小。类似地,亚热带海盆中较强(弱)的埃克曼泵压将导致赤道和亚极带海盆中温跃层的上升(下降)。

取模型海盆的纬向宽度为60°,经向上从赤道至70°N。取约化重力 $g'=0.02\ \text{m/s}^2$,以 N/m^2 为单位的纬向风应力廓线为

$$\tau^{\lambda}=0.02-0.08\sin(6\theta)-0.05[1-\tanh(10\theta)]-0.05\left\{1-\tanh\left[10\left(\frac{\pi}{2}-\theta\right)\right]\right\} \tag{4.549}$$

对于在沿东边界给定的上层厚度,层厚的分布清楚地表明了三个流涡:赤道流涡、亚热带流涡和亚极带流涡(图4.116)。

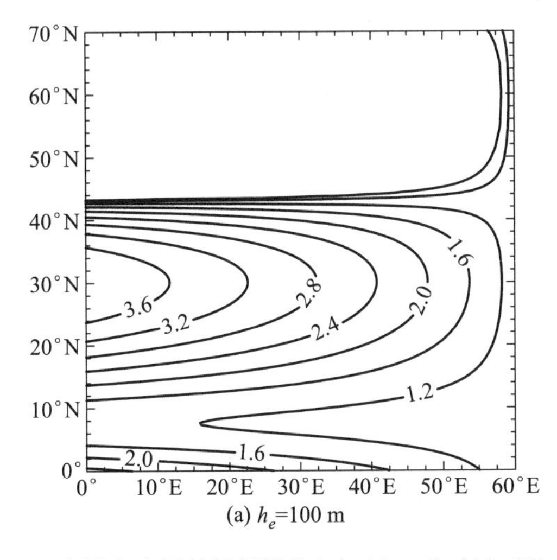

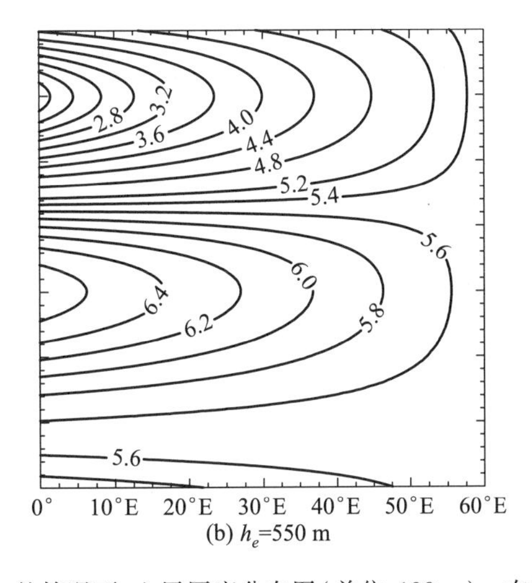

图4.116 在沿东边界的层厚设为(a)100 m和(b)550 m的情况下,上层厚度分布图(单位:100 m)。在图(a)中亚极带海盆的空白窗口表示露头区。

首先,对于任意给定的东边界处的层厚 h_{e0},我们计算由标准风应力 V_0 所驱动的环流中的上层水之总体积。然后,我们对它加上一个高斯函数形式的风应力之小扰动

$$\tau^{\lambda'} = \Delta\tau e^{(\theta-\theta_0)/\Delta\theta} \tag{4.550}$$

其中选取的风应力扰动参量为:振幅 $\Delta\tau = 0.03\ \text{N/m}^2$, $\Delta\theta = 10°$。

在三个位置上施加风应力扰动:70°N(北边界),30°N(亚热带流涡的中部),和0°(赤道)。这些扰动的风应力廓线由图4.117(a)、(b)和(c)给出。另外,这些图中也包括了由(4.314)和(4.547)式定义的泵压/吸速率及其扰动。

对于第一种情况,让风应力扰动作用于北边界上,因而使得靠近北边界处的东风减弱[图4.117(a)]。结果,亚极带海盆中上升流速率的振幅就减小了[图4.117(b)中的粗虚线]。同

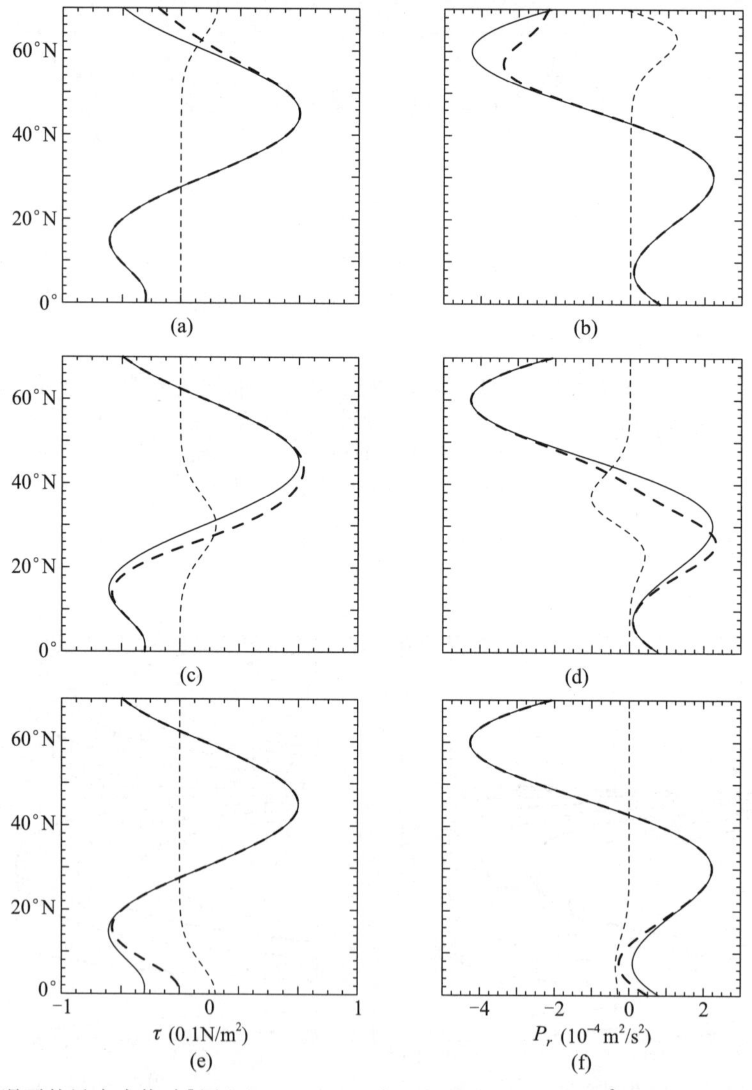

图4.117 三种情况下的风应力扰动[图(a)、(c)和(e)中 τ 的单位为 $0.1\ \text{N/m}^2$]及其对应的泵压/吸速率的改变[图(b)、(d)和(f)中 P_r 的单位为 $10^{-4}\ \text{m}^2/\text{s}^2$]。细线表示未扰动廓线,细虚线表示扰动,粗虚线表示原始廓线与扰动廓线之和。

时，亚极带海盆中的穹顶状温跃层受到了压制。亚极带海盆中温跃层的下移引发了整个海盆内的调整。调整的结果是，东边界处的层厚变小，且亚热带海盆和赤道海盆中西边界处的层厚也都变小[图4.118(a)]。应注意，当 h_{e0} < 550 m时，在亚极地海盆中上层就露头。该计算结果由图4.118(a)中的虚线来表示。

例如，当 h_{e0} = 550 m时，所施加的风应力扰动使东边界处的平均层厚减小了 $\delta h_e = -5.5$ m。与此相对应，赤道和亚热带流涡西边界处的层厚则分别减小了5.1 m和4.5 m。

对于第二种情况，在30°N处施加风应力扰动，它等效于亚热带流涡中部的西风距平[图4.117(c)]。该扰动导致泵压速率廓线略微向南移位和强化，而它在多数情况下则被限制在亚热带流涡中[图4.117(d)]。应注意，泵压速率定义为风应力旋度乘以$\sin^2(\theta)$。结果，该风应力扰动之总效应是总泵压速率减小了。

类似于刚刚讨论过的情况，泵压速率的减小导致亚热带流涡温跃层的上移，并且驱动了整个海盆中温跃层界面的下移。经过这样的调整后，沿着东边界和西边界的层厚就增大了[图4.118(b)]。当 h_{e0} < 550 m时，在亚极带海盆中，上层就露头，因而那里的层厚极小值和扰动值总是为零的。只有当 $h_{e0} \geqslant 550$ m时，亚极带流涡中的最小层厚才不为零；图4.118(b)中标有 h_w^p 的线表示了由于风应力的扰动所产生的改变。在另一种计算方案中，在亚热带海盆上，把更强的埃克曼泵压速率施加于该模式。作为对于这种异常强迫力之响应，亚热带流涡内部的温跃层下移。另外，在赤道流涡和亚极带流涡中，温跃层均向上运动以补偿它在亚热带流涡中的向下运动。

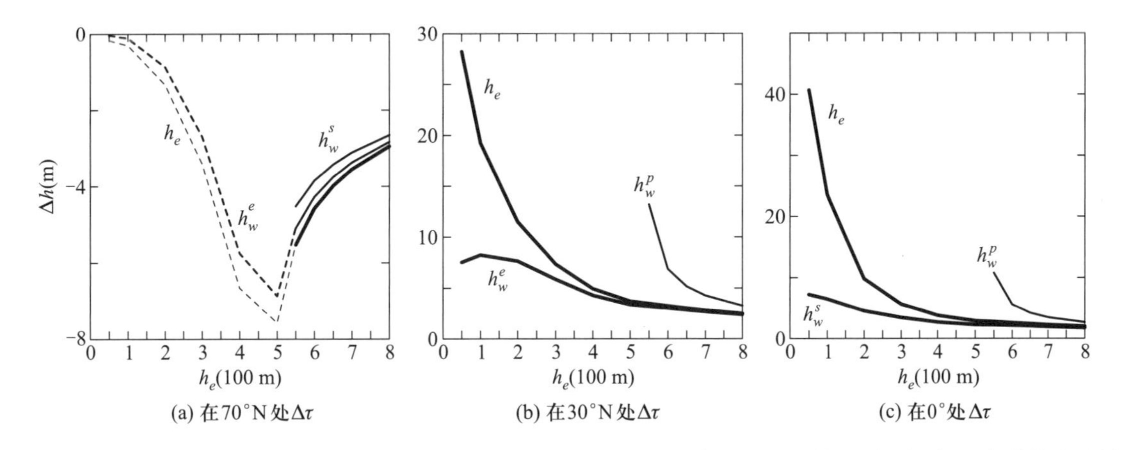

图4.118 由图4.117中所示风应力扰动引起的层厚之调整。h_e为沿东边界的原始层厚。标有 h_e 的曲线表示沿东边界的层厚变化，h_w^e 为在西边界赤道处的层厚变化，h_w^s 为沿着亚热带流涡西边界的层厚极大值变化，h_w^p 为沿着亚极带流涡西边界的层厚极大值变化。

对于第三种情况，把风应力扰动作用于赤道。采用我们已经选取的参量，这就使在赤道上的风应力正好为零[图4.117(e)]。这种扰动仍然会导致赤道流涡中的泵吸速率下降，并且导致亚热带和亚极带海盆中的向下运动[图4.118(c)]。

对于 $h_{e0} \geqslant 550$ m，下层就与海气相互作用相隔开了。假设在10～20年的短期内下层水团源、汇之平衡不改变，那么下层的总体积应该保持不变。由于海洋的总体积不变，故上层水的总体积也应该保持不变。

在这种假设下，无论是在亚极带流涡、亚热带流涡中，还是在赤道流涡中，风应力扰动都能够导致温跃层在整个海盆中的垂向位移。这种垂向位移取决于东边界上的初始层厚,其量级为5～20 m。如果我们把东边界处的上层取得非常薄,比如说100 m,那么由于跨海盆宽度之调整而使垂向位移可以超过20 m。

温跃层的这种垂向运动是由于流涡之间的桥接产生的。与传统上分别研究每个海盆中的风生环流的方法不同,整个海盆上的水质量守恒意味着下述动力学效应,即在个别海盆上的风应力改变就能导致全球主温跃层的变化。这种全球变化一定会导致关于温跃层与大洋环流的其他分量之间耦合的新动力学过程。

作为一个例子,在中纬度处,风应力的改变就能导致赤道处温跃层深度的重大改变,进而又将使厄尔尼诺-南方涛动(ENSO)循环的性质发生改变。

以上的讨论是基于简单的约化重力模式,该模式假定,上层与下层之间的密度差在跨海盆的宽度上是均匀的。该假定是一种总体上理想化的假定。如果把等密度面取为界面,那么该界面上下水之密度差从亚极带海盆到赤道海盆就有很大的变化。为了把这种跨海盆宽度的密度变化包括进来,约化重力模式可以转变为所谓的广义约化重力模式[例如,Huang (1991b)]。在新模式中,约化重力是水平坐标的函数,上层的厚度可以根据一个略微修订过的方程来计算

$$h^2 = \frac{g'_e}{g'(\lambda,\theta)}h_e^2 + 2a\int_{\lambda}^{\lambda_e}\frac{P_r}{g'(\lambda,\theta)}d\lambda \tag{4.551}$$

其中,$g'(\lambda,\theta)$为约化重力,它可以从该模式计算出来,或者根据资料来确定。上层水的总体积为

$$\iint_A dA\left[\frac{g'_e}{g'(\lambda,\theta)}h_e^2 + 2a\int_{\lambda}^{\lambda_e}\frac{P_r}{g'(\lambda,\theta)}d\lambda\right]^{1/2} = V_0 \tag{4.552}$$

类似于风应力扰动的情况,海盆中一个区域内的热力扰动也会引起约化重力变化。在年代际时间尺度之内,若下层水的总量保持不变,那么,上层水的体积就保持不变。为了简便起见,我们将假定未受扰动状态的约化重力仅是纬度的函数,即$g' = g'(\theta)$。利用体积守恒约束并假定热力扰动为小扰动,那么,我们得到

$$h_e\delta h_e\iint_A\frac{dA}{h(\lambda,\theta)} = a\iint_A\frac{\int_{\lambda}^{\lambda_e}P_r\delta g'(\lambda,\theta)d\lambda}{g'^2(\theta)h(\lambda,\theta)}dA \tag{4.553}$$

其中,$h(\lambda,\theta) = \left[h_e^2 + \frac{2a}{g'(\theta)}\int_{\lambda}^{\lambda_e}P_r d\lambda\right]^{1/2}$,且$\delta g'(\lambda,\theta)$为指定的约化重力之改变量。

这个调整的机制与风应力距平的非常相似。例如,如果亚热带海洋受到冷却,那么上层密度就增加,因而$\delta g'(\lambda,\theta) < 0$[①]。根据方程(4.553),$\delta h_e < 0$,即冷却将导致整个海盆中的温跃层上移。我们还记得,冷却使上下层之间的密度差变得更小。根据约化重力模式,在给定纬度上,界面两侧之较小的密度差所产生的温跃层就更深。因此,冷却起到了增加埃克曼泵压的作用。由于冷却/加热的效应与风应力距平的效应非常相似,故在这里我们就不再给出对应的数值解算例。

总而言之,局地区域的风应力距平和热力距平都能导致全球主温跃层的调整。例如,在亚热带海盆中较强的埃克曼泵压或冷却驱使了亚热带海盆温跃层的下移。由于水团的总体积守恒,就使得整个海盆中的盐跃层总体上移。同时,全球主温跃层的调整将与海洋中的其他过程相互

① 在原著中,该方程有误,现已改正。——作者注

作用,并产生复杂的气候变化。

上述计算是基于该模式的平衡状态进行的。在时变模式中,扰动将以波动的形式传播并通过整个海盆。特别是罗斯贝波和开尔文波在建立最终解中都起到了重要的作用。如图 4.119 所示,亚热带海盆中埃克曼泵压速率的减小激发了向西的斜压罗斯贝波。此时,沿东边界的层厚仍保持不变;不过,在罗斯贝波经过之后,温跃层就上移。当罗斯贝波到达西边界时,就激发出开尔文波,它携带着信号向赤道传播。由于受质量守恒的约束,当开尔文波到达赤道并沿着赤道波导向东传播时,它必须携带下降流的信号。赤道开尔文波在东边界处分裂,并沿着东边界转变为向极传播。当它通过赤道之后,在东边界处的温跃层深度就增加。在东边界上,开尔文波由于发出向西的罗斯贝波而逐渐地损失能量。这个波在环路上反复了几次之后,最终阶段的解就会建立起来,并且海洋中的其他物理过程(例如耗散)应该也起了某些作用。中纬度风应力扰动与赤道温跃层及其海面温度距平之间的连接可以采用数值模式进行细致的探索(Klinger 等,2002)。

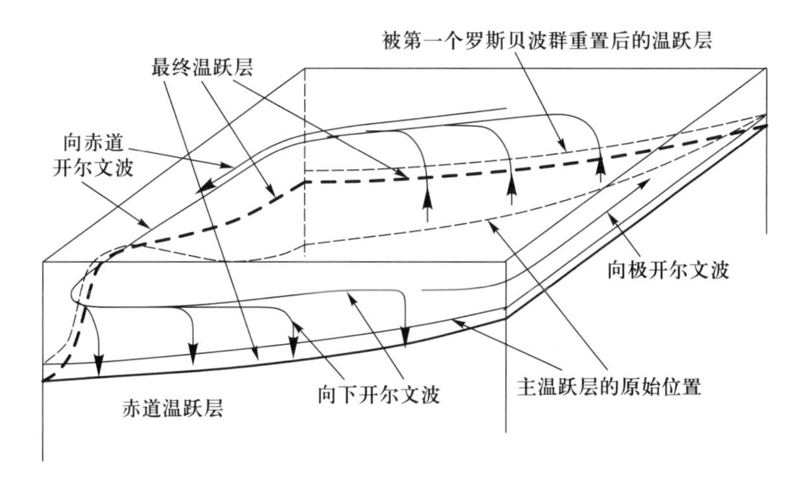

图 4.119 因亚热带海盆内区埃克曼泵压减小而引起的亚热带-赤道海洋之调整的示意图[①]。

① 由于主温跃层不是平面,故图中实线所指是其前面的位置,虚线所指是其后面的位置,而其调整后的最终位置则是三个箭头所指的位置。——译者注

第5章

热盐环流

5.1 水团形成/销蚀

世界大洋中水团的平衡由两大过程构成:水团的形成和销蚀(erosion)。大多数水团是在海洋上表面附近形成并下沉。此外,通过变性或者销蚀,水团各特性量连续地变性,因而水团逐渐失去其本性(identity)。因此,在表层之下,某些类型的水团是通过源自海面水团的混合而形成的;不过,在本章中,我们将主要注重于与海面过程相连的水团之形成/销蚀。

根据其穿透深度(penetration depth),通常将水团的形成分为两大类:深层水和模态水。第二类水团通常下沉到世界大洋中相对浅的部分。在本章中,我们先讨论深层水的形成,然后讨论模态水的形成。

5.1.1 世界大洋深层水的源地

广义言之,世界大洋深层水的平衡包括两个主要过程:通过深水形成新的水团为深层水提供补给、通过混合与销蚀过程消除深层水。深层水的形成与垂向环流的下降分支有密切关系,它连续地对水团进行补充;而深层水的销蚀则与垂向环流的上升分支有密切关系,它连续地消除水团。这两个过程对于世界大洋中的水团平衡和热盐环流都是至关重要的。例如,大洋深层中的混合或者穿过强锋面的上升流连续地消除"年老的"深层水,以便为新形成的深层水留出空间并维持热盐环流。由于连续消除深层水与稳定层化海洋中的垂向混合(需要加入外部机械能)密切相关,故如果没有该能量的连续输入,那么热盐环流就不可能长期维持。

世界大洋中的垂向环流以非对称的上升流和下降流的方式出现。事实上,大洋环流的下降分支局限于几个狭窄地区。此外,热盐环流之下降流分支的地点可以不同于大洋中浮力损失的主要地点。特别是,深层水的形成可以发生在水平流涡的边缘附近或者边界流内部,而不是在流涡的中部。

反之,大洋环流之上升流分支的尺度则宽得多。尽管如此,上升流在空间上也是高度不均匀的。事实上,在一些狭窄的上升流区中发生的强劲上升流构成了世界大洋中上升流的主要部分,其中的一个区域就位于南极绕极流(ACC)的核心区,那里强烈的西风带驱动了世界大洋中最强劲的大尺度上升流系统。此外,赤道带的强上升流和沿着各个海盆边缘的沿岸上升流可以说是构成世界大洋总环流其余上升流分支的主要部分。这些相对狭窄的强上升流带构成了世界大洋水团销蚀的主要部分。尽管水团形成问题已经得到广泛的研究,但对其相反的过程——水团销蚀问题,却至今没有得到足够的重视。显然,关于世界大洋中水团平衡的一个完整理论需要对这两个过程进行更加综合的研究。

A. 深层冷水的发现

由于低纬度地区的表层水是相当温暖的,按常识推理,人们相信大洋深层中的水也是温暖的。因此,在低纬度区的大洋深层中发现了冷水,便成了一件大大出乎人们意料的事情。1751年,英国运奴船哈利法克斯伯爵号(Earl of Halifax)船长亨利·埃里斯(Henry Ellis)描述了在纬度25°13′N,经度25°12′W的5 346英尺[①]处观测到的低温水:

"在航道上,我在北纬25°13′,西经25°12′用海水测深桶(bucket sea-gage)试着做了几次观测。我将其往下放到不同深度,从360英尺到5 346英尺;同时往下放的是一个由伯德先生制造的小型华氏温度计,我发现海水变冷是有规律的,它与深度成正比,直到它下降到3 900英尺:在那里温度计中的水银达到53华氏度[②];随后,我让它下沉至5 346英尺深度。那是1英里66英尺,温度不再下降。当时,温度计测量到的表层水和空气的温度是84华氏度。我毫不怀疑,当水在最深处进入桶内时还要低1或2华氏度,但是在上升时水会稍微变暖(Warren, 1981)。"

B. 世界大洋底层水的特性

低纬度区的深层水比冬季海面的最低温度还要冷得多;因此,如此冰冷的水不可能是局地形成的,必须向更高纬度的海区去追溯此类水团的源地,那里冬季的寒冷条件有可能使如此低温的水团得以形成;考虑到冷水是在高纬度海区形成并被运输到低纬度区,因此最终导致了世界大洋热盐环流理论的建立。

通过科学考察后开展的后续观测确立了这样的事实,即世界大洋的海底是由冷水所覆盖的,这些冷水源自为数不多的高纬度狭小区域,那里严酷的冬季条件产生了大洋中最冷的水。由于氧的溶解度(oxygen solubility)在低温时很高,故深渊大洋中的高氧浓度[③]提示,那里是新近形成的底层/深层水团。在过去的一个世纪中,积累了广博的世界大洋实测资料。图5.1给出了基于气候平均资料的世界大洋海底上的位温分布。正如在第2章中讨论过的,描述海洋环境时,位温是一个更好的示踪物,因为它消去了随深度而变的压缩效应。从图5.1中容易看出,底层水温度有以下特征:

1) 海底之上的冷水形成于南极周围海区,主要是在威德尔海和罗斯海。从这些源区开始,底层水由海流和旋涡向北、向东运输。在南极大陆周边形成的冷水团下沉到世界大洋的底部,这种冷水团称之为南极底层水(AABW)。

---

① 360英尺=109.7 m,3 900英尺=1 188.7 m,5 436英尺=1 629.5 m,。——译者注

② 53℉=11.7℃,84℉=28.9℃。——译者注

③ 原著中为oxygen concentration(含氧量浓度),简称氧浓度,下同。——译者注

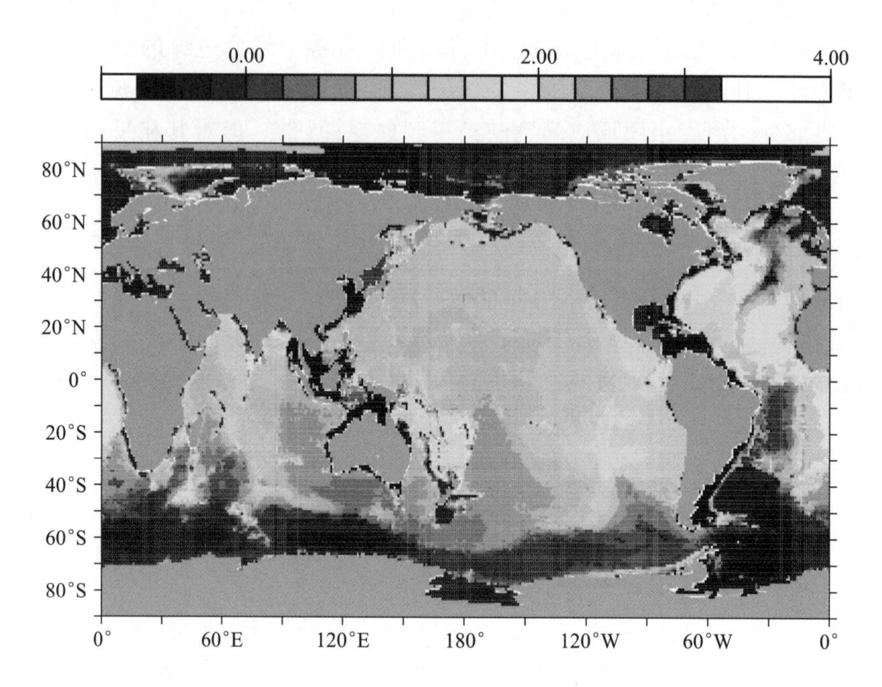

图 5.1 世界大洋海底处的位温(℃)分布图,根据 Levitus 等(1998)的气候态数据绘制。注意沿着大西洋海盆洋中脊处海底是相当浅的,因而海脊之上的底层水相对暖和。(参见书末彩插)

2)在每个海盆中底层冷水向北扩展,并且在海盆西边该冷水有堆积的趋势。在所有海盆中,南大西洋底层水的温度是最低的。

在南大西洋中,只有巴西海盆直接收到了南极底层水。其东部的安哥拉(Angola)海盆,没有直接收到从其南面来的南极底层水,因为该海盆与其南面的底层冷水是不连通的。事实上,南极底层水是通过赤道附近的一个狭窄缝隙进入这个海盆的,赤道附近相对冷的海水向东移动,从北部敞开的通道到达安哥拉海盆。海底地形阻挡和引导的动力学作用将在后面的几节中讨论。

3)在北大西洋海盆的北端,有源自挪威海和格陵兰海的一个冷水源。这个水团被称为北大西洋深层水(NADW)。

在过去的一个世纪中,热盐环流的理论已经发展起来,用以解释有关底层水形成与弥散及其连接大洋上层(那里由海面热盐强迫力支配)水的总环流。在本章中,我们的目的是解释世界大洋热盐环流的物理现象和动力学理论。

除温度外,底层水的另一个主要指标是氧浓度。作为一个例子,图 5.2 给出了沿 165°W 断面的氧浓度。可以清楚地看到,在太平洋海盆中,源自南极大陆的高氧浓度的水充满了南半球水柱的下部。相反,极低氧浓度的水则占据了北太平洋高纬度区域 1 km 左右深度的水层,这提示我们,在这些位置上,水团的通风性很差。

北太平洋海盆中低氧浓度的深层水意味着该海盆中没有深层水之源地。北太平洋中没有深层水源地,这就与在北大西洋中形成的丰富的深层水构成了巨大的反差,北大西洋与北太平洋之间的这种反差是现代气候条件下全球热盐环流的一个重要特征。

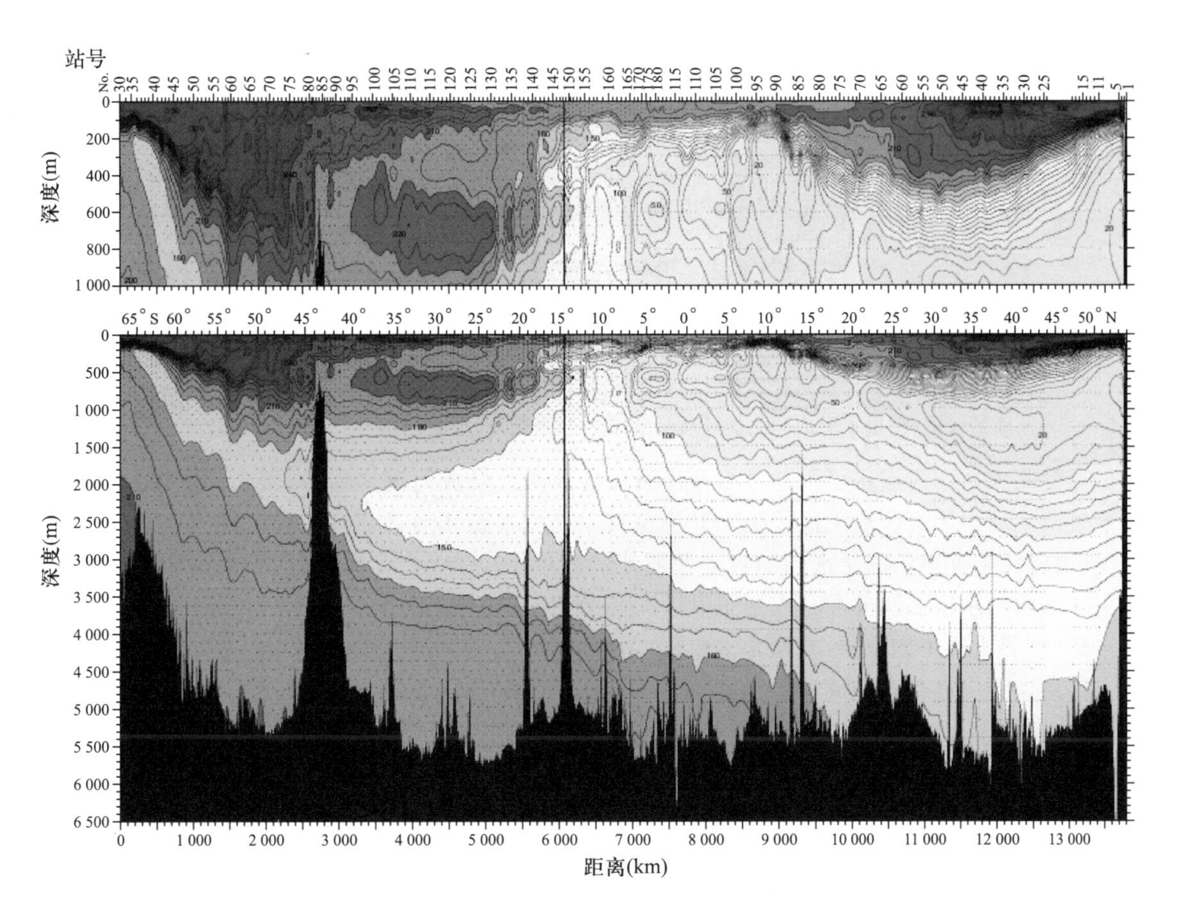

图 5.2 P15 断面(大约沿着 165°W)的氧浓度分布图,根据 WOCE 数据绘制。等值线间隔为 10 μmol/kg,黄色与淡紫色之间的浓度为 150 μmol/kg。南半球底层的浓度高于 190 ~ 200 μmol/kg(Talley, 2007)。(参见书末彩插)

C. 大西洋中深层/底层水之源地

大西洋中的深层水和底层水源自边缘海。有两个主要的源地:① 南极大陆边缘,特别是威德尔海;② 挪威海和格陵兰海。

这些边缘海中的水团特性及其在流出过程中的变性是全球热盐环流中极其重要的要素。大西洋海盆中的环流就是一个典型的例子,在图 5.3 中给出了其二维示意图。要注意环流是一种复杂的三维现象;因此,不应该把该图解中标记的流向解释为大洋中的实际流动路径。在稍后的几节中,我们将讨论与该示意图有关的若干动力学细节。

在北大西洋中,北大西洋深层水是通过两个过程形成的,即开阔大洋中的深层对流和水平流涡衍生的边界对流。在挪威海和格陵兰海形成的深层水溢流通过丹麦海峡后进入了开阔的北大西洋。在溢流过程中,有相当多的水被卷入(entrainment),使深层水的总流量增大。在开阔的北大西洋,深层水以沿着美洲大陆东部海岸的深层西边界流的形式向南运动,并逐渐地把该水团送往大洋内区。

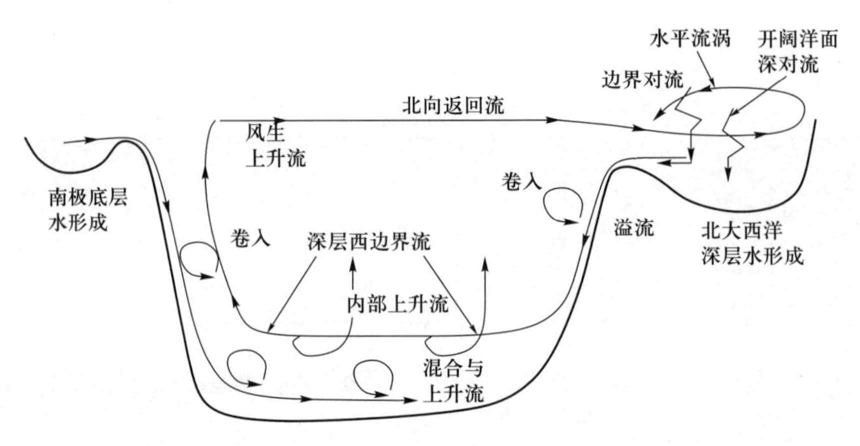

图 5.3 大西洋的底层/深层水形成和热盐环流示意图。

尽管北大西洋深层水可以通过大西洋海盆内区的上升流而流失质量，但它的主要路径之一是通过南半球西风带所产生的风生上升流及其以埃克曼输送形式出现的向北回流。此外，在南大洋，源自北部源地的深层水与源自南部源地的底层水（南极底层水）相遇。在大洋深层，这两个主要水源的水团之间的混合支配了世界大洋深渊层中的环流。

D. 世界大洋中的深层/底层水之流区

世界大洋中有许多形成深层/底层水的源地。尽管深层/底层水形成的细节因源地不同而大相径庭，但可以把这些源地分成下述两类（Killworth，1983a）。图 5.4 给出了最新的世界大洋深层/底层水源地的分布。

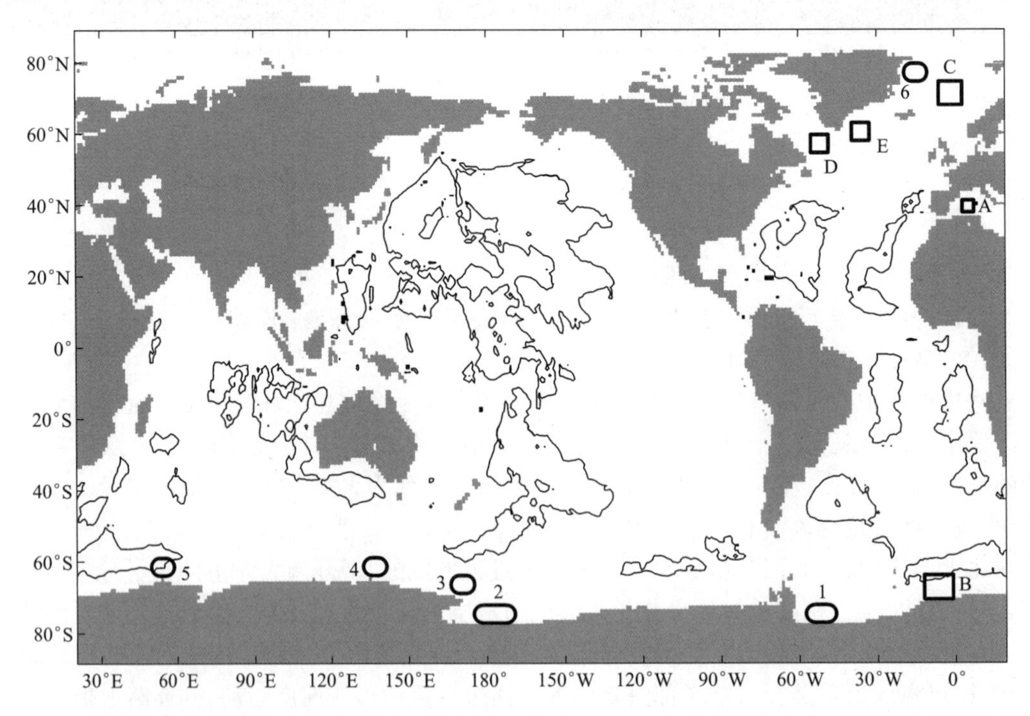

图 5.4 世界大洋中的深层水形成地点，图中的等深线的深度为 5 km；方块表示它们在开阔大洋中的形成地点，圆圈表示在边缘海中的形成地点。

1）形成于开阔大洋

深层水可以通过所谓“烟囱（chimney）”而形成。在开阔大洋源地中（其地点在图5.4中用字母标出的方框表示）形成的水直接下沉到海底并弥散到大洋的其他区域。下面列出的资料是在B. Warren的帮助下汇编起来的：

Ⓐ 地中海中的利翁湾（Gulf of Lions）（MEDOC Group，1970）；

Ⓑ 威德尔烟囱（Gordon，1978），威德尔冰间湖（Martinson等，1981；Gordon，1982）；

Ⓒ 挪威海/格陵兰海；

Ⓓ 拉布拉多海（Lazier，1973；Clarke和Gascard，1983；Pickart等，2002）；

Ⓔ 伊尔明厄海（Irminger Sea，Pickart等，2003）。

另外，在布朗斯费尔德海峡（Bransfield Strait）中也有深层水形成；不过，在该源地中形成的深层水或许没有输出到世界大洋的其他区域（Gordon和Nowlin，1978）。

2）形成于边缘海

沿大陆边缘的强冷却为边缘海中高密度水团的形成创造了有利的条件。以这种方式形成的水沿着大陆坡下滑，最终到达大洋的底层，这些源地（在图5.4中用数字标示的圆圈表示）包括：

① 威德尔海的西部和西南部（Foster和Carmack，1976）；

② 罗斯海（Jacobs等，1970；Warren，1981）；

③ 威尔克斯地（Wilkes Land）（Carmack和Killworth，1978）；

④ 阿德雷（Adelie）海岸（Gordon和Tchernia，1972）；

⑤ 恩德比地（Enderly Land）（Jacobs和Georgi，1977）；

⑥ 格陵兰东部海岸。

值得注意的是，深层/底层水的形成并不是一个连续的过程。实际上，高密度水的形成往往是间歇式地出现的，它有赖于异常的大气条件。

尽管在地中海中，冬季有高密度水形成，但在现在的气候条件下，它并不能下沉到大洋深层。相反，通过强烈的卷入过程，它变轻了，最终弥散到北大西洋略深于1 km的深度区间。

由于过度的蒸发，红海中也有高密度水形成。不过，红海中形成的高密度水大部分局限于印度洋，因而在这里不予讨论。

5.1.2 底层水/深层水的形成

A. 南极底层水的形成

世界大洋的底层充满了厚厚一层位温低于2℃的极冷的海水，如图5.5所示。

显然，这个水团之起源来自南极大陆边缘，因此，称之为南极底层水（AABW），其源地可以追溯到沿着南极陆架边缘的若干地点（在南半球的冬季，那里形成了冷水）。该水团的低温与冬季的强烈冷却直接相连，这时非常寒冷的风从南极的冰川冰（glacial ice）吹向接近冰川边缘的沿岸海域，驱使海冰离开海岸并因此生成沿岸冰间湖（由海冰环绕的小型开阔水域）。由于低温条件下氧浓度增大，故正常情况下，新形成的底层水具有非常高的氧浓度，约为200 μmol/kg（图5.2）。

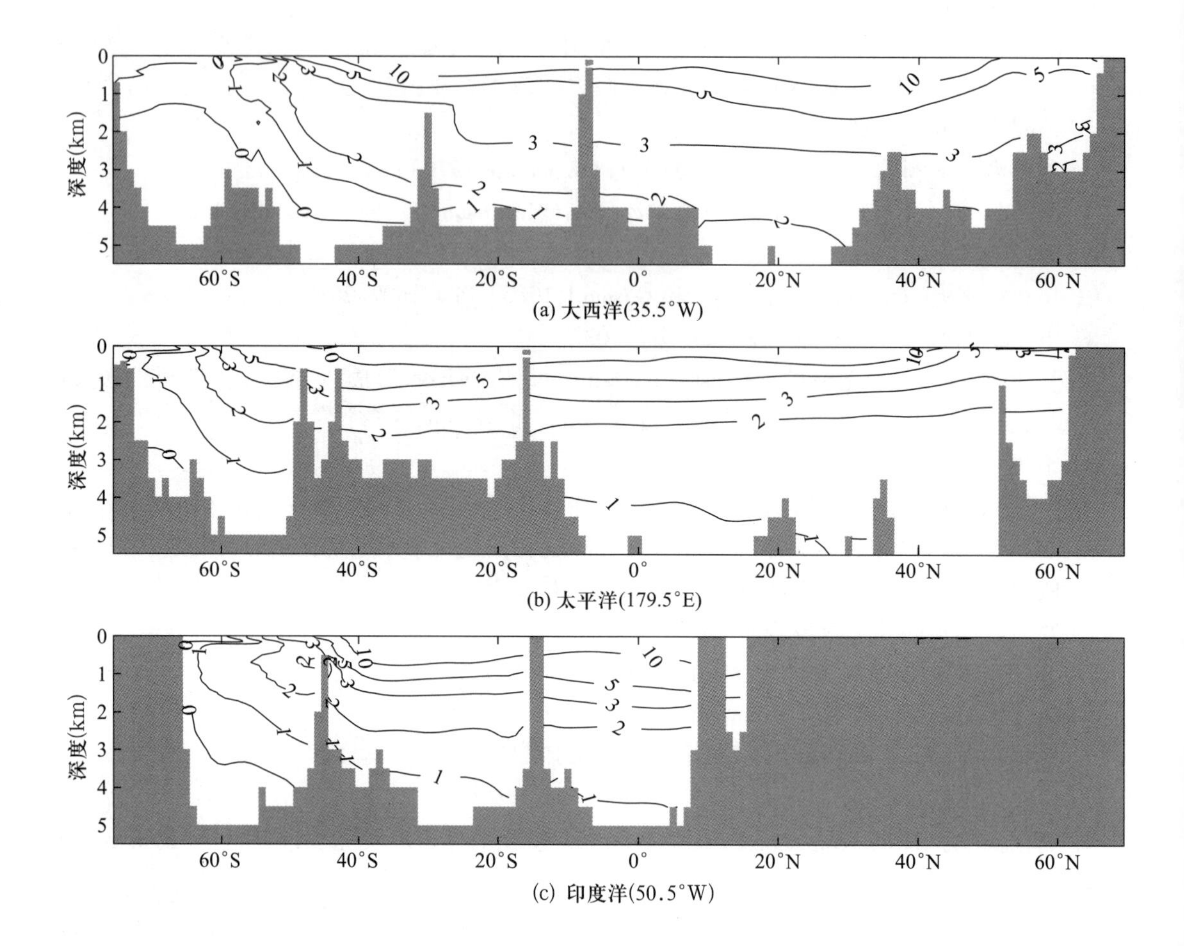

图 5.5 位温(℃)的经向分布:(a) 大西洋;(b) 太平洋;(c) 印度洋。

冰间湖上的强烈冷却生产出更多的海冰,在海冰形成期间析出的盐分生成了高盐的高密度冷水。该高密度水的溢流流过大陆坡。新形成的底层水之离岸输送由次表层中的向岸流动所补偿。不过,在许多动力学因子(包括风应力和海面热盐强迫力、层化和旋转)的作用下,海洋中的流动路径要复杂得多;因此,不应该把二维示意图(图 5.3)中的箭头当做水块的实际轨迹。

南极底层水的形成涵盖了许多复杂的物理过程(图 5.6),其中包括沿岸冰间湖中高密高盐水的形成、沿岸海域中流涡环流对这些水的输送、从边缘海到开阔大洋的溢流以及重力流沿着大陆坡下降中的卷入过程。当它沿着陆坡下降时,卷入了周围环境中的水;因此水温略微上升,从 -2℃升到 -1℃。最后,它以接近 0℃的温度下沉到海底。在它从边缘海溢出流到开阔大洋的过程中,由于强劲的卷入过程,使最终形成的底层水之总流量大为增加(Gordon,2002)。另外,混合增密可能进一步增加了新形成的底层水之密度;因此,它在决定底层水最终的特性中起了关键作用。

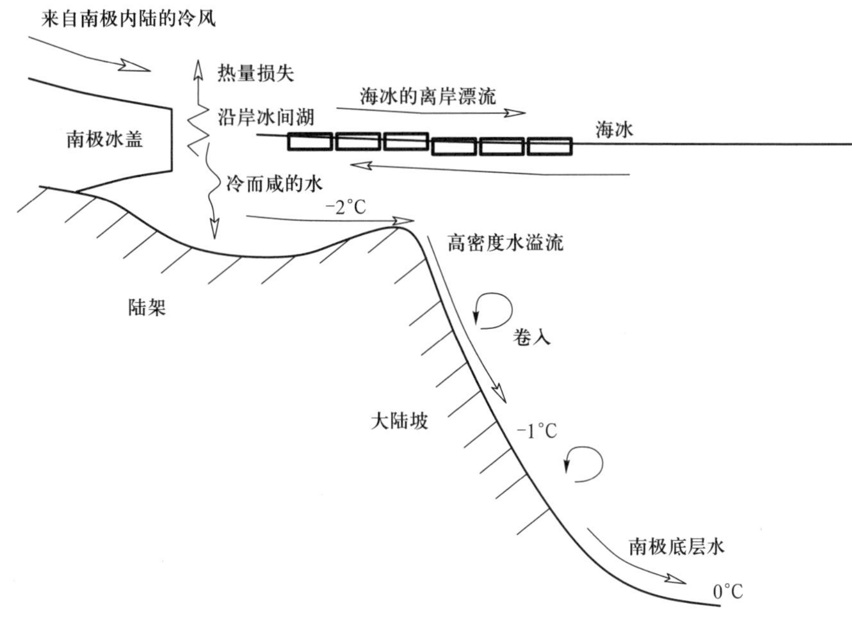

图 5.6 南极底层水的形成[根据 Gordon(2002)重绘]①。

B. 深对流

各大洋中底层/深层水之另一种形成方式是发生在开阔大洋中的深对流②(图 5.7)。深对流的主要源地包括西部地中海、拉布拉多海和格陵兰海。

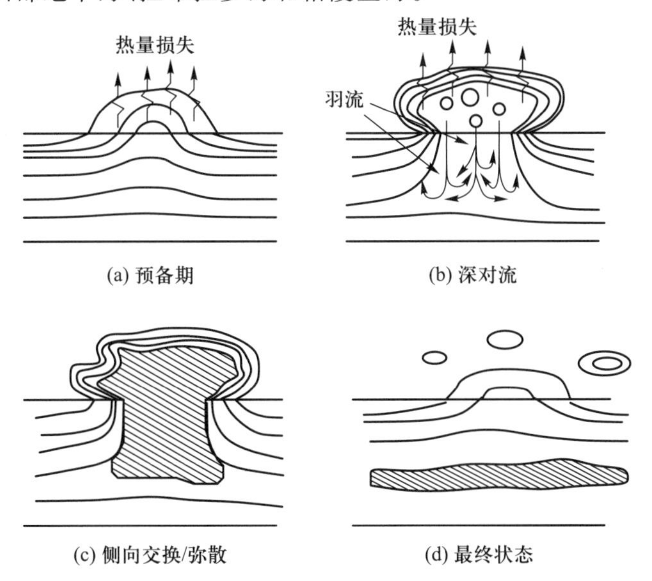

图 5.7 开阔大洋深对流的示意图:(a) 预备期;(b) 深对流;(c) 侧向交换/弥散;(d) 最终状态[根据 Marshall 和 Schott(1999)重绘]。

---

① 图中的漂流(drift)在原著中为 draft(气流),疑有误,故改。——译者注

② 原著中为 deep convection,注意,原文有两种含义,一种是指对流达到很深处(即深对流),另一种指的是对流仅限于深海(即深层对流)。——译者注

1）基本过程

开阔大洋中的深对流涵盖了时空尺度上相当宽的谱段之动力学过程。为便于对其做简明的描述，可以把它大致分为以下主要过程（Marshall 和 Schott，1999）。

- 预备期（preconditioning）。初冬强大的气旋式风应力旋度使气旋式流涡中心的埃克曼上升流增强，形成了穹顶形的等密度面结构。在气旋式流涡的中央，层化非常微弱，而这种弱层化促进了深层对流的发生[图 5.7(a)]。
- 深对流。冷却和蒸发造成了浮力的大量损失使在气旋式流涡的中央流区内的上层大洋层化进一步减弱。进一步的冷却最终启动了深对流，这种深对流由一簇小尺度的向下羽流（水平尺度为 1 km 或更小）和旋涡（水平尺度为 10 km）组成。小羽流中的水以 0.1 m/s 量级的垂向速度向下运动[图 5.7(b)]。羽流和旋涡形成了水平尺度为 100 km 量级的片状混合区（在一些早期的论文中也称为"烟囱"）。
- 侧向交换和弥散。在冷却发生之后的几天内，通过地转尺度的旋涡运动，主导热量交换的模态从垂向模态转化为水平模态[图 5.7(c)]。
- 最终状态。深层对流所具有的烟囱状密度结构逐渐关闭，留下穹顶形的等密度面结构和稳定于深处的冷水层[图 5.7(d)]。

有两个基本参量对建立深层对流起了关键作用。第一个参量是浮性频率（布伦特-维萨拉频率，$N^2 = -\frac{g\partial\rho_\Theta}{\rho_0\partial z}$），它也是内重力波频率的量度。正常情况下，大洋是稳定层化的，即$N^2>0$；不过，由于强烈的浮力作用，上层海洋中也有一些小区域的层化会出现暂时的不稳定，即 $N^2<0$，结果就发生了对流。第二个参量是罗斯贝变形半径，定义为 $R_d = NH/f_0$，其中，H 为对流层的厚度。由于浮性频率可以改写为 $N=\sqrt{g'/H}$，故重力波的相速为 $c_0=\sqrt{g'H}$；这样，$R_d=c_0/f_0$ 是对重力波在一个惯性周期中所传播的距离量度。对于中纬度大洋，罗斯贝变形半径的典型尺度为 30 km的量级。然而，在高纬度区，弱层化引起的变形半径则小得多，约为 10 km。由于冬季的强冷却，它能进一步减小到几千米。在大于或等于变形半径量级的水平尺度上，地转平衡和流体静压平衡起了支配作用；对于远小于变形半径的水平尺度，地转平衡和流体静压平衡就不再成立（Marshall 等，1997）。

2）羽流的尺度

可以利用量纲分析来推算深对流的基本尺度（Marshall 和 Schott，1999）。假设表层浮力通量为 B_0，且有一个深度为 h 的均质流体层。在对流开始的初始阶段，$t \ll 1/f$，故旋转效应是不重要的；因此，B_0 和 t 成为控制羽流形成的仅有的两个参量①。利用这两个参量，量纲分析给出下列的羽流之水平长度、速度和浮力之尺度

$$l \sim (B_0 t^3)^{1/2} \tag{5.1a}$$

$$u \sim w \sim (B_0 t)^{1/2} \tag{5.1b}$$

$$b \sim (B_0/t)^{1/2} \tag{5.1c}$$

① 时间尺度 t 可以作为参量来考虑。——译者注

如果时间尺度足够长，那么羽流就发展并到达混合层底部。当时间尺度趋近于 $1/f$ 时，旋转的作用就成为支配因素，因而对应的尺度为

$$l_{旋转} \sim (B_0/f^3)^{1/2} \tag{5.2a}$$

$$u_{旋转} \sim w_{旋转} \sim (B_0/f)^{1/2} \tag{5.2b}$$

$$b_{旋转} \sim (B_0 f)^{1/2} \tag{5.2c}$$

假设热通量的损失为 500 W/m^2，那么对应的浮力通量为 $B_0 = 2.25 \times 10^{-7}\ m^2/s^3$，并且羽流的尺度为 $l_{旋转} \sim 0.47$ km，$u_{旋转} = w_{旋转} \sim 0.05$ m/s。

C. 北大西洋深层水的形成

北大西洋深层水主要由两部分组成：来自挪威海的溢流与在拉布拉多海形成的深层水。

来自挪威海的溢流可以有两个源区（Mauritzen，1996）。已有的经典理论如下：冰岛海和格陵兰海中冬季深层对流产生的寒冷而稠密的水下沉到挪威海盆的深部。当深层水积聚并累积到高于挪威海盆与开阔的北大西洋北部之间的海槛的高度时，深层水的溢流就流过海槛，成为北大西洋深层水之源。

然而，在北大西洋中，深层水的这种形成方式有几个潜在的问题。首先，对深层水形成速率的现有估值远小于高密度水通过格陵兰－苏格兰海脊的溢流速率之估值。其次，这一方式意味溢流速率会有显著的季节和年际循环。例如，实测表明，格陵兰海中的深层水产生量在 20 世纪 80 年代大为减少（Schlosser 等，1991）。然而，并没有清楚的迹象表明，在这个时间尺度上溢流速率有很大变化。

来自挪威海的深层水溢流的另一个源泉是源自在环绕挪威海边缘流动的边界流中由冷却引起的对流。实际上，向北流动的大西洋挪威海流（Norwegian Atlantic Current）中的大西洋水由于失热而逐渐增密，并沿着该海盆的边缘充填到浅层和中层深度。这个水团流过海槛并且成为北大西洋深层水之源泉。

另外，尽管挪威海中的冷却能够产生挪威海深层水，但这个水团太冷并且其密度大于溢流水。对氚的浓度分析表明，溢流水应该来自 1 000 m 深度以浅的水。事实上，连接挪威海和北大西洋的三个海槛都是相当浅的：法罗－设得兰水道（Faroe-Shetland Channel，850 m）、丹麦海峡（600 m）、冰岛－法罗海脊（Iceland-Faroe Ridge，500 m）。因此，从这些海槛溢流出来的深层水应该基本上来自沿海盆边缘相对浅的源地。这样一来，沿着挪威－格陵兰海的边缘流中由冷却所导致的对流可能是北大西洋深层水之主要源泉。

类似地，拉布拉多海中的深对流对北大西洋总经向翻转环流的贡献就微不足道了，并且拉布拉多海中水团形成的最重要途径是通过环绕该海盆的边界流内的水特性逐步变性（Pickart 和 Spall，2007）。

5.1.3 深层水的溢流

A. 地形对深层流动的控制

世界大洋的特征是由若干主要海脊系统所分隔的海盆来刻画的。由于这些海脊的存在，

底层水的运动与海水特性量的分布就强烈地受到复杂的动力学定律的限制。从根本上说，当深层水从一个海盆流到其他海盆时，必须越过海槛，即这些高大的地形屏障中的最低通道。

当海水越过海槛时，犹如深水的瀑布。在很多情况下，深水瀑布的流量具有 1 ~ 10 Sv(10^6 ~ 10^7 m^3/s)量级，其深度的变化则是几百米的量级。许多人参观过世界最大的陆地上的瀑布——尼亚加拉大瀑布，其最大流量为 3 000 m^3/s，落差为 56 m。与之相比较，深水瀑布比地球上的任何陆地瀑布在功率上强大得多；与尼亚加拉大瀑布相比，其流量超过 1 000 倍，且落差超过 10 倍。

1）旋转水力学的涵义

深层水形成所产生的溢流都有一个根本的特征，即溢流经历了从亚临界到临界再到超临界的过渡状态。利用弗劳德数可以界定流动是否为亚临界。以瀑布为例，对于非旋转流体，可用水力学的概念做如下解释。对于在敞开水道中流动的水流，信号以表面波的波速传播，即 $c = \sqrt{gh}$，其中，h 为水深。弗劳德数定义为 $F = U/c$，其中，U 为该流体的水平速度。对于大多数沿着水道流动的流体来说，$F < 1$，因而流体运动是亚临界的，即流体运动的速度低于信号传播的速度。

如果该水道的平均坡度逐渐增加，那么流体速度也就增加。在坡度的临界值处，水的运动就会很快，以至于其速度正好等于表面波的波速。一般说来，水道的底部并不平坦，水道中有一处水深最浅，称为海槛，其上游和下游的深度都较大，如图 5.8 所示。

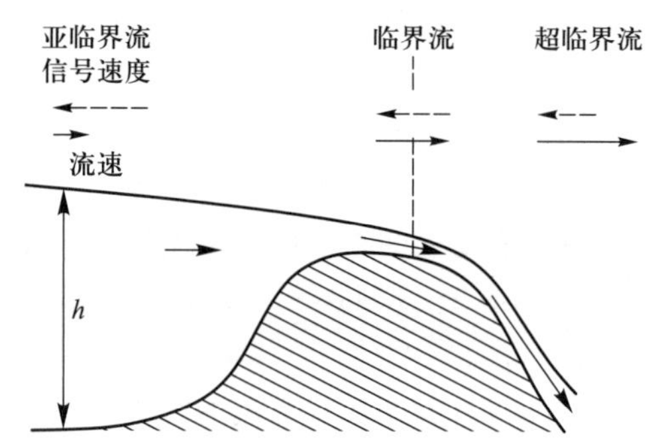

图 5.8 从边缘海到开阔大洋的溢流示意图，其中涉及旋转水力学。

假设在海槛上游之水的运动是亚临界的，且海槛的深度逐渐减小，那么海槛处的弗劳德数就逐渐增大，此时整个水道中的流动仍处于亚临界状态。当海槛深度达到临界值时，海槛处的流动正好变成临界状态，即在该断面处有 $U = c$。尽管上游的流体运动仍为亚临界的，但下游的流体运动则变为超临界的，即那里流体的运动速度大于信号传播速度。超临界与亚临界流动的主要区别之一是，在超临界流动中，场的信号不能向上游传播，因为信号传播的速度比流动的速度小。

如果我们站在瀑布旁，我们意识到不管你怎样费力地去搅动瀑布中的水，上游什么都不会发生——因为信号不能向上游传播。海洋中发生的情况就更复杂了，因为我们必须处理层化和旋转；因此，溢流的研究称之为旋转水力学。作为这个方向的第一步，我们可以把海洋中具有连续层化的流动处理为有两个密度层的系统。此外，我们可以假设上层运动极其缓慢以至于可以假定它是静止不动的。在这种假定下，问题就简化为前面曾经讨论过的逆置约化重力模式的框架。这样，等效的信号速度为 $c = \sqrt{g'h}$，其中，$g' = g\Delta\rho/\rho$ 为约化重力，h 为运动层的厚度。因此，对应的弗劳德数定义为 $F = u/\sqrt{g'h}$。

类似于敞开水道中的水力学问题，海槛下游的超临界流动并不是非常稳定的，因此就会发生水跃现象(hydraulic jump-like phenomena)及其与周边环境流体的混合。

另一个重要的深水溢流现象是，由于科氏力的作用，新形成的冷而稠密的溢流水向水道的右边堆积（假定观察者面向下游的方向，图5.9）。当然，如果该水道足够狭窄，那么溢流将基本上充满整个水道。这里，“狭窄”一词是以第一斜压**变形半径**来判定的。由于层化相对弱并且水深很浅，故溢流的第一斜压变形半径就非常小，其量级为几千米。从这个意义上说，丹麦海峡是非常宽的，因此溢流必须局限于水道右岸并以一支海流的形式出现。

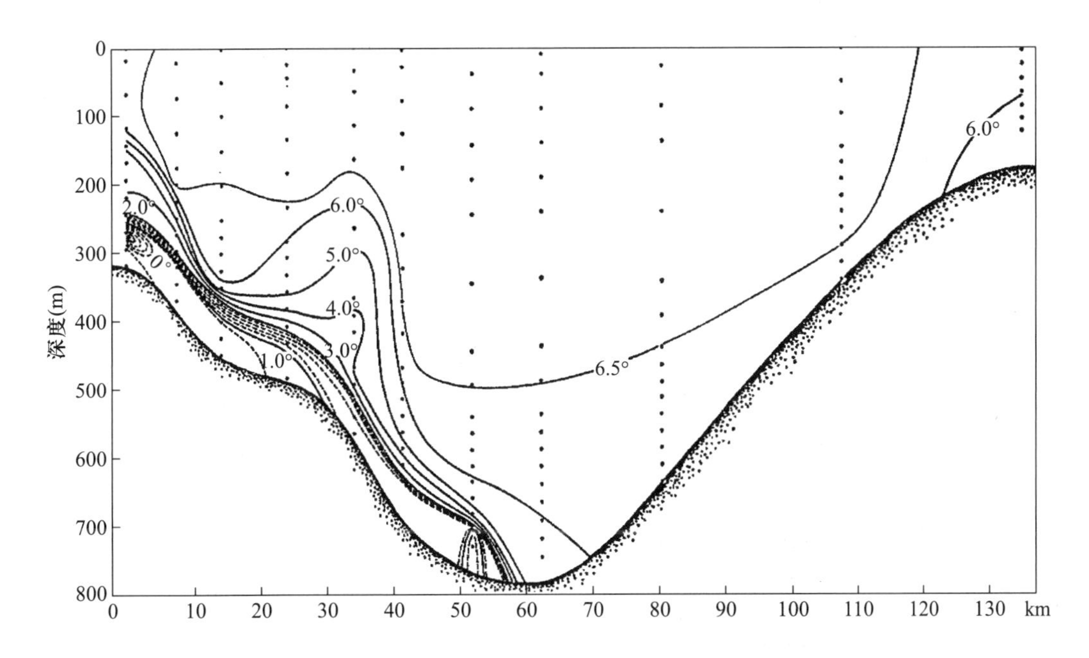

图5.9 在65—66°N间跨过丹麦海峡的温度（℃）断面图，表明冷水从挪威海向南流（Worthington, 1969）。

对于对海洋中的深水瀑布感兴趣的读者，我们向他们强烈推荐Pratt和Whitehead（2007）的书。对于需要水力学入门知识的普通读者，可以从阅读Gill（1977）与Pratt和Helfrich（2003）的论文开始。

2）世界大洋中的深水瀑布

世界大洋中有众多深水瀑布。典型的深水瀑布包括通过直布罗陀海峡（Strait of Gibraltar）的水交换，通过丹麦海峡的溢流，等等。深水瀑布受到旋转水力学的调节。这些瀑布的流动在调节水团输送和变性中起到了至关重要的作用。作为一个例子，图5.10给出了大西洋海盆中这些深水瀑布的位置。

3）巴西海盆中南极底层水的弥散

要说明世界大洋中底层水的运动/变性，巴西海盆中南极底层水的弥散就是一个很好的例子。如图5.11所示，该海盆中部粉红色部分表示位温低至-0.4℃的最冷水 。显然，这种冷水必须来自南方，因为在这个海盆中，当地并没有这种冷水的水源。要注意，南极底层水从其南部边缘进入巴西海盆所经过的韦马深水海道（Vema Channel）非常狭窄，以至于在图5.11中不能清楚地表示出来。

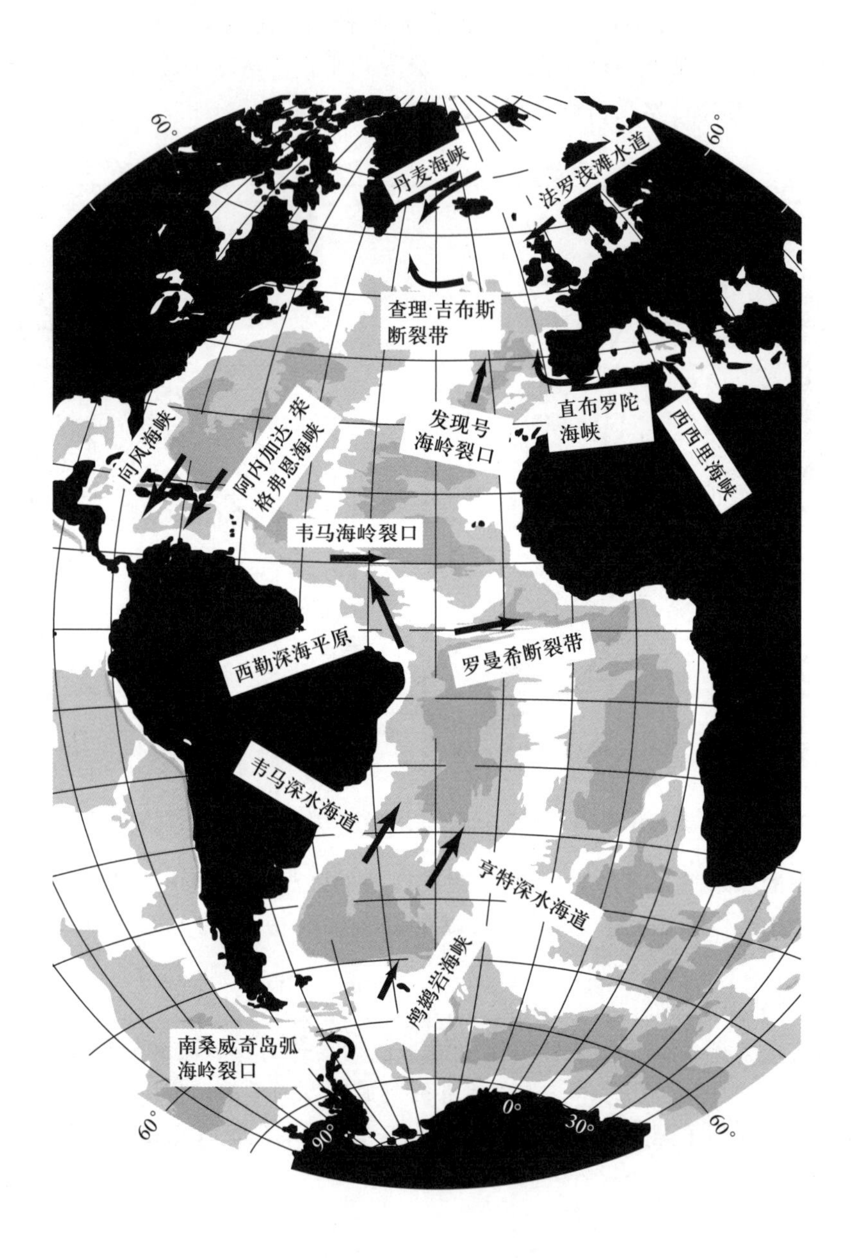

图 5.10　大西洋海盆的深水瀑布(J. Whitehead 供图)。

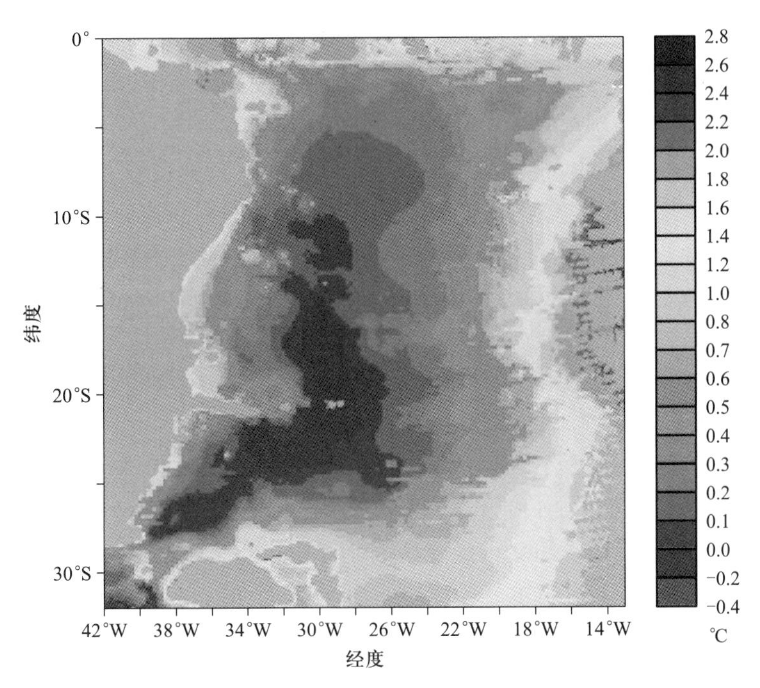

图 5.11 巴西海盆中海底的位温分布(Morris 等, 2001)。(参见书末彩插)

从该图中容易看出,南极底层水不可能通过侧向边界脱离海盆;因此,不得不从其上方通过跨密度面混合来消除所有从南边韦马深水海道和亨特深水海道(Hunter Channel)进入的南极底层水。为使该水团的收支平衡,该海盆的跨密度面扩散系数需为$(1\sim5)\times10^{-4}$ m^2/s(Morris 等, 2001)。

从跨过海盆北半部 30°W 附近的沿岸经向断面上,可以清楚地看出通过该水道的底层水流动(图 5.12)。在图中用彩色线标出四个中性密度面,$\gamma=28.27$、28.205、28.16 和 28.133 kg/m^3。在图 5.12 的海底之上容易看出有溢流存在。

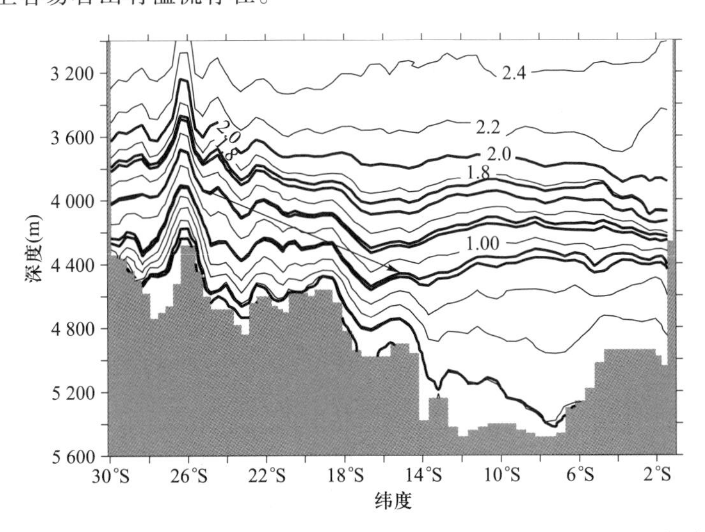

图 5.12 巴西海盆西部的位温(黑色)和中性密度(彩色)的垂向断面图,表示水通过水道向下流动(在海床之上,从左至右)(Morris 等, 2001)。(参见书末彩插)

B. 溢流的热力学

在很多情况下,在边缘海形成后的高密度水作为流出水(outflow)进入了开阔大洋。主要的流出水有若干共同的重要分量(Price 和 Baringer,1994):

- 通过海-气交换产生的高密度水,它是从海洋到大气的热通量和淡水通量共同作用的结果。此外,由于海冰的形成而产生的盐析对高密度水的形成也有贡献。
- 边缘海与开阔大洋之间的交换,它使半封闭的边缘海中形成的高密度水流入了开阔大洋。
- 使流出水特性发生变化的下沉和卷入。一般说来,溢流水(overflow water)的体积将增加一倍以上。

世界大洋有四个主要溢流源:① 地中海,② 丹麦海峡,③ 法罗浅滩水道,④ 菲尔希纳冰架(Filchner Ice Shelf,南极洲附近冰盖[①]的外缘)。

这些流出水的特性列于表5.1。要注意,一方面,尽管在其源地,从地中海源地流出的水密度在四个源地中是最大的,但在2 km以深,从地中海流出的水却是最轻的。另一方面,尽管在海平面处菲尔希纳冰架外形成的水团之密度在这四个水团中是最小的,但到了深层,其密度却是最大的(图5.13)。结果,地中海流出水就不能下沉到世界大洋的海底;而在菲尔希纳冰架外生成的冷水团则是覆盖世界大洋底层的水团。

表5.1 在四个深层水形成地,密度随深度的变化

		地中海	丹麦海峡	法罗浅滩水道	菲尔希纳冰架
T		13.4	0.0	-0.5	-2.1
S		37.80	34.9	34.92	34.67
不同深度(db)处的密度	0	28.48	28.03	28.07	27.92
	1 000	32.85	32.74	32.79	32.69
	2 000	37.12	37.34	37.41	37.37
	3 000	41.30	41.84	41.92	41.93
	4 000	45.38	46.23	46.33	46.38
	4 000*	44.91	45.88	46.07	46.20
$\Delta\sigma_4^*$		0.47	0.35	0.26	0.18

标有 * 的行表示混合后最终产物的位密。$\Delta\sigma_4^*$ 为混合造成的密度减小量。

促使流出水密度重新排列的原因是多方面的:温压效应和混合(由流出水与其周围环境之密度差所控制),再加上地形的坡度。在2.4.9节中已讨论过,温压效应是由于状态方程的非线性产生的:海水的压缩性对温度的依赖性很强。尤其是,冷海水比暖海水更可压缩。因溢流顺坡流向海槛下游而下降时产生了混合,这个效应将在后面讨论。

从表5.1和图5.13中可以清楚地看出温压效应。尽管地中海流出水在海面附近是最重的,但它比来自其他水源的深层水要暖和很多。由于暖水的压缩性小,故当现场压强增加时,它的密

① 原著中误为 sea ice(海冰),应为 ice sheet(冰盖)。——译者注

度增量就比冷水的小得多。结果,随着深度的增加,这四个深层水之密度就会逐步重新排序。实际上,在 1 000 ~ 1 300 m 以深,即使没有混合作用,地中海流出水已不再是四组深层水中最重的(图 5.13)。

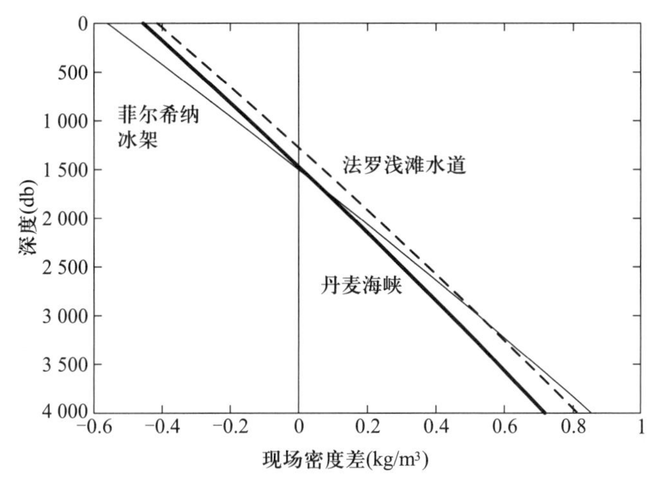

图 5.13 地中海流出水与其他三个深层水的水源之间的现场密度之差(单位:kg/m³)。

实际上,地中海流出水弥散于北大西洋 1 ~ 1.5 km 深度的上层中。如同在图 5.14 中所看到的,次表层盐度极大值之核是地中海流出水的清晰标志。

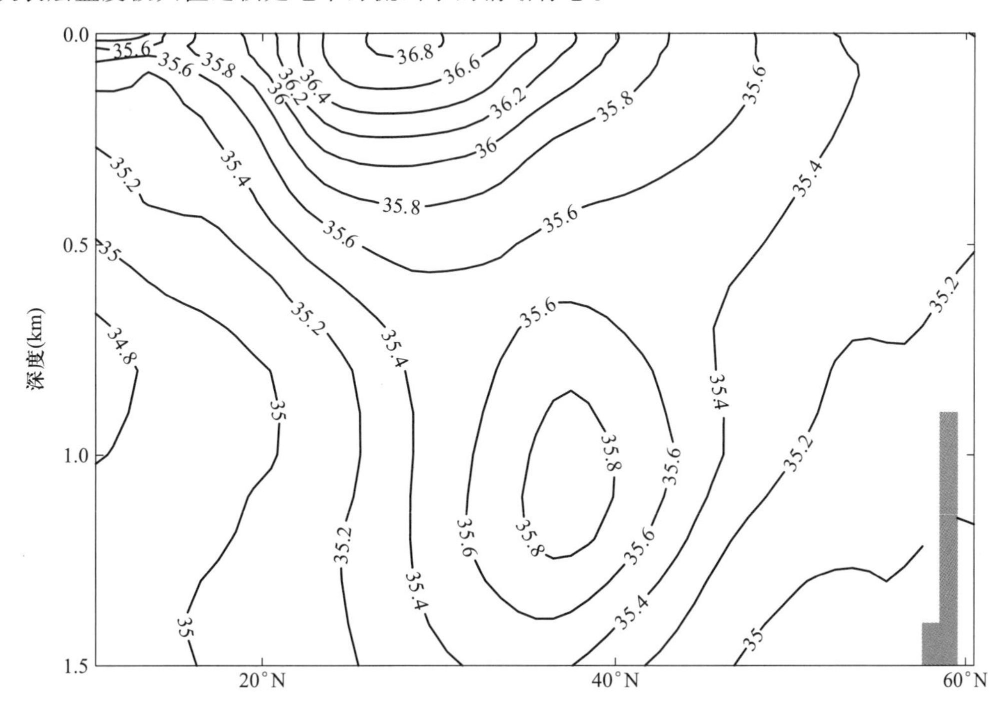

图 5.14 大西洋 18.5°W 的盐度断面图 。

该流出水的影响也可以从 1.2 km 深度处的盐度水平分布图(图 5.15)上辨别出来。在该深度处,高盐核一直扩展到海盆的西部;因此,看来该流出水在维持北大西洋盐度平衡中一定起到了关键的作用。

然而,重要的是应注意,该核未必指示平均流动的方向。实际上,在海盆西部,该深度处存在高盐,这可能主要是由于中尺度涡引起的盐扩散造成的。实测表明,来自地中海的流出水带有高盐标记,这种特殊类型的涡在该纬度带中向西漂移,它们可能是我们从图5.14和图5.15中看到的盐舌之主要源泉。

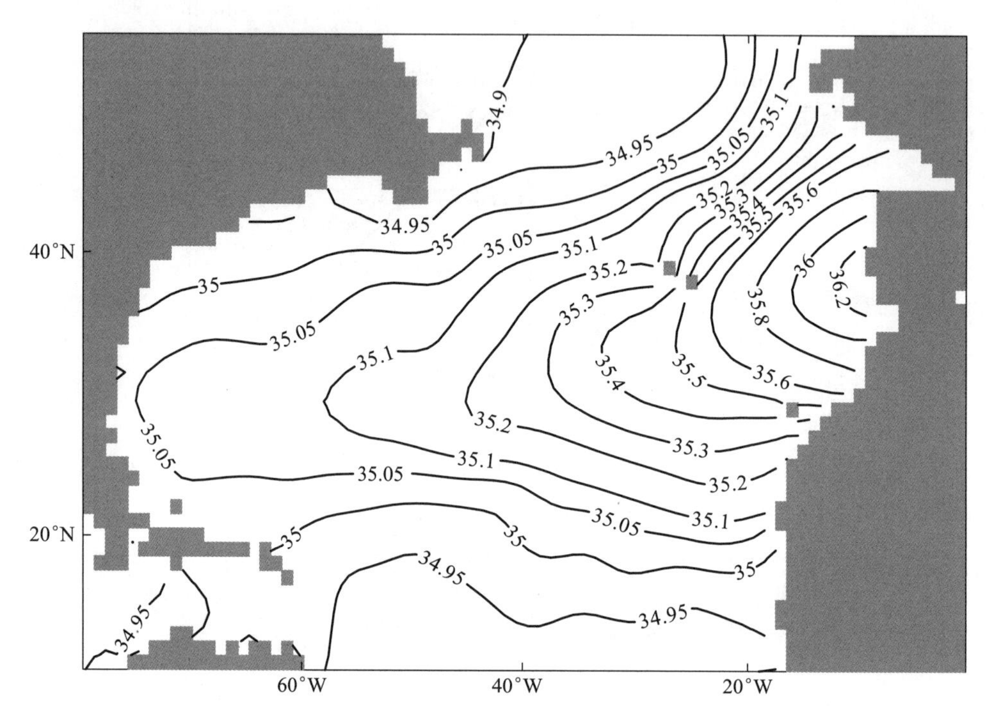

图5.15 大西洋1.2 km层的盐度分布图。

一个令人感兴趣的问题是,从地中海流出的水能否变为世界大洋底层环流的水源?假设来自其他三个深层水源地之水团特性量均保持不变,那么盐度增量 $\Delta S = 1.83$ 或者温度减量 $\Delta T = -4.82$℃就能产生在四个深层水形成源地中密度最大的水团,这样来自地中海的流出水就可以流到世界大洋的底层(表5.2)。

表5.2 地中海流出水与其他深水形成地点之间的密度差,其中假定地中海深水特性发生了改变

	深度(m)	丹麦海峡	法罗浅滩水道	菲尔希纳冰架
情况 A: $\delta T = 0$, $\delta S = 1.83$	0	−1.88	−1.84	−1.98
	5 000	−0.21	−0.10	−0.000 2
情况 B: $\delta T = -4.82$, $\delta S = 0$	0	−1.36	−1.32	−1.46
	5 000	−0.21	−0.10	−0.002

该计算没有包括混合效应。如果考虑混合效应,使密度增大到足以让水团沉到海底,那么所需的温度和盐度的改变量就得更大。在地质史上,地中海的蒸发速率曾经远比现在的高。在那种情况下是否会出现这种可能性,目前仍不清楚。

C. 溢流的动力学

从边缘海到开阔大洋的溢流可以分两步来描述(图5.16)(Price 和 Yang,1998)。首先,越过海槛(一个相对窄的缺口)的质量流量是由水力学过程来控制的。其次,重力流流向海槛的下游。

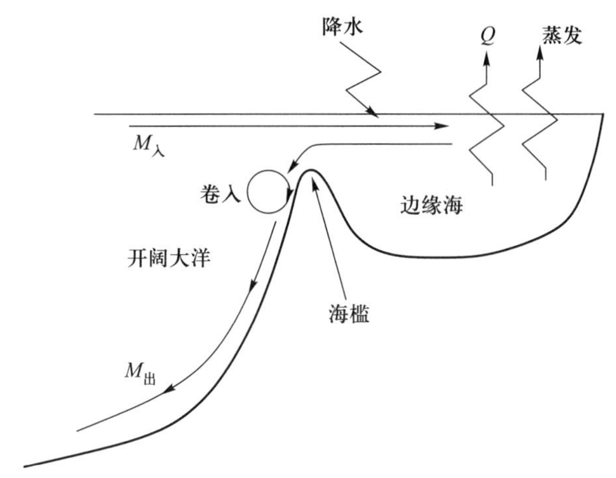

图5.16 边缘海溢流的示意图。

通过控制断面的流动受控于以下的质量流量、温度和盐度的约束

$$M_入 - M_出 = (E - P)\rho_f A \tag{5.3}$$

$$T_入 M_入 - T_出 M_出 = QA/c_p \tag{5.4}$$

$$S_入 M_入 - S_出 M_出 = 0 \tag{5.5}$$

其中,$M_入$和$M_出$是流入和流出边缘海的质量流量,$E-P$为蒸发降水差(包括径流)之速率,ρ_f为与蒸发和降水有关的淡水密度,A为边缘海的面积,$T_入$、$T_出$、$S_入$和$S_出$分别为流入水和流出水的温度和盐度,Q为边缘海向大气的热量损失速率,c_p为海水比热。

将质量守恒方程(5.3)与盐量守恒方程(5.4)相结合,导出

$$M_出 = \frac{S_入}{S_出 - S_入}(E - P)\rho_f A \tag{5.6}$$

如果给定了$E-P$、$S_入$和$S_出$,那么就会得到溢流之解;然而,在求解整个问题之前,水团的特性量(例如盐度和温度)却是未知的。对此,我们可以通过以下方法来确定溢流速率。

D. 两种类型的溢流

尽管水道中的流动是一种复杂的现象,但可以用二维模式来对它进行模拟。不过特定模式的选取却取决于水道的相对宽度(Price 和 Yang,1998)。

1)通过狭窄水道的溢流

对于宽度小于变形半径(在中纬度相当于20~30 km,在高纬度等于或小于10 km)的水道,可以忽略旋转效应。这里,直布罗陀海峡就是一个好例子。因此,如果我们假设,一支定常而无摩擦的流动通过了宽度为W、深度为$H=h_1+h_2$的海峡,那么,其二维模式的动量方程和连续方程为

$$U_1 \frac{\partial u_1}{\partial x} + g \frac{\partial \zeta}{\partial x} = 0 \tag{5.7}$$

$$\rho_2 U_2 \frac{\partial u_2}{\partial x} + \rho_1 g \frac{\partial \zeta}{\partial x} + g(\rho_2 - \rho_1) \frac{\partial \zeta_{内}}{\partial x} = 0 \tag{5.8}$$

$$U_1 \frac{\partial}{\partial x}(\zeta - \zeta_{内}) + h_1 \frac{\partial u_1}{\partial x} = 0 \tag{5.9}$$

$$U_2 \frac{\partial \zeta_{内}}{\partial x} + h_2 \frac{\partial u_2}{\partial x} = 0 \tag{5.10}$$

其中,ζ 为自由海面升高,$\zeta_{内}$ 为内界面扰动,而且平流项 $u_1\partial/\partial x, u_2\partial/\partial x$ 与平均流动的平流项 $U_1\partial/\partial x$, $U_2\partial/\partial x$ 相比是可以忽略的。这是由四个未知梯度项的四个方程构成的方程组。设该系统的行列式为零,就可以得到该系统的共振条件(resonance condition),由此导出

$$\frac{U_1^2}{g'h_1} + \frac{U_2^2}{g'h_2}\left(1 - \frac{U_1^2}{gh_1}\right) = 1 \tag{5.11}$$

其中,$g' = g\dfrac{\rho_2 - \rho_1}{\rho_2} \ll g$ 为约化重力。容易看出,$U_1^2/gh_1 \ll U_1^2/g'h_1 \leqslant 1$;这样,该方程简化为

$$F^2 = F_1^2 + F_2^2 = \frac{U_1^2}{g'h_1} + \frac{U_2^2}{g'h_2} = 1 \tag{5.12}$$

其中,F 为弗劳德数。对于如直布罗陀海峡这样的狭窄海峡,有一个所谓的超混合(over-mixed)解(Bryden 和 Stommel,1984),它是当流入水和流出水之间的密度和盐度差达到最小化且方程(5.6)的流入量和流出量达到最大化时得到的解。在这样的解中,流入水的深度和速率与溢流近乎相等,即 $h_1 \sim h_2 = H/2$,故溢流速率为

$$M_{出} = 0.25\sqrt{g'H}HW \tag{5.13}$$

如采用较为实际的水道几何形状,即取三角形的断面并把海槛断面分开且取最窄处的断面,那么就得到了系数更小的公式(Bryden 和 Kinder,1991)

$$M_{出} = 0.075\sqrt{g'H}HW \tag{5.14}$$

2) 通过宽水道的溢流

当水道的宽度大于变形半径时,流入水就不受水道形状的约束。对于理想流体,能量和位涡沿着流线 ψ 守恒

$$(u^2 + v^2)/2 + p/\rho = G(\psi) \tag{5.15}$$

$$(v_x - u_y + f)/h = F(\psi) \tag{5.16}$$

我们在 4.1.2 节中讨论过,函数 F 和 G 不是相互独立的,它们满足关系式 $dG/d\psi = F$。假定流动沿着 y 方向是笔直的,因而 u 分量可以忽略,故这些方程简化为

$$v^2/2 + p/\rho = G(\psi) \tag{5.17}$$

$$(v_x + f)/h = F(\psi) \tag{5.18}$$

当海峡非常宽时,上层的流动非常缓慢,故忽略上层的压强梯度便不失为一个良好的近似;这样,下层的流动就可以用逆置约化重力模式来处理。在上游处,下层的流动也是可以忽略的,同时相对于海槛的界面高度 h_u,所有流线的伯努利函数应该相同:$G(\psi) = p/\rho = g'h_u$,其中,$g' = g(\rho_2 - \rho_1)/\rho_2$ 为约化重力。这样,对应的函数 F 应为 $F = dG/d\psi = 0$,即动力学上的一致性要求

来自上游的流动之位涡应该为零。由于 $F=f/(h_u+H_0)$，其中，H_0 为海槛深度之下的层厚，故零位涡意味着，在上游海槛以下的层深度应该是无限的。地转关系给出的方程为

$$fv = g'h_x \tag{5.19}$$

当海峡足够宽时，界面与海槛之底在 $x=-b$ 处相交[图 5.17(a)]，对方程(5.19)积分后就给出了溢流的速率

$$Q = \int_{-b}^{0} hvdx = g'h_0^2/2f \tag{5.20}$$

其中，h_0 是海槛侧壁处的层厚。因为 h_0 必须小于 h_u，故相对于海槛的界面高度，其最大的溢流速率为 $Q_{\max}=g'h_u^2/2f$。

当海峡不够宽阔时，层的界面与海槛的另一侧壁相交，故对应的溢流速率为

$$Q = \left(\frac{2}{3}\right)^{3/2} L\sqrt{g'}\left(h_u - \frac{f^2L^2}{8g'}\right)^{3/2} \tag{5.21}$$

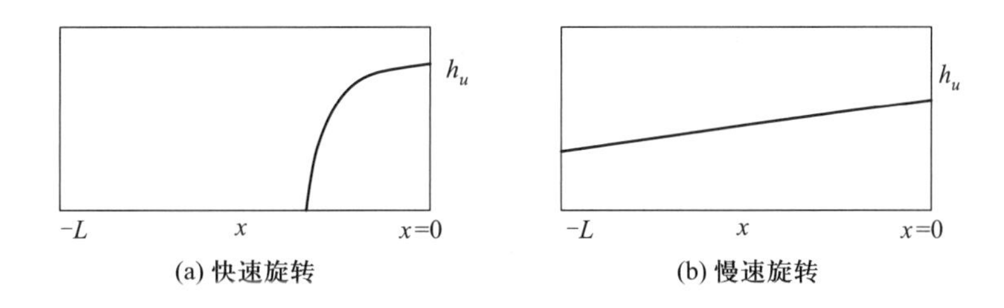

图 5.17 在旋转系统中，通过宽为 L 的理想化矩形海峡的溢流示意图：(a)快速旋转，(b)慢速旋转。

E. 高密度水形成与作为重力势能之汇的溢流

初看起来，高密度水的形成和溢流以及顺坡而下的重力流似乎可以提供驱动环流的能量。然而，情况并非如此。如图 5.18 所示，高密度水形成和随之而来的混合及其运动是与平均状态的重力势能之损失相关联的。一方面，高密度水形成及其随后的运动可以部分地将来自平均状态的重力势能损失转变为动能并由此驱动环流。另一方面，由于高密度水形成及其后的溢流造成了平均状态机械能的减少，因此，为了维持定常状态下的环流，就需要其他的机械能源。

假定海洋的深度为 D，那么就可以用 D 作为定义重力势能的参考高度；不过，更方便的是采用图 5.18(a)中第二个水块之底的深度作为参考高度，即 $H+h$。应注意，对于质量守恒模式，参考高度的选择不会影响重力势能的损失/增加。然而，对于基于传统布西涅斯克近似的模式，参考高度的选择就能影响重力势能的损失/增加，因为在这种模式中存在人为的质量源/汇。在该图中，靠近海面的水块用下标 1 标出，下面的水块用下标 2 标出。在深层水形成和下沉的前后，总重力势能的变化可以计算如下：

1）在冷却之前的初始状态中，这两个水块的总重力势能为

$$\chi_1^0 = \rho gAh(H + h/2)$$
$$\chi_2^0 = \rho gAH^2/2$$

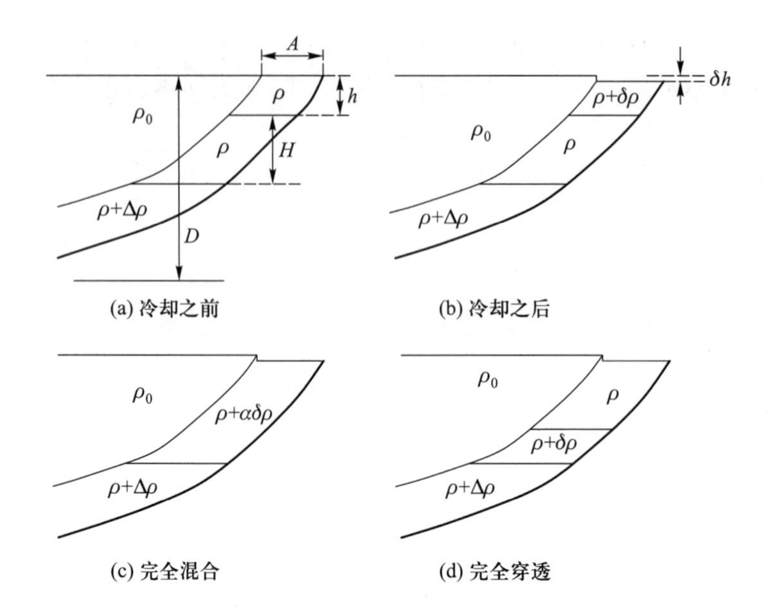

图 5.18 溢流相关的密度结构示意图,右下部的粗线表示倾斜的地形:(a) 冷却之前;(b) 冷却之后;(c) 完全混合;(d) 完全穿透。图(c)和(d)描述的是新形成的深层水与周围海水混合的两种极端情况。

2）由于冷却,导致水块 1 的重力势能之损失为 $\Delta\chi_1=\rho gAh\delta h/2$;

3）由于它与水块 2 完全混合造成的重力势能之损失为 $\Delta\chi_{1,2}=\rho gAH\delta h/2$;

4）在没有混合的情况下,因完全穿透造成的重力势能之损失为 $\delta\chi_{1,2}=\rho gAH\delta h$。

这样,高密度水的冷却和下沉并没有产生机械能。相反,冷却使水块 1 的重力势能减少了,而此后的下沉,无论有无混合,都使平均状态的总重力势能进一步减少。平均状态损失的部分重力势能转化为平均状态与湍流的动能,并因此产生了大洋中的重力流,而后者则成为热盐环流的一部分。这是一个具体的例子,它证实了维持世界大洋热盐环流的机械能平衡之基本理论,这在第 3 章中已经讨论过。

F. 一个改进的流管模式

流过海槛之后的深层水运动是海洋中深层水形成和输送的一个重要环节。对于这种运动的精确模拟,即使是对于复杂的大洋总环流模式(OGCM)来说,也仍然是一个挑战。以下的讨论基于一个简单的流管模式,可以提供具有清晰物理洞察视角的优美解(Price 和 Baringer,1994)。

1）基本假定

为了便于简化,我们做以下假定:

- 流出的是密度驱动的底层流;
- 采用一维流管模式;
- 流动是定常的;
- 环境场是静止的,且无限大,其位温廓线 $\Theta_{洋}(z)$ 和盐度廓线 $S_{洋}(z)$ 均已指定。要注意,这里采用的是位温,因为密度流的运动可以跨越很大的深度,因而把位温用做自变量就能更加精确。

2）一维模式的基本方程

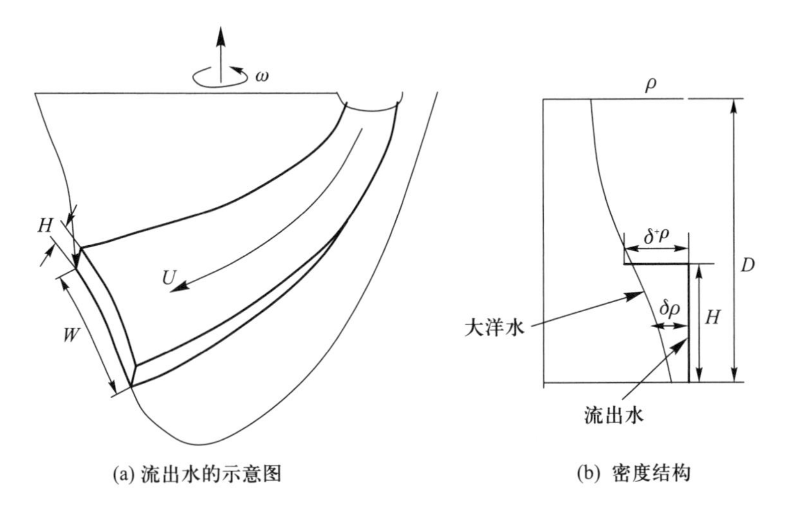

(a) 流出水的示意图 (b) 密度结构

图 5.19 流管模式的示意图,图中 $U=\vec{U}$为水平速度矢量:(a) 流出水的示意图;(b) 密度结构[根据 Price 和 Baringer(1994)改绘]。

图 5.19 是流管模式结构的示意图。水平动量方程为

$$\vec{U}\cdot\nabla\vec{U}+\vec{f}\times\vec{U}=\frac{g\delta\rho\,\nabla D}{\rho_r}-\frac{\tau_b}{\rho_r H}-\frac{E\vec{U}}{H} \tag{5.22}$$

其中,$\vec{U}$ 为速度矢量,常量 ρ_r 为参考密度,$\delta\rho=\rho-\rho_{洋}(D-H/2)$为在流管的中等深度处计算的流出水与大洋水之密度差,而在流管顶部处流出水与大洋水之密度差则记为 $\delta^+\rho=\rho-\rho_{洋}(D-H)$,同时对应地定义了在流管顶部处流出水与大洋水的位温差 $\delta^+\Theta$ 与盐度差δ^+S,$\tau_b=\rho_r C_d U\vec{U}$为底摩擦力,$C_d=3\times10^{-3}$为底摩擦系数。

利用理查森数 $Ri=\dfrac{g\delta^+\rho H}{\rho_r U^2}$对卷入速率 E 进行参量化:

$$E=\begin{cases}\dfrac{U(0.08-0.1Ri)}{1+5Ri}, & 如果\ Ri\leqslant 0.8\\ 0, & 如果\ Ri>0.8\end{cases} \tag{5.23}$$

热量和盐量的守恒方程为

$$\vec{U}\cdot\nabla\Theta=-\frac{E\delta^+\Theta}{H} \tag{5.24a}$$

$$\vec{U}\cdot\nabla S=-\frac{E\delta^+S}{H} \tag{5.24b}$$

应注意,我们利用现场密度差 $\delta\rho=\rho(S,\Theta,P)-\rho_{洋}[S_{洋}(P),\Theta_{洋}(P),P]$ 来计算流出水的浮力。这样,现场密度差沿着路径的变化为

$$\frac{d\delta\rho}{dt}=\frac{\partial\rho}{\partial\Theta}\frac{d\Theta}{dt}+\frac{\partial\rho}{\partial S}\frac{dS}{dt}-\frac{dP}{dt}\left(\frac{\partial\Theta_{洋}}{\partial P}\frac{\partial\rho_{洋}}{\partial\Theta}+\frac{\partial S_{洋}}{\partial P}\frac{\partial\rho_{洋}}{\partial S}\right)+\frac{dP}{dt}\left(\frac{\partial\rho}{\partial P}-\frac{\partial\rho_{洋}}{\partial P}\right) \tag{5.25}$$

连续方程为

$$\vec{U}\cdot\nabla H=E-H\vec{U}\cdot\frac{\nabla W}{W}-H\nabla\cdot\vec{U} \tag{5.26}$$

其中，宽度的增加速率由

$$\frac{\vec{U}\cdot\nabla W}{U}=\beta \tag{5.27}$$

给定。如果流出水是在水道中，则 β 可以提前给定；不过，一般情况下它可以用

$$\beta = 2K \tag{5.28}$$

来计算，其中，$K=\frac{\tau_b/\rho_r H}{fU}$ 为埃克曼数，即海底拖曳力与科氏力之比。

若给定了 $\vec{U}$、Θ、S、H 和 W 的初值，那么方程(5.22)、(5.24a)、(5.24b)、(5.26)和(5.27)可以用于计算流管下游的变化。

3）旋转的卷入密度流——端点模式

现在我们来讨论流出水的初始条件与最终产品之间的简化关系。为此目的，我们假定：

- 流动是地转的，因而 $U_{地转}=g'\alpha/f$，其中，$g'=g\delta\rho/\rho$ 为约化重力，α 为地形的坡度。
- 通过下式保留底应力对宽度的效应

$$W(x) = W_{src} + 2W_{地转}x \tag{5.29}$$

利用连续方程并且忽略卷入，有

$$H_{地转} = H_{src}U_{src}/U_{地转}(1+2K_{地转}x/W_{src}) \tag{5.30}$$

其中，下标 src 表示源区中水的特性量。

- 当弗劳德数大于1时，把混合作为“卷入事件”来处理。

在这些假定下，流出水的密度为

$$\rho_{流出}=\begin{cases}\rho_{src}, & F_{地转}\leqslant 1\\ \rho_{src}-(\rho_{src}-\rho_{洋})(1-F_{地转}^{-2/3}), & 其他情况\end{cases} \tag{5.31}$$

其中，$F_{地转}=\frac{U_{地转}}{\sqrt{H_{地转}g'_{src}}}$为地转弗劳德数。

根据这些关系式，我们可以根据初始密度和环境密度来计算最终的流出水之密度。应注意，两者之差越大，最终的流出水之密度就越小。这个看似奇怪的结果是由于强混合造成的，而这种强混合则是在巨大密度差使弗劳德数达到超临界的条件下产生的。

上述讨论表明，如把流管模式应用于世界大洋深层水的主要源地，就可以粗略估计出流出水在下沉和卷入过程中的混合量(列于表5.1的最后两行)。该表清楚地表明，地中海流出水比其余三个流出水的混合要强很多。这是在现在的气候条件下，观测到的控制地中海流出水之弥散深度的主要因素之一。

综上所述，驱使底层水到达并充满世界大洋海底是由两个竞争性过程所控制的，即温压效应与溢流越过海槛之后下沉期间的卷入过程。若要对混合与卷入所产生的相对贡献进行计算，这对于理论和数值模拟而言仍然是一个巨大的挑战。

5.1.4 模态水的形成/销蚀

深层水和底层水的形成为大洋深层提供了水源，并由此建立了深层环流的上游条件。然而，各大洋中经向翻转环流的完整图像也包括了沉入到相对较浅深度处的水团之形成。这些水团也

是全球热盐环流非常重要的组成部分。

密度较小的水团基本上是在亚极带和亚热带海盆的内区中形成的,它们被称为模态水。“模态水”这个名称反映了这样的事实:这些水团的源区在温度 - 盐度空间中的分布并不是均匀的;相反,由于有利于这些水团形成的特定海面条件,故它们成簇地出现在参量空间中。

A. 世界大洋中的模态水

模态水理论的研究历史是从鉴别北大西洋中湾流之回流区的“十八度水(Eighteen Degree Water)”(Worthington,1959)开始的。“模态水”一词最早是由 Masuzawa(1969)在描述北太平洋黑潮延续体中的亚热带模态水时引入的。McCartney(1977)将模态水的定义扩展到南大洋的亚南极锋(Subantartic Front)以北的区域,并引入了“亚南极模态水”一词。“亚极带模态水”是由 McCartney 和 Talley(1982)提出的。

亚热带模态水位于北半球中分离后的强劲西边界流和南半球中强劲南极绕极流的赤道一侧。Hanawa 和 Talley(2001)讨论了三种类型模态水的形成及其初始源区,其中包括亚热带模态水(和东部亚热带模态水)和亚极带模态水。

一般而言,模态水用于描述世界大洋中某些特殊类型的水团,这些水团在(T,S)空间中表现为密度的局地分布极大值。判定为模态水的水团具有相似的温度和盐度特性,它经常作为局地位涡的极小值出现[①]。图 5.20 中给出了世界大洋中一些最著名模态水的类型,其中包括亚热带模态水、东部亚热带模态水、亚极带模态水和亚南极模态水(在南大洋中)。

通常模态水是通过上层海洋中潜沉而形成的。模态水从冬末混合层潜沉而进入了亚热带海盆内区的永久温跃层,它是通过垂向泵压和侧向输水来实现的。垂向泵压与由海面风应力产生

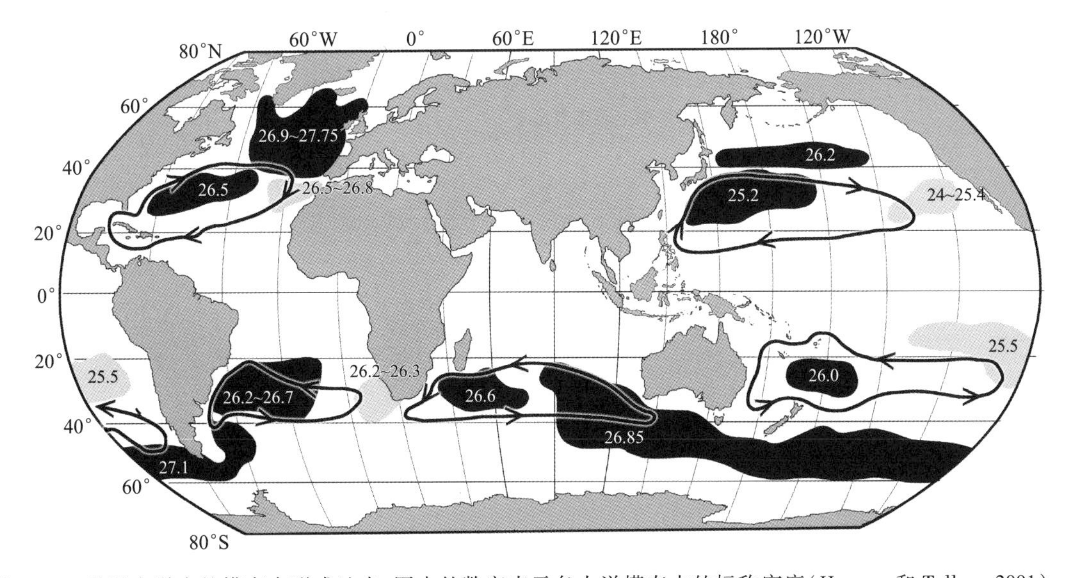

图 5.20 世界大洋中的模态水形成地点,图中的数字表示各大洋模态水的标称密度(Hanawa 和 Talley, 2001)。

① 事实上,在已命名为“模态水”的水团中,其水团性质可以截然不同,但他们都以垂直方向上几乎均匀的层或低位涡水为表征。因此,现在的“模态水”不必利用温度、盐度的均匀分布来表征。换句话说,在模态水的恒密区中,温度和盐度可以用补偿的方式被层化。关于模态水的定义及其发展,详见 Oka 和 Qiu(2011)的述评文章“Progress of North Pacific mode water research in the past decade”(J. Oceanogr, DOI 0.1007/s10872 - 011 - 0032 - 5)。——译者注

的埃克曼泵压有关,侧向输水则是由于风生流涡的水平平流和冬末混合层深度的水平梯度引起的。事实上,侧向输水在亚热带模态水的形成过程中起了支配性作用。

B. 形成亚热带模态水的关键因子

如图 5.21 所示,形成亚热带模态水的基本要素如下:

- 背景环流场。它将新形成的模态水从其形成地运走,并从上游运来新水,为下一次循环的模态水的形成做好准备(图 5.21 的下半部分)。
- 混合层深度的强季节循环。这是由吹刮在相对温暖水之上的干冷大陆风之强冷却所引起的,而该暖水则位于分离出来的西边界流之赤道一侧的回流区(图 5.21 下半部分的左上角)。在冬末,形成了大量的模态水,它具有近乎均质的特性量(如温度和盐度,这就意味着低位涡)[图 5.21(a)]。早春混合层深度的快速减退留下了近乎均质的模态水,并在顶层形成一个强层化的浅层封盖,由此完成了模态水的形成时期[图 5.21(b)]。
- 冬季混合层深度之大水平梯度。它与风生流涡的强烈水平平流相结合产生了强侧向输水[图 5.21(a)]。这将在稍后详细解释。

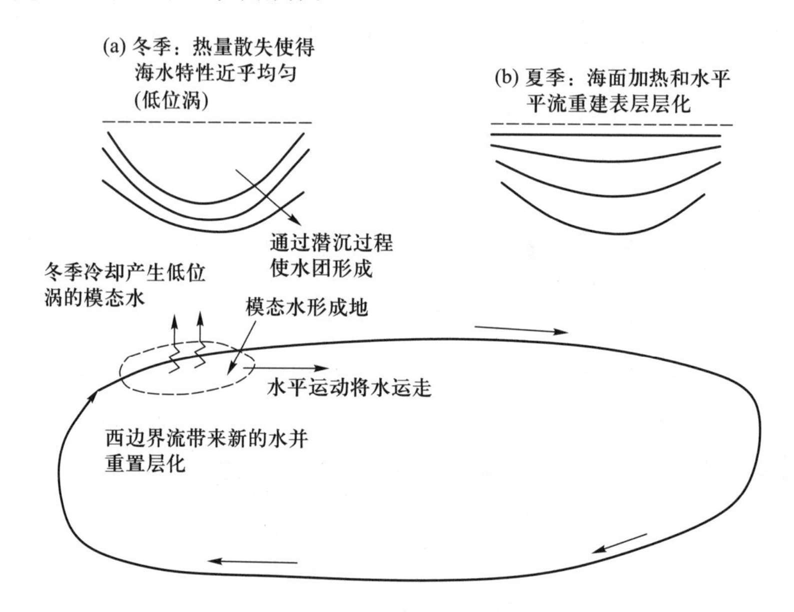

图 5.21 通过潜沉形成的亚热带模态水示意图:(a) 冬季;(b) 夏季。

作为一个例子,图 5.22 给出了北大西洋亚热带区的气候平均温度结构。冬季,大陆上干冷的空气吹刮在由湾流带来的暖水之上,形成了海洋失热的主要区域(参见在 1.1.1 节讨论过的年平均海洋向大气热通量)。

强冷却使得近海面的温度大幅下降,这样,上层海洋形成了近乎均质的水池[见图 5.22(a)中所示的温度结构]。在经向断面上,冬末的冷却使上层海洋形成了近乎垂直的等温线[图 5.23(a)]。由于盐度对密度结构的贡献相对小,这就意味着上层海洋的密度结构是近乎均匀的,即非常深的混合层和低位涡池($f\Delta\rho/\Delta h$,其中,$\Delta\rho$ 为横跨层界面的密度差,Δh 为层厚;因此,厚层意味着低位涡)。

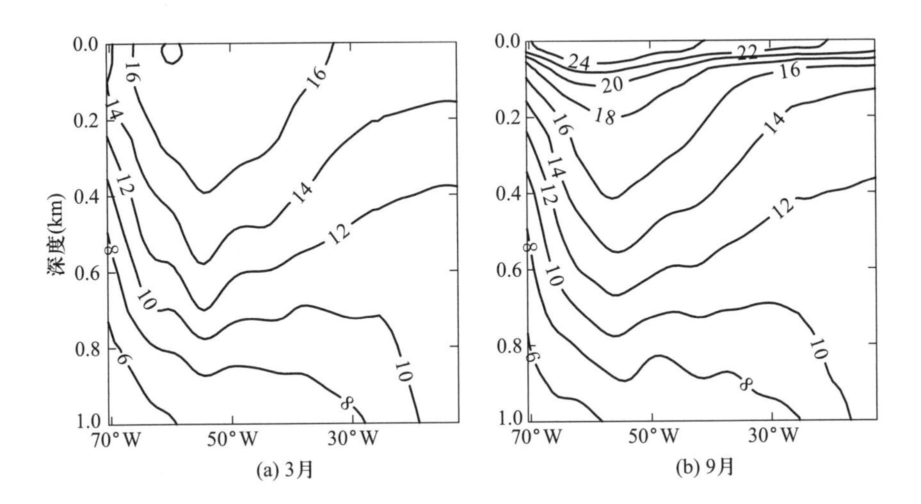

图 5.22 沿 38.5°N 上层海洋的气候态温度结构。

当春季来临时,由混合层快速变浅所建立起上层大洋的强层化覆盖了这个近乎均质的水池。此外,亚热带流涡中的水平平流同时起到了两个重要作用。首先,它将新形成的模态水送入亚热带流涡内区中的永久温跃层。其次,它从上流运来新水,为下一次循环中模态水的形成准备地点[如图 5.22(b)和图 5.23(b)所示]。

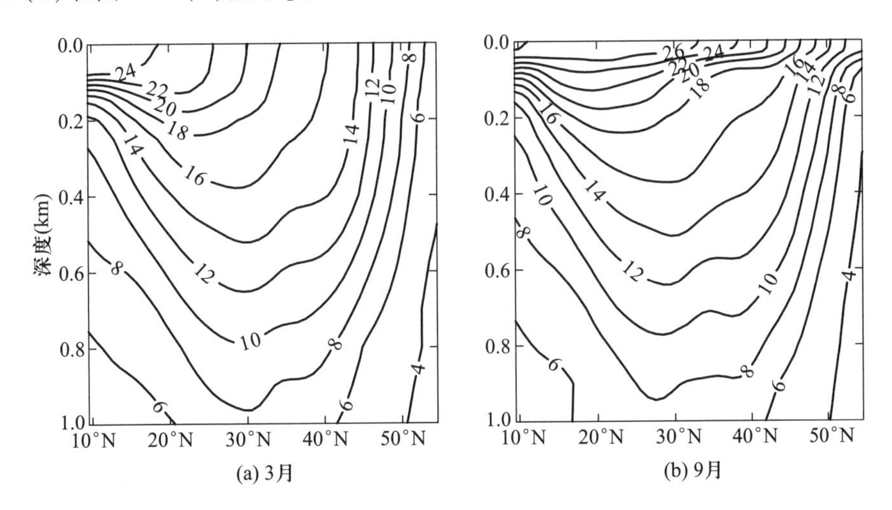

图 5.23 沿 39.5°W 上层海洋的气候态温度结构。

通过潜沉形成的模态水是世界大洋水团平衡的关键环节。实际上,模态水形成的地点是大气信号与进入海洋的示踪物桥接的关键窗口。模态水形成的速率是海洋中气候变率的一个良好的指数。模态水的形成地点在重新设置海洋水团的位涡中起到了关键作用。

5.1.5 潜沉与潜涌

A. 导语

上一节讨论了模态水形成的基本思路。现在我们着重讨论模态水形成的复杂的动力学细节。特别是把模态水的形成速率定义为年平均的潜沉速率，这是气候研究的一个重要指数。

对于世界大洋的水团平衡来说，如果有水团形成，那么在另一个方向上就应该还有一个过程；这个过程称为水团销蚀，也可以称为水团变性；然而，还没有为我们的同行普遍接受的最适合的术语。由于上层海洋过程导致的水团销蚀速率称为潜涌，故在本节中也将对它进行讨论。

1）Iselin 的模式

在 4.1.5 节中已讨论过，在如何使次表层运动起来的问题上，概念上的主要困难在于它们没有与当地的大气强迫力直接接触。然而，在高纬度区，大多数等密度面本来是与大气相接触的。Iselin(1939) 通过将垂向断面中发现的 $T-S$ 关系与较高纬度区的冬季混合层连接起来，提出了水团形成的初步理论框架。他给出了通风和水团形成过程的示意图(图 4.26)。该图中的箭头代表了他所推测的运动。如用现代的术语来描述，他的基本思路是，在亚热带流涡中，在冬末，水团在海面形成之后，被埃克曼泵压向下推入温跃层中。之后，它沿着等密度面下沉，在斯韦尔德鲁普动力学的引导下继续向赤道运动。在其脱离混合层底部后，水质点的运动被限制在相应的等密度面内，因为在主温跃层内，混合相对微弱。

Iselin 的模式是大洋中水团形成的第一个原型；然而，它在两个主要方面是不完善的。首先，Iselin 忽略了在水团形成中起着至关重要作用的混合层。其次，由于混合层的深度与密度都随季节有巨大变化，因此，在他提出的思路中如何使水团特性量与冬季混合层特性量连接起来是不清楚的。

2）如何计算水团形成的速率？

按照 Iselin 的模式，埃克曼泵压速率可以当做水团形成速率。尽管这个看似简单的概念在很长时间内占主导地位，但后来的研究证明，埃克曼泵压速率并不完全是水团形成的速率。而更好的方法则是计算跨过混合层之底的质量通量。各种混合层模式已经得到了发展，并且它们能精确地描述跨过混合层之底的卷入/卷出速率(entrainment/detrainment rate)的季节循环。我们能否用卷出速率的全年积分作为局地的水团形成速率呢？答案是否定的。因为离开混合层的水或许没有进入永久密跃层；而从混合层的某处卷出的某些水可以被卷入到下游的混合层中。类似地，简单的全年积分卷入速率也不能当做水团销蚀的速率。这是因为卷入混合层的水团或许并没有来自永久密跃层，而可以是从上游临时卷出来的水。

3）潜沉/潜涌速率

图 5.24 给出了一个改进的概念模式[①]。上层大洋分为四层，即埃克曼层、混合层、季节密跃层和永久密跃层。埃克曼层所起的作用是聚集由海面风应力驱动的水平流量并产生辐聚/辐散。在亚热带海盆，辐聚引起埃克曼泵压；在亚极带海盆，辐散引起埃克曼抽吸(sucking，上升流)。混合层与季节密跃层之间的质量交换称为卷入/卷出，而季节密跃层与永久密跃层之间的质量交换称为潜沉/潜涌。相应地，年平均的潜沉速率定义为一年中来自混合层并穿过季节密跃层后不可逆地进入永久密跃层的总水量。该定义排除了所谓临时卷出(temporal detrainment，即重新返回到下游混合层的卷出)的贡献。类似地，年平均的潜涌速率定义为一年中来自永久密跃层并经过季节密跃层不可逆地到达混合层的总水量。

---

① 参见图 4.26。——译者注

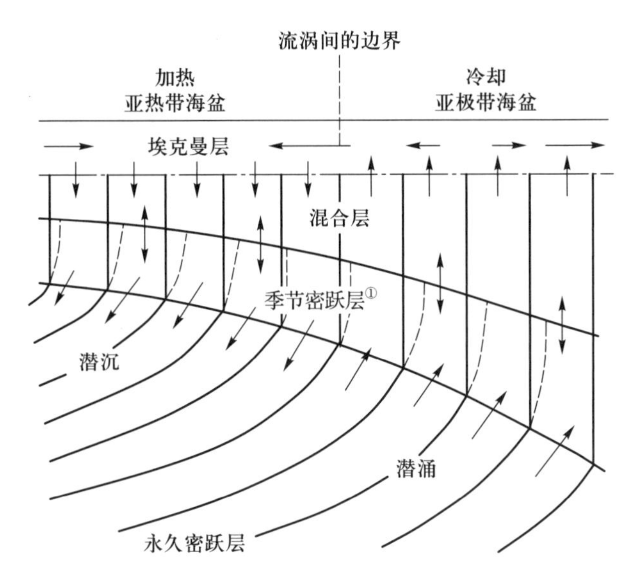

图 5.24 通过潜沉和潜涌过程使水团形成和销蚀。垂向的双向箭头表示混合层与季节温跃层之间的连续质量交换。

B. 斯托梅尔精灵

计算水团形成速率的一个主要技术困难是复杂的混合层季节循环,因为在季节循环中,水特性量和混合层深度发生了很大变化。通过仔细分析有关过程,Stommel(1979)证明,有一个过程只能选择冬末的海水并通过潜沉而进入永久密跃层(图 5.25)。这个机制现在称为“斯托梅尔精灵”。

在 4.1.7 节中已讨论过,斯托梅尔精灵已经成为现代风生环流理论的支柱。类似地,通过潜沉/潜涌过程的模态水之形成/销蚀理论也是基于斯托梅尔精灵。有效卷出周期是由混合层底部释放出的水质点之拉格朗日轨迹来标定的,这将在稍后讨论。为了简单起见,我们假定在上层海洋中垂向速度近乎常量,等于 w_e,且在水平方向上混合层深度是不变的。在以下的讨论中,这种假定将用更精确的陈述来代替。

其基本的机制如下。在冬末,混合层达到了其密度和深度的年极大值,因而形成了一个非常厚的垂向几乎均匀的水层。当春季来临时,混合层很快变浅(如图 5.25 上、下两个小图中混合层深度所示的急转弯)并遗留下均质化的水,因此潜沉水的特性量非常接近于冬末混合层的特性量。容易看出,如果混合层深度的时间变化近似地用 δ 函数来表示,那么当 $\Delta T \to 0$ 时,潜沉水就具有冬末水之特性量。

对此,若假定垂向速度和混合层深度的年极大值处处为常量,那么,年平均潜沉速率就等于 w_e。

要注意,大洋中潜沉的过程是一个包含季节循环的、非常复杂的过程。实际上,具有挑战性的问题是如何计算包含季节循环的年平均潜沉速率。一个办法是把这种平均考虑为瞬时卷出速率的某种加权平均。选取冬末的特性量等效于采用 δ 函数作为权函数。斯托梅尔的建议已经被

---

① 原著中为 seasonal thermocline(季节温跃层),考虑到上、下文的一致性,故改。——译者注

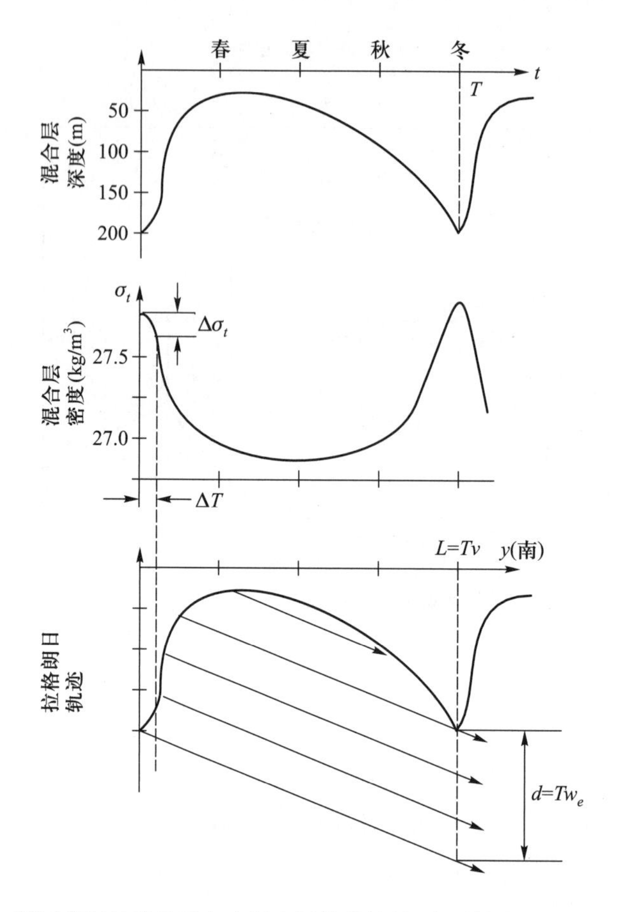

图 5.25 斯托梅尔精灵。通过潜沉过程选择冬末混合层的特性量;水平轴表示沿着一年轨迹的时间和距离。

广泛地应用于几乎所有通风密度跃层的理论模式。斯托梅尔的建议为这个相当复杂的问题提供了一个优美的解。这个解可视为最低阶的解。下一步是要找到一个优于 δ 函数的权函数。换言之,我们想知道,对于按斯托梅尔公式计算出的潜沉速率给出下一阶的订正。因为这个订正必须包括季节循环,故这并不是一个易于求解的问题。

C. 潜沉

我们从一个没有季节循环的分层模式开始。在这种模式中,可以把通风/潜沉的过程分成两步:第一,当水从混合层向下流到下面一层时,发生了通风;第二,每一个密度层中的水遵循由斯韦尔德鲁普动力学引导的向赤道运动。这样,较高密度层中的水将流到密度较低的另一层之下。较高密度的水层潜入较低密度的水层之下的过程称为潜沉。术语"潜沉"在地质学中用于描述构造板块(tectonic plates)运动期间的类似过程①。根据这种严格的分类,随着层数的增加,第一阶段(通风)变得越来越短。容易看出,对于连续层化的大洋来说,这两个阶段将会合成一个阶段;在这里,我们采用潜沉这一术语,而把通风这一术语用于泛指潜沉或潜涌的普遍情况。

在上层海洋动力学中,季节循环起着最重要的作用,因而在我们的潜沉模式中必须包含季节

① 在地质学上,"subduction"译为"潜没"。——译者注

循环。描述潜沉/通风过程之最关键的参量是潜沉速率。瞬时卷出速率定义为单位水平面积上离开混合层的水之流量(Cushman-Roisin,1987)

$$D = -\left(w_{mb} + \vec{v}_{mb} \cdot \nabla h_m + \partial h_m / \partial t\right) \tag{5.32}$$

其中,$w_{mb} = w_e - \frac{\beta}{f}\int_{-h}^{0} v dz$ 和 $\vec{v}_{mb}$ 为混合层之底的垂向和水平速度,h_m 为混合层深度(图 5.26)。右边第一项是混合层底的垂向泵压所做的贡献,它略小于由于在混合层中受地转流影响的埃克曼泵压;第二项是侧向输水的贡献;第三项则是混合层深度的时间变化之贡献。

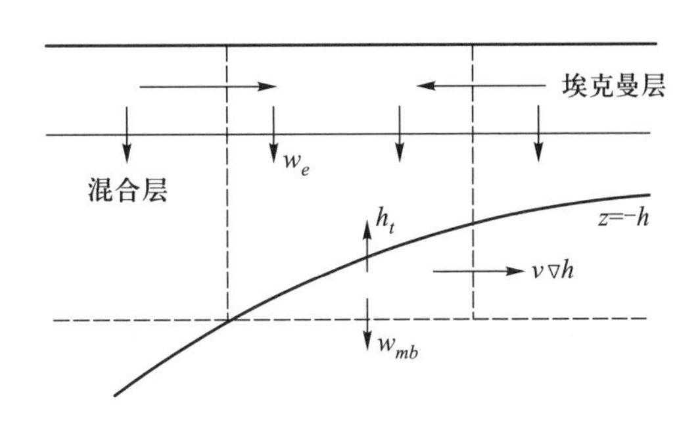

图 5.26 瞬时卷出速率的定义。

如果没有季节循环,潜沉速率应该等于卷出速率,即

$$S = D = -\left(w_{mb} + \vec{v}_{mb} \cdot \nabla h_m\right) \tag{5.33}$$

这样,如果没有季节循环,该方程就可以用于计算潜沉速率;然而,海洋中的强烈季节循环使得潜沉的计算复杂得多了。

另外在描述示踪物的通风中,常用的另一个参量是所谓的某一个等密度面或水团的通风速率,其定义为

$$V_r = \frac{(\text{水团})\text{体积}}{S} \tag{5.34}$$

其中,S 为上述定义的潜沉速率。在物理上,通风速率决定了通过通风过程更新整个水团所需要的(以年计的)平均时间,或者水质点保持在某个水团范畴中的平均时间(Jenkins,1987)。

如果我们忽略了混合层,即把它的厚度设为零,则贡献于潜沉的唯一的一项就是垂向泵压,并且由于混合层厚度为零,故这一项与埃克曼泵压是完全相同的。这样对于潜沉的计算而言,一个过度简化的模式会造成一种错觉,即潜沉速率与埃克曼泵压速率(Ekman pumping rate)是等同的。由于混合层厚度是非零的且随时间和地点而变,因此(5.32)式右边的每一项都有不同的贡献。

首先,因为混合层的厚度是非零的,故混合层底部的垂向速度略小于埃克曼泵压速度。其次,实际上,侧向输水项对潜沉有相当大的贡献。在北大西洋,冬季混合层深度变化很大。在 3 000 km 距离之内,它从 100 m 向北增加到约 400 m,因而混合层的坡度约为 0.000 1。混合层内的经向速度约为 0.01 m/s,因而侧向输水项为 10^{-6} m/s,与垂向的泵压项之量级相同。根据对北大西洋更精确的计算,来自垂向泵压的贡献总计为 12.1 Sv,来自侧向输水的贡献约为 12.7 Sv(Huang,1990a)。

当时间变化项不为零时,情况就变得更加复杂。混合层中有两个显著的周期,即日循环和年循环。为了简单起见,我们这里只讨论季节循环。在混合层与永久密跃层之间有季节密跃层。这样,一个完整的图景必须包含四层,如图 5.24 所示。季节密跃层起了缓冲器的作用,即混合层与永久密跃层之间的质量交换必须经过季节密跃层。

如上所述,从季节密跃层到永久密跃层的质量流量称为潜沉。由于我们已经假定永久密跃层中的流动是不随时间变化的,故跨过季节密跃层底的潜沉就不随时间而变化。混合层与季节密跃层之间的质量交换具有显著的季节循环,并且其对应的交换速率称为卷出/卷入速率。因此,潜沉速率不同于卷出速率,这是因为它们代表了不同的过程。由于存在年循环,本节所讨论的常用的潜沉(潜涌)速率之定义为对应速率的年平均值。

在冬末与初秋之间,由于埃克曼泵压和混合层变浅而使卷出变得活跃起来。这一时期可以进一步分为两个次级阶段:从冬末到早春阶段,从混合层进入季节密跃层的水将最终到达永久密跃层;这个过程称为有效卷出(effective detrainment)。从初春到初秋阶段,进入季节密跃层的水将在冬季被混合层的快速加深过程所回收,造成暂时的(无效的)卷出(图5.27)。而从初秋到冬末,混合层快速加深,这是卷入阶段。看来,在混合层中,运动在时空变化上的不均匀性就能产生相当复杂的卷入/卷出过程。为了全面理解卷入/卷出的间歇性和偶发性及其对潜沉的贡献,仍需要开展进一步的实测和理论研究。

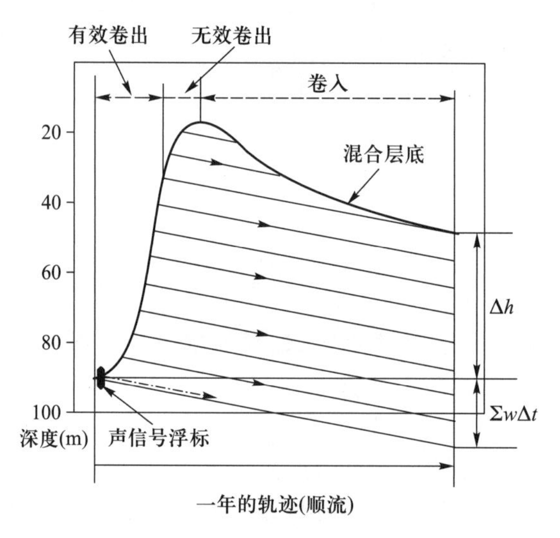

图5.27 在拉格朗日坐标中定义的年平均潜沉速率。水平坐标代表沿着一年轨迹的时间和空间坐标。

D. 用积分特性定义的潜沉速率

假若混合层位于静止海洋之上,那么潜沉速率就是一个纯粹局地的特性量。而在海洋中,混合层位于季节/永久密跃层的上方。一旦水质点离开了混合层,就会被海流带向下游。水质点就再也没有机会返回它们当初离开混合层时的那个位置。这个情况与一个人的呼吸非常相似。局限在一个小空间的人可以一遍又一遍地呼吸到同样的空气。但一个跑步的人从来不会吸入他所呼出的空气。

海洋中,混合层只能吸入从上游泵压出来的水,而不能吸入同一地点上泵压出来的水。尽管一个在测站中坐着的人可以知道作为时间函数的当地混合层之卷入/卷出速率,但此人却不能确定实际上有多少当地水到达了永久密跃层。为了获得正确的答案,就不得不到下游的那些测站去核实,因为潜沉是一个非局地的过程。

根据所用的坐标系不同,可以采用不同方式来定义年平均潜沉速率。可以在拉格朗日坐标系中对它进行定义(Woods和Barkmann,1986)

$$S_L = -\left(\frac{1}{T}\int_o^T w_{tr}dt + \frac{\Delta h_{m,L}}{T}\right)^{①} \tag{5.35}$$

其中,T 为所取平均的时间长度(取为一年),由于存在季节循环,w_{tr}为沿着一年轨迹的垂向速度,$\Delta h_{m,L}$表示在拉格朗日坐标系中在一年轨迹上累计的混合层深度之改变。因此,该定义包括了在一年轨迹上的时间平均与空间平均。示意图 5.27 解释了在二维情况下的定义。在冬末,当在某个站上开始有效卷出时,就释放出了一个声信号跟随浮标[②]。这个仪器可以通过声信号进行连续监控。如果我们跟踪这个仪器,就会看到,在该轨迹的第一段中产生了有效卷出,即混合层退缩并留下了层化水。在该轨迹的后半段则发生了卷入,重新吸回了(较早时刻)进入季节密跃层的部分水。这样,季节循环可以分成三个阶段:① 有效卷出阶段,离开混合层的水以地转流的方式流入季节密跃层并且不可逆地进入永久密跃层;② 无效卷出阶段,在此期间,进入季节密跃层的水稍后将(在某个下游位置)被重新吸回;③ 卷入阶段。潜沉速率之计算需要有关混合层运动学结构和密度层中速度场的精确信息。因为要从海洋气候场的数据中得到这类详细信息是非常困难的,故简化后的公式为

$$S_L = -\frac{\int_0^T w_{tr}dt + \Delta h_{m,L}}{T} = -\frac{(d_{tr,1} - d_{tr,0}) + (h_{m,1} - h_{m,0})}{T} \tag{5.36}$$

其中,$d_{tr,0}$和 $d_{tr,1}$分别是在一年开始和结束时的轨迹深度,$h_{m,0}$和 $h_{m,1}$分别是在一年开始和结束时的混合层深度,并且 $T=1$ 年是该运动的持续时间。在图 5.27 中,我们假定了一个简单的情况,即在冬季亚热带海盆的北部,混合层深度是向北增加的。根据定义,潜沉速率应该为非负的;因此,从该定义计算出的负值应该解释为零潜沉速率。

在欧拉坐标中也可以定义年平均潜沉速率。这种情况下,我们站在一个固定站位处。为了计算年平均潜沉速率,我们来监测当地混合层的卷出和卷入。此外,我们还要跟随从这个站位上释放出的水质点的轨迹,看看这些水质点最终是否进入了下游的永久密跃层(或被混合层卷入过程所吞没[③])。例如,我们假设混合层深度的季节循环是时间的简单正弦函数,不随地理位置而变。由于有效卷出发生在略微早于混合层深度达到年极大值的时刻,因此我们将此时刻作为图 5.28 中时间轴的零点。该站以给定时间间隔从混合层底释放出一个水块,并在一年中监测其轨迹。在有效卷出开始时,释放出来的水块的轨迹称之为第一轨迹。根据我们选取的时间轴,有效卷出首先是从 $t_0=0$ 时刻开始的,并且持续到 $t_0=0.18$,因为这是最后一个水块的轨迹[图 5.28(a)],而该水块刚好可以摆脱下游站位处正被赶上的混合层。尽管图 5.28(a)中的轨迹是从同一个位置开始的,但是如图 5.28(b)所示,它们开始于不同的时刻,由于已假定了该混合层深度仅是时间的函数,那么局地混合层的深度似乎对于所有的轨迹都相同。如果混合层深度还是地理位置的函数,那么每个轨迹所对应的混合层深度也应该是不同的。

类似于图 5.27 所示的拉格朗日坐标中的情况,在给定站位的混合层中,季节循环可以分为三个阶段,即有效卷出、无效卷出和卷入。年平均潜沉速率定义为

---

① 在原著中此式有误,现已更正。—— 译者注

② 原著中为 Bobber,它是一种声信号跟随浮标,可以沿着等密度面运动。——译者注

③ 原著有疏漏,现已补上。——译者注

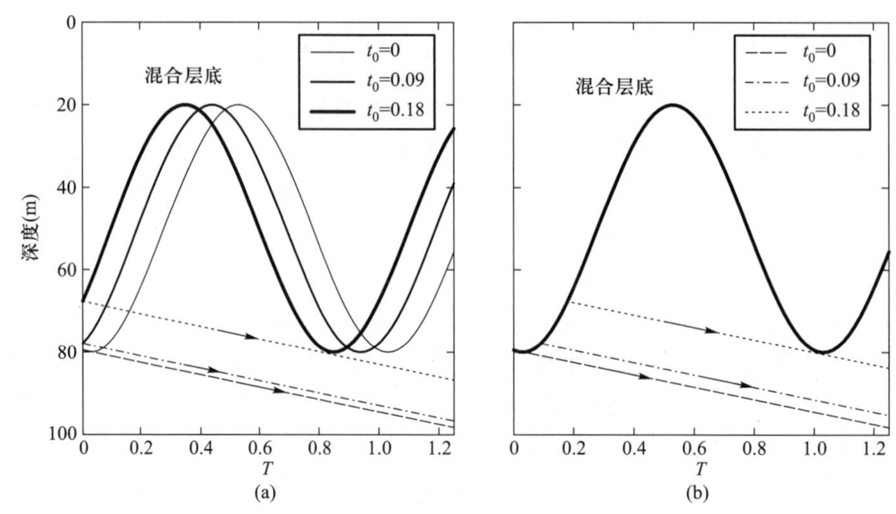

图 5.28 通过追踪从某一固定点以等时间隔释放出的水块轨迹，找到确定有效卷出阶段终点的临界轨迹：(a) 一条轨迹发端以来的时间；(b) 第一条轨迹发端以来的时间。

$$S_E = \frac{1}{T}\int_{T_S}^{T_E} D dt \tag{5.37}$$

其中，T_S 和 T_E 分别表示有效卷出的开始和结束时间。

图 5.29 显示了从这些定义计算出来的一个理想模型之潜沉速率。该模型对应于亚热带海盆北部，其混合层深度向北增加，且其埃克曼泵压速率向南增加。此外，假定季节循环为时间的简单正弦函数。为了进行比较，引入以下两个附加项

$$S_M = -\left(w_{mb} + v_{mb}\frac{d}{dy}h_{m,\max}\right) \tag{5.38}$$

其中，$h_{m,\max}$ 为混合层深度的年极大值；

$$S_F = -\left(w_{mb} + v_{mb}\frac{d}{dy}\bar{h}_m\right) \tag{5.39}$$

其中，$\bar{h}_m$ 为年平均混合层深度。应注意这两个定义都把潜沉过程处理为局地性的，因而这两个潜沉速率不包括对其下游轨迹的平均。结果，根据这两个定义算出的速率就小于前面定义的 S_E 和 S_L，而后两者则都包括了埃克曼泵压速度与混合层深度之空间变化所带来的贡献(图 5.29)。因此，我们不应该将一个简单的年平均值用于计算所谓的年平均环流，因为总是有一些非线性的与非局地的效应必须仔细研究。

在这个例子中，卷出速率受控于混合层深度的时间变化项 $-\partial h_m/\partial t$；不过，由于垂向泵压的贡献，在 $-\partial h_m/\partial t$ 从负号变为正号之前，卷出过程就开始了。尽管在大约一半的循环中，卷出速率是正的，但只有其中最初的 1/4(由图 5.29 中的阴影所示)属于有效卷出①，因此，只有这部分才是对年平均潜沉速率真正有贡献的部分。

E. 通风温跃层中的位涡

模态水形成的一个关键参量是新生水团的位涡。为简单起见，对于理想化的定常环流情况，可以用二维示意图(图 5.30)来说明，通过潜沉就能设定模态水的位涡。

---

① 原著中为 entrainment(卷入)，疑有误，故改。——译者注

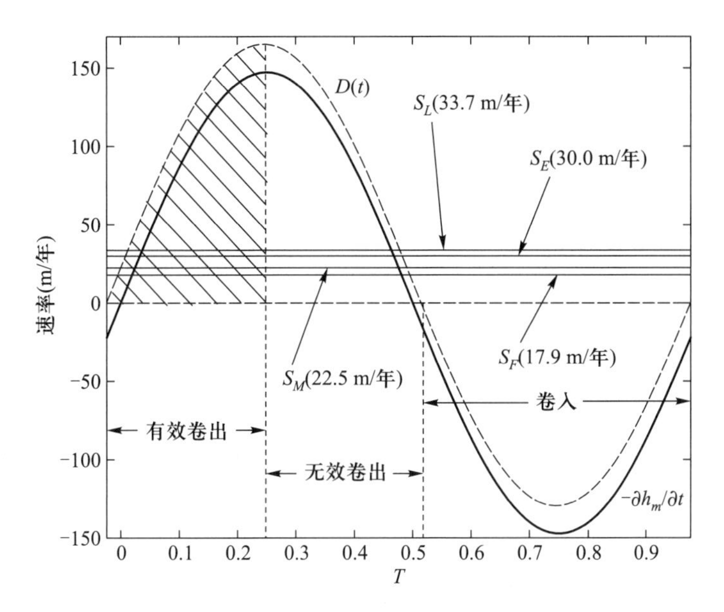

图 5.29 一个卷出/卷入季节循环及其不同的年平均潜沉速率的例子。

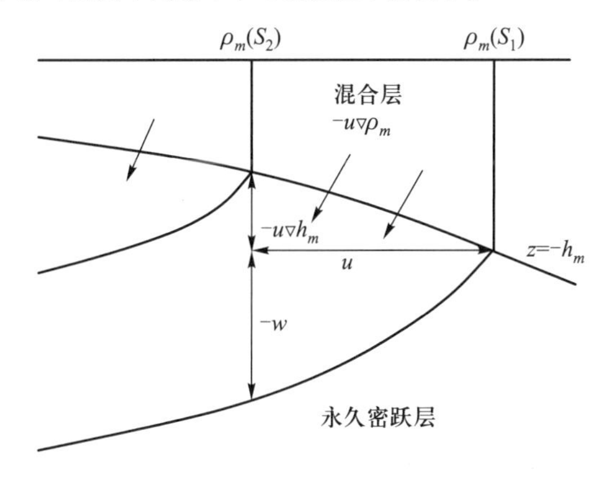

图 5.30 混合层特性量与潜沉期间形成的位涡之间的关系。

利用密度守恒,我们有

$$Q = \frac{f\Delta\rho}{\rho_0\Delta z} = \frac{f}{\rho_0}\frac{\overline{\vec{u}_{ml}\cdot\nabla\rho_m}}{\overline{w_{tr}+\vec{u}_{tr}\cdot\nabla h_m}} \tag{5.40}$$

其中,上画线表示对于一年轨迹取平均值,$\vec{u}_{ml}$表示混合层的水平速度,下标 tr 表示轨迹。我们强调,要对于一年轨迹取平均,其原因在于年平均潜沉速率的定义。例如,湾流附近的水平速度是 0.1 m/s 的量级①;这样,每一年的轨迹可以覆盖 2 000 ~ 3 000 km 的距离。在如此长距离上取沿该轨迹的平均值,其结果就与局地平均值大相径庭了。方程(5.40)表明,通风温跃层中的位涡与混合层密度的经向梯度成正比,并跟混合层之底的垂向速度与混合层深度的水平方向增量之和成反比 。因此,形成低位涡水的条件为:

① 注意,这个速度是整个海区平均的拉格朗日速度,它与湾流主轴的表层流速(可达 2.50 m/s 的量级,欧拉速度)之差是很大的。——译者注

- 混合层密度之经向梯度小;
- 强埃克曼泵压(意味着垂向速度大);
- 冬末混合层深度的水平梯度大和水平速度大。

F. 潜涌

上升流/卷入盛行于亚极带海盆。当一个水块从永久密跃层进入大洋上层的混合层时,就失去了其原本的属性,如温度和盐度。这样,水团通过销蚀过程而消失殆尽。

类似于在无效卷出期间所发生的情况,被卷入混合层的水或许实际上并不是来自永久密跃层,而是来自季节密跃层,是原先从混合层卷出的水(Woods,1985; Cushman-Roisin,1987)。

为了阐明卷入所涉及的物理过程,我们采用术语"潜涌"。潜涌在地质学中用于描述一个地壳板块冲到邻近板块边缘之上的过程①。这里,借用潜涌来描述来自永久密跃层中的涌升水进入了混合层并在其邻近的水层之上流动的过程。尽管潜涌基本上是在永久密跃层与季节密跃层之间的一个连续过程,但从季节密跃层的水有效卷入到混合层中,只发生在卷入过程的部分时段内(图 5.31)。在有效卷入阶段,来自永久密跃层的水尚未受到海面过程的作用,就通过季节密跃层被卷入到混合层中。在卷入过程的其余时段(即无效卷入阶段),从季节密跃层进入到混合层的水已经在过去一年内受到了海-气间的相互作用(如图 5.31 中上部的 5 条线所示)。

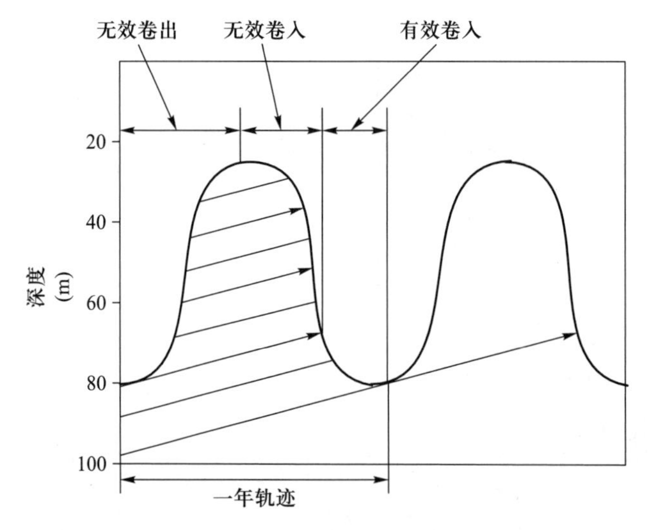

图 5.31 潜涌的一个例子,其均匀上升流的速度为 18 m/年,且混合层深度以简单正弦方式循环。

专用术语"潜涌"能帮助我们厘清从永久密跃层进入到混合层之不可逆的质量流量。例如,尽管亚热带海盆在季节循环期间发生了混合层卷入过程,但在大多数地点,被卷入到混合层的水实际上来自于季节密跃层,因而并没有发生潜涌。事实上,潜涌仅发生在亚极带海盆与亚热带-亚极带的边界区,这一点将在下面讨论。

可以采用类似于定义潜沉速率的方法来定义潜涌速率。尽管潜涌是潜沉的反义词,但却不能把潜涌当做负的潜沉来计算。这两个术语之间有两个重要区别。

---

① 在地质学上,有人把"obduction"译为"仰冲"。——译者注

第一，潜沉和潜涌所针对的物理过程是不同的。潜沉发生在亚热带海盆，那里的水是通过地转流向下进入永久密跃层的。结果，因潜沉而进入永久密跃层的水携带了冬末的混合层之特性。相比而言，潜涌发生在亚极带海盆中，那里的水是从下面的永久密跃层通过地转流向上进入季节密跃层并最终进入混合层的。一旦该水进入了混合层，它就很快失去了它的本性，这是强混合的结果，这样它就不可能再向后追踪某个水块的轨迹。

在物理上，亚热带和亚极带海盆中密度层结构之差异反映在构建其合适边值问题之数学公式上。密跃层方程是一个非线性双曲线方程（Huang，1988a，b）。在亚热带海盆中，密度作为上边界条件而指定，因为上表面为上游边界。在亚极带海盆中，不能指定上表面的密度。实际上，混合层中的密度是由永久密跃层的动力学来确定的，并且它是解的一部分。

第二，有效卷出和有效卷入发生的时间是不同的。众所周知，有效卷出发生在冬末之后，当时混合层达到其深度与密度之年极大值并且开始退缩；而有效卷入则发生在秋末和初冬之间，那时混合层迅速加深、但还没有达到其深度与密度的极大值。

在计算潜涌速率时，重要的是要追踪卷入水的源地。为了使表述较为清晰，我们假设 $t=0$ 为冬末（比如 3 月 1 日）。我们先从一个简单的情况开始，即混合层深度以简单的正弦函数方式进行循环，其振幅在空间上是均匀分布的。上涌速率（upwelling rate）为 18 m/年，在其轨迹上也是匀速的。因为混合层相对浅，故我们假设在其轨迹上每一处的垂向速度与埃克曼抽吸速率（Ekman sucking rate）近似相同。在混合层底以下，混合是可以忽略的，因而水块的本性得以保持。结果，可以用水质点轨迹来追踪它在被卷入混合层之前的源地。一旦水块进入了混合层，由于混合层中强烈的垂向混合，它们就失去了本性。

在春季和初夏，混合层退缩并且留下层化水体，因而是卷出期，尽管在现在的情况下，卷出只是暂时的。从初秋开始，混合层变深且发生了卷入。在卷入过程的第一阶段，进入混合层的水并非真正来自永久密跃层。实际上，这些进入了季节密跃层中的水块是较早时刻从上游某处卷出的水（如图 5.31 中的上部 5 条线所示）。在上一年的混合层中，这种水就被“污染”了，因而这不是真正的有效卷入。只有到了卷入过程的第二阶段，来自永久密跃层中的水才进入混合层（如图 5.31 中下面两条轨迹所示）。

对于图 5.31 中所示的情况，一个简单的计算表明，在 18 m/年的匀速上升流条件下，有效卷入从 $T_S=0.876\,2$ 时刻开始，在 $T_E=1.008\,8$ 时刻结束。对于常年，有效卷入从 1 月 18 日开始，到 3 月 4 日结束，总计约 44 天。

潜沉与潜涌之间的对比列于表 5.3 中。

表 5.3 通风——潜沉与潜涌

	潜沉	潜涌
质量通量	从混合层到永久密跃层	从永久密跃层到混合层
水团	形成	销蚀
时间	春季	冬季
大气强迫力	加热	冷却
混合层	变浅	变深
轨迹追踪	顺流	逆流

G. 用积分量来定义潜涌速率

因所用的坐标系不同,年平均潜涌速率的定义就会略有差别。首先,在拉格朗日坐标系中定义潜涌速率(Woods,1985)。这样,年平均潜涌速率就定义为

$$O_L = \frac{1}{T}\int_{-T}^{0} w_{tr} dt + \frac{\Delta h_{m,L}}{T} \tag{5.41}$$

其中,T 为所取平均的时间长度,取为一年(因为有季节变化),下标 tr 表示图5.31中的临界轨迹(标志着潜涌的终结),$\Delta h_{m,L}$表示在一年中拉格朗日轨迹上累计的混合层深度之变化。根据定义,潜涌速率应该是非负的,并且若从该定义计算出了负值,则应该释之为零潜涌速率。

其次,在欧拉坐标系中,瞬时卷入速率可以定义为

$$E = w_{mb} + \vec{u}_{mb} \cdot \nabla h_{mb} + \partial h_m / \partial t \tag{5.42}$$

其中,下标 mb 表示混合层之底。在一个季节循环中,瞬时卷入速率则会大幅度脉动。加之,在无效卷入阶段某些被卷入的水对潜涌没有贡献。这样,卷入不能用做水团转变速率(water mass conversion rate)的指标。若采用类似于年平均欧拉潜沉速率的定义,那么用下式来定义年平均潜涌速率就更有意义,即

$$O_E = \frac{1}{T}\int_{T_S}^{T_E} E dt \tag{5.43}$$

其中,T_S 和 T_E 分别为有效卷入过程开始时刻和结束时刻,E 为在(5.42)式中定义的瞬时卷入速率。

在以往的研究中曾使用过关于水团销蚀速率(water mass erosion rate)的一些不正确的定义。在某些情况中,人们简单地用术语"上涌(upwelling)"来描述与潜沉相反的过程。如上所述,上涌只是潜涌的一部分,其另一部分则是由侧向输水产生的,而在亚极带海盆中,该项可能就是主要项。

在计算年平均潜涌速率时,另一个潜在的误区是,在一个给定站位处利用简单的全年欧拉平均

$$\overline{O}_E = \frac{1}{T}\int_{-T}^{0} E dt \tag{5.44}$$

在这里,若将(5.42)式代入上式,就会得到一个错误的估计:$\overline{O}_E = \overline{w_{mb}} + \overline{\vec{u}_{mb} \cdot \nabla h_m}$[①]。一般说来,这种代入方法势必会低估年平均潜涌速率。

关于这两种潜涌速率的定义,其主要差异如下。在欧拉坐标系中,需要监测在某站被卷入混合层中的水块,并要向上游追踪该水块的轨迹达一年,以确定它是否来自永久密跃层。据此,来确定有效卷入的开始和结束的时间,由此才可以利用(5.43)式来计算年潜涌速率。在拉格朗日坐标系中,需要监测在该测站被卷入混合层中的水块,以确定标志着潜涌结束的临界轨迹。如果给定这个轨迹,就可以沿着此轨迹追溯一年并利用(5.41)式来计算潜涌。

按照这两种定义来计算年平均潜涌速率,就需要混合层的时间和空间演化之精确信息,而如此详尽的信息几乎不可能从任何气候态的数据中得到。因此,可以采用如下年平均拉格朗日潜涌速率的简单定义

$$O_L = \frac{(d_{tr,-1} - d_{tr,0}) - (h_{m,-1} - h_{m,0})}{T} \tag{5.45}$$

---

① 原著此处排印有误,现已更正。——译者注

其中,d 和 h 分别是轨迹与混合层底的深度,下标 0 表示这些量是在一年开始时计算的量,下标 -1 表示是在前一位置处计算出的量,而该位置则是通过沿着临界轨迹向上游追溯一年得出的。

尽管按照这些定义计算出的潜涌速率略有差异,但其差值与目前的气候态数据中存在的误差相比却相当小。因此,(5.45)式的定义可以作为根据气候态数据来计算潜涌速率的一个简便而实用的方法,其误差与其他过程给出的结果之误差是相当的。

H. 水团形成/销蚀速率之平衡

海洋中水团的形成和销蚀是通过以上讨论的潜沉与潜涌的过程而产生的。图 5.32 给出了这些过程的示意图,其中还包括了混合层和斯托梅尔精灵。通风/潜涌速率有两个分量,侧向输水项和垂向泵压项:$S = S_{li} + S_{vp}$,$O = O_{li} + O_{vp}$。

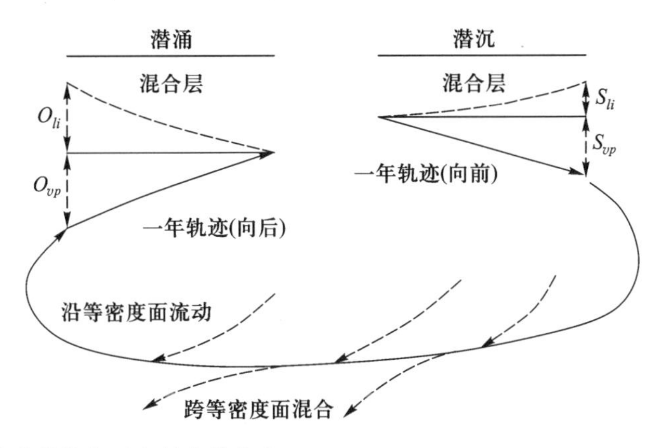

图 5.32 潜沉/潜涌速率在拉格朗日坐标中的定义。

在定常状态下,两个密度面之间水的质量流量必须是不随时间而变化的;因此,存在下列平衡(图 5.33)

$$M_{Sub} - M_{Ob} + M_{DM} - M_{LF} = 0 \qquad (5.46)$$

其中,M_{xx}表示由下标 xx 所示过程的总质量流量[①],对于一个具有开边界的海盆来说,最后一项的贡献应该由通过混合层的侧向边界之质量流量来平衡,即

$$\iint_S m_{LF} dS = \iint_S m_{ML} dS \qquad (5.47)$$

其中,S 表示海盆的侧向边界,m_{xx}表示过程 xx 所产生的质量流量[②]。在整个密度区间上,跨密度面混合贡献的积分也为零,因为该项是不同密度类

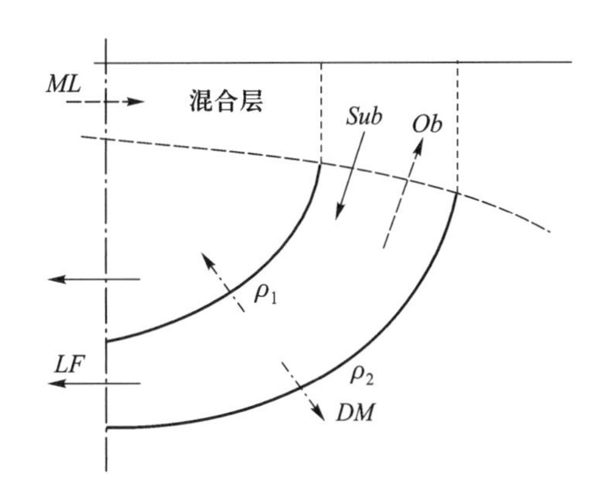

图 5.33 水团的收支。图中的 Sub 表示潜沉,Ob 表示潜涌,DM 表示跨密度面混合流量,LF 表示穿过侧边界的侧向流量。

① 这里"M_{xx}"中的 xx 依次代表了方程(5.46)中各个 M 的下标 Sub(表示潜沉)、Ob(表示潜涌)、DM(表示跨密度面混合的流量)和 LF(表示穿过侧向边界的流量)。——译者注

② 这里"m_{xx}"中的 xx 则代表了方程(5.47)中各个 m 的下标 LF(表示穿过侧向边界的流量)和 ML(通过混合层的流量)。——译者注

型(density categories)的水团之间的转换。因此,对于有开边界的海盆(图 5.33),潜沉总量应该等于潜涌总量加上来自侧向边界的混合层流入量

$$\iint_A m_{Sub} dA = \iint_A m_{Ob} dA + \iint_S m_{ML} dS \tag{5.48}$$

其中,A 代表海盆的水平面积。对于一个封闭式的海盆,通过侧向边界的混合层流入量为零;因此,潜沉与潜涌的总量应该是严格平衡的

$$\iint_A m_{Sub} dA = \iint_A m_{Ob} dA \tag{5.49}$$

方程(5.48)和(5.49)分别是在开放式海盆与封闭式海盆中水团形成速率的重要约束之一,对于全球的大洋来说,也应该满足这些条件。

I. 潜沉/潜涌示例

作为一个例子,在这里我们来研究黑潮(或湾流)离开西边界处的通风速率。在日本沿岸外海存在着显著的冬末混合层深度极大值,那里的强冷却是由于来自大陆的极地干冷空气的侵入。为了简单起见,我们假设,冬末的混合层深度沿着流路的分布可以由图 5.34 中的廓线所代表。该图解说明了下列事实,由于冬季局地混合层深度极大值的作用,潜沉与潜涌可以发生在同一位置上。强烈的季节循环可以导致在不同季节爆发潜沉与潜涌,尽管它们也可以在混合层深度出现年度极大值期间之前和之后几乎[①]同时存在。

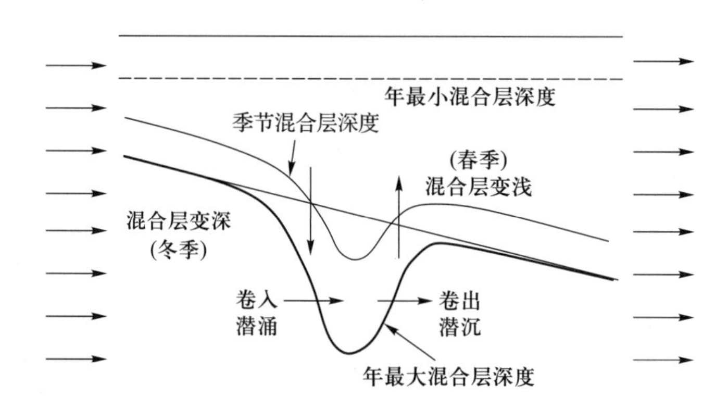

图 5.34 黑潮延续体中潜沉/潜涌的示意图。水平的箭头表示水质点的轨迹。

混合层深度的季节循环 $f(t)$ 具有图 5.35 下部所示的典型廓线。混合层深度为时间和空间的函数

$$h_m(x,t) = h_{\min} + [100 \times (1 + 0.001x) + 100e^{-(x/\Delta x)^2} - h_{\min}]f(t) \tag{5.50}$$

其中,$h_{\min} = 40$ m 为混合层深度的极小值,Δx 为高斯廓线的宽度。

在黑潮离开海岸处,水的运动较为快速。相对高的流速与大梯度的混合层深度相结合就对通风速率做出了很大贡献。与此相比较,埃克曼泵压的贡献就可以忽略不计,因为这里靠近流涡间的边界。为了用图示来说明这种基本思路,我们忽略了垂向泵压,并假设水块在一年中运移了 1 000 km。

① 原著此处欠准确,现已订正。——作者注

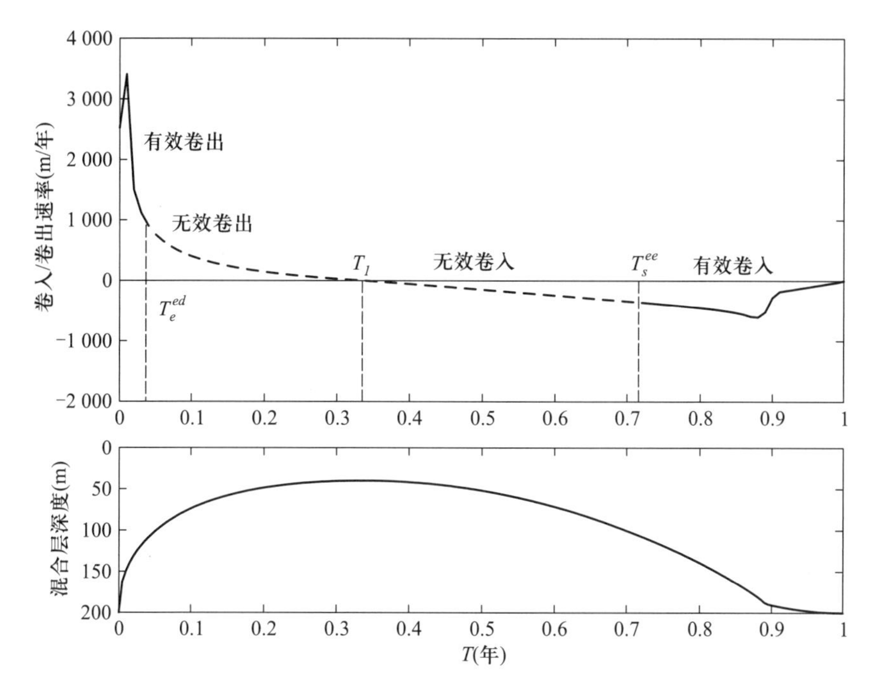

图 5.35　冬季混合层深度极大值处的瞬时卷入/卷出速率。细实线表示局地混合层深度的季节变化。

我们的焦点是在冬季混合层槽(mixed layer trough)中心的站位 $x=0$ 处。在图 5.35 中给出了从方程(5.32)算出的瞬时卷入/卷出速率。应注意,时间轴 $t=0$ 对应于 3 月 1 日。有效卷出从 $t=0$ 时刻开始,此时混合层开始迅速变浅。有效卷出结束的时刻为 $T_e^{ed}=0.037$。这一时刻是通过每隔 $\Delta t=0.001$ 的时段去追踪从该站释放出来的水块来确定的。无效卷出阶段是在 T_e^{ed} 和 $T_1=0.336$ 之间,因为在此期间卷出的水会在某一稍后时刻被卷入而进入下游的混合层。

在 T_1 时刻卷入开始。有效卷入的起始时刻是通过向上游追踪水质点一年来确定的。在此情况下,这一开始时刻出现在 $T_s^{ee}=0.716$。要注意,尽管卷出过程占据了一年的 1/3 时间,但是有效卷出期却是相当短的,约为 13 天。类似地,在一年的 2/3 中发生了卷入,但是只有其中的后一半时间(约 103 天)是有效卷入期。

如图 5.35 所示,在 $x=0$ 处,有效卷入发生于冬季。在接近冬末时,卷入模态减慢且最终转换为卷出模态。两个模态之间的过渡态(transition)是如此之短,以至于进入混合层的水仍在其离开永久密跃层的位置附近,并且同样的水被留下来后随即通过地转流进入永久密跃层。通过这个例子,我们已经证明,潜涌与潜沉可以发生在同一地点,该处的水团可以在季节循环的不同阶段经历过有效卷出和有效卷入。

图 5.36 表示年平均潜沉/潜涌速率的空间分布,其中潜沉速率定义为正,潜涌速率定义为负。实线表示在拉格朗日坐标系中计算的速率,而细虚线表示在欧拉坐标系中计算的速率。这里,计算拉格朗日速率时采用了(5.36)和(5.45)式的简化形式,即 $S_L=(h_{m,0}-h_{m,1})/T$,和 $O_L=(h_{m,0}-h_{m,-1})/T$。采用拉格朗日/欧拉公式算出的潜沉/潜涌速率在量值和空间分布上都相当一致。它们之间的微小差异是由于这两个定义中不同的年平均权重所致。

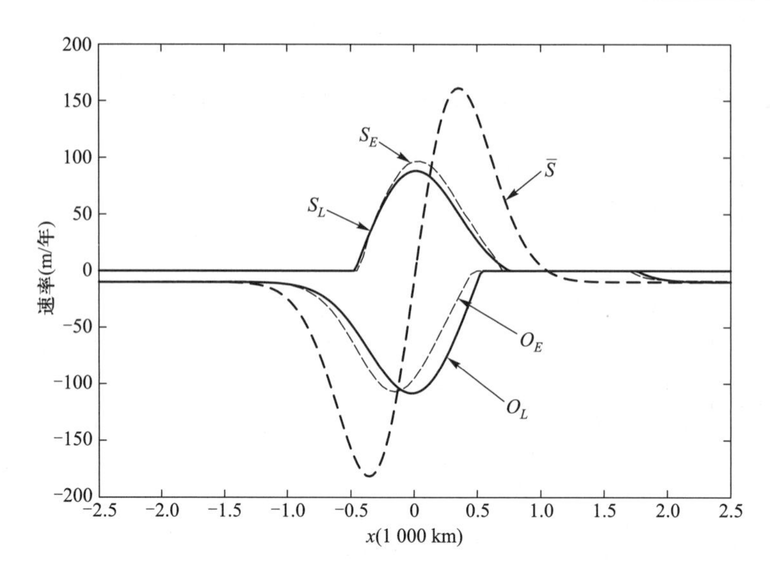

图 5.36　年平均潜沉(正值)和潜涌(负值)速率。粗实线表示拉格朗日速率,细虚线表示欧拉速率,粗虚线为按照方程(5.51)定义的采用局地冬季混合层斜率计算的速率。

在图 5.36 中有四个动力性质不同的区域。在上游方向上有一个纯潜涌区,因为混合层深度向下游单调增加。在混合层深度槽的中部,有一个双潜区(ambiductive region),在该区中,既有潜沉也有潜涌,并且二者互相补偿。在双潜区中,发生了从潜涌水到潜沉水的局地转变,并且其相应水团的转变速率等于 $\min(S,O)$。在下游有一段只出现潜沉的狭窄带。再往下游,有一块孤立的区域,那里既没有有效潜沉也没有有效潜涌。

为便于比较,我们仅用年平均速度和冬季混合层深度来计算潜沉/潜涌速率

$$\bar{S} = -\overline{\vec{u}} \cdot \nabla h_{冬季} \tag{5.51}$$

其计算结果在图 5.36 中用粗虚线表示。这种公式与 Marshall 等(1993)对北大西洋潜沉的数据分析中所用的公式以及 Huang 和 Russell(1994)对亚热带北太平洋用解析解进行研究时用的公式相似。尽管该定义的应用要方便得多,但是它夸大了混合层深度锋面附近的潜沉/潜涌速率。此外,这种定义排除了潜沉与潜涌同时出现与同时消失的可能性,因为它忽略了季节循环及其沿着轨迹的变化。

一方面,在欧拉坐标系中计算年平均潜沉/潜涌速率需要关于季节循环的详尽信息。另一方面,在拉格朗日坐标系中,方程(5.36)和(5.45)的简化公式只需要年平均速度和冬季混合层的特性量。这种计算能够提供更加精确的通风速率之信息,不过使用这些公式时要小心,每当该速率为负值时必须把它设为零。

J. 北大西洋和北太平洋的通风

斯托梅尔精灵的最关键假设之一是潜沉发生在相当短的时间内。此外,3 月 1 日这一天已经被广泛用于计算北半球潜沉速率的时间。实际上,最大混合层深度出现的时间可以不在 3 月 1 日,并且大洋中的有效潜沉是发生在一段有限的时间内的。例如,Marshall 等(1993)计算了北大西洋有效潜沉和潜涌的持续时间(图 5.37)。由于他们将潜涌定义为潜沉之负值,故把对应的潜涌的有效期也定义为负潜沉出现期。显然,海洋中的有效潜沉期和潜涌期是相当短的,这样斯托梅尔精灵才能起适当的作用。此外,在海盆中,有效潜沉或潜涌的时段也是略有变化的。

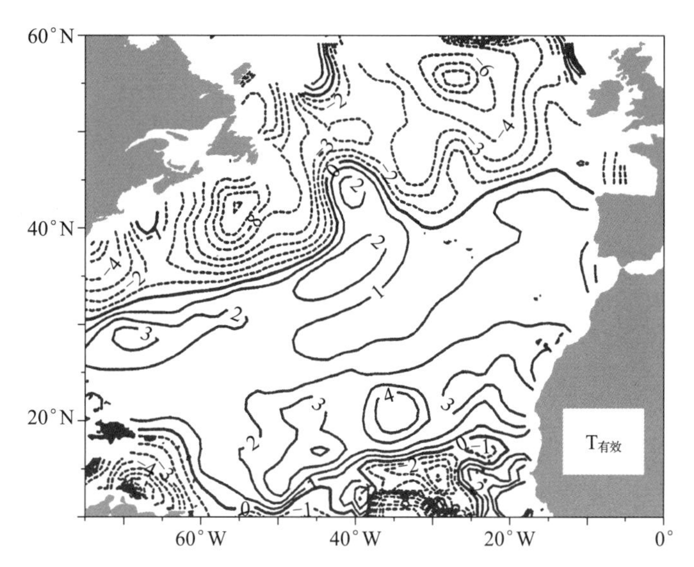

图 5.37 有效卷出/卷入的持续时间(单位:月),或者称为潜沉和潜涌的时段。根据含北大西洋季节循环浮力强迫的数值模式之诊断计算结果(Marshall 等, 1993)。

通过分析 Levitus(1982) 气候态数据及 Hellerman 和 Rosenstein(1983) 的风应力数据[图 5.38(a)],我们考察了北大西洋和北太平洋的通风。利用地转速度(以 2 000 m 深度为参考面)进行了计算,并且在图 5.38(b)中给出了一年的轨迹。在一年期间内,水质点可以运移 1 000 km 量级的长距离;因此,如果采用如(5.38)式中局地的混合层深度梯度,那么对于计算潜沉/潜涌来说是不精确的。

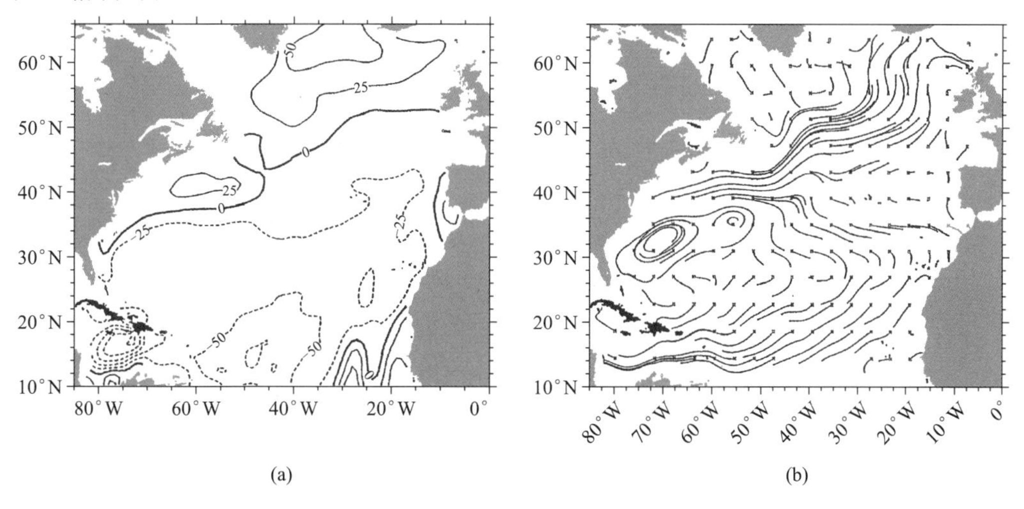

图 5.38 (a) 北大西洋的埃克曼泵吸/压速率(单位:m/年);(b) 在三月份水质点从混合层底部释放后一年的轨迹,采用以 2 000 m 深度作为参考层计算出来的沿等密度面地转流速(Qiu 和 Huang, 1995)。

可以把北大西洋和北太平洋的通风分为四个不同类型的区域:潜沉区、潜涌区、潜沉(在春季)和潜涌(在冬季)都发生的双潜区和既不发生潜沉也不发生潜涌的孤立区(图 5.39)。尽管在这两个大洋中的总潜沉速率是相当的,但它们的潜涌速率却大相径庭(表 5.4)。在北大西洋中,潜涌强劲(23.5 Sv),这与大西洋海盆中热盐环流较快和亚极带水团的更新时间较短是一致的。北太平洋的潜涌弱小(7.8 Sv),这与那里热盐环流徐缓和亚极带水团更新过程较为缓慢相一致。

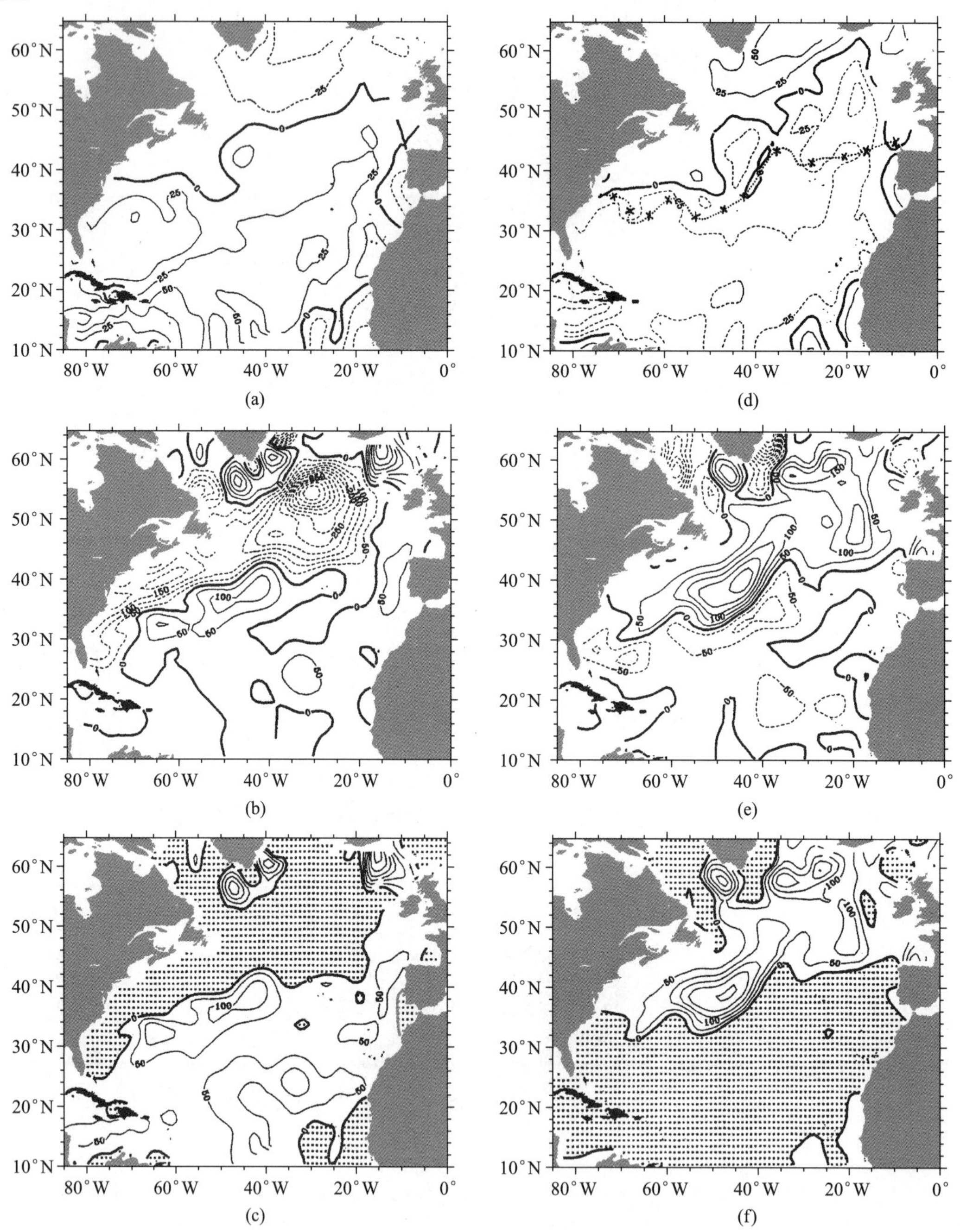

图 5.39 北大西洋年平均通风速率(单位:m/年)。图中表明了潜沉速率及其两个分量:(a) 垂向泵压速率;(b) 侧向输水项;(c) 潜沉速率。图(c) 中的阴影区表示潜沉速率为零的区域。潜涌速率及其两个分量:(d) 垂向泵吸项;(e) 侧向输水项;(f) 潜涌速率。图(f) 中的阴影区表示潜涌速率为零的区域。图(d) 中的点叉线表示潜涌区的南界(Qiu 和 Huang, 1995)。

表 5.4 北大西洋和北太平洋的通风速率(单位:Sv)

	北大西洋	北太平洋	合计
潜沉			
埃克曼泵压	-22.2	-30.8	-53.0
垂向泵吸	17.5	25.1	42.6
侧向输水	9.5	10.1	19.6
总潜沉	27.0+3.1*	35.2	65.3
潜涌			
埃克曼泵吸	2.8	3.6	6.4
垂向泵压/吸	-0.62	3.1	2.5
侧向输水	24.1	4.7	28.8
总潜涌	23.5	7.8	31.3
速率①	4.0	3.5	7.5

* 3.1 Sv 为冰岛以南的局地潜涌(1.9 Sv)与拉布拉多海的局地潜涌(1.2 Sv)之和。

在这些图中,最有意思的特征是海洋中的双潜区,在那里当地水团的转变速率可以达到 80 m/年。这些局地的转变率①之极大值与从海洋返回大气的热通量之极大值有密切关系(如图 5.40 中的虚线所示)。

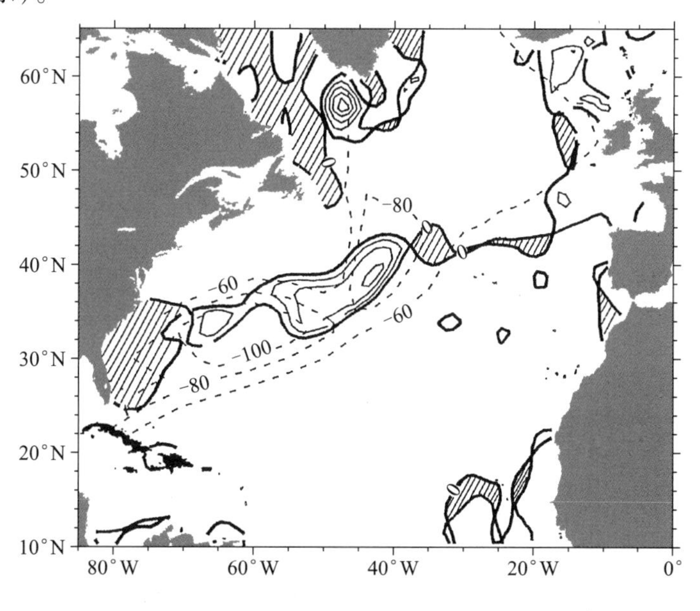

图 5.40 北大西洋双潜区内的局地水团转变速率(单位:m/年),其等值线(实线)间隔为 40 m/年。阴影区是既没有潜沉也没有潜涌的孤立区域。虚线表示海洋向大气散失的年平均热量(单位:W/m^2)。根据 Hsiung (1985) 改绘(Qiu 和 Huang, 1995)。

① 注意,这两处的局地转变速率(local conversion rate)的含义是不同的;前者是指对整个海盆的积分,因而其单位为 S_V,而后者是指每个站点上的速率,其单位为 m/年。——译者注。

如把水团形成(销蚀)速率作为在对应于露头的密度区间上对潜沉(潜涌)速率的积分之和来计算,那么所得结果绘于图5.41。潜沉速率的峰值对应于北大西洋和北太平洋中的亚热带模态水。北大西洋中的次级峰值则代表亚极带模态水,但在北太平洋中,它却并没有对应的部分,因为在计算中没有包括诸如鄂霍次克海这样的浅边缘海。

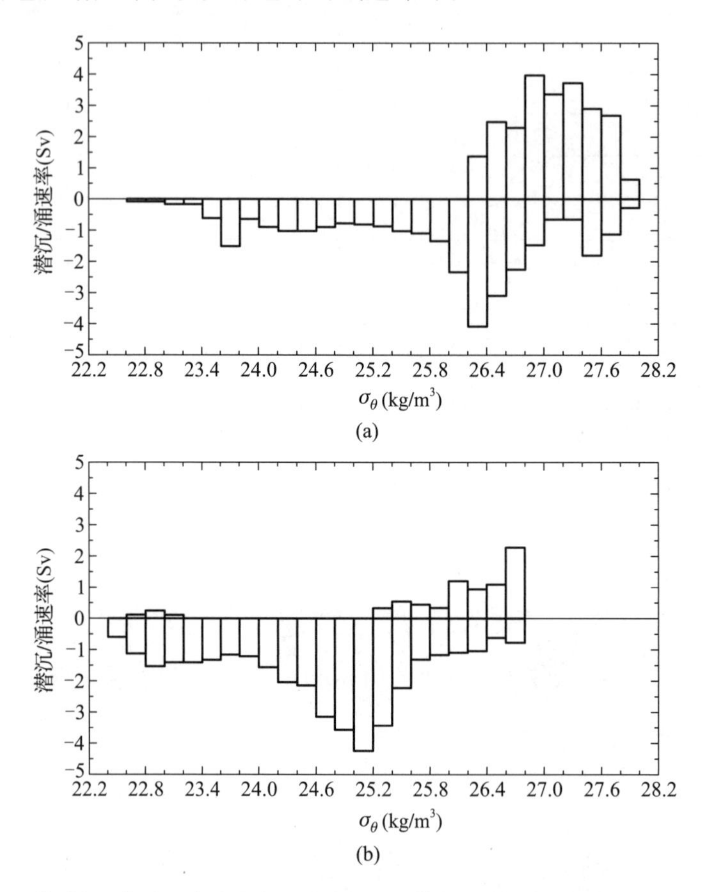

图5.41 间隔为0.2σ_θ的潜沉/潜涌速率随密度的变化:(a)北大西洋;(b)北太平洋(Qiu和Huang,1995)。

在表5.4中,令人最感兴趣的特征之一是,在北大西洋,海盆积分的潜涌速率10倍于总的埃克曼抽吸速率。这表明,混合层深度的倾斜有重要的动力作用。因此,采用术语"埃克曼上涌"来描述大洋中水团的销蚀可能是很不精确的,而且会误导。

K. 后记

在本节中,我们讨论了通过潜沉过程形成了模态水与通过潜涌过程则使水团销蚀。人们普遍对水团的形成机制感兴趣,但与此相对照,对有关水团销蚀的研究却寥寥无几。显然,为建立世界大洋水团平衡的完整理论就需要对这两个过程进行更为综合性的研究。

特别是,水团销蚀常与海洋中环流的上升分支有关。大洋中上升流的分布在空间上是高度非均匀的。例如,强烈的南半球西风带驱动了南极绕极流流核中的上升流,这是世界大洋中最强大的大尺度上升流系统。此外,还有其他一些狭窄的上升流系统,例如赤道上升流和沿着海盆边缘的强劲的沿岸上升流。这些上升流系统是世界大洋中水团销蚀的主要途径。

5.2 深层环流

5.2.1 观测

A. 大洋中的深层流动

深层大洋中的环流与深水的形成直接相关。深层大洋内区的平均流动非常缓慢,其水平速度的量级等于或小于 0.01 m/s,其垂向速度的量级为 10^{-7} m/s;因此,对大洋内区深层环流进行直接观测,就极为困难。不过,因深水源的存在而产生的深层西边界流则是世界大洋中最为显著的特征。自从 Swallow 和 Worthington(1957)对北大西洋的深层西边界流进行了首次测量以来,在世界大洋的很多区域都已探测到了深层边界流。

B. 伴随北大西洋深水形成的海流

在北大西洋,深层水形成于挪威海和格陵兰海(图 5.42)。Worthington(1970)将挪威海描绘为一个类似于地中海的海盆,在那里流入的暖水转变为稠密的深层冷水,该冷水又成为溢流越过挪威海与格陵兰海之间的海槛。在图 5.42 中,温暖的大西洋流入水用实线箭头表示,在这些位置上形成的深层水溢流通过了丹麦海峡和法罗浅滩水道(Faroe Bank Channel)后,形成了深层西边界流(空心箭头)之源区,这支流可以在北美大陆的东海岸观测到。

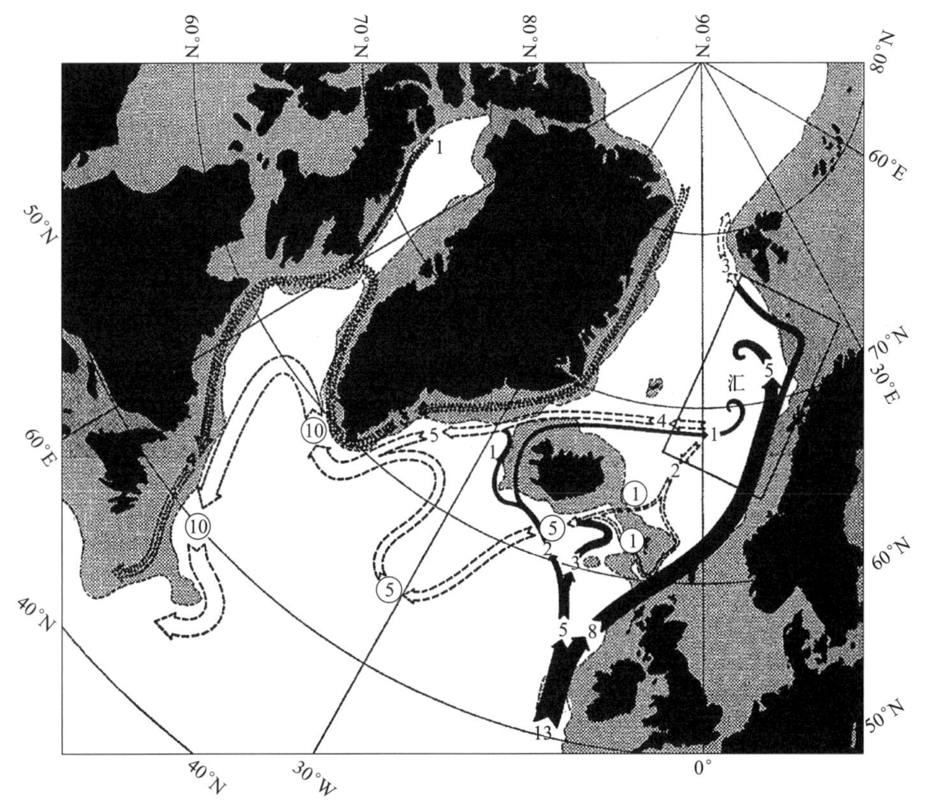

图 5.42 挪威海和当地的流入水与流出水之海流的索引图(Worthington,1970)。

可以利用海流计数据和温度分布来识别这支深层西边界流。例如，在图5.9中指出了在横跨丹麦海峡的一个断面上的低温溢流水。此外，还可以从新形成的深层水的高含氧量(oxygen content)和其他示踪物来识别深层西边界流。北大西洋深层水的信号可以沿着北、南美大陆东部的大陆坡一直向南追踪。历史上，在北美大陆东海岸外的深层西边界流是第一支观测到的深层西边界流；对这支流的研究和监测已超过50年。

事实上，在大西洋海盆中有多支深层西边界流，包括随北大西洋深层水向南运动的西边界流和随南极底层水向北运动的西边界流，不过由于海盆深渊层中存在复杂的地形，故后者不容易清晰地界定。

要注意，根据经典理论，北大西洋深层水主要源自挪威海和格陵兰海中部的深层对流(如图5.42所示)。但近来的研究(Mauritzen，1996；Pickart 和 Spall，2007)表明，北大西洋深层水的主要水源是来自挪威海和格陵兰海中的边缘流(rim current)的逐渐冷却。这样，图5.42中的索引图就应该进行修订。然而，出于历史原因，这里仍用该图来说明北大西洋深层水的基本路径，其中包括通过三个海峡的溢流。

通过这些海峡的溢流遵循旋转水力学(见5.1.3节)。由于该水道足够宽，故溢流被推向海峡的右岸(向下游方向看)。如图5.9所示，温度低于1℃的冷水被推向300～500 m深度的岸边。在左岸实际上没有任何流动。在这个断面上密集的等温线与陡峭的底坡表明，有高速的深层流通过该断面。

C. 南大西洋中的深层西边界流

南大西洋的情况是复杂而有趣的。在位温和盐度的断面图(图5.43)上，可以识别出三支西边界流。在这些示踪物断面图中，最为突出的特征是在2 km深度处的南向深层西边界流，它是以其相对暖而咸(盐度大于34.96)的核心水为特征的。

在上层大洋中，有一支南向的浅层西边界流，它对应于南大西洋亚热带流涡。这支流与上层大洋中的温度和盐度的狭窄锋面密切相连。

等温线和等盐线的斜率在约3 km深度处变号，这些清晰的信号提示，深层西边界流的流向发生了逆转。实际上，在4 km以深，已有明显的信号表明，有冷(温度低于0℃)而相对淡(盐度小于34.7)的水沿着海底地形向北流动。

从密度断面图中可以很容易地识别出深层西边界流。由于以海面或以2 km为参考面的位密仅对在其参考压强附近深度处的密度是正确的，故我们采用全球压强订正密度σ_g，对于分析整个海洋深度来说，这种选择是较佳的。因为深层西边界流比其上层的水的运动快得多，作为一个良好的近似，我们可以假设其上的水是几乎不动的，这样在中等层次，比如说在约2.5 km深度附近，水平压强梯度是可以忽略的。在该参考层(北半球)之下，较高密度的水堆积在西岸[图5.44(a)]；积分流体静压方程后，就得到了一个指向东的水平压强梯度力。深层西边界流服从于地转关系，因而为了平衡这个向东的压强梯度力，这支流必须向赤道流动。类似地，若有高密度冷水在3 km以深的西岸堆积[图5.44(b)]，那就提示有一支向赤道的强西边界流。

D. 世界大洋中的深层边界流

尽管在很多地方观测到深层西边界流，但寻找这些深层流动的任务则远未完成。较为适当的称呼是把它们称为深层边界流，因为其中的一些流并不是沿着西边界的。图5.45是实测到的深层边界流之最新分布图。对于太平洋的大部分区域，由于没有陡峭的海底地形对深层边界流进行引导，因而我们仍不能确切地知道深层边界流在哪里。

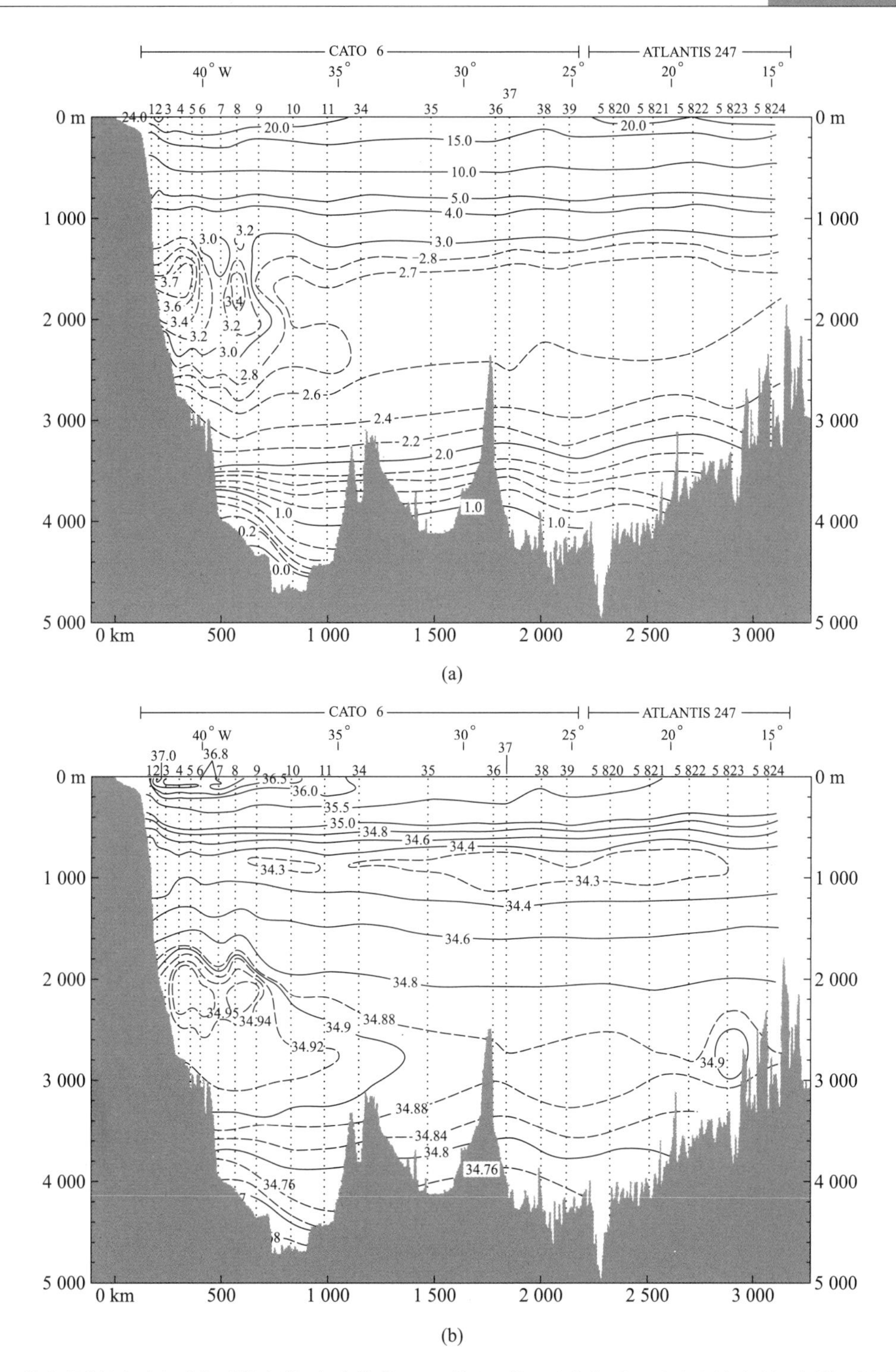

图 5.43 从南美洲(左边)到大西洋中脊,大致沿着 30°S 的(a)位温(单位:℃)和(b)盐度断面图①。图中表明了南大西洋的两支深层西边界流,即南极底层水的北向流及其之上的北大西洋深层水的南向流(Reid 等,1977)。

① 原著图 5.43(b)中的纬度坐标有误,现已更正。——译者注

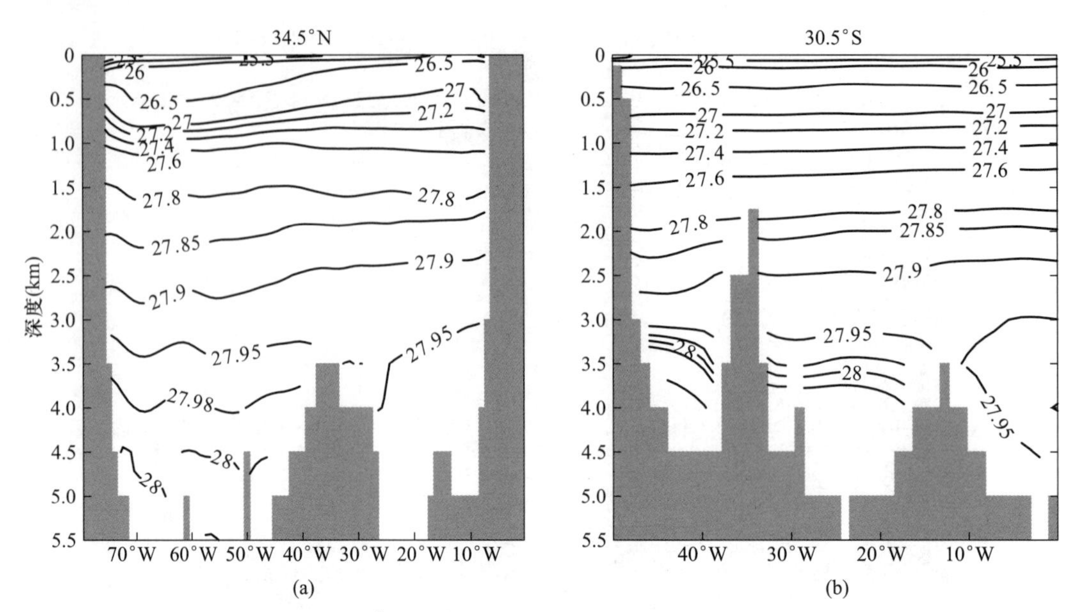

图 5.44 大西洋纬向的 σ_g(单位:kg/m³)断面图,图中给出(a)北大西洋(沿 34.5°N)和(b)南大西洋(沿 30.5°S)的深层西边界流。

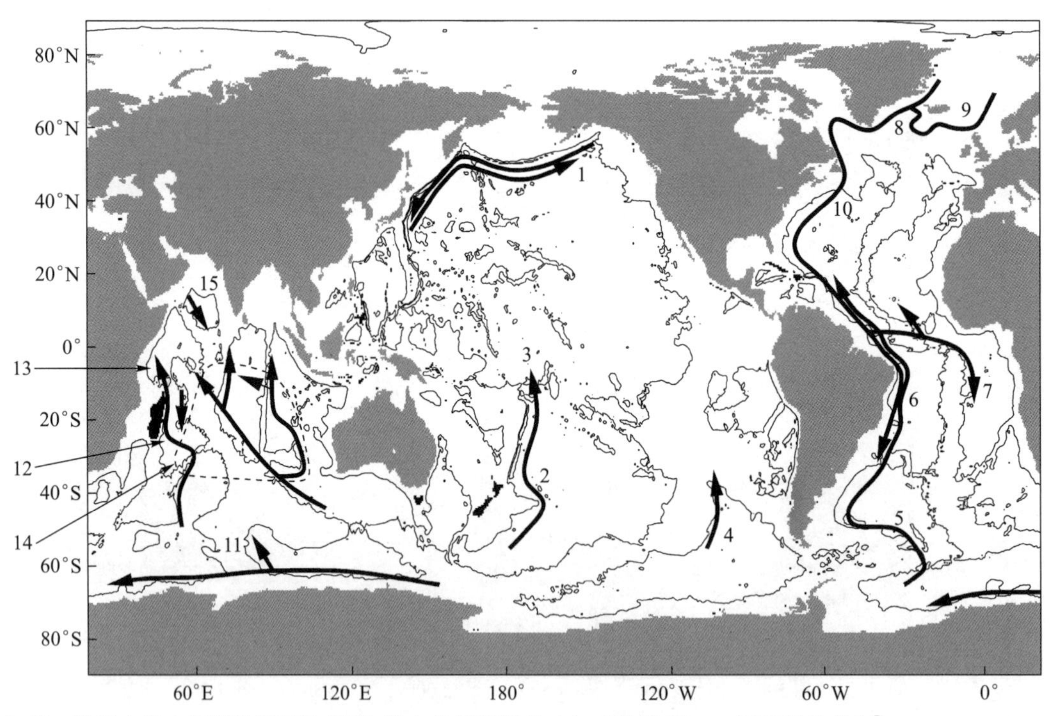

图 5.45 世界大洋中实测的深层边界流,图中的等深线为 4 km[根据 Warren(1981)改绘]①。

下面的清单是在 B. Warren 的帮助下编成的。图 5.45 中的数字表示有关的论文,在这些论文中,这些边界流是基于现场观测来描述的。1: Owens 和 Warren(2001); 2: Whitworth 等

① 原著中该图的经度坐标有误,现已更正。——译者注

(1999); 3: Roemmich 等(1996); 4: Warren(1973); 5: Whitworth 等(1991); 6: Hogg 和 Owens (1999); 7: Warren 和 Speer(1991)、Mercier 等(1994); 8: Dickson 等(1990); 9: Saunders (1990); 10: Pickart(1992); 11: Speer 和 Forbes(1994); 12: Fieux at al.(1986); 13: Johnson 等(1991); 14: Toole 和 Warren(1993); 15: Johnson 等(1991)。应注意,横跨大西洋洋中脊的流动发生在赤道附近,它主要是由越过罗曼希破裂带的南极底层水组成的。不过,正如 Polzin 等(1996)讨论过的,该溢流水也包括了通过跨密度面混合的北大西洋深层水之重要贡献。

5.2.2 简单的深层环流理论

A. 逆置约化重力模式

对于深层海盆中的环流,靠近海底的流动比它之上的流动要快得多,因而作为一种近似,我们可以假定其上面水层中的压强梯度是可以忽略的;这样就可以构建一个逆置约化重力模式。这种一层半模式已被用于深渊层环流的研究(例如,Stommel 和 Arons,1960a)。此外,冷水的总量是有限的。如果冷水的总量不足以覆盖整个海盆,那么,冷水与暖水之间的界面就能与海底相交。这样的现象称为接地(grounding),相当于上层海洋中的露头现象。因此,可以利用首先由 Parsons(1969)发展起来的概念来研究接地现象。作为一个例子,这项技术由 Speer 和 McCartney(1992)用来研究底层水的环流。

遵循 4.1.1 节中的分析,可以导出逆置约化重力模式中的压强梯度项。利用刚盖近似下导出的压强表达式并且假定上层非常厚且无运动,即 $\nabla p_1=0$,就可导出等效气压梯度的表达式 $\nabla p_a=0$。将这些关系式代入第二层的压强梯度表达式(图 5.46),我们得到

$$\nabla p_2 = -g(\rho_2-\rho_1)\nabla(H-h) \tag{5.52}$$

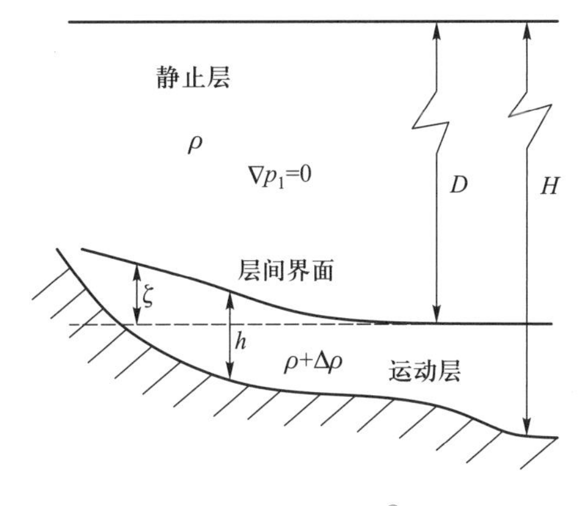

图 5.46 逆置约化重力模式[①]。

假定地转关系成立,那么,逆置约化重力模式中的动量方程为

$$-fv = g'(H-h)_x \tag{5.53a}$$

$$fu = g'(H-h)_y \tag{5.53b}$$

如果我们记海底为 $d=-H$[②],那么,式(5.53a,b)可以改写为

$$-fv = -g'(h+d)_x \tag{5.54a}$$

$$fu = -g'(h+d)_y \tag{5.54b}$$

利用对深度 D 的平均位置处之界面位移 $\zeta = D-(H-h)$,还可以把式(5.53a,b)改写为

$$-fv = -g'\zeta_x \tag{5.55a}$$

$$fu = -g'\zeta_y \tag{5.55b}$$

连续方程为

$$h_t + (hu)_x + (hv)_y = -w^* \tag{5.56}$$

---

① 在原著中,图中标注有误,现已更正。——译者注

② 在原著中,此式与式(5.54a,b)均有排印错误,现已更正。——译者注

其中的 w^* 为由于上层的卷入而使质点离开下层的上表面之垂向速度。

例如,沿着海洋的西边界,存在着深层西边界流。这些边界流与源自高纬度区深水源地的高密度水紧密相连。西边界附近的等密度面变浅(图5.46)提示,深层西边界流是流向赤道的。

B. 利用扇形旋转实验模拟的深层环流

深层环流理论最初是在20世纪50年代末和60年代初发展起来的。为了探索可能的流动形态,设计了一个非常简洁而优雅的扇形实验(Stommel等,1958)。该系统匀速旋转,通过释放染料来观察环流(图5.47)。

在该旋转实验中,抛物形的水面产生了等效于世界大洋中 β 效应的动力学效应。对于这个扇形实验中的"大尺度"运动,正压位涡为 f/h。由于在该扇形的边缘附近 h 很大,故位涡很低。对于地球上均匀深度的大洋来说,在低纬度区,位涡 f/h 很低;因此,旋转扇形的边缘对应于地球上大洋的低纬度区。

把源和汇放置在该模型的不同位置,可以观察到不同形态的环流(图5.48)。

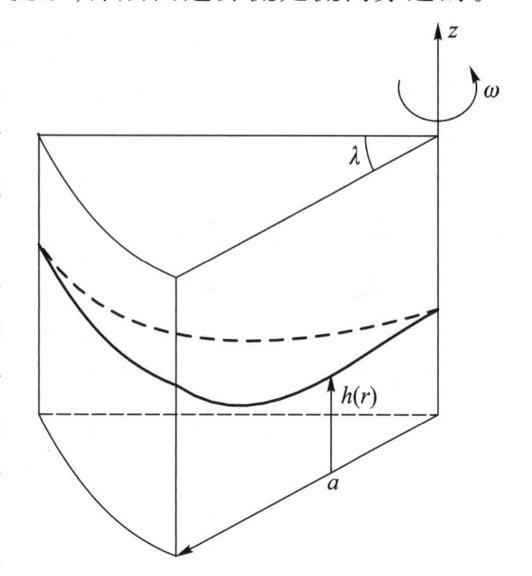

图5.47 旋转扇形实验装置的示意图。

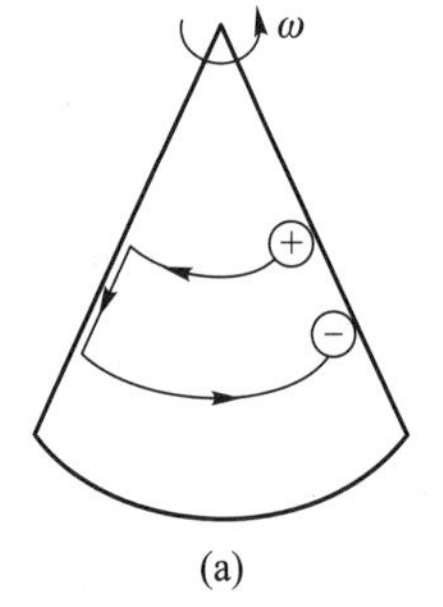

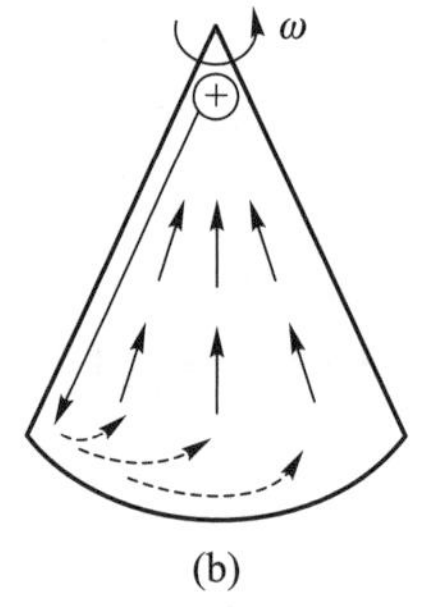

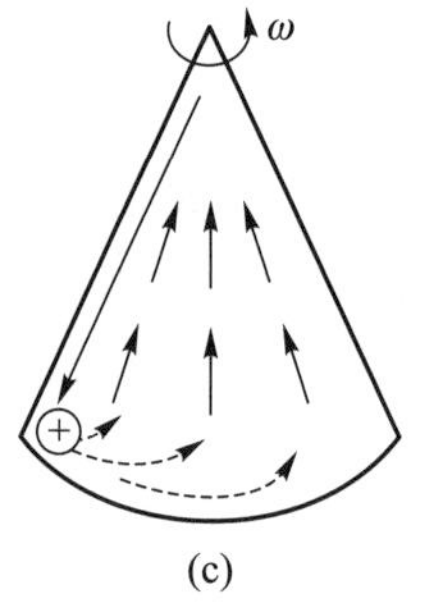

图5.48 (a)旋转扇形中由源(+)和汇(-)引起的环流图解;(b)当源(+)在扇形顶点时的流动形态示意图,流体表面一致上升;(c)当源(+)在扇形西南角时的流动形态示意图,流体表面均匀地上升[根据Stommel等(1958)重绘]。

通过对位涡的分析,该系统只允许有三种类型的运动:

- 在半径为常量的圆周上之地转流;
- 只有当存在源或汇时,内区才有径向流动;
- 向北或向南的西边界流。类似于第4章中讨论过的风生环流,在整个模型海盆中,为使位涡平衡就排除了通过东边界流使环流闭合的可能性。

要注意,水位上升(下降)对应于离开深渊层的上升流。因而它是一个均匀的汇(源)。稍后我们将要解释,源/汇意味着伸缩效应(stretching),它必须由径向流动所平衡,这是线性涡度平衡所要求的。

1)动力学分析

在自由表面切线上离心力与重力的投影应该是平衡的

$$\omega^2 r\cos\alpha = g\sin\alpha \tag{5.57}$$

其中,$\tan\alpha$ 为自由表面的斜率。这个关系式可以改写为

$$\omega^2 r/g = \tan\alpha = dh/dr \tag{5.58}$$

对其积分后得到了自由表面的形状

$$h = h_0\left(1 + \frac{\omega^2}{2gh_0}r^2\right) \tag{5.59}$$

基本方程组包括地转关系、流体静压平衡和连续方程

$$2\omega v_\lambda = g\frac{\partial\zeta}{\partial r} \tag{5.60a}$$

$$-2\omega v_r = \frac{g}{r}\frac{\partial\zeta}{\partial\lambda} \tag{5.60b}$$

$$\frac{\partial}{\partial r}(hrv_r) + \frac{\partial}{\partial\lambda}(hv_\lambda) = -r\dot{\zeta} \tag{5.61}$$

其中，$\dot{\zeta} = \frac{\partial\zeta}{\partial t}$为源/汇所引起的自由表面改变的时间变化率。假定该项在海盆尺度上是均匀的。(注意，源项的均匀性或上升流速的匀速性是一种技术上的假定，而在逻辑上并没有任何先验的原因表明，它们都应该是均匀的。实际上，深渊海洋中的上升流不是匀速的，稍后我们将会讨论非匀速上升流之效应。)将(5.60a)和(5.60b)式代入方程(5.61)，得到涡度方程

$$v_r\frac{dh}{dr} = -\dot{\zeta} \tag{5.62}$$

该方程对应于风生环流理论中的斯韦尔德鲁普关系。这里抛物形自由表面的斜率 dh/dr 的作用等效于海洋中的 β 效应。因此，经向速度满足

$$v_r = -\frac{g\dot{\zeta}}{\omega^2 r} \tag{5.63}$$

a）内区中没有净源/汇的两种情况

因为没有净的源/汇，故自由表面就不随时间而变；这样，$\dot{\zeta}=0$，则$\frac{\partial(rv_r)}{\partial r}=0$，$\frac{\partial v_\lambda}{\partial\lambda} = -\frac{\partial(rv_r)}{\partial r} = 0$。存在两种情况：第一，如果把源/汇设置在东边界附近，那么就出现了横跨海盆的纬向射流[如图5.48(a)所示]；第二，如果在给定纬度 r 处没有源/汇，那就应该没有纬向流。这是因为东岸是刚性边界，$v_\lambda=0$；因此，处处有 $v_\lambda\equiv 0$。但对于这个规则，有一个例外。因为在南岸附近，摩擦力是不能忽略的，因而地转关系不成立。这样水质点就离开南边界并进入内区，如图5.48(b)和(c)所示。

b）有净水源的情况

对于这种情况，$\dot{\zeta}>0$，因而 $v_r<0$，这意味着内区的水是向北流的！对于有点源/汇的情况，自由表面升高随着时间而增加：$\dot{\zeta} = \frac{2}{\lambda_0 a^2}S$，其中，$\lambda_0$ 为扇形装置的夹角，S 为源(定义为正)和汇(定义为负)的总和。这样，经向速度为

$$v_r = -\frac{2gS}{\lambda_0\omega^2 a^2 r} \tag{5.64}$$

要注意，它与源的位置无关，即使把源放置在极点，内区的水仍会流向极点(流向源地)。当然，必须有使该动力学约束不成立的地方。就像大洋环流中很多其他情况那样，对于一个闭合的环流，在满足质量平衡和位涡平衡的需求方面，西边界流起了主要作用。

2）扇形盆的质量平衡

在定常状态下，质量必须平衡，该平衡带来了一个令人惊讶的事实，即扇形盆中质量平衡所需要的西边界流可以流向点源。跨过控制体积南边界的质量流量（图5.49）为

$$T_I = -hr\lambda_0 v_r = \frac{S}{A}\left(1 + A\frac{r^2}{a^2}\right), A = \frac{\omega^2 a^2}{2gh_0} \quad (5.65)$$

由于表面升高变化引起的质量流量为

$$T_u = -\frac{\lambda_0 r^2}{2}\dot{\zeta} = -S\frac{r^2}{a^2} \quad (5.66)$$

这样，扇形盆中的质量平衡所导致的西边界流中的质量流量为

$$T_w = -T_I - T_u - S_0 = -S_0\left(1 + \frac{1 + S_1/S_0}{A}\right) \quad (5.67)$$

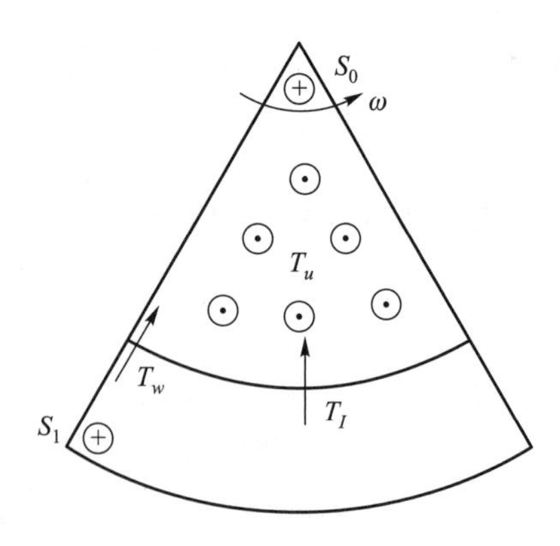

图5.49 扇形盆中的质量平衡［根据Stommel等（1958）重绘］。

有两种情况很有意思：

- 极点的单个源：$S_1 = 0, S_0 > 0$。西边界流中的质量流量为 $T_w = -S_0(1 + 1/A)$。如果 $A = 1$，则 $T_w = -2S_0$，即有一个常量的南向质量流量，其一半恰好是回流水。
- 西南角的源：$S_0 = 0, S_1 > 0$。西边界流中的质量流量为 $T_w = -S_1/A$，即有流向源的南向流量。

3）SAF实验[①]的奇异性质

实际上，每一个源区的尺寸都是有限的，即它是一个连续分布的源。事实上，通过从东边界释放出的染料所得到的流动形态［如图5.48（a）所示］，不是以几条标记清晰的流线形式出现的，而是以云团的形式出现的。这些云团可以解释为由源和汇驱动的微型流涡。利用涡度平衡原理，局地的源/汇应该产生微型流涡（图5.50）。从源到汇的净质量流量是通过沿着该扇形盆左边的“向赤道的”西边界流而实现的。

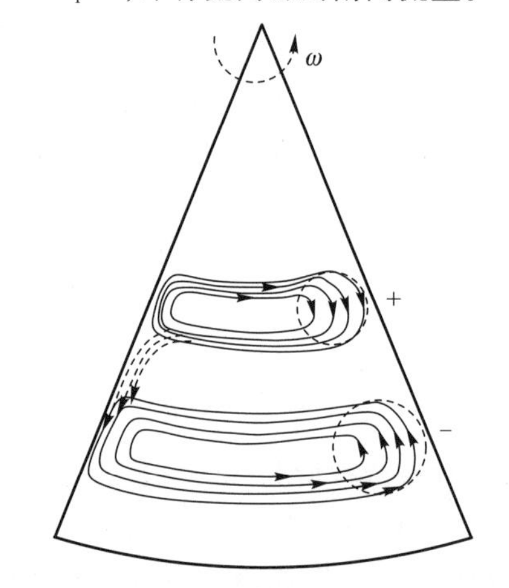

图5.50 由分配式源（+）和汇（−）驱动的微型流涡示意图。

C. 球面上由源－汇驱动的流

斯托梅尔和阿朗斯讨论了在球面上由源－汇驱动的流动（Stommel和Arons，1960a）。该模式包括覆盖在地球表面的、深度为 h 的单个均质层，自由表面升高为 ζ。定常环流的基本方程为[②]

$$-2\omega\sin\theta v = -\frac{g}{a\cos\theta}\frac{\partial\zeta}{\partial\lambda} \quad (5.68)$$

$$2\omega\sin\theta u = -\frac{g}{a}\frac{\partial\zeta}{\partial\theta} \quad (5.69)$$

$$\frac{\partial}{\partial\lambda}(hu) + \frac{\partial}{\partial\theta}(hv\cos\theta) = aQ\cos\theta \quad (5.70)$$

在他们原先的论文中所采用的符号与在海洋学中目前通用的符号不同；在这里，我们采用后

① SAF实验，即Stommel－Arons－Faller进行的实验，其结果在1958年发表。——译者注

② 在原著中，方程（5.69）排印有误，现已更正。——译者注

者,即 $0\leqslant\lambda\leqslant 2\pi$ 为经度, $-\pi/2\leqslant\theta\leqslant\pi/2$ 为纬度,对于深层水之分配式源(汇),Q 定义为正(负)。在以下的分析中,我们将假定没有海底地形且自由海面满足关系式: $\zeta\ll h$,因此,h 可以近似地作为常量来处理。交叉微分方程(5.68)和(5.69)后相减并利用方程(5.70),我们得到

$$v=-\tan\theta\frac{Qa}{h} \tag{5.71}$$

该式对应于风生环流中的斯韦尔德鲁普关系。例如,一个 $Q>0$ 的分配式源驱动了内区的一支南向流。将(5.71)式代入方程(5.68)给出

$$\frac{\partial\zeta}{\partial\lambda}=-\frac{2\omega a^2\sin^2\theta}{gh}Q \tag{5.72}$$

从方程(5.70),我们得到

$$\frac{\partial u}{\partial\lambda}=\frac{a}{h}\left(\sin\theta\frac{\partial Q}{\partial\theta}+2Q\cos\theta\right) \tag{5.73}$$

应注意,对于定常情况,质量守恒要求源的分布满足

$$\iint Qa\cos\theta d\theta d\lambda=0 \tag{5.74}$$

1) 无边界的蒸发-降水半球面

假定,蒸发和降水分布具有下列简单形式

$$Q=-Q_0\sin\lambda\cos\theta \tag{5.75}$$

其解为

$$v=\frac{aQ_0}{h}\sin\lambda\sin\theta \tag{5.76}$$

$$u=-\frac{Q_0a}{h}(3\sin^2\theta-2)\cos\lambda-\frac{g}{2a\omega\sin\theta}\frac{dG}{d\theta} \tag{5.77}$$

$$\zeta=-\frac{2\omega a^2Q_0}{gh}\sin^2\theta\cos\theta\cos\lambda+G(\theta) \tag{5.78}$$

其中,$G(\theta)$ 为任意函数。$G(\theta)=0$ 时的环流形式如图 5.51 所示。基本参量为 $h=5\,000$ m,$Q_0=1$ m/年。

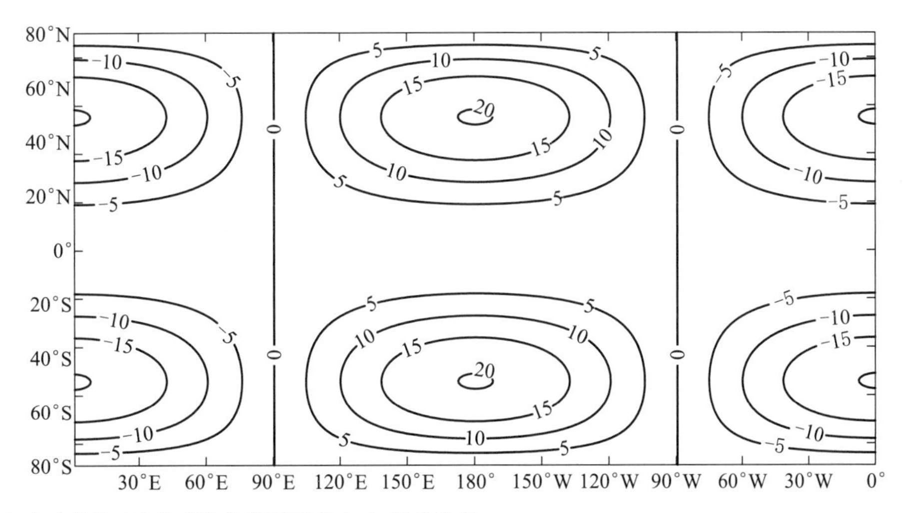

图 5.51 东半球蒸发、西半球降水情况下的自由表面升高。

对应的速度图(图5.52)显示,在东半球的蒸发区(类似于埃克曼抽吸)有清晰的向极流动,而在西半球则有向赤道流动。另外,地转流是辐散的,因为$f=2\omega\sin\theta$随θ而变。

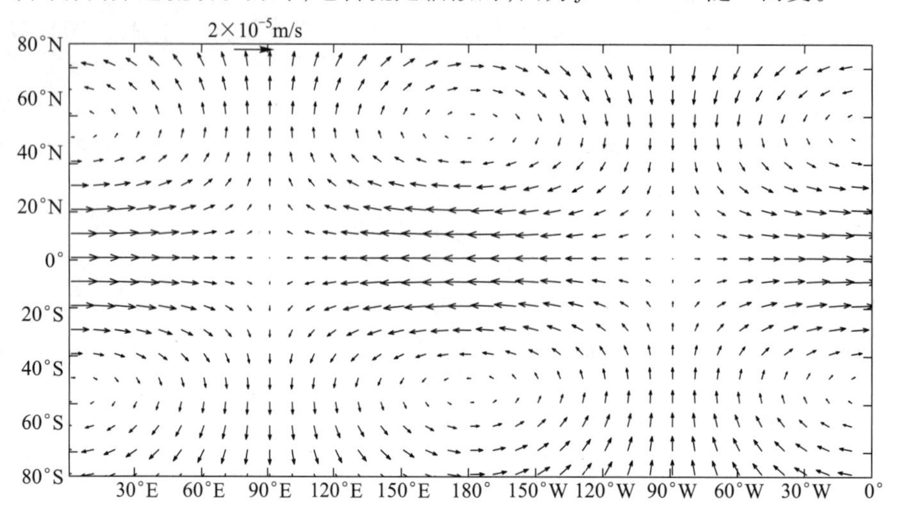

图5.52 在没有经向边界且$Q=-Q_0\sin\lambda\cos\theta$时的水平速度。

2)以子午线为边界的海盆

在一个以两条子午线为边界的海盆中,特别有意思的是由点源/汇驱动的环流,因为由源致内区流动所导致的西边界流可以与直觉有天壤之别。我们设北极处有一点源S_0,在其内区有均匀的汇,即$Q=-Q_0<0$,它满足

$$S_0=Q_0a^2(\lambda_2-\lambda_1) \tag{5.79}$$

其中,λ_2和λ_1为海盆的经向边界。其解为

$$v=\frac{Q_0a}{h}\tan\theta \tag{5.80}$$

$$u=\frac{2aQ_0}{h}\cos\theta(\lambda_2-\lambda) \tag{5.81}$$

$$\zeta=-\frac{2\omega a^2Q_0}{gh}\sin^2\theta(\lambda_2-\lambda) \tag{5.82}$$

有一支西边界流,其输送由扇形区内的质量平衡所决定,该扇形区是以两条子午线λ_1和λ_2为径向边界,再加上赤道边界θ。在这个扇形区中,总的上升流速率为①

$$U_p=\int_{\lambda_1}^{\lambda_2}\int_{\theta}^{\pi/2}Q_0a^2\cos\theta d\lambda d\theta=Q_0a^2(1-\sin\theta)(\lambda_2-\lambda_1) \tag{5.83}$$

在海洋内区中,跨过纬圈θ的向极输送为

$$I_p=\int_{\lambda_1}^{\lambda_2}hva\cos\theta d\lambda=Q_0a^2\sin\theta(\lambda_2-\lambda_1) \tag{5.84}$$

在该扇形区内,因质量平衡而导致的西边界流之输送为

$$T_w=U_p-S_0-I_p=-2S_0\sin\theta \tag{5.85}$$

① 在原著中,(5.83)式和(5.84)式均有排印错误,现已更正。——译者注

因此,西边界流的输送应该是向赤道的[如图 5.53(a)所示]。在海盆内区有一支气旋式的向极流动,还有一支向赤道的西边界流。这个情况与 Stommel 等(1958)的结果非常相似,但是,由于在球面上流动,故沿着西边界总有回流。

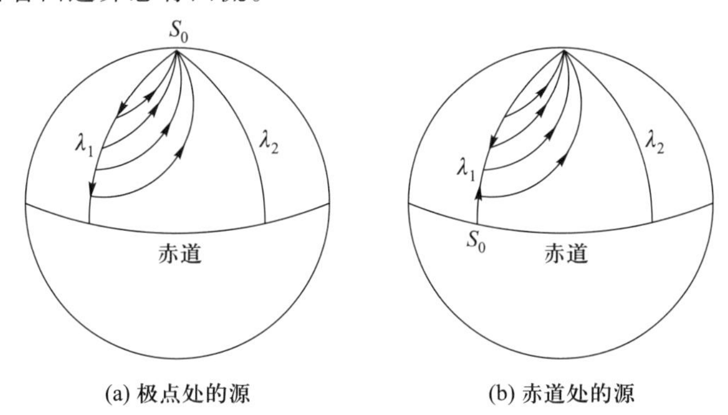

图 5.53 球面上点源驱动的流动:(a) 极点处的源;(b) 赤道处的源[根据 Stommel 和 Arons(1960a)改绘]。

若把点源设置在西边界的纬度 θ_0 处,那么,普遍情况的解如下。由于点源驱动了一支内区上升流,因而,在海盆内区总是存在同样的气旋式流动。不过,西边界流的输送可以随着点源的具体位置不同而有变化(图 5.54)。

如果点源在赤道,那么西边界流在30°N 以南是向极的;不过,在该临界纬度以北,西边界流则是向赤道的[如图 5.53(b)和 5.54(a)所示]。如果点源在30°N 以南,那么西边界流在该点源以南是向赤道的,而在该点源以北的邻近区则是向极的;不过,在 30°N 以北[①],西边界流是向赤道的[图 5.54(b)]。如果点源在 30°N 以北,那么西边界流总是向赤道的。尤其是,如果把点源设置在北极,那么西边界流的输送则两倍于该点源的强度。因此,西边界流的输送与直觉上大相径庭,其原因在于模式的质量平衡以及球坐标的特殊性质。

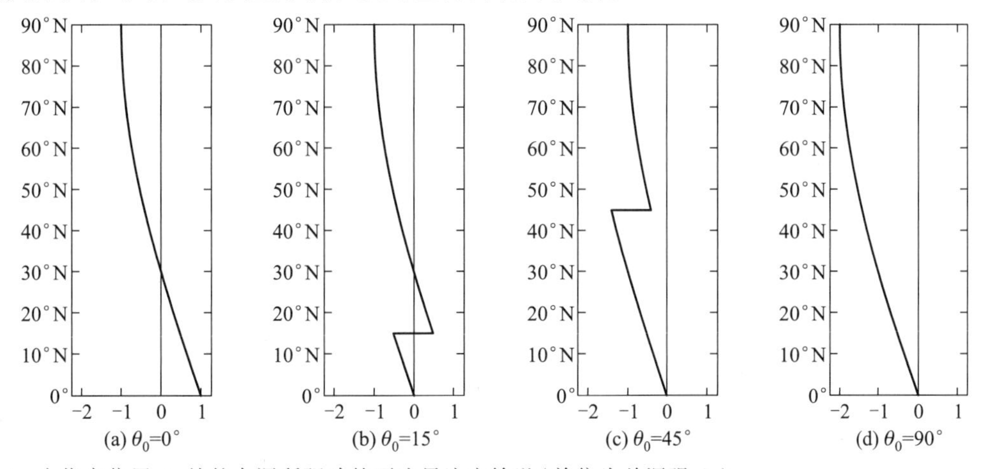

图 5.54 由指定位置 θ_0 处的点源所驱动的西边界流之输送(单位为总源强 S_0)。

如果把一个点汇放在西边界上,产生的环流将与点源所产生的相反;其对应的解由图 5.55 所示。很有意思的是,如果把点汇放在 15°N 处,那么在该汇附近的西边界流的输送是朝向该汇

① 这就是说,这里所指的点源以北邻近区之最北端不超过 30°N。——译者注

的[图 5.55(b)]。这种流动形态与非旋转流体的情况非常类似;然而,除了这种情况之外,在旋转球面上由一个点源/汇驱动的流动形态则完全不同于在经典非旋转流体中的点源/汇所产生的对应的流动形态。

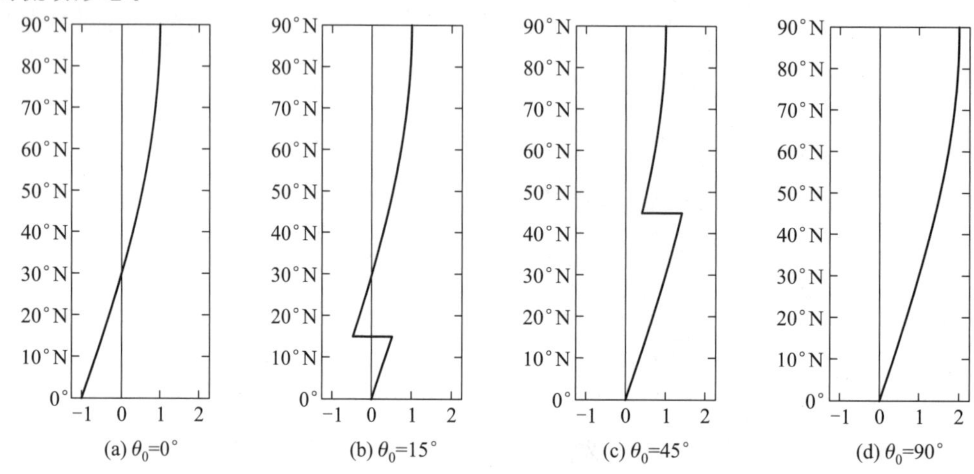

图 5.55 由指定位置 θ_0 处的点汇所驱动的西边界流之输送(单位为总汇强 S_0)。

基于理论的论证,Stommel(1958)提出了世界大洋中深层环流的一个框架(图 5.56)。由此,世界大洋中的深层环流是由位于北大西洋和威德尔海中的两个深层水的点源驱动的。深层水点源的这种分布使得大西洋海盆有一支南向西边界流,这支深层流从其源地运走了深层水。在其向南的路途中,逐渐地把质量流失到大洋内区。在世界大洋的南边缘,有一支环绕南极大陆边缘的单一绕极流和单个海盆中北向的深层西边界流,后者则将深层水从南部的源地运往世界大洋的内区。在每个海盆的内区,如同模式所假定的,水匀速地向上运动,按照线性位涡平衡的规则,该模式所假定的匀速上升流驱动了向极流动。

图 5.56 Stommel(1958)假设的世界大洋深层环流。

5.2.3 深层环流的广义理论

自从斯托梅尔与其合作者在 20 世纪 60 年代提出了世界大洋深层环流的理论框架以来,该理论统治了世界大洋深层环流领域。一直到了 80 年代,人们才开始认识到该深层环流经典理论的局限性。

斯托梅尔理论具有非常简单而坚实的理论基础,包括环流的定常性、无海底地形的假设、匀速上升流和深层水点源的假设。在这些假设下,从模式得到的简单解是唯一符合逻辑的流体动力学原理之结果。

显而易见,要直接观测该理论所预测的深层大洋内区中存在的向极流动是非常困难的,因为该流动极其缓慢。因此,在很长时间里,被用做支持这一理论的具体证据的是在世界大洋中已观测到的相对快速的西边界流。不过,人们终于意识到,如果想要更精确地描述世界大洋中的深层环流,那么该理论中所做的简单假设是有相当严重的局限性的。

A. 斯托梅尔和阿朗斯理论的修正

随着现场观测的进展和对所涵盖的物理学之深入研究,经典的斯托梅尔理论与深海大洋中环流的矛盾变得更为清楚,为了描述深层环流的不同物理特征,人们对他们的模式加上了更符合实际的特征。其中最重要的修正如下。

1) 由地形 β 效应产生的东边界流

沿海盆东边界的海底坡度可以更陡,以至于对应的地形 β 效应超过了行星 β 效应。结果,沿着海盆的东边界就能出现一支边界强流。

2) 非匀速上升流

尽管很多研究中都采用"上升流"这一术语,但严格地讲,"跨密度面速度"(diapycnal velocity)才是正确的术语。一般说来,上升流表示正的垂向速度,它可以由跨密度面混合引起,但也可以由流动越过地形时导致的绝热垂向运动而引起。此外,强劲上升流也可能伴随埃克曼输送的辐散而产生,比如沿岸上升流和南大洋中的强劲上升流。在以下的讨论中,我们把由于跨密度面混合导致的向上运动指为上升流。

对于理想化的平底海盆,在整个海盆中上升流速度不必是均匀分布的。简单的尺度分析提示,垂向速度与温跃层深度有关,即 $w=\kappa/h$,其中,κ 为垂向扩散系数,h 为尺度深度。由于沿着东边界的温跃层较浅,故可以预期,那里的上升流就应该远大于海盆西部的。Kawase(1987)假定,穿过两层模式界面的上升流与该界面对指定参考位置的偏差线性地成正比

$$w^{*}=\Gamma[h_0(x,y)-h(t,x,y)] \tag{5.86}$$

其中,Γ 为松弛因子,即松弛时间的倒数,$h_0(x,y)$ 和 $h(t,x,y)$ 分别是参考状态和当前状态下界面的深度。作为一种可选用的方法,通过将上升流与表层热盐强迫力耦合起来,可以把确定界面上升流速率(interface upwelling rate)作为解的一部分(Huang,1993a)。

近来的现场观察和理论/数值研究提示,在粗糙海底地形(如海脊和海山)附近跨密度面混合大大增强(Ledwell 等,2000)。因此,在逆置约化重力模式中,对应的上升流应该是非匀速的。实际上,非匀速混合/上升流的动力学效应是深渊环流研究的前沿课题,也是本章稍后详细讨论的主题。

3) 层化深渊大洋中的斜压环流

经典的斯托梅尔和阿朗斯的理论是基于深渊层中密度均质的假设,由此预测的是深渊大洋中的正压环流。在层化海洋中,密度层化引起了斜压环流。因此,经向速度由斯韦尔德鲁普关系确定,即由线性涡度平衡 $\beta v=f\partial w/\partial z$ 来确定。在一个纬向断面上,沿东边界的密度相对小,并且这个密度距平通过稳定扩散的罗斯贝波向西传播;因此,在深渊层中存在速度和密度的斜压结构(Pedlosky,1992)。

4）水平面积随高度变化的影响

一般而言，单个海盆的海底（Hypsometry）并不是平坦的；因此，不是用平底而是应当用中国炒菜锅的形状来表征大多数海盆的海底。由于海盆的水平面积随深度增加而减小，故环流就与斯托梅尔的经典理论大不相同。

假定海盆的水平面积为 $A(z)$，且在高程 z 之下的深渊层中深水源的总流量为 $S(z)$。因此，穿过高程 z 的垂向速度为 $w=S(z)/A(z)$。对于海洋内区，线性的位涡平衡为 $\beta v=f\frac{dw}{dz}=f\frac{d}{dz}\cdot\left[\frac{S(z)}{A(z)}\right]$。$S(z)$ 与 $A(z)$ 的不同组合可以在不同层次上产生截然不同的经向速度分布（Rhines 和 McCready，1989）。例如，如果 $dw/dz<0$，那么深渊层内区的经向速度必须向较低纬度方向运动，即向着与经典理论预测的相反方向运动。

5）地热

尽管大多数海洋模式中采用了绝热条件，但是存在着穿过海底的热通量。从主要的火山活动喷发中释放出的地热通量可以引起大洋中脊之上的大型羽流（Stommel，1981）。不过，对于全球热盐环流而言，地热通量的贡献很小，因而可以忽略。如果我们对深渊层环流感兴趣，那么地热通量可能是深渊层化的一个主要因子，这已由 Thompson 和 Johnson（1996）所证实。Adcroft 等（2001）利用大洋总环流模式进行了数值实验。与没有地热通量的情况相比，通过加入均匀分配的 50 mW/m^2 的地热通量后，底层温度上升了 0.1 ~0.3℃。这种底层水温的变化是有实质性意义的；因此，很清楚，如果我们想要精确地模拟底层水的特性量和环流，就必须包括地热通量。

6）接地

由于底层水的通量是有限的，故部分深海盆的海底就可以没有被底层水全部覆盖。底层水的有限性使得问题与斯托梅尔理论所讨论的情况大不相同（Speer 和 McCartney，1992）。如果底层水源的强度不够大，即

$$\text{水源} < w^* \cdot (\text{海盆面积}) \tag{5.87}$$

那么就会出现“接地”现象（其中，w^* 为指定的穿过底层水上表面处的上升流速度）；图 5.57 给出了一个示例。

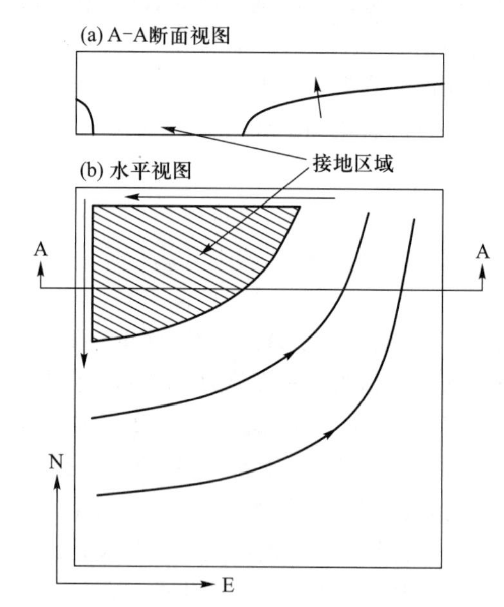

图 5.57 伴有接地现象的底层水环流模式示意图：(a) A – A 断面视图；(b) 水平视图［根据 Speer 和 McCartney（1992）改绘］。

这种现象是 4.1.4 节中讨论过的露头现象之镜像。用于露头模式与接地模式之间的最本质的差别在于积分约束。对于广义 Parsons 模式来说，上层水的总量必须为常量，而在接地模式中，上升流的总流量应该等于底层水源之流量[①]。当接地出现时，底层水局限于东边界。尽管看起来它像是一支东边界流，但对于平底情况来说，它并不是一支

① 原著似有欠缺，译文略有改动。——译者注

强流。作为接地的结果,将会有一支孤立的北边界流和一支孤立的西边界流,其结构已由 Huang 和 Flierl(1987)讨论过。这些海流被没有底层水的广袤区域所阻隔并从底层水的主体中分离开来。

Weatherly 和 Kelley(1985)发现,在 40°N、62°W 有一支近乎连续的冷水丝流(filament)向赤道流动(图 5.58 的左图)。根据水团特性,他推测这支冷水丝流是由南极底层水组成的(如图 5.58 右图中的位温等值线所示)。应注意,当接地发生时,底层水在深层海盆的边缘上堆积,包括大陆坡的东部。尽管可以把它看成一支东边界流,但它却是一支相对缓慢的海流;因此,这支海流就迥然不同于地形 β 效应所造成的东边界强流。正如 Speer 和 McCartney(1992)所示,逆置约化重力模式可以极佳地描述这种流动形态。

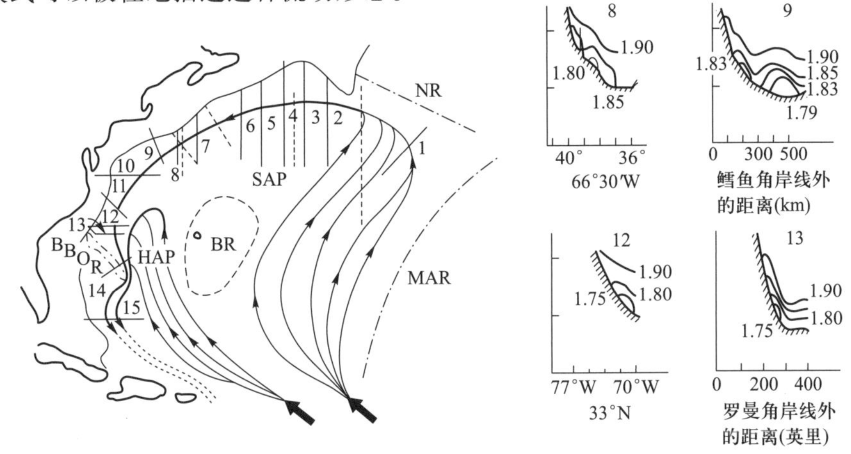

图 5.58 左图:北大西洋海盆中断面位置示意图;大西洋中脊(Mid - Atlantic Ridge, MAR)、纽芬兰海岭(Newfoundland Ridge, NR)、百慕大海岭(Bermuda Ridge, BR)和布莱克·巴哈马外海岭(Blake - Bahama Outer Ridge, BBOR)用点画线表示;HAP 和 SAP 分别表示哈特勒斯深海平原和索姆深海平原;右图:若干断面的位温分布[根据 Weatherly 和 Kelley(1985)改绘]。

B. 简单逆置约化重力模式中的地形和接地

可以用逆置约化重力模式来模拟底层水的环流。例如,为了理解半球大洋中底层水的环流,Speer 等(1993)讨论了一个逆置约化重力模式的数值实验。通过对方程(5.53a)略微调整后,他们得到了如下基本方程组①

$$\frac{Ru}{h} - fv = -g'(h+d)_x \tag{5.88a}$$

$$\frac{Rv}{h} + fu = -g'(h+d)_y \tag{5.88b}$$

其中,R 为底摩擦参量。连续方程为

$$h_t + \nabla \cdot (h\vec{u}) = -w^* \tag{5.89}$$

其中,w^* 为上升流速度,在他们的研究中指定为常量。对应的位涡($q=f/h$)方程可以写为①

$$\frac{d\ln q}{dt} = \frac{w^*}{h} - \frac{R}{f}\left[(v/h)_x - (u/h)_y\right] \tag{5.90}$$

1) 地形 β 效应

① 在原著中,方程(5.88b)和方程(5.90)均排印有误,现已更正。——译者注

在大洋内区可以忽略摩擦力，因此位涡方程简化为

$$\beta_{eff} v = \frac{fw^*}{h} \tag{5.91}$$

其中，$\beta_{eff} = \beta - fh_y/h$，包括了与深度梯度 h_y 成正比且与层的深度成反比的地形 β 项。

Speer 等(1993)进行了一项数值实验，其模型海盆的海底在赤道部分是倾斜的，在其他区域则是平坦的。在他们的模式中，地形项在西南角达到最大值，那里的层厚最小。速度分布表明，在南部海盆有一支东边界流。海盆北部的流动形态与经典的斯托梅尔和 阿朗斯理论所预测的基本相同。

图 5.59 给出了有接地现象的底层水环流的一个例子，它是从平底的约化重力模式得出的。该模式建立在中心纬度为 30°N 的 β 平面上；沿着南边界指定了 10 Sv 的流入流量(influx)。假设海盆内区的上升流是匀速的，即 $w^* = 0.6 \times 10^{-6}$ m/s；但在该层的接地处，则把对应的上升流设为零。

如图 5.59 所示，大部分底层水局限于海盆的东部，但在海盆的西北部有一个大"窗口"。尽管水似乎是堆积在海盆的东部，但正如其经向/纬向断面所示，那里并没有边界强流。如果我们采用非匀速的上升流速率和不平坦的海底，那么环流就可以变得更加复杂。

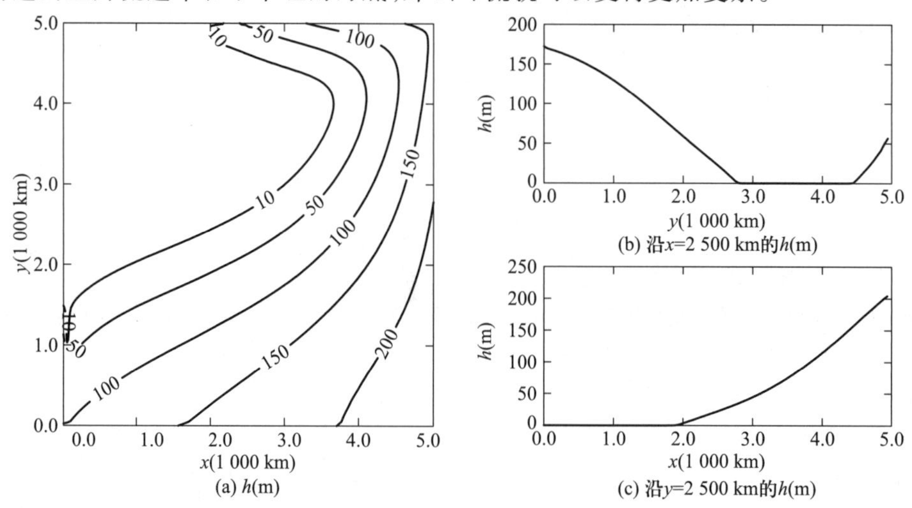

图 5.59 底层水环流(由逆置约化重力模式的数值实验给出)。

2）地形与非匀速上升流在世界大洋中的动力作用

世界大洋最为突出的地形特征包括大洋中脊系统、海山和海沟(图 5.60)。世界大洋中的大洋中脊系统是地球表面最显著的行星尺度地形，它们在大洋环流中起了至关重要的作用。一方面，在地质时间尺度上，大西洋海盆是一个年轻的海盆。由此，该大洋中脊将海盆分为东西两个盆地。另一方面，太平洋海盆是一个老年海盆，其洋中脊被推向东边界。此外，在太平洋海盆的北部和西部边缘有许多深海沟。因为有这些复杂的地形特征，故其底层环流就与基于平底假设的斯托梅尔 - 阿朗斯理论所预测的结果差异巨大。

对于水深较浅且海底地形起伏不平的海区，强烈的潮汐混合驱动了该区强劲的上升流。在本节中，我们利用逆置约化重力模式来探讨这些地形特征的动力学效应及其伴随的强劲上升流。显然，在海洋中，中等深度处的流动或许并不是非常缓慢的，故严格说来，逆置约化重力模式的基本假定并不成立；但无论如何，在简单理论研究中这类模式就能用于探索深渊层环流并且能揭示出极其重要的动力学过程。

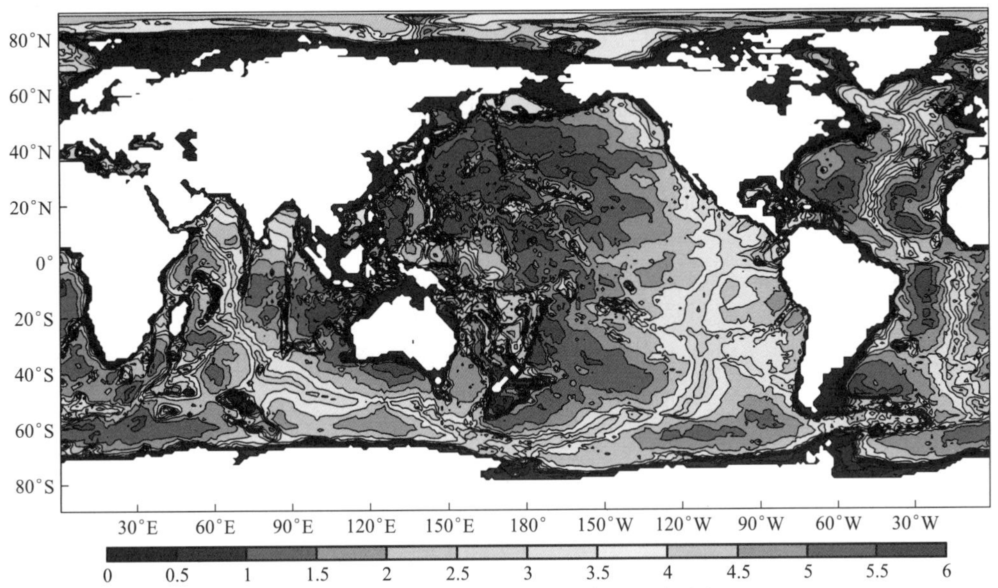

图 5.60 海底地形(单位:km),根据 NOAA 地形数据集绘制。(参见书末彩插)

3) 模式的建立

为了简单起见,这里采用 β 平面,$f=f_0+\beta(y-y_0)$,$f_0=2\omega\sin 30°$①,$\beta=2\omega\cos 30°/a$,其中,$\omega=7.27\times10^{-5}/\mathrm{s}$,$a=6\ 371\ \mathrm{km}$。假定其上层中的流动要比深渊层中的缓慢得多,那么,控制深渊层环流的基本方程就是地转的

$$-fv=-g'\zeta_x \tag{5.92a}$$

$$fu=-g'\zeta_y \tag{5.92b}$$

其中,ζ 为界面位移,g'为约化重力。在定常状态中,连续方程为

$$(hu)_x+(hv)_y=-w^* \tag{5.93}$$

其中,$h=H-b+\zeta$ 为层厚;H 为未受扰动时的深渊层厚度,取为常量;$b=b(x,y)$为海底地形,w^*为预先指定的界面上升流速度。

对方程(5.92a)和(5.92b)交叉微分并利用方程(5.93),导出了位涡方程

$$uq_x+vq_y=fw^*/h^2 \tag{5.94}$$

其中,$q=f/h$ 为位涡。利用地转关系,该方程就能改写为

$$q_y\zeta_x-q_x\zeta_y=f^2w^*/g'h^2 \tag{5.95}$$

这是一个关于 ζ 的一阶偏微分方程。位涡是作为该方程的特征线而出现的,沿着特征线积分可以解出该方程。由于沿着特征线的积分得到的解是在非等距网格(non-uniform grid)上的解,不过可以方便地将该特征方程投影到 x 坐标的等距网格上;于是对应的方程为

$$\frac{D\zeta}{Dx}=\frac{f^2w^*}{g'h^2q_y},\quad 沿着\ q=常数 \tag{5.96}$$

一般说来,位涡包括了界面位移的贡献,因而该方程是一个非线性方程。当界面位移远小于地形高度时,其对层厚的贡献是可以忽略的,故方程(5.96)就简化成在位涡坐标上一个仅由地

① 在原著中,此式排印有误,现已更正。——译者注

形确定的线性化方程。

4）在一维海脊之上的流动

为简单计，我们专注于以海脊主轴（$x=0$）为对称的一维洋中脊的情况，该海脊的地形为余弦函数①

$$b=\begin{cases}B[0.5+0.5\cos(x\pi/L)], & |x|\leqslant L\\ 0, & |x|>L\end{cases}\tag{5.97}$$

其中，B 为海脊的最大高度。界面处的上升流速率指定为

$$w^{*}=w_{00}+w_{0}b/B\tag{5.98}$$

其中，w_{00} 为在整个海盆上匀速的上升流速率，w_{0} 为在地形顶上指定的上升流之最大附加速率。由于地形与 y 无关，$q_{y}=(f/h)_{y}=\beta/h$，故方程（5.96）简化为

$$\frac{D\zeta}{Dx}=\frac{fq}{g'\beta}w^{*}\tag{5.99}$$

其中，q 沿着每一条特征线都是守恒的。该方程可以从东边界开始积分，其边界条件为：沿着东边界有 $\zeta=0$。

在洋中脊之上，位涡等值线由于地形的伸展作用而弯向赤道一侧（图5.61）。

在东边界的 q_{0} 等值线上有 $f=f_{0}$；而在 q_{1} 等值线上有

$$f=f_{1}=f_{0}+\beta\Delta y\tag{5.100}$$

由于位涡沿 q_{1} 等值线为常量，故我们有

$$\frac{f_{0}+\beta\Delta y}{H}=\frac{f_{0}}{H-B}\tag{5.101}$$

这样，这两条等值线间的经向距离为

$$\Delta y=\frac{f_{0}B}{\beta(H-B)}\tag{5.102}$$

沿着 q_{1} = 常数的等值线向后积分（5.99）式，得到了在 a 点（$x=0$）处的界面位移。沿着这条特征线有

$$f=\begin{cases}q_{1}H(1-b/H), & 0\leqslant x\leqslant L\\ q_{1}H, & L\leqslant x\leqslant L+D\end{cases}\tag{5.103}$$

$$w^{*}=\begin{cases}w_{00}+w_{0}b/B, & 0\leqslant x\leqslant L\\ w_{00}, & L\leqslant x\leqslant L+D\end{cases}\tag{5.104}$$

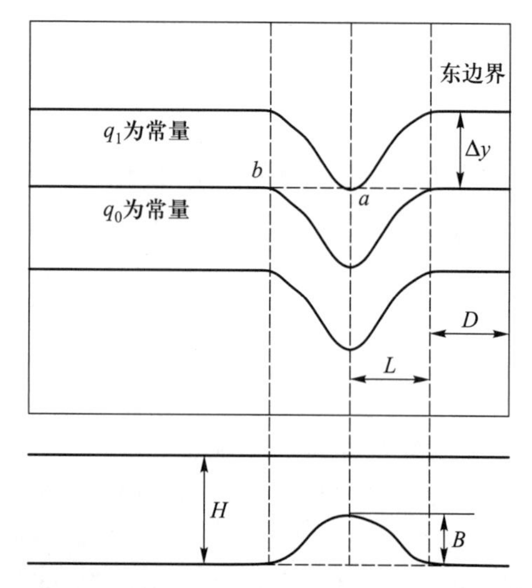

图5.61 在洋中脊的海盆（下图）中的位涡等值线（上图）。深渊层的平均深度为 H，海脊的最大高度为 B。

这样，我们有②

$$\zeta_{a}=-\int_{0}^{L}\frac{fq_{1}}{g'\beta}w^{*}dx-\int_{L}^{L+D}\frac{fq_{1}}{g'\beta}w^{*}dx=-\frac{f_{1}^{2}}{g'\beta H}[w_{00}D+I]$$

$$I=\int_{0}^{L}(1-b/H)(w_{00}+w_{0}b/B)dx\tag{5.105}$$

① 原著中为正弦函数（sinusoidal function），现据（5.97）式改。——译者注

② 此处删除了原著中重复的式子。——译者注

类似地，在 b 点处的界面位移为

$$\zeta_b = -\frac{f_0^2}{g'\beta H}[w_{00}D + 2I] \tag{5.106}$$

如果 $\zeta_a > \zeta_b$，那么，地转约束要求在洋中脊西翼上积分的经向流动应该是向极运动的，这与经典的斯托梅尔－阿朗斯理论所预测的相同；这种环流形态称为亚临界流。

如果 $\zeta_b > \zeta_a$，那么，在洋中脊西翼上积分的经向流动应该是向赤道运动的，这与经典的斯托梅尔－阿朗斯理论正相反；这种环流和这种地形都称为超临界的。

对于现在的情况，对应的约束为

$$f_0^2(w_{00}D + 2I) < f_1^2(w_{00}D + I) \tag{5.107}$$

由于 $w_{00} \ll w_0$，故我们忽略了微弱的背景场上升流之贡献，那么该关系式就简化为 $\sqrt{2}f_0 < f_1$。

利用方程（5.101），我们得到了临界条件

$$B > (1 - \sqrt{2}/2)H \approx 0.293H \tag{5.108}$$

对于一般情况，（5.107）式简化为临界高度比 $x = B/H$ 的三次不等式[①]。

根据斯托梅尔和阿朗斯关于深渊层环流的经典理论（Stommel 和 Arons，1960a），在匀速上升流和没有海底地形的假定下，大洋内区中的流动是向极的，如图 5.62（a）所示。为使环流闭合，就需要一支西边界流；不过，在这里的讨论中我们已省略。

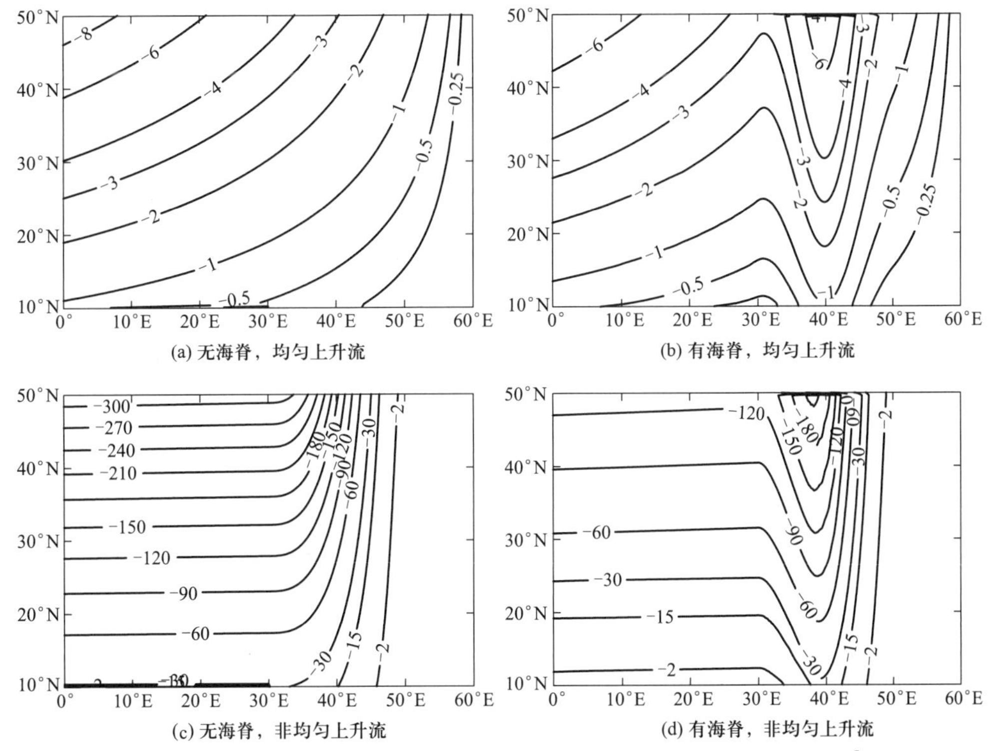

图 5.62 界面位移（单位：m），深渊层的厚度为 $H = 3\ 000$ m，均匀上升流的速率为 $w_{00} = 10^{-7}$ m/s，洋中脊之上强化上升流的速率为 $w_0 = 2 \times 10^{-5}$ m/s，洋中脊的最大高度为 $B = 1\ 500$ m（超临界）。

① 原著中为 cubic equation（三次方程）。——译者注

对于在大洋中部的经向条带上,在没有海底地形强化的上升流情况下,该环流会变得更强,但是其环流形态仍是相似的[图 5.62(c)]。

如果在匀速上升流条件下海脊高于其临界高度,那么洋中脊西翼之上的水就向赤道运动,尽管洋中脊之东翼或者以西之水仍然是向极运动的[图 5.62(b)]。

对于具有超临界地形和在洋中脊之上有强化上升流的情况,在海脊之上就有强环流[图 5.62(d)]。

这个例子证实,地形的伸展作用是主要的驱动力,它使得模式中的海脊西翼出现向赤道环流,这与经典的斯托梅尔-阿朗斯理论所预测的向极流动相反。

a）海山之上的流动

另一个例子是,我们来研究一个余弦曲线形①的海山,其深渊层的平均深度为 $H = 3\ 000$ m。海山地形和上升流具有以下形式

$$b = \begin{cases} 0.5B[1 + \cos(\pi r/r_0)], & \text{如果 } r = \sqrt{[(x - x_0)^2 + (y - y_0)^2]} \leqslant r_0 \\ 0, & \text{其他} \end{cases} \tag{5.109}$$

$$w^* = w_{00} + w_0 b/B \tag{5.110}$$

其中,$w_{00} = 10^{-7}$ m/s,$w_0 = 5 \times 10^{-7}$ m/s。

这种情况与上述一维洋中脊的情况不同。在现在的情况下,地形是二维的,并且典型的位涡等值线由图 5.63 给出。当存在闭合的位涡等值线时,通过沿着特征线的简单积分就得不到解,

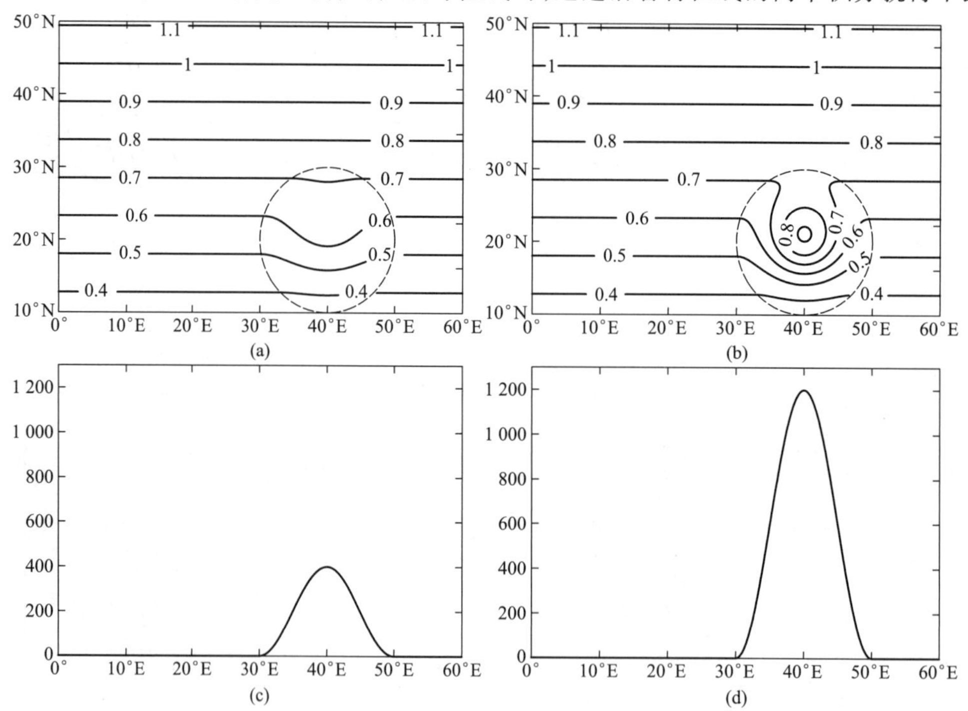

图 5.63 海山地形(c、d;单位:m)及其对应的归一化位涡 $q = fH/h$(a、b;单位:10^{-4}/s)。海山的最大高度分别为 400 m(a、c)和 1 200 m(b、d)②。

① 原著中为 sinusoidal-shapped(正弦形的),现据(5.109)式改。——译者注

② 原图题有误,故据图示改正。——译者注

这是因为其中有些特征线是闭合的，而对于这种具有闭合特征线的解，就必须借助于较高阶的动力学（例如摩擦项和惯性项），但这些项在这里讨论的简单模式中已被省略。对于这种情况就需要更加精巧的数值方法。对此，Katsman（2006）给出了一些算例。我们这里的讨论仅局限于没有闭合地转等值线的情况，我们将这种地形称之为“亚临界地形”。

有着亚临界地形（最大高度为 400 m）的深渊层中的流动由图 5.64 和图 5.65 给出。这种情况再次表明，仅有地形附近强化的上升流不会改变深渊层环流的基本结构。尽管上升流的局地强化能够改变海山纬度附近的纬向速度，但它却不改变经向流动的方向[如图 5.64（c）和图 5.65（c）所示]。

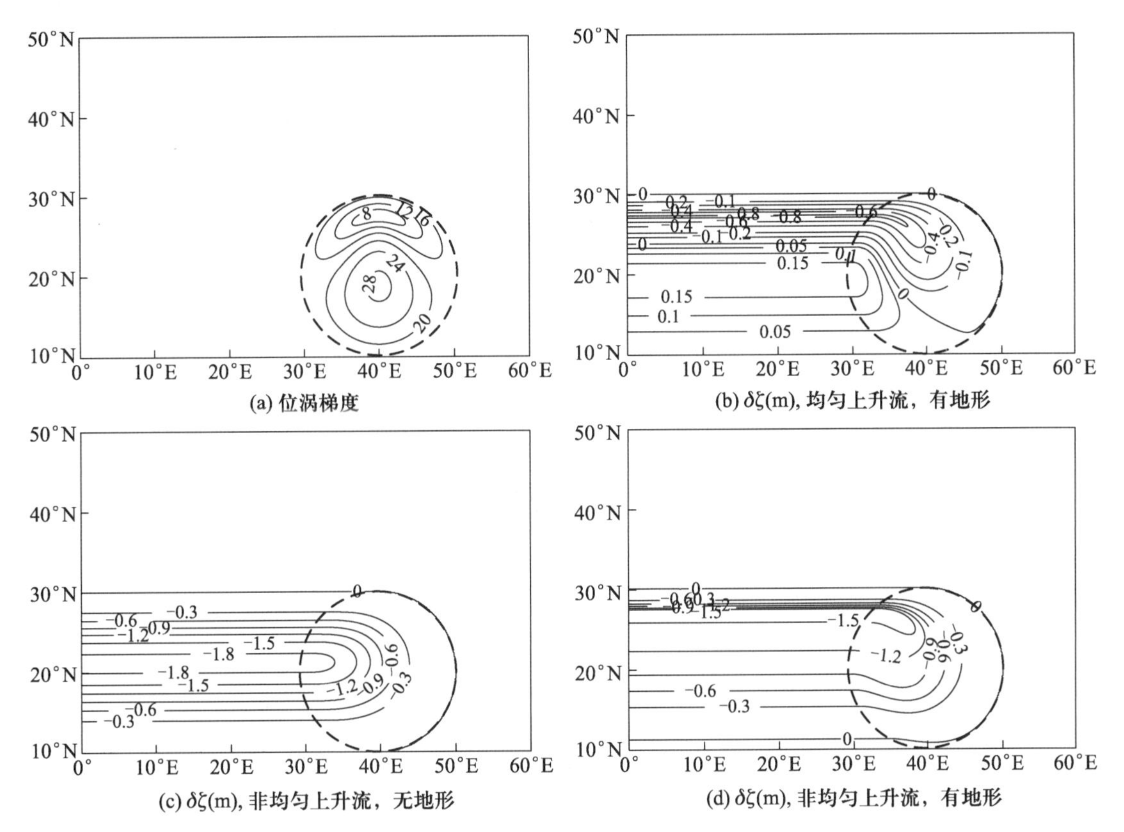

图 5.64 （a）由界面涌升和海山引起的流动结构，图（b）、（c）和（d）表示，当把（a）与均匀上升流且没有地形的标准情况相比较时，其界面位移的改变（单位：m）。

有意思的是我们看到，轴对称海山导致的局地强化上升流所引起的扰动是近乎经向对称的，而较次要的不对称性则是由于经向上科氏参量的增加而产生的。

另外，地形的伸展作用能引起海山附近经向速度形态的明显改变。事实上，在海山西坡附近的流动是向赤道的[图 5.65（b）]，它类似于上面讨论过的洋中脊情况。地形引起的扰动在经向上是高度不对称的[如图 5.64（b）所示]。界面位移负距平的形状像一根高尔夫球杆。

因此，洋中脊和孤立海山之地形伸展作用都能引起在地形西翼上的向赤道的流动，它与斯托梅尔－阿朗斯经典理论所预测的向极流动相反。

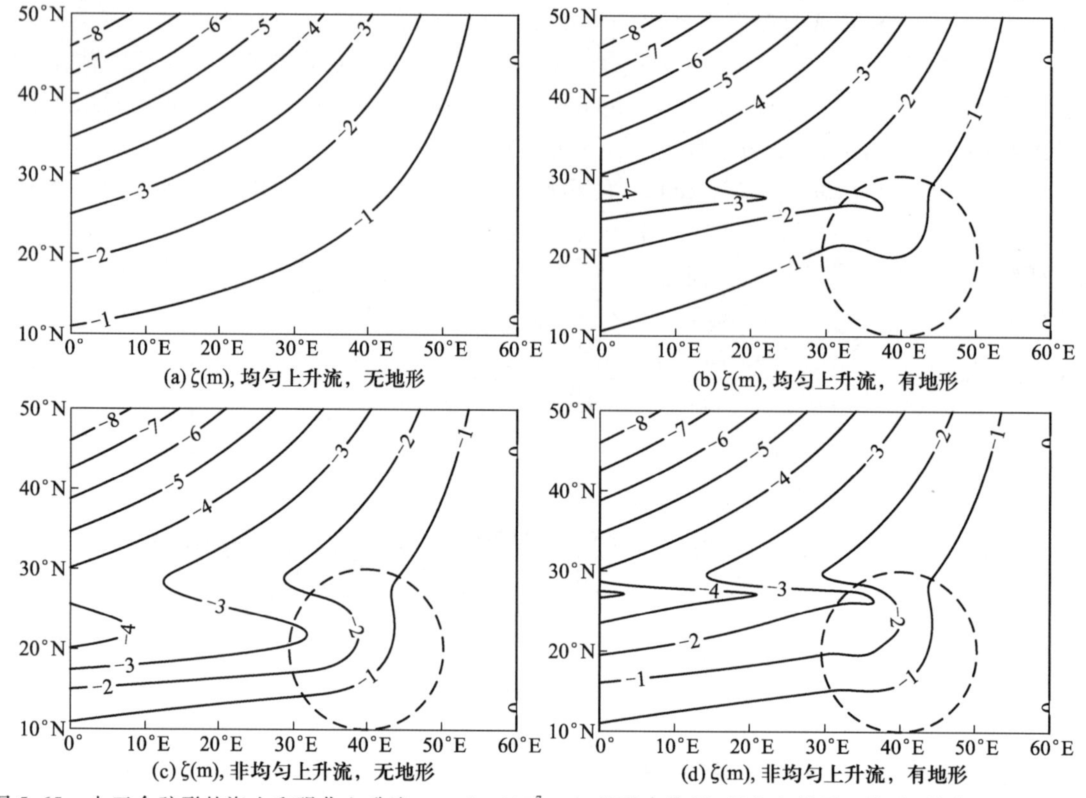

图 5.65 由于余弦形的海山和强化上升流 $w_0 = 5 \times 10^{-7}$ m/s 的联合作用，所产生的界面位移（单位：m）。

b）孤立陡峭海底地形之上的流动

在世界大洋中，有许多孤立的陡峭海底地形（包括海山和海沟）。逆置约化重力模式表明，这些地形之上的大部分位涡等值线均具有闭合等值线的形式，而其环流则具有强非线性动力学流态。

由于陡峭地形之上的流动可以很强，故我们重新来构建"逆置约化重力模式"的基本方程之公式（它是在 5.2.2 节的该小节中引入的），其中包括非线性平流项和底摩擦项。假定流动是定常的，那么，对于逆置约化重力模式，其动量方程和连续方程为①

$$uu_x + vu_y - fv = -g'\zeta_x - Ru/h_0 \tag{5.111a}$$

$$uv_x + vv_y + fu = -g'\zeta_y - Rv/h_0 \tag{5.111b}$$

$$(hu)_x + (hv)_y = -w^* \tag{5.111c}$$

其中，h 和 h_0 分别为层厚及其平均值，而 $R(u,v)/h_0$ 为底摩擦项。在这里，我们采用了特殊形式的底拖曳力，这是为了找到简单的解析解表达式（这将在稍后讨论）。将方程（5.111a）和（5.111b）交叉微分并相减，就导出了如下简洁形式的位涡方程

$$\nabla_h(h\vec{u}Q) = -R(v_x - u_y)/h_0 \tag{5.112}$$

其中，$Q = (f + v_x - u_y)/h$ 是位涡，它包括了相对涡度的贡献。

对于闭合位涡等值线的情况，我们可以在闭合位涡等值线 C_Q 内的区域 A_Q 上计算方程（5.112）的积分。应注意，在现在情况下，水平速度是由一个源/汇来驱动的；因此，正如 4.1.3

① 在原著中，方程（5.111b）排印有误，现已更正。——译者注

节中讨论过的，这种情况没有闭合流线。事实上，有质量流量通过了位涡等值线 C_Q 并进入了区域 A_Q。根据连续性原理，通过边界的总质量流量等于区域 A_Q 内上升流的总流量。此外，这是一个带有摩擦的模式，故位涡沿流线并不守恒。因此，严格说来，位涡等值线不同于在有闭合等值线的类似解中的所谓地转等值线。

对方程(5.112)左边积分，我们得到[①]

$$\iint_{A_Q} \nabla_h (h\vec{u}Q)\, dA = Q_C \oint_{C_Q} h\vec{u} \cdot \vec{n} dl = -Q_C \iint_{A_Q} w^* dA \tag{5.113}$$

在导出该方程时，我们利用了连续方程(5.111c)与 Q 在 C_Q 上为常量的事实。因此，方程(5.112)的积分为

$$\left(\frac{f + v_x - u_y}{h}\right)_C \iint_{A_Q} w^* dA = \frac{R}{h_0} \oint_{C_Q} \vec{u} \cdot d\vec{l} \tag{5.114}$$

方程(5.114)制约了在闭合位涡等值线内的流动。第一，假定在闭合等值线 C_Q 内有净上升流，则按照方程(5.114)所要求，环流必然是气旋式的，这一点对于陡峭的海山与海沟都适用(Kawase 和 Straub，1991；Johnson，1998)。第二，环流速率与摩擦参量 R 成反比，而与闭合等值线内之总上升流的速率线性地成正比。第三，由于对于气旋式流动相对涡度为正，$v_x - u_y > 0$，故该平衡中的非线性项就能使环流进一步加强。

深层海沟附近的流动是深层大洋中最有意思的现象之一，因为海沟的地形呈长条状，其长度达数千千米。观测已经表明，在各大洋中的陡峭海沟之上确实存在着强劲的气旋式环流。例如，在北太平洋北部和西北部的几条深海海沟之上就有强劲的深层边界流，如图 5.45 所示(Owens 和 Warren，2001)。Johnson(1998)对世界大洋其他地点的观测结果进行了总结。

C. 深层惯性西边界流

在以上的讨论中，西边界流的存在是质量守恒所要求的，但是对深层西边界流的动力学约束问题，我们还没有进行讨论。为了探索这些海流的动力学结构，我们需要一个动力学框架。我们已经在第 4 章中讨论过惯性西边界流。根据简单的惯性理论，表层惯性西边界流宽度的量级为 30～50 km。不过，观测表明，深层西边界流可以是非常宽的(有 500 km 的量级)。为了解释该现象，Stommel 和 Arons(1972)提出，对于这样一支宽阔西边界流，其关键要素是它下面的倾斜海底。

考虑一个有着倾斜海底的逆置约化重力模式(图 5.66)。

流动是半地转的

$$-fv = -g'\eta_x = -g'(h+b)_x \tag{5.115a}$$

$$uv_x + vv_y + fu = -g'(h+b)_y \tag{5.115b}$$

$$(hu)_x + (hv)_y = 0 \tag{5.115c}$$

从这些方程中，我们得到了位涡守恒和伯努利守恒定律

$$\frac{f + v_x}{h} = Q(\psi) \tag{5.116}$$

$$\frac{v^2}{2} + g'(h+b) = B(\psi) \tag{5.117}$$

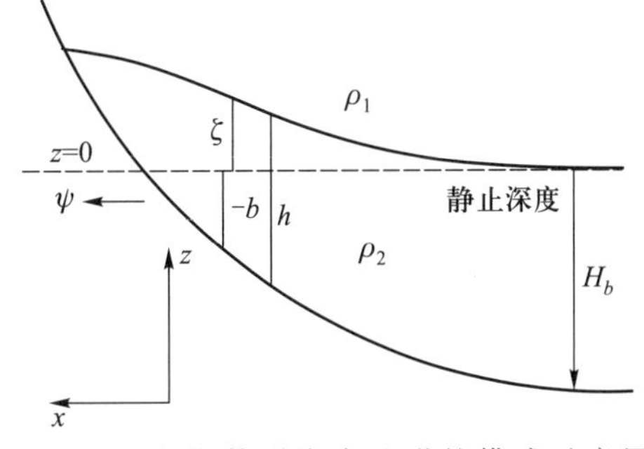

图 5.66 含指数形海底地形的模式示意图(Pickart 和 Huang，1995)。

---

① 原著中(5.113)式排印有误，现已更正。——译者注

其中，ψ 为流函数，$Q(\psi)=\dfrac{dB(\psi)}{d\psi}$。

Stommel 和 Arons(1972)讨论了均匀位涡的情况。在此情况中，用指数函数就能表示深层惯性西边界流之解。不过，正如我们在 4.1 节讨论表层西边界流时那样，若用流函数坐标变换来解此问题，就要容易得多。

引入无量纲变量，$x=Lx'$，$h=Hh'$，$f=f_0f'$，$v=Vv'$，$\psi=\Psi\psi'$，则基本方程组(省略撇号)如下

$$v_{\psi}^{2}=\frac{2}{\varepsilon}\left(b\,\frac{h-f}{h}\right) \tag{5.118}$$

$$h=\psi-\frac{\varepsilon}{2}v^{2}-sx \tag{5.119}$$

$$x_{\psi}=\frac{1}{hv} \tag{5.120}$$

其中，$s=\alpha L/H$ 为无量纲海底坡度，$\varepsilon=(\lambda_D/L)^2$ 为伯格数(Burger number)，$\lambda_D=(g'H)^{1/2}/f_0$ 为内变形半径。

Stommel 和 Arons(1972)指出，在海流的向岸一侧有两类边界条件：零层厚或零速度。在第二种情况下，在大陆坡与深层西边界流的边缘之间有一个无运动区。对于北大西洋深层西边界流，则应用第二类条件，尽管在低纬度处，最终取零厚度条件。

一个非常有意思的现象是，随着深层西边界流流向赤道，它也沿着大陆坡向上流动。Pickart 和 Huang(1995)比照北大西洋中的深层西边界流，对均匀位涡的情况进行了计算，其解在图 5.67 中给出。要注意，在低纬度处，海流变得更宽了，其最大速度变得更大了。

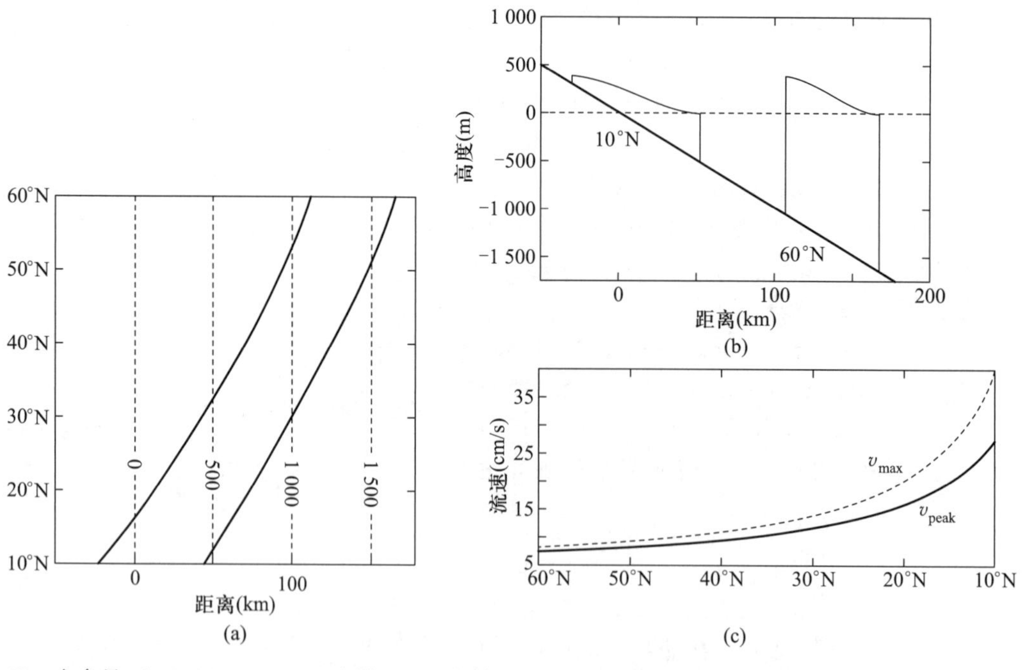

图 5.67 在参量 $g'=0.001$，$\alpha=0.01$，流量 = 5 Sv 的情况下，均匀位涡海流沿流线的演变：(a) 沿流线的海流路径；点线表示地形；(b) 界面的横断图，显示其结构从60°N 至10°N 的变化情况；(c) 沿流线的峰值流速的变化趋势，图中的虚线表示其可能的最大值(Pickart 和 Huang，1995)。

Pickart 和 Huang(1995)还讨论了非均匀位涡和指数型大陆坡的情况。计算是在流函数坐标上进行的。利用从资料诊断得到的位涡廓线,改进了该模式对深层西边界流的模拟结果(图 5.68)。

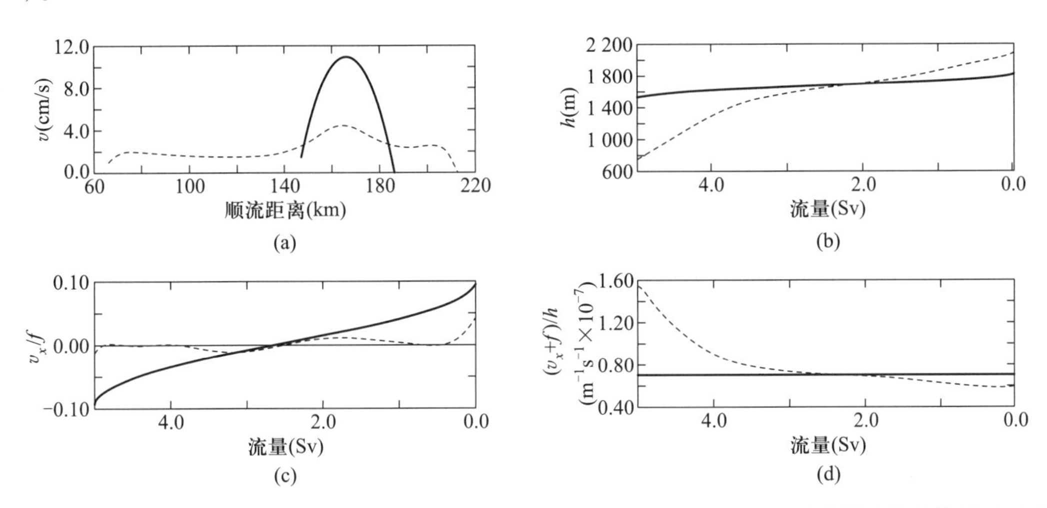

图 5.68 真实深层西边界流(DWBC)Q(虚线)与均匀 Q 解(实线)之比较,在55°N 处跨横流的结构图:(a) 顺流速度;(b) 层厚;(c) 涡度;(d) 位涡(Pickart 和 Huang,1995)。

5.2.4 混合加强后的深层环流

A. 地形上的海底强化混合引起的深渊层流动

在斯托梅尔-阿朗斯理论中,假设深层环流是由世界大洋中有限几个孤立的深层水点源维持的匀速上升流所驱动的。由于他们的模式中没有包括混合、耗散和海底地形,故就可以很容易从一个简单的涡度平衡中导出环流场。这个简单的环流场,包括遵循线性涡度方程的大洋内区向极流,再加上因每个纬度处需要质量平衡而形成的西边界流。

类似地,如果假设,有某种简单形式的涡度耗散,那么,包括经向边界在内的整个海盆中的深层环流就可以根据涡度平衡来确定。作为一个例子,Yang 和 Price(2000)通过引入简单形式的海底拖曳力和垂向速度场推广了斯托梅尔-阿朗斯的经典理论。

深层大洋中的位涡平衡与混合密切相关。由于混合在空间上是高度非均匀的,故混合的动力学效应就成为深层环流的重要研究前沿。在过去数十年中,在倾斜边界上,由海底强化混合(bottom-intensified mixing)引起的流动已经得到广泛的研究。Phillips(1970)和 Wunsch(1970)指出,应用于倾斜海底的绝热边界条件要求等温线必须垂直于局地的底坡。在旋转流体中,底边界附近的密度梯度约束引起了底边界层中的一支沿坡高流(初级环流)和一支爬坡流(次级环流)。此外,Phillips 等(1986)还进行了实验室实验,他的结果显示,次级环流的辐聚和辐散可以产生一支垂直于该底坡的三级流动。有关海底强化混合引起的边界层之综合性述评可参见 Garrett(1991)和 Garrett 等(1993)的文章。

海底强化混合引起的流动之基本物理学如下。地形斜坡上的绝热边界条件要求等温线必须与斜坡垂直;因此,在地形附近存在热力边界层(图 5.69)。地形附近的等密度面通过以下的方式发生变形。在远离地形的地方,等密度面上移,因此,在同一位势高度上,其密度高于周围的密度，由此引起了离开页面、指向读者的地转流。在地形周边区，密度低于其背景密度，这种密度场引起了离开读者、进入页面的地转流。这些地转流是旋转流动中由边界混合引起的初级流动。

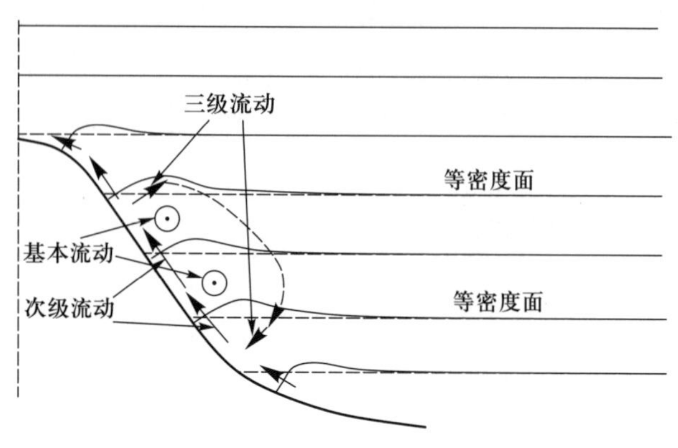

图 5.69 海底强化混合引起的底层环流示意图。

另外，在靠近地形的地方，水平压力是指向地形的；因此，在紧贴地形的附近区域中有一股爬坡的压力(upslope pressure force)，它在靠近地形的薄边界层内驱动了一支爬坡的次级流动。在不同部分的斜坡之上，在该边界层中的质量流量会发生改变，这种改变所对应的辐聚/辐散则引起了三级流动(图 5.69)。

如果混合局限于低强度的分子扩散，那么边界层很薄且对应的质量流量很小，因此对于大尺度海洋环流而言，它就完全可以忽略。然而，由于在粗糙地形上潮汐耗散引起的强混合，故粗糙地形附近的混合可以在地形的附近区域引起强流，这种强流是构成深层大洋中大尺度海洋环流的一个主要分量。

B. 理想地形上由海底强化混合引起的深层环流

作为一个例子，图 5.70 给出了根据 σ 坐标模式算出的海山之上由海底强化混合引起的流动。该海山的半径为 15 km，高 100 m，垂向黏性系数和扩散系数都随着离开海底的高度呈指数衰减，即

$$[\kappa_v(z), A_v(z)] = (\kappa_0, A_0)\exp[-(H+z)/h] \tag{5.121}$$

其中，z 为垂向坐标，$z=-H$ 取在海底地形处，$h=10$ m 为 e 折合深度①，$\kappa_0=A_0=10^{-4}\ \mathrm{m^2/s}$。这里讨论的流场完全是由海底强化的混合所驱动的，没有任何外部的源/汇。正如上节中讨论过的，热力边界条件要求等温线垂直于海底附近的底坡[图 5.70(a)]。在贴近底边界的一个非常薄的边界层内和海山的顶上垂向速度都是正的；不过，在这个薄薄的边界层与在海山顶之外的其他地方，垂向速度处处为负[图 5.70(b)]。该垂向速度场对应着一个径向翻转环流[图 5.70(c)]，靠近海底处为向上爬坡运动，远离海底的地方为向下运动。除了贴近底边界的薄层之外，大部分深度所对应的顺流方向速度是反气旋式(负)的[图 5.70(d)]。

C. 在南大西洋的洋中脊上由海底强化混合引起的深层环流

由于混合与地形相结合，使得在地形之上由海底强化混合引起的深层流动可能变得相当复杂。南大西洋中的深层环流就是一个很好的例子。

---

① 所谓 e 折合深度(e-folding depth)有多种定义，在这里 h 似指深度间隔尺度，在此尺度上其指数变化为 e^{-1}。——译者注

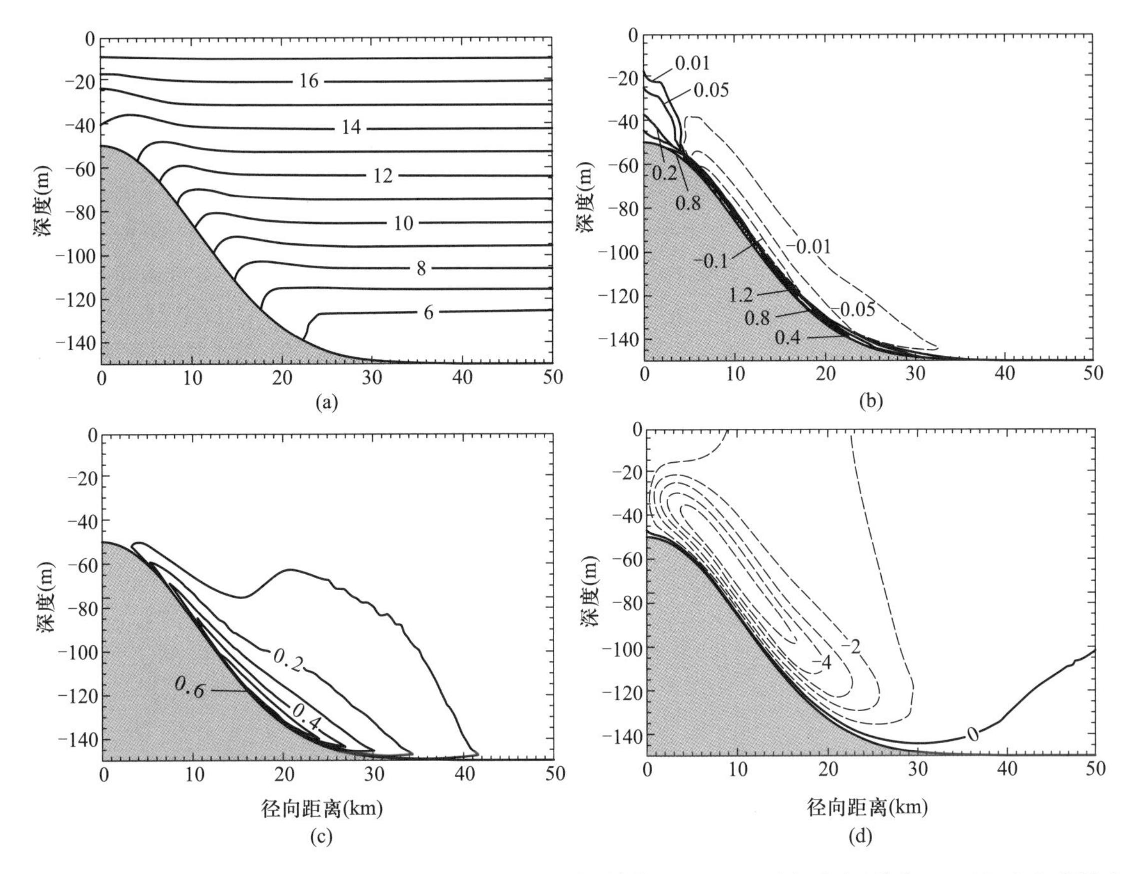

图 5.70 海山之上的海底强化混合引起的环流：(a) 温度(单位:℃)；(b) 垂向速度(单位:m/日)；(c) 翻转流函数(单位:0.1 m^2/s)；(d) 切向速度(单位:0.01 m/s)(Cummins 和 Foreman,1998)。

1) 构建模式公式

数值模式建立在基于 GFDL MOM2① 的 z 坐标中，包括 110 层，每层的层厚均为 50 m(Huang 和 Jin,2002a)。该模式的主要特征是包括了洋中脊(大洋中央海脊)两侧上的强烈的跨密度面混合。现场观测(Polzin 等,1997;Ledwell 等,2000)表明，巴西海盆东半部分中混合非常强烈，但是在其西半部分却非常微弱。在洋中脊西坡上这种强烈的海底强化混合显然是与洋中脊粗糙地形上潮流所引起的强湍流和内波破碎有关。在洋中脊的东坡上，也应该存在类似的海底强化混合，故把该模式中的混合理想化为

$$\kappa = \kappa_0 + \Delta\kappa_1 \cdot Exp\left[-\left(\frac{z+h}{\Delta h}\right)^2 \right] \tag{5.122}$$

其中，$\kappa_0 = 10^{-5}$ m^2/s 为背景的弱混合系数；$\Delta\kappa_1 = 10^{-3}$ m^2/s 为在洋中脊两侧的海底强化的强混合系数，但在巴西海盆西半部分和安哥拉海盆东半部分，此系数设为 0；h 为大洋深度，Δh = 600 m为海底强化混合的 e 折合距离。

① GFDL MOM2(Geophysical Fluid Dynamics Laboratory /NOAA Modular Ocean Model 2 code)，即美国国家海洋和大气局地球流体动力学实验室海洋模式第二版代码。——译者注

该模式由 Hellerman 和 Rosenstein(1983)的月平均风应力数据与海面温度和盐度向月平均气候态松弛来驱动①。北(南)边界设在6°N(41°S),在那里采用了海绵层(sponge layer),在该层中模式的热力学变量通过松弛而回到气候态。

由于模式的水平分辨率较低,不能完全分辨出韦马深水海道,故在模式中设置了一条人工水道(4 600 m,在30°S、39°W 附近)以确保南极底层水能在适当的深度处流入巴西海盆。类似地,对于罗曼什断裂带,也是通过设置一条4 350 m 深的水道(在赤道上19°W 附近)来处理的;因此,利用适当深度的水道来模拟南极底层水通过巴西海盆的南端桥接并进一步桥接到安哥拉海盆。其地形如图5.71(a)所示。

他们进行了若干数值实验。在实验 A 中,把海底强化跨密度面混合应用于洋中脊两侧。强混合与背景弱混合之间的边界设置在沿着洋中脊两侧亚海盆(sub-basin)最大深度的“经向”线上。这样的混合分布使得洋中脊上的垂向平均混合很强,而在安哥拉海盆东半部分和巴西海盆西半部分,垂向平均的混合系数则为常量[图5.71(b)]。

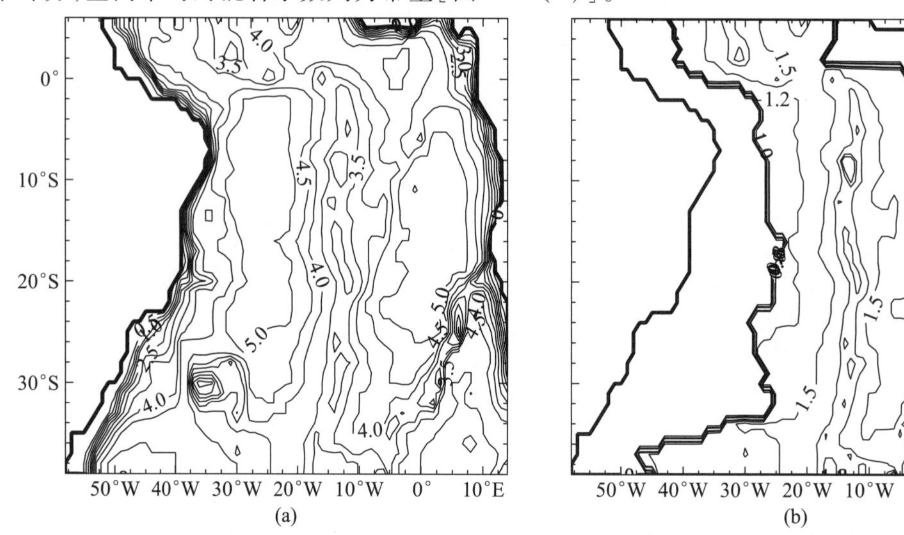

图5.71 对于南大西洋几何形状的模式参量:(a) 地形(单位:km);(b) 垂向平均跨密度面混合系数(单位:10^{-4} m^2/s)(Huang 和 Jin,2002a)。

为了便于比较,进行了混合系数为常量的两个附加实验:在实验 B 中,混合系数设为背景值,$\kappa = 10^{-5}$ m^2/s。在实验 C 中,混合系数设为 $\bar{\kappa} = 0.854\ 1 \times 10^{-4}$ m^2/s,等于实验 A 中海盆平均的混合系数。为便于比较,对于南极底层水,海盆平均的跨密度面混合系数估计为 $\bar{\kappa} \simeq (1 \sim 5) \times 10^{-4}$ m^2/s。

2) 数值结果

所有数值实验的初始条件均从静止开始并积分250年。进入巴西海盆的南极底层水流量估计为4 Sv(Hogg 等,1982),因而水团的更新时间约为100年。因此,在沿南北边界的松弛条件下,250年就足以使模式达到准平衡状态。

a) 水平速度场

实验 A 中最突出的环流特征是洋中脊附近的底层强流(图5.72)。在巴西海盆,沿着洋中脊

① 在后半句中,由“海面温度和盐度向月平均气候态松弛来驱动”的具体设置,详见本书第5.3.2节。——译者注

的西坡有一支向赤道的底层强流,其强度与沿着该海盆西边界的深层西边界流几乎相同[图5.72(c)];这样,此结果就与从斯托梅尔-阿朗斯 理论推断出的环流相反。

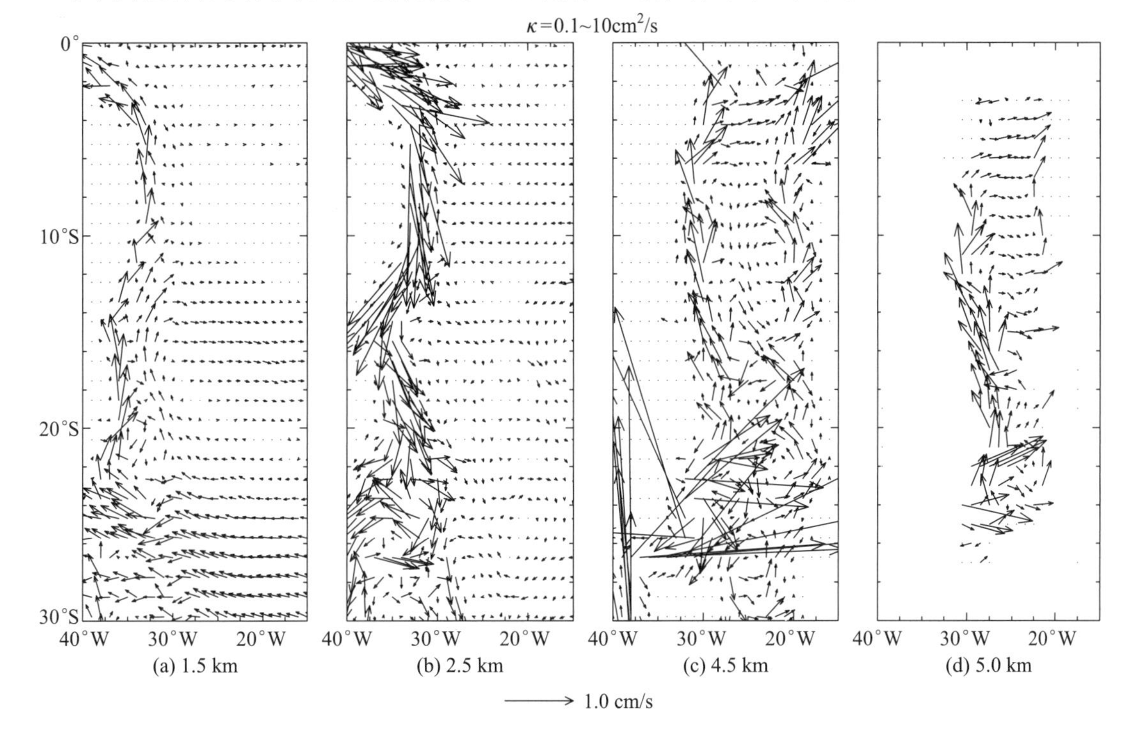

图5.72 在实验A中,巴西海盆不同层次的水平流速:(a) 1.5 km;(b) 2.5 km;(c) 4.5 km;(d) 5.0 km① (Huang 和 Jin,2002a)。

在巴西海盆,有三支西边界流沿着南美洲东海岸流动,其水平环流场如图5.72所示。在1.5 km以浅,表层西边界流向北流动[图5.72(a)]。这支表层西边界流是由上层风生环流和经向热盐翻转环流胞的北向分支构成的。

在2~3.5 km的深度范围内,西边界流携带着北大西洋中层水和深层水(NADW)向南流[图5.72(b)]。在约4 km深度处,西边界流的流向转为向北并携带着南极深层水进入南、北大西洋[图5.72(c)和(d)]。

在4.5 km和5 km深度处可以清楚地看到海底强化混合的动力学效应[图5.72(c)和(d)]。事实上,在4.5 km层,巴西海盆中的东边界流和西边界流具有大体相同的强度,水平速度的量级为0.01 m/s。尽管沿着海脊西翼,这样一支向赤道的流动与5.2.3节中的简单理论分析相一致,但在南大西洋的现场观测却显示出了不同的环流形态。事实上,由于洋中脊的粗糙地形,这支连续向赤道的流动在洋中脊附近被阻断而由垂直于洋中脊主轴的几个狭窄山谷(水平尺度为几十千米)中的强潮流所替代(Thurnherr 和 Speer,2003)。

这种违背斯托梅尔-阿朗斯理论的现象是在意料之中的,因为海盆深层中的环流强烈地受到地形和海底强化混合的强约束,而这在原始的斯托梅尔-阿朗斯理论中是没有的。

① 原著的(d)图误标为4.5 km,现已更正。另外,在垂直方向上,深层西边界流是连续变化的,因限于篇幅,图中只能给出几个深度上的流速分布,故正文中阐述的内容在深度上与所给的图不完全对应。——译者注

b）非匀速上升流

Stommel 和 Arons(1960a)的一个基本假定是，在海盆中上升流是匀速的。然而，这样的假定对于深层环流并不适用。如同 Phillips 等(1986)所指出的，边界混合不仅能够引起爬坡流动，而且还能产生垂直于底坡的三级流动。在现在的情况下，该三级流动表现为洋中脊附近的上升流和海盆内区的下降流。如示意图 5.73 所示，斯托梅尔和阿朗斯所预测的原型深层环流与我们从数值实验中得到的深层环流有很大不同。

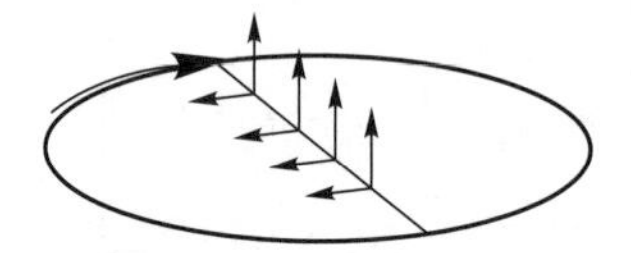

(a) 斯托梅尔-阿朗斯环流，垂向循环指数V_{cx}=0

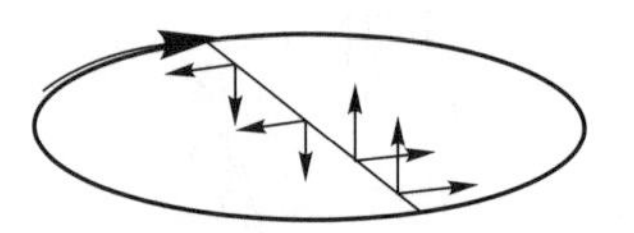

(b) 巴西海盆深层环流，垂向循环指数V_{cx}>80

图 5.73　南半球深海盆中的两类环流形态。

为了说明这种与基于经典的匀速上升流理论相背离的现象，我们来引入垂向循环指数(vertical cycling index)，其定义为

$$V_{cx}(z)=\operatorname{sign}(W_p+W_n)\frac{\min(W_p,|W_n|)}{\max(W_p,|W_n|)}\times 100\% \tag{5.123}$$

其中，W_p 为海盆积分的上升流速率，W_n 为海盆积分的下降流速率。

一方面，斯托梅尔和阿朗斯假定了一支匀速上升流，因而 $W_n=0$，这样对于他们的模式有 $V_{cx}=0$。另一方面，对应于纯粹垂向循环的情况，$V_{cx}=100$，并且通过指定水深处的净质量流量为零；这种情况在理论上属于非斯托梅尔－阿朗斯环流之极限。在大洋中，上升流和下降流可以出现在任何给定深度处，因而在正常情况下，V_{cx}是非零的。事实上，对于大多数情况 V_{cx}远离零值。例如，在巴西海盆，V_{cx}或者接近于 100 或者接近于 －100，它表明在垂直方向有强烈的往复环流(图 5.74)。作为一个例子，在实验 A 中的 4 km 深度处，上升流分支携带了 5.39 Sv 的质量流量，下降流分支携带了 4.62 Sv 的质量流量，因而净上升流速率为 0.77 Sv，它是由穿过韦马深水海道的南极底层水之质量流量提供的。也有大量的质量流量穿过侧向边界。

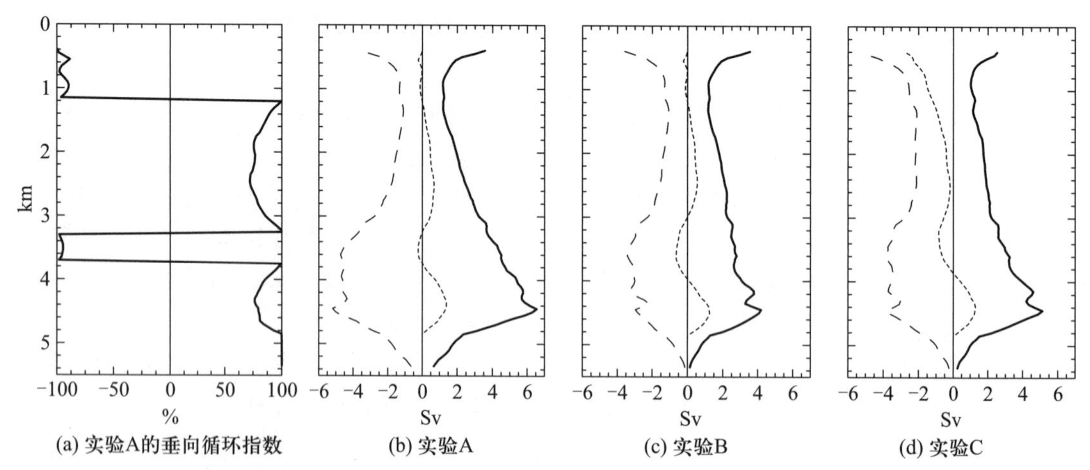

图 5.74　巴西海盆中的垂向质量流量廓线。(a) 垂向循环指数。其余图中给出的是流量，其中实线为总上升流量，虚线为总下降流量，细点线为垂向净质量流量：(b) 实验 A；(c) 实验 B；(d) 实验 C(Huang 和 Jin，2002a)。

在 4 km 以深的各深度处,净上升流速率主要由穿过韦马深水海道的南极底层水的总质量流量所控制,因而它对跨密度面混合系数不是非常敏感;然而,上升流和下降流的强度对于选择跨密度面混合系数却非常敏感(如图 5.74 所示)。事实上,实验 A 中的上升流分支是最强的,这表明在巴西海盆中有强劲的垂向水循环。比较起来,实验 B 中的垂向水循环是最弱的。

如上所述,跨密度面混合的选取不仅影响深层环流,而且还影响整个深度区间中的垂向上升流速率。这一点可以从巴西海盆中的净上升流速率看出来(图 5.74)。例如,对于实验 A 和实验 B,在 2 ~3 km 深度区间中有净上升流;然而,对于实验 C,在此深度区间中则有净下降流。

垂向净上升流速率之差与水平速度场有直接关系,这就表明在实验 C 中,亚热带海盆中的海面风应力旋度产生的埃克曼泵压效应已达到了非常深的深度。比较起来,实验 A 和 B 中的埃克曼泵压所达到的深度就要浅很多。这反映了在主温跃层与亚热带经向环流胞在深度上的差异。众所周知,如果一个模式的跨密度面混合系数如此之大的话,那么它就使得温跃层变得太深且使扩散太强;因此,实验 C 给出的上层海洋环流是不符合实际的。

c) 纬向断面上的特性

可以利用不同纬度上的温度断面和速度断面(2 km 以深)来仔细考察深层环流的结构。(由于海盆深层的盐度梯度非常小,且盐度图上几乎没有信息,故不包括盐度断面图。)从实验 A 得到的 19°S 处的环流结构见图 5.75。从实验 A 得到的等温线有许多重要特征。

- 在巴西海盆中,从 0.8 ~2.0℃的位温区间上可以很容易地识别出深渊温跃层。
- 在洋中脊两侧,等温线向该脊下弯并似乎更加“垂直于”局地海脊的斜坡,这与绝热条件下底边界层的理论相一致(例如 Phillips,1970; Wunsch,1970)。
- 巴西海盆内区的等温线向东下倾。

在巴西海盆中,在 4.5 km 以深的水向东流[图 5.75(d)和(b)];在海底地形之上的这支东向逆坡流主要是由该海脊之上的强烈海底强化混合引起的。不过,流向在 4.5 km 以上发生逆转:一支总体上向西的流动出现在 3.7 ~4.5 km 之间,这就与从深水漂流浮子(float)推断出来的环流形态不一致(Hogg 和 Owens,1999)。在安哥拉海盆,实际上有两个向相反方向旋转的纬向环流胞。在东部,有一个逆时针环流,其质量流量超过 0.3 Sv。这个环流胞由海底之上的东向流与 4 ~4.5 km 的西向回流构成。在西部,有一个弱的顺时针环流,包括在洋中脊东坡之上的缓慢的爬坡流,显然它是由那里强烈的海底强化混合引起的。不过,东坡上的向上运动的强度比对应的洋中脊西坡上的向上运动要弱得多。因此,该纬向断面上的环流就类似于 Cummins 和 Foreman(1998)讨论过的海山之上由海底强化混合引起的流动。

相对陡的等温线表明在洋中脊两侧有相对强的底边界流[如图 5.75(c)所示],而且与实验 B 和实验 C 相比较(图略),那里的纬向和垂向速度也较大。应注意海底强化混合①在洋中脊西坡上引起了上升流,但在该海脊下部引起下降流[5.75(b)]。这类似于根据在巴西海盆深层观测到的示踪物分布所推测的流动形态(St. Laurent 等,2001)。对此,可以解释如下。我们用一维模式对密度守恒取粗略近似,其基本平衡为

$$w = \kappa_z + \kappa \frac{\rho_{zz}}{\rho_z} \tag{5.124}$$

① 原著中为 bottom-intensified mixing coefficient(海底强化混合系数),疑排印有误,故改。——译者注

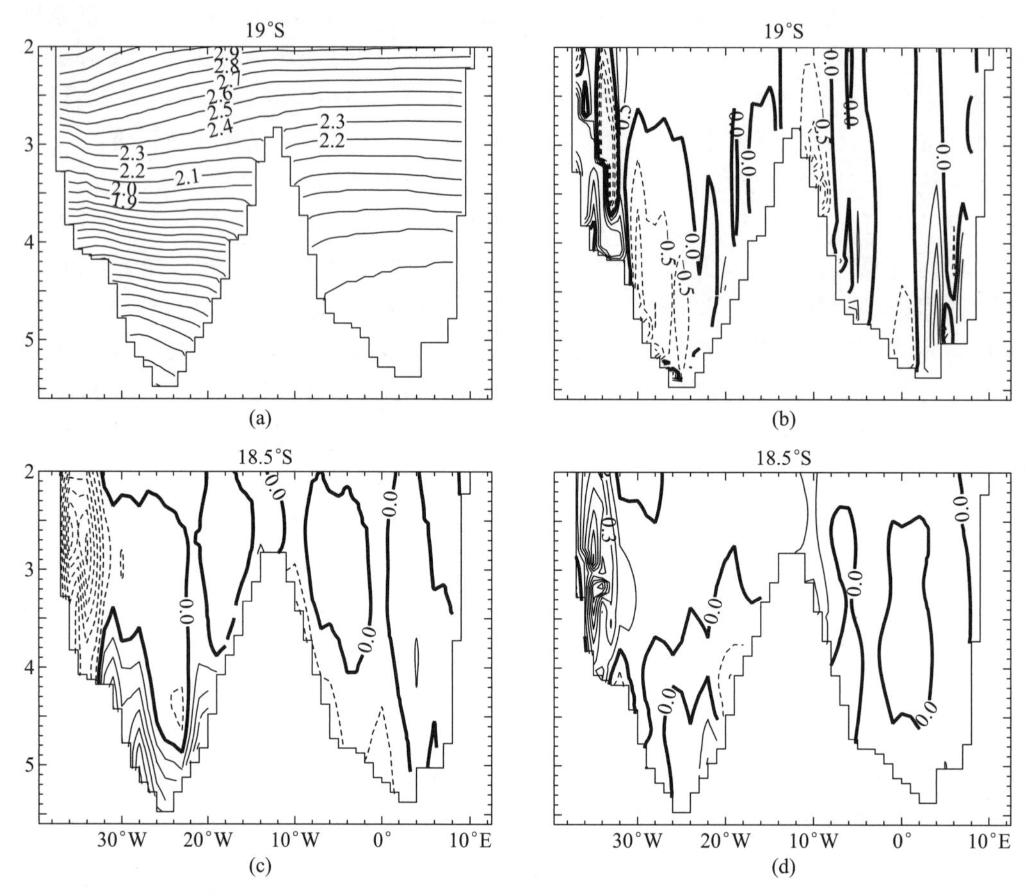

图 5.75 实验 A 中,19°S 处的环流①(深度单位为 km):(a) 位温(单位:℃);(b) 垂向速度(单位:10^{-6} m/s);(c) 经向速度(单位:0.01 m/s,等值线间隔为 0.001 m/s);(d) 纬向速度(单位:0.01 m/s)(Huang 和 Jin,2002a)。

对于实验 A 中的海底强化混合模式,右边第一项的量级为 $\kappa_z > -2\times10^{-6}$ m/s,因而它对洋中脊外侧附近的下降流有重要的贡献。由于连续性原理②,这支下降流应该使洋中脊主轴附近的上升流加强,同时,由于海底附近的密度梯度几乎为零,故在那里,方程(5.124)右边第二项是正的。比较起来,对于实验 B 和实验 C 来说,κ_z 均为零,因而在洋中脊的底部附近没有下降流。

3) 评述

基于 z 坐标的数值实验表明,考虑真实海底地形时,深渊层环流与经典的斯托梅尔 - 阿朗斯环流在形态上有明显差别,即使在均匀的弱混合情况下也是如此。对于在洋中脊之上有强烈的海底强化混合的情况,其环流与经典的斯托梅尔 - 阿朗斯环流就有天壤之别。这些结果与前人的很多研究都是一致的,例如,Garrett(1991)总结的边界层混合理论、Cummins 和 Foreman(1998)的数值研究以及 Spall(2001)的理论研究。总而言之,这些结果证实,海底地形在控制深层环流上有至关重要的动力学作用。为了模拟深层环流和水团特性,处理好以下问题是极端重

① $\kappa=0.1\sim10$,如方程(5.122)所述。——译者注

② 原著中为 continuity conservation(连续性守恒),疑排印有误,故改。——译者注

要的。

a）海底地形的精确处理

对于低分辨率的模式，连接不同海盆的深层水道是至关重要的。尽管低分辨率模式能够提供世界大洋深层环流的有益信息，但从这类数值模拟得到的结果看，它们对于模式的水平分辨率相当敏感。正如洋中脊附近的高分辨率海底地形图（图 5.76）所示，由于洋中脊两侧有新生成的海底，故粗糙的地形使得流动变得非常复杂。特别是，当存在着垂直于洋中脊主轴的深谷时，在海底地形附近，它可以阻断平行于洋中脊主轴的地转流。例如，在洋中脊附近释放示踪物的现场实验中，并没有观测到图 5.72 中所显示的向赤道的地转流。其实，在巴西海盆施放的深层漂流浮子表明，中等深度的流动是由纬向射流支配的，这将在下一节中讨论。

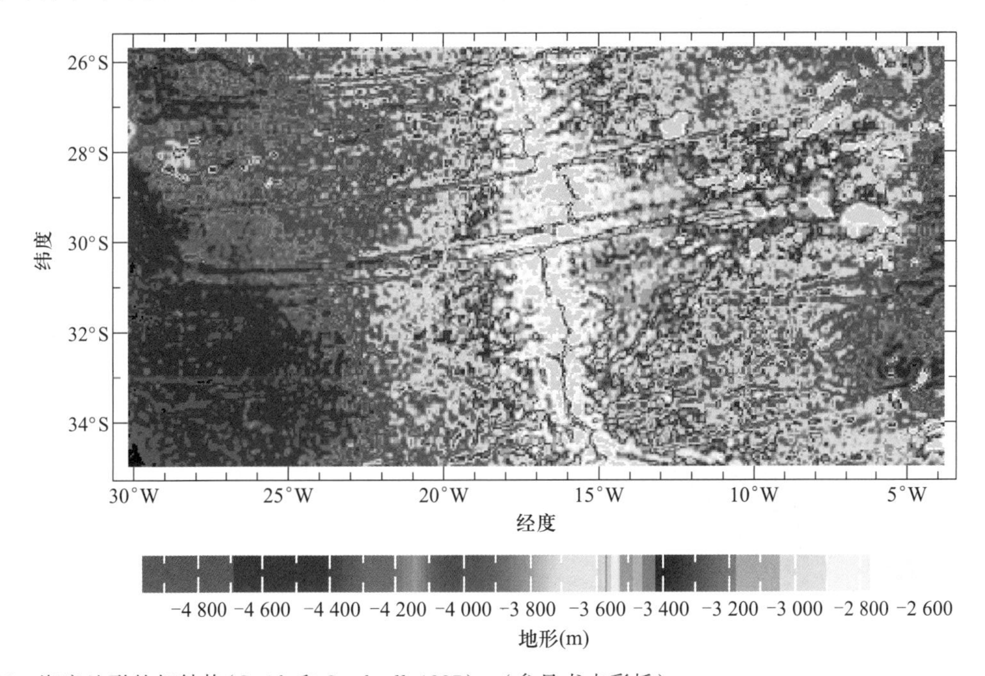

图 5.76 海底地形的细结构（Smith 和 Sandwell，1997）。（参见书末彩插）

b）采用对混合系数的最佳估计

空间变化的混合系数显然是模拟深层环流模式的最为关键的部分之一。特别是，在以往的大多数海盆尺度的模拟中，都省略了越过连接不同海盆之间海槛的溢流所具有的极其强烈的局地混合；然而，这种强烈的局地混合对精确模拟深层环流却可以是至关重要的。

5.2.5 中等深度的环流

按照 Stommel 和 Arons（1960a）的经典理论，大洋内区深层的环流主要是由匀速上升流所驱动的宽阔的向东和向极的流动构成的（图 5.56）。为保持各个海盆中的质量平衡，就需要深层西边界流。一方面，他们的理论所预测的深层西边界流可能是海洋中最强有力的特征，并且在世界大洋中，通过观测已确认了这种特征。另一方面，对于他们的理论所预测的宽阔内区流动，迄今却一直没有被观测到。

在通过观测来探索深层环流方面，迄今已经付出了很大的努力。例如，一个大尺度的现场观测计划,即深层海盆实验(deep basin experiment)就是专为观测巴西海盆的深层环流而设计的。20 世纪 90 年代,在巴西海盆释放了大量中性浮子(neutrally buoyant float),试图对深层大洋内区的环流进行直接测量(Hogg 和 Owens,1999)。

巴西海盆深层中的流动似乎并不像经典理论所预测的那样。尽管观测到的深层西边界流证实了该理论,但根据中性漂流浮子推断出来的内区流动主要是纬向流动,而该纬向流动的经向尺度却出人意料地小(如图 5.77 所示)。

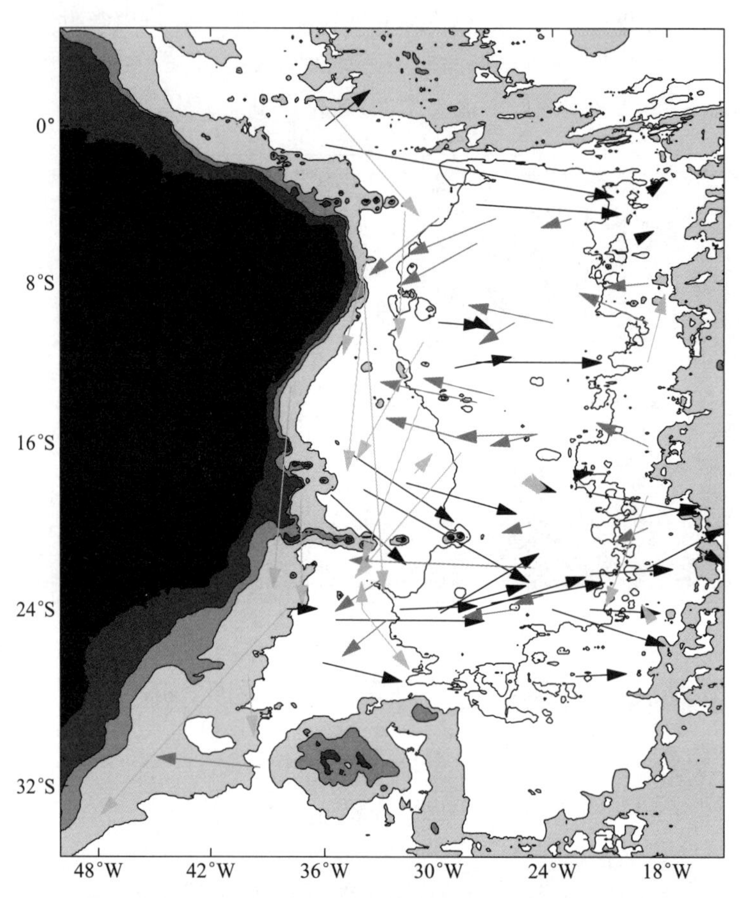

图 5.77 巴西海盆 2 500 m 深处的浮子在 600 ~ 800 天中的位移(Hogg 和 Owens,1999)。

纬向流动主导深层环流并不奇怪,因为深层大洋的位涡等值线基本上是沿着纬向的(O'Dwyer和 Williams,1997)。图 5.78 给出了大洋深渊层中位涡分布图的例子。海盆内区的微弱跨密度面混合引起的垂向速度辐散很小;因此,对应的经向速度很小且流动基本上应该是纬向的。

研究深层环流需要海盆尺度的高分辨率数据,但目前还不具备从观测资料中得到这种数据;因此,我们这里的讨论只能限于从具有旋涡分辨率的数值模式中所得到的结果。根据 Nakano 和 Hasumi(2005)的研究,次表层大洋中的纬向海流可以分为两种类型。第一种,在经向断面中具有向极倾斜型(poleward slanting pattern)的宽阔纬向流动。第二种,在宽阔纬向流动中形成的经向尺度为 3° ~ 5°的细尺度(fine-scale)纬向射流。

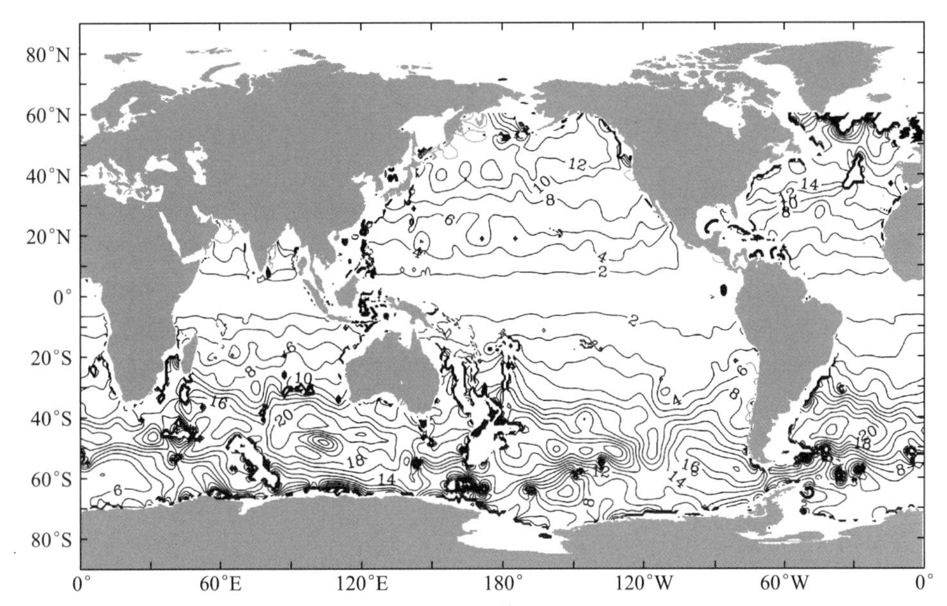

图 5.78 世界大洋 2 750 m 深度处的位涡分布(单位:10^{-12} m/s),根据 Levitus 等(1998)的气候态资料绘制。

这些纬向流动有多种可能的起源。第一,斜压不稳定可以引起这种流动。Treguier 等(2003)指出,尽管巴西海盆中的平均流是斜压不稳定的,但其对应的成长速率却很小;因此,这个过程不像是在那里观测到的纬向射流的唯一源地。第二,地形特征也可以是纬向射流存在的主要原因。不过,纬向交替射流(zonally alternating jet)的主要机制可以是它对风应力之响应。利用对于太平洋的数值实验,Nakano 和 Suginohara(2002)佐证了风生的纬向流。其基本思路是大洋风生环流是通过罗斯贝波建立起来的。最初的几阶垂向模态在几十年内横跨海盆并且建立起风生环流的正压分量和前几个斜压分量。而较高阶的模态则需要花费更长的时间才能跨过海盆。由于耗散,高阶模态的罗斯贝波从来就没能完成其向着西岸的旅程,因此留下了带有赤道波动的经向和垂向结构特征的定常纬向流动。巴西海盆的数值实验给出的结果看起来与拉格朗日浮标数据非常一致(Treguier 等,2003).

高分辨率的数值实验在北大西洋产生了两种类型的流动(图 5.79)。显然,斜压不稳定在产生细尺度的纬向流动(嵌入在宽阔尺度的纬向射流之中)中起了主要作用。事实上,无论大气还是海洋都有纬向的射形流特征,它类似于从其他星球,如木星和土星上观测的流动形态。

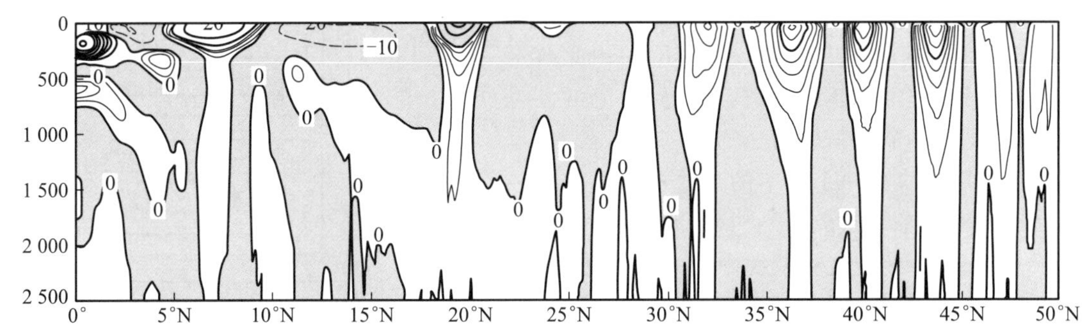

图 5.79 高分辨率(1/4°×1/6°)模式给出的沿 180°纬向速度断面。等值线间隔为 2 cm/s,阴影区表示西向速度带(Nakano 和 Hasumi,2005)。

5.3 盐致环流

5.3.1 水循环与向极热通量

气候系统中的向极热通量已经成为气候研究中主要焦点之一。根据传统的分类,向极热通量的大气分量支配着高纬度区的向极总热通量。例如,在纬度35°处(该处的向极热通量达到极大值),大气输送的热通量在北半球占78%,在南半球占92%。从对高纬度区加热所需要的大量热通量来看,对于中纬度和高纬度的气候来说,海洋似乎是不重要的。这是真的吗?特别是,南半球主要由海洋(尤其是在35°S 和70°S 之间)所覆盖。因此,海洋在向极热通量中起到如此次要的作用,似乎是不可思议的。

A. 向极热通量的定义

在很多论文和专著中已经对海洋热通量进行了讨论。随着观测仪器和数值模式的发展,对向极热通量的诊断计算不断改进。读者如需得到这方面的最新信息,可以参考 Bryden 和 Imawaki(2001)的述评文章。

关键之点在于,尽管对热通量数据还可以进一步改善,但在向极热通量的定义上,似乎还存在根本性的问题,由此引起很多人的误解或产生类似的错误。从热力学中我们已经知道,对于一个系统来说,如通过其向侧边界有净质量收入(或损失),那么就不能明确定义其热通量。例如,Trenberth 和 Caron(2001)指出,由于存在印度尼西亚贯通流,故不能明确定义南太平洋和印度洋中的向极热通量。

对于海洋和大气都要同样小心地处理,因为就质量而言,无论海洋还是大气都不是封闭系统——它们之间存在水交换。事实上,蒸发与降水产生的水循环对于大气热通量(潜热通量)来说是一个根本性的因素。传统上,海洋学家在热通量计算中忽略了因蒸发与降水而产生的质量流量,其理由如下:

首先,利用基于参考层或其他方法进行的经典动力学计算,就很难分辨出这么小的质量流量。其次,大多数大洋总环流模式是基于布西涅斯克近似的,因此,蒸发和降水的动力学效应是通过上表层中的虚盐通量条件来模拟的,而这种方法则完全忽略了蒸发和降水所带来的质量流量。当然,在新一代大洋总环流模式中,已包括了在自然边界条件下所构建的公式(Huang,1993b)。由此,就可以准确计算蒸发和降水所具有的质量流量。因此,就需要有一个更精确的热通量定义。在本章的附录中可以找到一个简单的热通量定义,该定义可以用于含有净质量流量交换的海洋断面。

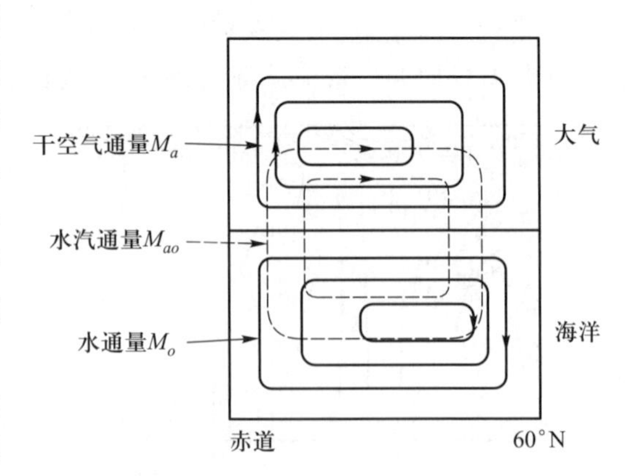

图 5.80 大气 - 海洋耦合气候系统示意图(Huang,2005b)。

严格说来,应该把气候系统中的向极热通量定义为三项:海洋中的感热通量、大气中的感热通量和海 - 气耦合系统中的潜热通量(如图5.80所示)。在从赤道到极点的纬度区间内,在这三个回路之间有连续的热交换。

作为一个例子,我们来计算通过海-气界面的淡水流量。我们采用 Da Silva 等(1994)报导的世界大洋的蒸发和降水速率(图 5.81)。该数据集已经考虑了径流,因而全球积分的蒸发和降水速率是平衡的。在赤道附近,特别是在 0—10°N 之间降水占主导。不过,蒸发在亚热带占据主导,因而产生了由大气运输到高纬度的净水汽通量。在高纬度区(离开赤道约40°以外),降水占主导。

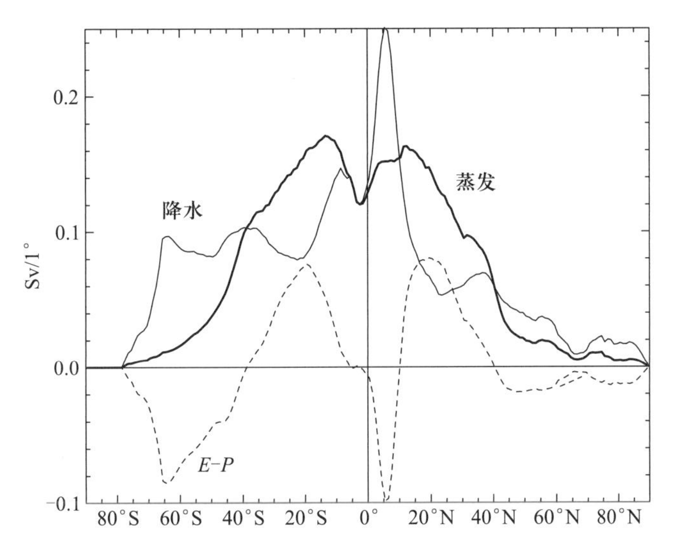

图 5.81 由于蒸发和降水导致的水汽源和汇(纬向积分)(Huang,2005b)。

然而,该数据集给出的南半球向极淡水流量似乎太大了。作为一个可供选择的方案,我们采用大气环流模式来计算水汽通量(Gaffen 等,1997)。在他们的研究报告中,淡水流量是对 25 个大气总环流模式的平均结果。向极水汽通量 M_w 是气候系统向极热通量的主要机制(图 5.82)。

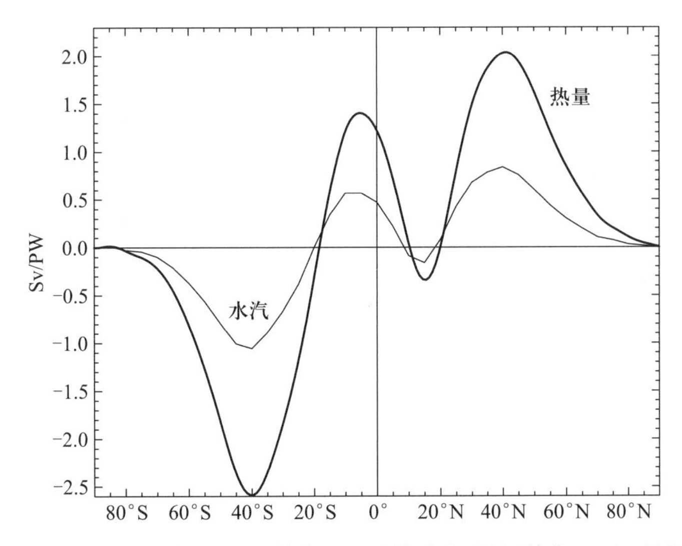

图 5.82 由于蒸发和降水导致的北向水汽通量(单位:Sv)及其潜热通量(单位:PW),根据大气总环流模式的计算结果绘制(Huang,2005b)。

水汽循环中的向极热通量与水汽的潜热含量(latent heat content)密切相关

$$H_f = (L_h - h_w) M_w \tag{5.125}$$

其中,L_h = 2 500 kJ/kg 为水汽的潜热含量,h_w 为返回水(return water,返回海洋中的水)的焓,因为它远小于 L_h 而在计算中被忽略了。水汽通量中的热通量应该归因于海 - 气 - 地耦合系统。

一方面,水汽通量中的质量流量比气候系统中的其他质量流量小两个量级(表 5.5)。这就是为什么在很多讨论气候的论文中忽略该质量流量的原因之一。另一方面,这个看似微小的质量流量却含有巨大的热通量。1 kg 的水汽能传输 2.5×10^6 J 的热量。当 1 kg 的水被冷却而使水温下降 10℃时,所释放的热量为 4.18×10^4 J。因此,在热量的传输上,水汽的效率比水高 60 倍。

表 5.5 气候系统中质量输送的极大值

流系	湾流	黑潮	南极绕极流	大气中的经向环流胞	急流	向极水汽
质量流量(Sv)	150	130	134	200	~500	1

数值的来源:湾流(Hogg 和 Johns,1995),黑潮(Wijffels 等,1998),南极绕极流(Whitworth 和 Peterson,1985),经向翻转速率和大气中的急流(Peixoto 和 Oort,1992),向极水汽通量(Gaffen 等,1997)。

在这里我们采用 Sv 作为质量流量的单位,因其已经广泛用于海洋学中的流量单位:1 Sv = $10^6\ m^3/s$。由于海水密度接近于 $10^3\ kg/m^3$,故作为质量流量的单位,我们有 1 Sv = 10^9 kg/s。如表 5.5 所示,对于我们的气候系统来说,Sv 是一个非常方便的单位,因为海洋和大气中的质量流量具有同样的量级,尽管水的密度比空气大一千倍。特别是,利用 Sv 作为质量流量的单位对于描述水汽通量也是很方便的。例如,如果我们说大气中跨过某纬度的水汽通量为 0.5 Sv,那么在稳定的气候状态下,应该有 0.5 Sv 的纯水在相反方向上通过该纬度,这是毫无疑问的。

采用 Sv 作为质量流量单位的另一个重要优点是,可以把它应用于气候系统中的行星边界层。按照牛顿第三定律,在大气行星边界层与海洋行星边界层中,摩擦力的量值是相同的,但其符号却相反。结果,在两个埃克曼边界层中的质量流量应该是相等的,但它们的方向相反。

大气急流中的质量流量是从角动量推断出来的。根据 Peixoto 和 Oort(1992),北半球的最大角动量约为 $9.6\times10^{25}\ kg/(m^2\cdot s)$。假设平均纬度为 30°N,那么,由此粗略估计出了北半球西风带的质量流量,即为 500 Sv。

在北半球,由于海洋过程导致的水汽通量在40°N 达到峰值,其质量流量为 0.84 Sv,对应的向极热通量为 2.1 PW。在南半球,向极水汽通量在40°S 达到极大值,其质量流量为 1.05 Sv,对应的向极热通量为 2.64 PW。显然,世界大洋上蒸发和降水具有的潜热通量构成了目前气候系统中向极热通量的实质部分。我们仅根据水循环就能估算潜热中的向极热通量,这是向极热通量的主要分量(例如,Schmitt,1995)。当然,如此大的向极热通量是与海洋中的总环流紧密联系在一起的。在气候变化事件中,海面温度和盐度的改变肯定会影响潜热通量,进而影响整个气候系统。

在导入了水汽循环的向极热通量之后,目前气候系统中的向极热通量如图 5.83 所示。这三项通量之和是根据卫星测量诊断出的向极总热通量。海洋感热通量是从 NCEP 数据得到的(Trenberth 和 Caron,2001)。尽管大气感热通量在两个半球上仍然都是最大的分量,但它并不比其他分量大很多。

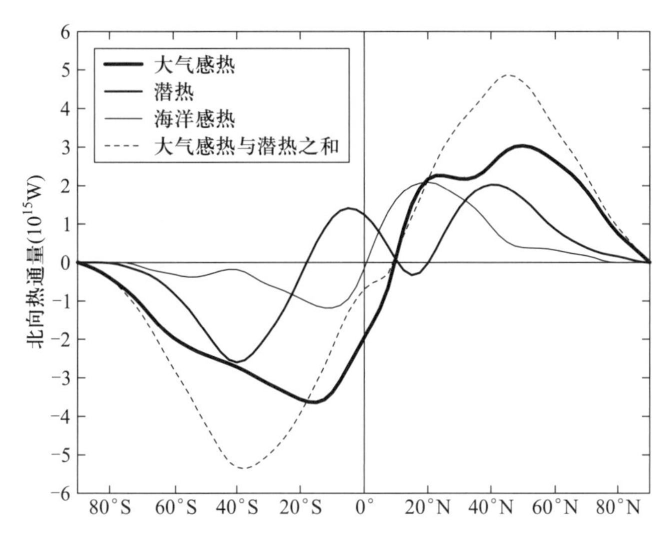

图 5.83　北向热通量(单位:PW),包括大气感热通量、海洋感热通量以及大气－海洋耦合系统中的水循环所带来的潜热通量;虚线表示大气感热与潜热通量之和。

B. 热通量散度

在解释向极热通量时必须十分谨慎。热通量本身或许并不十分重要。对于每个地点,真正重要的是热通量的散度,因为它才是影响局地热平衡的物理量。例如,在65°S 处,大气感热通量大于潜热通量。然而,仔细考察显示,潜热通量的散度远大于大气感热通量的散度(图 5.84)。类似地,在北半球40°N 以南,海洋感热通量的散度是起决定作用的热源,在此纬度以北,潜热通量的散度变得更为重要,而在50°N 以北,大气感热通量则占据主导地位。

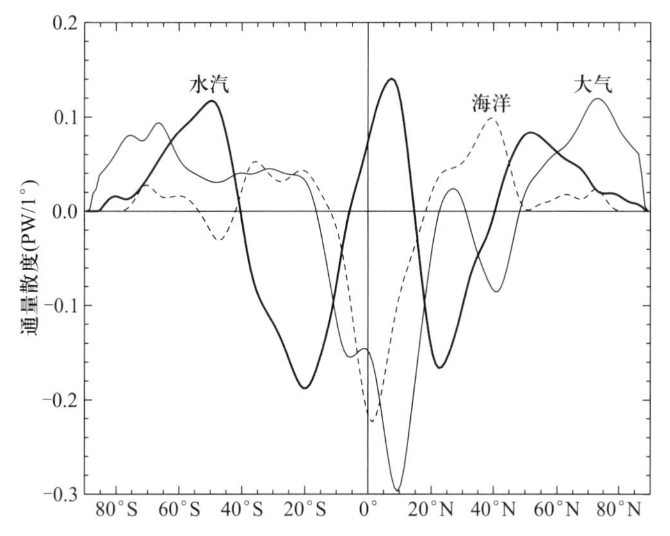

图 5.84　热通量散度:"大气"表示大气感热通量散度,"海洋"表示海洋感热通量散度,"水汽"表示在大气－海洋耦合系统中的水循环带来的潜热通量散度(Huang,2005b)。

在两个半球中,向极热通量都是由三个分量接力传输的。在亚热带,海洋感热通量是向极热通量散度的主导源。在中纬度,潜热通量散度成为主导源。在高纬度区,大气感热通量散度则是主导源(图5.84)。南半球则是显示这三个分量作用的极佳例子。最显著的项是主导中纬度的潜热通量散度。在70°S以南(那里南大洋与南极大陆相接触),大气感热通量散度起主要作用。

给定水柱的热通量平衡为

$$\text{净短波辐射} + \text{海洋感热通量散度} = \text{潜热通量} + \text{净长波辐射} + \text{感热通量}$$

重要的是要注意,在任意给定地点的海洋热通量平衡中,海洋感热通量的散度是一个相对小的项。比较起来,在任意给定点处,释放到大气中的潜热通量就远大于海洋感热通量散度。这样,对于大气环流来说,释放到大气中的潜热通量是一个连续的热源。尽管大气在将热量输送到较高纬度区中起了主要作用,但若没有来自海洋热量的连续支持,那么我们现在所享受的温暖气候或许根本不可能出现。

C. 水循环

在气候系统中,首先太阳辐射基本上被海洋所吸收。大气加热则基本上是通过大气中的蒸发和释放潜热来实现的,再加上大气本身的所谓"温室气体"吸收的热量。如图5.85所示,从海洋到大气的潜热通量是巨大的。蒸发的总量为12.45 Sv,因而蒸发具有的潜热约为31.1 PW。随着海洋环流的改变,潜热通量会发生实质性的调整;因此,我们应该研究这是如何发生的。

在以往的海洋学文献中,忽视了蒸发和降水在大气-海洋水循环中的重要作用。在海洋的热通量计算中,忽略了水循环中的向极热通量,并错误地把这仅仅归因于大气。因此,过去大多数海洋学家在这方面所做的计算应该称之为海洋感热通量。

另外,气象学家一贯认为水循环中的向极热通量完全是由大气过程引起的,而与大洋环流基本上没有关系。这种把热通量完全分开的处理方式并不符合物理学的原理。假若没有海流将热量向北传输,那么在湾流(或黑潮)区中就不会有海面高温出现。结果,在这些海域中就不会释放出强大的潜热。

众所周知,潜热通量是大气环流中向极热通量的主导形式;然而,很长时间以来人们却认为这个分量主要是一个大气过程。产生这种错觉的原因至少部分地是由于看起来水汽通量的质量很小造成的。全球积分的经向水汽通量的量级为1 Sv(10^9 kg/s),远小于海洋总环流和大气环流中的其他分量。因此,在海洋中发生的全球水循环之返回分支(return branch),一直以来就被忽视了。这个错误观念在与气候有关的许多报告、论文和书籍中广泛传播。

首先,尽管全球水循环的主要分支是通过海洋的,但很多现有的与水循环有关的科学计划却完全忽略了这个循环中的海洋分量。由于海洋覆盖了地球表面的70%,故全球水循环的主要分量发生在海洋上。

其次,在许多现有的气候模式中,其热盐环流的模拟方案并不符合实际。例如,某些气候模式中使用了"沼泽海洋(swamp ocean)"来代表海洋分量,所谓的沼泽海洋就是没有海流的非常浅(50 m或更浅)的水层。

在这种模式中,大气在低纬度区汲取水汽并将其输运到高纬度区。在释放了水汽中的潜热之后,在模式中就把水抛弃了,只有少数人考虑过这个看似小量的水通量之动力学效应。显然,没有洋流的海洋就不可能将淡水从降水充沛的高纬度区运回到蒸发强烈的低纬度区。因此,如果没有洋流,那么亚热带海洋最终就会干涸,而水就会堆积在高纬度区——这是一个不堪设想的平衡态。当这种模式达到准定常状态时,它不大可能模拟在海洋中强劲的热盐环流。因此,这一模式给出的海面条件,诸如海面温度、海面盐度和海-气热通量,与目前气候下的海面条件可能是迥然不同的。

很多现有气候模式都含有基于所谓布西涅斯克近似的海洋分量。在这类模式中，把海洋的流体环境处理为不可压缩的，模式中的盐量平衡[①]是由海面处所谓的虚盐通量条件来控制的，或者采用要求海面盐度向气候平均海面盐度值松弛的传统技术。因此，这类模式中水汽循环的改变根本没有动力学效应。

随着大洋总环流模式的改进，淡水的动力学作用将会被模拟得更加真实。在很多其他特征中，蒸发和降水有很多作用，包括驱动所谓的 Goldsbrough - 斯托梅尔环流（以下简称 G - S 环流；Huang 和 Schmitt，1993），这是一个正压环流，其水平环流的量级为 1 Sv。该环流远小于风生环流或热盐环流，因而在大多数关于海洋环流和气候的研究中它被排除了。蒸发和降水的淡水流量看似很小，但它却是驱动海洋中盐致环流的动力。事实上，如果有来自风应力和潮汐的足够机械能，那么仅仅是蒸发和降水（没有风应力和加热）就能驱动一支三维斜压环流，它比正压 G - S 环流高两个数量级，即它与风生环流或热力驱动环流的量级相同（Huang，1993b）。

因此，蒸发和降水构成了调节海洋总环流的主要强迫力之一。当气候系统转变到一个新的状态时，通过海 - 气系统的淡水流量将随之发生变化。结果，热盐环流将处于一种不同的状态，并且海面温度分布将不同于当前的分布。因此，它就可以与图 5.85 所示的海面处的海 - 气热通量大相径庭。为了达到对这一问题有全面的理解，就需要更加着力于海 - 气耦合系统的研究。

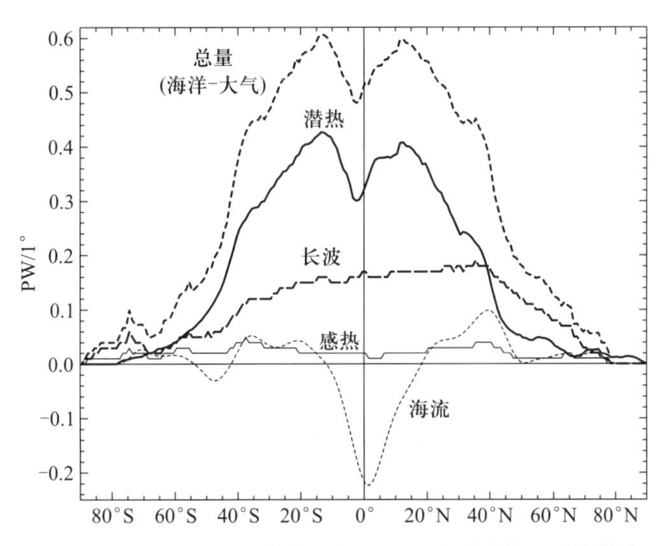

图 5.85 海洋向大气发散的热通量（纬向积分），标有“海流”的是海洋感热通量之散度（Huang，2005b）。

D. 无海流的沼泽海洋之含义

海洋在海 - 气耦合系统中的作用如图 5.86 所示。在现在的气候系统[②]中，气候的热量输送带有三个分量，它们像一支接力队共同运作。尽管大气是将热量送至高纬度区的主要机制，但是若把大气的热输送说成是对于高纬度向极热通量的唯一机制，这就是一种误导。

---

① 原著中为 salinity balance（盐度平衡），疑排印有误，故改。——译者注

② 此处似有疏漏，现已补上。——译者注

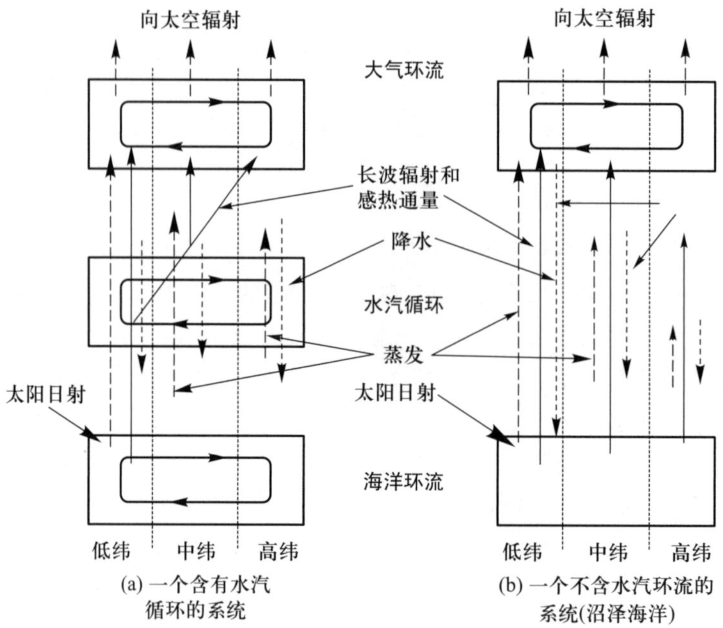

向太空辐射
大气环流
长波辐射和感热通量
降水
水汽循环
蒸发
太阳日射
海洋环流
低纬 中纬 高纬
(a) 一个含有水汽循环的系统
(b) 一个不含水汽环流的系统(沼泽海洋)

图 5.86 气候模式示意图:(a) 有海流的模式;(b) 有沼泽海洋的模式。

假若水汽循环与海洋中的热盐环流没有密切关系,那么就不会有气候系统中的强劲的潜热通量。这样,从根本上来说,整个地球就会被冷却下来。如果没有蒸发和降水,那么海洋中就不会有强烈的盐度梯度。由于来自低纬度的热通量输送减少了,那么高纬度区的温度将会比现在气候条件下的温度要低。由于在那种条件下的经向温差大于现在的,并且纬向盐度差几乎为零,那么海洋感热通量将会加强,这样就可以部分地补偿由于水循环缺失造成的向极热通量之损失[如图 5.86(b)所示]。

在某些气候模式中,把海洋分量处理为沼泽,即没有海流。尽管这种模式显然不会有由海流输送的热通量,但是对于气候系统来说,人们还未认识到这个系统可能存在一个强得多的约束。经过细致的考察揭示,对于这种模式有如下的约束:

- 如果既没有海流也没有中尺度涡,那么海洋中就没有水平热通量,因为分子热扩散是可以忽略的。
- 此外,也就没有海流在水平方向运输淡水。
- 结果,蒸发与降水必须达到局地平衡。
- 一个重要而有些出乎意料的结果是大气中将没有潜热通量。

这种假设的结果如下。尽管海洋仍然在从吸收太阳的短波辐射和在通过蒸发所释放的潜热、长波辐射和感热通量对大气加热中起作用,但在大气中既没有海洋的感热通量,也没有潜热通量,因此唯一的热输送机制就是干大气的环流。

总而言之,较适合的是将向极热通量分成三个分量:大气感热通量、海洋感热通量和海-气耦合潜热通量。尽管向极热通量能够提供关于全球热平衡的实质性的信息,但是对于每一地点的热平衡和气候来说,重要的是要考察这些通量及其相互作用的发散过程。此外,有重要意义的是要探索海洋环流中的变化如何影响地球表面上的条件,例如海面温度、海-气热通量和全球气候条件。

E. 盐度对海洋中层化和水平压强梯度的贡献

海水密度是温度、盐度和压强的非线性函数。尤其是,热膨胀系数强烈地取决于温度。结果,高温时的密度基本上由温度所控制;不过,在高纬度地区,热膨胀系数非常小(图 5.87),故密度基本上由盐度决定。

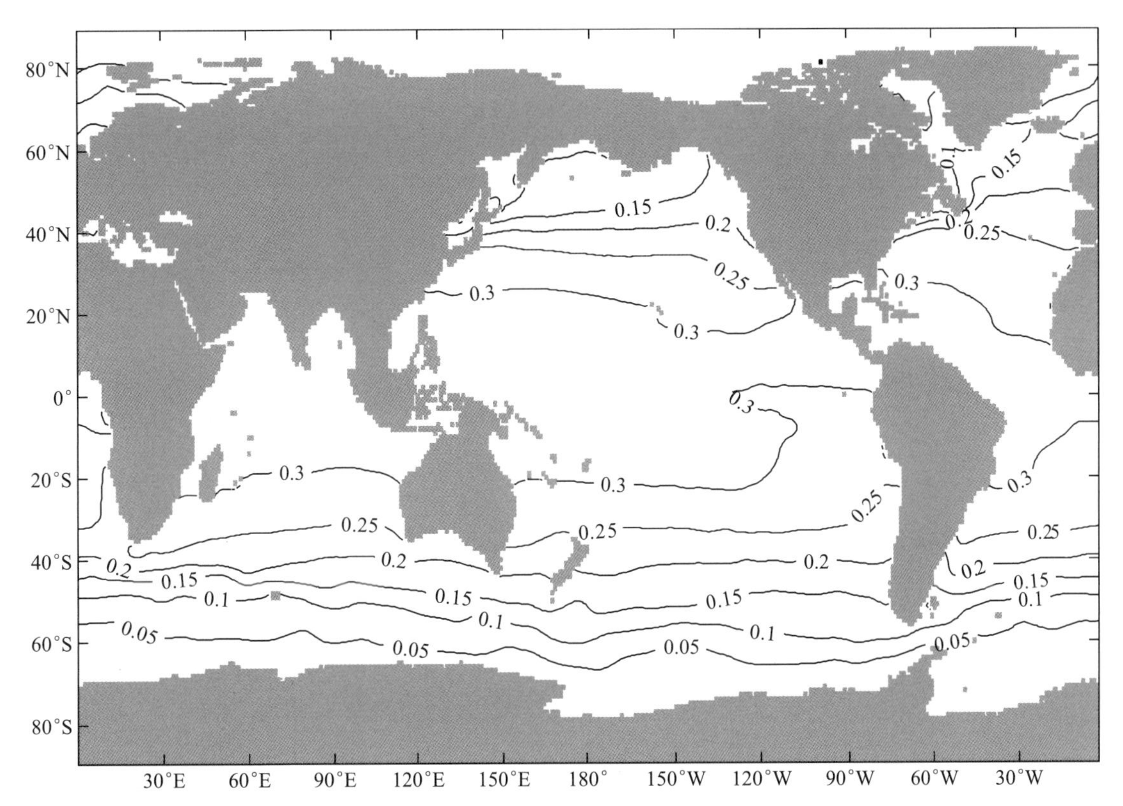

图 5.87 世界大洋中海面热膨胀系数(单位:$10^{-3}/℃$)。

在上层海洋,盐度是层化的主要贡献者之一①。事实上,在大部分的世界大洋中,海面的盐度低于 100 m 深处的盐度,即垂向的盐度梯度势必会强化上部 100 m 层中的层化。为了显示盐度差为零的边界,在图 5.88 中截去了低于 -0.5 的盐度值。因此,表层中较淡的水对于上层海洋中的层化是一个稳定器,对于西太平洋与东印度洋中的暖池和高纬度海洋来说,尤其如此。唯一的例外是在南北半球亚热带流涡的中心区,那里强烈的海面蒸发造成了海面高盐及之下的相对低盐(在图 5.88 中,由红色和黄色的区域所示)。

另外,在主温跃层中,即在大部分世界大洋的 200 ~ 500 m 的深度范围内,盐度向下逐渐减小,因而其贡献势必会使层化减弱(如图 5.89 中的红色至浅绿色所示)。唯一的例外是北太平洋的北部(亚极带海盆),那里的盐度从 200 m 开始一直增加到 500 m。此外,在亚热带海盆的东部有一个负盐差的舌形区域,显然,它是由高纬度较淡水的潜沉形成的。在南大洋和北冰洋中,表层的盐度梯度总是负的,表明这些区域存在强盐跃层(如图 5.88 和图 5.89 所示)。

① 此处似有疏漏,现已补上。——译者注

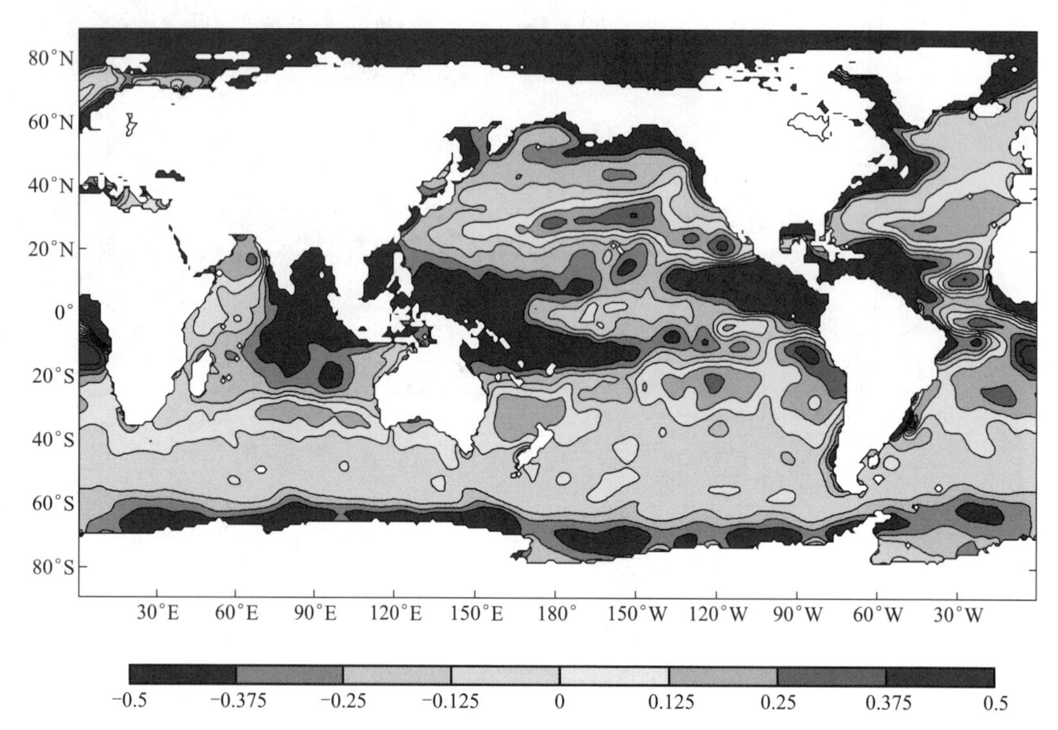

图 5.88 海面与 100 m 深度之间的年平均盐度差。(参见书末彩插)

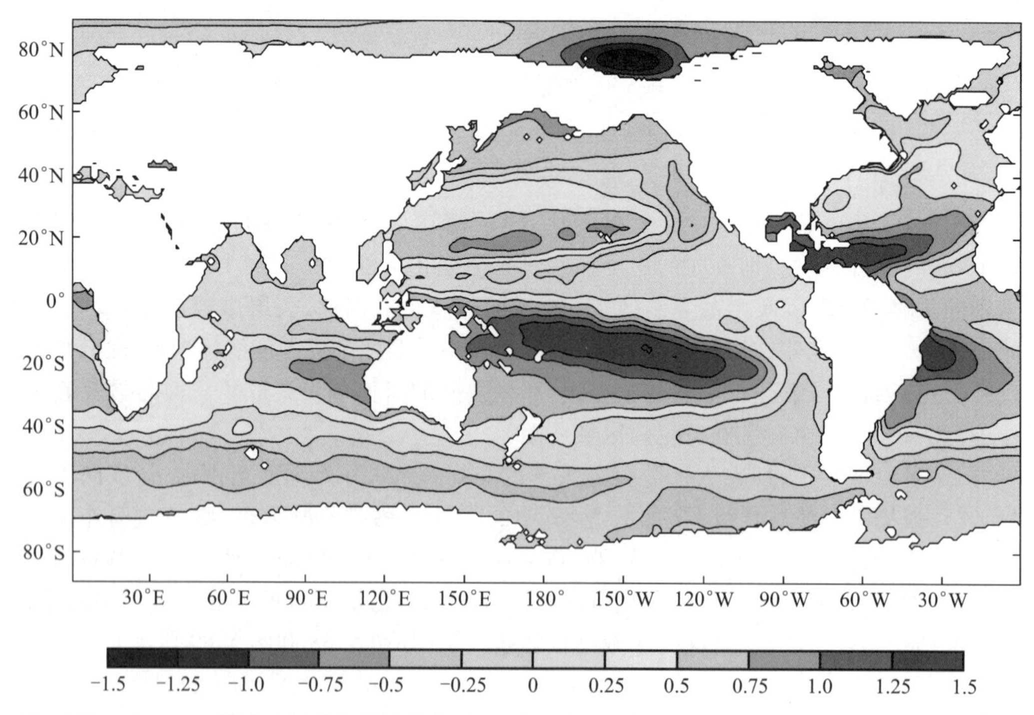

图 5.89 200 m 与 500 m 深度之间的年平均盐度差。(参见书末彩插)

在低温处，盐度可对大洋中的层化做出至关重要的贡献；这可以通过以下的诊断计算用图示来说明。计算采用了世界大洋图集 2001（WOA01；Conkright 等，2002）的 T、S 气候态平均值。首先，我们来考察盐度对水柱的垂向层化之贡献。作为一个例子，我们给出层化率（stratificantion ratio）的指标，其定义如下。

通用的层化概念可以引申为

$$N^2 = -\frac{g}{\rho_0}\frac{d\rho_\Theta}{dz}, N_T^2 = -\frac{g}{\rho_0}\frac{d\rho_\Theta(T,S_0)}{dz}, N_S^2 = N^2 - N_T^2 \tag{5.126}$$

其中，N_T^2 定义为仅由温度垂向分布产生的等效层化，其盐度设为常量 $S_0=35$。N^2 与 N_T^2 之差定义为 N_S^2，它表示盐度对层化的贡献。例如，若在某地 $|N_S^2/N^2| \ll 1$，那就表明，盐度垂向梯度对局地层化的贡献是相当小的。如图 5.90(a) 所示，在上层大洋中，层化基本上是由于温度廓线带来的密度梯度造成的，而盐度梯度则势必使层化减弱。在南半球海平面之下约 1.5 km 处，层化基本上由南极中层水（AAIW）中较淡的水所控制［图 5.90(b) 和 (c)］。

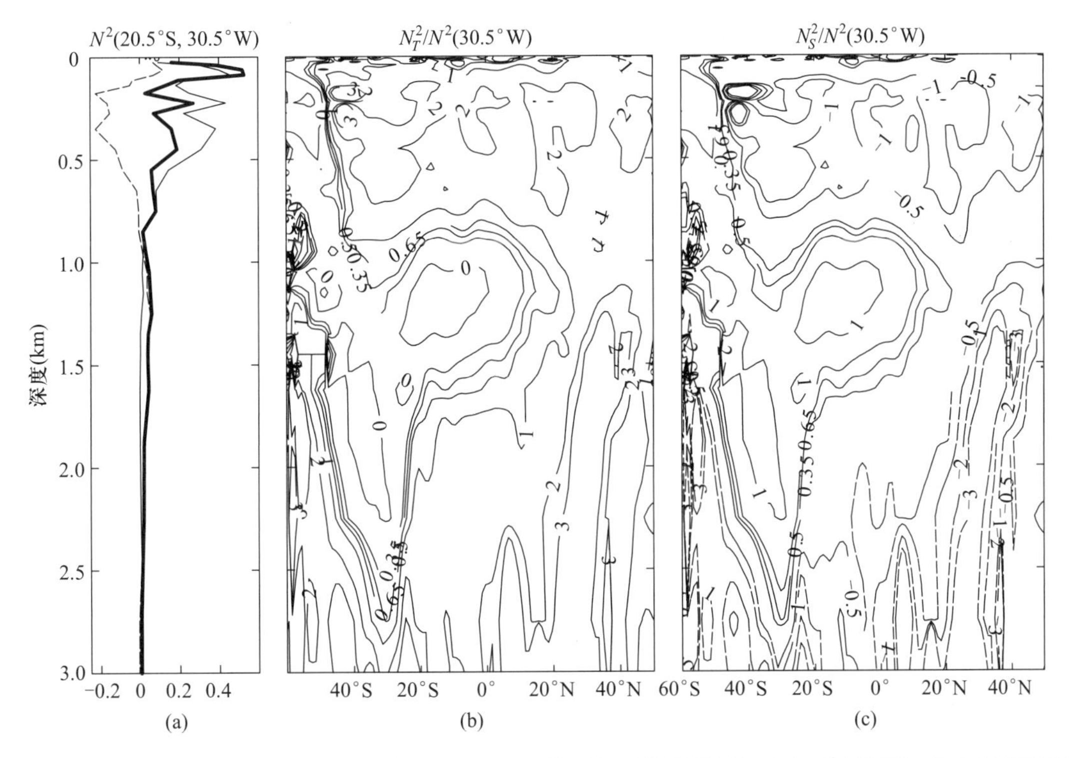

图 5.90　温度和盐度对层化的贡献之分布（沿 30.5°W，依照气候数据推断）：(a) N^2（粗线）、仅由温度引起的 N^2（细线）和仅由盐度引起的 N^2（虚线）（单位：$10^{-4}/s^2$）；(b) 温度对层化的贡献；(c) 盐度对层化的贡献。

在大西洋，从 1 km 以深的深层中就能清楚地看出盐度对层化的控制［图 5.90(b)］。尤其是南极中层水和北大西洋深层水中，盐度梯度显然在形成中等深度的层化中起了主要作用。

另外，尽管温度的贡献主导了太平洋上层海洋的层化，但在 1 km 以深，盐度对层化的贡献也是非常重要的（图 5.91）。尤其是对于纬度大于 20°的海域，盐度的贡献是非常大的。

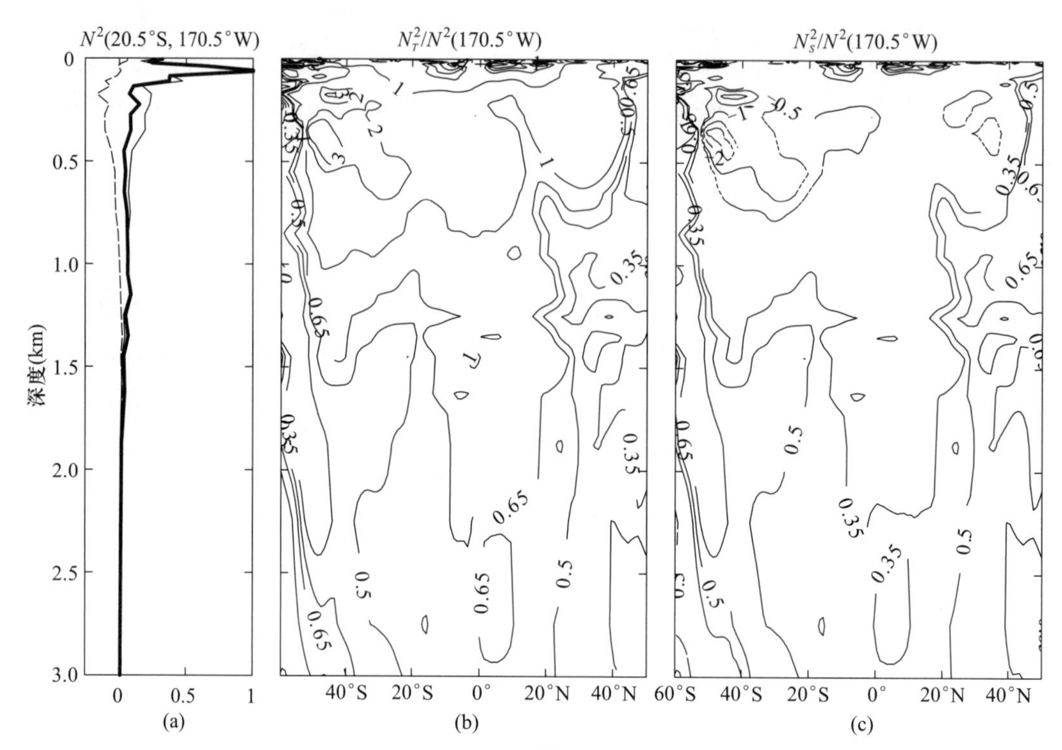

图 5.91 温度和盐度对层化的贡献之分布(沿 170.5°W[①],依照气候数据推断):(a) N^2(粗线)、仅由温度造成的 N^2(细线)和仅由盐度造成的 N^2(虚线)(单位:$10^{-4}/s^2$);(b) 温度对层化的贡献;(c) 盐度对层化的贡献。

揭示盐度贡献的另一条途径是通过其对水平压强梯度的贡献。由于海面高度是未知的,故我们将忽略海面高度差的潜在贡献,而专注于仅与 T、S 分布有关的斜压压强梯度。此外,我们还要减去水平平均压强,仅给出在每个层次上它与水平平均压强之偏差。类似上述的讨论,我们将把压强分解为两个分量。

$$p = \int_z^0 \rho dz, p_T(T, S_0) = \int_z^0 \rho(T, S_0) dz, p_S = p - p_T \tag{5.127}$$

这样,p 为通用压强,p_T 为水柱中仅由温度分布产生的压强,p_S 为仅由盐度分布产生的压强。由于密度是温度、盐度和压强的非线性函数,故上述的定义并没有将温度和盐度真正区分开。

如图 5.92(a)所示,在中等层次,大西洋海盆中有一个向南的压强梯度力,它维持了作为大西洋经向翻转环流的回流分支在中等层次上的南向流。通过考察北大西洋的压强分布,容易看出,在中等深度处的温度和盐度之贡献在符号上是相反的。事实上,在中等层次上,大部分向南的压强梯度力是由盐度分布[图 5.92(d)]而不是由温度分布[图 5.92(c)]支持的。这提示,大西洋的经向翻转环流对盐度的变化可能相当敏感,而盐度则又与水循环有关。稍后将在讨论由于北大西洋亚极带海水变淡而使热盐崩变(thermohaline catastrophe)时,再探讨它们间的联系。

另外,南极绕极流的强锋面基本上是由温度锋引起的,而来自盐度分布的贡献则较小。

---

① 原著中为 169.5°W,与图中标出的不一致,疑有误,故改。——译者注

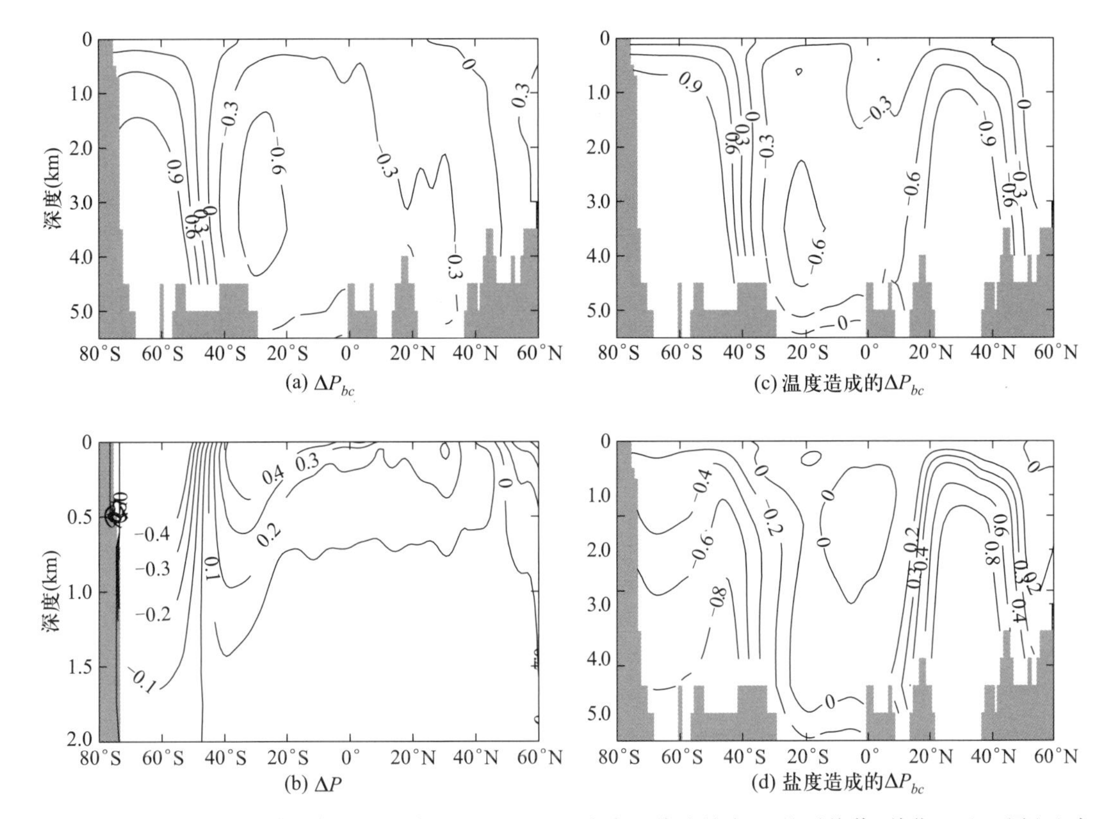

图 5.92 相对于水平平均值的斜压压强偏差(以 30.5°W 为中心线取纬向 3°的平均值,单位:db)。图(b)表示以 2 000 m 为参考层的压强差,即假设在该参考层处水平压强梯度为零。

太平洋的情况不同于大西洋。在太平洋海盆,除了 45°S 以南外,上层和中层的压强分布大体上是关于赤道对称的[图 5.93(a)、(b)]。对称的斜压压强分布意味着在太平洋没有跨越赤道的流动。斜压压强中的这一对称形态基本上是由温度分布引起的(如图 5.93 所示)。盐度分布意味着在中层和深层有向北的压强梯度力,这似乎与这些层次中向北运动的海水有联系。

F. 水循环与经向热力环流之间的反馈

在热通量分析中忽略淡水流量的可能原因之一或许来自如下错觉,即由于海洋中的淡水流量太小,故在控制热通量中它所起的作用极小。然而,正如稍后就会看到的,海洋的淡水流量在控制经向翻转环流强度和向极热通量中起着主要作用。

由于低纬度区蒸发和高纬度区降水的作用,故在海面形成了经向盐度梯度。上节已表明,在上层海洋中,由于盐度差导致的经向密度梯度与热力强迫产生的经向密度梯度是相反的。因此,在现在的气候形势(setting)下,水循环成为海洋中经向热力驱动环流所携带的向极热输送的制动器。换言之,水汽循环所携带的向极潜热通量对海洋感热通量起了负反馈的作用。

如果没有水循环,所有五个海盆中的经向翻转环流胞及其所含的向极热通量都会强化。作为一个例子,基于气候态数据,在北大西洋中,赤道与高纬度区之间的海面密度差约为 $\Delta\sigma$ = 3.39 kg/m^3[图 5.94(a)]。如果没有蒸发和降水,各大洋中的盐度差就会非常小,因此我们设盐度为常量 35。假定海面温度分布保持不变(一个非常大胆的假设,但在真实世界中不可能成立),

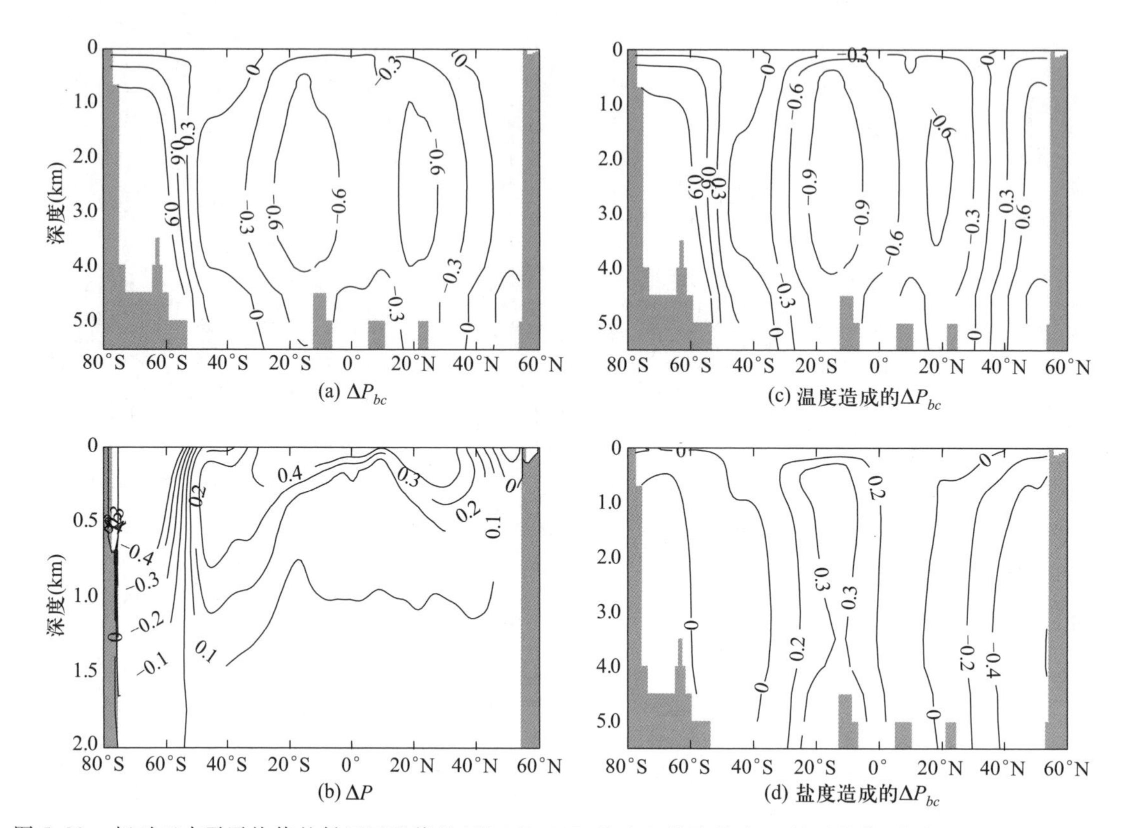

图 5.93 相对于水平平均值的斜压压强偏差(以 169.5°W 为中心线取纬向 3°的平均值,单位:db)。

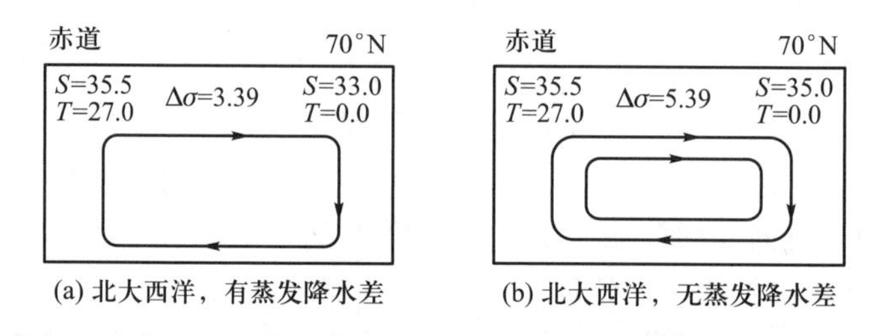

图 5.94 北大西洋的两个模式:(a) 标准模式,由实测海面温度和盐度所驱动;(b) 盐度均匀分布的概念模式。

那么对应的海面密度差就会增加至 $\Delta\sigma = 5.39\ \mathrm{kg/m^3}$[图 5.94(b)]。由于南北密度差加大,故经向翻转速率与向极热通量都应该增加。

为了探讨淡水流量在经向环流动力学中的作用,我们对大西洋进行了四个数值实验。采用 MOM2 模式(Pacanofsky,1995),水平分辨率为 2.5°×2°,垂向分为 15 层,跨密度面扩散系数取为常量 $0.4\times10^{-4}\ \mathrm{m^2/s}$。取用气候态数据对模式的温度和盐度进行初始化,在每个实验中,模式运行 1 000 年以达到准平衡状态。

在实验 A 中,海面温度和盐度都向着气候态月平均值松弛,并采用 Hellermann 和 Rosenstein (1983)的月平均风应力数据。在实验 B 中,盐度设为常量 35,而其他参量则与实验 A 相同。

在实验 C 和 D 中,忽略了温度引起的密度效应。因此,盐度差是环流的唯一驱动力。为了计算向极热通量,把温度当做被示踪量,其上边界条件取海面向气候态月平均松弛。在实验 C

中，海面盐度服从于海面松弛条件，并假定月平均的气候态海面盐度保持不变。在实验 D 中，模式的盐度服从于由从定常环流的诊断计算中获得的虚盐通量，而该定常环流则从实验 A 得到。

实验 B 中的经向翻转环流（MOC）比实验 A 中的高出 68%（表 5.6），这与我们的尺度分析结果非常接近。第二个实验[①]中的向极热通量（PHF）比实验 A 高出 21%，它略低于简单尺度分析给出的预测值。

在实验 C 和实验 D 中，经向翻转环流胞是反向的，其经向热通量是向赤道的（如表 5.6 中所示）。在虚盐通量情况中，向赤道的总热通量约为 0.23 PW。因此，这些数值实验证实，盐致环流是控制向极热通量的一个极其重要的因子。

表 5.6 模型大西洋的四个数值实验

	A	B	C	D
温度	SST 松弛	SST 松弛	动力学上处理为被动示踪物	动力学上处理为被动示踪物
盐度	SSS 松弛	设为 S = 35	SSS 松弛	虚盐通量
MOC[②]（单位：Sv）	12.58	21.10（+68%）	−13.27	−18.70
向极热通量（单位：PW）	0.72	0.87（+21%）	−0.07	−0.23

尤为重要的是应当考察向极热通量廓线及其热通量散度。很明显，在实验 B 中，海洋向高纬度区输送的热量就多得多了。尤其是在 30°N 以北的区域，向极热通量的散度要大很多（图 5.95）。因此，在没有水循环的情况下，海流将向极运输更多的热量并把它释放到纬度更高的区域，这就部分地补偿了由于缺乏水循环携带的潜热通量而使向极热通量下降的情况。

我们还对全球海洋进行了其他的一些实验，这些实验采用 4°×4° 和 15 层的低分辨率方案。在这些低分辨率模拟实验中包括了印度尼西亚贯通流。在每个实验中，采用 Levitus 和 Boyer（1994）的数据对模式的温度和盐度进行初始化。为达到准平衡状态，模式运行了 1 000 年。

在标准实验中，采用 Hellermann 和 Rosenstein（1983）月平均风应力数据，海面温度和盐度均向月平均的气候态松弛。在第二个实验中，设盐度为常量 35，而其他量则仍与标准实验相同。利用附录中的定义来计算向极热通量，因而南太平洋和印度洋中的热通量是唯一确定的。

很明显，关闭盐度效应后，向北的总热通量在北半球增加，而在南半球减少（图 5.96）。最有意思的是，向北热通量在北太平洋大量增加。在中纬度区中，这种热通量的增加可能由北太平洋中新形成的经向环流之热力模态带来的，而这种新模态则是由于缺乏对抗该热力模态的盐度效应而造成的。在大西洋中，向北热通量的减少，则是由于全球输送带的减弱效应造成的，而全球输送带至少部分地是由太平洋和大西洋之间的盐度差驱动的。作为全球输送带减弱的结果，南印度洋中的向极热通量下降了。应注意，现在，南大西洋中的热通量是向南的，这是该海盆中的该热力模态所要求的。

---

① 指实验 B。——译者注

② 这里的 MOC 是 meridional overturning circulation /cell（经向翻转环流/环流胞速率）的缩写。——译者注

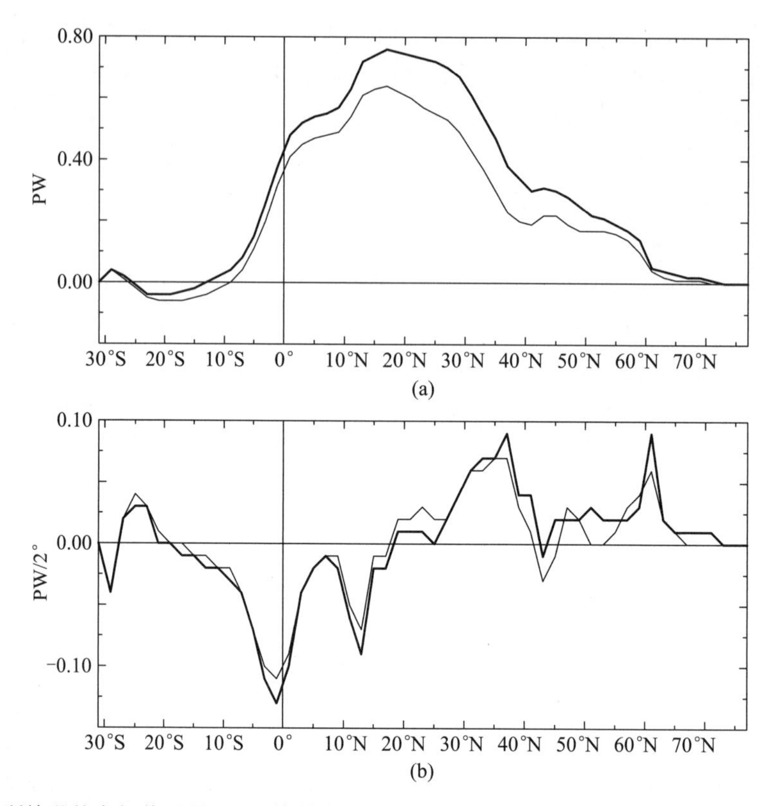

图 5.95 由平流所输送的向极热通量(a)及其散度(b),根据以温度和盐度为松弛方案的标准模式(细线)和均匀盐度($S=35$)模式(粗线)的诊断计算结果(Huang,2005b)。

我们所采用的一个主要假定是,在所有实验中,垂向混合系数和风应力均保持不变。这是一个高度理想化的假定。由于热盐环流与气候密切相关,故该环流的改变必然会影响到风应力和混合系数;不过,对它做进一步综合研究则很困难,这就留待有兴趣的读者继续沿着这条思路跟踪下去了。

5.3.2 海面盐度边界条件

盐度平衡是海洋环流最关键的分量之一①。在过去的几十年中,逐渐发展了适用于盐度平衡的上边界条件。在发展的早期,曾采用两类盐度边界条件,即松弛条件和虚盐通量条件。随着我们对海洋环流物理学理解的逐步深入,现在有越来越多的模式采用了自然边界条件。本节着重考察上层大洋中的盐度边界条件。

A. 盐度平衡的上部边界条件

海面上的盐度边界条件与海-气淡水通量直接相连接,因此对其公式化取决于如何处理海水的自由面。我们从基于刚盖近似的模式开始,因为用有关的物理原理就可以非常清楚地来解释这些边界条件。然后,我们将讨论具有自由面的模式所对应的公式。

① 从根本上说,盐量或者盐分是海洋环流最关键的分量之一,因为从物理上说,只有盐量或盐通量的平衡才是有意义的,作者在这里和下文中突出“盐度平衡”和“盐度通量”,可能是考虑到“虚盐通量条件”。——译者注

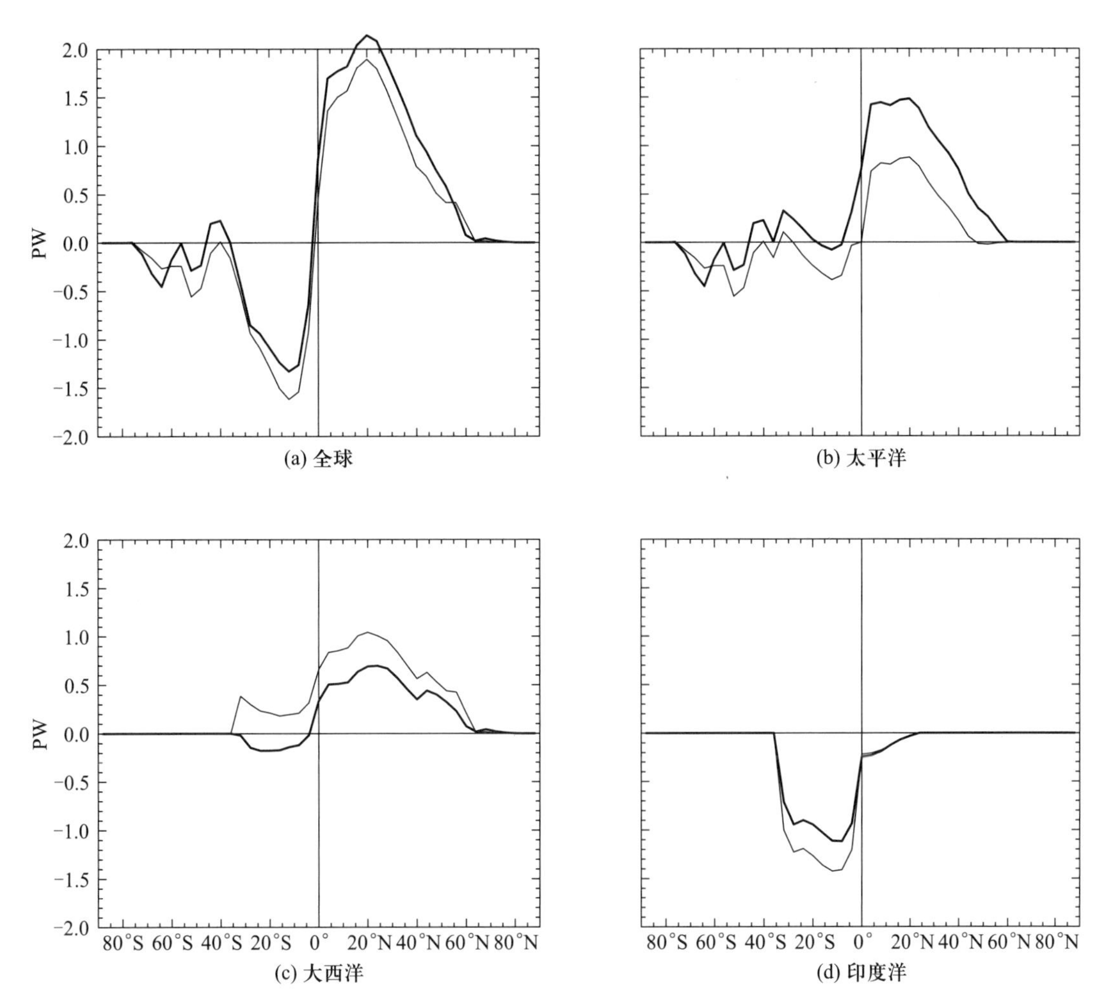

图 5.96 世界大洋向极热通量。细线为基于实测 SST 和 SSS 数据的模式之诊断计算结果,粗线为基于把温度松弛到实测 SST 且盐度为常量的模式之诊断计算结果(Huang,2005b)。

1) 刚盖近似

在模式发展的早期,广泛采用了刚盖近似。在 4.1.1 节中已解释过,其基本的思路是用平面 $z=0$ 代替自由海面①,因此把处理复杂运动的自由边界 $z=\zeta$ 的问题简化为固定的平面边界 $z=0$ 的问题。在刚盖近似下适用于垂向速度的边界条件如下。

在自由海面上的运动学边界条件为

$$\text{在 } z=\zeta \text{ 处}, w=\frac{D\zeta}{Dt}+(e-p) \tag{5.128}$$

其中,w 为垂向速度,$D/Dt=\partial/\partial t+u\partial/\partial x+v\partial/\partial y$ 为全导数,ζ 为自由海面升高,$e-p$ 为蒸发减去降水。对于大洋内区的运动,我们引入以下尺度分析

$$(x,y)=L(x',y'),(u,v)=U(u',v') \tag{5.129}$$

① 原著中为 free surface(自由面),这是一个广义的概念,这里译为"自由海面",是考虑到刚盖条件的要求。——译者注

$$t = Tt', \zeta = \frac{fLU}{g}\zeta' \tag{5.130}$$

$$w = \delta Uw', e - p = \lambda\delta U(e - p)' \tag{5.131}$$

其中,$\delta = H/L \ll 1$ 为纵横比,$\lambda \simeq 0.01 \ll 1$。假定时间尺度由水平平流确定。将这些关系式代入边界条件(5.128)并省略撇号就得到

$$\text{在 } z = \varepsilon F\zeta \text{ 处}, w = \varepsilon_T F\frac{\partial\zeta}{\partial t} + \varepsilon F\vec{u}\cdot\nabla\zeta + \lambda(e - p) \tag{5.132}$$

其中,$\varepsilon_T = 1/fT \ll 1$ 为基培尔(Кибель)数①,$\varepsilon = U/fL \ll 1$ 为罗斯贝数,$F = f^2L^2/gH \approx O(1)$。由于时间尺度通过平流时间尺度 L/U 来设定,故前面的两项就具有相同的量级。对于水平尺度为1 000 km的运动,无量纲数 εF 近似为10^{-4},它远小于 λ。因此,上层边界条件②可以线性化为

$$\text{在 } z = 0 \text{ 处}, w = e - p \tag{5.133}$$

对于时间尺度短于年代际的运动,即行星尺度的运动或者浅海中的运动,刚盖近似是不准确的。例如,对于行星尺度的运动,$L = 10^7$ m,对于季节时间尺度或更短的时间尺度的表面波运动,$T \leqslant 10^7$ s,因而 $\varepsilon_T F \approx 0.02$。这样,自由表面升高的表面波运动产生的垂向速度就与蒸发降水之差的量级相同。在这种情况下,忽略自由海面运动的刚盖近似就不准确了。

事实上,在很多 $z = 0$ 处的非零垂向流速的模式中也采用了刚盖近似。例如,在很多准地转模式中,通过在上层表面处施加等效的埃克曼泵压速度来模拟风应力旋度的动力学效应。一般情况下,埃克曼泵压速度比蒸发和降水所产生的垂向速率大30倍。

2)刚盖近似下盐度的三种边界条件

为了简单起见,我们来讨论在局地笛卡尔坐标系中 $x-z$ 平面上盐致环流的各类边界条件。对于表层网格(surface box,图5.97),其盐度平衡可以写为③

$$\frac{\partial S}{\partial t} + \frac{1}{\Delta x}[(uS)^+ - (uS)^-] + \frac{1}{\Delta z}[(wS)^+ - (wS)^-] = \frac{\kappa_H}{\Delta x}(S_x^+ - S_x^-) + \frac{1}{\Delta z}(S_f - \kappa_V S_z^-) \tag{5.134}$$

其中,$(uS)^+$ 和 $(uS)^-$ 分别为通过右边界和左边界处的平流盐通量,S_x^+ 和 S_x^- 分别为在右边界和左边界处的水平盐度梯度;类似地,$(wS)^+$ 和 $(wS)^-$ 分别为通过上边界和下边界的平流盐通量,S_f 和 $\kappa_V S_z^-$ 分别为在上、下边界处的垂向盐度通量④。

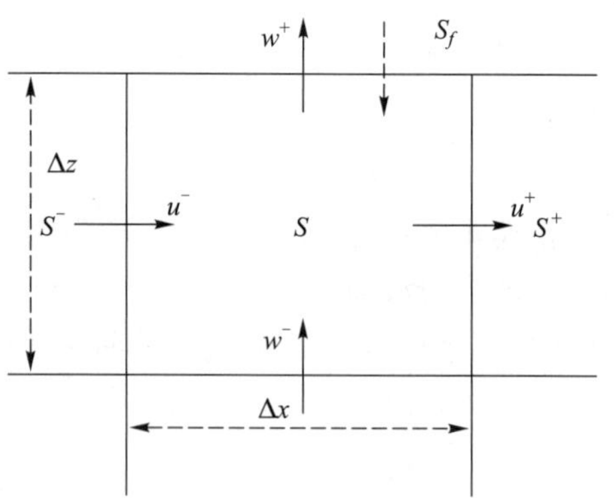

图5.97 $x-z$ 平面上的一个有限差分网格。

另外,在上层表面处的垂向速度设定为

$$\text{在 } z = 0 \text{ 处}, w = w^+ \tag{5.135}$$

其中,w^+ 为垂向速度,其值取决于所选取的模式。

a)松弛条件

在此情况下,把刚盖解释为零质量流量的固体

① 原著中为 Kibel number。——译者注

② 在这里,指海面边界条件。——译者注

③ 原著中方程(5.134)排印有误,现已更正。——译者注

④ 通常的提法是"垂向盐通量",但原文用了"垂向盐度通量(vertical salinity flux)"的提法,这一提法可能是作者考虑到"垂向虚盐通量条件"。——译者注

边界，因此速度边界条件为

$$\text{(i)}\ w^{+}=0\text{，因此}(wS)^{+}\text{为零} \tag{5.136}$$

不过，如上所述，刚盖近似并不一定要求在上边界处的垂向速度为零。盐度边界条件为

$$\text{(ii)}\ S_f=\Gamma(S^{*}-S) \tag{5.137}$$

其中，Γ 为松弛常数，S^{*} 是根据气候态平均的海面盐度指定的。该边界条件可以追溯到海面温度的松弛边界条件（Haney，1971）。他的原方程来自于对海－气界面热通量（其中包括太阳日射、潜热通量、感热通量和湍流热通量）的详细分析，即

$$\kappa T_z=\Gamma(T^{*}-T_s) \tag{5.138}$$

其中，T^{*} 为参考温度，或者等效大气温度，应该通过考虑所有的热通量项来计算；T_s 为海面温度。在很多研究中，将气候态平均的 SST① 用做 T^{*}。显然，这种方法会引入一定的误差，因为 T^{*} 与气候态的 SST 之间是有差异的。

b）虚盐通量的条件

在此情况下，对刚盖也可解释为没有质量流量穿过的固体边界，因此垂向速度边界条件为

$$\text{(i)}\ w^{+}=0\text{，因而}(wS)^{+}\text{为零} \tag{5.139}$$

不过，盐度边界条件是一个通量条件

$$\text{(ii)}\ S_f=(e-p)S \tag{5.140}$$

其中，$e-p$ 为蒸发减去降水，S 为该网格内的盐度。这就是盐度平衡所要求的虚盐通量。但是，若采用 $(e-p)S$ 作为模式的强迫力，那就可以引起海盆中的总盐量无限地增加。这一点可以做如下解释。对于稳定状态的气候，全球的降水和蒸发应该是近乎平衡的

$$\iint(e-p)dA=0 \tag{5.141}$$

不过，虚盐度通量的全球积分却大于零

$$\iint(e-p)SdA>0 \tag{5.142}$$

这是由于蒸发降水之差与盐度之间存在正相关关系（如图 1.16② 所示）。例如，在北大西洋亚热带区，蒸发非常强，使盐度超过了 37；同时，在太平洋亚极带的过量降水使得表层盐度低于 32。因此，为了避免盐度激增，必须采用如下定义的虚盐通量

$$S_f=(e-p)\overline{S}_s \tag{5.143}$$

其中，$\overline{S}_s$ 为在整个模式区域上平均的平均海面盐度。但这种计算公式有可能引入系统偏差，我们稍后再来讨论。

c）自然边界条件

如前所述，对于气候的时间尺度，上层表面的速度边界条件为

---

① 从历史资料看，在 CTD（电导率－温度－深度测量计）出现以前，SST（海面温度）指的是桶测水温或最上面第一个颠倒温度计测得的水温；20 世纪 80 年代出现了 CTD 之后，曾取 CTD 测得的 2 m 水层的平均水温作为海面温度；自从卫星遥感测温出现以来，由红外辐射计测量的 SST 之深度量级为 500 μm；从 AVHRR（高级甚高分辨率辐射计）测量得到的“皮层”SST 之深度量级为 1 mm。在 TOGA（热带海洋与全球大气）观测系统中，把这个“皮层”SST 转换为浮标“块体”SST，其深度约为 0.5 m。因此在使用 SST 数据时，应注意数据来源及其所代表的水深。——译者注

② 原著有误，故改。——译者注

$$\text{(i)}\ w^{+} = e - p \tag{5.144}$$

这是控制盐度平衡的淡水流量；盐度平衡所对应的边界条件为

$$\text{(ii)}\ (wS)^{+} - \kappa_V S_z^{+} = 0 \tag{5.145}$$

应注意，在水柱内总有湍流盐通量 $\kappa_V S_z$ 和平流盐通量 wS。然而，空气中没有盐，故尽管 w 不为零，但这两项均恒等于零。在海－气界面处，$\kappa_v S_z = (e-p)S$，即湍流通量正好抵消了平流通量，因此没有盐通量通过海－气界面，这符合物理学上的要求。这样，我们可以把这种湍流通量 $S_f = \kappa_v S_z$ 称为抗平流盐通量（anti-advective salt flux），它与上面讨论过的虚盐通量 $S_f = (e-p)S$ 相同。根据上述讨论，我们看到，如果我们采用自然边界条件，就不需要任何盐通量通过海－气界面，因为这两个通量正好互相抵消；但是，如果我们将刚盖近似解释为垂向速度为零的条件，那么就需要有虚盐通量用以模拟通过海－气界面的淡水流量之效应。因此，在自然边界条件下，对于海面处的一个网格来说，盐度平衡简化为

$$\frac{\partial S}{\partial t} + \frac{1}{\Delta x}[(uS)^{+} - (uS)^{-}] - \frac{1}{\Delta z}(wS)^{-} = \frac{\kappa_H}{\Delta x}(S_x^{+} - S_x^{-}) - \frac{\kappa_V}{\Delta z}S_z^{-} \tag{5.146}$$

自然边界条件加上连续方程，就是盐量守恒

$$\frac{D}{Dt}\iiint_V \rho S dv = 0 \tag{5.147}$$

该方程意味着，世界大洋中的总盐量是守恒的。局地的盐度变化应归因于淡水稀释/浓缩（dilution/concentration），故并不需要虚拟的盐通量。尽管我们以上的讨论和图5.97都是基于刚盖近似，但同样的论证可应用于有自由海面的情况，这将在稍后讨论。

d）虚拟自然边界条件

由于没有可靠的历史资料，故蒸发和降水的数据难以获得。作为一种折中方案，我们采用以下的虚拟自然边界条件，这样就可以利用海面盐度作为强迫力场来重构过去的盐度平衡。

首先，在模式中采用以下的公式，就可以从海面盐度（SSS）的历史资料[①]中得到等效蒸发和降水场

$$e - p = \Gamma(S^{*} - S)/\bar{S}_s \tag{5.148}$$

其中，S^{*} 和 S 分别为气候态平均盐度和在过去给定时刻的实测盐度，$\bar{S}_s$ 为全球平均海面盐度。其次，在该模式中，等效蒸发和降水场可以用作为通过海气界面的淡水通量。

3）带自由海面的模式之盐度条件

以上讨论的自然边界条件是基于以往曾广泛应用的刚盖近似。然而，新一代的数值模式，大都是带自由海面的。对于盐度平衡，在数学上，对适合的边界条件之陈述很简单，即 $p-e$ 为海洋上层表面处的淡水源，且没有盐通量通过海－气界面。我们注意到，该海洋上层表面既不是欧拉表面也不是拉格朗日表面，因为在第3章中已讨论过，淡水穿过了该表面。

作为一个例子，我们来讨论在质量守恒模式中关于盐度的合适的上边界条件。对于质量守恒数值模式，一个方便的垂向坐标就是选择2.8节中讨论过的压强坐标。由于海面和海底的压强均随时间变化，故可以采用压强 η 坐标。η 坐标系统的概念是由 Mesinger 和 Janjic（1985）引入的。在压强 η 坐标系中（Huang 和 Jin，2007），垂向坐标定义为

① 在历史资料中，实测的海面盐度（SSS）之深度与对应的 SST 深度相同，参见上一页的译者注。——译者注

$$\eta = (p - p_t)/r_p, r_p = p_{bt}/p_B, p_{bt} = p_b - p_t \tag{5.149}$$

其中，$p_b = p_b(x,y,t)$为海底压强，$p_t = p_t(x,y,t)$为该水柱上表面处的流体静压压强，并且 $p_B = p_B(x,y)$为不随时间变化的海底参考压强，它是根据初始态中预先给定的海盆平均的层化来计算的。

由于 p_t 是在上边界处指定的压强，因此，由于蒸发和降水造成的流体静压之压强增量为 $\delta(p - p_t) = -\rho_f g \delta Q_{E-P}$，其中，$\rho_f$ 为淡水的密度，Q_{E-P}为穿过海 - 气界面的蒸发和降水带来的淡水流量 。因此，上边界条件为

$$r_p \dot{\eta} = -\rho_f g Q_{E-P}/p_B \tag{5.150}$$

其中，$\dot{\eta} = d\eta/dt$ 为虚拟垂向速度，其量纲与传统 z 坐标系中所用的垂向速度是不同的。

海底压强是用海底压强趋势方程(bottom pressure tendency equation ;Huang 等,2001)进行预报计算的。我们从压强 η 坐标系中的连续方程开始①

$$\frac{\partial r_p}{\partial t} + \left(\frac{\partial r_p u}{\partial x} + \frac{\partial r_p v}{\partial y}\right) + \frac{\partial r_p \dot{\eta}}{\partial \eta} = 0 \tag{5.151}$$

对方程(5.151)从 $\eta = 0$(海面)至 $\eta = p_B$(海底)积分，并且应用海面处相应的边界条件，我们得到了海底压强趋势方程

$$\frac{\partial p_{bt}}{\partial t} + \nabla_h \cdot (p_{bt}\vec{V}_{baro}) = -\rho_f g Q_{E-P} \tag{5.152}$$

其中，$\vec{V}_{baro}$为垂向积分的水平速度，∇_h为水平散度算子。这样，由于质量的增加，降水与蒸发之差就能直接影响海底压强。海 - 气淡水流量的贡献遵循质量连续性原理，它是通过对海水的稀释来调整盐度分布的。

在上表面处，对应的盐度条件为盐量的平流与由垂向盐扩散产生的净盐通量正好互相抵消，即

$$\text{在表面处}, S_f = S_{f,\text{平流}} + S_{f,\text{扩散}} = 0 \tag{5.153}$$

应注意，在压强坐标中，海面升高是一个诊断变量，通过积分流体静压关系式得到

$$\zeta = z_b - \frac{1}{p_B(x,y)} \int_{p_B}^{0} \frac{p_{bt}}{\rho g} d\eta \tag{5.154}$$

在传统的 z 坐标中，在上表面处对应的盐度条件与方程(5.153)相同，即没有净盐通量穿过海 - 气界面。在该系统中海 - 气淡水流量的效应是借助于自由海面升高的质量源来反映的。在 z 坐标模式中，海面 ζ 处的垂向速度满足

$$w = \frac{\partial \zeta}{\partial t} + \vec{u}_h \cdot \nabla_h \eta + (e - p)\rho_f/\rho_s \tag{5.155}$$

其中，$\vec{u}_h$ 为水平速度，ρ_f 和 ρ_s 为淡水密度和海面密度。对该方程的垂向积分导出了自由表面的预报方程(prognostic equation)

$$\frac{\partial \zeta}{\partial t} = -\left(\frac{\partial}{\partial x}\int_{-H}^{\zeta} u dz + \frac{\partial}{\partial y}\int_{-H}^{\zeta} v dz\right) + (p - e)\rho_f/\rho_s + RT \tag{5.156}$$

其中，RT 表示在水柱中由热盐过程带来的余项。因此，降水势必使水位增加。不过，局地水位还

① 原著中方程(5.151)有误，现已更正。——译者注

与垂向积分速度场的水平辐聚/辐散有密切关系(Huang 和 Jin,2002b)。

4)松弛条件与虚盐通量条件之误区

松弛条件意味着对海面盐度的强烈负反馈。其结果是,在该边界条件下得到的解与实测海面盐度吻合;而且,在大多数情况下,该解是稳定的。这些特征对于模拟现在的气候具有优越性。然而,在一般情况下,该边界条件或许并不适合模拟海洋环流。

第一,尽管海面温度的松弛条件(5.138)式是基于正确的物理推理提出的,而盐度松弛条件(5.137)式却缺乏物理背景。此外,采用如此长的松弛时间似乎也是不合理的。

第二,盐度松弛条件不适用于气候研究或气候预报,因为在不同于当前气候的气候条件下,其参考盐度是未知的。

虚盐通量条件也没有物理基础。为了维持海洋中的盐平衡,要求有巨量的虚盐通量通过海-气界面并且要求大气把从亚极带海盆中摄取的盐运往赤道并倾倒在那里。北大西洋所需要的虚盐通量估计为

$$\sum(E-P)S > 10^9\ \mathrm{kg/s} \times \frac{35}{1\ 000} > 3.5 \times 10^7\ \mathrm{kg/s} \tag{5.157}$$

显然,如此巨大的虚盐通量是不真实的,并且应该避免。

应注意,虚盐通量的原始定义,即方程(5.140),包含了正的弱反馈,因为凡是蒸发超过降水的地方,S 势必很高。然而,虚盐通量是基于海盆平均的盐度 $\bar{S}_s$;因此,它与局地盐度没有任何关系。即使虚盐通量作为参量化方案能够被接受,但与虚盐通量有关的物理过程则是被曲解的。

另外,在局地盐度与海盆或全球平均盐度之差很大的地方,这个约束就能引入很大误差。当局地盐度很低时,这种计算公式放大了等效盐强迫力并且放大后的虚盐通量就能造成负盐度。例如,在亚马逊河口附近,海面盐度非常低①。结果,模式中河口附近的盐度可以变为负值。对于世界大洋,虚盐通量条件也可能引入不能忽略的误差。北太平洋中的海面盐度可以低于33,北大西洋中的海面盐度可以高于37。对于世界大洋环流模式来说,假若 $\bar{S}_s$ 设定为35,那么由于盐度的上边界条件就会引入10%的系统偏差。

B. 海面浮力边界条件的非线性性质

1)海面热、盐强迫力条件的差异

在海面处,热力边界条件与盐控边界条件之最重要的差异如下。首先,上层海洋的热强迫力是内能通量,而海面盐强迫力则是淡水流量,即它是质量流量加上少量的重力势能。根据方程(3.5.31),降水引起的重力势能之总量为 $\iint g\rho\zeta\omega dA$,其中,$\zeta$ 为自由海面升高,ω 为降水速率。

其次,海面热强迫力对应于海面温度与海-气热通量之间强烈的负反馈。结果,热距平的e折合衰减时间尺度势必变得很短,即热力距平不能长时间生存。另外,在局地盐度与蒸发/降水之间却没有直接的反馈。因此,盐度距平往往比热力距平维持更长的时间。

2)表层中温度和盐度距平的生存

有两方面的物理过程影响海面温度和盐度距平的生存特征(survival characteristics)。首先,状态方程是非线性的。特别是热膨胀系数在高温时很大,而在冰点附近却非常小。结果,高纬度

① 我国长江口也有类似的情况。——译者注

区的密度结构与环流主要是由盐度而不是由温度控制的。另外,低纬度区的密度和环流则主要由温度而不是由盐度控制的,只有河口附近例外,因为那里巨大的盐度差可以起到支配性的作用。

其次,海面热力距平受控于相当强烈的负反馈作用;因此,由于强烈的海-气热通量反馈,使得热力距平能够相当快地耗散掉。另外,盐度与穿过海气界面的蒸发和降水速率并没有直接联系。

以下的两幅图(图5.98和图5.99)显示了在北大西洋的低纬度区和高纬度区中温度和盐度距平的差异。粗实线表示29°N和69°N附近两个站上的温度、盐度和密度廓线。对于气候平均状态来说,通过以下方式来维持稳定的层化。在低纬度区,层化是以咸的暖水叠置在淡的冷水之上为特征的。另外,在高纬度区,相对冷的淡水叠置在暖的咸水之上。假设在上层海洋中存在温度/盐度扰动,且该扰动在75 m以浅呈线性廓线,于是其极大值(温度/盐度分别为3℃和0.5)就在海面处。很明显,在低纬度区,密度距平主要是由温度引起的[图5.98(c)];而在高纬度区,密度距平则主要是由盐度距平造成的[图5.99(c)]。

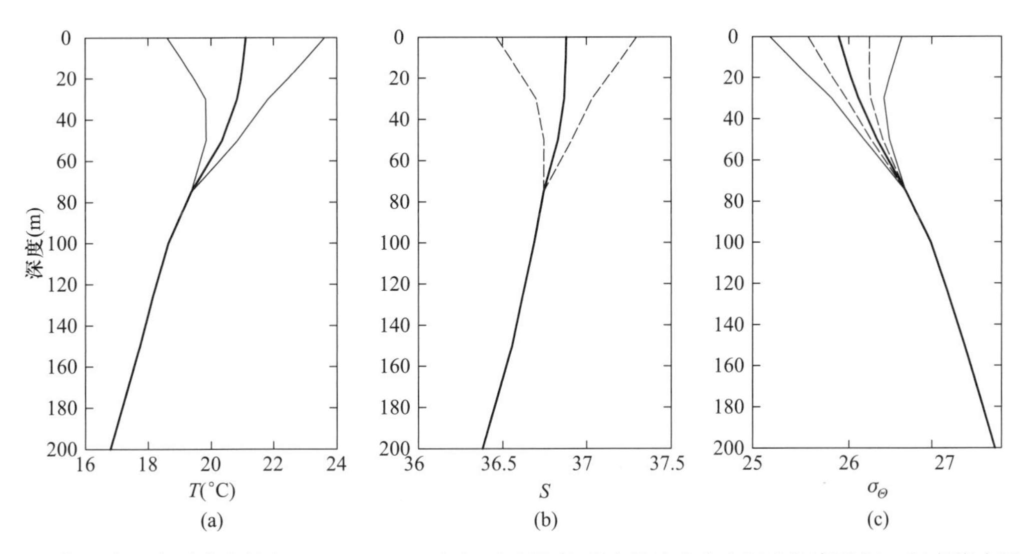

图5.98 在一个北大西洋的站(20.5°W,29.5°N)上,(a)温度、(b)盐度和(c)密度的廓线图。细实线表示上层75 m处由温度距平产生的扰动,细虚线表示上层75 m处由盐度距平产生的扰动。

应注意在上层海洋中负的盐度距平(或淡水距平)就能生存很长的时间。这是由于上层海洋中的淡水距平使表层密度减小,因此对于扰动而言,形成了相当稳定的强盐跃层。由于没有深对流,就能导致向大气散热的再一次减少,并导致蒸发速率更低。这些物理过程的共同作用促成了在高纬度海洋中淡水距平的长期存在。在海洋顶部这些稳定的淡水层就能引起盐跃层的崩变,这将在稍后讨论。

C. 布西涅斯克模式中的淡水流量

目前用于模拟大洋环流和气候的大多数数值模式都是基于布西涅斯克近似。这些模式采用体积守恒代替了在物理上更准确的质量守恒。结果是,这些模式中出现了跨过海-气界面和经向断面的虚盐通量。这种盐通量是模式中人为的通量,因而当模式处于过渡状态时,这类盐通量的意义就不清楚了。

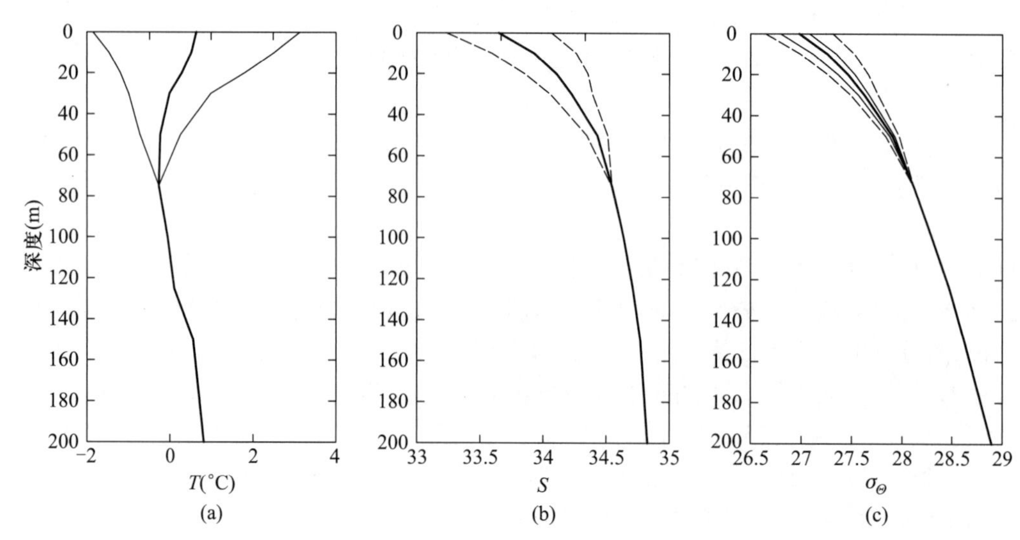

图5.99 在一个北大西洋的站(20.5°W,69.5°N)上,温度(a)、盐度(b)和密度(c)的廓线图。细实线表示上层75 m处温度距平产生的扰动,细虚线表示上层75 m处盐度距平产生的扰动。

然而,当模式达到准定常状态时,对从模式中诊断得到的虚盐通量可以做以下解释。在封闭海盆中,当模式达到准定常状态时,跨过一个纬圈的经向盐输送应该为零

$$0 = \iint \rho v S dxdz = \iint \rho v \bar{S} dxdz + \iint \rho v (S - \bar{S}) dxdz \tag{5.158}$$

其中,$\bar{S}$ 为海盆平均盐度;因此,通过这个断面的淡水流量为

$$\iint \rho v dxdz = \iint \rho v (1 - S/\bar{S}) dxdz \tag{5.159}$$

由于海水密度几乎为常量,作为良好的近似,这些模式中的淡水流量可以定义为

$$F_{fw} = \iint v (1 - S/\bar{S}) dxdz \tag{5.160}$$

因为对于封闭海盆中的布西涅斯克模式,准定常状态下的经向流量为零,故可把该方程改写为

$$F_{fw} = -\frac{1}{\bar{S}} \iint v S dxdz \tag{5.161}$$

即通过经向断面的等效淡水流量等于从模式诊断得到的经向盐通量乘以负号,再除以海盆平均盐度(Bryan,1969; Huang,1993b)。

值得注意的是在等效淡水流量的定义中包括了海盆平均盐度。因此,对于在不同区域中定义的等效淡水流量,它们之间或许是不可比的,因为它们是基于不同的平均盐度。不幸的是,这种不一致性是定义本身固有的。应当强调指出,算式(5.161)只能应用于封闭海盆。在南极绕极流的纬度区内,不能把它用于推断各个扇形区(例如大西洋扇区或太平洋扇形区)的等效经向淡水流量,因为各个扇形区的经向流量不为零。

5.3.3 蒸发和降水引起的盐致环流

历史上,蒸发/降水曾是作为驱动大洋总环流的第一个机制来探讨的。然而,在迄今的几十年中,大洋中盐致环流的物理学问题却被忽视了。事实上,在以前大多数的大洋环流模式中,盐

致环流或者由盐度松弛条件来驱动，或者由虚盐通量条件来驱动；因此在很长时间里，盐致环流的真实物理学曾经是模糊不清的。在 20 世纪 90 年代以前，仅发表了寥寥几篇关于蒸发和降水来驱动海洋环流盐致分量的文章。

在第 3 章中，我们详细讨论了为什么仅有热强迫力不可能驱动或维持一支经向翻转环流。这种情况与海面淡水流量的情况非常相似。海面热通量与淡水流量之间的主要差异如下。海面淡水流量总是伴随着通过海 - 气界面的质量流量。一般说来，在低纬度区，淡水是以水汽的形式从海面摄取的。通过大气中的经向环流，该水汽被输送到高纬度区，并在那里被放回到海洋中。如果没有其他的强迫力（比如风应力、热通量和潮汐耗散），那么仅有海 - 气淡水流量就能在海洋中驱动一支正压环流，称之为 G - S 环流。

正如下面将要讨论的，世界大洋中由蒸发和降水驱动的正压环流是非常缓慢的，总流量的量级为 1 Sv。不过，在大洋中，热盐环流中的盐致分量则要高出一个量级，故仅有海面淡水流量就难以提供维持这样一支强环流所需要的用以克服摩擦力的机械能。因此，从能量上说，仅有蒸发和降水还不能驱动盐致环流的斜压分量。不过，在下面的讨论中，我们仍将使用经典结果中提出的“驱动”一词，至于是什么真正驱动了大洋中的热力环流和盐致环流的问题，将在 5.4 节中详细讨论。

A. 由蒸发和降水驱动的经典环流

1）Hough 解

蒸发和降水可以驱动海洋环流，Hough（1897）在其潮汐论文中第一次探讨了这个问题。Hough 最初假设 P - E 的分布形式为第二勒让德多项式（second Legendre polynomial）

$$P - E = P_2(x) = (3x^2 - 1)/2, \quad x = \sin\theta \tag{5.162}$$

亦即在高纬度区降水，在低纬度区蒸发。

在 Hough 的论文中没有给出任何一幅图；在 Stommel（1957）给出了图解之后，Hough 的解就变得清晰多了。为简单起见，斯托梅尔假设了一个较为简单的蒸发降水形式，即北半球为降水而南半球为蒸发（图 5.100）。

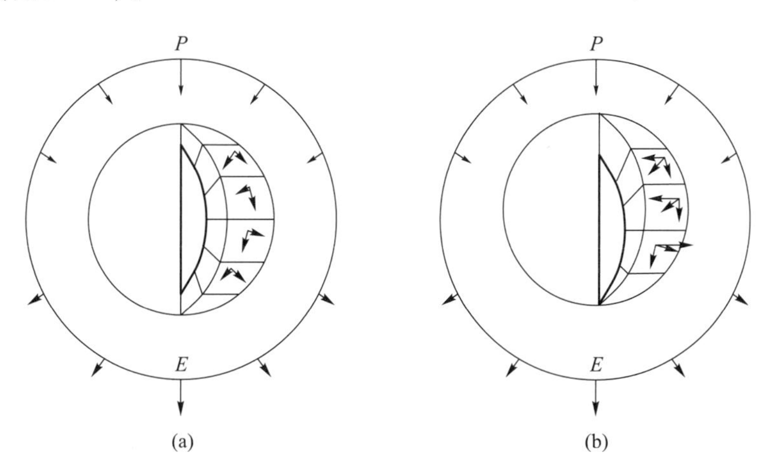

图 5.100　Hough 型环流的两个连续阶段，由北半球的降水（P）和南半球的蒸发（E）所驱动。外圈上的箭头表示降水和蒸发的分布，绘于球体表面的箭头为速度分量。比较图（a）和图（b），可以看出纬向流动随时间增长。中心的粗线表示地球的固体部分［根据 Stommel（1957）重绘］。

Hough 不知道如何将摩擦参量化,因而他的模式中没有摩擦。事实上,他的解可能仅在该问题的初始阶段成立,因为此时该解可以处理为无限小,以致可以忽略非线性效应。开始时,海洋以等深水层的形式覆盖了固体地球。降水使水进入了北半球海面,而蒸发使水离开了南半球海面。由于经向水位有微小差异,故有一个向南的经向速度[图 5.100(a)]。

随着时间的推移,堆积在北半球的水越来越多而留在南半球的水越来越少,由此造成了水球的非对称形状。由于科氏力的作用,逐步建立了纬向速度,它在北半球西向,在南半球东向[图 5.100(b)]。

由于模式中没有摩擦,故它不合适于描述解的长期演变。随着时间的推移,自由海面升高和纬向速度就会变成无限,故该解就不成立了。其精确解可以通过更严密的理论和模拟得到。

2) Goldsbrough 解

在很长一段时间内,Hough 的解并未受到海洋学界注意。Goldsbrough(1933)用自己独立的方法讨论了由蒸发和降水驱动的定常流动。他必然已经认识到,为了得到一个由蒸发和降水驱动的闭合环流,在封闭海盆内,蒸发和降水的分布形式必须满足纬向净流量为零的条件。通过选择 $E-P$ 的特定分布形式,他就能构建一个没有摩擦的定常解。最重要的是,他首次导出了大尺度环流的涡度约束

$$\beta hv = f(E-P) \tag{5.163}$$

这个关系式现在称之为 Goldsbrough 关系,按照这个关系式,蒸发和降水在驱动大尺度大洋环流中起着"泵"的作用。

根据方程(5.163),降水驱动了一支向赤道的流。如果我们仅仅想用淡水流量使环流闭合,那么,为了让水向极回输,在每一个纬圈上都需要有蒸发。为了使每一纬圈上达到质量平衡,那么,蒸发降水差的纬向积分必须为零。因此,找到 Goldsbrough 环流的技巧是,假设东部海盆降水而西部海盆蒸发,以便使任意纬圈上 $E-P$ 的纬向积分为零。

为了图示这种类型的解,我们在 $60°\times30°$ 的海盆中,对蒸发和降水选取如下形式的分布(图 5.101)

$$E-P=(e-p)\sin\left[\frac{\pi(y-y_n)}{(y_n-y_s)}\right],\quad e-p=\begin{cases}\dfrac{1}{\Delta}\cos\left(\dfrac{\pi x}{2\Delta}\right), & 0\leqslant x<\Delta\\[2ex] \dfrac{1}{1-\Delta}\cos\left[\dfrac{\pi x}{2(1-\Delta)}\right], & \Delta\leqslant x\leqslant 1\end{cases} \tag{5.164}$$

其中,$e-p$ 的单位为 m/年,x 为每个纬圈的无量纲坐标,$\Delta=0.06$。因此,蒸发和降水的纬向之和为零,这是隐含在 Goldsbrough 的原始模式中的根本性约束。可以从(5.163)式中计算经向速度,对应的经向输送函数可以通过经向速度的纬向积分来计算,积分可从东边界开始或可从西边界开始。对于这个模式,经向输送函数也可以通过从西边界开始的积分来计算,因为解本身完全是无摩擦的,并且在模式中没有摩擦边界层;因此,无论从东边界还是从西边界开始积分,经向速度都给出了同样的经向输送函数的分布。

这种淡水流量引起了在海盆内闭合的环流。尽管在这个解中有一个相对狭窄的西边界层,但由于该模式中既没有摩擦项也没有惯性项,故在图 5.101 中所示的解中忽略了摩擦力和惯性项。另外,重要的是要注意,蒸发和降水引起的正压环流流量之量级为 1 Sv,它与海洋中观测到的环流比起来太小了;因此,这种环流不能用于解释海洋中观测到的远强于它的环流。

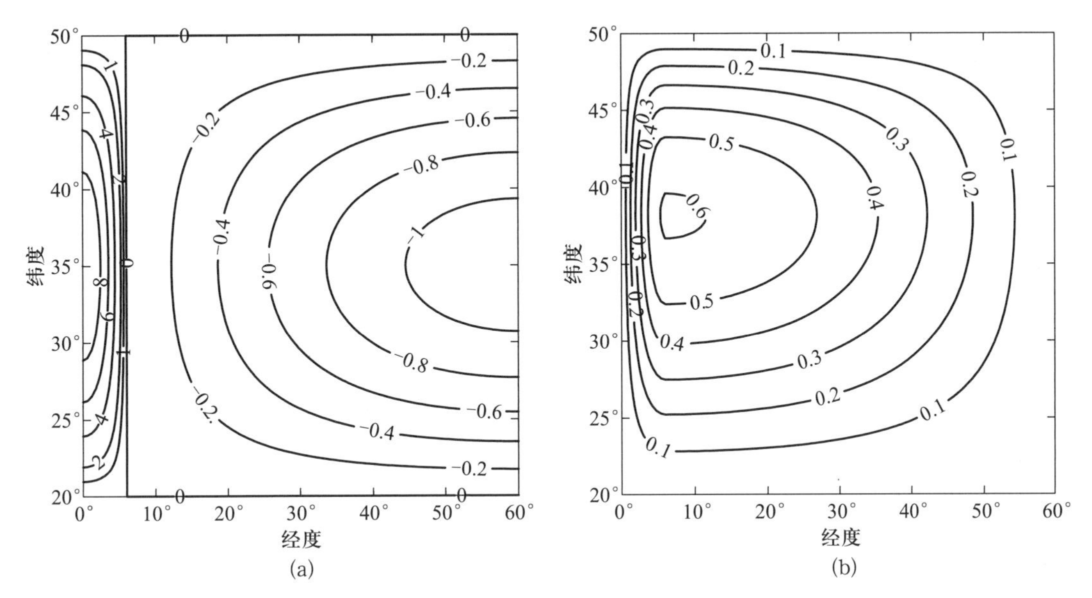

图 5.101 封闭海盆的 Goldsbrough 型解，在每一纬圈上降水与蒸发的收支平衡：(a) 蒸发和降水(单位：m/年)；(b) 经向输送函数(单位：Sv)。

3) 斯托梅尔解

Goldsbrough 的主要贡献是导出了海洋内区的涡度约束。他不知道如何处理摩擦；因此，为了找到闭合海盆中的一个定常解，他采用了一个非常不合实际的蒸发降水差之分布。采用比其真实得多的淡水流量分布(亦即由低纬度蒸发而高纬度降水)来驱动环流的通解是 Stommel (1957,1984a)得到的。斯托梅尔指出，原则上，由大洋内区蒸发降水差所驱动的环流经由西边界流就能闭合。因此，淡水驱动的环流应该称之为 G－S 环流。图 5.102 给出了斯托梅尔对于半球海盆的 Goldsbrough 思路之推广解。

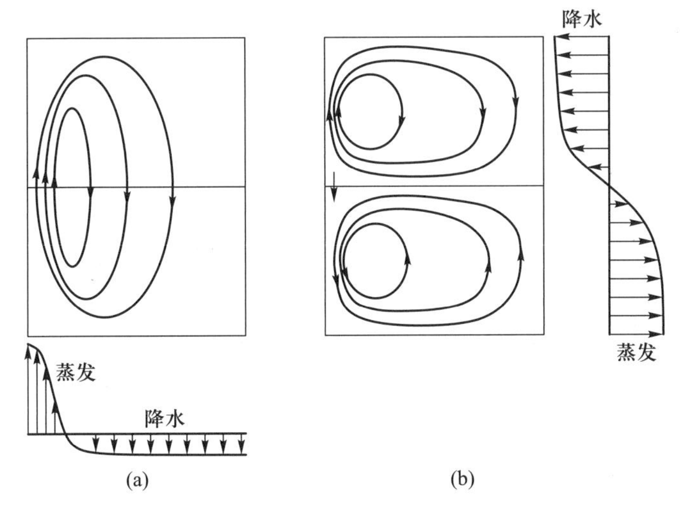

图 5.102 (a) 由蒸发降水差驱动的 Goldsbrough 流涡；他在 1933 年把这个流涡作为大西洋环流的模型；(b) Stommel(1957;1984a)的思路：采用西边界流把由更接近实际的蒸发－降水分布所驱动的环流闭合起来。

4）世界大洋中的 G－S 环流

斯托梅尔所讨论的解代表了一种理想化的情况。但把这种思路应用于研究大洋就晚多了。利用现有蒸发降水差的数据集，Huang 和 Schmitt（1993）计算了世界大洋的 G－S 环流（图 5.103）。该解以纬向均匀分布的蒸发和降水为基础，其中西边界流与内区解连接所起的作用是使在每个海盆的每个纬度处的经向质量流量相闭合。

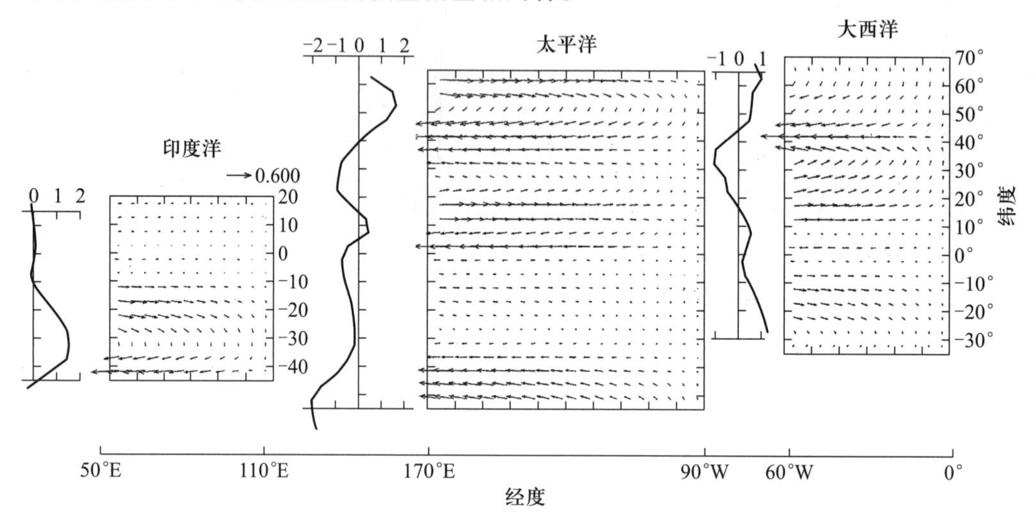

图 5.103 世界大洋的 G－S 环流，忽略了海盆之间的输送①。每一个箭头表示 5°×5°网格内积分的水平质量流量（单位：Sv）；沿着每一个海盆的西边界各画一条曲线，它表示使环流闭合所需的西边界层中的北向质量流量（单位：$10^6\ m^3/s$）（Huang 和 Schmitt，1993）。

B. 海洋中的斜压盐致环流

以上讨论的环流仅仅是盐致环流的正压分量，与海洋中的风生环流和热力环流相比，它是很微弱的。如上所述，G－S 环流的流量之量级为 1 Sv，但是风生环流则是其几十倍。

在很长时间中，G－S 环流被看做一个抽象理论观点而没有直接与大洋总环流联结起来，因而对于实际应用毫无用处。然而，仔细考察显示，G－S 环流仅是环流中与跨过海气界面的淡水流量有关的一个方面。原来，G－S 环流只是由海－气淡水流量所产生的环流正压分量。如果海洋中没有盐，那么 G－S 环流就将是由淡水流量产生的唯一环流。另一个理论极限是，如果没有用于维持跨密度面混合的外部机械能（既没有风应力也没有潮流），那么也就不会有盐致环流的斜压分量；这样，G－S 环流就是海－气淡水流量引起的唯一可能环流。

在以上提出的动力学分析中没有考虑盐度。然而，如果加上盐度与由外部机械能所驱动的盐度混合，那么整个图像就会完全不同，因为盐混合及其输送所导致的斜压环流将会发展起来，其强度与风生环流或者热力环流相当。这将在下一节中讨论。

为了理解盐致斜压环流，我们从河口中的环流开始。河口区是淡水占优的径流与咸水占优的海洋环流之间的过渡区②。来自河流上游的水提供淡水输入，而开阔大洋则提供下游的条件。

① 原著中此图资料有缺口，且图中纬度单位阙如，现已补全。——译者注

② 原著中为 interface（界面），事实上确切地说，河口区，尤其是大型河口区（如长江口区）是淡水占优的径流与咸水占优的海洋环流之间的过渡区。——译者注

1）咸水河口区中淡水流量引起的环流

河口区中的环流有赖于许多因子，例如总径流量、平均盐度和潮混合。在河口区，来自径流的淡水叠置在来自开阔大洋的咸水之上；因此形成了主要由盐度差所产生的强层化。在第 3 章中已讨论过，在这样一种强层化的环境中，跨密度面混合需要有来自潮汐或风的外部机械能源。

假若没有外部机械能可用于维持垂向混合，那么来自径流的淡水流动将位于河口区的咸水之上。结果，唯一的环流就是顶层的运动，而下层则是静止不动的。由于没有混合，上层的流量在通过河口区的整个流路上保持不变。上层没有盐，因而那里的水仍是淡的；下层的盐度仍然与开阔大洋相同，我们取为 35［图 5.104(a)］。然而，有了潮混合，少量的河水径流就能够在河口区中引起巨大的回流［图 5.104(b)］。在本节的讨论中，我们将假设，用于混合的能源总是存在的，例如正压潮和内潮、内波、风应力以及其他能源；不过，我们这里并不关心能源的确切性质。

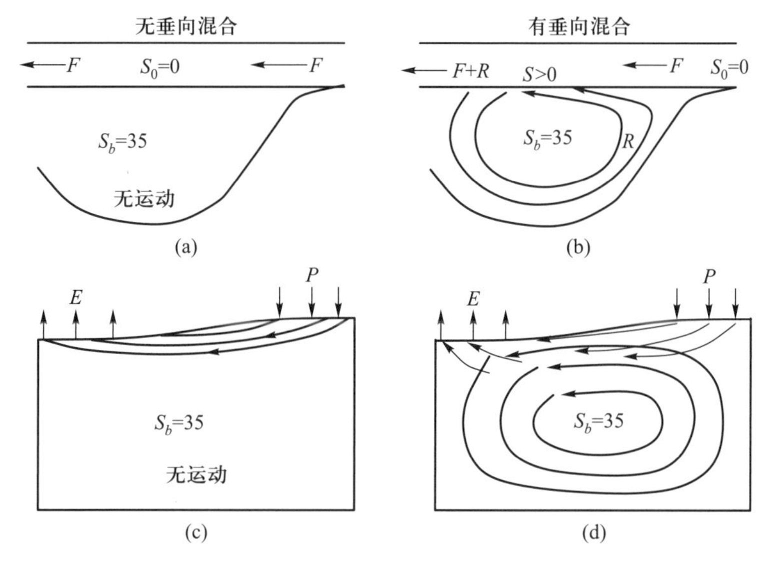

图 5.104　在河口和开阔大洋中由淡水驱动的环流模式示意图：(a)和(c)没有垂向混合的模式；(b)和(d)有垂向混合的模式。

2）把北大西洋当做一个河口区

与上面讨论过的情况相似，可以把北大西洋作为一个巨大的河口来处理，低纬度区的蒸发与高纬度区的降水正好相互平衡。首先，让我们假定，维持混合的可用外部机械能并不存在，因而跨密度面混合系数为零。在 $t=0$ 时刻，在低纬度区开始蒸发，而降雨则开始进入亚极带海盆。高纬度区的降水建立了自由海面，水就开始流向低纬度区（旋转会改变流动路径）。在低纬度区，开始时蒸发会使水变得更咸，于是一些水就下沉到深处，这就引起了咸水的运动。不过，随着淡水到达低纬度区并且逐渐覆盖了整个海盆的上表面时，那么此时的蒸发只能影响淡水，却不能影响到咸水。当深水中尚剩的运动逐渐失去其动能时，留下的唯一运动将是位于静止的下层咸水之上向赤道流动的淡水［图 5.104(c)］。

其次，如果有维持垂向混合的可用外部机械能，那么将会有一支由垂向混合引起的强回流［图 5.104(d)］。由于盐量守恒，故翻转速率与海洋上、下层的盐度差有关

$$R=\frac{S_0}{\Delta S}F\gg F \tag{5.165}$$

因为 ΔS 远小于 S_0,故少量的降水就能引起强劲的经向环流。

3）淡水驱动的盐致环流

由淡水流量所引起的盐致环流是一个复杂的系统,考察这种环流最方便的途径是利用数值模式。该模式为有自由表面的质量守恒模式,分辨率为 $2° \times 2°$($4°$N—$64°$N,$\Delta\theta = 60°$),纬向宽度为 $\Delta\lambda = 60°$,该模式由“线性”$E-P$ 廓线(图 5.105 所示)来驱动

$$E - P = w_0\left(1 - 2\,\frac{\theta - \theta_s}{\Delta\theta}\right)/\cos\,\theta, \quad w_0 = 1\ \text{m/年} \tag{5.166}$$

对应于海洋内区、整个海盆和西边界区的纬向积分流量分别为

$$V_{内区} = \frac{f}{\beta}(E - P)r\cos\,\theta\Delta\lambda \tag{5.167}$$

$$V_{总} = -\int_{64°}^{\theta}(E - P)r^2\cos\,\theta\Delta\lambda d\,\theta \tag{5.168}$$

$$V_{西边界} = V_{总} - V_{内区} \tag{5.169}$$

应注意,该模式的唯一海面强迫力是穿过上层表面的淡水流量。$E-P$ 所具有的总经向质量流量(用点画线表示)约为 0.3 Sv,它与风生环流相比,确实非常小。

设该模式中常量垂向混合系数为 $0.3 \times 10^{-4}\ \text{m}^2/\text{s}$。在积分了 5 000 年之后,该模式达到一种非周期性振荡的状态。以下讨论的是数百年平均的平均环流;其时间演化过程的详情将在 5.4 节中讨论。由于高纬度区降水,使那里的海平面上升了。事实上,高海平面区(sea-level high)的中心存在于北半部海盆的中部,而低海平面区(sea-level low)则位于东边界附近的低纬度区(图 5.106)。

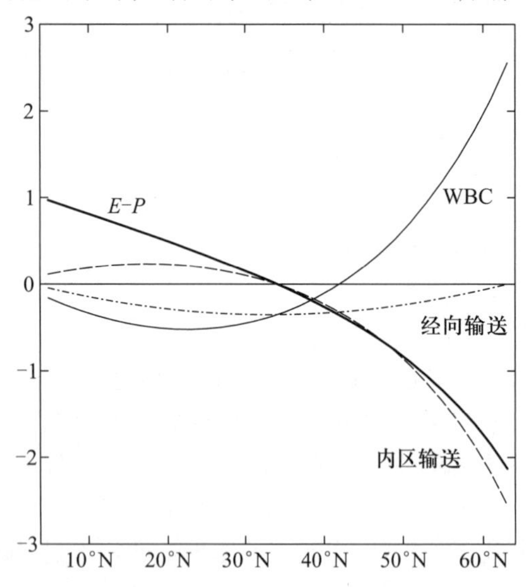

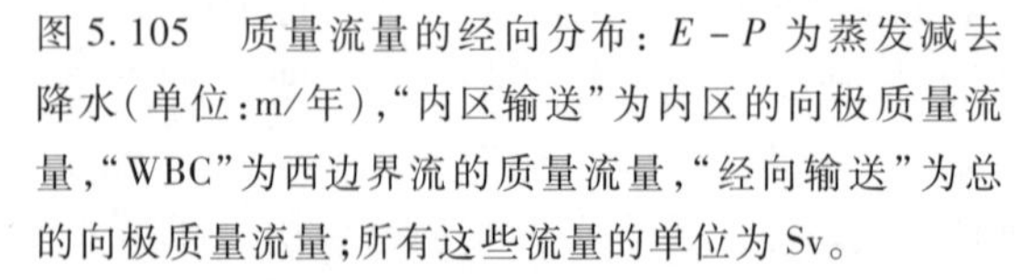
图 5.105　质量流量的经向分布：$E-P$ 为蒸发减去降水(单位:m/年),“内区输送”为内区的向极质量流量,“WBC”为西边界流的质量流量,“经向输送”为总的向极质量流量;所有这些流量的单位为 Sv。

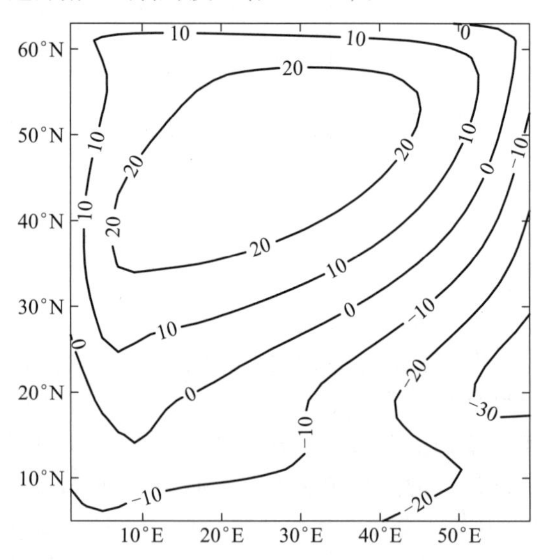

图 5.106　盐致环流对应的海面升高(单位:cm)。

高海平面区与海盆北半部的正压反气旋环流有密切关系(图 5.107)。在海盆南半部则有一支相当弱的正压气旋环流。另外,为了使海盆中的环流闭合,显然需要西边界流。图 5.107 显示

了正压经向输送函数,它是对全部深度上的经向流量之纬向积分。从该图我们很容易看到,在亚极带海盆中由降水驱动的南向流动、在亚热带海盆中由蒸发驱动的向极流动以及为使环流闭合所需的西边界流,而它们的流量则已如前所述。该正压环流就是 Goldsbrough - Stommel 理论(以下简称 G - S 理论)预测的环流。如上所述,无论海洋中是否有盐,无论是否有足够的外部机械能来维持海洋中的垂向混合,该正压环流都是存在的。

有别于 G - S 理论,该模式的主要新特征是存在强劲的三维斜压环流。最重要的分量是经向翻转环流胞,其翻转速率[①]超过 50 Sv(如图 5.108 所示)。由于蒸发,海盆南半部的水就咸得多,并且下沉到海底。在远离南边界的区域,咸水逐渐涌升并与其上的相对的淡水相混合。如在第 3 章中所述的,此类层化流体中的混合需要有来自潮汐耗散和海面风应力的外部机械能源。没有这种能源,穿过海 - 气界面的淡水流量就不能驱动如图 5.108 中所示的强劲环流。

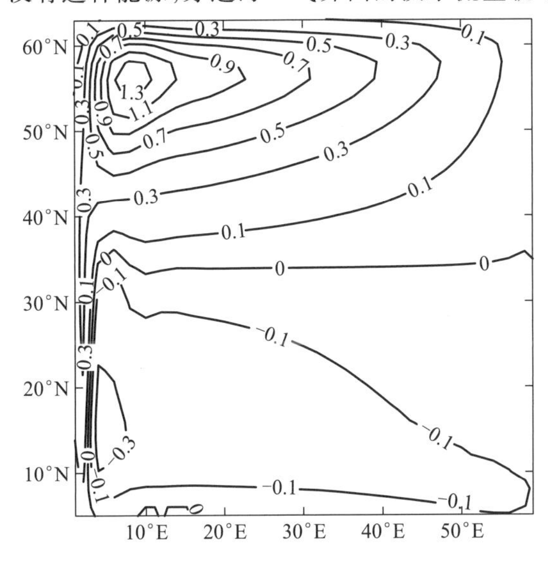

图 5.107 经向正压输送函数(单位:Sv)。

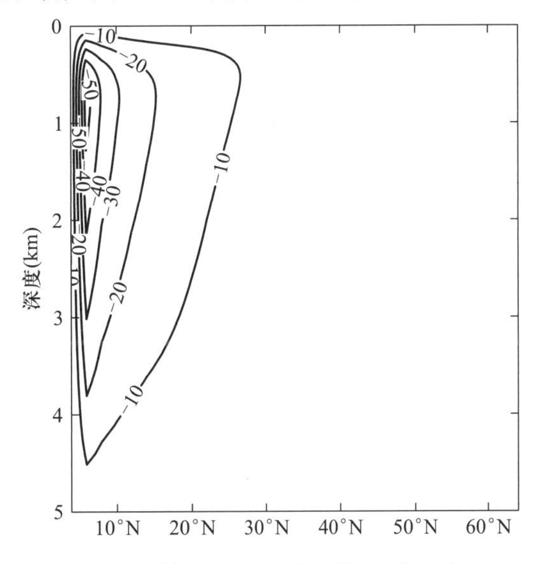

图 5.108 时间平均经向流函数(单位:Sv)。

自然界中的降水通常是非常不规则的。因此,就直观而言,在降水中的点点细雨与海洋中有序的大尺度盐致环流之间似乎没有联系。然而,降水和蒸发是形成海洋中盐度差的支配因子,并因此调节着大洋总环流的盐致分量。在这个模式中,高纬度区的降水使北部的盐度减小,低纬度区的蒸发使南部的盐度增加;因此,就是它真正驱动了环流(图 5.109)。盐度极大值位于东南角,大体上为盐致环流下沉分支的位置。

在淡水强迫力的作用下,形成了复杂的三维环流,因此我们不应该以正压环流作为海洋中的环流形式。事实上,在该海盆中部的次表层强劲上升流起着"埃克曼压缩机(Ekman compressor)"的作用。该"压缩机"向上运动并且挤压上层海洋中的水柱。为了使位涡 $f/\Delta h$ 守恒,该水柱便向赤道移动,这就与大洋中的风生亚热带流涡的情况非常相似。结果,如图 5.110 中模型海盆北部所示,在上层大洋中形成了反气旋流涡。而在该层之下,存在着另一个反向旋转的环流。在该模式中,深层水在模型海盆的东南角附近形成并下沉到深层大洋,这从图 5.110 右下角的高速辐合区中就可以看出。

① 经向翻转速率的定义可参见(5.423)式。——译者注

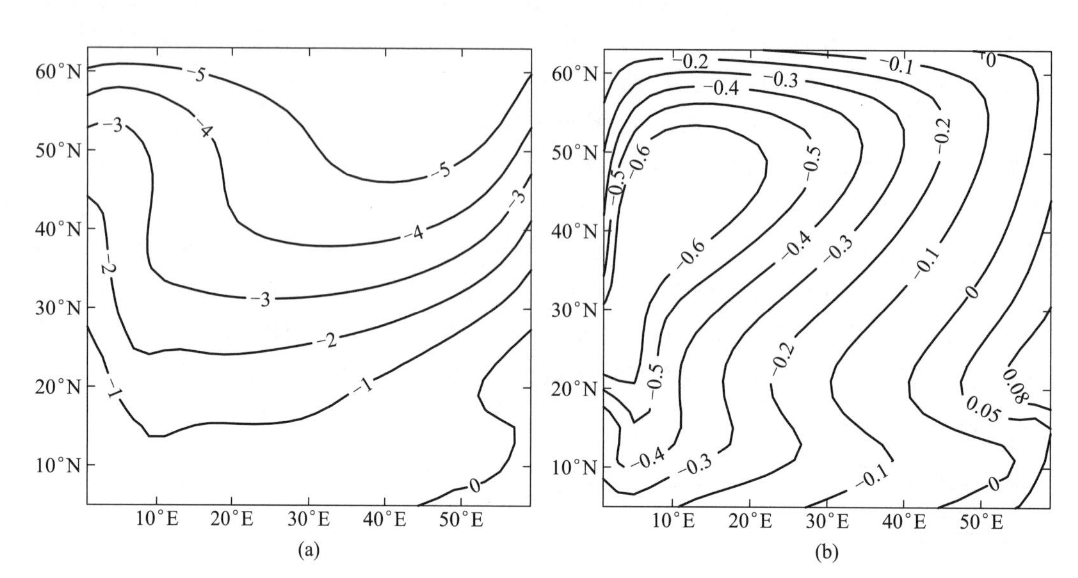

图 5.109 盐度(与平均值的偏差)分布:(a)7.5 m 层;(b)317.6 m 层。

与 G－S 理论所预测的正压环流相比,由强烈的垂向混合与海面淡水流量共同驱动而产生的盐致斜压环流要强一个量级。在示意图 5.111 中对这两类环流进行了比较。在有盐分和混合的海洋中,斜压环流由上层海洋的顺时针环流(它是由海盆尺度的上升流所驱动的)与深层的逆时针环流构成。此外,它还包括了一个大尺度的经向翻转环流胞与一个纬向翻转环流胞。每个环流胞或每个流涡的强度都比所谓G－S环流至少要大一个量级。非常重要的是要注意,三维环流的强度与平均盐度和可用于混合的总机械能量密切相关,在 5.5.1 节中讨论盐致环流尺度分析法则(scaling law)时,我们将揭示这一点。

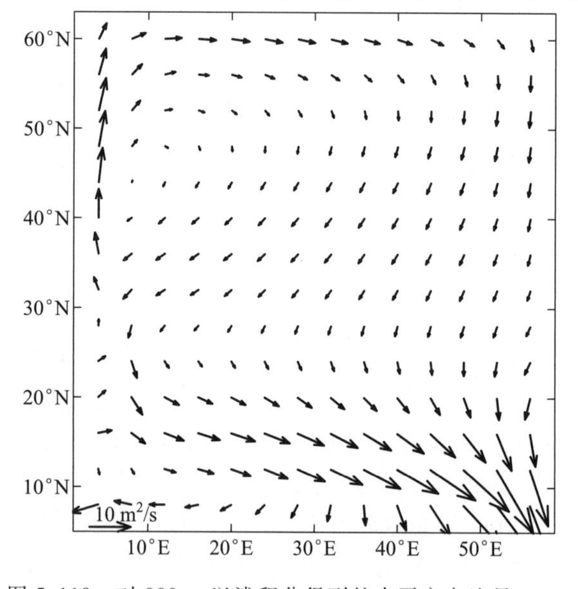

图 5.110 对 980 m 以浅积分得到的水平方向流量。

在某些以往的研究中,从由虚盐通量驱动的模式诊断出的盐通量被错误地解释为海洋中的实际盐通量。为了论证从数值模式诊断出的盐通量之物理意义,我们给出了从两个刚盖近似模式得到的结果。如图 5.112 所示,当环流本身达到最终平衡时,经向净盐通量就达到了准平衡状态[图 5.112(a)]。如同上一节中讨论过的,应该重新诠释从基于虚盐通量条件之模式诊断出的巨大的平流盐通量。在对它进行重新诠释之后,那么由此得到的经向盐通量也应该能达到准平衡状态。应注意,对于一个时变问题,从基于虚盐通量条件诊断出来的所谓盐通量是毫无意义的。

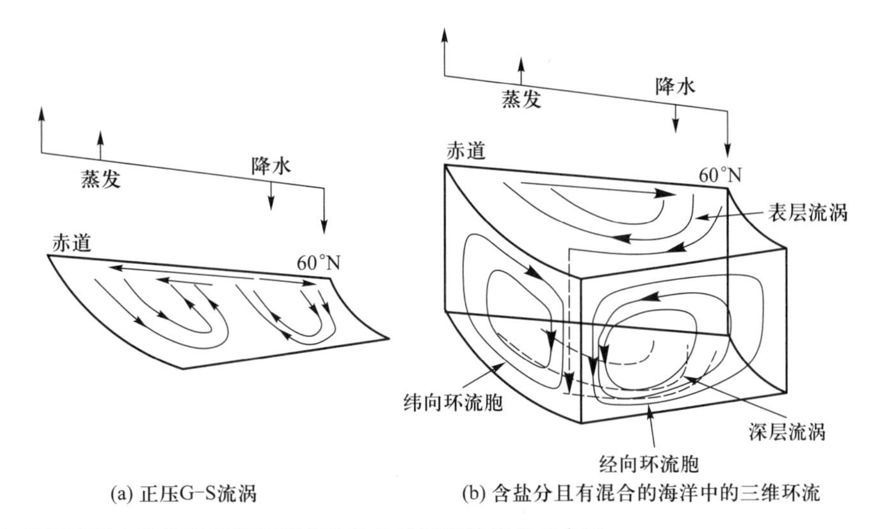

图 5.111 由高纬度降水和低纬度蒸发所驱动的盐致环流结构的示意图。

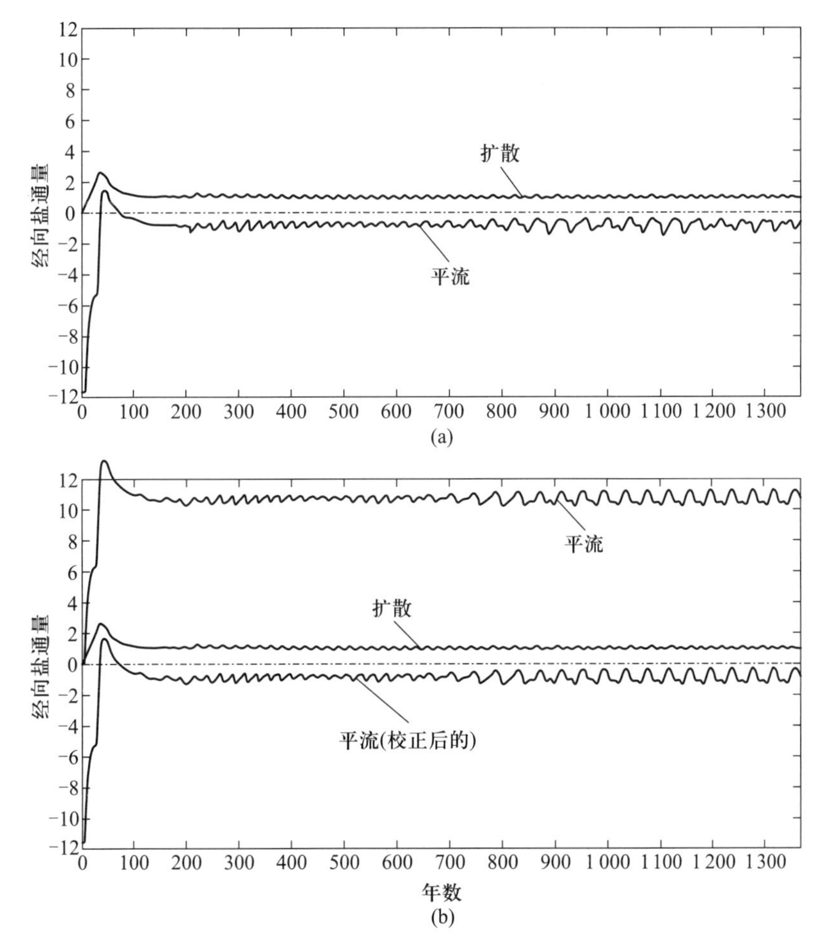

图 5.112 28°N 处经向盐通量的时间演变图(单位:10^6 kg/s):(a) 自然边界条件下的刚盖模式之结果;(b) 虚盐通量条件下的刚盖模式之结果(Huang,1993b)。

5.3.4 双扩散

海水可以处理为由水和盐分构成的双组分系统,其中最重要的热力学变量为温度和盐度。由于其空间分布的非均匀性,温度和盐分的扩散可以同时发生,称之为双扩散。在许多论文和专著中均已讨论过双扩散,例如《海洋学进展(*Progress in Oceanography*)》第56卷的专辑(2003)。由于盐水(或淡水)的扩散是分子间的交换,故在分子层次(molecular level),热扩散速率系数比盐扩散速率系数大两个量级。不过,在远大于分子的尺度上,会发生不稳定性并造成温度与盐分的等效扩散系数之间有不同的比率。在众多错综复杂的现象中,有两类双扩散最有意义:第一类是盐指(salt fingering),它是当暖的咸水叠置在冷的淡水之上时发生的;第二类是扩散分层(diffusive layering),它是当冷的淡水叠置于相对暖的咸水之上时发生的。在双扩散研究中,一个方便而广泛采用的参量为密度比(density ratio),其定义为 $R_\rho = \alpha\bar{T}_z/\beta\bar{S}_z$,其中,上画线表示在大于所谓的典型的温盐度阶梯(thermohaline staircase)的尺度深度区间上之垂向导数。由于每一水柱的背景层化应该是稳定的,故当 $R_\rho > 1$ 时就出现盐指,当 $R_\rho < 1$ 时就出现扩散分层。

对于大尺度大洋总环流来说,盐指在维持热盐环流中可以起主要作用。盐指基本上发生在亚热带海盆,那里强烈的太阳日射形成了暖温的表层,而强烈的蒸发则导致了表层的高盐。尽管每个水柱都是稳定层化的,但由于双扩散过程,它就可能变得不稳定。如图5.113所示,如果一个指状的水块从上层侵入到下层,那么盐指与环境之间的快速热交换所损失的是热量而不是盐量,因为热扩散系数比盐扩散系数大100倍。结果指状的水块因变得更重而加速向下运动。这种扰动把重力势能从平均状态下释放出来,这种能量的释放为不稳定性的连续加强提供了机械能。

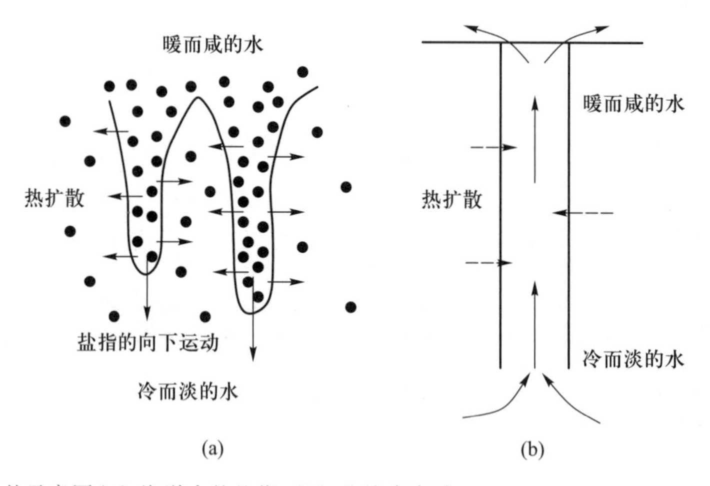

图5.113 盐指现象的示意图(a) 海洋中的盐指;(b) 盐喷泉实验。

可以通过以下的实验室实验来证实热扩散与盐扩散之差异的动力学效应。在这个实验中,把一根管子放入层化水的容器内,其中暖的咸水放置在相对冷的淡水之上。该管子的壁很薄,允许通过管壁进行热交换,但是不允许通过管壁进行盐分交换。让通过薄管壁传输的热量对来自该容器内深部的冷水进行加热。由于不允许扩散的盐分穿过管壁,故管内水的浮力就变得更大了;这样,在浮力的作用下，在管子内的水就上升，因而形成了盐喷泉[salt fountain，图 5.113(b)]。

一个典型的盐指出现在北大西洋亚热带。该区域的特征是，强烈的加热和过度蒸发引起了上层海洋的高温和高盐(图 5.114)。在 300 ~ 500 m 深度范围内，密度比为 1.5，这就有利于盐指的形成。海洋中的盐指形成了温盐度阶梯。如图 5.114 所示，在 300 ~ 500 m 的深度范围内有温盐度阶梯的清晰图像。

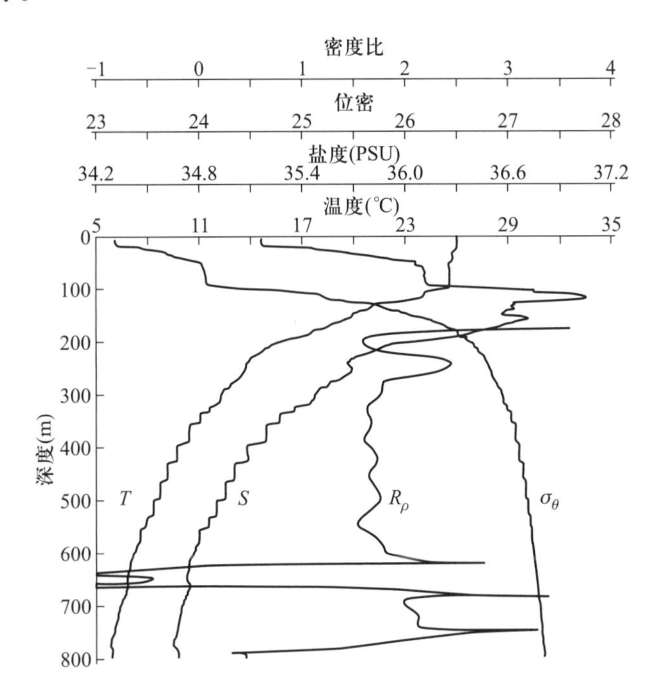

图 5.114 现场实测得到的温盐阶梯结构，包括温度(T)、盐度(S)、位密(σ_θ)和密度比(R_ρ，以垂向 40 m 间隔滑动平均)(Schmitt 等，1987)。

盐指包含了复杂的小尺度动力学过程，但这些过程在大尺度环流的数值模式中是难以分辨的。因此，不得不用热、盐的涡动扩散系数对这些过程进行参量化。例如，下列条件曾被用于识别发生盐指的海洋流态区(Zhang 等，1998)

$$\Theta_z > 0, \quad S_z > 0, \quad 1 < R_\rho < \kappa_T/\kappa_s, \quad |\Theta_z| > \Theta_{z,c} \tag{5.170}$$

其中，Θ_z 为位温的垂向梯度；$R_\rho = \alpha\Theta_z/\beta S_z$ 为密度比；$\Theta_{z,c} = 2.5 \times 10^{-4}$ ℃/m 为双扩散的临界垂向温度梯度；S_z 为垂向盐度梯度；κ_s 和 κ_T 分别为分子热、盐扩散系数：$\kappa_s \approx 1.1 \times 10^{-9}$ m^2/s，$\kappa_T \approx 1.4 \times 10^{-7}$ m^2/s；因此，在上述公式中我们已经设定了 $\kappa_T/\kappa_s = 100$。

盐度和温度的跨密度面涡动扩散系数分别为

$$K_S = \frac{K^*}{1 + (R_\rho/R_c)^n} + K^\infty \tag{5.171}$$

$$K_T = \frac{0.7K^*}{R_\rho[1 + (R_\rho/R_c)^n]} + K^\infty \tag{5.172}$$

其中，$K^* = 10^{-4}$ m^2/s 为盐指的最大跨密度面扩散系数；K^∞ 为与双扩散无关的其他混合过程的定常跨密度面扩散系数。在很多研究中，采用了 $K^\infty = 0.3 \times 10^{-4}$ m^2/s，例如 Zhang 等(1998)。$R_c = 1.6$为临界密度比，超过该值，由盐指所产生的跨密度面混合就急速下降，这是因为阶梯已不存在;$n=6$ 为控制 K_Θ 衰减的指数,且 K_S 随 R_ρ 而增加。

对于扩散分层的情况,涡动扩散系数可以参量化为

$$K_T = CR_a^{1/3}\kappa_T + K^\infty \tag{5.173}$$

$$K_\Theta = R_F R_\rho (K_T - K^\infty) + K^\infty \tag{5.174}$$

其中,$C=0.003\,2\exp\{4.8R_\rho^{0.72}\}$,$R_F=\dfrac{1/R_\rho+1.4\,(1/R_\rho-1)^{3/2}}{1+14\,(1/R_\rho-1)^{3/2}}$,$R_a=0.25\times10^9\,R_\rho^{-1.1}$。相应地,在图5.115中给出了热、盐涡动扩散系数的函数变化。

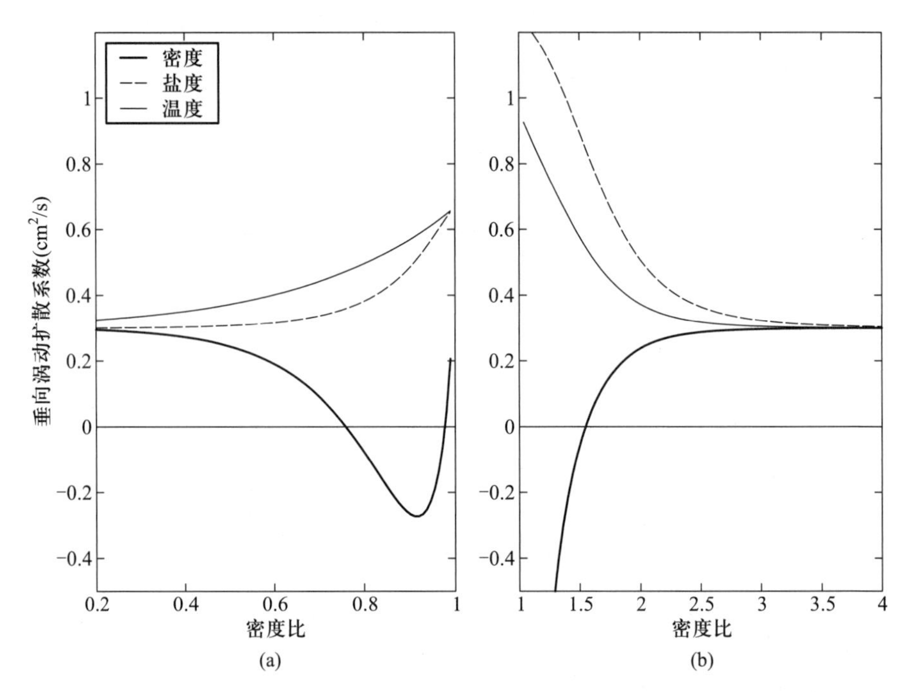

图5.115 温度(细实线)、盐度(虚线)和密度(粗实线①)之跨密度面扩散系数随密度比 R_ρ 的变化。注意盐指由右图(b)中 $R_\rho>1$ 的范围所代表;而扩散分层则对应于 $R_\rho<1$ 的区间(Zhang 等,1998)。

在盐指存在时,由垂向混合引起的密度通量是向下的,即水柱的质心在重力场中向下移动。结果,使水柱的总重力势能减小了。在世界大洋中,盐指所释放的重力势能可以依照(5.171)式和(5.172)式来估算。假设背景值 $K^\infty=0$,那么全球海洋中释放出的总重力势能估计为8 GW。图3.18中包括了该能量转化的水平分布。该能量远小于风应力和潮汐耗散所具有的能量;不过,该能量的大部分集中于亚热带海盆的内区,在那里,它远大于对应的潮汐耗散能量。因此,在调节亚热带流涡内区的主温跃层和环流结构方面,从盐指释放出来的能量可以起到决定性的作用。

我们强调指出,盐指本身并不产生机械能;其实,双扩散过程只能释放储存在环流系统平均状态中的重力势能,而这些重力势能则是由来自风应力和潮汐耗散的外部机械能产生的。另外,将水从海水中分离出来意味着需要一定量的等效机械能并且要消除在盐和淡水混合过程中产生的熵。在维持全球尺度环流中,有关双扩散现象的能量学问题仍是不清楚的。

① 原著中为 dotted line(点线),现依照图例改正。——译者注

5.4 热盐环流理论

5.4.1 热盐环流的概念模式

A. 海面差异加热驱动的热力翻转环流

热力环流是如何建立起来的？图 5.116 给出了热力环流涵盖的主要物理过程的示意图。假定开始时海洋为常温 T_0 且没有运动，因此海平面和海底压强均不存在南北之差[图 5.116(a)]。在 $t>0$ 时刻，对海面实施低纬度区加热和高纬度区冷却，结果，低纬度区的海水膨胀且海平面上升，而高纬度区的海水收缩且海平面下降。海平面之差在上层海洋中形成了向极的压强梯度；不过，此时在深层海洋中却不存在压强梯度。海面压强梯度驱动了表层水向极流动[图 5.116(b)]。地球的旋转使得向极的运动变得更加复杂；然而，只要有经向边界存在，纬向平均的海平面高度之经向差最终将把水推向高纬度区。由于水在高纬度区堆积起来，故深层海洋中的经向压强梯度就发展起来，由此驱动了一支向赤道的深水流动[图 5.116(c)]。地球的旋转再一次使得深层水的运动变得比其不旋转的情况更为复杂。因此，建立了由上层海洋中的向极流动与深海中的向赤道流动构成的热力翻转环流胞。

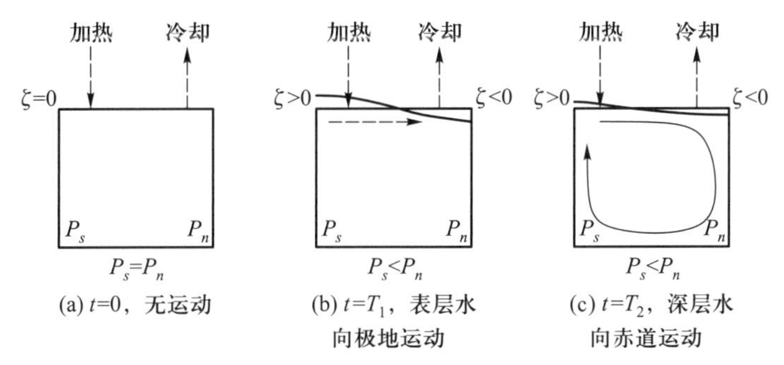

图 5.116 表面加热/冷却引起的经向翻转环流的初始阶段①。

尽管加热和冷却确实驱动了这支环流，但我们却既不清楚这支环流能否维持下去，也不清楚这支定常的环流有多强。海面加热与冷却有截然不同的效应。在模型海洋的南端(低纬度区)，海面加热在海洋顶部形成了一个暖薄层，由此使海面升高略微上升了一点，并使海洋处于稳定的层化状态。如图 5.117(a)的左边所示，细实线代表海面加热之前的均匀密度廓线，粗实线代表加热后稳定强层化的薄层。

在模型海洋的北端，海面冷却在相对低温高密的水柱之上形成了高密度水层，如图 5.117(a)右边的点线所示。冷却之后，自由海面升高下降；因此，使得平均状态的重力势能减小。由于产生了不稳定的层化，继而就出现了对流调整。在对流调整过程中，平均状态的重力势能就进一步减小(如 5.1.3 节所述)。对流调整之后，整个水柱的密度又均匀了[图 5.117(a)右边的实线]且自由海面升高(粗虚线)低于初始海平面。

① 图中的 P_s、P_n 分别表示在南、北边界处的海底压力。——译者注

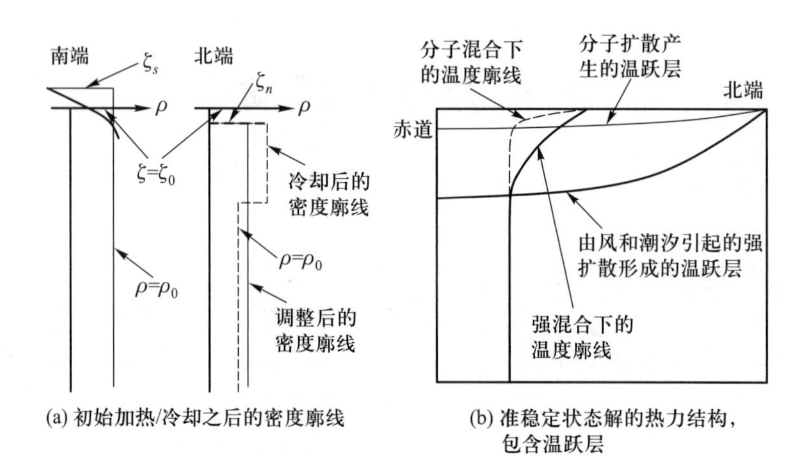

图 5.117　北半球海盆的示意图：(a) 初始加热/冷却及后续调整之后，两个站位上的密度结构；(b) 经向断面的视图。

这里的关键之点是，在模型海洋的北部，冷却产生了不稳定层化且随之出现了对流调整，如第 3 章所述，在此期间释放出的平均状态的重力势能转变为驱动平均流动、湍流和内波的动能。因此，我们可以看出，海面冷却不仅不产生重力势能，反而释放出了原先储存在海洋中的重力势能。

另外，在模型海洋的南部加热形成了稳定的层化。当没有可利用的机械能时，稳定层化仍然存在。如果忽略射入海洋的辐射，那么由于对海洋表皮（skin of surface）[①]的加热所生成的重力势能非常小，因而这种重力势能就可以忽略不计。因此，对海洋上表面加热和冷却并没有产生重力势能（忽略由分子扩散产生的重力势能）；相反，通过由于冷却过程产生的对流调整却损失了重力势能。

维持环流需要重力势能之源，并且在纯粹热力环流的情况下，通过垂向混合就能产生这种能源。在稳定的层化流体中，垂向混合将轻（重）的流体向下（向上）推，使质心抬高。结果，混合使重力势能增加并维持了与表面热力强迫相连的热力环流。因此，为了维持可以观测到的环流，需要外部的机械能源。

在缺少维持混合的外部机械能源的情况下，海洋内区的冷水将在海洋中逐渐堆积起来。最终，除了在海洋顶部的一个极薄的水层（该层是由海面加热维持的温度剧变的热力边界层）之外，整个海盆充满了冷水［图 5.117(b)］。因此，在没有外部机械能源的情况下，在海洋内区实际上没有环流。在海面薄薄的边界层中，极微弱的流动是由少量（由内能通过分子扩散转变成的）机械能来驱动的。作为比较，海洋中对应的深水主温跃层用粗曲线表示。因此，若要使连接强主温跃层的强劲经向翻转环流得以生存，那么就需要外部机械能源来维持。

B. 热盐环流的概念

长期以来，人们认为在高纬度形成的高密度深层水是海洋中热盐环流的驱动力。这种观点似乎来自人们对于大气过程的理解。在大气中，太阳日射加热了大气的下部和中部，并且

① 即皮层（skin layer），皮层的 SST 是通过遥感测量获得的；低频（6 ~ 10 GHz）微波的穿透深度可以超过 1 mm（参见 5.3.2 节的译者注）；皮层的真实厚度有赖于分子输送的局地能量通量，故通常小于 1 mm。——译者注

发生对流,而外太空则作为该热机的冷源。尽管大气热机的效率非常低,只相当于 0.8%,但它确实是一部热机。在海洋学中相关的问题是,海面加热/冷却是否能作为热盐环流的驱动力起作用。

1）热盐环流的经典观点

自从早期的理论发展以来,一直认为海面热力强迫是热盐环流的驱动力,图 5.118 给出了 Wyrtki(1961)提出的热盐环流之经典图像。

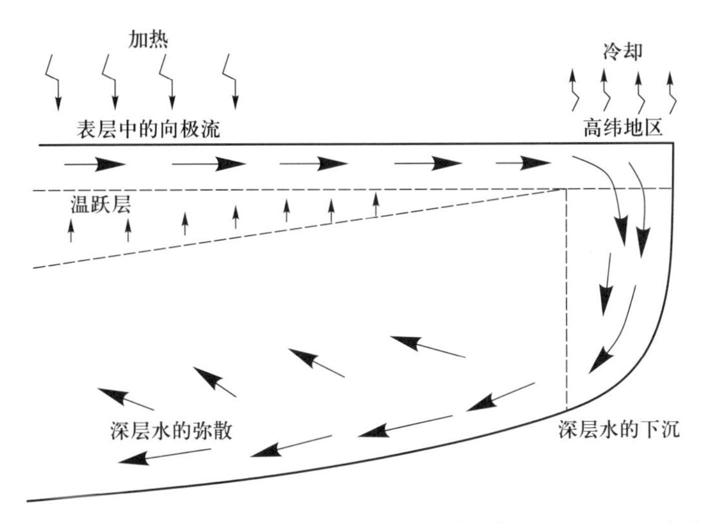

图 5.118　由表面冷却/加热所驱动的热盐环流之经典观点示意图[根据 Wyrtki(1961)改绘]。

根据“环流一定发生在低纬度加热区与高纬度冷却区之间的经向平面中”的推论,Wyrtki(1961)推测,环流系统由四个主要过程组成:表层的加热与海面的向极流动;最重的水在高纬度区下沉;在深层中向赤道弥散;深层水涌升穿过温跃层进入表层。

应注意在这个框架中,水团变性只发生在表层。因此,在 Wyrtki 所描述的环流中,表层是水循环中根本的组成因子,在这里,海-气浮力通量使水团特性发生改变。他的论点基本上集中于海-气热通量在表层水团变性中的作用,而不需要内部的混合。在这个框架中,风生环流与热盐环流完全分离,排除了风应力在建立热盐环流中的潜在作用。因此,从某种意义上说,在此框架中讨论的环流是一种“纯粹”热盐环流。

后来,对这个框架做了如下改进:海洋内区中等深度的跨密度面混合取代了表层中的混合。如 Munk(1966)所述,在海洋内区,主要的平衡是向上的上升流与向下的热扩散共同作用的结果。在这个改进的框架中,不需要风应力来驱动,因为按推理,表层向极的流动是由热盐环流本身形成的压强梯度力所驱动的。因此,这种环流确实是纯粹热盐环流。与之前的框架相似,该环流系统由四段组成:高密度的冷水在高纬度区形成并下沉到深层;高密度的深层水弥散到整个海盆;穿过主温跃层之底的深层水涌升并逐渐变暖;表层水转为向极运动并完成循环。

2）热盐环流的三个学派

已经提出了两种理论或学派来解释海洋中的热盐环流。第一个学派假设,热盐环流是由在高纬度区的深水形成过程所驱动的,这个学派统治了我们对于热盐环流的思想[如图 5.119(a)所示]。我们称其为推动学派(school of pushing)。

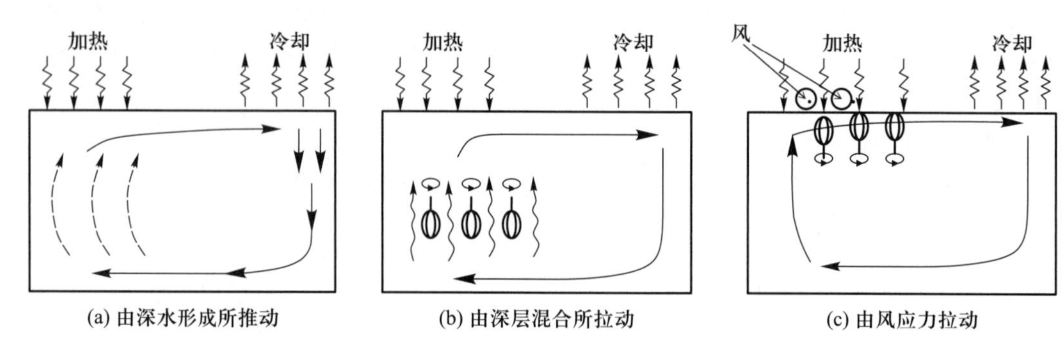

图 5.119 关于热盐环流的三个理论学派。

第二个学派假设热盐环流需要机械能来克服摩擦力；因此，热盐环流是由外部的机械能源（例如潮汐耗散和风应力）来驱动的。我们将其称为拉动学派（school of pulling）。拉动学派进一步分为两个子学派，下面将进一步解释。

a）**推动学派**：深水形成过程推动了深层流动并由此维持热盐环流。

在这个旧学派的思想中，假定热盐环流是由海面热盐强迫力，尤其是由海面冷却/加热来驱动的。海面冷却产生了下沉到很大深度的高密度水。高纬度区的海洋从表到底都充满了稠密的冷水。它与低纬度区上层海洋中轻的暖水相结合，在深渊海洋中形成了压强梯度力，由此驱动了底层冷水向低纬度区运动从而推动了经向环流。由于科氏力的作用，这支流动并不会简单地向着低压强的方向运动；无论如何，这种论证提供了一种思路，即把经向翻转环流与由海面热盐强迫力和深水形成过程所引起的压强差连接起来。

稍后我们将讨论，Stommel's(1961)的经典的双盒模型（two-box model）即属于此类，因为他假定，环流速率与南北压强差成正比。此外，他还假定，在不同的气候条件下，把压强差与翻转速率相联系的比例系数是不变的。

推动学派把热盐环流看成是由压强梯度来控制的。尽管推动学派的理论或许不适用于定常的环流，但很多人相信，由突然冷却引起的强环流可能强有力地支持了该理论。然而，根据在第3章中讨论的能量学，突然冷却发生后，在冷却引起的对流调整过程中出现的强环流是由于大量重力势能释放的结果。事实上，在突然冷却过程中平均状态的总机械能量大量减少了。而且，假若没有外部机械能源的连续补给，那么该环流随后就会逐渐消失。

b）**深层混合拉动学派**：深层混合消除了来自深渊层的冷水，拉动并维持了环流。

推动学派的主要问题是，由于没有维持混合的外部机械能源，冷水就会在海洋中堆积，并且问题的解最终退化为一支非常微弱的环流。为了维持一支相当规模的环流，必须消除深渊层中的冷水。由潮混合所维持的深层混合能将冷水转变为在大洋深层的暖水，并为新生成的深水腾出空间，并由此拉动热盐环流。Munk 和 Wunsch(1998)与 Huang(1999)提出了支持这一学派的重要论证。

c）**风应力拉动学派**：南半球西风将大洋深层的冷水拉动起来并由此维持全球热盐环流。

在当前的气候、现代地理和海底地形分布的条件下，在50°S—60°S 纬度区附近存在着与南极绕极流密切相关的强劲的埃克曼上升流。由于这一强烈上升运动，拉动北大西洋深层水（NADW）到达上层海洋，然后在其向北运动的过程中，表混合层中的水特性就逐渐发生变化。在上层海洋,风应力通过埃克曼层和表面波不断地输入机械能。理论上,上层海洋中由风驱动的上升流与混合能够建立起世界大洋中热盐环流和水团变性的主要部分,而在大洋深层余下部分的水团变性则相对小,并且可以由来自潮混合的外部机械能完成。图 5.120 给出了根据这一机制提出的大西洋扇形区环流和外部机械能源的示意图。

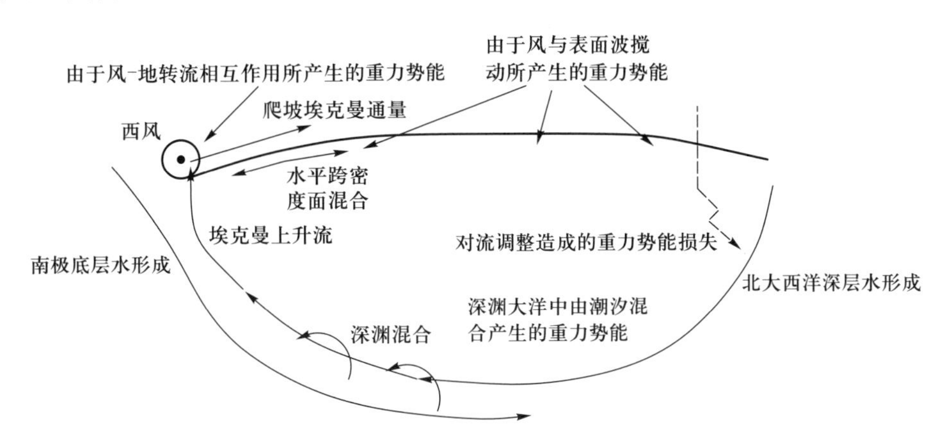

图 5.120　大西洋中混合与上升流的不同作用示意图。

这个学派的基本思路可以追溯到 Toggweiler 和 Samuel(1995)的早期工作。通过一系列关于世界大洋的数值实验,他们提出佐证,当在次表层中海洋垂向混合趋于零的极限值时,还可以存在一定规模的经向翻转环流和北向热通量。这与输入到海洋中风应力能量远大于潮混合能量的事实也是相一致的。另外,通过简单的尺度分析也能佐证上述论证,这将在 5.5.1 节中讨论。

d) **拉动学派的联合**

根据由深层混合拉动学派的研究,维持全球上升流所需的总机械能估计为 2 TW,其中包括大洋深层潮汐耗散和输入到表层地转流中的风应力能量之贡献(Munk 和 Wunsch,1998)。然而,输入到表层地转流中的风应力能量可以直接转化为大尺度环流的势能;这正是风应力拉动学派所主张的观点。当把其中维持北大西洋深层水之上升流的能量分离出后,那么维持南极底层水的上升流所需的净能量减小到 0.6 TW(Webb 和 Suginohara,2001),它就远小于 Munk 和 Wunsch 假设的 2 TW 的能量需求。因此,更为接近实际的图景是,世界大洋中的上升运动是由风应力驱动的埃克曼输送和深层混合共同维持的(Kuhlbrodt 等,2007)。

3) 三种理论范例

海洋中的热盐环流是一个非常复杂的系统,因此,就可以从完全不同的角度进行研究。例如,可以研究该系统的动量平衡,这就与推动学派的思想非常接近了。也可以从机械能平衡的观点来研究环流,这就进入了拉动学派的框架。因此,关于热盐环流,当前有三种理论范例,其基本框架可以总结如下。

a) 旧的热力理论范例

热盐环流是由水平浮力差或深水形成过程来驱动的。在简单的盒子模型中,他们假设环流速率与南北密度差线性地成正比。在很多大洋总环流模式和其他用于气候研究的数值模式中,通用的做法是将跨密度面扩散处理为模式的外部参量,并且通过调节模式使其与当前实测的翻转速率相吻合，由此来选取该参量。

这种范例的突出之点是：把扩散系数当做模式固有的固定参量，于是就可以通过调节模式来拟合实测环流。在模式中采用同样的扩散系数来模拟不同气候条件下的环流，比如在末次盛冰期的环流，或者在气候变暖环境中下一个百年的环流。

b）新的机械能理论范例

上表层的热力强迫不能产生克服环流中摩擦与耗散所需的机械能。因此，为了维持环流就需要外部的机械能源来抵消摩擦和耗散所造成的损失。热盐环流是运输质量、热量与淡水通量的机械能传送带（mechanical conveyor），应该直接由外部的机械能源所驱动。跨密度面混合服从于能量约束。由于机械能源随着大气风场条件和潮汐耗散而改变，因此，跨密度面扩散系数应该发生相应的变化以响应气候和潮汐的改变。因此，热盐环流是由能量控制的；不过，其环流速率不一定与维持环流的总机械能线性地成正比。

c）新的熵理论范例

熵平衡是控制宇宙的基本热力学定律之一。因此，我们也能从熵平衡的观点来研究环流。从熵平衡来考察热盐环流可以为我们提供对于这个问题的新洞察力；不过，除了几个特例，这个方法还没有后续研究。在3.8节中曾讨论过世界大洋熵的初步平衡。

这三种理论范例中所存在的本质差异反映了在调节环流的基本物理学以及如何将模式中的次网格过程进行参量化上有不同的观点。在表5.7中总结了其中的主要观点。

表5.7　关于热盐环流的三种范例

范例	旧的（热力）	新的（机械能）	新的（熵）
环流的性质	由表面热盐强迫力来维持热机	由外部机械搅拌来维持传送带	由负熵流来维持的有序耗散系统
是什么对环流进行了调节？	由表层温盐强迫力来建立的水平密度差	由风和潮汐引起的垂向拉动（上升流和混合）	系统外部的熵源/汇和内部的熵产生
模式的关键参量	垂向扩散系数	外部的机械能源	外部和内部的熵源/汇
如何使用关键参量？	对扩散系数调整到能产生与现在的环流速率一致的环流	可以把能量约束用于对模式中的跨密度面混合进行参量化	有待发展
改变关键参量的设置吗？	每一个模式的扩散系数是内禀的，对于所有气候条件都用同一个扩散系数	模式的扩散系数随外部机械能源的可用性而改变	有待探索

我们强调指出的重要之点是，机械能范例是相对新颖的，若要发展有关的理论和参量化则需要很长时间和更多努力。由于人们新近对这个新范例颇感兴趣，故在不久的将来，它将会变得更加成熟且有竞争力。熵范例是全新的。它的很多方面目前仍模糊不清；不过，沿着这些线索进行探索，最终就有可能在加深我们对于大洋总环流的理解上取得丰硕成果。

5.4.2 基于盒子模型的热盐环流

A. 导语

海洋中的热盐环流受控于通过海气界面的热强迫力和淡水流量。这两类强迫力中所包含的物理过程截然不同，尽管它们之间的差异在很长时期内都没有得到充分的认识。传统上，在海洋环流模式中对温度和盐度的处理是相似的。例如，对这两个组分都采用同样的扩散系数，并且采用同一种瑞利条件(Rayleigh condition)作为温度和盐度的上边界条件。

如果只是基于直觉，人们就会认为，海洋极其广袤且环流必然隐含了巨大的惯性，因此，一幅准定常的热盐环流图像似乎是一个合乎逻辑的选择。尽管有很多证据证实，在世纪和千年的时间尺度上，热盐环流确实发生了变化，但大多数物理海洋学者仍然一直忙于研究当前气候条件下的环流，极少关注在不同气候条件下潜在的环流形态。

在强松弛条件下，模式往往重现了与气候态测量值相当的SST(海面温度)和SSS(海面盐度)之解。因此，模式研究者对这个方法很满意。人们曾经尝试过其他类型的盐度边界条件；然而，模式解的形态却总是漂移到远离现在的环流形态。这种解的漂移表明，热盐环流存在着多种解；然而，人们并没有正视这种漂移带来的多解之可能性。

Stommel(1961)似乎是认识到热盐环流存在多解可能性的第一人。热盐环流从一种状态过渡到另一种状态的这种突变可能与气候的灾变有关。然而，在斯托梅尔的双盒模型发表后的近20年内，这个问题并没有得到很多关注。随着气候学家开始寻找不同于当前气候状态的可能机制，人们就把注意力转向海洋热盐环流可能存在的作用。在某种意义上，斯托梅尔的模型被重新发现，并且热盐环流有可能存在反向翻转环流胞的问题受到了强烈的关注。

Rooth(1982)再次提出了多解的问题。在其关于水循环起关键作用的一篇文章中，他将斯托梅尔的双盒模型发展为包括两个半球的三盒模型(three-box model)。他推测，在两个半球中，从赤道到两极的对称模态对于小扰动可能是不稳定的。在经过很多努力之后，F. Bryan(那时他是普林斯顿地球流体动力学实验室的一个博士生)找到了多解并因此证实了Rooth的假说。

下面我们来讨论一个简单的模型，它是基于经典的概念，即热盐环流由经向浮力差驱动的概念。近来，尽管基于在能量约束下运行的模式，已经报道了不少令人兴奋的新结果，但这仍是一个新颖的研究前沿，我们将仅简要地涉及这些结果。

B. 双盒模型中的多解

Stommel(1961)利用一个双盒模型来说明他的基本思路：把海洋理想化为两个盒子，两者之间由上层的一条开放水道和底部的一根管道相连接(图5.121)。上层的水道代表通过海洋内区的桥接，下面的管道等效于海洋中的深层西边界流。这个双盒模型的公式将在下一节关于2×2双盒模型中进行详细讨论。

斯托梅尔所做的基本假定之一是环流速率q与南北密度差成正比

$$q=(\rho_2-\rho_1)/k \tag{5.175}$$

其中，k为常量，假定每个网格中的密度ρ_1和ρ_2为温度和盐度的线性函数

$$\rho_i=\rho_0(1-\alpha T_i+\beta S_i),\ i=1,2 \tag{5.176}$$

引入新变量 $T=T_1-T_2$ 和 $S=S_1-S_2$，于是，模式的控制方程简化为关于这些新变量的微分方程组。在温度和盐度的松弛条件下，平衡方程为

$$\frac{dT}{dt}=\Gamma_T(T^*-T)-|2q|T \qquad (5.177)$$

$$\frac{dS}{dt}=\Gamma_S(S^*-S)-|2q|S \qquad (5.178)$$

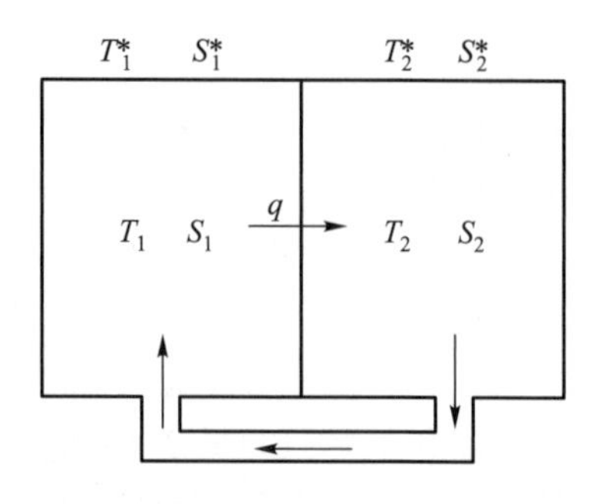

图 5.121 热盐环流的双盒模型示意图[①]。

其中，d/dt 为时间导数，Γ_T 和 Γ_S 分别为对于温度和盐度的松弛时间之倒数，T^* 和 S^* 分别为参考温度和盐度。尽管通常的做法是假设 $\Gamma_T=\Gamma_S$，但斯托梅尔认识到盐度的松弛时间应该远远超过温度的松弛时间，故有 $\Gamma_T \gg \Gamma_S$。

1）调整的两个阶段

由于松弛时间存在差异，系统在向准稳定状态调整时，就有两个时间尺度。在短时间尺度上，该过程是由温度控制的，即温度经历了支配密度和环流的大幅度变化。在长时间尺度上，该过程则是由盐度控制的。由于应用于盐度的松弛条件较弱，故盐度的改变经历了更加漫长的时间，在此期间，系统缓慢地调整其盐度、密度和环流。温度调整和盐度调整之间的巨大差异对热盐环流有至关重要的作用，尤其是在从一种状态向另一种状态缓慢地或快速地过渡的过程中。我们将在本章中对此进行详细探讨。

2）双盒模型的多解

斯托梅尔证明，如果这两个松弛时间之比大于某个临界值，那么在同样的强迫力作用下，就能有三种可能的定常态。其解可以画在一个无量纲的 $T-S$ 图解中，如图 5.122 所示。利用这对新变量 T 和 S，就能找到在定常态时模式的解析解。该解可以用传统的 $T-S$ 图解来表示。对于各典型的参量，这些解包括：

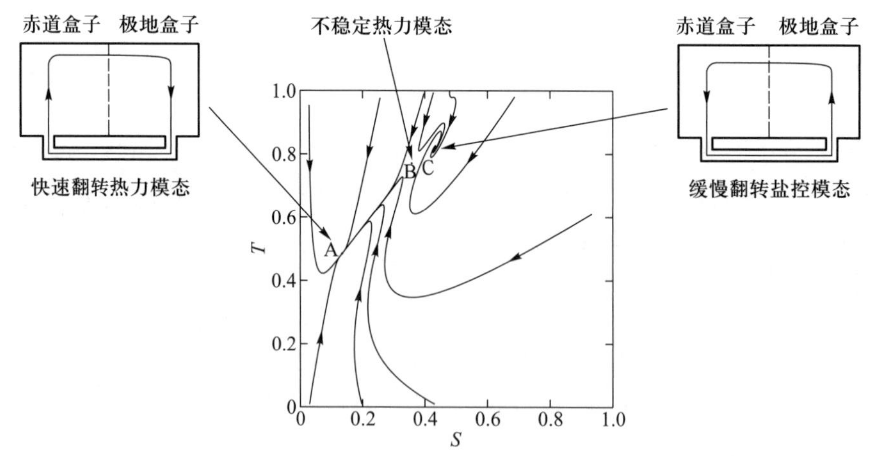

图 5.122 对于 Stommel(1961)双盒模型的三种平衡：稳定节点（图中的 A）[②]；鞍点（图中的 B）；稳定螺旋（图中的 C）。箭头表示模型解在 $T-S$ 图解中的性状。

① 本图系作者为中译本重新绘制的，它比英文原著的图更能清晰地表达 Stommel(1961)的思路。——译者注

② 原著中为 note（注记），疑为 node（节点）之误，故改。——译者注

• 一个由热力控制并具有较快环流的稳定状态(由图 5.122 中的 A 点代表)。因为应用了温度的强松弛条件,故温差与参考温差几乎相同。对于快速环流,盐度差非常小,与温度相比,它对密度的贡献是次要的;因此,环流由温度所控制。

• 一个由盐度控制且具有相当缓慢环流的稳定状态(由图 5.122 中的 C 点代表)。对于盐控模态(haline mode)中相对缓慢的环流,可以解释如下。盐控模态是由盐度差决定的,因为这个盐度差所引起的密度差大到足以克服温度分量所引起的密度差 。而只有缓慢的环流才有可能产生如此大的盐度差,因为盐度的松弛时间很长。

• 一个由热力控制的不稳定状态(由图 5.122 中的鞍点 B 代表)。

C. Rooth(1982)的三盒模型

斯托梅尔的理想化双盒模型发表后,二十年来一直未被重视。Stommel 和 Rooth(1968)也曾用一个类似的双盒模型研究了风应力在热盐环流中的潜在作用;然而,甚至在更长的时间内,风应力的作用再一次被忽视了。事实上,这篇文章至今很少被引用。像斯托梅尔提出的许多简单模式一样,看起来,这个双盒模型与现实世界有天壤之别,以至于在很长的时间里,人们对这样一个看来很简单的模型并没有太多关注。

在斯托梅尔的原始模型中,其公式是为半球(即赤道与高纬度区之间)上的热盐环流构建的。Rooth(1982)迈出了第二步,构建了热盐环流的三盒模型(图 5.123),其中包括了一个赤道盒子,两个半球盒子。

该系统具有四个可能模态,其中包括两个对称模态和两个非对称模态(图 5.124)。两个对称模态包括:一个模态是在赤道盒子中涌升和在高纬度的两个盒子中下沉(图 5.124 中的第一排图),因而该模态由两个半球中的两个热力模态组成;另一个模态包括在高纬度两个盒子中的涌升和赤道盒子中的下沉(图 5.124 中的第二排图),因此这个模态是由两个半球中的两个盐控模态组成。

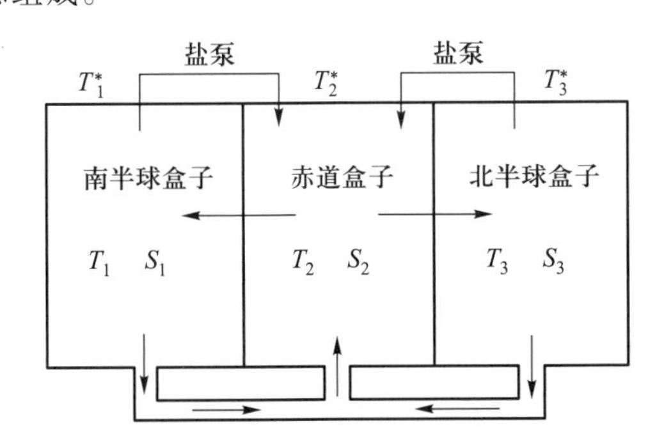

图 5.123 双半球海洋的三盒模型,每个盒子的温度由热/冷水槽的 T^* 维持,两个离子泵将两侧盒子中的盐打入中间的盒子。

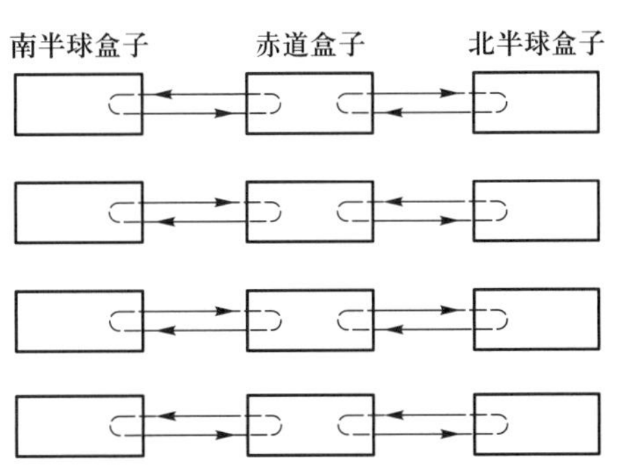

图 5.124 对于双半球海洋的三盒模型。

两个非对称模态由一个半球的热力模态和另一个半球的盐控模态组成,这些可以称之为极区对极区模态(pole-to-pole mode),如图 5.124 中的第三排图和第四排图所示。

Rooth 提出的一个重要假定是,一个对称的解可以是不稳定的,并且能向一个极区对极区模态漂移。这种漂移可以引起海洋环流和地球气候的剧变。

可以说,Stommel(1961)的先驱性工作为揭示热盐环流的多种状态奠定了基础;不过,他的工作并没有探索热力模态与盐控模态之间的过渡状态。Rooth(1982)的工作提出了热盐环流处于过渡状态的可能性。热盐环流的潜在突变或所谓的热盐环流崩变的研究方向最终出现在20世纪80年代,成为海洋总环流和气候研究中最活跃的研究前沿之一。

D. 对称热力模态的不稳定性

Walin(1985)对于对称模态的不稳定性进行了更为精确的研究。假定海面强迫力(包括热强迫力和淡水强迫力)是关于赤道对称的(图5.125),那么热盐环流的初始稳定状态也是关于赤道对称的,即由于强烈的冷却导致高纬度区下沉,而在赤道区涌升(图5.125)。

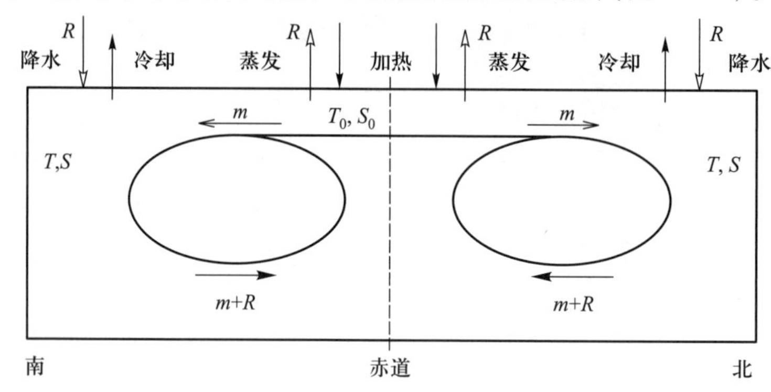

图5.125 对于双半球海盆中的热盐环流[根据 Walin(1985)改绘]。

类似于斯托梅尔模型,假定每个半球中的流量与极区-赤道间的密度差线性地成正比

$$m = cHL[\alpha(T_0 - T) - \beta(S_0 - S)] \tag{5.179}$$

其中,T,S 分别为高纬度区的温度和盐度,T_0 和 S_0 分别为赤道处的温度和盐度,H 和 L 为模型海洋的高度和宽度,c 为常量。盐度平衡为①

$$mS_0 - (m + R)S = 0 \tag{5.180}$$

一方面,因为温度服从强松弛条件,故扰动温度 T' 可忽略不计。另一方面,寄生于热力模态的扰动盐度或许不能忽略不计。事实上,我们将指出,这种扰动盐度可以增长。根据方程(5.180),扰动盐度满足①

$$\frac{\partial S'}{\partial t} \propto (m + m')S_0 - (m + m' + R)(S + S') \simeq -\{cHL[\alpha(T_0 - T) - 2\beta(S_0 - S)] + R\}S' \tag{5.181}$$

若 $R_\rho = \dfrac{\alpha(T_0 - T)}{\beta(S_0 - S)} < 2$,那么寄生于热力模态的盐分量之扰动量是不稳定的,并且将会增长。由于海洋中总盐量为常量,因此,两个半球中的扰动盐度的符号必须相反。结果,该系统就以如下方式演变。第一,热盐环流变为关于赤道非对称的,并且存在热盐环流的跨赤道流动,即该不稳定性的结果是使这种极区对极区模态成长起来。事实上,大西洋和太平洋中的经向环流包括了这种极区对极区模态中的一个强分量。第二,把密度比 R_ρ 推向大于2。我们注意到 Stommel(1993)提出了一个海洋混合层的盐量调节器(salt regulator)理论。根据他的这个理论,由于暴雨的随机强迫力,把海洋中的密度比推向2。

① 原著中,方程(5.180)和方程(5.181)有错漏,现已更正。——译者注

E. 2×2 盒子模型

1）构建模型

对于斯托梅尔双盒模型的一个直接发展就是 2×2 盒子模型（Huang 等，1992；图 5.126）。假设每个盒子内的特性量是均匀的，并且密度是用线性状态方程来计算

$$\rho_i = \rho_0(1 - \alpha T_i + \beta S_i), i = 1,2,3,4 \tag{5.182}$$

按照流体静压关系来计算压强，对应的上层和下层的水平压强差为

$$P_1 - P_2 = \Delta P_a + \frac{gH}{2}(\rho_1 - \rho_2) \tag{5.183}$$

$$P_3 - P_4 = \Delta P_a + gH(\rho_1 - \rho_2) + \frac{g\delta H}{2}(\rho_3 - \rho_4) \tag{5.184}$$

其中，ΔP_a 为未知的气压差，可以利用连续方程消去它。

这个盒子模型以传统的布西涅斯克近似为基础，因而质量守恒由体积守恒来代替。由于体积守恒，下层的经向速度与层厚 δH 成反比（其中，δ 为下网格与上网格的厚度比，它是该模型的一个参量），因而，当 $\delta \to 0$ 时，下层的总质量流量 $\delta H u^-$ 仍是有限的。假设在极薄的下层中流量是有限的，这是对在海洋中观测到的深层西边界流的粗糙的参量化。

沿用斯托梅尔的假定，假设经向速度与水平压强梯度成正比

$$u^+ = c\frac{P_1 - P_2}{L}, \quad u^- = -c\frac{P_3 - P_4}{\delta L} \tag{5.185}$$

其中，假设了在不同的气候条件下模型的参量 c 是不变的。

体积守恒要求

$$w = u^- \delta H / L \tag{5.186}$$

$$u^+ H + pL = u^- \delta H \tag{5.187}$$

从方程（5.183）至（5.187），对应的速度表达式为

$$u^+ = -\frac{L}{2H}p - \frac{cgH}{4L}[\rho_1 - \rho_2 + \delta(\rho_3 - \rho_4)] \tag{5.188}$$

引入无量纲变量 $(u^+, u^-) = \frac{L\Gamma}{H}(u^{+\prime}, u^{-\prime})$，$w = \Gamma w'$，$p = \Gamma p'$，$T = T_0^* T'$，$S = S_0^* S'$，省略这些新变量的撇号之后，该方程简化为

$$u^+ = -\frac{p}{2} + [A(T_1 - T_2 + \delta T_3 - \delta T_4) - B(S_1 - S_2 + \delta S_3 - \delta S_4)] \tag{5.189}$$

其中

$$A = C\alpha T_0^*, \quad B = C\beta S_0^*, C = \frac{cgH^2\rho_0}{4\Gamma L^2} \tag{5.190}$$

在该模型中所做的基本假定为方程（5.185），即环流是由摩擦控制的；此外，忽略了旋转效应，因为在这样一个高度截断的模型中加入旋转是非常棘手的。但令人颇感意外的是，这样一个摩擦模型就能相当成功地模拟经向翻转环流；此模型的成功也意味着经向翻转环流主要是由西边界流中的摩擦过程控制的。

温度的上边界条件为瑞利条件

$$H_f = \rho_0 c_p \Gamma(T^* - T) \tag{5.191}$$

其中,$\Gamma \simeq 8.1 \times 10^{-6}$ m/s(Haney,1971)。盐度的上边界条件是对每一个上层网格给定淡水流量:淡水流量的代数和为零。

网格1和3中的温度平衡遵循以下方程

$$\rho_0 c_p H L^2 \frac{dT_1}{dt} = -\rho_0 c_p H L u^+ T_1 + \rho_0 c_p L^2 w T_3 + \rho_0 c_p L^2 \Gamma (T_1^* - T_1) \tag{5.192}$$

$$\rho_0 c_p \delta H L^2 \frac{dT_3}{dt} = -\rho_0 c_p L^2 w T_3 + \rho_0 c_p L \delta H u^- T_4 \tag{5.193}$$

采用之前引入的无量纲变量,加上一个无量纲时间 $t = t' H / \Gamma$,这些方程以及在其他网格中的关于温度和盐度的类似方程可以进行无量纲化。在上网格中,热量和盐量的无量纲方程为

$$\frac{dT_1}{dt} = -u^+ T_1 + w T_3 + 1 - T_1 \tag{5.194}$$

$$\frac{dT_2}{dt} = u^+ T_1 - w T_2 - T_2 \tag{5.195}$$

$$\frac{dS_1}{dt} = -u^+ S_1 + w S_3 \tag{5.196}$$

$$\frac{dS_2}{dt} = u^+ S_1 - w S_2 \tag{5.197}$$

下网格中的方程为[①]

$$\frac{dT_3}{dt} = u^- (T_4 - T_3) \tag{5.198}$$

$$\frac{dT_4}{dt} = u^- (T_2 - T_4) \tag{5.199}$$

$$\frac{dS_3}{dt} = u^- (S_4 - S_3) \tag{5.200}$$

$$\frac{dS_4}{dt} = u^- (S_2 - S_4) \tag{5.201}$$

其中,速度满足连续方程

$$w = u^+ + p, w = \delta u^- \tag{5.202}$$

这些方程是基于所谓的迎风格式,即特性量的输送定义为速度乘以迎风网格(upwind box)中的该特性量。这些方程仅对于图5.126中所示的环流形态成立。如果环流反向运行,那么对应的方程就会略有不同,但也可以从对应方式推导出来。在模拟时,取参量 $C = 50$[②] 就能给出与观测相当的垂向速度,并且降水速率 p 约为 0.38×10^{-7} m/s。

在该模型中存在三种类型的混合。第一,通过平流

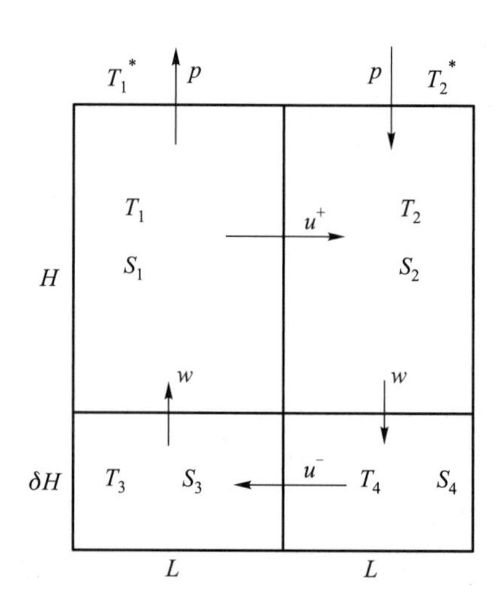

图5.126 一个2×2盒子模型,包括两个在低纬度的盒子(1号和3号)和两个在高纬度的盒子(2号和4号)。上层(下层)网格的高度为 $H(\delta H)$,在经向和纬向上的网格宽度均为 L。该模型还受控于参考气温 T_i^*、降水(蒸发)幅度 p、网格的温度(盐度)$T_i(S_i)$、速度 u^+、w、u^-。

① 在原著中,方程(5.198—5.201)有误,现已更正。——作者注

② 原著有误,现已更正。——作者注

进入每个盒子的特性量被均一化了。第二,由于采用迎风格式,故存在着数值混合。第三,存在着由于对流翻转带来的混合,即很多模式中的所谓对流调整。这是对物理过程的粗糙的参量化:由于海面冷却,可以出现重力不稳定的状态,并且在不稳定的水柱内,水会在垂直方向上出现混合,直至出现了一个稳定的层化。然而,就再也没有其他的混合来源。

2)简化为双盒模型

当 $\delta \to 0$,该模型简化为经典的 Stommel(1961)双盒模型,其中只有一点次要的差异,即现在的模型是基于上表层的淡水通量条件,而不是斯托梅尔模型的盐量松弛条件。在 δH 无限小的极限下,通过 3 号盒子和 4 号盒子的经向流量仍是有限的。从本质上看,3 号盒子和 4 号盒子收缩成了连接 1 号盒子和 2 号盒子的一根"管道"。

对于热力模态,$u^+ > 0$,

$$T_3 = T_4 = T_2, \quad S_3 = S_4 = S_2 \tag{5.203}$$

因此,方程简化为

$$\frac{dT_1}{dt} = -u^+ T_1 + wT_2 + 1 - T_1 \tag{5.204}$$

$$\frac{dT_2}{dt} = u^+ T_1 - wT_2 - T_2 \tag{5.205}$$

$$\frac{dS_1}{dt} = -u^+ S_1 + wS_2 \tag{5.206}$$

$$\frac{dS_2}{dt} = u^+ S_1 - wS_2 \tag{5.207}$$

速度为

$$u^+ = -\frac{p}{2} + C(T - S), \quad w = u^+ + p \tag{5.208}$$

其中

$$T = \alpha T_0 (T_1 - T_2), \quad S = \beta S_0 (S_1 - S_2) \tag{5.209}$$

在(S,T)空间中有三个带区:在带区Ⅰ中,$u^+ \geqslant 0, u^- \geqslant 0$;在带区Ⅱ中,$u^+ < 0, u^- \leqslant 0$,在带区Ⅲ中,$u^+ u^- < 0$(图 5.127)。在这三个带区中,带区Ⅲ是非物理的,因为当两个速度处于相同方向时,会把模型海盆中一半盐清除掉。

现在,让我们看一下用平衡曲线来刻画处于稳定状态的特征:

a)在带区Ⅰ和带区Ⅱ内的热量平衡曲线:

$$\text{带区Ⅰ}, \quad S = \frac{1}{2C} + T - \frac{1+p}{2C}\frac{T_0}{T} \tag{5.210}$$

$$\text{带区Ⅱ}, \quad S = -\frac{1}{2C} + T + \frac{1+p}{2C}\frac{T_0}{T} \tag{5.211}$$

b)在带区Ⅰ和带区Ⅱ内的盐量平衡曲线:

$$\text{带区Ⅰ}, \quad T = S + \frac{pS_0}{CS} \tag{5.212}$$

$$\text{带区Ⅱ}, \quad T = S - \frac{pS_0}{CS} \tag{5.213}$$

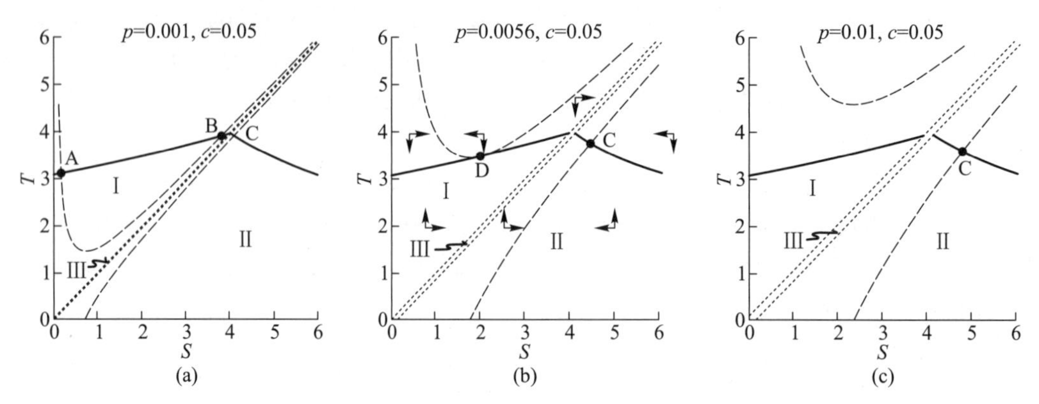

图 5.127 2×1 盒子($\delta \to 0$)模型的 $T-S$ 相空间图解①。图(a)、(b)和(c)对应于不同的 p 值(无量纲)。相空间由Ⅰ、Ⅱ和Ⅲ三个区域组成,它们以不同的速度型式为特征:实线代表热平衡,虚线代表盐平衡。这两组曲线的交点定义了平衡状态。交点 A 是一个稳定的热力驱动平衡;B 点是不稳定的;C 点是一个稳定的盐度主导平衡;D 点表示在临界值 $p_c = 0.0056$ 处,A 点与 B 点的接合点。在图(b)中,成对的箭头表示由平衡曲线限制的区域中 S_i 和 T_i 的相速度(因为远离平衡点,他们都随时间变化)(Huang 等,1992)。

这两条曲线的交点是该模式的定常解(图 5.127)。

我们注意到,在下述意义上,降水有临界值 p_c。当 $p < p_c$ 时,三个解都存在:其中有一个稳定的热力模态解,一个不稳定的热力模态解,以及一个稳定②的盐控模态解。当 $p \to p_c$ 时,两个热力模态解就接合在一起了;这是一个临界情况,因为在这种情况下,如果 p 略有增加,该解就会发生“崩变”。当 $p > p_c$ 时,只有盐控模态解存在。一个值得注意的特征是,不管降水 p 为何值,该模式总有一个稳定的盐控模态解;比较起来,热力模态仅在 $p \leqslant p_c$ 的区间内存在。

3）从热力模态到盐控模态的过渡状态

我们在上面已强调指出,在该模型中,对于任何降水量均存在一个稳定的盐控模态;然而,只有当 $p \leqslant p_c$ 时才存在热力模态。假设初始时该系统处于热力模态,那么当 p 增加到超过临界值 p_c 时,热力模态将崩溃,而该系统最终则进入了一个稳定的盐控模态。

在临界值 p_c 邻近,p 的微小增量就将诱发从热力模态到盐控模态之溃变式的过渡状态。这个过渡状态可以进一步划分为三个阶段:(1) 搜寻阶段;(2) 崩变阶段;(3) 调整阶段,在此期间,深层的盒子将其温度和盐度调整为新的平衡值(图 5.128)。在图 5.128 中,相速度定义为 $\phi = \sqrt{\sum_{i=1}^{4}(T_{it}^2 + S_{it}^2)}$。在调整接近 312 年时,相速度达到极大值,这表明该模式中的温度和盐度发生快速变化。该实验表明,深层水特性量之最终调整就需要很长时间。甚至在模式运行到 904 年结束时,底部盒子的盐度和温度仍然远未达到最终的平衡状态。尽管这个结果是从一个简单的盒子模型得到的,但它们对于理解大洋总环流模式中远为复杂的崩变过程之物理问题是有价值的。

---

① 原著中该图有错漏,现已补正。——译者注

② 原著有误,现已更正。——作者注

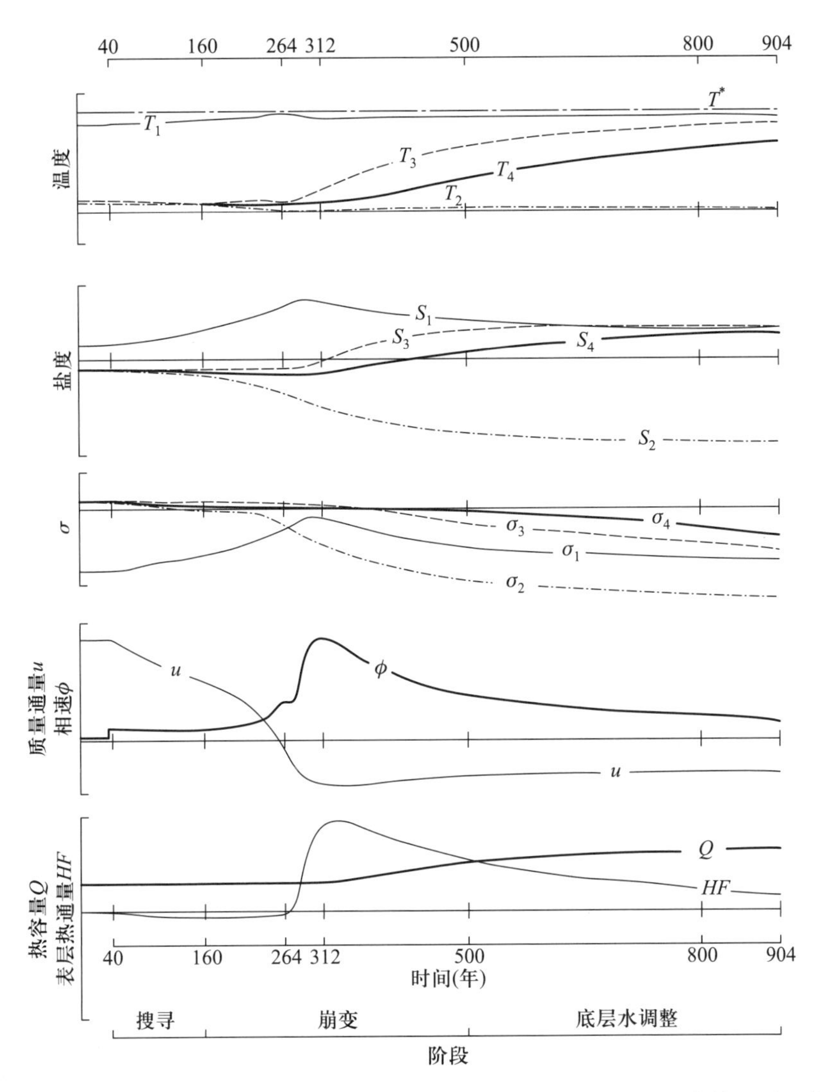

图 5.128　一个 2×2 ($\delta=1$)系统从热控平衡态向盐控平衡态的过渡。这种情况是在第 40 年,当 p 超过其临界值时,由于 p 的间歇增加所引起的。如在图的底部已标出的,这种过渡经历了三个阶段(Huang 等,1992)。

随着蒸发降水之差的强度逐渐增大或减小,该系统表现出一种莫名(hysteric)行为(图 5.129)。随着降水增大,该系统仍然处于热力模态,而经向环流则逐渐减弱。随着 p 趋近 p_c,该系统再也不能维持热力模态;不过,由于存在着图 5.129(a)中用狭窄阴影楔子表示的"禁区",故向盐控模态的过渡状态必须是崩变式的。

在过渡状态之后,即使降水逐渐减小,但该系统仍处于盐控模态,如图 5.129 中的实线箭头所示。当降水减小到零时,该系统通过另一种崩变方式的改变而返回到热力模态。因此,系统的行为表现为莫名的回路(hysteric loop)(图 5.129)。

现在我们能够看到,热盐崩变的根本因素是上层边界条件中温度和盐度的差异。温度服从于松弛时间很短的松弛条件,但是盐度则或者服从松弛时间漫长的松弛条件(Stommel,1961),或者服从盐度的通量条件(本例)。

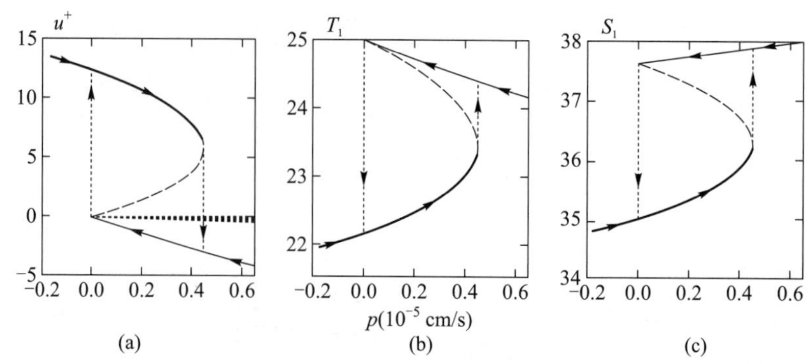

图 5.129 在 2×2 ($\delta=1$)盒子模型中,平衡值(a) u^+(单位:10^{-5} cm/s)、(b) T_1 和(c) S_1 随 p 的变化。粗实线对应于 p 以小量增加的情况,细实线对应于 p 减小的情况(这就说明该系统的行为是莫名的),长虚线对应于不稳定状态,短虚线表示突变式过渡(Huang 等,1992)。

4)蒙特卡罗实验

2×2 盒式模型的思路能够扩充到其他多盒模型。一个有意思的情况是模拟北大西洋的一个 3×2 盒式模型,包括在上层海洋中的三个盒子和在深层中的三个盒子。模型服从于参考温度 $T^*=(25,12.5,0)$ 的线性廓线,加上赤道盒子中的蒸发和高纬度盒子中的降水($-p,0,p$)。

从对 2×2 盒式模型的研究开始,我们预期这个 3×2 盒式模型会有多解。如果一个系统具有多解,那么其参量空间就能分成所谓的"吸引盆(basin of attraction)"。吸引盆的概念源自世界上的流域盆地:陆地上的降水由河流所收集,最终汇入不同流域盆地。由于热盐环流系统具有多种解,故有一条途径可研究吸引盆的大小,即进行蒙特卡罗(Monte Carlo)实验。蒙特卡罗的基本思路是找出该系统落入不同的稳定状态之概率。对于具有多个参量的模式,若基于采用均匀分布的样本格点,那么在整个参量空间上寻找这种概率分布函数是非常耗费时间的。因此,为了找出这种信息,通常采用的有效方法是从初始状态的随机温度和盐度开始运行模式,让模式运行至其最终平衡状态,并且把信息存储起来,为最终的统计表之用。

对于给定的 p,对该模型从初始状态开始积分,在初始状态时,在每个盒子中,随机温度介于 0 ~ 25℃之间,而随机盐度则介于 31.5 ~ 38.5 之间。蒙特卡罗实验结果表明:该模型有四个稳定模态,其中包括一个热力模态,一个盐控模态和两个中间模态。图 5.130 表示,在四个稳定模态

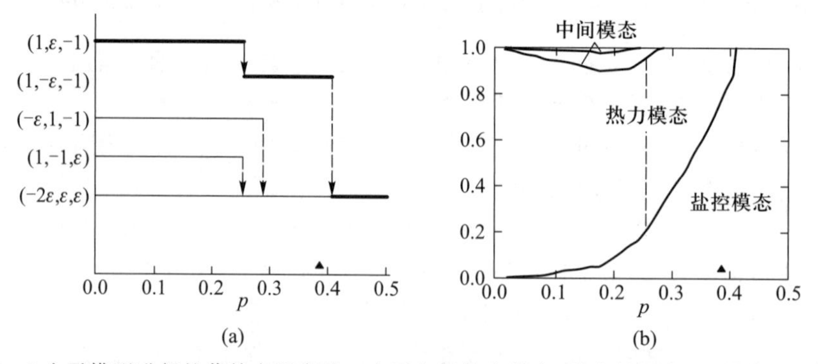

图 5.130 对 3×2 盒子模型进行的蒙特卡罗实验。水平坐标轴为降水/蒸发的强度 p(单位:10^{-7} m/s),图中的小三角形表示当前气候条件下淡水的流量:(a) 四种可能的稳定状态以及当 p 逐渐增加时的崩变途径。(b) 曲线之间的垂向空间表示每一种平衡状态的发生概率是淡水流量的函数(Huang 等,1992)。

中，每个模态出现的概率。在概率的计算中，在这个图中把互为镜像的解归类为同一模态。图中的三组数字分别代表了在上面三个盒子中每个盒子的垂向速度之量值和符号，其中 1 表示强劲上升，ε 表示非常微弱的上升，-1 表示强烈的下降。根据该模型的结果，北大西洋中的热盐环流接近于临界状态：少量增加降水就可以产生从目前的热力模态到盐控模态之崩变式的过渡状态。

对这个 3×2 盒式模型进行的蒙特卡罗实验表明，存在着最主要的模态（最可能出现的模态）。也有许多其他可能的模态；不过，其中大多数模态发生的概率非常低，所以未必会出现（图 5.130）。

若该 3×2 模型用实测分布的蒸发降水差来驱动，那么类似的实验结果表明，就目前的蒸发降水差的水平而言，最有可能的模态是以中纬度盒子处下沉为特征的中间模态。该中间模态可能与在末次盛冰期中存在的中间水形成之强化有着某种联系。

F. 双盒模型的发展：能量约束与风生流涡

风生分量在建立全球热盐环流中具有至关重要的作用；然而，大多数盒式模型都没有包括风生环流的作用，只有几个例外（比如，Stommel 和 Rooth，1968；Huang 和 Stommel，1992）。我们认为，最好是把这个物理分量包含在盒式模型中。

1）构建模型

风生环流对热盐环流的动力学效应可以用若干简单模式来探讨，例如 Longworth 等（2005）与 Pasquero 和 Tziperman（2004）。最简单的选择是单个半球海洋的双盒模型，其中，温度分别向给定的温度值 $T_1^* = T_0$ 和 $T_2^* = 0$ 松弛，而海－气间淡水流量则分别为 p 和 $-p$。为了模拟风生流涡的效应，我们加上了这两个盒子之间的流量 ω（Huang 和 Stommel，1992）。遵照 Guan 和 Huang（2008），该流量是预先给定的，且它与用于混合的能量和温度/盐度无关（图 5.131）。

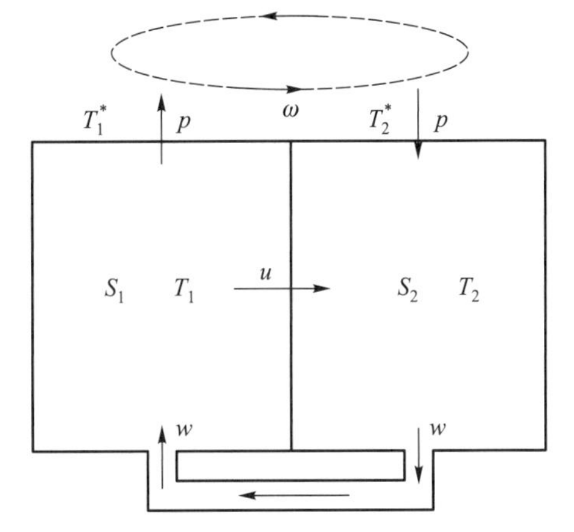

图 5.131　热盐环流的双盒模型，包括风生流涡导致的附加质量交换（Guan 和 Huang，2008）。

假设上层向极流动，而海洋深渊层中的流动则是向赤道的（所谓热力模态），那么 1 号盒子中的温度平衡遵循

$$HL^2 \frac{dT_1}{dt} = -HLuT_1 + L^2 wT_2 + L^2 \Gamma (T_0 - T_1) - HL\omega (T_1 - T_2) \tag{5.214}$$

其中，L 和 H 是每个盒子的宽度和深度，T_1 和 T_2 是每个盒子中的温度，u 和 w 是水平和垂向速度，ω 是流涡强度①，Γ 为海面松弛常数。引入无量纲变量

$$u = \frac{\Gamma L}{H} u', \quad w = \Gamma w', \quad \omega = \frac{\Gamma L}{H} \omega', \quad t = \frac{H}{\Gamma} t'$$

省略撇号，1 号盒子中的温度平衡化简为

① 注意，这里的流涡强度（strength of gyration）仅指在双盒模型中为表示风生流涡对热盐环流的贡献所设置的附加流量。——译者注

$$\frac{dT_1}{dt} = -uT_1 + wT_2 + T_0 - T_1 - \omega(T_1 - T_2) \tag{5.215}$$

类似地,2 号盒子中的温度平衡为

$$\frac{dT_2}{dt} = uT_1 - wT_2 - T_2 + \omega(T_1 - T_2) \tag{5.216}$$

1 号和 2 号盒子中的盐度平衡为

$$\frac{dS_1}{dt} = -uS_1 + wS_2 - \omega(S_1 - S_2) \tag{5.217}$$

$$\frac{dS_2}{dt} = uS_1 - wS_2 + \omega(S_1 - S_2) \tag{5.218①}$$

连续方程为

$$w = u + p \tag{5.219}$$

从方程(5.215)中减去方程 (5.216)并利用方程 (5.219),我们得到

$$\frac{d}{dt}(T_1 - T_2) = -2w(T_1 - T_2) + 2pT_1 + T_0 - T_1 + T_2 - 2\omega(T_1 - T_2) \tag{5.220}$$

对方程 (5.215)与(5.216)之和积分,便得到一个约束:对于任意初始条件,两个盒子中的温度之和以指数方式收敛,$T_1 + T_2 \to T_0$。因此,方程(5.220)中的 $2pT_1$ 项,可以由 $p(T_0 + T_1 - T_2)$ 代替。将方程 (5.217)与方程 (5.218)相加,便导出盐量守恒方程

$$S_1 + S_2 = 2S_0 \tag{5.221}$$

其中,S_0 为模型海洋的平均参考盐度。我们引入新的温度和盐度变量

$$\Delta T = T_1 - T_2, \quad \Delta S = S_1 - S_2$$

利用方程 (5.219)和(5.220),我们得到一对方程

$$\frac{d\Delta T}{dt} = -2w\Delta T + (p - 1 - 2\omega)\Delta T + (p + 1)T_0 \tag{5.222}$$

$$\frac{d\Delta S}{dt} = -2w\Delta S + (p - 2\omega)\Delta S + 2pS_0 \tag{5.223}$$

当环流处于盐控模态时,这两个盒子之间的质量流量之方向就相反,但是风生环流的贡献保持不变。因此,与方程 (5.222)和 (5.223)相对应的方程为

$$\frac{d\Delta T}{dt} = -2w\Delta T - (p + 1 + 2\omega)\Delta T + (p + 1)T_0 \tag{5.224}$$

$$\frac{d\Delta S}{dt} = -2w\Delta S - (p + 2\omega)\Delta S + 2pS_0 \tag{5.225}$$

这组控制热盐环流的常微分方程 (5.224)和(5.225)包括了风生环流的效应。为了计算该环流,我们还需要加上一个确定垂向速度 w 的约束。

2) 调节环流速率之约束

调节经向翻转速率的约束仍是构建模型公式中待定的关键部分。Stommel (1961)指定了一个约束,它可以归之为浮力约束。利用方程(5.175),对应的垂向速度尺度为

---

① 原著中方程(5.218) 排印有误,现已更正。—— 译者注

$$W_s = c(\rho_0\alpha\Delta T - \rho_0\beta\Delta S) \tag{5.226}$$

其中,c 为常量。这个算式意味着环流速率是由海面浮力差来调节的。换言之,海面热强迫力驱动了热盐环流。

斯托梅尔的假定已经被现有的大多数盒式模型所采用。仔细考察斯托梅尔的这个经典假定,即方程 (5.226),可以发现:斯托梅尔选取的这个约束条件之论据并不是很清楚的;而且,这不是唯一可能的约束,而对于模拟不同气候条件下的热盐环流来说,它或许不是最佳的约束。

更为可疑的是,常量 c 被处理为每个模式固有的常量,并且把它假定为在不同气候条件下是不变的。然而,从机械能平衡这一最基本的考虑来看,为了维持海洋中的定常环流,必须要使高密度的深层水穿过温跃层向上,而且必须要使上层海洋中吸收的热量向下混合以对抗冷的高密度水通过跨密度面混合的涌升。因此,真正控制热盐环流的是外部的能源与机械能耗散之间的平衡。作为另一种约束,即为维持跨密度面混合所需的机械能之约束,我们可以构建如下公式。假定在垂直方向上的一维密度平衡为

$$w_e\rho_z = \kappa\rho_{zz} \tag{5.227}$$

其中,κ 为垂向(跨密度面)扩散系数,那么我们有如下的垂向速度尺度

$$W_e = \kappa/D \tag{5.228}$$

其中,D 为主温跃层的深度尺度。表层与海洋深渊层之间的温度、盐度和密度差分别为 ΔT、ΔS 和 $\Delta\rho$。应注意,$\Delta\rho = \rho_0(-\alpha\Delta T + \beta\Delta S) = \rho_1 - \rho_2 < 0$。在两层模式中,由于垂向混合[①] κ 而产生的(单位面积上的)重力势能速率的增加为 $-g\kappa\Delta\rho$。采用以上的记号,在盒式模型中由混合所产生的重力势能之速率为

$$E_m = -g\kappa\Delta\rho L^2 = -gDL^2W_e\Delta\rho = gDL^2W_e(\rho_0\alpha\Delta T - \rho_0\beta\Delta S) \tag{5.229}$$

因此,经向翻转尺度 W_e 满足

$$W_e = \frac{e}{\rho_0\alpha\Delta T - \rho_0\beta\Delta S} \tag{5.230}$$

其中,$e = \dfrac{E_m}{gDL^2} = \dfrac{E}{D}$,$E = \dfrac{E_m}{gL^2}$ (E 为单位面积上外部机械能的供应速率),具有密度乘以速度的量纲,代表了维持混合的外部机械能能源之强度。这里值得注意的一点是,外部机械能的能源能够随气候而变;因此,在能量约束模式中的 e 可以处理为随气候改变的外部参量。

3) 尺度分析法则

通过简单的尺度分析可以得到一些有用的洞察力。连续性方程的尺度分析表达式为

$$UD = WL \tag{5.231}$$

其中,U 和 W 为水平和垂向速度尺度。与经向翻转环流胞相关联的盐度平衡遵循简单的尺度关系

$$(UDL + \Omega L^2)\Delta S = F\bar{S}L^2 \tag{5.232}$$

其中,F 为淡水流量的尺度,$\Omega = \omega D/L$ 为流涡强度的尺度。因此,盐度差的尺度为

$$\Delta S = F\bar{S}/(W + \Omega) \tag{5.233}$$

① 这就表明,在这里,跨密度面的垂向涡动扩散过程是由垂向混合产生的。——译者注

当 $\Omega=0$ 时，在能量约束下的垂向速度尺度简化为

$$W_e = (\rho_0\beta F\bar{S} + e)/\rho_0\alpha\Delta T \tag{5.234}$$

在温度松弛条件下，$\Delta T \sim T_0$是一个良好的近似。向极热通量所对应的尺度为

$$H_f = c_p\rho_0 UDLT_0 = \frac{c_pL^2}{\alpha}(e + \rho_0\beta F\bar{S}) \tag{5.235}$$

换言之，尺度分析表明，强烈的淡水强迫力加强了上升流速率，因此同时加强了经向翻转速率和向极热通量。

相反，类斯托梅尔模型(Stommel-like model)则预测，强烈的淡水强迫力将使密度的经向差减小，并因此减小了经向翻转速率。实际上，假设固定浮力为常量 c 或者假设能量为常量 e 代表了两类极端条件，而现实世界的条件则可能处于这两者之间。

4）机械能的作用

如果 $\omega=0$(即没有风生流涡)，那么如所周知，在参量空间中的一个宽广的区间内，在类斯托梅尔模型中存在三种定常的状态[图5.132(a)]：一种稳定的热力状态、一种不稳定的热力状态和一种稳定的盐控状态。然而，在能量约束模式中存在的三种状态则是：一种稳定的热力状态、一种稳定的盐控状态和一种不稳定的盐控状态。

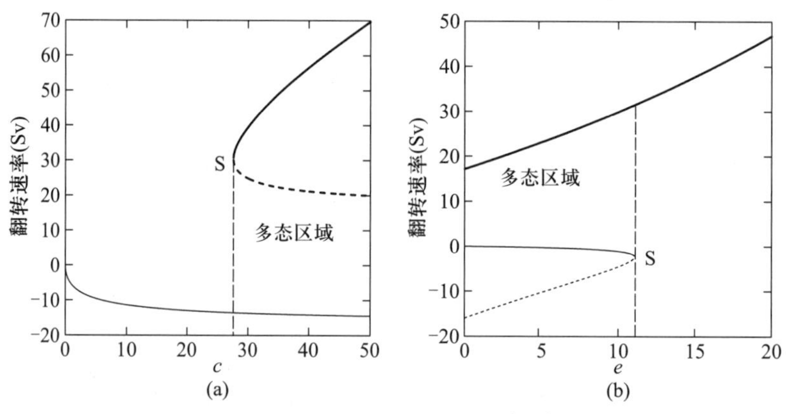

图5.132 热盐环流的分叉：(a) 类斯托梅尔模型(c 的单位为 10^{-7} m^4/kg/s)；(b) 能量约束模式(e 的单位为 10^{-7} kg/m^2/s)。$T_0=15$℃，$S_0=35$，$p=2$ m/年。粗线表示热力模态，细线表示盐控模态，点线表示不稳定模态；S为鞍结分叉点(虚线)(Guan 和 Huang，2008)。

容易看出，当 $\omega=0$ 时，类斯托梅尔模型与能量约束模式的分叉结构是截然不同的。尤其是，能量约束模式中的稳定盐控模态是以极大的盐度差为特征的，即极区盒子中的盐度几乎为零。不过，如果在能量约束模式中加上了流涡强度就使其盐控模态中的盐度差 ΔS 大为减小；因而使它大大接近于从类斯托梅尔模型中得到的对应解。加入风生环流后就能改变热盐环流的分叉结构，这一事实清楚地证实了风生流涡与热盐环流耦合的重要性。

5）流涡的作用

在本节中我们将对流涡(gyration)的作用进行仔细考察。我们对类斯托梅尔模型和能量约束模式均采用以下参量：海盆的长度尺度为4 000 km，深度4 km，参考温度 $T_0=15$℃，平均盐度 $S_0=35$，其他参量则与之前讨论的相同。如图5.132所示，对于某一参量区间，风生环流的改变就能引起类斯托梅尔模型和能量约束模式中热盐环流的分叉。

对于类斯托梅尔模型来说,增加风生环流的强度就加强了热力模态中的经向翻转速率并且减弱了盐控模态中的经向翻转速率[图 5.133(a)]。然而,在能量约束模式中,风生环流对经向翻转速率的作用则是相反的[图 5.133(b)]。

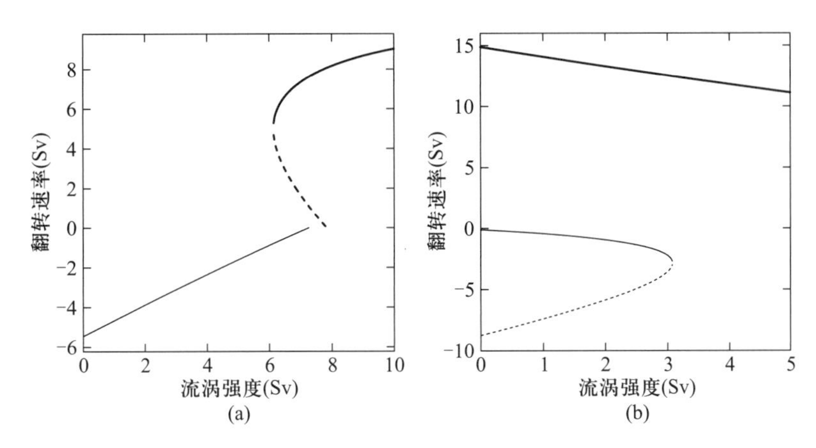

图 5.133 翻转速率作为风生流涡强度的函数,$p = 1$ m/年,$T_0 = 15$℃,$S_0 = 35$:(a)类斯托梅尔模型,$c = 5 \times 10^{-7}$ $m^4/kg/s$;(b)能量约束模式,$e = 2.5 \times 10^{-7}$ $kg/m^2/s$。粗线表示热力模态,细线表示盐控模态,点线表示不稳定模态(Guan 和 Huang,2008)。

应注意,当流涡强度小于临界值时,能量约束模式有三个定常解:一个稳定的热力模态、一个稳定的盐控模态和一个不稳定的盐控模态;超过这个临界值,该模式只有一个稳定解,即热力模态解。对于当前的参量:$p = 1$ m/年,$e = 2.5 \times 10^{-7}$ $kg/m^2/s$,那么,该流涡之流量①的临界值为 3.1 Sv[图 5.133(b)]。因此,如果该模式从热力模态与较小风生环流的初始条件开始积分,那么其解仍是稳定的热力模态。不过,如果模式从稳定盐控模态与较弱风生环流的初始条件开始,那么其演变就会迥然不同。当把风生环流的强度增加到超过临界值时,盐控模态就不再是可行的,并且将开启崩变的改变方式使该系统转变到热力模态。

G. 盒式模型的局限性

尽管盒式模型已经在各类研究中得到广泛应用,但这些模型有其内在的局限性。最重要的是,模型中盒子的数量是相当有限的,因而它们不能真正地模拟总环流的细节。尽管已经构建了多盒模型并把它们用于研究热盐环流,但这种复杂的盒式模型并不是很常用的,因为构建基于偏微分方程组及其有限差分的模式要容易得多。另外,由于网格的高度截断性质,使由于盒式模型所用的迎风格式产生了大量的数值扩散。盒式模型中过多的数值扩散妨碍了它们应用到需要更准确结果的情况中去。

大多数盒式模型的另一个主要局限是排除了科氏力。作为一个理解环流的工具,排除了旋转效应,它的用处就不大了。不过,这并不是盒式模型本质的局限性。Maas (1994)讨论了一个包括旋转动力学效应在内的三维盒式模型。事实上,在盒式模型中可以包括旋转效应,甚至所谓 β 效应。例如,一个基于 C 网格的 3×3 盒式模型可以包括科氏力并且可以用于证实 β 效应,即在该模型中可以证实西向强化。该模型东边的两行起了海洋内区的作用,而西边的一行则起了

① 注意,这里的流涡之流量(volumetric transport of gyre)就是上述的流涡强度。——译者注

西边界层的作用。然而,这种模型的高度截断,使得这类模型中所用的参量与实际情况相距甚远。

5.4.3 基于圆环模型的热盐环流

A. 水车模型

在20世纪70年代,麻省理工学院的Malkus和Howard首先进行了水车实验(Malkus,1972)。该实验的装置相当简单;最简单的版本只是一个略有倾斜的玩具水车,水车轮子边缘悬挂着漏水的纸杯。由水车边缘顶部上的水龙头给水(图5.134)。

实验显示,当水流速率很小时,由于杯子是漏的,故此时顶部杯子充的水不能满足克服摩擦力的需要。因此,由于存在摩擦力,水车仍然不动。当水流速率增大时,水车开始转动,形成了单向的定常转动。当水流速率更大并且大于某个阈值时,运动就变成混沌的,即水车做顺时针或逆时针转动但其角速度则随时间以混沌的方式进行变化。上述实验可以用水车方程(water-wheel equation)来描述,在本节中,我们将把它与所谓圆环模型(loop model)联系起来进行详细讨论。

B. 由蒸发和降水驱动的圆环模型

已对圆环模型进行了很多研究,而且它已被广泛应用于许多领域(包括许多工程上的应用);因此,这方面已经发表了大量的论文。海洋中的热盐环流可以有规则的或不规则的振荡,其在时间和空间上是广谱段的,圆环模型可以作为一个一维的理想化模式来使用。可以针对热力环流、盐致环流或者热盐环流来构建这些模式。

本节中,我们来讨论关于盐致环流的一个简单圆环模型。我们可以在两个略有不同的边界条件下构建该系统:自然边界条件和虚盐通量条件。图5.135给出了由自然边界条件驱动的模式。基于虚盐通量条件的模式可以简化为一个常微分方程系统,即水车方程(Dewar和Huang,1995; Huang和Dewar,1996)。

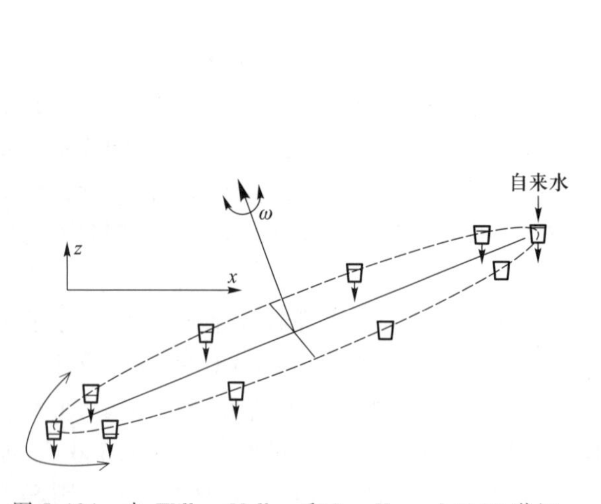

图5.134 由Willem Malkus和Lou Howard于20世纪70年代在麻省理工学院设计的水车示意图。

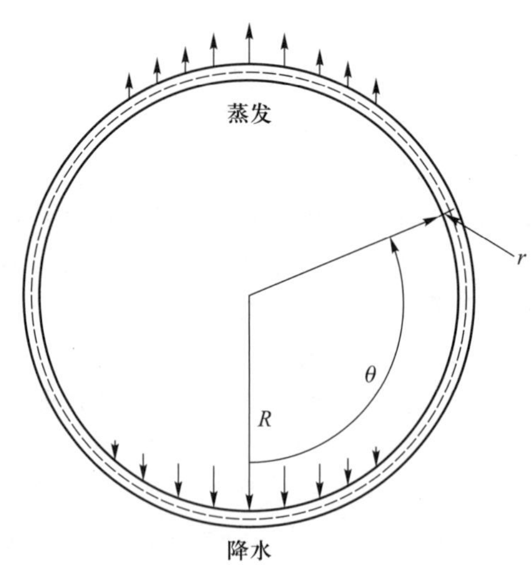

图5.135 盐控环流的圆环振子——一根充满咸水的水管。淡水穿过水管的管壁。

1）构建模型公式

该模型由一根充满咸水的环形水管组成（图 5.135）。该环的半径为 R，水管的半径为 r，$R \gg r$。在以下分析中，我们假定，在每一横断面上，流动和水的特性量是均匀的。在该管子的表面，淡水以降水（p）和蒸发（e）的形式与环境进行交换

$$p - e = E\cos\theta \tag{5.236}$$

其中，E 为淡水流量的振幅。现在，我们来构建描述这个圆环系统的方程组。

a）连续性

在布西涅斯克近似下，连续性要求速度的辐聚等于淡水流量。

$$u_\theta = 2RE\cos\theta/r \tag{5.237}$$

以下，我们用角速度进行分析，其定义为

$$\omega = u/R \tag{5.238}$$

这样，积分方程（5.237），便导出

$$\omega = \Omega + 2E\sin\theta/r \tag{5.239}$$

其中，Ω 为在该环形水管中水循环的平均角速度，右边第二项是通过管子表面的淡水流量引起的项。

b）盐量守恒

类似地，盐量守恒方程为

$$S_t + (\omega S)_\theta = KS_{\theta\theta}/R^2 \tag{5.240}$$

其中，K 为盐量扩散系数。通过角速度的关系式（5.239），降水和蒸发对盐度平衡的贡献已包括在连续方程中；因此，这种模型是在自然边界条件（NBC）下导出的。

对于服从虚盐通量（VSF）边界条件和松弛边界条件的模型，相应的盐量守恒方程为

$$S_t + (\Omega S)_\theta = \frac{-2E}{r}\bar{S}\cos\theta + \frac{K}{R^2}S_{\theta\theta} \tag{5.241}$$

$$S_t + (\Omega S)_\theta = \frac{2\Gamma}{r}(S^* - S) + \frac{K}{R^2}S_{\theta\theta} \tag{5.242}$$

其中，Γ 为松弛系数，$\bar{S}$ 为平均盐度，S^* 为指定的参考盐度（传统上，选为实测平均盐度）。应注意，如果采用方程（5.240）或（5.241），那么就保证了该问题中的净盐量是一个常量。但如果采用方程（5.242），那么，这种保证就没有了。

c）动量方程

对于无限小的一段水管，动量方程为

$$\rho_0(u_t + uu_l) = -P_l - \rho g\sin\theta - \varepsilon\rho_0 u \tag{5.243}$$

其中，l 为沿着管子轴的弧长单元①，P_l 为压强梯度，ε 为摩擦系数。沿着整个圆环对方程（5.243）积分，那么所有的梯度项均消失，我们得到

$$\Omega_t = -\varepsilon\Omega - \frac{g}{2\pi R}\int_0^{2\pi}\frac{\rho}{\rho_0}\sin\theta d\theta \tag{5.244}$$

在本研究中，我们采用线性状态方程

① 注意，管子轴是圆形的。——译者注

$$\rho = \rho_0(1 + \beta S) \tag{5.245}$$

这样,方程(5.244)就能改写为

$$\Omega_t = -\varepsilon\Omega - \frac{g\beta}{R}\langle S\sin\theta\rangle \tag{5.246}$$

其中,$\langle\rangle = \frac{1}{2\pi}\int_0^{2\pi}\cdot d\theta$ 为一个平均算子。

d) 无量纲化

采用

$$S = \bar{S}S',\quad t = Tt',\quad \omega = \omega'/T \tag{5.247}$$

对方程(5.240) 和(5.246)进行无量纲化,其中

$$T = \sqrt{R/g\beta\bar{S}} \tag{5.248}$$

省去撇号,我们得到

$$\Omega_t = -\alpha\Omega - \langle S\sin\theta\rangle \tag{5.249a}$$

$$S_t + [(\Omega + \lambda\sin\theta)S]_\theta = \kappa S_{\theta\theta} \tag{5.249b}$$

其中

$$\alpha = \varepsilon T = \varepsilon\left(\frac{R}{g\beta\bar{S}}\right)^{1/2},\quad \lambda = \frac{2ET}{r} = \frac{2E}{r}\left(\frac{R}{g\beta\bar{S}}\right)^{1/2},\quad \kappa = \frac{KT}{R^2} = \frac{K}{R}\left(\frac{1}{gR\beta\bar{S}}\right)^{1/2} \tag{5.250}$$

为该模型的无量纲参量。(5.248)式中的 T 解释为圆环冲洗时间①,由浮力距平确定;因此,α 代表冲洗时间与黏性衰减时间之比,λ 为冲洗时间与管道注满时间②之比,κ 为冲洗时间与盐量扩散时间之比。考虑到上述的诠释,我们感兴趣于 α、λ、κ 为小值的情况。注意到,方程(5.249b)意味着对于 S 的正规化条件(normalization condition),即 $\int_0^{2\pi}Sd\theta = 2\pi$。

2) 系统的性态

我们现在来考虑非线性的积分-微分耦合方程组(5.249)之求解。对于给定的初始条件和参量值,这个方程组能够用傅里叶谱方法(Fourier spectral approach)和时间步长的四阶龙格-库塔算法来求解。谱方法的优势在于,动量方程中的扭矩项自然地成为最低阶傅里叶模态(Fourier mode)的系数。这个简单模型的解有助于我们理解更为复杂的气候模式之振荡;因此,我们将专注于定态解和极限环(limit cycle)振荡。平稳解的性质取决于参数 α、λ 和 κ 的临界值。

当 $\kappa = 0$ 时,可以直接求得方程组(5.249)的定态解;即对于任意的 α 和 λ,有

$$S = (1 - \lambda/\Omega)^{1/2}(1 + \lambda\sin\theta/\Omega)^{-1} \tag{5.251}$$

其中

$$\Omega = \pm\sqrt{\frac{\lambda}{\alpha(2 - \alpha\lambda)}} \tag{5.252}$$

为平均角速度。

有意思得多的是 κ 不为零的情况,因为扩散是自然存在的,而且它对于数值稳定性是必需

① 原著中为 loop "flushing" time,即"冲洗"圆环管道所需时间。——译者注

② 原著中为 tube "filling" time,即淡水注满管道所需时间。——译者注

的。根据之前的讨论,物理上最有意义的是 α 和 λ 为小值的流区,我们来研究 $\alpha \sim \lambda \ll 1$ 的研究。当 κ 不为零时,在对这些参量的上述限制下,我们利用摄动法就能立即得到对 Ω 和 S 之解。实际上,如果我们将方程组(5.249)依 κ 大于、等于和小于 α 和 λ 三种情况进行分类,那么就可以方便地对该方程组进行求解。

通过把盐度展开为傅里叶级数

$$S(\theta) = 1 + \sum_{1}^{\infty} (2a_n \sin n\theta + 2b_n \cos n\theta) \tag{5.253}$$

就可以得到这个圆环模型之解。如果我们仅对该模型的长期稳定性感兴趣,那么就只需要前两个模态($\sin\theta$ 和 $\cos\theta$)即可。例如,对应于虚盐通量(VSF),圆环模型的方程组为[①]

$$\begin{aligned} \dot{\Omega} &= -\alpha\Omega - a_1 \\ \dot{a}_1 &= \Omega b_1 - \kappa a_1 \\ \dot{b}_1 &= -\Omega a_1 - \kappa b_1 - \lambda/2 \end{aligned} \tag{5.254}$$

利用线性变换,我们就能将方程组(5.254)改写为一组简单的常微分方程,即水车方程(Huang 和 Dewar,1996)

$$\begin{aligned} \dot{x} &= \alpha(y - x) \\ \dot{y} &= rx - \kappa y - xz \\ \dot{z} &= xy - \kappa z \end{aligned} \tag{5.255}$$

这个系统类似于著名的洛伦兹方程(Lorenz equation)

$$\begin{aligned} \dot{x} &= \alpha(y - x) \\ \dot{y} &= rx - y - xz \\ \dot{z} &= xy - bz \end{aligned} \tag{5.256}$$

在当前简单强迫力下,如果 $\kappa = 1$,那么水车方程和虚盐通量(VSF)圆环模型就等效于 $b = 1$ 时的洛伦兹系统。这样,该模型的性态就与熟知的洛伦兹模式(Sparrow,1982)非常相似(图 5.136 和图 5.137)。

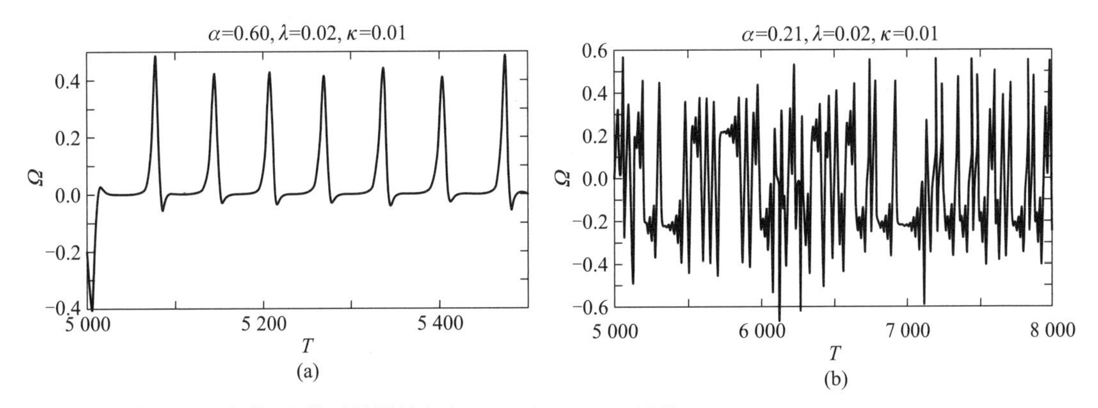

图 5.136 在自然边界条件下,模型的混沌解(Huang 和 Dewar,1996)。

① 原著中方程(5.254)排印有误,现已更正。——译者注

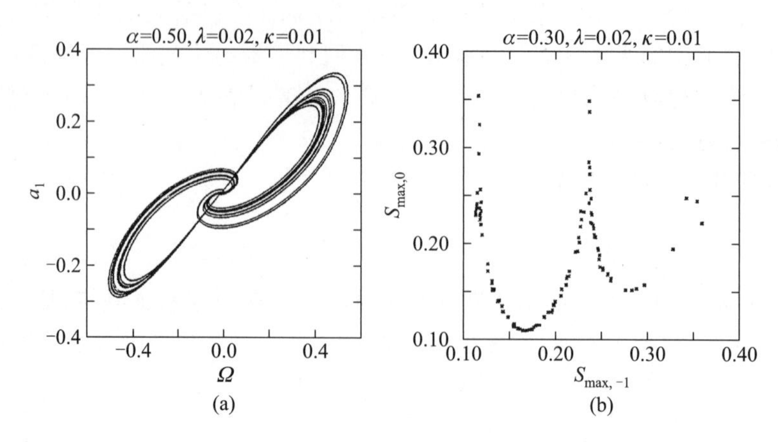

图 5.137 (a) 蝴蝶图,表示 $\sin\theta$ 模态的振幅 a_1 与角速度 Ω 之间的关系①,根据 VSF(虚盐通量)条件的双模态模式生成;(b) 基于 NBC(自然边界条件)的四模态模式之庞加莱返回映像图(Poncaré return map),其中,$S_{\max,-1}$ 和 $S_{\max,0}$ 分别为以前和当前准循环的盐度极大值(Huang 和 Dewar,1996)。

水车模型和圆环模型都是对远为复杂的三维海洋热盐环流的理想化处理。因此,以上所描述的这类一维简化模型提示,世界大洋中的热盐环流之混沌性态与大气环流中的混沌运动同样复杂。

5.4.4 二维热盐环流

A. 由水平加热差驱动的热力环流

在热盐环流模拟中,稍为复杂一点的问题是在一个二维矩形水槽中的热力驱动环流。在第 3 章中已经提到,在一个准二维水槽中,热力环流的实验室研究是与海洋环流能量学联系在一起的。在本节中,我们着重于二维热盐环流的数值研究。

所用的模式基于布西涅斯克近似,并忽略旋转效应(Sun 和 Sun,2007)。基本方程组为

$$\vec{u}_t + \vec{u}\cdot\nabla\vec{u} = -\nabla p + \alpha g T\cdot\vec{k} + \nu\nabla^2\vec{u} \tag{5.257}$$

$$\nabla\cdot\vec{u} = 0 \tag{5.258}$$

$$T_t + \vec{u}\cdot\nabla T = \kappa\nabla^2 T \tag{5.259}$$

其中,$\vec{u}=(u,w)$ 为速度矢量。由于流场是不可压缩的并且速度是无辐散的,故存在流函数

$$u = -\psi_z,\quad w = \psi_x \tag{5.260}$$

对于一个宽度为 L 、深度为 H 的水槽,我们引入以下无量纲变量

$$(x,z) = (Lx',Hz'),\quad T = \Delta T T',\quad t = (H^2/\kappa)t',\quad \psi = \kappa\psi' \tag{5.261}$$

其中,ΔT 为边界上热强迫力之温度尺度。省去撇号之后,基本方程简化为以下无量纲形式

$$\frac{\partial}{\partial t}\nabla^2\psi + J(\psi,\nabla^2\psi) = PrRa\partial T/\partial x + Pr\nabla^4\psi \tag{5.262}$$

$$\frac{\partial T}{\partial t} + J(\psi,T) = \nabla^2 T \tag{5.263}$$

① 原著中此图横坐标的标注有误,现已更正。——译者注

这个问题有三个无量纲数，即瑞利数、普朗克数和纵横比

$$Ra = \frac{\alpha g \Delta T H^3}{\kappa \nu}, \quad Pr = \frac{\nu}{\kappa}, \quad \sigma = \frac{L}{H} \tag{5.264}$$

一个典型的热力边界条件是在上边界或者下边界处指定温度 $T=\sin(\pi x/2)$，而在其他边界处是绝热条件。

对于正常温度和盐度范围的海水，有 $\alpha \simeq 2\times10^{-4}/℃$，$\kappa \simeq 1.5\times10^{-7}\ m^2/s$，和 $\nu \simeq 1.2\times10^{-6}\ m^2/s$；因此，$Pr \simeq 8$。对于深度为 0.2 m、温差为 10℃的水槽，对应的瑞利数约为 10^9。尽管看起来这组方程不难求解，但更仔细的考虑提醒我们，为了得到精确的定态解，用于计算数值解的网格必须足够精细，以便使其能够分辨湍流。如图 5.138 所示，在每一维度上的网格点数应该与水槽的实际长度线性地成正比。如果分辨率不够高，那就可能会出现一定程度人为的数值不稳定性。从物理上讲，这表明数值模式的分辨率必须精细到足以分辨最小能量尺度的湍流运动。

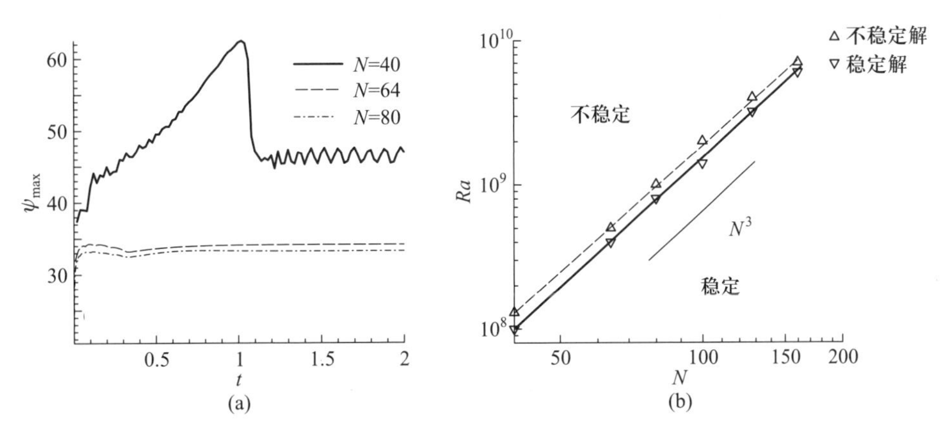

图 5.138 (a) 流函数极大值的时间演变图。max 表示 $Ra=2\times10^8$，实线、虚线和点画线分别表示 $N=40,64,80$ 的解；(b) 网格分辨率与瑞利数之间的关系图，短线表示 $Ra \sim N^3$ 关系(Liang Sun 供图)①。

对于瑞利数在 $10^7 \sim 10^{10}$之间且 $Pr=8$ 的情况，数值解中出现的翻转环流胞只是部分的环流胞，即大部分流动局限于邻接热力驱动边界的薄边界层内(图 5.139)，这与 Wang 和 Huang (2005)得到的实验室结果一致。

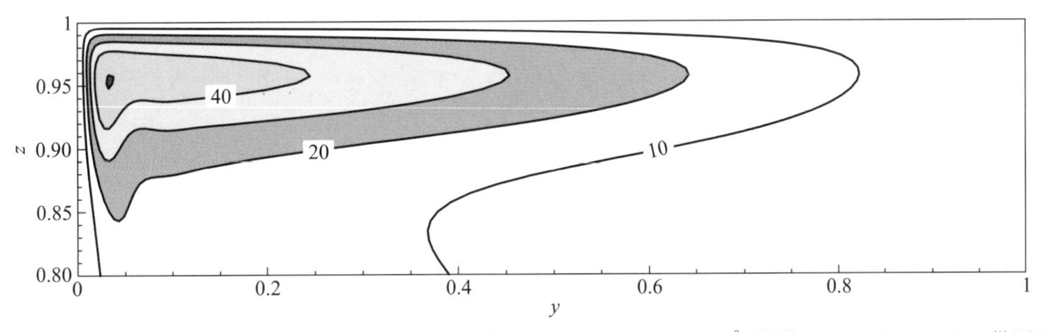

图 5.139 由作用于上边界的水平加热差驱动的翻转环流，$Pr=8$，$Ra=5\times10^8$，纵横比 $\sigma=1$(Liang Sun 供图)。

① 原著中此图题有误，现已更正。——译者注

数值实验表明，该环流胞深度以近似地比例于 $Ra^{-0.2}$ 的方式下降（图 5.140），这一点与 Wang 和 Huang (2005)的实验室结果一致。因此，对于高瑞利数，翻转环流胞完全限制在热强迫力所施加的边界层内。

对于这样一个二维水槽中由水平加热差所驱动的流动，数值研究比实验室实验容易得多，并且它还可以提供非常有用的洞察热力环流的物理机制。然而，在这种模型与海洋环流之间存在一些重要差异。

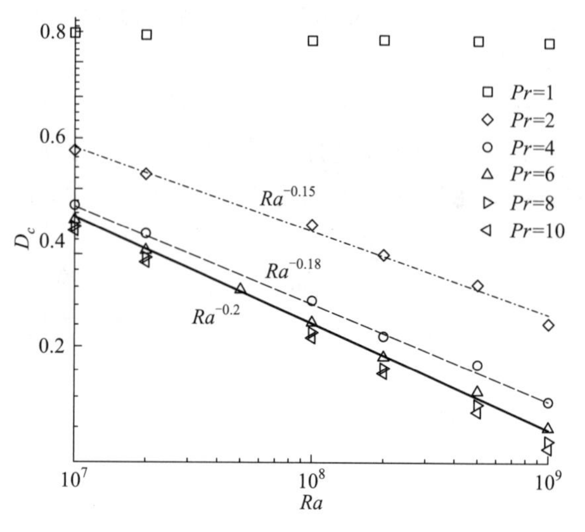

图 5.140 环流胞厚度随瑞利数的变化（Liang Sun 供图）。

首先，最重要的差别是两者瑞利数的差异非常巨大。随着瑞利数的增大，流动可以从一种动力流态通过过渡态到达下一种流态。例如，Wang 和 Huang (2005)发现了在 $Ra \simeq 5\times10^8$ 附近有一种过渡流态。其他一些过渡流态可能存在于高得多的瑞利数中。例如，根据低温液态氦的实验，Roche 等(2001)报导，在经典的瑞利 - 伯纳德对流(Rayleigh - Benard convection)中，在 $Ra \simeq 10^{12}$ 邻近有一个过渡态。现在仍然不知道，在水平加热差驱动下，流动是否有类似的过渡态。假设海盆的水平尺度之量级为 10^7 m，那么对应于该水平尺度的瑞利数之量级为 10^{30}。对有如此巨大瑞利数的湍流进行数值模拟仍是一个巨大的挑战。而且，即使我们能做如此巨大尺度的物理实验，那么所得到的流动性质可能与我们在低值瑞利数范围内已经看到的有天壤之别。

其次，在这种二维模型中，排除了海洋中存在的许多物理过程，例如旋转和外部机械能源，而后者所支持的是扩散系数百倍于分子扩散系数的过程。因此，对于从这种二维模型中得到的结果必须要小心诠释。

B. 热盐环流的纬向平均模式

1）纬向平均模式

如果应用纬向平均的二维数值模式，那么对于海洋中复杂三维环流的描述就能够大大简化。考虑一个宽度为 L，深度为 H 的海洋，定常的环流由以下纬向平均的动量方程来代表①

$$-f\bar{v} = \frac{p_e - p_w}{\rho_0 L} + A_h \bar{u}_{zz} \tag{5.265a}$$

$$f\bar{u} = -\frac{1}{\rho_0}\bar{p}_y + A_h \bar{v}_{zz} \tag{5.265b}$$

其中，上画线表示纬向平均，(p_e, p_w)为东、西边界上的压强。消去 $\bar{u}$，我们得到 $\bar{v}$ 的方程

$$f^2\bar{v} + A_h^2 \bar{v}_{zzzz} = \frac{f}{\rho_0 L}(p_e - p_w) + \frac{A_h}{\rho_0}\bar{p}_{yzz} \tag{5.266}$$

为解此方程，我们需要对东 - 西压强项进行参量化；Marotzke 等 (1988) 建议，应该利用

① 原著中方程(5.265a,b)排印有误，现已更正。——译者注

南-北压强梯度来对这一项进行参量化,但是他们实际上没有进行这种参量化。相反,他们走了捷径,即假定了另一种平衡

$$A^{*}\ \bar{v}_{zz} = \frac{1}{\rho_0}\bar{p}_y \tag{5.267}$$

注意到上式相当于设$f\equiv 0$,因而在他们的公式中排除了科氏力。在纬向积分模式中,连续方程为

$$\bar{v}_y + \bar{w}_z = 0 \tag{5.268}$$

因此,可以引入下列流函数

$$\psi_y = -\bar{w},\quad \psi_z = \bar{v} \tag{5.269}$$

假设状态方程是线性的

$$\rho = \rho_0(1 - \alpha T + \beta S) \tag{5.270}$$

流体静压关系为

$$\bar{p}_z = -\bar{\rho} g \tag{5.271}$$

通过对方程(5.267)和(5.271)交叉微分两次并利用(5.270)式,我们得到对ψ的单个方程

$$\psi_{zzzz} = \frac{g}{A^{*}}(-\alpha T_y + \beta S_y) \tag{5.272}$$

对于温度和盐度的两个预报方程为

$$T_t - \psi_z T_y + \psi_y T_z = \kappa T_{zz} + C(T) \tag{5.273}$$

$$S_t - \psi_z S_y + \psi_y S_z = \kappa S_{zz} + C(S) \tag{5.274}$$

其中,$C(T)$和$C(S)$表示由翻转引起的对流混合①。该方程的边界条件为

$$\begin{aligned} &\text{在 } z = 0 \text{ 处},\quad \psi = 0,\quad \psi_{zz} = 0 \\ &\text{在 } z = -H \text{ 处},\quad \psi = 0,\quad \psi_z = 0 \\ &\text{在 } y = \pm L \text{ 处},\quad \psi = 0 \end{aligned} \tag{5.275}$$

这些边界条件意味着,没有质量流量通过海底和海岸,而海底是无滑动边界条件,且在上层海面之上没有风应力。

温度和盐度的边界条件是在固体边界上的无通量条件

$$\begin{aligned} &\text{在 } z = -H \text{ 处},\quad T_z = S_z = 0 \\ &\text{在 } y = \pm L \text{ 处},\quad T_y = S_y = 0 \end{aligned} \tag{5.276}$$

在上层海面,模式服从于狄利克雷(Dirichlet)边界条件

$$T = T_0\left[1 + \cos\left(\frac{y\pi}{L}\right)\right],\quad S = S_0\left[1 + \cos\left(\frac{y\pi}{L}\right)\right] \tag{5.277}$$

或者混合边界条件

$$T = T_0\left[1 + \cos\left(\frac{y\pi}{L}\right)\right],\quad \kappa S_z = Q_s(y) \tag{5.278}$$

在早期对热盐环流的数值模拟中,温度和盐度都服从于强松弛条件。在如此强的松弛条件下,要

① 所谓"翻转引起的对流混合(convective mixing due to overturning)",在概念上并无严格定义;一般说来,由于海面冷却或盐析会使上层水柱在统计上变得不稳定,在垂直方向上,这种过程就会导致所谓对流混合。显然,这种扩散过程就与"翻转"有密切关系,因为翻转过程包含了下沉过程,迄今,其参量化只是简单粗糙的假定,可参见5.4.2节。——译者注

找到多种解曾是相当困难的。直到人们开始尝试不同类型的边界条件时,才取得了突破。

2）F. Bryan 技术

在寻找热盐环流的多种解和崩变式的改变之众多努力中,F. Bryan 发展了一种得到广泛应用的技术,我们可以对它总结如下:

第一,采用温度和盐度松弛条件

$$\frac{dT}{dt} = \Gamma(T^* - T), \quad \frac{dS}{dt} = \Gamma(S^* - S)$$

将模式运行至准平衡态。

第二,当系统到达准平衡态时,那么就可以对为维持盐度分布所需的等效盐通量

$$S_f = \Gamma(S^* - S)$$

进行诊断计算。

第三,把此盐通量作为该盐度的强迫力用于第二阶段的数值实验。在一组新的温度和盐度边界条件

$$\frac{dT}{dt} = \Gamma(T^* - T), \quad \frac{dS}{dt} = S_f$$

(即对于温度的松弛条件,对于盐度的通量条件)下,模式从准平衡态重新开始。由于温度场仍采用松弛条件,因此这组新的边界条件称为混合边界条件。要注意,现在的盐通量是固定不变的。

在 Bryan 技术带来不少启发性结果的同时,也带来一些潜在问题,故使用这类模式时,就需要处理好存在着的一些潜在问题。

- 盐度松弛的条件并没有物理意义,因而其系数 Γ 的选取是人为的。Tzipermann 等(1994)建议应采用小的 Γ 值。然而,这个问题并没有真正解决。
- 模式中采用的虚盐通量条件也不是物理上的。尤其是,当模式仍处于趋近准平衡态的过程中时,从模式诊断给出的盐通量没有任何物理意义。事实上,并没有盐通量跨过海-气界面;因此,采用自然边界条件对盐度更为合适。

3）数值实验的基本步骤

为了触发过渡态向其他状态的转变,有时需要一个初始扰动。经过尝试和失败发现,在高纬度区的盐度扰动是启动过渡态的最有效途径。在特殊情况下,对称流态对于微小的扰动是不稳定的,因此在没有加入任何初始扰动的情况下,该解也会渐渐偏离。从这种二维模式得到的最重要的结果如下。

- 在高纬度区施加**正盐度距平**就能导致向着单个环流胞的解(极区-极区)的缓慢演变。这种不稳定性的基本机制就是 Walin (1985)所讨论过的平流反馈机制。
- 在高纬度区施加**负盐度距平**就能导致经向环流的崩变式的改变。因为高纬度区的水变得太淡而不能下沉,在一个极区海盆中加入负盐度扰动后使深水形成突然中断。结果,双环流胞的形态(two-cell circulation pattern)突然转变为单环流胞。这个机制称为对流反馈,其时间尺度就短多了。

4）单一半球模式中的盐跃层崩变

Marotzke (1989)讨论了只有单一半球的模式。在转换为混合边界条件并在高纬度区施加盐度负扰动后,使深水的形成突然中断,开始了极区盐跃层崩变。该模式转变为一个由盐量控制的

模态。事实上,深层水形成于赤道并下沉。与在高纬度区下沉的热力模态相比,环流的这种模态要缓慢得多。

最令人感兴趣的是,这种模式的不稳定性是与高纬度的对流翻转[①]连在一起的。在几千年之后,由于缓慢的混合过程,极区海洋中的深层水变得暖而咸。在高纬度区,冷的淡水叠置在暖的咸水之上,这可能是非常不稳定的。在某个阶段,小扰动会触发崩变式的翻转,在此过程中,深层水到达表层,很快失去热量[②],但其盐度仍保持不变。结果,水柱变得重力不稳定并且开始出现强烈翻转。这是环流的能量最充沛的阶段,称为冲洗阶段(flushing)。在冲洗结束时,极区的盐跃层逐渐建立起来,整个循环反复进行。

应注意,冲洗的前期状态是在极区海洋中存在暖而咸的深水,而在当今的海洋中这种状态肯定是不存在的。在过去,这种现象是否发生过,仍需要细致地进行考察。我们将在 5.4.7 节详细讨论冲洗问题。

5) 改进的纬向平均模式

作为对 Marotzke 等 (1988)模式的改进,Wright 和 Stoker (1991) 引入了纬向压强梯度项的参量化方案。在笛卡尔坐标系中,他们的论证如下。假定有半地转关系式

$$f\overline{v} = -\frac{p_e - p_w}{\rho_0 D} \tag{5.279a}$$

$$f\overline{u} = \frac{1}{\rho_0}p_y - R\overline{v} \tag{5.279b}$$

消去 $\overline{v}$,得到

$$\frac{p_e - p_w}{D} = \frac{f}{R}\left(1 - \frac{\overline{u}}{\overline{u}_G}\right)\frac{\partial \overline{p}}{\partial y} = -\varepsilon_1\frac{\partial \overline{p}}{\partial y} \tag{5.280}$$

其中

$$\overline{u}_G = -\frac{1}{\rho_0 f}\frac{\partial \overline{p}}{\partial y} \tag{5.281}$$

为总纬向速度的纬向平均地转分量。将方程(5.280) 代回到(5.279a),我们得到

$$\overline{v} = \frac{\varepsilon_1}{f\rho_0}\frac{\partial \overline{p}}{\partial y} \tag{5.282}$$

应注意,这个关系式类似于盒子模型中采用的假设,即经向速度与经向压强梯度成正比,但却不同于 Marotzke 等 (1988) 所用的参量化方案。系数 ε_1 是根据三维的大洋总环流模式(OGCM)收集到的平均数据进行诊断计算得到的;它在 0.1 ~ 0.3 之间变化,其值取决于模式的确切算法。利用这个参量化方案,他们的模式提供了远为精确的解,看起来,该解很像从对三维模式进行纬向平均之后得到的解。他们的模式已经用于研究全球海洋环流,并且模拟了新仙女

① 对流翻转(convective overturning),在许多数值模式中也称为对流调整;应该注意,翻转可以指不同空间尺度的现象,既可以指局地水柱的翻转,也可以指整个海盆水的翻转,因此为了能恰当地刻画对流的质量流量,就必须考虑多尺度对流翻转。——译者注

② 原著中为 heat constant(热常量),疑排印有误,故改。——译者注

木事件[①],得到了非常令人鼓舞的结果。

6)二维模式的局限性

尽管二维模式具有公式简单、应用方便的优点,但我们也应该了解其内在的局限性。首先,在这类模式中,难以把风应力及其有关的水平平流包括进来。其次,在这类模式中,速度是一个诊断变量。最后,一个纬向平均模式没有能力模拟第三维;因此,与水平流涡有关的任何现象都不能显式地进行模拟。结果,该模式不能用于模拟本质上是三维现象的热盐环流之年代/年代际变率。

5.4.5 三维海盆中的热力环流

为了理解大洋中热盐环流的三维复杂结构,概念上可以将其分为热力分量和盐致分量。5.3.3 节提出了盐致环流的准定态解。由于盐收缩系数近乎为常量,故在盐致环流启动期间,平均海平面没有太大变化。

另外,由于热膨胀系数是温度的函数,故在热力环流启动期间,平均海平面的变化就很大。作为海洋中热盐环流的一个例子,在本节中,我们利用质量守恒数值模式来考察在理想化的三维海盆中的热力环流。由于在该模式中质量守恒,故它就可以追踪海平面和海底压强的时间演变过程;因此,就能精确地模拟在启动期间海平面的巨大变化。

A. 模式建立

设模型大洋为 5 km 深,水平分辨率(2°×2°)较低,垂向分为 30 层。模式从均匀温度 25℃(暖启动)或者 0℃(冷启动)的静止初始状态(海平面在 $z=0$ 处)开始启动。盐度设为均一值 35。模式服从于温度松弛条件,其参考温度从南边界处(4°N)的 25℃下降到北边界处(64°N)的 0℃。垂向扩散系数统一设为 $0.3\times10^{-4}\ m^2/s$。选择远离赤道的南边界避免了对应的科氏参量在赤道附近逐渐消失所带来的特殊动力学问题。

在两种情况(冷启动和暖启动)下,海盆平均海底压强 p_b 保持不变,因为该模式是质量守恒的。由于初始温度不同,故从冷状态启动的模式与从暖状态启动的模式相比,前者的海底压强更大,即 $\overline{p_{b,25}}<\overline{p_{b,0}}$。不过,当模式运行至准平衡态时,如以无量纲压强坐标 $p'=p/\overline{p}_b$ 来表示,那么,从这两种情况得到的解实际上没有区别。为方便计,这里给出的结果采用了标称的 z 坐标,其中假设了海平面在 $z=0$ 处。

B. 热力环流的时间演变

该模式的时间演变敏感地依赖于初始状态;不过,在运行了 5 000 年之后,该模式达到了实质上并不依赖于初始温度分布的准平衡态。对于暖启动的情况,在 5 000 年间,水逐渐冷却下来[如图 5.141(a)中的细线所示]。随着水的冷却,其密度增加,同时平均海平面下降。结果,在 5 000 年之后,平均海平面比初始状态低了 16 m 以上[图 5.141(b)]。在海盆中,海平面下降并不是均匀的。事实上,南边界上的平均海平面比北边界上下降得慢。因此,在南北边界之间的平均海平面存在巨大差异[图 5.141(c)]。当模式达到准平衡态时,其差约为 0.57 m。

---

① 所谓新仙女木事件(Younger Dryas event,距今大约 1.29 万~1.16 万年),或称新仙女木时期,系欧洲孢粉学家所称。它是指从末次盛冰期到目前的间冰期之间出现的一个短暂而又强寒冷的过渡状态。这是在北半球持续了一千多年的异常事件,其中心位于北大西洋海盆,并致使该海盆中的热盐环流中断。——译者注

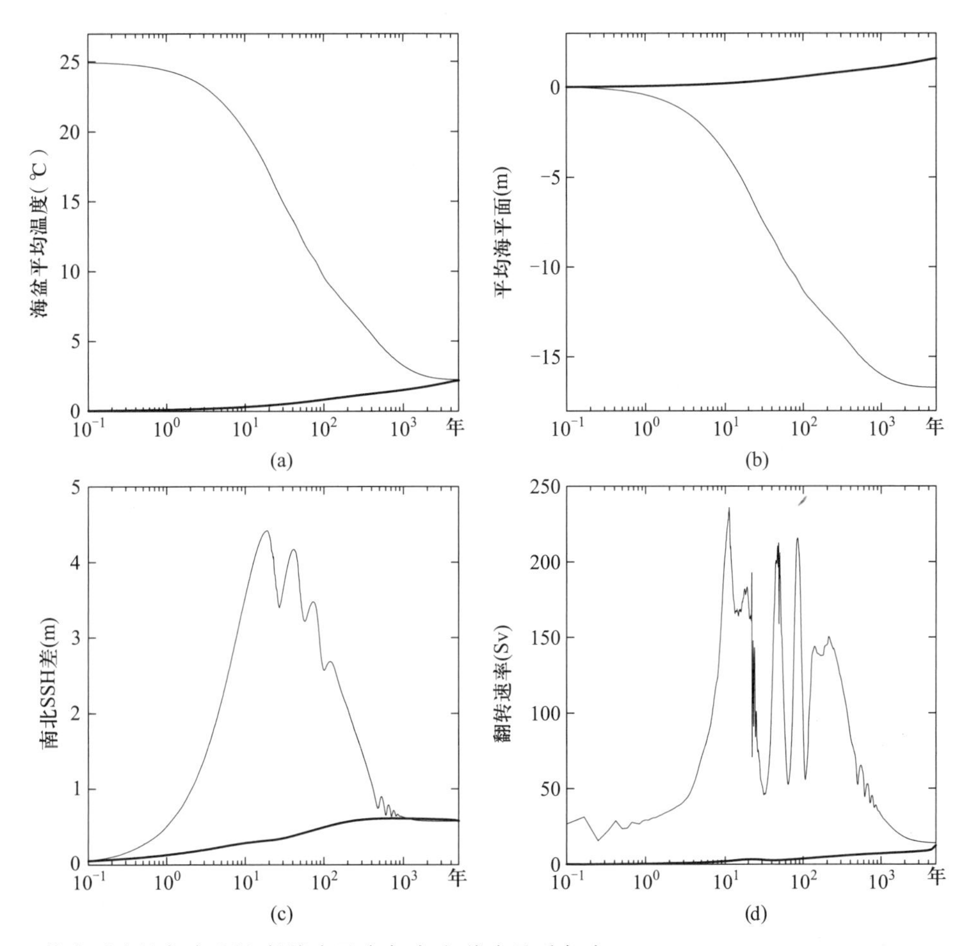

图 5.141 热力环流的启动过程,粗线表示冷启动,细线表示暖启动。

对于暖启动的情况,翻转环流速率在环流启动期间变化很大[图 5.141(d)]。尽管从表面上看,强劲的经向翻转环流与高纬度的冷却直接相连,但冷却本身却并不能产生维持环流所需要的机械能。正如在第 3 章中讨论过的,冷却实际上使海洋平均状态中的总机械能减少。在冷却期间真正发生的是,冷却增加了水块的密度但降低了海面高度,正如模式中所示的,在冷却期间平均海面高度大幅下降了。质心的下降导致了大量重力势能释放出来,尽管其中有一小部分能量能转变为平均流的动能,但剩下的大部分能量却损失于湍流和内波中。

与暖启动相比,冷启动的起始过程经历了迥异的路径。环流的所有主要指标变化相当缓慢而平滑,没有出现暖启动那样的大起大落。海盆中的平均温度上升缓慢[图 5.141(a)中的粗线],而不是像在暖启动情况下出现的海盆平均温度快速下降。与此同时,平均海平面略有上升,小于 2 m[图 5.141(b)中的粗线],远小于在暖启动中海平面下降 16 m 的情况。至于在冷启动情况下,南北海面高度差和经向翻转速率都是缓慢而单调地增加[如图 5.141(c)和 5.141(d)中的粗线所示]。

在 3.7 节中讨论过,在冷启动情况下,在模拟开始时刻,因为初始温度设为 0℃,实质上并没有对流调整与新生成的深水。系统逐步积累了主要通过垂向混合产生的重力势能,并把它用于维持环流所需的能量。在对海面加热的情况下,使低纬度区上层海洋中的水变得暖和,其海平面变得高于高纬度区的海平面;通过垂向混合,系统的重力势能增加。

在海平面处的经向压强梯度力的驱动下,表层暖水流向高纬度区。在高纬度区,由于冷却而产生的对流翻转使重力势能部分地转变为动能,由此驱动了翻转环流。然而,若与暖启动情况下突然冷却相比,这个过程却没有剧烈震荡。

通过对比这两种启动过程,清晰地展示了机械能平衡在建立海洋热力环流中的作用。我们看到,海面热强迫力本身并不能生成很多机械能。相反,尽管通过冷却使重力势能的损失能够部分地转变为平均状态的动能而维持强劲的环流,但是,高纬度区的冷却还是构成了一个重要的重力势能汇。不过,在突然冷却期间,强烈的异常环流并不能维持下去,并且最终使环流变成了较和缓的状态,而这种较和缓的状态则可以由垂向混合所提供的能量维持下去。

C. 热力环流的三维结构

南北边界之间的平均海面高度差反映了上层海洋温度分布的差异。由于模式服从于上层海面温度的强松弛条件,故表层中的温度几乎是纬度的线性函数[图 5. 142(a)]。在西边界,出现了它与纬向分布的显著偏差,这表明那里有一支北向强流。

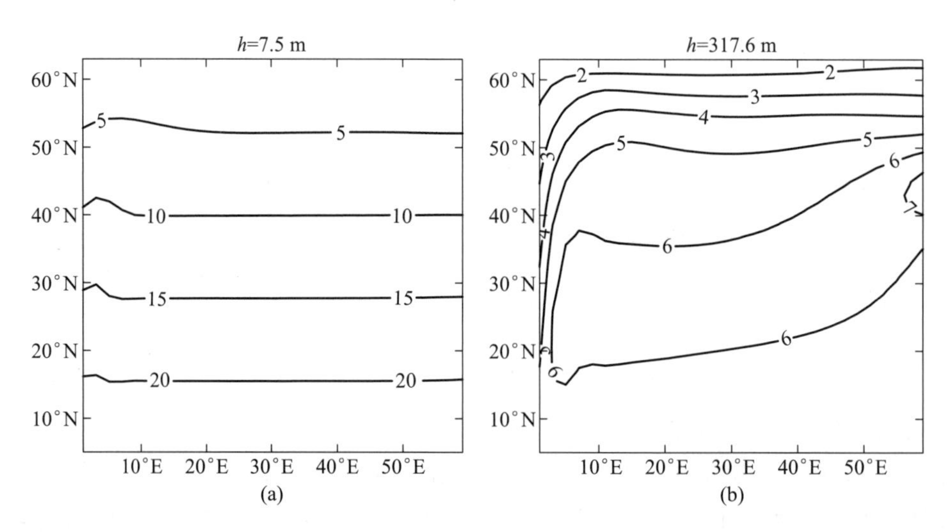

图 5. 142　最终定常态的温度分布。

在上层之下,温度分布显然是非纬向的。在 317 m 深度处,在中纬度带出现了温度极大值,而在海盆的北部和南部都出现低温[图 5. 142(b)]。海盆南部的相对低温表明有来自深渊层的冷水涌升。

在最终的定常状态中,沿着北边界有一个低海面高度带,其全球的极小值出现在西北角[图 5. 143(a)]。如 5. 4. 1 节所述,海面高度的经向差直接驱动了表层的向极流动。对 980 m 以浅积分的流量表明,有一支向北流动的非常强的西边界流,然后作为一支北边界强流,它沿着北边界继续流向那里的汇[图 5. 143(a)]。在海盆内区,存在着相对弱的反气旋式环流,显然这是由于在海盆中部对涌升冷水的压缩作用而形成的。

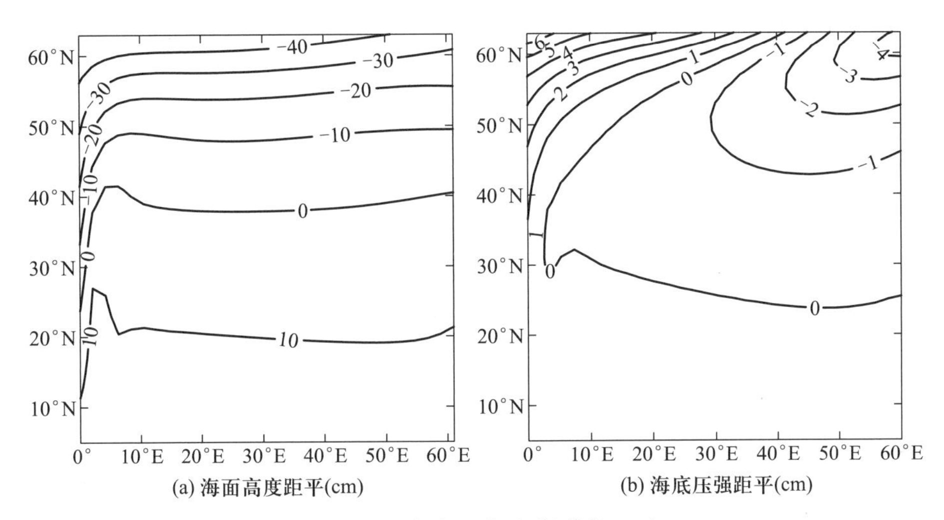

图 5.143 (a) 海面高度距平(单位:cm) 和(b) 海底压强距平(单位:cm)。

尽管在海盆的北半部,上层海洋热力环流的流态与图 5.111 所示的盐致环流非常相似,但是在这两种情况下,海盆南半部的环流形态则迥然不同。在盐致环流的情况下,海盆东南角强烈的下沉引起了那里非常强劲的海流,这使得在这两种情况下的表层流之形态截然不同。

在海底,压强分布的形态完全不同于海面高度图[图 5.143(b)]。由于海底压强的绝对值很大,如以等效水深为单位且仅给出与平均海底压强的偏差,那就更能说明问题。如图 5.143(b)所示,沿着西边界有一个经向压强梯度的高值带,这是一个清晰的提示,表明存在着一支强劲的、向赤道的深层西边界流。图 5.143(b)所示的海底压强分布提示,在深渊层内区有一个气旋式环流。

对于只有热强迫力驱动的环流,正压环流为零;这也是热力环流与淡水驱动环流之间的主要差异之一。这些差异主要来自这样一个事实,即淡水流量代表了质量的源/汇,而海面的热强迫力则并不带来质量的源/汇;因此,模型大洋中没有正压流。

上层海洋的环流由两部分组成。第一,存在一支向极的西边界强流和一支向东的北边界流,它们所起的作用是将水运输到模型大洋的东北角。第二,在海洋内区存在一支由海盆尺度上升流驱动的相对缓慢的顺时针环流[图 5.144(a)]。

在此期间,对 1 km 深度以深的积分流态与上层海洋的流态正好相反。特别是,在深层大洋有一支向西的北边界流和一支向南的西边界流,它们输送着来自模型大洋东北角的深水源区之水团[如图 5.144(b)所示]。尽管如此,表层之下的水平环流比表层中的环流则弱得多。

或许,水平流速图中最值得重视的特征就是强烈的西边界流了。在第 4 章中已讨论过,西边界流在质量、涡度和机械能的平衡中起了至关重要的作用。在靠近西边界的经向断面上,我们可以从北向速度的经向分布中辨别出西边界强流(图 5.145)。

经向翻转环流构成了热力环流中最重要的分量(图 5.146),它依次包括以下四个分支:

(1) 上层大洋中暖水的向极流动(由上层海洋中相对密集的流线所示);

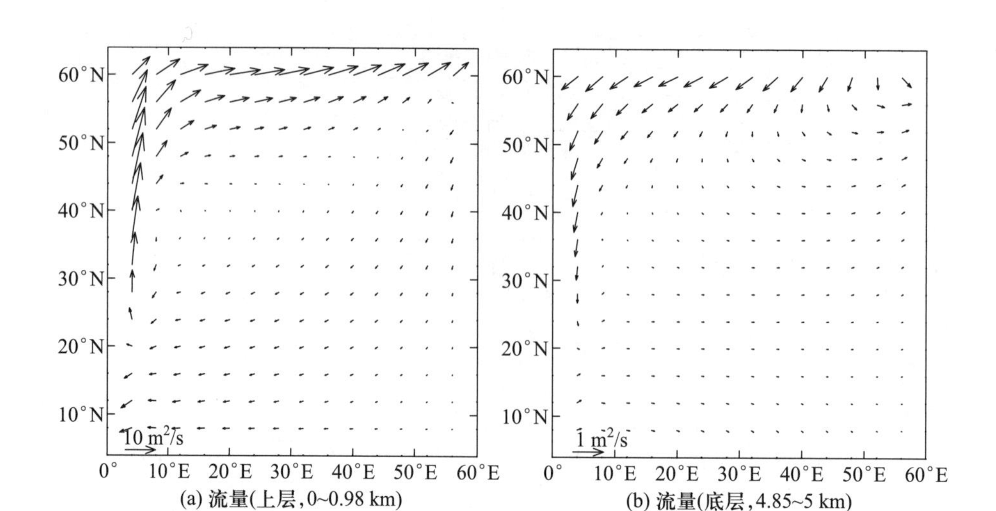

图 5.144 海洋上层和底层的水平流量(单位：m^2/s)。

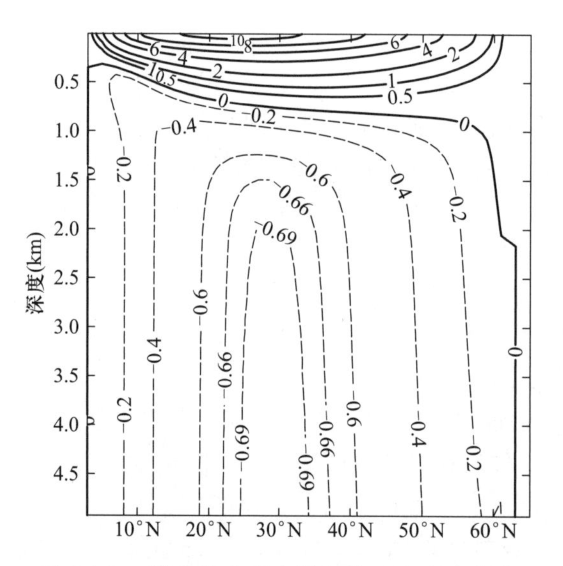

图 5.145 模型海盆西边界上的经向速度分布(单位：0.01 m/s)。

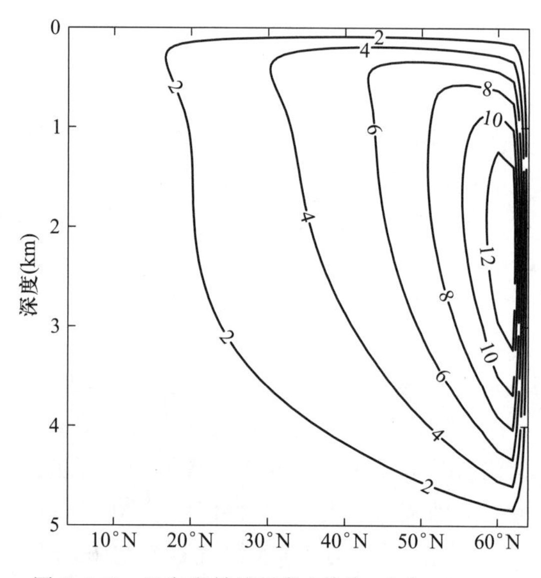

图 5.146 经向翻转流函数(单位：Sv)。

(2) 北边界附近一支狭窄的下降分支；

(3) 大洋内区中相对宽广和缓慢的上升流；

(4) 一支狭窄的深层西边界流[如图 5.144(b)和图 5.145 所示]将底层冷水输向赤道。

经向翻转环流起了把热量和其他重要示踪物输向极区的输送带的作用,因此对全球环流和气候的构架做出贡献。在本例中,最大的向极热通量约为 0.12 PW(图 5.147),它远低于海洋中的实测结果,这是因为在该模式中没有包括风应力。

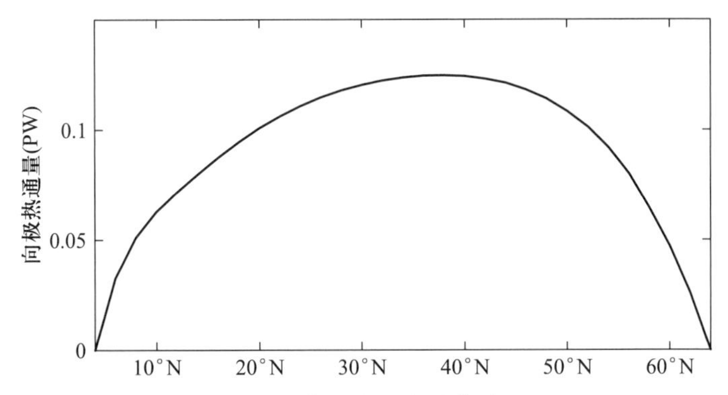

图 5.147 伴随经向翻转环流的向极热通量(据数值模式诊断计算给出)。

D. 主温跃层产生的机制是什么?

有关世界大洋中存在主温跃层的一个关键且长期争论的问题是,主温跃层产生的机制是什么?我们用模拟海洋热力环流的数值模式就可以对这个问题做一个很好的分析。为了说明这一点,我们来比较热力环流的两个数值实验。这两个实验的强迫力条件是相同的,而它们的唯一差别是,一个有风应力,另一个没有风应力。

如图 5.148(a)所示,在均匀的垂向混合并在上表层给定线性参考温度廓线的情况下,一个纯粹的热力环流并不能产生次表层的主温跃层。事实上,从海面向下到大洋深层,其垂向成层是单调递减的。然而,当加上了标准风应力(包括赤道东风带、中纬度西风带和/或高纬度东风带)之后,在中纬度区的 400 ~ 500 m 深度附近就形成了一个主温跃层。

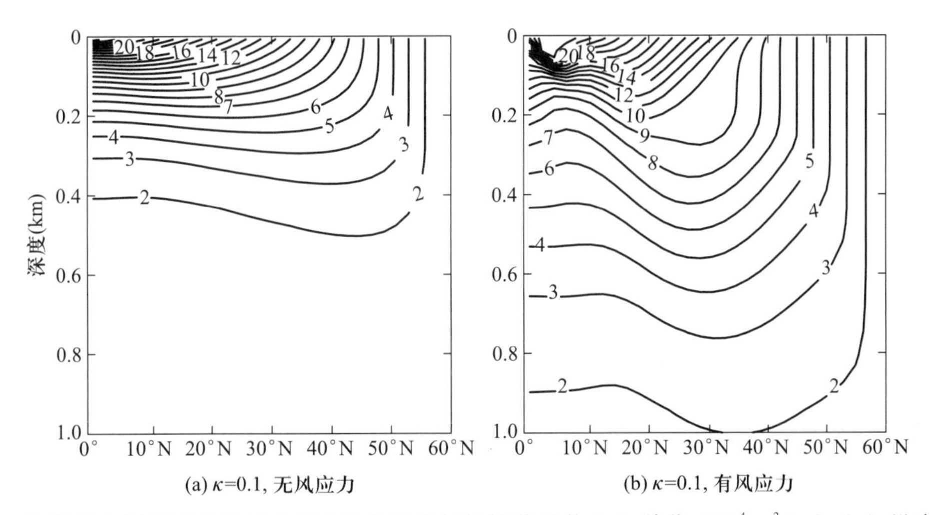

图 5.148 沿海盆中间断面的温度分布(取垂向均匀的扩散系数 0.1,单位:10^{-4} m^2/s):(a) 没有风应力;(b) 有风应力。

这两种情况的实验佐证,风应力是亚热带海洋中形成主温跃层的关键要素。对有关风应力作用的物理过程,我们分析如下。风应力驱动了表层的埃克曼输送;埃克曼输送的水平辐合产生了埃克曼泵压,后者又迫使上层海洋中的等密度面向下移动。在大洋深层中,由于各层等密度面几乎是平的,故亚热带海洋中各层的碗状等密度面使垂向温度梯度产生了很强的次表层极大值,此即主温跃层。

5.4.6 热盐环流——多态与崩变

F. Bryan（1986）的报道首次从数值上确认了热盐崩变。当时，找到极区－极区环流的解曾是非同寻常的。Bryan从两个半球的模型大洋开始，并采用了对称的温度和盐度强迫力和松弛条件。该模式建立了一个以赤道为对称的环流。

为了找到非对称环流，他尝试了很多办法来促使对称环流崩溃，其中包括在高纬度区施加了一个大的盐度正距平。结果证明，对称环流对此类扰动并不敏感。不过，他发现，如果在模型大洋的北界施加一个相对大的负盐度距平，那么经向环流就会迅速做出响应。显然，该对称环流的崩溃是由高纬度区深水形成过程的中断引起的，而这是由于在那里存在新盐跃层（淡水位于上层海洋）。由于这类突变是由盐跃层引起的，故现在称为**盐跃层崩变（halocline catastrophe）**。

A. 混合边界条件下的热盐环流

在早期的热盐环流数值模拟中，温度和盐度均服从于强松弛条件。在这类强松弛条件下，要发现多个解是相当困难的。直到人们开始尝试不同类型的边界条件后，才取得了突破。

如前所述，对盐度平衡施加通量条件是获得多解和崩变的主要因素。此外，在高纬度区引入了异常淡水后，就引起了温盐崩变。尽管这个相对淡的新生水层可能被冷却，但其密度不会减少太多，因为海水密度在低温时对温度变化并不敏感。因此，在这个极区中，深水形成就被切断了；而在一个极区中，深水形成过程的中断就向整个环流系统发出了一个强烈的信号，并且热盐崩变就接踵而至。

随着数值模拟的新近发展，已经通过许多不同的方式再现了盐跃层崩变，在大多数数值模式实验中，已经不再需要这类初始条件的冲击，因为在很多情况中，模式的解自动地漂离初始的准平稳状态并且到达其他的状态。

1）依照F. Bryan（1986）的盐跃层崩变

a）什么是盐跃层？

盐跃层定义为一个垂向盐度梯度达到局地极大值的层。在世界大洋中存在的大多数盐跃层是作为上表层的低盐水与其下相对咸水之间的界面。在北太平洋的亚极带流涡和北冰洋中均存在显著的永久性盐跃层（图5.149）。这些位置上盐跃层的形成与过量的降水或者上层海洋中相对淡水的局地辐合密切相关。

此外，通过各种动力学过程也会使非永久性的盐跃层发展起来：例如，每日的加热和降雨可能会大大地影响上层海洋的湍流运动，并使上层海洋中形成盐跃层（Soloviev和Lukas，1996）。

在亚极带，北大西洋北部可能出现一个淡水冠，它可能来自融冰后的淡水输入或亚极带海盆的过量降水。如5.3.2节所讨论的，上层海洋中的盐跃层能够实质上阻断海－气热通量。例如，有人认为，在北大西洋北部，淡水冠是能够触发盐跃层崩变和大西洋扇形区气候突变的主要机制之一。

b）数值实验中的盐跃层崩变

利用一个包括两极在内的两个半球扇形区模式，F. Bryan（1986）进行了第一组成功的数值实验，它佐证了盐跃层崩变的思路。在温度和盐度的松弛条件下，其模式首先运行至一个准平衡态，其中环流是关于赤道对称的[图5.150(a)]。然而，当该模式在新的混合边界条件下重新开

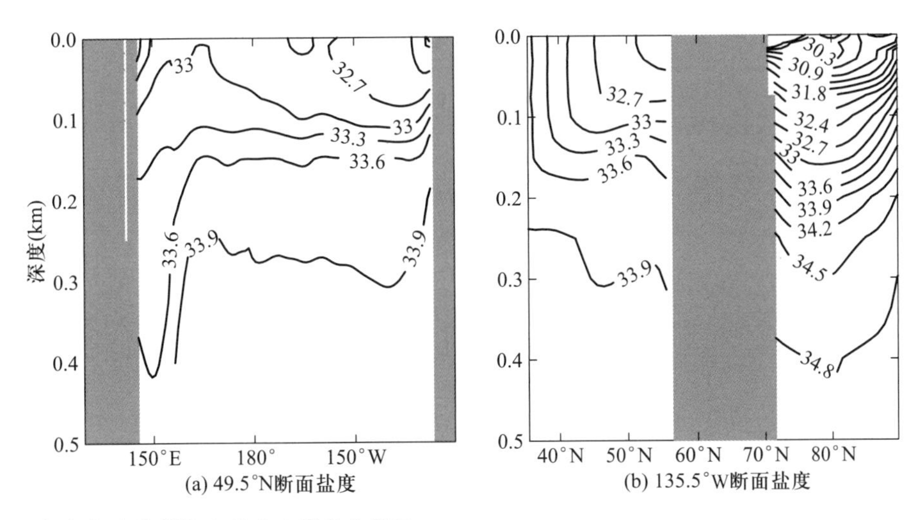

图 5.149 根据气候态数据给出的北太平洋盐跃层。

始运行时,这样的对称环流隐含了不稳定性。事实上,当在模式中加入了盐度负扰动后,对称的环流就变为不稳定了,并且极区的盐跃层开始崩变。结果,热盐环流的对称模态就瓦解了,同时非对称的极区-极区环流就逐渐建立起来[图 5.150(b)]。这样,整个解就发生了相应的改变,由此使南半球的翻转环流胞之强度几乎增大一倍。

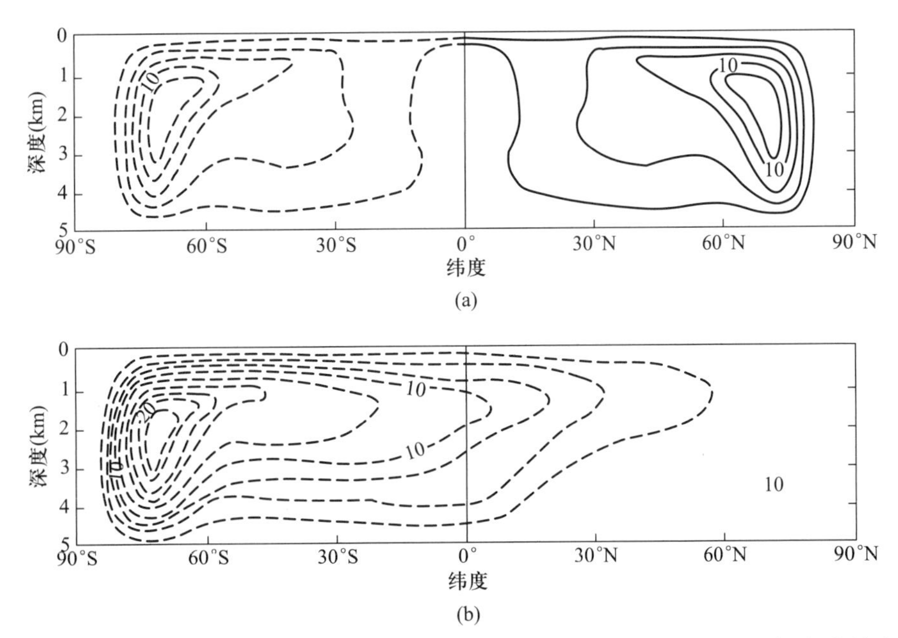

图 5.150 在温度和盐度均为对称强迫力条件下,一个理想化北大西洋的两个平衡态示意图(翻转速率的单位为 Sv):(a) 关于赤道对称的定常状态;(b) 在盐跃层崩变之后建立的不对称极区-极区模态[根据 Bryan(1986)重绘]。

盐跃层崩变之最重要的后果是,向极热通量从对称模态转变为非对称模态(如图 5.151 所示)。图 1.151 中所示的特殊非对称模态提示,当盐跃层出现之后,北半球的向极热通量近乎消失。海洋向极热通量剧变必然带来地球上气候条件的突发性和根本性的改变。

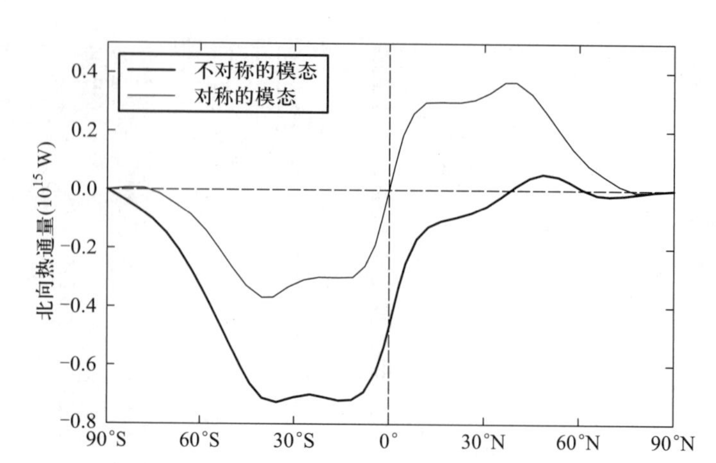

图 5.151 两种平衡态所对应的北向热通量示意图[根据 Bryan(1986)重绘]①。

2) F. Bryan 数值实验的涵义

在过去的二十年间,基于大洋总环流模式(OGCM)的许多数值实验多次再现了热盐崩变。人们之所以重新关注热盐环流是因为它与气候变化紧密相关。海洋覆盖了70%的地球表面。水具有比空气大得多的热容量;因此,海洋是影响气候的决定性因子,一个没有海洋的行星与一个有海洋的行星相比,它们的气候会有天壤之别。

然而,正如 F. Bryan 的数值实验所显示的,如果海洋中的热盐环流瓦解了,那么向极热通量可能会发生实质性的改变。海洋如此广袤,我们很难想象大洋环流能够改变。然而,根据古气候的记录,大洋环流在过去已经改变过多次了。

最突出的例子是所谓的新仙女木时期(大约11 000年以前)。大量强有力的证据提示,在末次盛冰期,由于北大西洋北部被广阔的海冰所覆盖,使北大西洋中的热盐环流中断了。在末次盛冰期结束时,北大西洋中的热盐环流回到与目前颇为相似的状态②。然而,在一个非常短的时期(所谓新仙女木时期)内,北大西洋中的热盐环流再次中断。热盐环流的中断与欧洲和北美大陆的突然降温已经为许多古气候记录所证实。

据推测,大量来自融冰的淡水淹盖了北大西洋亚极带海盆。这个又冷又淡的水冠阻止了蒸发并阻断了海洋输向大气的热通量。结果,深水形成中断了,同时热盐环流也中断了。迄今已经有许多关于热盐环流和盐跃层崩变的研究。

目前,关于大洋热盐环流的数值模式仍不能再现该环流的基本结构。例如,在许多数值模式中再现的温跃层就太厚了。这些模式中的向极热通量也不能与实测相符,并且热盐环流的强度也不同于实测结果。显然,为了使数值模式能够合理地模拟海洋环流,仍有许多工作要做。

B. 输送带

输送带(conveyor belt)最早是由 Broecker 作为一个全球热盐环流的概念模式提出的,他的论文发表在1987年出版的《自然史(*Natural History*)》杂志中。这个概念是如此吸引人,以至于输

① 原著该图有误,现已更正。——译者注

② 有一种观点认为,第四纪的气候是以盛冰期与间冰期旋回为特征的(参见第158页译者注),因此按照这种观点,现在是末次盛冰期以来的间冰期,故从万年际的时间尺度看,这个论断便不难理解。——译者注

送带已经成为一个热门话题，Broecker (1991)为此又特地写了一篇论文。从一开始，“输送带”概念就已经成为一个激烈争论的课题！Schmitz (1996a)对输送带提出了一个改进的版本(图5.152)。按照假设，这个输送带是由北大西洋北部中的下沉运动驱动的。不过，按上所述热盐环流的新能量理论主张，这样一个输送带必须由来自风应力和潮汐耗散的机械能来维持。

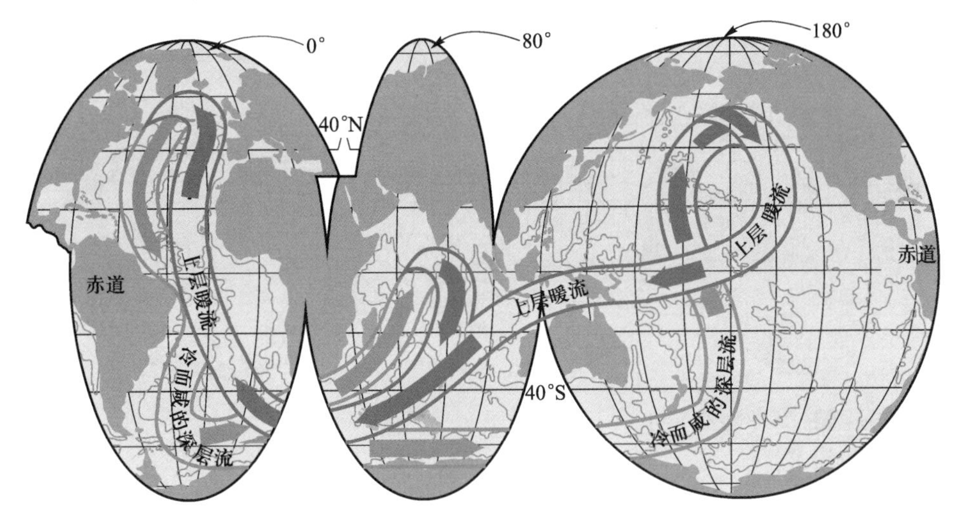

图5.152 两层热盐输送带，由Broecker (1991)最初提出并由Schmitz(1995)修改重绘[引自Schmitz(1996a)](参见书末彩插)。

有很多方法可估计北大西洋深层水(NADW)的下沉速率。例如，Broecker (1991)利用了示踪物平衡方法，即基于放射性^{14}C在82.7年中衰减1%的事实，由此，大西洋中^{14}C的亏损表明，滞留时间为83~250年，或者平均为180年。大西洋深层海盆的总体积为$2\ 500\times6.2\times10^3=1.55\times10^7(\mathrm{m}^3)$。因此，通风流量为$V/T=8.6\times10^{14}\ \mathrm{m}^2/\mathrm{yr}\approx27\ \mathrm{Sv}$。

南极底层水(AABW)的形成速率估计为4 Sv。在挪威海/格陵兰海的深水形成的原始源地，其形成速率仅为0.47 Sv。不过应注意到，在深层西边界流的路径上，有多得多的水卷入到深层西边界流中。在格陵兰东岸，在$\sigma_\Theta\geqslant27.8\ \mathrm{kg/m}^3$的流段，流量为10.7 Sv (Dickson等，1990)；当它到达格陵兰南端时，其流量增加到13.3 Sv。再加上来自拉布拉多海的贡献，北大西洋深层西边界流的总流量还能进一步增加。因此，Broecker的估计与其他观测结果相比还算可以。

在目前的气候条件下，输送带在全球热盐环流中起到至关重要的作用，因为它在全世界大洋中输送热量、淡水和许多其他示踪物。输送带，如同最初提出与描述的(见图5.152)，显然只是一个极度简化的概念。但因其简明，很多人将其用做描述世界大洋热盐环流的工具。然而，由这幅图解所隐含的动力学图像却过于简化，有时甚至会造成很大的误导。但隐藏在这幅图解中的、最应被批评的一个问题是省略了南极绕极流(ACC)，而南极绕极流所起的作用是作为世界大洋环流的主动脉。Schmitz (1996b)提出了一个全球环流的较佳图像(图5.153)。按照他的理论，水团在返回到北大西洋北部之前，其输送的主要部分不得不经历南极绕极流的整个环路，并且再次重复这个循环。在此过程中，作用于南大洋的风应力在调节这个全球输送带中起到至关重要的作用。

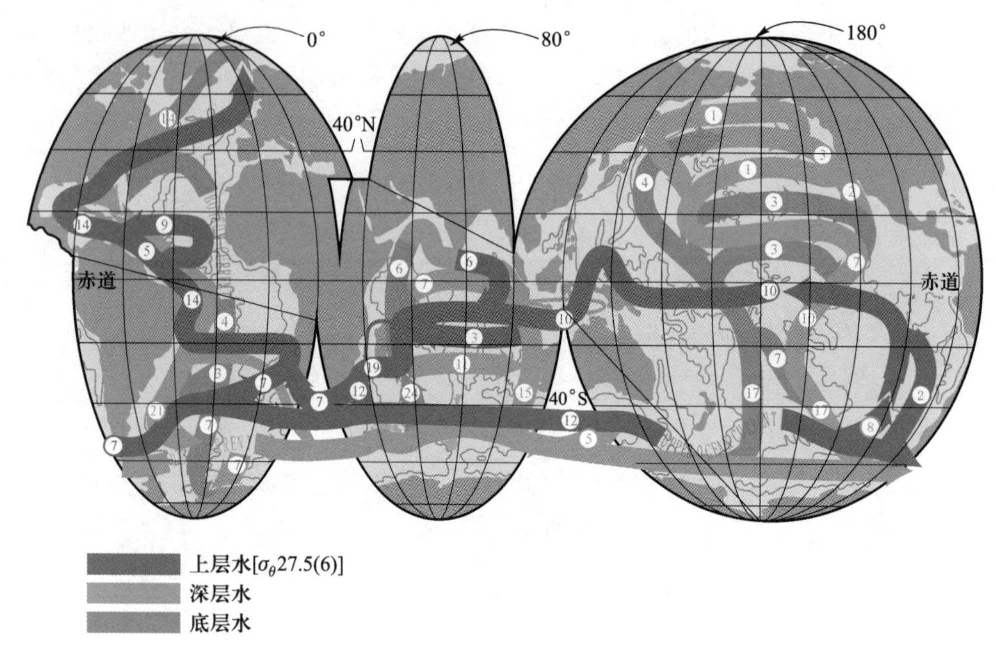

图 5.153 世界大洋中的水团输送(单位:Sv),蓝线表示底层水,绿线表示深层水,红线表示上层大洋水(Schmitz,1996b)。(参见书末彩插)

C. 全球海洋的多解

1) 理想化大洋模式的结果

Marotzke 和 Willebrand (1991)对全球大洋进行了一系列数值实验。模式的地形是高度理想化的,由宽度和经向长度相同的两个海盆组成(图 5.154 的左图)。模式先在温度和盐度的松弛条件下启动。全球纬向平均的海面盐度(SSS)用做参考盐度(图 5.154 的右图)。

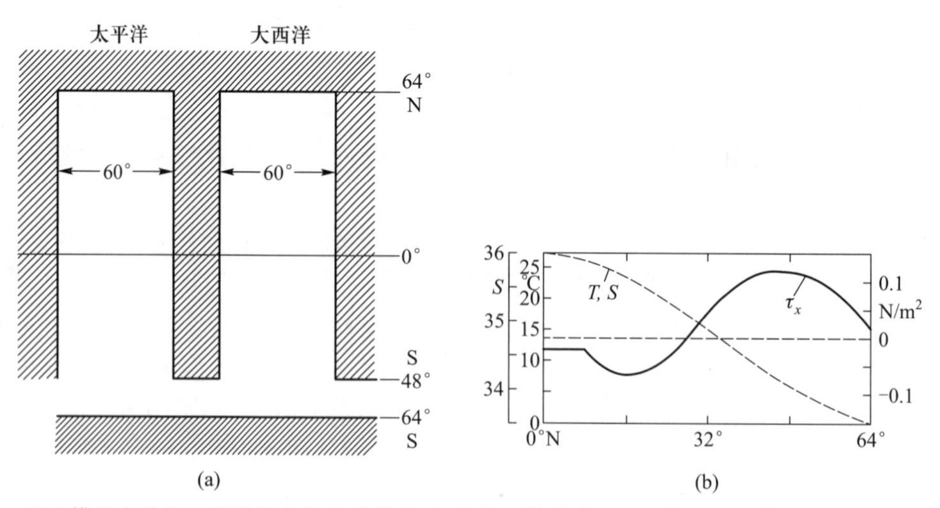

图 5.154 用于模拟全球热盐环流模态的全球模式:(a) 模型海盆的几何形状;(b) 模式的强迫力场(Marotzke 和 Willebrand,1991)。

模式达到准平衡态之后，得到了诊断计算的虚盐通量，尔后重启模式并让它在混合边界条件下运行。由于深层水可能在四个地点形成，因此，理论上可以有 $2^4=16$ 种深水形成的可能形态。他们讨论了全球环流的几种模态。例如，在第一种平衡态中，在北大西洋和太平洋均发生下沉（如图 5.155 的左列所示）。结果，在北半球有一个向极的强热通量。类似地，在第四种平衡态中，下沉发生在南大洋，包括大西洋和太平洋海盆；在南半球有一个向极的强热通量，而北半球的向极热通量则非常小（如图 5.155 的右列所示）。

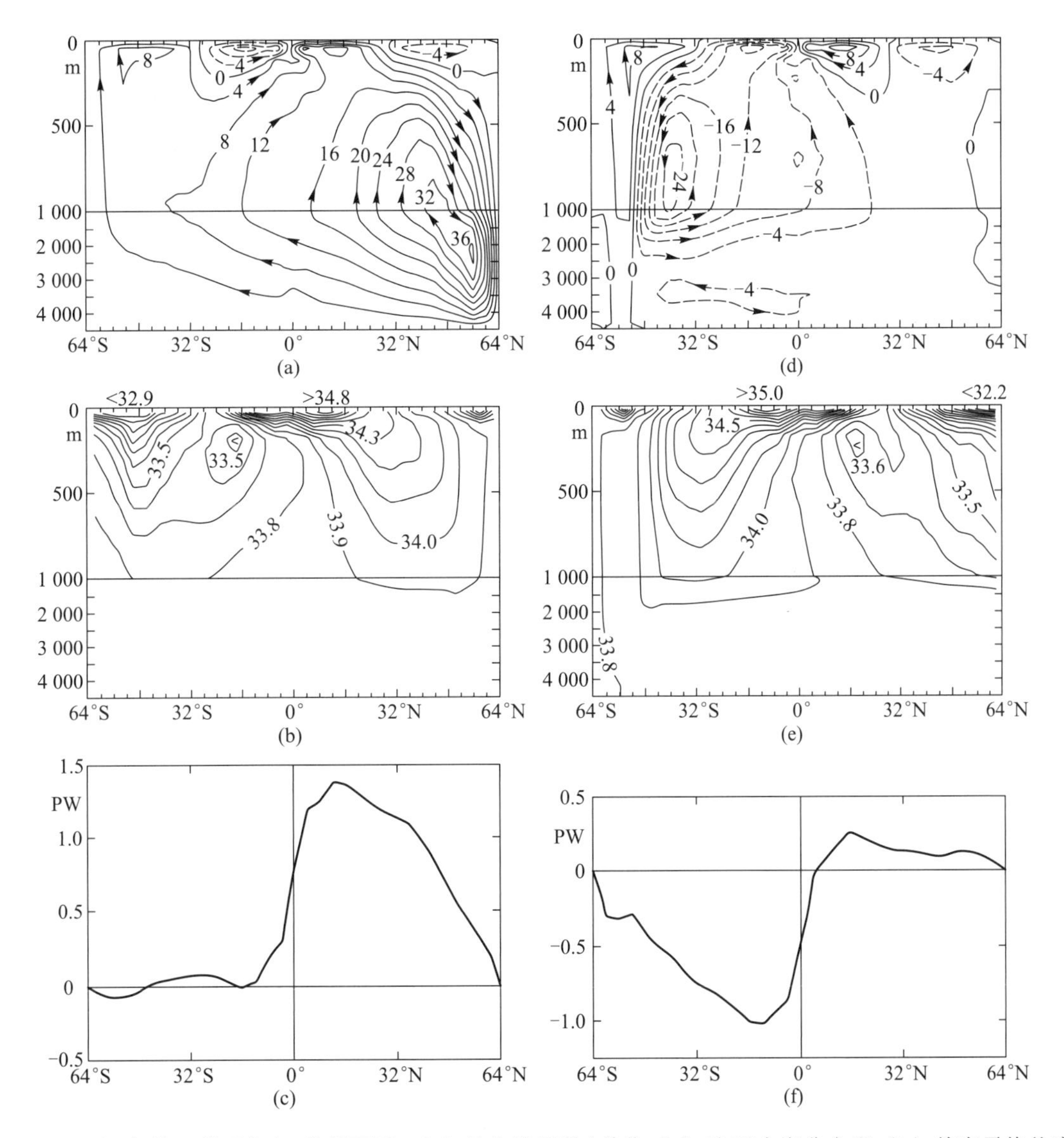

图 5.155　左列：第一种平衡态：北部下沉。(a) 经向流函数（单位：Sv），取两个海盆之和；(b) 纬向平均盐度；(c) 两个海盆之和的北向热通量（单位：PW）。右列：第四种平衡态：南部下沉。(d) 经向流函数（单位：Sv），取两个海盆的之和；(e) 纬向平均盐度；(f) 两个海盆之和的北向热通量（单位：PW）（Marotzke 和 Willebrand，1991）。

另外一个有意义的模态可比做目前气候条件下观测到的输送带。这个模态以北大西洋中的强下沉和南太平洋中的弱下沉为特征[图5.156(a),(b)]。对应的向极热通量则由北大西洋海盆中的强北向分量与南太平洋海盆中的较弱南向分量组成。

注意到在他们的实验中,采用了同样的与经度无关的全球平均海面盐度,所以他们把大西洋和太平洋的解搞成对称的,而且他们的解没有考虑跨过中美洲的水汽通量。事实上,在北太平洋是否曾存在过深水形成的模态是值得怀疑的。

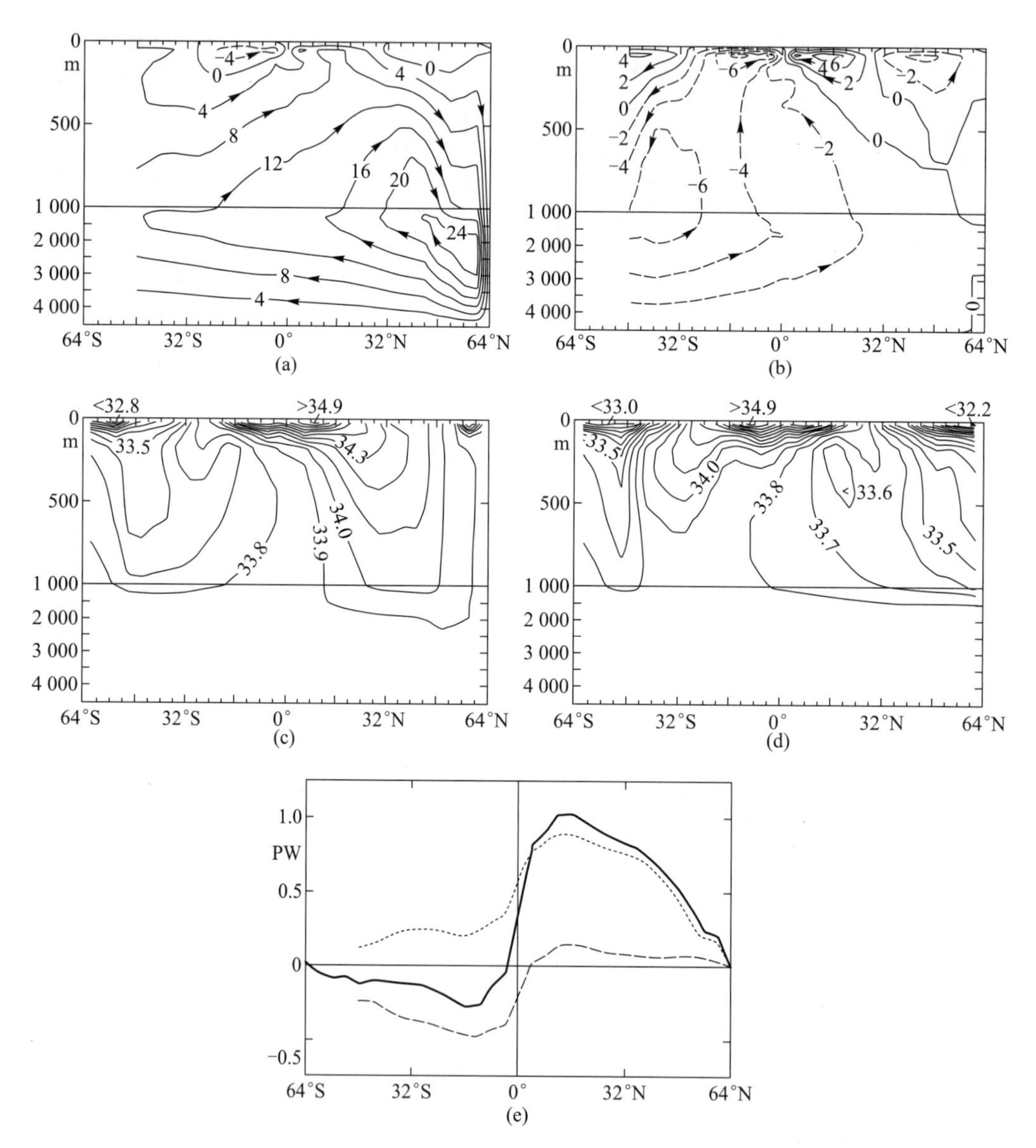

图5.156 第二种平衡态:输送带。(a) 大西洋和(b) 太平洋的经向流函数(单位:Sv);(c) 大西洋和(d) 太平洋的纬向平均盐度;(e) 大西洋(点线)、太平洋(虚线)以及两个海盆之和(实线)的北向热通量(单位:PW)(Marotzke 和 Willebrand,1991)。

2）海－气耦合系统中大西洋的两种稳定平衡态

Manabe 和 Stouffer（1988）基于普林斯顿大气－海洋耦合模式进行了数值实验。在他们的实验中发现了两个平衡态。第一种(记为 EXP I)代表了当前气候条件,而第二种(记为 EXP II)则颇为不同,尤其是,北大西洋变得冷得多而又淡得多(图 5.157)。其最大的温度和盐度之差分别为 5℃ 和 3。

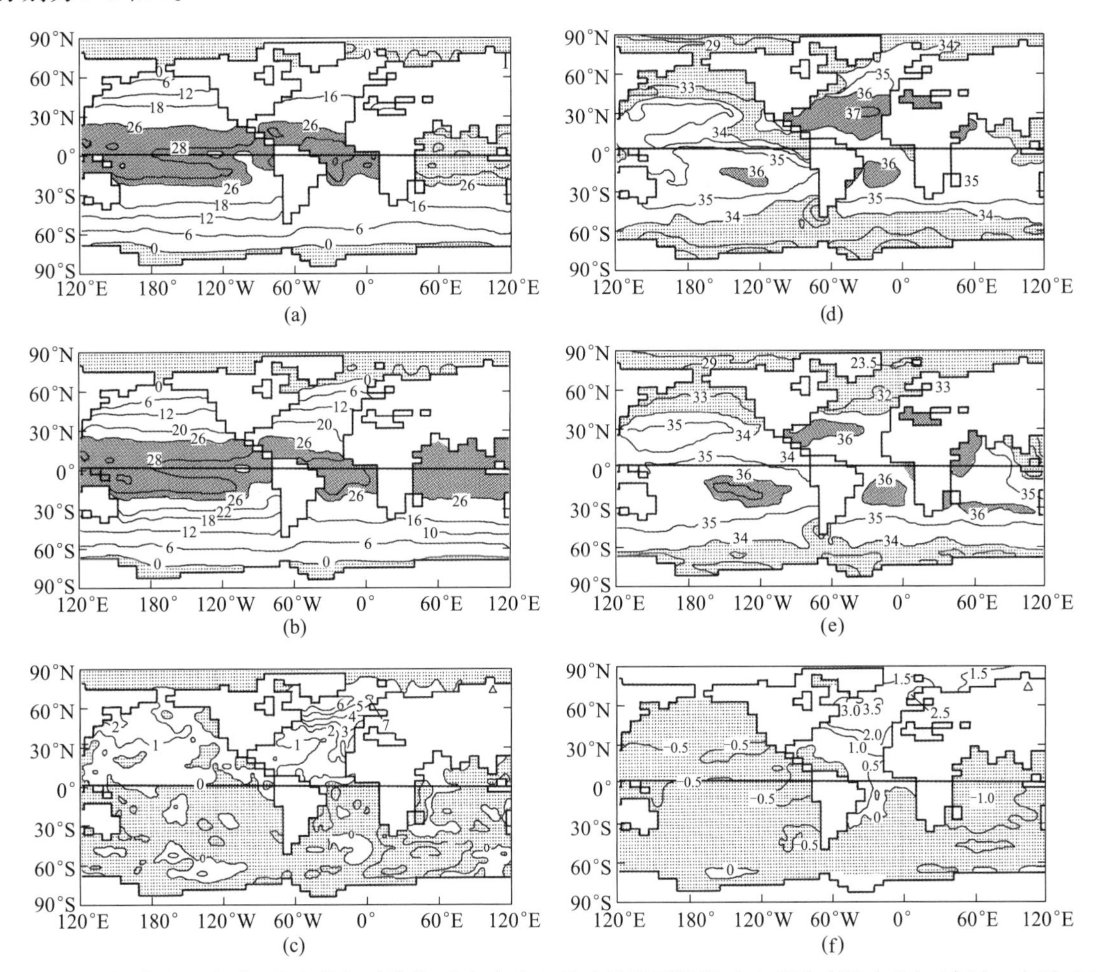

图 5.157　左列:(a) 实验 I 给出的海面温度;(b) 实验 II 给出的海面温度;(c) 两个实验之差(a 减 b)。右列:(d) 实验 I 给出的海面盐度;(e) 实验 II 给出的海面盐度;(f) 两个实验之差(d 减 e)(Manabe 和 Stouffer,1988)。

3）气候变化的涵义

以上讨论过的三种模式(即斯托梅尔的双盒模型、F. Bryan's 的双半球数值模式和 Manabe - Stouffer 耦合模式)代表了不同理想化程度的气候系统。然而,从这些模式得到的多种稳定的平衡态则具有本质上相似的结构。古气候记录表明,北大西洋海盆中的经向环流已经经历过开/关的循环;因此,海洋环流和气候研究中最重要的研究前沿之一是,北大西洋环流的这样种突变是否会在最近的将来发生？特别是,主要焦点是水循环和淡水流量的改变对气候系统所造成的潜在影响:

- 由于全球变暖,可以使水循环加强,即在低纬度区蒸发增加而在高纬度区降水增加。这样,加大了经向盐度差,由此产生的经向压力差与由于热强迫力产生的经向压强差相对抗。结果,与北大西洋深层水相关联的经向翻转环流胞可能会减速,甚至中断。因此,许多现在最佳的气候模式预测,在数百年后,大西洋海盆中的经向翻转环流会发生实质性的减弱。

- 由于全球气候变化,在今后30~50年之内,夏季的北冰洋可能成为无冰的海洋。若没有海冰,北冰洋中大量相对淡的水可能不会留在北冰洋海盆中。如果来自这个淡水池的一部分水淹盖了北大西洋,那就会引起盐跃层崩变,这就类似于F. Bryan和其他人模拟过的情况。

应注意,从这些模式得到的结果是在不同气候条件下、基于跨密度面混合系数不变的假定下得到的。从新的能量理论观点看来,风应力(以及较为次要的潮汐耗散)在不同气候条件下,可能是迥然不同的。因此,这类模式的实验结果仍然是有问题的。希望随着揭开混合和海洋环流奥秘的研究取得迅速的进展,在不久的将来,我们就能够更加精确地模拟和预测海洋环流和气候。

5.4.7 热盐振荡

热盐环流的范畴涉及不同现象且包含宽广的谱段。尽管其中的每一种现象都有其自己的特征,但其中大多数现象与该系统中的盐度平衡有着密切的联系,包括它们与气候系统中水循环或者与海洋内区咸/淡水的湍流扩散之联系。在本节中,我们讨论一系列的盐致/热盐振荡。

A. 热盐振子

首先,让我们引入热盐振子(heat-salt / thermohaline oscillator)的原型,它可以用一个简单的盒子模型图示来说明(Welander,1982)。该模型包括一个充分发展的混合层,其上受到热通量 $\kappa_T(T_A - T)$ 和盐通量 $\kappa_S(S_A - S)$ 所施加的强迫力(图5.158)。

用瞬变混合系数(transient mixing coefficient) $\kappa = \kappa(\rho)$ (ρ 为混合层密度)对混合层与其下的水层之间的湍流通量进行参量化,其中,κ 由密度差来确定(图5.159)。因此,如果我们设 $T_0 = S_0 = \rho_0 = 0$,那么基本方程组为

$$\dot{T} = \kappa_T(T_A - T) - \kappa(\rho)T \tag{5.283}$$

$$\dot{S} = \kappa_S(S_A - S) - \kappa(\rho)S \tag{5.284}$$

$$\rho = -\alpha T + \beta S \tag{5.285}$$

这里的一个关键假定是 $\kappa(\rho)$ 为正的函数,它随 ρ 单调增加。

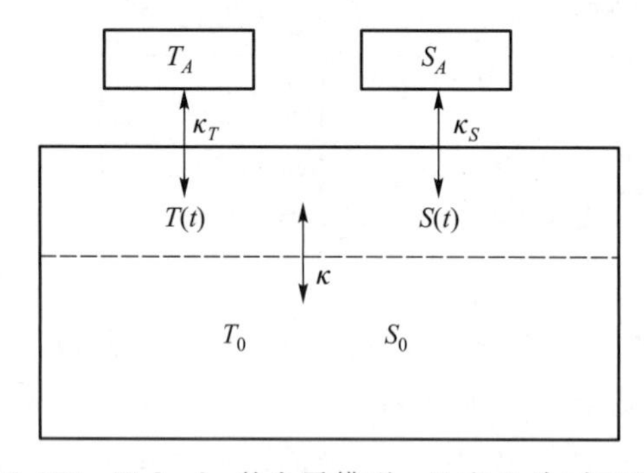

图5.158 Welander的盒子模型。T_A 和 S_A 为对于温度和盐度的外部有效强迫力;T_0 和 S_0 为深水库的温度和盐度,κ_T、κ_S 和 κ 为假定的牛顿型传输定律之系数。

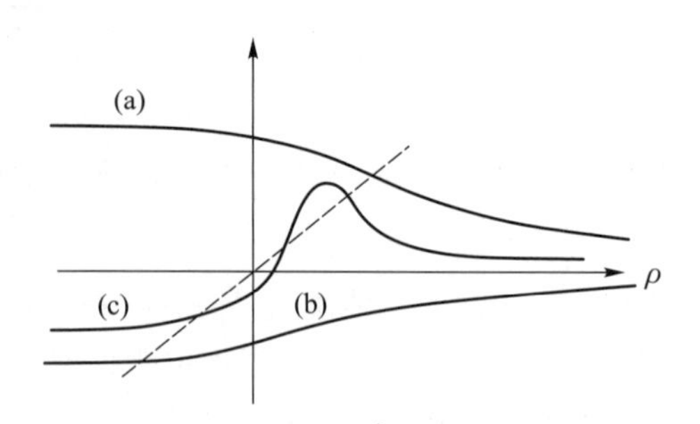

图5.159 在 $\kappa(\rho)$ 单调增加情况下,$F(\rho)$ 的可能形式示例[根据Welander(1982)重绘]。

系统的定常状态为①

$$\overline{T} = \frac{\kappa_T T_A}{\kappa_T + \kappa(\overline{\rho})}, \quad \overline{S} = \frac{\kappa_S S_A}{\kappa_S + \kappa(\overline{\rho})} \tag{5.286}$$

$$\overline{\rho} = -\alpha\overline{T} + \beta\overline{S} = -\frac{\alpha\kappa_T T_A}{\kappa_T + \kappa(\overline{\rho})} + \frac{\beta\kappa_S S_A}{\kappa_S + \kappa(\overline{\rho})} = F(\overline{\rho}) \tag{5.287}$$

我们可以利用图解来找到这个问题的解,即解是虚直线 $\overline{\rho}=\rho$ 与曲线 $\overline{\rho}=F(\rho)$ 的交点(图5.159)。如该图所示,在情况(a)和(b)中,有一个定常态;在情况(c)中,有三个定常态。

若假定混合系数 κ 只取两个固定值

$$\begin{aligned} &当\ \rho \leqslant -\varepsilon\ 时, \kappa = \kappa_0 \\ &当\ \rho > -\varepsilon\ 时, \kappa = \kappa_1 \end{aligned} \tag{5.288}$$

且 κ_0 小于 κ_1,便得到了一个简单情况的振子。这样,在相平面中存在两个"吸引子"(如图5.160所示)。在相平面中,一个吸引子意味着,在周围的所有轨迹都被"吸引"到该吸引子上,亦即它们都流向吸引子,但却永远不能到达吸引子。一旦系统跨过在相平面中的对角线 $\rho=0$,那么该系统就被对角线另一边的吸引子所吸引(图5.160);因此,该系统永远不能达到定常态,但该系统有一个极限环(图5.161)。

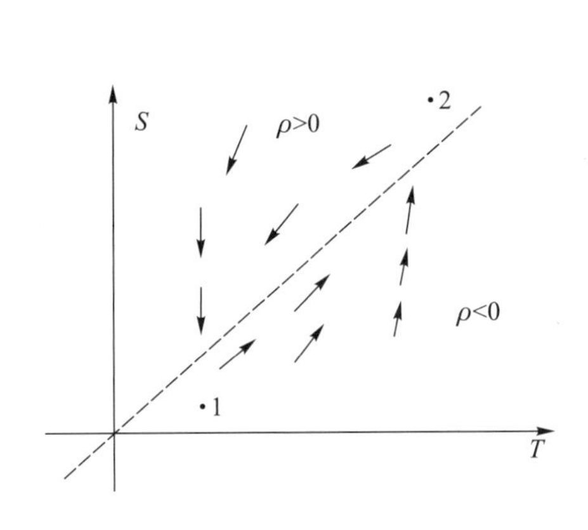

图5.160 在T-S平面中振子触发(flip-flop)模式的示意图。1号点和2号点分别代表并不存在的定常态,但当解所在的点分别位于半平面 $\rho\leqslant-\varepsilon$ 和 $\rho>-\varepsilon$ 时,它们起"吸引子"的作用。在线 $\rho=-\varepsilon$ 上,斜率 dS/dT 是不连续的[根据Welander(1982)重绘]。

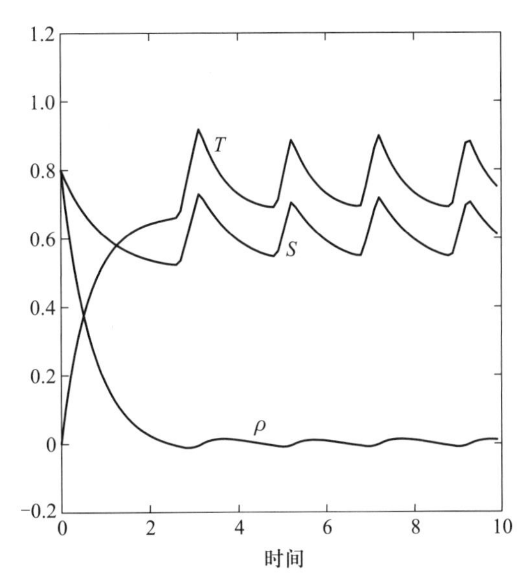

图5.161 经历几个循环之解 $T(t)$、$S(t)$ 和 $\rho(t)$。

引入以下无量纲变量

① 原著中(5.287)式有误,现已更正。——译者注

$$T^* = T/T_A, \quad S' = S/S_A, \quad \rho' = \rho/\beta S_A, \quad t' = \kappa_A t \tag{5.289}$$

然后将方程(5.283)减去方程(5.285),省掉撇号之后,化简为

$$\dot{T} = 1 - T - \kappa(\rho)T \tag{5.290}$$

$$\dot{S} = 0.5(1 - S) - \kappa(\rho)S \tag{5.291}$$

$$\rho = -0.8T + S$$

其中,把扩散系数函数取为①

$$\kappa(\rho) = \frac{1}{\pi}\arctan\left(3\,000\rho + \frac{50}{3} + \frac{\pi}{2}\right) \tag{5.292}$$

如图5.161所示,该系统出现了振荡。

事实上,Welander的模型是在更为复杂的三维的大洋总环流模式(OGCM)中关于对流翻转的一个理想化模型,并且在OGCM中,对流调整是一个重要因素。众所周知,产生任何热盐变率的基本原因在于系统中不同分量之间的非线性反馈。由于系统非常复杂,因而设法梳理出各种类型的反馈机制并理解其在控制气候中的作用是一种巨大的挑战。

Stommel (1986)独立地构建了一个热盐振子的公式。他将两个盒子成水平排列并假定,当两个盒子之间的密度差非常小时,它们之间的交换速率会变得非常大,推测起来,这可比做等密度面混合。他的解构成了一个极限环,与Welander的模型颇为相似。

B. 盐致环流的振荡和混沌行为

如5.4.3节所述,由圆环模式模拟的盐致环流就能呈现出定常状态、振荡和混沌的形式。一般而言,不同模式模拟出的盐致环流显示了大量的振荡和混沌性态。原来,出现振荡和混沌性态的最关键因素是施加在模式上的通量条件。

在模拟盐致环流所施加的两个条件(松弛条件和通量条件)中,后者较为自然和精确,因为海洋中的盐致环流实际上是由通过海-气界面的淡水流量所驱动的。仔细考察松弛条件$S_f = \Gamma(S^* - S)$,就能发现这一约束有两个理论上的局限:第一,当松弛常数很大时,或者对应的松弛时间接近零时,那么这个条件就相当于指定了海面盐度。因此,实际上,这是对于海面盐度施加了一个极强的约束。第二,当$\Gamma \to 0$但$\Gamma S^* \to$常数时,松弛约束收敛于通量约束。与强松弛条件下的模式相比,小常量的松弛约束与通量约束对于海面盐度都是较弱的约束,并且在这些约束下,盐致振荡就能很容易发展起来。

盐致振荡源于海面盐度与翻转环流之间的负反馈。低纬度区的一个正盐度距平会使海平面处的南北间压强梯度增大。结果使经向翻转环流强化,由此将更多的淡水从高纬度区输到低纬度区,使那里的盐度距平缩小了。另外,早先在上表层形成的正盐度距平,由于平流而进入次表层海洋;从那里向高纬度区运动并最终到达高纬度区的上层海洋。这样,经向盐度扰动使上层海洋中经向压强差变小了,于是使经向翻转环流减弱,这样接着就发生了该振荡的下半个循环。

该系统的振荡性质对于该模式的公式构建和在数值实验中所用的参量非常敏感。例如,在淡水流量强迫力是纬度线性函数的条件下,Huang和Chou (1994)采用刚盖近似下的模式,讨论了由此得到的盐致环流之性态;其解可以有定常解、振荡解②和混沌解,这些都取决于参量的选择(图5.162)。

---

① 原著中方程(5.292)有误,现已更正。——译者注

② 这里所指的振荡解(oscillatory solution)包括两类:线性振荡解(即周期解)和非线性振荡解。——译者注

作为一个盐致振荡的例子,5.3.3 节中讨论过的解处于非周期性振荡的状态,其准周期约为 27 年。该环流的所有主要指数都经历了非周期性振荡(图 5.163)。

在合理的短时间尺度上,该系统表现出以 26.8 年的周期做近似于周期性的振荡,即该环流的所有主要指数(例如经向翻转速率)都经历近乎周期性的循环[图 5.164(a)]。该经向翻转环流中的峰值也与总动能的峰值密切相连[图 5.164(d)]。正如南北边界处平均海平面的高度差所表明的,翻转速率中的振荡直接与海平面上的南北压强差相连[图 5.164(b)]。事实上,翻转速率达到峰值的时间略晚于南北海平面差出现峰值的时间。南北平均海平面之差与南北边界上的平均海面盐度直接相连[图 5.164(c)]。

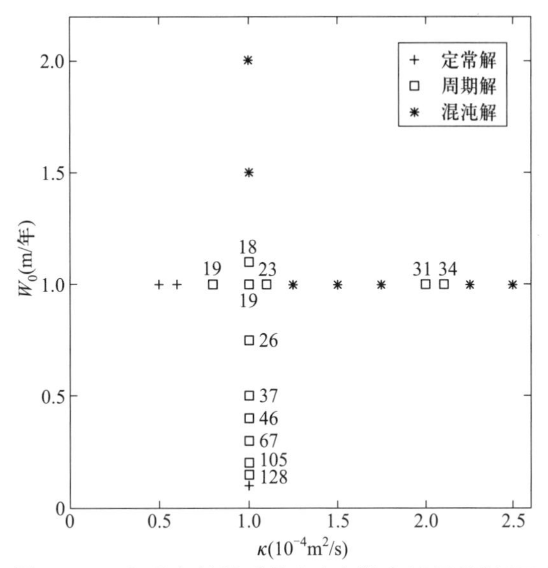

图 5.162 在垂向扩散系数(κ)和淡水流量振幅(W_0)的相空间中,盐致环流的性态;+号表示定常解,*号表示混沌解,□表示周期解,数字表示以年为单位的周期。

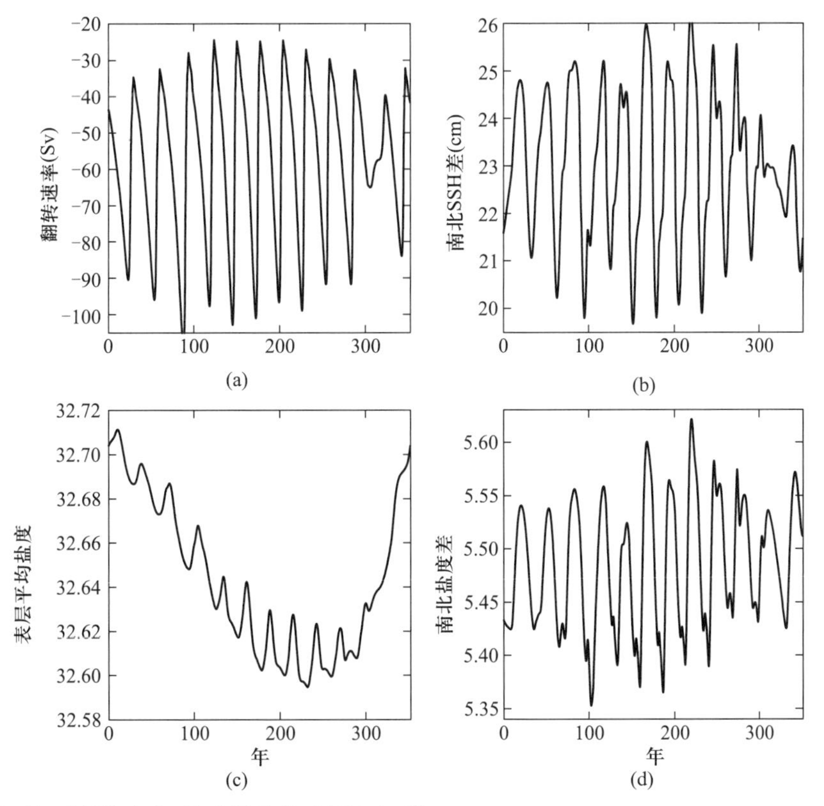

图 5.163 在几百年时间跨度上,盐致振荡的时间演变。①

① 原著中此图的(b)和(d)的标题有误,现已更正。——译者注

值得指出,翻转环流的峰值对应于海底压强经向差的极小值[图 5.164(e)]。这提示深渊层的流动滞后于其表层分支。此外,平均表层盐度在经向翻转环流达到峰值的若干年之后达到其极小值[图 5.164(f)]。

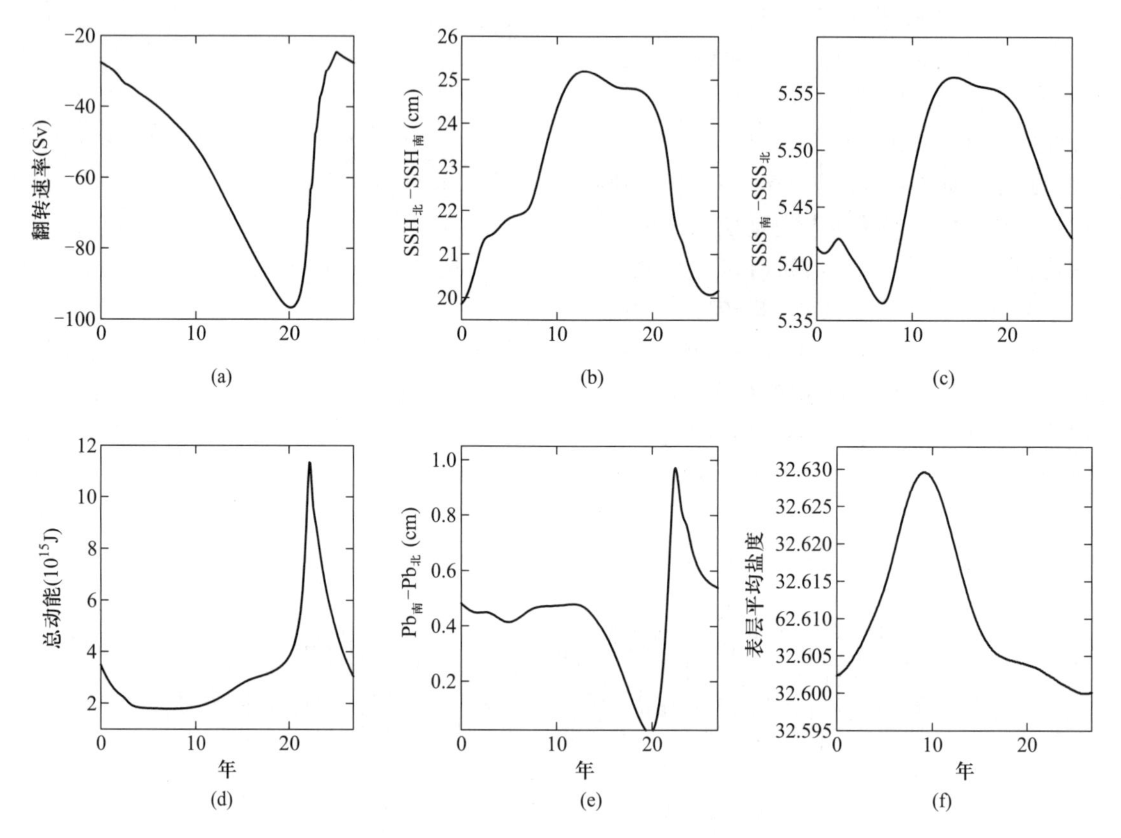

图 5.164 在一个准周期循环中系统的性态,样本取自具有准周期振荡的淡水所引起的盐致环流。

C. 大洋总环流模式中的年代/年代际变率

热盐环流的年代/年代际变率是与气候研究关系最密切的一个课题,因为只是在过去的几十年内才有关于海洋观测的可靠仪器记录。在这方面,与前面的讨论相似,具有在水平平流与表层盐度距平之间负反馈的循环振荡(loop oscillation),已经作为主要机制之一进行了探讨。

年代/年代际变率的重要因素之一是混合边界条件,即温度的松弛边界条件和盐度的通量边界条件。如上节所述,淡水流量条件下的盐致环流只能发展为振荡解。这样就容易理解为什么在混合边界条件下模式发展为振荡解了。

在大洋中,年代/年代际振荡可以是海面温度(SST)和盐度联合作用的结果。在低纬度区,高于正常值的 SST 能够引起正盐度距平。平流将盐度距平带到了高纬度区。由于在高纬度区,热膨胀系数很小,故正盐度距平使那里的密度升高与海平面降低。由此导致的强于正常状态的压强梯度使经向翻转环流增强,这样该系统就发展为类似于前面所述的振荡性态(图 5.165)。

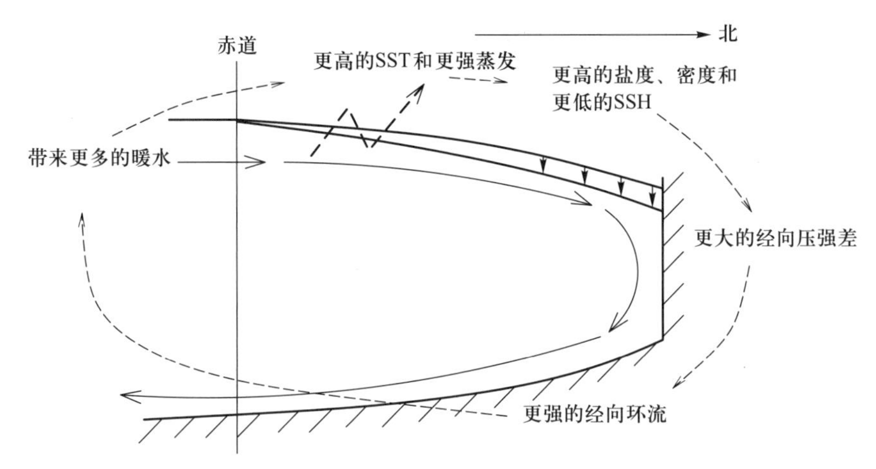

图 5.165 在混合边界条件下,经向平面中振荡式环流的示意图。

通过以下的数值模拟就能发现海洋环流的年代/年代际变率。第一步,在温度和盐度的松弛条件下,启动闭合海盆的数值模式。当模式的解达到准定常态时,对该准定常解进行诊断计算,便得到了等效虚盐通量。第二步,让模式从该准定常态重启并在混合边界条件(即温度的松弛条件不变,但现在的盐度为根据诊断的虚盐通量指定的通量条件)下运行。很多情况下,通过数值模拟可以发现大量年代/年代际[①]变率。当然,这种年代/年代际变率的确切特征依赖于模式的地形,尤其是强迫力场与参量的选择。

作为一个例子,Weaver 等 (1991)利用由混合边界条件驱动的单一半球海洋模式,识别出了年代变率。类似地,Weaver 等 (1994)用北大西洋的理想化模式讨论了年代际变率。在混合边界条件下,该模式呈现一个周期约为 22 年的极限环。如图 5.166 所示,在每个循环中,平均动能和海–气热通量都有振荡。该极限环与模式海盆中热盐环流的大改变有关联。例如,向极热通量从 39°N 的 0.8 PW 变为极小值 0.5 PW。此外,在拉布拉多海北边界上,在每个循环中深水形成都被关闭和打开。因此,在全球海洋环流和气候系统中,年代/年代际循环可以起到至关重要的作用。

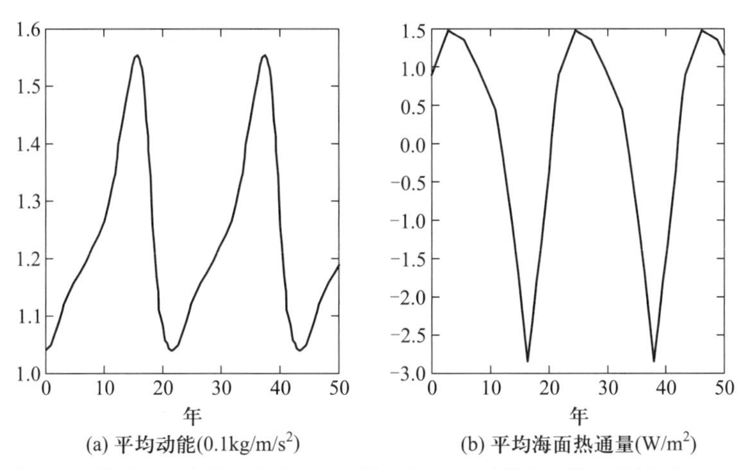

图 5.166 在北大西洋的理想模式中的年代际变率:(a)平均动能;(b)平均海面热通量[根据 Weaver 等(1994)重绘]。

① 原著中为 decadal(年代的),似应为"年代/年代际的"。——译者注

D. 在扩散时间尺度上的变率——冲洗

由于应用于温度和盐度上的边界条件在性质上截然不同,故还存在一类称为冲洗的热盐变率(Marotzke,1989),这是一个漫长的扩散时间尺度(即在世纪和千年的时间尺度①)上的变率。可以利用如下的数值模式来研究冲洗。首先,在盐度和温度的松弛条件和没有风应力的条件下,让模式运行至准平衡态。其次,在通过诊断得出虚盐通量之后,在混合边界条件下,让模式继续运行。然后,通过在高纬度区加入少量(1‰)的淡水(负盐度)扰动(fresh perturbation),极区盐跃层就开始出现崩变。于是系统缓慢地发展为在赤道有非常微弱的下降流而在其他地方为上升流的状态(即与热力模态相反的盐控模态)。在数千年的时期内,水平扩散过程在整个海盆中产生暖而咸的深渊层水。

在高纬度区,淡的冷水叠置在咸的暖水之上,形成了较弱的层化,这就隐含着潜在的不稳定性。我们想象一下,在垂直方向运动的一小块水块将咸的暖水带到海面。到了海面附近,该水块由于强烈的热力松弛而迅速失去热量。在通量条件下,表层盐度的演变要经历长得多的时间尺度,因此在一个相对短的时间尺度上,它实际上是保持不变的。

作为海面冷却的结果,该水块就变得重于周围的海水,因此就一直下沉到海底。在这个过程中释放出的重力势能为对流翻转提供了能量。因此,该系统经历了一个称为冲洗的剧烈变化阶段,直至贮存的能量完全消耗掉。该系统在冲洗时期处于准热力模态,但是在冲洗之后回到了准盐控模态。

重力势能平衡是冲洗中的关键因素。为了证实重力势能与冲洗之间的联系,我们来分析冲洗期间重力势能的演变。假设有一个单位面积的两层模型大洋,其层厚相等且均为 h(图5.167)。上层服从于松弛温度 $T^* = T_1$。在初始时刻,温度和盐度在上层分别为 T_1 和 S_1,在下层分别为 T_2 和 S_2。水的密度是 T 和 S 的线性函数

$$\rho = \rho_0(1 - \alpha T + \beta S)$$

为简单计,我们还假设初始时刻没有层化,即 $\rho_1 = \rho_2$,或者

$$\alpha(T_2 - T_1) = \beta(S_2 - S_1)$$

如果把这两层颠倒过来(图5.167中的第二阶段),那么总重力势能仍然不变。随后,使之冷却一段时间(这段时间远长于海面温度的松弛时间但远短于海面盐度变化的时间尺度)之后,上层温度减小为 T_1,但那里的盐度保持不变。重力势能的变化可以根据下面的模式来计算。

如果采用布西涅斯克模式,那么在冷却之后,层厚保持不变。由于该模式中的人为质量源,上层的总质量增加了 $\delta m = h\rho_0\alpha(T_2 - T_1)$。如以海底作为重力势能的参考高度,那么从第二阶段到第三阶段增加的总重力势能为②

$$\chi_3 - \chi_2 = 1.5gh^2\rho_0\alpha(T_2 - T_1) > 0 \tag{5.293}$$

显然,这种状态是重力不稳定的,并且会发生翻转。随着较重的层下沉到海底,那么从第三阶段到第四阶段的总重力势能减少了

$$\chi_4 - \chi_3 = -gh^2\rho_0\beta(S_2 - S_1) < 0 \tag{5.294}$$

① 在现在的间冰期内,如果考虑到会出现类似于新仙女木事件,那么这个时间尺度就可能是千年或千年际的。——译者注

② 原著(5.293)式有误,现已更正。——译者注

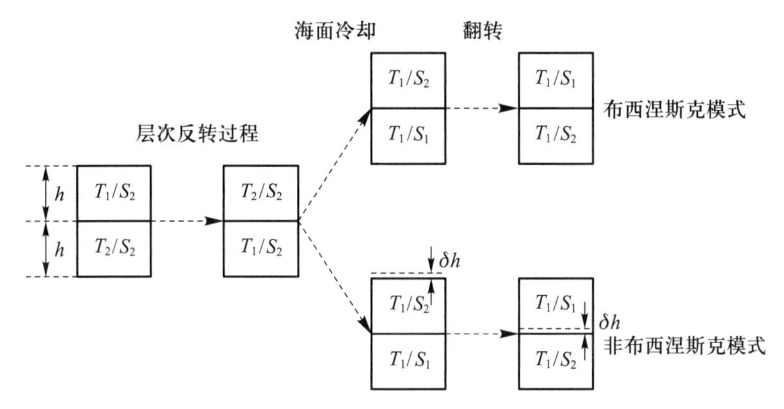

图 5.167　用布西涅斯克和非布西涅斯克模式模拟的在冲洗过程期间两层海洋的四个概念性阶段。

在这个过程中,重力势能的演变由图 5.168 给出。应注意,第四阶段中的重力势能比初始的第一阶段略高

$$\chi_4 - \chi_1 = 0.5gh^2\rho_0\beta(S_2 - S_1) = 0.5gh^2\rho_0\alpha(T_2 - T_1) > 0 \tag{5.295}$$

如果采用非布西涅斯克模式,那么每一层的总质量保持不变,但在冷却期间其厚度就缩小了。因此,从第二阶段到第三阶段,上层厚度的减小为

$$h' \simeq [1 - \alpha(T_2 - T_1)]h \tag{5.296}$$

由于上层的质心向下移动,故总重力势能减小了

$$\chi_3 - \chi_2 = -0.5gh^2\rho_0\alpha(T_2 - T_1) < 0 \tag{5.297}$$

这个阶段是重力不稳定的并发生翻转,在此期间总重力势能减小了

$$\chi_4 - \chi_3 = -gh^2\rho_0\beta(S_2 - S_1) < 0 \tag{5.298}$$

在图 5.168 的下部也给出了在非布西涅斯克模式中的重力势能演变。

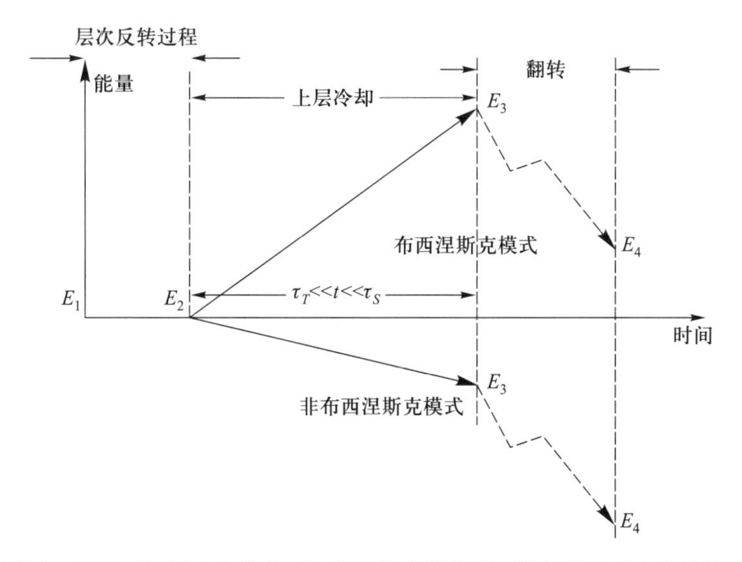

图 5.168　冲洗过程期间,用布西涅斯克和非布西涅斯克模式模拟的两层海洋中重力势能的演变;假设 $\alpha = \beta = 1$,T、S 和能量为无量纲单位。

很明显,只有非布西涅斯克模式才能精确地捕捉重力势能的演变。事实上,在图 5.168 所示的各阶段中,该系统的重力势能减少了。在这些阶段结束时,该系统的重力势能处于其谷底值。要回到初始状态,必须要使下层中的冷水暖起来。这样,下层的膨胀就将其质心向上推,并因此也将上层的质心向上推。

另外,在布西涅斯克模式中,当从第二阶段过渡到第三阶段时,重力势能出现了增加。此外,在布西涅斯克模式中,最后的第四阶段的重力势能略大于初始阶段,这是由于冷却期间,该模式引入的人为质量源而造成的另一个假象。最后,为了回到初始的第一阶段,该模式必须经历下层的加热。在下层加热期间,出现了一个人为的质量汇,从而导致下层重力势能减小而上层的重力势能则保持不变。因此,在布西涅斯克模式和非布西涅斯克模式中,只有在从第三阶段到第四阶段的过渡期间,重力势能的变化才是相同的,因为这种过渡并不包含这两层中水的密度变化。

冲洗现象也存在于风应力驱动的情况中。冲洗的周期取决于该模式参量,但它总有几千年的量级。从许多环流指数中可以清楚地看出冲洗循环(Huang,1994),例如,经向翻转速率[图 5.169(a)]、海面盐度[图 5.169(b)]、海盆平均温度[图 5.169(c)]和热量损失[图 5.169(d)]。

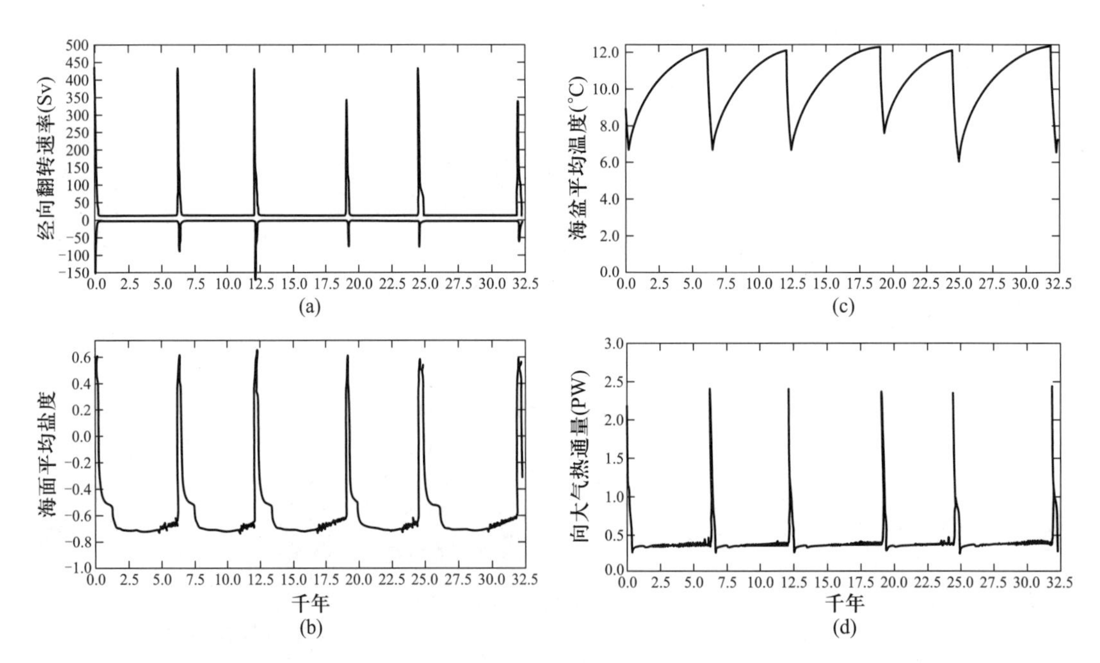

图 5.169 在由风应力、热力松弛和淡水流量驱动的单半球布西涅斯克模型海洋中,热盐环流的时间演变:(a) 经向翻转速率(单位:Sv);(b) 海面平均盐度(与平均盐度 35 的偏差);(c) 海盆平均温度(单位:℃);(d) 海洋向大气的热通量(不计从大气向海洋的热通量,单位:PW)(Huang,1994)。

在冲洗期间,经向翻转极其强烈,相对咸的暖水被带到大洋上层,使得海面盐度升高。与此同时,快速向大气散热使海盆平均温度下降,如图 5.169 的右边所示。

有意义的是,这个思路已应用于晚二叠世时期①的深海缺氧(Zhang 等, 2001)。该模式包括一个三盒模型和一个大洋总环流模式,那时的大洋环流可以在长期的盐控模态和短促的热力模态之间转换,其周期约为 3 330 年。

在热力模态时期(图 5.170),可以存在风生环流与热盐环流叠加的流态,这种流态以环形运动通过特提斯海②。其经向翻转流胞很强,在南极附近下沉,一直贯穿到海底[图 5.170(b)]。这种环流就快多了,它携带着大量经向热通量并且在所有纬度上都是向南的。

比较而言,在盐控模态时期,经向环流就慢得多,且局限在 1.5 km 以浅(图 5.171)。经向热通量就小得多,但它关于赤道的对称性却较好。

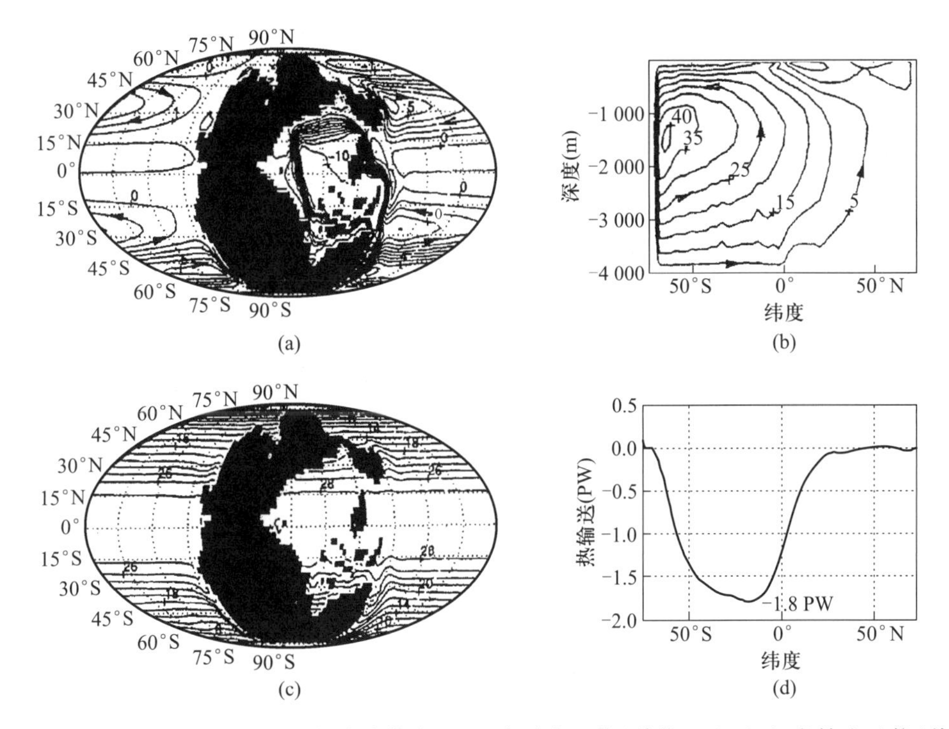

图 5.170 晚二叠世时期大洋环流的可能热力模态:(a) 水平流函数(单位:Sv);(b) 翻转流函数(单位:Sv);(c) 海面温度(单位:℃);(d) 海洋的经向热输送(单位:PW)(Zhang 等,2001)。

① 距今约 2 亿 6 千万年。——译者注

② 这里"特提斯"是 Tethys(希腊古代神话中女海神的名字为 Okeaos 神,即海洋之妻)的音译,特提斯海(Tethys Sea)也称古地中海。其范围大体上包括现代的比利牛斯山脉、亚平宁山脉、阿尔卑斯山脉、喀尔巴阡山脉、克里米亚、高加索、帕米尔、小亚细亚、喜马拉雅山脉、印度支那半岛及苏门答腊、爪哇等地区。从元古代以来,该地带曾为海水所淹没,是一个较活跃的地带。中生代以来,屡经造山运动,局部地段相继陆化,直至老第三纪末期的喜马拉雅造山旋回,阿尔卑斯 - 喜马拉雅地区才褶皱成山脉。如今仅残留有现代欧、亚、非之间的地中海。另外,板块论者还认为,上述地带中的主要地段都是喜马拉雅旋回,即北方的欧亚大陆板块与南方的冈瓦那大陆板块互相碰撞之地带(地缝合线)。——译者注。

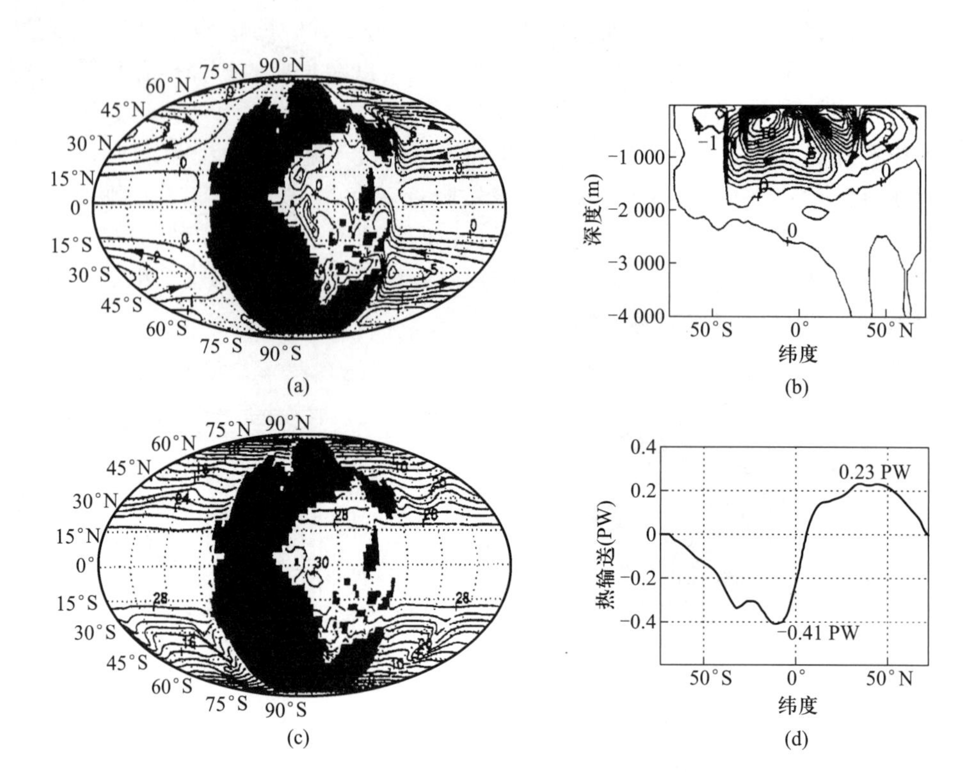

图 5.171 晚二叠世时期大洋环流的可能盐控模态:(a) 水平流函数(单位:Sv);(b) 翻转流函数(单位:Sv);(c) 海面温度(单位:℃);(d) 海洋的经向热输送(单位:PW)(Zhang 等,2001)。

5.5 风生环流与热盐环流之联合

5.5.1 密跃层与热盐环流的尺度分析

利用在埃克曼层内海水的水平平流及其下的水平流涡,可以清晰地描述海洋上层的风生环流。我们有一些漂亮的理论和确切的公式来描述该环流的强度,其中包括埃克曼输送和斯威尔德鲁普输送。

然而,对于热盐环流,我们却没有可用的简单公式可以用来预测热盐环流的强度(例如经向翻转速率和向极热通量)。对于海洋环流和气候研究来说,最好是能用一些基本参量来预测这些指标。由于没有确切的公式来描述热盐环流,故在许多研究中就采用尺度分析方法(例如,Bryan 和 Cox ,1967; Welander,1971b;Bryan ,1987; Gnanadesikan ,1999)。尽管尺度分析为理解各种强迫力机制的作用提供了非常有用的工具,但这种方法仍是经验性的,在本节中,我们将对该方法进行细致的考察。

A. 经向速度的尺度分析

我们可以把经向速度与经向压强梯度联系起来。第一步,利用热成风关系将纬向速度的垂

向切变与经向密度梯度连起来

$$fu_z = \frac{g\rho_y}{\rho_0} \tag{5.299}$$

这就导出了纬向速度尺度 U 与温跃层深度尺度 D 之间的关系

$$U = \frac{g\Delta\rho}{f\rho_0 L_y}D = \frac{g'}{fL_y}D \tag{5.300}$$

其中,$\Delta\rho$ 为经向密度差,$g' = g\Delta\rho/\rho_0$ 为约化重力,L_y 为流涡的经向尺度。

下一步是构建纬向地转速度尺度 U 与经向速度尺度 V 之间的关系式。从物理上讲,这两个分量之间没有简单的关系式。这一步也是尺度分析中最薄弱的部分。我们建议用以下的关系式

$$V = cU = \frac{cg'}{fL_y}D \tag{5.301}$$

其中,c 为经验常数,在很多研究中把它假设为 1。没有简单的方法来确定合适的 c 值。事实上,对于北太平洋,等效的 c 是负的,因为在高纬度区上升流的驱动下,主密跃层之上的经向流量是向赤道的。在北大西洋,尽管高纬度区的表层密度总是比低纬度的高,但经向翻转速率却可以是正、零或负的。

对应的经向翻转速率为

$$M = VDL_x = \frac{cg'L_x}{fL_y}D^2 \tag{5.302}$$

其中,L_x 为流涡的纬向尺度。

另一个导出经向速度的方法是利用西边界附近存在的摩擦边界层。在这个边界层内,我们假设时间变化项和惯性项是可以忽略的,于是可以把摩擦参量化为侧向摩擦。由于西边界流内的纬向速度接近零,故经向动量方程简化为两个项的平衡

$$A_h \frac{\partial^2 v}{\partial x^2} = \frac{1}{\rho_0}\frac{\partial p}{\partial y} \tag{5.303}$$

其中,A_h 为水平动量扩散系数。根据(4.58)式①,芒克边界层的宽度为 $\delta_M = (A_h/\beta)^{1/3}$。方程(5.303) 右边的经向压强梯度的尺度为

$$\frac{1}{\rho_0}\frac{\partial p}{\partial y} = \frac{g'D}{L_y} \tag{5.304}$$

这样,边界平衡引起的西边界层中的经向速度尺度 V_{wbc} 为

$$A_h^{1/3}\beta^{2/3}V_{wbc} = \frac{g'D}{L_y} \tag{5.305}$$

海盆内区的经向速度尺度与西边界层中的经向速度可通过

$$V = c\frac{\delta_m}{L_x}V_{wbc} \tag{5.306}$$

连起来,其中,引入常数 c 是考虑到海盆几何形状的动力学效应及其与这两个速度尺度相连接中的其他因子。因此,海盆内区的经向速度尺度为

① 原著为方程(4.1.2.44),疑为刊误,故改。——译者注

$$V = \frac{cg'D}{\beta L_x L_y} \tag{5.307}$$

最后,经向翻转速率为

$$M = VDL_x = \frac{cg'}{\beta L_y}D^2 \tag{5.308}$$

本质上,这个尺度分析法则与方程(5.302)是相同的,因为本质上,我们有近似关系式$\beta \sim f/L_x$。

我们也能利用斯托梅尔边界层理论得到类似的尺度分析法则。在这种情况下,经向动量方程简化为两项平衡

$$Rv = \frac{1}{\rho_0}\frac{\partial p}{\partial y} \tag{5.309}$$

其中,R为海底摩擦参量,应该把它解释为对于斜压不稳定性的粗糙参量化,这在4.1.3节中已讨论过。仿照以上的讨论,我们就能导出与方程(5.307)和方程(5.308)相似的方程。

这个尺度分析的主要困难是如何将经向地转速度与经向压强梯度连接起来。众所周知,在非旋转流体的环境中,速度沿着压强梯度的方向并且与压强梯度成正比。在旋转流体中,地转关系将经向压强梯度与纬向速度通过热成风关系联系起来。暂且可以说,经向速度正比于经向压强差的假定可能是一个不差的假设。作为一个例子,让我们来考察南北边界处的海底压强差与海面高度差之间的关系,这个关系是从由海面差异加热和不同跨密度面扩散系数驱动的一个单半球简单模式诊断得到的(图5.172)。从图5.172容易看出,经向翻转速率和向极热通量与经向压强差几乎成正比。

B. 在表层密度为常量条件下的环流

在许多海洋环流模式中,对海面温度和盐度施加了强松弛条件;因此,$\Delta\rho$可以处理为一个外部参量。但是,进一步的考察显示,海面密度差略小于所施加的参考密度差[①],由此就能导致与下面要讨论的尺度分析规则的偏离;然而,该偏差非常小,在实际应用中可以忽略不计。

来自上表面的、由风应力引起埃克曼泵压造成的流量为

$$T_w = \frac{\tau}{f\rho_0}L_x \approx w_{e,0}L_xL_y \tag{5.310}$$

其中,τ为风应力,$w_{e,0}$为埃克曼泵压速率。在主密跃层的底部,对应于热盐环流的上升流所驱动的流量为T_u。为了估算这个流量,我们需要找到垂向速度的尺度。假定垂向对流[②]由垂向的扩散来平衡

$$w\rho_z = \kappa\rho_{zz} \tag{5.311}$$

其中,κ为跨密度面湍流扩散系数。由此方程导出了垂向速度的尺度

$$W = \kappa/D \tag{5.312}$$

因此,海盆中的总上升速率为

$$T_u = \frac{\kappa L_x L_y}{D} \tag{5.313}$$

如图5.173所示,海盆中的流量为

① 原著有刊印错误,现已改正。——译者注

② 原著中的“vertical diffusion(垂向扩散)”有误,故改。——译者注

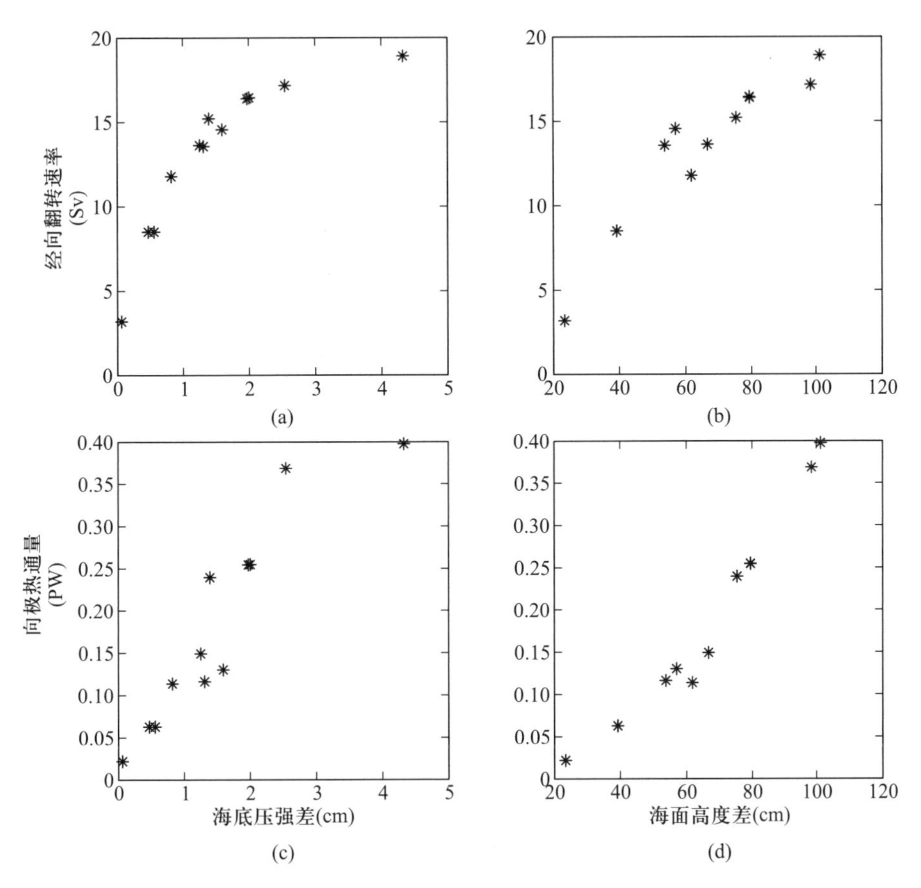

图 5.172 经向翻转速率[MOC,(a)、(b)]和向极热通量[PHF,(c)、(d)]随南北边界之间的海底压强差[BPD,以水柱高度 cm 为单位;(a)、(c)]和海面高度差[SSHD,单位:cm;(b)、(d)]的变化,根据一个质量守恒的海洋总环流模式诊断计算结果,其中取不同的跨密度面扩散系数且没有风强迫力。

$$M = T_w + T_u \tag{5.314}$$

利用(5.312)式,从上述关系,我们导出了确定密跃层深度的方程

$$D^3 - \frac{w_{e,0} f L_y^2}{c g'} D = \frac{\kappa f L_y^2}{c g'} \tag{5.315}$$

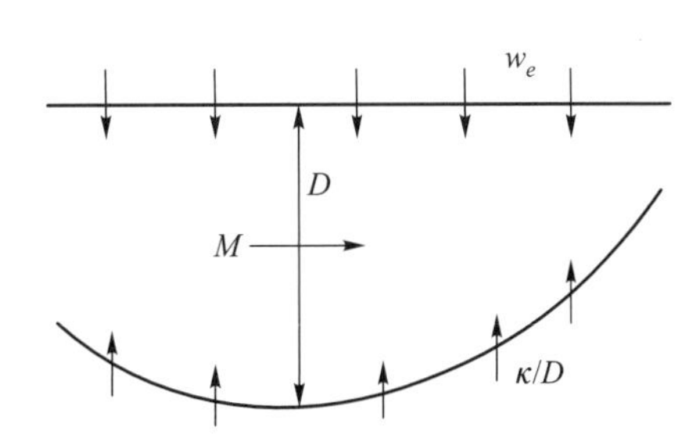

图 5.173 经向环流中的流量示意图。

根据量纲分析,该方程的每一项应该有相同的量纲$[L^3]$;因此,我们就可以引入两个长度尺度,并将该方程改写为

$$D^3 - d_w^2 D = d_\kappa^3 \tag{5.316}$$

其中

$$d_w = \left(\frac{w_{e,0} f L_y^2}{c g'}\right)^{1/2} = a^{1/2} \tag{5.317}$$

$$d_\kappa = \left(\frac{\kappa f L_y^2}{cg'}\right)^{1/3} = b^{1/3} \tag{5.318}$$

分别为对应于埃克曼泵压和跨密度面混合所产生的密跃层尺度深度。

如果满足以下条件

$$d_w \geqslant \left(\frac{27}{4}\right)^{1/6} d_\kappa \approx 1.37 d_\kappa \tag{5.319}$$

那么,这个三次方程有三个实根。对于亚热带海盆,我们假设 $L_y = 3\ 000\ \mathrm{km}$,$g' = 0.015\ \mathrm{m/s^2}$,$f = 10^{-4}/\mathrm{s}$, $w_{e,0} = 10^{-6}\ \mathrm{m/s}$, $\kappa = 10^{-5}\ \mathrm{m^2/s}$, $c = 1$; 这样,其典型值分别为 $d_w \approx 245\ \mathrm{m}$, $d_\kappa \approx 84\ \mathrm{m}$。因此,密跃层的深度基本上由正比于风应力的埃克曼泵压项所控制。一般说来,有两种值得注意的极限情况。

1) 强风且跨密度面弱混合的情况,或者 $d_w \gg d_\kappa$

将 d_w 作为长度尺度,并引入无量纲温跃层深度 $d = D/d_w$,于是方程 (5.316) 简化为

$$d^3 - d = \varepsilon \tag{5.320}$$

其中,$\varepsilon = (d_\kappa/d_w)^3 \ll 1$。该三次方程有三个实根,即 $d = 1 + O(\varepsilon)$、$-1 + O(\varepsilon)$ 和 $-\varepsilon$;但是,只有正根是有物理意义的。利用摄动法,该正根的近似式为

$$d = 1 + \frac{\varepsilon}{2} - \frac{3}{8}\varepsilon^2 + \frac{1}{2}\varepsilon^3 + \cdots \tag{5.321}$$

其带量纲的形式为

$$D_w = d_w\left(1 + \frac{b}{2a^{3/2}} - \frac{3b^2}{8a^3} + \frac{b^3}{2a^{9/2}} + \cdots\right) \sim \left(\frac{w_{e,0} f L_y^2}{cg'}\right)^{1/2} \tag{5.322}$$

对应的经向翻转速率为

$$M_w = c\frac{g' L_x}{f L_y} d_w^2 \left(1 + \frac{b}{a^{3/2}} + \cdots\right) \approx w_{e,0} L_x L_y \tag{5.323}$$

因此,密跃层深度与风应力(或埃克曼泵压速率)的平方根成正比,经向翻转速率与风应力线性地成正比。如4.1.2节的方程 (4.31) 所示,在约化重力模式中,主温跃层的深度与风应力经向梯度(即埃克曼泵吸速率)的平方根成正比,与约化重力成反比。在本例中,跨密度面混合相对弱,因而它只对密跃层深度和经向翻转速率做微小的线性订正。

2) 弱风且跨密度面**强混合**的情况,或者 $d_w \ll d_\kappa$

以 d_κ 作为长度尺度,引入一个无量纲层深度①,$d = D/d_\kappa$,那么方程 (5.315) 简化为以下无量纲形式

$$d^3 - \lambda d = 1 \tag{5.324}$$

其中,$\lambda = (d_w/d_\kappa)^2 \ll 1$。注意,当 $\lambda \geqslant 1.89$ 时,该方程有三个实根,一正两负。然而,对于 $\lambda \ll 1$ 的情况,该三次方程只有一个实根,而且是正的。利用摄动法,这个根近似为

$$d = 1 + \frac{\lambda}{3} - \frac{\lambda^3}{81} + \cdots \tag{5.325}$$

其带量纲的形式为

① 原著中为 layer depth,应指"密跃层深度"。——译者注

$$D_\kappa = d_\kappa\left(1 + \frac{a}{3b^{2/3}} - \frac{a^3}{81b^2} + \cdots\right) \tag{5.326}$$

经向翻转速率为

$$M_w = c\frac{g'L_x}{fL_y}d_\kappa^2\left(1 + \frac{2a}{3b^{2/3}} + \cdots\right) \approx \left(\frac{cg'\kappa^2L_x^3L_y}{f}\right)^{1/3} \tag{5.327}$$

因此,密跃层深度与扩散系数的1/3次方成正比,并且经向翻转速率与扩散系数的2/3次方成正比。在这种情况下,风应力对密跃层深度和经向翻转速率只做了微小订正。

C. 密跃层厚度的尺度分析

对于上层大洋中风生环流的情况,主密跃层的深度与厚度是不同的,因而我们需要找到对于这两个长度尺度的尺度分析法则(Samelson 和 Vallis,1997)。如图5.174所示,主密跃层的深度尺度为 D,厚度尺度为 δ。

因此,在主密跃层内,从热成风关系式,可以给出以下的尺度关系

$$\frac{fV}{\delta} \approx \frac{g\Delta\rho}{\rho_0 d} = \frac{g'}{d} \tag{5.328}$$

其中,δ 为主温跃层的厚度尺度,d 为主密跃层的宽度;后者通过以下关系式与环流的经向尺度 L_y 连起来

$$d \approx \delta L_y/D \tag{5.329}$$

其中,D 为前面讨论过的密跃层的垂向深度尺度。利用连续性和垂向热通量与垂向扩散之间的平衡,我们得到

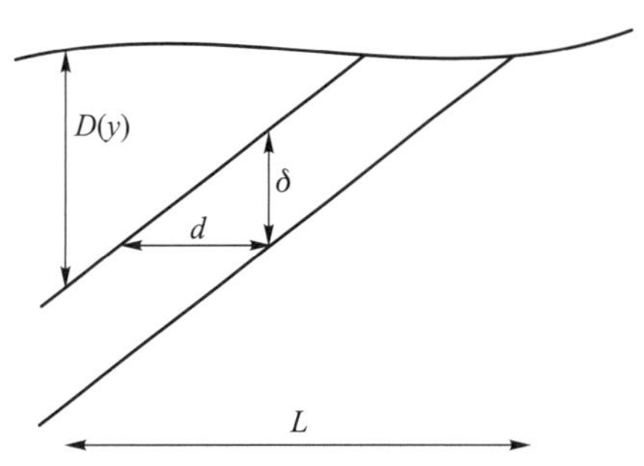

图5.174 主密跃层示意图,说明尺度分析之基础。

$$\frac{V}{L_y} \approx \frac{W}{\delta} \approx \frac{\kappa}{\delta^2} \tag{5.330}$$

从关系式(5.328)、(5.329)和(5.330),我们得到主密跃层的厚度尺度

$$\delta \approx \left(\frac{f\kappa L_y^2}{g'D}\right)^{1/2} \tag{5.331}$$

这里有两种情况。第一种是扩散主导的情况,对此,密跃层的深度与其厚度的垂向尺度就相同了;因此,(5.331)式给出的尺度就与(5.318)式相同。第二种是强风应力驱动与跨密度面弱混合的情况,对此,密跃层深度遵循(5.317)式,因而密跃层厚度的最终表达式为

$$\delta \approx \left(\frac{f\kappa^2L_y^2}{g'w_{e,0}}\right)^{1/4} \tag{5.332}$$

应注意密跃层的深度和厚度取决于埃克曼泵压和扩散的相对强度(表5.8)。在强风应力的作用下,主密跃层的厚度线性地正比于 $\kappa^{1/2}$,但与埃克曼泵压速率的1/4次方成反比。这意味着强风应力的作用产生了深而薄的主密跃层。

D. 海面淡水流量驱动的环流

由于松弛条件对盐致环流并不适用,故模拟盐致环流的更实际方法是在海面处指定淡水流量。如5.3节所述,经向环流胞中的盐度平衡为

表 5.8 在埃克曼泵压/吸主导与扩散主导的两种情况下,密跃层和垂向速度的尺度

主导强迫力	密跃层深度	密跃层厚度	主密跃层内的垂向速度	经向翻转速率
埃克曼泵压/吸	$D\simeq\left(\frac{fL_y^2 w_{e,0}}{cg'}\right)^{1/2}$	$\delta\simeq\left(\frac{f\kappa^2 L_y^2}{g' w_{e,0}}\right)^{1/4}$	$W\sim\frac{\kappa}{\delta}\sim\kappa^{1/2}$	$M=w_{e,0}L_xL_y$
垂向扩散	$D\simeq\delta\simeq\left(\frac{f\kappa L_y^2}{cg'}\right)^{1/3}$		$W\sim\frac{\kappa}{\delta}\sim\kappa^{2/3}$	$M=\left(\frac{cg'\kappa^2 L_x^3 L_y}{f}\right)^{1/3}$

$$VDL_x(\bar{S}-\Delta S)=(VDL_x-L_xL_yE)\bar{S} \tag{5.333}$$

其中,D 为盐跃层深度,$\bar{S}$ 为海盆平均盐度,ΔS 为经向盐度差,E 为蒸发降水差的速率。由此导出了盐度差与蒸发降水差速率①之间的一个简单尺度关系

$$VD\Delta S=\bar{S}EL_y \tag{5.334}$$

相应地,经向密度差为

$$\Delta\rho=\frac{\rho_0\beta_s\bar{S}EL_y}{VD} \tag{5.335}$$

β_s为盐收缩系数。假定 $V=cU$,方程 (5.300)简化为

$$V=\left(\frac{cg\beta_s\bar{S}E}{f}\right)^{1/2} \tag{5.336}$$

因此,经向速度尺度与平均盐度和淡水通量振幅的平方根成正比,但与风应力和扩散系数无关。对应的经向流量为

$$M=VDL_x \tag{5.337}$$

从体积平衡方程(5.315),我们导出

$$D^2-h_wD-h_\kappa^2=0 \tag{5.338}$$

其中

$$h_w=w_{e,0}L_y/V,h_\kappa=\left(\frac{\kappa L_y}{V}\right)^{1/2} \tag{5.339}$$

为分别对应于风应力和扩散的盐跃层深度尺度。

方程 (5.338)的解为

$$D=\frac{h_w+\sqrt{h_w^2+4h_\kappa^2}}{2} \tag{5.340}$$

此解有以下两种极限情况。

1) 强风应力且跨密度面弱混合的情况

我们引入小参量

① 原著中为 evaporation rate(蒸发速率),疑有误,故改。——译者注

$$\varepsilon = h_\kappa / h_w = \frac{1}{w_{e,0}} \left(\frac{\kappa V}{L_y} \right)^{1/2} \ll 1 \tag{5.341}$$

由(5.340)可得盐跃层尺度深度为

$$D = h_w (1 + \varepsilon^2 - 2\varepsilon^4 + \cdots) = \frac{w_{e,0} L_y}{V} (1 + \varepsilon^2 + \cdots) \tag{5.342}$$

经向翻转速率为

$$M = w_{e,0} L_x L_y (1 + \varepsilon^2 + \cdots) \tag{5.343}$$

因此,盐跃层深度和经向翻转速率均与埃克曼泵压速率成正比,扩散系数则对它们有线性的小订正。

2) 弱风应力且跨密度面强混合的情况

我们引入小参量

$$\lambda = h_w / h_\kappa = w_{e,0} \left(\frac{L_y}{\kappa V} \right)^{1/2} \ll 1 \tag{5.344}$$

从(5.340)式,我们得到盐跃层尺度深度为

$$D = h_\kappa \left(1 + \frac{\lambda}{2} + \frac{\lambda^2}{8} - \frac{\lambda^4}{64} + \cdots \right) = \left(\frac{\kappa L_y}{V} \right)^{1/2} \left(1 + \frac{\lambda}{2} + \cdots \right) \tag{5.345}$$

经向翻转速率为

$$M = (\kappa V L_y)^{1/2} L_x \left(1 + \frac{\lambda}{2} + \cdots \right) \approx (\kappa L_y L_x^2)^{1/2} \left(\frac{cg\beta_s \bar{S} E}{f} \right)^{1/4} \left(1 + \frac{\lambda}{2} \right) \tag{5.346}$$

因此,盐跃层深度和经向翻转速率均与扩散系数的1/2次方成正比(Huang 和 Chou,1994),而埃克曼泵压速率只对它们做了线性的小订正。与前面讨论过的在松弛条件情况下的1/3次方相比,它们对跨密度面混合的依赖就强得多了。

此外,经向环流的强度取决于蒸发降水差速率①与海洋平均盐度的1/4次方。例如,如果海洋中没有盐,那么由 Goldsbrough (1933) 描述的正压流涡将会是由蒸发和降水所驱动的唯一环流,根本不会出现斜压回流。

E. 混合边界条件下的环流

一种普遍的情况是在混合边界条件下的环流,即热力平衡是由向指定参考温度的温度松弛所驱动,但盐平衡则是由指定的海-气淡水流量所驱动。现在,对应于方程(5.335)的经向密度差成为

$$\Delta\rho = -\rho_0 \alpha \Delta T + \frac{\rho_0 \beta_s \bar{S} E L_y}{VD} \tag{5.347}$$

1) 给定跨密度面扩散系数

假定纬向速度和经向速度遵循同样的经验关系式,$V = cU$,那么热成风关系式(5.300)简化为

$$V^2 = -\frac{cg\alpha\Delta T}{fL_y} DV + \frac{cg\beta_s \bar{S} E}{f} \tag{5.348}$$

① 原著中为 precipitation amplitude(降水振幅),应该指"蒸发降水差速率",故改。——译者注

该方程包括了对应于以上讨论过的两种极限情况，即在上表面[1]处分为指定的固定参考温度情况和指定的淡水固定流量速率情况。该方程之解为

$$V = \frac{cg\alpha\Delta T}{2fL_y}D \pm \left[\left(\frac{cg\alpha\Delta T}{2fL_y}D\right)^2 + \frac{cg\beta_s\bar{S}E}{f}\right]^{1/2} \tag{5.349}$$

将这个关系式代入经向流量平衡的方程就得到了一个三次方程，在该方程的三次项中还包括平方根项。利用同样的摄动法，可以解出该方程(Zhang 等，1999)。

2）给定维持混合的能量速率

遵照5.4.2节的小节"双盒模型的发展：能量约束与风生流涡"中的讨论，令支撑跨密度面混合的外部总机械能量 $\dot{E}_m$ 是固定的，并把它用于支撑跨密度面混合，即

$$\dot{E}_m = -gHAW\Delta\rho = g\rho_0 HAW(\alpha\Delta T - \beta_s\Delta S) \tag{5.350}$$

其中，H 和 A 分别为平均深度和海洋的总水平面积。对应于经向翻转环流胞的盐度平衡成为一个简单关系式

$$\Delta S = \bar{S}E/W \tag{5.351}$$

其中，E 为淡水流量。因此，方程（5.350）简化为

$$W = \frac{e + \beta_s\bar{S}E}{\alpha\Delta T} \tag{5.352}$$

其中，$e = \dot{E}_m/g\rho_0 HA$ 代表外部机械能源的强度，在温度松弛条件下，$\Delta T \simeq \Delta T^*$ 就能用做一个良好的近似（ΔT^* 为参考温度的经向差）。

对应的经向密度差可以改写为

$$\Delta\rho = \rho_0(\alpha\Delta T^* - \beta_s\bar{S}E/W) \tag{5.353}$$

利用经向速度与垂向速度之间的尺度关系式 $V = WL_y/D$，方程（5.301）简化为密跃层的深度尺度

$$D = \left[\frac{f(e + \beta_s\bar{S}E)(1 + \beta_s\bar{S}E/e)}{cg}\right]^{1/2}\frac{L_y}{\alpha\Delta T^*} \tag{5.354}$$

对应的向极热通量定义为

$$H_f = c_p\rho_0 WA\Delta T = c_p\rho_0 A(e + \beta_s\bar{S}E)/\alpha \tag{5.355}$$

这里的尺度分析意味着，强烈的淡水强迫力使上升流速率加强，并因此使经向翻转速率和向极热通量加强。另外，经向上的温差大就意味着强层化，并因此抑制了翻转速率和向极热通量。这个尺度分析法则已经被一些理想化模型的实验所验证（Huang，1999；Nilsson 等，2003）；不过，在能量约束条件下，该模型的性态或许没有完全遵从上述尺度分析法则，并且在普遍情况下，合适的尺度分析法则仍是未知的。

F. 大西洋经向环流的尺度分析法则

大西洋中的密跃层深度与经向翻转环流胞有密切的关系。在考虑环流的这两个方面问题之尺度分析法则时，非常重要的是要包括南极绕极流及其与之关联的南半球西风带之风应力对它们所起的重要作用（Gnanadesikan，1999）。基本的方法是考虑该环流系统的所有有关分量的流

① 这里的"上表面(upper surface)"，应该指的是"海面"。——译者注

量平衡(如图 5.175 所示)。

根据方程 (5.308),北部半球下沉的经向流量为

$$T_N = \frac{cg'}{\beta L_y^n} D^2 \tag{5.356}$$

其中,L_y^n 为北大西洋海盆的经向长度尺度,D 为主密跃层的深度尺度。

南大洋独有的主要物理过程是伴随南极绕极流的强烈旋涡活动。涡生流(eddy-induced flow)使流量(由图 5.175 左边的 T_E 表示)减小。

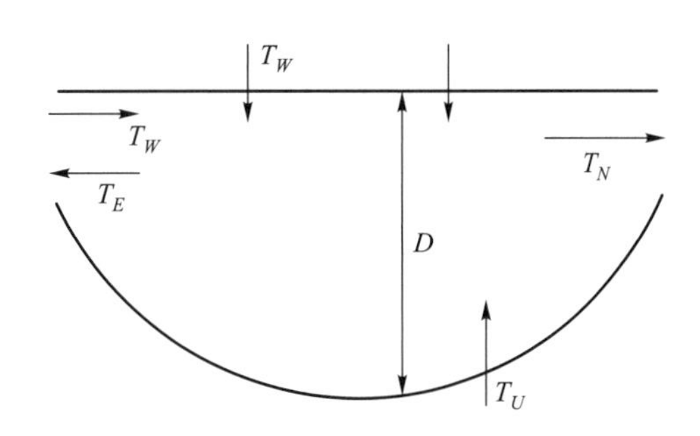

图 5.175 大西洋密跃层和经向翻转速率的示意图,其中包括旋涡的贡献。

在物理上,旋涡的活动使水平密度梯度减小,由此导致等密度面斜率减小。如果我们把等密度面想象成一个橡皮碗①,那么斜压不稳定性势必使该橡皮碗的南部边缘弯得更平,这样就使水泄漏出来。这是一个水的汇,可以写为

$$T_E = -v_{涡} DL_x \tag{5.357}$$

其中,L_x 为德雷克海峡所处纬度的地球周长,$v_{涡} = A_I \partial S_l / \partial z = A_I / L_y^s$,其中,$A_I$ 为涡动扩散系数,$S_l = D/L_y^s$ 为等密度面斜率,L_y^s 为南极绕极流区的密跃层之经向宽度。

风应力的贡献为

$$T_W = \tau L_x / f\rho_0 \tag{5.358}$$

上升流的贡献为

$$T_U = \kappa L_x L_y / D \tag{5.359}$$

其中,L_y 为风生环流的经向尺度。整个海盆的流量平衡为

$$T_U + T_W + T_E = T_N \tag{5.360}$$

由此导出了 D 的三次方程。该方程的量纲齐次性又一次提示,我们可将其写为如下形式

$$D^3 + d_e D^2 - d_w^2 D - d_\kappa^3 = 0 \tag{5.361}$$

其中,引入了密跃层的三个深度尺度,即旋涡控制的密跃层深度尺度 d_e,风应力控制的密跃层深度尺度 d_w 和扩散控制的密跃层深度尺度 d_κ

$$d_e = \frac{\beta A_I L_x L_y^n}{cg' L_y^s} \tag{5.362}$$

$$d_w = \left(\frac{\tau \beta L_x L_y^n}{cg' f\rho_0} \right)^{1/2} \tag{5.363}$$

$$d_\kappa = \left(\frac{\kappa \beta L_x L_y L_y^n}{cg'} \right)^{1/3} \tag{5.364}$$

假设,环流的基本参量取值如下:$f = 10^{-4}/\text{s}$, $\beta = 2 \times 10^{-11}/\text{s/m}$, $L_x = 2.5 \times 10^7$ m, $L_y = 10^7$ m,$L_y^n = L_y^s = 1.5 \times 10^6$ m, $A_I = 1\ 000$ m^2/s, $c = 0.16$, $g' = 0.01$ m/s^2, $\kappa = 10^{-5}$ m^2/s,那么这三个深度尺度的典型值为:$d_e \simeq 313$ m, $d_w \simeq 685$ m, $d_\kappa \simeq 368$ m。

比较这三个深度尺度可知,很明显,风应力控制的密跃层深度尺度是决定性的;因此,采用这

① 原著中为"bow(弓)",疑为"bowl(碗)"之误,故改。——译者注

个深度尺度并引入无量纲深度 $d = D/d_w$ 就很方便，对此，对应的方程为

$$d^3 + \lambda d^2 - d - \varepsilon = 0 \tag{5.365}$$

其中，$\lambda = d_e/d_w \simeq 0.457 < 1$①，$\varepsilon = (d_\kappa/d_w)^3 \simeq 0.16 \ll 1$。将 λ 和 ε 作为小参数来处理，该方程的级数解为

$$d = \left(1 - \frac{\lambda}{2} + \frac{\lambda^2}{8}\right) + \left(\frac{1}{2} + \frac{\lambda}{4} - \frac{\lambda^3}{32}\right)\varepsilon + \left(-\frac{3}{8} - \frac{\lambda}{2} - \frac{15\lambda^2}{64}\right)\varepsilon^2 + \cdots \tag{5.366}$$

或

$$d = 1 + \frac{\varepsilon - \lambda}{2} + \text{高阶项} \tag{5.367}$$

若用量纲单位，那么密跃层深度和北部下沉速率为

$$D = \left(\frac{\tau\beta L_x L_y^n}{cg' f\rho_0}\right)^{1/2}\left(1 + \frac{\varepsilon - \lambda}{2}\right) \tag{5.368}$$

$$T_N = \frac{\tau L_x}{f\rho_0}(1 - \lambda + \varepsilon) \tag{5.369}$$

因此，在现在的气候条件下，北大西洋深层水基本上是由南极绕极流之上的风应力所控制；旋涡项非常重要，而跨密度面的混合所起的作用就相对次要。

换言之，在最低阶，密跃层深度和经向翻转速率基本上是由埃克曼泵压速率所控制的。在高一阶处，涡动混合势必使密跃层深度与北部下沉速率减小，这与下述物理概念相一致，即斜压不稳定性势必使等密度面变平，并使北部下沉速率减小（即，它是环流系统中的一个漏池）。此外，深水上升流使密跃层深度增加。然而，跨密度面混合对密跃层深度和经向翻转速率的贡献却相当小，只有16%。因此，在现在的气候条件下，深水中的跨密度面混合并不是对应于北大西洋深层水（NADW）的经向翻转环流胞之最重要的控制器（Toggweiler 和 Samuels，1998）。

起决定作用的控制器是南半球急流的风应力，它出现在最低阶的项和 λ 的“一阶”订正项中。应注意，为了决定涡混合的深度尺度，我们已经假定了一种涡混合（eddy-mixing）参量化，即 $A_I \simeq 1\,000\ \mathrm{m^2/s}$。其无量纲参量 λ 约为0.46；因此，它实际上并不是一个小参量。因此，在一般情况下，将旋涡项处理为贡献小的项，或许并不成立。

事实上，旋涡动力学可以在南大洋起到极为重要的作用。一方面，在过去的一二十年中，南半球西风加强了（Yang 等，2007）；然而，现场观测和基于精细分辨率模式的数值实验均表明，南极绕极流的纬向流量大致保持不变。这个现象称之为涡饱和（eddy saturation；Marshall 等，1993；Hallberg 和 Gnanadesikan，2001）。另一方面，尽管高分辨率模式的数值模拟表明，强大的风应力能够产生北大西洋较强的经向环流，但并没有任何实测数据支持这一观点；因此，对这个结果仍存在争议（Hallberg 和 Gnanadesikan，2006）。显然，海洋的运动远比这里讨论的简单尺度分析法则所表明的要复杂得多。

① 原著中的 d_L 有误，应为 d_e，现已改正。——译者注

5.5.2 风生环流与深层环流的相互作用

A. 风生水平流涡和热盐翻转环流胞

1）风生和热盐环流的结合

在前几章中，我们已经分别讨论了风生环流和热盐环流的各种理论。然而，事实上，大洋总环流是风生环流与热盐环流结合在一起的。从概念上讲，可以把大洋分为三层（图 5.176）。上面 30 m 层为埃克曼层，风应力在这里驱动水平埃克曼输送，其辐聚与辐散引起亚热带海盆中的埃克曼泵压和亚极带海盆中的埃克曼上升流[①]。水深 30 ~ 1 500 m 层是以风生亚热带流涡、亚极带流涡和赤道流涡为重要特征的。除了海洋内区的线性斯威尔德鲁普流涡，在亚热带流涡的西北角有一支强回流。1 500 m 以深的流动以热盐环流为主导，包括在高纬度区的深水形成、向赤道的深层西边界流和海盆内区的缓慢上升流。

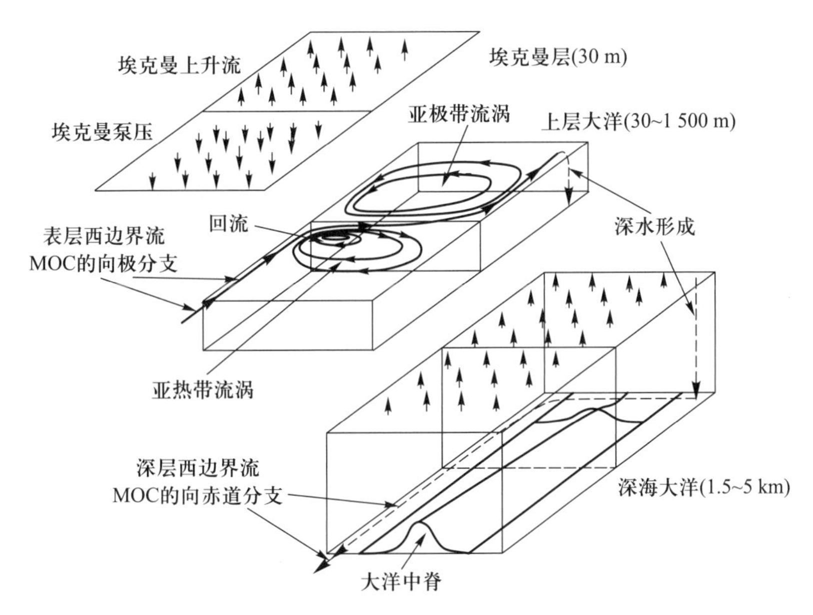

图 5.176 北半球海盆中，风生流涡与热盐环流相互作用示意图。

叠置于上层大洋风生环流之上的是热盐环流引起的向极质量流量，即经向翻转环流胞（MOC）的上部分支（由图 5.176 中间盒子西边的箭头表示）。热盐环流的这个分支穿过上层海洋中以风生流涡为主的整个经度区间，最终离开上层海洋，并通过在海盆东北角的深水形成过程下沉到大洋深层。

在大洋深层，环流基本上是热盐类型的。深层环流可以追溯到在海盆东北角的深层水源地。此外，回流区是强烈冷却与模态水形成之地。因此，这也是大洋总环流的一个分支，它将风生环流与热盐环流的较浅部分连接起来。大洋总环流的综合图像应该包括这个分支；然而，为了简单起见，在这个示意图中没有包括这个环流分量。

---

① 即埃克曼泵吸或埃克曼抽吸（Ekman suction）。——译者注

深层水逐渐变暖并作为缓慢而宽阔的上升流返回到上层大洋，如图5.176最下面的部分所示。在整个海洋中深水上升流(deepwater upwelling)并不是均匀分布的。特别是，在任何由机械能维持跨密度面混合的地方(比如洋中脊附近)，那里机械能充沛，上升流就更强。需要强调的是，在世界大洋中，最强的上升流系统是与南极绕极流之上的西风带相对应的，但却没有把它包括在这幅图解中。

大洋总环流框架中最突出的特征是在上1km层中的西边界流及其在中/高纬度区中的东北向延续体。此外，有一支源于深水形成地的深层西边界强流及其在上层大洋中对应的返回流。

在图5.177中，进一步用图示给出了上层大洋中的风生流涡与深层大洋中的热盐环流之间的连接，该图是在4½层模式中的环流的水平视图。该模型海洋包括了一个50 m均匀深度的混合层(第一层)，其下的三个运动层(第二、三、四层)，再加上一个无运动的厚厚底层(第五层)(Huang,1989b)。

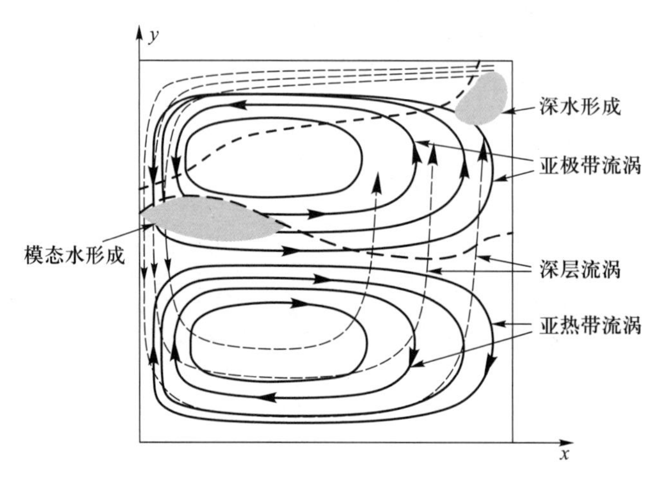

图5.177　多层模式中，双流涡环流结构的示意图。

模式由风应力驱动并且让混合层中的温度松弛到具有线性廓线的参考温度。在图5.177中，粗虚线表示露头线(在第二层与第三层之间和第三层与第四层之间)；带箭头的线表示上层海洋风生环流的流线；带箭头的虚线表示由深层混合和上升流驱动的缓慢深层环流。

在东北角生成的深层水向西流，并且作为由图5.177中虚线箭头表示的深层西边界流而继续运动。深层水通过维持混合的机械能驱动的上升流返回到大洋内区和上层大洋。由于在东北角形成的深水所驱动的海盆尺度上升流的作用，在深层大洋有一个气旋式环流，如虚线箭头所示。

热盐环流的向下分支非常窄，热盐环流的向上分支则相当宽。当然，这幅图像代表的是在单半球海盆中的高度理想化的环流。许多动力过程(诸如穿过赤道的流动，在海底地形之上的流动和由深层海洋非均匀混合引起的流动)使得动力学图像要远为复杂得多。

2）不同坐标系中的经向翻转环流

热盐环流，尤其是经向翻转环流输送的向极热通量和淡水流量是地球上气候系统的关键分量。地理位势高度坐标（geo-potential height coordinate）中的经向翻转环流速率已经被广泛用于表示热盐环流强度的指标。例如，根据 2007 年 SODA 数据（Carton 和 Giese，2008）中的年平均环流（包括温度、盐度和速度）诊断的大西洋纬向积分的经向流函数由图 5.178(a) 所示。该图中最重要的特征之一是环流的双环流胞结构。水柱上部的顺时针经向环流明显与北大西洋深层水有关，并且它包括了在上 1 km 层的暖水北向输送、在高纬度区北大西洋深层水的形成和中等深度（~3.5 km）处的返回流。这个相对浅的环流胞是经向环流的主导部分；还有一个逆时针旋转的次级经向环流胞。该环流胞在 3.5 km 以下，它代表了与南极底层水的北向输送有关的深层翻转分量及其由于南极底层水和北大西洋深层水之间混合导致的水团变性。

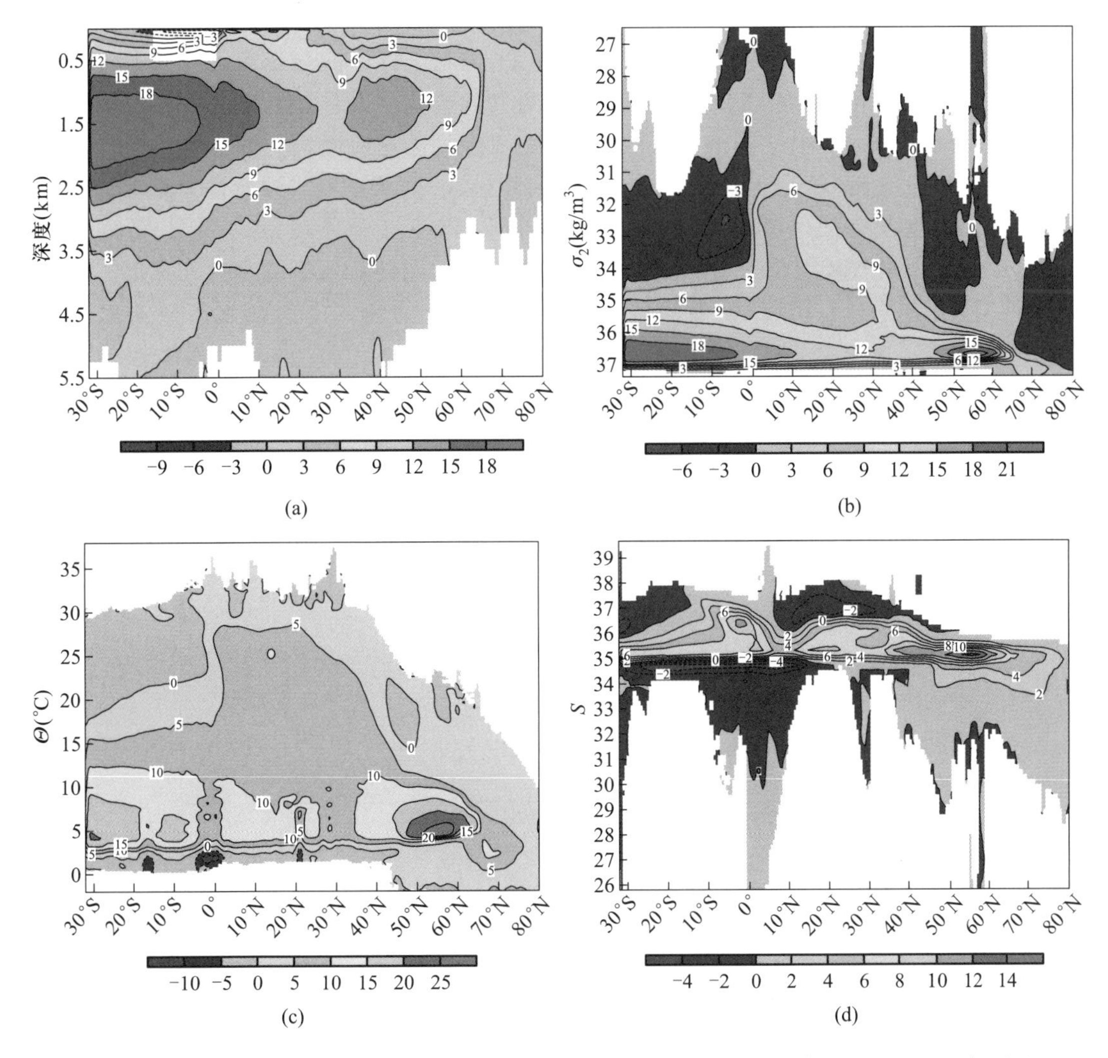

图 5.178 大西洋的年平均经向翻转环流（单位：Sv）：(a) $\theta-z$ 坐标；(b) $\theta-\sigma_2$ 坐标；(c) $\theta-\Theta$ 坐标；(d) $\theta-S$ 坐标。（参见书末彩插）

在许多研究中,利用经向翻转流函数之极大值来定义经向翻转环流速率,用以表示热盐环流的特征(从图5.178中就可以识别)。由于至少有两个翻转环流胞,故用一个指标(例如经向翻转环流速率)就不足以描述该环流。

此外,热盐环流是三维空间中的复杂现象。由海洋输送的向极热通量是与经向翻转环流、水平流涡以及风生环流和热盐环流的其他特征密切相关的。因此,在 $\theta-z$ 坐标中定义的传统经向翻转环流速率对于气候研究或许不是最佳指标。通过其他的诊断方法可以考察水平风生流涡所起的作用,这将在本节的第二部分中进行讨论。

在本节中,我们引入了可以用于仔细刻画热盐环流的其他坐标,例如,位密坐标、位温坐标和盐度坐标。利用这些坐标,可以根据 SODA 数据(Carton 和 Giese,2008)对大西洋的经向翻转环流进行诊断计算,相应的流函数图由图5.178给出。在这四种坐标系中,对应于北大西洋北部(30°N 及其以北)的翻转速率之极大值为:15.0 Sv(在 $\theta-z$ 坐标中),23.1 Sv(在 $\theta-\sigma_2$ 坐标中,其中,σ_2 为位密,其参考压强为 2 000 db),29.6 Sv(在 $\theta-\Theta$ 坐标中,其中,Θ 为位温)和 18.9 Sv(在 $\theta-S$ 坐标中,其中,S 为盐度)。尤其是,位温坐标中的翻转流函数与向极热通量密切相关;因此,位温坐标中的翻转流函数可以作为气候研究的最佳诊断工具。在翻转流函数图中,用红色标出的核心区代表了表层水的向极输送和深层的返回流。

由于用于生成 SODA 数据的模式为布西涅斯克模式,故从该模式诊断计算给出的经向盐通量之时间变化就没有任何清晰的物理意义。不过,如5.3.2节所述,在稳定态环流[例如,图5.178(d)中所示的气候态年平均环流]中,可以把对应的经向盐通量解释为在相反方向上的淡水流量。利用方程(5.161),就能够从大西洋平均环流的模式中诊断出等效淡水流量(图5.179)。

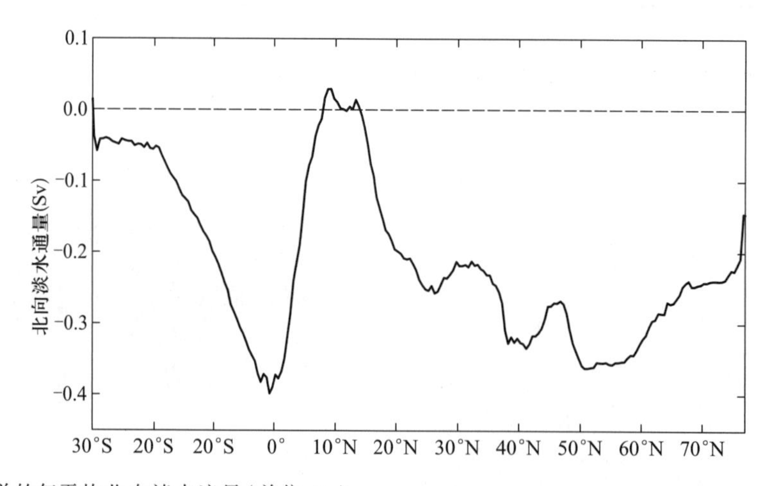

图5.179 大西洋的年平均北向淡水流量(单位:Sv)。

在其他坐标中揭示出的最显著的特征是低纬度上层海洋中相对轻、暖的咸水经向环流[如图5.178(b)、(c)和(d)所示]。

B. 流涡族在海洋总环流中的作用

通过水团形成和变性过程,海洋在质量和热量的经向输送中起着至关重要的作用,因此它是气候变化中极其重要的因子。对于海洋在气候中的作用之诠释取决于对三维大洋环流的诊断。

对热盐环流的传统诊断方法是基于通过对经向速度进行纬向积分得到的经向流函数图[如图5.178(a)所示]。

用这种方式来诠释海洋输送受到了某些限制。第一,海洋内区的深层流实际上是向极的,它与纬向积分经向流函数图的含义迥然不同。第二,从经向流函数图中得到的最大流量之位置和量值所提供的仅是对环流的不完整的描述。第三,经向流函数图没有提供很多关于环流三维结构的信息。实际上,这种图排除了水平风生环流。

如图5.180所示,上层海洋中有多个风生流涡。然而,它们对纬向积分翻转流函数没有一点贡献。尽管在位温坐标或位密坐标中,经向翻转流函数(其定义在图5.178中描述)可以提供关于大洋环流的更好信息,但这类流函数图也有上述的类似缺点。

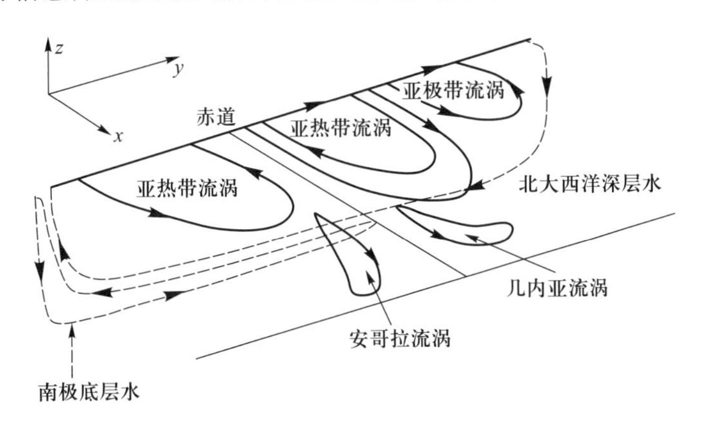

图5.180 大西洋的水平流涡和经向环流胞示意图。

为了研究海洋在气候系统中的作用,可以采用一个简单诊断工具来得到水平风生流涡输送的经向的流量和热通量。利用这个工具来分析三维环流数据,就能够清晰地诊断出风生流涡的垂向和水平位置、大洋中的每个流涡的经向的流量和热通量。若把该工具应用于随时间变化的环流数据,那么也就能够提供大洋环流基本参量的时间变率信息。

1) 诊断环流中的流涡族

该诊断方法是以辨识每个 z - 层上的闭合流路为基础的。对于 $\theta - z$ 平面中给定的网格点 (θ_j, z_k),纬向累计的经向流量定义为

$$\psi_k(\lambda, \theta_j) = \Delta z_k \int_{\lambda_k^e}^{\lambda} v(\lambda, \theta_j, z_k) a\cos\theta d\lambda \tag{5.370}$$

其中,Δz_k 为给定的第 k 层的厚度,且 $\lambda_k^e = \lambda_k^e(\theta_j, z_k)$ 为东边界。

对于这个网格点,其经向贯通流的流量为

$$m_k^t = \psi_k(\lambda_k^w, \theta_j) \tag{5.371}$$

其中,$\lambda_k^w = \lambda_k^w(\theta_j, z_k)$ 为西边界。

下一步是寻找 $\lambda_{k,i}$ 的零值,其中 $\psi_{k,i}^0(\lambda_{k,i}) = 0$, $i = 1, 2, \cdots, N$。根据定义,$\lambda_{k,0} = \lambda_k^w(\theta_j, z_k)$,$\lambda_{k,N} \equiv \lambda_k^e$。一般说来,$\psi$ 的零交点并非正好是网格点,故要用线性内插来计算。

在每一间隔 $\lambda = [\lambda_{k,i}, \lambda_{k,i+1}]$,$i = 0, 1, 2, \cdots, N-1$ 内,极大值(或极小值)为

$$\psi_{k,i}^m = \mathrm{Max}_{\lambda \in (\lambda_{k,i}, \lambda_{k,i+1})} \psi_k(\lambda, \theta_j) \geq 0 \tag{5.372}$$

$$\psi_{k,i}^{n} = \mathrm{Min}_{\lambda \in (\lambda_{k,i},\lambda_{k,i+1})}\psi_{k}(\lambda,\theta_{j}) \leqslant 0 \tag{5.373}$$

要注意在每一对零值的间隔之内,如果有一个极大值(极小值),那么就把该极小值(极大值)对应的值设为零。根据定义,当ψ到达了非平凡的$\psi_{k,i}^{m}$和$\psi_{k,i}^{n}$的位置,该位置就必须交替。此外,对于$\theta-z$平面的每一网格点(θ_j,z_k),如果贯通流是非零的,那么就需要对极大值(极小值)的第一个值进行订正

$$当\ m_k^t > 0\ 时,\psi_{k,1}^{m} = \psi_{k,1}^{m} - m_k^t \tag{5.374}$$

$$当\ m_k^t < 0\ 时,\psi_{k,1}^{n} = \psi_{k,1}^{n} - m_k^t \tag{5.375}$$

对于网格点(θ_j,z_k),由于顺时针和逆时针环流而产生的经向总流量定义为ψ的各个局地极小值与极大值之和,即

$$G_k^p(\theta_j) = \sum_i \psi_{k,i}^{m}, \quad G_k^n(\theta_j) = \sum_i \psi_{k,i}^{n} \tag{5.376}$$

可以把这项技术用于分别诊断在给定层次上的全部流涡(或者大涡)。

在每一纬度y处,流涡族(gyration)的总贡献定义为

$$M_g(\theta) = \sum_{k=1}^{K}[\,|G_k^n| + G_k^p] \tag{5.377}$$

其中,K为该纬度处的最大层数。经向贯通流速率M_t,即由贯通流产生的净贡献为

$$M_t(\theta) = \sum_{k=1,m_k^t>0}^{K} m_k^t \tag{5.378}$$

经向环流的总速率定义为

$$M_c(\theta) = M_g(\theta) + M_t(\theta) \tag{5.379}$$

由于垂向网格是不等距的,为了显示其在某一深度区间内的流量,每层中的流量就要被重新折算(re-scale)为

$$G_k^{p\,\prime} = G_k^p \frac{h_0}{\Delta z_k}, \quad G_k^{n\,\prime} = G_k^n \frac{h_0}{\Delta z_k} \tag{5.380}$$

其中,$h_0 = 100$ m为流涡尺度的环流所具备的大多数重要特征之典型尺度。

为比较起见,常用的经向翻转环流之流函数定义为垂向积分

$$\psi_{MOC}(\theta,k) = \sum_{kk=1}^{k} m_{kk}^t \tag{5.381}$$

其中,$m_k^t = \psi_k(\lambda_k^w,\theta_j)$为上面所定义的经向贯通流之流量。因此,经向翻转环流流函数包括了来自m_{kk}^t的正贡献和负贡献。经向贯通流速率M_t只包括正贡献项。

常用的经向翻转环流速率的定义是

$$\Psi(\theta) = \max_{-H<z<0}(\psi_{MOC}) \tag{5.382}$$

另外,把该支流动速率在20°N—50°N附近的极大值定义为经向翻转环流速率

$$\Psi_{\max} = \max[\Psi(\theta)] \tag{5.383}$$

以上引入的定义与常用的不同。第一,经向贯通流速率M_t是在每一垂向层次上的经向贯通流流量m_k^t之所有正贡献的垂向累加。通常所用的经向流函数$\psi_{MOC}(\theta,k)$是经向贯通流流量m_k^t的垂向积分;因此,它包括了来自不同层次的正贡献和负贡献。如果存在多个经向翻转环流胞,那么,M_t大于$\psi_{MOC}(\theta,k)$。

第二，总经向环流速率 M_c 包括了水平流涡族的贡献，因此它远大于经向贯通流速率和通常所用的经向翻转环流速率。

2）热通量计算

可以把向极热通量分成两个分量：贯通流和流涡族。计算包括三步。

第一步，在流函数 ψ 的每一对零点 $\psi_{k,i}^{0}(\lambda_{k,i})=0(i=1,2,\cdots,N)$ 之间，计算流涡族产生的向极热通量。

第二步，在每个网格点 (θ_j,z_k) 处把由于顺时针（逆时针）环流产生的总经向热通量定义为 ψ 的每个局地极小值（极大值）之和

$$H_k^p(\theta_j)=\rho_0 c_p\sum_{i=1}^{N}\int_{P_i}v\Theta a\cos\theta d\lambda\Delta z_k \tag{5.384}$$

$$H_k^n(\theta_j)=\rho_0 c_p\sum_{j=1}^{M}\int_{N_j}v\Theta a\cos\theta d\lambda\Delta z_k \tag{5.385}$$

其中，$P_i(N_j)$ 为当流函数 ψ 为正（负）时，其相继两个根之间的子域，Θ 为位温。

第三步，靠近西边界的 $\lambda=[\lambda_k^w,\lambda_{k,1}]$ 区间需要特别处理，这里我们来讨论 $\psi_k^w=\psi_k(\lambda_k^w,\theta_j)>0$ 的情况。有两种可能的状态：

a）$\psi_k^w<\psi_{k,1}^m$，其中，$\psi_{k,1}^m$ 为这个子域中纬向累计的经向通量之极大值，该子域由两个子段（P_w 和 T_w）组成，这两个子段在 λ_{ww} 处相连接，其 λ_1 以东的第一个点满足 $\psi=\psi_w$。贯通流和逆时针流涡族产生的热通量分别为

$$H_k^{\text{贯通流}}=\rho_0 c_p\int_{T_W}v\Theta a\cos\theta d\lambda\Delta z_k \tag{5.386}$$

$$\Delta H_k^p=\rho_0 c_p\int_{P_w}v\Theta a\cos\theta d\lambda\Delta z_k \tag{5.387}$$

b）$\psi_k^w=\psi_{k,1}^m$。在这一区间中没有逆时针流动，并且贯通流对热通量的贡献可以由（5.386）式来计算。

C. 流涡及其对大西洋经向通量的贡献

采用 SODA 数据（Carton 等，2000a，b），可把上述这些算式用于诊断大西洋的环流。

1）水平流涡

作为一个例子，在大西洋 82.5 m 深度处的纬向累计的经向通量包括了两个亚热带流涡（G2、G5）、一个亚极带流涡（G1），以及由正的埃克曼泵吸产生的在热带辐合带（ITCZ）纬度处的逆时针几内亚流涡（Guinea Gyre，G3）和在非洲西岸附近的顺时针安哥拉流涡（Angola Gyre，G4），见图 5.181。我们的算法还给出了每个流涡对经向流量的贡献（图 5.182）。例如，计算表明，北大西洋亚热带流涡（G2）位于 15°N—45°N 的纬度带内。

此外，在特定纬度范围内，可以通过查找来分辨每个流涡的经向流量和热通量之极大值。流涡中心的经向位置定义为流涡经向流量的极大值所在的纬度。逆时针流涡中心的垂向位置可以定义为

$$C_z^p=\frac{\sum_{k=k_1}^{k_2}\sum_{j=j_1}^{j_2}G_k^p(\theta_j)\cdot z_k}{\sum_{k=k_1}^{k_2}\sum_{j=j_1}^{j_2}G_k^p(\theta_j)} \tag{5.388}$$

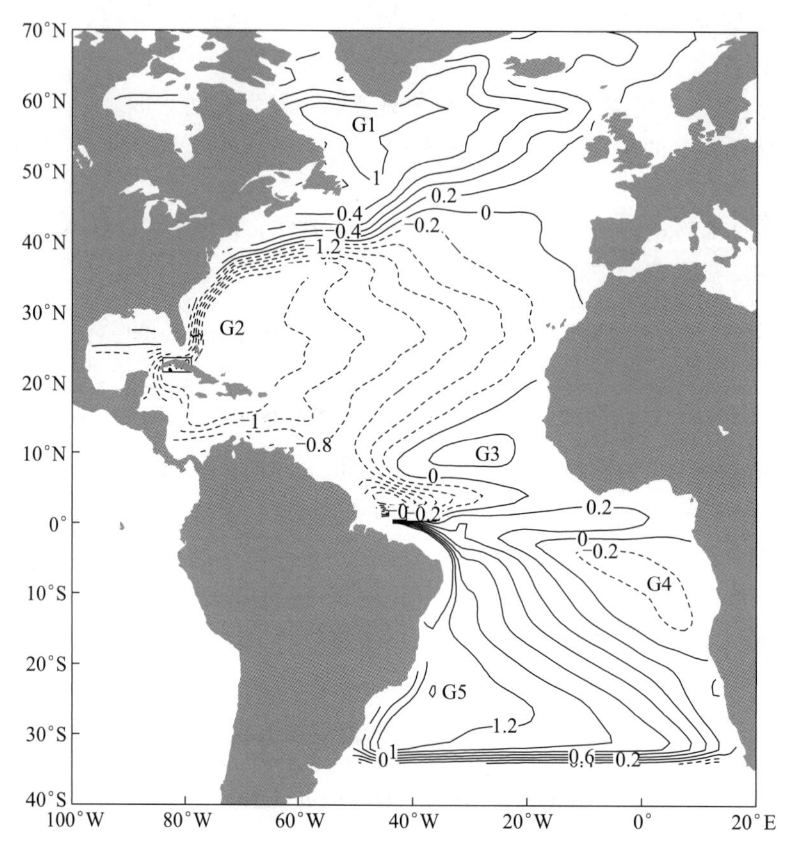

图 5.181 气候平均纬向积分经向流量[由方程(5. 370)定义,深度为 82.5 m,层厚为 15 m,单位为 Sv]。G1 为亚极带流涡,G2 为北半球亚热带流涡,G4 为安哥拉流涡,G5 为南半球亚热带流涡(Jiang 等,2008)。

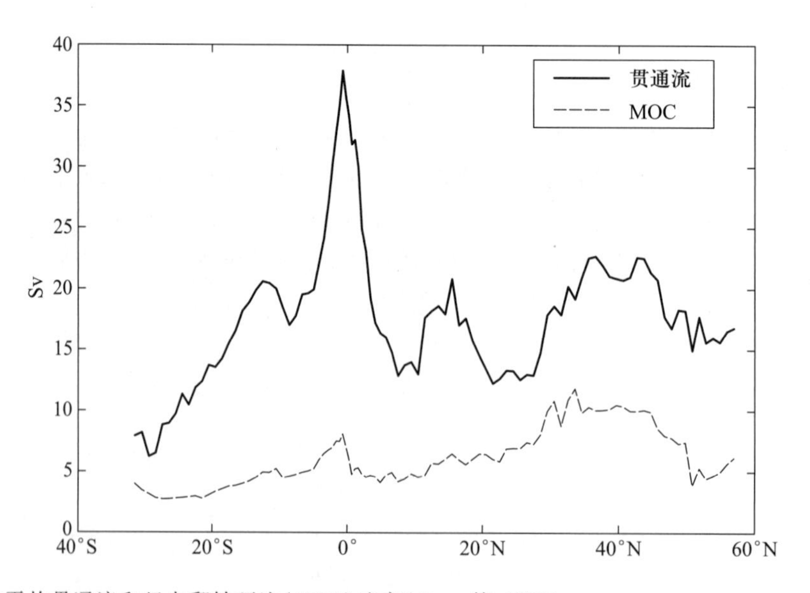

图 5.182 气候平均贯通流和经向翻转环流(MOC)速率(Jiang 等,2008)。

其中，(j_1,j_2) 和 (k_1,k_2) 为所研究的流涡区域，可以为每一流涡选择合适的区域。

2）经向流量

纬向积分的经向流量是由北大西洋深层水环流胞（在其大多数纬度处的南向流量为 18 Sv）与南极底层水环流胞所主导的；在 59°N 处的最大翻转速率估计为 26 Sv。由该模式诊断的对应的贯通流速率近似为 20 Sv，在方程（5.383）中，常用的经向翻转环流速率项略大于 10 Sv（图 5.182）。实测与模式输出结果之间的巨大差异归因于这里所用数值模式的低水平分辨率。

另外，总经向环流速率在 33°N 处达到极大值 95 Sv，在赤道附近达到次极大值 83 Sv（图 5.183 中的粗实线）。因此，总经向环流速率远大于根据纬向积分经向流函数得到的经向流量极大值，后者则是在对数值模式输出结果进行诊断计算时常用的方法。这一重要差别是由于在垂向断面上有多个经向环流胞而在水平面上有多个流涡（或大旋涡）的贡献造成的，而在传统的翻转速率的计算中，这些贡献可以互相抵消。如前所述，可以把在 $\theta-\Theta$ 或 $\theta-\sigma_2$ 平面上定义的各种翻转流函数和翻转速率用于诊断研究。尽管这类翻转速率大于在传统 $\theta-z$ 平面上定义的值，但它们却小于在本节中定义的贯通流速率，并且它们不能提供三维环流的完整信息。

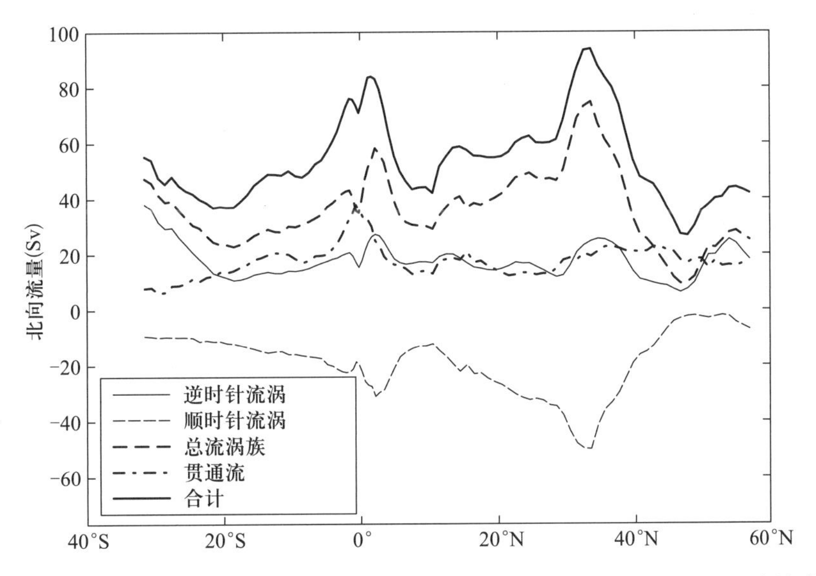

图 5.183　深度积分的气候平均北向流量（单位：Sv），由不同分量产生。水平轴之下的细虚线表示顺时针流涡族产生的流量（在本图中绘成负值）（Jiang 等，2008）。

该算法最重要的特征是它能够清晰地识别风生流涡的动力学作用，其中包括流涡对经向流量和热通量的贡献。这些流涡对总经向流量（图 5.183 中的粗实线）做出了巨大贡献。流涡族所贡献的经向总流量在 33°N 附近有一个极大值 75 Sv。顺时针和逆时针环流的流量极大值是与北亚热带流涡（North Subtropical Gyre，50 Sv）和南亚热带流涡（South Subtropical Gyre，38 Sv）相关联的。

在北大西洋，湾流回流系统之流量最大值相当于 150 Sv（Hogg 和 Johns，1995）。尽管该回流的最大流量中的大部分是纬向的，但其经向流量之最大值也可以相当大。因此，经向环流总速率（如上面所定义的，在北大西洋，它包括经向贯通流、水平风生流涡、中尺度涡和其他的深层回流流涡的贡献）可以超过 100 Sv。

3）经向热通量

大西洋海盆中的向极热通量的最大值估计为0.8 PW。海洋中的总向极热通量有两个主要分量。对于气候态，经向贯通流的热通量在28°N附近达到0.65 PW的极大值，水平流涡族的热通量则在30°N附近达到0.2 PW。贯通流包含了在垂向上多个环流胞的贡献；因此，与常用的经向翻转环流胞（MOC）速率相比，它能更好地描述环流的物理学。

D. 年际－年代变率

1）时间滞后的斯威尔德鲁普方程

对于定常环流，风生流涡的经向流量遵循

$$M = -\frac{f}{\beta}\int_{\lambda}^{\lambda_e} w_e a\cos\theta d\lambda \tag{5.389}$$

$$w_e = \frac{1}{a\rho_0 2\omega\sin\theta}\left(\frac{1}{\cos\theta}\frac{\partial\tau^{\theta}}{\partial\lambda} - \frac{\partial\tau^{\lambda}}{\partial\theta} + \frac{\tau^{\lambda}}{\sin\theta\cos\theta}\right) \tag{5.390}$$

其中，w_e 为埃克曼泵压速率，$f=2\omega\sin\theta$ 为科氏参量，$\beta=df/ad\theta$，a 为地球半径，ω 为地球角速度，θ 为纬度，λ 为经度，τ^{θ} 和 τ^{λ} 分别为风应力的纬向与经向①分量 。

方程（5.389）只能用于定常环流。如4.8节所述，当风应力随时间变化时，由于罗斯贝波的传播速度是有限的，故 λ 站的环流随该站以东的风应力变化进行的调整在时间上有滞后。只有当所有斜压罗斯贝波到达海盆西边界之后，该环流才能完全建立起来；不过，当始自东边界的第一斜压罗斯贝波到达该站时，就表明了每一站的调整接近完成。因此，对应的算式为

$$M(t) = -\frac{f}{\beta}\int_{\lambda}^{\lambda_e} w_e[\lambda,\theta,t-a(\lambda_e-\lambda)\cos\theta/c_g]a\cos\theta d\lambda \tag{5.391}$$

其中，$c_g=\beta R_e^2$ 为罗斯贝波的群速度，R_e 为第一斜压变形半径。

2）北大西洋流涡的年代变率②

经向流量（定义为20°N与40°N之间的经向环流速率）的极大值（maximal strength）和大西洋中的流涡族和贯通流所对应的向极热通量在年代时间尺度上③有大幅度的变化（图5.184）。

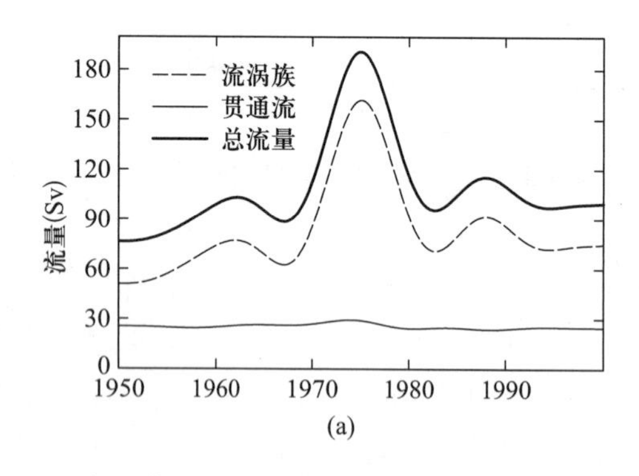

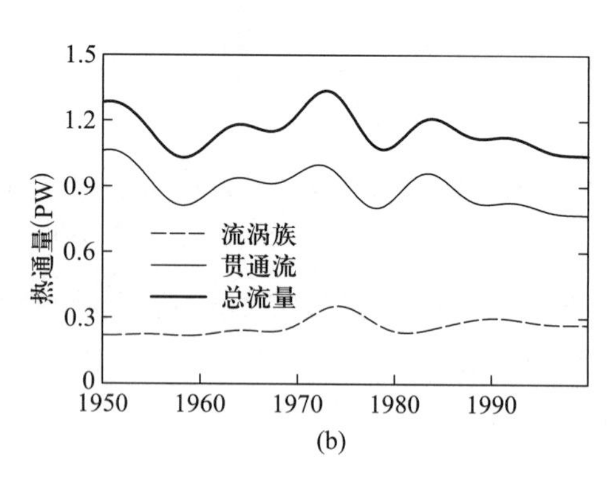

图5.184 大西洋最大向极通量的年代变率（在20°N—40°N之间）：（a）流量；（b）热通量（Jiang等，2008）。

① 原著有排印错误，故改。——译者注

② 原著中为“decadal variability（年代变率）”，但从以下的内容看，似应改为“年代－年代际变率”。——译者注

③ 似应改为“在年代－年代际时间尺度上”。——译者注

最显著的特征是,在 20 世纪 70 年代流涡族迅速强化,显然,这是与 1975—1976 年大气环流的流态转型(regime shift)相关联的。尽管贯通流的流量几乎保持不变,但流涡族速率(gyration rate)①在此时期的上升超过了 100% 。此外,在过去的 50 年内,流涡族似乎是逐渐增强的。

在过去 50 年间,贯通流和流涡族的向极热通量变化很大。贯通流的向极热通量有明显的下降趋势。尤其是,在 20 世纪 70 年代和 80 年代,向极热通量有大幅度的变化;在此期间,流涡族和经向贯通流对它的贡献均增加了,尽管在经向贯通流中对它的增加相对小。这可能是由于上层海洋的热结构发生了很大改变之故,而这种改变则是风生环流对 20 世纪 70 年代大气环流转型之响应。

流涡族的向极热通量也发生了改变。看来,20 世纪 70 年代大气环流的转型对流涡族的向极热通量有显著影响。此外,流涡族的向极热通量在过去的 50 年间略有增加,尽管在此时期,由于贯通流贡献的减弱,向极热通量的总趋势是略微下降的。

5.5.3 温跃层的全球调整

A. 向准稳定状态的调整

1) 导语

古环境替代指标的证据表明,北大西洋深层水的生成量在过去曾不时地大量减少甚至停止,这与全球气候的快速变化相一致(正如在冰芯或其他地方中的记录所表明的;例如,参见 Broecker,1998)。尽管大气响应主要局限于北半球,但在世界大洋传播的行星波可能已经造成了快速的全球变化(Doescher 等,1994)。可以通过研究理想化模式来考察行星波的全球调整过程,在这种模式中,全球环流由线性单一模态来代表。

在 Stommel 和 Arons (1960a)提出的深层环流经典理论中,其主要的假定之一是,环流是定常的。对于非定常的环流,沿着海岸和在赤道波导中传播的行星开尔文波以及罗斯贝波通过输运水团而在建立封闭海盆的环流中起了主要作用(Kawase,1987)。在本节中,我们将把该理论扩展到多个海盆的世界大洋。

2) 模式的构建

我们从赤道 β 平面上的下述线性浅水模式(Kawase,1987) 开始

$$u_t - \beta yv = -gh_x - Ku \tag{5.392}$$

$$v_t + \beta yu = -gh_y - Kv \tag{5.393}$$

$$h_t + H(u_x + v_y) = -\lambda h + Q \tag{5.394}$$

应注意,H 为浅水方程的等效深度,其具体条件将稍后讨论。这样,水平动量方程为地转平衡加上时间变化项和简单的瑞利摩擦 Ku 或 Kv;连续方程包括时间变化项、深水源地分布 Q 和一个简单的瑞利阻尼项 λh。这个模式与斯托梅尔 - 阿朗斯公式之间的最重要的区别是它包含了时间变化项并用 λh 项代替了指定的上升流 。引入以下速度、长度、深度和时间的尺度,并对这些方程进行无量纲化

$$c = (KgH/\lambda)^{1/2}, \quad L = (c/\beta)^{1/2}, \quad H, T = (c\beta)^{-1/2} \tag{5.395}$$

对于 $\lambda = K$,这个方程组简化为

$$u_t - yv = -h_x - ru \tag{5.396}$$

① 这里的 gyration rate 是指所有流涡速率之和。——译者注

$$v_t + yu = -h_y - rv \tag{5.397}$$

$$h_t + (u_x + v_y) = -rh + Q' \tag{5.398}$$

其中,$r = KT$ 为新的无量纲摩擦参量,$Q' = TQ/H$。

离开西边界后,其解由西边界外向东边界传播的赤道开尔文波组成。在东边界,赤道开尔文波被反射成为向西的罗斯贝波,再加上两个向极的开尔文波。在它们向极传播的路径上,沿岸开尔文波发出向西传播的罗斯贝波,并建立了内区的环流。沿着它们的路径,波动振幅由于耗散而逐渐减小。随着环流趋近平衡态,时间变化项就消失了。在西边界为 $X = 0$、东边界为 $X = L_B$ 的海洋中,由开尔文波及其反射的罗斯贝波组成的稳定状态解为(Cane,1989)

$$h = AF, \quad F = (\cos h2r\xi)^{1/2} e^{-y^2/2\tanh 2r\xi} \tag{5.399}$$

其中,A 对于每个海盆为常量,由该模式中的流量平衡来确定;对于非常小的 r,有 $F > e^{-r\xi y^2}$;沿着东边界和赤道有 $F \equiv 1$,而 $\xi = (L_B - X)/L$ 为无量纲的纬向坐标。

当 r 非常小时,两个相邻海盆之间的流量桥接速率① M 主要受控于环绕把海盆分开的大陆南端流动的半地转海流。记其所在的纬度为 y^s,从一个海盆到另一个海盆的流量为 $M = \Delta h / y^s$,其中 Δh 为跨边界流的层厚变化。例如,印度洋海盆中的体积平衡是流入流量等于海盆中的上升流量加上流出流量

$$(A_A - A_I F_{Iw}) / y^s_{A,I} = r \iint_{S_I} h dx dy + (A_I - A_P F_{Pw}) / y^s_{I,P} \tag{5.400}$$

下标 A、I 和 P 分别表示大西洋、印度洋和太平洋;S_I 为印度洋的表面积;$F_{Iw} \simeq e^{-r\xi_{Iw} y^s_{I,P} y^s_{I,P}}$,$\xi_{Iw}$ 为印度洋的西边界;$y^s_{A,I}$($y^s_{I,P}$)为分开大西洋与印度洋(印度洋与太平洋)的陆地南端(图 5.185)。

对于小的摩擦,在 r 的一阶近似上,有 $r \iint_{S_I} h dx dy \simeq r A_I S_I$。对于太平洋,有一个类似的关系

$$(A_I - A_P F_{Pw}) / y^s_{I,P} = r \iint_{S_P} h dx dy + A_P / y^s_{P,A} \tag{5.401}$$

另外,我们有世界大洋的总体积平衡

$$Q' = r(A_A S_A + A_I S_I + A_P S_P) \tag{5.402}$$

将方程(5.400)、(5.401)和(5.402)结合在一起,就可以得到解。当 r 很小时,方程(5.400)和(5.401)的右边第一项可以忽略。

3)数值实验

采用 $\Delta x = 1°$ 和 $\Delta y = 0.5°$ 对该模式进行数值积分。为了恰当地模拟海平面和主温跃层,利用了第一和第二斜压模态的一种组合,等效深度尺度为 $H = 0.92$ m(Zebiak 和 Cane,1987)。瑞利摩擦和阻尼系数取为 $K = \lambda = 4 \times 10^{-10}$/s,它对应于无量纲摩擦系数 $r = 4.8 \times 10^5$。平均主温跃层深度取为 300 m,它所对应的跨密度面扩散系数为 0.36×10^{-4} m^2/s,它大于根据示踪物释放实验推断的开阔大洋的低混合系数 10^{-5} m^2/s;不过,它小于从全球示踪物收支平衡所推断的基准值(pivotal value)$O(10^{-4}$ m^2/s)。

目前,从大西洋穿过赤道的北大西洋深层水的速率约为 10 Sv,在模式中它均匀地分布在北大西洋50°N 以北的纬度圈上。在模式运行了 500 年之后,该解似乎趋于准稳定状态。要注意,

① 原著中为 volumetric communication rate,其中似省略了 flux,故译为"流量"。——译者注

深水形成之减少相当于上层水的一个源和下沉水的一个汇。因此,下面要讨论的 h 场应该诠释为以响应深水形成之减少而出现的温跃层的下沉运动,或者诠释为它对深层水形成增速之响应而出现的上升运动。

我们进行了若干数值实验,其中包括了用高度理想化的矩形海盆来代表世界大洋的实验(图 5.185)。从这些数值实验中得到的所有结果均与简单公式的结果非常吻合。作为一个例子,在图 5.186 中给出了用实际岸线得到的实验结果。

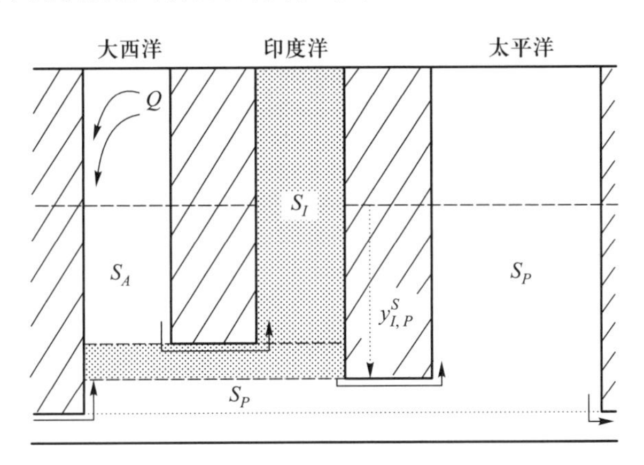

图 5.185 在理想化世界大洋中,由深层水点源 Q 驱动的环流。S_A、S_I 和 S_P 为每个大洋的面积,$y_{I,P}^s$ 为分隔印度洋和太平洋的大陆南端(Huang 等,2000)。

第一种情况是控制实验,关闭了印度尼西亚海峡,非洲、澳大利亚和美洲大陆的南端分别取为34 °S、44 °S 和55 °S,世界各大洋中温跃层深度的扰动振幅分别为 $A_A : A_I : A_P = 105 : 87 : 46$(m)[图 5.186(a)]。这样,浅水模式预测,10 Sv 的深水形成速率引起的温跃层向上移动了 50 ~ 100 m。假设 $r > 0$,那么方程 (5.400)、(5.401) 和(5.402)的误差小于10%。这些误差的来源有三:忽略了摩擦、在数值模式中对实际海岸线采用锯齿形近似而产生的额外耗散以及该解没有完全达到稳定状态。值得注意的是,有一支 3 Sv 的海流流过德雷克海峡。从方程 (5.402)容易看出,如果摩擦系数减小到原来的 1/10,那么这支回流将增大 10 倍,因为该扰动的幅度与 r 成反比。

在第二种情况中,开放印度尼西亚海峡,温跃层扰动量之比为 $A_A : A_I : A_P = 106 : 67 : 54$[图 5.186(b)]。印度洋与太平洋之间的有效边界之南端向北移到了9.1°S,它离赤道仍足够远,所以该边界流是由地转控制的。深水流动因有印度尼西亚海峡而走了捷径。这个直接的路径在太平洋中使温跃层深度略微增加。通过印度尼西亚海峡的流量为 3.3 Sv。同样,若把 r 减小到 1/10 就会使流量增加 10 倍。

在第三种情况中,把印度尼西亚海峡和德雷克海峡都关闭,这样,温跃层扰动量之比为 $A_A : A_I : A_P = 98 : 81 : 43$[图 5.186(c)]。由于德雷克海峡已关闭,故方程 (5.400)和方程(5.401)都需要修改:把方程 (5.401)右边的最后一项删除,并且把太平洋海盆的面积扩展到南极洲沿岸。令人感兴趣的是,在这个简单模式中,全球海洋中的温跃层调整对德雷克海峡是否关闭并不敏感。然而,德雷克海峡在控制世界大洋温跃层和热盐环流中起着至关重要的作用,因此,对这个结果的意义应该谨慎地阐释。

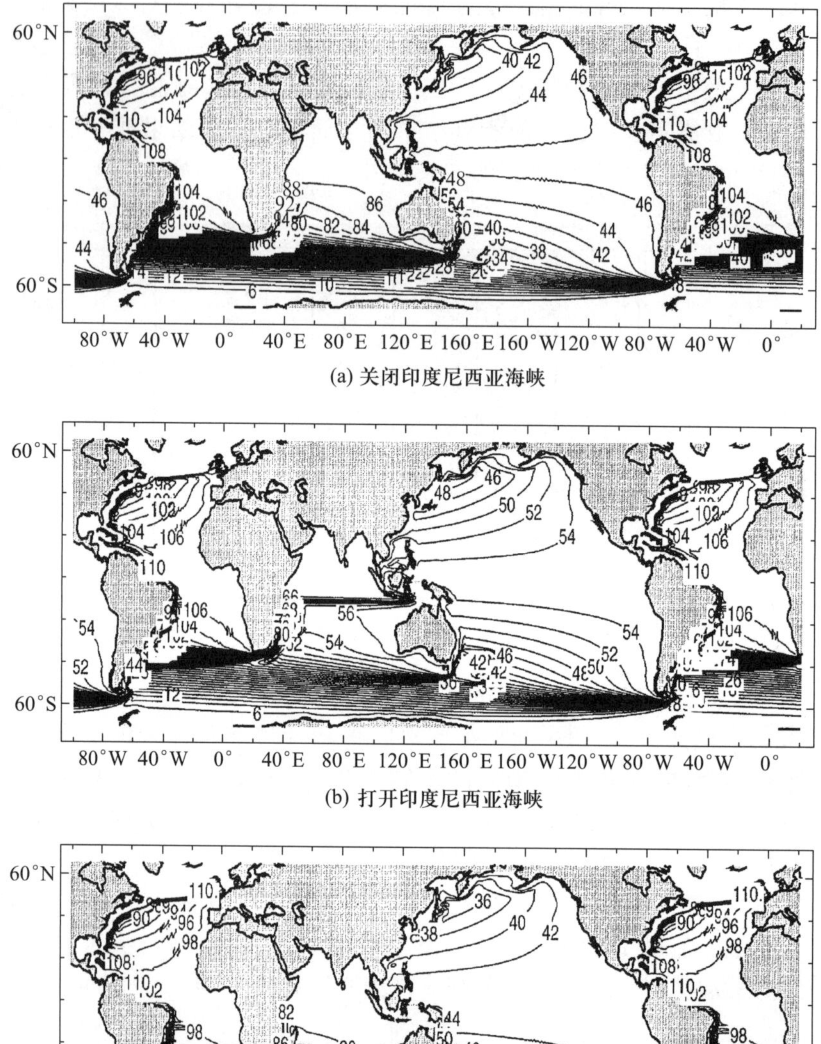

(a) 关闭印度尼西亚海峡

(b) 打开印度尼西亚海峡

(c) 关闭印度尼西亚海峡，关闭德雷克海峡

图 5.186　由北大西洋深层水的 10 Sv 水源所引起的温跃层之位移(单位:m)(Huang 等,2000)。

4）开尔文波和罗斯贝波的作用

上述定常解是由开尔文波和罗斯贝波建立起来的。当北大西洋深层水形成时,开尔文波在深水形成地生成并传播到世界各大洋的其他区域,如图 5.187 所示。

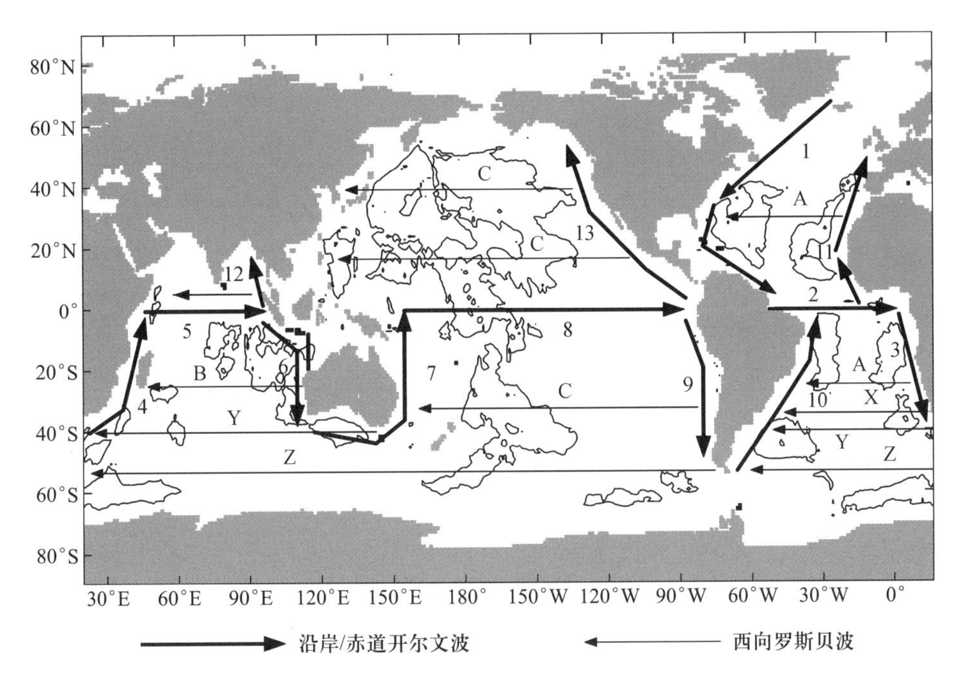

图 5.187 在世界大洋中由深水形成的信号传播(以开尔文波和罗斯贝波形式)示意图。印度尼西亚海峡被澳大利亚西北角附近的一座人造陆桥所阻挡。

开尔文波的路径如下:首先,它们以沿岸开尔文波的形式沿着北美洲的东岸向南传播(路径1)。在赤道上,这些波转向东,沿着赤道波导传播(路径2)。在东边界处它们分叉,成为向极开尔文波(路径3和11)。在绕过好望角之后,它们继续沿着非洲的东岸向赤道传播(路径4)。类似地还有其他通道(路径5~9)。

当开尔文波沿着每个海盆的东边界向极运动时,它们发出了向西的罗斯贝波,如图5.187中的细线所示(标记为A、B和C);这些罗斯贝波将信号传到大洋内区。

开尔文波传播得很快:对于第一斜压模态,波速为3 m/s。一个月之内,这些信号就可以到达赤道西大西洋[图5.188(a)]。开尔文波从这里起沿着赤道传播。到达东边界后,这些信号沿着海岸向两极传播,进入南北半球,产生了向西传播的罗斯贝波。

第一个信号将在一年之内到达赤道印度洋,但是大约需要五年的时间才可探测到它在那里的振幅[如5.188(a)中的虚线所示]。从那里起,再有5年时间才能在赤道太平洋生成显著的信号[图5.188(a)中的点画线],尽管第一信号的变化将在一年之内到达赤道太平洋。

这些信号到达大洋内区就需要更长的时间,因为只有在各个海盆东海岸生成的罗斯贝波才能到达远离赤道的区域(由图5.187中带箭头的细线表示)。纬度越高,信号回到西边界所需的时间越长。例如,在南大西洋中的一个站(20°S,30°W)上,在第3年才能见到信号;信号到达南印度洋的站(20°S,50°E)是在第5年;到达南太平洋的站(20°S,170°E)是在第12.5年[图5.188(b)]。

在40°S处,信号到达的滞后时间就长多了。在第10、16和25年到达对应的经度位置[图5.188(c)]。对应的罗斯贝长波的路径在图5.187上由带箭头的细线X、Y和Z表示。非常值

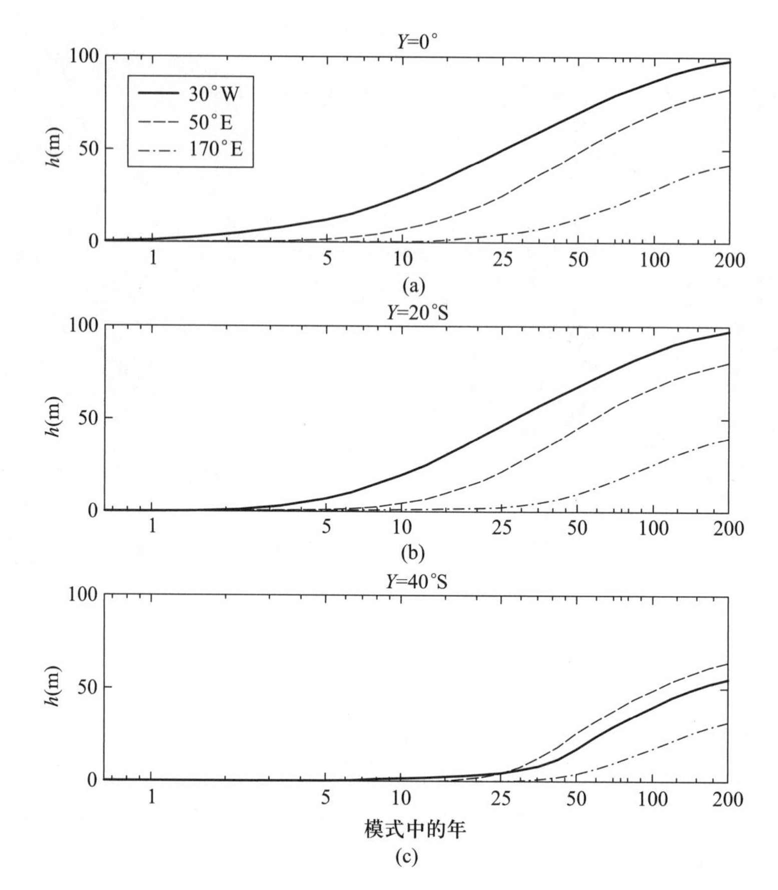

图 5.188 世界大洋中不同地点深度距平的时间演变，表明由于开尔文波和罗斯贝波的传播产生了时间滞后。

得注意的是，信号通过两条路径到达南大西洋的站(40°S,30°W)。第一条路径是来自大西洋内部的向西传播的弱罗斯贝波信号。而当印度洋中的罗斯贝波到达这个位置时，其信号就强得多了，但是这些信号用了25年才到达那里。

因此，南美洲的东部沿海由三个流区构成(图5.185)，分别由沿着非洲南岸(S_A)，澳大利亚沿岸(S_I，阴影区)和南美洲西岸(S_P)生成的罗斯贝波所控制。倘若罗斯贝波用长得多的时间并经过更长的距离到达了高纬度区，那么这些地点的温跃层对南大西洋深水形成的变化之响应就要远远滞后了。

B. 较短时间尺度上的调整

Johnson 和 Marshall (2002)讨论了在月际至年代际的时间尺度上，全球温跃层通过斜压开尔文波和罗斯贝波调整的详情。作为一个例子，假设在初始时刻，海洋是静止的并且温跃层深度为常量(等于500 m)。在 $t=0$ 时，有一个流量为10 Sv的深水源。图5.189给出了温跃层深度在月际时间尺度上的演变。由于第一个斜压开尔文波传播颇快，故它从北边界传播到赤道用了不到1个月，而穿过赤道也用不了1个月。

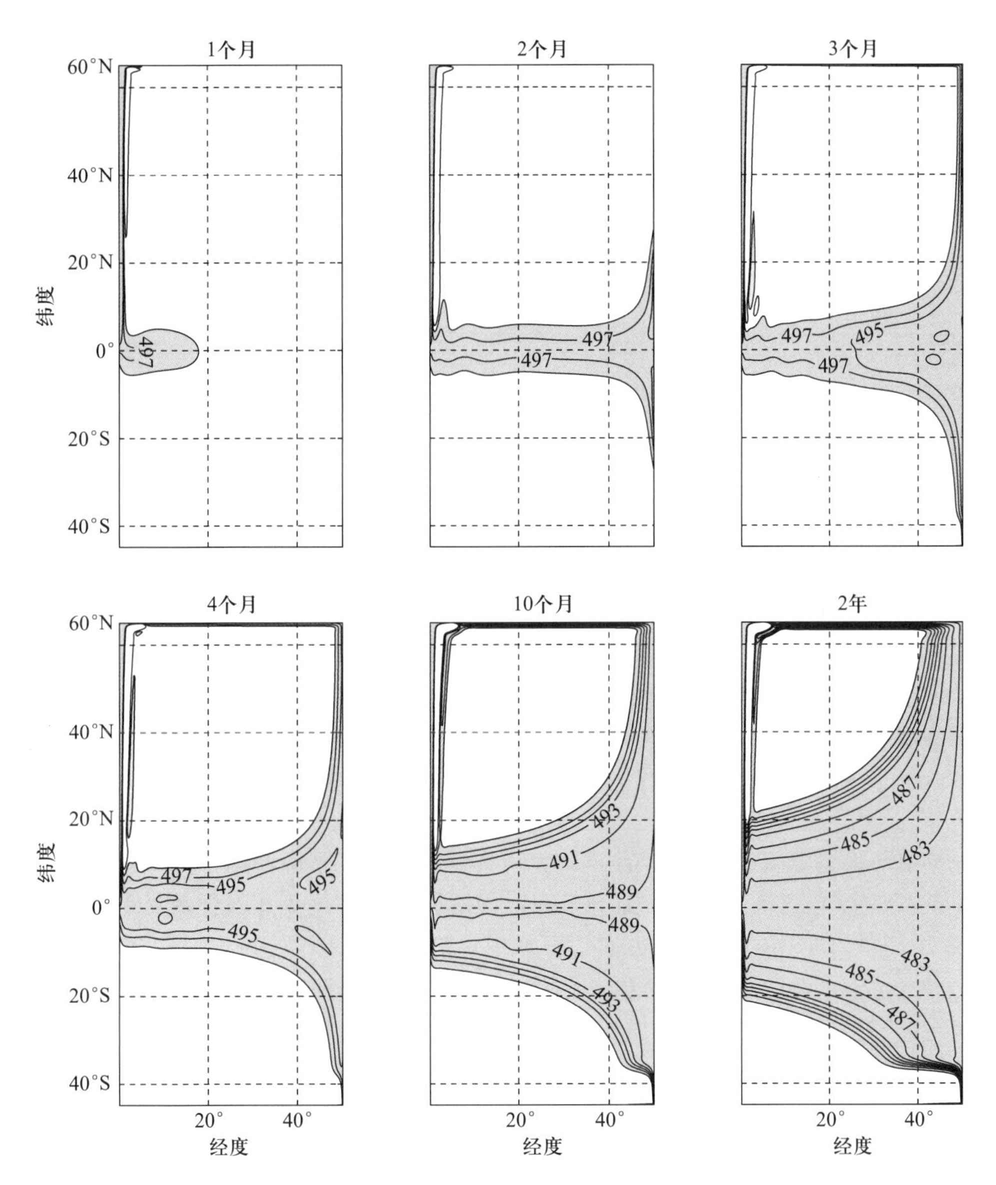

图 5.189 在一个 10 Sv 的深水源启动后，表层厚度的时间演变。在南边界有一个海绵层，图中可以清晰地看出其影响（Johnson 和 Marshall，2002）。

1）沿着经向边界的层厚分布

在东边界上，上层厚度近似为常量，但它随时间近乎线性地减小[图 5.190(a)]。

- 在东边界，上层厚度为常量，归因于东岸处的无通量边界条件；因此，弱摩擦导致地转流；这样，该层的深度大体上与 y 无关。
- 在西岸，该层的深度不为常量，归因于西边界流的摩擦，也有惯性项的潜在贡献。

2）预测东边界层厚的时间滞后方程

通过斜压罗斯贝波对海盆内部进行调整

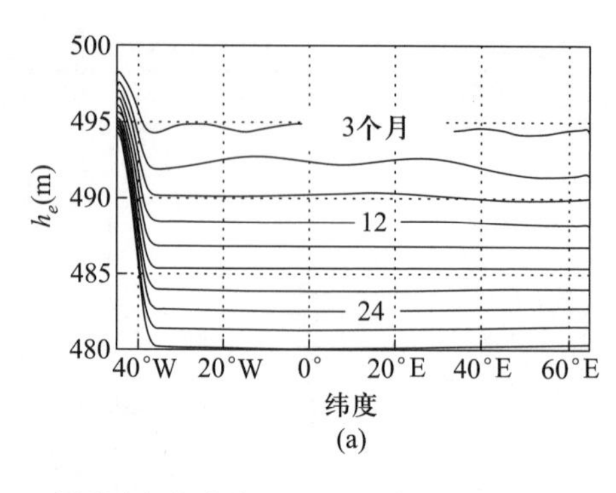

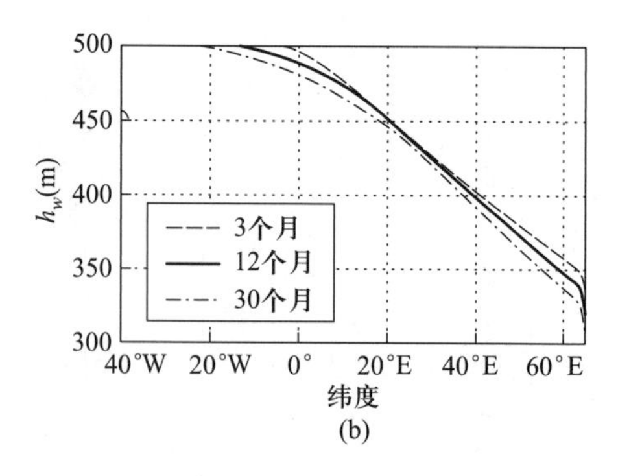

图5.190 表层厚度的演变:(a)沿着东边界;(b)沿着西边界(Johnson和Marshall,2002)。

$$\frac{\partial h}{\partial t}-\frac{c}{a\cos\theta}\frac{\partial h}{\partial\lambda}=0,\quad c=\frac{\beta g'H}{f^2}\tag{5.403}$$

应注意,罗斯贝长波的波速是纬度的函数。基于准地转理论,依据层化数据并利用一个简单的理论公式就很容易计算罗斯贝长波的波速(Chelton等,1998)。然而,卫星观测表明,根据卫星观测数据诊断出的波速不同于根据准地转理论的正规模态之本征值问题所预测的波速。Chelton和Schlax(1996)首次报道了它们之间的差别,如图5.191(b)中的黑点(卫星数据分析)和黑线(理论)所示。由于现在有更精细的卫星数据,故对这个问题已经进行了更细致的探讨。近来,Chelton等(2007)的研究揭示了近乎线性的大尺度涡和强非线性的较小尺度涡传播之复杂图像[图5.191(a)]。显然,需要对旋涡动力学进行更为深入的研究。

在理论值与根据卫星实测的诊断结果之间,其差别的主要来源归因于海洋中存在强流和旋涡。在这条思路上,已经有许多研究致力于海洋中的波动-平均流相互作用;不过,对于这个两难问题,一个简单而实用的解决办法就是根据卫星数据来诊断波速,如Qiu(2003)所示的图5.192。另外,由于之前讨论的模式仅是一个针对理解环流物理原理的理论工具,故可采用简单的算式(5.403)进行计算。

积分这个方程导出

$$\frac{\partial}{\partial t}\int_{\lambda_w}^{\lambda_e}ha\cos\theta d\lambda=c[h_e(t)-h_b(\theta,t)]\tag{5.404}$$

其中,h_b为在西边界外缘的层厚,h_e为东边界上的层厚。由于h_b由来自东边界的罗斯贝波所定,故我们有以下时间滞后关系式

$$h_b(t)=h_e\left(t-\frac{L}{c}\right)\tag{5.405}$$

其中,$L/c=t^*(\theta)$为罗斯贝波跨过海盆的时间。积分连续方程给出

$$\frac{\partial}{\partial t}\int_{\lambda_w}^{\lambda_e}ha\cos\theta d\lambda=-\frac{\partial T(\theta,t)}{a\partial\theta}\tag{5.406}$$

其中,$T(\theta,t)$为西边界流的流量

$$\frac{\partial}{a\partial\theta}T(\theta,t)=c[h_e(t-L/c)-h_e(t)]\tag{5.407}$$

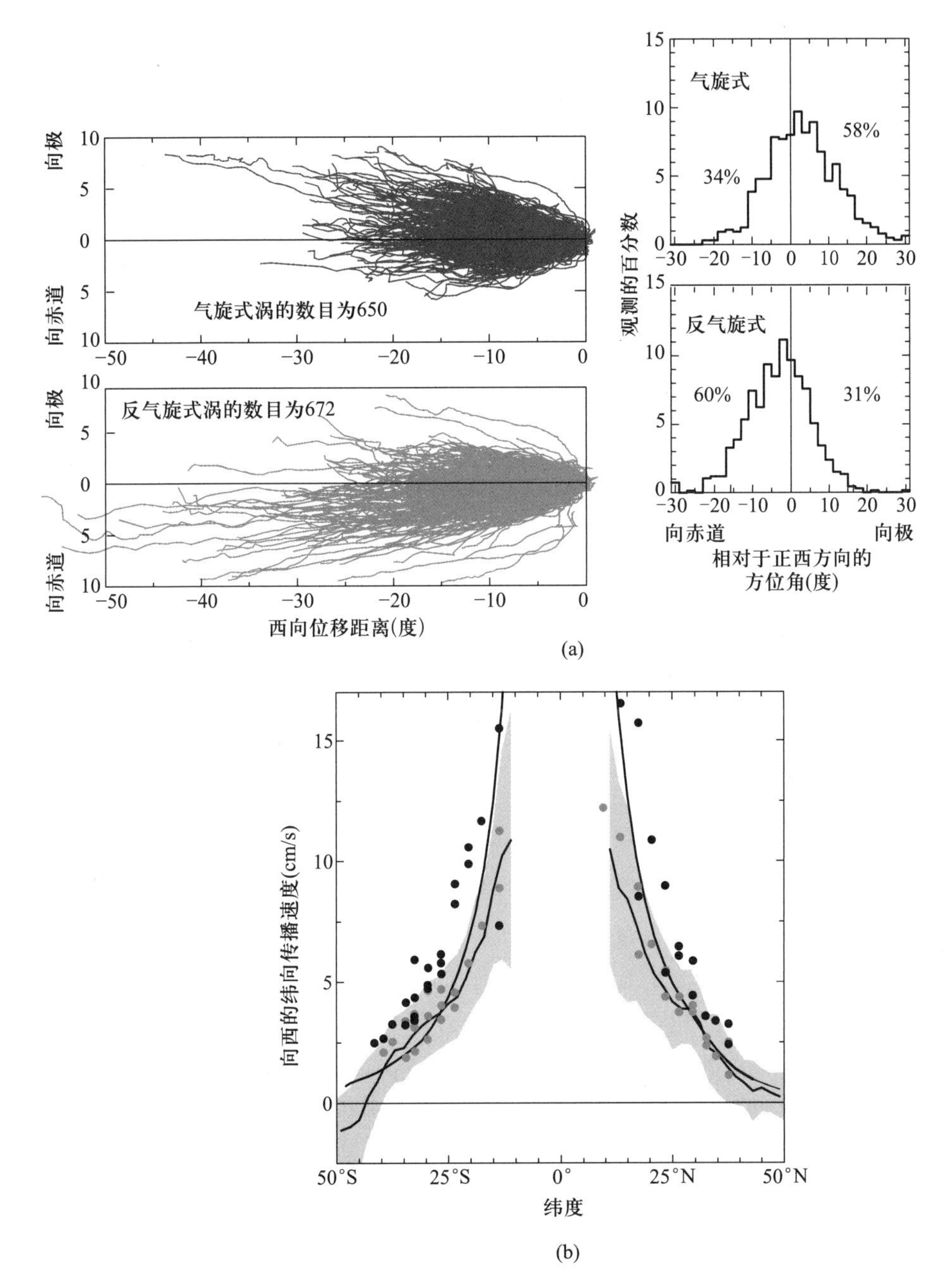

图 5.191 (a) 全球旋涡(寿命≥12 周)的传播;左图表示相对位置的变化①,右图为相对于正西方向的平均传播角的直方图;(b) 大尺度 SSH(黑点)和小尺度涡(红点)向西的纬向传播速度随纬度的变化;红线表示所有寿命≥12 个月的旋涡之纬向平均传播速度,灰色阴影表示每一纬度带上中央 68% 旋涡的分布范围,黑线表示非频散斜压罗斯贝波的传播速度(Chelton 等,2007)。(参见书末彩插)

① 原著中此图的横坐标“longitude(经度)”并不确切,故改。——译者注

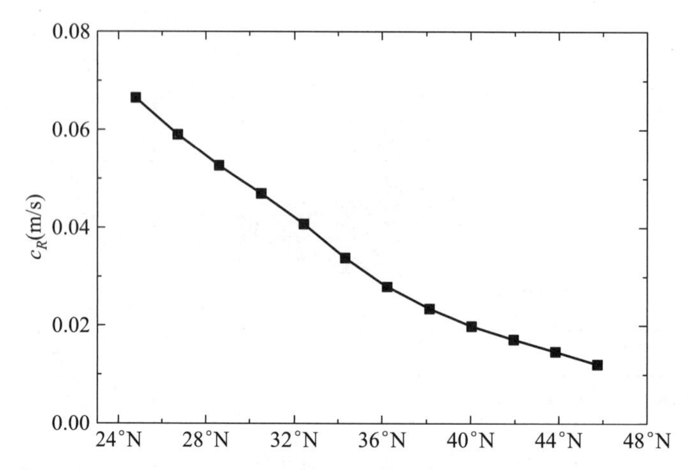

图 5.192 第一斜压罗斯贝波西向相速度随纬度的变化,根据卫星观测数据诊断结果(Qiu,2003)。

在海盆所在纬度区,对方程(5.407)积分导出

$$h_e(t) = \frac{1}{\int c(\theta)ad\theta}\left\{\int h_e\left[t - \frac{L}{c(\theta)}\right]c(\theta)ad\theta - T_N + T_S\right\} \tag{5.408}$$

其中,$T_S = g'(h_e^2 - h_0^2)/2f_s$ 和 T_N(指定)分别为在西边界南端和北端的流量(图 5.193)。这是一个描述东边界温跃层厚度时间演变的时间滞后方程。前面已清楚指出,该信号到达赤道要 1 个月。此时,大部分水由通过向赤道的开尔文波(equator-bounded Kelvin waves)向东运动[图 5.193(a)]。在从东边界发出的罗斯贝长波到达西边界之后,西边界流就逐渐建立起来[如图 5.193(b)所示]。

5.5.4 混合层在调节经向质量/热量通量中的动力作用

A. 真正控制经向翻转环流的是什么?

大多数有关海洋环流能量学的研究主要专注于次表层跨密度面混合在调节经向翻转环流和向极热通量中的重要作用。然而,海洋通过表面波和埃克曼层中的非地转流接收到了巨量的机械能。人们通常认为,在上层海洋中,大部分的这种能量主要通过海洋混合层中的湍流耗散掉了。然而,有一个尚未解答的问题是:通过表面波和非地转流动输入的巨量机械能以什么方式对海洋环流稳定状态中的经向翻转环流和向极热通量的维持和调节做出贡献呢?

在本节中,我们来探讨混合层的深度分布在调节经向翻转环流和向极热通量中的作用。特别是,我们来考察混合层深度、维持热盐环流所需能量、经向翻转环流和向极热通量之间的联系。

大洋混合层是大洋总环流中最重要的分量之一,因为它是海洋与大气之间的缓冲器。一般说来,混合层深度是由外部机械能输入和表层浮力强迫力所控制的。当混合层较浅时,其深度由风应力产生的(wind-stress-induced)湍流所控制;然而,当混合层较深时,海面湍流就不能穿透到混合层底部,因此,此时的混合层深度主要由海面冷却引起的对流调整所控制。

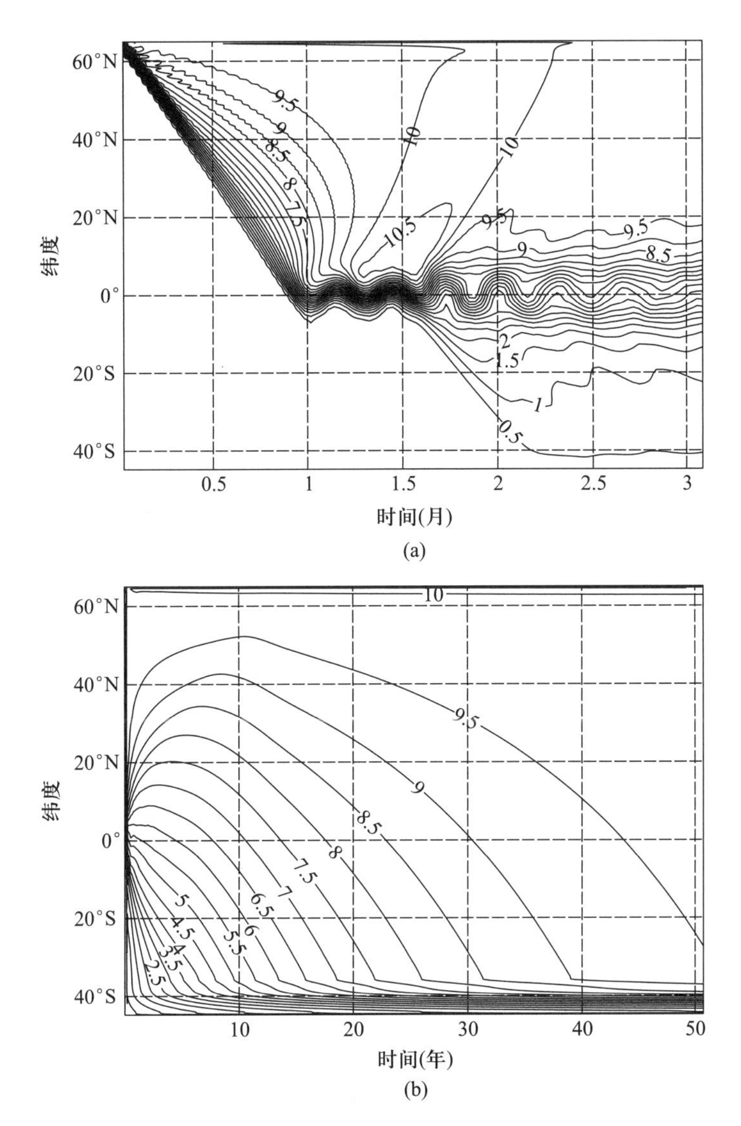

图 5.193 北向净流量(单位:Sv)随纬度和时间的变化:(a) 开尔文波的初始响应;(b) 更长时间尺度上的调整(Johnson 和 Marshall,2002)。

在高纬度区,混合层产生有效扰动的唯一途径是通过海面冷却。在采用线性状态方程的稳态模式中,混合层应该穿透到海底,所以这种扰动就不能改变经向压强差。结果,在高纬度区,混合层的扰动就不能使经向环流和向极质量/热量通量发生改变。类似地,在中纬度区,混合层的扰动只能轻微改变经向翻转环流和向极质量/热量通量[如图 5.194(a)、(b)所示]。

在低纬度区,对混合层的扰动可以引起经向翻转环流和向极质量/热量通量的改变,我们将在下面的讨论中进行解释。

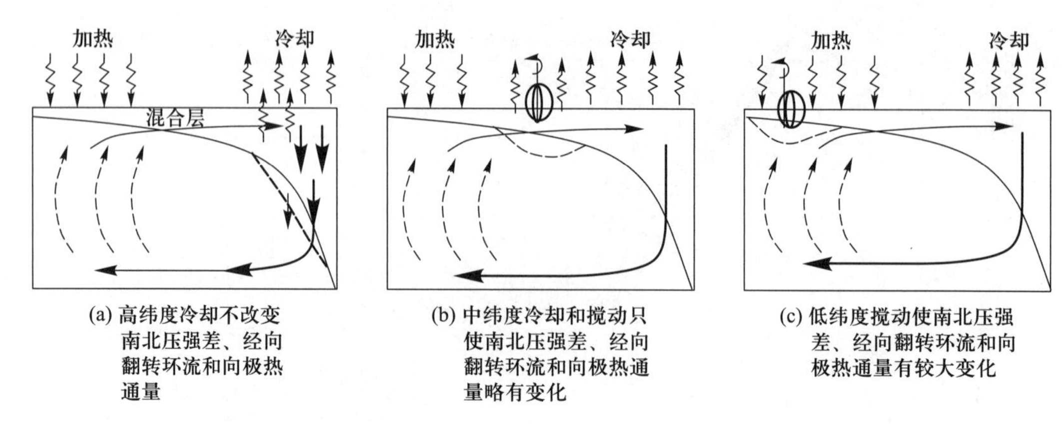

(a) 高纬度冷却不改变南北压强差、经向翻转环流和向极热通量

(b) 中纬度冷却和搅动只使南北压强差、经向翻转环流和向极热通量略有变化

(c) 低纬度搅动使南北压强差、经向翻转环流和向极热通量有较大变化

图 5.194 三种类型混合层扰动的示意图,其中包括海面热力和机械强迫力的距平。

B. 简单的二维模式

假设二维模型海洋的宽度为 L、深度为 H,在混合层之下的层化为常量。模型海洋处于没有季节变化的稳定状态。假设状态方程是线性的:$\rho = \bar{\rho}(1 - \alpha T)$,其中,$\alpha$ 为热膨胀系数,故没有混合增密效应。因此,在北边界处,混合层深度 h 应该等于深度 H,假设在整个海盆中,h 的分布为纬度的线性函数

$$h(y) = H(ay + 1 - a) \tag{5.409}$$

其中,$y = (\theta - \theta_0)/\Delta\theta$,$\Delta\theta$ 为该模型海洋的经向距离,$a \leqslant 1$ 是一个无量纲的常数。混合层中的密度是垂向均匀的,并且是纬度的线性函数

$$\rho_m = \rho_0 + \Delta\rho y(-h \leqslant z \leqslant 0, \quad 0 \leqslant y \leqslant 1) \tag{5.410}$$

由于混合层之下的层化假设为常量,故海洋内区的密度可以写为

$$\rho_i = \rho_0 + \Delta\rho - \frac{\Delta\rho}{aH}(H + z)(-H \leqslant z < -h) \tag{5.411}$$

其中,ρ_0 是在模型海盆南边界处的混合层密度,$\Delta\rho$ 为南、北边界之间的混合层密度差。在图 5.195(a)中,给出了三种不同混合层深度分布的典型密度廓线。

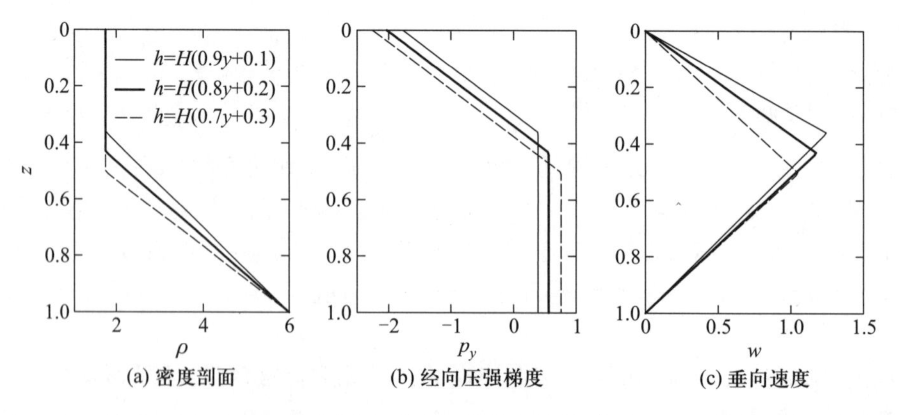

(a) 密度剖面 (b) 经向压强梯度 (c) 垂向速度

图 5.195 在 $y = 0.3$ 站处,对应于三种不同混合层深度廓线的解结构(均为无量纲单位):(a) 密度廓线;(b) 经向压强梯度;(c) 垂向速度(Huang 等,2007)。

如果在低纬度区增加混合层深度[图5.196(a)],那么在稳定状态下,这就实际上加强了混合层之下的层化(即上述公式中的 $\Delta\rho/aH$)。

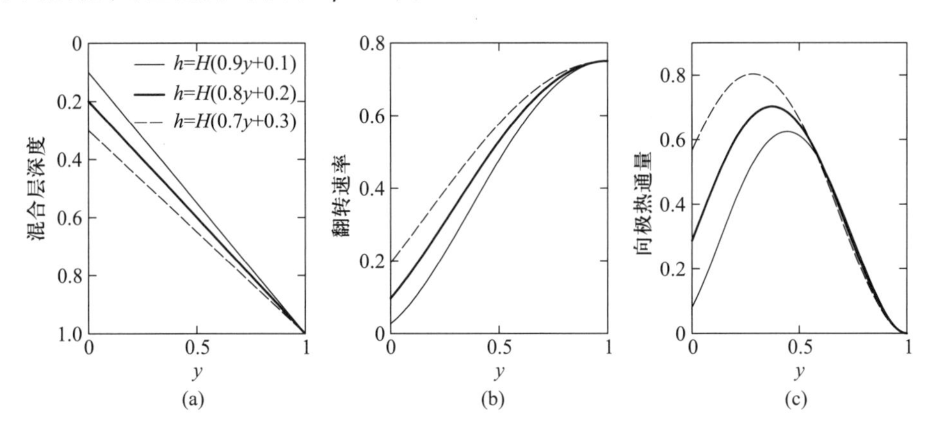

图5.196 对应于三种不同混合层深度廓线的解的经向结构(均为无量纲单位):(a) 混合层深度;(b) 经向翻转速率;(c) 向极热通量(Huang等,2007)。

在刚盖近似之下,混合层中的压强可以通过从 $z=0$ 向下积分求得

$$p_m = p_a - g\rho_m z = p_a - g(\rho_0 + \Delta\rho y)z \tag{5.412}$$

其中,$p_a(y)$ 为未知"气压"。海洋内区及其在混合层之下的压强为

$$p_i = p_a + g\rho_m h + g\int_z^{-h}\rho_i dz \tag{5.413}$$

根据这两个关系式①,我们得到,在这两个区域中的经向压强梯度为

$$p_{m,y} = p_{a,y} - g\Delta\rho z \tag{5.414a}$$

$$p_{i,y} = p_{a,y} + g\Delta\rho h \tag{5.414b}$$

其中的第二个下标表示对 y 的偏导数。可以按照下面的方法来消去未知气压梯度 $p_{a,y}$。

首先,我们假设经向速度与经向压强梯度成正比

$$v = -cp_y \tag{5.415}$$

其中,c 为常数。

其次,在布西涅斯克近似下,连续性要求跨过每一经向位置 y 的垂向积分的经向流量必须为零,由此得到

$$\int_{-H}^{0} p_y dz = 0 \tag{5.416}$$

将(5.414a)和(5.414b)式代入方程(5.416)导出了确定未知的气压梯度的关系式

$$p_{a,y} = -g\Delta\rho h\left(1 - \frac{h}{2H}\right) \tag{5.417}$$

因此,对应于混合层及其之下的压强梯度为

$$p_{m,y} = -g\Delta\rho\left[h\left(1 - \frac{h}{2H}\right) + z\right] \tag{5.418a}$$

① 注意,上式中下标 m 表示混合层之下,i 表示内区。——译者注

$$p_{i,y} = \frac{g\Delta\rho}{2H}h^2 \tag{5.418b}$$

在图5.195(b)中,给出了典型的经向压强梯度廓线。容易看出,如果在给定站位上增加混合层深度,那么混合层和海洋内区的经向压强梯度就会增大。因此,经向翻转环流应该加强,因为在模式中经向速度与经向压强梯度成正比。

将(5.418a)和(5.418b)式代入方程(5.415),对应的混合层与内区下层中的经向速度廓线分别为

$$v_m = cg\Delta\rho\left[h\left(1 - \frac{h}{2H}\right) + z\right] \tag{5.419a}$$

$$v_i = -\frac{cg\Delta\rho}{2H}h^2 \tag{5.419b}$$

连续方程为

$$v_y + w_z = 0 \tag{5.420}$$

由于在海面或者海底处,垂向速度消失,那么在每一经向位置上,它就可以通过垂向积分算出

$$w = -\int_z^0 v_y dz \tag{5.421}$$

在图5.195(c)中给出了典型的垂向速度廓线。

为了在每一站上找到北向和南向流动之间的边界,我们利用方程(5.419a)并设$v_m=0$,由此导出了经向速度零层所在的垂向位置

$$h_0 = -h(1 - h/2H) \tag{5.422}$$

根据定义,经向速度在深度h_0处变号;因此,经向翻转速率为

$$\Psi = -\int_0^{h_0} v_m dz = \frac{cg\Delta\rho}{2}h^2 (1 - h/2H)^2 \tag{5.423}$$

向极热通量可以计算如下。向极热通量为

$$\begin{aligned} H_f &= c_p\int_{-H}^0 \bar{\rho}vTdz = -\frac{c_p}{\alpha}\left(\int_{-h}^0 v_m\rho_m dz + \int_{-H}^{-h} v_i\rho_i dz\right) \\ &= \frac{c_p}{\alpha}\frac{cg\Delta\rho^2}{4aH^2}h^2 (H - h)^2 \end{aligned} \tag{5.424}$$

我们假定可以利用一维垂向平流与垂向扩散之间的平衡来近似地处理海洋内区的密度平衡

$$w\frac{\partial\rho}{\partial z} = \kappa\frac{\partial^2\rho}{\partial z^2} \tag{5.425}$$

利用这个方程,可得混合系数的尺度$\kappa = WD$,其中,W和D分别为垂向速度和层化水的厚度之尺度。因此,维持海洋内区混合所需的机械能估计为

$$e_i = \kappa(\rho_0 + \Delta\rho - \rho_m) = W(H - h)(\Delta\rho - \Delta\rho y) = \frac{cg\Delta\rho^2}{H}h(H - h)^3 \tag{5.426}$$

可以利用三种不同线性混合层深度廓线[图5.196(a)]来探讨经向翻转环流和向极热通量对模型海洋中混合层特性量变化之敏感性。如上节所述,在我们的简单模式中,混合层深度应该等于北边界处的海洋深度H,因而这三种情况之间的差异出现在低纬度区。容易看出,在这些情况中,如果在中低纬度区混合层深度比较大,那么那里的环流速率也较大,但是在北边界它却保

持不变[图 5.196(b)]。与此同时,它使得向极热通量加强了,且向极热通量之极大值的位置则随着低纬度区混合层深度的加深而向低纬度区移动 [图 5.196(c)]。

另外,在中高纬度区,若取最深的混合层深度 $h = H(0.7y + 0.3)$,那么混合层底部的上升流速率就是最低的,尽管它在南边界是最高的[图 5.197(a)]。类似地,在中高纬度区,维持次表层跨密度面混合所需的能量是最低的,并且对于维持次表层跨密度面混合来说,其对应的经向累计能量则在这三种情况中是最小的[图 5.197(b)和(c)]。

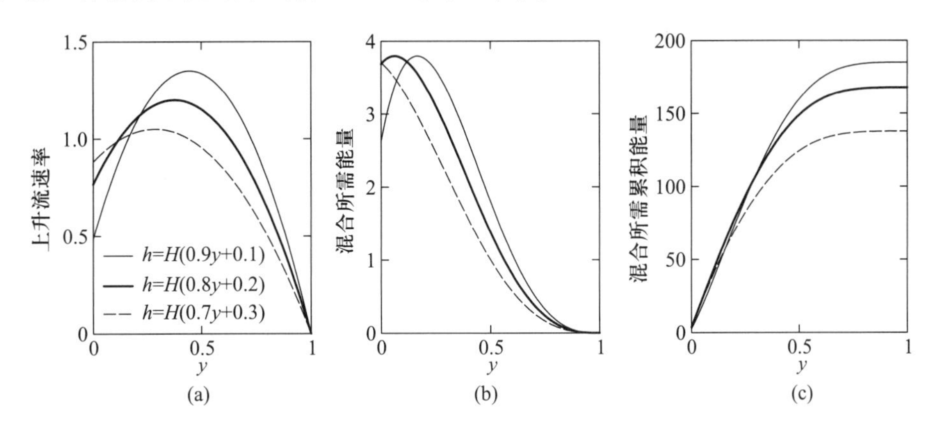

图 5.197 对应于三种不同混合层深度廓线的解的经向结构(均为无量纲单位):(a) 上升流速率;(b) 支持跨密度面混合所需能量;(c) 维持混合所需的经向累计能量(Huang 等,2007)。

相反,对于在低纬度区的浅混合层 $h = H(0.9y + 0.1)$ 来说,经向翻转环流所输送的水和热量都较少;尽管如此,但环流却可能需要更多能量来维持次表层跨密度面混合(如图 5.196 和图 5.197 所示)。

这样,这三种情况表明,当低纬度的混合层较深时,经向翻转环流胞就能输送更多的中低纬度的水,以及更多的向极热通量;同时,该环流就可以需要较少的机械能用以维持海洋内区的跨密度面混合。

C. 从一个大洋总环流模式得到的结果

以上讨论的解析模式是一个高度简化的二维模式。从一个基于大洋总环流模式(OGCM)的数值实验中也能够得到类似的结果。在大多数已有的模式中,利用把能量输入到湍流的简单公式,对输入到混合层中的风能进行参量化。例如,可以把风能输入参量化为

$$e = \rho m^* u^{*3} \tag{5.427}$$

其中,m^* 为无量纲的经验常数,u^* 为大气一侧的摩擦速度。

风应力对表层海洋的动力学作用是复杂的。显然,输入海洋的风能贡献应该包括在空间和时间的广谱段上的贡献;因此,如类似(5.427)式的简单公式未必能够传送从大气向海洋传输能量的完整信息。

在 OGCM 中,m^* 通常设为 1.25。然而,在以往的研究中,也用过完全不同的 m^* 值。Nohetal(2004)用 $m^* = 1.40$ 来估算海面的湍流动能,但是,在 Craig 和 Banner (1994)的研究中,则取 m^* 为 3.50。(这里用的是大气一侧的摩擦速度,因而在我们的计算公式中的系数约为 28.6,它与在采用水一侧的摩擦速度的研究中所用系数是相当的。)然而,Stacey (1999) 分析了来自加拿大西南部奈特湾(Knight Inlet)的数据,他的结论是,采用 $m^* = 5.25$ 就能对数据

给出最佳拟合。

在以下各实验中,模式从静止状态启动并运行 1 000 年,其中,m^* 设为 1.25。在此基础上,随后进行五项实验,每项运行 400 年,其中,m^* 分别设为 0.4、1.25、3.75、7.5 和 12.5。我们把 $m^*=1.25$ 的实验作为本研究的标准情况。较高的 m^* 值意味着在同样的风应力条件下,输入更多的风能用于加深混合层。

本方法的基本思路如下。风应力对海洋环流的贡献颇为复杂,但是至少能把它分为两类:大尺度平均风应力(驱动上层海洋埃克曼输送与风生流涡)和上层海洋的湍动能之源泉。简单地改变海洋模式中的"平均"风应力廓线并不能精确地代表复杂的来自风的贡献。在我们这里的概念性研究中,作为一种折中方案,我们交替使用这个简单参量 m^* 的不同取值,用以模拟有较高时空分辨率的风应力分量对上层海洋中海面湍流的贡献。

在中低纬度区,增加 m^* 有显著的混合层加深效应,那里的混合层深度主要是由风输入的湍流动能所控制的[图 5.198(a)]。普遍认可的是,增加 m^* 就能增加块体混合层模式①中的混合层深度(Gaspar,1988)。由于本研究采用了块体混合层模式,故选取较高的 m^* 值就可以得到更深的混合层深度。

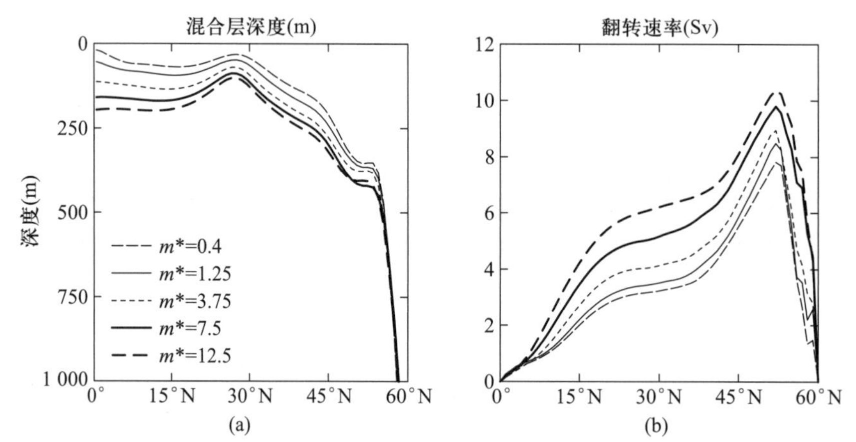

图 5.198 (a) 三维海洋模式中的纬向平均混合层深度(单位:m);(b) 根据三维海洋模式得到的扰动速率变化(单位:Sv)(Huang 等,2007)②。

在中低纬度区,较深的混合层之直接后果是,上层海洋的经向压强梯度增大;由此导致经向翻转环流的加强。例如,当 $m^*=7.5$ 时,经向翻转环流速率③就增加将近 1.6 Sv,可以把它与 $m^*=1.25$ 时的 20°N—45°N 纬度区相比较[图 5.198(b)]。

由于经向质量流量的增加,故环流就能够携带更多的向极热通量。事实上,最大向极热通量从 $m^*=1.25$ 的 0.38 PW 增加到 $m^*=7.5$ 的 0.57 PW[图 5.199(a)]。

① 所谓块体混合层模式(bulk mixed-layer model)是一种对湍流进行参量化的方法;与基于涡动黏性/扩散的参量化方法不同,其做法是先对没有子网格尺度参量化的预报方程进行积分,然后通过综合考虑混合过程,对网格尺度值进行调整(Krans 和 Turner,1967);这些模式假定,在混合层中的所有特性量都是均匀的,混合层参量通过海面通量(风应力和浮力减少/增加)和其下的卷入而发生变化,控制参量是混合层的深度 h,并假定,在整个混合层上积分的能量是在它的产生量与耗散量之间取得平衡。(5.427)式就是在块体混合层模式中对风生混合层进行参量化的一种方案。——译者注

② 原著该图遗漏图例,现补上。——译者注

③ 原著此处似遗漏 rate(速率)一词,现补上。——译者注

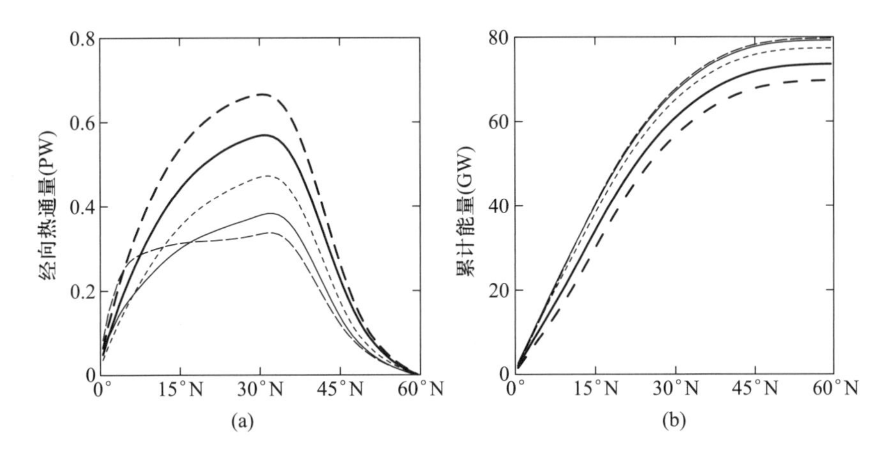

图 5.199 三维海洋模式中,(a) 向极热通量(单位:10^{15} W),(b) 维持次表层跨密度面混合所需的经向累计能量(单位:10^{9} W)(Huang 等,2007)。

从机械能平衡来看,海洋内区的跨密度面混合是由风和潮输入的机械能所控制的(Munk 和 Wunsch,1998;Huang,1999)。一方面,输入更大量的机械能就会产生更强的海洋内区跨密度面混合,而这又可以增强经向翻转环流和向极热通量。另一方面,输入更多的机械能就能增加混合层深度。这个过程在调节经向翻转环流和向极热通量中也起着重要的作用。例如,热带气旋能够将大量机械能输入到海洋,它不仅增强了海洋内区的跨密度面混合,而且也使混合层大为加深(Price,1981),因此,热带气旋在驱动经向翻转环流和向极热通量中起到极为重要的作用(Emanuel,2001)。然而,在输入的机械能总量与经向翻转环流及其相关的向极热通量的强度之间没有简单的线性关系。这类联系的复杂性质仍是未来研究中一个极为重要的课题。

另一个有意义的结果是,在较低纬度、较深混合层的情况下,维持次表层跨密度面混合所需的能量实际上是减少的[图 5.199(b)]。这是由于较深的混合层意味着底层与混合层底部之间水的密度差较小。由于维持次表层跨密度面混合所需的能量与该密度差成正比,故它就会因较小的密度差而变小。

附录:海洋感热通量的定义

传统上,海洋向极热通量定义为

$$H_O = \iint \rho c_p v \Theta a \cos \theta d\lambda dz \tag{5. A1}$$

其中,ρ 为现场温度,c_p 为定压比热,v 为经向速度,Θ 为位温。众所周知,如果有净质量通量通过系统的断面,那么,根据上述公式计算的热通量就取决于温标的选择。一般来说,热通量本身没有直接的物理意义,而关于热通量的最本质的物理量是其散度。在定义热通量时有两个准则:第一,热通量的散度应该满足局地热平衡方程。第二,热通量应该只取决于局地的特性量。

最为著名的例子是南太平洋和印度洋中的环流。由于印度尼西亚贯通流的存在,故在南太平洋和印度洋中,向极热通量就没有唯一的定义。为了克服各断面的净质量流量所带来的复杂问题,已经采用了多种不同的方式。例如,Zhang 和 Marotzke (1999)提出了一个程序,其中将海峡中西向流的热通量用于估算向极热通量。尽管他们提出的热通量定义满足了第一个准则,但却不满足第二个准则。实际上,他们的定义包括了取决于在印度尼西亚贯通流横断面上的热力条件项。如果海峡内的条件改变了,那么,即使在海峡以南的给定断面上环流和水的特性量没有改变,那么所估算的热通量也会改变。

为了克服这个问题,我们推荐一个简单得多的定义

$$H_o = \iint \rho c_p v(\Theta - \Theta_0) a\cos\theta d\lambda dz \tag{5. A2}$$

其中,Θ 和 Θ_0 分别为位温和参考位温,可以任意选取;最明显的选择是全球平均位温,约 2℃。这个定义满足了上述两个准则。下面我们来分析用这种方法定义的热通量的意义。

实际上,由于存在蒸发/降水或者贯通流,故通过海洋中的任意给定断面,就有净质量流量

$$H_o = H_{o,0} + H_{o,1} \tag{5. A3}$$

$$H_{o,0} = \iint \rho c_p v(\Theta - \Theta_0) a\cos\theta d\lambda dz \tag{5. A4}$$

$$H_{o,1} = \iint \overline{\rho v} c_p(\overline{\Theta} - \Theta_0) a\cos\theta d\lambda dz \tag{5. A5}$$

其中,$\overline{\rho v} = \iint \rho v a\cos\theta d\lambda dz / \iint a\cos\theta d\lambda dz$ 为在断面上平均的质量流量。第一个分量 $H_{o,0}$是由环流(没有净质量流量)所携带的通过该断面的海洋感热通量。根据定义,它与参考温度的选取无关。第二个分量 $H_{o,1}$ 显然取决于参考温度的选择,因而它应该有别于第一个分量。在海洋中,通过给定断面的净质量流量或者是由蒸发/降水或者是由海盆间之间的流套(loop current,比如印度尼西亚贯通流)造成的。我们把通过每一断面的净质量流量分为两部分

$$\overline{\rho v} = \overline{\rho v}_{loop} + \overline{\rho v}_{emp} \tag{5. A6}$$

其中,$\overline{\rho v}_{loop}$为穿过整个海盆的流套之纬向平均的经向质量流量,在任何纬向断面上,这个分量的总质量流量都应该是常量(例如印度尼西亚贯通流);$\overline{\rho v}_{emp}$为蒸发和降水所具有的纬向平均经向质量流量。由于通过该断面的这种质量流量的分量是与大气中的水汽循环相关联的,因而不应该作为海洋感热通量的一部分。

因此,大西洋中的向极感热通量可以定义为

$$H^A_{o,sen} = \iint_A \rho c_p v(\Theta - \Theta_0) a\cos\theta d\lambda dz - H^A_{o,emp} \tag{5. A7}$$

$$H^A_{o,emp} = c_p \iint_A \overline{\rho v}_{emp}(\theta)[\overline{\Theta}_A(\theta) - \Theta_0] a\cos\theta d\lambda dz = c_p M_{emp,A}(\theta)[\overline{\Theta}_A(\theta) - \Theta_0] \tag{5. A8}$$

其中,$\Theta_A(\theta)$为大西洋给定纬向断面处的平均位温,$M_{emp,A}$为蒸发/降水产生的纬向积分的经向质量流量 。类似地,太平洋和印度洋中的向极热通量定义为

$$H^P_{o,sen} = \iint_P \rho c_p v(\Theta - \Theta_0) a\cos\theta d\lambda dz - H^P_{o,emp}, H^P_{o,emp} = c_p M_{emp,P}(\theta)[\overline{\Theta}_P(\theta) - \Theta_0] \tag{5. A9}$$

$$H^I_{o,sen} = \iint_I \rho c_p v(\Theta - \Theta_0) a\cos\theta d\lambda dz - H^I_{o,emp}, H^I_{o,emp} = c_p M_{emp,I}(\theta)[\overline{\Theta}_I(\theta) - \Theta_0] \tag{5. A10}$$

在所有大洋中由蒸发和降水产生的流量之和(包括河流的径流)应该等于大气中的水汽通量。因此,三个海盆中的蒸发和降水之和为

$$M_{emp} = M_{emp,A} + M_{emp,P} + M_{emp,I} \tag{5. A11}$$

与该质量流量对应的热通量为

$$H_{o,emp} = c_p[M_{emp,A}\overline{\Theta}_A(\theta) + M_{emp,P}\overline{\Theta}_P(\theta) + M_{emp,I}\overline{\Theta}_I(\theta)] - c_p M_{emp}\Theta_0 \tag{5. A12}$$

该热通量与温标的选择无关。

该例子表明,热通量的操作定义应该与指定的温标无关。为了达到这个目的,就需要把通过一个断面的净质量流量分离出来,并将该净质量流量与气候系统中对应的回流(例如大气中的水汽通量)联系起来。

$$H_{emp}^{气-海} = -M_{emp}\left\{L_h + c_p[\overline{\Theta}_{大气}(\theta) - \Theta_0]\right\} + H_{o,emp} \tag{5. A13}$$

其中,第一项表示大气的水汽回流分支中的热含量通量,第二项为水循环的海洋分支中的热含量通量。当然,该定义与温标的选择无关。

参考文献

Adcroft, A., Scott, J. R. and Marotzke, J. (2001). Impact of geothermal heating on the global ocean circulation. *Geophys. Res. Lett.*, **28**, 1735 – 1738.

Alford, M. H. (2003). Improved global maps and 54-year history of wind-work on ocean inertial motions. *Geophys. Res. Lett.*, **30**, 1424, doi:10.1029/2002GL016614.

Anderson, D. L. T. and Gill, A. (1975). Spin-up of a stratified ocean, with applications to upwelling. *Deep Sea Res.*, **22**, 583 – 596.

Anderson, D. L. T. and Moore, D. W. (1979). Cross-equatorial inertial jets with special relevance to very remote forcing of the Somali current. *Deep Sea Res.*, **26**, 1 – 22.

Blandford, R. R. (1965). Notes on the theory of the thermocline. *J. Mar. Res.*, **23**, 18 – 29.

Blanke, B. and Raynaud, S. (1997). Kinematics of the Pacific Equatorial Undercurrent: An Eulerian and Lagrangian approach from GCM results. *J. Phys. Oceanogr.*, **27**, 1038 – 1053.

Broecker, W. S. (1991). The great ocean conveyor. *Oceanogr.*, **4**, 79 – 89.

Bromley, L. A. (1968). Relative enthalpies of sea salt solutions at 25°C. *J. Chemi. Eng. Data*. **13**, 399 – 402.

Bryan, F. (1986). High – latitude salinity effects and interhemispheric thermohaline circulations. *Nature*, **323**, 301 – 304.

Bryan, F. (1987). Parameter sensitivity of primitive equation ocean general circulation models. *J. Phys. Oceanogr.*, **17**, 970 – 985.

Bryan, K. (1969). Climate and the ocean circulation. III: The ocean model. *Mon. Wea. Rev.*, **97**, 806 – 827.

Bryan, K. and Cox, M. (1967). A numerical investigation of the oceanic general circulation. *Tellus*, **19**, 54 – 80.

Bryden, H. L. and Brady, E. C. (1985). Diagnostic study of the three-dimensional circulation in the upper equatorial Pacific Ocean. *J. Phys. Oceanogr.*, **15**, 1255 – 1273.

Bryden, H. L. and Imawaki, S. (2001). Ocean heat transport. In *Ocean Circulation and Climate*, ed. G. Siedler, J. Church and J. Gould, International Geophysical Series, Academy Press, New York, pp. 455 – 474.

Bryden, H. L. and Kinder, T. H. (1991). Steady two-layer exchange through the Strait of Gibraltar. *Deep Sea Res.*, **38**, (Suppl. 1), S445 – S463.

Bryden, H. L. and Stommel, H. M. (1984). Limiting processes that determine basic features of the circulation in the Mediterranean Sea. *Oceanol. Acta*, **7**, 289 – 296.

Cahn, A. (1945). An investigation of the free oscillations of a simple current system. *J. Meteorol.*, **2**, 113 – 119.

Cane, M. A. (1989). A mathematical note on Kawase's study of the deep-ocean circulation. *J. Phys. Oceanogr.*, **19**, 548 – 550.

Cane, M. A. (1998). Climate change—A role for the tropical Pacific. *Science*, **282**, 59 - 61.

Carmack, E. C. and Killworth, P. D. (1978). Formation and interleaving of abyssal water masses off Wilkes Land, Antarctica. *Deep Sea Res.*, **25**, 357 - 369.

Carton, J. A., Chepurin, G., Cao, X. and Giese, B. S. (2000a). A Simple Ocean Data Assimilation analysis of the global upper ocean 1950 - 1995. Part 1: methodology. *J. Phys. Oceanogr.*, **30**, 294 - 309.

Carton, J. A., Chepurin, G. and Cao, X. (2000b). A Simple Ocean Data Assimilation analysis of the global upper ocean 1950 - 1995. Part 2: Results, *J. Phys. Oceanogr.*, **30**, 311 - 326.

Carton, J. A. and Giese, B. S. (2008). A reanalysis of ocean climate using Simple Ocean Data Assimilation (SODA). *Month. Wea. Rev.*, **136**, 2999 - 3017.

Cessi, P. (1988). A stratified model of the inertial recirculation. *J. Phys. Oceanogr.*, **18**, 662 - 682.

Cessi, P., Ierley, G. and Young, W. (1987). A model of the inertial recirculation driven by potential vorticity anomalies. *J. Phys. Oceanogr.*, **17**, 1640 - 1652.

Charney, J. G. (1955). The Gulf Stream as an inertial boundary layer. *Proc. Nat. Acad. Sci.*, **41**, 731 - 740.

Chelton, D. B. and Schlax, M. G. (1996). Global observations of oceanic Rossby waves. *Science*, **272**, 234 - 238.

Chelton, D. B., de Szoeke, R. A. and Schlax, M. G. (1998). Geographical variability of the first baroclinic Rossby radius of deformation. *J. Phys. Oceanogr.*, **28**, 433 - 460.

Chelton, D. B., Schlax, M. G., Samelson, R. M. and de Szoeke, R. A. (2007). Global observations of large oceanic eddies. *Geophys. Res. Lett.*, **34**, L15606, doi:10.1029/2007GL030812.

Chereskin, T. K. (1995). Direct evidence for an Ekman balance in the California Current. *J. Geophys. Res.*, **100**, 18, 261 - 18, 269.

Chereskin, T. K. and Price, J. F. (2001). Ekman transport and pumping. In *Encyclopedia of Ocean Sciences*, ed. J. H. Steele, K. K. Turekian and S. A. Thorpe, Academic Press, New York, pp. 809 - 815.

Christopher, E. and Pedlosky, J. (1995). The influence of distributed sources and upwelling on the baroclinic structure of the abyssal circulation. *J. Phys. Oceanogr.*, **25**, 2259 - 2284.

Chu, P. C. (1995). P-vector method for determining absolute velocity from hydrographic data. *Mar. Techn. Soc. J.*, **29**, 3 - 14.

Clarke, R. A. and Gascard, J. C. (1983). The formation of Labrador Sea Water, Part I: Large-scale processes, *J. Phys. Oceanogr.*, **13**, 1764 - 1778.

Conkright, M. E., Locarnini, R. A., Garcia, H. E., O'Brien, T. D., Boyer, T. P., Stephens, C. and Antonov, J. I. (2002). *World Ocean Atlas* 2001: *Objective Analysis, Data Statistics, and Figures*, CD - ROM Documentation. National Oceanographic Data Center, Silver Spring, MD, 17 pp.

Cox, M. D. (1985). An eddy-resolving numerical model of the ventilated thermocline. *J. Phys. Oceanogr.*, **15**, 1312 - 1324.

Cox, M. D. and Bryan, K. (1984). A numerical model of the ventilated thermocline. *J. Phys. Oceanogr.*, **14**, 674 - 687.

Craig, P. D. and Banner, M. L. (1994). Modeling Wave-Enhanced Turbulence in the Ocean Surface Layer. *J. Phys. Oceanogr.*, **24**, 2546 - 2559.

Cummins, P. F. and Foreman, M. G. G. (1998). A numerical study of circulation driven by mixing over a submarine bank. *Deep Sea Res.*, I, **45**, 745 - 769.

Cushman-Roisin, B. (1987). Subduction. In: Dynamics of the oceanic surface mixed layer. Proceedings Hawaiian Winter Workshop, 181 - 196.

Cushman-Roisin, B. (1994). *Introduction to Geophysical Fluid Dynamics*. Prentice Hall Press, 320 pp.

Da Silva, A. M., Young, C. C. and Levitus, S. (1994). Atlas of surface marine data 1994: Volume 1: Algorithms and procedures. U. S. Dept. of Commerce. Washington, DC. NOAA Atlas NESDIS 6, 83 pp. [G1046 . C1 N33 v. 1]

Defant, A. (1961). Physical Oceanography, Vol. 1, Elsevier, New York, 728 pp.

DeLaughter, J. E., Stein, C. A. and Stein, S. (2005). *Hotspots: A view from the swells*. Geological Society of America, Special Paper 388.

Deser, C., Alexander, M. A. and Timlin, M. S. (1996). Upper-ocean thermal variability in the North Pacific during 1970 – 1991. *J. Climate*, **9**, 1840 – 1855.

Dewar, W. K (1986). On the potential vorticity structure of weakly ventilated isopycnals: A theory of subtropical mode water maintenance. *J. Phys. Oceanogr.*, **16**, 1204 – 1216.

Dewar, W. K., Bingham, R. J., Iverson, R. L., Nowacek, D. P., St. Laurent, L. C. and Wiebe, P. H. (2006). Does the marine biosphere mix the ocean? *J. Mar. Res.*, **64**, 541 – 561.

Dewar, W. K. and Huang, R. X. (1995). Fluid flow in loops driven by freshwater and heat fluxes. *J. Fluid Mech.*, **297**, 153 – 191.

Dewar, W. K. and Killworth, P. (1990). On the cylinder collapse problem, mixing, and the merger of isolated eddies. *J. Phys. Oceanogr.*, **20**, 1563 – 1575.

Dewar, W. K., Samelson, R. M. and Vallis, G. K. (2005). The ventilated pool: A model of Subtropical Mode Water. *J. Phys. Oceanogr.*, **35**, 137 – 150.

Dickson, R. R., Gmitrowicz, E. M. and Watson, A. J. (1990). Deep-water renewal in the Northern North Atlantic. *Nature*, **344**, No. 6269, 848 – 850.

Doscher, R., Boning, C. W. and Herrmann, P. (1994). Response of circulation and heat transport in the North Atlantic to changes in thermohaline forcing in northern latitudes: A model study. *J. Phys. Oceanogr.*, **24**, 2306 – 2320.

Eden, C. and Willebrand, J. (1999). Neutral density revisited, *Deep Sea Res. II*, **46**, 33 – 54.

Edwards, C. A. and Pedlosky, J. (1998). Dynamics of nonlinear cross-equatorial flow. Part I: Potential vorticity transformation. *J. Phys., Oceanogr.*, **28**, 2382 – 2406.

Edwards, N. R. (1996). Unsteady similarity solutions and oscillating ocean gyres. *J. Mar. Res.*, **54**, 793 – 826.

Egbert, G. D., Ray, R. D. and Bills, B. G. (2003). Numerical modelling of the global semidiurnal tide in the present day and in the last glacial maximum. *J. Geopys. Res*, **109**, C03003, doi: 10. 1029/2003JC001973.

Ekman, V. W. (1905). On the influence of the earth's rotation on ocean currents. *Arch. Math. Astron. Phys.*, **2**, 1 – 52.

Faller, A. (1966). Sources of energy for the ocean circulation and a theory of the mixed layer. *Proceedings of the Fifth U. S. National Congress of Applied Mechanics*. Minnesota, pp. 651 – 672.

Feistel, R. (1993). Equilibrium thermodynamics of seawater revisited. *Prog. Oceanogr.*, **31**, 101 – 179.

Feistel, R. (2003). A new extended Gibbs thermodynamic potential of seawater. *Prog. Oceanogr.*, **58**, 43 – 114.

Feistel, R. and Hagen, E. (1995). On the Gibbs thermodynamic potential of seawater. *Prog. Oceanogr.*, **36**, 249 – 327.

Feistel, R. (2005). Numerical Implementation and Oceanographic Application of the Gibbs Thermodynamic Potential of Seawater. Ocean Science Discussion, 1 (2004), 1 – 19, http://www. ocean – science. net/osd/1/1, Ocean Science 1 (2005), 9 – 16, http://www. ocean – science. net/os/1/9

Feng, C. Y., Wang, W. and Huang, R. X. (2006). Meso-Scale Available Gravitational Potential Energy in the World Oceans. *Oceanology Bulletin Sinica*, **25**, No. 5, 1 – 13.

Ferrari, R. and Wunsch, C. (2009). Ocean circulation kinetic energy: Reservoirs, sources, and sinks. *Ann. Rev. Fluid Mech.*, **41**, 253 – 282.

Fieux, M., Schott, F. and Swallow, J. C. (1986). Deep boundary currents in the western Indian Ocean revisited. *Deep Sea Res.*, **33**, 415 – 426.

Filippov, U. G. (1968). Application of group analysis for the solution of certain ocean flow problems. *Meteorology and*

Hydraulics,**9**,53 – 62.

Fine,R. ,Reid,J. L. and Ostlund,H. G. (1981). Circulation of tritium in the Pacific Ocean. *J. Phys. Oceanogr.* ,**11**,3 – 14.

Fine,R. A. ,Peterson,W. H. and Ostlund,H. G. (1987). The penetration of tritium into the tropical Pacific. *J. Phys. Oceanogr.* ,**17**,553 – 564.

Flament,P. (2002). A state variable for characterizing water masses and their diffusive stability: Spiciness. *Progr. Oceanogr.* ,**54**,493 – 501.

Fofonoff,N. P. (1954). Steady flow in a frictionless homogeneous ocean. *J. Mar. Res.* ,**13**,254 – 262.

Fofonoff,N. P. (1962). Physical properties of sea water. In *The Sea: Ideas and Observations on Progress in the Study of the Seas*,1: *Physical Oceanography*,ed. M. N. Hill,Wiley,Interscience,New York,pp. 323 – 395.

Fofonoff,N. P. (1992). Lecture Notes EPP – 226,Harvard University,66 pp.

Foster,T. D and Carmack,E. C. (1976). Temperature and salinity structure in the Weddell Sea. *J. Phys. Oceanogr.* ,**6**, 36 – 44.

Fox-Kemper,B. and Pedlosky,J. (2004). Wind-driven barotropic gyre I: Circulation controlled by eddy vorticity fluxes to an enhanced removal region. *J. Mar. Res.* **62**,169 – 193.

Fratantoni,D. M. , Johns, W. E. , Townsend, T. L. and Hurlburt, H. E. (2000). Low-latitude circulation and mass transport pathways in a model of the tropical Atlantic Ocean. *J. Phys. Oceanogr.* ,**30**,1944 – 1966.

Frankignoul,C. and Reynolds, R. W. (1983). Testing a dynamical model for mid-latitude sea surface temperature anomalies. *J. Phys. Oceanogr.* ,**13**,1131 – 1145.

Gaffen,D. J. ,Rosen,R. D. ,Salstein,D. A. and Boyle,J. S. (1997). Evaluation of tropospheric water vapor simulations from the atmospheric Model Intercomparison Project. *J. Climate*,**10**,1648 – 1661.

Gan,Z. ,Yan,Y. and Qi,Y. (2007). Climatological mean distribution of specific entropy in the oceans. *Ocean Science Discussion*,**4**,129 – 144.

Garrett,C. (1991). Marginal mixing theories. *Atmos. Ocean*,**29**,313 – 339.

Garrett,C. ,MacCready,P. and Rhines,P. (1993). Boundary mixing and arrested Ekman layers: Rotating stratified flow near a sloping boundary. *Annual Rev. Fluid Mech.* ,**25**,291 – 323.

Gaspar,P. (1988). Modeling the seasonal cycle of the upper ocean. *J. Phys. Oceanogr.* ,**18**,161 – 180.

Gent,P. R. and McWilliams,J. (1990). Isopycnal mixing in ocean circulation models. *J. Phys. Oceanogr.* ,**20**,150 – 155.

Gent,P. R. ,Willebrand,J. ,McDougall,T. J. and McWilliams,J. (1995). Parameterizing eddy-induced tracer transports in ocean circulation models. *J. Phys. Oceanogr.* ,**25**,463 – 474.

Gill,A. E. (1971). Ocean Models. *Phil. Trans. Roy. Soc. Lond. A*,**270**,391 – 413.

Gill,A. E. (1977). The hydraulics of rotating-channel flow. *J. Fluid Mech.* ,**80**,641 – 671.

Gill,A. E. (1982). *Atmosphere – Ocean Dynamics*. Academic Press,New York,662 pp.

Gill,A. E. ,Green,J. S. A. and Simmons, A. J. (1974). Energy partition in the large-scale ocean circulation and the production of mid-ocean eddies. *Deep Sea Res.* ,**21**,499 – 528.

Gnanadesikan,A. (1999). A simple predictive model for the structure of the oceanic pycnocline. *Science*,**283**,2077 – 2079.

Goldsbrough,G. (1933). Ocean currents produced by evaporation and precipitation. *Proc. Roy. Soc. Lond.* A,**141**,512 – 517.

Greatbatch,R. J. , Fanning, A. F. , Goulding, A. D. and Levitus, S. (1991). A diagnosis of interpentadal circulation changes in the North Atlantic. *J. Geophys. Res.* ,**96**,22009 – 22023.

Godfrey, J. S. (1989). A Sverdrup model of the depth-integrated flow for the world ocean allowing for island circulations. *Geophys. Astrophys. Fluid Dyn.*, **45**, 89 - 112.

Godfrey, J. S. (1993). The effect of the Indonesian throughflow on ocean circulation and heat exchange with the atmosphere: A review. *J. Geophys. Res.*, **101**, 12217 - 12237.

Gordon, A. L. (1978). Deep Antarctic convection west of Maud Rise. *J. Phys. Oceanogr.*, **8**, 600 - 612.

Gordon, A. L. (1982). Weddell deep water variability. *J. Mar. Res.*, **40**, 199 - 217.

Gordon, A. L. (2002). Bottom water formation. In *Encyclopedia of ocean sciences*, ed. J. H. Steele, K. K. Turkrekian and S. A. Thorpe, Academic Press, New York, pp. 334 - 340.

Gordon, A. L., Tchernia, P. (1972). Waters of the continental margin off the Adelie Coast Antarctic. In *Antarctic Oceanology II: The Australian - New Zealand Section. Antarctic Res. Ser.*, **19**, ed. D. E. Haynes, *Amer. Geopys. Union*, 59 - 69.

Gordon, A. L. and Nowlin, W. D. (1978). Basin waters of Bransfield Strait, *J. Phys. Oceanogr.*, **8**, 258 - 264.

Gouriou, Y. and Toole, J. (1993). Mean circulation of the upper layers of the western equatorial Pacific Ocean. *J. Geophys. Res.*, **98**, 22,495 - 22,520.

Gu, D. and Philander, S. G. (1997). Interdecadal climate fluctuations that depend on exchanges between the tropics and extratropics. *Science*, **275**, 805 - 807.

Guan, Y. P. and Huang, R. X. (2008). Stommel's box model of thermohaline circulation revisited—The role of mechanical energy supporting mixing and wind-driven gyration. *J. Phys. Oceanogr.*, **38**, 909 - 917.

Hallberg, R. and Gnanadesikan, A. (2001). An exploration of the role of transient eddies in determining the transport of a zonally reentrant current. *J. Phys. Oceanogr.*, **31**, 3312 - 3330.

Hallberg R. and Gnanadesikan, A. (2006). The role of eddies in determining the structure and response of the wind-driven Southern Hemisphere overturning: Results from the modeling eddies in the Southern Ocean (MESO) project. *J. Phys. Oceanogr.*, **36**, 2232 - 2252.

Hanawa, K. and Talley, L. D. (2001). Mode waters. In *Ocean Circulation and Climate*, ed. G. Siedler, J. Church and J. Gould, International Geophysical Series, Academy Press, New York, pp. 373 - 386.

Haney, R. L. (1971). Surface thermal boundary condition for ocean circulation models. *J. Phys. Oceanogr.*, **1**, 241 - 248.

Hayes, S. P. (1982). A comparison of geostrophic and measured velocities in the Equatorial Undercurrent. *J. Mar. Res.*, **40**, (Suppl.), 219 - 229.

Helland - Hansen, B. (1912). The ocean waters, An introduction to physical oceanography. *Intern. Rev. d. Hydrobiol.* (Suppl.) Bd. III, Ser. 1, H. **2**, 1 - 84.

Hellerman, S. and Rosenstein, M. (1983). Normal monthly wind stress over the world ocean with error estimates. *J. Phys. Oceanogr.*, **13**, 1093 - 1104.

Hendershott, M. C. (1987). Single layer models of the general circulation. In *General Circulation of the Ocean*, ed. H. D. A. Abarbanel and W. R. Young, Springer - Verlag, New York, pp. 202 - 267.

Hogg, N., Biscaye, P., Gardner, W. and Schmitz, W. J., Jr. (1982). On the transport and modification of Antarctic Bottom Water in the Vema Channel. *J. Mar. Res.*, **40**, (Suppl.), 231 - 263.

Hogg, N. G. and Owens, W. B. (1999). Direct measurement of the deep circulation within the Brazil Basin. *Deep Sea Res.*, II, **46**, 335 - 353.

Hogg, N. G. and Johns, W. E. (1995). Western boundary currents. U. S. National Report to International Union of Geodesy and Geophysics 1991 - 1994, *Rev. Geophys.*, (Suppl.), 1311 - 1334.

Hogg, N. G. and Owens, W. B. (1999). Direct measurement of the deep circulation within the Brazil Basin. *Deep Sea Res.*, II, **46**, 335 - 353.

Holton, J. R. (2004). *An Introduction to Dynamic Meteorology*, Volume 88, Fourth edition (International Geophysics), Academic Press, New York, 535 pp.

Hood, S. and Williams, R. G. (1996). On frontal and ventilated modes of the main thermocline. *J. Mar. Res.*, **54**, 211 - 238.

Hough, S. S. (1897). On the application of harmonic analysis to the dynamical theory of the tides. - Part I. On Laplace's "Oscillations of the First Species", and on the dynamics of ocean currents. *Phil. Trans. Roy. Soc. Lond.* A, **189**, 201 - 257.

Hsiung, J. (1985). Estimates of global oceanic meridional heat transport. *J. Phys. Oceanogr.*, **15**, 1405 - 1413.

Hua, B. L., Moore, D. and Le Gentil, S. (1997). Inertial nonlinear equilibration of the equatorial flows. *J. Fluid Mech.* **331**. 345 - 371.

Huang, B. and Liu, Z. (1999). Pacific subtropical-tropical thermocline water exchange in the National Centers for Environmental Prediction ocean model. *J. Geophys. Res.*, **104**, 11,065 - 11,076.

Huang, N. E. (1979). On surface drift currents in the ocean. *J. Fluid Mech.*, **91**, 191 - 208.

Huang, R. X. (1988a). On boundary value problems of the ideal-fluid thermocline. *J. Phys. Oceanogr.*, **18**, 619 - 641.

Huang, R. X. (1988b). Ideal-fluid thermocline with weakly convective adjustment in a subpolar basin. *J. Phys. Oceanogr.*, **18**, 642 - 651.

Huang, R. X. (1989a). The generalized eastern boundary conditions and the three-dimensional structure of the ideal fluid thermocline. *J. Geophys. Res.*, **94**, 4855 - 4865.

Huang, R. X. (1989b). Sensitivity of a multilayered oceanic general circulation model to the sea surface thermal boundary condition. *J. Geophys. Res.*, **94**, 18,011 - 18,021.

Huang, R. X. (1990a). On the three-dimensional structure of the wind-driven circulation in the North Atlantic. *Dyn. Atmos. Oceans*, **15**, 117 - 159.

Huang, R. X. (1990b). On the structure of inertial western boundary currents with two moving layers. *Tellus*, **42**A, 594 - 604.

Huang, R. X. (1990c). Matching a ventilated thermocline model with inertial western boundary currents. *J. Phys. Oceanogr.*, **20**, 1599 - 1607.

Huang, R. X. (1991a). The three-dimensional structure of wind-driven gyres: Ventilation and subduction. *U. S. National Report to International Union of Geodesy and Geophysics* 1987 - 1990, *Rev. Geophys.*, (Suppl.), 590 - 609.

Huang, R. X. (1991b). A note on combining wind and buoyancy forcing in a simple one-layer ocean model. *Dyn. Atmos. Oceans*, **15**, 535 - 540.

Huang, R. X. (1993a). A two-level model for the wind and buoyancy-forced circulation. *J. Phys. Oceanogr.*, **23**, 104 - 115.

Huang, R. X. (1993b). Real freshwater flux as a natural boundary condition for the salinity balance and thermohaline circulation forced by evaporation and precipitation. *J. Phys. Oceanogr.*, **23**, 2428 - 2446.

Huang, R. X. (1994). Thermohaline circulation: Energetics and variability in a single-hemisphere basin model. *J. Geophys. Res.*, **99**, 12,471 - 12,485.

Huang, R. X. (1998a). On the energy balance of the oceanic general circulation. *Chinese J. Atmos. Science*, **22**, 452 - 467.

Huang, R. X. (1998b). Mixing and available potential energy in a Boussinesq ocean. *J. Phys. Oceanogr.*, **28**, 669 - 678.

Huang, R. X. (1999). Mixing and energetics of the thermohaline circulation. *J. Phys. Oceanogr.*, **29**, 727 - 746.

Huang, R. X. (2000a). Parameter study of a continuously stratified model of the ideal-fluid thermocline. *J. Phys. Oceanogr.*, **30**, 1372 - 1388.

Huang, R. X. (2000b). Climate variability inferred from a continuously stratified model of the ideal-fluid thermocline. *J. Phys. Oceanogr.*, **30**, 1389 - 1406.

Huang, R. X. (2001). An analytical solution of the ideal-fluid thermocline. *J. Phys. Oceanogr.*, **31**, 2441 - 2457.

Huang, R. X. (2004). Ocean, energy flow in. In *Encyclopedia of Energy*, ed. C. J. Cleveland, Elsevier, Vol. **4**, pp. 497 - 509.

Huang, R. X. (2005a). Available Potential Energy in the World Oceans. *J. Mar. Res.*, **63**, 141 - 158.

Huang, R. X. (2005b). Contribution of oceanic circulation to the poleward heat flux. *J. Ocean Uni. China*, **4**, 277 - 287.

Huang, R. X. and Bryan, K. (1987). A multi-layer model of the thermohaline and wind-driven ocean circulation. *J. Phys. Oceanogr.*, **17**, 1909 - 1924.

Huang, R. X., Cane, M. A., Naik, N. and Goodman, P. (2000). Global adjustment of the thermocline in response to deepwater formation. *Geophys. Res. Lett.*, **27**, 759 - 762.

Huang, R. X. and Chou, R. L. (1994). Parameter sensitivity study of the saline circulation. *Climate Dyn.*, **9**, 391 - 409.

Huang, R. X. and Dewar, W. K. (1996). Haline circulation: Bifurcation and chaos. *J. Phys. Oceanogr.*, **26**, 2093 - 2106.

Huang, R. X. and Flierl, G. R. (1987). Two-layer models for the thermocline and current structure in subtropical/subpolar gyres. *J. Phys. Oceanogr.*, **17**, 872 - 884.

Huang, R. X., Huang, C. J. and Wang, W. (2007). Dynamical roles of mixed layer in regulating the meridional mass/heat fluxes. *J. Geophys. Res.*, 112, C05036, doi: 10. 1029/2006JC004046.

Huang, R. X. and Jin, F. F. (2003). The asymmetric nature of the equatorial undercurrent in the Pacific and Atlantic. *J. Phys. Oceanogr.*, **33**, 1083 - 1094.

Huang, R. X. and Jin, X. Z. (2002a). Deep circulation in the South Atlantic induced by bottom-intensified mixing over the mid-ocean ridge. *J. Phys. Oceanogr.*, **32**, 1150 - 1164.

Huang, R. X. and Jin, X. Z. (2002b). Sea surface elevation and bottom pressure anomalies due to thermohaline forcing: Part I: Isolated perturbations. *J. Phys. Oceanogr.*, **32**, 2131 - 2150.

Huang R. X. and Jin, X. Z. (2006). Gravitational potential energy balance for the thermal circulation in a model ocean. *J. Phys. Oceanogr*, **36**, 1420 - 1429.

Huang, R. X. and X. Z. Jin (2007). On the natural boundary conditions applied to the sea-ice coupled model. *J. Geophys. Res.*, **112**, doi: 10. 1029/2006JC003735.

Huang, R. X., Jin, X. Z. and X. H. Zhang (2001). An ocean general circulation model in pressure coordinates. *Adv. Atmos. Sci.*, **18**, 1 - 22.

Huang, R. X., Luyten, J. M. and Stommel, H. M. (1992). Multiple equilibrium states in combined thermal and saline circulation. *J. Phys. Oceanogr.*, **22**, 231 - 246.

Huang, R. X. and Pedlosky, J. (1999). Climate variability inferred from a layered model of the ventilated thermocline. *J. Phys. Oceanogr.*, **29**, 779 - 790.

Huang, R. X. and Pedlosky, J. (2000a). Climate variability of the equatorial thermocline inferred from a two-moving-layer model of the ventilated thermocline. *J. Phys. Oceanogr.*, **30**, 2610 - 2626.

Huang, R. X. and Pedlosky, J. (2000b). Climate variability induced by anomalous buoyancy forcing in a multilayer model of the ventilated thermocline. *J. Phys. Oceanogr.*, **30**, 3009 - 3021.

Huang, R. X. and Qiu, B. (1994). Three-dimensional structure of the wind-driven circulation in the subtropical North Pacific. *J. Phys. Oceanogr.*, **24**, 1608 - 1622.

Huang, R. X. and Russell, S. (1994). Ventilation of the subtropical North Pacific. *J. Phys. Oceanogr.*, **24**, 2589 - 2605.

Huang, R. X. and Schmitt, R. W. (1993). The Goldsbrough - Stommel circulation of the world oceans. *J. Phys. Oceanogr.*, **23**, 1277 - 1284.

Huang, R. X. and Stommel, H. M. (1992). Convective flow patterns in an eight-box cube driven by combined wind stress, thermal, and saline forcing. *J. Geophys. Res.*, **97**, 2347 - 2364.

Huang, R. X. and Wang, Q. (2001). Interior communication from the subtropical to the tropical oceans. *J. Phys. Oceanogr.*, **31**, 3538 - 3550.

Huang, R. X. and Wang, W. (2003). Gravitational potential energy sinks in the oceans. *Near-boundary processes and their parameterization*, Proceedings, Hawaii winter workshop, pp. 239 - 247.

Huang, R. X., Wang, W. and Liu, L. L. (2006). Decadal variability of wind energy input to the world ocean, *Deep Sea Res II*, **53**, 31 - 41.

Huthnance, J. M. (1984). Slope currents and "JEBAR". *J. Phys. Oceanogr.*, **14**, 795 - 810.

Ierley, G. R. and Sheremet, V. A. (1995). Multiple solutions and advection-dominated flows in the wind-driven circulation. Part I: Slip. *J. Mar. Res.*, **53**, 703 - 737.

Ierley, G. R. and Young, W. R. (1983). Can the western boundary layer affect the potential vorticity distribution in the Sverdrup interior of a wind gyre? *J. Phys. Oceanogr.*, **13**, 1753 - 1763.

Iselin, C. O'D. (1939). The influence of vertical and lateral turbulence on the characteristics of the waters at mid-depths. *Trans. Amer. Geophys. Union*, **20**, 414 - 417.

Iselin, C. O'D. (1940). Preliminary report on long-period variations in the transport of the Gulf Stream. *Papers in Physical Oceanography and Meteorology*, **8**: 1, 40 pp.

Jackett, D. R. and McDougall, T. J. (1997). Neutral density variable of the world's oceans. *J. Phys. Oceanogr.*, **27**, 237 - 263.

Jacobs, S. S., Amos, A. F. and Bruchhause, P. M. (1970). Ross Sea oceanography and antarctic bottom water formation. *Deep Sea Res.*, **17**, 935 - 962.

Jacobs, S. S. and Georgi, D. T. (1977). Observations on the southwest Indian/Antarctic Ocean. In *A Voyage of Discovery*, George Deacon 70th Anniversary Volume, ed. M. Angel, Pergamon Press, New York, pp. 43 - 84.

Jayne, S. R., Hogg, N. G. and Malanotte-Rizzoli, P. (1996). Recirculation gyres forced by a beta-plane jet. *J. Phys. Oceanogr.*, **26**, 492 - 504.

Jeffreys, H. (1925). On fluid motions produced by differences of temperature and humidity. *Quart. Jour. R. Meteor. Soc.*, **51**, No. 216, 347 - 356.

Jenkins, A. (1987). Wind and Wave Induced Currents in a Rotating Sea with Depth-varying Eddy Viscosity. *J. Phys. Oceanogr.*, **17**, 938 - 951.

Jiang, H., Huang, R. X. and Wang, H. (2008). The role of gyration in the oceanic general circulation, Part 1: The Atlantic Ocean. *J. Geophys. Res.*, Vol. 113, C03014, doi:10.1029/2007/JC004134.

Johnson, G. C. (1998). Deep water properties, velocity, and dynamics over ocean trenches. *J. Mar. Res.*, **56**, 329 - 347.

Johnson, G. C. and McPhaden, M. J. (1999). Interior pycnocline flow from the subtropical to the equatorial Pacific Ocean. *J. Phys. Oceanogr.*, **29**, 3073 - 3089.

Johnson, G. C, Warren, B. A. and Olson, D. B. (1991). Flow of bottom water in the Somali Basin, *Deep Sea Res.*, **38**, 637 - 652.

Johnson, G. C, Warren, B. A. and Olson, D. B. (1991). A deep boundary current in the Arabian Basin. *Deep Sea Res.*, **38**, 653 - 661.

Johnson, H. L. and Marshall, D. P. (2002). A theory for the surface Atlantic response to thermohaline variability. *J. Phys. Oceanogr.*, **32**, 1121 - 1132.

Joyce, T. M. (1988). On wind-driven cross-equatorial flow in the Pacific Ocean. *J. Phys.*, *Oceanogr.*, **18**, 19 - 24.

Joyce, T. M., Pickart, R. S. and Millard, R. C. (1999). Long-term hydrographic changes at 52 °and 66 °W in the North

Atlantic Subtropical Gyre and Caribbean. *Deep Sea Res. II*,**46**,245 –278.

Kagan,B. A. and Sundermann, J. (1996). Dissipation of tidal energy, paleotides, and evolution of the Earth-Moon system. *Advances in Geophysics*,**38**,179 – 266.

Kasahara,A. (1974). Various vertical coordinate systems used for numerical weather prediction. *Mon. Wea. Rev.* ,**102**, 509 – 522.

Katsman,C. A. (2006). Impacts of localized mixing and topography on the stationary abyssal circulation. *J. Phys. Oceanogr.* ,**36**,1660 – 1671.

Kawase,M. (1987). Establishment of deep ocean circulation driven by deep-water production. *J. Phys. Oceanogr.* ,**17**, 2294 – 2317.

Kawase,M. and Straub,D. (1991). Spinup of source-driven circulation in an abyssal basin in the presence of bottom topography. *J. Phys. Oceanogr.* ,**21**,1501 – 1514.

Killworth,P. D. (1983a). Deep convection in the world ocean. *Rev. Geophys. Space Phys.* , **21**,1 – 26.

Killworth,P. D. (1983b). Some thoughts on the thermocline equations. *Ocean Modelling.* , **48**, 1 – 5 (unpublished manuscript).

Killworth,P. D. (1991). Cross-equatorial geostrophic adjustment. *J. Phys.* ,*Oceanogr.* ,**21**, 1581 – 1601.

Kistler,R. ,Kalnay, E. , Collins, W. , Saha, S. , White, G. , Woollen, J. , Chelliah, M. , Ebisuzaki, W. , Kanamitsu, M. , Kousky,V. ,van den Dool, H. , Jenne, R. and Fiorino, M. (2001). The NCEP-NCAR 50-Year reanalysis: Monthly mean CD-ROM and documentation. *Bull. Amer. Meteo. Soc.* ,**82**,247 – 267.

Kittel,C. and Knoemer,H. (1980). *Thermal Physics*,Freeman,New York,496 pp.

Klinger,B. A. ,McCreary,J. P. ,Jr. and Kleeman,R. (2002). The relationship between oscillating subtropical wind stress and equatorial temperature. *J. Phys. Oceanogr.* ,**32**,1507 – 1521.

Kuhlbrodt,T. , Griesel, A. , Montoya, M. , Levermann, A. , Hofmann, M. and Rahmstorf, S. (2007). On the driving processes of the Atlantic meridional overturning circulation. *Rev. Geophys.* , **45**, RG2001, doi: 10. 1029/ 2004RG000166.

Kundu,P. K. (1990). *Fluid Mechanics*,Academic Press,New York,638 pp.

Laplace,P. S. (1775). Recherches sur plusieurs points due systeme du monde. *Memoires de l'Academie Royale des Sciences de Paris* 88,75 – 182. Reprinted in Oeuvres Completes de Laplace,Gauthier – Villars,Paris,9 (1893).

Landau,L. D. and Lifshitz,E. M. (1959). *Fluid Mechanics*,Pergamon,London,536 pp.

Lazier,J. R. N. (1973). Temporal changes in some fresh water temperature structure. *J. Phys. Oceanogr.* ,**3**,226 – 229.

Ledwell,J. R. ,Montgomery,E. T. ,Polzin,K. L. ,St. Laurent,L. C. ,Schmitt,R. W. and Toole,J. M. (2000). Evidence for enhanced mixing over rough topography in the abyssal ocean. *Nature*,**403**,179 – 182.

Ledwell,J. R. ,Watson,A. J. and Law,C. B. (1993). Evidence for slow mixing across the pycnocline from an open-ocean tracer-release experiment. *Nature*,**364**,701 – 703.

Levitus,S. (1982). *Climatological Atlas of the World Ocean*, NOAA Prof. Paper No. 13. U. S. Dept. of Commerce, Washington,DC.

Levitus,S. and Boyer,T. (1994). *World Ocean Atlas*, vol. 4, Temperature, NOAA Atlas NESDIS 4, Natl. Oceanic and Atmos. Admin. ,U. S. Dept. of Commerce,Washington,DC.

Levitus,S. , Boyer, T. , Conkright, M. E. , O'Brien, T. , Antonov, J. , Stephens, C. , Stathoplos, L. , Johnson, D. and Gelfeld,R. (1998). *World Ocean Database* 1998. Volume 1: Introduction,NOAA Atlas NESDIS 18,Natl. Oceanic and Atmos. Admin. ,U. S. Dept. of Commerce,Washington,DC. ,346 pp.

Lewis,G. N. and Randall,M. (1961). *Thermodynamics*. McGraw – Hill,New York,723 pp.

Liu L. L. ,Wang,W. and Huang,R. X. (2008). Mechanical energy input to the ocean induced by tropical cyclones. *J.*

Phys. Oceanogr. ,**38**,1253 - 1266.

Liu,Z. (1994). A simple model of the mass exchange between the subtropical and tropical ocean. *J. Phys. Oceanogr.* , **24**,1153 - 1165.

Liu,Z. and Pedlosky, J. (1994). Thermocline forced by annual and decadal surface temperature variation. *J. Phys. Oceanogr.* ,**24**,587 - 608.

Liu,Z. and Philander,G. H. (2001). Tropical-extratropical oceanic exchange pathways. In *Ocean Circulation and Climate* ,ed. G. Siedler,J. Church and J. Gould,International Geophysical Series,Academy Press,New York,pp. 247 - 257.

Longworth,H. ,Marotzke,J. and Stocker,T. F. (2005). Ocean gyres and abrupt change in the thermohaline circulation: A conceptual analysis. *J. Climate*,**18**,2403 - 2416.

Lorenz,E. N. (1955). Available potential energy and the maintenance of the general circulation. *Tellus*, **7**,157 - 167.

Lorenz,E. N. (1967). *The nature and theory of general circulation of the atmosphere*. World Meteorological Organization, Geneva,WMO No. **218**,T. P. 115,161 pp.

Lu,P. and McCreary,J. P. (1995). Influence of the ITCZ on the flow of the thermocline water from the subtropical to the equatorial Pacific Ocean. *J. Phys. Oceanogr.* ,**25**,3076 - 3088.

Lu,P,McCreary, J. P. and Klinger, B. A. (1998). Meridional circulation cells and the source waters of the Pacific equatorial Undercurrent. *J. Phys. Oceanogr.* ,**28**,62 - 84.

Luyten,J. R,Pedlosky,J. and Stommel,H. M. (1983). The ventilated thermocline. *J. Phys. Oceanogr.* ,**13**,292 - 309.

Luyten,J. and Stommel,H. (1985). Upstream effects of the Gulf Stream on the structure of the mid-ocean thermocline. *Progr. Oceanogr.* ,**14**,387 - 399.

Luyten,J. R. and Stommel, H. (1986). Gyres driven by combined wind and buoyancy flux. *J. Phys. Oceanogr.* , **16**, 1551 - 1560.

Luyten,J. ,Stommel,H. and Wunsch, C. (1985). A diagnostic study of the northern Atlantic subpolar gyre. *J. Phys. Oceanogr.* ,**15**,1344 - 1348.

McCalphin, J. D. (1995). Rossby wave generation by poleward propagating Kelvin waves: The midlatitude quasigeostrophic approximation. *J. Phys. Oceanogr.* ,**25**,1415 - 1425.

McCartney,M. S. (1977). Subantarctic Mode Water. In *A Voyage of Discovery*,George Deacon 70th Anniversary Volume, *Deep Sea Res.* ,(Suppl.),103 - 119.

McCartney,M. S. (1982). The subtropical recirculation of mode water. *J. Mar. Res.* ,**40**,427 - 464.

McCartney,M. S. and Talley,L. D. (1982). The Subpolar Mode Water of the North Atlantic Ocean. *J. Phys. Oceanogr.* , **12**,1169 - 1188.

McCreary,J. P. and Lu,P. (1994). Interaction between the subtropical and equatorial ocean circulation: The subtropical cell. *J. Phys. Oceanogr.* ,**24**,466 - 497.

McDowell,S. , Rhines, P. and Keffer, T. (1982). North Atlantic potential vorticity and its relation to the general circulation. *J. Phys. Oceanogr.* ,**12**,1417 - 1436.

McPhaden,M. J. and Fine,R. A. (1988). A dynamical interpretation of the tritium maximum in the Central Equatorial Pacific. *J. Phys. Oceanogr.* ,**18**,1454 - 1457.

Maas,L. R. M. (1994). A simple model for the three-dimensional,thermally and wind-driven ocean circulation. *Tellus*, **46**A,671 - 680.

Madson,O. S. (1977). A realistic model of the wind-induced Ekman boundary layer. *J. Phys. Oceanogr.* ,**7**,248 - 255.

Malkus,W. R. (1972). Nonperiodic convection at high and low Prandtl number. *Mem. Soc. R. Sci. Liege*,6^e *Ser.* ,**IV**, 125 - 128.

Manabe,S. and R. J. Stouffer (1988). Two stable equilibria of a coupled ocean-atmosphere model. *J. Clim.* ,**1**,841 -

866.

Marcet, A. (1819). On the Specific Gravity, and Temperature of Sea Waters, in Different Parts of the Ocean, and in Particular Seas; With Some Account of Their Saline Contents, Philosophical Transactions of the Royal Society of London, Vol., 109, 161 - 208.

Margules, M. (1905). Uber die energie der sturme, Wein: K. K. Hof-und. Stattsdruckerei, 26 pp.

Marotzke, J. (1989). Instabilities and steady states of the thermohaline circulation. In *Ocean Circulation Models: Combining Data and Dynamics*, ed. D. L. T. Anderson and J. Willebrand, Kluwer, pp. 501 - 511.

Marotzke, J. (1990). Instabilities and multiple equilibria of the thermohaline circulation. Ph. D. thesis. Ber. Inst. Meeresk. Kiel, 194, 126 pp.

Marotzke, J., Welander, P. and Willebrand, J. (1988). Instability and multiple equilibria in a meridional-plane model of the thermohaline circulation. *Tellus*, **40** A, 162 - 172.

Marotzke J. and Willebrand, J. (1991). Multiple equilibria of the global thermohaline circulation. *J. Phys. Oceanogr.*, **21**, 1372 - 1385.

Marshall, J., Hill, C., Perelman, L. and Adcroft, A. (1997). Hydrostatic, quasi-hydrostatic, and nonhydrostatic ocean modeling. *J. Geophys. Res.*, **102**, 5733 - 5752.

Marshall, J. C., Nurser, A. J. G. and Williams, R. G. (1993). Inferring the subduction rate and period over the North Atlantic. *J. Phys. Oceanogr.*, **23**, 1315 - 1329.

Marshall, J. C., Olbers, D., Wolf-Gladrow, D. and Ross, H. (1993). Potential vorticity constraints on the hydrography and transport of the southern oceans. *J. Phys. Oceanogr.* **23**, 465 - 487

Marshall, J. C. and Nurser, A. J. G. (1991). A continuously stratified thermocline model incorporating a mixed layer of variable thickness and density. *J. Phys. Oceanogr.*, **21**, 1780 - 1792.

Marshall, J. and Schott, F. (1999). Open-ocean convection: Observations, theory and models. *Rev. Geophys.*, **37**, 1 - 64.

Martinson, D. S., P. D. Killworth and A. L. Gordon (1981). A convective model for the Weddell polynya. *J. Phys. Oceanogr.*, **11**, 466 - 488.

Masuzawa, J. (1969). Subtropical model water. *Deep Sea Res.*, **16**, 463 - 472.

Mauritzen, C. (1996). Production of dense overflow waters feeding the North Atlantic across the Greenland - Scotland ridge. Part I: Evidence for a revised circulation scheme, *Deep Sea Res.*, **43**, 769 - 806.

Mauritzen, C., Polzin, K. L., McCartney, M. S., Millard, R. C. and West-Mark, D. E. (2002). Evidence in hydrography and density fine structure for enhanced vertical mixing over the Mid-Atlantic Ridge in the western Atlantic. *J. Geophys. Res.*, **107**, 3147, doi:10.1029/2001JC001114.

Mercier, H, Speer, K. G. and Honnorez, J. (1994). Flow pathways of bottom water through the Romanche and chain fracture-zones. *Deep Sea Res.*, *I*, **41**, 1457 - 1477.

Mesinger, F. and Janjic, Z. I. (1985). Problems and numerical methods of the incorporation of mountains in the atmospheric models. *Lectures in Applied Mathematics*, **22**, 81 - 120

Mihaljan, J. M. (1963). An exact solution of the Rossby adjustment problem. *Tellus*, **15**, 150 - 154.

Miles, J. W. (1972). Kelvin waves on oceanic boundaries. *J. Fluid Mech.*, **55**, 113 - 127.

Millero, F. J. and Leung, W. H. (1976). The thermodynamics of seawater at one atmosphere. *Ameri. J. Sci.*, **276**, 1035 - 1077.

Milliff, R. F. and McWilliams, J. C. (1994). The evolution of boundary pressure in ocean basin. *J. Phys. Oceanogr.*, **24**, 1317 - 1338.

Montgomery, R. B. (1937). A suggested method for representing gradient flow in isentropic surfaces. *Bull. Amer. Meteor. Soc.*, **18**, 210 - 212.

Morel, A. and Antoine, D. (1994). Heating rate within the upper ocean in relation to its bio-optical state. *J. Phys. Oceanogr.*, **24**, 1652 – 1665.

Morgan, G. W. (1956). On the wind-driven ocean circulation. *Tellus*, **8**, 301 – 320.

Morris, M. Y., Hall, M. M., St. Laurent, L. C. and Hogg, N. G. (2001). Abyssal mixing in the Brazil Basin. *J. Phys. Oceanogr.*, **31**, 3331 – 3348.

Munk, W. H. (1950). On the wind-driven ocean circulation. *J. Meteor.*, **7**, 79 – 93.

Munk, W. H. (1966). Abyssal recipes. *Deep Sea Res.*, **13**, 707 – 730.

Munk, W. H. (1981). Internal waves and small-scale processes. In *Evolution of Physical Oceanography*, ed. B. A. Warren and C. Wunsch, MIT Press, pp. 264 – 291.

Munk, W. H. and Wunsch, C. (1998). Abyssal recipes II: energetics of the tidal and wind mixing. *Deep Sea Res.*, I, **45**, 1977 – 2010.

Nakano, H. and Hasumi, H. (2005). A series of zonal jets embedded in the broad zonal flows in the Pacific obtained in eddy-permitting ocean general circulation models. *J. Phys. Oceanogr.*, **35**, 474 – 488.

Nakano, H. and Suginohara, N. (2002). A series of middepth zonal flows in the Pacific driven by winds. *J. Phys. Oceanogr.*, **32**, 161 – 176.

Needler, G. (1967). A model for the thermohaline circulation in an ocean of finite depth. *J. Mar. Res.*, **25**, 329 – 342.

Niiler, P. P. (1966). On the theory of wind-driven ocean circulation. *Deep Sea Res.*, **13**, 597 – 606.

Neumann, G. and Pierson, W. J. (1966). *Principles of physical oceanography*, Prentice – Hall, Englewood Cliffs, 545 pp.

Newton, I., (1687). *Philosophiae Naturalis Principia Mathematica*. See Newton's Principia. Cajori's 1946 revision of Motte's 1729 translation, University of California Press, Berkeley, 680 pp.

Nilsson, J., Brostrom, G. and Walin, G. (2003). The thermohaline circulation and vertical mixing: Does weaker density stratification give stronger overturning? *J. Phys. Oceanogr.*, **33**, 2781 – 2795.

Obukhov, A. M. (1949). On the question of the geostrophic wind (in Russian), *Izv. Akad. Nauk SSSR Ser. Geograf. – Geofiz.*, **13**(4), 281 – 306.

O'Dwyer, J. and Williams, R. G. (1997). The climatological distribution of potential vorticity over the abyssal ocean. *J. Phys. Oceanogr.*, **27**, 2488 – 2506.

Oliver, P. J. (1986). *Applications of Lie Groups to differential equations*, Springer – Verlag, New York, 497 pp.

Oort, A. H., Anderson, L. A. and Peixoto, J. P. (1994). Estimates of the energy cycle of the oceans. *J. Geophys. Res.*, **99**, 7665 – 7688.

Oort, A. H., Ascher, S. C., Levitus, S. and Peixoto, J. P. (1989). New estimates of the available potential energy in the world ocean. *J. Geophys. Res.*, **94**, 3187 – 3200.

Osborn, T. R. (1980). Estimates of the local rate of vertical diffusion from dissipation measurements. *J. Phys. Oceanogr.*, **10**, 83 – 89.

Owens, W. B. and Warren, B. A. (2001). Deep circulation in the northwest corner of the Pacific Ocean. *Deep Sea Res.* I, **48**, 959 – 993.

Pacanowsky, R. C. (1995). *MOM2 documentation user's guide and reference manual*, version 2. GFDL Ocean Group Tech. Rep. No. 3, GFDL/Princeton University, 232 pp.

Paparella, F. and Young, W. R. (2002). Horizontal convection is non turbulent. *J. Fluid Mech.*, **205**, 466 – 474.

Parsons, A. T. (1969). A two-layer model of Gulf Stream separation. *J. Fluid Mech.*, **39**, 511 – 528.

Pasquero, C. and Tziperman, E. (2004). Effects of a wind-driven gyre on thermohaline circulation variability. *J. Phys. Oceanogr.*, **34**, 805 – 816.

Pedlosky, J. (1983). Eastern boundary ventilation and the structure of the thermocline. *J. Phys. Oceanogr.*, **13**, 2038 –

2044.

Pedlosky, J. (1984). Cross-gyre ventilation of the subtropical gyre: An internal mode in the ventilated thermocline. *J. Phys. Oceanogr.*, **14**, 1172 - 1178.

Pedlosky, J. (1986). The buoyancy and wind-driven ventilated thermocline. *J. Phys. Oceanogr.*, **16**, 1077 - 1087.

Pedlosky, J. (1987a). *Geophysical Fluid Dynamics*. Springer - Verlag, New Work, 710 pp.

Pedlosky, J. (1987b). An inertial theory of the equatorial undercurrent. *J. Phys. Oceanogr.*, **17**, 1978 - 1985.

Pedlosky, J. (1992). The baroclinic structure of the abyssal circulation. *J. Phys. Oceanogr.*, **22**, 652 - 659.

Pedlosky, J. (1996). *Ocean Circulation Theory*. Springer - Verlag, Heidelberg, 453 pp.

Pedlosky, J. (2006). A history of thermocline theory. In *Physical Oceanography Developments Since* 1950, ed. M. Jochum and R. Murtugudde, Springer, New York, pp. 139 - 152.

Pedlosky, J. andRobbins, P. (1991). The role of finite mixed-layer thickness in the structure of the ventilated thermocline. *J. Phys. Oceanogr.*, 21, 1018 - 1031.

Peixoto, J. P. and Oort, A. H. (1992). *Physics of Climate*, American Institute of Physics, New York, 520 pp.

Peltier, W. R. and Caulfield, C. P. (2003). Mixing efficiency in stratified shear flows. *Ann. Rev. Fluid Mech.*, **35**, 135 - 167.

Phillips, N. A. (1966). The equations of motion for a shallow rotating atmosphere and the "traditional approximation". *J. Atmos. Sci.*, **23**, 626 - 628.

Phillips, O. M. (1970). On flows induced by diffusion in a stably stratified fluid. *Deep Sea Res.*, **17**, 435 - 440.

Phillips, O. M., Shyu, J. and Salmun, H. (1986). An experiment on boundary mixing: Mean circulation and transport rates. *J. Fluid Mech.*, **173**, 473 - 499.

Pickart, R. S. (1992). Water mass components of the North - Atlantic deep western boundary current. *Deep Sea Res.*, **39**, 1553 - 1572.

Pickart, R. S. and Huang, R. X. (1995). Structure of an inertial deep western boundary current. *J. Mar. Res.*, **53**, 739 - 770.

Pickart, R. S., Spall, M. A., Ribergaard, M. H., Moore, G. W. K. and Milliff, R. F. (2003). Deep convection in the Irminger Sea forced by the Greenland tip jet. *Nature*, **424**, No. 6945, 152 - 156.

Pickart, R. S., Torres, D. J. and Clarke, R. A. (2002). Hydrography of the Labrador Sea during active convection. *J. Phys. Oceanogr.*, **32**, 428 - 457.

Plueddemann, A. J. and Farrar, J. T. (2006). Observations and models of the energy flux from the wind to mixed-layer inertial currents. *Deep Sea Res.*, II, **53**, 5 - 30.

Polzin, K. L., Speer, K. G., Toole, J. M. and Schmitt, R. W. (1996). Intense mixing of Antarctic Bottom water in the equatorial Atlantic Ocean. *Nature*, **380**, 54 - 57.

Polzin, K. L., Toole, J. M., Ledwell, J. R. and Schmitt, R. W. (1997). Spatial variability of turbulent mixing in the abyssal ocean. *Science*, **276**, 93 - 96.

Helfrich, K. R. and Pratt, L. J. (2003). Rotating hydraulics and upstream basin circulation. *J. Phys. Oceanogr.*, **33**, 1651 - 1663.

Pratt, L. J. and Whitehead, J. (2007). *Rotating Hydraulics*, Springer, New York, 589 pp.

Price, J. F. (1981). Upper ocean response to a hurricane. *J. Phys. Oceanogr.*, **11**, 153 - 175.

Price, J. F. and Baringer, M. O. (1994). Outflows and deep water production by marginal seas. *Progr. Oceanogr.*, **33**, 161 - 200.

Price, J. and Sundermeyer, M. A. (1999). Stratified Ekman layers. *J. Geophys. Res.*, **104**, 20, 467 - 20, 494.

Price, J., Weller, R. A. and Schudlich, R. R. (1987). Wind-Driven Ocean Currents and Ekman Transport. *Science*, **238**,

1534 - 1538.

Price, J. F. and Yang, J. (1998). Marginal sea overflows for climate simulations. In: *Ocean Modelling and Parameterizations*, ed. E. P. Chassignet and J. Verron, Kluwer Academic Publishers, pp. 155 - 170.

Qiu, B. (2002a). The Kuroshio Extension system: Its large-scale variability and role in the midlatitude ocean-atmosphere interaction. *J. Oceanogr.*, **58**, 57 - 75.

Qiu, B. (2002b). Large-scale variability in the midlatitude subtropical and subpolar North Pacific Ocean: Observations and causes. *J. Phys. Oceanogr.*, **32**, 353 - 375.

Qiu, B. (2003). Kuroshio extension variability and forcing of the Pacific decadal oscillations: Responses and potential feedback. *J. Phys. Oceanogr.*, **33**, 2465 - 2482.

Qiu, B. and Huang, R. X. (1995). Ventilation of the North Atlantic and North Pacific: Subduction versus obduction. *J. Phys. Oceanogr.*, **25**, 2374 - 2390.

Reid, J. L., Nowlin, W. D. and Patzert, W. C. (1977). On the characterist5ics and circulation of the southwestern Atlantic Ocean. *J. Phys. Oceanogr.*, **7**, 62 - 91.

Reid, R. O., Elliott, B. A. and Olson, D. B. (1981). Available potential energy: A clarification. *J. Phys. Oceanogr.*, **11**, 15 - 29.

Rhines, P. B. and MacCready, P. M. (1989). Boundary control over the large-scale circulation, *Proceedings of the 'Aha Huliko' a Symposium*, ed. P. Muller, Hawaii Inst. of Geophysics, pp. 75 - 97.

Rhines, P. B. and Young, W. R. (1982a). Homogenization of potential vorticity in planetary gyres. *J. Fluid Mech.*, **122**, 347 - 367.

Rhines, P. B. and Young, W. R. (1982b). A theory of wind-driven circulation. I. Mid-ocean gyres. *J. Mar. Res.*, **40** (Suppl.), 559 - 596.

Robinson, A. R. and Stommel, H. (1959). The oceanic thermocline and the associated thermohaline circulation. *Tellus*, **11**, 295 - 308.

Roche, P. -E., Castaing, B., Chabaud, B. and Hebral, B. (2001). Observation of the 1/2 power law in Rayleigh - Bénard convection. *Phys. Rev. E*, **63**, DOI: 10.1103/PhysRevE.63.045303.

Roemmich, D., Hautala, S. and Rudnick, D. (1996). Northward abyssal transport through the Samoan passage and adjacent regions. *J. Geophys. Res.*, **101**, 14039 - 14055.

Rogers, C. and Ames, W. F. (1989). *Nonlinear Boundary Value Problems in Science and Engineering*, Academic Press, New York, 416 pp.

Rooth, C. (1982). Hydrology and ocean circulation. *Prog. Oceanogr.*, **11**, 131 - 149.

Rooth, C., Stommel, H. and Veronis, G. (1978). On motions in steady, layered, geostrophic models, *J. Oceanogr. Soc. Japan*, **34**, 265 - 267.

Rossby, C. G. (1938). On the mutual adjustment of pressure and velocity distributions in certain simple current systems, II. *J. Mar. Res.*, **1**, 239 - 263.

Rossby, T. (1965). On thermal convection driven by non-uniform heating from below; An experimental study. *Deep Sea Res.*, **12**, 9 - 10.

Rossby, T. (1998). Numerical experiments with a fluid heated non-uniformly from below. *Tellus*, **50**A, 242 - 257.

Ruddick, B. and Gargett, A. E. (2003). Oceanic double-infusion: Introduction. *Progr. Oceanogr.* **56**, 381 - 393.

Salmon, R. (1990). The thermocline as an "internal boundary layer". *J. Mar. Res.*, **48**, 437 - 469.

Salmon, R. (1991). Similarity solutions of the thermocline equations. *J. Mar. Res.*, **49**, 249 - 280.

Salmon, R. and Hollerbach, R. (1991). Similarity solutions of the thermocline equations. *J. Mar. Res.*, **49**, 249 - 280.

Samelson, R. M. and Vallis, G. K. (1997). Large-scale circulation with small diapycnal diffusion: the two-thermocline *limit. J. Mar. Res.*, **55**,223 – 275.

Saunders,P. M. (1990). Cold outflow from the Faroe Bank Channel. *J. Phys. Oceanogr.*,**20**,29 – 43.

Sandstrom, J. W. (1908). Dynamicsche Versuche mit Meerwasser. *Annalen der Hydrographie under Martimen Meteorologie*,**36**,6 – 23.

Sandstrom, J. W. (1916). Meteorologische Studien im schwedischen Hochgebirge. *Goteborgs K. Vetenskaps-och Vitterhetssamhalles Handl.*,Ser. **4**,22,No. 2,48 pp.

Schlosser,P.,Bonisch,G.,Rhein,M. and Bayer,R. (1991). Reduction of deepwater formation in the Greenland Sea during the 1980s: Evidence from tracer data. *Science*,**251**,1054 – 1056.

Schmitt,R. W. (1995). The ocean component of the global water cycle. *U. S. National Report to International Union of Geodesy and Geophysics* 1991 – 1994. *Rev. Geophs.*,(*Suppl.*),1395 – 1409.

Schmitt,R. W.,Ledwell,J. R.,Montgomery,E. T.,Polzin,K. L. and Toole,J. M. (2005). Enhanced diapycnal mixing by salt fingers in the thermocline of the tropical Atlantic. *Science*,308 (5722),685 – 688.

Schmitt,R. W.,Perkins,H.,Boyd,J. D. and Stalcup,M. C. (1987). C – SALT: An investigation of the thermohaline staircase in the western tropical North Atlantic. *Deep Sea Res.*,**34**,1655 – 1665.

Schmitz,Jr.,W. J. (1995). On the interbasin-scale thermohaline circulation,*Rev. Geophys.*,**33**,151 – 173.

Schmitz,Jr.,W. J. (1996a). On the world ocean circulation: Volume I,Some global features/North Atlantic circulation. Woods Hole Oceanographic Institution Technical Report WHOI – 96 – 03,148 pp.

Schmitz,Jr.,W. J. (1996b). On the world ocean circulation: Volume II,the Pacific and Indian Oceans / A global update. Woods Hole Oceanographic Institution Technical Report WHOI – 96 – 08,241 pp.

Schott,F. and Stommel,H. (1978). Beta spirals and absolute velocities in different oceans. *Deep Sea Res.*,**25**,961 – 1010.

Sedov,L. I. (1959). *Similarity and dimensional methods in mechanics*,Academic Press,New York,363 pp.

Sen,A.,Scott,R. B. and Arbic,B. K. (2008). Global energy dissipation rate of deep-ocean low-frequency flows by quadratic bottom boundary layer drag: Computations from current-meter data. *Geophys. Res. Lett.*,**35**,doi:10. 1029/2008GL033407.

Smith,W. H. F. and Sandwell,D. T. (1997). Global seafloor topography from satellite altimetry and ship depth soundings. *Science*,**277**,1956 – 1962.

Smolarkiewicz,P. K. (2006). Multidimensional positive definite advection transport algorithm: An overview. *Int. J. Num. Method in fluid*,**50**,1123 – 1144.

Soloviev,A. and Lukas,R. (1996). Observation of spatial variability of diurnal thermocline and rain-formed haloclinc in the western pacific warm pool. *J. Phys. Oceanogr.*,**26**,2529 – 2538.

Spall,M. A. (1992). Cooling spirals and recirculation in the subtropical gyre. *J. Phys. Oceanogr.*,**22**,564 – 571.

Spall,M. A. (2001). Large-scale circulations forced by localized mixing over a sloping bottom. *J. Phys. Oceanogr.*,**31**,2369 – 2384.

Sparrow,C. (1982). The Lorenz equations: Bifurcations,chaos,and strange attractors. Springer – Verlag,New York,269 pp.

Speer,K. G. and Forbes,A. (1994). A deep western boundary current in the South Indian basin. *Deep Sea Res.*,*I*,**41**,1289 – 1303.

Speer,K. G. and McCartney,M. S. (1992). Bottom water circulation in the western North Atlantic. *J. Phys. Oceanogr.*,**22**,83 – 92.

Speer,K. G.,Tzipmann,E. and Feliks,I. (1993). A simple numerical model for topographic and grounding effects in a bottom layer. *J. Geophys. Res.*,**98**,8547 – 8558.

St. Laurent, L. C. , J. M. Toole and R. W. Schmitt (2001). Buoyancy forcing by turbulence above rough topography in the abyssal Brazil Basin. *J. Phys. Oceanogr.* ,**31**, 3476 – 3495.

Stacey, M. W. (1999). Simulations of the wind-forced near-surface circulation in Knight Inlet: A parameterization of the roughness length. *J. Phys. Oceanogr.* ,**29**,1363 – 1367.

Stein, C. A. and Stein, S. (1992). A model for the global variation in oceanic depth and heat flow with lithospheric age. *Nature*,**359**,123 – 129.

Stein, C. A. and Stein, S. (1994). Comparison of plate and asthenospheric flow models for the thermal evolution of oceanic lithosphere. *Geophys. Res. Lett.* ,**21**,709 – 712.

Stommel, H. (1948). The westward intensification of wind-driven ocean currents. *Trans.* , *Amer. Geophys. Union*, **29**, 202 – 206.

Stommel, H. (1954). Why do our ideas about the ocean circulation have such a peculiarly dream-like quality? In *Collected Works of Henry Stommel* ,ed. N. G. Hogg and R. X. Huang, American Meteor. Soc. ,Boston, Vol. 1,pp. 124 – 134.

Stommel, H. (1957). A survey of ocean current theory. *Deep Sea Res.* , **4**,149 – 184.

Stommel, H. (1958). The abyssal circulation. Letter to the editors. *Deep Sea Res.* ,**5**,80 – 82.

Stommel, H. M. (1961). Thermohaline convection with two stable regimes of flow. *Tellus*,**13**,224 – 230.

Stommel, H. M. (1979). Determination of water mass properties of water pumped down from the Ekman layer to the geostrophic flow below. *Proc. Natl. Acad. Sci. U. S. A.* ,**76**,3051 – 3055.

Stommel, H. (1982). Is the South Pacific helium-3 plume dynamically active? *Earth and Plan. Sci. Lett.* ,**61**,63 – 67.

Stommel, H. (1984a). The delicate interplay between wind-stress and buoyancy input in ocean circulation: The Goldsbrough variations. Crafoord prize Lecture presented at the Royal Swedish Academy of Sciences, Stockholm, on September 28,1983. *Tellus*,**36**(A),111 – 119.

Stommel, H. (1984b). The Sea of the Beholder. In *Collected Works of Henry Stommel*, ed. Hogg and R. X. Huang, American Meteor. Soc. ,Boston, Vol. I,pp. 5 – 112.

Stommel, H. (1986). A thermohaline oscillator. *Ocean Modelling*, **72**, 5 – 6 (unpublished manuscript). In *Collected Works of Henry Stommel* ,ed. N. G. Hogg and R. X. Huang, American Meteor. Soc. ,Boston, Vol. II,pp. 648 – 649.

Stommel, H. M. (1993). A conjectural regulating mechanism for determining the thermohaline structure of the oceanic mixed layer. *J. Phys. Oceanogr.* ,**23**,142 – 148.

Stommel, H. and Arons, A. B. (1960a). On the abyssal circulation of the world ocean—I. Stationary planetary flow patterns on a sphere. *Deep Sea Res.* ,**6**,140 – 154.

Stommel, H. and Arons, A. B. (1960b). On the abyssal circulation of the world ocean—II. An idealized model of the circulation pattern and amplitude in oceanic basins. *Deep Sea Res.* ,**6**,217 – 233.

Stommel, H. and Arons, A. B. (1972). On the abyssal circulation of the world ocean—V. The influence of bottom slope on the broadening of inertial boundary currents. *Deep Sea Res.* ,**19**,707 – 718.

Stommel, H. , Arons, A. B. and Faller, A. J. (1958). Some examples of stationary planetary flow patterns in bounded basins. *Tellus*,**10**,179 – 187.

Stommel, H. and Rooth, C. (1968). On the interaction of gravitational and dynamic forcing in simple circulation models. *Deep Sea Res.* ,**15**,165 – 170.

Stommel, H. and Schott, F. (1977). The beta spiral and the determination of the absolute velocity field from hydrographic station data. *Deep Sea Res.* ,**24**, 325 – 329.

Suginohara, N. (1973). An eastward flow at lower, middle latitudes derived from a three-layer model of a wind-driven ocean circulation. *J. Oceanogr. Soc. Japan*,**29**,227 – 235.

Sun, L. and Sun, D. J. (2007). Numerical simulation of partial-penetrating flow in horizontal convection. In *New Trends in Fluid Mechanics Research*, Proceeding of the Fifth International Conference on Fluid Mechanics, Aug. 15 – 19 (2007), Shanghai, China. Tsinghua University Press Springer, pp. 391 – 394.

Sverdrup, H. U. (1947). Wind-driven currents in a baroclinic ocean; with application to the equatorial currents of the eastern Pacific. *Proc. Nat. Acad. Sci. U. S. A.*, **33**, 318 – 326.

Sverdrup, H. U., Johnson, M. W. and Fleming, R. H. (1942). *The oceans*. Prentice – Hall, 1987 pp.

Swallow, J. C. and Washington, L. V. (1957). Measurements of deep currents in the western North Atlantic. *Nature*, **179**, 1183 – 1184.

Talley, L. D. (1985). Ventilation of the subtropical North Pacific: The shallow salinity minimum. *J. Phys. Oceanogr.*, **15**, 633 – 649.

Talley, L. D. (1988). Potential vorticity distribution in the North Pacific. *J. Phys. Oceanogr.*, **18**, 89 – 106.

Talley, L. D. (2007). Hydrographic Atlas of the World Ocean Circulation Experiment (WOCE: Volume 2: Pacific Ocean). ed. M. Sparrow, P. Chapman and J. Gould, International WOCE Project Office, Southampton, U. K., ISBN 0 – 904175 – 54 – 5.

Terray, E. A., Donelan, M. A., Agraval, Y. C., Drennan, W. M., Kahma, K. K., Williams III, A. J., Hwang, P. A. and Kitaigorodskii, S. A. (1996). Estimates of Kinetic Energy Dissipation under Breaking Waves. *J. Phys. Oceanogr.*, **26**, 792 – 807.

Terray, E. A., Drennan, W. M. and Donelan, M. A. (1999). The vertical structure of shear and dissipation in the ocean surface layer. In *The Wind-Driven Air-Sea Interface*, ed. M. L. Banner, School of Mathematics, University of New South Wales, 239 – 245.

Thompson, L. and Johnson, G. C. (1996). Abyssal currents generated by diffusion and geothermal heating over rises. *Deep Sea Res.*, **43**, 903 – 211.

Thorpe, S. A. (2005). *The Turbulent Ocean*, Cambridge Univ. Press, 458 pp.

Thurnherr, A. M. and Speer, K. G. (2003). Boundary mixing and topographic blocking on the Mid-Atlantic Ridge in the South Atlantic. *J. Phys. Oceanogr.*, **33**, 848 – 862.

Toggweiler, J. R. and Samuels, B. (1993). Is the magnitude of the deep outflow from the Atlantic Ocean actually governed by Southern Hemisphere winds? *The Global Carbon Cycle*, ed. M. Heimann, Springer, 303 – 331.

Toggweiler, J. R. and Samuels, B. (1995). Effect of Drake Passage on the global thermohaline circulation. *Deep Sea Res. I*, **42**, 477 – 500.

Toggweiler, J. R. and Samuels, B. (1998). On the ocean's large-scale circulation near the limit of no vertical mixing. *J. Phys. Oceanogr.*, **28**, 1832 – 1852.

Toole, J. M. and Warren, B. A. (1993). A hydrographic section across the subtropical south Indian Ocean. *Deep Sea Res.*, I, **40**, 1973 – 2019.

Treguier, A. M., Hogg, N. G., Maltrud, M., Speer, K. and Thierry, V. (2003). The origin of deep zonal flows in the Brazil Basin. *J. Phys. Oceanogr.*, **33**, 580 – 599.

Trenberth, K. E. and Caron, J. M. (2001). Estimates of meridional atmosphere and ocean heat transport. *J. Climate*, **14**, 3433 – 3443.

Tsuchiya, M., Lukas, R., Fine, R. A., Firing, E. and Lindstrom, E. (1989). Source waters of the Pacific Equatorial Undercurrent. *Progr. Oceanogr.*, **23**, 101 – 147.

Turner, J. S. (1973). *Buoyancy Effects in Fluid*, Cambridge Press, 367 pp.

Tziperman, E., Toggweiler, J. R., Bryan, K. and Feliks, Y. (1994). Instability of the thermohaline circulation with respect to mixed boundary conditions: Is it really a problem for realistic models?, *J. Phys. Oceanogr.*, **24**, 217 – 232.

Uppala, S. M. et al. (2005). The ERA - 40 reanalysis. *Quart. J. R. Meteorol. Soc.* ,**131**,2961 - 3012

Vallis, G. K. (2000). Large-scale circulation and production of stratification: Effects of wind, geometry and diffusion. *J. Phys. Oceanogr.* ,**30**, 933 - 954.

Veronis, G. (1966). Wind-driven ocean circulation—Part I. Linear theory and perturbation analysis. *Deep Sea Res.* , **13**, 17 - 29.

Veronis, G. (1969). On theoretical models of the thermocline circulation. *Deep Sea Res.* ,**16** (Suppl.) ,301 - 323.

Veronis, G. (1973). Model of world ocean circulation: I. Wind-driven, two layer. *J. Mar. Res.* ,**31**,228 - 288.

von Mises, R. (1927). Bemerkungen zur Hydrodynamik, *Z. Angnew. Math. Mech.* ,**7**,425 - 431.

Walin, G. (1985). The thermohaline circulation and the control of ice ages. *Palaeogeogr.* ,*Palaeoclimatol*,*Palaeoecol.* , **50**,323 - 332.

Wang, Q. and Huang, R. X. (2005). Decadal Variability of Pycnocline Flows from the Subtropical to the Equatorial Pacific. *J. Phys. Oceanogr.* ,35,1861 - 1875.

Wang, W. and Huang, R. X. (2004a). Wind energy input to the Ekman Layer. *J. Phys. Oceanogr.* ,**34**,1267 - 1275.

Wang, W. and Huang, R. X. (2004b). Wind energy input to the surface waves. *J. Phys. Oceanogr.* ,**34**,1276 - 1280.

WangW. ,Qian, C. C. and Huang, R. X. (2006). Mechanical energy input to the world oceans due to atmospheric loading. *Chinese Science bulletin*,**51**,327 - 330.

Wang, W. and Huang, R. X. (2005). An experimental study on thermal circulation driven by horizontal differential heating. *J. Fluid Mech.* ,**540**,49 - 73.

Warren, B. (1973). Transpacific hydrographic sections at Lats. 43°S and 28°S: The SCORPIO expedition—II. Deep water. *Deep Sea Res.* ,**20**,9 - 38.

Warren, B. A. (1981). Deep circulation of the world ocean. In *Evolution of Physical Oceanography*, ed. B. A. Warren and C. Wunsch, MIT Press, Cambridge, MA, pp. 6 - 41.

Warren, B. A. and Speer, K. G. (1991). Deep circulation in the eastern South Atlantic Ocean. *Deep Sea Res.* I, **38**, S281 - S322.

Weatherly, G. L. and Kelley, E. A. ,Jr. (1985). Two views of the cold filament, *J. Phys. Oceanogr.* ,**15**,68 - 81.

Weaver, A. J. ,Aura, S. M. and Myers, P. G. (1994). Interdecadal variability in an idealized model of the North Atlantic. *J. Geophys. Res.* ,**99**(C6) ,12,423 - 12,441.

Weaver, A. J. and Sarachik, E. S. (1991). The role of mixed boundary conditions in numerical models of the ocean's climate. *J. Phys. Oceanogr.* ,**21**,1470 - 1493.

Weaver, A. J. ,Sarachik, E. S. and Marotzke, J. (1991). Freshwater flux forcing of decadal and interdecadal oceanic variability. *Nature*,**353**,836 - 838.

Webb, D. J. and Suginohara, N. (2001). Vertical mixing in the ocean. *Nature*,**409**,37.

Welander, P. (1959). An advective model of the ocean thermocline. *Tellus*,**11**,309 - 318.

Welander, P. (1971a). Some exact solutions to the equation describing an ideal-fluid thermocline. *J. Mar. Res.* ,**29**, 60 - 68.

Welander, P. (1971b). The thermocline problem. *Philos. Trans. R. Soc. London Ser.* A 270,415 - 421.

Welander, P. (1982). A simple heat-salt oscillator. *Dyn. Atmos. Ocean*,**6**,233 - 242.

Whitehead, A. A. (1998). Topographic control of ocean flows in deep passages and straits. *Rev. Geophys.* ,**36**,423 - 440.

Whitworth, T. ,Nowlin, W. D. ,Pillsbury, R. D. ,Moore, M. I. and Weiss, R. F. (1991). Observations of the Antarctic Circumpolar Current and deep boundary current in the southwest Atlantic. *J. Geophys. Res.* ,**96**,15105 - 15118.

Whitworth, T. ,III and Peterson, R. G. (1985). Volume transport of the Antarctic Circumpolar Current from bottom pressure measurements. *J. Phys. Oceanogr.* ,**15**,810 - 816.

Whitworth, T., Warren, B. A., Nowlin, W. D., Rutz, S. B., Pillsbury, R. D. and Moore, M. I. (1999). On the deep western-boundary current in the Southwest Pacific Basin. *Progr. Oceanogr.*, **43**, 1 – 54.

Wijffles, S. (1993). *Exchanges between hemisphere and gyres: A direct approach to the mean circulation of the equatorial Pacific*. Ph. D. thesis, MIT/WHOI, 267 pp.

Wijffels, S. E., Hall, M. M., Joyce, T., Torres, D. J., Hacker, P. and Firing, E. (1998). Multiple deep gyres of the western North Pacific: A WOCE section along 149°E. *J. Geophys. Res.*, **103**, 12,985 – 13,009.

Williams, R. G. (1989). Influence of air-sea interaction on the ventilated thermocline. *J. Phys. Oceanogr.*, **19**, 1255 – 1267.

Williams, R. G. (1991). The role of mixed layer in setting the potential vorticity of the main thermocline. *J. Phys. Oceanogr.*, **21**, 1803 – 1814.

Woods, I. R. (1968). Selective withdrawal from a steady stratified fluid. *J. Fluid Mech.*, **32**, 209 – 223.

Woods, J. D. (1985). The physics of pycnocline ventilation. *Coupled Ocean-Atmosphere Models*, ed. J. C. Nihoul, Elsevier Sci. Pub., 543 – 590.

Woods, J. D. and Barkmann, W. (1986). A Lagrangian mixed layer model of Atlantic 18°C water formation. *Nature*, **319**, 574 – 576.

Worthington, L. V. (1959). The 18° water in the Sargasso Sea. *Deep Sea Res.*, **5**, 297 – 305.

Worthington, L. V. (1969). An attempt to measure the volume transport of Norwegian Sea overflow water through the Denmark Strait. *Deep Sea Res.*, **16** (Suppl.), 421 – 432.

Worthington, L. V. (1970). The Norwegian Sea as a Mediterranean basin. *Deep Sea Res.*, **17**, 77 – 84.

Wright, D. G. and Stocker, T. F. (1991). A zonally averaged ocean model for the thermohaline circulation. Part I: Model development and flow dynamics. *J. Phys. Oceanogr.*, **21**, 1713 – 1724.

Wunsch, C. (1970). On oceanic boundary mixing. *Deep Sea Res.*, **17**, 293 – 301.

Wunsch, C. (1998). The work done by the wind on the oceanic general circulation. *J. Phys. Oceanogr.*, **28**, 2332 – 2342.

Wunsch, C. (2002). What is the thermohaline circulation? *Science*, **298**, 1179 – 1181.

Wunsch, C. and Ferrari, R. (2004). Vertical mixing, energy, and the general circulation of the oceans. *Ann. Rev. of Fluid Mech.*, **36**, 281 – 314.

Wunsch, C. and Stammer, D. (1997). Atmospheric loading and oceanic "inverted barometer" effect. *Rev. of Geophys.*, **35**, 79 – 107.

Wyrtki, K. (1961). The thermohaline circulation in relation to the general circulation in the oceans. *Deep Sea Res.*, **8**, 39 – 64.

Wyrtki, K. and Kilonsky, B. (1984). Mean water and current structure during the Hawaii – Tahiti Shuttle Experiment. *J. Phys. Oceanogr.*, **14**, 242 – 254.

Yan, Y., Gan, Z. and Qi, Y. (2004). Entropy budget of the ocean system. *Geophys. Res. Lett.*, **31**, L14311, doi: 10.1029/2004GL019921.

Yang, J. and Price, J. (2000). Water-mass formation and potential vorticity balance in an abyssal ocean circulation. *J. Mar. Res.*, **58**, 789 – 808.

Yang, X. -Y, Huang, R. X. and Wang, D. X. (2007). Decadal changes of wind stress over the Southern Ocean associated with Antarctic ozone depletion. *J. Climate*, **20**, 3395 – 3410.

Yeh, T. C. (1957). On the formation of quasi-geostrophic motion in the atmosphere. *J. Meteor. Soc. Japan*, the 75th Anniversary Volume, 130 – 134.

Young, W. R. (1981). *The vertical structure of the wind-driven circulation*. Ph. D thesis, MIT/WHOI Joint Program in Oceanography, 215 pp.

Young, W. R. and G. R. Ierley (1986). Eastern boundary conditions and weak solutions of the ideal thermocline equations. *J. Phys. Oceanogr.*, **16**, 1884 - 1900.

Zalesak, S. T. (1979). Fully multidimensional flux-corrected transport algorithms for fluids. *J. Comput. Phys.*, **31**, 335 - 362.

Zang, X. and Wunsch, C. (2001). Spectral description of low frequency oceanic variability. *J. Phys. Oceanogr.*, **31**, 3073 - 3095.

Zebiak, S. E. and Cane, M. A. (1987). A model EL NINO-Southern Oscillation. *Month. Wea. Rev.*, **115**, 2262 - 2278.

Zhang, J., Schmitt, R. W. and Huang, R. X. (1998). Sensitivity of the GFDL Modular Ocean Model to parameterization of double-diffusive processes. *J. Phys. Oceanogr.*, **28**, 589 - 605.

Zhang, J, Schmitt, R. W. and Huang, R. X. (1999). The relative influence of diapycnal mixing and hydrologic forcing on the stability of the thermohaline circulation. *J. Phys. Oceanogr.*, **29**, 1096 - 1108.

Zhang, K. Q. and Marotzke, J. (1999). The importance of open-boundary estimation for an Indian Ocean GCM-data system. *J. Mar. Res.*, **57**, 305 - 334.

Zhang, R, Follows, M. J., Grotzinger, J. P. and Marshall, J. (2001). Could the late Permian deep ocean have been anoxic? *Paleoceanography*, **16**, 317 - 329.

推荐阅读

第1章

Pickard, G. L, W. J. Emery, and L. D. Talley (2009). *Descriptive Physical Oceanography*, Elsevier. ①

Stommel, H. (1984). The Sea of the Beholder. In Hogg, N. G. and R. X. Huang (Eds.) "*Collected Works of Henry Stommel*", American Meteor. Soc., Boston, Vol. I, 5 – 112.

第2章

Cushman-Roisin, B. (1994). *Introduction to Geophysical Fluid Dynamics*. Prentice Hall Press, 320 pp.

Feistel, R., and E. Hagen (1995). On the Gibbs thermodynamic potential of seawater. *Prog. Oceanogr.*, **36**, 249 – 327.

Fofonoff, N. P. (1992). Lecture Notes EPP-226, Harvard University, 66 pp.

Gill, A. E. (1982). *Atmosphere-Ocean Dynamics*. Academic Press, New York, 662pp.

Holton, J. R. (2004). *An Introduction to Dynamic Meteorology*, Volume 88, Fourth edition (International Geophysics), Academic Press, 535pp.

Sedov, L. I. (1959). *Similarity and dimensional methods in mechanics*, Academic Press, New York, 363 pp.

第3章

Faller, A. (1966). Sources of energy for the ocean circulation and a theory of the mixed layer. *Proceedings of the Fifth U. S. National Congress of Applied Mechanics*, Minnesota, pp 651 – 672.

Kuhlbrodt, T., A. Griesel, M. Montoya, A. Levermann, M. Hofmann, and S. Rahmstorf (2007). On the driving processes of the Atlantic meridional overturning circulation. *Rev. Geophys.*, **45**, RG2001, doi: 10.1029/2004RG000166.

Munk, W. H. and C. Wunsch (1998). Abyssal recipes II: Energetics of the tidal and wind mixing, *DeepSea Res.*, I, **45**, 1977 – 2010.

Wunsch, C. and R. Ferrari (2004). Vertical mixing, energy, and the general circulation of the oceans. *Ann. Rev. of Fluid Mech.*, **36**, 281 – 314.

第4章

Luyten, J., J. Pedlosky, and H. M. Stommel (1983). The ventilated thermocline. *J. Phys. Oceanogr.*, **13**, 292 – 309.

Pedlosky, J. (1996). *Ocean Circulation Theory*. Springer – Verlag, Heidelberg, 453 pp.

Pedlosky, J (2006). A history of thermocline theory. In *Physical Oceanography Developments Since* 1950, Jochum, M. and

① 在2011年，本书出版了第六版：Talley, L. D., G. L. Pickard, W. J. Emery and J. H. Swift, 2011. Descriptive Physical Oceanography: An Introduction (Sixth Edition), Elsevier, Boston, 560 pp. ——译者注

R. Murtugudde (Eds.), Springer, New York, 139 - 152pp.

Rhines, P. B. and W. R. Young (1982). A theory of the wind-driven circulation. I. Mid-ocean gyres. *J. Mar. Res.*, **40** (Suppl.), 559 - 596.

Stommel, H. (1948). The western intensification of wind-driven ocean currents. *Trans.*, *Amer. Geophys. Union*, **29**, 202 - 206.

Stommel, H. (1984). The delicate interplay between wind-stress and buoyancy input in ocean circulation: the Goldsbrough variations. Crafoord prize Lecture presented at the Royal Swedish Academy of Sciences, Stockholm, on September 28, 1983. *Tellus*, **36**(A), 111 - 119.

McCreary, J. P. and P. Lu (1994). Interaction between the subtropical and equatorial ocean circulation: The subtropical cell. *J. Phys. Oceanogr.*, **24**, 466 - 497.

第 5 章

Woods, J. D. (1985). The physics of pycnocline ventilation. *Coupled Ocean-Atmosphere Models*. J. C. Nihoul, Ed., Elsevier Sci. Pub., 543 - 590.

Marshall, J. and F. Schott (1999). Open-ocean convection: Observations, theory and models. *Rev. Geophys.*, **37**, 1 - 64.

Whitehead, A. A. (1998). Topographic control of ocean flows in deep passages and straits. *Rev. Geophys.*, **36**, 423 - 440.

B. A. Warren (1981). Deep circulation of the world ocean, in "*Evolution of Physical Oceanography*", eddied by B. A. Warren and C. Wunsch, Massachusetts Institute of Technology Press, Cambridge, 623pp.

Schmitz, Jr., W. J. (1986). On the world ocean circulation: Volume I, Some global features/North Atlantic circulation. Woods Hole Oceanographic Institution Technical Report WHOI - 96 - 03, 148pp.

Schmitz, Jr., W. J. (1986). On the world ocean circulation: Volume II, the Pacific and Indian Oceans / A global update. Woods Hole Oceanographic Institution Technical Report WHOI - 96 - 08, 241pp.

Bryden, H. L. and S. Imawaki (2001). Ocean heat transport. in G. Siedler, J. Church, and J. Gould (Eds.): "*Ocean Circulation and Climate*", International Geophysical Series, Academy Press, New York, pp455 - 474.

Stommel, H. M. (1961). Thermohaline convection with two stable regimes of flow. *Tellus*, **13**, 224 - 230.

Toggweiler, J. R. and B. Samuels (1998). On the ocean's large-scale circulation near the limit of no vertical mixing. *J. Phys. Oceanogr.*, **9**, 1832 - 1852.

Kuhlbrodt, T., A. Griesel, M. Montoya, A. Levermann, M. Hofmann, and S. Rahmstorf (2007). On the driving processes of the Atlantic meridional overturning circulation. *Rev. Geophys.*, **45**, RG2001, doi:10.1029/2004RG000166.

索　　引

① 原著中的索引词为：Rossby radius of deformation，已根据原书正文内容修改。——译者注

① 原著中的索引词为:balance of kinetic energy,已根据原著正文内容修改。——译者注

② 原著中的索引词为:balance of momentum,已根据原著正文内容修改。——译者注

① 原著中的索引词为:balance of internal energy,已根据原著正文内容修改。——译者注

② 原著中的索引词为:South Ocean,已根据原著正文内容修改。——译者注

① 原著中的索引词为:deep in the world oceans,已根据原著正文内容修改。——译者注

① 原著中的索引词为:quasi-equilibrium solution,已根据原著正文内容修改。——译者注
② 原著中的索引词为:an exact solution,已根据原著正文内容修改。——译者注
③ 原著中的索引词为:a unifired view,已根据原著正文内容修改。——译者注

① 原著中的索引词为：balance of mass，已根据原著正文内容修改。——译者注

② 原著中的索引词为：balance of gravitational potential energy，已根据原著正文内容修改。——译者注

英汉译名对照表

A

abrupt transition 突变式过渡
abyss 深渊层
active and non-active negative entropy flux 活化的与非活化的负熵流
along-slope flow 沿坡高流
ambiductive region 双潜区
amount of entropy 总熵
amount of mixing 混合量
amplitude of freshwater 淡水流量
Angola Gyre 安哥拉流涡
anisotropic 各向异性的
annual subduction rate 年潜沉速率
anomalous buoyancy forcing 异常浮力
anomalous forcing 异常强迫力
anomaly 距平，异常
Antarctic Bottom water(AABW)南极底层水
Antarctic Circumpolar Current (ACC)南极绕极流
Antarctic Intermediate Water (AAIW) 南极中层水
anti-advective salt flux 抗平流盐通量
apparent specific enthalpy 表现比焓
apparent specific entropy 表现比熵
aspect ratio 纵横比
atmospheric loading 大气加力
available potential energy 可用位/势能
azimuthal velocity 顺流方向的速度

B

base of mixed layer 混合层底
basic state 基态
basin mean density 海盆面平均密度
basin of attraction 吸引盆
basin-integrated upwelling/ downwelling rate 海盆积分的上升/下降流量/速率
Bernoulli head 伯努利压头
Bobber 声信号跟踪浮标
body force 侧体力
bottom drag 海底拖曳力
bottom pressure tendency equation 海底压强趋势方程
bottom pressure torque 海底压强扭矩
bottom-intensified mixing 海底强化混合
Boussinesq approximation 布西涅斯克近似
box 方框区，盒子，单元，网格
box model 盒子模型
branches of the solutions 多解的分支
Brunt - Väisälä freqnency 布伦特 - 维萨拉频率
bucket sea-gage 海水测深桶
budget 收支，收支平衡
bulk formula 块体公式
buoyancy frequency 浮性频率
buoyancy gain 浮力增益

C

cabbeling 混合增密，混合增密过程
Carnot cycle 卡诺循环
catastrophic change 崩变式的改变
catastrophic pathway 崩变途径
change of entropy 熵之改变量

characteristic coordinate 特征线坐标
characteristic form 特征方程的形式
characteristic path 特征线
chemical power 化学功率
choking latitude 扼流纬度
circulation pattern 环流型式
circulatory motion 圆周运动
Clausius inequality 克劳修斯不等式
climate setting 气候形势
climate variability 气候变率/异
closed loop of flow 闭合流路
closed rectangular loop 闭合的矩形环道
coalesce 接合
coastal trapped Kelvin wave 沿岸俘能开尔文波
communication 桥接
communication pathway 桥接路径
communication rate 桥接速率
compressibility 压缩性,压缩系数,压缩率
continuously distributed source 连续分布源
convection events 对流活动事件
convective adjustment 对流调整
convective feedback 对流反馈
convective mixing due to overturning 翻转引起的对流混合
conversion term 能量的转变项
conveyor belt 输送带
cooling anomaly 冷却距平
Coriolis parameter 科氏参量
cross stream velocity 横向流速
cycle of the adjustment 调整过程的循环

D

decadal climate variability 气候年代变率
Deep Basin Experiment 深层海盆实验
deep convection 深对流
deep float 深水漂流浮子
deep main thermocline 深水主温跃层
deep valley 深谷
deep water 深层水
deepwater 深水
deepwater formation site 深水源地
deepwater formation 深水形成过程
deepwater upwelling 深水上升流
deflection 偏移
deformation radii of the equator 赤道变形半径
deformation ratio 变形比
density anomaly 密度距平
density categories 密度类型
density deviation 密度偏差
density range 密度范围
density ratio 密度比
diapycnal mixing coefficient 跨密度面混合系数
diapycnal mixing rate 跨密度面混合率
diapycnal velocity 跨密度面速度
diffusive convection 扩散对流
diffusive layering 扩散分层
diffusivity 扩散系数,扩散率
dilution heat 混合热
Dirichlet boundary condition 狄利克雷边界条件
dispersion 频散
dissipation heat 耗散热
dissipation rate 耗散率
distributed pelagic turbulence 分散的远海湍流
distributed source/sink 分配式源/汇
disturbance 干扰源
divergence of flux 通量发散过程
divergence of heat flux 热通量的散度
double diffusion 双扩散
downward salinity gradient 逆盐度梯度
downward temperature gradient 逆温度梯度
dynamical connection 动力学衔接
dynamical pressure 动力压强
dynamical thermocline mode (DTM)温跃层动力模态
dynamically active and non-active component 动力学上活跃和不活跃分量
dynamically inert 动力学上惰性

E

e-folding decay time scale e-折合衰减时间尺度
e-folding depth e-折合深度
e-folding distance e-折合距离
each local box 每一局地单元
Early Cambrian 早寒武纪
Early Carboniferous 早石炭纪

Early Oligocene 早渐新世
Early Paleocene 早古新世
eddy mixing coefficient 涡动混合系数
eddy saturation 涡饱和
eddy-induced flow 涡生流
eddy-mixing 涡混合
effective detrainment 有效卷出
effective entrainment 有效卷入
effective western boundary current 有效西边界流
Eighteen Degree Water 十八度水
Ekman compressor 埃克曼压缩机
Ekmam flux 埃克曼流量
Ekman layer 埃克曼层
Ekman pumping 埃克曼泵,埃克曼泵压/吸
Ekman pumping anomaly 埃克曼泵压/吸异常
Ekman pumping pattern 埃克曼泵压/吸分布
Ekman pumping rate 埃克曼泵压/吸速率
Ekman pumping velocity 埃克曼泵吸/压速度
Ekman spiral 埃克曼螺旋
Ekman sucking rate 埃克曼抽吸速率
Ekman suction 埃克曼抽吸/抽吸力
Ekman transport 埃克曼输送
Ekman upwelling rate 埃克曼上升流量/上涌速率
El Niño – Southern Oscillation(ENSO) 厄尔尼诺 – 南方涛动
element protactinium 元素镤
energy cascade 能量级串
ensemble average/ mean 系综平均
enthalpy release 焓释放量
entraining density current 卷入密度流
entraining event 卷入事件
entrainment/detrainment rate 卷入/卷出速率
entrainment 卷入水
entropy flux 熵流
entropy generation 熵产生量
entropy increase 熵增
entropy production 熵增量
entropy reduction 熵减,熵减量
entropy removal 除熵量
entropy-free 无熵的
equator-bounded Kelvin wave 向赤道的开尔文波
equatorial channel 赤道通道
equatorial jet 赤道射流
Equatorial Undercurrent (EUC) 赤道潜流
equatorial wave guide 赤道波导
equilibrium 平衡态
equivalent haline forcing 等效盐强迫力
Euler relation 欧拉关系
extensive variable 广变量

F

fan-shaped array of characteristics 扇形的特征线序列
fast-moving Rossby waves 快速罗斯贝波
filament 丝流
flip-flop model 振子触发模式
flow pattern 流型
flushing 冲洗,冲洗阶段
flux rate 输送速率
form drag 形状阻力
Fourier mode 傅里叶模态
Fourier spectral approach 傅里叶谱方法
fractional layer thickness 相对层厚
free surface 自由面
free surface height 自由海面升高
free-fall acoustically tracked velocimeter(TOPS) 自由落体声学跟踪速度计
fresh perturbation 淡水扰动
freshwater anomaly 淡水异常,淡水距平
freshwater cap 淡水冠
freshwater collector 淡水收集装置
freshwater flux amplitude 淡水流量振幅
freshwater flux 淡水通量/流量
frictional torque 摩擦扭矩
fully penetrating flow 完全穿透流

G

gain of GPE 重力势能增量/益
Galerkin method 伽辽金方法
generalized potential vorticity homogenization 广义位涡度均一化
generalized reduced-gravity model 广义约化重力模式
Geophysical Fluid Dynamics Laboratory /NOAA Modular Ocean Model 2 code (GFDL MOM2) 美国国家海洋和大气局地球流体动力学实验室海洋模式第二版

代码
geopotential difference 位势差
geopotential height 重力势高度,位势高度
geo-potential height coordinate 地理位势高度坐标
geopotential 重力势
geopotential perturbation 位势扰动
geostrophic adjustment 地转调整,地转适应
geostrophic turbulence 地转湍流
Gibbs function 吉布斯函数
Gibbs relation 吉布斯关系
Gibbs – Duhem equation 吉布斯 – 杜安方程
glacial ice 冰川冰
global conveyor 全球输送带
global structure 全球结构
GPE generation 重力势能产生
gravity current 重力流
gravity mode 重力波模
grid box 网格单元
grid cell 网格单元
growth rate 成长速率
Guinea Gyre 几内亚流涡
Gulf Stream Extension 湾流延续体
gyration 流涡强度,流涡族,流涡
gyration rate 流涡族速率
gyre 流涡

H

Hadley cell 哈德利环流圈
haline mode 盐控模态
halocline catastrophe 盐跃层崩变
Hawaii to Tahiti Shuttle Experiment 夏威夷至塔希提岛的现场穿梭实验
heat flux divergence 热通量的散度
heat release 放热
heat transport 热输送
heat-salt/thermohaline oscillator 热盐振子
Heaviside function/step function 海维塞德函数/阶梯函数
helicity 螺旋性
Helmholtz equation 赫尔姆霍茨方程
high regimes 强活动区
highly truncated box 高度截断的网格
homogeneous ocean 均质海洋
horizontal differential heating 水平非均匀加热
horizontal induction 水平输水
hot plumes 热羽状流
hot spot 热斑
hot/cold bath 热/冷水槽
hydraulic jump-like phenomena 水跃现象
hydrological cycle 水循环
hypsometry 水平面积随高度变化

I

imbalance 不平衡率
immiscible 不能掺混的
in situ temperature 现场温度
index map 索引图
Indonesian Throughflow 印度尼西亚贯通流
ineffective entrainment 无效卷入
inertial run-away 惯性失控
inflow and outflow 流入量和流出量
inflow and outflow waters 流入水和流出水
influx 输入,流入流量
intensive variable 强变量
interfacial friction 界面间摩擦
interior communication rate(ICR)内桥接速率
interior communication window 内桥接窗口
interior passage 内部通道
interior pathway transport 内部路径输送
internal dissipation 内部耗散
internal friction 内摩擦力
internal lee waves 内背风波
internal mode 内模态
internal sources 内部能源
International Geophysical Year(IGY)国际地球物理年
Inter – Tropical convergence zone(ITCZ)热带辐合带
inverse barometer effect 逆气压计效应
inverse reduced-gravity model 逆置约化重力模式
ion pumps 离子泵
isotropic 各向同性的

J

Jacobian expression 雅可比表达式
Jet Stream 急流

joint effect of baroclinity and bottom relief (JEBAR) 底斜效应,斜压与海底的联合效应

K

Knight Inlet 奈特湾
Kuroshio Extension 黑潮延续体

L

laminar 层流
Langmiuir Cell 兰米尔流胞
large plume 大型羽流
last glacial maximum 末次盛冰期
Late and Middle Jurassic 中晚侏罗纪
Late and Middle Ordovician 中晚奥陶纪
Late Miocene 晚中新世
Late Permian – Late Carboniferous 晚二叠纪 – 晚石炭纪
Late winter 冬末
latent heat content 潜热含量
lateral induction 侧向输水效应,侧向输水率
law of parallel solenoids 平行螺线管定律
laws of Planck and Stefan – Boltzmann 普朗克和斯捷潘 – 波尔兹曼定律
layer depth fronts 分层深度锋面
layer flip 层次反转过程
layered model 分层模式
layered ventilated thermocline 分层通风温跃层
leap-frog scheme 蛙跳格式
level model 水平层模式
level 水位
Lie group 李群
limit cycle oscillation 极限环振荡
linear relaxation temperature 线性松弛温度
local conversion 局地转变
localized turbulent patches 局地化的湍流片
loop 回路,回环,循环
loop current 流套
loop "flushing" time 圆环冲洗时间
loop model 圆环模型
loop oscillation 循环振荡
loop oscillator 圆环振子
Lorenz equation 洛仑兹方程

M

machinery 架构
mass element 质量单元
mass flux 质量通/流量
mass fraction 组分质量
mass source 质量源
matching latitude 匹配纬度
matching streamline 匹配流线
Maxwell relation 麦克斯韦关系
mean mechanical energy generation rate 机械能平均生成率
mechanical conveyor 机械能传送带
meridional overturning cell (MOC) 经向翻转环流胞
meridional overturning circulation (MOC) 经向翻转环流
meridional separation 经向距离
meridional transport function 经向输送函数
meridional volume flux rate 经向流量速率
meridional volume transport function 经向流量函数
meso-scale AGPE 中尺度可用重力势能
Middle and Early Devonian 中早泥盆纪
Middle Cretaceous 中白垩纪
Middle Silurian 中志留纪
mixed boundary condition 混合边界条件
mixed layer trough 混合层槽
mixed patch 片状混合区
mixing tensor rotation 混合张量旋转
mode water 模态水
model's behavior 模式的性态
molecular level 分子层次
monopole vortex 单极涡旋
Monte Carlo experiments 蒙特卡罗实验
multi-component system 多组分系统
multiple states 多态
Munk boundary layer 芒克边界层

N

National Centers for Environmental Prediction (NCEP) 美国国家环境预测中心
natural boundary condition 自然边界条件
near-inertial waves 近惯性波动
net short-wave radiation 净短波辐射

neutral surface 中性面
neutrally buoyant float 中性浮子
Newton method 牛顿方法
Newtonian-type transfer law 牛顿型传输定律
nominal density of the mode water oceans 各大洋模态水的标称密度
nominal *z*-coordinate 标称的 *z* 坐标
non-isotropic 各向异性
non-state variable 非状态变量
non-uniform grid 非等距网格
normal mode 正规模态
normalization condition 正规化条件
normalized wind energy 归一化的风能
North Atlantic Deep Water (NADW)北大西洋深层水
North Equatorial Counter Current(NECC)北赤道逆流
North/South Subtropical Gyre 北/南亚热带流涡
northern intensification 北向强化
Norwegian Atlantic Current 大西洋挪威海流
no-through flow 非贯通流
numerical diffusion 数值扩散
numerical mixing 数值混合

O

obduction 潜涌
obduction rate 潜涌速率
observed transport 实测流量/输送
oceanic general circulation model (OGCM)大洋总环流模式
off-equatorial Ekman flux 离赤道埃克曼输送
offshore confinement 离岸阈
oscillation 振荡
oscillatory circulation 振荡式环流
oscillatory instability 振动式的不稳定
osmotic pump 渗透泵
othobaric density 原压密度
outcroping phenomenon 露头现象
outflow regimes 离岸区,离岸的流区
outflow 输出,流出水,流出流量
over-mixed 超混合
oxygen concentration 含氧量浓度,氧浓度
oxygen content 含氧量
oxygen solubility 氧溶解度

P

paleoproxy 古环境/气候替代指标
Paparella - Young theorem 帕帕罗拉 - 扬定理
paradigm(理论)范式
partial chemical potential 分化学势
partition of energy 能量分配
passive tracer 被动示踪量
pivotal value 基准值
Planck's constant 普朗克常数
Poincare return map 庞加莱返回映像图
pole-to-pole mode 极区对极区模态
poleward heat flux (PHF)向极热通量
poleward part 向极区
poleward slanting pattern 向极倾斜型
polynya 冰间湖
pool regime 流池
pool region 池区
positive-definite schemes 正定格式
potential flow 势流
potential idea-fluid flow 理想流体的位势流动
potential temperature 位温
potential thickness 位势厚度
potential vorticity homogenization 位涡均一化
potential vorticity plateau 位涡平原区
preconditioning 预备期
Pressure Coordinates Ocean Model (PCOM)压强坐标海洋模式
pressure force 压力,压强梯度力
pressure head 动压头
pressure surface 压强面
pressure torque 压强扭矩
prognostic equation 预报方程
pycnocline 密跃层
quality of energy 能质
quasi-cycle 准循环
quasi-equilibrium 准平衡状态
quasi-periodic oscillation 准周期振荡

R

radial motion 放射状的运动
radial overturning circulation 径向翻转环流

Rayleigh condition 瑞利条件
Rayleigh - Benard convection 瑞利 - 伯纳德对流
Rayleigh - Benard thermal convection 瑞利 - 伯纳德热力对流
recirculation region 回流区
recirculation 回流,回流区,往复环流
recording station 测站
reduction in entropy 熵减量
regime 流态,流区
regime of high GPE 高重力势能流区
regime shift 流态转型
relative apparent specific enthalpy 相对表观比焓
relative chemical potential 相对化学势
relaxation temperature 松弛温度
removal of entropy 除熵过程
resonance condition 共振条件
resting level 静止深度
return branch 返回分支
return flow 返回流,回流,回流流量
return water 返回水
rim current 边缘流
river run-off 径流
Rossby deformation radius 罗斯贝变形半径
Rossby repellor 罗斯贝排斥子
run-away problem 失控问题

S

saddle-node bifurcation point 鞍结分叉点
saline contraction coefficient 盐收缩系数
salinification 盐度升高
salt content 盐量
salt fingering/ fingers 盐指
salt fountain 盐喷泉
salt pump 盐泵
salt regulator theory 盐量调节器理论
salt rejection 盐析
salt separation 盐离析
Sandstrom theorem 桑德斯特伦定理
scale height 尺度高度
scale-invariant constraint 尺度不变约束
scaling depth 尺度深度
scaling law 尺度分析法则
school of pulling 拉动学派
school of pushing 推动学派
sea level 海平面
sea state 海况
sea surface (SS)海面
sea surface height(SSH)海面高度
sea surface level 海平面高度
sea surface salinity (SSS)海面盐度
sea surface temperature (SST)海面温度
sea-level high/ low 高/低海平面区
sea-surface elevation 海面高度/升高
second dynamical thermocline mode 温跃层第二动力模态
sector 扇形区
self-propelled fountain 自推进的喷泉
semi-permeable membrane 半渗透膜
separation 分离线
shift of mass 质量迁移
shock front 激波波阵面
shooting method 打靶法
signal law 信号法则
sill 海槛
Simple Ocean Data Assimilation (SODA)简单海洋数据同化
skin layer 皮层
slab model 平板模式
solar insolation 太阳日射,太阳照射
solar radiation penetration 太阳辐射穿透力
solar tides 太阳潮
solid Earth tides 固体地潮
southern polar vortex 南极极涡
Southern Westerlies 南半球西风带
special feature of wind stress curl 风应力旋度的特殊分布
specific mixing enthalpy 混合比焓
specific mixing entropy 混合比熵
specific volume anomaly 比体积/容偏差
spiciness 涩性
spicity 涩度
spin-up process 启动过程
sponge layer 海绵层
stable node 稳定节点

stable spiral 稳定螺旋
standard geostrophic one-dimensional vertical normal mode 一维的标准地转正规垂向模态
state variable 状态变量
steadiness 定常性
steady solution 定态解
steady-state 定态
steric anomaly 比容偏差
Stokes drift 斯托克斯漂流
Stommel demon 斯托梅尔精灵
Stommel layer 斯托梅尔边界层
stratification 层化,成层
stratification ratio 层化率
stratified flow 层化流动
stratified GPE 层化重力势能
stratified ocean 层化海洋
stratified water 层化水
strength of gyration 流涡强度
stretched coordinate 伸缩坐标
stretching 伸缩效应
subantarctic front 亚南极锋
subcritical circulation 亚临界环流
sub-critical topography 亚临界地形
subduction 潜沉
subduction depth ratio 潜沉深度比
sub-inertial 亚惯性
sucking 抽吸
supercritical circulation and topography 超临界的环流和地形
surface box 表层网格
surface elevation 海面上升
surface elevation anomaly 海面高度异常
surface forcing 表面强迫力
surface-trapped jet 表层集束射流
Sverdrup constraint 斯韦尔德鲁普约束
Sverdrup function 斯韦尔德鲁普函数
Sverdrup relation 斯韦尔德鲁普关系
Sverdrup transport 斯韦尔德鲁普输送
swamp ocean 沼泽海洋

T

Taylor – Proudman theorem 泰勒 – 普劳德曼定理
tectonic plates 构造板块
thermal forcing 热强迫力
thermal mode 热力模态
thermal relaxation 热力松弛
thermobaric effect 温压效应
thermocline perturbation ratio 温跃层扰动量之比
thermocline ridge 温跃层脊
thermocline variability 温跃层变异
thermohaline catastrophe 热盐崩变
thermohaline staircase 温盐度阶梯
thermohaline variability 热盐变率/变异
threshold 阈值
tidal circulation 潮汐环流
tidal potential 引潮势
tidal velocity 潮汐速度
topographic stretching 地形的伸展作用
total amount of gravitational potential energy 总重力势能
total conversion rate 总转变率
total layer depth 总层深度
transformation rate 转化速率
transient mixing coefficient 瞬变混合系数
transition 变性,过渡态
transport 输送量,流量
Triassic 三叠纪
tube “filling” time 管道注满时间
twisting term 扭转项
two-box model 双盒模型
two-cell circulation pattern 双环流胞形态

U

unventilated thermocline 非通风温跃层
uphill Ekman flux 爬坡埃克曼通量
uphill flow 爬坡流
upper box/lower box 上网格/下网格
upper-layer box 上层网格
upscale energy cascade 逆向尺度的能量级串
upslope pressure force 爬坡压力
upwelling branch 上升分支
upwelling rate 上涌/上升流速率
upwelling 上升流,上升流量
upwind box 迎风网格
upwind scheme 迎风格式

V

value of precipitation 降水量
velocity at the wind sea peak frequency 波峰频率处的相速度
ventilated flow 通风的流动
ventilated thermocline theory 通风温跃层理论
ventilated zone 通风区
ventilation flux 通风流量
vertical advection term 垂向平流项
vertical cycling index 垂向循环指数
virtual control 虚拟控制方法
virtual salt flux 虚盐通量
virtual streamfunction 虚拟流函数
volume flux 流量
volumetric communication rate 流量桥接速率
volumetric flux/ transport 流量
vortex motion 涡旋运动

W

Walker circulation 沃克环流
Warm Pool 暖池
water mass conversion rate 水团转变速率
water mass cycle 水团循环
water mass erosion 水团销蚀
water mass erosion rate 水团销蚀速率
water mass modification/ transformation 水团变性
water properties 水(团)特性量
water-wheel equation 水车方程
water-wheel experiment 水车实验
wave front 波阵面
wave loop 波环路
western boundary pathway transport, (WBPT)西边界路径输送
Western Equatorial Pacific Ocean Circulation Study (WEPOCS) 赤道西太平洋环流研究
western-bound Rossby wave 西传罗斯贝波
wind-stress torque 风应力扭矩
wind-stress-induced turbulence 风应力产生的湍流

Z

zonally alternating jet 纬向交替射流

汉英人名对照表

阿朗斯	Arons
埃克曼	Ekman
贝塞尔	Bessel
波尔兹曼	Boltzmann
伯格	Burger
伯纳德	Benard
伯努利	Bernoulli
布伦特	Brunt
布西涅斯克	Boussinesq
狄利克雷	Dirichlet
杜安	Duhem
弗劳德	Froude
傅里叶	Fourier
伽辽金	Gerlerkin
格拉斯霍夫	Grasshof
格林	Green
哈德利	Hadley
海维塞德	Hdaviside
赫尔姆霍茨	Helmholtz
基培尔	Kibel
吉布斯	Gibbs
杰弗里斯	Jeffreys
卡诺	Carnot
开尔文	Kelvin
克劳修斯	Clausius
库塔	Kutta
兰米尔	Langmuir
勒让德	Legendre
雷诺	Reynolds
李	Lie
理查森	Richardson
柳井	Yanai
龙格	Runge
罗斯贝	Rossby
洛伦兹	Lorenz
麦克斯韦	Maxwell
芒克	Munk
蒙特卡罗	Monte Carlo
牛顿	Newton
欧拉	Euler
帕帕罗拉	Paparella
庞加莱	Poicare
佩克莱	Peclet
普朗克	Planck
普劳德曼	Proudman
瑞利	Rayleigh
桑德斯特伦	Sandstrom
施密特	Schmidt
斯捷潘	Stepan
斯托克斯	Stokes
斯托梅尔	Stommel
斯韦尔德鲁普	Sverdrup
泰勒	Taylor
维萨拉	Väisälä
沃克	Walker
雅可比	Jacobian
杨	Young

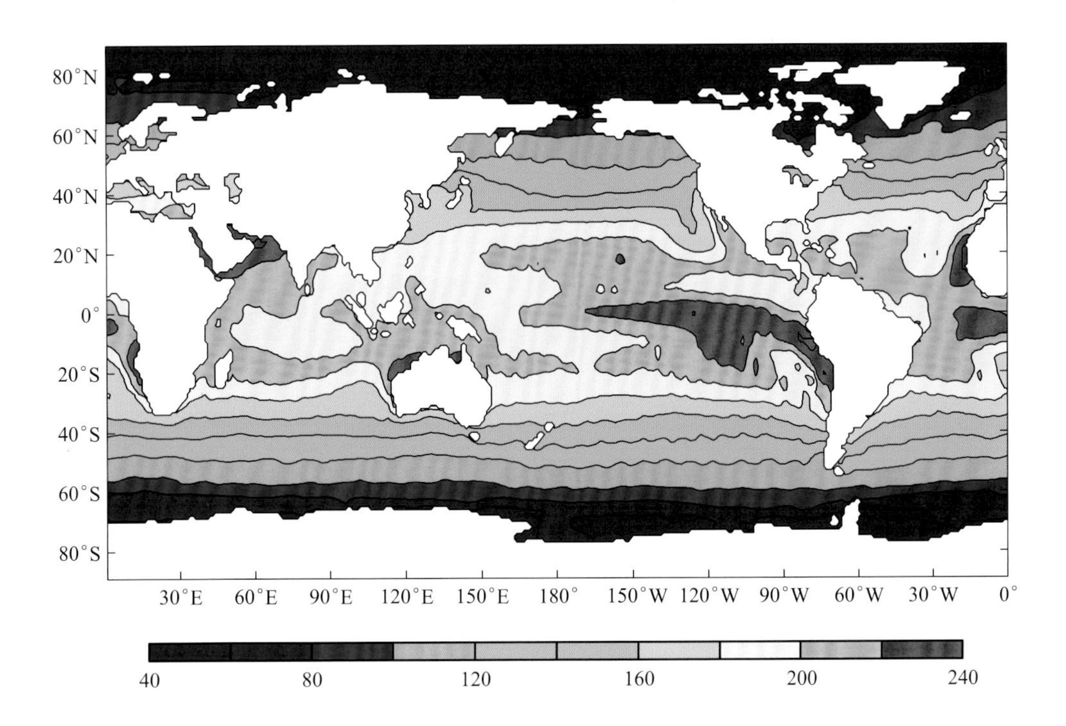

图 1.3 世界大洋年平均(NCEP - NCAR)净短波辐射(单位: W/m^2)。

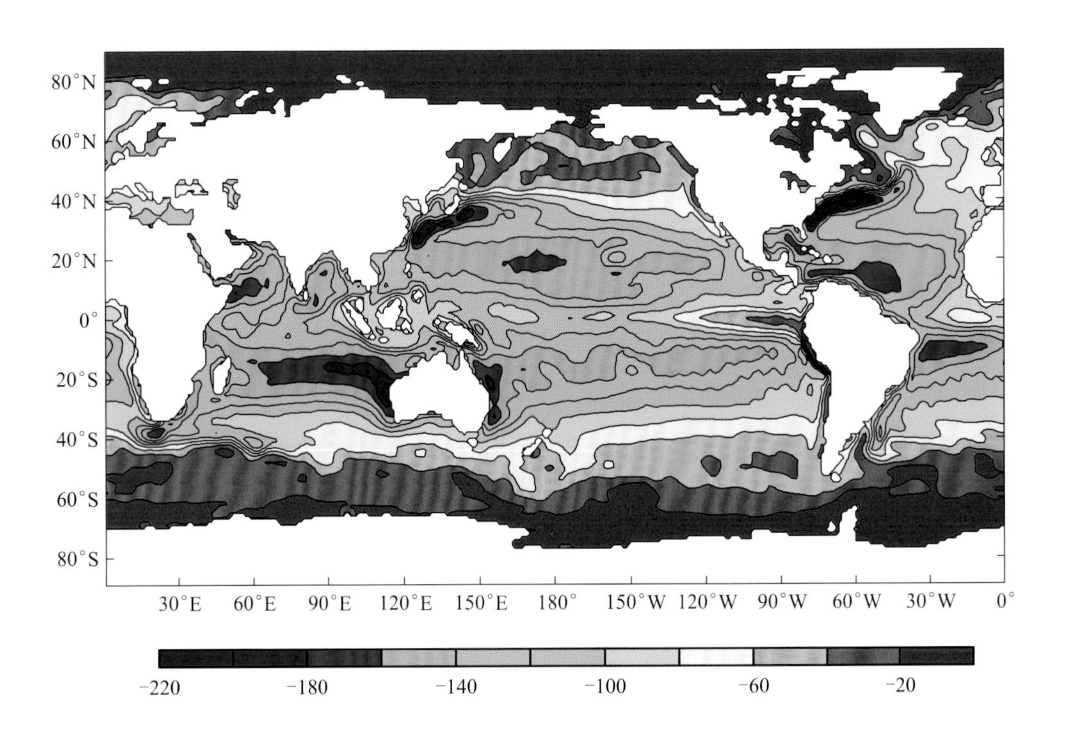

图 1.4 世界大洋年平均(NCEP - NCAR)蒸发导致的潜热通量(单位: W/m^2)。

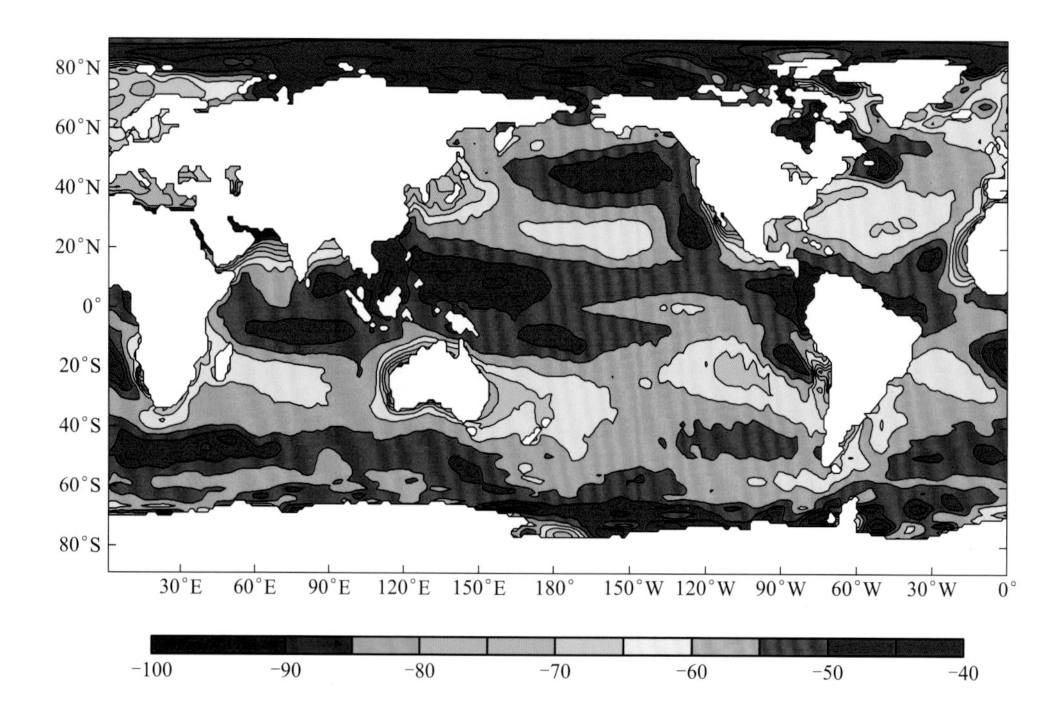

图 1.5　世界大洋年平均(NCEP - NCAR)净长波辐射(单位: W/m^2)。

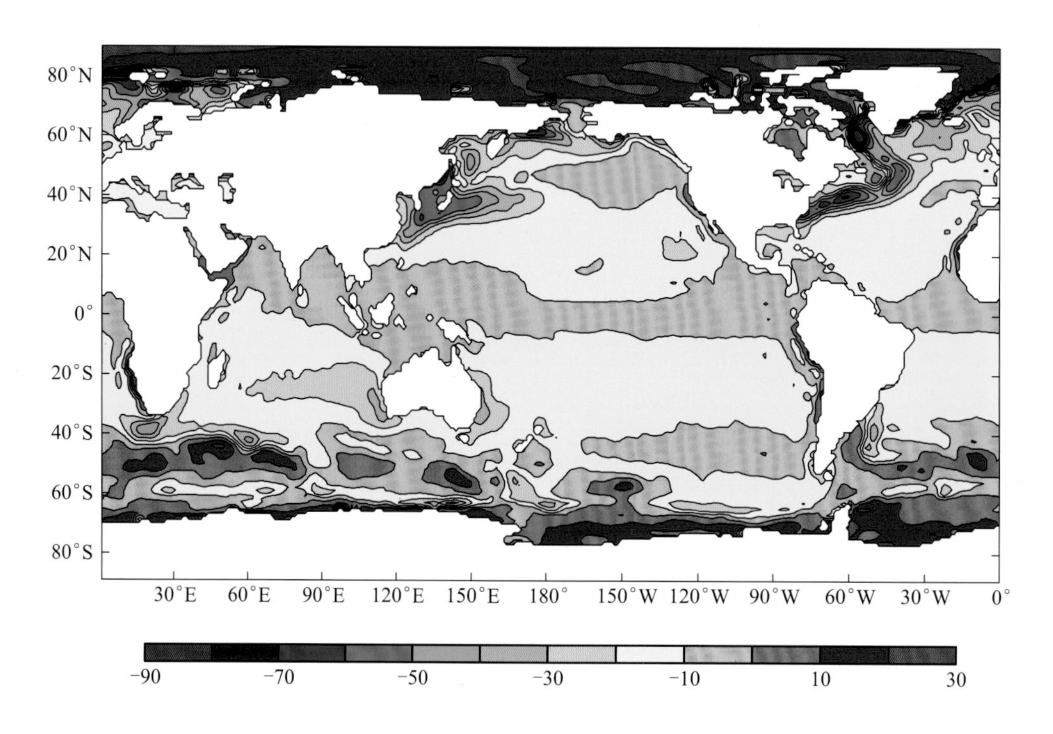

图 1.6　世界大洋年平均(NCEP - NCAR)感热通量(单位: W/m^2)。

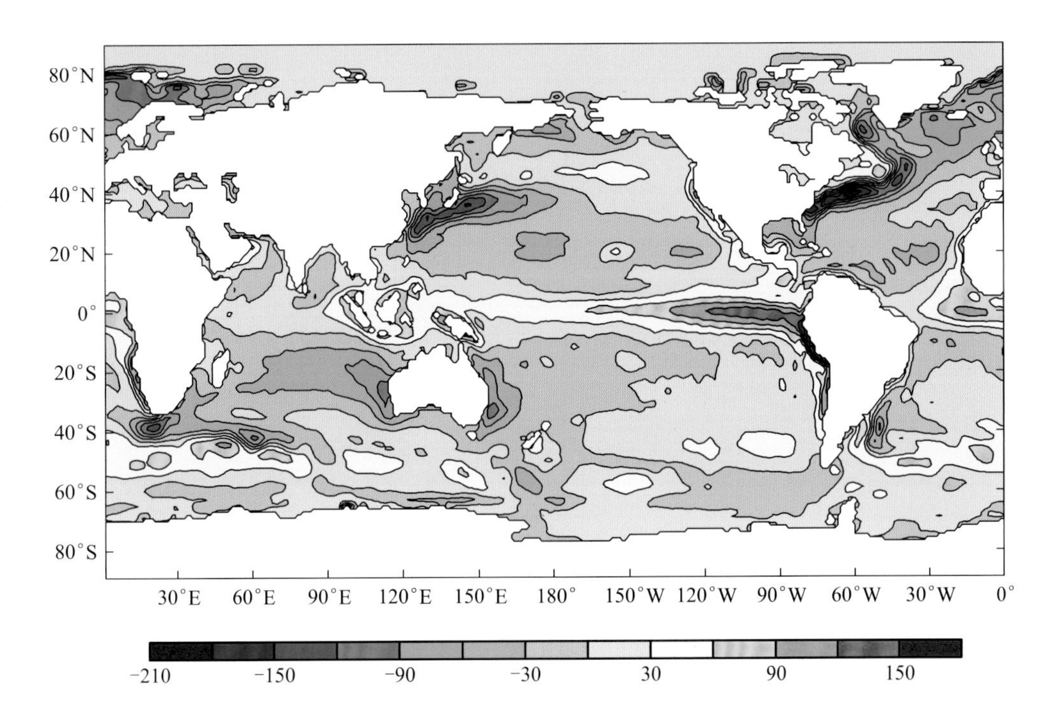

图 1.7　世界大洋年平均（NCEP－NCAR）海－气净热通量（单位：W/m^2）。

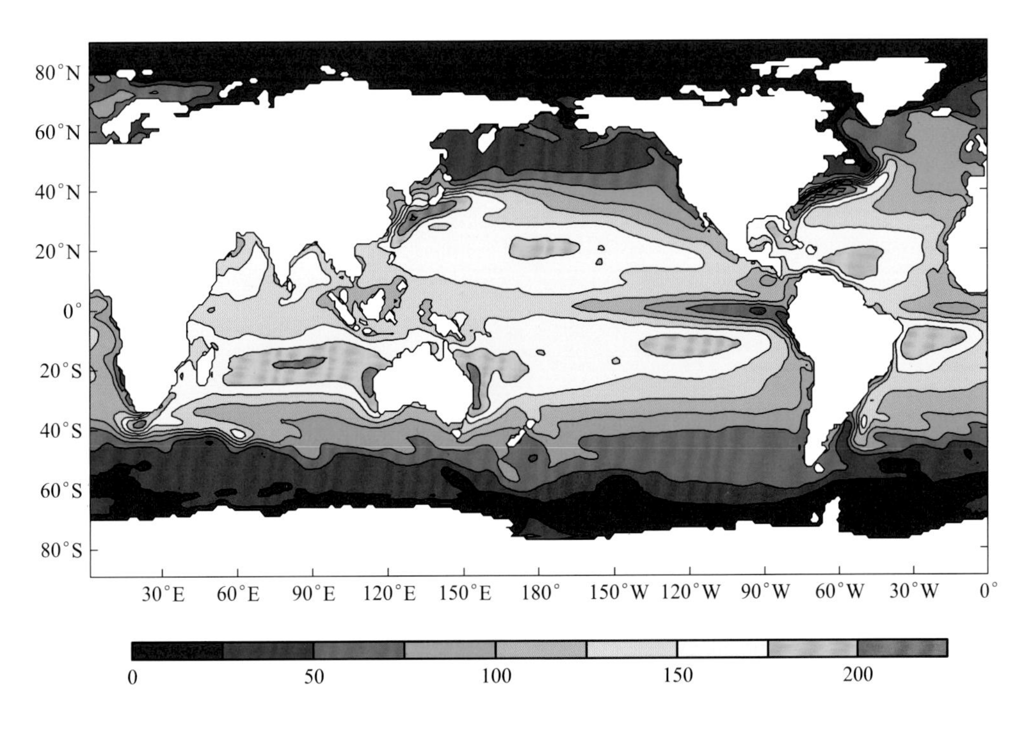

图 1.9　世界大洋年平均（NCEP－NCAR）蒸发率（单位：cm/年）。

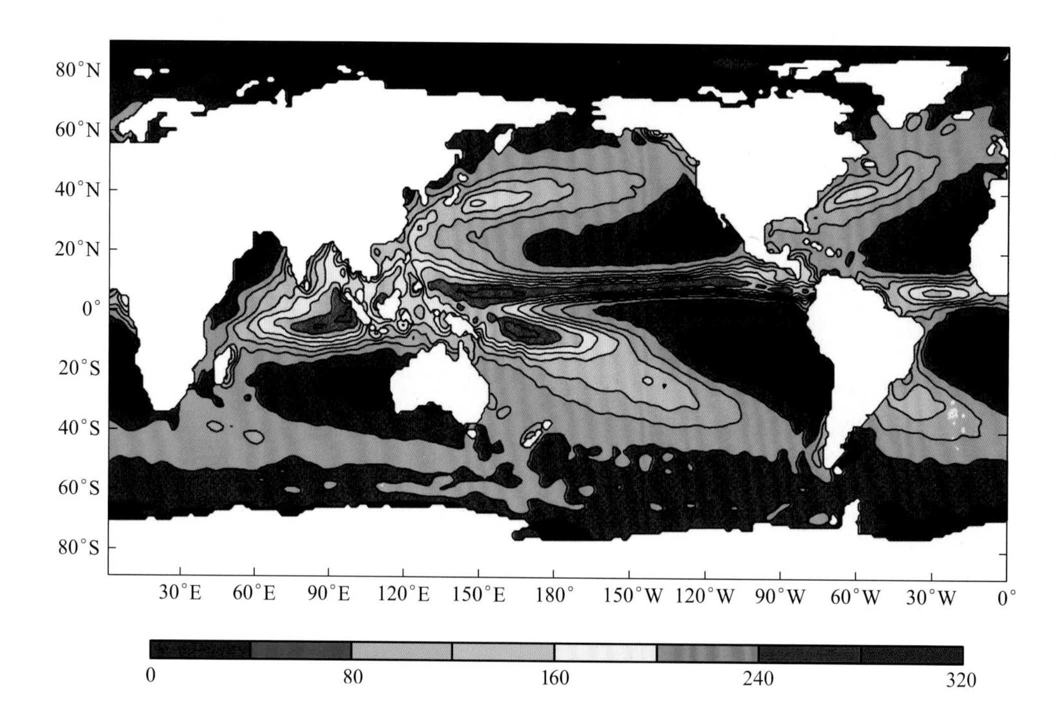

图 1.10 世界大洋年平均(NCEP－NCAR)降水率(单位：cm/年)。

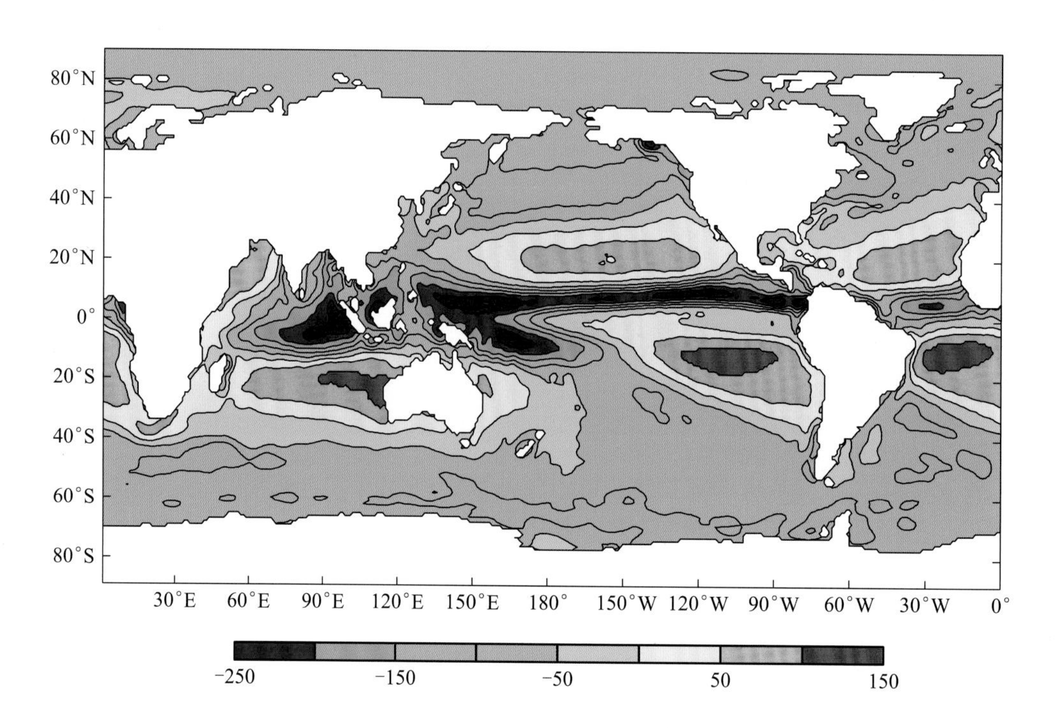

图 1.11 世界大洋年平均(NCEP－NCAR)蒸发降水差速率(单位：cm/年)。

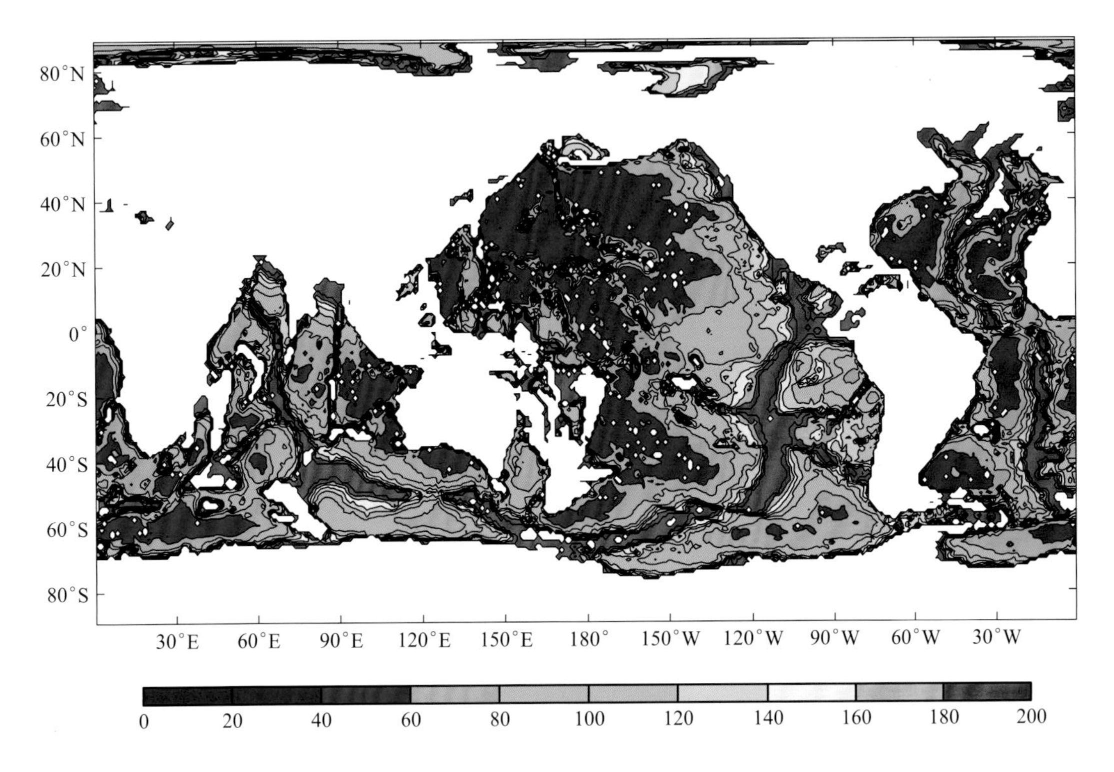

图 1.13　利用半经验公式计算的地热通量，只包括深度大于 2.6 km 的海域（单位：mW/m^2）。

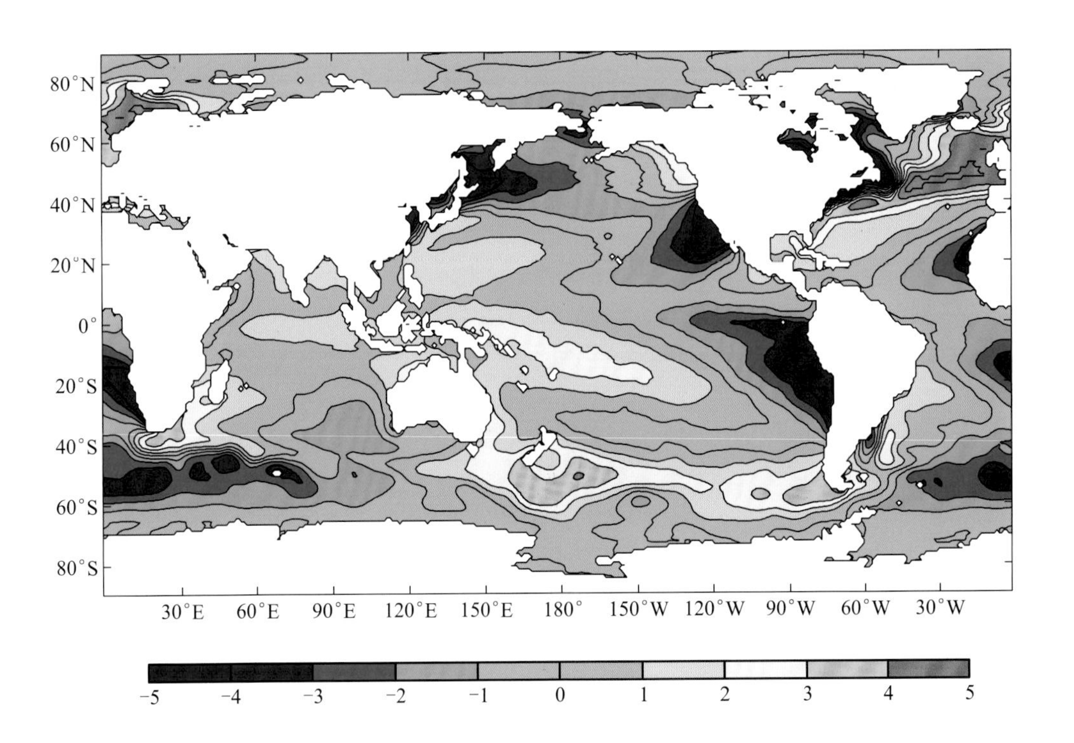

图 1.19　年平均海面温度距平（单位：℃），即相对于其纬向平均值的偏差。

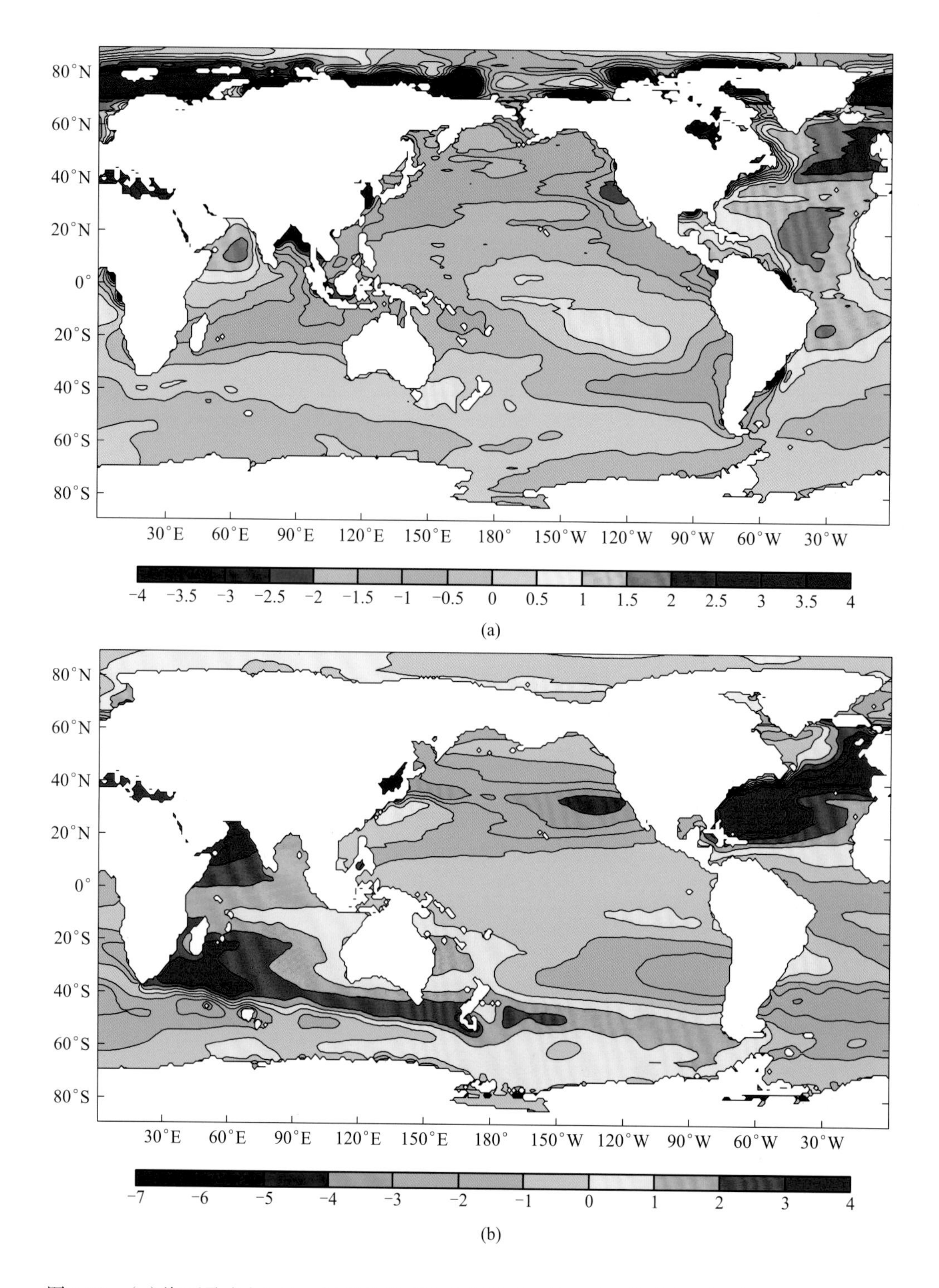

图 1.20 (a) 海面及 (b) 600 m 深度的年平均盐度距平，即相对于其纬向平均值的偏差。

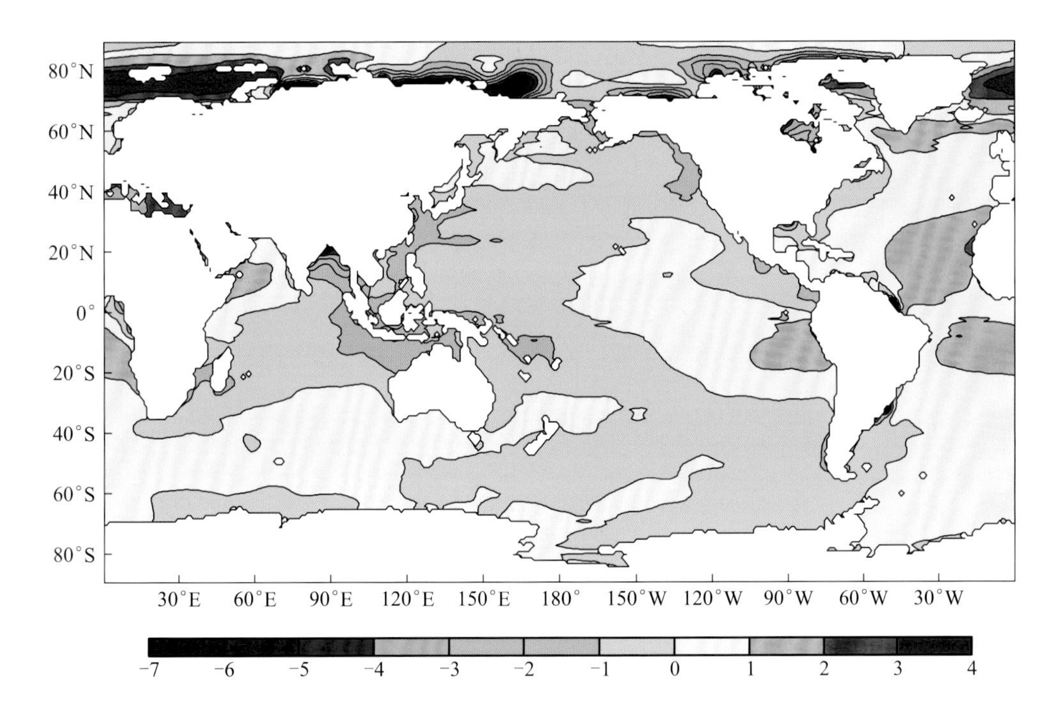

图 1.21　年平均海面密度距平（单位：kg/m^3），即相对于其纬向平均值的偏差。

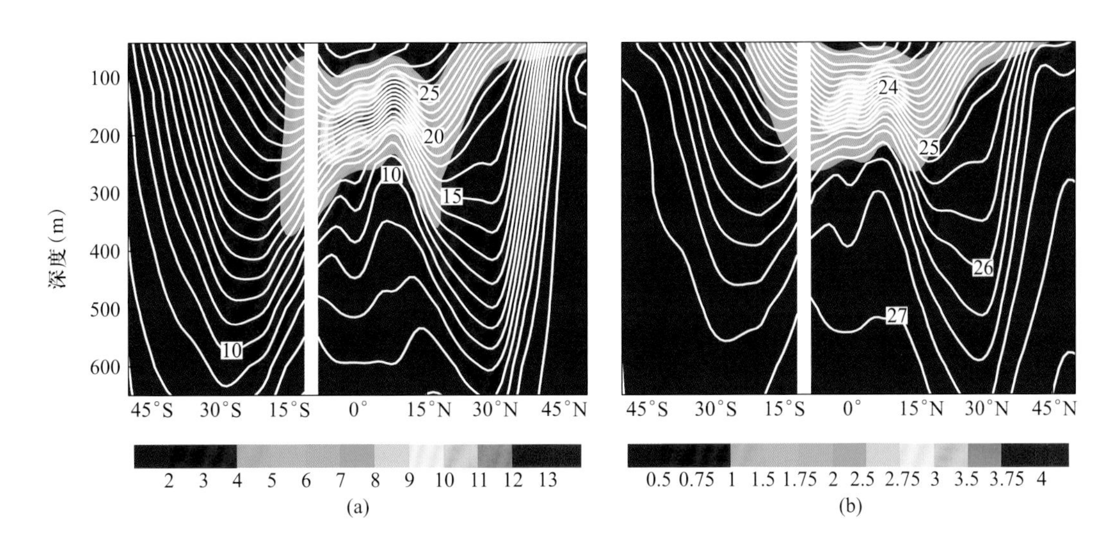

图 1.38　沿 158.5°E 经向断面图，图中的等值线分别为：(a) 热力结构（单位：℃），(b) 层化（σ_0，单位：kg/m^3）；彩色底图为其垂直梯度。

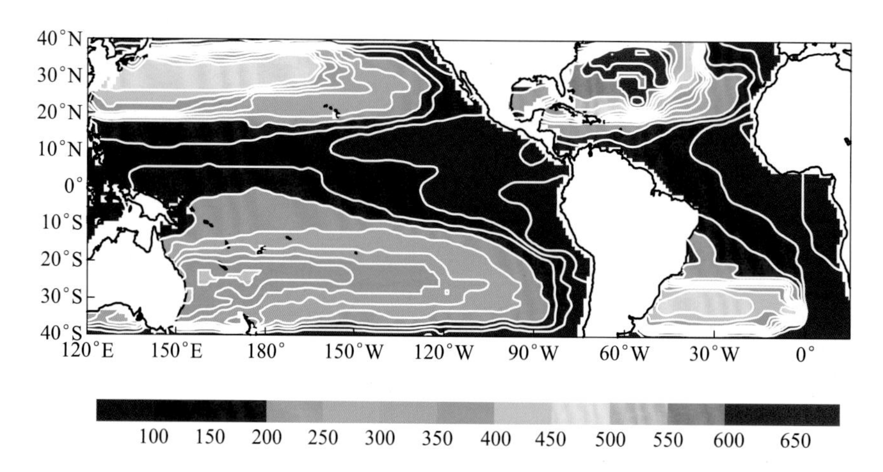

图 1.39　太平洋和大西洋的主温跃层深度（单位：m）。

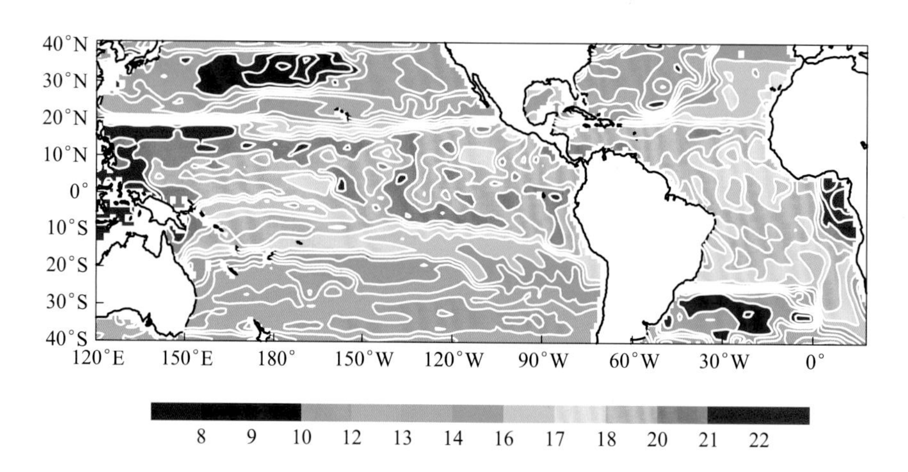

图 1.40　太平洋和大西洋的主温跃层温度（单位：℃）。

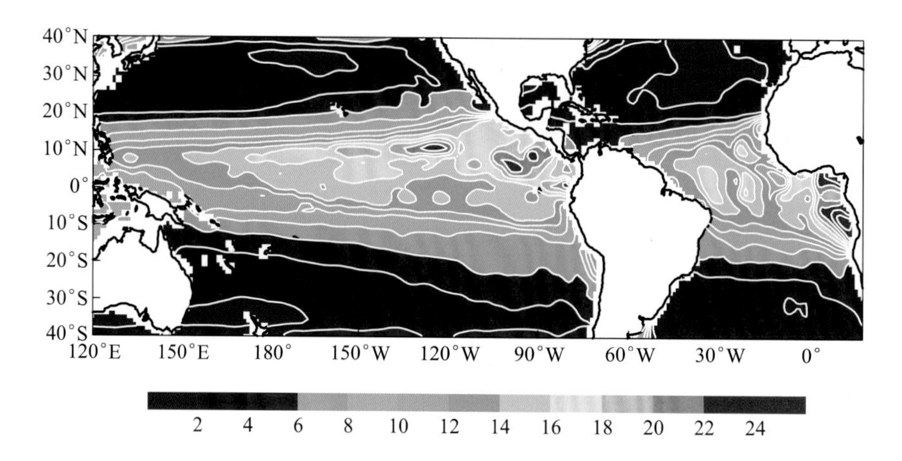

图 1.41　太平洋和大西洋的主温跃层温度梯度（单位：℃ /100 m）。

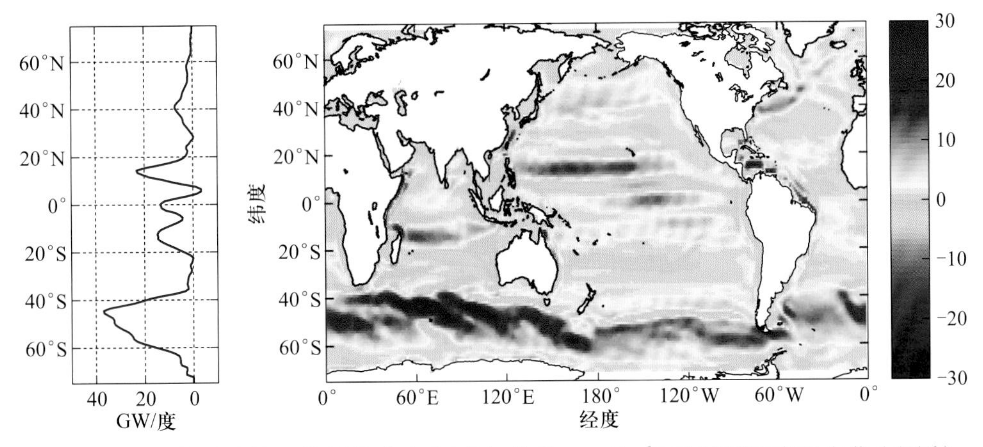

图 3.10 通过表层流输入的风能分布（右图，单位：mW/m²）及其随纬度的变化（左图）（Huang 等，2006）。

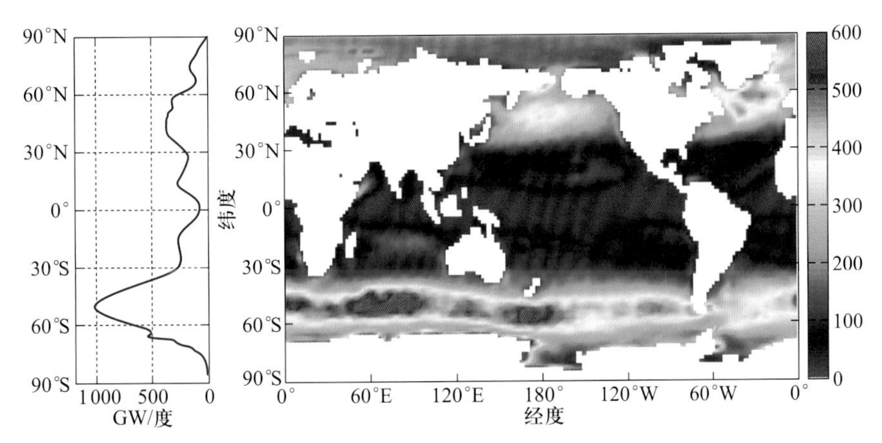

图 3.11 风应力对表面波做功的分布（右图，单位：mW/m²）及其随纬度的变化（左图）（Wang 和 Huang，2004b）。

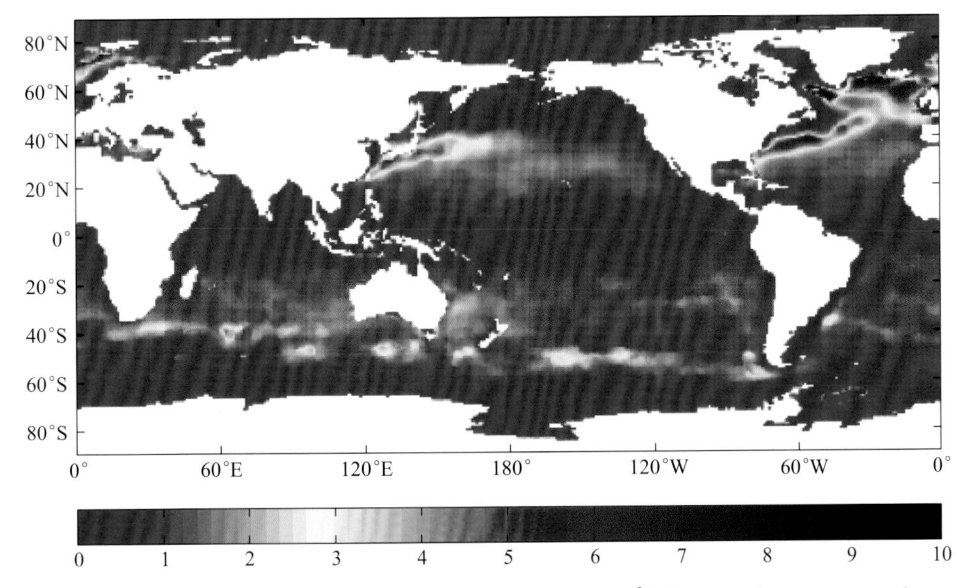

图 3.14 对流调整造成的年平均 GPE 损失值（单位：mW/m²）（Huang 和 Wang，2003）。

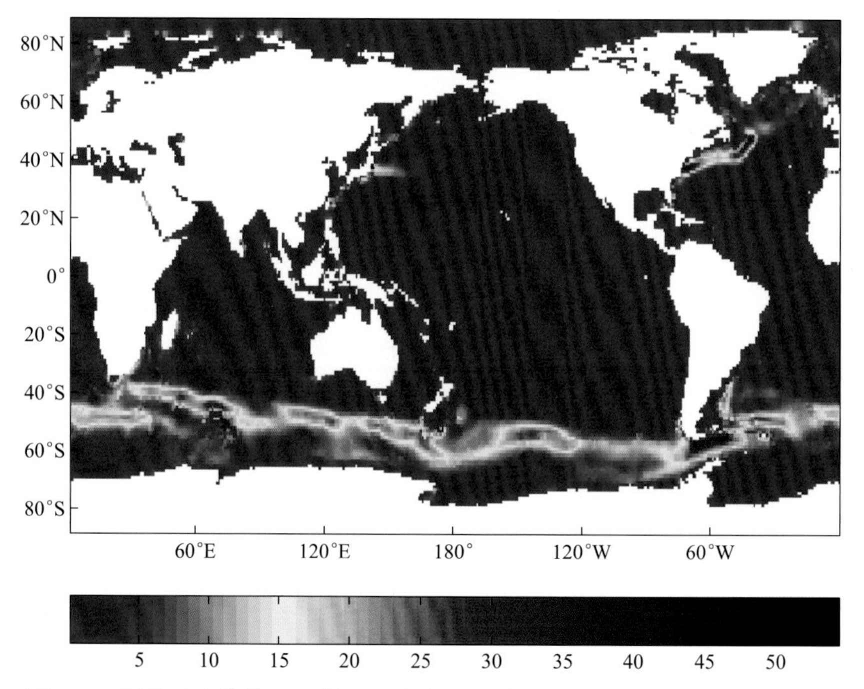

图 3.16　平均重力势能通过斜压不稳定性向旋涡重力势能的转变率（单位：mW/m²），按 Gent 和 McWilliams（1990）的旋涡参量化经验公式计算（Huang 和 Wang，2003）。

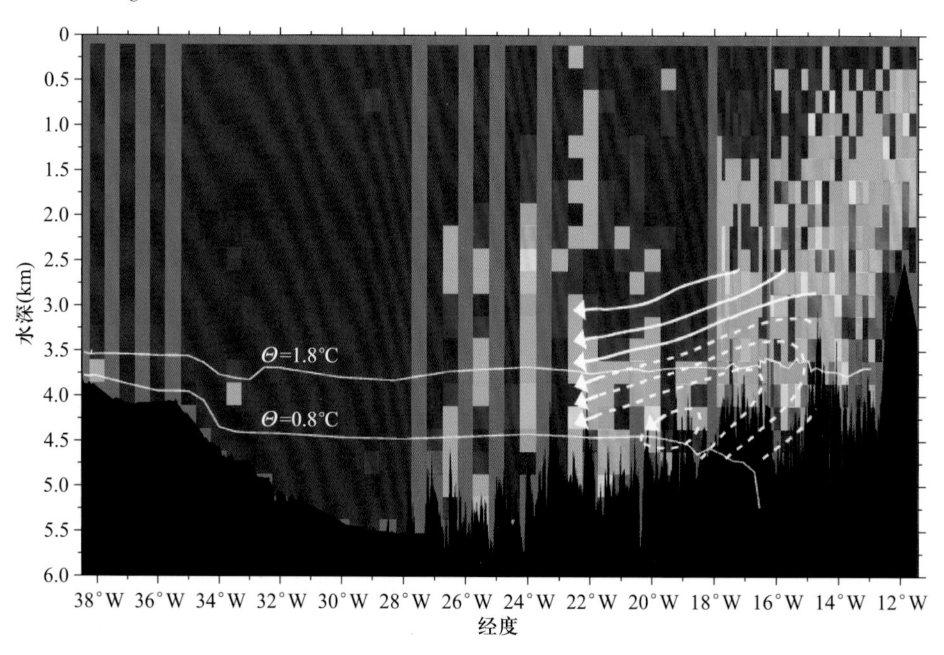

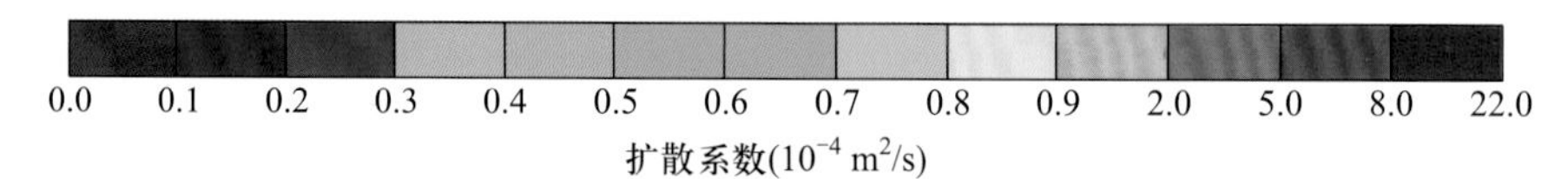

图 3.17　巴西海盆跨密度面扩散系数 K_v 的深度－经度断面图，由速度微结构观测数据（Polzin 等，1997）及其后续航次的补充数据（Ledwell 等，2000）推断。白色细线表示 0.8℃和 1.8℃等温线的实测深度；带箭头的白色粗线代表根据逆解算法估算的流函数（St. Lauren 等，2001）[取自 Mauritzen 等（2002）]。

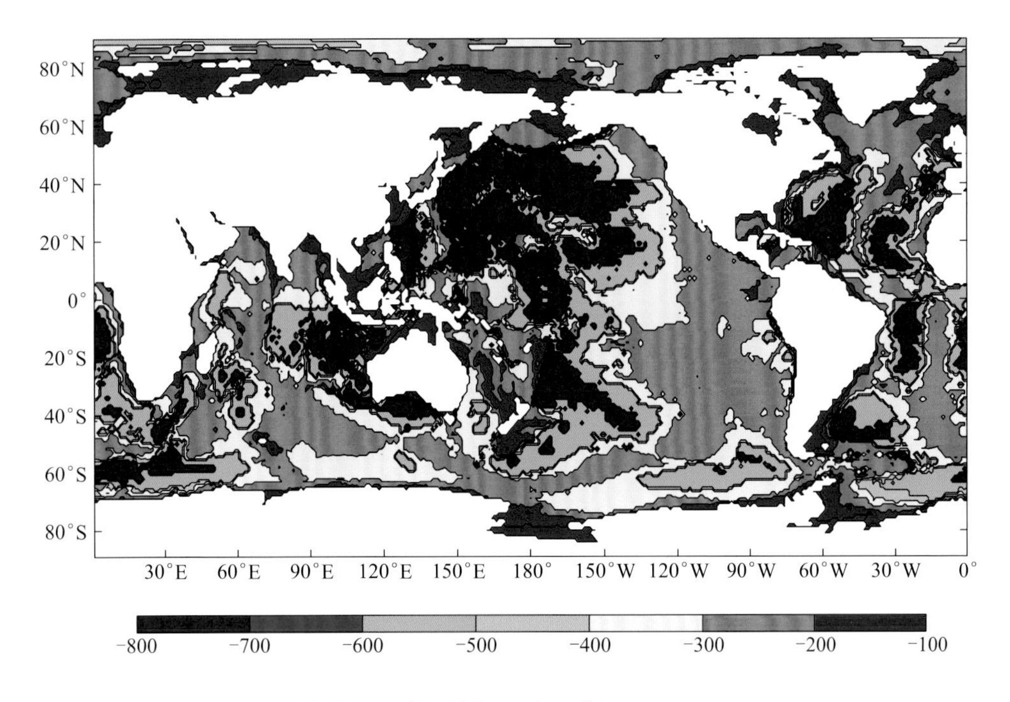

图 3.23　压强对层化重力势能的贡献（单位：10^6 J/m^2）。

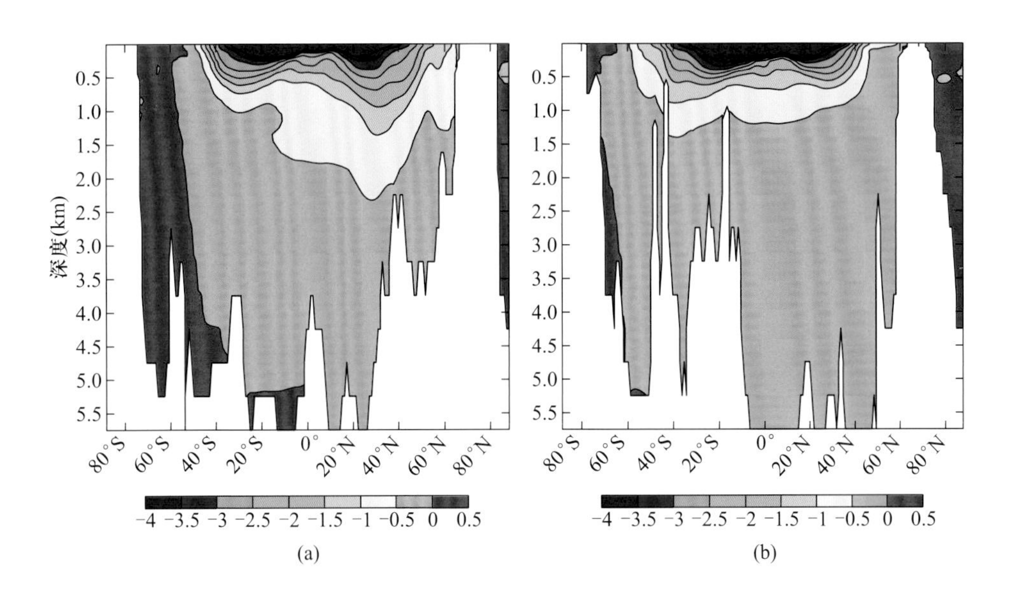

图 3.24　温度对密度距平的贡献（$d\sigma_m$, 单位：kg/m^3）分布图：(a) 30.5°W 断面；(b) 179.5°W 断面。

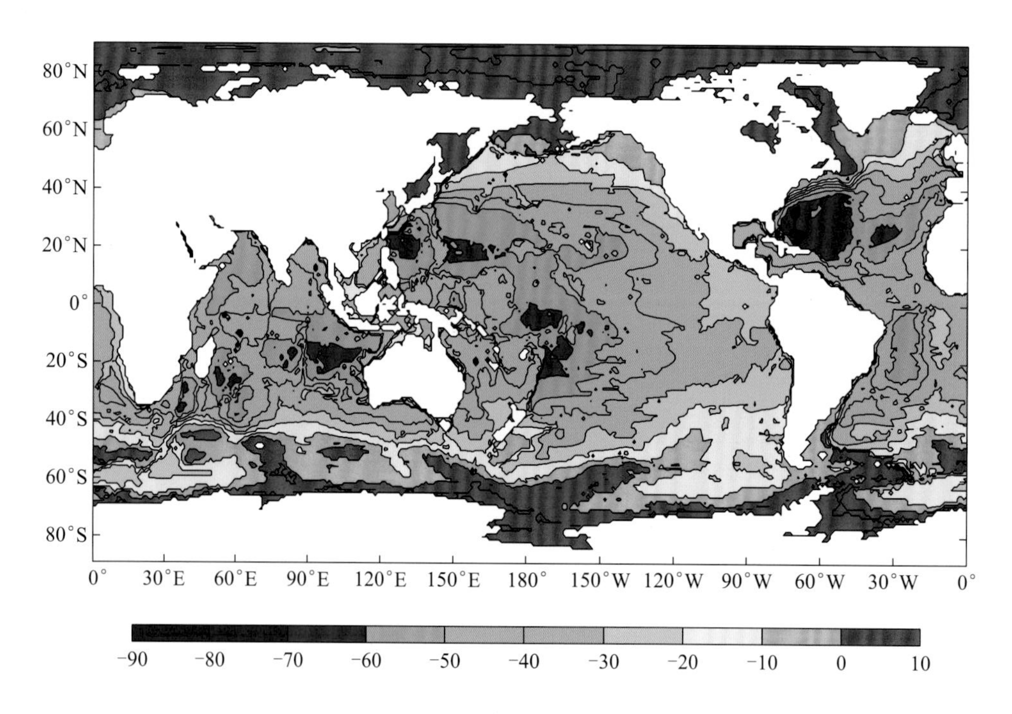

图 3.25 温度对层化重力势能的贡献（单位：10^6 J/m^2）。

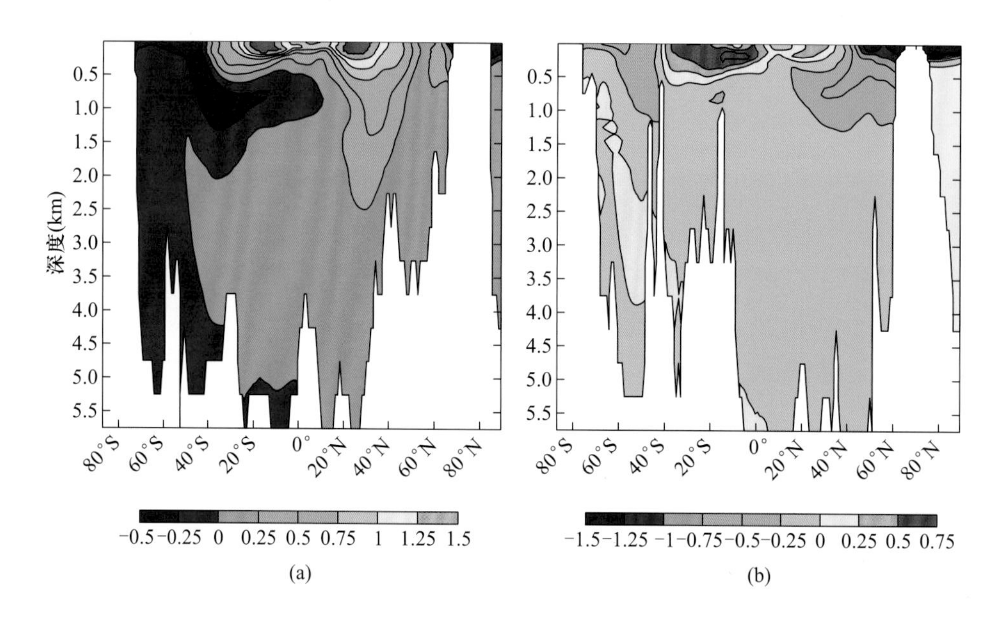

图 3.26 盐度效应引起的密度差（单位：kg/m^3）分布图：(a) 大西洋 30.5°W 断面；(b) 太平洋 179.5°W 断面。

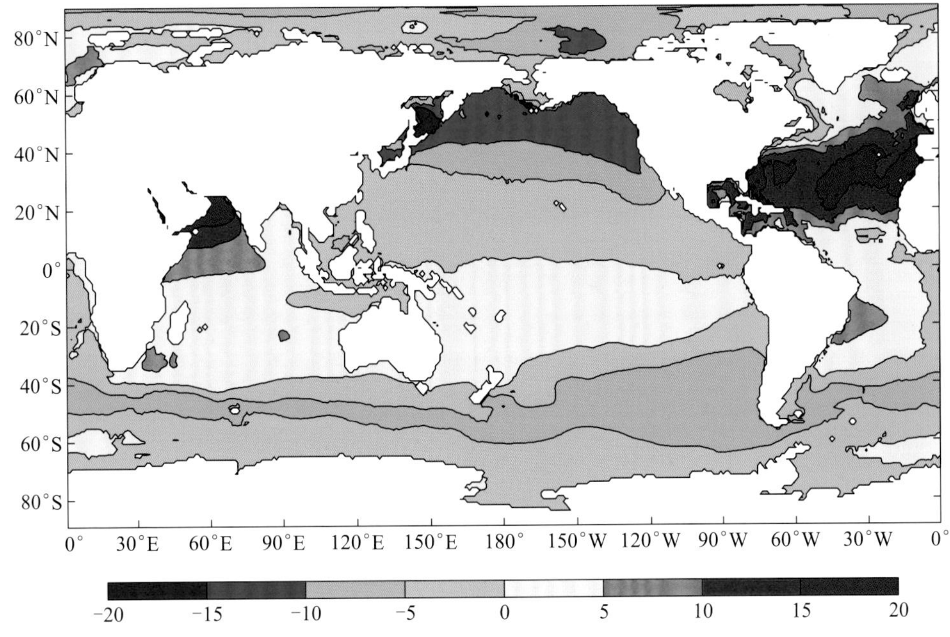

图 3.27　盐度对层化重力势能的贡献(单位: 10^6 J/m^2)。

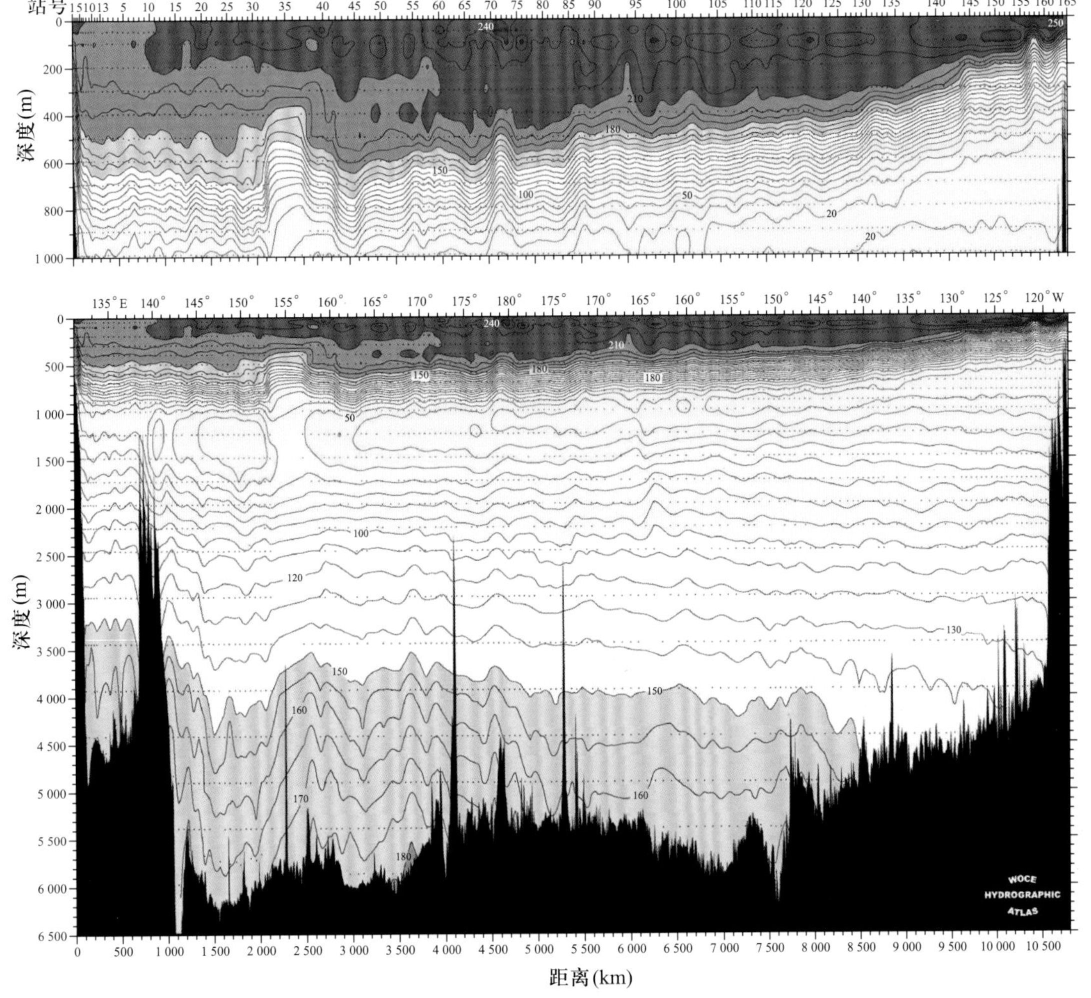

图 4.29　北太平洋亚热带海盆中心的 30°N 纬向断面氧含量分布图(单位: μmol/kg),上图的横轴表示 P02 断面的站号(Talley, 2007)。

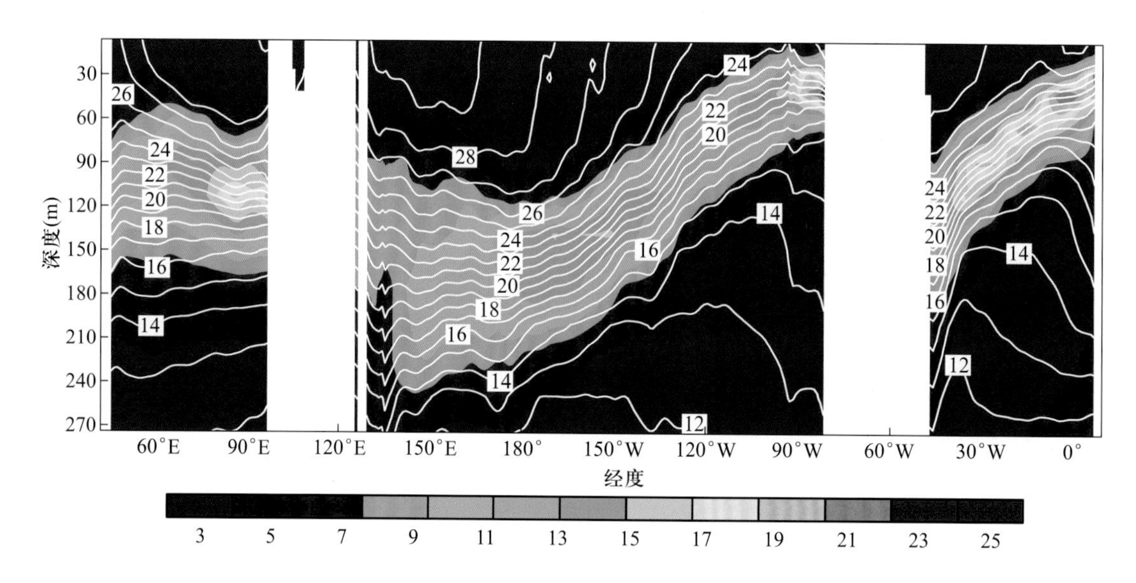

图 4.70　赤道温跃层的热力结构。等值线为温度(单位: ℃),叠加的彩色表示温度的垂向梯度(单位: ℃ /100 m)。

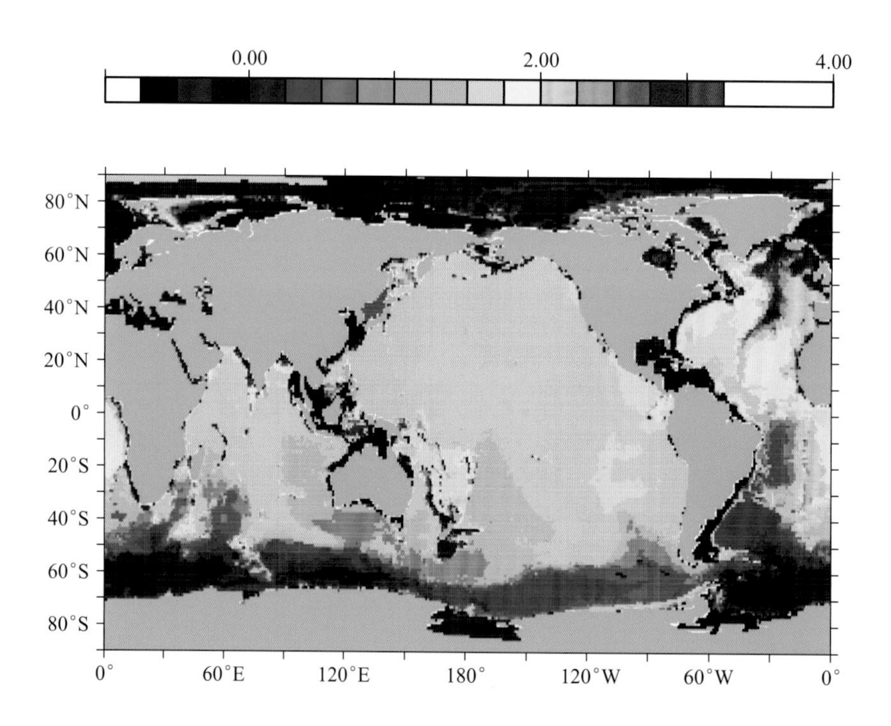

图 5.1　世界大洋海底处的位温(℃)分布图, 根据 Levitus 等(1998)的气候态数据绘制。注意沿着大西洋海盆洋中脊处海底是相当浅的, 因而海脊之上的底层水相对暖和。

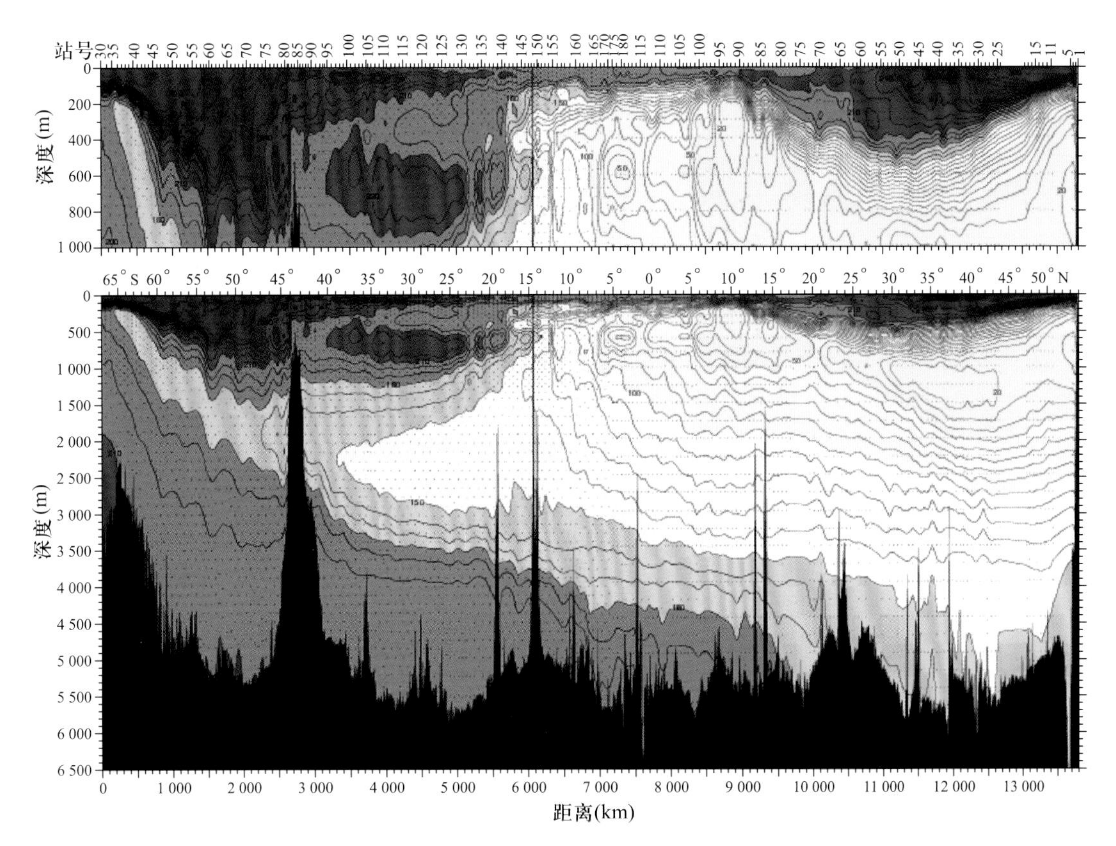

图 5.2 P15 断面(大约沿着 165°W)的氧浓度分布图，根据 WOCE 数据绘制。等值线间隔为 10 μmol/kg，黄色与淡紫色之间的浓度为 150 μmol/kg。南半球底层的浓度高于 190 ~ 200 μmol/kg (Talley, 2007)。

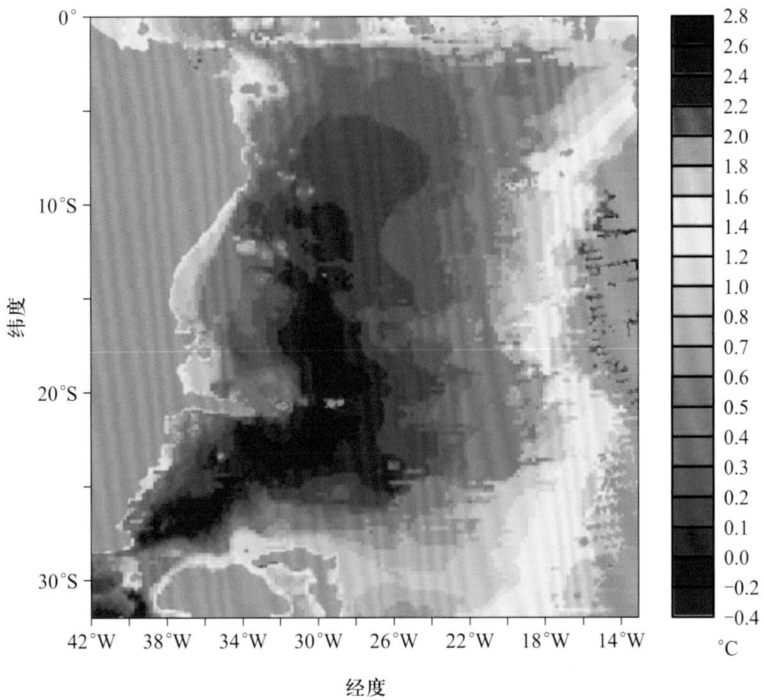

图 5.11 巴西海盆中海底的位温分布(Morris 等, 2001)。

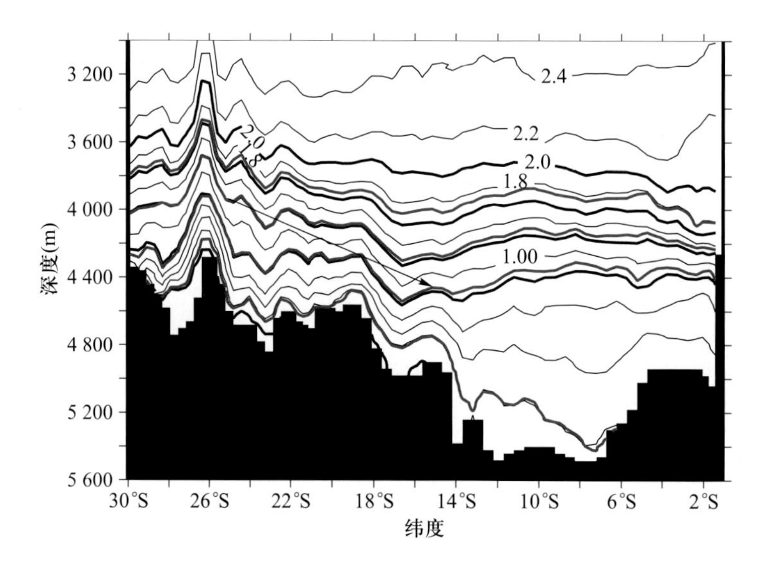

图 5.12　巴西海盆西部的位温（黑色）和中性密度（彩色）的垂向断面图，表示水通过水道向下流动（在海床之上，从左至右）（Morris 等，2001）。

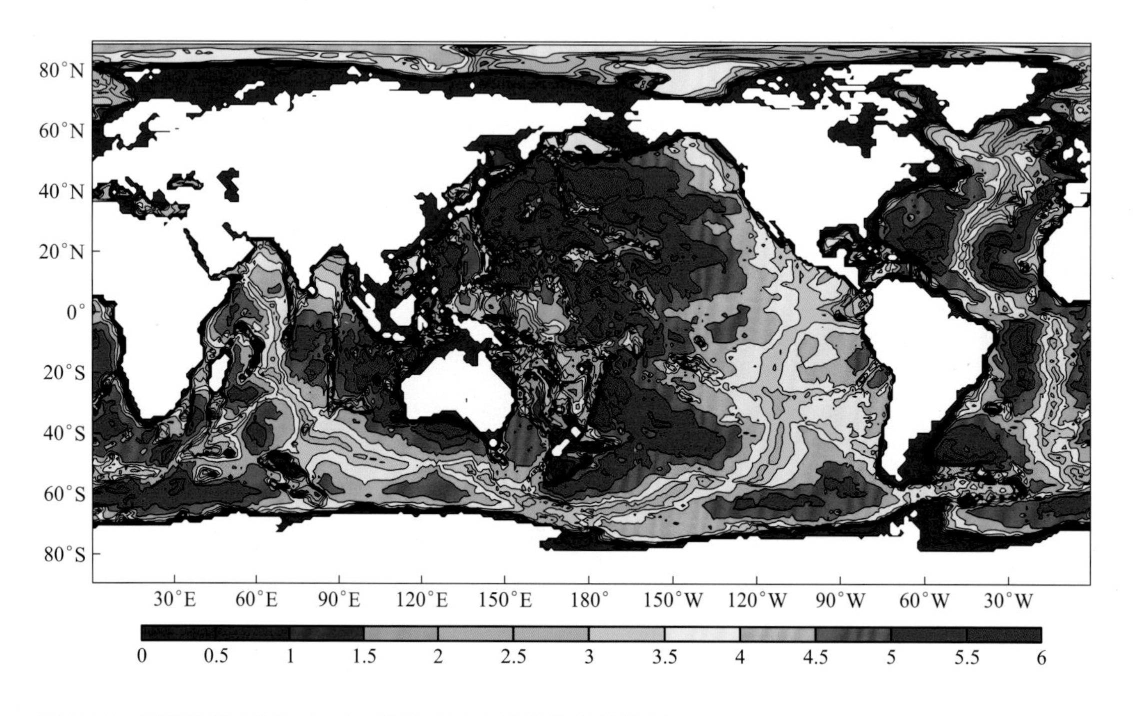

图 5.60　海底地形（单位：km），根据 NOAA 地形数据集绘制。

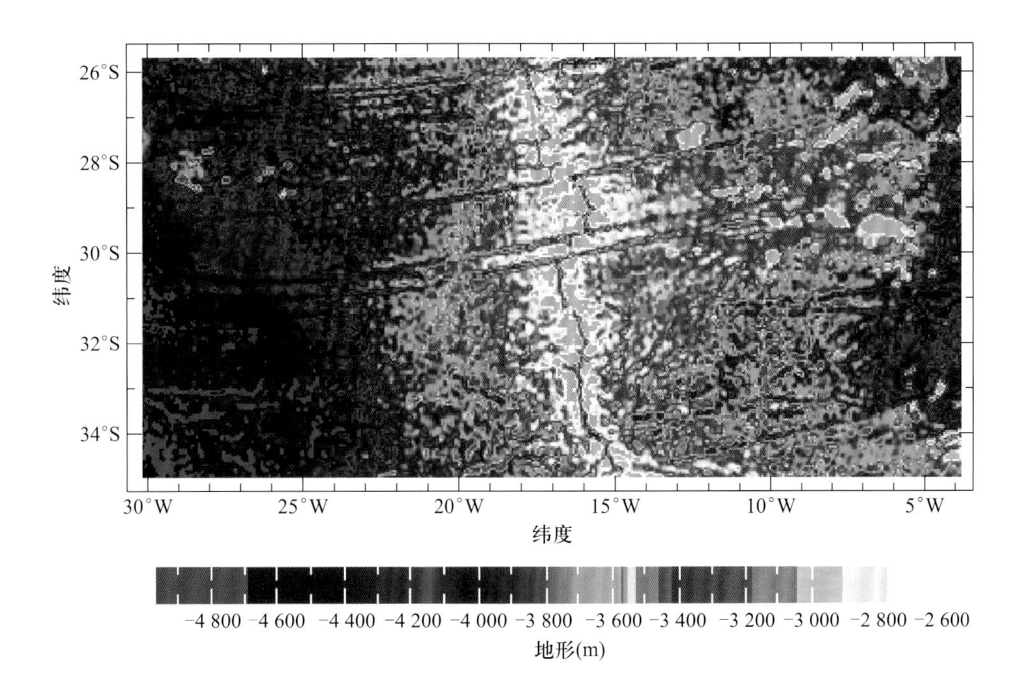

图 5.76 海底地形的细结构（Smith 和 Sandwell, 1997）。

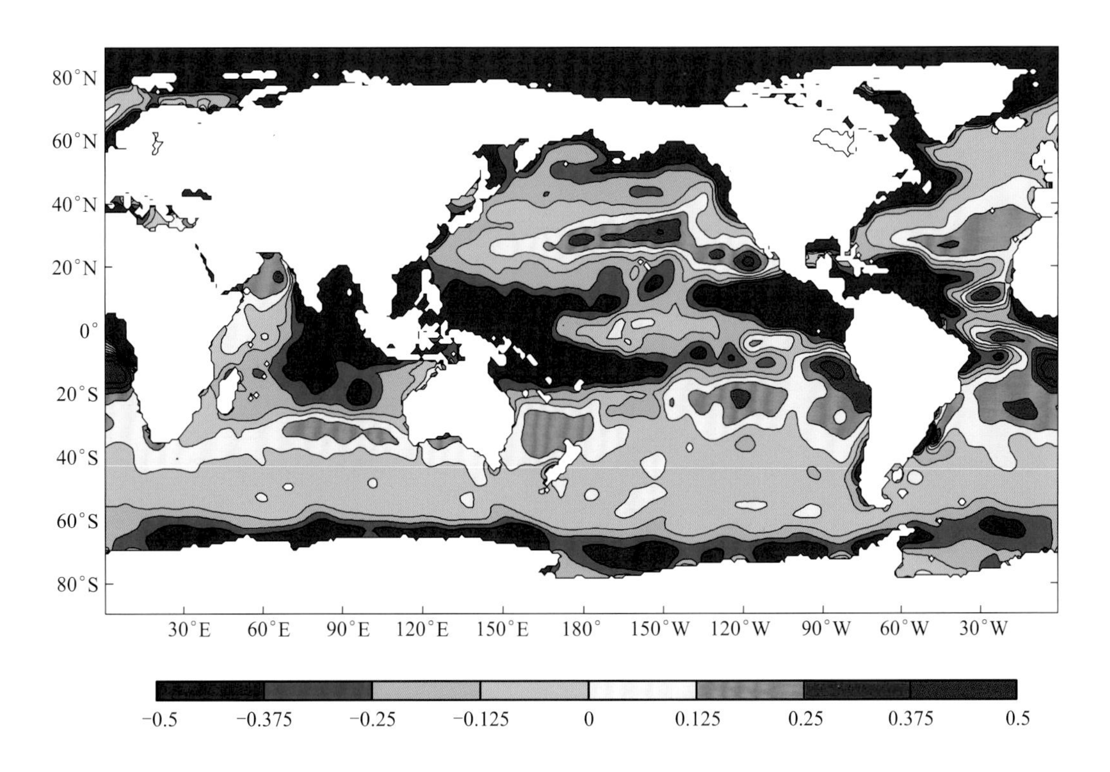

图 5.88 海面与 100 m 深度之间的年平均盐度差。

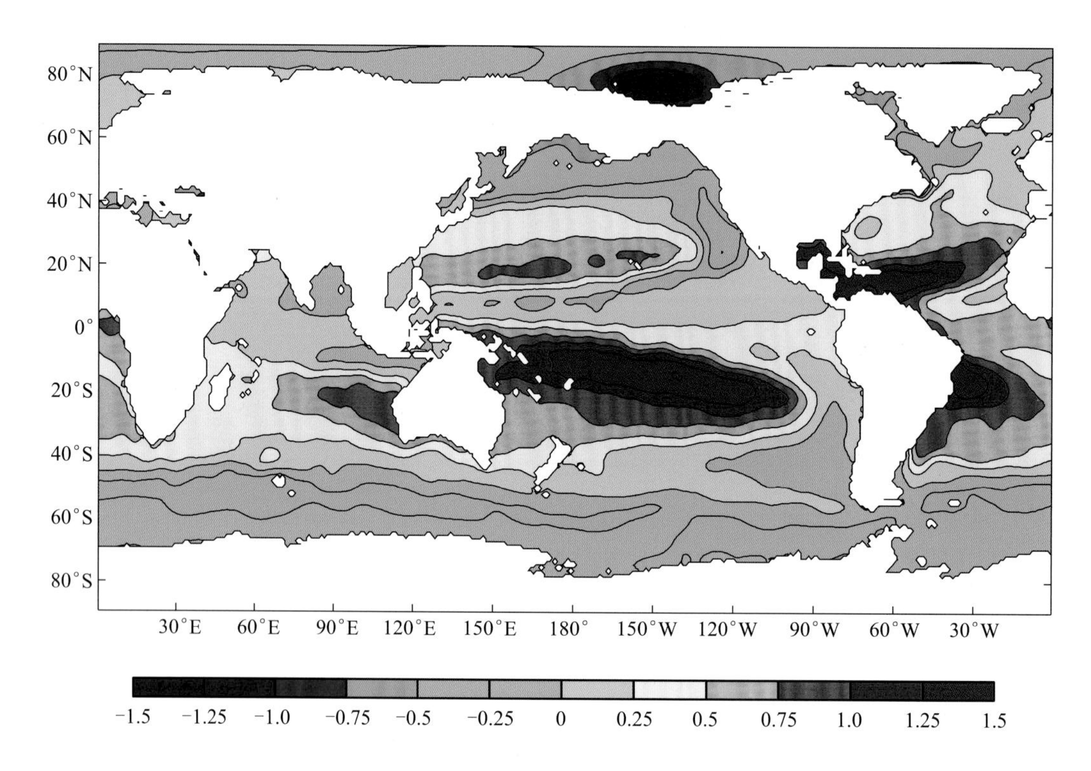

图 5.89　200 m 与 500 m 深度之间的年平均盐度差。

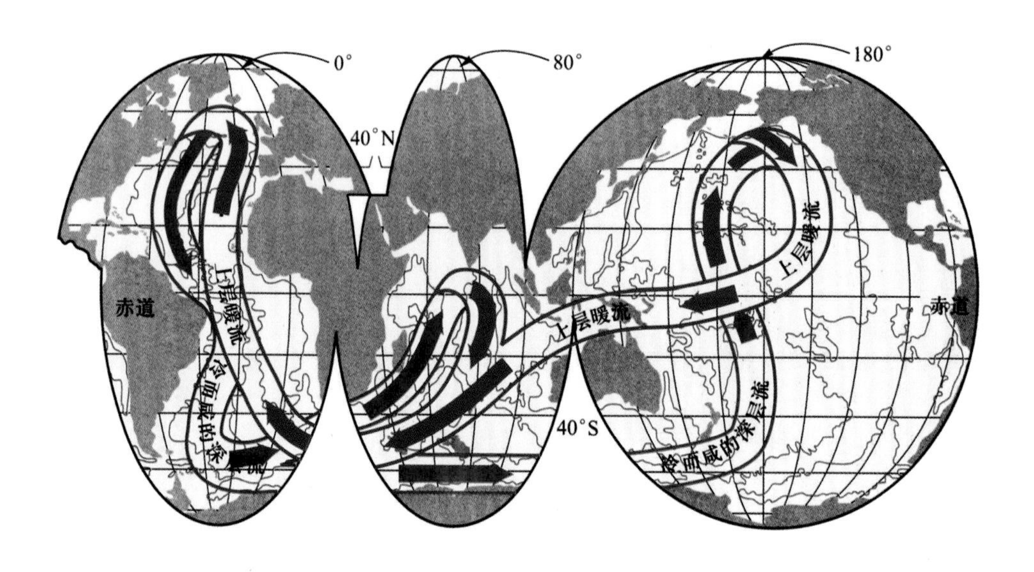

图 5.152　两层热盐输送带，由 Broecker（1991）最初提出并由 Schmitz（1995）修改重绘［引自 Schmitz（1996a）］。

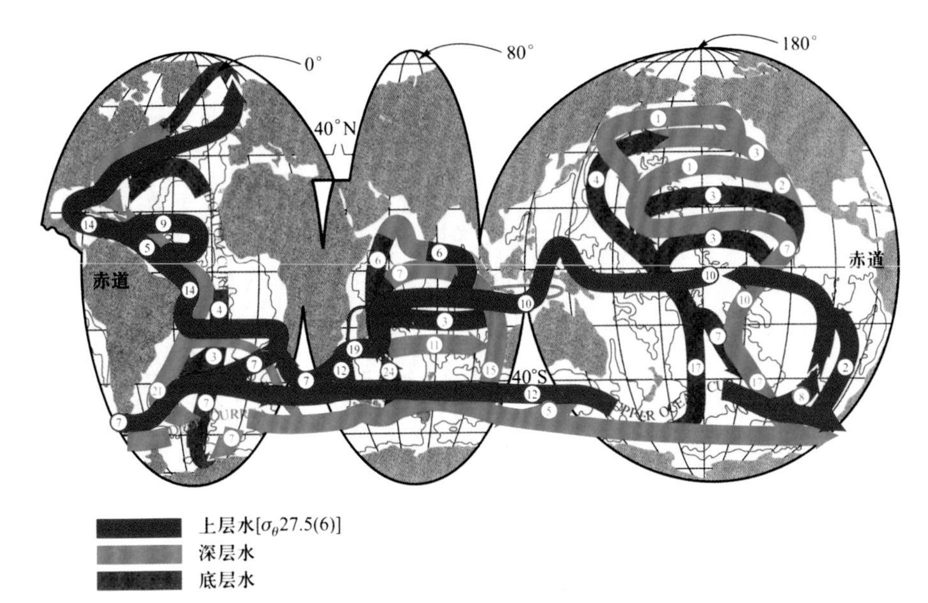

图 5.153　世界大洋中的水团输送(单位: Sv),蓝线表示底层水,绿线表示深层水,红线表示上层大洋水(Schmitz, 1996b)。

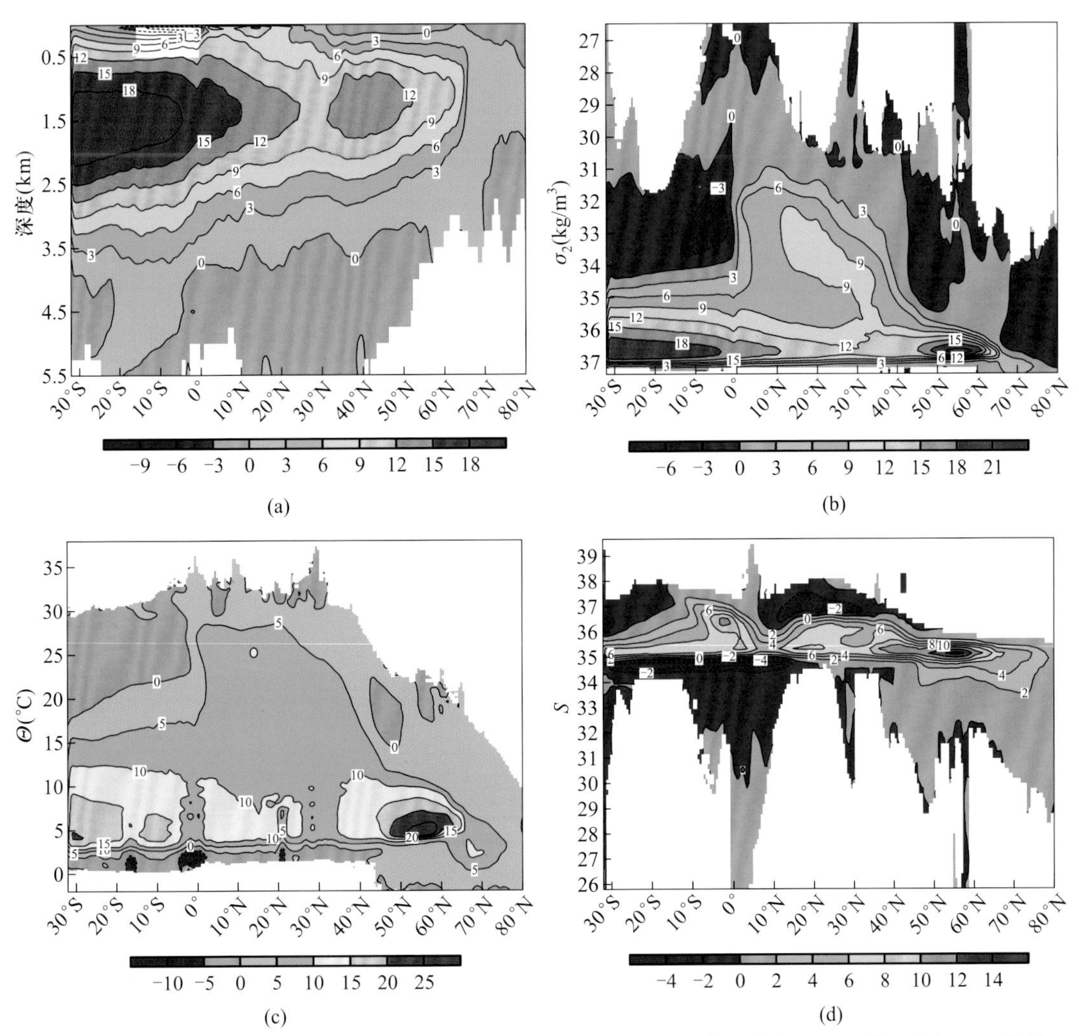

图 5.178　大西洋的年平均经向翻转环流(单位: Sv):(a) θ–z 坐标;(b) θ–σ_2 坐标;(c) θ–Θ 坐标;(d) θ–S 坐标。

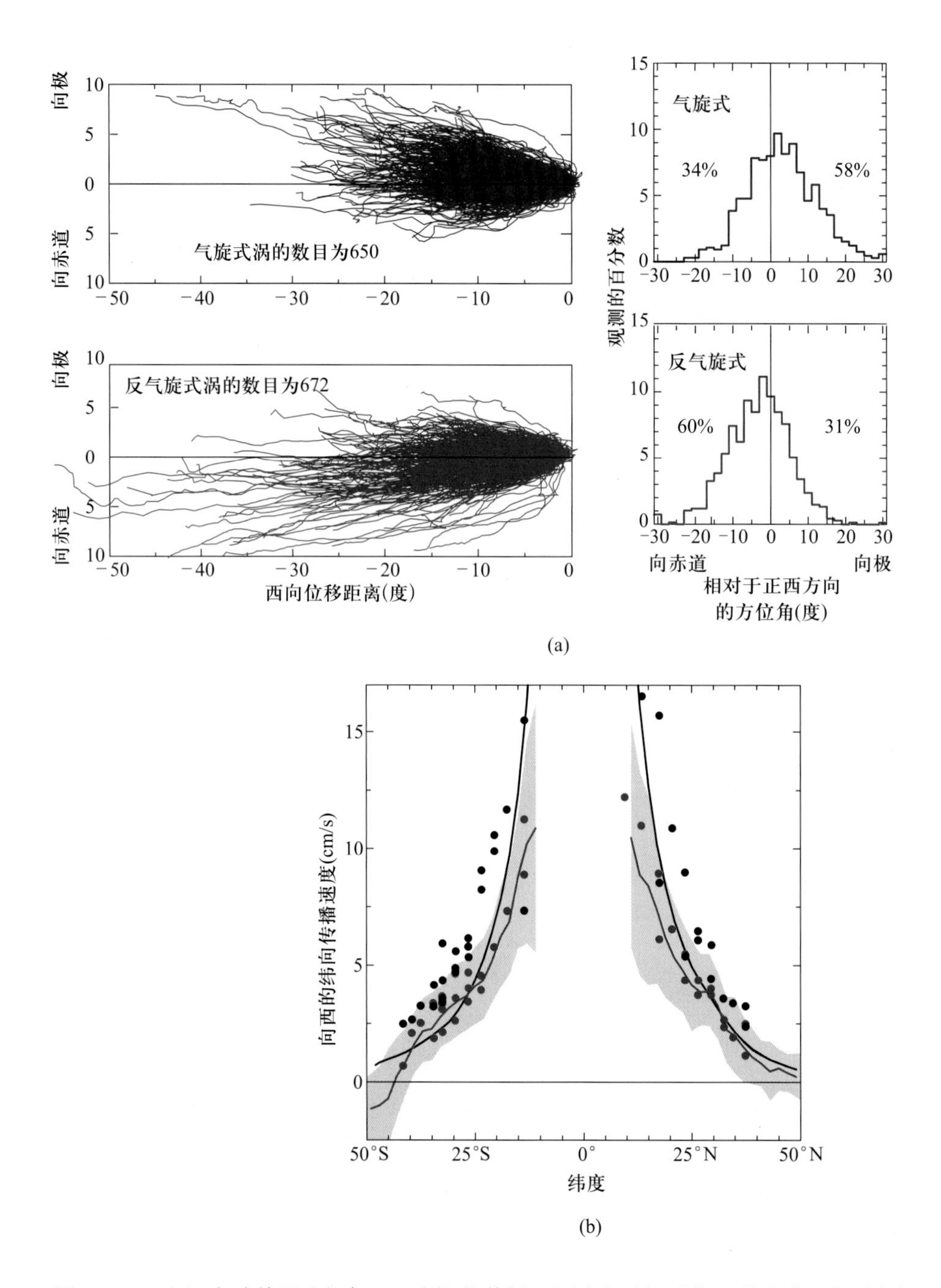

图 5.191　(a) 全球旋涡(寿命≥ 12 周)的传播;左图表示相对位置的变化,右图为相对于正西方向的平均传播角的直方图;(b) 大尺度 SSH(黑点)和小尺度涡(红点)向西的纬向传播速度随纬度的变化;红线表示所有寿命≥ 12 个月的旋涡之纬向平均传播速度,灰色阴影表示每一纬度带上中央 68% 旋涡的分布范围,黑线表示非频散斜压罗斯贝波的传播速度(Chelton 等, 2007)。